Springer Collected Works in Mathematics

For further volumes:
http://www.springer.com/series/11104

Felix Klein

Gesammelte Mathematische Abhandlungen II

Anschauliche Geometrie -
Substitutionsgruppen und Gleichungstheorie -
Zur Mathematischen Physik

Editors

Robert Fricke · Hermann Vermeil

Reprint of the 1922 Edition

 Springer

Author
Felix Klein
(1849 Düsseldorf, Germany –
  1925 Göttingen, Germany)

Editors
Robert Fricke
(1861 Helmstedt, Germany –
  1930 Bad Harzburg, Germany)

Hermann Vermeil
(1889 Dresden, Germany –
  1959 Wuppertal, Germany)

ISSN 2194-9875
ISBN 978-3-662-45487-9   (Softcover)
            978-3-642-51896-6   (Hardcover)
DOI 10.1007/978-3-642-51958-1
Springer Heidelberg New York Dordrecht London

Library of Congress Control Number: 2012954381

Printed on acid-free paper

Springer is part of Springer Science+Business Media (www.springer.com)

FELIX KLEIN
GESAMMELTE MATHEMATISCHE ABHANDLUNGEN

ZWEITER BAND

ANSCHAULICHE GEOMETRIE

SUBSTITUTIONSGRUPPEN UND GLEICHUNGSTHEORIE

ZUR MATHEMATISCHEN PHYSIK

HERAUSGEGEBEN

VON

R. FRICKE UND H. VERMEIL

(VON F. KLEIN MIT ERGÄNZENDEN ZUSÄTZEN VERSEHEN)

MIT 185 TEXTFIGUREN

BERLIN

VERLAG VON JULIUS SPRINGER

1922

ISBN 978-3-642-51896-6   ISBN 978-3-642-51958-1 (eBook)
DOI 10.1007/978-3-642-51958-1

VORWORT.

Bei der Herausgabe des vorliegenden Bandes von Felix Kleins gesammelten mathematischen Abhandlungen sind dieselben Prinzipien befolgt worden, die in dem Vorwort des ersten Bandes als maßgebend aufgestellt wurden. Die Anordnung der einzelnen Abhandlungen ist wieder nach sachlichen Gesichtspunkten und in den einzelnen so entstehenden Abschnitten chronologisch erfolgt. So umfaßt der zweite Band drei ziemlich lose nebeneinanderstehende Hauptabschnitte. Der erste bringt die Abhandlungen Kleins zur Gestaltenlehre algebraischer Gebilde und Analysis Situs, sowie einige Aufsätze erkenntnistheoretischen Inhaltes, welche die Bedeutung der Anschauung für die mathematische Forschung beleuchten. Im zweiten Abschnitt sind die Arbeiten über endliche Gruppen linearer Substitutionen und ihre Anwendung auf die Lehre von der Auflösung algebraischer Gleichungen vereinigt, insbesondere die auf die Lehre von den regulären Körpern bezüglichen; dagegen sollen die Arbeiten über unendliche Gruppen linearer Substitutionen sowie diejenigen über endliche Gruppen, in denen diese mittels der Methoden der Funktionentheorie (speziell der Lehre von den elliptischen Funktionen und Modulfunktionen) aufgestellt werden, erst im dritten Bande folgen. Der dritte Abschnitt enthält Beiträge zur mathematischen Physik, nämlich einerseits Arbeiten über lineare Differentialgleichungen, speziell Lamésche Funktionen, hypergeometrische Funktionen und die sie betreffenden Oszillationsfragen und andrerseits Aufsätze über verschiedene Gegenstände der allgemeinen Mechanik. Jedoch muß gesagt werden, daß bei den Arbeiten über lineare Differentialgleichungen die Abgrenzung gegen Band 3 sich nur künstlich bewerkstelligen ließ, indem hier wesentlich die Realitätsuntersuchungen gebracht wurden, während die allgemeinen Fragen der Funktionentheorie noch nach Möglichkeit zurückgeschoben wurden, wodurch dann Band 3 einheitlicher wird.

Zur Vorbereitung für den Wiederabdruck der im vorliegenden Bande vereinigten Abhandlungen hat Klein wieder vor einem kleinen Kreise von Zuhörern Vorträge über die in Betracht kommenden Gebiete seiner Produktion, sowie über die Beziehung seiner Arbeiten zu denen von Freunden und Schülern gehalten. Aus diesen Vorträgen sind dann wesentlich die Vorbemerkungen zu den genannten Abschnitten, sowie die Zusätze und Bemerkungen zu den einzelnen Arbeiten entstanden. In einigen dieser Zusätze ist es Klein gelungen, etwelche der in seinen Abhandlungen noch ungeklärt gebliebenen Fragen weiter zu fördern.

An die Stelle von Ostrowski, der als wissenschaftlicher Hilfsarbeiter an die Universität Hamburg ging, trat Vermeil als Herausgeber ein. In zahlreichen Besprechungen mit Klein hat Vermeil die Drucklegung der einzelnen Abhandlungen vorbereitet. Das gesamte Figurenmaterial wurde von ihm nachgeprüft, zahlreiche Zeichnungen neu gezeichnet und eine größere Anzahl von Figuren überhaupt erst dieser Gesamtausgabe eingefügt. Einige ergänzende Bemerkungen, besonders eine größere zur Gestaltenlehre der Flächen dritter Ordnung, stammen von ihm.

Wir haben wieder mehreren Fachgenossen für die freundliche Hilfe, die sie uns bei der Herausgabe zuteil werden ließen, zu danken. Frl. E. Noether hat uns bei der Durchsicht der Arbeiten über lineare Gruppen und algebraische Gleichungen, sowie bei denen über lineare Differentialgleichungen mit ihrem Rat wesentlich unterstützt. Herr E. Bessel-Hagen hat an der Vorbereitung zum Abdruck der Arbeit über die Gruppe mit 168 Substitutionen Anteil genommen. Vor allen Dingen aber hat Herr A. Bokowski sämtliche Korrekturen und Revisionen des Textes mit großer Sorgfalt gelesen. — Herr K. Hensel war so freundlich, uns den Einblick in einzelne noch unveröffentlichte Teile des wissenschaftlichen Nachlasses von L. Kronecker zu erlauben. Die Firma Charles Scribners Sons in New-York gestattete uns freundlichst den Wiederabdruck der bei ihr erschienenen von H. B. Fine ausgearbeiteten Vorträge: The mathematical Theory of the Top. Besonders haben wir wieder der Firma B. G. Teubner dafür zu danken, daß sie einige ältere Bände der Mathematischen Annalen der Druckerei als Vorlage zur Verfügung gestellt hat.

Die Verlagsfirma Julius Springer hat trotz der immer schwieriger werdenden wirtschaftlichen Lage nicht nur diesen zweiten Band hergestellt, sondern auch die Herausgabe des dritten (letzten) Bandes dieser Gesamtausgabe übernommen, welcher die eigentlich funktionentheoretischen Arbeiten bringen soll. Die Fertigstellung der Gesamtausgabe ist völlig sichergestellt, da infolge Entgegenkommens der Verlagsbuchhandlung bereits der größte Teil des dritten Bandes gesetzt ist. — Daß der vorliegende zweite Band nicht minder würdig ausgestattet ist als der erste, wird jeder Benutzer sofort sehen. Die Verlagsfirma hat in der Tat allen unsern Wünschen und Anregungen in entgegenkommendster Weise entsprochen. Die Firma Julius Springer hat so durch Herausgabe dieses zweiten Bandes aufs neue bewiesen, daß sie trotz aller sich häufenden Hemmungen bemüht ist, das Ansehen und die Geltung der deutschen Wissenschaft zu erhalten und zu fördern. Sie kann des Dankes aller Mathematiker gewiß sein.

Braunschweig und Göttingen, im Juni 1922.

Die Herausgeber.

INHALTSVERZEICHNIS DES ZWEITEN BANDES.

Zur mathematischen Physik.

A. Lineare Differentialgleichungen.

B. Allgemeine Mechanik.

Anschauliche Geometrie.

Vorbemerkungen zu den Arbeiten zur anschaulichen Geometrie.

Untersuchungen über die gestaltlichen Verhältnisse der Kurven und Flächen, überhaupt die im Raume gedeuteten Gebilde der Analysis, haben mich von je besonders interessiert. Den ersten Anstoß zu einschlägigen Arbeiten hat mir noch während meiner Bonner Studienzeit meine Assistententätigkeit bei Plücker gegeben. Hieran knüpft das weiterhin an erster Stelle abgedruckte Stück XXXIV unmittelbar an. Plücker selbst hatte seine Modelle von Komplexflächen nach geeigneter Annahme der in der Gleichung vorkommenden Konstanten nur erst empirisch aus den Gleichungen der horizontalen Schnitte, bez. der durch die z-Achse hindurchgehenden „Meridianschnitte" konstruieren lassen. Hierbei hatte ich ihm als Assistent zur Hand zu gehen und habe danach in dem zweiten, von mir 1869 herausgegebenen Teil von Plückers „Neuer Geometrie des Raumes, gegründet auf die Betrachtung der geraden Linie als Raumelement" eine Übersicht über die zunächst in Betracht kommenden Flächenarten gegeben. Im Gegensatz dazu sind die hier unter XXXIV besprochenen, 1871 von mir herausgegebenen Zinkmodelle geometrisch konstruiert worden, indem ich die Ebenen benutzte, welche die Flächen nach Erstreckung ganzer Kegelschnitte berühren. Hierbei ist mir, wie schon S. 60 des ersten Bandes der vorliegenden Gesamtausgabe erwähnt, in hervorragender Weise mein Freund Wenker behilflich gewesen. Wir haben dabei insbesondere auf das Modell der allgemeinen Komplexfläche eine ganz außerordentliche Mühe verwandt, indem wir uns einen Fall aussuchten, welcher keinerlei besondere, den Überblick und gleichzeitig die Konstruktion erleichternde Symmetrien besaß. Bei den anderen Modellen ist dieses Prinzip, welches sich weiterhin als nicht zweckmäßig erwies, bereits verlassen. Im übrigen ist auch ihre Anfertigung nur erst Pionierarbeit gewesen, d. h. ein erstes Eindringen in ein noch recht unbekanntes Gebiet. Die allgemeine Erfassung der für dieses maßgebenden gestaltlichen Verhältnisse hat sich, wie aus XXXIV hervorgeht, nur erst allmählich durchgesetzt, wobei mein alter Schüler Rohn das Beste getan hat.

Einen wesentlichen Impuls hatten meine hier in Betracht kommenden Bestrebungen auch dadurch erhalten, daß ich Pfingsten 1868, gelegentlich der damaligen Zusammenkunft von Mathematikern auf der Bergstraße, das später vielbesprochene (auch noch ganz unsymmetrische, durch empirische Konstruktion hergestellte) Modell Christian Wieners einer Fläche dritter Ordnung mit 27 reellen Graden hatte kennen lernen. Erst später habe ich dann — 1870 in Paris durch Besichtigung der Sammlungen des Conservatoire des Arts et Métiers und bald hernach durch Besuch der technischen Hochschulen in Darmstadt und Karlsruhe, — den ganzen Umfang der Vorarbeiten erfaßt, welche die darstellenden Geometer zwecks anschaulicher Erfassung höherer Raumgebilde schon damals geleistet hatten.

Jedenfalls stand bei mir, als ich mich 1871 in Göttingen habilitierte, bereits fest, daß ich auf diesem Gebiete werde weiter arbeiten müssen. Diese Absicht wurde in lebhafter Weise von Clebsch unterstützt, der im Sommer 1872 selbst in gleicher Richtung einsetzte, indem er durch den von Zürich herübergekommenen Ad. Weiler, der die Tradition von Fiedler mitbrachte, die zu einem reellen Pentaeder gehörige

Diagonalfläche dritter Ordnung konstruieren ließ, welche 27 reelle Gerade in übersichtlicher Gruppierung aufweist. Clebsch hat damals auch Rodenberg zu seinen von der Pentaedergleichung ausgehenden allgemeinen Untersuchungen über die Gestalten der F_3 angeregt; Rodenbergs Göttinger Dissertation ist freilich erst 1874 erschienen und seine abschließende Arbeit in Bd. 14 der Math. Annalen (1878), die 1882 zur Veröffentlichung einer vollen Serie von Modellen der F_3 im Verlage von L. Brill in Darmstadt[1]) führte, bereits durch meine eigenen Untersuchungen von 1872—73 (siehe unten Abh. XXXV) beeinflußt. Mein Ausgangspunkt war, daß ich zunächst die F_3 mit vier reellen Doppelpunkten konstruierte und aus ihr allgemeinereFlächen durch kontinuierliche Änderungen herstellte. Über die Tragweite dieses Verfahrens (s. u.) konnte ich mich noch in derselben Sitzung der Göttinger Gesellschaft der Wissenschaften äußern (August 1872), in der Clebsch das fertige Modell seiner Diagonalfläche vorlegte (Göttinger Nachrichten 1872, S. 403).

Über die weitere Entwicklung und innere Verknüpfung meiner hierher. gehörigen Spezialuntersuchungen (vgl. Abh. XXXV u. f.) wird weiter unten noch einiges Nähere gesagt. Hier werde beiläufig der damit parallellaufenden organisatorischen Bestrebungen gedacht, die damals von vielen Seiten mit Eifer aufgenommen wurden. Ich selbst habe mich gleich in meiner Erlanger Antrittsrede (Dez. 1872) für die Einrichtung einer mathematischen Modellsammlung und zugehöriger Zeichensäle (N.B. auch an der Universität) nachdrücklich eingesetzt. Bald darauf, Ostern 1873, konnte mit der damals in Göttingen abgehaltenen Mathematikerversammlung bereits eine erste Ausstellung mathematischer Modelle verbunden werden. Eine systematische Ausgestaltung nahmen die Dinge insonderheit, als ich von 1875—80 an der Münchener technischen Hochschule mit A. Brill, der aus Darmstadt kam, zusammenwirken durfte. Nun wurde ein eigenes mathematisches Laboratorium eingerichtet, dessen Leitung A. Brill übernahm und aus dem eine große Zahl der im Verlage seines Bruders L. Brill bald erscheinenden Modelle hervorgegangen ist. Als ich Herbst 1880 an die Universität Leipzig übergesiedelt war, habe ich dort diese Bestrebungen fortgesetzt, wobei W. Dyck, der schon in München mein Assistent gewesen war, meine beste Hilfe wurde. Nachdem Dyck 1884 als Nachfolger von Brill an die Münchener Technische Hochschule berufen war, hat dort die Entwicklung gesteigerten Fortgang genommen. Einen Höhepunkt derselben bezeichnete die wesentlich durch ihn namens der Deutschen Mathematiker Vereinigung zusammengebrachte Münchener Ausstellung von 1893, über deren reichen Inhalt ein umfangreicher, von ihm zusammengestellter Katalog Auskunft gibt, dessen Vertrieb später B. G. Teubner übernahm. Parallel damit hat auf der Weltausstellung zu Chicago eine ebenfalls von Dyck vorbereitete Ausstellung deutscher mathematischer Modelle stattgefunden, die ich als Kommissar des preußischen Unterrichtsministeriums zu erläutern hatte. Gegenwärtig entbehrt wohl keine deutsche Hochschule mehr einer bez. Sammlung. Auch bot die von A. Gutzmer und M. Disteli gelegentlich des ersten in Deutschland abgehaltenen Internationalen Mathematischen Kongresses 1905 in Heidelberg veranstaltete Ausstellung vieles Neue. Immerhin muß man sagen, daß die ganze hiermit gemeinte Bewegung unter dem Einfluß der in den Vordergrund getretenen mehr abstrakten mathematischen Tendenzen in den letzten 20 Jahren etwas abgeflaut hat. Um so mehr sollte ihrer hier gedacht werden[2]). Wenn man an den folgerichtigen Fortschritt der Wissenschaft glaubt, so ist sicher, daß sie als wesentlicher Bestandteil in neue Entwicklungsphasen eingehen

---

[1]) Später M. Schilling, Leipzig.

[2]) Wie sich dieselbe in die allgemeine Entwicklung unseres neuzeitlichen Hochschulwesens einordnet, schildert in übersichtlicher Weise W. Lorey in seiner Abhandlung über das Studium der Mathematik an den deutschen Universitäten (Bd. III 1, II der von mir im Auftrage der Internationalen Mathematischen Unterrichtskommission herausgegebenen Abhandlungen über den mathematischen Unterricht in Deutschland; siehe insbesondere S. 323—327 daselbst).

wird, die sich jetzt schon vorzubereiten scheinen. Indem ich mich so ausdrücke, denke ich sowohl an den Aufschwung der angewandten Mathematik, den die Neuzeit gebracht hat, als auch an die hochtheoretischen Untersuchungen, die auf eine Verbindung der geometrischen Gestaltenlehre mit der Mengenlehre hinzielen.

Die soweit skizzierte Entwicklung steht, jedenfalls was meine ersten hier abzudruckenden Arbeiten angeht, im ganzen im Zeichen der projektiven Geometrie. Am meisten Anregung habe ich in dieser Hinsicht, wie noch durch Einzelheiten zu belegen sein wird, durch meinen dänischen Freund H. G. Zeuthen erhalten. Aber gemäß dem allgemeinen Arbeitsplane, den ich verfolgte, trat schon in meiner Erlanger Zeit ein neuer, weittragender Impuls hinzu, indem ich begann, mich mit dem Riemannschen Ideenkreis auseinanderzusetzen. Mich konnte der nur mehr äußerliche Zusammenhang der von beiden Seiten her erreichten Resultate, wie ihn Clebsch gegeben hatte, nicht befriedigen. Die Zahl p ist bei Riemann zunächst ein Charakteristikum für den „Zusammenhang“ einer geschlossenen Fläche. Es war für mich ein geradezu quälendes Problem, was diese Auffassung mit der Gestalt der zugehörigen algebraischen Kurve zu tun haben möchte, und ich war glücklich, als es mir gelang (vgl. Abh. XXXVIII und XL) hierauf durch Konstruktion der „neuen“ Riemannschen Flächen eine überaus einfache Antwort zu finden. Ich habe diesen Gegenstand soweit verfolgt, daß ich nicht nur den Verlauf des elliptischen Integrales erster Gattung bei den Kurven dritten Grades (siehe Abh. XXXVIII) sondern auch der zu $p = 3$ gehörigen überall endlichen Integrale bei den Kurven vierten Grades anschaulich verstehen und die gesamten hinsichtlich der Realität der auftretenden Berührungskurven in Betracht kommenden Verhältnisse aus der Figur ablesen konnte (siehe Abh. XXXIX und XLI). Für Kurven n-ten Grades aber habe ich wenigstens die Grundlage für weitergehende Untersuchungen gewonnen.

Und doch war der so gewonnene Kontakt mit dem Riemannschen Ideenkreise nur erst ein vorläufiger. Als Definition der algebraischen Kurve galt noch immer ihre Gleichung, bez. die gesetzmäßige Erzeugung, nicht die Riemannsche Fläche als solche. Ich habe den Übergang zu dem, was ich den „echten“ Riemann zu nennen pflege, also die Benutzung des Riemannschen Existenztheorems unmittelbar von der Fläche aus, erst von 1877 an vollzogen, als sich meine Arbeiten der Theorie der elliptischen Modulfunktionen zuzuwenden begannen. Hiervon, und von der maßgebenden Rolle, welche dabei für mich nach wie vor konkrete geometrische Figuren spielen, wird erst im folgenden (letzten) Bande der Gesammelten Abhandlungen im Zusammenhang die Rede sein. Nur einiges wenige wird im gegenwärtigen Bande (in Abh. XLII), weil es den Resultaten nach mit den vorangehenden Abhandlungen unmittelbar zusammenhängt, vorweg genommen. Hierdurch ensteht eine gewisse Diskontinuität der Darstellung, die ich zu entschuldigen bitte. Im übrigen aber möchte ich folgendes ausführen:

Unabhängig von dem Wechsel der logischen Grundlagen ist hier, wie schließlich in allen meinen Untersuchungen, die Arbeit mit der räumlichen Vorstellung als solcher, d. h. die geometrische Phantasie das Hauptinstrument geblieben, dessen ich mich zur Erfassung der tatsächlichen Beziehungen, wie zur Aufsuchung neuer Resultate bediente. Die hierdurch gegebene Denkweise habe ich dann auch 1893 in den Vorträgen, die ich im Anschlusse an die Chicagoer Weltausstellung an der Northwestern University in Evanston über die damals besonders interessierenden Fragen der mathematischen Wissenschaft hielt[3]), vorangestellt. (Vgl. auch Abh. XLVI.) Sie bildet zugleich das einigende Band für die kleineren Veröffentlichungen, die ich weiterhin unter den Nummern XLIII—XLIV reproduziere.

---

[3]) Lectures on Mathematics, reported by Alexander Ziwet. (The Evanston Colloquium.) New York und London, 1894 [Macmillan]. Neuer Abdruck, besorgt von der American Mathematical Society, New York 1911. Französische Übersetzung von M. L. Laugel, Paris 1898.

Die hiermit ausgesprochene Wertschätzung der geometrischen Anschauung schließt nicht aus, daß ich die Mängel, die ihr als Beweismittel anhaften, immer lebhaft empfunden habe. Nach dem Widerstand zu schließen, den ich damals in meiner nächsten Umgebung fand, bin ich wahrscheinlich einer der Ersten gewesen, welcher die Ungenauigkeit der Anschauung sowohl für das sehr Kleine wie für das sehr Große zur Sprache brachte. Man vergleiche den unten folgenden Aufsatz XLV vom Jahre 1873. Die Existenz stetiger Kurven ohne Differentialquotienten, die Berechtigung der nicht-euklidischen Auffassungen andererseits, waren die Probleme, die uns damals besonders bewegten. Ich versuchte, nicht nur die logische Zulässigkeit der bezüglichen Theorien, sondern ganz besonders auch ihre Verträglichkeit mit der richtig verstandenen Anschauung klar zu stellen. In meiner zusammenfassenden Vorlesung von 1901, von der in den Bemerkungen auf S. 212 die Rede ist, habe ich in Fortsetzung der damaligen Überlegungen den heute vielgenannten Gegensatz von Präzisionsmathematik und Approximationsmathematik an die Spitze gestellt. Die Kritik, der die Genauigkeit unserer Raumanschauung unterliegt, hat ja die reinen Mathematiker in der Neuzeit vielfach dazu geführt, sie aus den mathematischen Betrachtungen überhaupt auszuschalten. Dem gegenüber habe ich immer daran festgehalten, daß die Anschauung gerade auch in der Mathematik als eine unserer wichtigsten Fähigkeiten angesehen und gepflegt werden muß, indem wir sie durch bewußte Erziehung vervollkommnen. Erst hierdurch treten für mich die Bereiche der reinen und angewandten Mathematik in ein klares gegenseitiges Verhältnis. K.

XXXIV. Vier Modelle zur Theorie der Linienkomplexe zweiten Grades.

[Aus dem Katalog mathematischer Modelle, Apparate und Instrumente. Herausgegeben im Auftrage der Deutschen Mathematiker-Vereinigung von W. Dyck (1892).]

Bekanntlich hat Plücker in den letzten Jahren seines Lebens bei seinem Studium der Linienkomplexe zweiten Grades zahlreiche auf deren Theorie bezügliche Modelle anfertigen lassen. Das allgemeine Interesse an den wirklichen Gestalten auch komplizierterer Flächen war ihm aus seiner physikalischen Beschäftigung erwachsen[1]); die nähere Gliederung seiner Ansätze habe ich hernach, so gut das unter Benutzung des Nachlasses gelingen wollte, in der 1869 erschienenen zweiten Abteilung der „Neuen Geometrie des Raumes" zur Darstellung gebracht. Die so auf Plücker selbst zurückgehenden Modelle bildeten indes keine vollständige Serie, waren auch im einzelnen ungleichwertig, und es lag gewiß nicht im Sinne ihres Urhebers, wenn dieselben später trotzdem verschiedentlich als zusammengehörige Kollektion verbreitet worden sind. Ich habe deshalb im Herbst 1871, um das Wesentliche der Sache herauszuheben, von mir aus vier neue Modelle der hauptsächlichen in Betracht kommenden Flächentypen veröffentlicht[2]), wobei ich die Verhältnisse so wählte, daß die jeweils auftretenden singulären Punkte und Ebenen sämtlich reell ausfielen. Von diesen Modellen repräsentierte:

Nr. 1 die allgemeine Kummersche Fläche (die Singularitätenfläche der Komplexe zweiten Grades) mit 16 Doppelpunkten und 16 Doppelebenen,

Nr. 2 die allgemeine Komplexfläche, d. h. die Kummersche Fläche mit Doppelgerade und noch acht Doppelpunkten und acht Doppelebenen,

---

[1]) Plücker selbst erzählte mir einmal, daß er namentlich durch den Verkehr mit Faraday dazu angeregt worden sei; dieser selbst habe die Modellkonstruktion als Mittel benutzt, um sich als Nichtfachmann die ihm jeweils notwendigen mathematischen Formeln verständlich zu machen.

[2]) [Diese Modelle sind von der Firma Joh. Eigel Sohn, mechanische Werkstätten in Köln a. Rh., zusammen mit einer Beschreibuug von mir, herausgegeben. K.]

Nr. 3 die besondere Komplexfläche, deren Leitlinie eine Komplex-
        gerade ist (mit Rückkehrgerade und noch vier Doppelpunkten
        bzw. Doppelebenen),

Nr. 4 diejenige Komplexfläche, deren Leitlinie eine singuläre Linie
        des Komplexes ist (mit Selbstberührungsgerade und noch zwei
        Doppelpunkten bzw. Doppelebenen).

Diese Modelle können noch heute beim Studium der Liniengeometrie
wie überhaupt als Beispiele von Flächen höherer Ordnung interessieren,
wenn sie leider auch von dem Mechaniker nicht so sorgfältig ausgeführt
worden sind, als dies wünschenswert gewesen wäre. Aber man muß zufügen, daß man inzwischen gelernt hat, die bei diesen Flächen vorkommenden
Gestalten sehr viel vollkommener zu beherrschen, als dies durch einzelne
nach irgend welchem Prinzip herausgegriffene Beispiele geschieht. Ich habe
1877 in einem Vortrage vor der Münchener Naturforscherversammlung[3]
darauf hingewiesen, daß sich die sämtlichen hier in Betracht kommenden
Flächenformen auseinander durch Kontinuität ableiten lassen[4].

[Man überlege zu dem Zwecke, daß die Komplexfläche nicht nur, wie es bei
Plücker geschieht, als Umhüllungsgebilde derjenigen einem bestimmten Komplex
zweiten Grades angehörigen Geraden angesehen werden kann, welche eine feste Gerade
schneiden, sondern gleich der allgemeinen Kummerschen Fläche als Singularitätenfläche
je einer Schar von Komplexen zweiten Grades, die durch ein bestimmtes System
von Elementarteilern definiert ist. [Siehe die Ausführungen bei Ad. Weiler in Bd. 6
der Math. Annalen (1873).] Alle diese Scharen bilden aber, gemäß der Andeutung,
die in Bd. 1 dieser Ges. Abhandl., S. 4 gegeben ist, ein Kontinuum.

Ich mache hier gern noch einige Angaben über die einschlägigen topologischen
Verhältnisse, die freilich mit voller Lebendigkeit nur an den Modellen selbst erfaßt
werden können. Vor allem muß man sich daran gewöhnen, daß zwei Stücke einer
Figur, die nach entgegengesetzten Richtungen ins Unendliche laufen, gemäß projektiver
Auffassung im Unendlichen zusammenhängen und insofern als *ein* Stück anzusehen
sind. Ich gebe nun zunächst eine schematische Darstellung der Doppelgeraden von
Modell 2, bez. ihrer nächsten Umgebung:

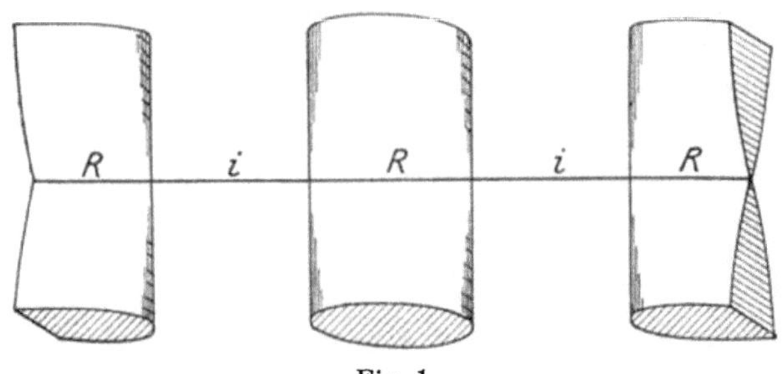

Fig. 1.

---

[3] [Amtlicher Bericht S. 95.]
[4] [Der im Original hier noch folgende Passus wurde als ungenau beim Wiederabdruck weggelassen. An seine Stelle tritt der folgende ausführliche Zusatz.]

Gemäß der gerade getroffenen Verabredung wird man die hiermit gemeinten Verhältnisse so schildern: Die Doppelgerade zerfällt in vier Segmente, von denen die beiden mit R bezeichneten Durchschnitte reeller Schalen der Fläche sind, während die mit i bezeichneten isoliert verlaufen. Diese ganze Anordnung entsteht nun als Grenzlage einer Aufeinanderfolge von sechs Stücken einer Kummerschen Fläche vom Typus 1, wie sie durch folgende Figur gekennzeichnet sein soll:

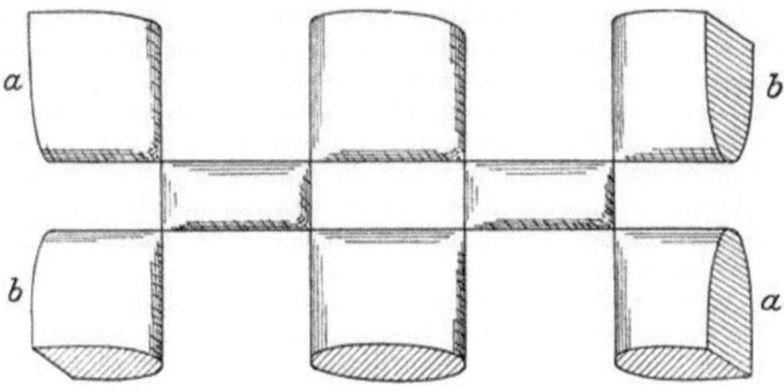

Fig. 2.

(Ich habe der Deutlichkeit halber noch die Buchstaben a und b zugesetzt, um die im Unendlichen zusammenhängenden Teile zu kennzeichnen.) Man sieht: jedes Stück R der Doppelgeraden von Modell 2 entsteht dadurch, daß sich zwei Stücke der allgemeinen Fläche längs der Doppelgeraden verschmelzen, jedes Stück i aber dadurch, daß ein Stück der allgemeinen Fläche zu einem geradlinigen Segmente zusammenschrumpft. — Hat man dies klar erfaßt, so möge man das Modell 3 aus 2, schließlich 4 aus 3 durch einen weiteren Grenzübergang ableiten. —

Dabei handelt es sich nur erst um die ersten Beispiele der Grenzprozesse, welche die Gesamtheit der bei den Komplexflächen, bez. Kummerschen Flächen auftretenden Gestalten miteinander verknüpfen. Eine Ausführung ins einzelne würde schließlich in eine ermüdende Aufzählung auslaufen. Daher sei hier nur darauf aufmerksam gemacht, daß Rohn in den Math. Annalen, Bd. 18 (1881) eine sehr übersichtliche Methode gegeben hat, um zunächst einmal die sämtlichen Gestalten Kummerscher Flächen, die *keine* mehrfachen Geraden enthalten, zu überblicken. Man gewinnt diese Flächen sämtlich (ihren allgemeinen topologischen Verhältnissen nach) aus doppeltzählenden Flächen zweiten Grades. Will man den Typus des Modelles 1 bekommen, so hat man die F_2 geradlinig zu wählen und durch vier reelle Erzeugende der ersten und vier ebensolche Erzeugende der zweiten Art in 16 Vierecke zu zerlegen, die man abwechselnd doppelt überdeckt denkt, bez. freiläßt, wie dies nebenstehende Figur[5]) erläutert. (Jeder schraffierte Flächenteil bedeutet ein flachgedrücktes Stück der allgemeinen Kummerschen Fläche. Man hat im ganzen acht solcher „tetraederförmiger" Stücke, die alles in allem in 16 Doppel-

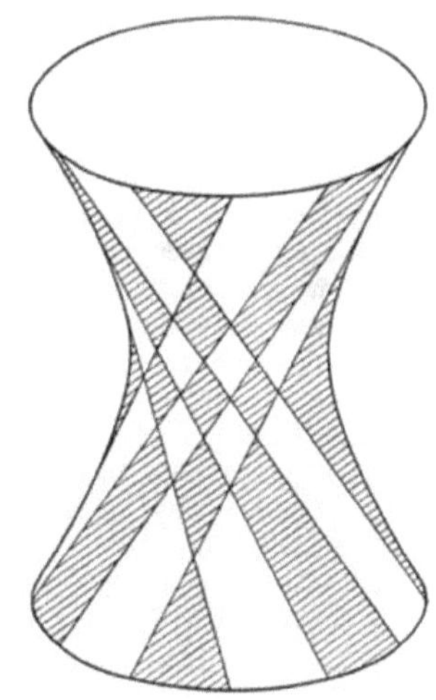

Fig. 3.

---

[5]) Ich entnehme diese der S. 29 meines Evanston Colloquium (dessen 4. Vortrag sich allgemein mit der reellen Gestalt algebraischer Kurven und Flächen beschäftigte).

punkten zusammenstoßen.) Die sonstigen Typen der Kummerschen Fläche *ohne*
Doppellinien erhält man, wenn man die in der Figur benutzten Erzeugenden nach
Belieben imaginär nimmt, ev. auch die Fläche zweiten Grades als nicht geradlinig
voraussetzt.

Die Grundlage dieser schönen Veranschaulichung ist die Theorie der sechs bei einer
Kummerschen Fläche auftretenden linearen Fundamentalkomplexe, bez. der zehn durch
sie bestimmten Fundamentalflächen zweiten Grades (Bd. 1 dieser Ges. Abhandl.,
S. 58—68). Von den Fundamentalkomplexen können 0, 2, 4, 6 paarweise konjugiert
imaginär sein, immer werden sich unter den Fundamentalflächen reelle befinden. Nun
ist, nach Vorgabe der sechs Fundamentalkomplexe, die Kummersche Fläche vollkommen bestimmt, wenn man irgend einen Raumpunkt als einen ihrer Doppelpunkte
nimmt. Man hat diesen Punkt nur wandern zu lassen, bis er auf eine der reellen Fundamentalflächen zweiten Grades rückt, um die Kummersche Fläche kontinuierlich in
die doppeltzählende F_2 überzuführen, wobei sich im einzelnen die durch die vorstehende Figur erläuterten Verhältnisse einstellen. Alles Nähere wolle man in der
Abhandlung von Rohn vergleichen.

Im übrigen füge ich gern zu, daß man sich nun auch die Gesamtverteilung der
geraden Linien der zu einem solchen Grenzfall der Kummerschen Fläche gehörigen
einfach unendlich vielen Komplexe zweiten Grades anschaulich klar machen kann.
Man hat zu dem Zwecke nur auf die Entwicklungen von Segre in Bd. 23 der Math.
Annalen (1883) (Note sur les complexes quadratiques dont la surface singulière est
une surface du 2e degré double) zurückzugehen. Um einen der Komplexe zu konstruieren, greifen wir — sagen wir bei der vorstehenden Figur — die vier Geraden
der einen Erzeugung, die wir jetzt, mit Segre, r_1, r_2, r_3, r_4 nennen wollen, heraus.
Wir zeichnen ferner in einer beliebigen Ebene, welche die r_1, r_2, r_3, r_4 in den Punkten
ϱ_1, ϱ_2, ϱ_3, ϱ_4 treffen möge, als eine erste dem gesuchten Komplex angehörige Kurve
irgendeinen durch ϱ_1, ϱ_2, ϱ_3, ϱ_4 hindurchgehenden Kegelschnitt. Die vier Tangenten,
welche dieser Kegelschnitt in den Punkten ϱ_1; ϱ_2, ϱ_3, ϱ_4 besitzt, sind „singuläre Linien“
des zu konstruierenden Komplexes. Sie mögen die Ausgangsfläche zweiten Grades zum
zweiten Male bez. in ϱ_1', ϱ_2', ϱ_3', ϱ_4' schneiden. Durch diese Punkte laufen auf der
Ausgangsfläche vier Erzeugende, welche mit r_1, r_2, r_3, r_4 zu derselben Art gehören,
sie mögen (wieder in Übereinstimmung mit Segre) mit r_1', r_2', r_3', r_4' bezeichnet sein.
Nun ist die Sache die, *daß für den zu konstruierenden Komplex, der in einer beliebigen
Ebene gelegene Komplexkegelschnitt sofort angegeben werden kann. Es ist einfach derjenige Kegelschnitt der vorzugebenden Ebene, welcher die Erzeugenden r_1, r_2, r_3, r_4 trifft,
und übrigens in diesen vier Punkten Tangenten hat, die bez. r_1', r_2', r_3', r_4' schneiden.*

Der Komplex wird gestaltlich erfaßt, indem man die Gesamtheit seiner in den
verschiedenen Ebenen gelegenen Komplexkurven konstruiert denkt. Es scheint nicht
unmöglich, die damit gewonnene Vorstellung für den Fall, daß sich aus der Fundamentalfläche zweiten Grades eine zunächst ganz nahe dazu gelegene eigentliche Kummersche Fläche entwickelt, wenigstens einigermaßen festzuhalten. Eine beliebige Ebene
des Raumes wird diese Kummersche Fläche (entsprechend den schraffierten Teilen
der Fundamentalfläche zweiten Grades, welche sie durchsetzt) in vier zunächst sehr
flachgedrückten Ovalen schneiden. Nun ist als Komplexkegelschnitt in dieser Ebene
ein Kegelschnitt zu suchen, der diese vier Ovale (jedes einmal) berührt und übrigens
dem Kegelschnitt des soeben besprochenen besonderen Falles nahe liegt.   K.]

XXXV. Über Flächen dritter Ordnung[1].

[Math. Annalen, Bd. 6 (1873).]

Wenn eine Kurve mit Doppelpunkten gezeichnet vorliegt, so kann man aus ihr Kurven derselben Ordnung ohne Doppelpunkt oder mit weniger Doppelpunkten schematisch ableiten, indem man die in den Doppelpunkten oder einigen derselben zusammenstoßenden Kurvenäste durch ähnlich verlaufende, sich nicht treffende ersetzt. Nach diesem ebenso einfachen als fruchtbaren Prinzip[2]) erhält man z. B. ohne weiteres die beiden Grundformen der ebenen Kurven dritter Ordnung, wenn man von der Kurve dritter Ordnung mit einem Doppelpunkte ausgeht und letzteren in dem einen oder anderen Sinne auflöst; man erhält Beispiele von Kurven beliebiger Ordnung, wenn man als besondere Kurve eine solche zeichnet, die in lauter gerade Linien zerfallen ist, und auf deren Doppelpunkte den bewußten Prozeß anwendet.

Ein ähnliches Verfahren ist im Raume anwendbar, wenn es sich darum handelt, von den Flächen höherer Ordnung eine Anschauung zu gewinnen. Man konstruiert eine besondere Fläche derselben Ordnung, die mit einzelnen Knotenpunkten oder auch mit Doppelkurven behaftet sein mag, und leitet aus ihr eine allgemeinere dadurch ab, daß man die an die singulären Stellen hinantretenden Flächenteile durch ähnlich verlaufende ersetzt[3]).

---

[1]) Vgl. eine vorläufige Mitteilung in den Berichten der physikalisch-medizinischen Sozietät zu Erlangen. Sitzung vom 5. Mai 1873. [Siehe außerdem eine zweite Mitteilung, ebenda vom 23. Juni 1873.]

[2]) Wer dieses Prinzip zuerst verwertet hat, läßt sich bei dessen großer Selbstverständlichkeit wohl kaum feststellen. Dem Verf. ist dasselbe, sowie namentlich das Beispiel der Erzeugung einer Kurve n-ter Ordnung aus n geraden Linien, von Plücker her bekannt: vgl. z. B. dessen Theorie der algebraischen Kurven (1839), in welcher fortwährend ähnliche Überlegungen angewandt werden.

[3]) Fast noch interessanter sind die Anwendungen, die man von demselben Prinzipe in dualistischem Sinne auf Kurven oder Flächen gegebener *Klasse* machen kann, da man von den bei diesen Kurven und Flächen auftretenden Gestalten seither nur erst eine sehr unvollkommene Kenntnis hat. Man hat sich an der Erkenntnis, daß bei diesen Gebilden alles in dualistischem Sinne gerade so ist, wie bei den Gebilden der betreffenden Ordnung, seither wohl zu sehr genügen lassen und ist nur zu wenig zu einem konkreten Erfassen der damit bezeichneten wirklichen Verhältnisse durchgedrungen.

Indem ich auf diese Art versuchte, mir eine größere Zahl von Flächen dritter Ordnung zu konstruieren, bemerkte ich, daß die Methode bei ihnen, wie bei den Kurven dritter Ordnung, *fast ohne weiteres überhaupt alle Gestalten ergibt.* Ich gehe dabei von der Fläche dritter Ordnung mit vier reellen Knotenpunkten als speziellem Falle aus. Eine solche Fläche ist leicht herzustellen, da sie vollständig bestimmt ist, wenn man das durch die Knotenpunkte gebildete Tetraeder und die Ebene der drei auf der Fläche verlaufenden einfachen Geraden beliebig annimmt (vgl. die Beschreibung eines Modells, das Herr Neesen [für mich] angefertigt hatte. Gött. Nachrichten, Aug. 1872, sowie § 1 des Folgenden). Überdies hat die Fläche für den hier vorliegenden Zweck den Vorzug, daß sie nur in einer Art existiert, indem jede solche Fläche in jede andere durch reelle Kollineation übergeführt werden kann, daß ferner ihre Knotenpunkte untereinander gleichwertig sind, weil die Fläche Kollineationen in sich selbst besitzt, vermöge deren sich die Knotenpunkte beliebig vertauschen lassen.

Einen Knotenpunkt mit reellem Tangentenkegel kann man in zwei wesentlich unterschiedenen Weisen auflösen. Entweder man *verbindet* die in demselben zusammenstoßenden Flächenteile, so daß in der neuen Fläche an Stelle des Knotenpunktes ein dünner Ast mit hyperbolischer Krümmung sich findet, oder man *trennt* dieselben voneinander, so daß in der neuen Fläche zwei verschiedene Flächenteile mit elliptischer Krümmung einander gegenüber stehen. Am deutlichsten sind die beiden Prozesse vorzustellen, wenn man den reellen Kegel zweiter Ordnung als Übergangsfall zwischen einem einschaligen und einem zweischaligen Hyperboloide auffaßt.

Diese beiden Prozesse kann man nun an jedem der vier Knotenpunkte der zugrunde gelegten Fläche beliebig anwenden. Man erhält dadurch eine Reihe von Flächen mit weniger als vier Knotenpunkten, insbesondere von Flächen ohne Knotenpunkt. Und es soll nun im folgenden gezeigt werden, *daß durch die so erzeugten Flächen die Flächen mit reellen Knotenpunkten, insbesondere diejenigen ohne Knotenpunkt in gewissem Sinne vollständig repräsentiert sind*[4]). Wenn wir bei diesen Erörterungen uns auf solche Flächen beschränken, welche getrennte konische Knotenpunkte oder gelegentlich einfache biplanare Punkte besitzen, und auch bei diesen nur solche Fälle berücksichtigen, in denen die singulären Punkte reell sind, so geschieht es der Übersichtlichkeit wegen: die Flächen mit höheren biplanaren Punkten oder uniplanaren Punkten, sowie die Flächen mit imaginären Singularitäten lassen sich aus den im folgenden allein betrachteten ebenfalls durch kontinuierliche Änderung der Gestalt in durchaus anschaulicher Weise gewinnen.

---

[4]) [So habe ich es schon an der zitierten Stelle in den Göttinger Nachrichten von 1872 ausgesprochen. K.]

Die Einteilung der Flächen dritter Ordnung nach ihrer Gestalt, wie sie sich aus diesen Betrachtungen ergibt, fällt für die Flächen ohne Knoten genau mit derjenigen zusammen, welche Schläfli nach der Realität der geraden Linien getroffen hat[5]), während sie sich für die Flächen mit Knotenpunkten in dieselbe zum mindesten einordnet. Der Grund für diese Übereinstimmung liegt, ganz allgemein gesagt, darin, daß bei den Flächen dritter Ordnung das Zusammenfallen von Geraden und das Auftreten von Knotenpunkten gegenseitig aneinander geknüpft sind. Aus demselben Grunde stimmen die Flächen der von uns unterschiedenen Arten auch noch mit Bezug auf andere Eigenschaften überein. Es genügt dann immer, diese Eigenschaften an einer einzelnen möglichst bequem gewählten Fläche zu verfolgen.

In diesem Sinne sollen in den §§ 10—14 die Flächen mit 27 reellen Geraden einer näheren Untersuchung unterworfen werden. Unter der großen Reihe gemeinsamer Eigenschaften gerade dieser Flächen sei vor allem hervorgehoben, daß dieselben immer ein reelles *Pentaeder* besitzen, dessen Seitenflächen sich näherungsweise angeben lassen, wenn die 27 Geraden als bekannt vorausgesetzt werden. Es sind hierdurch die Gleichung fünften Grades, von der die Pentaederebenen abhängen, und die Gleichung 27. Grades, welche die Linien bestimmt, in eine sehr merkwürdige Beziehung gesetzt.

Die Bestimmung der Gestalten aller Flächen dritter Grades mag als Beitrag zu einer allgemeinen Theorie aufgefaßt werden, welche von den Gestalten algebraischer Flächen überhaupt handelt. Es sind mit Bezug auf letztere in § 15 einige sich leicht darbietende Sätze aufgestellt worden. Sodann erörtere ich in den letzten Paragraphen gewisse Beziehungen, welche diese Untersuchungen zu der sog. Analysis situs besitzen.

In einer neueren Arbeit[6]) hat nämlich Herr Schläfli, ausgehend von der Fläche dritten Grades ohne Knoten, die in zwei getrennte Teile zerfallen ist (nach seiner, wie nach der im folgenden eingehaltenen Aufzählung, die *fünfte* Art), die übrigen Flächen ohne Knoten nach ihrem *Zusammenhange* im Riemannschen Sinne untersucht.

Eine Anwendung der Riemannschen Vorstellungen auf Gebilde der projektivischen Geometrie scheint mir wegen der verschiedenartigen Auffassung des Unendlich-Weiten, die man in den gewöhnlichen Untersuchungen der Analysis situs einerseits, in der projektivischen Geometrie andererseits zugrunde legt, nicht ohne vorherige Erörterung einer Reihe fundamentaler Punkte gestattet, die ich bei dieser Gelegenheit wenigstens habe bezeichnen wollen, wenn ich auch [noch] nicht imstande war, dieselben zu erledigen.

---

[5]) On the Distribution of Surfaces of the Third Order into Species etc. Philosophical Transactions, Bd. 153 (1863), S. 193 ff.

[6]) Quand' è che dalla superficie generale di terz' ordine si stacca una parte che non sia realmente segata da ogni piano reale? Annali di Mat., Ser. II, t. 5 (1872/73), p. 289.

§ 1.

Über ein Modell einer Fläche dritter Ordnung mit vier reellen Knotenpunkten.

Die Eigenschaften der Flächen dritter Ordnung mit vier Knotenpunkten sind in neuerer Zeit wiederholt untersucht worden, so daß sie als wesentlich bekannt vorausgesetzt werden dürfen. Es sei daher nur an die Lage der 27 Geraden der Fläche erinnert. Von denselben fallen 24 in die als Gerade der Fläche vierfach zählenden Kanten des Knotenpunkttetraeders. Die drei übrigen liegen in einer beliebig anzunehmenden Ebene und bilden die Diagonalen des Vierseits, in welchem dieselbe von den Tetraederflächen geschnitten wird.

Es mögen jetzt die vier Knotenpunkte insbesondere reell vorausgesetzt sein. Dann besteht die Fläche, von der durch das Unendlich-Ferne erfolgenden Trennung abgesehen, aus zwei zusammenhängenden Teilen, welche nur in den vier Knotenpunkten zusammenstoßen. Von denselben ist der eine nirgends hyperbolisch, der andere nirgends elliptisch gekrümmt. Denn die parabolische Kurve der Fläche besteht *doppeltzählend* aus den sechs Tetraederkanten, und es wird also ein Übergang von elliptischer zu hyperbolischer Krümmung nur beim Durchsetzen eines Knotenpunktes, nicht beim Überschreiten der parabolischen Kurve stattfinden.

Um eine konkrete Anschauung von der Gestalt, welche eine solche Fläche besitzt, zu vermitteln, sei hier die Beschreibung eines Gipsmodells derselben gegeben, das Herr Weiler auf meinen Wunsch anfertigte, und auf welches sich die ebenfalls von Herrn Weiler entworfene Zeichnung in Fig. 1 bezieht. Die vier Knotenpunkte bilden in demselben ein gleichseitiges Tetraeder, dessen eine Seitenfläche horizontal gestellt und nach oben gekehrt ist. Der elliptische Teil der Fläche fällt nahe mit dem von den vier Knoten begrenzten endlichen Tetraeder zusammen und weicht nur dadurch von demselben ab, daß statt der ebenen Begrenzungen konvexe Partien auftreten. Der hyperbolische Teil setzt sich nach außen an die vier Knotenpunkte an und breitet sich von diesen ab wesentlich horizontal aus, so daß er die unendlich ferne Ebene in einem symmetrischen Kurvenzuge schneidet, der drei auf einer Horizontalen gelegene Wendungen besitzt. Durch diese Symmetrieverhältnisse ist ersichtlich der untere Knotenpunkt, wiewohl nicht in projektivischem Sinne, ausgezeichnet. Weiter unterhalb desselben, um die Höhe des Knotenpunkttetraeders von ihm entfernt, befindet sich in horizontaler Lage die Ebene der einfach zählenden Geraden; die geraden Linien in ihr bilden ein gleichseitiges Dreieck.

Es wurde bereits hervorgehoben, daß die Fläche dritter Ordnung mit vier reellen Knotenpunkten für die projektivische Auffassung nur eine Art darstellt, und in diesem Sinne repräsentiert das geschilderte Modell also alle derartigen Flächen. Die räumliche Anschauung löst sich aber nur schwer

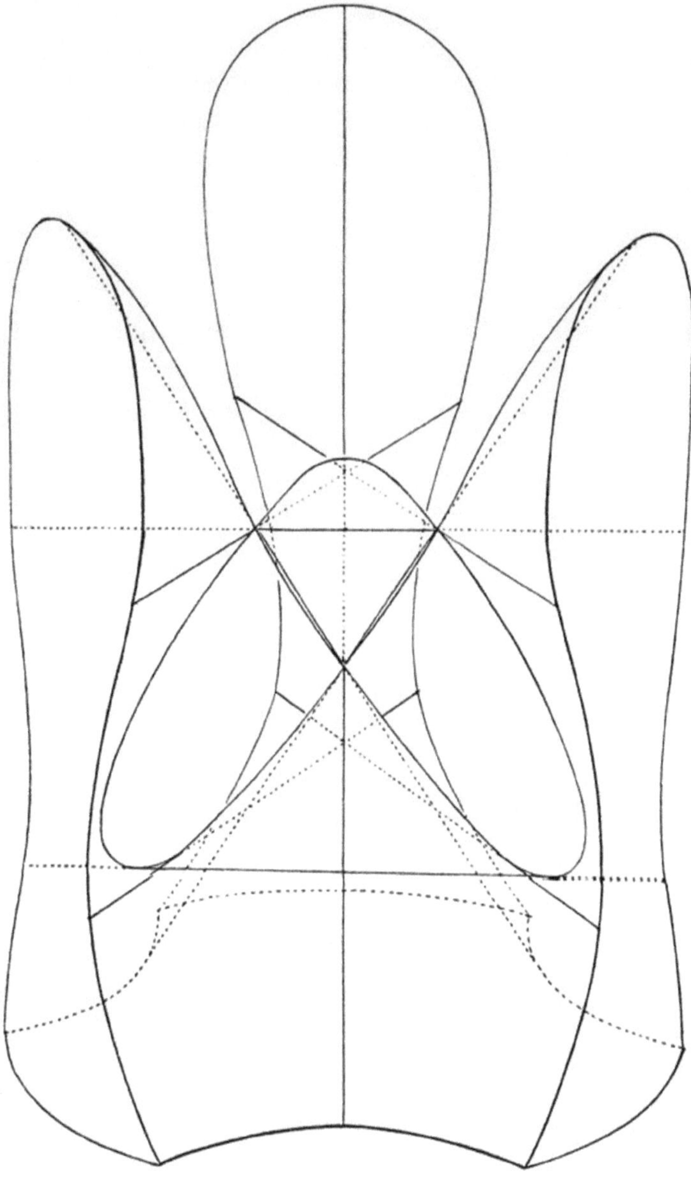

Fig. 1.

von der gewöhnlichen Weise ab, für welche das Unendlich-Weite seine besondere Geltung beansprucht. Insofern ist es nicht gleichgültig, daß in dem Modelle gerade ein Fall dargestellt ist, in welchem die unendlich ferne

Ebene nur den hyperbolischen Teil der Fläche, und zwar nach einer Kurve ohne Oval schneidet. Es werden dadurch gewisse charakteristische Übergänge, deren Betrachtung im folgenden notwendig wird, besonders anschaulich, indem sie ihren Einfluß nur auf ganz im Endlichen gelegene Partien der Fläche erstrecken. Das in der Einleitung erwähnte [von Herrn Neesen angefertigte] Modell hatte einen anderen Fall zur Anschauung gebracht (das Unendlich-Weite ist bei ihm eine auch ganz auf dem hyperbolischen Teile gelegene Kurve, aber mit Oval); bei ihm sind die bezüglichen Verhältnisse nicht so leicht zu verfolgen.

§ 2.

Ableitung neuer Flächen aus der Fläche mit vier reellen Knoten.

An jedem der vier Knotenpunkte des Modells mag man nun den Prozeß des *Verbindens* oder des *Trennens*, wie er in der Einleitung geschildert wurde, anbringen. Da die vier Knotenpunkte projektivisch untereinander gleichberechtigt sind, auch keine ihrer Gruppierungen zu zwei, drei ausgezeichnet ist, so wird es nur auf die Zahl der Knotenpunkte ankommen, die von dem einen oder anderen Prozesse betroffen werden, und wir können die bez. Knotenpunkte in jedem Falle den Symmetrieverhältnissen der Fläche möglichst entsprechend wählen.

Soll insbesondere (und dieser Fall allein wird im folgenden spezieller erörtert, um an ihm das Verhalten der Flächen beim Auftreten biplanarer Punkte allgemein zu charakterisieren) nur ein Knotenpunkt aufgelöst werden, so wählen wir den unteren. Die beiden so hervorgehenden Flächen mit drei Knoten mögen mit I und II bezeichne sein, je nachdem ler Prozeß des Verbindens oder des Trennens angewandt wurde. Oder, wenn die beiden Prozesse allgemein durch $+$ und $-$ bezeichnet werden, so wird man das Schema haben:

I $+$
II $-$.

Von Flächen mit zwei Knoten erhalten wir drei Arten, die bezüglich durch:

I $+ +$
II $+ -$
III $- -$

bezeichnet sein sollen.

Flächen mit einem Knoten gibt es vier:

I $+ + +$
II $+ + -$
III $+ - -$
IV $- - -$,

endlich von Flächen ohne Knoten fünf:

$$\begin{array}{ll} \text{I} & +\ +\ +\ + \\ \text{II} & +\ +\ +\ - \\ \text{III} & +\ +\ -\ - \\ \text{IV} & +\ -\ -\ - \\ \text{V} & -\ -\ -\ -\ . \end{array}$$

Es ist ersichtlich, daß die letzterzeugten fünf Flächen mit Ausnahme der fünften aus einem überall zusammenhängenden Teile bestehen; die Fläche V enthält zwei getrennte Teile.

Aus diesen Flächen sollen nun noch weitere abgeleitet werden, indem man sich einen oder einige der vorhandenen Knotenpunkte durch die *biplanare* Form hindurch ändern läßt, sofern dies möglich ist. Hierzu wird aber die Betrachtung eines biplanaren Knotens an sich und des Übergangs einer Fläche mit gewöhnlichem Knoten in eine solche mit biplanarem Knoten überhaupt erforderlich.

§ 3.

Über Flächen mit biplanarem Knoten[7]).

Der Kegel zweiter Ordnung, der von den Tangenten in einem biplanaren Knoten einer Fläche gebildet wird, ist in ein Ebenenpaar ausgeartet. Dieses Ebenenpaar kann reell oder imaginär sein. Jedenfalls ist der Durchschnitt der beiden Ebenen, die *Achse* des biplanaren Punktes, wie er genannt sein mag, reell. Während eine durch den biplanaren Punkt beliebig durchgelegte Ebene die Fläche in einer Kurve mit Doppelpunkt trifft, ist die Durchschnittskurve der Fläche mit einer durch die Achse gehenden Ebene eine Kurve mit Spitze, deren Tangente eben die Achse ist.

Sind nun die beiden ausgezeichneten Ebenen imaginär, so ist diese Spitze für alle derartigen Ebenen gleich gerichtet. Die Fläche hat in der Nähe des biplanaren Punktes eine Gestalt, wie wenn sie durch Rotation einer Kurve mit Spitze um deren Tangente entstanden wäre.

Bei dem biplanaren Punkte hingegen, der reelle Ebenen besitzt, ist die Spitze der ausgeschnittenen Kurve verschieden gerichtet, je nachdem die gewählte Ebene dem einen oder anderen Winkelraume angehört, der durch die beiden ausgezeichneten Ebenen begrenzt wird. Der Übergang von der einen zur anderen Lage findet in den ausgezeichneten Ebenen statt, welche ihrerseits die Fläche nach einer Kurve mit dreifachem Punkte schneiden. Es sind hierbei wiederum zwei Fälle zu unterscheiden, die

---

[7]) Vgl. hierzu die Erörterung, die Schläfli gibt: Philosophical Transactions. 1863. S. 207.

freilich den Zusammenhang der Fläche in der Nähe des singulären Punktes
nicht wesentlich beeinflussen. Der dreifache Punkt der Schnittkurve hat
nämlich entweder nur einen reellen Ast oder er hat drei reelle Äste. Die

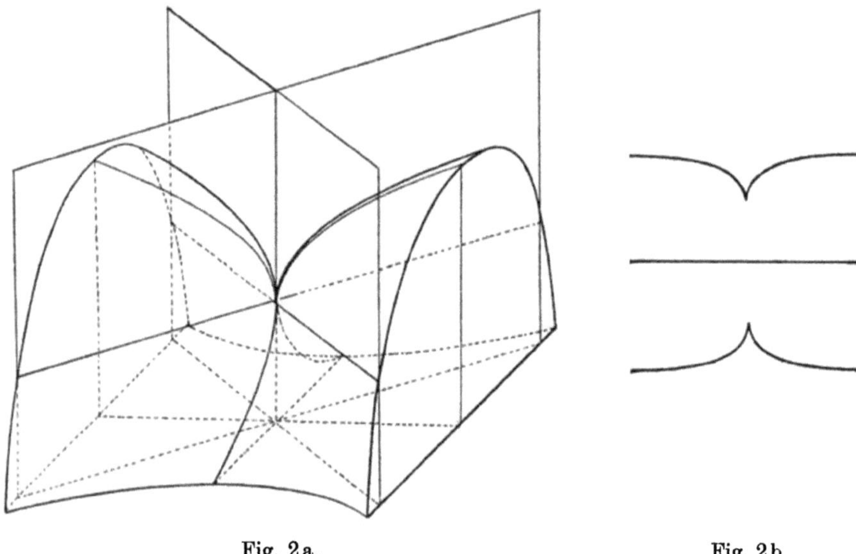

Fig. 2 a.   Fig. 2 b.

beiden Fälle (eigentlich sind drei Fälle biplanarer Punkte mit reellen Ebenen
zu unterscheiden, da die einzelne Ebene unabhängig von der anderen beide

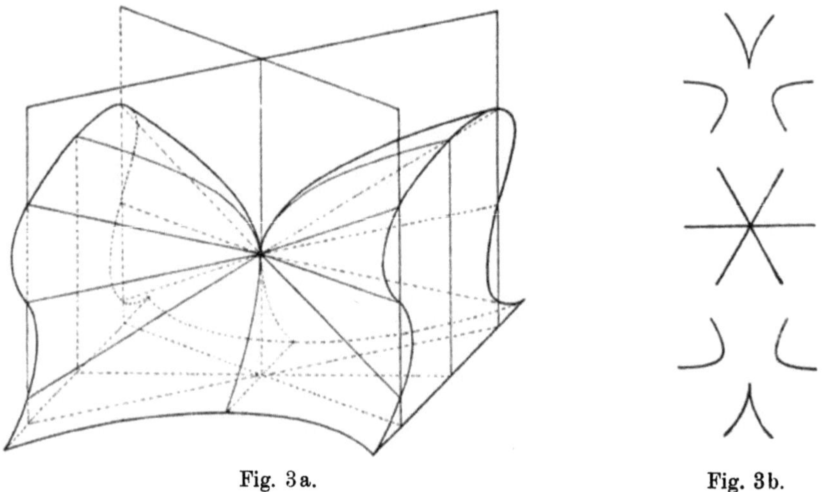

Fig. 3 a.   Fig. 3 b.

Arten des Übergangs zeigen kann) sind in Fig. 2 und 3 zur Anschauung gebracht. In dem ersten Falle (Fig. 2a und 2b) wird die Spitze der Durchschnittskurve, welche eine durch die Achse gelegte Ebene mit der Fläche gemein

hat, immer flacher, sowie man die Ebene der ausgezeichneten Lage nähert, d. h. die in der Spitze zusammenstoßenden Äste der Kurve biegen sich immer rascher voneinander weg. An der Grenze sind die beiden Äste der eine in die Verlängerung des anderen übergegangen, die Spitze selbst ist verschwunden. Bewegt man die schneidende Ebene über die Grenzlage hinaus, so erscheint die Spitze wieder, aber nun nach der anderen Seite gerichtet. In dem zweiten Falle (Fig. 3a und 3b) ist der Übergang ganz anders. Wenn sich die schneidende Ebene der Grenzlage nähert, so treten an die Spitze zwei weitere Äste der Durchschnittskurve hinan. An der Grenze entsteht aus der Verschmelzung derselben mit der Spitze der dreifache Punkt in der Weise, daß die Spitze die Hälften zweier Äste des dreifachen Punktes geliefert hat. Hernach löst sich der dreifache Punkt in entsprechender Weise, aber in umgekehrtem Sinne wieder auf[8]).

Unabhängig von diesem Unterschiede hat der biplanare Punkt mit reellen Ebenen ersichtlich die Eigenschaft, *daß man auf der Fläche von jedem Punkt in der Nähe des biplanaren zu jedem anderen benachbarten gelangen kann, ohne den biplanaren Punkt zu durchsetzen;* wir werden sogleich auf diesen Unterschied zurückkommen.

§ 4.

Ableitung des biplanaren Knoten aus dem konischen.

Betrachten wir jetzt, wie eine Fläche mit biplanarem Knoten aus einer mit gewöhnlichem Knoten hervorgehen kann.

Beim biplanaren Punkte mit imaginären Ebenen ist das leicht er-

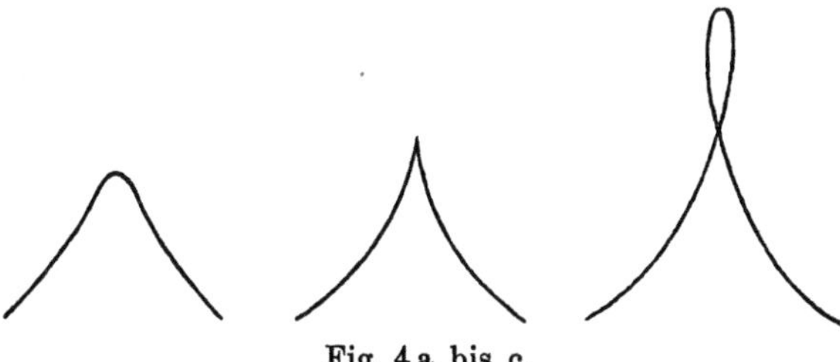

Fig. 4a bis c.

sichtlich. Eine ebene Kurve mit Spitze ist der Übergang zwischen einem isolierten Knoten, an den sich ein Kurvenzug mit zwei Wendungen heranzieht, und einem nicht isolierten Knoten, der eine kleine geschlossene Schleife besitzt (Fig. 4a bis c). Die mit dem biplanaren Punkte versehene Fläche bildet den Übergang zwischen einer Fläche mit isoliertem und einer

---

[8]) [Wegen des dritten hier nicht erläuterten Falles sowie wegen weiterer Einzelheiten vgl. den unten folgenden Zusatz I.]

2*

Fläche mit nicht isoliertem Knoten, wie sie aus den bez. Kurven durch Rotation um die Symmetrieachse hervorgehen.

Beim biplanaren Punkte mit reellen Ebenen ist der Übergang der
folgende. *Die Fläche mit Knoten muß hier die eben hervorgehobene Eigenschaft des Zusammenhangs um den singulären Punkt herum ebenfalls
besitzen.* Sie ist daher folgendermaßen gestaltet (Fig. 5). Durch die
Achse des späteren biplanaren Punktes lege man schneidende Ebenen. Dieselben schneiden zum Teil in einer Kurve mit isoliertem Punkte, zum anderen
Teil in einer Kurve mit nicht isoliertem Knotenpunkte, aber *kleiner* Schleife.
Stellt man die Fläche so, wie in der Zeichnung geschehen ist, daß sich die
Kurven der ersten Art wesentlich nach unten erstrecken, so erstrecken sich

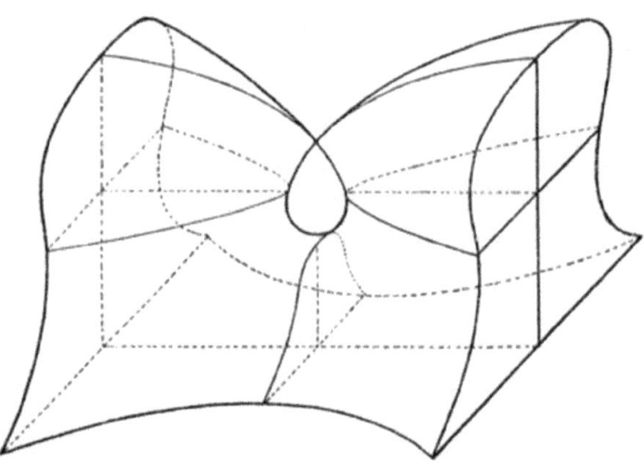

Fig. 5.

die Kurven der zweiten Art (abgesehen von der kleinen Schleife) wesentlich
nach oben. Unterhalb des Knotens befindet sich daher, wie in der beigegebenen Figur zu sehen, eine Art kleiner Öffnung der Fläche. Zieht sich dieselbe vollends zusammen, so hat man den biplanaren Punkt. Ändert sich
die Fläche weiter, so tritt diese Öffnung wieder auf, aber nun oberhalb des
Punktes und um einen rechten Winkel gedreht. *Beim Durchgange durch
den biplanaren Punkt reproduzieren sich also die an die singuläre Stelle
angrenzenden Flächenteile nur in anderer Anordnung; sie scheinen [,wie
man auch sagen kann, 180° um die Schnittlinien der Tangentialebenen
mit der gegen die Achse senkrechten Ebene gedreht].*

Auf die Knotenpunkte der beiden Flächen, welche sonach den Flächen,
die einen biplanaren Punkt mit reellen Ebenen besitzen, benachbart erscheinen, wende man jetzt die zur Verfügung stehenden Änderungsprozesse
des Verbindens oder Trennens an. Man erhält dann ersichtlich bei beiden
Flächen die nämlichen Resultate, wie sie in Fig. 6 und 7 dargestellt sind.

Etwas ganz Ähnliches findet in dem Falle statt, daß man es mit einem biplanaren Punkte mit imaginären Ebenen zu tun hat. Wendet man auf die Fläche mit nicht isoliertem Knoten, die der Fläche mit biplanarem Knoten benachbart ist, die Prozesse des Verbindens oder Trennens an, so erhält man dasselbe Resultat, als wenn man bei der Fläche mit isoliertem

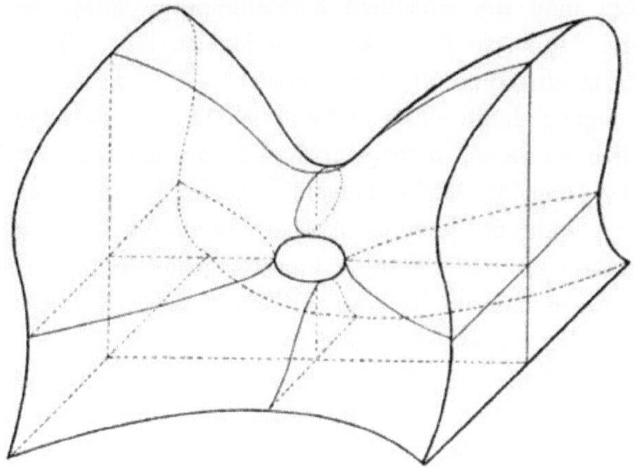

Fig. 6.

Knoten diesen Knoten die Änderungen eingehen läßt, deren er fähig ist, d. h. wenn man ihn entweder ganz verschwinden oder in eine kleine Kugel übergehen läßt.

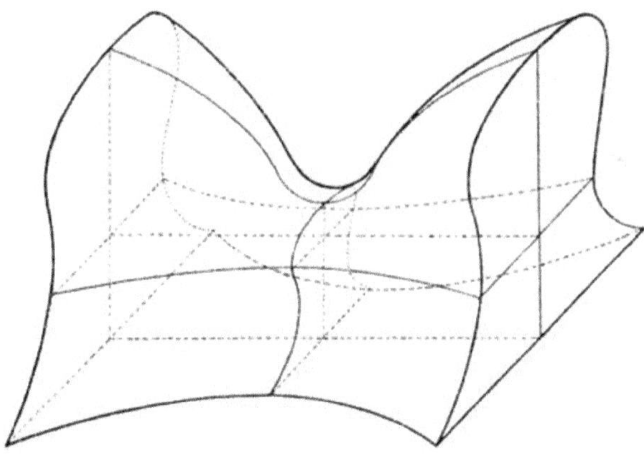

Fig. 7.

Als Resultat dieser Überlegungen mögen wir also folgendes hinstellen:

Eine Fläche mit biplanarem Knoten bildet den Übergang zwischen zwei Flächen mit gewöhnlichem Knoten [die möglicherweise verschiedenen Arten angehören]; wendet man aber auf diese Knoten die beiden in jedem Falle zulässigen Auflösungsprozesse an, so sind die Resultate bei beiden Flächen dieselben.

§ 5.

Ableitung weiterer Flächen dritter Ordnung.

Aus den in § 2 aufgestellten Flächen sollen jetzt weitere abgeleitet werden, indem man die einzelnen Knotenpunkte, sofern es möglich ist, sich durch die biplanare Form hindurch ändern läßt. Betrachten wir zu dem Zwecke die einzelnen Flächen genauer.

Ein Durchgang durch einen biplanaren Knoten mit imaginären Ebenen kann ersichtlich so lange nicht stattfinden, als noch ein anderer Knoten vorhanden ist. Denn die Verbindungslinie beider Knoten würde der Fläche ganz angehören, während doch durch einen biplanaren Punkt mit imaginären Ebenen niemals eine reelle Gerade hindurchgehen kann. Aber unter den Flächen mit einem Knoten hat nur *IV* eine solche Gestalt, wie sie behufs des gedachten Überganges notwendig ist. Diese Fläche *IV* kann wirklich einen biplanaren Knotenpunkt der gemeinten Art erhalten; ändert sie sich durch diesen hindurch, so gibt es eine Fläche *IV′* mit isoliertem Knoten, die als neue Fläche den vier mit einem reellen Knoten hinzugefügt werden mag.

Ein Durchgang durch einen biplanaren Knoten [mit reellen Ebenen setzt ebenfalls, nach § 4, eine gewisse Art des Zusammenhangs bei der ursprünglichen Fläche voraus. Betrachten wir, statt aller anderen, die beiden Flächen *I* und *II* mit drei Knoten. Bei *II* ist ein solcher Übergang ersichtlich nicht möglich, weil die in einem Knoten zusammenstoßenden Flächenteile weiter keinen Zusammenhang zeigen. Anders bei *I*. Hier können sich sämtliche drei Knoten durch die biplanare Form hindurch ändern und das [kann], je nachdem es bei 1, 2, 3 Knoten geschieht, drei neue Arten mit drei Knoten [geben]:

$$I', \ I'', \ I'''.$$

Bei den Flächen mit zwei Knoten stellen sich die Verhältnisse so: Im Falle *III* ist keinerlei Übergang durch eine biplanare Form möglich. Bei *II* und *I* finden Übergänge statt [die zu neuen Arten Anlaß geben können]. Ebenso [können] die Fälle *I, II, III* der Flächen mit einem Knoten eine Reihe neuer Formen [ergeben]; der Fall *IV*, der eben schon die Fläche mit isoliertem Punkte ergeben hat, liefert hier keinen Beitrag[9]).

Wenn man an den Knotenpunkten der so erhaltenen neuen Flächen nunmehr die beiden gestatteten Änderungsprozesse anbringt, so erhält man nach dem Schlußsatze des § 4 nichts Neues. Auf die Flächen ohne Knotenpunkt insbesondere ist also die Änderung der vorangehenden Flächen durch die Formen mit biplanaren Knoten hindurch ohne Einfluß.

---

[9]) [Hinsichtlich aller hier aufgezählten Möglichkeiten sei auf den unten folgenden Zusatz I verwiesen.]

§ 6.

Die abgeleiteten Flächen erschöpfen alle Flächen dritten Grades mit reellen konischen Knotenpunkten.

Ich behaupte nun, daß die abgeleiteten Flächen alle Flächen mit drei, zwei, einem reellen konischen Knoten bez. ohne Knoten repräsentieren. Der Sinn dieser Behauptung muß durch nähere Umgrenzung des Artbegriffs zunächst präzisiert werden. Ich rechne zu derselben Art solche Flächen, welche durch allmähliche Änderung ihrer Konstanten so ineinander übergeleitet werden können, daß während des ganzen Änderungsprozesses kein neuer oder kein höherer singulärer Punkt auftritt. [Alle reellen Kollineationen mit positiver Determinante haben die Eigenschaft, durch Wiederholung unendlich kleiner reeller Kollineationen ableitbar zu sein. Es gehören demnach auch solche Flächen dritter Ordnung zu derselben Art, welche durch solche reelle Kollineationen, die den Sinn eines beliebigen Tetraeders nicht ändern, ineinander übergehen.

Es könnte nun scheinen, daß zwei Flächen, welche spiegelbildlich voneinander verschieden sind, nicht zu derselben Art gehören. Dem ist aber im allgemeinen nicht so. Die Fläche mit vier reellen Knoten, mit der wir unsere Entwicklung begannen, geht nämlich durch eine Anzahl Spiegelungen in sich selbst über. Entsprechend gibt es unter den aus ihr von uns abgeleiteten Flächen der meisten Arten, die wir betrachteten, solche, die sich selbst spiegelbildlich gleich sind. Sie bilden den natürlichen Übergang jedesmal zwischen solchen Flächen, die spiegelbildlich unterschieden sind. Wir haben daher den Satz: *Gehört zu einer Art eine Fläche, die zu sich selbst spiegelbildlich ist, so gehört mit jeder Fläche dieser Art auch ihre spiegelbildlich verschiedene dazu.*

Im einzelnen verhält sich nun die Sache so: Bei Flächen ohne Singularitäten enthält jede Art eine zu sich spiegelbildliche Fläche; dasselbe gilt für alle Flächen mit einem oder zwei oder drei reellen konischen Knoten[10].][11]

Die folgende Anschauungsweise scheint geeignet, diesen *Artbegriff* noch deutlicher zu machen. Eine Fläche dritter Ordnung hängt von 19 Konstanten ab. Die Gesamtheit aller Flächen dritter Ordnung (wobei nur an Flächen mit reellen Koeffizienten gedacht sein soll) bilden also eine Mannig

---

[10] [Dagegen sei schon hier erwähnt, daß, soweit konische und gewöhnliche biplanare Knotenpunkte in Frage kommen, nur folgende drei Typen in spiegelbildlich verschiedene Arten zerfallen: Die Flächen mit einem biplanaren Punkt, dessen Tangentialebenen nicht gleichberechtigt sind und die beiden Typen von Flächen mit einem biplanaren und einem konischen Punkt. Vgl. Zusatz I.]

[11] [Die im Original an dieser Stelle stehenden Ausführungen sind, weil sie nicht bindend waren, beim Wiederabdruck durch vorstehenden Beweis ersetzt worden. K.]

faltigkeit von 19 Dimensionen. In dieser Mannigfaltigkeit füllen die Flächen mit Knotenpunkt einen Raum von nur 18 Dimensionen aus, welcher die ganze Mannigfaltigkeit in eine Reihe getrennter Gebiete zerlegt, so daß man aus einem Gebiete in ein anderes nur dadurch treten kann, daß man diesen Raum von 18 Dimensionen durchsetzt. *Jedes dieser Gebiete repräsentiert nun eine Art von Flächen ohne Knotenpunkt.*

Entsprechend, wie wir jetzt bei den Flächen ohne Knoten Arten unterschieden haben, ist bei den Flächen mit Knoten zu verfahren. Die Mannigfaltigkeit von 18 Dimensionen z. B., wie sie durch die Flächen mit einem Knoten vorgestellt wird, ist durch Mannigfaltigkeiten von 17 Ausdehnungen, die sich auf die Flächen mit zwei Knoten oder mit biplanarem Knoten beziehen, in Gebiete zerlegt usf. Der Sinn unserer Behauptung ist nun der, *daß die von uns abgeleiteten Flächen die überhaupt vorhandenen Gebiete, sofern sich dieselben nicht auf Flächen mit höheren oder mit imaginären singulären Punkten beziehen, vollständig und jedes nur einmal repräsentieren*[12]).

§ 7.

Beweis des aufgestellten Satzes.

Der Beweis des aufgestellten Satzes ergibt sich nun fast unmittelbar. Man hat sich nur zu überzeugen, daß die niederen Mannigfaltigkeiten, welche in jedem einzelnen Falle die Trennung der gerade betrachteten Mannigfaltigkeit in Gebiete bewirken, keine anderen sein können, als die ohnehin schon in Betracht gezogenen. Der Beweis dafür ruht darin, daß alle anderen Mannigfaltigkeiten, an die man würde denken können, nicht die Zahl von Dimensionen haben, die ausreicht, um eine Trennung in Gebiete zu begründen. So wird z. B. die Mannigfaltigkeit von 19 Dimensionen, die durch die Flächen ohne Knoten repräsentiert ist, nur durch die Mannigfaltigkeit der Flächen mit einem Knoten in Gebiete zerlegt werden können, nicht aber z. B. durch die der Flächen mit zwei imaginären Knotenpunkten, da letztere nur von 17 Konstanten abhängen. Der eigentliche tiefere Grund, warum die Derivation aller Gestalten bei den Flächen dritter Ordnung so einfach gelingt, während sie z. B. bei den Flächen vierter Ordnung viel komplizierter sein dürfte, liegt eben darin, daß bei den Flächen höherer Ordnung auch Fälle mit Doppelkurven usw. vorhanden sind, die von hinlänglich vielen Konstanten abhängen, um Unterabteilungen zu begründen. Die Fläche dritter Ordnung mit dem Maximum der Doppelpunkte, 4, hängt

---

[12]) Die ganze Vorstellungsweise von der durch die Flächen repräsentierten Mannigfaltigkeit, sowie der Satz über spiegelbildliche Flächen haben nicht nur bei Flächen dritten Grades, sondern überhaupt bei Flächen höheren Grades ihre Geltung.

noch von 15 Konstanten ab, während die Fläche mit Doppelgerade nur 12, die Fläche, welche in eine Ebene und eine Fläche zweiten Grades zerfallen ist, auch nur 12 Konstanten hat. Bei Flächen vierter Ordnung hat die Fläche mit dem Maximum der Knotenpunkte (die Kummersche Fläche mit 16 Knoten) 18 Konstante; eine Fläche dagegen, die in eine F_3 und eine Ebene zerfallen ist. 22[13]).

Noch in der folgenden, mehr anschaulichen Weise, mag man sich von der Vollständigkeit überzeugen, mit der die von uns abgeleiteten Flächen die Flächen dritten Grades repräsentieren.

Betrachten wir zunächst Flächen dritten Grades mit drei reellen Knotenpunkten. Es sei $f = 0$ eine irgendwie gegebene Fläche der Art, so konstruiere man eine Fläche f' mit vier Knoten, welche drei Knoten mit f gemein hat, und betrachte das Bündel $f + \lambda f' = 0$. In demselben werden (möglicherweise) eine größere Zahl von Flächen mit vier Knoten auftreten; diejenige unter ihnen, welche dem kleinsten positiven oder negativen Werte von λ entspricht, heiße φ. *Aus der Fläche φ geht f dann hervor, indem der vierte Knotenpunkt einem der bewußten beiden Prozesse unterworfen wird, indem ferner eine beliebige Zahl der drei bleibenden Knotenpunkte durch die biplanare Form hindurch sich ändert.* Aber andere Unstetigkeiten können nicht eintreten, weil dazu besondere Bedingungen zu erfüllen wären, die man immer als nicht erfüllt ansehen kann; die Flächen mit drei Knoten sind also durch die von uns aufgestellten Arten erschöpft. Jetzt zeigt man dasselbe für Flächen mit zwei Knoten, dann für die Flächen mit einem Knoten und endlich für die Flächen ohne Knoten, *womit dann der allgemeine Beweis erbracht ist.*

§ 8.

Über den Verlauf der geraden Linien auf den erzeugten Flächen. Zusammenhang der gewonnenen Einteilung mit der von Schläfli.

Den Ausgangspunkt für die Erzeugung aller anderen Flächen bildete die Fläche mit vier Knoten. Die Lage der geraden Linien auf ihr ist bekannt (vgl. § 1). Wie die geraden Linien auf den abgeleiteten Flächen verteilt sind, ergibt sich durch eine einfache Überlegung, die nun entwickelt werden soll.

Denken wir die abgeleiteten Flächen von der ursprünglichen Fläche mit vier Knoten zunächst wenig verschieden. Dann werden sich die drei einfach zählenden Geraden der ursprünglichen Fläche auf der abgeleiteten wiederfinden. Denn keine von ihnen kann sich mit einer anderen Geraden

---

[13]) [Beim Wiederabdruck ist der hier im Original folgende Absatz fortgelassen, da Behauptung und Beweisführung ungenau waren und sein Inhalt durch die Ausführungen des § 5 und des Zusatzes I voll ersetzt wird.]

vereinigt haben und dann imaginär geworden sein, weil sie von vornherein zu keiner Geraden benachbart war. Es fragt sich also nur nach dem Verhalten der 24 bei der ursprünglichen Fläche in den sechs Tetraederkanten vereinigten Geraden.

Hier gilt nun offenbar: *Werden die in einem Knotenpunkte aneinander stoßenden Flächenteile voneinander getrennt, so werden die bez. Geraden imaginär;* und man wird vermuten: *Werden die Teile hingegen vereinigt, so trennen sich die bez. Geraden in die doppelte Zahl reeller.* Eine gerade Linie z. B., welche durch zwei Knotenpunkte hindurchging, die beide von dem Prozesse des Verbindens betroffen wurden, wird sich in vier reelle Gerade gespalten haben.

Um dies sicherer einzusehen, als es bei der geringen Übung, welche unsere räumliche Anschauung in solchen Dingen besitzt, gelingen will, bilde ich die Fläche dritten Grades von einem ihrer Punkte durch Projektion auf eine Doppelebene ab. Den Projektionspunkt wähle ich auf dem elliptischen Teile der ursprünglichen Fläche, etwa, in dem in Fig. 1 dargestellten Falle, in dem höchstgelegenen Punkte des elliptischen Teils. Dabei wird, nach bekannten Eigenschaften der Fläche dritter Ordnung mit vier Knoten, eine aus einem Kegelschnittpaare bestehende Übergangskurve auftreten, deren vier Doppelpunkte den Knoten der Fläche entsprechen. Nun aber befindet sich der elliptische Teil ganz innerhalb der in den Knoten berührenden Tangentenkegel. Bei der besonderen Wahl des Projektionspunktes, die wir getroffen haben, wird daher das Kegelschnittpaar imaginär sein, die Übergangskurve sich auf vier isolierte Punkte reduzieren. Die sechs Verbindungsgeraden dieser vier Punkte sind die Bilder der sechs auf der Fläche liegenden Tetraederkanten. Der Einfluß einer Deformation der Fläche auf die Geraden derselben läßt sich jetzt in der Abbildung studieren. Denn die Bilder der geraden Linien sind, wie Geiser entwickelt hat (Math. Annalen, Bd. 1 (1868/69)), die Doppeltangenten der bei der Abbildung auftretenden Übergangskurve vierter Ordnung, welche letztere in dem speziellen bis jetzt betrachteten Falle in ein Kegelschnittpaar ausgeartet war[14]).

Die Änderung, welche die Übergangskurve bei der Deformation der Fläche erfährt, ist aber diese: Zerreißt man die an einen Knoten hinantretenden Flächenteile, so verschwindet der bez. isolierte Punkt der Übergangskurve vollends; im umgekehrten Falle wird er ein kleines Oval. Wendet man z. B. den Prozeß des Verbindens auf alle Knoten an, was die von

---

[14]) [Die im Text angedeuteten Überlegungen sind weiterhin von H. G. Zeuthen eingehend verfolgt und mit seinen eigenen Untersuchungen über die Gestalt der ebenen Kurven vierter Ordnung in Verbindung gebracht worden (Études des propriétés de situation des surfaces cubiques. Math. Annalen, Bd. 8 (1874)). Ebenda findet sich eine Reihe Bestätigungen für die Angaben, die ich weiter unten in den §§ 10—13 mache, mit weiteren Entwicklungen, zu denen in Zusatz II Stellung genommen wird. K.]

uns mit I bezeichnete Art ohne Knoten ergibt, so geht die Übergangskurve in vier Ovale über. Dieselben haben untereinander 24 reelle Doppeltangenten (außerdem sind vier Doppeltangenten, wie schon im Falle des Kegelschnittpaares, isoliert). Mit den drei einfach zählenden Geraden, die die Fläche ohnehin besitzt, ergibt dies für die Fläche 27 Gerade; *die mit I bezeichnete Fläche ohne Knoten hat also lauter reelle Gerade.*

Die entsprechende Abzählung ergibt bei den vier anderen Flächen ohne Knotenpunkt bez.

$$15, 7, 3, 3$$

reelle Gerade. *Die drei ersten Arten entsprechen also einzeln den von Schläfli unterschiedenen Arten, insofern dieselben durch die Zahl der reellen Geraden völlig charakterisiert sind; die beiden letzten Arten entsprechen zusammen der vierten und fünften Art Schläflis, und es bleibt zu untersuchen, ob auch ein Entsprechen im Einzelnen stattfindet.*

Diese Untersuchung ist durch Schläflis bereits genannte Arbeit (Annali di Matematica, ser. II, t. 5) erledigt, wo er zeigt, daß die zweiteilige Fläche (unsere fünfte Art) mit seiner fünften Art zusammenfällt. Die vierte und fünfte Art bei Schläfli sind durch die Zahl der reellen Dreiecksebenen unterschieden, sie beträgt bez. sieben und dreizehn. In der Tat ist nun leicht zu sehen (Schläflis Betrachtungen in den Annali benutzt ganz ähnliche Momente), daß auch unsere fünfte Art sechs reelle Dreiecksebenen mehr besitzt als die vierte. Denn die drei Ebenen, welche man durch die drei einfach zählenden Geraden der Fläche und den Knotenpunkt legen kann, dessen Flächenteile im Falle IV verbunden, im Falle V getrennt werden, gehen eben deshalb im Falle V in sechs reelle, im Falle IV in imaginäre Tangentenebenen über, und diese Tangentenebenen sind Dreiecksebenen, da sie, durch eine Gerade der Fläche hindurchgelegt, in einem nicht der Geraden angehörigen Punkte berühren. *Also auch die Arten IV und V entsprechen der vierten und fünften Art Schläflis.*

Durch das nämliche Raisonnement beweist man einen Satz, den mir Herr Sturm mitgeteilt hat. Eine Tetraederkante liefert imaginäre Gerade, sowohl wenn beide auf ihr befindlichen Knotenpunkte zerrissen werden, als auch, wenn dies nur bei einem der Fall ist. Man findet nun nach Herrn Sturm, *daß die Gerade völlig imaginär wird, wenn das letztere eintrat, daß sie dagegen im ersteren Falle punktiert imaginär wird.* Doch gehe ich hier nicht näher auf die Betrachtung der einzelnen Fälle ein, als deren Summe eben die Sturmsche Regel resultiert[15]).

---

[15]) [Indem man die reellen Tangentialebenen betrachtet, welche man im einzelnen Falle durch die einfach zählenden Geraden an die Fläche legen kann, erfährt man zugleich, wo die reellen Punkte liegen, in denen sich gegebenenfalls zwei konjugiert imaginäre Gerade der Fläche schneiden. K.]

Aber auch die Flächen mit Knoten, wie wir sie abgeleitet haben, entsprechen den von Schläfli unterschiedenen Arten. Man findet durch bloßes Abzählen der geraden Linien, daß sich entsprechen:

Flächen mit drei reellen Knoten:

$$\begin{array}{lll} \text{I} & \text{Schläfli VIII, 1} \\ \text{II} & \quad\quad\text{„}\quad\quad \text{VIII, 2.} \end{array}$$

Flächen mit zwei reellen Knoten:

$$\begin{array}{lll} \text{I} & \text{Schläfli} & \text{IV, 1} \\ \text{II} & \quad\text{„} & \text{IV, 2} \\ \text{III} & \quad\text{„} & \text{IV, 3.} \end{array}$$

Flächen mit einem reellen Knoten:

$$\begin{array}{lll} \text{I} & \text{Schläfli} & \text{II, 1} \\ \text{II} & \quad\text{„} & \text{II, 2} \\ \text{III} & \quad\text{„} & \text{II, 3} \\ \text{IV} & \quad\text{„} & \text{II, 4.} \end{array}$$

Hiermit sind Schläflis Arten bis auf die mit einem isolierten Knoten (II, 5) erschöpft; eine solche aber wurde schon oben (§ 4) abgeleitet und unter den mit einem Knoten versehenen Flächen durch **IV′** bezeichnet, so daß also *alle* in Betracht kommenden Arten unter den unseren nachgewiesen sind.

§ 9.

Weiterer Vergleich mit Schläflis Einteilung.

Die Beziehung zur Schläflischen Einteilung wurde erst dargelegt für diejenigen Flächen, die von der ursprünglichen Fläche mit vier Knoten wenig abwichen. Es bleibt nachzuweisen, *daß unsere Arten ihrem ganzen Umfange nach mit den Schläflischen koinzidieren*, es bleibt zu begründen, *warum die von uns in § 4 aufgestellten neuen Arten für Schläflis Einteilungsprinzip, bis auf die eine Art IV′ der Flächen mit einem Knotenpunkte, keine neuen Arten begründen.*

Um nicht zu sehr durch Betrachtung der einzelnen Fälle gehindert zu werden, soll der erstere Nachweis hier nur für die Flächen ohne Knoten explizite gegeben werden. Ist er bei ihnen geführt, so ist die Richtigkeit der Behauptung bei den Flächen mit Knoten ebenfalls erwiesen, da man ja nun diese aus den Flächen ohne Knoten entstehen lassen kann.

Bei den Flächen ohne Knoten ist aber die Richtigkeit darin begründet, *daß überhaupt Flächen ohne Knoten keine zusammenfallenden Geraden haben können.* Denn daraus folgt, daß die Flächen jeder der von uns umgrenzten Arten in der Zahl ihrer reellen Geraden und Dreiecksebenen übereinstimmen.

Dieser Hilfssatz ist folgendermaßen einzusehen. Wenn zwei Gerade auf einer Fläche konsekutiv werden, so sind zwei Fälle zu unterscheiden. Entweder die Geraden schnitten sich vorher, oder es war dies nicht der Fall. In dem ersten Falle hat die Fläche längs der Geraden eine konstante Tangentialebene, in dem zweiten sind Tangentenebene und Berührungspunkt projektivisch aufeinander bezogen. Legt man also durch die Gerade eine beliebige Ebene, welche dann noch einen Kegelschnitt aus der Fläche ausschneidet, so müssen im ersten Falle *beide* Schnittpunkte des Kegelschnittes mit der Geraden, im letzteren Falle der *eine* Schnittpunkt fest sein. Im ersteren Falle liegen zwei, im letzteren ein Knotenpunkt der Fläche auf der Geraden; die Fläche hat einen Knotenpunkt w. z. b. w.

Der Grund nun, um dessen willen Schläfli die größere Zahl der Fälle, die wir in § 4 aufstellten, nicht zu unterscheiden hat, liegt darin, *daß der Durchgang eines Knotens durch die biplanare Form die Zahl der reellen Geraden nicht ändert.* Es ist das algebraisch evident. Die Geraden, welche durch den einfachen Knoten gehen, zählen zweimal; wird der Knoten ein biplanarer, so zählen sie dreimal; es hat sich also jede Gerade noch mit einer hinzugetretenen einfach zählenden vereinigt. Hernach, wenn der Knoten wieder ein konischer wird, löst sich diese Gerade ab, ohne aufzuhören, reell zu sein; es ist kein Grund, daß Gerade imaginär werden, weil sich ungleichwertige Elemente vereinigt hatten.

Geometrisch geht dieses Zusammenfallen folgendermaßen vor sich. Es sei etwa ein Knoten mit sechs reellen Linien gegeben, und er gehe in die biplanare Form über. Dann vereinigen sich mit seinen Geraden sechs solche, welche bis dahin durch die Öffnung verliefen, welche (nach § 3) die Fläche in der Nähe eines Knotens zeigt, der die biplanare Form annehmen will; hernach erstrecken sich diese Geraden durch die entsprechende Öffnung, welche auf der anderen Seite des Knotens entstanden ist.

§ 10.

Von der Diagonalfläche.

Unsere weiteren Betrachtungen sollen sich auf die Flächen mit 27 reellen Geraden allein beziehen; die Prinzipien, welche uns dabei leiten, sind in gleicher Weise bei den übrigen Fällen anwendbar, liefern aber nicht immer die gleichen einfachen Resultate.

Wir gehen von der Betrachtung einer einzelnen Fläche mit 27 reellen Geraden aus. Es ist dies die von Clebsch sogenannte *Diagonalfläche* (vgl. Math. Annalen, Bd. 4 (1872/73), S. 131) mit reell vorausgesetztem

Pentaeder. Diese Fläche ist durch die einfache Beziehung zu dem ihr zugeordneten Pentaeder ausgezeichnet. Sind nämlich die Ebenen des Pentaeders durch

$$p = 0, \quad q = 0, \quad r = 0, \quad s = 0, \quad t = 0$$

dargestellt, und wählt man die absolute Bedeutung dieser Buchstaben so, daß

$$p + q + r + s + t = 0,$$

so ist die Gleichung der Fläche

$$p^3 + q^3 + r^3 + s^3 + t^3 = 0.$$

Die Diagonalfläche ist eine Kovariante des zugrunde gelegten Pentaeders (vgl. Abh. L dieser Ausgabe, S. 269). Jede Diagonalfläche ist infolgedessen mit jeder anderen und insbesondere mit sich selbst auf 120 Weisen kollinear, wobei die Kollineationen reell sind, wenn zwei Flächen mit reellem Pentaeder ineinander übergeführt werden sollen. Infolgedessen gestattet ein Modell der Fläche mit reellem Pentaeder für alle solchen Flächen allgemeine Schlüsse zu ziehen; die Kenntnis der Kollineationen der Fläche in sich selbst kontrolliert die Abzählung gleichwertiger Vorkommnisse. Ein solches Modell wurde von Herrn Weiler nach Angaben von Clebsch ausgeführt (vgl. Göttinger Nachrichten, Aug. 1872) und ich habe wesentlich an diesem Modelle die im folgenden entwickelten Verhältnisse kennengelernt.

Die 27 Geraden der Diagonalfläche spalten sich in zwei Gruppen von bez. 15 und 12. Die 15 ersten Linien liegen in den Pentaederebenen und bilden in jeder die Diagonalen desjenigen Vierseits, in welchem die Ebene von den vier übrigen geschnitten wird. Diese Linien schneiden sich also zu drei in den zehn Pentaedereckpunkten. Die übrigen zwölf bilden eine Doppelsechs. Dieselben sollen in bekannter Weise durch:

$$1, \ 2, \ 3, \ 4, \ 5, \ 6$$
$$1', \ 2', \ 3', \ 4', \ 5', \ 6'$$

bezeichnet sein, die 15 Geraden sind dann durch die Zahlen 12, 13 usw. gegeben. Diese Indizes können dabei so gewählt werden, daß die Geraden, welche in den fünf Pentaederebenen liegen, die folgenden sind:

$$\left.\begin{array}{ccc} 12, & 34, & 56 \\ 13, & 25, & 46 \\ 14, & 26, & 35 \\ 15, & 24, & 36 \\ 16, & 23, & 45 \end{array}\right\} (A)$$

während die Geraden, wie sie sich bez. zu drei in einem Punkte schneiden, durch das Schema gegeben sind:

$$\left.\begin{array}{ccc}
12, & 35, & 46 \\
12, & 36, & 45 \\
\hline
13, & 24, & 56 \\
13, & 26, & 45 \\
\hline
14, & 25, & 36 \\
14, & 23, & 56 \\
\hline
15, & 26, & 34 \\
15, & 23, & 46 \\
\hline
16, & 24, & 35 \\
16, & 25, & 34
\end{array}\right\}(B)$$

Die 15 Geraden der ersten Art haben reelle *Asymptotenpunkte*[16]); dieselben liegen eben in den zwei Pentaedereckpunkten, welche jede solche Gerade enthält. Die zwölf Geraden der zweiten Art hingegen haben imaginäre Asymptotenpunkte. Die zehn Pentaederecken, in welche die 30 Asymptotenpunkte der Geraden erster Art zusammenfallen, sind isolierte Punkte der parabolischen Kurve[17]) der Fläche. Sie können isolierte Punkte vorstellen, da die Hessesche Fläche, welche die parabolische Kurve ausschneidet, in ihnen Knotenpunkte hat.

Andere reelle Punkte von parabolischer Krümmung gibt es nicht: *die Diagonalfläche ist, abgesehen von den zehn auf ihr liegenden Pentaedereckpunkten, überall hyperbolisch gekrümmt.*

Die Geraden der Fläche bilden auf derselben eine Reihe von Vier-

---

[16]) [Legt man durch eine Gerade der Fläche dritter Ordnung beliebige Ebenen, so schneidet jede derselben die Fläche noch in einem Kegelschnitt. Läuft die Gerade durch *keinen* Knotenpunkt, so bestimmen die reellen Schnittpunkte dieser Kegelschnitte auf der Geraden eine Punktinvolution, die entweder zwei getrennte reelle oder zwei konjugiert imaginäre Doppelpunkte hat (hyperbolische bzw. elliptische Involution). Diese Doppelpunkte hat Steiner mit dem merkwürdigen Namen *Asymptotenpunkte* bezeichnet. Im Falle zweier reeller Asymptotenpunkte berühren in diesen zwei Kegelschnitte die Gerade. Diese Kegelschnitte trennen die Kegelschnitte mit reellen Schnittpunkten von denen mit imaginären Schnittpunkten. Man erkennt leicht, daß die reellen Asymptotenpunkte Punkte der parabolischen Kurve der Fläche sind, in denen die Gerade die Kurve berührt. — Läuft die Gorade durch *einen* Knotenpunkt, so geht auch jeder der genannten Kegelschnitte durch diesen Punkt; wir haben eine parabolische Involution mit zusammenfallenden Doppelpunkten. Läuft die Gerade durch *zwei* Knotenpunkte, so geht jeder Kegelschnitt durch diese beiden hindurch. Nur in der festen Tangentialebene der Fläche längs der Geraden gibt es keine bestimmten Schnittpunkte mit dem Kegelschnitt, da dieser in ein Geradenpaar ausgeartet ist, dessen eine Gerade mit der Verbindungslinie der Knoten identisch ist. Die Involution ist singulär geworden.]

[17]) In einem solchen isolierten Punkte einer parabolischen Kurve berührt jede Tangente dreipunktig, jeder durch denselben durchgelegte ebene Schnitt der Fläche hat dort eine Wendung. Drei unter den Tangenten sind vierpunktig berührend; im Falle der Flächen dritten Grades müssen sich also in einem solchen Punkte, wie es bei der Diagonalfläche in der Tat geschieht, drei Gerade der Fläche kreuzen.

ecken. Jedes solche Viereck hat zu aufeinander folgenden Kanten zwei Gerade der ersten und weiterhin zwei Gerade der zweiten Art. In jedem der zehn Pentaedereckpunkte stoßen sechs solcher Vierecke zusammen; die $2 \cdot 6$ Kanten zweiter Art, welche sie besitzen, gehören nur sechs Linien der zweiten Art an, so daß der Eckpunkt von einem (windschiefen) Sechsseit von Geraden zweiter Art umgeben ist. Außer den $6 \cdot 10 = 60$ an die Eckpunkte hinanreichenden Vierecken finde ich noch 60 andere, so daß die Zahl der überhaupt vorhandenen vierseitigen Felder, in welche die Fläche durch die 27 Geraden zerlegt wird, 120 beträgt[18]).

§ 11.

Übertragung auf die allgemeine Fläche mit 27 reellen Geraden.

Die bei der Diagonalfläche erkannten Eigenschaften können nun unmittelbar für die Flächen dritten Grades mit 27 reellen Geraden überhaupt verwertet werden, indem man überlegt, wie sich dieselben ändern werden, wenn man die Diagonalfläche beliebigen Deformationen unterwirft, ohne daß ein Zusammenfallen von geraden Linien stattfindet oder (was dasselbe ist) ein Knotenpunkt entsteht.

Zuvörderst ist ersichtlich: *die Verteilung der reellen Asymptotenpunkte auf die Geraden der Fläche ist bei den Flächen mit 27 Geraden überhaupt so wie bei der Diagonalfläche.* Denn jede Fläche mit 27 Geraden läßt sich aus jeder anderen und also auch aus der Diagonalfläche ableiten, ohne daß eine Fläche mit Knotenpunkt dazwischen tritt. Sollten nun bei dieser Ableitung Asymptotenpunkte, die vorher reell waren, imaginär werden oder umgekehrt, so müßten sie vorher zusammenfallen. Wenn aber auf einer Geraden die Asymptotenpunkte zusammenfallen, so hat die Fläche dort notwendig einen Knotenpunkt. Denn die Asymptotenpunkte sind harmonisch zu jedem Punktepaar, in welchem die bez. Gerade von einem Kegelschnitte der Fläche getroffen wird, der in einer beliebig durch die Gerade hindurchgelegten Ebene liegt usw.

Auf jeder Fläche mit 27 Geraden gibt es also eine Doppelsechs von Geraden mit imaginären Asymptotenpunkten, die 15 übrigen Geraden haben reelle Asymptotenpunkte. Bezeichnet man die ersteren, wie bei der Diagonalfläche, mit $1, 2 \cdots$ bez. $1', 2' \cdots$, so geben die Schemata A, B des vorigen Paragraphen die von den Geraden der anderen Art gebildeten Dreiecksebenen.

Betrachten wir jetzt *die Verteilung der Geraden* und den Verlauf *der parabolischen Kurve* auf der allgemeinen Fläche. Zu diesem Zwecke sei

---

[18]) [Vgl. die unten in Zusatz II gegebenen Ausführungen.]

angenommen, daß die Fläche zunächst wenig von einer Diagonalfläche abweiche. Dann ist der einzige Unterschied in der Verteilung der Geraden der, daß die drei Geraden, welche sich bis dahin in den Pentaederecken schnitten, nunmehr ein Dreieck, aber (zunächst) ein kleines Dreieck zwischen sich einschließen. Von den sechs Vierecken der Fläche, die in dem gemeinsamen Schnittpunkte zusammenstießen, sind drei zu Fünfecken geworden; die Fläche wird also durch die geraden Linien in zehn Dreiecke, 90 Vierecke, 30 Fünfecke zerlegt. Die drei Asymptotenpunkte der drei sich in einem Punkte schneidenden Geraden, die bis dahin vereinigt waren, sind in drei Punkte auf den Seiten des kleinen Dreiecks auseinandergerückt. Der isolierte Punkt der parabolischen Kurve hat sich zu einem kleinen in das Dreieck eingeschriebenen Ovale erweitert (denn imaginär kann er nicht geworden sein, da die Asymptotenpunkte, in denen ein Zweig der parabolischen Kurve berühren soll, reell geblieben sind). *Die parabolische Kurve besteht also aus zehn Ovalen, welche bezüglich in die durch das Schema B bezeichneten Dreiecke eingeschlossen sind; das Schema A bezeichnet fünf Dreiecksebenen, welche je sechs dieser Ovale berühren.* Auch die Lage, welche das Pentaeder der neuen Fläche angenommen hat, läßt sich näherungsweise angeben. Die Hessesche Fläche, welche in den Pentaedereckpunkten Knotenpunkte hat, schneidet die Fläche dritten Grades nach zehn getrennten Ovalen. Die Fläche dritten Grades ist durch leichte Deformation aus der Diagonalfläche entstanden, bei der an Stelle dieser Ovale isolierte Punkte auftraten, die eben selbst die Knotenpunkte der Hesseschen Fläche vorstellten. Infolgedessen sind die zehn Ovale der neuen Fläche *die Durchschnitte derselben bez. mit den zehn von den Knotenpunkten der Hesseschen Fläche sich erhebenden kegelartigen Stücken derselben* (welche näherungsweise durch die Tangentenkegel in den bez. Knotenpunkten dargestellt werden). Aber auf diesen Stücken verlaufen jedesmal drei Kanten des durch die Knotenpunkte bestimmten Pentaeders, denn diese Kanten gehören der Hesseschen Fläche ganz an. *Das Pentaeder unserer Fläche liegt also in der Nähe der durch das Schema A bezeichneten fünf Dreiecksebenen, derart, daß seine Kanten zu drei jedes der zehn Ovale der parabolischen Kurve treffen.*

Die hiermit bezeichneten Verhältnisse übertragen sich nun ohne weiteres auf die allgemeine Fläche mit 27 Geraden. In der Tat können sie sich nicht ändern, wenn man eine beliebige Deformation der Fläche, bei der die 27 Geraden getrennt bleiben, eintreten läßt. *Die Verteilung der Geraden auf der Fläche* kann keine andere werden, es können höchstens drei Gerade erster Art, die sich bei der Diagonalfläche in einem Punkte schnitten, wieder in einen Punkt zusammenrücken (was unwesentlich sein würde). Denn es können nie drei Gerade verschiedener Art sich in einem Punkte schneiden, weil sonst dieser Punkt ein gemeinsamer Asymptotenpunkt wäre und also gerade Linien, welche vorher imaginäre Asymptotenpunkte besaßen, nunmehr reelle hätten usw. *Die Zahl der Ovale der parabolischen Kurve ist immer zehn*; es kann sich höchstens ein oder das andere Oval in einen isolierten Punkt zusammenziehen, was nicht in Betracht kommt. Denn kein Oval kann verschwinden — es bleiben ja die Asymptotenpunkte, in denen es berührt, reell —, es können sich nie zwei Ovale vereinigen — denn jedes Oval ist von einem Sechsseit von geraden Linien umgeben, welche keine reellen Asymptotenpunkte besitzen, und das also von dem Ovale nie überschritten werden kann, — es darf endlich auch nie ein Oval neu entstehen, denn dasselbe müßte aus einem neuen isolierten Punkte hervorgehen und ein solcher würde (wie oben in einer Note bemerkt) einen neuen Kreuzungspunkt von drei Geraden der Fläche bedeuten, der doch nicht auftreten soll. *Die Beziehung des Pentaeders zur Fläche ist dieselbe geblieben.* Denn waren einmal die zehn Ovale den zehn Knotenpunkten einzeln zugeordnet, so kann dies Verhältnis, solange die zehn Ovale einzeln erhalten bleiben, keine Änderung erleiden.

Es begründen diese Beziehungen insbesondere noch den Satz, der die Wichtigkeit der Diagonalfläche gerade für Untersuchungen der vorliegenden Art kennzeichnet: *Eine Fläche dritten Grades mit 27 reellen Geraden kann nur auf eine kontinuierliche Weise in eine Diagonalfläche übergeführt werden [abgesehen von den 120 Kollineationen der Diagonalfläche in sich].* Das Pentaeder derselben entsteht aus den fünf Dreiecksebenen A, welche bez. je sechs der zehn parabolischen Ovale berühren.

§ 12.
Die Entstehung der Fläche mit 27 Geraden aus der Fläche mit vier Knoten.

Wenn wir nach § 2 eine Fläche mit 27 Geraden aus einer mit vier Knoten ableiten, so werden die zehn elliptisch gekrümmten Teile der Fläche in folgender Weise erzeugt. Vier derselben werden durch die vier Seitenfelder des ursprünglich elliptischen Flächenteils (der tetraederähnlich gestaltet war) hervorgebracht. Die sechs anderen entstehen an denjenigen Stellen des ursprünglich hyperbolischen Teiles, in denen die drei einfach zählenden Geraden der Fläche von·den sechs Tetraederkanten geschnitten werden.

Die Ebene der einfach zählenden Geraden gibt also eine der fünf Dreiecksebenen A ab, die den fünf Pentaederebenen benachbart sind, wie das mit dem Umstande stimmt, daß für die Fläche mit vier Knoten jene Ebene geradezu eine Pentaederebene ist.

Will man daher untersuchen, wie oft eine Fläche mit 27 reellen Geraden aus der Fläche mit vier Knoten abgeleitet werden kann, so hat man von vornherein fünf Klassen solcher Ableitungen zu unterscheiden, je nach der Dreiecksebene A, welche man aus der Ebene der einfach zählenden Geraden hervorgehen lassen will. Aber man überzeugt sich, daß jede solche Klasse nur eine Art enthält, *daß eine Fläche mit 27 reellen Geraden überhaupt nur in fünf Weisen aus einer Fläche mit vier Knoten gewonnen werden kann.* Als solche fünf Flächen mag man dann geradezu diejenigen nehmen, deren Pentaeder [19]) mit den fünf Dreiecksebenen A zusammenfällt.

Um dies zu begründen, betrachte ich die Gruppe der 24 Geraden, die bei der Auflösung der Knoten einer Fläche mit vier Doppelpunkten aus den Tetraederkanten entstehen. *Eine solche Gruppierung läßt sich aus den 24 Geraden, die von den 27 bleiben, wenn man die drei in einer Ebene A gelegenen fortnimmt, nur einmal bilden, und darin liegt der Beweis.*

Diese Gruppierung ist nämlich folgende. Die drei Kanten, welche durch einen Knoten hindurchgingen, ergeben bei der Auflösung eine Doppelsechs. Je drei Linien aus jeder Sechs derselben haben reelle, die drei anderen imaginäre Asymptotenpunkte. Die vier Doppelsechsen, welche den vier Knotenpunkten entsprechen, haben je vier Gerade gemein, darunter zwei und nur zwei mit reellen Asymptotenpunkten. Die Linien einer Doppelsechs, welche reelle Asymptotenpunkte haben, berühren unter den sechs Ovalen der parabolischen Kurve, welche in der Nähe der Ebene der einfach zählenden Geraden entstehen, solche drei, welche nicht (auch nicht annähernd) [von einer geraden Linie getroffen werden].

Sondern wir aber aus den 27 Geraden drei in einer Ebene A gelegene, etwa

$$12, \quad 34, \quad 56,$$

aus, so lassen sich die übrigen 24 nur in einer Weise in vier Doppelsechsen gruppieren, welche diesen Forderungen genügen. Bei der Bezeichnung der Geraden, die ich an dem Weilerschen Modelle der Diagonalfläche angebracht habe, sind dies die folgenden:

1	3	5	46	62	24
35	51	13	2′	4′	6′
1	4	6	35	52	23
46	61	14	2′	3′	5′

---

[19]) Eine Fläche mit vier Knoten ist, wie leicht zu sehen, vollständig bestimmt, wenn ihr Pentaeder bekannt und eine Entscheidung darüber getroffen ist, welche Pentaederebene die einfach zählenden Geraden enthalten soll. Zu einem Pentaeder gehören also fünf Flächen mit vier Knoten. [Vgl. Rodenberg, Math. Annalen, Bd. 14 (1878/79). Ihre Gleichung ist z. B. $x_1^3 + x_2^3 + x_3^3 + x_4^3 + \dfrac{x_5^3}{4} = 0$.]

2	3	6	45	51	14
36	62	23	$1'$	$4'$	$5'$

2	4	5	36	61	13
45	52	24	$1'$	$3'$	$6'$

Die Doppelsechsen, welche in dieser Weise bei den fünf Wiederherleitungen einer Fläche mit 27 Geraden auftreten, sind übrigens nicht in der Zahl 20, sondern nur in der Zahl 10 vorhanden, indem jede Doppelsechs zweimal benutzt wird. Bezeichnet man die eben genannten (in verständlicher Weise) durch:

$$135, \quad 146, \quad 245, \quad 236,$$

so gibt es außerdem die folgenden sechs:

$$123, \quad 124, \quad 156$$
$$256, \quad 345, \quad 346$$

und dieselben verteilen sich auf die fünf Ebenen A in der folgenden Weise:

Ebene	Doppelsechs
12, 34, 56	135, 146, 245, 236
13, 25, 46	124, 156, 236, 345
14, 26, 35	123, 156, 245, 346
15, 24, 36	123, 146, 256, 345
16, 23, 45	124, 135, 256, 346

§ 13.

Von den ebenen Schnitten der Fläche mit 27 reellen Geraden.

Auf Grund der bisherigen Erörterungen wird es möglich, die Gesamtheit der ebenen Schnitte, welche eine Fläche mit 27 Geraden zeigt, zu klassifizieren. Ich muß mich freilich darauf beschränken, hier die Resultate einfach anzugeben, da eine genaue Herleitung derselben ohne die durch ein Modell ermöglichte konkrete Anschauung zum mindesten sehr weitläufig erscheint.

Der ebene Schnitt einer Fläche dritter Ordnung zeigt als Kurve dritter Ordnung entweder nur einen zusammenhängenden Kurvenzug (mit drei Wendungen) oder er besitzt außerdem ein Oval. Die Ebenen, welche die Fläche nur nach *einem* Zuge schneiden, bilden nun, wie sich zeigt, *eine zusammenhängende Mannigfaltigkeit von drei Dimensionen.* Von ihr werden ebenfalls dreifach unendliche Mannigfaltigkeiten solcher Ebenen, die in Kurven mit Oval schneiden, eingeschlossen.

Diese Ebenen selbst zerfallen zunächst in drei Gruppen, deren jede wieder in eine größere Zahl getrennter Mannigfaltigkeiten geteilt ist. *Das*

Oval wird nämlich entweder von keiner Geraden der Fläche oder von zwölf oder von sechzehn getroffen.

Daß hiermit in der Tat alle Möglichkeiten erschöpft sind, welche eintreten können, wenn man Durchschnittskurven mit Doppelpunkt usw. nicht beachtet, ergibt sich durch folgende Betrachtung aus der eindeutigen Abbildung der Fläche auf eine Ebene. Der ebene Schnitt bildet sich bekanntlich ab als Kurve dritter Ordnung, die durch sechs Fundamentalpunkte hindurchgeht. Er wird überdies, je nachdem er aus einem Zuge oder aus zwei Teilen besteht, eine ebenso beschaffene Bildkurve liefern. Beschränken wir uns also auf Bildkurven, die aus zwei Teilen, aus einem Ovale und einem Zuge mit drei Wendungen bestehen. Es liegen dann noch eine Reihe von Möglichkeiten bezüglich der Verteilung der Fundamentalpunkte auf die beiden Kurventeile vor: das Oval kann $0, 1, 2 \cdots 6$ Fundamentalpunkte enthalten. Man beweist nun zunächst: *Das Oval des ebenen Bildes entspricht dem Ovale der räumlichen Kurve oder dem anderen Teile derselben, je nachdem es eine gerade oder ungerade Zahl von Fundamentalpunkten enthält.* Enthält nämlich das Oval eine ungerade Zahl, so wird es, nach Grundsätzen der Analysis situs, von jeder Kurve, die durch die sechs Fundamentalpunkte geht, noch in einem Punkte oder in einer ungeraden Zahl von Punkten geschnitten; der entsprechende räumliche Kurvenzug wird also von jeder Ebene einmal oder eine ungerade Anzahl von Malen getroffen, d. h. er ist ein Kurvenzug mit drei Wendungen, kein Oval. Umgekehrt beweist man, daß das Oval des ebenen Bildes und das Oval des räumlichen Schnittes einander entsprechen, wenn ersteres eine gerade Zahl von Fundamentalpunkten enthält. — Indem man sich dieser Regel bedient, ersieht man sofort, daß die räumlichen Schnitte mit Oval eben in die drei Arten zerfallen, die dadurch charakterisiert sind, daß das Oval bez. von keiner Geraden, oder von zwölf (die eine Doppelsechs bilden), oder von sechzehn Geraden geschnitten wird.

Ebenen, welche nach Kurven mit Oval schneiden, so daß das Oval keiner Geraden begegnet, erhält man z. B., wenn man das Oval ganz auf eine der zehn elliptisch gekrümmten Partien der Fläche verlegt. Man überzeugt sich dann ferner, daß dies die einzigen Ebenen dieser Art sind, *die bez. Ebenen konstituieren also zehn getrennte Mannigfaltigkeiten.*

Ebenen, deren Oval einer Doppelsechs begegnet, erhält man beispielsweise, wenn man die Fläche zunächst in eine solche mit einem Knotenpunkt überleitet und dann einen ebenen Schnitt legt, für den dieser Knotenpunkt ein isolierter Punkt ist. Geht man sodann zur ursprünglichen Fläche zurück, so hat man einen Schnitt, dessen Oval von den Linien derjenigen Doppelsechs getroffen wird, welche aus den sechs durch den Knotenpunkt verlaufenden Geraden entstanden ist. Jede der zehn im vorigen Paragraphen aufgezählten Doppelsechsen gibt zu solchen ebenen Schnitten[20]) Veranlassung. Man kann wiederum beweisen, daß diese die einzigen ihrer Art sind, *daß also auch die Ebenen dieser Art zehn getrennte Mannigfaltigkeiten konstituieren.*

Es gibt ferner *fünfzehn Mannigfaltigkeiten von Ebenen, deren Oval von sechszehn Geraden getroffen wird.* Man überzeugt sich hiervon einmal, indem man zu den Flächen mit vier Knoten zurückgeht. Jede der fünf Flächen mit vier Knoten, aus denen die allgemeine Fläche entstehen kann, hat dreierlei Schnitte, die beim Übergange Durchschnittskurven der gewünschten Art geben: diejenigen Schnitte, welche den elliptischen Teil der Fläche mit vier Knoten so treffen, daß die Knoten in zwei Gruppen von zwei zerlegt werden. Andererseits erhält man Schnitte der gewünschten Art, wenn man, was ersichtlich möglich ist, durch jede der 15 Geraden mit reellen Asymptotenpunkten Ebenen hindurchlegt, welche Kegelschnitte enthalten, die der bez. Geraden nicht begegnen, — und wenn man weiterhin diese Ebene etwas verschiebt, so daß sie eine eigentliche Kurve dritter Ordnung enthält.

Diese Unterscheidung der ebenen Schnitte liefert die Einteilung der Flächen mit 27 Geraden nach dem Unendlichweiten. Sieht man von Flächen mit parabolischen Ästen ab (welche die unendlich ferne Ebene berühren), *so hat man bei den Flächen mit 27 reellen Geraden vier Arten zu unterscheiden.* Das Wienersche Modell gehört zu der Art, welche die unendlich ferne Ebene in einem zusammenhängenden Kurvenzuge trifft. Ebendahin gehört die Fläche, die man aus der Fläche mit vier Knoten ableiten wird, wie sie in Fig. 1 dargestellt ist. Das von Herrn Neesen angefertigte Modell einer Fläche mit vier Knoten, dessen oben Erwähnung geschah, würde eine Fläche mit 27 Geraden angeben, die das Unendlichferne in einer Kurve mit Oval trifft, so, daß das Oval von zwölf Linien geschnitten wird. —

§ 14.

Von den Haupttangentenkurven der Fläche mit 27 reellen Geraden.

Die Aufgabe, auf einem Modelle einer Fläche mit 27 reellen Geraden die Haupttangentenkurven zu zeichnen, ist praktisch nicht zu schwer auszuführen, da die 27 Geraden selbst Haupttangentenkurven vorstellen. In der Tat ist der Verlauf der bez. Kurven innerhalb der Vierecke, welche von den Geraden der

---

[20]) Ein Modell einer Fläche mit 27 Geraden zeigt eine Reihe von „Durchgängen" oder „Öffnungen". Auf den Partien der Fläche, welche an diese Durchgänge angrenzen, verlaufen eben die Geraden einer der zehn Doppelsechsen. Jede solche Doppelsechs gibt zu einem „Durchgange" Veranlassung; ob derselbe aber in dem Modelle ohne weiteres ersichtlich ist, hängt einmal von der Beziehung zum Unendlichweiten ab, die man bei der Konstruktion des Modells zugrunde gelegt hat, dann aber auch davon, welche Seite der im Endlichen gelegenen Partie der Fläche man als äußere, welche als innere betrachten will. [Vgl. die Abhandlung von Zeuthen in den Math. Annalen, Bd. 8 (1874) und den unten folgenden Zusatz II.]

Fläche eingeschlossen werden, durch diese Bemerkung durchaus bestimmt, d. h. schematisch bestimmt. Nur bez. der Dreiecke und Fünfecke, welche an die parabolische Kurve angrenzen, wird eine anderweitige Überlegung nötig. Das Resultat derselben, das durch Fig. 8 veranschaulicht ist, mag hier um so lieber mitgeteilt werden, als dasselbe einen Beitrag zur Theorie der Haupttangentenkurven überhaupt, noch allgemeiner, zur Theorie der singulären Lösungen von Differentialgleichungen erster Ordnung zwischen zwei Variabeln abgibt.

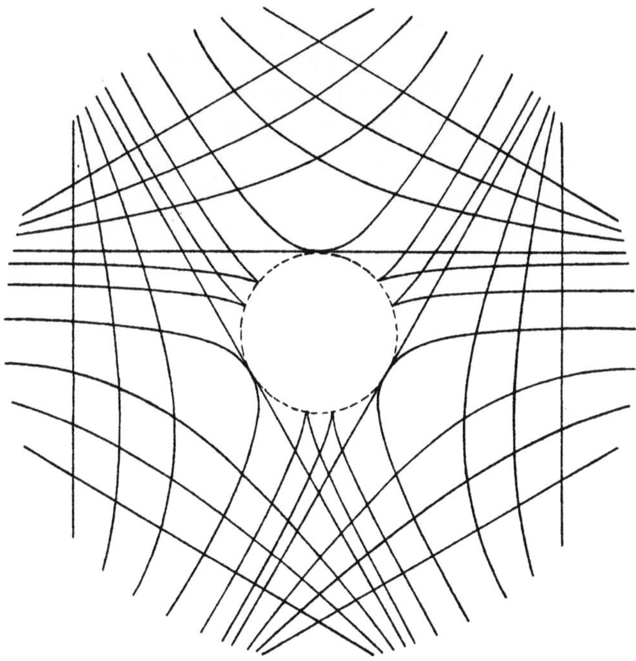

Fig. 8.

In Fig. 8 bezeichnet die punktierte Kurve eins der zehn Ovale der parabolischen Kurve; die drei geradlinigen Tangenten stellen drei Gerade der Fläche vor, die sechs umschließenden Geraden repräsentieren das windschiefe Sechsseit, in welches das Oval eingeschlossen ist. Die ausgezogenen Kurven, zusammen mit diesen Geraden, sind Haupttangentenkurven. Dieselben haben auf der parabolischen Kurve (wie das schon sonst bekannt war, vgl. Abh. VI in Bd. 1 dieser Gesamtausgabe, S. 92) Spitzen; in den Asymptotenpunkten der drei Geraden sind aber diese Spitzen in *Selbstberührungspunkte* übergegangen. Solcher Selbstberührungspunkte treten auf der parabolischen Kurve einer Fläche n-ter Ordnung im allgemeinen eine endliche Zahl auf. Es sind die Punkte, in denen sich die parabolische Kurve und die Kurve vierpunktiger Berührung begegnen.

§ 15.

Einige allgemeine Sätze über die Gestalten algebraischer Kurven und Flächen.

Die geschlossenen Kurven der Ebene hat man in projektivischem Sinne in zwei Klassen zu teilen, in *paare* und *unpaare* Kurven[21]). Zu den unpaaren Kurven gehört z. B. die gerade Linie, sowie der Zug mit drei Wendungen, der bei den Kurven dritter Ordnung auftritt. Als ein Beispiel für eine paare Kurve mag man jede im Endlichen verlaufende geschlossene Kurve betrachten. Man hat für diese Kurven und ihre gegenseitigen Beziehungen eine Reihe allgemeiner Sätze (vgl. v. Staudts Geometrie), von denen hier nur der eine angeführt sein soll:

Zwei Kurven schneiden sich notwendig, wenn beide unpaar sind, und zwar in einer unpaaren Anzahl von Punkten. Ist eine von zwei Kurven eine paare, so brauchen sich die Kurven nicht zu treffen; tun sie es, so geschieht es in einer paaren Anzahl von Punkten.

Man kann hieran einen Schluß über die Gestalten der ebenen algebraischen Kurven ohne vielfachen Punkt oder, wenn man will, der allgemeinen durch eine Gleichung zwischen Punktkoordinaten gegebenen Kurven knüpfen. Da eben kein vielfacher Punkt vorhanden sein soll, da ferner die Kurve, je nachdem ihre Ordnung gerade oder ungerade ist, von einer geraden Linie in einer paaren oder unpaaren Zahl von Schnittpunkten getroffen werden muß, so kommt:

Kurven gerader Ordnung enthalten keinen, Kurven ungerader Ordnung einen und nur einen unpaaren Zug; die Zahl der etwa vorhandenen paaren Züge ist [noch erst durch weitere Betrachtungen zu beschränken][22]).

Entsprechende Überlegungen kann man mit Bezug auf *geschlossene Flächen* anstellen. Bei ihnen, wie bei den Kurven im Raume, hat man, nach v. Staudt, ebenfalls paare und unpaare zu unterscheiden. Eine unpaare Fläche und eine unpaare Kurve schneiden sich notwendig. Eben dieser Umstand begründet aber noch eine weitere Teilung der paaren Flächen: in solche nämlich, welche unpaare Kurven enthalten, und solche, bei denen das nicht der Fall ist. Für die so gewonnenen drei Flächenarten: *die un-*

---

[21]) Es ist wohl v. Staudts Verdienst, auf diesen Unterschied zuerst aufmerksam gemacht zu haben (Geometrie der Lage, §§ 1, 2, 12 (1847)). Andererseits geht Möbius von demselben aus bei seiner Untersuchung über die Grundformen der Linien dritter Ordnung (Abhandl. der Sächs. Akademie, 1852, [= Werke Bd. II, S. 89—176]).

[22]) [Bekanntlich hat A. Harnack später gefunden, daß die Gesamtzahl der Züge einer ebenen Kurve n-ter Ordnung bis zu $\dfrac{n-1 \cdot n-2}{2} + 1$ aufsteigen, aber nicht größer werden kann. Siehe seine Abhandlung: „Über die Vielteiligkeit der ebenen Kurven" in Bd. 10 der Math. Annalen (1876), S. 189 ff. Hierauf wird in meinen unter XXXVII bis XLII folgenden Arbeiten wiederholt Bezug genommen. K.]

paaren, die paaren mit unpaaren Kurven und die paaren ohne unpaare Kurven, sind etwa Beispiele: die Ebene, das einschalige Hyperboloid, das Ellipsoid (oder das zweischalige Hyperboloid). Man findet sofort:

Unpaare Flächen oder auch eine unpaare Fläche und eine paare der ersten Art schneiden sich notwendig.

Und hierauf gestützt leitet man den Satz ab:

Flächen n-ter Ordnung ohne vielfache Punkte und Kurven enthalten, wenn n gerade ist, keinen, wenn n ungerade ist, einen und nur einen unpaaren Teil. Paare Teile der ersten Art treten nur bei den Flächen einer geraden Ordnung auf; paare Teile der zweiten Art können, unabhängig davon, ob die Ordnung der Fläche gerade oder ungerade ist, vorhanden sein. [Die Zahl paarer Teile beider Arten bleibt dann noch durch weitere Untersuchungen zu beschränken.]

Die Flächen dritter Ordnung ohne Knotenpunkt, wie wir sie oben kennen gelernt haben, bestehen nur in einem Falle (V) aus zwei Teilen. Der eine Teil ist, wie er sein muß, ein paarer von der zweiten Art, der andere ein unpaarer. Die überall zusammenhängenden Flächen der vier ersten Arten geben Beispiele unpaarer Flächenteile. Sie haben — ähnlich wie die unpaaren Kurvenzüge der Ebene, die sich nicht selbst durchsetzen — die Eigenschaft, den Raum unzerteilt zu lassen, ihn nur zu begrenzen.

§ 16.

Beziehungen zur Analysis situs.

Die entwickelten Unterscheidungen bei geschlossenen Kurven und Flächen beziehen sich auf Eigenschaften derselben, welche ebensowohl bei beliebigen reellen Kollineationen als bei stetigen Deformationen ungeändert bleiben. Es entsteht durch diese Bemerkung überhaupt die Frage nach solchen Eigenschaften. Die Fragestellung ist ähnlich, aber nicht dieselbe, wie in der gewöhnlichen *Analysis situs,* und es mag hier ausdrücklich auf das Gemeinsame wie auf das Unterscheidende aufmerksam gemacht werden[23]).

Die Analysis situs beschäftigt sich zunächst nur mit Gebilden, die durchaus im Endlichen verlaufen, indem sie bei ihnen allen als gleichartig betrachtet, was durch stetige Deformation ineinander übergeführt werden kann. Besondere Festsetzungen sind zu treffen, wenn auch von Teilen die Rede sein soll, die sich ins Unendliche erstrecken, und diese mit im Endlichen verlaufenden Teilen verglichen werden sollen.

Man wird ganz allgemein eine solche Festsetzung in der Weise treffen können, daß man mit den im Endlichen stattfindenden Deformationen

---

[23]) [Vgl. Abh. XXVII in Bd. 1 dieser Gesamtausgabe, S. 482.]

irgendwelche Transformationen verbunden denkt, welche das Unendliche ins Endliche überführen, *und dann Gebilde als äquivalent betrachtet, welche durch Verknüpfung dieser Transformationen mit den Deformationen im Endlichen ineinander übergeführt werden können.*

Man hat nun seither bei derartigen Untersuchungen, und zwar (so viel mir bekannt) *ohne* die darin liegende Willkürlichkeit hervorzuheben, das Unendliche so betrachtet, wie es bei einer Raumtransformation durch reziproke Radii vectores erscheint, d. h. *als einen einzelnen Punkt.* Es entspricht das der Art, nach welcher bei der geometrischen Interpretation von $x + iy$ in der Ebene das Unendliche beurteilt werden muß, damit sich die geometrische Auffassung an die Vorstellung einer komplexen Veränderlichen anschmiegt. Man hat es bei dieser Anschauung als eine Zufälligkeit zu erachten, die sich immer durch geeignete Transformation vermöge reziproker Radien vermeiden läßt, wenn sich eine Kurve oder Fläche einfach oder mehrfach ins Unendliche erstreckt. *Die Unterscheidung der geschlossenen Kurven in zwei, der geschlossenen Flächen in drei Arten, wie sie für die projektivische Anschauung stattfand, kommt in Wegfall.*

Die Ergebnisse dieser Art von Analysis situs sind daher nicht ohne weiteres für die projektivische Auffassung zu verwerten. Letzterer entspricht eine Analysis situs, die das Unendlichferne durch reelle *Kollineationen* mit dem Endlichen vergleichbar macht, wobei es als Ebene, allgemeiner ausgedrückt, als in eine Ebene ausbreitbare unpaare Fläche erscheint. Für sie sind die Theoreme der anderen ein erster Beitrag, der unbedingt für alle im Endlichen verlaufenden Gebilde gültig ist; es treten aber weitere Unterscheidungen ganz neuer Art ein, wie eben die Einteilung der Kurven und Flächen in paare und unpaare.

Ein Theorem, das auf diesem Standpunkte eben nur als ein Anfang zur Lösung eines allgemeinen Problems erscheint, *ist das Riemannsche vom Zusammenhang der Flächen.* Nach Riemann können zwei geschlossene Flächen (und nur von solchen mag die Rede sein) dann ineinander durch stetige Deformation übergeführt werden, wenn die Zahl der geschlossenen Kurven, die man auf den Flächen ziehen kann, ohne daß dieselben in Stücke zerfallen, beiderseits dieselbe ist; das Doppelte der Zahl dieser Kurven heißt der (außerordentliche) *Zusammenhang.* Für die von uns geforderte Analysis situs ist das Übereinstimmen in der Zahl ebenso eine notwendige aber nicht mehr eine ausreichende Bedingung. *Flächen verschiedener Klassen können niemals ineinander übergeführt werden, auch wenn diese Zahl stimmt.*

Die unbegrenzte Ebene z. B. wird nach dieser Definition des Zusammenhanges bei projektivischer Anschauung den Zusammenhang 2 bekommen. Denn man kann eine und nur eine geschlossene Kurve in der Ebene ziehen, ohne daß dieselbe zerfällt, z. B. eine gerade Linie oder jede unpaare Kurve, welche sich nicht selbst durchsetzt; zwei Kurven aber trennen die Ebene notwendig. Und doch wird man die Ebene nicht überführen können in eine im Endlichen gelegene Ringfläche, die auch den Zusammenhang 2 besitzt.

Der Unterschied der beiden Flächen ist auch nicht darin allein begründet, daß das eine Mal eine unpaare, das andere Mal eine paare Kurve auf der Fläche gezogen wird.

Denn ein einschaliges Hyperboloid hat wie die Ringfläche die Eigenschaft, daß man auf der Fläche eine und nur eine geschlossene Kurve ziehen kann, ohne daß sie zerfällt, und daß man für diese Kurve eine paare Kurve wählen kann. Und doch sind die beiden Flächen verschieden: das Hyperboloid gehört zur ersten, die Ringfläche zur zweiten Klasse der paaren Flächen.

Das Resultat dieser Überlegungen ist also folgendes: *Der Zusammenhang der Flächen ist auch für die projektivische Anschauung ein bleibendes Element; es gibt aber nicht mehr das ausreichende Kriterium für die Transformierbarkeit zweier Flächen ineinander ab.*

§ 17.

Der Zusammenhang der Flächen dritten Grades.

Herr Schläfli hat in dem wiederholt genannten Aufsatze (Annali di Mat., ser. II, t. 5) den Zusammenhang der Flächen ohne Knoten I, II, III, IV, V bez. zu 6, 4, 2, 0, — 2 bestimmt. Diese Bestimmung gründet sich aber nicht auf die projektivische Auffassung vom Unendlichweiten, sondern auf die andere, die das Unendlichferne als Punkt betrachtet. Denn Herr Schläfli setzt den Zusammenhang der unbegrenzten Ebene gleich Null, während er projektivisch gleich 2 zu setzen ist, wie eben bemerkt wurde. Er gewinnt sodann seine Zahl dadurch, daß er die vierte Fläche aus der fünften, die dritte aus der vierten usw. ableitet, indem er zwei bis dahin getrennte Partien der Fläche in einem Knotenpunkte zusammenwachsen läßt. Diese Operationen erhöhen den Zusammenhang immer um zwei und so entsteht die Reihe der jedesmal um zwei unterschiedenen Zahlen — 2, 0, 2, 4, 6. Für die im vorigen Paragraphen entwickelte projektivische Auffassung behält die Operation, welche in dem Entstehenlassen eines Knotenpunktes und der weiteren Verwertung desselben besteht, ihren Einfluß auf den Zusammenhang. Es sind nur die Zahlen — 2, 0, 2, 4, 6 alle um zwei zu erhöhen. Denn z. B. die Art IV, die sich in eine unbegrenzte Ebene ausbreiten läßt, erhält für uns den Zusammenhang 2, und daraus folgt (in derselben Weise, wie Schläfli seine Zahlen ableitet):

$$
\begin{array}{cc}
\text{I} & 8 \\
\text{II} & 6 \\
\text{III} & 4 \\
\text{IV} & 2 \\
\text{V} & 0\,.
\end{array}
$$

In der Tat kann man auf diesen Flächen 4, 3, 2, 1, 0 geschlossene Kurven ziehen, ohne daß sie in Stücke zerfallen, wenn man sich der Entstehung aus der Fläche mit vier Knoten erinnert. Bei I, II, III, IV haben sich bez. die Flächenteile, die in 4, 3, 2, 1 Knoten aneinander stießen, miteinander vereinigt. Um 3, 2, 1, 0 der so entstandenen dünnen Stelle der Fläche lege man geschlossene Ovale. Man ziehe ferner auf dem ursprünglichen hyperbolischen Teile der Fläche mit vier Knoten einen geschlossenen unpaaren Kurvenzug, als welchen man z. B. eine der einfach zählenden Geraden wählen kann. Dann hat man auf den Flächen I, II, III, IV, V bez. 4, 3, 2, 1, 0 geschlossene Kurven gezogen, ohne daß ein Zerfallen der Fläche eingetreten wäre. Jede weitere geschlossene Kurve führt aber ein Zerfallen herbei. Der Zusammenhang ist also bez. 8, 6, 4, 2, 0.

Erlangen, den 6. Juni 1873.

[Zusatz I. Über Flächen dritter Ordnung mit konischen und biplanaren Punkten.]

[Zu dem § 5 der vorstehenden Abhandlung mögen hier noch einige Ergänzungen gegeben werden, welche außer den beim Wiederabdruck im Texte durch eckige Klammern angezeigten Änderungen notwendig erscheinen. Es handelt sich um die Frage, bei welchen der in § 2 des Textes genannten Flächen (welche aus der Fläche mit vier reellen konischen Knoten durch die Prozesse + oder — abgeleitet sind) der Durchgang eines oder mehrerer der konischen Knoten durch die biplanare Form wirklich eine neue Flächenart liefert. Die Reduktion der im Texte als möglich bezeichneten Arten haben Rodenberg und Herting[24]) begonnen. Sie sind dabei aber nicht weit genug gegangen.

Die Sache ist die, daß es]außer der Fläche IV′ mit einem isolierten konischen Knoten, von welcher der erste Teil des § 5 handelt, nur noch eine, von den unmittelbar gewonnenen Arten wesentlich verschiedene, Art gibt. Bei den Flächen mit drei konischen Knoten der Art I erhält man eine neue Art I′, wenn man drei oder einen der Knoten sich durch die biplanare Form ändern läßt; gehen jedoch zwei Knoten durch die biplanare Form hindurch, so erhält man wieder eine Fläche der Art I.

---

[24]) Rodenberg, Math. Annalen, Bd. 14, S. 55—58 und Herting in seiner Münchener Dissertation „Über die gestaltlichen Verhältnisse der Flächen dritter Ordnung und ihrer parabolischen Kurven" (1884, gedruckt Augsburg 1887) S. 24, 28, 36—38.

(Die Arten I und I″ einerseits und I′ und I‴ andrerseits des Textes sind also identisch.) — Rodenberg und Herting haben bereits gezeigt, daß bei den Flächen mit zwei konischen Knoten nur die Art II eine neue Art liefern kann, wenn *einer* der Knoten sich durch die biplanare Form ändert, daß aber keine neue Art entsteht, wenn dies

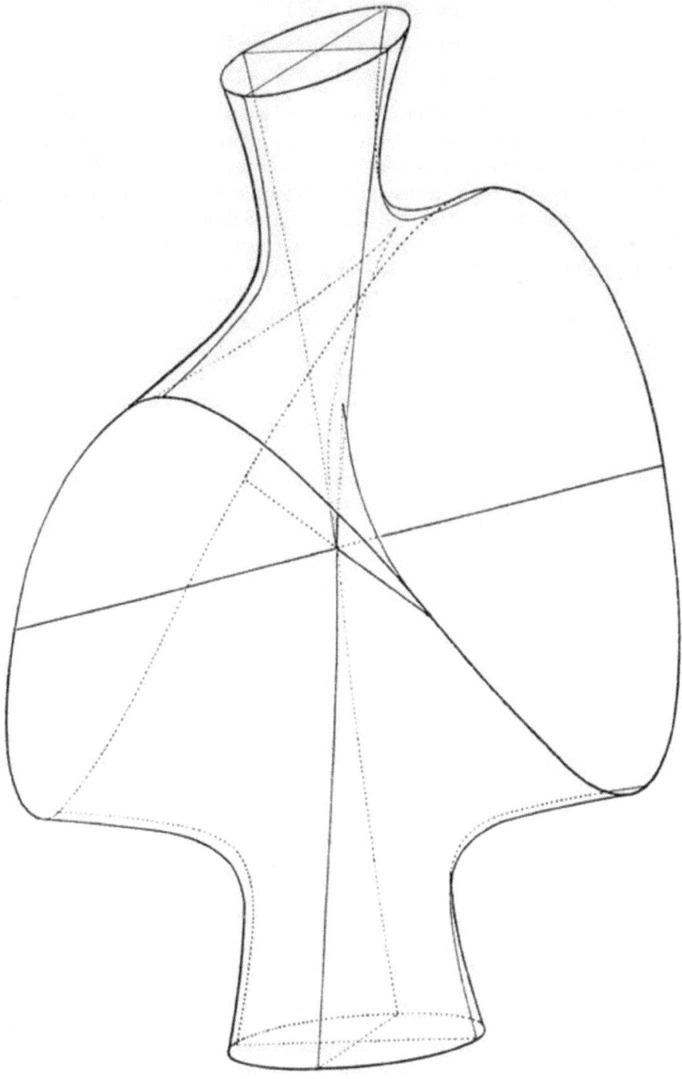

Fig. 9.

beide Knoten tun. Beide haben ferner gezeigt, daß bei den Flächen mit einem nicht isolierten konischen Knoten nur bei der Art III der Durchgang durch die biplanare Form Anlaß zu einer neuen Art geben kann. Ihre Angabe aber, daß diese beiden Möglichkeiten wirklich neue Flächenarten liefern, ist irrig. Ebenso dürfte ihr Beweis für den Fortfall der andern Möglichkeiten im Falle von zwei und einem Knoten nicht stichhaltig sein. Deshalb soll der Durchgang eines Knotens durch die biplanare Form für Flächen mit einem oder zwei Knoten im folgenden auch genauer untersucht werden.

Es mögen zunächst einige spezielle Flächen mit nur einem biplanaren Knoten genauer betrachtet werden. Wir stellen zunächst folgende drei Flächen nebeneinander:

$$(1) \qquad\qquad xy = 2z(x^2 + y^2),$$

$$(2) \qquad\qquad xy = 2z(x^2 + y^2 + \lambda^2 z^2),$$

$$(3) \qquad\qquad xy = 2z(x^2 + y^2 - \lambda^2 z^2).$$

Die Gleichung (1) stellt, ebenso wie die weiter unten zu betrachtende Gleichung (4) eine Linienfläche dritter Ordnung dar, deren Erzeugende parallel zur xy-Ebene verlaufen. Beide Flächen gehören zu den zuerst von Plücker[25]) betrachteten Linienflächen, welche von den Achsen der Komplexe einer linearen Kongruenz erzeugt werden, und sind später von Ball in seiner Schraubentheorie (1873) unter dem Namen *Zylindroid* betrachtet worden. Die Gleichung (1) stellt dasjenige Zylindroid dar, dessen Doppelgerade (die z-Achse) zwei reelle „pinch-points" trägt und oberhalb $z = +1$ und unterhalb $z = -1$ isoliert verläuft. Dies Zylindroid teilt zusammen mit der Ebene $z = 0$ und der unendlich fernen Ebene den Raum in sechs Kammern, von denen vier als flache Kammern, die andern zwei als hohe Kammern bezeichnet werden mögen. — Die Fläche (2) entsteht aus (1), indem die Doppelgerade verschwindet. Sie verläuft in den vier flachen Kammern und nähert sich, je weiter man horizontal ins Unendliche geht, dem Zylindroid. Durch den biplanaren Punkt O der Fläche laufen zwei reelle je dreifach zählende Gerade; außerdem liegt die unendlich ferne Gerade der xy-Ebene auf ihr. Die Fläche gehört zur Art III. Sie wird durch die Fig. 2 auf S. 18 genügend dargestellt. — Die Fläche (3) entsteht aus (1), indem die isolierten Teile der Doppelgeraden sich aufblähen, so daß sie gleich Rotationskegeln zweiter Ordnung ins Unendliche gehen. Sie verläuft in den zwei hohen Kammern und nähert sich wieder, je weiter man horizontal ins Unendliche geht, dem Zylindroid. Die kegelförmigen Teile gehen in der Umgebung von O in eigentümlicher Weise in den zylindroidförmigen Teil über. Durch den biplanaren Punkt O der Fläche laufen sechs reelle je dreifach zählende Gerade. Ein solcher Punkt ist in Fig. 3 dargestellt[26]), die allerdings nur die nächste Umgebung wiedergibt. Die Fläche enthält außer der unendlich fernen Geraden der xy-Ebene noch acht weitere Gerade und gehört zur Art I. Um ihren Gesamtverlauf, der auch durch das entsprechende (übrigens nicht voll symmetrische) Modell der Rodenbergschen Sammlung nicht ausreichend dargestellt ist, besser überblicken zu können, ist als Fig. 9 eine perspektive Zeichnung wiedergegeben. Man muß sich in die Einzelheiten der Figur, die sich nur schwer in Worten ausdrücken lassen, hineindenken[27]). Am besten ist es, daß sich der Leser selbst ein Modell, etwa aus Plastilin, herstellt, oder zum mindesten eine kotierte Projektion der Fläche auf die Ebene $z = 0$ zeichnet. Dies ist bei den Flächen (2) und (3) sehr leicht, denn ihre Horizontalschnitte $z = \mathrm{Const.}$ sind Kegelschnitte, deren Hauptachsen in den winkelhalbierenden Ebenen zu dem Paar der Hauptebenen $x = 0$ und $y = 0$ des biplanaren Punktes liegen.

---

[25]) Neue Geometrie des Raumes, Teil I (1867), S. 62—112, besonders S. 97.

[26]) Diese Figur entspricht dem Falle einer sehr weitgehenden Abweichung vom Zylindroid, die Rotationskegel würden einen sehr großen Öffnungswinkel besitzen.

[27]) Zum Verständnis der Fig. 9 sei noch folgendes hinzugefügt. (Das meiste hier Gesagte gilt auch für die Fig. 10.) Die Fläche ist durch einen Rotationszylinder um die z-Achse einerseits und durch zwei Ebenen $z = \pm\,\mathrm{Const.}$ andrerseits abgeschnitten. Gezeichnet sind die Schnittgeraden mit der Ebene $z = 0$ und die Schnittkurven mit den winkelhalbierenden Ebenen $x \pm y = 0$. Von der Umrißkurve sind sowohl der sichtbare als auch der unsichtbare Teil bestimmt. In Fig. 9 sind die vier auf den kegelförmigen Teilen verlaufenden Geraden durch den biplanaren Punkt fortgelassen, um die Figur und besonders die Umgebung dieses Punktes nicht zu überlasten.

Wir betrachten ferner folgende zwei Flächen:

$$(4) \qquad xy = 2z(x^2 - y^2),$$

$$(5) \qquad xy = 2z(x^2 - y^2 + \lambda^2 z^2).$$

Die Gleichung (4) stellt ein „tordiertes" Zylindroid dar, dessen Doppelgerade (die z-Achse) zwei imaginäre „pinch-points" trägt und daher nirgends isoliert verläuft. Ihre Horizontalschnitte bestehen aus einem rechtwinkeligen Geradenpaar, das sich in positivem Sinne um 90^0 dreht, wenn man die z-Achse von unten nach oben durch-

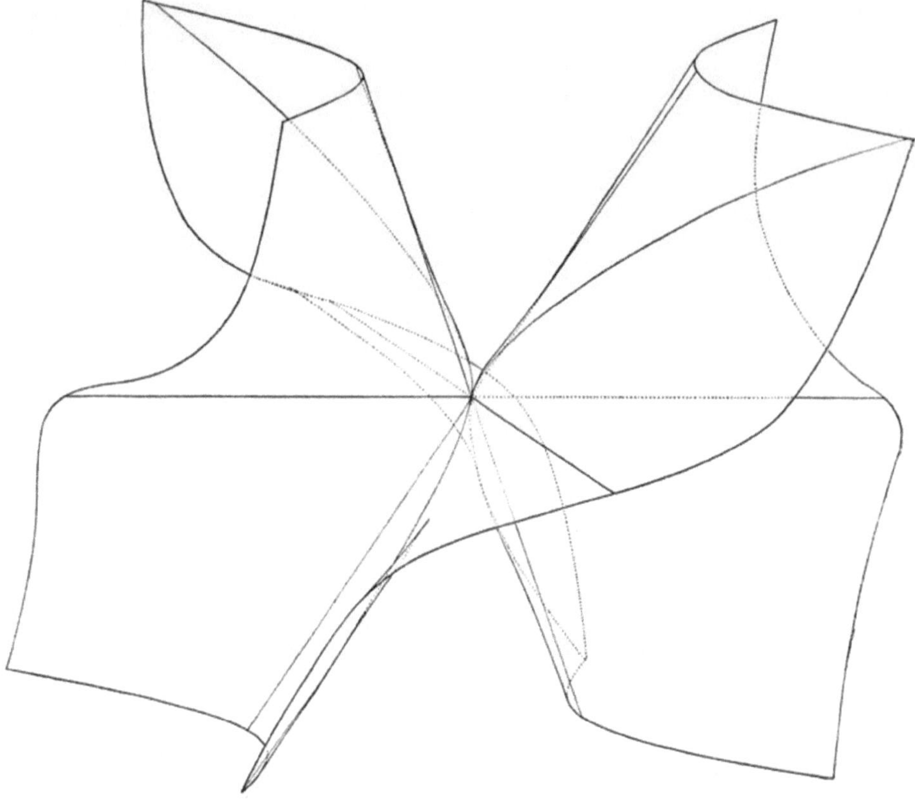

Fig. 10 a.

läuft. Die Fläche (4) allein zerteilt den Raum nicht, zusammen aber mit der Ebene $z = 0$ und der unendlich fernen Ebene zerlegt sie ihn in acht Kammern. In vieren derselben, welche nicht benachbart sind, verläuft die Fläche (5). Sie entsteht dadurch aus der Fläche (4), daß deren Doppelgerade imaginär wird und die Flächenmäntel sich oberhalb und unterhalb der Ebene $z = 0$ von der z-Achse ablösen. Sie hat in O einen biplanaren Knoten, durch den vier reelle je dreifach zählende Gerade laufen, von denen eine in der Hauptebene $y = 0$ und drei in der Hauptebene $x = 0$ liegen. (Um diesen Typus des biplanaren Punktes, der in § 3 des Textes nur nebenher erwähnt wurde, zu veranschaulichen, sind in Fig. 10 b eine Reihe schematischer Zeichnungen von Schnittkurven beigefügt, welche von einer sich im positiven Sinne um die Achse des biplanaren Punktes drehenden Ebene ausgeschnitten werden.) Die Fläche enthält außer der unendlich fernen Geraden der xy-Ebene noch zwei einfach zählende Geraden. Sie gehört zur Art II. Eine perspektive Zeichnung der Fläche ist in Fig. 10a zu sehen. Die Horizontalschnitte der Fläche sind gleichseitige Hyperbeln, deren Asymptoten durch die Horizontalschnitte der Fläche (4) gegeben sind.

Hat man sich nun so den Verlauf der Flächen (2), (3) und (5) klargemacht, so ist die Behauptung evident, daß es zu Flächen mit *einem* Knotenpunkt, dessen Kegel reell ist, keine neuen Flächen gibt (und zwar für alle drei Arten I, II, III gleichermaßen). Denn jede solche Fläche gehört mit einer derartigen Fläche, wie sie aus (2), (3) und (5) durch Auflösung des biplanaren Punktes in einen konischen Knoten nach § 4 des Textes entsteht, zur gleichen Art. Weil aber jede der Flächen (2), (3) und (5) mit sich selbst zur Deckung kommt, wenn man sie um die x-Achse oder y-Achse durch 180° dreht, so kann die Auflösung des biplanaren Punktes in einen konischen Knoten keine verschiedenen Flächenarten liefern, nach welcher der beiden verschiedenen Seiten hin sie auch erfolgen mag.

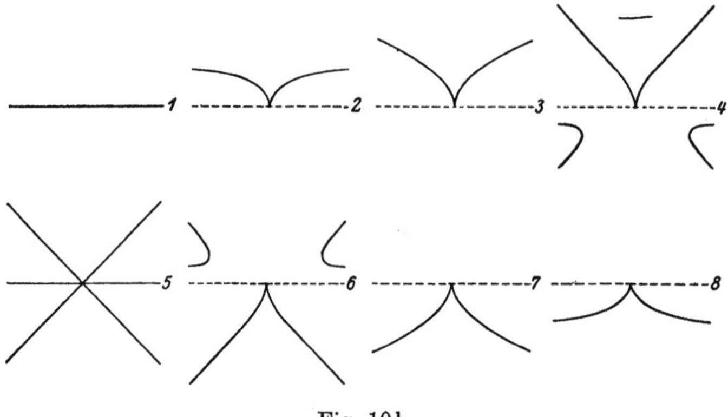

Fig. 10b.

Wir betrachten ferner als Beispiel die Flächenschar mit dem Parameter σ:

$$(6) \quad \begin{cases} xy = -\sigma\,\dfrac{14 + \sigma + 2\sigma^2 - \sigma^3}{8}\,zx^2 - 2zy^2 + 2\lambda^2 z^3 - (\sigma-1)(\sigma+1)\lambda z^2 x \\[2mm] \qquad + \sigma(\sigma-1)(\sigma+1)\,\dfrac{\sigma^2 + 3\sigma + 10}{16\lambda}\,x^3. \end{cases}$$

Lassen wir σ von $+1$ nach -1 laufen, so erhalten wir von der Fläche (3) ausgehend[28]) für $\sigma > 0$ Flächen von derselben Art wie (3), während für $\sigma < 0$ Flächen von der Art der Fläche (5) entstehen, mit welcher unsere Reihe endet. Nur die für $\sigma = 0$ entstehende Fläche

$$(7) \qquad xy = * - 2zy^2 + 2\lambda^2 z^3 + \lambda z^2 x$$

enthält außer dem biplanaren Punkt in O noch einen konischen Knoten (im unendlich fernen Punkt der x-Achse). Den gestaltlichen Verlauf dieser Fläche wollen wir uns jetzt klarmachen. Ihre Horizontalschnitte $z = \text{const.}$ sind Hyperbeln, deren Mittelpunkte auf der kubischen Raumkurve $y = \lambda z^2$, $x = -4zy = -4\lambda z^3$ liegen und deren Asymptoten parallel sind zu den in der gleichen Ebene liegenden Erzeugenden der Linienfläche

$$(8) \qquad xy = -2zy^2.$$

Diese zerfällt in die Ebene $y = 0$ und das geradlinige Paraboloid $x = -2zy$, dessen Scheitel in O liegt, und dessen Scheitelgeraden die y- und z-Achse sind. Das für uns

---

[28]) Genauer gesagt beginnen wir mit der durch eine Drehung von 90° um die z-Achse aus (3) entstehenden Fläche $xy = -2zx^2 - 2zy^2 + 2\lambda^2 z^3$.

in Betracht kommende Erzeugendensystem dreht sich um die z-Achse in positivem Sinne um 180°, wenn man z von $-\infty$ bis $+\infty$ wachsen läßt, so daß also das Paraboloid zusammen mit den Ebenen $y = 0$, $z = 0$ und der unendlich fernen Ebene den Raum in acht Kammern teilt, von denen vier nach oben bzw. nach unten immer enger werden, während die anderen vier immer weiter werden. Das Analoge gilt für die von den Asymptoten selbst gebildete Linienfläche. Und nun ist die Sache die, daß die Fläche (7) für Werte $|z| < 1$ in den vier weiter werdenden, für Werte $|z| > 1$ jedoch in den vier enger werdenden Kammern verläuft, während sie für $|z| = 1$ die letztgenannten Linienfläche in einem Geradenpaar durchsetzt. Es bleibt noch einiges über die reellen Geraden der Fläche (7) zu bemerken. Die x-Achse zählt als Verbindungslinie des biplanaren und konischen Knotens sechsfach. Durch ersteren läuft in der Ebene $y = 0$ noch eine dreifach zählende Gerade und laufen in der Ebene $y = 0$ noch drei je dreifach zählende Gerade. Durch den konischen Knoten gehen noch drei je zweifach zählende Gerade (unter ihnen die unendlich ferne Gerade der Ebene $z = 0)$[29]. Außerdem enthält die Fläche drei einfach zählende Gerade. Sie gehört also zur Art I.

Wir betrachten schließlich die Flächenschar

$$(9) \quad \begin{cases} xy = 2zx^2 - \sigma\,\dfrac{14 + \sigma + 2\sigma^2 - \sigma^3}{8}\,zy^2 + 2\lambda^2 z^3 - (\sigma - 1)(\sigma + 1)\,\lambda z^2 y \\[2mm] \qquad\qquad + \sigma(\sigma - 1)(\sigma + 1)\,\dfrac{\sigma^2 + 3\sigma + 10}{16\lambda}\,y^3. \end{cases}$$

Läuft σ von $+1$ nach -1, so ergeben sich, von der Fläche (5) beginnend, für $\sigma > 0$ Flächen von derselben Art wie (5), für $\sigma < 0$ aber Flächen von der Art der Fläche (2), mit welcher die Reihe schließt. Wir betrachten wieder besonders die Übergangsfläche mit $\sigma = 0$:

$$(10) \qquad\qquad xy = 2zx^2 - * - 2\lambda^2 z^3 + \lambda z^2 y,$$

welche außer dem biplanaren Punkt O noch einen konischen Knoten (im unendlich fernen Punkt der y-Achse) besitzt. Die Horizontalschnitte von (10) sind Hyperbeln, deren Mittelpunkte auf der kubischen Kurve $x = \lambda z^2$, $y = 4zx = 4\lambda z^3$ liegen, und deren Asymptotenrichtungen durch die Linienfläche

$$(11) \qquad\qquad xy = 2zx^2$$

bestimmt sind. Diese Linienfläche geht durch eine positive Drehung von 270° um die z-Achse aus (8) hervor. Analoges gilt von der neuen und alten kubischen Raumkurve. Also ist die Raumeinteilung durch die von den Asymptoten selbst gebildete Linienfläche, durch die Ebene $z = 0$ und die unendlich ferne Ebene ganz die entsprechende. Die Fläche (11) verläuft jedoch diesmal durchweg in den vier enger werdenden Kammern. Die Fläche enthält die y-Achse als sechsfach zählende Gerade. Durch den biplanaren Punkt geht noch eine weitere dreifach zählende Gerade in der Ebene $x = 0$

---

[29]) Über die durch den biplanaren Punkt O der Flächen der Schar (6) laufenden Geraden läßt sich folgendes aussagen. In der Ebene $x = 0$ sind unverändert die drei Geraden $z = 0$, $\lambda z \pm x = 0$ enthalten, während die in der Ebene $y = 0$ gelegenen Geraden gegeben sind durch:

$$\lambda z + \frac{\sigma + 1}{2}\,x = 0, \quad \lambda z = \left[\frac{\sigma(\sigma + 1)}{4} \pm \sqrt{\sigma\,\frac{5 - 3\sigma}{8}}\,\right] x.$$

Man sieht, daß dies für $\sigma > 0$ drei reelle Gerade sind, von denen zwei für $\sigma = 0$ zusammenfallen, während für $\sigma < 0$ eine reelle und zwei imaginäre Gerade auftreten. — Ebenso vereinigen sich zwei dreifach zählende und sechs einfache Gerade der Flächen $\sigma > 0$ bei Entstehen des Doppelpunktes $(\sigma = 0)$ zu den oben angegebenen Geraden durch diesen und werden beim Auflösen desselben $(\sigma < 0)$ sämtlich imaginär.

und eine dreifach zählende Gerade in der Ebene $y = 0$. Durch den konischen Knoten läuft noch als zweifach zählende Gerade die unendlich ferne Gerade der Ebene $z = 0$ [30]. Außerdem enthält die Fläche noch eine einfach zählende Gerade. Sie gehört also zur Art II.

Nun besteht der Beweis für die Einflußlosigkeit des Durchganges eines konischen Knotens durch die biplanare Form auf die Art einer Fläche, bei Flächen mit zwei konischen Knoten wieder darin, daß wir konstatieren, daß die Fläche (7) bzw. (10) durch eine Drehung von 180^0 um die y-Achse bzw. die x-Achse in sich übergeht, und daß demnach die Auflösung des biplanaren Knotens in einen konischen Knoten gemäß des § 4 des Textes keine verschiedenen Flächenarten liefern kann, nach welcher der beiden Seiten hin die Auflösung auch erfolgen mag.

Es bleibt noch die Frage zu erledigen, bei welcher der hier genannten Flächen mit biplanarem Punkt zwei einander spiegelbildlich zugeordnete Flächen zu derselben Art gehören. Auf diese Frage sind Rodenberg und Herting nicht eingegangen. Die Antwort lautet: Die Flächen, welche mit den Flächen (2) und (3) zu derselben Art gehören, zerfallen nicht in spiegelbildlich verschiedene Arten, eben wegen der Existenz der zu sich selbst symmetrischen Flächen (2) und (3). Dagegen sind die Flächen (5), (7), (10) wesentlich rechts orientiert, und man kann sie nicht in die entsprechenden links orientierten Flächen überführen, ohne daß eine neue oder höhere Singularität dabei auftritt, weil die beiden Ebenen des biplanaren Punktes hinsichtlich der in ihnen liegenden Geraden gänzlich verschieden sind. *Also bestimmen die Flächen* (5), (7), (10) *und die aus ihnen durch Spiegelung hervorgehenden sechs Arten.*

Man kann nun noch die Frage aufwerfen, warum die durch Auflösung dieser biplanaren Punkte in konische Knoten entstehenden Flächen nicht mehr spiegelbildlich verschiedene Arten bilden, wie bereits auf S. 23 des Textes angegeben wurde. Die Antwort lautet: Die Bedingung, daß drei Gerade des biplanaren Punktes in einer Ebene liegen, bzw. daß eine Gerade in der festen Tangentialebene der Fläche längs der Verbindungsgeraden des biplanaren und des konischen Knotens liege, stellt eine Einschränkung für die Beweglichkeit dieser Geraden vor, die bei der Auflösung des biplanaren Knotens in einen konischen fortfällt. V.]

Die vorstehenden Ausführungen über die verschiedenen Arten von Flächen mit konischen und gewöhnlichen biplanaren Knoten erfahren eine hübsche Bestätigung, wenn man die Fläche durch elementare Projektion von einem ihrer Knotenpunkte aus auf die Ebene abbildet. Diese Abbildung ist im wesentlichen eindeutig. Nur das Projektionszentrum oder vielmehr die von diesem auslaufenden Linienelemente der Fläche bilden sich dabei als einteiliger oder nullteiliger Kegelschnitt oder als reelles Geradenpaar oder als konjugiert imaginäres Geradenpaar mit reellem Schnittpunkt ab, je nachdem man von einem nicht isolierten oder isolierten konischen Knoten oder von einem biplanaren Knoten mit reellen oder konjugiert imaginären Ebenen projiziert. — Andererseits bilden sich die sechs durch das Projektionszentrum gehenden Geraden der Fläche als Fundamentalpunkte ab, die auf diesem eigentlichen oder uneigentlichen Kegelschnitte liegen. Sind die Geraden reell, so sind die entsprechenden Fundamental-

---

[30]) Die Geraden des biplanaren Punktes O der Flächen der Schar (9) sind in der Ebene $y = 0$ unverändert die reelle Gerade $z = 0$, während die in der Ebene $x = 0$ verlaufenden Geraden gegeben sind durch

$$\lambda z + \frac{\sigma + 1}{2} \, y = 0, \quad \lambda z - \left[\frac{\sigma(\sigma+1)}{4} \pm \sqrt{\sigma \frac{5 - 3\sigma}{8}} \right] y.$$

Dies sind für $\sigma > 0$ drei reelle Gerade, von denen für $\sigma = 0$ zwei zusammenfallen, um für $\sigma < 0$ imaginär zu werden. — Ebenso vereinigen sich zwei dreifach zählende und zwei einfache Gerade beim Auftreten eines Doppelpunktes zu den durch diesen laufenden Geraden und werden beim Verschwinden desselben sämtlich imaginär.

punkte in den folgenden Figuren durch kleine Kreise bezeichnet. Werden im Falle eines konischen Knotens zwei der durch ihn gehenden Geraden imaginär, so haben sie eine reelle Ebene gemeinsam, die die Fläche in einer dritten nicht durch den Knoten gehenden Geraden schneidet. Die Projektion dieser Geraden ist in den Figuren gezeichnet, auf ihr liegen zwei konjugiert imaginäre Fundamentalpunkte. (Sie darf also den Fundamentalkegelschnitt nicht in reellen Punkten schneiden.) Entsprechendes gilt für einen biplanaren Punkt mit konjugiert imaginären Ebenen. Wenn aber im Falle eines biplanaren Punktes mit reellen Ebenen zwei der durch ihn gehenden Geraden konjugiert imaginär werden, so fällt ihre reelle Verbindungsebene mit einer Ebene des biplanaren Punktes zusammen. Diese Ebene schneidet dann aus der Fläche noch eine dritte durch den biplanaren Punkt gehende reelle Gerade aus, deren Bild als reeller Fundamentalpunkt schon gezeichnet vorliegt.

Die (in den folgenden Fig. 11 bis 17 nicht gezeichneten) Bilder der übrigen reellen Geraden erhält man, wenn man im Falle eines einteiligen Fundamentalkegelschnittes die Verbindungsgeraden aller reellen Fundamentalpunkte und die Tangenten in etwa zusammengerückten Fundamentalpunkten zeichnet, im Falle eines reellen Fundamentalgeradenpaares aber die Verbindungslinien derjenigen reellen Fundamentalpunkte zieht, welche auf verschiedenen Geraden des Geradenpaares liegen. (Diese letzteren sind keine Bilder von Geraden der Fläche.) — Die Geraden dieses Geradenpaares sind in den folgenden Figuren durch stärkeres Ausziehen kenntlich gemacht.

Die Abbildungen der Flächen lassen sich durch solche stetige Umänderungen, welche weder die oben beschriebene Art des Fundamentalkegelschnittes, noch die Vielfachheit von Fundamentalpunkten ändern, noch einen Fundamentalpunkt mit dem Bildpunkt der Achse des biplanaren Punktes zusammenfallen lassen, in die folgenden schematischen Fig. 11 bis 17 verwandeln.

Im einzelnen erhalten wir dabei für die Flächen mit einem konischen Knoten die folgenden Bilder [31]):

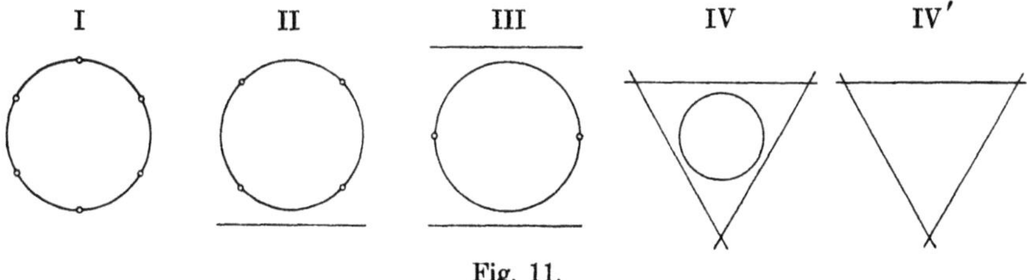

Fig. 11.

und für die mit einem biplanaren Knoten diese:

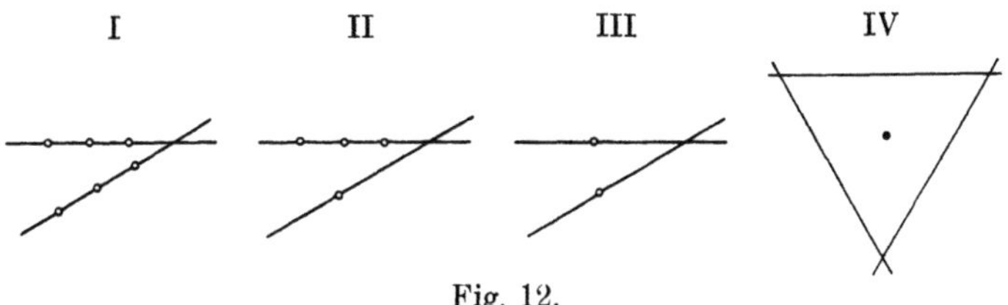

Fig. 12.

Man sieht, die Flächen mit derselben Anzahl reeller Geraden (wobei deren Vielfachheit zu berücksichtigen ist) bilden je nur eine Art. Eine Ausnahme machen nur die durch die Fig. 11, IV und 11, IV' charakterisierten Flächen mit drei reellen Geraden,

---

[31]) Die römischen Nummern dieser Figuren stimmen mit den entsprechenden Bezeichnungen des Textes und des ersten Teiles dieses Zusatzes überein.

welche einen nichtisolierten bzw. isolierten Knoten besitzen. Wie die Fläche der Fig. 12, IV mit biplanarem Knoten mit imaginären Ebenen den Übergang zwischen beiden vermittelt, ist deutlich zu sehen.

Es folgen jetzt die Bilder der Flächen mit zwei, drei und vier konischen Knoten. Bei der Abbildung von jedem der auftretenden Knoten aus ergibt sich die gleiche schematische Figur:

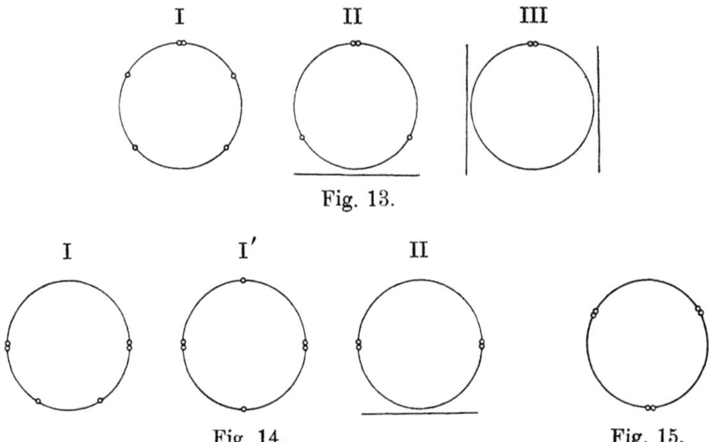

Fig. 13.

Fig. 14.   Fig. 15.

Bei den Flächen mit drei Knoten und der Höchstzahl der reellen Geraden gibt es offenbar zwei Arten, die durch die Figuren 14, I und 14, I' dargestellt sind. Sie sind durch die verschiedene Anordnung der von dem Knoten auslaufenden zweifach und vierfach zählenden Geraden unterschieden. — Sonst sind die verschiedenen Arten schon durch die Anzahl der reellen Geraden gekennzeichnet.

Schließlich lasse ich noch die Abbildung der Flächen mit einem konischen und biplanaren Punkte, bzw. mit zwei konischen und einem biplanaren Punkte folgen, und zwar jeweils sowohl die Projektion vom konischen als auch vom biplanaren Punkte aus.

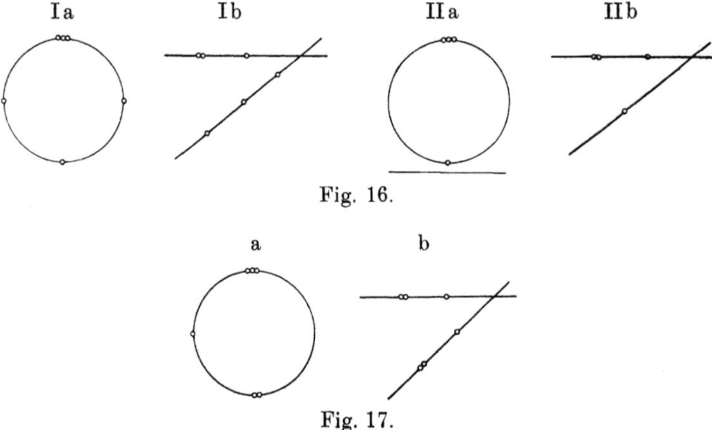

Fig. 16.

Fig. 17.

Man sieht deutlich, wie Fig. 16, I a den Übergang zwischen den Fig. 14, I und 14, I' bildet.

Um aus der Abbildung wieder die Fläche dritter Ordnung zu erhalten, hat man folgende Regel: Man wähle außerhalb der Bildebene das Projektionszentrum beliebig. Dann nehme man dieses als den Eckpunkt $x_1 = x_2 = x_3 = 0$ eines Tetraederkoordinatensystems und die Bildebene als die Ebene $x_4 = 0$ desselben. Die durch das Tetraederkoordinatensystem in der Bildebene bestimmten Dreieckskoordinaten mögen ξ_1, ξ_2, ξ_3 heißen. Man kann diese noch so wählen, daß die sechs Fundamentalpunkte zu je zwei auf den Geraden $\xi_1 = 0$, $\xi_2 = 0$, $\xi_3 = 0$ liegen. Wählt man nun noch den Einheitspunkt des Tetraederkoordinatensystems und damit auch des Dreieckskoordinatensystems geeignet, so lauten die Gleichungen der Fläche in Parameterform

$$(12) \qquad \begin{cases} \varrho\, x_1 = \xi_1 \cdot \Omega \\ \varrho\, x_2 = \xi_2 \cdot \Omega \\ \varrho\, x_3 = \xi_3 \cdot \Omega \\ \varrho\, x_4 = \sigma \left\{ \xi_1\, \xi_2\, \xi_3 + (\xi_1 + \xi_2 + \xi_3)\, \Omega \right\}. \end{cases}$$

Dabei bedeutet $\Omega\,(\xi_1, \xi_2, \xi_3) = 0$ die Gleichung des Fundamentalkegelschnittes. Die Konstante σ der letzten Gleichung wird durch die Forderung bestimmt, daß ein gegebener nicht in der Bildebene und auf keiner der Fundamentalgeraden liegender Punkt der Fläche angehören soll.

Unsere elementare Projektionsmethode ermöglicht aber auch die Entscheidung der Frage, ob eine Fläche und ihre gespiegelte zu derselben Art gehören oder nicht, obwohl die Projektion einer Fläche und ihrer an der Bildebene gespiegelten identisch sind. Die Untersuchung stützt sich dabei auf folgende Sätze:

1. Durchläuft ein Punkt eine Gerade der Fläche, die durch keinen Knotenpunkt geht, so dreht sich natürlich seine Tangentialebene. Enthält die Gerade imaginäre Asymptotenpunkte, so erfolgt die Drehung beständig im gleichen Sinne, entweder rechtsherum oder linksherum, im ganzen um den Winkel 2π; eine solche Gerade werde mit $2r$ bzw. $2l$ bezeichnet. Enthält aber die Gerade zwei reelle Asymptotenpunkte, so erfolgt die Drehung in dem einen der durch die beiden Asymptotenpunkte gebildeten Abschnitte rechtsherum, im andern linksherum, je um denselben Winkel $\alpha < \pi$; die betreffenden Abschnitte mögen mit (r) oder (l) bezeichnet werden. — Geht die Gerade durch *einen* Knotenpunkt, so drehen sich ihre Tangentialebenen beständig im gleichen Sinn um den Winkel π; eine solche Gerade heiße r oder l, je nachdem die Drehung rechtsherum oder linksherum erfolgt. Geht eine Gerade durch *zwei* Knotenpunkte, so sind die Tangentialebenen aller ihrer Punkte identisch; die Gerade werde mit 0 bezeichnet.

2. Schneiden sich zwei gewundene Gerade der Fläche in einem Punkt, der weder Knotenpunkt noch Asymptotenpunkt ist, so ist dort die eine rechts und die andere links gewunden. Dies folgt aus der Betrachtung des oskulierenden Hyperboloids. — Ist der Schnittpunkt zweier gewundener Geraden für die eine Asymptotenpunkt, so ist er es auch für die andere; und es geht noch eine dritte Gerade durch diesen Punkt, für welche dasselbe gilt. Umkreist man den Asymptotenpunkt in der Ebene dieser drei Geraden, so trifft man abwechselnd auf rechts oder links gewundene Abschnitte. — Schneidet eine Verbindungslinie zweier Knotenpunkte eine zweite durch keinen Knotenpunkt laufende Gerade, so ist dieser Schnittpunkt für die zweite ein Asymptotenpunkt, denn in ihm wird die Tangentialebene stationär.

3. Bei unserer stereographischen Projektion bildet sich eine Gerade mit zwei *imaginären* Asymptotenpunkten als solche Verbindungslinie zweier reeller einfacher Fundamentalpunkte ab, welche die übrigen reellen Fundamentalpunkte unter Berücksichtigung, ihrer Vielfachheit im Falle eines einteiligen Fundamentalkegelschnittes schlechthin, im Falle eines reellen Fundamentalgeradenpaares aber noch zusammen mit dessen Schnittpunkt in zwei ungerade Gruppen teilt. Die übrigen Verbindungsgeraden einfacher Fundamentalpunkte, besonders die konjugiert imaginärer Fundamentalpunkte besitzen *reelle* Asymptotenpunkte. — Zum Beweis überlege man, daß ein Ebenenbüschel durch eine (keinen Knotenpunkt enthaltende) Gerade der Fläche aus dieser solche Kegelschnitte ausschneidet, welche sich bei unserer Projektion als

ein Kegelschnittbüschel abbilden, das diejenigen vier Fundamentalpunkte als Grundpunkte besitzt, welche nicht auf dem Bild der zu untersuchenden Geraden liegen. Die Frage ist nun, ob die von den Kegelschnitten des Büschels auf der Geraden ausgeschnittene Involution *elliptisch* oder *hyperbolisch* ist, d. h. ob die Schnittpunkte zweier beliebiger Kegelschnitte sich (harmonisch) trennen oder dies nicht tun. (Vgl. Fußnote [16]) auf S. 31.) Da es sich um projektive Eigenschaften handelt, können wir für Verbindungslinien reeller Fundamentalpunkte unsere Untersuchung auf den Fall beschränken, daß das Fundamentalgebilde eine Ellipse ist oder ein Geradenpaar, dessen Schnittpunkt die auf jeder der beiden Geraden liegenden Fundamentalpunkte im Endlichen nicht trennt. Sind nun die vier Grundpunkte des Kegelschnittbüschels sämtlich reell, so genügt es zum Beweise die drei im Büschel enthaltenen zerfallenden Kegelschnitte, also die Paare gegenüberliegender Seiten des von den Grundpunkten gebildeten vollständigen Viereckes zu betrachten. Sind aber zwei oder vier Grundpunkte paarweise konjugiert imaginär, so projiziere man die Figur so, daß die reelle Verbindungsgerade zweier imaginärer Punkte in die unendlich ferne Gerade und diese selbst in die Kreispunkte übergehen. Dann wird aus dem Kegelschnittbüschel ein Kreisbüschel, welches die andern zwei Grundpunkte als reelle bzw. imaginäre Grundpunkte besitzt (d. h. dessen Kreise sämtlich durch die zwei reellen Grundpunkte hindurchgehen bzw. die Verbindungslinie der zwei imaginären Grundpunkte als gemeinsame Chordale haben). Die Betrachtung dieser Kreisbüschel lehrt die Richtigkeit unserer Behauptung. — Ganz analog wird die Behauptung für die Verbindungslinien imaginärer Fundamentalpunkte bewiesen. — Rücken im Falle von vier reellen Grundpunkten etliche zusammen, so bleiben immer zwei gegenüberliegende Seiten des vollständigen Viereckes bestimmt; außerdem beachte man, daß das Fundamentalgebilde selbst ja stets zum Büschel gehört. Rücken im Falle von zwei reellen Grundpunkten diese zusammen, so erhält man ein Kreisbüschel, dessen Kreise sich sämtlich in demselben Punkt berühren. Im Übrigen verläuft der Beweis ebenso.

4. Die Lage der reellen Asymptotenpunkte ergibt sich aus der Bemerkung, daß sie bekanntlich die beiden Schnittpunkte eines beliebigen zu ihrer Geraden gehörigen Kegelschnittes harmonsich trennen. Dies wenden wir auf den Fall an, daß dieser Kegelschnitt in ein reelles Geradenpaar zerfällt, das sich in unserer Abbildung entweder als Geradenpaar oder als zwei Fundamentalpunkte darstellt. Die Asymptotenpunkte sind in den folgenden Figuren durch kurze Querstriche angegeben.

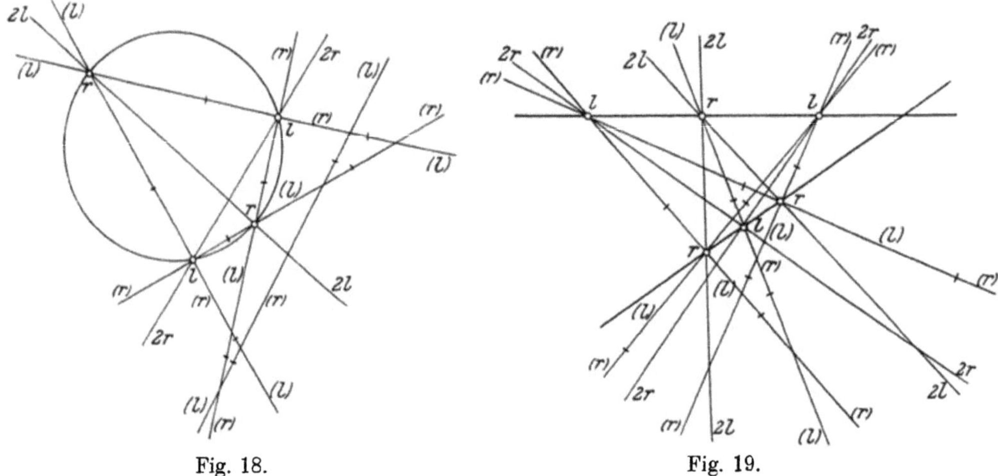

Fig. 18.   Fig. 19.

Diese Angaben genügen, um die vorstehend gezeichneten Figuren mit den Buchstaben r und l beschriften zu können: Man fange bei einer Geraden oder ihrem Abschnitte nach Belieben mit r oder l an; dann ergibt sich die Beschriftung aller anderen Stellen zwangläufig. — Ich habe zwei Beispiele in Fig. 18 und 19 ausgeführt.

Nun hat man für die Herstellung der Abbildung der durch Spiegelung an der Bildebene aus einer Fläche entstehenden symmetrischen einfach die Regel: *Man vertausche überall r mit l.* Weiter ergibt sich: *Eine Fläche und ihre gespiegelte gehören dann und nur dann zu derselben Art, wenn ihre beschrifteten Projektionen in der oben angegebenen Weise stetig ineinander überführbar sind.* Doch muß man bei Flächen mit drei nicht gleichartigen Knoten eine solche Projektion wählen, bei der die zwei gleichartigen Knoten unter ihnen gleichartige Bilder liefern, also z. B. bei der Fig. 17 die Projektion b.

Bei der oben besprochenen Herstellung der Fläche dritter Ordnung aus der unbeschrifteten Projektion war es gleichgültig gewesen, auf welcher der beiden durch Projektionszentrum und Bildebene gebildeten Abschnitte eines Projektionsstrahles man den willkürlich wählbaren Punkt der Fläche annahm. Geht man aber von der beschrifteten Projektion aus, so muß man den Abschnitt des Projektionsstrahles richtig wählen. Von dieser Wahl hängt ersichtlich das Vorzeichen von σ in Formel (12) ab. Denn eine Vorzeichenänderung von σ bedeutet eine „projektive Spiegelung" der Fläche an der Bildebene $x_4 = 0$. Mit einer solchen aber ändert sich der Windungssinn aller Flächengeraden.

Ich finde unter den oben gezeichneten Figuren 11 bis 17 folgende drei, die sich nicht kontinuierlich in ihre Spiegelbilder überführen lassen. (Zwei der drei Fälle sind in zwei Projektionen gezeichnet.)

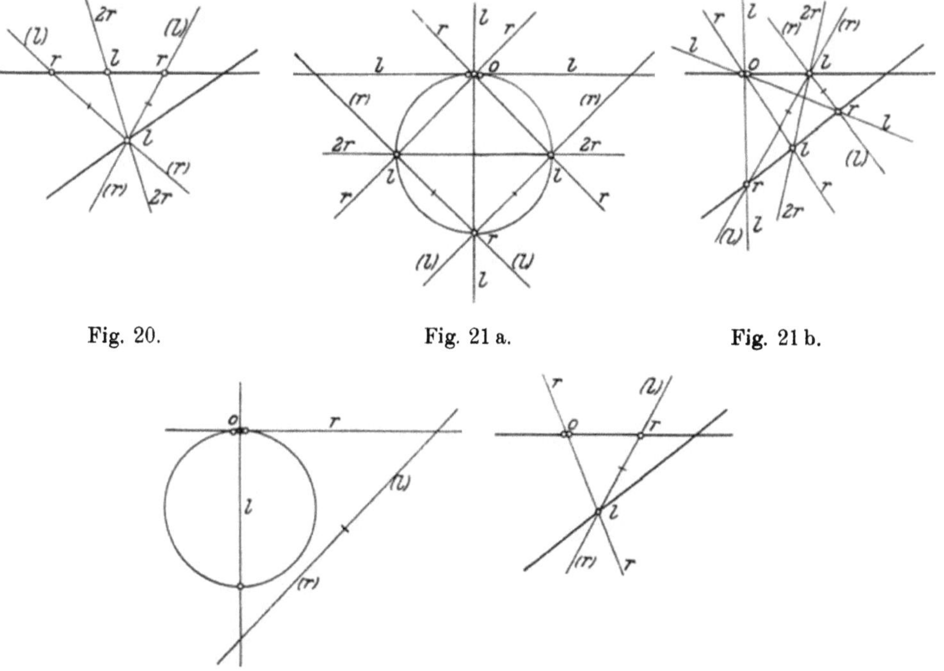

Fig. 20.   Fig. 21 a.   Fig. 21 b.

Fig. 22 a.   Fig. 22 b.

Daß bei Auflösung des biplanaren Knotens in einen konischen die Unterscheidung in spiegelbildlich getrennte Arten fortfällt, sieht man, indem man bei Projektionen vom konischen Punkt aus den dreifachen Fundamentalpunkt in einen zweifachen und ein-

fachen auflöst, bei Projektionen vom biplanaren Knoten aus das Geradenpaar in eine
benachbarte Hyperbel übergehen läßt. Das letztere ist in den Fig. 23, 24 und 25
ausgeführt.

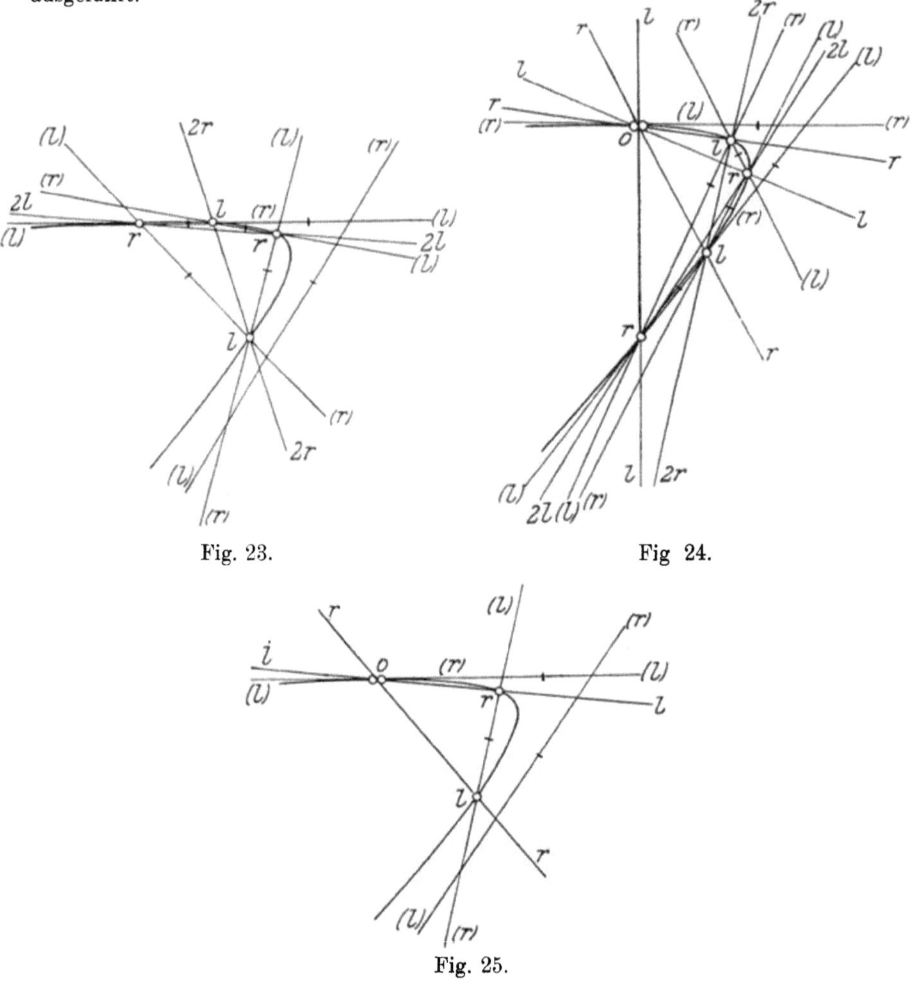

Fig. 23.   Fig 24.

Fig. 25.

Daß die vorher getrennten Arten jetzt in eine übergehen, wird hierdurch besonders verständlich. K.

[Zusatz II: Über die durch die 27 reellen Geraden vermittelte Zerlegung der Clebschschen Diagonalfläche[32]).]

[Bekanntlich lassen sich nach Clebsch und Cremona die singularitätenfreien
F_3 in der Weise im allgemeinen eineindeutig auf die Ebene abbilden, daß in letzterer

---

[32]) [Ich gebe hier noch einige Ausführungen, weil mir die klare Durcharbeitung
der Einzelheiten des besonderen Falles für die Erfassung der allgemeinen Überlegungen
sowohl der vorliegenden als namentlich auch der folgenden Abhandlung XXXVI nützlich
scheint. K.]

sechs Fundamentalpunkte auftreten, denen auf der F_3 die Geraden einer beliebig herauszugreifenden halben Doppelsechs entsprechen. Die andern sechs Geraden dieser Doppelsechs werden dann bez. durch die sechs Kegelschnitte vorgestellt, welche durch je fünf der sechs Fundamentalpunkte hindurchgehen, die 15 dann noch fehlenden Geraden durch die Verbindungsgeraden von je zwei Fundamentalpunkten. Wir mögen uns hier auf den Fall beschränken, wo alle 27 Geraden reell sind und infolgedessen die Abbildung, wie die sechs Fundamentalpunkte einzeln reell ausfallen.

Zwecks konkreter Erfassung der hierbei auftretenden gestaltlichen Verhältnisse ist es noch zweckmäßig, zwei Maßregeln zu treffen, die allgemein in Abhandlung XXXVI dieser Ausgabe zur Geltung kommen sollen, nämlich 1. sich die F_3, wie die Abbildungsebene doppelt überdeckt zu denken, wodurch gemäß der in Abhandlung XXXVI zu entwickelnden projektiven Auffassung zwei geschlossene Doppelflächen entstehen, 2. die Doppelfläche der F_3 längs der sechs bei der Abbildung benutzten Geraden aufzuschneiden und die Doppelebene in den sechs Fundamentalpunkten mit unendlich kleinen Öffnungen zu versehen, deren Randpunkte den Fortschreitungsrichtungen vom Fundamentalpunkte aus eindeutig zugeordnet sind. Längs jeder Schnittgeraden hängt dann die eine Hälfte der vorderen Überdeckung der F_3 immer noch durch das Unendliche hindurch mit der anderen Hälfte der hinteren Überdeckung zusammen, sodaß jede der sechs Geraden zweimal als Rand der zerschnittenen Doppelfläche erscheint und diese im ganzen 12 Randkurven hat. Nicht minder trägt die doppeltüberdeckte Bildebene 12 Öffnungen, nämlich jedem Fundamentalpunkte entsprechend eine auf der oberen Seite, eine auf der unteren. Die beiden so mit 12 Rändern versehenen Flächen sind nun in der Weise ausnahmslos eineindeutig aufeinander bezogen, daß dies auch für die einzelnen Randkurven gilt.

Man kann also die Zerlegung in Einzelgebiete, welche die F_3 durch ihre 27 Geraden erfährt, in der ebenen Abbildung ablesen. Dabei ist nur zu beachten, daß, wenn man auf der F_3 über eine der sechs ausgezeichneten Geraden stetig hinübergeht, dies in der Ebene bedeutet, daß man unter Durchschreitung des zugehörigen Fundamentalpunktes von der einen Überdeckung der Ebene in die andere gelangt. So hat man für die noch fehlenden 21 Geraden Abbilder, die wir in der Ebene folgendermaßen unterscheiden: 1. Jede der 15 Verbindungsgeraden zweier Fundamentalpunkte wird durch diese in zwei Segmente zerlegt, und es steht uns frei, ob man das eine Segment zunächst dem oberen, das folgende Segment dem unteren Blatte überweisen will, oder umgekehrt. Da aber auch der Durchgang durchs Unendliche vom oberen in das untere Blatt führt, schließt sich die Gerade auf der Doppelfläche erst nach doppelter Durchlaufung. 2. Entsprechend hat man mit den Segmenten zu verfahren, in welche der einzelne der sechs je durch fünf Fundamentalpunkte hindurchgehenden Kegelschnitt durch diese zerlegt wird. Auch der Kegelschnitt schließt sich erst nach doppelter Durchlaufung, mag er nun in der Zeichnung als Ellipse oder als Hyperbel erscheinen. Sodann beachte man noch, daß jede Gerade der F_3 von zehn anderen Geraden geschnitten und dementsprechend in zehn Segmente zerlegt wird. Dies gilt natürlich insbesondere von den sechs bei der Abbildung bevorzugten Geraden. Dementsprechend laufen durch jeden unserer Fundamentalpunkte im oberen, wie im unteren Blatte zehn Fortschreitungsrichtungen hindurch, oder, wenn man lieber will, es laufen von ihm 20 Fortschreitungsrichtungen aus, durch welche das umgebende Oval (im oberen wie im unteren Blatte) in 20 Segmente zerlegt wird, (die den 20 Uferstücken einzeln entsprechen, welche die zehn Segmente der dem Oval auf der F_3 entsprechenden Geraden für jedes der beiden von ihr begrenzten Ufer darbieten).

Die ganze so entwickelte Vorstellungsweise (welche man gerne durch eine ausgeführte Zeichnung illustrieren kann) möge nun insbesondere für die Diagonalfläche durchgeführt werden. Wir wählen als ausgezeichnete Gerade auf ihr die in § 10 mit den Ziffern 1, 2, 3, 4, 5, 6 bezeichneten (oder auch diejenigen, die dort $1'$, $2'$, $3'$, $4'$, $5'$, $6'$ heißen). Man erhält dann in der Bildebene, wie schon Clebsch in seiner grundlegenden Arbeit, Math. Annalen, Bd. 4 (1872), hervorhob, ein merkwürdiges Sechseck von Fundamentalpunkten, nämlich ein solches, welches zehnfach Brianchonsch ist. In meinen späteren Untersuchungen über das „Ikosaeder"[33]) habe ich hervorgehoben, daß ein solches Sechseck in einfachster Weise mit einer in der Elementargeometrie wohlbekannten Konfiguration zusammenhängt, *nämlich mit dem Schnitt, den irgendeine Ebene mit den sechs Durchmessern hat, welche die gegenüberliegenden Ecken eines regulären Ikosaeders verbinden.* Die zehn Brianchonschen Punkte entsprechen dabei den zehn Durchmessern, welche je durch zwei gegenüberstehende Mittelpunkte der 20 Seitenflächen des Ikosaeders hindurchlaufen[34]).

Nun ist die Sache die, daß man zwecks anschauungsmäßiger Erfassung der Verhältnisse die doppeltüberdeckte Bildebene *geradezu durch die eine Seite der Oberfläche* (also etwa die nach außen gerichtete Seite) *des regulären Ikosaeders ersetzen kann.* Auf ihr verlaufen den doppeltdurchlaufenen Verbindungslinien zweier Fundamentalpunkte entsprechend die 15 Schnittlinien mit den Symmetrieebenen des Ikosaeders (d. h. den Ebenen, welche je zwei der sechs Durchmesser enthalten). Ferner als Bilder der sechs Kegelschnitte, die je durch fünf Fundamentalpunkte hindurchgehen, die Schnitte mit sechs Rotationskegeln, von denen jeder durch fünf der sechs Durchmesser hindurchgelegt ist. Jeder dieser Schnitte besteht zunächst aus zwei getrennten Kurvenzügen, aber diese zwei fügen sich doch vermöge der Verabredung, die wir nun über die Ecken des Ikosaeders treffen müssen, zu einem einheitlichem Kontinuum zusammen.

Diese Verabredung geht davon aus, daß wir soeben um die sechs Fundamentalpunkte der Ebene herum sechs ovale Öffnungen anbrachten. Wir werden dementsprechend *das Ikosaeder* jetzt, wie die Kristallographen sagen, *entecken,* etwa, um bestimmte Vorstellungen zu haben, die zwölf Ecken und ihre nächste Umgebung durch sechs unendlich dünne Zylinder von ovalem Querschnitt, die wir um die Durchmesser des Ikosaeders herumlegen, wegschneiden, so daß in der Oberfläche des

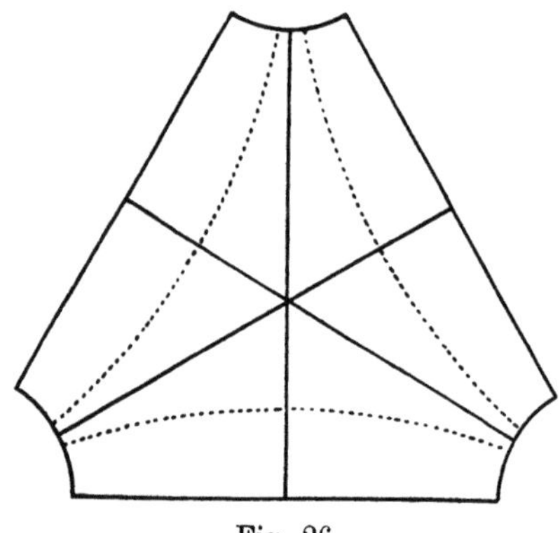

Fig. 26.

Ikosaeders zwölf Öffnungen entstehen. Das Nähere mag Fig. 26 erläutern, welche eine der 20 Seitenflächen der „präparierten" Ikosaederfläche darstellen soll.

Man sieht, wie quer über die Seitenfläche drei Stücke der 15 Symmetrielinien hinlaufen, die sich im Mittelpunkte schneiden, während drei andere die Begrenzung der Seitenfläche abgeben; ferner erkennt man drei (in der Figur punktierte) Stücke der Schnitte mit den sechs soeben genannten Rotationskegeln. Die Randlinien der Öffnungen aber, die wir an Stelle der Ikosaederecken angebracht haben, werden, soweit sie in der Figur hervortreten, durch die genannten Kurven in vier Segmente geteilt. Da von jeder Ecke des Ikosaeders fünf Seitenflächen auslaufen, ist die einzelne von 20 Segmenten umgeben, wie es sein sollte.

Die volle Verabredung, auf die es ankommt, entsteht erst, indem wir angeben, wie wir die Konturen, welche die gegenüberliegenden Eckpunkte des Ikosaeders umgeben, aneinander geheftet denken müssen, damit wir das Abbild der geschlossenen, doppeltüberdeckten Diagonalfläche erhalten. Ich sage, daß dies folgendermaßen zu geschehen hat: man denke sich zwei gegenüberstehende Eckpunkte durch den sie enthaltenden Durchmesser verbunden. Von den beiden zugehörigen Konturen gehören

---

[33]) Für das Folgende vergleiche man die unten abgedruckte Abh. LIV „Weitere Untersuchungen über das Ikosaeder", besonders den § 10 des Abschnittes II.

[34]) Der Leser ist gebeten, sich ein Modell eines regulären Ikosaeders zu verschaffen und auf ihm die einschlägigen Verhältnisse in concreto zu studieren.

dann immer solche zwei Punkte zusammen, *die eine zu dem Durchmesser parallele Verbindungslinie haben.* Kommt man an die eine Kontur heran, so hat man von dem entsprechenden Punkte der anderen Kontur aus weiter zu gehen, wobei für den Beschauer, da man doch auf der durchlöcherten Ikosaederfläche bleiben muß, eine Umkehr der Bewegungsrichtung eintritt. Der Beweis für diese Behauptungen folgt im wesentlichen daraus, daß die doppeltüberdeckte Ebene mit ihren sechs Öffnungen durch das vom Mittelpunkt des Ikosaeders auslaufende Strahlenbündel eindeutig auf das „präparierte“ Ikosaeder bezogen ist, und daß alle Bewegungen im Strahlenbündel kontinuierlich zu erfolgen haben. Es scheint jedoch unmöglich, die so gemachten Angaben bei der an gegenwärtiger Stelle gebotenen Kürze noch genauer zu begründen. Ich will aber doch die analytischen Formeln hersetzen, welche die Abbildung der Diagonalfläche auf unsere Ikosaederfigur vermitteln. Dabei kann ich mich auf meine 1884 bei B. G. Teubner, Leipzig, erschienenen „Vorlesungen über das Ikosaeder usw.“ S. 222, 225 (oder auch die auf S. 58 Fußnote [33]) zitierte Abh. LIV, Abschnitt I, § 13) beziehen. Man findet dort in zunächst ganz anderer Ideenverbindung die Formeln:

$$\delta_\nu = \varepsilon^\nu (4 A_0^2 A_2 - A_1 A_2^2) + \varepsilon^{2\nu} (-2 A_0 A_2^2 + A_1^3) + \varepsilon^{3\nu} (2 A_0 A_1^2 - A_2^3)$$
$$+ \varepsilon^{4\nu} (-4 A_0^2 A_1 + A_1^2 A_2)$$
$$= (\varepsilon^{4\nu} A_1 - \varepsilon^\nu A_2)((1 + \sqrt{5}) A_0 + \varepsilon^{4\nu} A_1 + \varepsilon^\nu A_2)((1 - \sqrt{5}) A_0 + \varepsilon^{4\nu} A_1 + \varepsilon^\nu A_2)$$
$$(\nu = 0, 1, 2, 3, 4),$$

wo $\varepsilon = e^{\frac{2\pi i}{5}}$ und übrigens: $\sum \delta_\nu = 0$, $\sum \delta_\nu^3 = 0$ ist. Wir werden hier A_0, A_1, A_2 als Koordinaten eines Punktes der Ikosaederfläche gelten lassen, indem wir, unter Einführung eines gewöhnlichen rechtwinkligen Koordinatensystems

$$A_0 = z, \quad A_1 = x + iy, \quad A_2 = x - iy$$

setzen. Dann bezeichnen die δ_ν (wegen der beiden zwischen ihnen bestehenden Relationen) die homogenen Koordinaten des zugehörigen Punktes der Diagonalfläche (vgl. Ikosaederbuch S. 226, 227 oder Abh. LIV, Abschnitt II, § 10). Jeder dieser Punkte tritt dabei zweimal auf (man erhält also die Diagonalfläche als Doppelfläche), insofern die δ_ν, wenn man die Vorzeichen A_0, A_1, A_2 gleichzeitig ändert, nur einen gemeinsamen Vorzeichenwechsel erleiden. Umgekehrt lassen sich aus den δ_ν auch nur die Verhältnisse der A_0, A_1, A_2 berechnen, ihr absoluter Betrag, bez. ihr Vorzeichen wird von der Stelle der Ikosaederfigur abhängen, die man gerade betrachtet. Man setze abkürzend:

$$5 p_\varkappa = \sum_\nu \varepsilon^{\varkappa\nu} \delta_\nu, \qquad (\varkappa = 1, 2, 3, 4)$$

also:

$$p_1 = -4 A_0^2 A_1 + A_1^2 A_2, \qquad p_2 = 2 A_0 A_1^2 - A_2^3,$$
$$p_3 = -2 A_0 A_2^2 + A_1^3, \qquad p_4 = 4 A_0^2 A_2 - A_1 A_2^2.$$

Zur Berechnung der $A_0 : A_1 : A_2$ kann man dann eine beliebige der drei stetigen Proportionen benutzen

$$A_0 : A_1 : A_2 = (p_1 p_2 + p_4^2) : + 2 p_1 p_3 : - 2 p_4 p_3$$
$$= (p_4 p_3 + p_1^2) : - 2 p_1 p_2 : + 2 p_4 p_2$$
$$= (p_2 p_3 - p_1 p_4) : 2 (p_2 p_4 + p_2^3) : 2 (p_1 p_3 + p_3^2).$$

Im übrigen möge noch kurz auf die geometrisch anschauliche Seite der gewonnenen Beziehung eingegangen werden. Ich sage, *daß man in der durch die vorstehende Skizze erläuterten Ikosaederfigur die Zerlegung, welche die als Doppelfläche gedachte Diagonalfläche durch die 27 Geraden erfährt, in concreto vor sich hat.* In

dieser Hinsicht mögen nur folgende Einzelheiten hervorgehoben werden: Man hat in
jeder der 20 Seitenflächen des Ikosaeders zunächst sechs Vierecke, welche im Mittelpunkte zusammenstoßen, und damit auf der Diagonalfläche 120 von geradlinigen
Stücken begrenzte Vierecke, die wir Vierecke der ersten Art nennen mögen. Man hat
dann entlang jeder der 30 Kanten des Ikosaeders vier Vierecke und damit auf der
Diagonalfläche eine Reihe von 120 weiteren geradlinig begrenzten Vierecken, die man
Vierecke der zweiten Art nennen wird. — Diese Zahlen sind doppelt so groß, wie die
in § 10 der vorstehenden Abhandlung angegebenen, weil jetzt die Diagonalfläche als
eine Doppelfläche angesehen wird; im übrigen stimmen alle Einzelheiten.

Hat man die Zerlegung der Diagonalfläche durch ihre geraden Linien völlig erfaßt, so wird man leicht zu den Verhältnissen aufsteigen, die auf einer allgemeinen
Fläche dritter Ordnung mit 27 Geraden herrschen. Die ganze Abänderung (im Sinne
der Analysis situs) ist nur, daß die drei Querlinien, die sich bei der vorstehenden
Skizze im Mittelpunkt der Figur schneiden, dies nicht mehr tun. *Von den jedesmal
sechs zusammengehörigen Vierecken erster Art der Diagonalfläche gehen bei dieser
Änderung drei in Fünfecke über, und die sechs Polygone zusammen schließen zwischen
sich ein Dreieck ein.* Dies gibt im ganzen 20 Dreiecke, — oder, wenn wir die Vorstellung der Doppelfläche jetzt wieder fallen lassen wollen, auf der einfach gedachten
F_3 zehn Dreiecke. Innerhalb dieser zehn Dreiecke liegen die im Texte der Abhandlung
näher bezeichneten zehn Ovale der parabolischen Kurve, welche die elliptisch gekrümmten Teile der Fläche umschließen.

Zeuthen hat in seiner schon oben genannten Abhandlung (Math. Annalen,
Bd. 8 (1874)) insbesondere die *Wandungen* der in § 12 des Textes genannten zehn
„Öffnungen“ der Fläche studiert. Über eine solche Wandung läuft, wie dort bemerkt wurde, eine Doppelsechs von geraden Linien der Fläche, wie etwa in dem ersten
der dortigen Beispiele die Doppelsechs:

$$1 \quad 3 \quad 5 \quad 46 \quad 62 \quad 24$$
$$35 \quad 51 \quad 13 \quad 2' \quad 4' \quad 6'.$$

Zeuthen schließt nun die Wandung durch die beiden Dreiecksebenen A ab, welcher
dieser Doppelsechs zugehören, also im Beispiel nach der in § 12 gegebenen Tabelle
durch die Ebenen

$$12, 34, 56 \quad \text{und} \quad 16, 23, 45.$$

Er erhält so eine von zwei dreieckigen Figuren begrenzte ringförmige *Zone* der Fläche,
die man, in roher Weise, einem ringförmigen Ausschnitt eines einschaligen Hyperboloids vergleichen kann, über welches die zweimal sechs Geraden der Doppelsechs
als Linien der zweierlei Erzeugungen hinlaufen. Er bemerkt ferner, daß die Fläche
dritter Ordnung von den zehn so definierten Zonen im ganzen genau dreifach überdeckt wird.

Nun wird es interessant sein, diese Zonen im Falle der Diagonalfläche (auf den
ich mich der Einfachheit halber beschränke) in der ikosaedrischen Abbildung nachzuweisen. Es ist dabei bequem, die Ikosaederfigur durch Zentralprojektion auf eine
umgeschriebene Kugel zu beziehen, bei der dann eine „ikosaedrische Einteilung“ zu
studieren ist. Die Ebenen A sind im Falle der Diagonalfläche nichts anderes als
die Pentaederebenen, und drei in der einzelnen dieser Ebenen enthaltene Geraden,
z. B. 12, 34, 56 bilden sich auf der Ikosaederkugel als drei Symmetriekreise ab,
die aufeinander senkrecht stehen. Nun wollen zwei weitere Umstände in Betracht
gezogen sein.

1. Die Geraden 1, 3, 5 (um beim Beispiel zu bleiben) zerlegen die Zone in
drei Stücke, deren einzelnes sich an zwei dieser Geraden (etwa 3 und 5) von entgegengesetzten Seiten heranzieht. Aber die Geraden 1, 3, 5 liefern bei der ikosaedrischen
Abbildung je zwei diametrale Fundamentalpunkte, die in verständlicher Weise mit
$1, \bar{1}; 3, \bar{3}; 5, \bar{5}$ bezeichnet sein sollen. Wir schließen, daß das Abbild der Zone auf

der Ikosaederkugel aus drei Flächenstücken bestehen muß, die sich etwa von 1 nach $\bar{3}$, von 3 nach $\bar{5}$, von 5 nach $\bar{1}$ erstrecken werden; nach den Regeln für den kontinuierlichen Durchgang durch die Fundamentalpunkte, die wir oben gaben, bilden diese drei Stücke ein zusammenhängendes ringförmiges Ganzes.

2. Aber dieses Abbild gibt nur erst die eine Flächenseite der Zone wieder, die andere Flächenseite wird sich auf drei entsprechende, je diametral zu den genannten

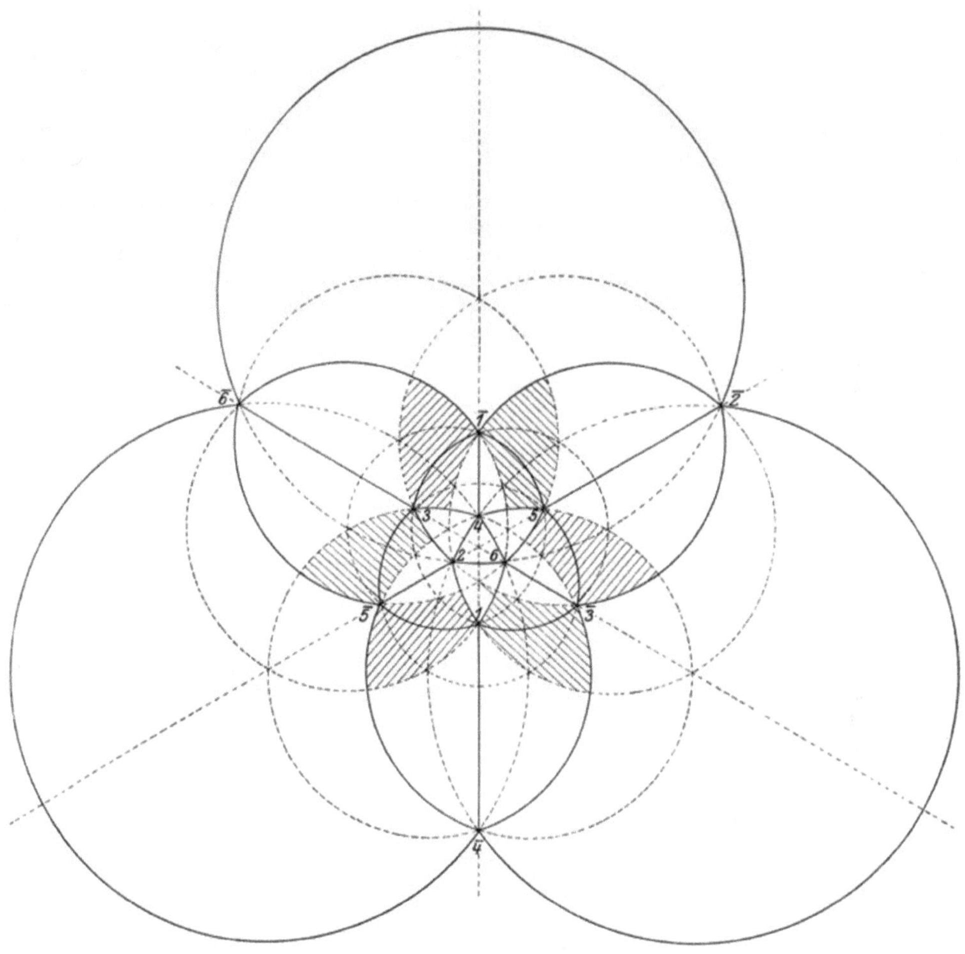

Fig. 27.

Stücken gelegene Flächenstücke abbilden, die sich als solche von 1 nach 3, von 3 nach 5, von $\bar{5}$ nach 1 ziehen werden.

Das Nähere ist aus der beigegebenen Fig. 27 zu ersehen, welche eine stereographische Projektion der Ikosaederkugel vorstellt, die derart gewählt ist, daß die Symmetrie, welche die sechs schraffierten Abbilder der beiden Flächenseiten der Zone darbieten, unmittelbar hervortritt. Ich gebe hier außerdem in Fig. 28 noch eine besondere Zeichnung eines dieser sechs Abbilder, in welche außer Teilen der um die

Eckpunkte des Ikosaeders beschriebenen Ovale auch noch solche der Schnittkurven
mit den Rotationskegeln durch je fünf Durchmesser des Ikosaeders eingezeichnet sind,
um die Einteilung unseres Abbildes in sechs Vierecke erster Art und sechs Vierecke
zweiter Art zu erläutern.

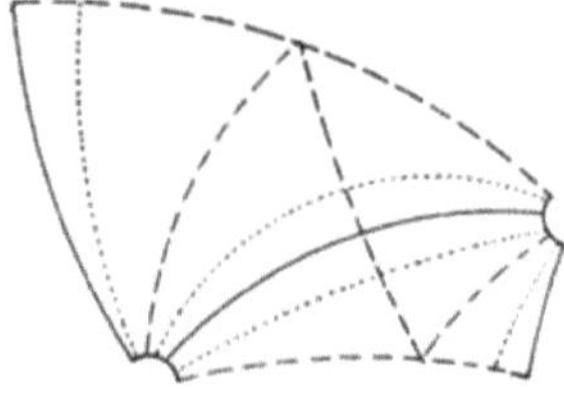

Fig. 28.

Nun ist es sehr schön, zu sehen, wie alle Sätze, die Zeuthen über die von ihm
unterschiedenen Zonen in seiner Arbeit ableitet, an diesen Figuren, oder besser noch
an einem Modell der Ikosaederkugel selbst, sinnfällig hervortreten. Zunächst ja nur
für die Diagonalfläche. Aber man hat nur die kleine vorhin bezeichnete Änderung
anzubringen, um auch die Verhältnisse bei der allgemeinen Fläche mit 27 reellen
Geraden der Art nach ohne weiteres zu überblicken.   K.]

XXXVI. Bemerkungen über den Zusammenhang der Flächen[1]).

[Math. Annalen, Bd. 7 (1874) und Bd. 9 (1875/76).]

Die auf den Zusammenhang der Flächen bezüglichen Definitionen werden bei Riemann zunächst ohne besondere Festsetzungen hinsichtlich des Unendlichweiten hingestellt. Aber entsprechend der von ihm beabsichtigten Verwertung dieses geometrischen Begriffes für funktionentheoretische Untersuchungen wird bei ihm eine solche Festsetzung implizite eingeführt, indem nämlich die unbegrenzte Ebene einer Kugelfläche äquivalent gesetzt wird, auf die sie durch stereographische Projektion bezogen ist. In ähnlicher Weise kann man jede sich ins Unendliche erstreckende Fläche auf eine durchaus im Endlichen gelegene reduzieren: man braucht sie nur einer Transformation durch reziproke Radien zu unterwerfen, deren Inversionszentrum nicht selbst der Fläche angehört. Man kann dann alle Betrachtungen über den Zusammenhang der Flächen, wie sie gewöhnlich unter der stillschweigenden Voraussetzung durchaus im Endlichen gelegener Flächen angestellt werden, auf beliebig sich ins Unendliche erstreckende übertragen.

Aber die so eingeführte Festsetzung, vermöge deren das Unendlichweite als ein einzelner Punkt erscheint[2]), ist an und für sich willkürlich; sie widerspricht überdies dem Wesen der Sache, wenn man, wie in der projektivischen Geometrie, das Unendlichferne als eine zweifach ausgedehnte Mannigfaltigkeit von Punkten, als eine Ebene, betrachten muß. Auch bei

---

[1]) [Vorbemerkung: Nachstehender Aufsatz ist aus zwei Mitteilungen, die sich in den Math. Annalen, Bd. 7 und Bd. 9 finden, zusammengeschoben, indem eine unrichtige Ausführung von Bd. 7 und ihre in Bd. 9 gegebene Berichtigung weggelassen wurden. Die verschiedenen Stücke sind durch Horizontalstriche getrennt.]

[2]) Dieselbe ist auch in anderen auf die Analysis situs bezüglichen Fragen gelegentlich gebraucht worden; vgl. z. B. Listing: Der Census der räumlichen Complexe. Göttinger Abhandlungen 1861. — Daß man und wie man dieselbe verwerten kann, um auf sie ein ganzes System der Geometrie zu begründen, welches als eine Art von Seitenstück zur projektivischen Geometrie betrachtet werden darf, vgl. meine Schrift: *Vergleichende Betrachtungen über neuere geometrische Forschungen*. Erlangen 1872 [s. Abh. XXVII in Bd. 1 dieser Ausgabe].

dieser projektivischen Anschauungsweise kann man für Flächen, die sich beliebig ins Unendliche erstrecken, dieselben Probleme aufstellen, auf welche sich, bei durchaus im Endlichen gelegenen Flächen, die Riemannschen Betrachtungen beziehen. Es fragt sich, ob dann spezifisch neue Überlegungen notwendig werden, oder ob es gelingt, die betr. Probleme durch bloße Benutzung der Riemannschen Betrachtungen zu erledigen. So ungefähr stellte sich diese Frage in einem neuerdings in den Math. Annalen erschienenen Aufsatze (Über Flächen dritter Ordnung, Bd. 6 [Abh. XXXV dieser Ausgabe]), ohne aber eine Beantwortung derselben in definitiver Form zu versuchen[3]). Vielmehr machte ich nur auf eine Reihe von Schwierigkeiten aufmerksam, die sich einer unmittelbaren Verwertung der Riemannschen Betrachtungen entgegenstellen. Ich betonte besonders, daß der „ungewöhnliche“ Zusammenhang der unbegrenzten Ebene in Anlehnung an die projektivische Anschauung nicht, wie in der Riemannschen Theorie, gleich Null, sondern gleich Zwei zu setzen ist, falls man ohne nähere Festsetzung die *übliche* Definition dieses Zusammenhangs[4]) beibehalten will. Denn die Ebene wird entsprechend der projektivischen Anschauung durch eine in ihr verlaufende Gerade, die doch auch eine geschlossene Kurve ist, noch nicht in zwei Stücke geteilt. Dementsprechend glaubte ich die Zahlen, welche Hr. Schläfli in einem kurz zuvor veröffentlichten Aufsatze (Annali di Matematica, ser. II, t. 5 (1872) Quand'è che dalla superficie generale di terz'-ordine si stacca una parte etc.) für die fünf verschiedenen Arten der allgemeinen Fläche dritter Ordnung aufgestellt hatte, alle um zwei Einheiten erhöhen zu sollen.

Ich bin nun von Hrn. Schläfli brieflich darauf aufmerksam gemacht worden, daß man, unbeschadet der Richtigkeit dieser meiner Betrachtungen und Einwände, doch auch bei projektivischer Anschauung für die unbegrenzte Ebene den Zusammenhang Null ansetzen kann, wenn man dieselbe nämlich als Doppelfläche betrachten will, also etwa als Grenze eines zweischaligen Hyperboloids. In der Tat, man denke sich, um eine be-

---

[3]) Daß sich die Problemstellung der Analysis situs je nach der Beurteilung des Unendlichweiten modifiziert, hatte ich bereits in der oben zitierten Schrift: „Vergleichende Betrachtungen usw." angegeben (S. 30 derselben) [S. 482 in Bd. 1 dieser Ausgabe].

[4]) Wenn man auf einer geschlossenen Fläche im Maximum q geschlossene Kurven ziehen kann, ohne die Fläche zu zerstücken, so setzt Riemann den Zusammenhang derselben $= 2q + 1$. Aber es ist bereits in den Neumannschen „Vorlesungen über Riemanns Theorie usw." (1865) angedeutet und neuerdings von Hrn. Schläfli hervorgehoben worden (vgl. z. B. Crelles Journal, Bd. 76 (1873), S. 152, Note), daß es konsequenter ist, in einem solchen Falle nur von einem $2q$-fachen Zusammenhange zu sprechen. Indem ich mich im Texte dieser Bezeichnung anschließe, füge ich, nach dem Vorgange Schläflis, wo eine Undeutlichkeit entstehen könnte, dem Worte „Zusammenhang" das Attribut „ungewöhnlich" hinzu.

stimmte Vorstellung zu haben, eine Ebene horizontal und ziehe in ihr eine Linie Süd-Nord. Dann wird die als Doppelfläche betrachtete Ebene in zwei Teile zerfallen, deren einer die östliche Hälfte des oberen Blattes und die westliche des unteren, deren anderer die beiden übrigen Hälften enthält. Dabei wird die gerade Linie selbst doppelt gedacht, nämlich sowohl im oberen als im unteren Blatte verlaufend.

Eine solche Einführung von Doppelflächen erscheint um so mehr zulässig, als sie schon in den Untersuchungen der Analysis situs, welche sich nur auf im Endlichen gelegene Flächen beziehen, notwendig wird[5]). Ein bekanntes Beispiel dafür bietet die (mit einer Randkurve versehene) Fläche, welche man aus einem Papierstreifen bilden kann, indem man die beiden Enden des Streifens so aneinander heftet, daß die eine Seite desselben in die andere übergeht. Ein anderes Beispiel für eine solche Fläche, und zwar eine geschlossene Fläche, gibt, wie weiter unten gezeigt werden soll, die Steinersche Fläche, die man ja bekanntlich als völlig im Endlichen gelegen voraussetzen darf[6]). (Von den isolierten Stücken, welche ihre Doppelgeraden besitzen, wird dabei abgesehen.)

Ich habe nun gefunden, daß man die Theorie des Flächenzusammenhangs, wie sie gewöhnlich entwickelt wird, in der Tat auf die projektivischen Vorstellungen unverändert übertragen kann, wenn man sich überhaupt entschließt, *die unpaaren Flächen der projektivischen Geometrie als Doppelflächen zu betrachten, und eine unpaare Kurve [auf ihnen] erst dann als geschlossen anzusehen, wenn man sie zweimal durchlaufen hat[7]).*

Ob man sich dieser Anschauung anschließen will, oder nicht, wird zunächst dem freien Entschlusse des einzelnen überlassen sein. Es mag sogar hervorgehoben werden, daß es von vornherein sehr unnatürlich scheint, in der projektivischen Geometrie die Ebene als Grenzfall der nichtgeradlinigen Flächen zweiter Ordnung betrachten zu sollen. Aber die Anschauung empfiehlt sich durch ihren Erfolg. Denn man kann im Anschlusse an sie auch für die projektivische Auffassung des Unendlichweiten den Satz aussprechen, der den Zusammenhangsbegriff für die funktionentheoretischen Untersuchungen so wertvoll macht: *daß nämlich zwei geschlossene*

---

[5]) Freilich verlangt dann die Konsequenz, daß man, wenn von einer Fläche, deren entgegengesetzte Seiten [beim Durchlaufen] nicht ineinander übergehen, schlechthin die Rede ist, unter dem Zusammenhange der Fläche die Grundzahl versteht, die man dem von den beiden Seiten gebildeten *Systeme* beizulegen hat (vgl. Neumanns Vorlesungen, 1865). Der Zusammenhang der Kugel wäre dann $= -2$; der Zusammenhang der einzelnen Kugel*seite* gleich Null.

[6]) [Vgl. auch den am Schluß dieser Abhandlung hinzugefügten Zusatz über die Steinersche Fläche.]

[7]) [Dies ist eine an sich willkürliche Auffassung, die aber für das Folgende verpflichtend wird. Die zunächst nur verabredete Benennung „Doppelfläche" wird weiterhin als feststehend beibehalten. K.]

Flächen dann und nur dann aufeinander Punkt für Punkt bezogen werden können, so daß konsekutiven Punkten der einen konsekutive Punkte der anderen entsprechen, wenn der Zusammenhang der beiden Flächen der gleiche ist. (Für ungeschlossene Flächen kommt nur die weitere Bedingung hinzu, daß auch die Anzahl der Randkurven bei beiden übereinstimmen muß[8])).

Dem widerspricht nicht, wie vorab bemerkt sei, wenn ich in meiner schon genannten Arbeit hervorhob, das einschalige Hyperboloid und die Ringfläche seien nicht ineinander überführbar, obgleich ihr Zusammenhang nach Schläflis wie nach meiner Zählung übereinstimmend gleich Zwei zu setzen ist. Denn unter Überführbarkeit wurde damals etwas anderes verstanden, als hier für die Transformierbarkeit zweier Flächen ineinander verlangt wird. Eine Fläche wurde damals (vgl. § 16 meiner Arbeit) in eine andere überführbar genannt, wenn es gelang, durch Verbindung von Kollineationen, die das Unendliche ins Endliche bringen, mit stetigen, unendlichen kleinen Transformationen, die nur das Endliche betreffen, die eine Fläche aus der anderen abzuleiten. Durch solche Mittel ist das einschalige Hyperboloid allerdings nicht in eine Ringfläche zu verwandeln.

Dagegen kann eine eindeutige, stetige Beziehung zwischen beiden durch den folgenden unstetigen Prozeß ohne weiteres hergestellt werden: Man zerschneide das Hyperboloid längs der unendlich fernen Ebene, bringe die so entstandene zweifach berandete Fläche durch Verzerrung ganz ins Endliche und hefte die beiden Ränder dann wieder in der Weise aneinander, daß jeder Punkt des einen Randes mit demjenigen des anderen vereinigt wird, von dem er vorher durch den Schnitt getrennt worden war. (Damit dies geschieht, muß man den einen Rand des Hyperboloids gegen den anderen Rand um 180 Grad drehen, ehe man die Ränder durch Zusammenbiegen vereinigt.) — Ähnliche unstetige Prozesse ·zur Herstellung der eindeutigen Beziehung werden übrigens schon notwendig, wenn man nur von Flächen handelt, die ganz im Endlichen liegen Man kann z. B. eine einfach berandete, mit einem Verzweigungspunkte versehene Riemannsche Fläche nur dadurch mit einem einfach zusammenhängenden Stücke einer Ebene zur Deckung bringen, daß man sie durch einen vom Verzweigungspunkte zum Rande gehenden Schnitt zerschneidet und hinterher die durch den Schnitt getrennten Partien wieder aneinander heftet. Ich finde, daß die Darstellungen dieser Theorie, welche mir gerade zur Hand sind, hierüber keine volle Klarheit geben: es wird von der Möglichkeit eines solchen Zerschneidens und Wiederverbindens gesprochen, aber dasselbe wird nur

---

[8]) Daß diese Bedingungen für die Transformierbarkeit zweier Flächen in der Tat *hinreichend* sind, findet sich kurz und übersichtlich bei C. Jordan bewiesen in Liouvilles Journal, Bd. 11 (1866).

als nützlich, nicht als für viele Fälle notwendig dargestellt. — Es ist wohl kaum nötig, hervorzuheben, daß der Unterschied, den ich zwischen Hyperboloid und Ringfläche und überhaupt zwischen paaren und unpaaren Flächen in meiner früheren Arbeit hervorhob, durch diese Bemerkungen nicht bedeutungslos wird; er kommt nur bei der Frage nach der Möglichkeit der eindeutigen Beziehung zweier Flächen aufeinander, wie sie hier gestellt wird, nicht in Betracht. —

[Ich setze nun fest, *daß die eben bei der Bestimmung des Zusammenhanges des einschaligen Hyperboloids eingeschlagene Methode auch in allen komplizierteren Fällen angewandt werden soll.* Daraus folgt dann leicht der Beweis für den oben angeführten Satz betr. die Transformierbarkeit zweier Flächen ineinander.]

Diese Festsetzung, die denn auch für die Beurteilung des Zusammenhangs meiner neuen Riemannschen Flächen[9]) maßgebend sein wird, ordnet sich in eine allgemeine Auffassung vom Wesen des Zusammenhangbegriffes ein, die so, wie in der Folge geschehen soll, wohl noch nicht ausgesprochen wurde, so daß ihre Formulierung als Mitzweck der vorliegenden Mitteilung gelten darf.

Die Eigenschaften, die einem geometrischen Gebilde oder überhaupt einer Mannigfaltigkeit bei beliebigen Verzerrungen erhalten bleiben, kann man in *absolute* und *relative* sondern.

Absolut nenne ich diejenigen Eigenschaften, welche der betr. Mannigfaltigkeit unabhängig von dem umfassenden Raume zukommen, in welchem gelegen man sie voraussetzen mag.

Relative Eigenschaften hängen von dem umgebenden Raume ab; sie sind invariant bei Verzerrungen der Mannigfaltigkeit, die innerhalb des betr. Raumes stattfinden, nicht aber bei beliebigen Verzerrungen.

Eine absolute Eigenschaft einer Kurve ist z. B. durch ihre Verästelung gegeben. Dagegen wird eine relative Eigenschaft einer geschlossenen Kurve, — wenn sie in der Ebene liegend vorausgesetzt wird, — durch die *Gesamtkrümmung* der Kurve vorgestellt, — wenn sie dem dreifach ausgedehnten Raume angehören soll, durch *die Zahl der Windungen der Kurve um sich selbst (Knotenzahl)*[10]). Für eine geschlossene Fläche, die dem dreifach ausgedehnten Punktraume angehört, besteht ein *relatives*

---

[9]) [Vgl. Abh. XXXVIII und XL dieser Ausgabe.]

[10]) [Hierin soll liegen, daß es für geschlossene Kurven im Raum von mehr als drei Dimensionen keine Knoten mehr gibt. Zitate über daran sich anschließende Literatur siehe in dem Artikel von Dehn und Heegaard über „Analysis Situs" in Bd. III, 1 der math. Enzyklopädie, auf den auch sonst verwiesen sein mag. Vgl. Fußnote auf S. 168 daselbst. K.]

Charakteristikum ebenfalls in der *Gesamtkrümmung*; derartige Attribute sind es, von denen [oben auf S. 66] beiläufig gesprochen wird.

Die gemeinte Auffassung des Zusammenhangbegriffes zielt nun darauf ab, *den Zusammenhang der Flächen so zu definieren, daß er als ein „absolutes" Charakteristikum zweifach ausgedehnter Mannigfaltigkeiten gelten kann*[11]). Der größte Teil der bei der gewöhnlichen Definition des Zusammenhangs benutzten, der Geometrie entlehnten Ausdrücke: Randkurve, Querschnitt usw. hat von vornherein absolute Bedeutung. Es ist das nur bei einer Hilfsvorstellung nicht der Fall, die ausdrücklich den die M_2 umgebenden Punktraum voraussetzt. Man hat, wie ich es [oben auf S. 64, 65] zur Sprache brachte, bei der Definition des Zusammenhangs einen Unterschied zu machen zwischen einfachen Flächen und Doppelflächen[12]). Der Unterschied ergibt sich durch Betrachtung der *Flächennormale*. Errichtet man gegen ein Element der Fläche in bestimmtem Sinne eine Normale und läßt die Normale mit ihrem Fußpunkte über die Fläche hinwandern, so heißt die Fläche eine Doppelfläche, sobald es möglich ist [durch Fortschreiten über die Fläche hin], zum Ausgangspunkte mit umgekehrtem Sinne der Normalenrichtung zurückzukehren.

Diese Festsetzung läßt sich nun aber durch leichte Umstellung so verwandeln, daß eine *absolute* Bedeutung resultiert. Statt gegen das Flächenelement eine Normale in dem einen oder anderen Sinne zu errichten, *zeichne man in dem Flächenelemente eine in sich zurücklaufende Kurve (Indikatrix) und belege sie mit dem einen oder andern Sinne*[13]). — *Eine Fläche heiße dann und nur dann eine Doppelfläche (eine M_2 eine Doppelmannigfaltigkeit), wenn es möglich ist, diese Indikatrix so über die Fläche hin bis zu ihrer ursprünglichen Stelle zurück zu verschieben, daß der Sinn der Indikatrix umgekehrt scheint.*

Nach dieser Regel ist die unbegrenzte projektive Ebene und überhaupt jede unpaare Fläche eine Doppelfläche, das einschalige Hyperboloid aber eine einfache. Querschnitte, die man auf diesen Flächen ziehen mag, sind entsprechend zu beurteilen. Es ist nur ein Mittel der Bequemlichkeit, wenn man, wie auf [S. 66], nicht das Hyperboloid selbst der direkten Untersuchung unterwirft, sondern dasselbe vorab durch einen umkehrbar eindeutigen und deshalb immer gestatteten Prozeß in eine Ringfläche verwandelt.

---

[11]) Es ist dann zusammen mit der Zahl der Randkurven zugleich das ausreichende Charakteristikum.

[12]) [Die neueren Autoren nennen die einfachen Flächen „zweiseitig" und die Doppelflächen „einseitig". K.]

[13]) [Ersetzt man die gekrümmte Fläche durch ein ebenflächiges Polyeder, so kommt die Einführung der zu jedem Punkte gehörigen, in bestimmtem Sinne durchlaufenen Indikatrix dem Wesen nach auf Möbius' sogenanntes Kantengesetz heraus. Vgl. Dehn und Heegaard. a. a. O. S. 158. K.]

Die eben vorgetragene Indikatrixmethode drängt sich bei den neuen
Riemannschen Flächen [vgl. die unten abgedruckte Abhandlung XXXVIII]
von selbst auf, sofern man die Entstehung dieser Flächen mit v. Staudts
Repräsentation der Imaginären zusammenbringt. Die Punkte, welche unsere
Riemannsche Fläche bilden, repräsentieren je eine imaginäre Linie, und
sind also bei v. Staudt die *Träger einer, mit bestimmtem Sinne zu
nehmenden Strahleninvolution.* Indem wir um den Punkt einen kleinen
Kegelschnitt als Indikatrix herumlegen und diesem einen Sinn erteilen,
geben wir der v. Staudtschen Vorstellung in leicht verständlicher Weise
Ausdruck[14]). Wir können uns dementsprechend die bez. Riemannschen
Flächen mit Indikatrizen überdeckt denken, deren *Sinn* nicht nur, sondern
deren *Gestalt* auch den v. Staudtschen Forderungen entspricht. Eine besondere Berücksichtigung etwaiger Doppelflächen erweist sich dabei freilich
als überflüssig, sofern wir diejenigen Partien unserer Fläche, die mit
übrigens kongruenten, nur in verschiedenem Sinne zu nehmenden Indikatrizen überdeckt sind, schon von vornherein durch die Definition unserer
Flächen als verschiedene Blätter unterschieden haben[15]).

Es mögen hier noch einige Bemerkungen Platz finden, die sich auf
gewisse Beziehungen erstrecken, welche zwischen dem Zusammenhange
algebraischer Flächen und ihrem Verhalten bei algebraisch eindeutigen
Transformationen stattfinden.

Wenn zwei Flächen algebraisch eindeutig ineinander übergeführt werden
können, wenn dabei jedem reellen Punkte der einen ein reeller Punkt der
anderen entspricht[16]), wenn endlich auf keiner von beiden dabei reelle
Fundamentalpunkte auftreten, so haben die Flächen ersichtlich denselben
Zusammenhang. Man kann von dieser Bemerkung Gebrauch machen, um den
Zusammenhang gewisser algebraischer Flächen ohne weiteres zu bestimmen.
Die vierte der von Schläfli aufgezählten Arten von Flächen dritter Ordnung
z. B. (welche nur drei reelle Gerade und sieben reelle Dreiecksebenen besitzt)
läßt sich auf die Ebene ohne Zwischentreten reeller Fundamentalpunkte
reell abbilden, denn die sechs bei ihrer reellen Abbildung im algebraischen

---

[14]) Der Kegelschnitt soll so gewählt sein, daß für ihn die in der Involution zusammengehörigen Strahlen konjugierte Linien sind, insbesondere also, wenn man will,
bei Zentren, die im Endlichen liegen, konjugierte Durchmesser.

[15]) [Bei den gewöhnlichen Riemannschen Flächen hat man es im Gegensatz
zu den Erörterungen des Textes durchaus mit einfachen Flächen zu tun. K.]

[16]) Dies ist nicht immer der Fall. Z. B. kann die Fläche dritter Ordnung ohne
Knoten, mit drei reellen Geraden und 13 reellen Dreiecksebenen (die fünfte Art der
allgemeinen Fläche nach Schläflis Einteilung) nur durch Funktionen mit komplexen
Koeffizienten eindeutig auf die Ebene abgebildet werden, [weil sie im Reellen aus
zwei Stücken besteht].

Sinne vorhandenen Fundamentalpunkte sind paarweise konjugiert imaginär. Der Zusammenhang der Fläche ist daher Null; überdies ist sie eine Doppelfläche, weil jedem Punkte der Ebene, unabhängig davon, ob man ihn der einen oder anderen Seite der Ebene zurechnet, ein und derselbe Punkt der Fläche entspricht. Aus demselben Grunde ist, wie bereits oben angegeben wurde, die Steinersche Fläche eine Doppelfläche vom Zusammenhange Null; denn es ist bekannt, daß sie ohne Auftreten von Fundamentalpunkten durch reelle Funktionen zweiten Grades auf die Ebene abgebildet werden kann[17]).

Es drängt sich nun von selbst die Frage auf, welche Beziehungen für den Zusammenhang zweier Flächen gelten, die zwar auf reelle Weise algebraisch eindeutig aufeinander bezogen werden können, bei deren Abbildung aber reelle Fundamentalpunkte auftreten. Dabei müssen natürlich solche Flächen von der Bedeutung ausgeschlossen sein, die nicht-isolierte, vielfache Punkte besitzen, [von denen getrennte Mäntel auslaufen]. Denn es wird bei den Definitionen des Zusammenhangs, wie sie gewöhnlich gegeben werden, überhaupt von solchen Flächen abgesehen. Läßt man sie beiseite, so kann man folgenden Satz aussprechen: *Finden sich auf der einen Fläche μ, auf der andern ν (reelle) Fundamentalpunkte, so ist der Zusammenhang der ersten, vermehrt um μ, gleich dem Zusammenhang der zweiten, vermehrt um ν.*

Einige Beispiele mögen das zunächst erläutern.

1. Zwei Ebenen sollen algebraisch eindeutig (durch eine Cremonatransformation) aufeinander bezogen sein. Dann ist bekannt, daß die Zahl der beiderseits überhaupt auftretenden (reellen und imaginären) Fundamentalpunkte die gleiche ist; gemäß unserer Behauptung muß auch die Zahl der reellen Fundamentalpunkte allein beiderseits übereinstimmen.

2. Eine Kugel werde stereographisch auf die Ebene (die Doppelebene) bezogen. Dann entspricht die Ebene eindeutig dem Aggregate der beiden Kugelflächen, welche durch die innere und äußere Seite der Kugel vorgestellt werden, und die zusammen nach einer bereits oben gemachten Bemerkung den Zusammenhang — 2 repräsentieren. In der Tat treten auf der Kugel bei der Abbildung zwei Fundamentalpunkte auf, nämlich sowohl auf der äußeren als der inneren Seite je einer.

3. Ein einschaliges Hyperboloid werde durch stereographische Projektion auf eine Ebene bezogen. Dann ist wiederum die eine Seite der

---

[17]) Es sei hier daran erinnert, daß Clebsch gelegentlich seiner Untersuchung der Linienflächen vom Geschlechte Null (Math. Annalen, Bd. 5, 1872/73) alle Flächen, die ohne Auftreten von (reellen und imaginären) Fundamentalpunkten algebraisch eindeutig aufeinander bezogen werden können, als Flächen eines *Typus* zusammenfaßt (a. a. O. § 8 u. 9).

Fläche der einen Seite der Ebene, die andere der zweiten Seite der Ebene
entsprechend gesetzt, und man hat nicht sowohl ein einzelnes Hyperboloid,
als ein System von zwei Hyperboloiden mit der [doppelt gedachten]
Ebene zu vergleichen. Jedes der beiden Hyperboloide trägt einen Fundamentalpunkt: den Projektionspunkt. Aber die Ebene trägt vier Fundamentalpunkte; denn man muß die beiden Fundamentalpunkte, von denen
man bei der Abbildung eines Hyperboloids gewöhnlich spricht, hier doppelt
zählen, weil sie sowohl der einen als der anderen Seite der Ebene angehören. Der Zusammenhang des Hyperboloidsystems wird daher gleich $+ 2$,
wie es in Übereinstimmung mit der üblichen Zählung sein muß; denn
jedes der beiden Hyperboloide ist zweifach zusammenhängend, und ihre
Trennung zählt für $- 2$.

4. Wenn man die drei ersten Schläflischen Arten der allgemeinen
Fläche dritter Ordnung (die bez. 27, 15, 7 reelle Gerade enthalten) auf
die Ebene abbildet, so erscheinen in der Ebene bez. sechs, vier, zwei reelle
Fundamentalpunkte, die man wiederum doppelt zu zählen hat. Auf der
Fläche selbst treten keine Fundamentalpunkte auf. *Dementsprechend wird
der Zusammenhang bez. gleich zwölf, acht, vier.* Schläfli gab die Zahlen 6,
4, 2. Aber er betrachtete [damals] bei seiner Abzählung die Flächen als einfache, nicht als Doppelflächen. Tut man das letztere, so hat man die Prozesse,
vermöge deren Schläfli diese Flächen aus der mit dem Zusammenhange
Null vorausgesetzten, unbegrenzten Ebene herstellt, in der Tat doppelt zu
zählen, da sie sich auf beide Seiten der Fläche beziehen. Schläflis Zählung
war von dem hier entwickelten Standpunkte aus inkonsequent, weil die
Annahme, daß die Ebene nullfach zusammenhängend sei, bereits darüber
entscheidet, daß man die Ebene als Doppelebene betrachten muß. Will
man die Ebene und dementsprechend diese Flächen als einfache betrachten,
so ergeben sich für die Flächen [rein schematisch] die Zusammenhangs-
zahlen 8, 6, 4, wie ich in meiner früheren Arbeit ausführte. —

Um den Beweis der nunmehr an einzelnen Beispielen erläuterten Regel
zu führen, ist es nötig, für reelle Elemente insbesondere einige Überlegungen zu entwickeln, welche sonst nur für beliebig komplexe Elemente
in der Theorie des algebraisch eindeutigen Entsprechens bewiesen werden[18]).

Es seien zwei geschlossene Flächen aufeinander reell eindeutig bezogen.
Jedem Fundamentalpunkte der einen Fläche entspricht auf der anderen
eine Fundamentalkurve. Es ist leicht zu sehen, daß diese Kurve nur aus
einem Zuge bestehen kann. Denn man muß sich die Vorstellung bilden,
daß dem Büschel von Fortschreitungsrichtungen, welche durch den Funda-

---

[18]) [Zum Verständnis der hier folgenden Überlegungen ist es nützlich, auf die
in Zusatz II zu Abh. XXXV bereits vorweggenommenen Erläuterungen über die Abbildung der Diagonalfläche auf die Ebene bez. das Ikosaeder zurückzugreifen. K.]

mentalpunkt hindurchgehen, eindeutig die Punkte dieser Kurve entsprechen: sowie jenes Büschel ohne Unterbrechung ist, so müssen die Punkte der Kurve eine einzige, zusammenhängende Reihenfolge bilden. Die den verschiedenen Fundamentalpunkten der einen Fläche entsprechenden Fundamentalkurven werden sich, wie leicht zu sehen, nur in den Fundamentalpunkten der zweiten Fläche schneiden können. Sie werden durch sie in eine Anzahl, S, von Segmenten zerlegt, die gleich ist der Anzahl von Malen, daß sie überhaupt durch die Fundamentalpunkte durchgehen[19]).

Man überzeugt sich nun von folgendem Satze: *Die Anzahl S der Segmente, in welche die Fundamentalkurven zerlegt werden, ist auf beiden Flächen dieselbe.* Geht nämlich die Fundamentalkurve, welche dem i-ten Fundamentalpunkte der ersten Fläche entspricht, a_{ik} mal durch den k-Fundamentalpunkt der zweiten, so wird auch die Kurve, welche letzterem auf der ersten Fläche entspricht, a_{ik} mal durch den i-ten Fundamentalpunkt der ersten Fläche gehen müssen. Denn durch beide Behauptungen wird nur gleichmäßig ausgesprochen, daß a_{ik} Fortschreitungslinien in dem einen und dem anderen Fundamentalpunkte existieren, welche einander entsprechen. Die Zahl S ist aber die Summe aller a_{ik}; sie fällt also beiderseits gleich aus. — Durch die a_{ik} Fortschreitungslinien, welche den verschiedenen Fundamentalpunkten k der zweiten Fläche entsprechen, wird das Büschel der durch den i-ten Fundamentalpunkt der ersten Fläche hindurchgehenden Richtungen $\sum_{k} a_{ik}$ Teile, oder, wenn man will, in $2 \sum_{k} a_{ik}$ Halbbüschel zerlegt. In ebenso viele Segmente wird die dem i-ten Fundamentalpunkte auf der zweiten Fläche entsprechende Kurve durch die Fundamentalpunkte der zweiten Fläche geteilt; der Unterscheidung der Halbbüschel entspricht die Unterscheidung der beiden Seiten der verschiedenen Segmente.

Nunmehr wandele man jede der beiden Flächen in folgender Weise um. Man hebe die μ Fundamentalpunkte der ersten Fläche und die ν Fundamentalpunkte der zweiten heraus (d. h. man schneide aus den Flächen kleine [ovale] Stücke aus, welche diese Punkte umgeben). Dadurch wächst der Zusammenhang der ersten Fläche um μ, der der zweiten um ν. Sodann zerschneide man die Flächen längs der auf ihnen liegenden Fundamentalkurven: eine Operation, welche nun, nachdem durch das Herausheben der Fundamentalpunkte Begrenzungen entstanden sind, in dem Ziehen von

---

[19]) [Es sei ausdrücklich hervorgehoben, daß eine Fundamentalkurve, welche durch keinen Fundamentalpunkt hindurchläuft, zur Zahl S der Segmente den Beitrag 0 liefert. Bei der Zerschneidung längs der Fundamentalkurven, von der weiter unten die Rede ist, gibt eine solche Fundamentalkurve zu einem Rückkehrschnitt Anlaß; das Auftreten eines solchen ändert die Zusammenhangszahl nicht. K.]

S Querschnitten [bzw. in dem Ziehen von Rückkehrschnitten] besteht. So ist die eine Fläche um $\mu - S$, die andere um $\nu - S$ im Zusammenhange vermehrt; *die so veränderten Flächen sind aber nunmehr ohne Zwischentreten von Fundamentalpunkten eindeutig aufeinander bezogen.* Der Rand jeder der beiden so erhaltenen Flächen besteht, wie der größeren Bestimmtheit wegen hervorgehoben sei, abwechselnd aus Segmenten von Fundamentalkurven und Stücken der um Fundamentalpunkte herumgelegten kleinen Ovale, wie sie auf diesen Ovalen durch die von den Fundamentalpunkten ausgehenden Halbbüschel bestimmt werden. Die beiden Ränder der beiden Flächen sind dann so eindeutig aufeinander bezogen, daß jedem Stücke des einen, welches aus einem Segmente einer Fundamentalkurve besteht, ein Stück des anderen zugeordnet ist, welches einem der kleinen Ovale angehört, und umgekehrt. Zu jedem von einem Halbbüschel ausgeschnittenen Stück eines Ovals gehört ein zweites, welches durch das komplementäre Halbbüschel bestimmt wird. Dem entspricht, daß auch jedes Segment einer Fundamentalkurve zweimal in der Begrenzung auftritt. — Aber der Zusammenhang der beiden so erhaltenen Flächen ist um $\mu - S$ und bez. $\nu - S$ größer, als der Zusammenhang der beiden ursprünglichen Flächen; *addiert man also zum Zusammenhange der einen ursprünglichen Fläche μ, zu dem der anderen ν, so erhält man gleiche Zahlen, wie behauptet wurde.*

Um die Bedeutung der Indikatrixtheorie und der absoluten Auffassung des Zusammenhangbegriffes vollends hervortreten zu lassen, mag hier noch der Zusammenhang zweier zweifach ausgedehnter Mannigfaltigkeiten, die keine Flächen sind, bestimmt werden, nämlich *der Linienkongruenzen erster Ordnung und Klasse mit zwei reellen oder zwei imaginären Leitlinien.* (Fallen die Leitlinien zusammen, so hat die Kongruenz einen singulären Strahl, und es kann von Abzählung des Zusammenhanges ohne vorherige neue Festsetzungen keine Rede sein.)

Es bietet sich zu dieser Bestimmung zunächst eine analytische Methode. Führt man statt der Linienkoordinaten p_{ik} sechs reelle lineare Funktionen x_i ein, so kann man bekanntlich erreichen, daß die zwischen den p_{ik} bestehende Identität in folgende übergeht[20]):

$$x_1^2 + x_2^2 + x_3^2 - x_4^2 - x_5^2 - x_6^2 = 0\,.$$

Eine lineare Kongruenz mit imaginären Leitlinien ist dann, beispielsweise, durch

$$x_1 = 0\,, \quad x_2 = 0\,,$$

---

[20]) Math. Annalen, Bd. 2, S. 204 [s. Abh. II in Bd. 1 dieser Ausgabe, S. 58].

eine solche mit reellen Leitlinien durch

$$x_1 = 0, \quad x_4 = 0$$

dargestellt. Anders ausgedrückt: Die Kongruenz mit imaginären Leitlinien ist eindeutig (und ohne Auftreten von Fundamentalelementen) abgebildet auf diejenige M_2, welche aus dem projektiven R_3:

$$x_3 : x_4 : x_5 : x_6$$

durch die Gleichung

$$x_3^2 - x_4^2 - x_5^2 - x_6^2 = 0$$

ausgeschieden wird; die Kongruenz mit reellen Leitlinien entsprechend auf diejenige M_2 des R_3:

$$x_2 : x_3 : x_5 : x_6,$$

die durch

$$x_2^2 + x_3^2 - x_5^2 - x_6^2 = 0$$

repräsentiert wird. Aber dieselben Gleichungen bedeuten, bei anderer Interpretation der Verhältnisgrößen x, reelle Flächen zweiten Grades, die bez. nichtgeradlinig und geradlinig sind, d. h. also z. B. eine Kugel und ein einschaliges Hyperboloid.

Somit kommt:

Beide Linienkongruenzen sind „einfache" Mannigfaltigkeiten. Die Kongruenz mit imaginären Leitlinien hat den Zusammenhang Null, die Kongruenz mit reellen Leitlinien hat den Zusammenhang Zwei.

Versuchen wir jetzt, uns unmittelbar geometrisch zunächst von dem ersten Teile der vorstehenden Behauptung Rechenschaft zu geben.

Für eine Linie der Kongruenz die Indikatrix konstruieren heißt, unter den unmittelbar benachbarten Linien einfach unendlich viele zu einer in sich zurücklaufenden (geschlossenen) Linienfläche zusammenfassen. Die Erzeugenden dieser Fläche sind dann, damit die Indikatrix ihren Sinn erhalte, in bestimmter Reihenfolge zu nehmen.

Diese Forderung läßt sich nun für die beiden zu betrachtenden Fälle in geläufigere Vorstellungen umsetzen, die dann in beiden Fällen leicht übersehen lassen, daß man es in der Tat mit *einfachen* Mannigfaltigkeiten zu tun hat[21]).

Nehmen wir zunächst die Kongruenz mit imaginären Leitlinien. Um die Ideen zu fixieren, denken wir uns in einer Ebene senkrecht gegen den zu betrachtenden Strahl um diesen Strahl einen kleinen Kreis gezogen und wählen als Indikatrix die Linienfläche, die von den Kongruenzstrahlen erzeugt wird, welche von den Punkten des Kreises ausgehen. Dieselben bilden

---

[21]) Ein liniengeometrisches Beispiel für eine Doppelmannigfaltigkeit vom Zusammenhange Null gibt etwa das Sekantensystem einer Raumkurve dritter Ordnung, wie man am raschesten auch wieder analytisch erschließt.

ein enges, um den Strahl herumgelegtes einschaliges Hyperboloid, oder wenigstens eine ähnlich gestaltete Fläche. Statt nun diese Kongruenzlinien in bestimmter Reihenfolge zu durchlaufen, erteilen wir dem Hyperboloide in dem einen oder anderen Sinne eine Drehung um seine Achse. Denkt man sich dann die Erzeugenden als Tangenten von Schraubenlinien, die sich um die Achse herumwinden, so ist mit der Drehung eine Verschiebung der Achse in sich verbunden. Statt also unserer Indikatrix einen Sinn zu erteilen, *können wir einfach auch dem als Punktreihe betrachteten Kongruenzstrahle einen Sinn beilegen.*

Genau dasselbe Mittel [der Unterscheidung des Sinnes] benutzt v. Staudt, um die beiden von allen Linien der Kongruenz geschnittenen imaginären Leitlinien zu unterscheiden. v. Staudts Entwicklungen zugegeben, ist also deutlich, daß ein Kongruenzstrahl, mit einem bestimmten Verschiebungssinne behaftet, dann beliebig durch die Kongruenz hin bewegt, zu seiner Anfangslage nur wieder mit seinem ursprünglichen Sinne zurückkehren kann: *die Kongruenz erster Ordnung und Klasse mit imaginären Leitlinien ist also eine einfache Mannigfaltigkeit.*

Entsprechende Überlegungen, bei der Kongruenz mit reellen Leitlinien angestellt, ergeben dieses Resultat:

Jeder Strahl wird durch die beiden Direktrizen D_1 und D_2 in zwei Segmente zerlegt, und der wechselnde Sinn, welcher der Linienindikatrix beigelegt werden kann, kommt darauf hinaus, auf jedem dieser Segmente übereinstimmend einen Sinn von D_1 zu D_2 oder von D_2 zu D_1 anzunehmen. Daß dieser Sinn, einmal festgestellt, sich bei stetiger Verschiebung der Geraden innerhalb der Kongruenz nicht ändern kann, ist deutlich, und *also haben wir wiederum eine einfache Mannigfaltigkeit vor uns.*

Die wirkliche Bestimmung des Zusammenhangs der beiderlei Kongruenzen ergibt sich nach dieser Voruntersuchung am anschaulichsten durch den Vergleich mit der unbegrenzten Ebene. Sind die Leitlinien der Kongruenz imaginär, so entspricht jedem Punkte der Ebene ausnahmslos ein (hindurchgehender) Strahl und auch umgekehrt jedem Strahle ein Punkt, bis auf den einen Strahl, der ganz in der Ebene enthalten ist. Sind die Leitlinien reell, so modifizieren sich diese Verhältnisse insofern, als dann auch noch zwei Punkte der Ebene auftreten (die Schnittpunkte der Ebene mit den beiden Leitlinien), denen unendlich viele Linien der Kongruenz entsprechen. Aus diesem Verhalten bestimmt sich die Zusammenhangszahl der beiderlei Kongruenzen bez. zu *Null* und *Zwei*, genau so, wie [oben auf S. 70, 71] aus dem entsprechenden Verhalten der Kugel und des einschaligen Hyperboloids bei ihrer Abbildung auf die Ebene der Zusammenhang dieser beiden Flächen bestimmt wurde. Zugleich gibt die Abbildung auf die Ebene ein geometrisches Mittel, um die umkehrbar eindeutige Beziehung

zwischen der Kongruenz mit imaginären Leitlinien und der Kugel, resp.
zwischen der Kongruenz mit imaginären Leitlinien und dem einschaligen
Hyperboloide herzustellen, eine Beziehung, die oben auf analytischem Wege
gewonnen wurde.

[Zusatz, betr. die Zusammenhangsverhältnisse der Steinerschen Fläche.]

[Ich möchte der Deutlichkeit halber noch die auf S. 65 gestreiften Zusammenhangsverhältnisse der Steinerschen Fläche etwas näher erläutern.

Die Steinersche Fläche wird entweder drei reelle Doppelgerade haben oder auch
nur eine. Ersterer Fall ist in dem bekannten schönen Modell realisiert, welches Kummer
s. Z. angefertigt und später im Verlage Brill-Schilling hat erscheinen lassen. Im
Gegensatz dazu will ich hier an den Fall nur einer reellen Doppelgeraden anknüpfen,
der sich gestaltlich leichter erfassen und auch dementsprechend durch eine einfache
Figur wiedergeben läßt, die hier nebenstehend skizziert ist. In der Tat lassen sich
an diese Figur bereits alle Erläuterungen anknüpfen, die
ich hier zu geben habe.

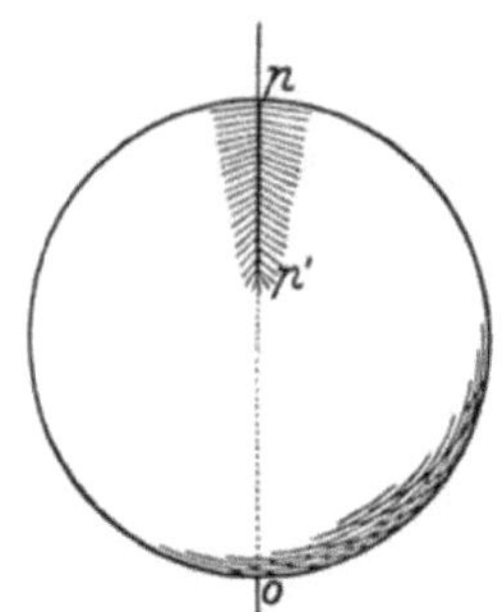

Die Doppelgerade ist in der Figur vertikal gestellt.
Man erkennt, daß sie nur in dem Intervall von p bis p'
Durchdringungskurve zweier reellen Mäntel der Fläche ist:
oberhalb p und unterhalb p' verläuft sie isoliert; speziell
ist der Punkt o, wo sie die Fläche quer durchsetzt, ihr
Durchschnitt mit den beiden imaginären Doppelgeraden
der Fläche und insofern ein dreifacher Punkt der letzteren.
Die Punkte p und p' sind, was Cayley pinch-points zu
nennen pflegte (wofür man den deutschen Namen „Zwickpunkte" vorgeschlagen hat)[22]). Übrigens stimmt die ganze
Figur mit derjenigen speziell überein, welche Dyck in
Bd. 32 der Math. Annalen (1888) als einfachstes Beispiel
einer geschlossenen einseitigen Fläche gegeben hat.

Die Sache ist nun die, daß entsprechend den Überlegungen des Textes die Zusammenhangsverhältnisse unserer Fläche so beurteilt werden wollen, wie sie in der
Abbildung auf die reelle Ebene erscheinen. Hierbei fallen vor allen Dingen die isolierten Stücke der Doppelgeraden ganz weg, denn jeder ihrer Punkte bekommt in der
Ebene zwei (konjugiert) imaginäre Bildpunkte. Andererseits bildet sich das nicht
isolierte Stück $(\overline{p, p'})$ zweimal ab, nämlich auf die beiden Segmente, in welche die
Verbindungsgerade zweier Punkte π, π' der Ebene gemäß der projektivischen Anschauung durch diese Punkte zerlegt ist. π und π' sind die Bilder beziehungsweise
von p und p'; jeder auf der Doppelgeraden zwischen p und p' gelegene Punkt hat,
den beiden Mänteln der Steinerschen Fläche entsprechend, die sich in ihm durchsetzen, zwei Bildpunkte, die auf der Geraden π, π' harmonisch zu π und π' liegen.

Insbesondere sind auch die Aussagen des Textes, die sich auf die einen Flächenpunkt umgebende Indikatrix beziehen, so zu verstehen, wie sie sich in der Bildebene
aus der dort jeweils zu konstruierenden Indikatrix ergeben. Ich will hier die Aufmerksamkeit insbesondere auf die Indikatrizen der beiden pinch-points p, p' lenken.
Überträgt man die Indikatrizen der Punkte π, π' der Bildebene, welche kleine Ovale
sind, auf die Steinersche Fläche, so entstehen dort als Indikatrizen der beiden
pinch-points p, p' Kurven, wie sie durch kleine, um diese Punkte gelegte, ovale
Flächen aus der Steinerschen Fläche ausgeschnitten werden. Von oben gesehen

---

[22]) Es sei darauf hingewiesen, daß die Doppelgerade in Fig. 1 des Zusatzes zu
Abb. XXXIV vier solcher Zwickpunkte trägt. Desgleichen traten Zwickpunkte auch bei
den Erläuterungen über die Gestalten des Zylinderoids in Zusatz I zu Abb. XXXV auf.

werden sich beide Indikatrizen wie Schleifen (wie eine 8) darstellen. Von vorne projiziert flacht sich die Indikatrix von p zu einem doppelt überdeckten Kurvenbogen ab, während die von p' ein doppelt durchlaufenes Oval wird, das p' im Innern enthält. Die Verhältnisse in p' stellen sich dabei genau so dar, wie die Umlaufung eines einfachen Verzweigungspunktes einer gewöhnlichen mehrblättrigen Riemannschen Fläche[23]). Projiziert man endlich von der Seite, so bildet sich die Indikatrix von p' als doppelt überdeckter Kurvenbogen ab, während die von p ein doppelt durchlaufenes Oval gibt, das allerdings p nicht im Innern enthält.

In diesem Auftreten der pinch-points liegt für die Betrachtung des Zusammenhanges eine gewisse Unvollkommenheit der von Dyck vorgeschlagenen Normalform bez. unserer Steinerschen Fläche. Ich erwähne darum gern, daß Hilbert später durch Herrn Boy ganz im Endlichen gelegene einseitige Flächen hat konstruieren lassen, deren Doppelkurven nach ihrer ganzen Erstreckung auf reellen Mänteln der Fläche liegen. (Math. Annalen, Bd. 57 (1903)). K.]

---

[23]) In der Tat erscheinen die Verzweigungspunkte, wenn man die Riemannschen Flächen algebraisch definiert, als richtige pinch-points; die in sie einmündenden Verzweigungsschnitte sind dabei als Doppelkurven anzusehen, welche jenseits des Verzweigungspunktes isoliert weiterlaufen. Man definiere etwa, um ein einfachstes Beispiel zu geben, als Riemannsche Fläche der Funktion $\sqrt{x+iy}$ die folgende:

$$z = \varepsilon\,\Re\left(\sqrt{x+iy}\right) = \varepsilon\,\frac{\sqrt{x+iy}+\sqrt{x-iy}}{2}$$

(unter ε eine beliebig kleine Konstante verstanden). Die hierbei hervortretenden Einzelheiten sind so einfach, daß sie hier nicht durchgeführt zu werden brauchen.

XXXVII. Eine neue Relation zwischen den Singularitäten einer algebraischen Kurve[1]).

[Math. Annalen, Bd. 10 (1876).]

In seiner Untersuchung der Kurven vierter Ordnung (Math. Annalen, Bd. 7 (1874), S. 410, Comptes Rendus, Juli 1873) hat Zeuthen eine Reihe schöner Sätze bewiesen, die sich auf die Realitätsverhältnisse der 28 Doppeltangenten dieser Kurven, wie ihrer 24 Wendetangenten beziehen. Wir greifen unter ihnen folgende heraus:

1. Zeuthen unterscheidet bei den reellen Doppeltangenten solche von der ersten und solche von der zweiten Art. Die letzteren berühren je zwei verschiedene Züge der Kurve, während die ersteren entweder denselben Zug zweimal berühren oder überhaupt keinen Zug, d. h. isolierte Doppeltangenten sind. *Die Zahl der Doppeltangenten erster Art ist nun immer gleich Vier, solange die Kurve keinen vielfachen Punkt besitzt.*

2. Andererseits bemerkt Zeuthen, daß, bei den Kurven vierter Ordnung ohne Doppelpunkt, jede Doppeltangente erster Art, welche *reelle* Berührungspunkte hat, eine „Einbuchtung" des von ihr berührten Kurvenzuges abschließt, d. h. einen Teil der Kurve, welcher zwei Wendungen enthält. Und auch umgekehrt, so oft bei einer Kurve vierter Ordnung (die keinen vielfachen Punkt besitzt) eine reelle Wendung auftritt, wird sie mit einer zweiten Wendung zusammen einer Einbuchtung angehören und so zu einer Doppeltangente erster Art mit reellen Berührungspunkten Anlaß geben. *Es ist also die doppelte Zahl derjenigen Doppeltangenten erster Art, welche reelle Berührungspunkte haben, gleich der Zahl der reellen Wendungen.* (Insbesondere folgt hieraus als Maximalzahl der reellen Wendungen bei Kurven vierter Ordnung *Acht*, wie Salmon vermutet hatte. [Higher Plane Curves, 2. Aufl. (1881), S. 248]).

Indem man diese beiden Sätze kombiniert, kann man sagen:

Bei einer Kurve vierter Ordnung ohne vielfachen Punkt ist die Zahl

---

[1]) [Vgl. die unter dem Titel „Über eine Relation zwischen den Singularitäten einer algebraischen Kurve" in den Erlanger Sitzungsberichten vom 13. Dezember 1875 erschienene Note.]

der reellen Wendungen, vermehrt um die doppelte Zahl der isolierten Doppeltangenten, gleich Acht.

Es ist nun sehr merkwürdig, daß der so ausgesprochene Satz einer unmittelbaren Verallgemeinerung auf Kurven n-ter Ordnung fähig ist, zu deren Ableitung eben die einfachen Methoden ausreichen, deren sich Zeuthen in seinem Aufsatze bedient[2]). Sei bei einer Kurve n-ter Ordnung ohne vielfachen Punkt w' die Zahl der reellen Wendungen, t'' die Zahl der reellen, *isolierten* Doppeltangenten.

Dann hat man das Theorem:

$$w' + 2t'' = n(n-2).$$

Auch ist die Modifikation, welche dieser Satz beim Auftreten singulärer Punkte erheischt, übersichtlich anzugeben. Es soll die Kurve, wie im folgenden der Einfachheit wegen durchgehends angenommen wird, nur mit einfachen Plückerschen Singularitäten behaftet sein, und es bezeichne k ihre Klasse, r' die Zahl ihrer *reellen* Spitzen, d'' die Zahl ihrer reellen, *isolierten* Doppelpunkte.

Dann besteht die Relation:

$$n + w' + 2t'' = k + r' + 2d''.$$

Diese Formel kommt auf die vorige zurück, sobald man der Kurve keine anderen vielfachen Punkte, als isolierte reelle Doppelpunkte beilegt. Denn dann ist $r' = 0$, $k = n(n-1) - 2d''$. Andererseits umfaßt unsere Formel z. B. die bekannten Realitätsverhältnisse der Wendepunkte bei den Kurven dritter Ordnung, sofern für $n = 3$ Doppeltangenten noch nicht auftreten können und also $t'' = 0$ zu setzen ist.

Wir beweisen zunächst die Formel:

$$w' + 2t'' = n(n-2)$$

in ihrer Gültigkeit für Kurven ohne vielfachen Punkt. Wir zeigen vor allem, daß, bei diesen Kurven, $w' + 2t''$ einen konstanten Zahlenwert besitzen muß; hinterher bestimmen wir den letzteren an einem Beispiele. Die Kurvengleichungen sind dabei immer mit *reellen* Koeffizienten gedacht, wie im Gegensatze zu einer späteren Betrachtung, bei der ausdrücklich das Gegenteil vorausgesetzt wird, bemerkt sei.

Es mögen also $\varphi = 0$, $\psi = 0$ zwei Kurven n-ter Ordnung ohne singuläre Punkte vorstellen: es sollen die Werte, welche bez. bei ihnen die Zahl

---

[2]) [Zeuthen selbst war, wie er mir damals schrieb, an dieser Verallgemeinerung vorbeigeführt worden, weil er sich zu starr auf den von ihm eingeführten Allgemeinbegriff der „Doppeltangenten erster Art" festgelegt hatte. Die Resultate, die ich später, mit freilich ganz anderen Methoden, für die Berührungs-φ der algebraischen Kurven beliebigen Geschlechtes abgeleitet habe (siehe unten Abh. XLII) entsprechen insofern gewissermaßen mehr der ursprünglichen Zeuthenschen Zielsetzung. K.]

$w' + 2t''$ annimmt, verglichen werden. Zu dem Zwecke denke man sich durch allmähliche *reelle* Änderung der Konstanten φ in ψ übergeführt. Dies kann noch in sehr mannigfacher Weise geschehen, und man kann es daher immer vermeiden, daß dabei Kurven überschritten werden, deren Koeffizienten *gleichzeitig zwei* vorgegebenen algebraischen Bedingungen genügen. Kurven dagegen, deren Koeffizienten eine einzelne, beliebig gegebene algebraische Bedingung erfüllen, werden, allgemein zu reden, beim Übergange eine endliche Anzahl von Malen auftreten; — im besonderen Falle kann diese Anzahl Null sein. Kurven z. B., die nur einen Doppelpunkt besitzen (der dann selbstverständlich reell ist), müssen in Betracht gezogen werden; überflüssig ist es, in der Kurvenreihe Kurven mit Spitze, oder mit zwei Doppelpunkten oder mit einer vierfachen Tangente[3]) usw. vorauszusetzen.

Eine Änderung der Zahl $(w' + 2t'')$ kann bei einem solchen Übergange nach algebraischen Prinzipien nur in folgenden Fällen möglicherweise eintreten:

1. wenn zwei Wendungen,

2. wenn zwei Doppeltangenten koinzidieren,

3. wenn eine isolierte Doppeltangente t'' aufhört, als solche zu zählen (resp. umgekehrt, wenn eine nicht isolierte Doppeltangente isoliert wird).

Diese Möglichkeiten können aber leicht noch weiter eingeschränkt werden; andererseits erweisen sie sich zum Teil voneinander abhängig.

Wir werden den Fall, daß die Übergangskurve einen vielfachen Punkt hat (der dann nach dem Obigen nur als reeller Doppelpunkt vorausgesetzt zu werden braucht), erst sogleich diskutieren; indem wir ihn ausschließen, bleiben nur folgende Fälle eventuell zu berücksichtigen:

ad 1. *der Fall, daß zwei reelle Wendungen eines Kurvenzuges konsekutiv werden.* Dann ist die betr. Tangente eine vierpunktige. Sie ist als solche eine Doppeltangente, welche den Übergang bildet zwischen einer Doppeltangente mit reellen Berührungspunkten und einer isolierten Doppeltangente. Es tritt dann also gleichzeitig die unter 3 vorgesehene Möglichkeit ein; *in dieser Gleichzeitigkeit liegt weiterhin der Kern des ganzen Beweises.*

ad 2. Von den Fällen, in welchen zwei oder mehr Doppeltangenten koinzidieren, sind offenbar nur diejenigen zu berücksichtigen, in denen eine isolierte Doppeltangente beteiligt ist. Aber unter ihnen werden schließlich nur solche möglicherweise von Einfluß sein können, bei denen *zwei* isolierte

---

[3]) Vierfach heißt im folgenden eine Tangente, welche an vier Stellen berührt; eine Tangente, die vier konsekutive Punkte enthält, ist „vierpunktig" genannt.

Doppeltangenten koinzidieren. Freilich kann sich eine isolierte Doppeltangente mit zwei konjugiert imaginären zu einer reellen dreifachen Tangente vereinigen (die letztere besitzt dann nur einen reellen Berührungspunkt). Überschreitet man aber eine solche Kurve, so wird aus der dreifachen Tangente nur wieder *eine* isolierte Doppeltangente hervorgehen, indem sich von neuem zwei imaginäre Doppeltangenten ablösen. Denn die isolierte Doppeltangente hat sich *mit ihr nicht gleichwertigen* Doppeltangenten vereinigt, und das kann auf die Zahl t'' keinen Einfluß haben.

Sonach bleibt nur *das Zusammenfallen zweier isolierter Doppeltangenten ad 2 zu untersuchen;* wir werden weiterhin zeigen, daß ein solches Zusammenfallen *zwei* Bedingungen äquivalent ist, und also überhaupt nicht in Betracht kommt.

ad 3. Der einzige Übergang, der zwischen isolierten und nicht isolierten Doppeltangenten besteht, wird durch die vierpunktige Tangente gebildet. Sonach leitet 3 zu der unter 1 aufgeführten Möglichkeit zurück.

Erörtern wir jetzt vorab den Einfluß, den *das Auftreten eines reellen Doppelpunktes* auf w' und t'' besitzt. Dieser Doppelpunkt kann isoliert oder nicht isoliert sein. In jedem Falle absorbiert er nach den Plücker-schen Formeln sechs Wendungen. Auch macht Plücker schon darauf aufmerksam[4]), daß beim isolierten Doppelpunkte diese sechs Wendungen sämtlich imaginär sind, während beim nicht isolierten Doppelpunkte zwei und nur zwei reell sind. Die Zahl w' wird daher im letzteren Falle und nur in diesem um zwei Einheiten vermindert. Aber diese zwei Wendungen w' erscheinen von neuem wieder, wenn man die Kurve mit Doppelpunkt überschreitet. Denn der Doppelpunkt absorbiert eben immer zwei reelle Wendungen, von welcher Seite man ihn auch entstehen lassen mag. *Deshalb erleidet also die Zahl w' keine Änderung, wenn man eine Kurve mit Doppelpunkt überschreitet.*

Dasselbe ergibt sich für t''. Hat eine Kurve einen Doppelpunkt, so fallen eine Anzahl Doppeltangenten je paarweise in die Tangenten zusammen, die man vom Doppelpunkte an die Kurve legen kann. Von den Berührungspunkten der Doppeltangente rückt dabei der eine in den Doppelpunkt hinein, während der andere abgetrennt liegt, da immer angenommen werden kann, daß keiner der im Doppelpunkte sich kreuzenden Kurvenäste im Doppelpunkte eine Wendung besitzt. Deshalb kann keine reelle Doppeltangente mit imaginären Berührungspunkten beteiligt sein. *Also auch die*

---

[4]) Vgl. „Theorie der algebraischen Kurven" (1839) Nr. 64. Auf das von Plücker gebrauchte Beweisprinzip kommen wir noch im Texte zu sprechen. Einen Beweis nur aus Betrachtung der Lagenverhältnisse gibt für die C_3 Möbius: „Über die Grundformen der Linien dritter Ordnung". Abhandl. der Sächs. Akademie 1852 (vorgelegt bereits 1848) [= Werke, Bd. 2, S. 86—176].

Zahl t″ bleibt ungeändert, wenn eine Kurve mit Doppelpunkt über-schritten wird.

Hiernach ist das Auftreten vielfacher Punkte für den hier gestellten Zweck nicht weiter zu untersuchen. Erörtern wir jetzt den Fall ad 1. *Zwei reelle Wendungen werden konsekutiv, man hat eine vierpunktige Tangente.* Bei Überschreitung einer solchen Kurve wird gleichzeitig w' um zwei Einheiten, t'' um eine Einheit geändert. Die geometrische An-schauung zeigt, daß eine isolierte Doppeltangente aus der vierpunktigen entsteht, wenn die beiden Wendungen w' imaginär werden; t'' *wächst* daher um eine Einheit, wenn w' *um zwei Einheiten abnimmt*, resp. um-gekehrt, und *daher bleibt* $w' + 2t''$ *beim Überschreiten der betr. Kurve konstant.*

Es bleibt jetzt nur noch zu zeigen, daß das Zusammenfallen zweier isolierter Doppeltangenten zwei Bedingungen äquivalent ist.

Untersuchen wir zu dem Zwecke, wie überhaupt bei einer Kurve, die keine vielfachen Punkte besitzt, ein Zusammenfallen von Doppeltangenten eintreten kann, und welche von den bez. Möglichkeiten durch nur eine Bedingung zwischen den Koeffizienten dargestellt werden. Man findet, daß eine Doppeltangente nur dann mehrfach zählt, wenn sie entweder mehr als zwei Berührungspunkte hat und also vielfache Tangente ist, oder wenn sie zum mindesten in einem ihrer Berührungspunkte einen höheren Kontakt besitzt. Durch *eine* Bedingung sind charakterisiert der Fall der dreifachen Tangente und der Fall, daß die Doppeltangente in einem ihrer Berührungs-punkte oskuliert und also zugleich Wendetangente ist. Der Beweis dieser Behauptung, die sich auf allgemein algebraische Verhältnisse und nicht insbesondere auf Bedingungen der Realität bezieht, soll hier nicht aus-geführt werden; er wird mit bekannten Mitteln geleistet.

Aber keiner der beiden durch nur eine Bedingung dargestellten Fälle kann durch das Zusammenfallen zweier *isolierter* Doppeltangenten herbei-geführt werden. Denn jede derselben hat ein Paar konjugiert imaginärer Berührungspunkte, und indem dieselben auf *eine* gerade Linie rücken, können nicht *drei gleichwertige* oder *zwei ungleichwertige* Berührungspunkte entstehen. Man würde entweder eine vierfache (nach wie vor isolierte) Tangente erhalten, oder eine solche, die an zwei konjugiert imaginären Stellen oskuliert.

Die Zahl $w' + 2t''$ *ist also für alle Kurven ohne vielfache Punkte dieselbe,* wie behauptet wurde.

Um sie jetzt an einem Beispiele abzuzählen, nehme man vorab eine Kurve der n-ten Ordnung, die in lauter niedere Kurven zerfallen ist und bei der man daher die Lage der Singularitäten und die Realität derselben deutlich übersieht. Sodann löse man die dabei vorhandenen vielfachen

Punkte in bekannter Weise auf, und man erhält eine Kurve ohne solche Punkte, bei der sich ein Abzählen von w' und t'' ohne weiteres ermöglicht. Der Einfluß, den ein reeller Doppelpunkt auf die Zahl w' ausübt, wurde oben für den allgemeinen Fall angegeben; er wird ein anderer[5]), wenn einer der Äste des Doppelpunktes im Doppelpunkte eine Wendung besitzt. Um derartige Untersuchungen nicht noch zu benötigen, wählen wir die zerfallene C_n so, daß unter ihren Bestandteilen sich keine gerade Linie befindet.

Sei zunächst n eine gerade Zahl, $n = 2\,\mu$. Dann zeichne man etwa μ kongruente konzentrische Ellipsen, deren Hauptachsen unter bez. gleichen Winkeln $\left(\dfrac{\pi}{\mu}\right)$ gegeneinander geneigt sind. Jede Ellipse schneidet die andere in vier reellen Punkten, so daß im ganzen $4\dfrac{\mu(\mu-1)}{2} = \dfrac{n(n-2)}{2}$ reelle, nicht isolierte Doppelpunkte bei der C_n vorhanden sind, und sonst offenbar überhaupt keine Doppelpunkte. Auch die Lage der $\frac{1}{2}n(n-2)(n^2-9)$ eigentlichen oder uneigentlichen Doppeltangenten dieser C_n ist ersichtlich. Sie sind repräsentiert:

1. Durch die $\frac{1}{2}n(n-2)$ reellen Tangenten, welche irgend zwei der μ Ellipsen gemeinsam berühren.

2. Durch die $\frac{1}{2}n(n-2)(n-4)$ Tangenten, welche man von den Durchschnittspunkten zweier Ellipsen an eine dritte ziehen kann. Diese Tangenten sind teils reell, teils paarweise konjugiert imaginär. Keine von ihnen hat zusammenfallende Berührungspunkte. Sie zählen als Doppeltangenten doppelt.

3. Durch die als Doppeltangenten vierfach zählenden

$$\tfrac{1}{8}n(n-2)(n^2-2n-2)$$

Verbindungslinien der genannten Durchschnittspunkte untereinander. Sie sind alle reell; als ihre Berührungspunkte sind bez. die beiden Durchschnittspunkte aufzufassen, welche sie verbinden.

Geht man von der so beschriebenen C_n zu einer benachbarten Kurve ohne vielfachen Punkt über, so liefert, nach dem wiederholt benutzten Satze, jeder der $\frac{1}{2}n(n-2)$ Doppelpunkte zwei reelle Wendungen; man bekommt also:

$$w' = n(n-2),$$

da vor Auflösung der Doppelpunkte überhaupt keine reellen Wendungen vorhanden waren.

Ferner ergibt sich:

$$t'' = 0.$$

---

[5]) Vgl. Zeuthen: Almindelige Egenskaber ved Systemer af plane Kurver. Abhandlungen der Dänischen Akademie 1873.

Denn man kann einzeln verfolgen, was aus den Doppeltangenten der zerfallenen Kurve wird. Die Doppeltangenten 1 bleiben reell mit reellen
Berührungspunkten. Von den Doppeltangenten 2 spaltet sich jede, je
nach der Auflösungsart des Knotenpunktes, in zwei reelle und dann nicht
isolierte Doppeltangenten oder in zwei konjugiert imaginäre. Ebenso übersieht man, daß jede der Doppeltangenten 3 vier reelle und nicht isolierte
oder vier paarweise imaginäre Doppeltangenten ergibt. Es entsteht also
bei der Auflösung der Doppelpunkte keine isolierte reelle Doppeltangente;
vor der Auflösung war keine vorhanden, und also hat man im Beispiele
($n \equiv 0 \pmod 2$):

$$w' + 2\,t'' = n\,(n - 2).$$

Zugleich ist gezeigt, daß für ein gerades n Kurven mit der Maximalzahl reeller Wendungen, $n\,(n - 2)$, wirklich existieren.

Für ungerades n ergibt sich ein geeignetes Beispiel folgendermaßen.
Sei $n = 2\,\mu + 3$. So zeichne man μ Ellipsen, wie im vorigen Falle, und
ergänze dieselben zu einer C_n durch eine Kurve dritter Ordnung, welche
jede der Ellipsen in sechs reellen Punkten schneidet. Dies ist möglich,
wenn man z. B. der Kurve dritter Ordnung folgende Gestalt gibt:

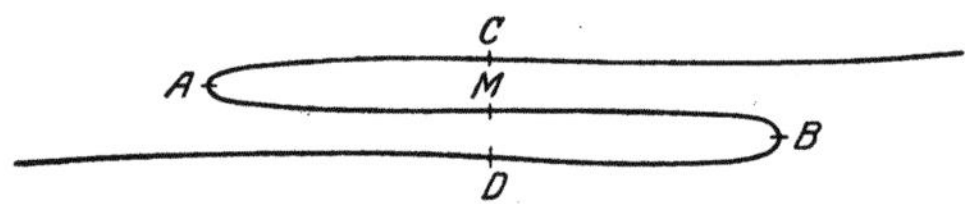

wo AB einen Abstand bedeutet, der größer ist als die große Achse der
benutzten Ellipsen, CD einen Abstand, der kleiner ist als die kleine Achse
der Ellipsen. Diese Kurve lege man in der Art, daß M in den gemeinsamen Mittelpunkt der Ellipsen fällt; so wird sie jede der Ellipsen in sechs
reellen Punkten treffen.

Man mache nun ganz ähnliche Abzählungen, wie soeben. Es ist bei
ihnen nur darauf zu achten, daß die C_3 bereits an sich drei Wendungen
enthält. Auch sei als Moment beim Beweise hervorgehoben, daß keine
der zwölf Tangenten, welche die C_3 mit der einzelnen Ellipse gemein hat
(und die teils reell, teils imaginär sein werden), eine isolierte Doppeltangente der C_n liefern kann; denn isolierte reelle Tangenten gibt es bei
der reellen C_3, oder gar der reellen Ellipse nicht. Auf diese Weise
findet man:

Auch bei ungeradem n ist

$$w' + 2\,t'' = n\,(n - 2),$$

und Kurven mit der Maximalzahl reeller Wendungen, $n\,(n - 2)$, existieren.

Andererseits ist evident, daß, bei ungeradem n, eine Minimalzahl für
die reellen Wendungen existiert. Denn jede solche C_n (ohne vielfachen

Punkt) hat bekanntermaßen einen unpaaren Zug, der als solcher mindestens drei Wendungen besitzt. —

Die allgemeinere Formel:

$$n + w' + 2t'' = k + r' + 2d''$$

ergibt sich aus der jetzt bewiesenen folgendermaßen:

Man denke sich die Kurve mit vielfachen Punkten aus einer benachbarten ohne vielfachen Punkt entstanden. Dann hat man für letztere:

$$w' + 2t'' = n(n - 2)$$

und es sind nun die Modifikationen zu untersuchen, welche die vielfachen Punkte an den Zahlen w', t'' anbringen. In dieser Hinsicht stelle ich folgende Sätze voran, von denen die beiden ersten zum Teil schon benutzt wurden:

1. Jeder reelle, nicht isolierte Doppelpunkt, sowie jeder reelle Rückkehrpunkt, absorbiert zwei reelle Wendungen w'.

2. Der isolierte reelle Doppelpunkt hat auf die Zahl w' keinen Einfluß.

3. Die reelle Verbindungsgerade zweier konjugiert imaginärer Doppelpunkte absorbiert *zwei*, und die reelle Verbindungsgerade zweier konjugiert imaginärer Rückkehrpunkte absorbiert *drei* reelle isolierte Doppeltangenten t''.

4. Andere Reduktionen in den Zahlen w' und t'' finden nicht statt.

Die Sätze 1, 2 werden von Plücker gegeben. Er beweist sie für Kurven dritter Ordnung und erschließt daraus ohne weiteres ihre allgemeine Gültigkeit. Es heißt das, algebraisch zu reden, daß man die bei der beliebigen Kurve in der singulären Stelle stattfindende Reihenentwicklung bei einem bestimmten Gliede abbricht. In demselben Sinne wird man ähnliche Sätze beweisen, indem man sich an dem Beispiele einer Kurve von hinlänglich hoher Ordnung von ihrer Richtigkeit überzeugt.

Für den Satz 3 geben geeignet gewählte Kurven vierter Ordnung brauchbare Beispiele; z. B. die vieluntersuchten C_4, welche die Kreispunkte zu Doppelpunkten haben, und die Kartesischen Ovale, bei denen die Kreispunkte Spitzen sind. Bei ihnen findet man nur noch *zwei*, bez. *eine* Doppeltangente erster Art (im Sinne Zeuthens), und daher sind zwei, bez. drei dieser Doppeltangenten, die jedenfalls *isolierte* Doppeltangenten waren, durch die vielfachen Punkte, resp. deren Verbindungslinie, absorbiert.

Die allgemeine Formel ergibt sich jetzt sehr einfach. Es sei für eine gegebene Kurve der n-ten Ordnung und der k-ten Klasse:

d' die Zahl der reellen, nicht isolierten,
d'' die Zahl der reellen, isolierten,
d''' die Zahl der imaginären Doppelpunkte.

Sei ferner:

> r' die Zahl der reellen,
> r'' die Zahl der imaginären Spitzen.

Dann hat man nach den vorausgeschickten Sätzen:

$$w' + 2\,t'' = n\,(n - 2) - 2\,d' - 2\,r' - 2\,d''' - 3\,r''.$$

Aber andererseits ist nach den Plückerschen Formeln:

$$k = n\,(n - 1) - 2\,(d' + d'' + d''') - 3\,(r' + r'').$$

Also folgt:

$$n + \dot{w}' + 2\,t'' = k + r' + 2\,d'',$$

was zu beweisen war.

In dem Umstande, daß die Formel sich selbst dualistisch ist, wird man eine Kontrolle der in ihr auftretenden Zahlenkoeffizienten erblicken.

Es mag hier zuvörderst eine Anwendung dieser Formel angeschlossen werden. Es sei eine *komplexe* Kurve von der Ordnung n und der Klasse k gegeben, d. h. eine Kurve, deren Gleichung komplexe Koeffizienten besitzt. Dieselbe wird eine Anzahl reeller isolierter Punkte (δ) und reeller isolierter Tangenten (τ) enthalten, welche aber, allgemein zu reden, nicht weiter mit besonderen Singularitäten behaftet sind, sondern einfache Elemente der Kurve vorstellen. *Zwischen diesen beiden Zahlen finden wir eine Relation.* Man vereinige nämlich die Kurve mit der ihr komplex konjugierten. So hat man eine Kurve von der Ordnung $2\,n$, von der Klasse $2\,k$, welche außer δ isolierten Doppelpunkten und τ isolierten Doppeltangenten überhaupt keine reellen Elemente enthält. Sie enthält keinerlei höhere Singularitäten; daher ist unsere Formel anwendbar. Man findet also:

$$n + \tau = k + \delta.$$

Bei einem komplexen Kegelschnitte z. B. können 0, 2, 4 Punkte reell sein; dann sind auch 0, 2, 4 Tangenten reell[6]). Eine komplexe Kurve dritter Ordnung sei in Linienkoordinaten durch

$$\varphi + i\psi = 0$$

dargestellt; dann haben die Kurven sechster Klasse

$$\varphi = 0, \quad \psi = 0$$

sicher vier und höchstens zwölf reelle, gemeinsame Tangenten usw.

Sodann sei noch einer *Verallgemeinerung* gedacht, welche man unserer

---

[6]) Es ergibt sich: Sind zwei und nur zwei Punkte reell, so liegen dieselben innerhalb desselben von den beiden dann vorhandenen reellen Tangenten gebildeten Winkelraumes. Nimmt man zwei reelle Punkte in anderer Lage gegen zwei reelle Tangenten an, so werden gleich vier Punkte und vier Tangenten reell; die vier Punkte liegen bez. innerhalb der vier von den vier Tangenten gebildeten Dreiecke.

Formel zuteil werden lassen kann und die sich darauf bezieht, daß man statt der geraden Linien der Ebene ein *reelles* Netz von Kurven beliebiger Ordnung:

$$\lambda_1 \varphi_1 + \lambda_2 \varphi_2 + \lambda_3 \varphi_3 = 0$$

betrachtet. Man kann dieses Netz in bekannter Weise dazu benutzen, um eine beliebig gegebene Kurve

$$f = 0$$

eindeutig zu transformieren; den Schnittpunktsystemen von f mit den Kurven des Netzes entsprechen dann die Schnittpunktsysteme der transformierten Kurve mit den Geraden der Ebene. Den bekannten Erörterungen über diesen Gegenstand hat man nur einige wenige Betrachtungen über die Realitätsverhältnisse bei einer derartigen Transformation hinzuzufügen, um für die transformierte Kurve unser Theorem anwenden zu können und damit für die Kurve f die gemeinte Verallgemeinerung zu finden. Es sei in dieser Richtung folgendes hervorgehoben. Auf der Kurve f gibt es Paare von Punkten, durch welche noch Büschel von Kurven φ hindurchgehen. Dieselben vereinigen sich bei der eindeutigen Transformation zu Doppelpunkten der transformierten Kurve. Diese Doppelpunkte sind, sobald die betr. zwei Punkte auf f reell sind, reell und nicht isoliert; *sind aber die Punkte auf f konjugiert imaginär, so enthält die transformierte Kurve einen reellen, isolierten Doppelpunkt.* Auf solche Weise findet man folgenden Satz:

Es sei

N die Zahl der beweglichen Schnittpunkte der φ mit f,

K die Zahl derjenigen φ, welche, durch einen beliebig gewählten Punkt hindurchgehend, f berühren,

W' die Zahl derjenigen reellen φ, welche f oskulieren,

T'' die Zahl solcher reeller φ, die f in zwei imaginären Punkten berühren,

R' die Zahl der reellen Spitzen von f, mit Ausnahme derjenigen, die etwa Grundpunkte des Netzes sind,

D'' eine Zahl, die aus zwei Bestandteilen zusammengesetzt ist. Sie umfaßt zunächst die Zahl derjenigen isolierten Doppelpunkte von f, welche nicht Grundpunkte des Netzes sind. Sie umfaßt sodann die Zahl der eben genannten Vorkommnisse: daß auf f Paare konjugiert imaginärer Punkte gefunden werden können, durch welche noch ein Büschel von Kurven φ hindurchgeht.

Dann hat man immer:

$$N + W' + 2T'' = K + R' + 2D''.$$

Man nehme z. B. als Netz die Kreise, welche durch einen festen Punkt gehen (wo dann die betr. eindeutige Transformation einfach eine Umformung durch reziproke Radien wird), als Kurve f eine Ellipse oder eine Hyperbel.

Dann hat man beide Mal:

$$N = 4, \quad K = 6, \quad R' = 0.$$

Aber D'' ist das eine Mal gleich 1, das andere Mal gleich Null. Die unendlich ferne Gerade nämlich bildet mit allen durch den angenommenen Punkt hindurchgehenden geraden Linien ein Büschel von Kreisen, welche f in zwei festen Punkten schneiden, und diese beiden Punkte (die unendlich fernen Punkte) sind bei der Ellipse konjugiert imaginär, bei der Hyperbel reell. Man hat also:

$$\text{bei der Ellipse:} \quad W' + 2\,T'' = 4,$$
$$\text{bei der Hyperbel:} \quad W' + 2\,T'' = 2.$$

In Worten: *Bei einer gegebenen Ellipse oder Hyperbel konstruiere man alle Krümmungskreise, sowie alle Kreise, welche in zwei konjugiert imaginären Punkten berühren. Wenn man dann die letzteren doppelt zählt, so erweist sich die ganze Ebene bei der Ellipse vierfach, bei der Hyperbel doppelt mit Kreisen überdeckt.*

München, im Januar 1876.

[Wie höhere Singularitäten in die von mir aufgestellte Relation einzufügen sind, hat bald hernach A. Brill entwickelt (Math. Annalen, Bd. 16, 1879); jede solche Singularität bekommt einen *Realitätsindex* $r' - w' + 2\,(d'' - t'')$, wo die r', w', d'', t'' bzw. die Anzahlen der reellen Rückkehr- und Wendepunkte, isolierten Doppelpunkte und isolierten Doppeltangenten bedeuten, welche bei beliebiger „Auflösung" der Singularität entstehen. Die einfachste Formulierung, welche alle Fälle, auch die der komplexen Kurven, umfaßt, hat dann später Fr. Schuh gegeben (Amsterdamer Verslag, Deel XII, 1904). Er schreibt

$$n + \sum' v = k + \sum' u,$$

wo $\sum' u$ die Summe der Ordnungen aller Singularitäten mit reellem Punkt, $\sum' v$ die Summe der Klassen aller Singularitäten mit reeller Tangente bedeutet. K.]

XXXVIII. Über eine neue Art der Riemannschen Flächen[1].

(Erste Mitteilung.)

[Math. Annalen, Bd. 7 (1874).]

Bei der Untersuchung der algebraischen Funktionen y einer Veränderlichen x pflegt man sich zweier verschiedener anschauungsmäßiger Hilfsmittel zu bedienen. Man repräsentiert nämlich entweder y und x gleichmäßig als Koordinaten eines Punktes der Ebene, wo dann die reellen Werte derselben allein in Evidenz treten und das Bild der algebraischen Funktion die algebraische Kurve wird — oder man breitet die komplexen Werte der einen Variabeln x über eine Ebene aus und bezeichnet das Funktionsverhältnis zwischen y und x durch die über der Ebene konstruierte Riemannsche Fläche. Es muß in vielen Beziehungen wünschenswert sein, zwischen den beiden Anschauungsbildern einen Übergang zu besitzen. Ich darf mit Bezug hierauf nur das Eine hervorheben, daß nämlich ein solcher Übergang vom rein geometrischen Standpunkte aus geradezu gefordert werden muß, wenn die Sätze, welche sich auf die Zahl und Periodizität der längs einer algebraischen Kurve erstreckten Integrale beziehen, zu einem unmittelbaren Verständnisse gebracht werden sollen.

Ein solcher Übergang ist nun in einfachster Weise herzustellen. Er schließt sich an die Auffassung einer Kurve als des Umhüllungsgebildes ihrer Tangenten[2] an; er setzt ferner in einem gewissen Maße diejenigen Erörterungen über den Zusammenhang der Flächen voraus, welche in [der oben abgedruckten Abhandlung XXXVI] entwickelt wurden.

Man gehe von der Bemerkung aus, daß man jeder Tangente einer algebraischen Kurve, mag die Tangente reell oder imaginär sein, im allgemeinen *einen* reellen Punkt zuordnen kann. Ist nämlich die Tangente

---

[1] [Vgl. eine unter dem gleichen Titel erschienene vorläufige Mitteilung in den Erlanger Sitzungsberichten vom 2. Februar 1874.]

[2] Wollte man die dualistisch entgegenstehenden Überlegungen anstellen, so würde die Anschaulichkeit des Resultats, auf die ich eben Gewicht legen möchte, verloren gehen.

reell, so wähle man als entsprechenden Punkt ihren Berührungspunkt; ist die Tangente imaginär, so wähle man den einen reellen Punkt, den sie überhaupt besitzt. Diese beiden Festsetzungen, deren eigentlicher Sinn übrigens aus den weiter unten angeführten Beispielen völlig deutlich werden soll, stimmen insofern miteinander, als die auf reelle Tangenten bezügliche aus der anderen durch Grenzübergang hervorgeht. Denn der reelle Punkt einer imaginären Tangente ist ihr Durchschnittspunkt mit der konjugierten Tangente, und, wenn diese beiden Linien in eine reelle zusammenfallen, so wird aus ihrem Durchschnittspunkte eben der Berührungspunkt.

Diese Festsetzungen werden bei etwaigen mehrfach berührenden reellen Tangenten ungenügend. Wir wollen nur den Fall reeller Doppel- oder Wendetangenten ins Auge fassen. Hat die Doppeltangente reelle Berührungspunkte, so werden wir ihr eben diese beiden Punkte zuordnen; ist sie aber isoliert, so mag ihr die Gesamtheit der ihr angehörigen reellen Punkte entsprechend gesetzt sein. Ebenso sollen einer Wendetangente alle auf ihr gelegenen reellen Punkte zugeordnet werden. Es wird noch aus den weiteren Ausführungen hervorgehen, daß diese Festsetzungen mit den voraufgeschickten nicht nur verträglich sind, sondern sich aus ihnen in naturgemäßer Weise ergeben.

Die zweifach unendlich vielen reellen Punkte, welche man, diesen Festsetzungen zufolge, der Gesamtheit der reellen und imaginären Tangenten der Kurve zuordnet, werden eine geschlossene Fläche bilden, welche die verschiedenen Teile der Ebene mit einer Anzahl von Blättern überdeckt, die jedesmal gleich ist der Anzahl der imaginären Tangenten, welche man von einem Punkte des betreffenden Teiles der Ebene an die Kurve legen kann (und die also immer gerade ist). *Die Fläche ist dann ein vollständiges Bild der durch die Kurve definierten algebraischen Funktion.* Sie ist auf die gewöhnliche Riemannsche Fläche, wie man sie für diese Funktion konstruieren könnte, im allgemeinen ein-eindeutig bezogen. Eine Ausnahme tritt nur für diejenigen Wertsysteme ein, welche den reellen, isolierten Doppeltangenten und den reellen Wendetangenten der Kurve entsprechen. Denn während dieselben auf der gewöhnlichen Riemannschen Fläche durch je zwei Punkte vorgestellt werden (welche im Falle der Wendetangenten konsekutiv sind), entsprechen ihnen bei unserer Fläche ganze gerade Linien, die der Fläche, wie man findet, [nach ihrer ganzen Erstreckung] angehören: die beiden Flächen sind also in der Art aufeinander bezogen, daß auf der einen eine Reihe von Fundamentalpunkten auftritt. Um also von dem Zusammenhange unserer Fläche auf den Zusammenhang der entsprechenden gewöhnlichen Riemannschen Fläche schließen zu können, wird man den Satz benötigen, der [in der Abhandlung XXXVI auf S. 70—73] aufgestellt und bewiesen wurde.

Doch betrachten wir eine Reihe von Beispielen. Sei zunächst ein Kegelschnitt gegeben, der als Ellipse vorausgesetzt sein mag. Die reellen Punkte, welche den imaginären Tangenten der Ellipse entsprechen, erfüllen das Innere der Ellipse doppelt, *unsere Fläche hat also in diesem Falle die Gestalt eines elliptischen Doppelblattes*, oder, wenn man will, eines flachen Ellipsoids. Ein Ellipsoid ist aber eine nullfach zusammenhängende Fläche[3]); deshalb gibt es beim Kegelschnitte kein längs der Kurve erstrecktes überall endliches Integral.

Nehmen wir ferner eine Kurve dritter Klasse. Auch sie kann, was für die Anschauung bequem ist, [im Beispiel] als völlig im Endlichen gelegen vorausgesetzt werden, und besteht dann entweder aus zwei geschlossenen Zweigen oder nur aus einem, wie dies in den beistehenden, übrigens nur schematischen Zeichnungen dargestellt ist.

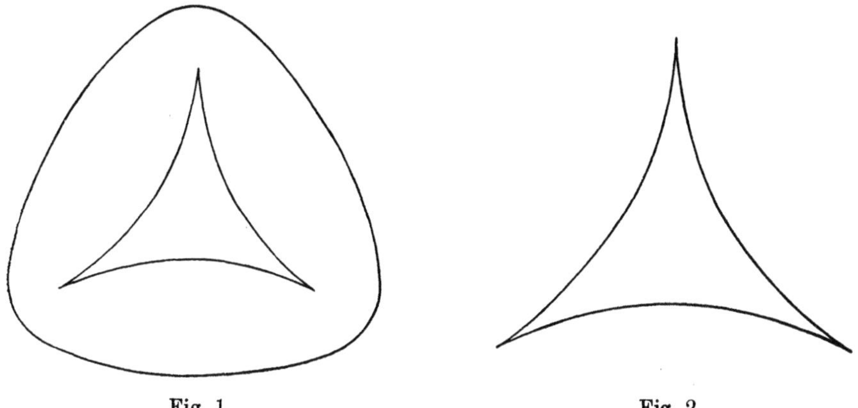

Fig. 1.   Fig. 2.

Betrachten wir zunächst den ersten Fall. Sowohl von jedem Punkte außerhalb des Ovals als von jedem Punkte innerhalb des mit drei Spitzen versehenen Kurvenzugs kann man drei reelle Tangenten an die Kurve legen; die reellen Punkte, welche imaginären Tangenten der Kurve entsprechen, erfüllen daher den Raum zwischen den beiden Kurvenzügen doppelt, *unsere Fläche ist eine Art Ringfläche*. Sie ist also in der Tat zweifach zusammenhängend, wie es für eine Kurve mit dem Geschlechte 1 sein muß, oder umgekehrt, *es liegt darin der Beweis, daß die Kurve dem Geschlechte 1 angehört*. Es ist leicht, die Werte, welche das eine auf die Kurve bezügliche überall endliche Integral für die einzelnen Punkte der Fläche annimmt, ihrer allgemeinen Verteilung nach anzugeben. Zu dem Zwecke sei es gestattet, von *Meridianen* der Ringfläche und von *Breitenkurven* derselben zu sprechen; die beiden Züge, aus denen die Kurve dritter

____

[3]) Wegen dieser Art der Zählung vgl. [Abh. XXXVI, S. 64].

Klasse besteht, werden selbst zu den Breitenkurven gehören. Die beiden Perioden, welche das auf die Kurve bezügliche überall endliche Integral besitzt, entstehen dadurch, daß man dem zwischen bestimmten Grenzen geführten Integrationswege beliebig Meridiankurven und Breitenkurven zufügen kann. (Diese und die folgenden Behauptungen, welche sich aus den bekannten Sätzen über die Integrale auf Riemannschen Flächen ohne weiteres ergeben, sollen hier ohne Beweis angeführt sein.) Die erstere dieser Perioden sei imaginär genommen, gleich $i\omega'$, die zweite reell, gleich ω. Als untere Grenze werde dasjenige Wertsystem gewählt, welches durch die in der Zeichnung vertikal gestellte reelle Rückkehrtangente bezeichnet ist, und dem auf unserer Fläche der obere von den drei reellen [Rückkehrpunkten entspricht. Das bis zu irgendeinem anderen Punkte hingeleitete Integral werde, unter Trennung des reellen und imaginären Teiles, $u + iv$ genannt, wo also u nur bis auf Multipla von ω, v bis auf Multipla von ω' bestimmt ist. Dann hat man als Bedingung dafür, daß drei Tangenten der Kurve dritter Klasse, welche den Integralwerten

$$u_1 + iv_1, \quad u_2 + iv_2, \quad u_3 + iv_3$$

entsprechen, sich in einem Punkte schneiden, die Relationen[4]):

$$u_1 + u_2 + u_3 \equiv 0 \ (\text{mod. } \omega)$$
$$v_1 + v_2 + v_3 \equiv 0 \ (\text{mod. } \omega').$$

Infolgedessen ergibt sich eine Verteilung der Werte von $u + iv$ über unsere Fläche, wie sie auf der beigesetzten Zeichnung veranschaulicht ist.

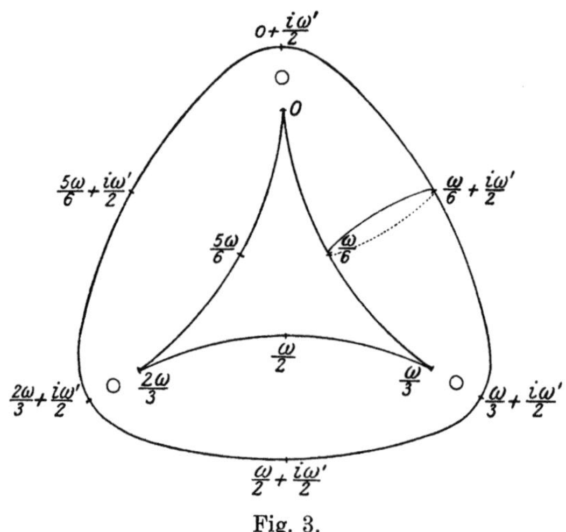

Fig. 3.

<hr>

[4]) Vgl. Clebsch in Crelles Journal, Bd. 63 (1864), S. 105. Es sind dort nur nicht, wie im Texte, der reelle und imaginäre Teil getrennt, überdies ist die untere Grenze des Integrals beliebig gelassen.

Längs des Zuges mit drei Spitzen sind die reellen Zahlen von 0 bis ω in der Weise verteilt, daß die drei Spitzen die Argumente 0, $\frac{1}{3}\omega$, $\frac{2}{3}\omega$ bekommen. Die Punkte einer Meridiankurve, welche durch eine Tangente dieses Kurvenzuges auf der Fläche bezeichnet ist, besitzen alle dasselbe u, längs der Kurve ändert sich nur das v von 0 anfangend bis ω'. Für die Punkte des umschließenden Ovals hat v gleichmäßig den Wert $\frac{\omega'}{2}$. An den drei Stellen etwa, die durch kleine Kreise bezeichnet sind, befinden sich diejenigen Punkte, welche die sechs paarweise konjugiert imaginären Rückkehrtangenten der Kurve repräsentieren; ihre Argumente sind bezüglich

$$0 \pm \frac{i\omega'}{3}, \quad \frac{\omega}{3} \pm \frac{i\omega'}{3}, \quad \frac{2\omega}{3} \pm \frac{i\omega'}{3}.$$

Für die Kurven dritter Klasse ohne Oval gestalten sich diese Verhältnisse im allgemeinen ähnlich. Der ganze Raum außerhalb des mit drei Spitzen versehenen Kurvenzuges wird bei ihnen doppelt von den Punkten überdeckt, die imaginären Tangenten entsprechen. *Die zugehörige Fläche erstreckt sich also ähnlich ins Unendliche, wie ein einschaliges Hyperboloid*[5]). Der Zusammenhang der Fläche ist nach wie vor gleich 2 [vgl. Abhandlung XXXVI] die Kurve hat das Geschlecht 1.

Es ist nun besonders interessant, zu sehen, wie sich die zugehörige Fläche modifiziert, wie im Zusammenhange damit das Geschlecht der algebraischen Funktion auf Null herabsinkt, wenn man der Kurve eine Doppeltangente oder Wendetangente erteilt. Die Doppeltangente kann isoliert oder mit reellen Berührungspunkten vorausgesetzt werden. Beidemal bildet die zugehörige Kurve einen Übergang zwischen den beiden vorstehend unterschiedenen Arten ohne Doppeltangente. Die Kurve mit Wendetangente endlich stellt sich wieder als Übergangsform zwischen die beiden Kurven mit Doppeltangente.

Um nämlich zunächst eine Kurve mit isolierter Doppeltangente zu erhalten, kann man das Oval der ersten Figur nach allen Richtungen gleichmäßig unbegrenzt wachsen lassen. Dann geht es schließlich, indem es zur isolierten Doppeltangente wird, in die doppelt zählende unendlich ferne Gerade über; setzt man den Änderungsprozeß noch weiter fort, so wird es imaginär und man hat die allgemeine Kurve ohne Oval. Doch besser lassen sich diese Verhältnisse übersehen, wenn man die betreffenden Figuren so durch eine Kollineation umgestaltet, daß die fragliche Doppeltangente ins Endliche fällt. Die Kurven haben dann die in den Fig. 4 bis 6 dargestellte Gestalt; die von der zugehörigen Fläche überdeckten Partien der Ebene sind schraffiert.

---

[5]) [Wie in Abh. XXXVI, S. 65 bereits gesagt ist, gelangt man beim Durchgang durchs Unendliche von dem oberen Blatt in das entsprechende untere Blatt der Fläche. K.]

Im Falle der Fig. 5 [enthält die Fläche die in Betracht kommende Doppeltangente nach ihrer ganzen Erstreckung], sie ist nach wie vor zweifach zusammenhängend. Aber die zugehörige gewöhnliche Riemannsche Fläche ist nur noch nullfach zusammenhängend. Denn sie trägt zwei Fundamentalpunkte, denen diese Doppelgerade entspricht, und also ist ihr Zu-

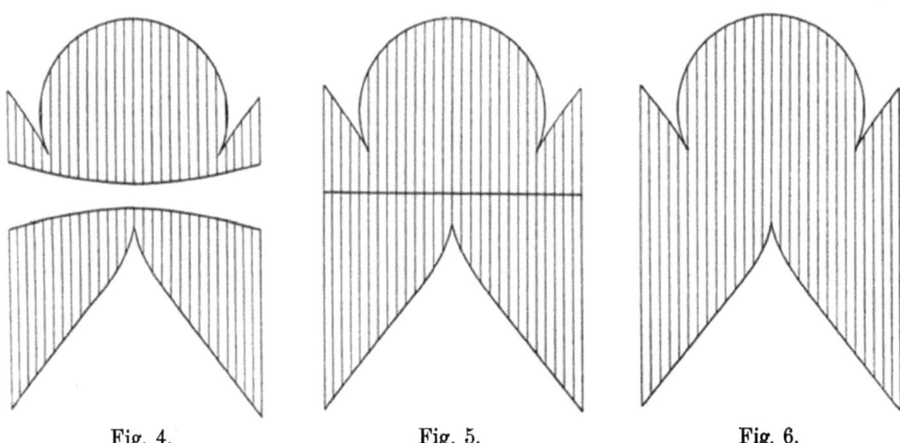

Fig. 4.   Fig. 5.   Fig. 6.

sammenhang, nach den Auseinandersetzungen [der Abhandlung XXXVI], um Zwei kleiner als der Zusammenhang der von uns konstruierten Fläche.

Doch nehmen wir die Doppeltangente nicht isoliert. Dann kann sich der Übergang in der folgenden Weise gestalten, die aus den Fig. 7 bis 9 wohl verständlich ist:

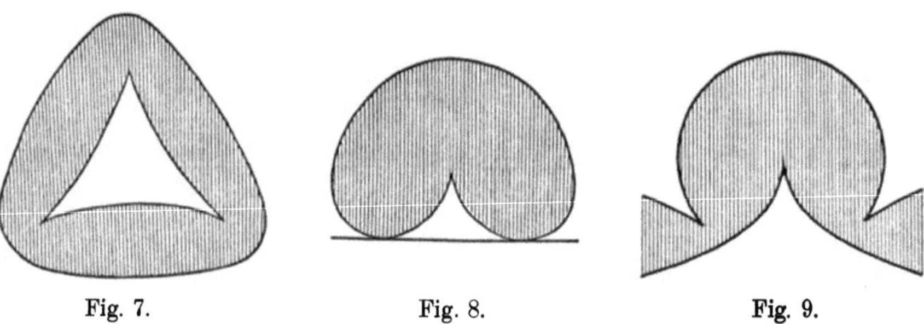

Fig. 7.   Fig. 8.   Fig. 9.

Dabei ist es nun völlig deutlich, daß die in Fig. 7 und 9 zweifach zusammenhängende Fläche im Falle der Fig. 8 nullfach zusammenhängend geworden ist.

Den Fall der Kurve dritter Klasse mit Wendetangente endlich mag man in der Art als Zwischenfall zwischen den zweierlei Kurven mit Doppeltangente betrachten, wie die Fig. 10 bis 12 veranschaulichen. [Offenbar bildet die Wendetangente, gleich dem reellen Zug der Kurve, eine Randkurve unserer Fläche (längs deren das obere und untere Blatt der Fläche zusammenhängen)]. Denn sie entsteht in Fig. 11 aus den beiden sich mit der isolierten Doppeltangente vereinigenden Stücken der Kurve von Fig. 10. Es würde in gewissem Sinne konsequenter sein, die Doppeltangente in Fig. 12 als isolierte Kurve unserer Fläche beizubehalten, statt sie durch ihre beiden Berührungspunkte zu ersetzen; man müßte dann

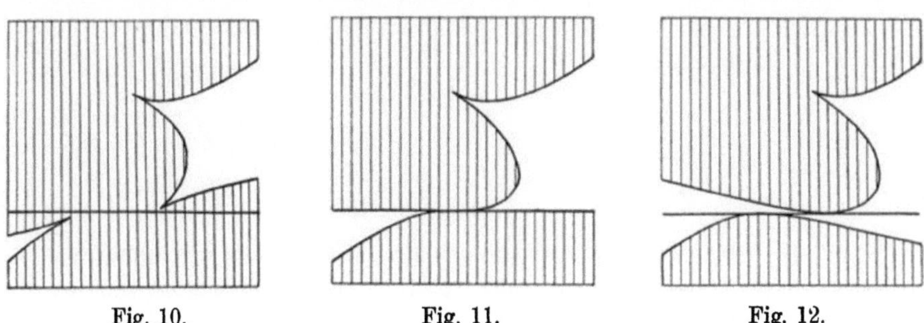

<table>
<tr><td>Fig. 10.</td><td>Fig. 11.</td><td>Fig. 12.</td></tr>
</table>

nur die Festsetzung hinzufügen, daß eine solche isolierte Kurve für den Zusammenhang der Riemannschen Fläche nicht in Betracht kommt, wodurch das Resultat dasselbe bleibt.

Von Kurven *vierter* Klasse will ich nur einige Beispiele in Fig. 13 bis 16 angeben, welche sich der Anschauung besonders leicht darbieten. Eine solche Kurve werde zunächst als in zwei Kegelschnitte zerfallen vorausgesetzt; man nehme für diese Kegelschnitte zwei Ellipsen mit vier gemeinsamen Punkten. Die auf sie bezügliche Fläche besteht dann aus zwei Ellipsoiden, welche sich zum Teil überlagern, aber keinen Punkt miteinander gemein haben, womit eben dem Umstande, daß man es mit einer reduzibeln Kurve vierter Klasse zu tun hat, Ausdruck gegeben wird und geradezu diese Reduzibilität bewiesen ist. Man konstruiere nun die vier gemeinsamen Tangenten der beiden Ellipsen und wende auf dieselben (auf eine oder mehrere) den soeben bei den Kurven dritter Klasse bereits gebrauchten Auflösungsprozeß an. Ich will hier nur diejenigen Zeichnungen hinsetzen, welche man er-

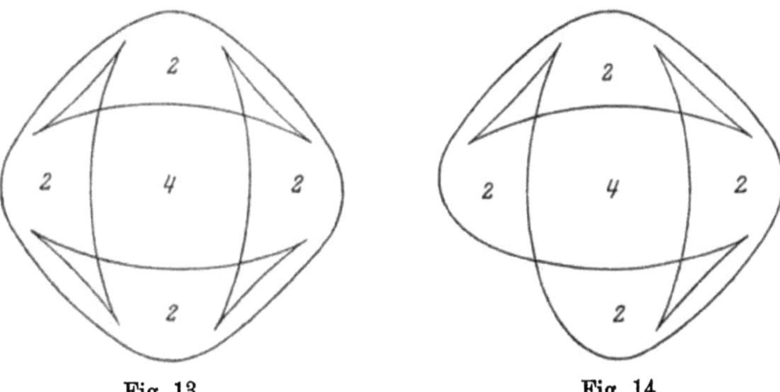

<table>
<tr><td>Fig. 13.</td><td>Fig. 14.</td></tr>
</table>

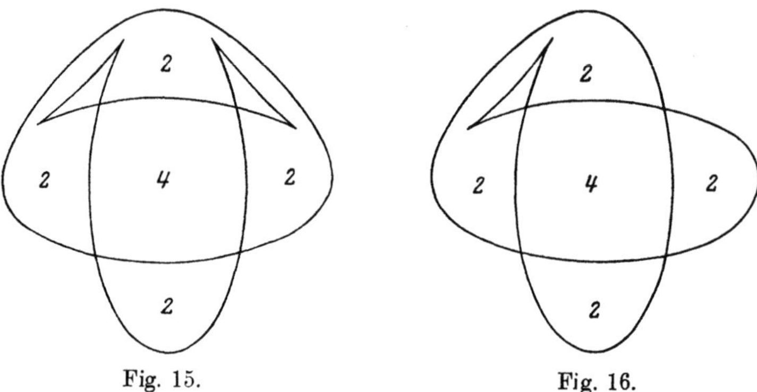

Fig. 15.   Fig. 16.

hält, wenn man die im Endlichen gelegenen Teile der bez. gemeinsamen
Tangenten in reelle Kurvenzweige spaltet. Die beigesetzten Zahlen beziehen sich auf die Zahl der Blätter, mit der die Fläche die verschiedenen
Teile der Ebene überdeckt; die nicht bezeichneten Teile der Ebene sind
nullfach überdeckt, insbesondere also die kleinen, mit zwei Spitzen versehenen Dreiecke im Innern der bez. Zeichnungen.

Die so hergestellten Flächen sind in der Tat bez. 0-, 2-, 4-, 6-fach zusammenhängend, wie sie es sein müssen, da sie sich auf Kurven vierter Klasse
mit 3, 2, 1, 0 Doppeltangenten beziehen, die also $p = 0, 1, 2, 3$ ergeben.

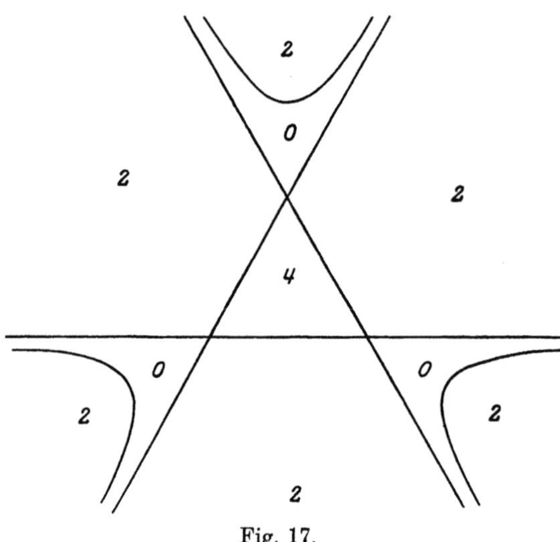

Fig. 17.

Die bisher betrachteten Flächen zeichnen sich durch ihre große Übersichtlichkeit, durch das Fehlen jeder Verzweigung aus. Eine solche wird
aber im allgemeinen vorhanden sein, und ich darf mit Bezug hierauf als
ein Beispiel die Fig. 17 anführen. Es sei eine Kurve dritter Ordnung

mit isoliertem Doppelpunkte gegeben; als Klassenkurve aufgefaßt ist sie
vom vierten Grade und dadurch singulär, daß sie drei reelle Wendetangenten besitzt. Eine solche Kurve werde in der Art gezeichnet, daß ihre
Wendetangenten zugleich ihre Asymptoten sind, wo dann der isolierte
Punkt in dem Innern des von den drei Asymptoten gebildeten Dreiecks
liegen wird.

Es sind der Figur bereits die Zahlen zugesetzt, welche angeben, wie
viele imaginäre Tangenten von den Punkten der verschiedenen Teile der
Ebene an die Kurve gehen. Das Innere des Asymptotendreiecks wird,
wie man sieht, viermal von der Fläche überdeckt, während es die angrenzenden Partien der Ebene nur zweimal oder nullmal sind. Dies wird
möglich, indem man der Fläche eine von dem isolierten Doppelpunkte
ausgehende Verzweigung erteilt, wie sie etwa, in symmetrischer Weise,
durch die beigesetzte Zeichnung veranschaulicht ist.

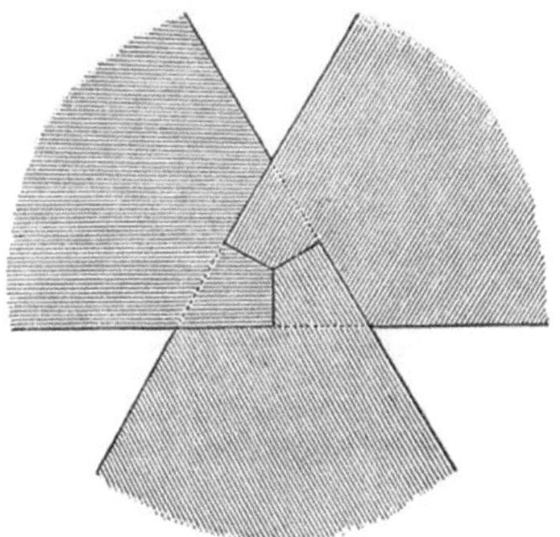

Fig. 18.

Erlangen, im Februar 1874.

[Ich möchte noch darauf aufmerksam machen, daß die in Fig. 9 dargestellte
Kurve von jeder reellen Geraden in reellen Punkten geschnitten wird, daß man
insbesondere die Gerade so wählen kann, daß sechs reelle Schnittpunkte entstehen.
Projiziert man eine Schnittgerade der letzteren Art ins Unendliche, so bekommt
man eine Figur der folgenden Art (bei welcher der Deutlichkeit halber die sechs
Asymptoten mit eingezeichnet sind). Ich erinnere mich deutlich, daß mir einst

Plücker diesen hübschen Kurventyp zeigte, den er mir damals als gänzlich unbekannt bezeichnete; eben darum habe ich ibn in Fig. 19 wiedergegeben. Hinsichtlich der
zugehörigen neuen Riemannschen Fläche ist nichts Besonderes zu vermerken; ihr
Verlauf ist unmittelbar ersichtlich.

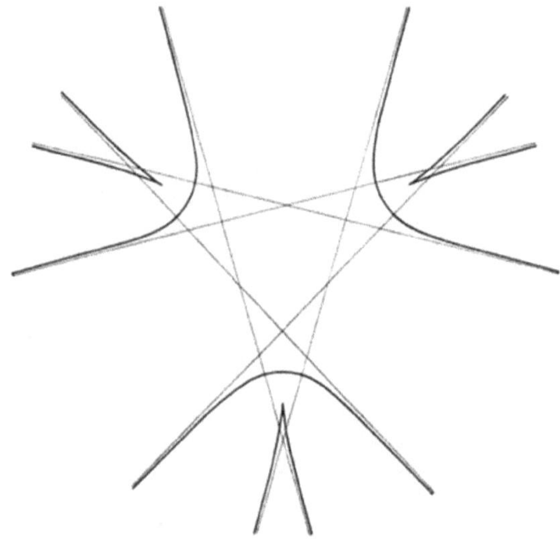

Fig. 19.

Im übrigen verweise ich gern darauf, daß Axel Harnack in seiner Erlanger
Dissertation (Math. Annalen, Bd. 9 (1875)) den Verlauf der Breitenkurven auf den
zu beliebigen Kurven dritter Klasse gehörigen Flächen analytisch studiert hat. Sie
erweisen sich als reelle Züge bestimmter zur Kurve dritter Klasse kovarianter algebraischer Kurven. Leider sind Harnacks bez. Rechnungen komplizierter, als nötig
ist, weil er sich nicht der (damals noch wenig verbreiteten) Weierstraßschen Theorie
der elliptischen Funktionen bediente, die von vornherein an das Studium der ebenen
Kurven dritten Grades angepaßt ist, sondern der traditionellen Jacobischen Theorie.
— Man vergleiche ferner, wie Harnack in Schlömilchs Zeitschrift, Bd. 22 (1877),
die Lage auch der imaginären Wendepunkte einer Kurve dritter Ordnung im Reellen
im Anschluß an meine in Bd. 1 dieser Ausgabe abgedruckte Abh. XXIII „Zur Interpretation der komplexen Elemente in der Geometrie" erläutert. K.]

XXXIX. Über den Verlauf der Abelschen Integrale bei den Kurven vierten Grades.

(Erster Aufsatz.)

[Math. Annalen, Bd. 10 (1876).]

Die nachfolgenden Untersuchungen beschäftigen sich mit der Aufgabe, bei den allgemeinen Kurven vierten Grades den Verlauf der Abelschen Integrale an den Kurven selbst zur unmittelbaren Anschauung zu bringen. Inzwischen dürfen sie nur als ein erster Versuch in dieser Richtung betrachtet werden; denn sie sind weder methodisch durchgebildet noch umfassend genug, um als abschließende Behandlung des Gegenstandes zu erscheinen. Immerhin hoffe ich, einen brauchbaren Anfang zu machen, ähnlich, wie ich dies früher [Math. Annalen, Bd. 7 (1874) — vgl. die vorstehende Abh. XXXVIII] hinsichtlich des elliptischen Integrals bei den Kurven dritten Grades versuchte — ein Versuch, auf welchem dann Axel Harnack weiter gearbeitet hat [Math. Annalen, Bd. 9 (1875), S. 1 ff. und S. 218 ff.]. Hier wie dort bildet das hauptsächliche Hilfsmittel *die neue Art Riemannscher Flächen*, welche ich damals einführte (obgleich man dieselben Dinge minder bequem auch bei der gewöhnlichen Riemannschen Fläche würde überlegen können). Ich verwende sodann, bei dieser ersten Darstellung, in ausgiebiger Weise das Prinzip, *komplizierte Verhältnisse aus einfachen durch Grenzübergang entstehen zu lassen und so der Diskussion zugänglich zu machen.* Indem ich von einem Ellipsenpaare als spezieller Kurve vierten Grades ausgehe, erhält der Stoff eine Gruppierung und Begrenzung, die man vielfach als zufällig erkennen wird; auch wird man finden, daß die Darstellung an manchen Orten nur skizzenhaft ist. Was mir wertvoll scheint, ist die *Tendenz* der Betrachtungen und die *Art* der Resultate; ich gebe der Hoffnung Raum, später dieselben Dinge systematischer und vollständiger, vielleicht unter Ausdehnung auf Kurven n-ten Grades, noch einmal vortragen zu können.

§ 1.

Graphische Repräsentation algebraischer Integrale.

Den Verlauf einer Funktion von $x + iy$

$$f(x + iy) = P + iQ$$

7*

kann man in der Art passend zur Anschauung bringen, daß man in der
$x + iy$-Ebene die Kurvensysteme

$$P = C, \quad Q = C'$$

zeichnet. Ist f insbesondere das Integral einer algebraischen Funktion,
und substituiert man für die $x + iy$-Ebene die zugehörige (gewöhnliche)
Riemannsche Fläche, so wird dieselbe, allgemein zu reden, von jedem
der beiden Kurvensysteme einfach überdeckt sein, und in jedem Punkte
wird sich die hindurchgehende Kurve P mit der hindurchgehenden Kurve Q
rechtwinklig kreuzen. Eine Ausnahme machen nur die Verschwindungspunkte des Differentials und die Unendlichkeitspunkte. Durch einen Verschwindungspunkt (den wir in der Folge immer als einfach voraussetzen
wollen) gehen zwei zueinander rechtwinklige Kurven P und ebenso zwei
zueinander rechtwinklige Kurven Q; wechselseitig schließen diese Kurven
Winkel von 45^0 ein. — Von Unendlichkeitspunkten mögen auch nur die
einfachsten in Betracht gezogen werden, in denen das Integral unendlich
wird wie $c \cdot \log z$ für $z = 0$. Noch fügen wir die Beschränkung hinzu, daß
c eine *reelle* Konstante sein soll. Dann wird der betr. Punkt von den
Kurven P in immer enger werdenden Kreisen umgeben, während in allen
Richtungen Kurven Q durch ihn hindurchgehen.

Neben diesen Sätzen, die als bekannt gelten können, und einigen
anderen, die sich weiterhin an den einzelnen Figuren von selbst ergeben,
werde ich noch den folgenden gebrauchen:

*Ist eine Kurve P oder Q geschlossen, so sind es die nächstfolgen-
den auch.*

Um ihn zu beweisen, scheint es am einfachsten, das Bild einer *strö-
menden Flüssigkeit* zu verwerten, und deshalb stelle ich ihn hier voran,
da diese andersartige Vorstellung später den allgemeinen Gedankengang
zu sehr unterbrechen würde. Es sei die Riemannsche Fläche mit einer
überall gleich hohen Schicht einer homogenen Flüssigkeit überdeckt und
diese bewege sich in der Art, daß P das Geschwindigkeitspotential ist.
Dann sind bekanntlich die Kurven $Q = C'$ die Strömungskurven und die
Strömung ist, geometrisch zu reden, *stationär*. In jedem Punkte wird
ebensoviel Flüssigkeit abgegeben als aufgenommen, nur die Unendlichkeitspunkte repräsentieren *Quellen* von einer gewissen, positiven oder negativen,
Ergiebigkeit. (Vertauscht man die Buchstaben P und Q, so repräsentieren
die Unendlichkeitspunkte, für die dann gedachte Flüssigkeitsbewegung,
nicht mehr Quellen, sondern *Wirbelpunkte*.) Auf Grund dieser Vorstellung
ergibt sich unser Satz sofort. Man betrachte die Flüssigkeit, welche in
dem Kanale strömt, der von zwei Kurven $Q = C'$ und $Q = C' + dC'$ eingeschlossen wird. Die Geschwindigkeit der Flüssigkeit und also die Breite

des Kanals ist eine eindeutige Funktion der Stelle in der Riemannschen Fläche; läuft also das eine Ufer des Kanals in sich zurück, so das andere auch, w. z. b. w. Bei diesem Beweise ist vorausgesetzt, daß der Kanal keinen Unendlichkeitspunkt und keinen Verschwindungspunkt des Differentials einschließt; in den Fällen wäre auch der Satz nicht ohne weiteres richtig.

Statt der gewöhnlichen Riemannschen Fläche wollen wir jetzt eine von der „neuen Art" voraussetzen. Für sie werden die über die Kurvensysteme P, Q aufgestellten Sätze im wesentlichen auch gelten, d. h. soweit sie bloße Lagenverhältnisse betreffen. Unsere Flächen sind an sich Aggregate ebener Blätter und müssen also an den Randkurven, in welchen zwei verschiedene Blätter zusammenhängen, mit unendlich großer Krümmung gedacht werden. Inzwischen ist es vorteilhaft, sich die betr. Flächen als stetig gekrümmte, im Raume gelegene Flächen vorzustellen, von welchen die betr. ebene Figur nur eine orthogonale Projektion gibt, bei der sich an den Randkurven Verkürzungen einstellen. Diese räumlichen Flächen werden von den Kurven P, Q in der Art je einfach überdeckt, daß sich die beiden Kurvenscharen überall, freilich nicht rechtwinklig, aber unter endlichem Winkel durchschneiden (vgl. die Bemerkungen von mir bei Harnack, a. a. O., S. 31 Fußnote). In den Verschwindungspunkten des Differentials werden sich zwei Kurven P und zwei Kurven Q kreuzen; die Kurven P werden die Kurven Q voneinander trennen. In den Unendlichkeitspunkten werden die Kurven Q nach wie vor von allen Seiten zusammenlaufen; und die Kurven P werden diese Punkte mit immer enger werdenden Ovalen umgeben. Daß auf geschlossene Kurven P, Q zunächst weitere geschlossene folgen, bleibt richtig, usf.[1]).

---

[1]) [Entsprechend kann man natürlich alle Entwicklungen der Funktionentheorie auf unsere neuen Flächen übertragen. Ich will zur Klarstellung des Sachverhaltes hier doch hinzufügen, was aus den *Cauchy-Riemannschen Differentialgleichungen* wird. Sei $f_n(u_1, u_2, u_3) = 0$ die Gleichung der vorgegebenen Kurve n-ter Klasse in Linienkoordinaten. Um die Differentialgleichungen der von einem Punkte x an die Kurve laufenden Tangenten zu haben, wird man hier die u durch die entsprechenden Unterdeterminanten der Matrix $\begin{vmatrix} x_1 & x_2 & x_3 \\ dx_1 & dx_2 & dx_3 \end{vmatrix}$ ersetzen. Man möge ferner, um überzählige Koordinaten zu vermeiden und übrigens den äußeren Anschluß an die in der Funktionentheorie übliche Bezeichnung zu haben, $x_3 = 1$, $dx_3 = 0$ nehmen und für x_1, x_2 bez. p, q schreiben. Wir erhalten so eine Gleichung $\bar{f}(p, q, dp, dq) = 0$, die in den dp, dq homogen vom n-ten Grade ist. Die linke Seite dieser Gleichung wird sich dann, nach dem Fundamentalsatz der Algebra, für jedes Wertsystem p, q in homogene, reelle Faktoren ersten und zweiten Grades in dp und dq zerlegen lassen. Zu jedem Paare zusammengeordneter Blätter unserer Riemannschen Fläche wird ein solcher quadratischer Faktor gehören, der $E\,dp^2 + 2\,F\,dp\,dq + G\,dq^2$ geschrieben werden mag (wobei die E, F, G nur bis auf einen beliebig anzunehmenden gemeinsamen Faktor bestimmt sein werden); entlang der beiden Blätter ist er im Reellen unzerlegbar, verliert aber seinen definiten Charakter, wenn wir an die Randkurve, welche die beiden Blätter verbinden mag, hinangehen oder gar sie überschreiten.

§ 2.

Das Logarithmus-Integral beim Kegelschnitt.

Es seien u_1, u_2, u_3 die homogenen Koordinaten der geraden Linie, $f(u) = 0$ sei die Gleichung eines als Klassenkurve aufgefaßten Kegelschnitts. Dann sind die einfachsten Integrale, welche längs desselben erstreckt werden können, in der Form enthalten:

$$\int \frac{\begin{vmatrix} c_1\,u_1\,d\,u_1 \\ c_2\,u_2\,d\,u_2 \\ c_3\,u_3\,d\,u_3 \end{vmatrix}}{(\alpha_1 u_1 + \alpha_2 u_2 + \alpha_3 u_3)\left(c_1 \dfrac{\partial f}{\partial u_1} + c_2 \dfrac{\partial f}{\partial u_2} + c_3 \dfrac{\partial f}{\partial u_3}\right)} = \int \frac{|\,c\,u\,d\,u\,|}{u_\alpha \cdot \Sigma\, c_i\, f_i}.$$

Wird der Punkt $u_\alpha = 0$ als nicht dem Kegelschnitte angehörig vorausgesetzt, so besitzt das Integral zwei einfache Unendlichkeitsstellen, entsprechend den beiden Tangenten, die man von dem Punkte an den Kegelschnitt legen kann; dagegen gibt es keine Verschwindungspunkte des Differentials.

Es soll nun $f = 0$ als Ellipse gezeichnet sein, $u_\alpha = 0$ sei ein reeller Punkt außerhalb derselben. Dann mag eine solche Koordinatenbestimmung U_1, U_2, U_3 eingeführt werden, daß

$\left.\begin{array}{l} U_1 = 0 \\ U_2 = 0 \end{array}\right\}$ die Berührungspunkte der beiden von $u_\alpha = 0$ ausgehenden Tangenten,

$U_3 = 0$ den Punkt $u_\alpha = 0$ selbst vorstellt.

So wird bei geeigneter Bestimmung der Faktoren der Kegelschnitt die Gleichung erhalten:

$$F = U_1 U_2 - U_3^2 = 0,$$

während das Integral die Form:

$$\int \frac{|\,C\,U\,d\,U\,|}{U_3 \cdot \Sigma\, C_i\, F_i}$$

angenommen hat. Setzt man $C_1 = 0$, $C_2 = 0$, so bekommt man:

$$\int \frac{U_1\,d\,U_2 - U_2\,d\,U_1}{-2\,U_3^2} = \int \frac{U_1\,d\,U_2 - U_2\,d\,U_1}{-2\,U_1\,U_2} = \tfrac{1}{2} \log \frac{U_1}{U_2} + K,$$

wo die Integrationskonstante K weiterhin gleich Null gesetzt werden soll.

Wie immer sich dies im einzelnen gestalten mag, als Funktion $u + iv$ auf unserer Fläche wird zu betrachten sein, was innerhalb der einzelnen Blätter den zugehörigen Differentialgleichungen genügt:

$$\frac{\partial u}{\partial p} = \frac{E \dfrac{\partial v}{\partial q} - F \dfrac{\partial v}{\partial p}}{\sqrt{E\,G - F^2}}, \qquad \frac{\partial u}{\partial q} = \frac{F \dfrac{\partial v}{\partial q} - G \dfrac{\partial v}{\partial p}}{\sqrt{E\,G - F^2}}.$$

Wegen der genaueren Ausführungen verweise ich hier kurzweg auf den Bd. 3 dieser Gesamtausgabe. K.]

Die Werte, welche das auf diese Weise gewonnene Integral

$$\tfrac{1}{2} \log \frac{U_1}{U_2} = P + iQ$$

bei seiner Ausbreitung über die zur Ellipse gehörige, das Innere derselben doppelt überdeckende Riemannsche Fläche annimmt, insbesondere die Kurvensysteme $P = C$, $Q = C'$, sollen jetzt untersucht werden.

Zu dem Zwecke setze ich die Koordinaten U_2, U_3 einer komplexen Tangente des Kegelschnittes gleich:

$$U_2 = 1,$$
$$U_3 = \varrho\,(\cos \varphi + i \sin \varphi);$$

dann wird, vermöge der Kegelschnittgleichung:

$$U_1 = \varrho^2\,(\cos 2\varphi + i \sin 2\varphi).$$

Der reelle Punkt, welcher dieser komplexen Tangente angehört und der sie, als Punkt der Riemannschen Fläche gedacht, repräsentiert, wird den beiden Gleichungen genügen:

$$\varrho^2 \cos 2\varphi \cdot x_1 + x_2 + \varrho \cdot \cos \varphi \cdot x_3 = 0,$$
$$\varrho^2 \sin 2\varphi \cdot x_1 + \ \cdot \ + \varrho \cdot \sin \varphi \cdot x_3 = 0.$$

Hieraus ergibt sich:

$$x_1 : x_2 : x_3 = 1 : \varrho^2 : -2\varrho \cos \varphi$$

und

$$\varrho = \frac{\sqrt{x_2}}{\sqrt{x_1}}, \qquad \cos \varphi = -\tfrac{1}{2} \cdot \frac{x_3}{\sqrt{x_1}\,\sqrt{x_2}}.$$

Andererseits aber ist unser Integral:

$$\tfrac{1}{2} \log\!\left(\frac{U_1}{U_2}\right) = P + iQ = \log \varrho + i\varphi,$$

so daß also:

$$P = \log \varrho, \qquad Q = \varphi.$$

Die Kurven $P = C$, $Q = C'$ genügen daher auch Gleichungen der Form $\varrho = C$, $\varphi = C'$ oder $\dfrac{x_1}{x_2} = C$, $\dfrac{x_3^2}{x_1 x_2} = C'$.

Die Kurven $P = C$ werden also vorgestellt durch Stücke von geraden Linien, die, verlängert gedacht, durch den Punkt U_3 hindurchgehen. Die Kurven $Q = C'$ bilden Bestandteile von Kegelschnitten, welche die gegebene Ellipse in den Punkten U_1, U_2 berühren.

Diese Verhältnisse sind auf der umstehenden Fig. 1 erläutert.

Man hat die geraden Linien $P = C$ aufzufassen als Kurven, die sowohl auf der Vorderseite als auf der Rückseite des elliptischen Doppelblattes verlaufen. Denkt man sich das letztere räumlich, als Ellipsoid, so umgeben diese Kurven die beiden Unendlichkeitsstellen $U_1 = 0$, $U_2 = 0$ mit immer enger werdenden Ovalen. Ich nenne diese Kurven, sowie auch später ähnlich gelegene Kurven bei komplizierteren Flächen, *Meridiankurven*. — Die Kurven $Q = C'$ liegen entweder ganz auf der Vorderseite oder ganz auf der Rückseite der Fläche und ziehen sich von einer Unendlichkeitsstelle zur anderen hin. Zu ihnen gehören namentlich auch die beiden Segmente, in welche die gegebene Ellipse durch die beiden Unendlichkeitspunkte zerlegt wird, sowie die geradlinige Strecke, welche diese Punkte verbindet. Längs des einen Segmentes finden sich die reellen Werte des Integrals, oder allgemein diejenigen, deren imaginärer Bestandteil ein ganzzahliges Multiplum von $\pm\, 2\,i\pi$ beträgt. Die Punkte des anderen Segmentes erhalten Argumente mit dem imaginären Bestandteile $i\pi$, resp. unter k eine ganze Zahl verstanden $i\pi(\pm\, 2\,k + 1)$. Endlich, längs der geradlinigen Strecke sind solche Werte verteilt, welche modulo $2\,i\pi$, den imaginären Bestandteil $\dfrac{i\pi}{2}$ oder $\dfrac{3\,i\pi}{2}$ aufweisen. Die ersteren mögen der betr. Strecke beigelegt werden, sofern sie auf der Vorderseite der Riemannschen Fläche gedacht wird, dann finden die anderen ihre Repräsentation an den entsprechenden Stellen der Rückseite. Durchläuft man eine Meridiankurve, am Segmente der reellen Argumente beginnend, über die Vorderseite der Fläche hin und dann über die Rückseite zum Ausgangspunkte zurück, so wächst nach dieser Festsetzung das Integral um $+\,2\,i\pi$. Die Periode tritt also positiv zu, wenn man den negativen Unendlichkeitspunkt in einem Sinne umkreist, der für einen außenstehenden Beobachter mit dem Sinne des Zeigers einer Uhr übereinstimmt. Diese, übrigens willkürlich aufgestellte, Regel soll weiterhin immer festgehalten werden. — Noch mag hervorgehoben werden, daß die Kurven $Q = C'$, abgesehen von der eben besprochenen geradlinigen Strecke, die gegebene Ellipse in den Unendlichkeitsstellen alle berühren. Dies hat in der Tat zur Folge, wie es nach § 1 sein soll, daß, bei der räumlich gedachten Fläche, die Kurven $Q = C'$ durch die Unendlichkeitspunkte von allen Seiten hindurchlaufen.

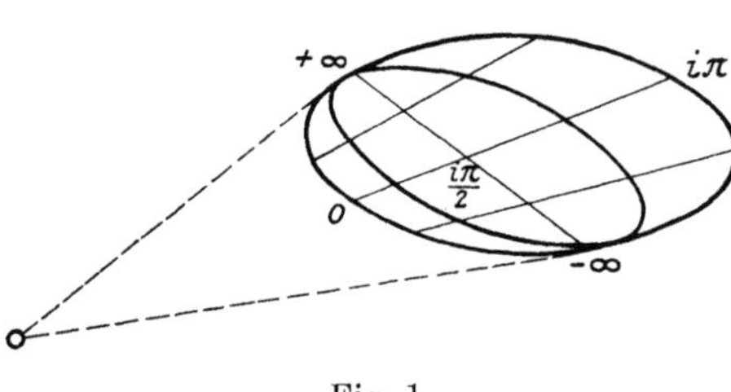

Fig. 1.

Die hiermit vorgetragenen, auf den einzelnen Kegelschnitt bezüglichen Entwicklungen, die wir als Einleitung zum folgenden hier vorangestellt haben, sind, von allgemeinerem Gesichtspunkte aus, bereits von Herrn Harnack [Math. Annalen, Bd. 9 (1875), S. 407] gegeben worden. Sie erscheinen bei ihm als ein besonderer Fall umfassenderer Sätze, die sich auf das überall endliche elliptische Integral bei Kurven dritten Grades beziehen. Die Art und Weise, vermöge deren er von der allgemeinen Kurve dritter Klasse hinabsteigt zu der besonderen Kurve, die aus einem Kegelschnitte und einem Punkte besteht, ist [die Umkehr] der weiterhin von uns eingehaltenen Methode, von einem Kegelschnittpaare zur allgemeinen Kurve vierter Klasse aufzusteigen. Es würde zu weit führen, diese Analogie weiterhin fortwährend hervortreten zu lassen; ich beschränke mich also auf das hier gegebene Zitat.

§ 3.

Integrale beim Kegelschnittpaare.

Es mögen jetzt zwei Ellipsen gegeben sein, die kongruent, konzentrisch und unter 90 Grad gegeneinander gekreuzt sind. Ihre Gleichungen seien, in rechtwinkligen Linienkoordinaten:

$$\psi = 0, \quad \chi = 0,$$

wo
$$\psi = a^2 u^2 + b^2 v^2 - w^2,$$
$$\chi = b^2 u^2 + a^2 v^2 - w^2.$$

So soll die Vereinigung beider:

$$\varphi = 0 \quad (\varphi = \psi \cdot \chi)$$

als Kurve vierter Klasse betrachtet werden, und bei ihr mögen wir einige derjenigen Integrale studieren, die bei der allgemeinen Kurve vierter Klasse (die keine Doppeltangente hat) als Integrale erster Gattung bezeichnet werden. Dieselben haben die Gestalt:

$$\int \frac{|\,c\,u\,d\,u\,|\cdot u_\alpha}{\Sigma\,c_i\,\varphi_i},$$

(statt u_1, u_2, u_3 ist natürlich bez. u, v, w zu schreiben). Sie enthalten drei wesentliche Konstante, die Koeffizienten α des Zählers; der Punkt $u_\alpha = 0$ soll der „*Nullpunkt* des Integrals" genannt werden.

Diese Integrale haben, ausgedehnt über die Riemannsche Fläche der Kurve $\varphi = \psi\chi = 0$ (die Fläche besteht aus den beiden elliptischen Doppelblättern ψ und χ), im allgemeinen *acht* (einfache) Unendlichkeitsstellen, die acht Berührungspunkte der vier, ψ und χ gemeinsamen Tangenten; ihr Differential ferner hat, im allgemeinen, *vier* einfache Verschwindungspunkte, diejenigen, welche die vier Tangenten repräsentieren, die man von dem „Nullpunkte" α an das Ellipsenpaar legen kann. Man kann diese Verschwindungspunkte dazu benutzen, um vier der Unendlichkeitsstellen zu zerstören; man hat zu dem Zwecke den „Nullpunkt" α nur in einen der sechs Kreuzungspunkte der vier gemeinsamen Tangenten von ψ und χ zu legen. Das Integral hat dann nur noch vier und also auf dem einzelnen elliptischen Doppelblatte nur noch zwei Unendlichkeitspunkte, reduziert sich also, nach bekannten Sätzen, für jede der beiden Ellipsen auf einen Logarithmus, der bereits betrachteten Art.

Von den genannten sechs Kreuzungspunkten der vier gemeinsamen Tangenten wollen wir die vier im Endlichen gelegenen als „Nullpunkte von Integralen" benutzen. Die Gleichungen dieser Punkte sind:

$$\pm \sqrt{a^2 + b^2} \cdot u + w = 0, \qquad \pm \sqrt{a^2 + b^2} \cdot v + w = 0.$$

Dementsprechend sei gesetzt:

$$\left.\begin{array}{c} J_1 \\ J_2 \end{array}\right\} = \int \frac{|\,c\,u\,d\,u\,|\cdot(\pm\sqrt{a^2 + b^2}\cdot u + w)}{\Sigma\,c_i\,\varphi_i},$$

$$\left.\begin{array}{c} J_3 \\ J_4 \end{array}\right\} = \int \frac{|\,c\,u\,d\,u\,|\cdot(\pm\sqrt{a^2 + b^2}\cdot v + w)}{\Sigma\,c_i\,\varphi_i}.$$

Zugleich werde folgende Bezeichnung eingeführt. Die beiden Ellipsen werden durch die Berührungspunkte der gemeinsamen Tangenten je in vier Seg-

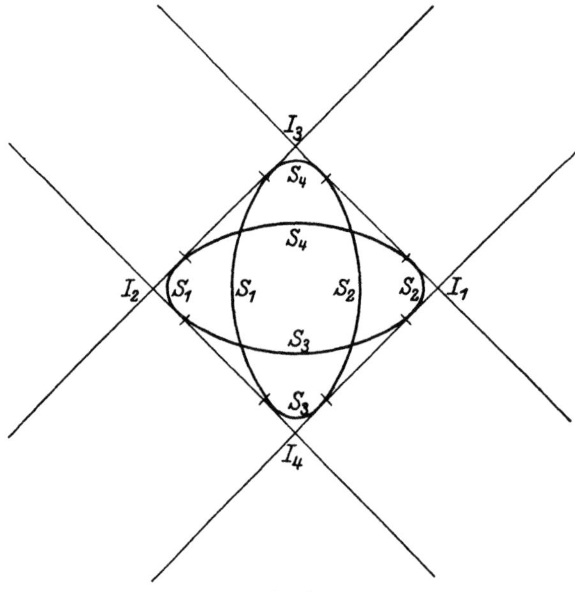

Fig. 2.

mente zerlegt. Wir bezeichnen dieselben als S_1, S_2, S_3, S_4 in der Art, daß das Segment S_k dem „Nullpunkte des Integrals J_k" abgewandt liegt (Fig. 2).

Die gemeinsamen Tangenten selbst sollen t_{13}, t_{14}, t_{23}, t_{24} genannt werden: t_{ik}, wenn sie in einem Punkte berühren, der das Segment S_i von dem Segmente S_k trennt.

Die schon genannte Reduktion der (an der einzelnen Ellipse hinerstreckten) Integrale J auf Logarithmen mag jetzt an dem Beispiele des Integrals J_1 und der Ellipse ψ durchgeführt werden.

Vermöge $\psi = 0$ ist $\varphi_i = \chi \cdot \psi_i$; andererseits:

$$\chi = b^2 u^2 + a^2 v^2 - w^2 = \frac{b^2 - a^2}{b^2} \cdot \{(a^2 + b^2) u^2 - w^2\}.$$

Daher nimmt das Integral J_1, indem sich die lineare Funktion des Zählers gegen den Nenner forthebt, folgende Gestalt an:

$$J_1 = \frac{-b^2}{a^2 - b^2} \int \frac{\begin{vmatrix} c & u & du \\ c' & v & dv \\ c'' & w & dw \end{vmatrix}}{\left(\sqrt{a^2 + b^2} \cdot u - w\right)\left(c\, \frac{\partial \psi}{\partial u} + c'\, \frac{\partial \psi}{\partial v} + c''\, \frac{\partial \psi}{\partial w}\right)}.$$

Um dasselbe weiter zu vereinfachen, führe man ein neues Koordinatensystem ein, dessen Ecken sind: die beiden Berührungspunkte der beiden nicht durch den „Nullpunkt von J_1" gehenden gemeinsamen Tangenten mit ψ und der Kreuzungspunkt dieser Tangenten, der „Nullpunkt von J_2". Dementsprechend setze man:

$$\begin{aligned} U &= a^2 u & &+ b^2 v - \sqrt{a^2 + b^2} \cdot w, \\ V &= a^2 u & &- b^2 v - \sqrt{a^2 + b^2} \cdot w, \\ W &= \sqrt{a^2 + b^2} \cdot u - & \cdot \; - & \quad w \end{aligned}$$

(Substitutionsdeterminante $= -2 b^4$). Durch dieselbe Substitution, vermöge deren hier U, V, W aus u, v, w entstehen, mögen aus den Konstanten c, c', c'' neue Konstanten C, C', C'' hervorgehen. So ist:

$$\begin{vmatrix} C & U & dU \\ C' & V & dV \\ C'' & W & dW \end{vmatrix} = -2 b^4 \begin{vmatrix} c & u & du \\ c' & v & dv \\ c'' & w & dw \end{vmatrix}.$$

Andererseits findet man:

$$UV - a^2 W^2 = \Psi = -b^2(a^2 u^2 + b^2 v^2 - w^2) = -b^2 \cdot \psi$$

und also:

$$C\, \frac{\partial \Psi}{\partial U} + C'\, \frac{\partial \Psi}{\partial V} + C''\, \frac{\partial \Psi}{\partial W} = -b^2\left(c\, \frac{\partial \psi}{\partial u} + c'\, \frac{\partial \psi}{\partial v} + c''\, \frac{\partial \psi}{\partial w}\right).$$

Daher wird:

$$J_1 = \frac{-1}{2(a^2 - b^2)} \int \frac{|\, C\, U\, dU\,|}{W \cdot \Sigma\, C_i\, \Psi_i},$$

oder, indem wir $C = 0$, $C' = 0$ setzen:

$$J_1 = \frac{1}{4\,(a^2-b^2)} \int \frac{U\,dV - V\,dU}{a^2\,W^2}$$

$$= \frac{1}{4\,(a^2-b^2)} \int \frac{U\,dV - V\,dU}{U\,V}$$

$$= \frac{-1}{4\,(a^2-b^2)} \cdot \log\left(\frac{U}{V}\right) + K,$$

welches die gewünschte Reduktion ist. Die Integrationskonstante K werden wir weiterhin, wie früher, gleich Null setzen.

Es wird für das Folgende vorteilhaft sein, Integrale zu haben, die mit dem im vorigen Paragraphen betrachteten auch im Zahlenfaktor übereinstimmen. Wir werden also als *Normalintegral* definieren:

$$I_1 = -2\,(a^2 - b^2)\,J_1 = -2\,(a^2 - b^2) \int \frac{c\,u\,du\,|\,(\sqrt{a^2 + b^2}\cdot u + w)}{\Sigma\,c_i\,\varphi_i}.$$

Längs der Ellipse ψ erstreckt, ist dasselbe, wie wir der größeren Anschaulichkeit wegen noch einmal hersetzen:

$$= + \tfrac{1}{2} \log\left\{\frac{a^2\,u + b^2\,v - \sqrt{a^2 + b^2}\cdot w}{a^2\,u - b^2\,v - \sqrt{a^2 + b^2}\cdot w}\right\}.$$

Längs der Ellipse $\chi = 0$ erstreckt, hat es den Wert, der sich durch Vertauschung der Buchstaben a, b und Zeichenwechsel ergibt:

$$= - \tfrac{1}{2} \log\left\{\frac{b^2\,u + a^2\,v - \sqrt{a^2 + b^2}\cdot w}{b^2\,u - a^2\,v - \sqrt{a^2 + b^2}\cdot w}\right\}.$$

Entsprechend definieren wir *drei weitere Normalintegrale*:

$$I_2 = -2\,(a^2 - b^2) \int \frac{|\,c\,u\,du\,|\,(-\sqrt{a^2 + b^2}\cdot u + w)}{\Sigma\,c_i\,\varphi_i},$$

$$\left.\begin{array}{c}I_3\\I_4\end{array}\right\} = -2\,(b^2 - a^2) \int \frac{|\,c\,u\,du\,|\,(\pm\sqrt{a^2 + b^2}\cdot v + w)}{\Sigma\,c_i\,\varphi_i}.$$

Dabei hat man:

$$dI_1 + dI_2 + dI_3 + dI_4 = 0,$$

und also, unter x eine beliebige obere Grenze verstanden:

$$I_1^x + I_2^x + I_3^x + I_4^x = Const.$$

[wo *Const.* von der Verabredung über die untere Grenze abhängt].

§ 4.

Verteilung der Parameterwerte.

Die Werte, welche das einzelne Integral I_k bei Hinerstreckung über die Riemannschen Flächen der Ellipsen ψ, χ annimmt, ergeben sich nunmehr einfach nach Anleitung des § 2. Die untere Grenze des Integrals ist dabei, dem Umstande entsprechend, daß die Integrationskonstante K unterdrückt wurde, sowohl auf ψ als auf χ in den Mittelpunkt desjenigen Segmentes S_k zu verlegen, welcher mit I_k den Index gemein hat. So ergibt sich z. B. beistehende Figur für I_1, in der nur angegeben ist, wie groß der imaginäre Bestandteil von I_1 (modulo $2\,i\pi$) für die verschiedenen Segmente S ist, und in welchen Punkten I_1 positiv, in welchen es negativ unendlich wird (Fig. 3).

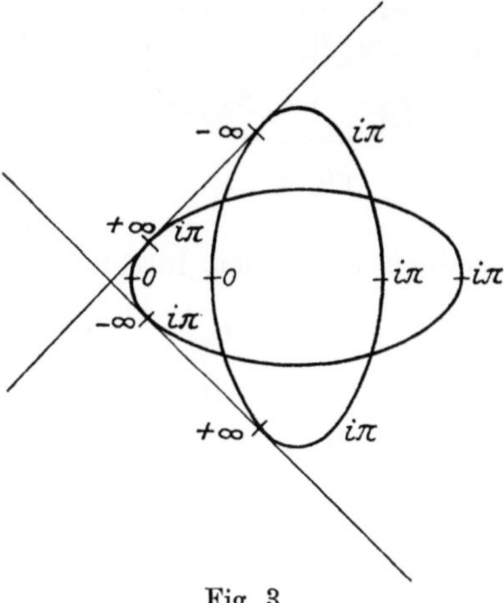

Fig. 3.

In der folgenden Tabelle ist das Verhalten der vier Integrale in dieser Beziehung zusammengestellt. Die mit S_k überschriebenen Kolonnen geben den imaginären Bestandteil der betr. Integralwerte, modulo $2\,i\pi$. In den Kolonnen t_{ik} finden sich diejenigen Vorzeichen angegeben, welche die Integrale, für welche die Berührungspunkte von t_{ik} Unendlichkeitspunkte sind, in diesen Unendlichkeitspunkten annehmen. Das obere Vorzeichen bezieht sich auf den Berührungspunkt mit ψ, das untere, notwendig entgegengesetzte, auf den Berührungspunkt mit χ.

	S_1	S_2	S_3	S_4	t_{13}	t_{14}	t_{23}	t_{24}
I_1	0	$i\pi$	$i\pi$	$i\pi$	$\pm$	$\mp$	$\cdot$	$\cdot$
I_2	$i\pi$	0	$i\pi$	$i\pi$	$\cdot$	$\cdot$	$\mp$	$\pm$
I_3	$i\pi$	$i\pi$	0	$i\pi$	$\mp$	$\cdot$	$\pm$	$\cdot$
I_4	$i\pi$	$i\pi$	$i\pi$	0	$\cdot$	$\pm$	$\cdot$	$\mp$

(Man findet für die oben unbestimmt gelassene Konstante:

$$I_1^x + I_2^x + I_3^x + I_4^x = i\pi \;(\mathrm{mod}\; 2\,i\pi).)$$

Betrachten wir jetzt die verschiedenen *Meridiankurven*, welche man auf dem elliptischen Doppelblatte ψ oder auch auf χ ziehen kann. Dieselben ordnen sich, sofern man die vier Berührungspunkte der Tangenten t_{ik} als unüberschreitbar betrachtet, in sechs Klassen ein, je nach den beiden Segmenten der umgrenzenden Ellipse, welchen sie begegnen. Heißen die letzteren S_i und S_k, so soll die Meridiankurve b_{ik} genannt werden. Diesen b_{ik} legen wir, vermöge einer willkürlichen Festsetzung, je einen positiven Sinn bei, wie dies in der folgenden Fig. 4 (in der die Pfeile sich auf die Vorderseite beziehen sollen) für die Ellipse ψ geschehen ist.

Die betr. Festsetzung für das Doppelblatt χ werde ähnlich, aber [hinsichtlich der Richtung] gerade umgekehrt getroffen.

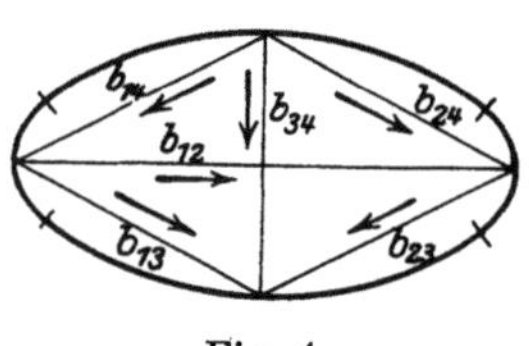

Fig. 4.

Führt man dann an den verschiedenen b_{ik} die Integrale I in positiver Richtung entlang, so ergeben sich Periodizitätsmoduln 0 oder $\pm 2\,i\pi$, wie sie in der folgenden Tabelle vereinigt sind. Diese Tabelle gilt gleichmäßig für ψ und χ, insofern zusammengehörige Unendlichkeitspunkte bei ψ und χ entgegengesetzte Vorzeichen der bez. unendlich werdenden Integrale aufweisen:

	b_{23}	b_{13}	b_{12}	b_{14}	b_{24}	b_{34}
I_1	0	$-2\,i\pi$	$-2\,i\pi$	$+2\,i\pi$	0	0
I_2	$-2\,i\pi$	0	$+2\,i\pi$	0	$+2\,i\pi$	0
I_3	$+2\,i\pi$	$+2\,i\pi$	0	0	0	$+2\,i\pi$
I_4	0	0	0	$-2\,i\pi$	$-2\,i\pi$	$-2\,i\pi$

Diese Tabelle bestätigt die folgenden, auch unmittelbar aus der Figur ersichtlichen Relationen zwischen den b_{ik}:

$$b_{12} = b_{13} - b_{23} = -b_{14} + b_{24},$$
$$b_{34} = b_{13} + b_{14} = b_{23} + b_{24}.$$

§ 5.

Ableitung von Kurven vierter Ordnung aus dem Ellipsenpaare. Einteilung der Kurven vierter Ordnung.

Bei den nun folgenden Erörterungen mag zunächst von *Ordnungs*-Kurven die Rede sein; man faßt die bei ihnen auftretenden Vorkommnisse leichter auf und kann sie prägnanter bezeichnen. Dem Studium der Integrale legen wir indeß immer die Klassenkurven zugrunde; wir haben daher später die jetzt abzuleitenden Resultate von den Ordnungskurven auf sie zu übertragen.

Es sei also jetzt ein Ellipsenpaar in Punktkoordinaten gegeben:

$$\psi' = 0, \qquad \chi' = 0,$$

wo

$$\psi' = a^2 x^2 + b^2 y^2 - 1,$$
$$\chi' = b^2 x^2 + a^2 y^2 - 1.$$

So wird man aus ihm durch den bekannten Prozeß der Auflösung der Doppelpunkte im ganzen *sechs* verschiedene Kurven vierter Ordnung der Art nach erzeugen. Fünf derselben, deren Betrachtung weiterhin ausreicht, sind in den folgenden Fig. 5 bis 9 schematisch dargestellt. Ich bezeichne Fig. 5, 7, 9, 8 bez. als *vier-, drei-, zwei-, einteilige* Kurve, Fig. 6 als *Gürtel- kurve* (vgl. Z e u t h e n : Sur les formes différentes des courbes du quatrième ordre, Math. Annalen, Bd. 7 (1874)). Daß diese Kurventypen existieren und in der Tat aus dem Ellipsenpaare abgeleitet werden können, geht aus den sonst bekannten Untersuchungen hervor. Indes will ich hier ausdrücklich bezügliche Gleichungen zusammenstellen, damit zu einer am Beispiele zu leistenden, rechnerischen Durchführung der weiterhin anzustellenden Be- trachtungen alle Elemente gegeben seien.

Es sei ε eine sehr kleine Konstante. Dann wird die Gleichung

$$\varphi' = \psi' \chi' - \varepsilon = 0,$$

da die betr. Kurve mit dem Ellipsenpaare keinen reellen Punkt gemein haben kann, je nachdem ε negativ oder positiv ist, eine vierteilige Kurve oder eine Gürtelkurve darstellen (Fig. 5 und 6).

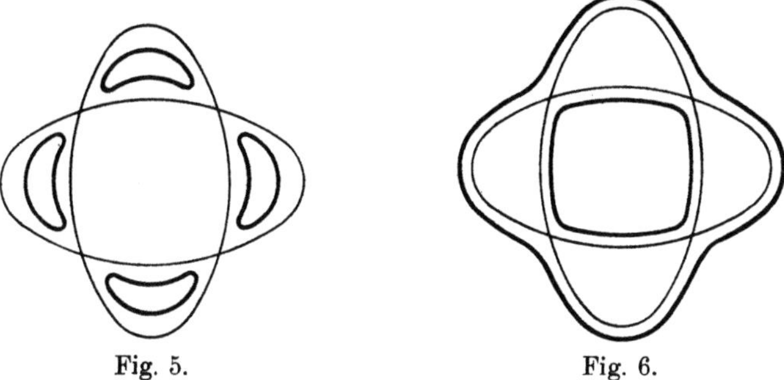

Fig. 5.   Fig. 6.

Um ferner eine dreiteilige Kurve oder eine einteilige zu gewinnen, schlage man um den auszuzeichnenden Durchschnittspunkt von ψ', χ'

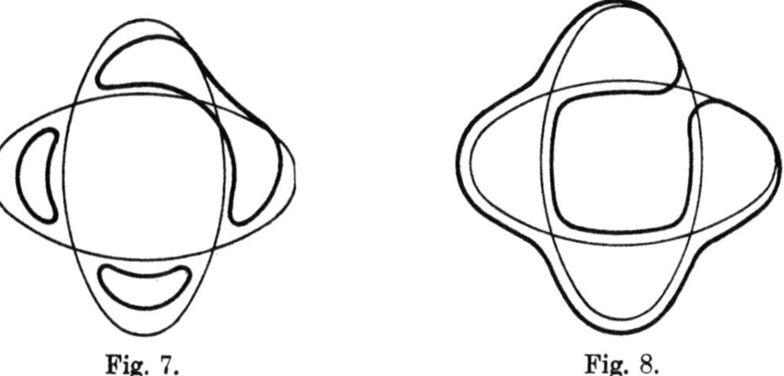

Fig. 7.   Fig. 8.

einen kleinen Kreis, der, unter ϱ eine kleine Größe verstanden, die Glei- chung haben wird:

$$\lambda' = \left(x - \frac{1}{\sqrt{a^2 + b^2}}\right)^2 + \left(y - \frac{1}{\sqrt{a^2 + b^2}}\right)^2 - \varrho^2 = 0$$

und betrachte die Kurven:

$$\varphi' = \psi' \chi' - \varepsilon \lambda' = 0.$$

Für negatives ε kommt die dreiteilige, für positives die einteilige Kurve (Fig. 7 und 8).

Eine zweiteilige Kurve endlich ist, unabhängig von dem Vorzeichen, welches man ε erteilen mag, durch

$$\varphi' = \psi' \chi' - \varepsilon y = 0$$

vorgestellt (Fig. 9).

Die so erzeugten Kurven vierter Ordnung repräsentieren fünf von den sechs Arten, in welche man die Kurven vierter Ordnung ohne Doppel-

Fig. 9.

punkt nach der Zahl und Lage der bei ihnen vorhandenen Züge einteilen kann. Die sechste Art, die wir hier nicht erhielten und die deshalb auch weiterhin ausgeschlossen bleiben mag, ist *die imaginäre Kurve*, d. h. diejenige, die keine reellen Züge enthält. (Auch ihre Gleichung denke ich mir weiterhin, wenn gelegentlich von derselben die Rede ist [wie der Deutlichkeit wegen ausdrücklich bemerkt sei], mit *reellen* Koeffizienten.)

Eine wesentliche Eigenschaft dieser Einteilung der Kurven vierter Ordnung in sechs Arten ist in dem folgenden Satze ausgesprochen, der weiterhin eine fundamentale Bedeutung für die Tragweite unserer Untersuchungen gewinnt:

Von jeder allgemeinen[2]) *Kurve vierter Ordnung kann man zu jeder anderen, die derselben Art angehört, durch allmähliche reelle Änderung der Konstanten übergehen, ohne daß bei dem Übergangsprozesse Kurven mit Doppelpunkt oder gar allgemeine Kurven, die einer anderen Art angehören, überschritten zu werden brauchten.*

Ein direkter Beweis dieses Satzes hat keine Schwierigkeit, aber er ist weitläufig. Es soll hier von einem solchen Beweise um so mehr Abstand genommen werden, als die bei ihm nötig werdenden Betrachtungen mit denjenigen, die im gegenwärtigen Aufsatze zu entwickeln sind, wenig Beziehungspunkte haben. Dagegen sei angedeutet, daß man ihn vermöge kurzer Zwischenbetrachtungen führen kann, wenn man auf frühere Untersuchungen von Zeuthen und mir zurückgreift. Ich habe [in Abh. XXXV, S. 24, 25] gezeigt, daß ein ähnlicher Satz gilt für die fünf Arten, welche man nach Schläfli bei den allgemeinen Flächen dritter Ordnung zu unter-

---

[2]) Als „allgemein" sind hier die Ordnungskurven ohne Doppelpunkt, später die Klassenkurven ohne Doppeltangente der Kürze wegen bezeichnet.

scheiden hat. Es hat dann Zeuthen bewiesen (Math. Annalen, Bd. 7 (1874), S. 428), daß die Arten der Kurven vierter Ordnung den fünf Flächenarten in sehr einfacher Weise entsprechen. Projiziert man die F_3 von einem ihrer Punkte aus stereographisch auf eine Ebene, so tritt als scheinbare Umhüllung bei den Arten I, II, III, IV von Schläfli eine vierteilige, drei-, zwei-, einteilige Kurve vierter Ordnung auf. Die Art V ergibt, bei analoger Konstruktion, je nachdem man den Projektionspunkt auf ihrem unpaaren oder paaren Teile annimmt, die Gürtelkurve und die imaginäre Kurve. Umgekehrt kann auch jede Kurve vierter Ordnung aus der entsprechenden Flächenart in der angegebenen Weise gewonnen werden. Hierin liegt der von uns gewünschte Beweis. Um ihn völlig zu führen, hat man nur noch die Modifikationen zu untersuchen, welche die scheinbare Umhüllungskurve erfährt, wenn der Projektionspunkt auf der fest gedachten Fläche beliebig verschoben wird. Aber auch dieses hat Zeuthen ausgeführt [Etudes des propriétés de situation des surfaces cubiques; Math. Annalen, Bd. 8 (1874/75)].

Als irrelevant wird bei der hier festgehaltenen Einteilung der C_4 eine Änderung der Kurve betrachtet, die Zeuthen in seiner Diskussion der gestaltlichen Verhältnisse der Kurven vierter Ordnung (a. a. O.) ausführlich untersuchte und deren Analogon bei Kurven n-ter Ordnung ich zum Gegenstande einer neuerlichen Mitteilung machte [vgl. Abh. XXXVII, S. 78 ff.]. Es kann eintreten, daß zwei Wendungen der Kurve, die reell waren, zusammenrücken und imaginär werden, oder umgekehrt, daß zwei neue reelle Wendungen entstehen, indem zwei imaginäre sich vorab in einen reellen Punkt vereinigen. Gleichzeitig wechselt dann eine der vier reellen Doppeltangenten erster Art, welche die Kurve besitzt, ihre Bedeutung für die Kurve. Hatte die Doppeltangente reelle Berührungspunkte, so wird sie isoliert; war sie isoliert, so erhält sie reelle Berührungspunkte.

Indem wir jetzt die nunmehr für Ordnungskurven gewonnenen Resultate auf Klassenkurven übertragen, beginnen wir mit einer Erläuterung des letzterwähnten Vorkommnisses und seiner Bedeutung für die betr. Riemannsche Fläche.

§ 6.

Übertragung auf Klassenkurven.

Der Änderungsprozeß der Klassenkurve, welcher hier zunächst in Betracht kommt, ist bekanntlich der folgende: Eine Kurve, welche zwei reelle Spitzen und in deren Nähe einen Selbstüberkreuzungspunkt besitzt, verliert die Spitzen dadurch, daß sie zusammenrücken und imaginär wer-

den; der Selbstüberkreuzungspunkt geht dabei in einen isolierten Doppelpunkt über:

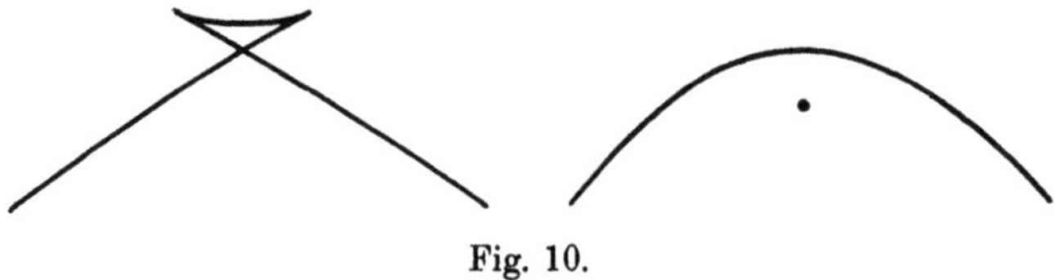

Fig. 10.

Man denke sich jetzt die zugehörige Riemannsche Fläche konstruiert,
unter der Voraussetzung, daß man es mit einer Kurve vierter Klasse zu
tun hat. So werden, im ersten Falle, die verschiedenen angrenzenden
Teile der Ebene mit einer Anzahl von Blättern überdeckt sein, die in der
Fig. 11 angegeben ist. Denn die Zahl der Blätter wächst jedesmal um

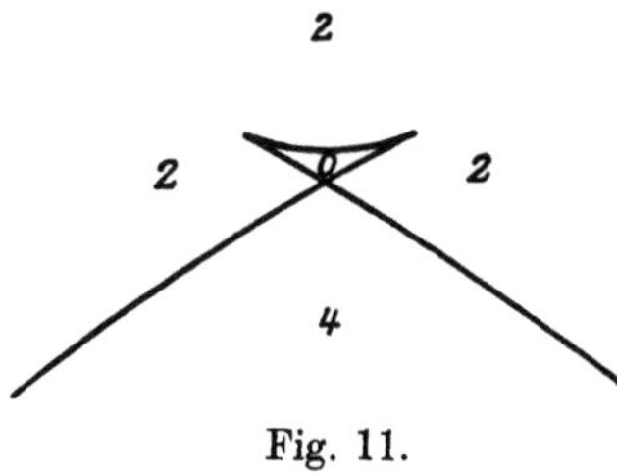

Fig. 11.

zwei Einheiten, sobald man von der kon-
vexen Seite eines Kurvenzuges auf die kon-
kave hinübertritt; sie kann ferner nie negativ
und in unserem Falle nie größer als 4 werden.

Diese Anzahlen können sich nun bei dem
in Rede stehenden Übergange für Stellen,
die nicht in unmittelbarer Nähe der modifizierten Singularität liegen, nicht ändern. Es
muß auch jeder Weg auf der Riemann-
schen Fläche, der nicht an die singuläre Stelle hinantritt, nach der Umänderung seinen Charakter behalten haben. Dies wird dadurch möglich,
*daß der betr. Doppelpunkt in dem Augenblicke, in welchem er isoliert
wird, zu einem Doppelverzweigungspunkte der Riemannschen Fläche
sich umgestaltet.*
Unter einem Doppelverzweigungspunkte verstehe ich dabei einen
solchen Punkt der Ebene, in welchem sich gleichzeitig zwei Paare von
Blättern der Riemannschen Fläche verzweigen. Andere Verzweigungspunkte können bei einer Kurve, deren Gleichung nur reelle Koeffizienten
besitzt, nicht auftreten. Denn die Blätter der betr. Riemannschen
Fläche gehören paarweise zusammen (immer diejenigen beiden, welche
konjugiert imaginäre Tangenten repräsentieren), und ein Vorkommnis,
welches sich in dem einen Blatte einstellt, muß auch in dem zugehörigen
Blatte entsprechend stattfinden [wegen aller dieser Verhältnisse vgl. die
nachfolgende Abhandlung XL: *Über eine neue Art der Riemannschen
Flächen*, II.]. Zu einer solchen Verzweigung in einem isolierten Doppelpunkte
ist aber deshalb die Möglichkeit gegeben, weil die vier imaginären Tangenten,
die man von unmittelbar benachbarten Punkten der Ebene an die Kurve
legen kann, für ihn paarweise zusammenfallen und also in ihm zweimal

zwei Blätter der Riemannschen Fläche einen Punkt gemein haben. Daß aber in ihm eine Verzweigung entstehen *muß*, erweisen die folgenden Zeichnungen (Fig. 12 und 13).

In der ersten der beiden Figuren ist die Fläche angedeutet, welche zu der Kurve mit reellen Spitzen gehört; ihren Blättern ist, aus Symmetriegründen, eine solche Anordnung gegeben, daß sie sich in einer vom Selbstüberkreuzungspunkte ausgehenden Kurve durchdringen, [die wir in den Fig. 12 und 13 als vertikal nach unten verlaufende Gerade gewählt haben]. Außerdem ist auf der Fläche eine Kurve gezogen, welche die singulären Punkte mit weiter Schleife umgibt. Würde nun der isolierte Doppelpunkt zu keiner Verzweigung Anlaß geben und also bei der modifizierten Fläche keine Durchdringung der Blätter stattfinden, so würde eben dieser Weg seinen Charakter ändern, was nach dem obigen unmöglich ist. Man hat sich also

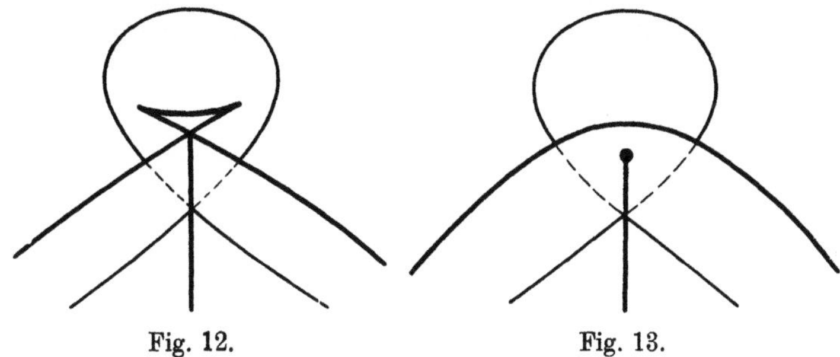

Fig. 12.Fig. 13.

die Vorstellung zu bilden, welche durch die zweite der vorstehenden Figuren zur Anschauung gebracht werden soll. Von dem isolierten Doppelpunkte gehen zwei gleichlaufende Verzweigungsschnitte aus, von denen der eine die beiden oberen, der andere (in der Figur nicht sichtbare) die beiden unteren Blätter verbindet. Zugleich ist deutlich, wie die zweite Figur aus der ersten durch kontinuierliche Änderung entsteht.

Die hiermit erläuterte Umgestaltung der Riemannschen Fläche (die natürlich in dem hier geschilderten Sinne sowohl als im umgekehrten vor sich gehen kann) ist nun, wie leicht zu zeigen, die einzige, die überhaupt auftritt, wenn man die Konstanten der allgemeinen Kurve vierter Klasse übrigens beliebig, doch nur soweit, ändert, daß keine Kurve mit Doppeltangente erreicht wird.

Anders ausgedrückt: *Betrachtet man die betr. Umgestaltung der Riemannschen Fläche als irrelevant, so haben alle allgemeinen Kurven vierter Klasse, die zu derselben Art gehören, identische Riemannsche Flächen.*

Dieser Satz gestattet, dieselben Schnitte, welche wir weiterhin an den Riemannschen Flächen besonders ausgewählter Klassenkurven ausführen werden, an den Riemannschen Flächen aller Klassenkurven derselben

8*

Art anzubringen und dadurch die Schlüsse, welche wir für die speziellen
Kurven ableiten, auf alle Kurven derselben Art zu übertragen. So sind
denn auch die Sätze der §§ 14, 15, obgleich zunächst nur für die besonderen Kurven bewiesen, sofort für *alle* vierteiligen, dreiteiligen usw. Kurven
ausgesprochen. Aber es mag genügen, diese Tragweite der genannten
Sätze hier behauptet und das Prinzip des Beweises genannt zu haben;
die unmittelbare Anschaulichkeit der weiteren Betrachtungen, die ich gern
festhalten möchte, schien mir eine Beschränkung auf konkrete Kurvenformen durchaus zu verlangen.

<h2 style="text-align:center">§ 7.</h2>

Klassenkurven, die sich an das Ellipsenpaar anschließen.

Diese besonderen Kurven, auf welche sich weiterhin die Untersuchung
beschränken soll, sind diejenigen, welche sich unmittelbar aus dem Ellipsenpaare ψ, χ ableiten lassen, und den Kurven vierter Ordnung, welche wir
in § 5 gewonnen haben, dualistisch entgegenstehen. [Sie sind durch die
Fig. 14 bis 18 dargestellt[3]).] Die zugehörigen Gleichungen erhält man unmittelbar aus der in § 5 angegebenen, indem man x und y durch $\dfrac{u}{w}$ und $\dfrac{v}{w}$,
ψ' und χ' durch die früheren ψ und χ ersetzt.

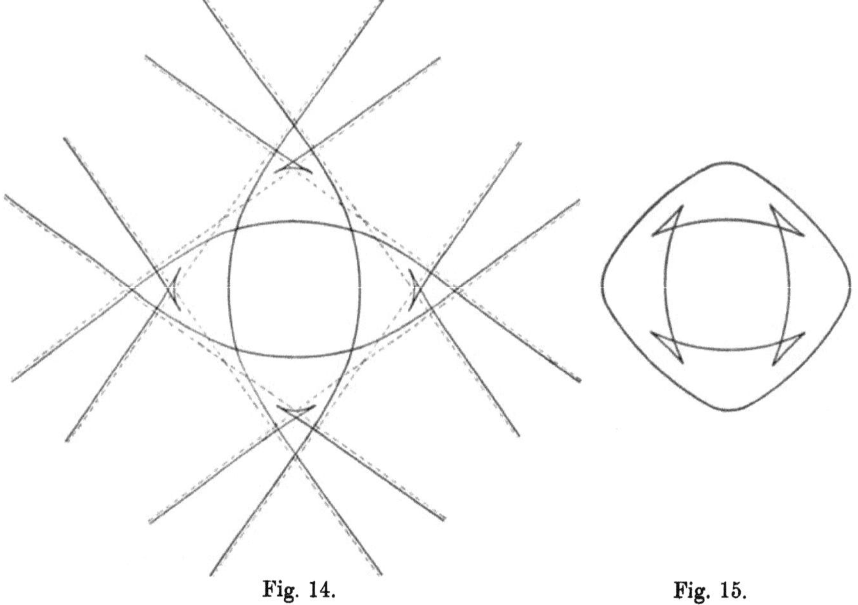

Fig. 14.   Fig. 15.

---

[3]) [Bei den Fig. 14, 16, 17, 18 sind außerdem die Asymptoten gezeichnet, um
den Zusammenhang im Unendlichen klarzustellen.]

Was die Gestalt dieser Kurven angeht, so kann man sie etwa in folgender Weise festhalten. Bei jeder Kurve finden sich Stücke, die aus den Segmenten S_1, S_2, S_3, S_4 der Ellipse ψ, und solche, die aus den

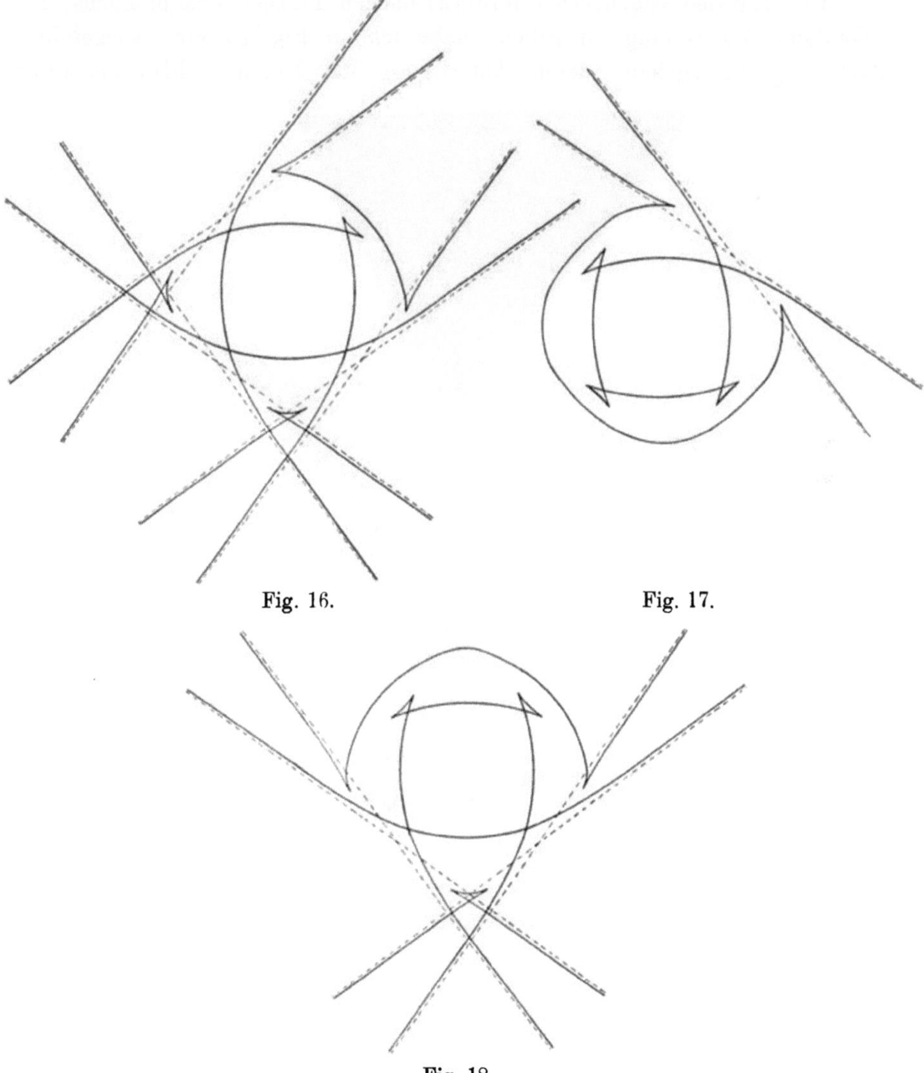

Fig. 16.   Fig. 17.

Fig. 18.

Segmenten der Ellipse χ entstanden sind. Diese sind untereinander verbunden durch Kurvenzüge, welche bez. aus den gemeinsamen Tangenten der beiden Ellipsen t_{13}, t_{14}, t_{23}, t_{24} hervorgehen, indem man, bei der einzelnen Tangente, entweder das durch das Unendliche hindurch sich erstreckende Segment in zwei Züge spaltet oder das im Endlichen befindliche (während man das andere Segment verschwinden läßt). Die Benennungen S_k, t_{ik} sollen dementsprechend weiterhin zur Bezeichnung der verschiedenen Stücke, die man bei der einzelnen Klassenkurve unterscheiden kann, gebraucht werden.

Um von den zugehörigen Riemannschen Flächen eine möglichst anschauliche Vorstellung zu geben, habe ich in Fig. 19 eine ausgeführte Zeichnung beigegeben (deren Anfertigung ich Herrn Schleiermacher

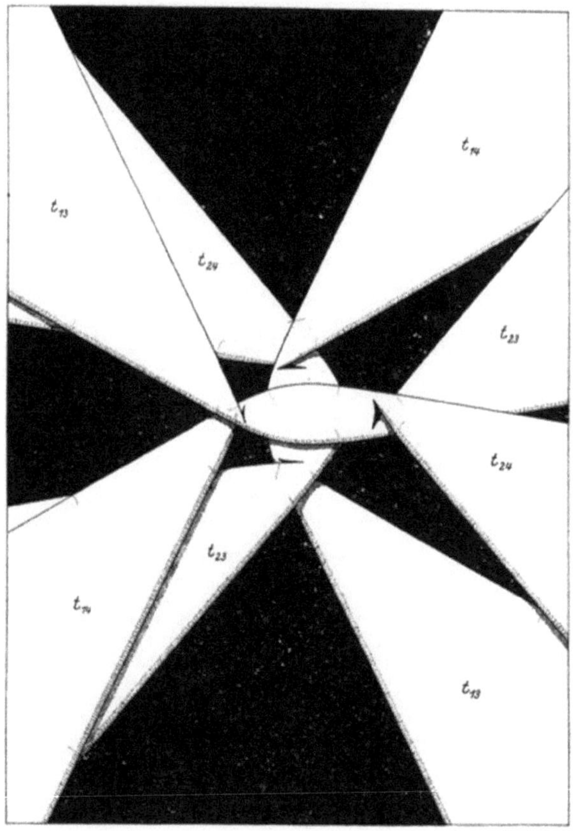

Fig. 19.

verdanke). Dieselbe stellt eine vierteilige Kurve vor, welche so gewählt ist, daß ihre 28 Doppelpunkte alle ins Endliche fallen. Die Figur ist folgendermaßen entworfen worden. Wir haben zuerst, unter Benutzung gew. rechtwinkliger Koordinaten, eine Zeichnung der Kurve

$$(9\,u^2 + 4\,v^2 - w^2)\,(4\,u^2 + 9\,v^2 - w^2) + \tfrac{1}{16}\,w^4 = 0$$

ausgeführt, indem die Koordinaten der hauptsächlichen Punkte berechnet wurden. Sodann ergab sich die Zeichnung der Fig. 19 durch geeignete Zentralprojektion.

Auf jeder einzelnen der Riemannschen Flächen, welche zu den Kurven der Fig. 14 bis 18 gehören, wird man jetzt Meridiankurven konstruieren können, die den b_{ik} entsprechen, welche sich auf dem Doppelblatte ψ befanden, oder auch den b_{ik}, die sich auf χ bezogen. Die b_{ik} von ψ übertragen sich z. B. folgendermaßen auf die Riemannsche Fläche der Gürtelkurve (Fig. 20).

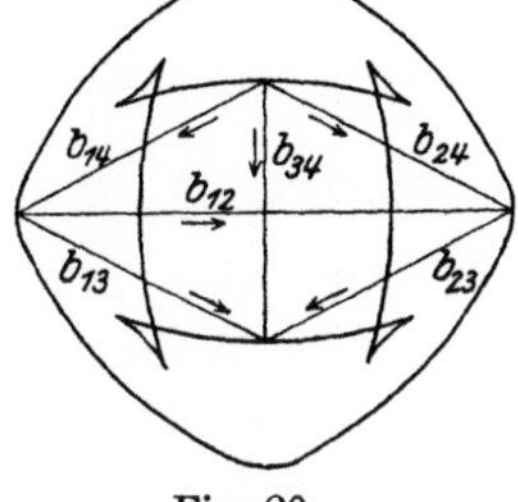

Fig. 20.

Die linearen Relationen zwischen den b_{ik}, wie sie oben angegeben wurden, bleiben dabei erhalten.

Nun behaupte ich:

Die Meridiankurven b_{ik}, welche von der Ellipse ψ herstammen, sind mit den bez. gleichbenannten Meridiankurven b_{ik}, die von der Ellipse χ herübergenommen werden können, auf der neuen Riemannschen Fläche äquivalent.

In der Tat, die Meridiankurven

$$b_{13}, \ b_{14}, \ b_{23}, \ b_{24},$$

welche von ψ, und die gleichbenannten, welche von χ herstammen, gehen, auch dem *Sinne* nach, ineinander über, wenn man sie einfach längs derjenigen „Bänder" der Riemannschen Fläche verschiebt, die durch Spaltung der Tangenten

$$t_{13}, \ t_{14}, \ t_{23}, \ t_{24}$$

entstanden sind. Die Äquivalenz der zweierlei

$$b_{12}, \ b_{34}$$

ergibt sich dann daraus, daß sich dieselben durch die anderen b_{ik} vermöge derselben Gleichungen linear ausdrücken.

Es wird daher gestattet sein, im folgenden schlechthin von Meridiankurven b_{ik} zu reden, die auf unseren Riemannschen Flächen verlaufen; auch der Sinn, der bei ihnen als positiv gelten soll, ist durch die frühere Verabredung gegeben.

§ 8.

Konstruktion der Normalintegrale.

Die Art und Weise, vermöge deren Clebsch und Gordan die Riemannschen Normalintegrale erster Gattung gewinnen, mag für unseren Fall folgendermaßen ausgesprochen werden:

Man ziehe auf der Fläche drei (p) Rückkehrschnitte, deren gleichzeitiges Bestehen noch kein Zerfallen der Fläche herbeiführt. Dann be-

stimme man drei Integrale so, daß sie, an diesen Rückkehrschnitten in bestimmtem Sinne entlang geleitet, die Perioden ergeben:

$$\begin{matrix} 2\,i\pi & 0 & 0 \\ 0 & 2\,i\pi & 0 \\ 0 & 0 & 2\,i\pi. \end{matrix}$$

Sie können als Normalintegrale genommen werden.

Nun aber zeigt sich, daß man auf vier verschiedene Weisen unter den sechs Meridiankurven b_{ik} drei solche heraussuchen kann, die als unabhängige Rückkehrschnitte benutzt werden können. Es sind das jedesmal diejenigen b_{ik}, welche einen Index gemein haben. In der Tat, man zerschneide die zu einer beliebigen unserer Kurven gehörige Fläche längs solcher b_{14}, b_{24}, b_{34}, die von der Ellipse ψ herstammen. So zerfällt die Fläche noch nicht. Das elliptische Doppelblatt ψ, an sich genommen, wäre freilich in vier Stücke zerfallen, aber jedes dieser Stücke ist jetzt, vermöge der „Bänder" t_{ik}, an das unzerschnittene Doppelblatt χ befestigt.

Wir werden, dementsprechend, jetzt drei Normalintegrale aufsuchen: $\mathfrak{J}_1$, $\mathfrak{J}_2$, $\mathfrak{J}_3$, welche, an b_{14}, b_{24}, b_{34} in positivem Sinne entlanggeleitet, die Perioden ergeben:

	b_{14}	b_{24}	b_{34}
$\mathfrak{J}_1$	$+\,2\,i\pi$	0	0
$\mathfrak{J}_2$	0	$+\,2\,i\pi$	0
$\mathfrak{J}_3$	0	0	$+\,2\,i\pi$

Dabei drängt sich von selbst der Satz auf: *Wenn man aus der Klassenkurve rückwärts wieder das Ellipsenpaar ψ, χ entstehen läßt, so gehen die jetzt gesuchten Normalintegrale eben in die früher von uns betrachteten (auch schon als Normalintegrale bezeichneten) I_1, I_2, I_3 über.* Denn letztere verhielten sich an b_{14}, b_{24}, b_{34}, genau so wie wir es jetzt von $\mathfrak{J}_1$, $\mathfrak{J}_2$, $\mathfrak{J}_3$ fordern.

Wenn wir also setzen:

$$\mathfrak{J}_k = \int \frac{|\,c\,u\,du\,|}{\Sigma\,c_i\,\varphi_i}\,(a_k\,u + b_k\,v + c_k\,w),$$

(wo φ die linke Seite der Gleichung der Kurve vierter Klasse bedeutet), so folgt: *Solange φ nicht sehr von $\psi\cdot\chi$ verschieden ist, können die unter den Integralzeichen stehenden Ausdrücke*

$$a_k\,u + b_k\,v + c_k\,w \qquad\qquad (k = 1,\,2,\,3)$$

in erster Annäherung gleich gesetzt werden den bei I_1, I_2, I_3, vorkommenden linearen Funktionen, d. h. bez.

$$- 2(a^2 - b^2)(+ \sqrt{a^2 + b^2} \cdot u + w),$$
$$- 2(a^2 - b^2)(- \sqrt{a^2 + b^2} \cdot u + w),$$
$$- 2(b^2 - a^2)(+ \sqrt{a^2 + b^2} \cdot v + w).$$

Bezeichnen wir wieder den Punkt, dessen Gleichung ist

$$a_k u + b_k v + c_k w = 0$$

als „Nullpunkt des betr. Integrals", so können wir auch sagen: *Die „Null-punkte der gesuchten Normalintegrale" liegen bez. in der Nähe der „Null-punkte der früher betrachteten Normalintegrale".*

Ehe wir diese Beziehung weiter verfolgen, werden wir, der Symmetrie wegen, neben $\Im_1$, $\Im_2$, $\Im_3$ noch ein dem I_4 entsprechendes $\Im_4$ einführen. Die im Zähler des zugehörigen Differentials auftretende lineare Funktion wird nahezu gleich gesetzt werden können:

$$- 2(b^2 - a^2)(- \sqrt{a^2 + b^2} \cdot v + w),$$

man wird die Relation haben:

$$d\Im_1 + d\Im_2 + d\Im_3 + d\Im_4 = 0$$

und das Verhalten der $\Im_k$ an den verschiedenen Meridiankurven b_{ik} wird durch die früher für die I_k entworfene Tabelle gegeben sein:

	b_{23}	b_{13}	b_{12}	b_{14}	b_{24}	b_{34}
$\Im_1$	0	$- 2i\pi$	$- 2i\pi$	$+ 2i\pi$	0	0
$\Im_2$	$- 2i\pi$	0	$+ 2i\pi$	0	$+ 2i\pi$	0
$\Im_3$	$+ 2i\pi$	$+ 2i\pi$	0	0	0	$+ 2i\pi$
$\Im_4$	0	0	0	$- 2i\pi$	$- 2i\pi$	$- 2i\pi$

§ 9.

Die Normalintegrale sind reell. Umkehrprobleme mit reellen Lösungen.

Wir zeigen jetzt zunächst: *die Normalintegrale $\Im$ sind reell*, d. h. ihre Differentiale enthalten nur *reelle* Koeffizienten und weichen also von den Differentialen der I nur um *reelle* Korrektionsglieder ab. In der Tat, man kann sich die $\Im$ folgendermaßen bestimmt denken. Es seien j_1, j_2, j_3 irgend drei unabhängige, *reelle* Integrale erster Gattung. *Leitet man ein solches Integral längs einer Meridiankurve b_{ik} entlang, so erhält man immer eine rein imaginäre Periode.* Die Meridiankurve überdeckt näm-lich zweimal denselben Weg, einmal auf der Vorderseite, das andere Mal mit umgekehrtem Sinne auf der Rückseite der Fläche verlaufend. Wird nun das eine Mal beim Hinintegrieren der Betrag $\alpha + \beta i$ gewonnen, so liefert der Rückgang, weil er die konjugiert imaginären Werte aber im umgekehrten Sinne überschreitet, $-\alpha + \beta i$, und der Wert der ganzen Periode ist $2\beta i$, w. z. b. w. Dementsprechend mögen die Perioden, welche die j_k bei Hinleitung längs b_{14}, b_{24}, b_{34} erhalten, $i\beta_{k1}$, $i\beta_{k2}$, $i\beta_{k3}$ genannt sein. Sei jetzt z. B. das gesuchte $\mathfrak{J}_1$

$$= \alpha_1 j_1 + \alpha_2 j_2 + \alpha_3 j_3.$$

So wird man, aus den Periodenwerten, die $\mathfrak{J}_1$ an b_{14}, b_{24}, b_{34} aufweisen soll, folgende Gleichungen zur Bestimmung der α erhalten:

$$\alpha_1 \beta_{11} + \alpha_2 \beta_{21} + \alpha_3 \beta_{31} = 2\pi,$$
$$\alpha_1 \beta_{12} + \alpha_2 \beta_{22} + \alpha_3 \beta_{32} = 0 \ ,$$
$$\alpha_1 \beta_{13} + \alpha_2 \beta_{23} + \alpha_3 \beta_{33} = 0 \ .$$

Dies aber sind reelle Gleichungen; sie geben reelle Werte der α und also ein reelles Normalintegral $\mathfrak{J}_1$.

Ein reelles Integral, an einem reellen Kurvenzuge vorbeigeleitet, ergibt offenbar einen reellen Betrag. Wir können daher folgenden Satz aussprechen:

Betrachtet man als untere Grenze der Normalintegrale $\mathfrak{J}_k$ reelle Punkte der Kurve vierter Klasse, so erhalten alle reellen Punkte derselben Integralwerte, die, modulo $2i\pi$, den imaginären Bestandteil 0 oder $i\pi$ besitzen.

Jeder reelle Punkt ist nämlich von dem dann vorhandenen Anfangspunkte der Integration zu erreichen, indem man Stücke von reellen Kurvenzügen und ev. Stücke von Meridiankurven b_{ik} durchläuft. Die letzteren sind aber insoweit ihrer Erstreckung nach bestimmt, als sie immer von einem reellen Kurvenzuge bis zu einem zweiten reellen Zuge hinleiten; sie sind sozusagen halbe Meridiankurven. Da aber das Durchlaufen der ganzen Meridiankurve für das Normalintegral die Periode 0 oder $\pm 2i\pi$ liefert, so ergibt, wie aus dem analogen eben ausgeführten Beweise erhellt, die halbe Meridiankurve einen Betrag, dessen imaginärer Teil 0 oder $\pm i\pi$ beträgt. Hierin liegt der Beweis des neuen Satzes.

An ihn können wir sofort eine sehr einfache Untersuchung knüpfen *über die Realitätsverhältnisse des Jakobischen Umkehrproblems,* eine Untersuchung, die für die weiterhin abzuleitenden Resultate (§ 14) von wesentlicher Bedeutung ist. Die unteren Grenzen der Integrale seien wieder in reelle Punkte der Kurve gelegt. Dann sollen drei Punkte x, y, z der Riemannschen Fläche gesucht werden, so daß

$$\mathfrak{J}_1^x + \mathfrak{J}_1^y + \mathfrak{J}_1^z = v_1,$$
$$\mathfrak{J}_2^x + \mathfrak{J}_2^y + \mathfrak{J}_2^z = v_2,$$
$$\mathfrak{J}_3^x + \mathfrak{J}_3^y + \mathfrak{J}_3^z = v_3,$$

wo die v gegebene Größen sind. Es werde außerdem angenommen, was für das Folgende ausreicht, daß dies Problem nicht zu den unbestimmten gehört. So behaupte ich: *das Punktetripel x, y, z wird dann und nur dann reell sein, wenn die imaginären Bestandteile der v, modulo $2i\pi$, Null oder $i\pi$ betragen.* Als reell ist dabei ein Tripel bezeichnet, wenn entweder alle Elemente desselben reell sind, oder nur eines, aber die beiden anderen konjugiert imaginär.

Der Beweis ist einfach dieser. Es sei $v_k = \alpha_k + i\beta_k$. So betrachten wir ein zweites Umkehrproblem, für welches die gegebenen Größen $v_k' = \alpha_k - i\beta_k$ sind. Die Lösung desselben wird durch ein Tripel vorgestellt sein, welcher zu dem ursprünglichen gesuchten Tripel konjugiert imaginär ist. Sind nun die β_k Null oder π (modulo 2π), so stimmen die v_k und v_k' (modulo $2i\pi$) überein. Die beiden konjugierten Tripel müssen daher wegen der vorausgesetzten Eindeutigkeit des Umkehrproblems, identisch sein, d. h. das gesuchte Tripel ist reell.

Allgemeiner, es werde eine Gruppe von n Punkten gesucht, so daß

$$\mathfrak{J}_k^{x_1} + \mathfrak{J}_k^{x_2} + \cdots + \mathfrak{J}_k^{x_n} = v_k,$$

man soll diese Punkte unter ev. Zuhilfenahme fester Punkte durch ein Kurvensystem aus der Kurve vierten Grades ausschneiden. *Dieses Kurvensystem wird dann und nur dann reell sein, d. h. eine Gleichung besitzen, in der, abgesehen von den unbestimmt bleibenden Parametern, nur reelle Koeffizienten vorkommen, wenn die imaginären Bestandteile der v_k (modulo $2i\pi$) Null oder $i\pi$ sind.*

§ 10.

Der Verlauf der Normalintegrale.

Wir wollen uns jetzt die Aufgabe stellen, im Sinne der in § 1 auseinandergesetzten Methode den Verlauf der Normalintegrale $\mathfrak{J}_k$ auf den zugehörigen Riemannschen Flächen durch schematische Zeichnung zur vollen Anschauung zu bringen und rückwärts aus der Zeichnung die charakteristischen Periodizitätseigenschaften dieser Integrale wieder abzuleiten. Inzwischen soll das nur für die vierteilige Kurve und für die Gürtelkurve hier durchgeführt werden. Bei der symmetrischen Gestalt, welche diese beiden Kurven besitzen, haben $\mathfrak{J}_1, \mathfrak{J}_2, \mathfrak{J}_3, \mathfrak{J}_4$ alle dieselbe Beziehung zur Kurve; es genügt, eines derselben zu repräsentieren, und wir wollen $\mathfrak{J}_3$ zu diesem Zwecke auswählen.

Betrachten wir vorab das Ellipsenpaar $\psi \cdot \chi$ und das zugehörige Integral I_3. Indem wir dasselbe gleich $P + iQ$ setzen und nun, auf jedem der beiden elliptischen Doppelblätter, die Kurven $P = C$, $Q = C'$ nach

Anleitung des § 2 zeichnen, erhalten wir folgende Figuren 21, bei denen wir, der größeren Übersichtlichkeit wegen, die Ellipsen ψ und χ nebeneinander gezeichnet haben.

Diese Zeichnungen geben einen ersten Anhalt zur Konstruktion der entsprechenden Kurvensysteme bei den allgemeinen Kurven. Diejenigen Partien der gezeichneten Kurvensysteme, welche nicht unmittelbar an die Berührungspunkte der Doppeltangenten t_{ik} hinanreichen, werden sich wesentlich unverändert auf den allgemeinen Flächen wieder finden.

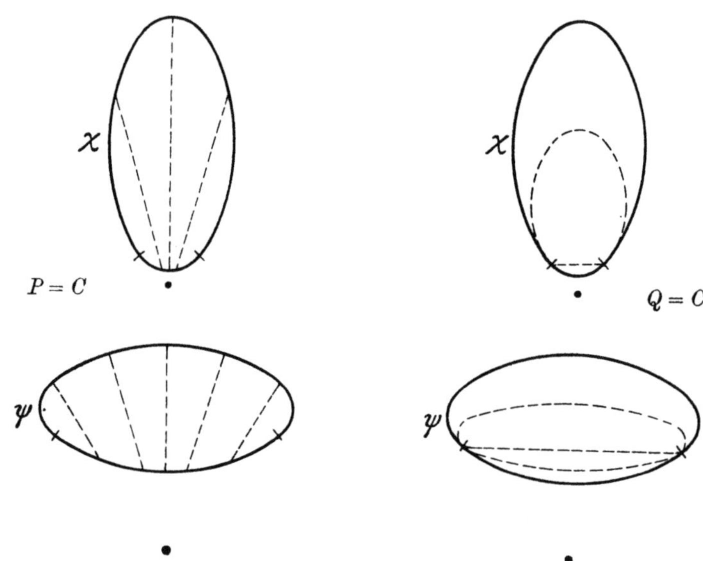

Fig. 21.

Man hat ferner folgende Anhaltspunkte. Bei den allgemeinen Kurven ist das Integral $\mathfrak{J}_3$ ein überall endliches geworden, Unendlichkeitspunkte treten also in den bez. Kurvensystemen $P = C$, $Q = C'$ nicht auf. Dagegen weist jetzt das Differential $d\mathfrak{J}_3$ vier Verschwindungspunkte auf, entsprechend den vier Tangenten, die man vom „Nullpunkte des Integrals" an die Kurve legen kann. (Dieser „Nullpunkt" ist, wie oben angegeben, nahezu durch

$$\sqrt{a^2 + b^2} \cdot v + w = 0$$

vorgestellt). — Ferner ist deutlich, daß die reellen Züge der Kurve selbst zu den Kurven $Q = C'$ gehören. Andererseits müssen die Kurven $P = C$, wenn sie überhaupt zweimal einen reellen Kurvenzug treffen, Meridiankurven sein. Denn denselben Verlauf, den sie, etwa auf der oberen Seite der Fläche, zwischen den genannten Schnittpunkten nehmen, werden sie rückwärts, auf der anderen Seite der Fläche, ebenfalls einschlagen müssen.

Es folgt hieraus schon, daß diese Kurven $P = C$ *geschlossene* Kurven sein müssen; daß überhaupt die Kurven $P = C$ und $Q = C'$ in den von uns zu betrachtenden Fällen geschlossen sind, ergibt daraufhin der in § 1 entwickelte bez. Satz und eine nähere Betrachtung der bei den einzelnen Figuren hervortretenden Lagenbeziehungen.

§ 11.

Besondere Betrachtung der vierteiligen Kurve und der Gürtelkurve.

Bei der *vierteiligen Kurve* liegt der „Nullpunkt"

$$\sqrt{a^2 + b^2} \cdot v + w = 0$$

an einer Stelle, an der sich zwei „Bänder", t_{14} und t_{24}, überkreuzen. Die vier Tangenten, welche von ihm ausgehen, sind imaginär und also vorgestellt durch die vier an dieser Stelle über einander befindlichen Punkte der Riemannschen Fläche. Sie sind die Verschwindungspunkte des Differentials und also Verästelungspunkte der Kurvensysteme P und Q.

Der Verlauf dieser Kurvensysteme ist durch die voraufgeschickten Bemerkungen schematisch durchaus bestimmt; man erhält die folgenden Zeichnungen, in der die eigentlich einander überkreuzenden beiden Hauptteile der betr. Fläche wieder nebeneinander gezeichnet sind.

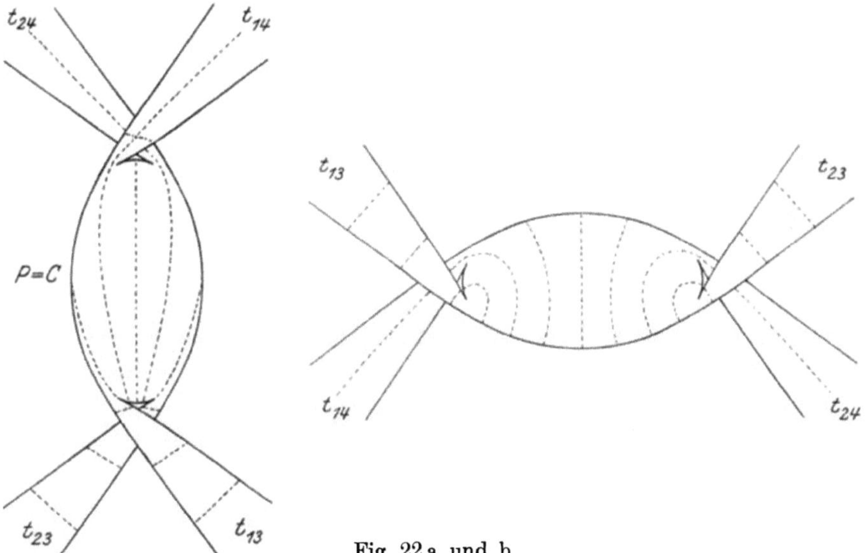

Fig. 22 a und b.

Daß die Kurven $Q = C'$ geschlossen sind, ergibt sich aus dem betr. Satze des § 1, weil jede von ihnen mit einem der vier reellen Züge der eigentlichen Kurve einen Kanal einschließt, in welchem sich kein Verschwindungspunkt des Differentials befindet. Die Kurven $P = C$ sind alle Meridiankurven und als solche geschlossen.

Aus diesen Zeichnungen bestätigt man das Verhalten des Integrals $\mathfrak{J}_3$ an den b_{ik}. Man kann $b_{13}, b_{14}, b_{23}, b_{24}$ eine solche Lage geben, daß sie geradezu mit Kurven $P = C$ zusammenfallen. Zu dem Zwecke muß man b_{14} und b_{24} bez. durch die beiden [auf den Bändern t_{14} und t_{24} liegenden Verschwindungspunkte] hindurchgehen lassen. Hierdurch ist deutlich, weshalb sie eine Periode Null ergeben, während b_{13} und b_{23} eine nicht verschwindende Periode liefern: die Beiträge, welche die beiden Hälften, in die b_{14} oder b_{24}

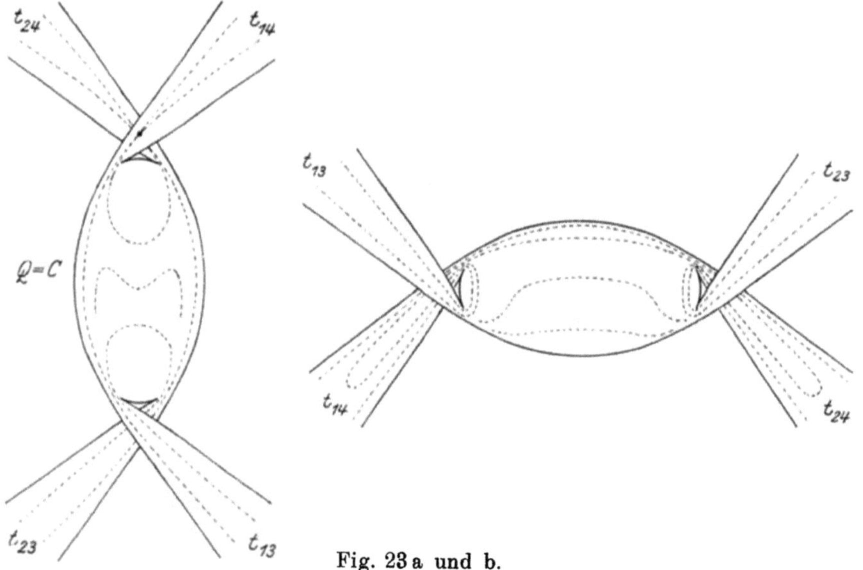

Fig. 23 a und b.

durch die betr. beiden Verschwindungspunkte zerlegt werden, für den Integralwert ergeben, kompensieren sich gegenseitig. Dagegen ergeben b_{13} und b_{23}, insofern sie Kurven $P = C$ sind, eine rein imaginäre, und, da sie gegen die Figur symmetrisch liegen, eine gleich große Periode. Daß dieselbe gleich $2i\pi$ ist, kann die Figur nicht zeigen; denn die Kurven P, Q blieben ungeändert, wenn man $c \cdot \mathfrak{J}_3$ statt $\mathfrak{J}_3$ setzte (wo c eine beliebige, reelle Konstante). Aus den zwischen den b_{ik} bestehenden Relationen:

$$b_{12} = b_{13} - b_{23}$$
$$b_{34} = b_{13} + b_{14} = b_{23} + b_{24}$$

folgt endlich, daß ein Hinführen des Integrals längs b_{12} Null und längs b_{34} denselben Periodenwert, wie bei b_{13}, b_{23} ergeben muß.

Die entsprechenden Verhältnisse gestalten sich bei der *Gürtelkurve* etwas anders, insofern bei ihr die vier Tangenten, die man vom „Nullpunkte des Integrals" aus an die Kurve legen kann, reell ausfallen und die sie repräsentierenden Punkte daher den reellen Kurvenzügen angehören. Infolgedessen erscheinen die Verästelungen, welche die Kurven P, Q in diesen Punkten, wie immer in den Verschwindungspunkten des Differentials, aufweisen, in der Zeichnung perspektivisch verkürzt. Man erhält die folgenden Figuren, die inzwischen hier nicht eingehender erläutert werden sollen:

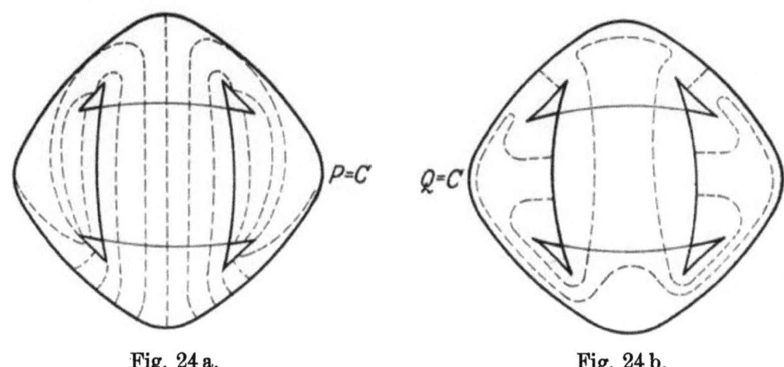

Fig. 24 a.   Fig. 24 b.

§ 12.

Vervollständigung des Querschnittsystems.

Die drei bei Einführung der Normalintegrale $\mathfrak{J}_1, \mathfrak{J}_2, \mathfrak{J}_3$ benutzten Meridianschnitte b_{14}, b_{24}, b_{34} sollen jetzt durch drei weitere Schnitte A_1, A_2, A_3 zu einem „kanonischen" Querschnittsysteme vervollständigt werden. A_i wird so gezogen, daß es von einem Punkte von b_{i4} auslaufend zu demselben Punkte von der anderen Seite kommend zurückkehrt, ohne dabei die anderen b_{k4} oder etwa schon konstruierte andere A zu überschreiten. Indem wir dann an den A_i die Integrale $\mathfrak{J}_k$ hinleiten, erhalten wir Perioden a_{ik} (es wird bekanntlich $a_{ik} = a_{ki}$), die mit den auf die b_{i4} bezüglichen Perioden zusammen ein kanonisches Periodensystem bilden. *Unsere Aufmerksamkeit soll besonders auf den imaginären Teil der a_{ik} gerichtet werden;* wir werden finden, das derselbe, modulo $2i\pi$, gleich 0 oder $i\pi$ ausfällt, je nach der *Art* der zugrunde gelegten Kurve.

In den weiterhin mitzuteilenden Tabellen nehmen wir neben $\mathfrak{J}_1, \mathfrak{J}_2, \mathfrak{J}_3$ aus Symmetriegründen auch $\mathfrak{J}_4$ auf; analog führen wir neben A_1, A_2, A_3 noch eine Kurve A_4 ein, deren Definition sich naturgemäß ergibt. Man hat, für die so erweiterte Tabelle, auch noch $a_{ik} = a_{ki}$ und überdies wegen der zwischen den $\mathfrak{J}$ bestehenden Relation: $\sum_k a_{ik} = 0 \; (i = 1, 2, 3, 4)$.

Für die Konstruktion der Kurven A_1, A_2, A_3, A_4 stelle ich nun folgende Regeln auf. Die Ellipsen ψ, χ waren je in vier Segmente S_1, S_2, S_3, S_4

zerfällt worden; wir wollen, um etwa A_3 zu erhalten, die beiden Segmente S_3 zusammen mit den beiden Tangenten t_{13}, t_{23}, welche sie begrenzen, ins Auge fassen:

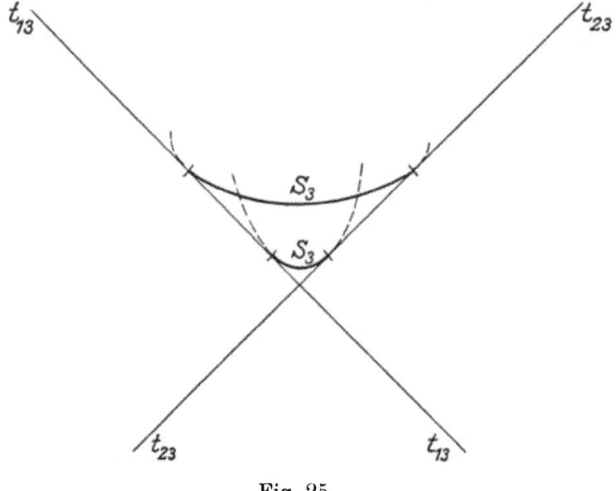

Fig. 25.

Man hat dann, hinsichtlich der Art, in welcher t_{13}, t_{23} beim Übergange zur allgemeinen Klassenkurve benutzt sind, drei Fälle zu unterscheiden:

1. *Bei beiden Tangenten sollen die durch das Unendliche hindurchgehenden Segmente in reelle Kurvenzüge gespalten sein.* Dann hat man also die Figur:

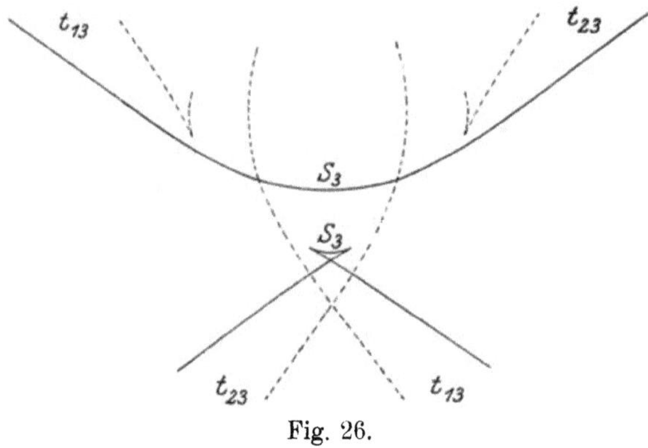

Fig. 26.

In diesem Falle bilden die beiden Segmente S_3 zusammen mit den unmittelbar angrenzenden Kurvenstücken, die aus t_{13}, t_{23} entstanden sind, einen geschlossenen Zug (der dann ein reeller Zug der Kurve ist). *Dieser Zug soll als A_3 genommen werden. Leitet man ein reelles Integral an ihm entlang, so erhält man eine reelle Periode.*

2. Von den beiden begrenzenden Tangenten wird die eine, wie im Falle 1, die andere im umgekehrten Sinne benutzt, so daß also bei ihr das im Endlichen gelegene Segment in reelle Kurvenzüge gespalten wird:

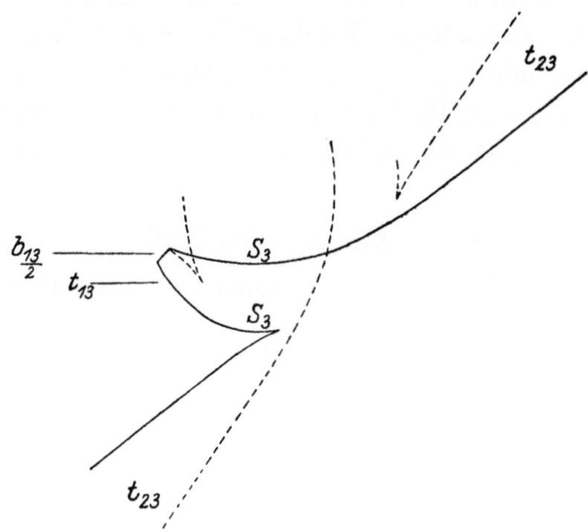

Fig. 27.

Dann bekommt man einen zusammenhängenden Zug, wenn man die beiden Segmente S_3 mit den angrenzenden Kurvenstücken zusammenfügt, welche von den Tangenten t_{13}, t_{23} herrühren, und dann die auf der Vorder- oder Rückseite verlaufende Hälfte einer Meridiankurve b_{13} hinzunimmt. *Dies sei jetzt der Querschnitt A_3.* Er besteht aus Stücken der reellen Kurvenzüge und aus einer halben Meridiankurve. *Leitet man an ihm ein reelles Integral entlang, so gibt es, allgemein zu reden, eine komplexe Periode, deren imaginärer Teil gleich $i \cdot \frac{\beta_{13}}{2}$ ist, wenn $i\beta_{13}$ die Periode ist, welche das Integral bei Durchlaufung der ganzen Meridiankurve b_{13} gewinnt.*

3. Bei beiden begrenzenden Tangenten wird das im Endlichen befindliche Segment benutzt. (Fig. 28.)

Dann muß man zwei halbe Meridiankurven, $\frac{b_{13}}{2}$ und $\frac{b_{23}}{2}$, zu Hilfe nehmen, um mit den beiden S_3 und den aus t_{13}, t_{23} entstandenen Kurvenstücken

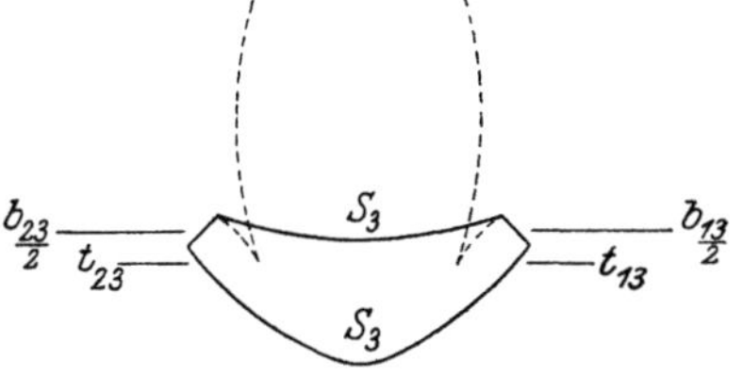

Fig. 28.

zusammen einen geschlossenen Zug zu bilden, *der dann als A_3 gelten soll. Die Periode, welche ein reelles Integral erhält, wenn man dasselbe an ihm entlang leitet, hat den imaginären Bestandteil $i \left(\frac{\beta_{13} + \beta_{23}}{2} \right)$.*

§ 13.

Die Perioden a_{ik}.

Wenn wir in dieser Weise an den in Fig. 14 bis 18 gezeichneten Kurven resp. den zugehörigen Flächen die Querschnitte A_1, A_2, A_3, A_4 ausführen und an ihnen $\mathfrak{J}_1$, $\mathfrak{J}_2$, $\mathfrak{J}_3$, $\mathfrak{J}_4$ entlang leiten, erhalten wir Werte der a_{ik}, deren imaginäre Bestandteile in den folgenden Tabellen zusammengestellt sind auf Grund der Tabelle des § 8, die das Verhalten der $\mathfrak{J}$ an den b_{ik} angab.

I. *Vierteilige Kurve.* Alle a_{ik} sind reell.

II. *Dreiteilige Kurve.* Die imaginären Bestandteile der a_{ik} sind:

	A_1	A_2 mit $-\frac{b_{24}}{2}$	A_3	A_4 mit $+\frac{b_{24}}{2}$
$\mathfrak{J}_1$	0	0	0	0
$\mathfrak{J}_2$	0	$-i\pi$	0	$+i\pi$
$\mathfrak{J}_3$	0	0	0	0
$\mathfrak{J}_4$	0	$+i\pi$	0	$-i\pi$

III. *Zweiteilige Kurve.*

	A_1 mit $-\frac{b_{14}}{2}$	A_2 mit $-\frac{b_{24}}{2}$	A_3	A_4 mit $+\frac{b_{14}+b_{24}}{2}$
$\mathfrak{J}_1$	$-i\pi$	0	0	$+i\pi$
$\mathfrak{J}_2$	0	$-i\pi$	0	$+i\pi$
$\mathfrak{J}_3$	0	0	0	0
$\mathfrak{J}_4$	$+i\pi$	$+i\pi$	0	$-2i\pi$

IV. *Einteilige Kurve.*

	A_1 mit $-\frac{b_{13}+b_{24}}{2}$	A_2 mit $-\frac{b_{23}}{2}$	A_3 mit $+\frac{b_{13}+b_{23}}{2}$	A_4 mit $+\frac{b_{14}}{2}$
$\mathfrak{J}_1$	0	0	$-i\pi$	$+i\pi$
$\mathfrak{J}_2$	0	$+i\pi$	$-i\pi$	0
$\mathfrak{J}_3$	$-i\pi$	$-i\pi$	$+2i\pi$	0
$\mathfrak{J}_4$	$+i\pi$	0	0	$-i\pi$

V. *Gürtelkurve.*

	A_1 mit $-\dfrac{b_{13}+b_{14}}{2}$	A_2 mit $-\dfrac{b_{23}+b_{24}}{2}$	A_3 mit $+\dfrac{b_{13}+b_{23}}{2}$	A_4 mit $+\dfrac{b_{14}+b_{24}}{2}$
$\mathfrak{J}_1$	0	0	$-i\pi$	$+i\pi$
$\mathfrak{J}_2$	0	0	$-i\pi$	$+i\pi$
$\mathfrak{J}_3$	$-i\pi$	$-i\pi$	$+2i\pi$	0
$\mathfrak{J}_4$	$+i\pi$	$+i\pi$	0	$-2i\pi$

§ 14.

Berührungskurven.

Die aufgestellten Tabellen gestatten, in sehr einfacher Weise zu diskutieren, wie viele unter gewissen *Berührungskurven* der Kurve vierten Grades reell sind, und mit der Darlegung dieser Verhältnisse mag die gegenwärtige Arbeit abschließen. Ich betrachte die einfacheren derjenigen Probleme, welche bei Clebsch (Crelles Journal, Bd. 63 (1864): Über die Anwendung der Abelschen Funktionen in der Geometrie) behandelt sind, nämlich nur diejenigen, bei denen nicht, wie beim Probleme der Doppeltangenten, eine Unterscheidung gerader und ungerader Charakteristiken notwendig ist. Clebsch findet, resp. bestätigt die (sonst bekannten) Resultate, daß es bei Kurven vierten Grades gibt:

a) 63 Systeme viermal berührender Kegelschnitte,
b) 64 Systeme sechsmal berührender Kurven dritter Ordnung,
c) 728 Systeme viermal oskulierender C_3,
d) 4096 dreimal hyperoskulierende C_3.

Ich werde angeben, wie viele dieser Systeme resp. einzelner Kurven je nach der Kurvenart reell sind.

Dabei sei es gestattet, des kürzeren Ausdrucks halber wieder von Ordnungskurven statt von Klassenkurven zu reden. Von den vier Integralen $\mathfrak{J}_k$ benutzen wir nur die drei $\mathfrak{J}_1$, $\mathfrak{J}_2$, $\mathfrak{J}_3$. Ihre unteren Grenzen verlegen wir in drei übrigens beliebige, reelle Punkte der Kurve vierter Ordnung. Sind dann die Schnittpunkte der Kurve vierter Ordnung mit einer Kurve m-ter Ordnung $x_1, x_2, \ldots, x_{4m}$, so hat man nach dem Abelschen Theoreme:

$$\mathfrak{J}_k^{x_1} + \mathfrak{J}_k^{x_2} + \cdots + \mathfrak{J}_k^{x_{4m}} = m \cdot C_k, \qquad (k = 1, 2, 3)$$

wo die Konstanten C_k von der Wahl der unteren Grenzen abhängen, und das Kongruenzzeichen andeuten soll, daß die Gleichung nur modulo der Perioden stattzufinden hat.

9*

So behaupte ich zunächst: *Die Konstanten C_k können bei der von uns getroffenen Verabredung reell genommen werden.* Wenn nämlich die schneidende Kurve m-ter Ordnung reell ist, so werden von den $4m$ Schnittpunkten die imaginären paarweise konjugiert auftreten und von den reellen auf jedem Zuge der Kurve vierter Ordnung eine gerade Anzahl sich vorfinden. Denn diese Züge haben sog. paaren Charakter. Die Integralsummen aber, die, von reeller unterer Grenze beginnend, zu konjugiert imaginären oberen Grenzen hingeleitet werden, sind modulo der Perioden reell. Ebenso die Integralsummen, die von reeller unterer Grenze beginnend, zu einer paaren Anzahl reeller Punkte desselben Kurvenzuges hingeleitet werden. Denn das einzelne solche Integral ist entweder an sich reell oder hat den imaginären Bestandteil $i\pi$; eine paare Anzahl derselben gibt also eine Summe, die modulo $2i\pi$ kongruent mit einer reellen Zahl ist. Hierin liegt der Beweis.

Die Berührungsprobleme, die oben genannt wurden, verlangen nun alle, solche Berührungspunkte zu bestimmen, welche, abgesehen von *reellen* Multiplis der C_k, als Integralsummen r-te *Teile von Perioden* ergeben: r ist dabei in den beiden ersten Fällen gleich 2, im dritten gleich 3, im vierten gleich 4 zu setzen. Nach dem allgemeinen Satze, der in § 8 hinsichtlich der Realität der Lösung des Jacobischen Umkehrproblems aufgestellt wurde, ergibt sich daher:

Diejenigen Lösungen der Berührungsprobleme sind reell und nur diejenigen, deren zugehöriger r-ter Periodenteil, modulo $2i\pi$, den imaginären Bestandteil 0 oder $i\pi$ aufweist.

<h2 style="text-align:center">§ 15.</h2>

<h3 style="text-align:center">Anzahl der reellen Berührungskurven.</h3>

Die Perioden, welche die $\mathfrak{J}_k$ bei Integration längs der Querschnitte b_{14}, b_{24}, b_{34} erhalten, sollen einen Augenblick β_{1k}, β_{2k}, β_{3k} genannt werden. Dann ist das allgemeinste Periodensystem, unter m_1, m_2, m_3, q_1, q_2, q_3 ganze Zahlen verstanden, vorgestellt durch:

$$m_1\beta_{1k} + m_2\beta_{2k} + m_3\beta_{3k} + q_1 a_{1k} + q_2 a_{2k} + q_3 a_{3k}.$$

Die *verschiedenartigen* r-ten Periodenteile erhält man alle, wenn man die m, q auf die Zahlenwerte $0, 1 \ldots (r-1)$ einschränkt und dann durch r dividiert.

Der imaginäre Bestandteil, den die allgemeine Periode enthält, nimmt nun auf Grund der früheren Tabellen bei den einzelnen Kurvenarten folgenden Wert an:

I. *Vierteilige Kurve.*

$\mathfrak{J}_1$	$2\,m_1\,i\,\pi$
$\mathfrak{J}_2$	$2\,m_2\,i\,\pi$
$\mathfrak{J}_3$	$2\,m_3\,i\,\pi$

II. *Dreiteilige Kurve.*

$\mathfrak{J}_1$	$2\,m_1\,i\,\pi$
$\mathfrak{J}_2$	$(2\,m_2 - q_2)\,i\,\pi$
$\mathfrak{J}_3$	$2\,m_3\,i\,\pi$

III. *Zweiteilige Kurve.*

$\mathfrak{J}_1$	$(2\,m_1 - q_1)\,i\,\pi$
$\mathfrak{J}_2$	$(2\,m_2 - q_2)\,i\,\pi$
$\mathfrak{J}_3$	$2\,m_3\,i\,\pi$

IV. *Einteilige Kurve.*

$\mathfrak{J}_1$	$(2\,m_1 - q_3)\,i\,\pi$
$\mathfrak{J}_2$	$(2\,m_2 + q_2 - q_3)\,i\,\pi$
$\mathfrak{J}_3$	$(2\,m_3 - q_1 - q_2 + 2\,q_3)\,i\,\pi$

V. *Gürtelkurve.*

$\mathfrak{J}_1$	$(2\,m_1 - q_3)\,i\,\pi$
$\mathfrak{J}_2$	$(2\,m_2 - q_3)\,i\,\pi$
$\mathfrak{J}_3$	$(2\,m_3 - q_1 - q_2 + 2\,q_3)\,i\,\pi.$

Jetzt lasse man die m, q alle Werte von 0 bis $(r-1)$ annehmen, und sehe nach, für wieviel Wertsysteme von den r^6 überhaupt vorhandenen die imaginären Bestandteile ganzzahlige Multipla von $r\,i\,\pi$ werden. So findet man folgende Tabelle:

	I	II	III	IV	V	r^6
$r = 2$	64	32	16	8	16	64
$r = 3$	27	27	27	27	27	729
$r = 4$	512	256	128	64	128	4096

Die Zahlen der Tabelle geben dann zugleich an, wie viele der verschiedenartigen r-ten Periodenteile zu Umkehrproblemen mit reellen Lösungen Anlaß geben. Aber unter ihnen ist im Falle a und im Falle c noch eine uneigentliche Lösung auszuscheiden. Denn setzt man alle m und q gleich Null, so erhält man in den genannten Fällen statt eines Systems viermal berührender Kegelschnitte bez. viermal oskulierender Kurven dritter Ordnung die doppelt bez. dreimal gezählten geraden Linien der Ebene. Dementsprechend gewinnt man folgende Sätze:

Von den 63 Systemen viermal berührender Kegelschnitte sind in den Fällen I, II, III, IV, V *bez. reell:*

$$63, 31, 15, 7, 15.$$

Für die 64 Systeme sechsmal berührender Kurven dritter Ordnung werden diese Zahlen:

$$64, 32, 16, 8, 16.$$

Unter den 728 Systemen viermal oskulierender Kurven dritter Ordnung sind immer und nur

$$26$$

reell.

Endlich finden sich unter den 4096 dreimal hyperoskulierenden Kurven dritter Ordnung in den verschiedenen Fällen:

$$512, \quad 256, \quad 128, \quad 64, \quad 128$$

reelle.

Von diesen Resultaten kann man das erste, nach einer Bemerkung, die Herr Zeuthen gemacht hat[4]), indirekt bestätigen. Es wurde bereits oben des Zusammenhangs gedacht, der zwischen der Theorie der Kurven vierter Ordnung und der Theorie der Flächen dritter Ordnung besteht. Von den Doppeltangenten der C_4 wird dabei eine ausgezeichnet; sie entspricht dem auf der F_3 angenommenen Projektionspunkte. Die anderen Doppeltangenten sind die Bilder der 27 auf der F_3 verlaufenden geraden Linien. Nun hat Herr Zeuthen bemerkt (Tidsskrift for Mathematik, Bd. 3 (1873), S. 191), daß die aus den 27 Linien zu bildenden 36 Doppelsechsen sich projizieren als die Aggregate der Linienpaare, welche in denjenigen 36 Systemen viermal berührender Kegelschnitte vorkommen, die die ausgezeichnete Doppeltangente nicht als Teilkurve enthalten. Andererseits findet sich in Cremonas „Preliminari di una teoria delle superficie" (Deutsche Ausgabe, Berlin 1870, S. 221) angegeben, wie viele der 36 Doppelsechs bei den von Schläfli unterschiedenen Arten der F_3 reell sind; es sind bez.:

$$36, \quad 16, \quad 8, \quad 4, \quad 12.$$

Aus ihnen ergibt sich nun z. B. die von uns für die Gürtelkurve V angegebene Zahl 15 folgendermaßen. Die 12 reellen Doppelsechse der ent-

---

4) Vgl. auch eine Arbeit von Herrn Crone in der Tidsskrift for Mathematik, Nov. 1875 [und außerdem die Zusammenfassung seiner Resultate in den Math. Annalen, Bd. 12 (1877)].

sprechenden Fläche enthalten, wie Cremona angibt, keine reelle gerade Linie; ihnen entsprechen also 12 reelle Kegelschnittsysteme bei der C_4, welche keine der reellen Doppeltangenten als Teilkurve enthalten. Aber es gibt bei dieser C_4 vier reelle Doppeltangenten; ihre Berührungspunkte liegen auf einem Kegelschnitte (vgl. Zeuthen, Math. Annalen, Bd. 7 (1874), S. 412). Indem man eine beliebige derselben mit einer zweiten zusammen als Berührungskegelschnitt auffaßt, erhält man in bekannter Weise ein neues, reelles System von Berührungskegelschnitten, welches dann aber die beiden zunächst nicht benutzten reellen Doppeltangenten ebenfalls als ein Linienpaar enthalten wird. Die Zahl der zu den 12 Systemen zutretenden ist also noch 3, in Übereinstimmung mit dem oben angegebenen Resultate.

Noch möchte ich bei dieser Gelegenheit eine Bemerkung zufügen über eine Arbeit von J. Grassmann (Zur Theorie der Wendepunkte, besonders der Kurven vierter Ordnung, Berlin 1875, Inauguraldissertation). Der Verf. untersucht, zumal für die Kurven vierter Ordnung, die Frage, ob sich zwischen den Wendepunkten analoge Beziehungen entdecken lassen, wie sie z. B. für die Berührungspunkte der Doppeltangenten der C_4 oder für die Wendepunkte der C_3 gelten. Aber sein Hauptresultat, welches, für die C_4 ausgesprochen, behauptet, daß jeder Kegelschnitt, der durch fünf Wendepunkte geht, deren noch drei weitere enthält, ist im allgemeinen nicht richtig. Ich überzeugte mich davon zunächst, indem ich die Zeichnungen von Kurven vierter Ordnung durchsah, die Beer in seinen *Tabulae curvarum quarti ordinis usw.* (Bonn 1852) zusammengestellt hat. Bei diesen Kurven liegen immer vier Wendepunkte im Unendlichen, und es kommen Beispiele vor (z. B. Tafel VII, 1), bei denen vier im Endlichen liegende reelle Wendepunkte auftreten, die (auch wenn man der Ungenauigkeit der Zeichnung Rechnung tragen will) unmöglich auf einer zweiten Geraden liegen können, wie es J. Grassmanns Satz in diesem Falle verlangen würde. Es ist die immer so mißliche Anwendung komplizierter Schnittpunktsysteme gewesen, die den Verf. zu dem Fehlschlusse verführte; wie er mir mitteilt, ist das System der 45 Punkte (S. 11 der Arbeit), aus welchem der Schluß auf die Lage der weiteren Wendepunkte gemacht wird, von der besonderen Art, die überhaupt keinen bestimmten Schluß auf weitere Punkte zuläßt. [Die drei Restpunkte, welche die 45 Punkte zu einem vollen Schnittpunktsystem auf der C_4 ergänzen, liegen auf gerader Linie; diese Gerade kann dann in einem Büschel, dessen Mittelpunkt selbst der C_4 angehört, beliebig angenommen werden.]

München, im April 1876.

XL. Über eine neue Art von Riemannschen Flächen[1].

(Zweite Mitteilung.)

[Math. Annalen, Bd. 10 (1876).]

Der nachstehende Aufsatz gibt eine Fortsetzung der unter gleichem Titel in Bd. 7 der Math. Annalen (1874) erschienenen Arbeit. [Vgl. die auf S. 89 ff. abgedruckte Abh. XXXVIII.] Nachdem ich damals die betr. Flächen überhaupt definiert und an einfachen Beispielen erläutert habe, diskutiere ich jetzt allgemein, für Kurven beliebigen Grades mit einfachen Singularitäten, die *Verzweigung* und den *Zusammenhang* dieser Flächen. Der Fortschritt, den meine jetzige Darstellung aufweist, beruht wesentlich auf dem Satze, den ich neuerdings in der Note: *„Über eine neue Relation zwischen den Singularitäten einer algebraischen Kurve"* mitteilte [vgl. die auf S. 78 ff. abgedruckte Abh. XXXVII]. Aber nicht nur auf diesen Satz, sondern auch die dort im einzelnen befolgte Entwicklung werde ich mich wiederholt beziehen; ich werde daher diese Note weiterhin einfach mit den Worten „Über Singularitäten" zitieren oder auch nur eine bez. Seitenzahl[2]) angeben. Andererseits werde ich verschiedentlich Bezug nehmen auf zwei andere, dem gleichen Ideenkreise angehörige Arbeiten, in die ich bereits einige hier nötig werdende Beweise eingeflochten habe, um bei der jetzigen Darstellung mich kürzer fassen zu können. Es ist dies zunächst der unmittelbar vorstehende Aufsatz: *Über den Verlauf der Abelschen Integrale bei den Kurven vierten Grades* [Abh. XXXIX]; er mag namentlich auch die Richtung bezeichnen, in welcher ich die hier vorzutragenden Untersuchungen weiter zu führen denke. Es ist andererseits [die oben als Abh. XXXVI abgedruckte] Notiz: *Über den Zusammenhang der Flächen.* Die Auffassung — der zufolge man bei Zusammenhangsbetrachtungen nicht von der Fläche schlechthin, sondern von der Fläche*seite* zu sprechen hat — wird in der genannten Notiz konsequent durchgebildet [siehe besonders

---

[1]) [Vgl. hierzu eine Note „Weitere Mitteilung über eine neue Art von Riemannschen Flächen" in den Erlanger Sitzungsberichten vom 11. Mai 1874.]

[2]) [Die in eckigen Klammern stehenden Seitenzahlen beziehen sich auf den vorliegenden Wiederabdruck.]

S. 65]. Dies veranlaßt mich, weiterhin einige derjenigen Festsetzungen, die ich in meinem ersten Aufsatze über die neue Art der Riemannschen Flächen traf, schärfer zu fassen[3]).

§ 1.

Anordnung der Blätter. Bedeutung der reellen Wendetangenten und der isolierten Doppeltangenten.

In der zuletzt genannten Notiz „Über den Zusammenhang der Flächen" habe ich auf [S. 69] auf die enge Beziehung aufmerksam gemacht, welche zwischen der neuen Riemannschen Fläche und der v. Staudtschen Imaginärtheorie besteht, und habe entwickelt, daß man dementsprechend die Blätter der Fläche mit *Indikatrizen* überdecken könne, die einen bestimmten *Sinn* besitzen. Durch ihn sollte dort in derselben Weise eine Unterscheidung zwischen den beiden Seiten einer Fläche ermöglicht werden, wie dies gewöhnlich durch Angabe des Sinnes der Flächennormale geschieht. Hier, wo die prinzipiellen Fragen, die ich damals behandelte, zurücktreten, will ich mich der gewöhnlich gebrauchten bequemeren Anschauung bedienen. Man errichte etwa die Normale immer nach derjenigen Seite, von der aus die betr. Indikatrix in der Richtung des Zeigers einer Uhr durchlaufen erscheint, und bezeichne dann diejenigen Blätter der Fläche, deren Normale auf den Beschauer zugerichtet ist, als *obere*, die anderen als *untere*.

Es wird im folgenden, wenn nicht ausdrücklich (§ 6) das Gegenteil bemerkt wird, die Gleichung der zu untersuchenden Kurve mit *reellen* Koeffizienten gedacht. Dann ordnen sich die Blätter der Riemannschen Fläche in der Weise zu zwei zusammen, daß die Punkte des einen Blattes die konjugiert imaginären Werte derjenigen repräsentieren, welche im anderen Blatte ihre Darstellung finden. Da der *Sinn* der oben genannten Indikatrizen zwischen den konjugiert imaginären Vorkommnissen scheidet, *so ist also von zwei zusammengehörigen Blättern das eine ein oberes, das andere ein unteres.* An jeder Stelle ist die Ebene von einer paaren Anzahl (die auch Null sein kann) von Blättern überdeckt; die halbe Zahl dieser Blätter gehört zu den oberen, die andere Hälfte zu den unteren, und jedes obere Blatt entspricht einem bestimmten unteren.

Um von einem oberen Blatte in ein unteres zu gelangen, gibt es zwei

---

[3]) [Beim Wiederabdruck der ersten Mitteilung über neue Riemannsche Flächen (Abh. XXXVIII) sind einige dieser, die reellen Wendetangenten und isolierten Doppeltangenten betreffenden Festsetzungen bereits dementsprechend formuliert, so daß sich ihre nochmalige Korrektur in § 1 der vorliegenden Mitteilung erübrigt. Deshalb konnte letzterer an einigen Stellen gekürzt werden.]

Möglichkeiten. Entweder man geht (sofern es Blätter gibt, die sich durch das Unendliche erstrecken) durch das Unendliche hindurch, wobei sich der Sinn der Flächennormale von selbst umkehrt — oder man überschreitet einen reellen Zug der Kurve, resp. eine reelle Wendetangente oder [in gleich noch näher zu erläuternder Weise] eine isolierte Doppeltangente derselben, wobei man vom oberen Blatte ausgehend in das unmittelbar unter ihm befindliche, zugehörige untere Blatt gelangt. .

Auf [S. 94, 95] des ersten Aufsatzes wurde eine Kurve dritter Klasse mit isolierter Doppeltangente betrachtet (Fig. 5 ebenda). Dieselbe erscheint als eine Übergangsform zwischen der allgemeinen, einteiligen und der allgemeinen, zweiteiligen Kurve (Fig. 6, 4); die Doppeltangente geht doppeltzählend aus einem Zuge der letztgenannten Kurve hervor, der die Gestalt einer sehr steilen Hyperbel hat; beim Übergang zu Fig. 6 kommt die Doppeltangente einfach in Wegfall. Die Modifikation, welche die bez. Riemannsche Fläche bei diesem Übergange erleidet, kann man folgendermaßen beschreiben: Von der Fläche der Fig. 5 ausgehend erhält man die Fläche der Fig. 6 der einteiligen Kurve, indem man die beiden an die Doppeltangente hinanreichenden oberen Halbblätter miteinander vereinigt, und ebenso die beiden (zugehörigen) unteren Halbblätter; dagegen erhält man die Fläche der Fig. 4 der zweiteiligen Kurve, indem man jedes der beiden an die Doppeltangente sich hinanziehenden oberen Halbblätter an das zugehörige untere Halbblatt anheftet. — Dieser doppelten Möglichkeit gibt man [am besten Ausdruck, wenn man sagt]: *man stellt sich die Fläche längs der Doppeltangente zerschnitten vor*, wo man dann die beiden Ränder je nach Bedürfnis vereinigen kann. Unter einem Rande der betr. Fläche wird dabei verstanden die Berandung eines oberen Halbblattes zusammen mit der Berandung des gegenüberliegenden unteren; denn sie hängen im Unendlichen zusammen. Wenn später (§ 4) davon die Rede ist, daß, bei der gewöhnlichen Riemannschen Fläche, der hier in Rede stehenden Doppeltangente ein Paar von Fundamentalpunkten entspricht, so hat man sich das so vorzustellen: daß der Umgebung des einen Fundamentalpunktes der eine der hier definierten Ränder, der Umgebung des anderen Fundamentalpunktes der andere Rand zugeordnet ist [vgl. Abh. XXXVI, S. 71—73]. — Diese Erläuterung, die sich zunächst auf den Fall der Kurven dritter Klasse bezog, soll selbstverständlich allgemeine Bedeutung haben, ebenso wie die Bemerkung, [die ich in dem ersten Aufsatz betr. die reellen Wendetangenten machte, daß sie in ihrer Beziehung zur Fläche einfach in derselben Weise vorgestellt werden sollen, wie die reellen Züge der Kurve].

Da bei einer Kurve mit reellen Koeffizienten die imaginären Vorkommnisse immer paarweise als konjugiert imaginäre auftreten, so werden sich bei unseren Flächen alle Besonderheiten, die sich in einem oberen

Blatte einstellen, an derselben Stelle des zugehörigen unteren Blattes wiederholen. Insbesondere, wenn zwei obere Blätter sich in einem Punkte verzweigen, wo dann, irgendwie gestaltet, von diesem Punkte ein Verzweigungsschnitt ausläuft, so verzweigen sich die zugehörigen unteren Blätter an derselben Stelle und man kann dem betr. Verzweigungsschnitte eben die Gestalt des anderen geben. Eine solche Stelle werde ich weiterhin einen *Doppelverzweigungspunkt* nennen [vgl. Abh. XXXIX, S. 114, 115]. Andere Verzweigungspunkte als diese gibt es nicht. Denn sollte ein oberes und ein unteres Blatt durch einen Verzweigungspunkt verbunden sein, so würde von ihm aus eine doppeltzählende, sich selbst konjugierte, d. h. *reelle* Tangente an die Kurve gehen. Das geschieht aber nur bei denjenigen Punkten, welche den reellen Kurvenzügen oder den reellen Wendetangenten oder den isolierten Doppeltangenten angehören; und deren Bedeutung für die Riemannsche Fläche ist bereits untersucht. — Es wird also auch nie ein oberes und ein unteres Blatt durch einen Verzweigungsschnitt verbunden sein, und, zerschneidet man die Fläche längs der reellen Kurvenzüge, der reellen Wendetangenten und (wenn es noch nicht geschehen) längs der isolierten Doppeltangenten, so hängen die oberen Blätter der Fläche entweder überhaupt nicht mehr mit den unteren Blättern zusammen oder nur noch möglicherweise im Unendlichen.

§ 2.

Verzweigungspunkte.

Nach der eben gegebenen Erläuterung kann unsere Fläche nur an solchen Stellen Verzweigungspunkte aufweisen, an welchen zwei obere Blätter und zugleich zwei untere Blätter je einen Punkt gemein haben. Das letztere geschieht, wenn sich von dem betr. (reellen) Punkte der Ebene zwei konjugiert imaginäre doppeltzählende Tangenten an die gegebene Kurve legen lassen. Wir werden hier diese Vorkommnisse aufzählen unter der auch später immer festgehaltenen (und dann nicht ausdrücklich hervorgehobenen) Voraussetzung, daß die geg. Kurve nur einfache Singularitäten besitze. Zur Bezeichnung der letzteren verwende ich hier und überhaupt im folgenden dieselben Buchstaben, die ich in der Note „Über Singularitäten" [S. 78 ff.] gebrauchte. Die hier zunächst in Betracht kommenden Punkte sind die folgenden:

1. die d'' isolierten Doppelpunkte der Kurve,
2. die $\frac{1}{2}w''$ reellen Punkte, von denen zwei konjugiert imaginäre Wendetangenten ausgehen,
3. die $\frac{1}{2}t'''$ reellen Punkte, in denen sich zwei konjugiert imaginäre Doppeltangenten kreuzen.

Ich behaupte nun: *Die Punkte 1, 2 liefern in der Tat Doppelverzweigungspunkte, nicht aber die Punkte 3.* Mit diesem Satze und der auf
die reellen Wendetangenten und isolierten Doppeltangenten bez. Diskussion
des vorigen Paragraphen ist der Einfluß, den die Singularitäten der Kurve
auf die Gestalt der zugehörigen Riemannschen Fläche haben, erschöpfend
angegeben, denn die Bedeutung der reellen nicht isolierten Doppelpunkte,
der reellen Spitzen und der nicht isolierten reellen Doppeltangenten ist zu
einfach, als daß sie noch besonders erläutert werden müssen [vgl. etwa
die Fig. 7 bis 9 und 13 bis 16 der Abh. XXXVIII oder die Fig. 14 bis 18
der vorstehenden Abh. XXXIX]; und die imaginären Doppelpunkte, resp.
die imaginären Spitzen, welche die Kurve besitzen mag, treten bei unserer
Riemannschen Fläche überhaupt nicht in unmittelbare Evidenz.

Um den ausgesprochenen Satz zu beweisen, benutze ich, wie in der
Note „Über Singularitäten", die Methode, seine Richtigkeit an geeigneten
Beispielen zu demonstrieren; ein Beweis, den man vielleicht explizite
wünschen mag, daß die jedesmaligen Beispiele -hinlänglich allgemein sind,
unterdrücke ich der Kürze wegen.

Daß ein *isolierter reeller Doppelpunkt* Doppelverzweigungspunkt ist,
wurde für Kurven vierter Klasse [in Abh. XXXIX, S. 114] gezeigt und ist
damit allgemein bewiesen.

Die Notwendigkeit, *den reellen Punkt konjugiert imaginärer Wendetangenten* als Doppelverzweigungspunkt zu denken, wird sich im folgenden
Paragraphen bei Untersuchung der Kurven dritter Ordnung ergeben, deren
Fläche, ohne eine solche Annahme, aus getrennten Stücken bestehen würde,
was der Irreduzibilität der Kurve widerstreitet.

Endlich um zu sehen, *daß der reelle Punkt konjugiert imaginärer
Doppeltangenten* keine Verzweigung herbeiführt, betrachte man die Kurve
vierter Klasse, welche aus zwei sich schneidenden Kreisen gebildet wird.
Diese reduzible Kurve hat eine Riemannsche Fläche, die aus den beiden
bezüglichen kreisförmigen Doppelblättern gebildet wird. Aber die Kurve hat
vier Doppeltangenten und unter ihnen zwei imaginäre. Der reelle Punkt
derselben ist der sog. innere Ähnlichkeitspunkt der beiden Kreise. Von
einer in ihm stattfindenden Verzweigung kann selbstverständlich keine
Rede sein.

Wir werden jetzt diese Verhältnisse an dem Beispiele der *Kurven
dritter Ordnung* ausführlich diskutieren. Dieselben sind, wenn sie keinen
vielfachen Punkt haben, von der sechsten Klasse und haben dann sechs
imaginäre Wendungen; wir werden daher bei ihnen drei Doppelverzweigungspunkte und evtl. sechs übereinander liegende Blätter haben, so daß
eine schon ziemlich beträchtliche Anzahl von Elementen zu kombinieren
ist. Indem wir die Modifikationen verfolgen, welche die zugehörige Fläche

erfährt, wenn die Kurve einen singulären Punkt erhält oder verliert, erhalten wir nebenbei eine bemerkenswerte Veranschaulichung der Plückerschen Formeln, sofern dieselben aussagen, daß ein Doppelpunkt sechs, eine Spitze acht Wendungen absorbiert.

Noch in einer anderen Richtung scheinen die folgenden Figuren bemerkenswert. Man hat sich seither bei der Wendepunktsgleichung der Kurven dritter Ordnung und ähnlichen Problemen wesentlich mit der Aufstellung der Resolventen beschäftigt. Aber man kann die Frage in einem anderen Sinne stellen, indem man verlangt, *die einfachsten Näherungsmethoden anzugeben, welche bei numerischer Auflösung solcher Gleichungen am raschesten zum Ziel führen.* Die nachfolgenden Figuren geben für die Wendepunktsgleichung der Kurven dritter Ordnung in diesem Sinne insofern eine Anleitung, als sie diejenigen Bezirke der Ebene kennen lehren, in welchen man die reellen Punkte der Wendetangenten zu suchen hat, was mit einer Separation der Wurzeln etwa auf gleicher Stufe steht. Das Wendepunktsproblem, wie es hier vorliegt, ist freilich noch zu einfach, um den Vorzug einer solchen Behandlung bei praktischen Fällen gegenüber der direkten Auflösungsmethode wesentlich hervortreten zu lassen. Anders wird es aber z. B. schon bei Kurven vierter Ordnung, wenn es sich um numerische Bestimmung der Doppeltangenten oder Wendetangenten handelt.

§ 3.

Die Riemannschen Flächen der Kurven dritter Ordnung.

Bereits in [Abh. XXXVIII, S. 95 (Fig. 11)] wurde die zu einer Kurve dritter Ordnung mit Spitze gehörige Fläche gezeichnet. Da wir weiterhin (§ 4) noch auf diejenige Partie der Fläche, welche in der Nähe des reellen Wendepunktes sich erstreckt, zu reden kommen, so wird es

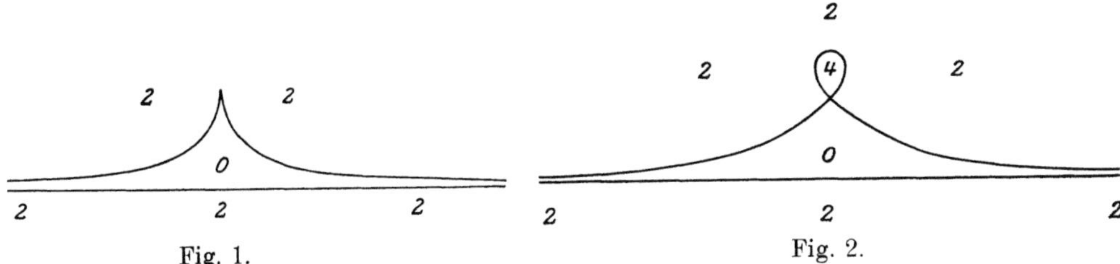

<table>
<tr><td>Fig. 1.</td><td>Fig. 2.</td></tr>
</table>

hier gestattet sein, den Wendepunkt unendlich weit zu projizieren und dadurch die Fig. 1 zu einer symmetrischen zu gestalten.

Nun soll aus der Kurve mit Spitze eine Kurve mit nicht isoliertem Doppelpunkt entstehen. Zu dem Zwecke haben wir die Spitze durch eine

(zunächst kleine) Schleife zu ersetzen. Die Klasse der Kurve wächst bei
diesem Übergange um eine Einheit, und die Anzahl der Blätter der Riemannschen Fläche ist [für die verschiedenen Teile der Ebene] dementsprechend die in Fig. 2 angegebene.

*Enthielte nun das Innere der Schleife keinen Verzweigungspunkt,
so könnten diese Blätter kein zusammenhängendes Ganzes bilden.* Ein
isolierter Doppelpunkt ist aber nicht vorhanden, es müssen sich also imaginäre Wendungen gebildet haben — was die genannte Bestätigung der
Plückerschen Formeln ist — und sie müssen eine Verzweigung veran-
lassen — was den von uns für die betr. Behauptung in Aussicht gestellten
Beweis ausmacht. Die Plückerschen Formeln zeigen, daß die nun auftretenden imaginären Wendungen nur in der Zahl 2 vorhanden sind, wir
erhalten also nur *einen* Doppelverzweigungspunkt. Wir wollen die beiden
von ihm ausgehenden Verzweigungsschnitte in den Doppelpunkt auslaufen
lassen (oder vielmehr die beiden Schnitte, die bez. die Durchdringung der
beiden oberen und der beiden unteren Blätter vorstellen (und also in
der Zeichnung koinzidieren) im Doppelpunkte sich vereinigen lassen). So
entsteht folgende Figur:

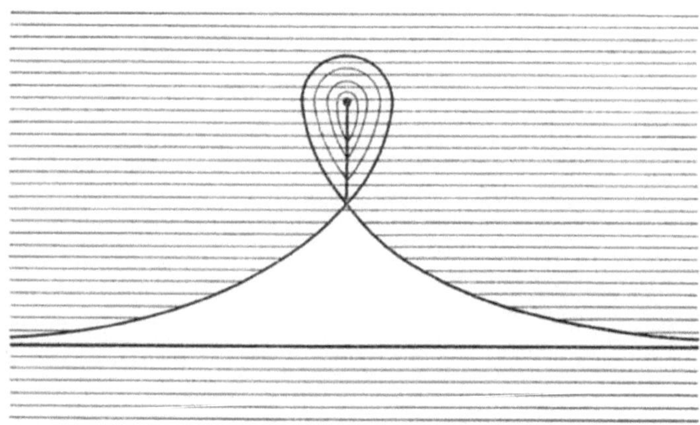

Fig. 3.

Wir denken uns bei ihr die beiden von der Schleife umschlossenen
Blätter *zwischen* den beiden sich ins Unendliche erstreckenden Blättern
gelegen; dementsprechend wurde die Schleife schwächer ausgezogen, als die
übrigen Konturen und der Verzweigungsschnitt.

Von der Kurve mit Doppelpunkt gehen wir, indem wir den Doppelpunkt in dem einen oder anderen Sinne auflösen, zu einteiligen oder zweiteiligen Kurven dritter Ordnung über, die dann von der sechsten Klasse
sind. — Die entstehende einteilige Kurve gehört, wie beiläufig bemerkt
sei, zu den sogenannten *Viereckskurven*, d. h. sie verläuft in den Vier-

ecken der Figur, die durch die drei reellen Wendetangenten und die gerade
Linie, welche die drei Wendepunkte enthält, gebildet wird (Möbius,
Über die Grundformen der Linien dritter Ordnung. Abh. der Sächs. Akad.
1848/52, S. 80). Weiterhin leiten wir aus der zweiteiligen Kurve, indem
wir das Oval verschwinden lassen, einteilige *Dreieckskurven* ab. Ihre
Riemannsche Fläche scheint auf den ersten Blick von der Fläche der
Viereckskurven sehr verschieden; dieselben gehen aber, wie noch gezeigt
wird, kontinuierlich ineinander über, sobald man den Übergangsfall ins
Auge faßt, in welchem sich die drei reellen Wendetangenten in einem
Punkte kreuzen. Deshalb werden bei der allgemeinen Betrachtung (§ 5)
derartige Vorkommnisse (daß Kurven überschritten werden, welche statt
dreier Doppelpunkte, die durch Überkreuzung von Kurvenzweigen oder auch
von reellen Wendetangenten entstehen, einen dreifachen Punkt besitzen)
nicht weiter diskutiert.

Sobald wir bei der zuletzt gezeichneten Kurve dritter Ordnung den
Doppelpunkt auflösen, bilden sich nach Plückers Angabe [Über Singularitäten, S. 81] zwei reelle Wendungen und vier imaginäre, also bei
unseren Flächen zwei neue Doppelverzweigungspunkte. Daß dieselben in

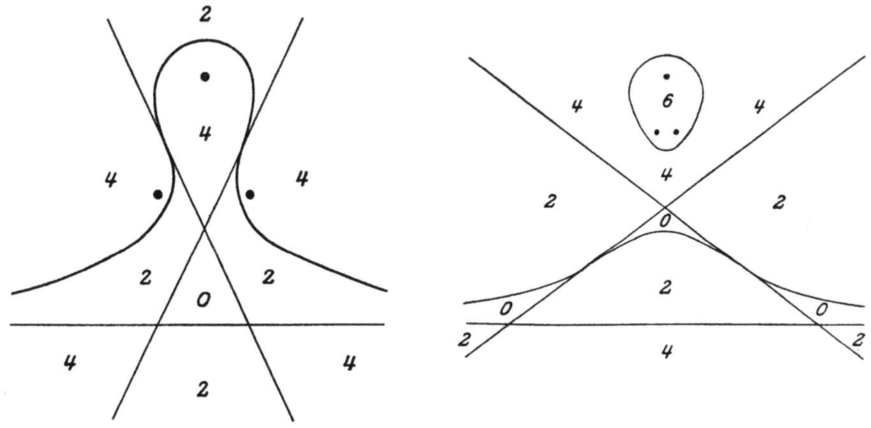

Fig. 4.

den Fig. 4 richtig angegeben sind (wir haben in diesen Figuren zugleich
die betr. Blätteranzahlen notiert), ergibt sich, da die Lage des schon vorhandenen Doppelverzweigungspunktes schon bekannt ist, aus Symmetriegründen. Man sieht das deutlicher bei den Figuren, die sich ergeben, wenn
man die drei reellen Wendepunkte unendlich weit projiziert (Fig. 5) und,
indem wir sie zugrunde legen, erhalten wir die umstehend abgebildeten
Riemannschen Flächen (Fig. 6).

Die hyperbelartigen Züge der ersten Figur, das Oval der zweiten und
Stücke der bei ihr auftretenden Verzweigungsschnitte, sowie beide Mal

bestimmte Segmente der Wendetangenten sind schwächer ausgezogen, da
die von ihnen begrenzten Blätter durch vorgelagerte Blätter verdeckt sind.

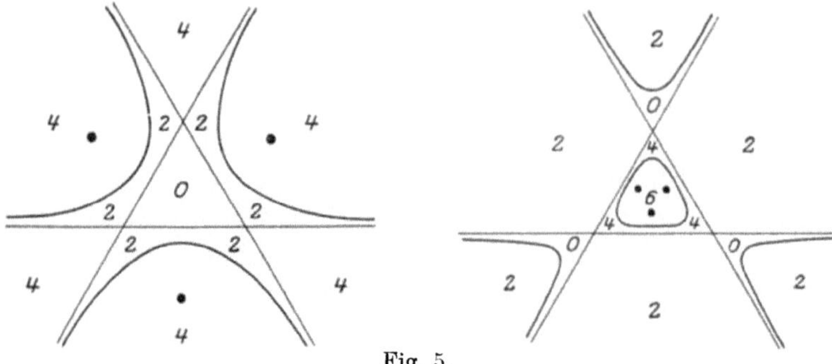

Fig. 5.

Die Verzweigungsschnitte erstrecken sich in der ersten Figur durch das
Unendliche hindurch; bei der zweiten Figur schneiden sie sich in einem

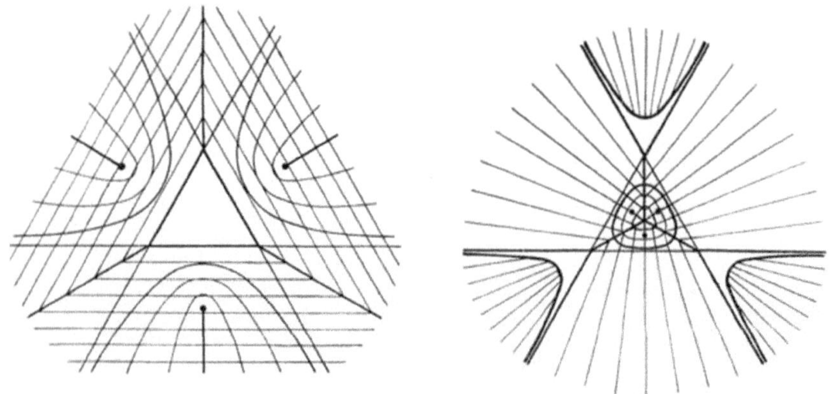

Fig. 6.

Punkte.   Es ist wohl kaum nötig, zu bemerken, daß die Lage der Verzweigungsschnitte noch mannigfach abgeändert werden kann. —

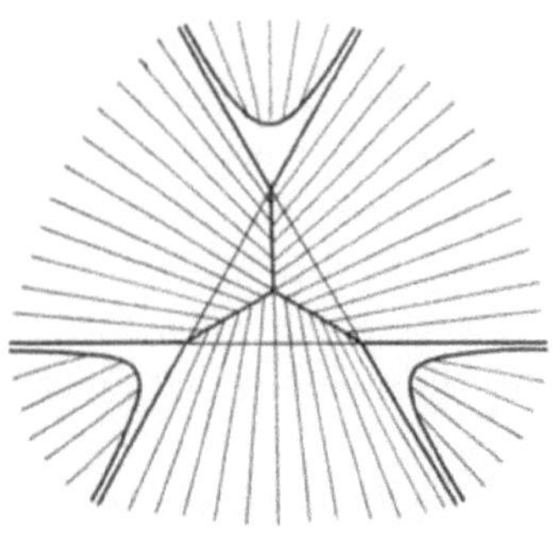

Fig. 7.

Aus der zweiteiligen Kurve mag jetzt
eine Kurve mit isoliertem Punkte entstehen,
indem wir das Oval in einen Punkt zusammenziehen.   Dann hat man die nebenstehende Fig. 7.

Man sieht, daß der Doppelpunkt, wie es
die Plückerschen Formeln verlangen, sechs
Wendungen absorbiert hat.   Der Doppelpunkt ist ein einfacher Doppelverzweigungspunkt; die drei in der Figur von ihm ausgehenden Verzweigungsschnitte lassen sich

durch einen ersetzen (vgl. auch die etwas anders angeordnete [Fig. 18 der Abh. XXXVIII, S. 97]).

Indem wir endlich das zum Doppelpunkte gewordene Oval vollends verschwinden lassen, entsteht die *einteilige Dreieckskurve.* Um die betr. Fläche aus der zuletzt betrachteten zu erhalten, mache man folgende Überlegung. Indem der Doppelpunkt verschwindet, steigt die Klasse der Kurve um zwei Einheiten. Es lassen sich also von jedem Punkte der Ebene zwei Tangenten *mehr* an die Kurve legen als vorher. Aber für keinen Punkt sind dieselben reell. Es ist also die ganze Ebene *mit einem neuen Doppelblatte* zu überdecken, dessen obere resp. untere Hälfte man sich vor der Vorderfläche resp. hinter der

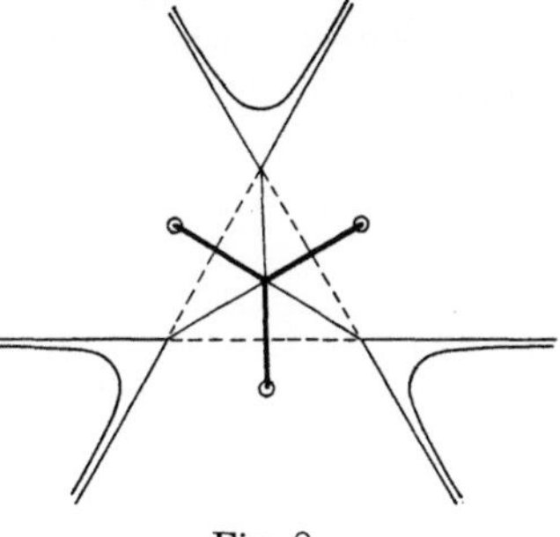

Fig. 8.

Rückfläche der bisherigen Figur ausgebreitet denken mag. Dasselbe hängt dadurch mit den übrigen Blättern zusammen, daß sich der isolierte Doppelpunkt wieder in *drei* Doppelverzweigungspunkte aufgelöst hat, wie die obenstehende Fig. 8 aufweist.

In ihr sind diejenigen Konturen, welche für den Beobachter durch zwei Blätter verdeckt erscheinen, nur punktiert; vor die schwach ausgezogenen Konturen ist nur je ein Blatt vorgelagert.

Von der so erhaltenen Zeichnung geht man nun zu *der einteiligen Viereckskurve* zurück, indem man eine Kurve betrachtet, bei der sich die drei reellen Wendetangenten in einem Punkte schneiden (Fig. 9).

Dreht man diese Figur um 60 Grad, so übersieht man, daß dieselbe von der oben für die Viereckskurve gegebenen (Fig. 5 links) wenig verschieden ist. Man hat nur die drei Asymptoten der letzteren

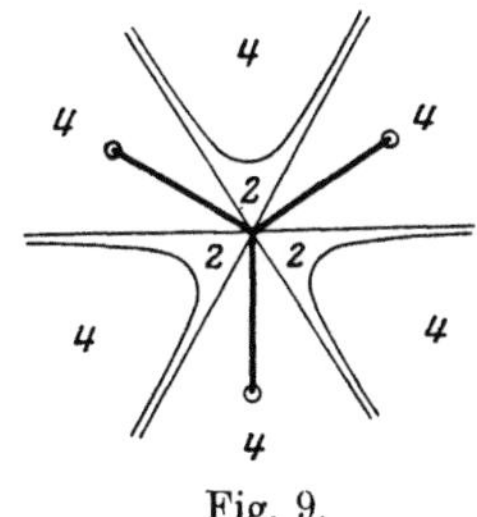

Fig. 9.

zu verschieben, daß sie durch einen Punkt gehen, und die Verzweigungspunkte durch das Unendliche hindurch auf den Mittelpunkt der Figur zurücken zu lassen.

Hiermit sind alle Arten der Kurven dritter Ordnung besprochen.

§ 4.

Der Zusammenhang unserer Flächen.

Wenn der Zusammenhang, den unsere Flächen besitzen, bestimmt werden soll, bedarf es vor allen Dingen einer Erörterung über die Gestalt der Fläche in der Nähe eines reellen Wendepunktes. Denn Flächen mit

singulären Punkten sind von den gewöhnlichen Zusammenhangsunter-
suchungen ausgeschlossen, und man muß, wenn bei ihnen dennoch von
einer Zusammenhangszahl gesprochen werden soll, eine besondere Festsetzung treffen. Eine Kurve mit Wendetangente ist, als Klassenkurve
aufgefaßt, Übergangsfall zwischen einer Kurve, welche eine isolierte, und
einer Kurve, welche eine nicht isolierte reelle Doppeltangente besitzt
(Fig. 10).

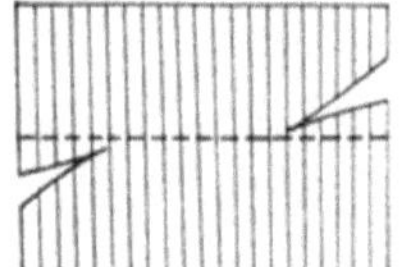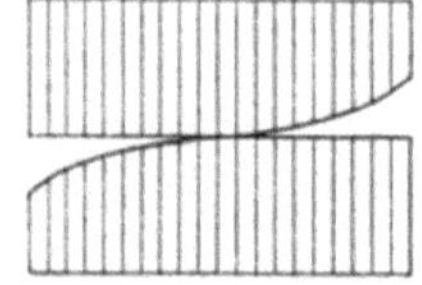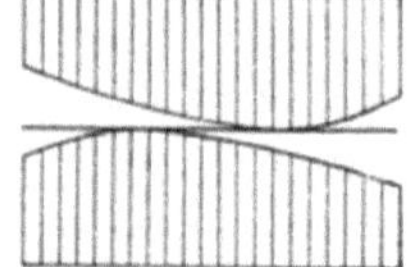

Fig. 10.

Der Zusammenhang der Fläche sinkt, wenn wir von der ersten Figur
zur letzten fortschreiten, um zwei Einheiten; es scheint daher naturgemäß,
der in der Mitte befindlichen Figur die mittlere Zahl beizulegen.

Allgemein: Es sei eine Klassenkurve mit w' reellen Wendetangenten
gegeben. So lasse man die letzteren durch kleine Änderung der Konstanten
in Doppeltangenten übergehen. Von denselben mögen w_1' nicht isoliert,
w_2' isoliert sein $(w_1' + w_2' = w')$ [4]). Sodann bestimme man den Zusammenhang der Riemannschen Fläche, die zu der modifizierten Kurve gehört,
und addiere $w_1' - w_2'$. *Die dann erhaltene Zahl soll der Zusammenhang
der ursprünglichen Fläche genannt werden.*

Bestimmen wir jetzt den Zusammenhang der „modifizierten" Fläche,
die im ganzen $t'' + w_2'$ isolierte Doppeltangenten enthält. Zu dem Zwecke
vergleichen wir sie mit der gewöhnlichen Riemannschen Fläche, die sich
ergibt, wenn man, vermöge der Gleichung der Klassenkurve, eine der
beiden Linienkoordinaten als Funktion der anderen betrachtet und die
komplexen Werte der letzteren über die $x + iy$-Ebene ausbreitet. Auf
diese gewöhnliche Riemannsche Fläche ist unsere im allgemeinen eindeutig abgebildet. Eine Ausnahme verursachen nur die isolierten reellen
Doppeltangenten, die ihrer ganzen Erstreckung nach auf unserer Fläche
liegen, während ihnen auf der gew. Fläche je ein Punktepaar entspricht.
Da nun die gewöhnliche Riemannsche Fläche den Zusammenhang $2p$
aufweist, so erhält unsere „modifizierte" Fläche nach einem schon im § 1

---

[4]) Vielleicht gibt es Fälle, in denen eine solche Modifikation nicht möglich ist,
ohne daß gleichzeitig andere Doppeltangenten verschwinden usw. In solchen Fällen
reicht der Wortlaut des Textes nicht mehr aus; es wird aber leicht sein, die Darstellung des Textes dennoch zu verwerten.

besprochenen [in Abh. XXXVI, S. 70] aufgestellten Satze[5]) den Zusammenhang:

$$2p + 2w_2' + 2t'',$$

und also unsere ursprüngliche Fläche den Zusammenhang:

$$Z = 2p + w_1' + w_2' + 2t'' = 2p + w' + 2t''.$$

Zu eben dieser Formel würde man geführt, wenn man, ohne sich auf eine nähere Untersuchung der reellen Wendepunkte und ihres Einflusses auf den Zusammenhang einzulassen, einfach von dem Umstande ausginge, daß den nach ihrer ganzen Erstreckung auf unseren Flächen liegenden reellen Wendetangenten auf der gewöhnlichen Riemannschen Fläche nur je ein Punkt entspricht, und dann den eben zitierten Satz anwendete. Ein solches Verfahren wäre natürlich an sich nicht gerechtfertigt, da der betr. Satz an der angeführten Stelle nur unter Voraussetzungen bewiesen ist, die hier nicht zutreffen (die Existenz singulärer Punkte blieb ausgeschlossen). Vielmehr hat man in der Übereinstimmung nur eine Bestätigung dafür zu erblicken, daß die oben getroffene, die Wendepunkte betr. Festsetzung naturgemäß ist.

Wir werden nun in den folgenden beiden Paragraphen versuchen, die jetzt für Z gewonnene Formel direkt, ohne auf die gewöhnliche Riemannsche Fläche zurückzugehen, aus der Gestalt der Kurven n-ter Klasse zu beweisen. Mir scheint diese Aufgabe besonders deshalb interessant, weil sie zeigt, daß wir die jedenfalls sehr mannigfachen Gestalten dieser Kurven doch schon mit Hilfe der jetzt bekannten Sätze bis zu einem gewissen Grade beherrschen.

Inzwischen werde hier ein instruktives Beispiel vorausgeschickt, in welchem sich die direkte Abzählung unmittelbar gestaltet.

Es sei die Klasse k der Kurve und die Ordnung n derselben eine gerade Zahl:

$$k = 2\varkappa, \qquad n = 2\nu.$$

Dann kann die Kurve — und das soll hier vorausgesetzt werden — möglicherweise ohne jeden reellen Zug sein. Auf den von uns festgehaltenen Standpunkt der Allgemeinheit sind von den Singularitätenanzahlen w', t', r', d' in diesem Falle gleich Null zu setzen, während t'', d'', t''', d''' beliebige Werte haben, die untereinander und mit ν und $\varkappa$ nur durch die Plückerschen Formeln und durch die Relation:

$$\nu + t'' = \varkappa + d''$$

---

[5]) Derselbe lautet: Sind zwei Flächen im allgemeinen eindeutig aufeinander bezogen, doch so, daß die eine μ, die andere ν Fundamentalpunkte trägt, so ist der Zusammenhang der ersten, vermehrt um μ, gleich dem Zusammenhang der zweiten, vermehrt um ν.

verbunden sind (in welche in diesem Falle die allgemeine

$$n + w' + 2t'' = k + r' + 2d''$$

übergeht).

Betrachten wir jetzt die zugehörige **Riemann**sche Fläche. Dieselbe überdeckt die ganze Ebene mit $\varkappa$ unbegrenzten Doppelblättern, die durch $d'' + \frac{1}{2}w''$ Doppelverzweigungspunkte miteinander verbunden sind. Wären diese Verzweigungspunkte nicht vorhanden, so käme als Zusammenhangszahl $-2(\varkappa - 1)$. Denn jedes die ganze Ebene überdeckende Doppelblatt hat (wie die als Doppelfläche betrachtete Ebene selbst) den Zusammenhang Null, und für die Trennung der $\varkappa$ Bestandteile voneinander hat man $(\varkappa - 1)$ mal (-2) in Anrechnung zu bringen. Diese Zahl $-2(\varkappa - 1)$ wird dann durch jeden Verzweigungspunkt um eine Einheit, durch jeden Doppelverzweigungspunkt also um zwei Einheiten erhöht. Somit kommt

$$Z = -2(\varkappa - 1) + 2d'' + w''.$$

Dies aber ist in der Tat gleich $2p + w' + 2t''$, wie sich folgendermaßen ergibt. Zunächst ist

$$p = \frac{k-1 \cdot k-2}{2} - t - w = (2\varkappa - 1)(\varkappa - 1) - t'' - t''' - w''$$

und insbesondere $\qquad\qquad w' = 0,$

also $\qquad 2p + w' + 2t'' = 2(\varkappa - 1)(2\varkappa - 1) - 2t''' - 2w''.$

Dann aber gibt die **Plücker**sche Formel

$$2\nu = 2\varkappa(2\varkappa - 1) - 2t'' - 2t''' - 3w''.$$

Aus ihr folgt:

$$2p + w' + 2t'' = 2\nu - 2(2\varkappa - 1) + 2t'' + w''$$

und dieses setzt die angegebene Relation:

$$\nu + t'' = \varkappa + d''$$

unmittelbar in die gewünschte Gestalt um:

$$2p + w' + 2t'' = -2(\varkappa - 1) + 2d'' + w''.$$

§ 5.

Direkte Bestimmung der Zusammenhangszahl.

Die direkte Begründung der Formel

$$Z = 2p + w' + 2t''$$

aus der Gestalt der Kurve soll jetzt in folgender Weise geführt werden. Wir zeigen zunächst, daß man für jede Klasse k Beispiele angeben kann, in denen die Formel richtig ist. Wir zeigen sodann, daß sie richtig bleibt, wenn man von der im Beispiele benutzten Kurve zu einer beliebigen anderen Kurve derselben Klasse übergeht.

Die Wahl des anfänglichen Beispiels kann natürlich auf sehr mannigfaltige Weise geschehen; man könnte z. B. für ein gerades k die zuletzt betrachteten Kurven wählen, welche keinen reellen Zug enthalten[6]). Da ich aber weiterhin verschiedene Sätze brauche, die ich in dem Aufsatze „Über Singularitäten" zusammengestellt habe, so ziehe ich es vor, mich überhaupt genau an diesen Aufsatz anzuschließen. Es sind nur die Betrachtungen, die dort für Ordnungskurven angestellt wurden, hier durchgängig dualistisch auf Klassenkurven zu übertragen.

Beginnen wir damit, die dort zugrunde gelegten Beispiele [S. 83 ff.] nach dualistischer Übertragung für die hier vorliegende Fragestellung zu verwerten.

Ist k gerade $= 2\varkappa$, so nehme man [S. 83] $\varkappa$ Ellipsen, deren jede mit jeder anderen vier reelle Tangenten gemein hat, und konstruiere aus ihnen eine allgemeine Kurve der Klasse $2\varkappa$, indem man bei jeder dieser Tangenten eines der beiden Segmente, in die sie durch ihre Berührungspunkte zerlegt wird, in zwei reelle Kurvenzüge spaltet, während man das andere Segment verschwinden läßt. (Dies ist also dasselbe Verfahren, welches insbesondere für Kurven vierter Klasse im vorstehenden Aufsatze angewandt wurde und dort ausführlich erläutert ist.) Jede dieser Operationen, deren Anzahl $2\varkappa(\varkappa - 1)$ ist, erhöht den Zusammenhang der ursprünglichen Riemannschen Fläche um zwei Einheiten; derselbe wird also

$$Z = - 2(\varkappa - 1) + 4\varkappa(\varkappa - 1) = (k - 1)(k - 2),$$

da das Aggregat der nicht verbundenen $\varkappa$ elliptischen Doppelblätter den Zusammenhang $- 2(\varkappa - 1)$ aufweist und bei dem Änderungsprozesse keine Verzweigungen entstanden sind. — Der gefundene Wert von Z stimmt überein mit der allgemeinen Formel

$$Z = 2p + w' + 2t'',$$

insofern im Beispiele überhaupt keine Wendungen oder Doppeltangenten vorhanden sind, und also:

$$p = \frac{k - 1 \cdot k - 2}{2}, \qquad w' = 0, \qquad t'' = 0.$$

Ist k dagegen ungerade, so setze man dasselbe $= 2\varkappa + 3$ und zeichne,

[6]) In meiner oben angeführten Note (Erlanger Berichte 1874) hatte ich eine Kurve benutzt, die in lauter einzelne Punkte zerfallen war [was zwar zu dem gewünschten Resultat führte, aber Bedenken verursachen kann und jedenfalls besondere Vorsicht erfordert, da jede Gerade durch einen dieser Punkte geradeso als Spitzentangente anzusehen ist, wie jeder Punkt auf einer Geraden als Wendepunkt. K.].

analog wie auf [S. 84], $\varkappa$ Ellipsen und eine Kurve dritter Klasse. Das Aggregat der bez. zugehörigen Flächen hat als Zusammenhangszahl

$$2 - 2\varkappa = - 2\,(\varkappa - 1),$$

und geht man nun zu einer allgemeinen Kurve k-ter Klasse über, indem die $2\varkappa\,(\varkappa - 1)$ reellen Tangenten, die den Ellipsen zu zwei gemeinsam sind, und die $6\varkappa$ reellen Tangenten, welche gleichzeitig eine Ellipse und die Kurve dritter Klasse berühren, in reelle Kurvenzüge spaltet, so kommt

$$Z = - 2\,(\varkappa - 1) + 4\varkappa\,(\varkappa - 1) + 12\varkappa = (k - 1)\,(k - 2),$$

was wiederum stimmt.

Von diesen Beispielen ausgehend zeigen wir zunächst: *Die Formel*

$$Z = 2p + w' + 2t''$$

gilt für alle allgemeinen Klassenkurven, d. h. für solche, die keine Doppel- und Wendetangenten besitzen.

Zu dem Zwecke lassen wir die einzelne in Betracht kommende Kurve, je nachdem k gerade oder ungerade, aus dem ersten oder zweiten der gegebenen Beispiele nach Anleitung von [S. 83 f.] entstehen. Dann werden, allgemein zu reden, eine Anzahl einzelner Kurven überschritten werden müssen, bei denen die Riemannsche Fläche eine wesentliche Gestaltsänderung erfährt, und es ist zu zeigen, daß trotz der Änderung die Zusammenhangszahl dieselbe geblieben ist. Die hier in Betracht zu ziehenden Vorkommnisse beziehen sich entweder darauf, daß eine Kurve überschritten wird, bei der eine besondere Singularität auftritt, oder daß bei der betr. Kurve die immer vorhandene Singularität ihre Bedeutung für die Riemannsche Fläche wechselt. Mit Rücksicht auf die oben (§ 2) gegebene Erörterung über den gestaltlichen Einfluß, den die Singularitäten der Kurve auf deren Riemannsche Fläche haben, und im Anschlusse an die Entwicklung der [S. 81] zeigt sich, daß für jede der beiden Arten nur *eine* Möglichkeit in Betracht zu ziehen ist, nämlich bez.:

das Auftreten einer reellen, nicht isolierten oder isolierten Doppel-
tangente

und der Übergangsprozeß, der dem Verschwinden einer Einbuchtung (Über Singularitäten, [S. 80]) dualistisch entspricht und bei dem daher

ein nicht isolierter Doppelpunkt zum isolierten wird.

Der Einfluß, den diese Vorkommnisse auf die Gestalt der Riemannschen Fläche und damit auf ihre Zusammenhangszahl haben, wurde aber schon in den früheren Aufsätzen, sowie in § 1, 2 des vorliegenden hinlänglich erörtert. Wenn eine nicht isolierte Doppeltangente entsteht, so zieht sich ein „Band" der betr. Riemannschen Fläche in ein doppeltzählendes Segment einer geraden Linie zusammen und kommt so in Wegfall; hernach aber gestaltet sich das ergänzende Segment der betr. geraden Linie zu einem Bande um, und der Zusammenhang hat auf der einen Seite zwei verloren, um auf der anderen zwei zu gewinnen. — Das Entstehen der isolierten Doppeltangente beeinflußt den Zusammenhang nach § 1 überhaupt nicht. Denn es ist damit gleichbedeutend, daß man in der betr. Riemannschen Fläche einen Rückkehrschnitt ausführt. Die Ränder dieses Rückkehrschnittes werden dann später nur in umgekehrter Weise zusammengefügt. — Endlich das zweite der angegebenen Vorkommnisse wurde auf [S. 114 f.] des Aufsatzes „Über Integrale" ausführlich betrachtet; die bes. Voraussetzung, die dort gemacht ist, daß bloß Kurven der vierten Klasse zu untersuchen sind, beeinflußt offenbar nicht die Allgemeingültigkeit der dort gegebenen Entwicklung.

Damit ist der gewünschte Beweis bereits erbracht. Der Zusammenhang bleibt bei der allgemeinen Klassenkurve immer $2p + w' + 2t''$ oder besser, da $w' = 0, t'' = 0$, er bleibt $= 2p$.

Um den Beweis jetzt auf solche Kurven, die Doppel- und Wendetangenten haben, auszudehnen, verfahren wir wie auf [S. 85]. Jede solche Kurve kann aus einer unmittelbar benachbarten allgemeinen Klassenkurve abgeleitet werden. Das Geschlecht der letzteren sei $[p]$. So wird die zu untersuchende Kurve ein Geschlecht haben:

$$p = [p] - t' - t'' - t''' - w' - w'',$$

wo t', t'' usw. die immer festgehaltene Bedeutung haben [S. 78 ff.]. Der Zusammenhang der Fläche, die zu der allgemeinen Kurve gehört, ist

$$[Z] = 2[p],$$

der Zusammenhang der zu untersuchenden Fläche soll werden

$$Z = 2p + w' + 2t'' = 2[p] - 2t' - 2t''' - w' - 2w'',$$

und es ist also zu zeigen, daß:

$$Z = [Z] - 2t' - 2t''' - w' - 2w''.$$

Mit anderen Worten, es ist zu zeigen:

Das Entstehen

 einer nicht isolierten reellen Doppeltangente,

 einer imaginären Doppeltangente,

 einer reellen Wendung,

 einer imaginären Wendung

erniedrigt den Zusammenhang bez. um 2, 2, 1, 2 Einheiten.

Dagegen führt das Entstehen einer isolierten reellen Doppeltangente keine Erniedrigung herbei.

Von diesen Sätzen können diejenigen als bewiesen gelten, welche sich auf die reellen Doppeltangenten beziehen. Auch der Einfluß der reellen Wendungen ist damit gegeben, denn sie sollen nach der im vorigen Paragraphen getroffenen Festsetzung die Mitte halten zwischen den isolierten und den nicht isolierten reellen Doppeltangenten.

Was die imaginären Doppeltangenten und Wendetangenten betrifft, so zeigt der Satz 3 der [S. 85]:

Der reelle Punkt zweier konjugiert imaginärer Doppeltangenten absorbiert zwei, und der reelle Punkt zweier konjugiert imaginärer Wendetangenten absorbiert drei reelle isolierte Doppelpunkte.

Es rücken daher in diese reellen Punkte zwei, bzw. drei Doppelverzweigungspunkte der Fläche zusammen, um (nach § 2) sich im ersten Falle zu kompensieren und sich im zweiten Falle auf nur einen Doppelverzweigungspunkt zu reduzieren. Beidemal verliert also die Fläche zwei Doppelverzweigungspunkte und also sinkt der Zusammenhang um vier Einheiten. Das macht für die einzelne imaginäre Doppeltangente oder Wendetangente zwei Einheiten, w. z. b. w.

Und hiermit ist die geforderte allgemeine Abzählung geleistet.

§ 6.

Komplexe Kurven.

Es wird hier am Platze sein, noch einige Worte über die Riemannsche Fläche solcher Kurven zu sagen, deren Gleichung komplexe Koeffizienten besitzt [S. 86]. Eine solche Kurve von der Ordnung n und der Klasse k hat auf dem hier festgehaltenen Standpunkte der Allgemeinheit eine Anzahl (δ) reeller isolierter Punkte und eine Anzahl (τ) reeller isolierter Tangenten. Sie besitzt sodann w'' imaginäre Wendetangenten, t''' imaginäre Doppeltangenten (und analog imaginäre Spitzen resp. Doppelpunkte).

Man vereinige nun die komplexe Kurve mit der ihr konjugierten. So entsteht eine neue Kurve, deren Gleichung *reelle* Koeffizienten hat, von der Ordnung $2n$, der Klasse $2k$, mit $2w''$ imaginären Wendetangenten usw. und δ isolierten reellen Doppelpunkten, τ isolierten reellen Doppeltangenten. Bei ihrer Riemannschen Fläche kennen wir den Zusammenhang und die Verzweigung der Blätter. Fügen wir hinzu, daß zusammengehörige Blätter dieser Fläche notwendig auf die beiden verschiedenen komplexen Kurven Bezug haben, so erhalten wir bezüglich der einzelnen komplexen Kurve folgenden Aufschluß:

Die zugehörige Riemannsche Fläche überdeckt die Ebene mit k einfachen Blättern, und hat die τ reellen isolierten Tangenten zu einfachen Randkurven.

Die Blätter sind durch $\delta + w''$ einfache Verzweigungspunkte verbunden, entsprechend den δ isolierten reellen Punkten und den w'' reellen Punkten der w'' imaginären Wendetangenten.

Der Zusammenhang der Fläche ist

$$z = 2p + \tau,$$

unter p das Geschlecht verstanden.

Was die Ableitung der letzteren Gleichung angeht, so verfahre man etwa folgendermaßen. Die reelle Kurve, welche durch Vereinigung der beiden komplexen entsteht, hat $2w''$ Wendetangenten und $2t''' + k^2$ Doppeltangenten (in die die k^2 gemeinsamen Tangenten der beiden komplexen Kurven eingerechnet sind). Ihr Geschlecht ist also:

$$P = \frac{2k-1 \cdot 2k-2}{2} - 2w'' - 2t''' - k^2.$$

Andererseits ist

$$p = \frac{k-1 \cdot k-2}{2} - w'' - t''',$$

also

$$P = 2p - 1.$$

Der Zusammenhang der Fläche, welche zur reellen Kurve gehört, muß aber nach den früheren Abzählungen sein:

$$Z = 2P + 2\tau.$$

Andererseits ist, da sich diese Fläche aus zwei Bestandteilen vom Zusammenhange z zusammensetzt,

$$Z = 2z - 2.$$

Hieraus folgt durch Elimination das gewünschte Resultat:

$$z = 2p + \tau.$$

Als Beispiele betrachte man die Riemannschen Flächen, die zum einzelnen komplexen Punkte oder zum komplexen Kegelschnitte gehören.

Im ersteren Falle ist $k = 1$, $\tau = 1$, $\delta = 0$. Die Fläche besteht aus einem einfachen Blatte, welches, die ganze Ebene überdeckend, von beiden Seiten an die reelle gerade Linie hinanreicht, welche den komplexen Punkt mit seinem konjugierten verbindet, und diese Linie zur Randkurve hat. Wir haben eine einfach zusammenhängende, einfach berandete Fläche.

Bei komplexen Kegelschnitten haben wir nach [S. 86] drei Arten zu unterscheiden. Ist kein reeller Punkt und also auch keine reelle Tangente vorhanden, so besteht die betr. Fläche aus einem nullfach zusammenhängenden, die ganze Ebene überdeckenden Doppelblatte. Aber es können zwei oder vier reelle Punkte vorhanden sein, dann finden sich auch zwei oder vier reelle Tangenten. Man erhält eine Fläche mit zwei oder vier Randkurven, die zwei oder vier Verzweigungspunkte besitzt und demnach doppelt oder vierfach zusammenhängend ist.

§ 7.

Bedeutung der reellen Kurvenzüge für die Riemannsche Fläche.

Zum Schluß will ich noch einige lose Bemerkungen hinzufügen, die sich wieder auf reelle Kurven beziehen und die Bedeutung erläutern, welche die reellen Züge dieser Kurven für die zugehörige Riemannsche Fläche haben. Es müssen diese Sätze von fundamentaler Wichtigkeit sein, wenn man es unternimmt, bei beliebigen reellen Kurven den Verlauf der Abelschen Integrale in der Weise zu untersuchen, wie ich es im vorstehenden Aufsatze für die Kurven vierter Klasse begonnen habe. Dabei will ich der Einfachheit wegen hier die Annahme festhalten, daß keine reellen Wendetangenten oder reelle isolierte Doppeltangenten vorhanden sind; eine Ergänzung, welche auf Kurven Bezug nimmt, bei denen diese Singularitäten auftreten, läßt sich leicht zufügen.

Zunächst sage ich: *Wenn eine Kurve C reelle Züge besitzt und man zerschneidet die zugehörige Riemannsche Fläche längs* $(C-1)$ *derselben, so zerfällt die Fläche noch nicht.* Denn wenn sie zerfiele, so könnte das nur so geschehen, daß sich zwei zusammengehörige (komplex konjugierte) Bestandteile bildeten. Dieselben werden dann aber notwendig in dem noch unzerschnittenen, letzten Zuge zusammenhängen.

Es folgt hieraus zunächst (natürlich unter der Beschränkung, die wir uns hier im Interesse der Einfachheit der Darstellung auferlegt haben) der Harnacksche Satz (Math. Annalen, Bd. 10 (1876), S. 190): *daß eine Kurve vom Geschlechte p nicht mehr als* $(p+1)$ *Züge haben kann.* Hätte sie nämlich $(p+2)$ Züge, so würde ein Zerschneiden längs $(p+1)$ derselben noch kein Zerfallen der Fläche herbeiführen, während man doch auf einer $2p$-fach zusammenhängenden Fläche nicht mehr als p nicht zerstückende Rückkehrschnitte ziehen kann. Andererseits ergibt sich für die Kurven, deren Zügezahl

$$C > 0, \quad C < p + 1$$

eine bemerkenswerte Einteilung in zwei Arten.

Die Kurven der ersten Art haben die Eigenschaft, daß ihre Riemannsche Fläche, längs der C Züge zerschnitten, zerfällt: bei den Kurven der zweiten Art findet ein solches Zerfallen nicht statt. Die von Herrn Harnack betrachteten Kurven mit $(p+1)$ Zügen mag man der ersten

Art, die Kurven, welche überhaupt keine reellen Züge besitzen (§ 4), der zweiten Art zurechnen[7]).

Ich erinnere in dieser Beziehung an die früher betrachteten Kurven dritter und vierter Klasse.

Die zweiteilige Kurve dritter Klasse gehört zur ersten, die einteilige zur zweiten Art.

Bei den Kurven vierter Klasse ohne Doppeltangente gehören zur ersten Art die vierteilige und die Gürtelkurve, zur zweiten Art die übrigen, die drei-, zwei-, einteilige und die imaginäre.

Die Kurven derselben Art zeigen eine große Reihe gemeinsamer Eigenschaften. Z. B. kann bei den Kurven der ersten Art durch allmähliches Ändern der Konstanten niemals eine isolierte reelle Doppeltangente neu entstehen, um dann einen $(C + 1)$-ten Kurvenzug zu liefern; während die Kurven der zweiten Art in dieser Richtung nicht beschränkt sind. Die Kurven der zweiten Art sind sozusagen noch entwicklungsfähig, während es die Kurven der ersten Art nicht sind. Doch soll hier auf diese Verhältnisse noch nicht näher eingegangen werden.

München, im April 1876.

[Es hat mir immer vorgeschwebt, daß man durch Fortsetzung der Betrachtungen des Textes Genaueres über die Gestalten der reellen ebenen Kurven beliebigen Grades erfahren könne, nicht nur, was die Zahl ihrer Züge, sondern auch, was deren gegenseitige Lage angeht. Ich gebe diese Hoffnung auch noch nicht auf, aber ich muß leider sagen, daß die weiter unten mitzuteilenden Realitätstheoreme über Kurven beliebigen Geschlechtes [vgl. Abh. XLII] (welche ich aus der *allgemeinen* Theorie der Riemannschen Flächen, speziell der „symmetrischen" Riemannschen Flächen ableite) hierfür nicht ausreichen, sondern nur erst einen Rahmen für die zu untersuchenden Möglichkeiten abgeben. In der Tat sind ja die doppelpunktslosen ebenen Kurven n-ten Grades für $n > 4$ keineswegs die allgemeinen Repräsentanten ihres Geschlechtes, sondern, wie man leicht nachrechnet, durch $(n - 2)(n - 4)$ Bedingungen partikularisiert. Da man über die Natur dieser Bedingungen zunächst wenig weiß, kann man noch nicht von vornherein sagen, daß alle die Arten reeller Kurven, die man gemäß meinen späteren Untersuchungen für $p = \dfrac{n-1 \cdot n-2}{2}$ findet, bereits im Gebiete besagter ebener Kurven n-ter Ordnung vertreten sein müßten, auch nicht, daß ihnen immer nur *eine* Art ebener Kurven entspräche. K.]

---

[7]) [Bei Kurven erster Art hat man $\left[\dfrac{p+2}{2}\right]$ Unterarten, bei denen der zweiten Art $p + 1$ Unterarten zu unterscheiden. Siehe Abh. XLII. K.]

XLI. Über den Verlauf der Abelschen Integrale bei den Kurven vierten Grades.

(Zweiter Aufsatz.)

[Math. Annalen, Bd. 11 (1876/77).]

In der ersten unter dem vorstehenden Titel erschienenen Mitteilung [vgl. die oben abgedruckte Abh. XXXIX] habe ich für die verschiedenartigen Kurven vierten Grades, welche reelle Züge besitzen, im Anschlusse an eine bestimmte Zerschneidung der zugehörigen Riemannschen Fläche reelle Normalintegrale hergestellt, ihren Verlauf im allgemeinen beschrieben und Schlüsse auf die Realität gewisser Berührungskurven gemacht. Dabei bin ich aber noch nicht auf eine Diskussion derjenigen Fragen eingegangen, welche mit der Aufstellung der sogenannten Θ-Charakteristiken zusammenhängen. Eben diese werde ich im nachstehenden angreifen und im speziellen Falle erledigen, insofern ich wenigstens für die *vierteilige* Kurve und diejenige Zerschneidung der zugehörigen Riemannschen Fläche, die ich in der früheren Arbeit angab, den in Betracht kommenden ausgezeichneten Berührungskegelschnitt bestimme und die Charakteristiken, welche den einzelnen Doppeltangenten beizulegen sind, wirklich anschreibe.

Die Methode, deren ich mich dabei bediene, ist im wesentlichen dieselbe, welche ich in dem früheren Aufsatze gebrauchte: die Methode der *Kontinuität*. So wie ich dort die allgemeine Kurve vierter Ordnung aus dem Kegelschnittpaare entstehen ließ, so jetzt aus einer symmetrisch gestalteten Kurve, oder aus einem hyperelliptischen Grenzfalle. Eigentliche hyperelliptische Kurven vierter Ordnung vom Geschlechte $p = 3$ gibt es bekanntlich nicht; aber man kann eine Kurve vierter Ordnung, die in einen doppeltzählenden Kegelschnitt mit acht Scheiteln (sommets, Verzweigungspunkten) ausgeartet ist, als solche auffassen. Die Betrachtung solcher mehrfacher Kurven, die in der Theorie der Kurvensysteme längst üblich ist, scheint für Fragen der hier vorliegenden Art in der Tat von weitreichendem Vorteile.

Ein analoger Übergang zu einem doppeltzählenden Kegelschnitte kann auch bei *den* Kurven vierter Ordnung, welche weniger als vier Züge besitzen, bewerkstelligt werden und man kann an diesen Übergang ganz ähnliche Schlüsse knüpfen. Nur werden von den acht Scheiteln, die der Kegelschnitt trägt, einige imaginär sein. Da ich in der weiteren Darstellung hierauf nicht mehr zurückkomme, so bemerke ich nur, daß der Zeuthensche Satz, demzufolge eine Kurve vierter Ordnung immer vier reelle Doppeltangenten besitzt, sich dann als unmittelbare Konsequenz der Tatsache ergibt, daß acht reelle oder imaginäre (doch paarweise konjugiert imaginäre) Punkte immer mindestens vier reelle Verbindungsgeraden haben; auch ergibt sich ohne weiteres, daß immer vier Doppeltangenten „von der ersten Art" sind.

§ 1.

Die Kurve vierter Ordnung. Imaginäre Bestandteile der Integralwerte.

Statt der vierteiligen Kurve vierter Klasse, welche ich in dem früheren Aufsatze betrachtete, werde ich im folgenden, unter Benutzung resp. Übertragung der damals abgeleiteten Resultate, die vierteilige Kurve vierter Ordnung in der von Plücker gegebenen Gestalt benutzen; sie ist für die hier zu verfolgenden Zwecke übersichtlicher, insofern nicht mehr, wie damals, eine explizite Betrachtung imaginärer Elemente eintreten soll.

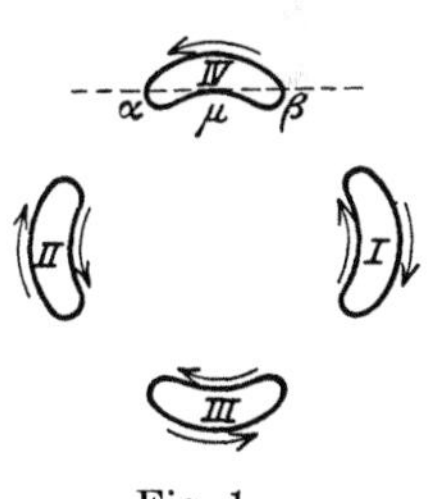

Fig. 1.

Dementsprechend sollen die vier Züge der Kurve (siehe Fig 1) mit I, II, III, IV bezeichnet sein; die beigesetzten Pfeile geben diejenigen Richtungen an, welche als positiv zu gelten haben. Unter $\Im_k$ $(k = 1, 2, 3)$ werden die überall endlichen Integrale verstanden, wie sie in dem ersten Aufsatze als Normalintegrale eingeführt wurden, und $a_{1k}, a_{2k}, a_{3k}, a_{4k}$ sollen die (in unserem Falle reellen) Periodizitätsmoduln bedeuten, welche $\Im_k$ ergibt, wenn es im positiven Sinne an den Ovalen I, II, III, IV entlanggeleitet wird. Zwischen ihnen hat man die Relation[1]):

$$a_{1k} + a_{2k} + a_{3k} + a_{4k} = 0.$$

---

[1]) Von dieser Relation kann man sich folgendermaßen Rechenschaft geben, ohne die zur Kurve gehörige Riemannsche Fläche zu betrachten. Man nehme auf jedem der Ovale I, II, III, IV einen festen Punkt an und wähle diese vier Punkte als Grundpunkte eines Kegelschnittbüschels. Jeder Kegelschnitt desselben schneidet das einzelne Oval in noch einem beweglichen Punkte, und läßt man einen dieser Punkte sein Oval in positivem Sinne durchlaufen, so geschieht das Entsprechende von seiten der übrigen. Werden nun die vier beweglichen Punkte in einer Lage mit a_1, a_2, a_3, a_4, in einer anderen mit b_1, b_2, b_3, b_4 bezeichnet, so ist nach dem Abelschen Theoreme:

$$0 = \int\limits_{a_1}^{b_1} d\,\Im_k + \int\limits_{a_2}^{b_2} d\,\Im_k + \int\limits_{a_3}^{b_3} d\,\Im_k + \int\limits_{a_4}^{b_4} d\,\Im_k$$

und hieraus folgt die Relation des Textes, wenn man die b durch die betr. Ovale hindurchwandern läßt, bis sie wieder mit den a zusammenfallen.

Als untere Grenze der Integrale wähle ich einen beliebigen Punkt des Ovales IV, etwa μ, wie es in Fig. 1 angegeben ist (weiterhin werde ich dem μ eine noch speziellere Lage erteilen). Die Tangente in μ schneidet die Kurve noch in zwei weiteren Punkten α, β. So setze ich

$$\int\limits_{\mu}^{\alpha} d\mathfrak{J}_k + \int\limits_{\mu}^{\beta} d\mathfrak{J}_k = C_k,$$

wo die vorkommenden Integrale in der Weise gebildet sein sollen, wie es bei Fig. 1 am einfachsten scheint: Beidemal werde das Integral von μ beginnend längs des Ovales IV hingeleitet, und zwar das eine Mal in positiver Richtung bis β, das andere Mal in negativer Richtung bis α. Die C_k sind dann völlig bestimmte, *reelle* Größen. Sie treten als Konstanten beim Abelschen Theoreme auf. Sind nämlich $x_1, \ldots, x_{4m}$ diejenigen Punkte, in denen die Kurve vierter Ordnung durch eine Kurve m-ter Ordnung geschnitten wird, so hat man [modulo der Perioden]:

$$\int\limits_{\mu}^{x_1} d\mathfrak{J}_k + \int\limits_{\mu}^{x_2} d\mathfrak{J}_k + \ldots \int\limits_{\mu}^{x_{4m}} d\mathfrak{J}_k = m \cdot C_k.$$

Die Entwicklungen des ersten Aufsatzes gestatten namentlich auch, die imaginären Bestandteile anzugeben, welche die Integrale $\mathfrak{J}_k$, modulo $2i\pi$, erhalten, wenn man sie von μ zu einem anderen reellen Kurvenpunkte hinerstreckt. Es sind, je nachdem der betr. Punkt den Ovalen $I, \ldots, IV$ angehört, die folgenden:

	I	II	III	IV
$\mathfrak{J}_1$	$i\pi$	0	0	0
$\mathfrak{J}_2$	0	$i\pi$	0	0
$\mathfrak{J}_3$	0	0	$i\pi$	0

Hieran schließen sich nun zwei, für das Nachstehende fundamentale Folgerungen.

A. Ich betrachte zuvörderst diejenigen Argumente, welche, bei der hier gewählten unteren Grenze, den 28 verschiedenen Doppeltangenten beizulegen sind (als Summen der zu ihren Berührungspunkten hingeleiteten Integrale). Wenn x, y die Berührungspunkte einer Doppeltangente bezeichnen, so ist, nach dem Abelschen Theoreme

$$2\left(\int\limits_{\mu}^{x} d\mathfrak{J}_k + \int\limits_{\mu}^{y} d\mathfrak{J}_k\right) - C_k,$$

also

$$\int\limits_{\mu}^{x} d\mathfrak{J}_k + \int\limits_{\mu}^{y} d\mathfrak{J}_k = \frac{C_k}{2} + \frac{P}{2},$$

wo $\dfrac{P}{2}$ eine halbe Periode bedeutet. Wir werden uns dieselbe, wie in dem ersten Aufsatze, in der Form geschrieben denken:

$$\frac{P}{2} = \frac{1}{2}\left(m_1\beta_{1k} + m_2\beta_{2k} + m_3\beta_{3k} + q_1 a_{1k} + q_2 a_{2k} + q_3 a_{3k}\right),$$

wo die Zahlen: $\qquad m_1,\ m_2,\ m_3,\ q_1,\ q_2,\ q_3,$

allgemein zu reden, die Werte 0, 1 annehmen können, und die Bedeutung der β_{ik} durch folgende Tabelle gegeben ist:

	β_{1k}	β_{2k}	β_{3k}
$k = 1$	$2i\pi$	0	0
$k = 2$	0	$2i\pi$	0
$k = 3$	0	0	$2i\pi$

während die a_{ik} reelle Größen vorstellen. Von den 64 $\dfrac{P}{2}$, die es überhaupt gibt, werden nur 28 für die Doppeltangenten benutzt; welche, ist zunächst unbekannt. Aber wir können wenigstens die Werte der zugehörigen m_1, m_2, m_3 unmittelbar angeben, insofern nur von ihnen die imaginären Bestandteile abhängen, welche die Doppeltangenten aufweisen, und wir diese imaginären Bestandteile in der Figur ablesen können.

Offenbar nämlich erhalten die vier Doppeltangenten erster Art, diejenigen, welche bez. *ein* Oval zweimal berühren, reelle Integralsummen; für sie also ist:

$$m_1, m_2, m_3 = 0, 0, 0.$$

Für diejenigen Doppeltangenten dagegen, welche das Oval IV und andererseits bez. I oder II oder III berühren, findet man

$$m_1,\ m_2,\ m_3 \text{ bez. gleich } 1, 0, 0,$$
$$0, 1, 0,$$
$$0, 0, 1.$$

Endlich für diejenigen Doppeltangenten, welche zwei der drei Züge I, II, III berühren, ergibt sich bez.:

$$m_1,\ m_2,\ m_3 = 0, 1, 1, \qquad (II,\ III)$$
$$= 1, 0, 1, \qquad (III,\ I)$$
$$= 1, 1, 0. \qquad (I,\ II)$$

B. Die zweite Folgerung, welche wir an die Tabelle der imaginären Bestandteile knüpfen, bezieht sich auf das Jacobische Umkehrproblem. Das Punktetripel x, y, z, welches durch die Gleichungen:

$$\int_\mu^x d\Im_k + \int_\mu^y d\Im_k + \int_\mu^z d\Im_k = v_k$$

definiert wird, ist nach meiner früheren Angabe, dann und nur dann reell, wenn die v_k, modulo $2i\pi$, die imaginären Bestandteile 0 oder $i\pi$ aufweisen. Für die hier vorliegende, vierteilige Kurve können wir sofort die folgenden, näheren Bestimmungen zufügen, deren Richtigkeit sich unmittelbar ergibt:

1. Wenn die imaginären Bestandteile der v unter eins der folgenden vier Schemata fallen:

$$0, \quad i\pi, \quad i\pi,$$
$$i\pi, \quad 0, \quad i\pi,$$
$$i\pi, \quad i\pi, \quad 0,$$
$$i\pi, \quad i\pi, \quad i\pi,$$

so sind die drei Punkte x, y, z einzeln reell und liegen auf drei verschiedenen Ovalen, nämlich bez. auf II, III, IV oder III, I, IV oder I, II, IV oder I, II, III.

2. Wenn aber die imaginären Bestandteile der v resp. gleich sind

$$i\pi, \quad 0, \quad 0,$$
$$0, \quad i\pi, \quad 0,$$
$$0, \quad 0, \quad i\pi,$$
$$0, \quad 0, \quad 0,$$

so ist nur einer der drei Punkte x, y, z notwendig reell und bez. auf dem Ovale I, II, III, IV befindlich; die beiden anderen Punkte können konjugiert imaginär sein; sind sie aber reell, so liegen sie gemeinsam auf einem, übrigens [vorläufig nicht näher anzugebenden] Ovale.

§ 2.

Berührungskegelschnitte.

Bei der Lösung des Umkehrproblems durch Θ-Funktionen erscheinen die Integralsummen

$$\int\limits_{\mu}^{x} d\mathfrak{J}_k + \int\limits_{\mu}^{y} d\mathfrak{J}_k + \int\limits_{\mu}^{z} d\mathfrak{J}_k$$

um bestimmte (nur von μ abhängige) Konstante K_k vermehrt, deren Bestimmung nach Clebsch-Gordan folgendermaßen formuliert werden kann[2]).

Durch die Punkte α, β, in denen die Tangente des Punktes μ die Kurve vierter Ordnung abermals trifft, kann man Kegelschnitte legen, welche die Kurve in drei weiteren Punkten berühren. Ihre Zahl ergibt sich zunächst gleich 64; aber 28 derselben sind uneigentliche, insofern sie

---

[2]) Vgl. hier und im folgenden: Clebsch, Vorlesungen über Geometrie, herausgegeben von F. Lindemann, Bd. I, 2 (Leipzig 1876); oder auch: H. Weber, Theorie der Abelschen Funktionen vom Geschlechte 3. (Berlin 1876.)

in die Tangente des Punktes μ und je eine der 28 Doppeltangenten zerfallen. Es bleiben 36 *eigentliche* Berührungskegelschnitte, und unter ihnen ist einer, welcher der *ausgezeichnete* heißen soll. Er ist dadurch bestimmt, daß seine drei Berührungspunkte c der transzendenten Gleichung genügen:

$$\Theta \left(\int\limits_{\mu}^{c} d\mathfrak{J}_k \right) = 0,$$

und nennt man diese Berührungspunkte einzeln c_1^0, c_2^0, c_3^0, so ist die in Rede stehende Konstante:

$$K_k = \int\limits_{c_1^0}^{\mu} d\mathfrak{J}_k + \int\limits_{c_2^0}^{\mu} d\mathfrak{J}_k + \int\limits_{c_3^0}^{\mu} d\mathfrak{J}_k .$$

Es ist eine der uns vorliegenden Aufgaben, diesen ausgezeichneten Kegelschnitt (deren Lage übrigens mit der Zerschneidung der Riemannschen Fläche wechselt), in der Figur nachzuweisen. Reell wird er jedenfalls sein; denn nach den im ersten Aufsatze entwickelten Anschauungen sind die 64 eigentlichen und uneigentlichen Berührungskegelschnitte, von denen eben gesprochen wurde, alle reell.

Orientieren wir uns zunächst überhaupt hinsichtlich der Lage der 36 eigentlichen Berührungskegelschnitte. Sind c_1, c_2, c_3 die Berührungspunkte eines solchen, so hat man

$$2 \left(\int\limits_{\mu}^{c_1} d\mathfrak{J}_k + \int\limits_{\mu}^{c_2} d\mathfrak{J}_k + \int\limits_{\mu}^{c_3} d\mathfrak{J}_k \right) + \int\limits_{\mu}^{\alpha} d\mathfrak{J}_k + \int\limits_{\mu}^{\beta} d\mathfrak{J}_k = 2\,C_k ,$$

oder, da

$$\int\limits_{\mu}^{\alpha} d\mathfrak{J}_k + \int\limits_{\mu}^{\beta} d\mathfrak{J}_k = C_k ;$$

$$\int\limits_{\mu}^{c_1} d\mathfrak{J}_k + \int\limits_{\mu}^{c_2} d\mathfrak{J}_k + \int\limits_{\mu}^{c_3} d\mathfrak{J}_k = \frac{C_k}{2} + \frac{P}{2} .$$

Setzen wir hier für $\frac{P}{2}$ die 64 Werte ein, deren es fähig ist:

$$\frac{P}{2} = \frac{1}{2} \left(m_1 \beta_{1k} + m_2 \beta_{2k} + m_3 \beta_{3k} + q_1 a_{1k} + q_2 a_{2k} + q_3 a_{3k} \right),$$

so erhalten wir neben den 36 eigentlichen Berührungskegelschnitten noch einmal die 28 Doppeltangenten. Es fällt dann einer der drei Berührungspunkte, etwa c_3, in μ zurück; das auf ihn bezügliche Integral kommt in Wegfall; und die beiden anderen c_1, c_2 sind die Berührungspunkte der betr. Doppeltangente. *Diejenigen Werte von* $\frac{P}{2}$ *also, welche bei den Doppeltangenten schon auftreten, kommen bei den eigentlichen Berührungskegelschnitten nicht mehr vor;* wir wollen sie dementsprechend fortan mit $\frac{P'}{2}$ bezeichnen. Die Werte der Zahlen m_1, m_2', m_3', welche sich bei den $\dfrac{P'}{2}$ einstellen (ich akzentuiere fortan die m, q, wo sie sich auf eine Periode P' beziehen) haben wir bereits soeben (§ 1) bestimmt; es waren bez. je viermal die folgenden Zahlen:

$$
\begin{array}{ccc}
 & 1,\,0,\,0, & 0,\,1,\,1, \\
0,\,0,\,0, & 0,\,1,\,0, & 1,\,0,\,1, \\
 & 0,\,0,\,1, & 1,\,1,\,0.
\end{array}
$$

Zu jedem Wertsysteme der m gehören aber im ganzen *acht* halbe Perioden, weil die Werte von q_1, q_2, q_3 noch beliebig sind. Demnach hat man den Satz:

Die 36 eigentlichen Berührungskegelschnitte verteilen sich auf sieben Gruppen von je vier und eine Gruppe von acht. Die zugehörigen $\dfrac{P}{2}$ besitzen nämlich je viermal eins der sieben angeführten Wertsysteme der m, und achtmal tritt das Wertsystem

$$m_1, m_2, m_3 = 1,\,1,\,1$$

auf.

Es sind insbesondere die acht Kegelschnitte der letzteren Gruppe, auf die wir weiterhin unsere Aufmerksamkeit zu richten haben. Die Summen der zu ihren Berührungspunkten hingeleiteten Integrale haben alle den imaginären Bestandteil $i\pi$; die Berührungspunkte sind also einzeln reell und sind auf die Ovale *I, II, III* verteilt, nach den Ausführungen des § 1. Hiernach ist die Lage der acht Kegelschnitte in der Figur leicht anzugeben. Man denke sich einen Augenblick die Ovale *I, II, III* in isolierte Punkte zusammengezogen. Dann gibt es *einen* Kegelschnitt, der durch sie und durch α und β hindurchgeht. Er spaltet sich in *acht*, sobald man statt der isolierten Punkte (zunächst) kleine Ovale setzt, insofern man willkürlich bestimmen kann, ob das Oval mit dem Kegelschnitte einen *inneren* oder *äußeren* Kontakt besitzen soll.

<h3 style="text-align:center">§ 3.</h3>

<h3 style="text-align:center">Bestimmung der Konstanten K_k.</h3>

Ich will die halbe Periode, welche dem ausgezeichneten Kegelschnitte zugehört, mit $\dfrac{P_0}{2}$ bezeichnen. Dann erhalten die Konstanten K_k die Werte:

$$K_k = -\frac{C_k}{2} - \frac{P_0}{2},$$

oder auch, da es auf ganzzahlige Multipla der Perioden nicht ankommt:

$$K_k = -\frac{C_k}{2} + \frac{P_0}{2}.$$

Addieren wir sie zu den Argumenten, die wir oben (§ 1) den Doppeltangenten beilegten:

$$\frac{C_k}{2} + \frac{P'}{2},$$

so entstehen die sogenannten *Charakteristiken* der Doppeltangenten:

$$\frac{P' + P_0}{2} = \frac{P''}{2},$$

deren schließliche Bestimmung unsere Hauptaufgabe ist.

Zuvörderst werde das K_k, bzw. das $\frac{P_0}{2}$ gesucht. Ich benutze dazu
zweierlei Methoden. Es sei

$$\frac{P_0}{2} = \frac{1}{2}\left(m_1^0 \beta_{1k} + m_2^0 \beta_{2k} + m_3^0 \beta_{3k} + q_1^0 a_{1k} + q_2^0 a_{2k} + q_3^0 a_{3k}\right).$$

So bestimme ich zunächst m_1^0, m_2^0, m_3^0, indem ich davon ausgehe, daß die
Charakteristiken der Doppeltangenten, $\frac{P''}{2}$, bekanntlich *ungerade* sind, d. h.
daß für die in ihnen auftretenden Zahlen m'', q''

$$m_1'' q_1'' + m_2'' q_2'' + m_3'' q_3'' \equiv 1 \quad (\mathrm{mod}\ 2).$$

Sodann bestimme ich q_1^0, q_2^0, q_3^0, indem ich die seither betrachtete Kurve
vierter Ordnung in eine andere übergehen lasse, bei der die Ovale *I, II,
III* eine gegen das Oval *IV* symmetrische Lage haben. Die Betrachtung
dieser neuen Kurve würde auch sofort m_1^0, m_2^0, m_3^0 liefern; aber ich zog
es vor, so lange es ausreichte, an der ursprünglichen Kurvenform festzuhalten. Dieser Wunsch bestimmte mich auch, die weiterhin so bequeme
hyperelliptische Kurve erst im folgenden Paragraphen einzuführen.

1. Da $\frac{P''}{2}$ eine ungerade Charakteristik sein soll, so dürfen die zugehörigen m_1'', m_2'', m_3'' nicht alle gleich Null sein. Die Zahlen m_1^0, m_2^0, m_3^0,
welche in $\frac{P_0}{2}$ auftreten, dürfen daher nicht gleich sein einem der Zahlen-
systeme m_1', m_2', m_3', welche bei den $\frac{P'}{2}$ vorkommen. Daher ist notwendig:

$$m_1^0, m_2^0, m_3^0 = 1, 1, 1,$$

und der ausgezeichnete Berührungskegelschnitt gehört also, wie gleich hier
vorgehoben sei und schon angedeutet wurde, zu der Gruppe der acht Berührungskegelschnitte, deren jeder jedes der drei Ovale *I, II, III* berührt.

2. Die symmetrisch gestaltete Kurve, in welche ich nunmehr die
seither betrachtete übergehen lassen will, ist in Fig. 2 gezeichnet. Sie
entsteht aus der ursprünglichen Kurve folgendermaßen. Man löse die vier
Ovale *I, II, III, IV* bzw. von den Doppeltangenten erster Art ab, so
daß vier isolierte Doppeltangenten entstehen. Sodann projiziere man die

Figur in der Art, daß die eine dieser Doppeltangenten unendlich weit rückt,
während die anderen ein (in unserem Falle) gleichseitiges Dreieck bilden.
Die Doppeltangenten, welche in der neuen Figur mit 1, 2, 3 bezeichnet sind,
sind diejenigen, welche früher die Ovale *II*, *I*, *IV* je zweimal berührten;
die unendlich ferne Doppeltangente ist aus derjenigen entstanden, welche sich an *III* anschmiegte.

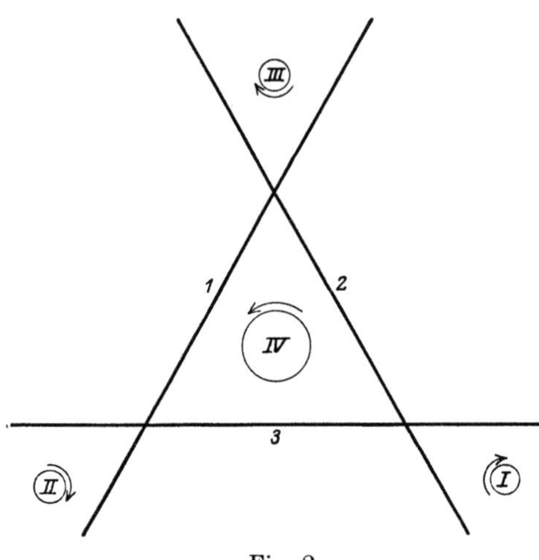

Fig. 2.

Bei dem geschilderten Änderungsprozesse bleibt, wie ich in dem ersten Aufsatze nachwies, die Zerschneidung der Riemannschen Fläche, die Definition der Normalintegrale usw. ungeändert. Es bleiben daher auch die Charakteristiken der Doppeltangenten die alten. Andererseits sind wir jetzt, bei der Symmetrie der Figur und der symmetrischen Benutzung, welche ihre Bestandteile bei der Definition der Normalintegrale erfahren, in der Lage, die Charakteristiken der vier Doppeltangenten erster Art ohne weiteres anzugeben. Die zugehörigen Zahlen m_1'', m_2'', m_3'' sind jedenfalls 1, 1, 1; denn m_1^0, m_2^0, m_3^0 wurden $= 1, 1, 1$ gefunden, während (§ 1) m_1', m_2', m_3' für die Doppeltangenten erster Art $= 0, 0, 0$ waren. Für die Zahlen q_1'', q_2'', q_3'' bleiben daher nur noch die vier Möglichkeiten

$$1 \; 0 \; 0$$
$$0 \; 1 \; 0$$
$$0 \; 0 \; 1$$
$$1 \; 1 \; 1$$

und bei der Symmetrie der Figur ist nicht fraglich, wie sich diese Möglichkeiten auf die vier in Betracht kommenden Doppeltangenten verteilen.

Dieses Resultat muß auch für die ursprüngliche Kurve gelten. Ich benenne bei ihr, was am bequemsten scheint, die Doppeltangenten erster Art fortan nach demjenigen Ovale, welches sie berühren. *Dann hat man also folgende Charakteristiken:*

$$I \quad 1 \; 1 \; 1, \quad 0 \; 1 \; 0$$
$$II \quad 1 \; 1 \; 1, \quad 1 \; 0 \; 0$$
$$III \quad 1 \; 1 \; 1, \quad 1 \; 1 \; 1$$
$$IV \quad 1 \; 1 \; 1, \quad 0 \; 0 \; 1.$$

Zieht man von diesen Charakteristiken resp. den Größensystemen, die sie vertreten, diejenigen Argumente ab, welche den betr. Doppeltangenten anfänglich (§ 1) von uns beigelegt wurden, so erhält man die Konstanten K_k resp. das $\frac{P_0}{2}$. Aber die Argumente, welche ursprünglich der Doppeltangente IV beizulegen waren, sind einfach anzugeben: *es sind geradezu die Konstanten $\frac{C_k}{2}$.* Um dies deutlich zu sehen, lasse man μ, dessen Lage noch beliebig war, über das Oval IV, etwa nach rechts hin, wandern, bis es in den nächstgelegenen Berührungspunkt der Doppeltangente IV hineinfällt. Auf dem Wege hat es einen Wendepunkt und in demselben das zugehörige α überschritten; fortan ist, sofern wir an der alten Definition des C_k festhalten, nicht nur $\int\limits_{\mu}^{\beta}$ sondern auch $\int\limits_{\mu}^{\alpha}$ in *positivem* Sinne an dem Ovale IV vorbeizuleiten. Sowie μ in den einen Berührungspunkt der Doppeltangente IV rückt, fallen α und β in den anderen Berührungspunkt zusammen; das $\int\limits_{\mu}^{\alpha}$ wird also mit dem $\int\limits_{\mu}^{\beta}$ identisch, jedes einzelne also gleich $\frac{C_k}{2}$, da die Summe der beiden $= C_k$ gesetzt war. Aber zugleich stellen dann die Integrale

$$\int\limits_{\mu}^{\alpha} d\,\mathfrak{I}_k \quad \text{oder} \quad \int\limits_{\mu}^{\beta} d\,\mathfrak{I}_k$$

die Argumente vor, welche der Doppeltangente IV beizulegen sind (denn der andere Berührungspunkt von IV fällt ja mit μ zusammen); diese Argumente werden also gleich den $\frac{C_k}{2}$, wie behauptet wurde.

Die Charakteristik

$$1\ 1\ 1\ \ 0\ 0\ 1,$$

welche wir der Doppeltangente IV beilegten, vertritt die Größensysteme:

$$\frac{1}{2}\,(\beta_{1k} + \beta_{2k} + \beta_{3k} + a_{3k});$$

wir erhalten daher für die Konstanten K_k die Werte

$$K_k = -\,\frac{C_k}{2} + \frac{1}{2}\,(\beta_{1k} + \beta_{2k} + \beta_{3k} + a_{3k}),$$

oder, mit anderen Worten, *das $\frac{P_0}{2}$ ist durch das folgende Symbol gegeben:*

$$1\ 1\ 1,\ \ 0\ 0\ 1.$$

§ 4.

Die hyperelliptische Kurve. Bestimmung der Charakteristiken und des ausgezeichneten Kegelschnitts.

Ich werde jetzt die bisher betrachtete Kurve vierter Ordnung in einen doppeltzählenden Kegelschnitt überführen und an ihm die noch fehlende Bestimmung der Charakteristiken der 24 Doppeltangenten zweiter Art und des ausgezeichneten Berührungskegelschnittes durchführen. Zu dem Zwecke sollen p, q, r, s die vier Doppeltangenten erster Art bedeuten, $\Omega = 0$ sei der Kegelschnitt, welcher durch ihre acht Berührungspunkte hindurchgeht. So kann man die Gleichung der ursprünglichen Kurve in die Form setzen:

$$\varphi = \Omega^2 - \lambda\, p\, q\, r\, s = 0.$$

In ihr betrachte man λ als einen Parameter, den man allmählich zu Null werden läßt. Die Kurve vierter Ordnung geht dann in bekannter Weise in diejenigen vier, doppelt zu zählenden Segmente von $\Omega = 0$ über, welche bez. durch p, q, r, s abgeschnitten werden, wie Fig. 3 erläutert.

Die 28 Doppeltangenten der C_4 verwandeln sich dabei, ohne unbestimmt zu werden, in die 28 Verbindungsgeraden der acht Scheitel (der acht Segmentendigungen), welche Ω trägt. Ich will annehmen, daß der Punkt μ während des Grenzüberganges fortwährend die besondere Lage beibehalten habe, welche wir ihm soeben (§ 3) erteilten. Dann ist er schließlich in einen der zwei Grenzpunkte des Segmentes IV übergegangen (vgl. die Fig. 3), während α, β in den anderen Grenzpunkt desselben Segmentes zusammenfallen. Die berührenden Kegelschnitte, die wir zu konstruieren haben, gehen dann also durch diesen Scheitel α, β hindurch und berühren in ihm die Doppeltangente IV. Insbesondere die acht Kegelschnitte der ausgezeichneten Gruppe sind ihrer Lage nach leicht völlig zu bestimmen. *Offenbar sind sie in diejenigen acht Kegelschnitte der genannten Eigenschaft übergegangen, welche von den begrenzenden Scheiteln der Segmente I, II, III je einen enthalten.*

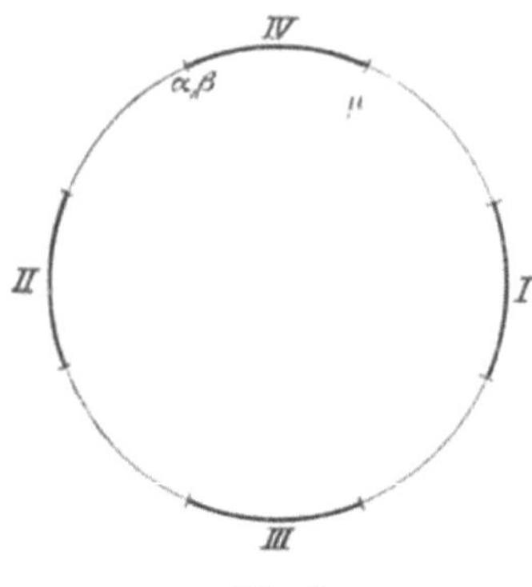

Fig. 3.

Betrachten wir jetzt die längs der Kurve erstreckten überall endlichen Integrale. Man kann dieselben, indem man den konstanten Faktor $2\sqrt{\lambda}$ im Zähler zusetzt, folgendermaßen schreiben:

$$\int \frac{2\sqrt{\lambda}\cdot |\, c\, x\, d\, x\, |\cdot u_x}{\Sigma\, c_i\, \varphi_i} = \int \frac{2\sqrt{\lambda}\cdot |\, c\, x\, d\, x\, |\cdot u_x}{\Sigma\, c_i\left\{2\Omega\,\dfrac{\partial\Omega}{\partial x_i} - \lambda\,\dfrac{\partial(p\,q\,r\,s)}{\partial x_i}\right\}}.$$

Setzt man hier für Ω seinen Wert:

$$\Omega = \sqrt{\lambda \cdot p\,q\,r\,s}$$

und läßt dann $\lambda = 0$ werden, so erhält man die *hyperelliptischen* Integrale:

$$\int \frac{|\,c\,x\,dx\,|\cdot u_x}{\sqrt{p\,q\,r\,s}\cdot \Sigma\,c_i\,\dfrac{\partial\Omega}{\partial x_i}},$$

welche längs des Kegelschnittes $\Omega = 0$ erstreckt sind und an den acht Stellen

$$p\,q\,r\,s = 0$$

Verzweigungen aufweisen (also vom Geschlechte 3 sind).

Entstand ein solches Integral auf die gegebene Weise aus dem Normalintegrale $\mathfrak{J}_k$, so soll es wieder $\mathfrak{J}_k$ genannt sein; ebenso sollen die Größen a_{ik} ihre frühere Bedeutung erhalten. Führt man $\mathfrak{J}_k$ längs des reellen Kegelschnittes Ω entlang, so erhält man bald reelle, bald *rein* imaginäre Zuwächse, je nach dem Vorzeichen des unter dem Quadratwurzelzeichen stehenden Produktes $p\,q\,r\,s$: innerhalb derjenigen Segmente von Ω, welche von reellen Punkten der ursprünglichen Kurve doppelt überdeckt sind, erweisen sich die Zuwächse als reell, innerhalb der anderen als rein imaginär. Achten wir also jetzt, da die imaginären Bestandteile der Integrale $\mathfrak{J}_k$ bereits in den früheren Paragraphen genugsam berücksichtigt sind, auf
die *reellen* Bestandteile derselben, so erhalten
wir das in Fig. 4 gegebene Schema, in welchem die beigesetzten Argumente sich jedesmal gleichzeitig auf die beiden einander folgenden Scheitelpunkte beziehen. In dieser
Figur nun lesen wir ohne weiteres die Beantwortung der noch ausstehenden Fragen ab.

Zunächst erfahren wir die Argumente

$$\frac{C_k}{2} + \frac{P'}{2},$$

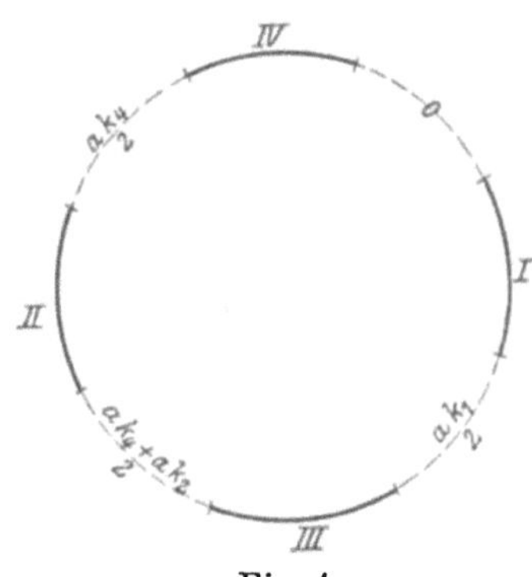

Fig. 4.

welche die einzelne Doppeltangente bei der hinsichtlich μ getroffenen Festsetzung erhält. Denn die imaginären Bestandteile von $\dfrac{P'}{2}$ kennen wir be-
reits (§ 1) und *die reellen erhalten wir, indem wir einfach die beiden beiden Zahlen zusammenaddieren, welche den beiden Scheiteln zugesetzt sind, die die Doppeltangente verbindet.* Sodann ergibt sich (vgl. § 3) aus dem Umstande, daß α, β in den zweiten Begrenzungspunkt des Segmentes *IV* fallen:

$$\frac{C_k}{2} = \frac{a_{4k}}{2} = \frac{a_{1k}+a_{2k}+a_{3k}}{2}.$$

Die Konstanten K_k haben also folgende Werte:

$$K_k = -\frac{C_k}{2} + \frac{1}{2}(\beta_{1k} + \beta_{2k} + \beta_{3k} + a_{3k})$$

$$= \frac{1}{2}(\beta_{1k} + \beta_{2k} + \beta_{3k} + a_{1k} + a_{2k}).$$

Indem wir sie zu den eben berechneten Argumenten der Doppeltangenten hinzufügen, haben wir deren eigentliche Charakteristiken, wie sie in Fig. 5 angegeben sind.

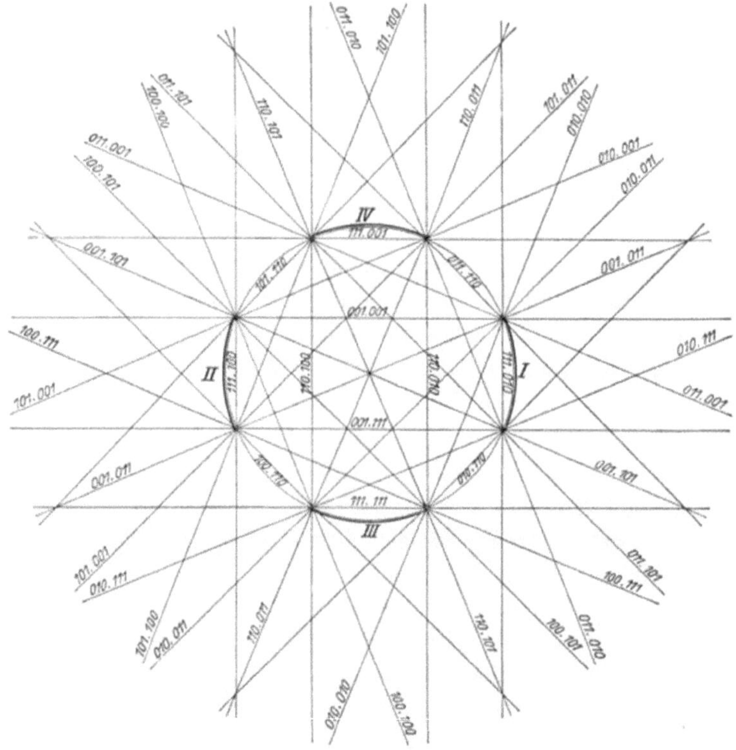

Fig. 5.

Der *ausgezeichnete Kegelschnitt* endlich bestimmt sich durch folgende Überlegungen. Man hat für seine drei Berührungspunkte c_1^0, c_2^0, c_3^0 folgende Gleichungen (§ 2):

$$-K_k = \int\limits_{\mu}^{c_1^0} d\,\mathfrak{J}_k + \int\limits_{\mu}^{c_2^0} d\,\mathfrak{J}_k + \int\limits_{\mu}^{c_3^0} d\,\mathfrak{J}_k.$$

Es fallen dabei, wie bereits angegeben, c_1^0, c_2^0, c_3^0 in drei derjenigen Scheitel, welche bez. *I, II, III* begrenzen, und durch diesen Umstand werden die vorstehenden Gleichungen, was die imaginären Teile angeht, jedenfalls befriedigt. Es sind also nur noch die reellen Teile zu beachten. Mit anderen Worten: *Die Punkte c_1^0, c_2^0, c_3^0 sind unter den die Segmente I, II, III begrenzenden Scheiteln in der Weise auszusuchen, daß die ihnen in Fig. 4 beigesetzten Zahlen zusammenaddiert kongruent werden mit den reellen Teilen der $(- K_k)$.*

Aber die reellen Teile der $(- K_k)$ sind kongruent mit

$$- \frac{1}{2}\,(a_{1k} + a_{2k}),$$

oder, was dasselbe ist, mit

$$+ \frac{1}{2}\,(a_{1k} + a_{2k});$$

es ergibt sich also der Kegelschnitt, den Fig. 6 darstellt.

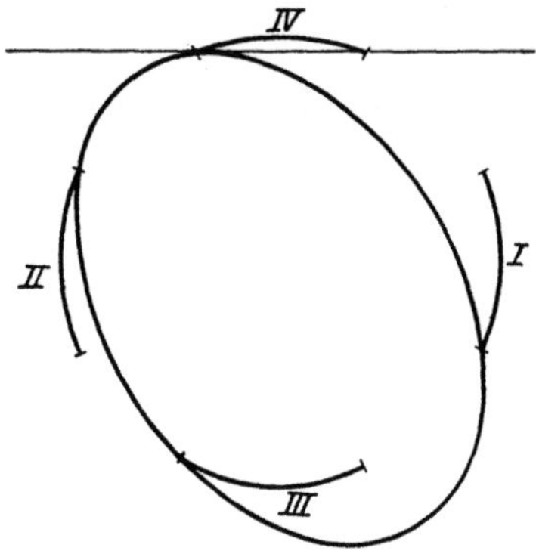

Fig 6.

Er schließt das Segment III ein, während er mit den Segmenten I und II einen äußerlichen Kontakt besitzt. Damit ist zugleich angegeben, welche Lage der ausgezeichnete Berührungskegelschnitt besitzt, wenn an Stelle der hyperelliptischen Kurve wiederum die eigentliche Kurve vierter Ordnung mit ihren vier Ovalen tritt.

München, im August 1876.

XLII. Über Realitätsverhältnisse bei der einem beliebigen Geschlechte zugehörigen Normalkurve der φ [1]).

[Math. Annalen, Bd. 42 (1892).]

Man kann die Wechselbeziehung zwischen algebraischen Kurven und Riemannschen Flächen unter einem doppelten Gesichtspunkte auffassen. Das Gewöhnliche ist, daß man die Flächen nur subsidiär benutzt, um den im komplexen Gebiete vorhandenen „Zusammenhang'' des Gebildes, die aus ihm hervorgehende Periodizität der zugehörigen Integrale, usw. besser verstehen zu können; als Definition der Kurve bleibt dann in herkömmlicher Weise die algebraische Gleichung oder eine mit ihr äquivalente „geometrische'' Konstruktionsvorschrift bestehen. Dementgegen betrachtet die andere Auffassungsweise die Riemannsche Fläche als das zunächst Gegebene und läßt aus ihr erst die verschiedenen „zugehörigen'' Kurven entstehen, mag man die Fläche nun mehrblättrig über der Ebene ausgebreitet, oder frei im Raume gelegen oder irgendwie als „Fundamentalbereich'' gegeben denken. Indem der Riemannsche *Existenzsatz* z. B. bei der über der Ebene ausgebreiteten mehrblättrigen Fläche in Geltung bleibt, wie immer man auch die Verzweigungspunkte der Fläche gegen

---

[1]) [Eine Voranzeige der in diesem Aufsatze enthaltenen Resultate gab ich in Nr. 9 der Göttinger Nachrichten von 1892 am 20. April d. J. unter dem Titel „Über Realitätsverhältnisse im Gebiete der Abelschen Funktionen''. Die genaue Ausführung folgte dann während des Sommers 1892 im zweiten Teile einer Vorlesung über Riemannsche Flächen, die ich schon im Herbst 1891 begonnen hatte. Die ausführliche Ausarbeitung der Gesamtvorlesung wurde hernach autographisch reproduziert und bei Teubner in Kommission gegeben. Hierüber werden in Bd. 3 dieser Gesamtausgabe noch einige Bemerkungen nachzutragen sein. Ebenso kommen erst in Bd. 3 dieser Gesamtausgabe die funktionentheoretischen Arbeiten über hyperelliptische und Abelsche Funktionen zum Wiederabdruck, welche ich seit dem Erscheinen der vorangehenden Abh. XLI im Jahre 1876 bis zum Jahre 1892 veröffentlicht habe. Es handelt sich um folgende Arbeiten: Über hyperelliptische Sigmafunktionen. Erste Abhandlung: Math. Annalen, Bd. 27 (1886). Zweite Abhandlung: ebenda, Bd. 32 1888). — Zur Theorie der Abelschen Funktionen, Math. Annalen, Bd. 36 (1890). K.]

einander verschieben mag, hat man bei diesem zweiten Ansatze die Willkür, welche in den *Moduln* des Gebildes liegt, ganz anders in der Hand,
als bei dem üblichen Ausgangspunkte, und kann darum die auf sie bezüglichen Probleme viel eingehender behandeln als sonst. Ich bezeichne
hiermit diejenige Untersuchungsrichtung, zu der ich mit meiner *Schrift
über Riemann* 1881 den Anstoß habe geben wollen[2]). Indem ich im
dritten Abschnitte daselbst den Begriff der „symmetrischen Riemannschen Fläche" entwickelte und bald darauf durch Herrn Weichhold die
Periodizitätseigenschaften der zugehörigen Normalintegrale erster Gattung
untersuchen ließ[3]), glaubte ich insbesondere für die *Diskussion der bei
den algebraischen Kurven stattfindenden allgemeinen Realitätsverhältnisse*
neue Grundlagen gewonnen zu haben. Inzwischen hat noch niemand, so
viel ich weiß, die hier gegebene Fragestellung seither aufgegriffen, und
ich nehme also an, daß es nicht unnützlich ist, wenn ich nachstehend
auf die Sache zurückkomme und die bezüglichen Resultate mitteile, welche
ich in einer Vorlesung [über Riemannsche Flächen] des letzten Sommersemesters in ausführlicher Form entwickelt habe. Es wird kaum der Rechtfertigung bedürfen, wenn ich dabei unter allen „Kurven", die aus einer
Riemannschen Fläche erwachsen, insbesondere die Normalkurve der φ
herausgreife. Ich erreiche dadurch insbesondere den Vorteil, daß sich meine
neuen Entwicklungen unmittelbar an diejenigen anreihen, welche ich in
Bd. 10 und 11 der Math. Annalen 1876 [vgl. die vorstehenden Abh. XXXIX
und XLI] über ebene Kurven vierter Ordnung gegeben habe. Alle die
Kontinuitätsmethoden und die ganze Art des Ansatzes, welche ich damals
für den besonderen Fall $p = 3$ entwickelt habe, erscheinen hier auf den
Fall eines beliebigen Geschlechtes übertragen. Und die Möglichkeit dieser
Übertragung ruht, — um noch einmal auszusprechen, was mir an diesen
Dingen das wesentlichste ist —, durchaus darauf, daß jetzt mit den
Riemannschen Flächen als solchen begonnen wird. Ich hatte 1876 den
Ausgangspunkt unmittelbar von den Kurven genommen. Das war bei
$p = 3$ möglich, wo ich zahlreiche geometrische Vorarbeiten, insbesondere diejenigen des Herrn Zeuthen in Bd. 7 der Math. Annalen (1874)[4]), benutzen
konnte. Aber eben dieses Ausgangspunktes halber wollte mir damals
die Übertragung auf beliebige p nicht gelingen, so einfach die Theoreme
sind, um die es sich schließlich handelt.

---

[2]) Über Riemanns Theorie der algebraischen Funktionen und ihrer Integrale.
— Eine Ergänzung der gewöhnlichen Darstellungen. — Leipzig, B. G. Teubner, 1882.
[Vgl. Bd. 3 dieser Gesamtausgabe.]

[3]) Über symmetrische Riemannsche Flächen und die Periodizitätsmoduln der
zugehörigen Abelschen Normalintegrale erster Gattung (Leipziger Dissertation 1883,
abgedruckt in Bd. 28 von Schlömilchs Zeitschrift).

[4]) Sur les différentes formes des courbes planes du quatrième ordre.

§ 1.

Von den verschiedenen Arten der symmetrischen Riemannschen Flächen, insbesondere im Falle der hyperelliptischen Gebilde.

Reelle algebraische Kurven ergeben *symmetrische* Riemannsche Flächen und können umgekehrt allgemein gültig von letzteren aus definiert werden, das ist der hier fundamentale Satz, den ich in § 21 meiner Schrift entwickelte. Ich bezeichne dabei eine Riemannsche Fläche als symmetrisch, wenn sie durch eine konforme Abbildung zweiter Art von der Periode 2 in sich übergeführt wird (i. e. durch eine konforme Abbildung, welche die Winkel umlegt). Die symmetrischen Riemannschen Flächen eines gegebenen p zerfallen, wie ich ebendort angab und Herr Weichold a. a. O. eingehender ausgeführt hat, nach der Zahl und Art ihrer „Symmetrielinien" in $\left[\dfrac{3p+4}{2}\right]$ Arten. Wir haben erstlich $\left[\dfrac{p+2}{2}\right]$ Arten *orthosymmetrischer* Flächen bez. mit $p+1$, $p-1$, $p-3$, ... Symmetrielinien; das sind solche symmetrische Flächen, welche längs ihrer Symmetrielinien zerschnitten, in zwei (zueinander symmetrische) Hälften zerfallen; — das einfachste (zu $p = 0$ gehörige) Beispiel ist eine Kugel, welche durch „orthogonale" Projektion auf sich selbst bezogen ist —. Wir haben ferner $(p+1)$ Arten *diasymmetrischer* Flächen bzw. mit $p, p-1, \ldots, 1, 0$ Symmetrielinien; das sind Flächen, die längs ihrer Symmetrielinien zerschnitten gleichwohl noch ein zusammenhängendes Ganzes vorstellen; — man vergleiche, bei $p = 0$, die durch eine „diametrale" Projektion auf sich selbst bezogene Kugel. — Dabei bilden die Flächen derselben Art jedesmal ein zusammenhängendes Kontinuum: es ist möglich von jeder Fläche einer Art zu jeder anderen Fläche derselben Art kontinuierlich überzugehen, ohne aus der Art herauszutreten. *Hierin liegt, daß es genügt, die hiernach in Betracht kommenden Realitätsverhältnisse immer nur bei einem beliebig gewählten Repräsentanten der einzelnen „Art" zu untersuchen; die Resultate gelten dann ohne weiteres für alle Flächen derselben Art.* Dabei kann die Reihenfolge, in der man die Symmetrielinien der einen Fläche den Symmetrielinien der anderen Fläche zuweist, beliebig gewählt werden. Wir drücken dies aus, indem wir die verschiedenen Symmetrielinien als *gleichberechtigt* bezeichnen.

Als besonders einfache Repräsentanten kommen hier die *hyperelliptischen* Flächen in Betracht[5]). Aber dieselben repräsentieren nicht die sämtlichen vorgenannten Arten und es hat mit ihnen überhaupt eine be-

---

[5]) Wie ich dies für $p = 3$ bereits in [der oben abgedruckten Abh. XLI, S. 156 f. u. 166 ff.] benutzte, entgegen der sonst verbreiteten Auffassung, welche die hyperelliptischen Fälle wesentlich als Ausnahmefälle angesehen wissen wollte.

sondere Bewandtnis. Eine symmetrische hyperelliptische Fläche wird in der Art zweiblättrig über der z-Ebene ausgebreitet werden können, daß zu ihr eine Gleichung gehört:

$$(1) \qquad s = \sqrt{f_{2p+2}(z)},$$

in welcher f_{2p+2} ein Polynom $(2p+2)$-ten Grades von z *mit reellen Koeffizienten* ist. Nun beachte man, daß die Fläche durch die konforme Abbildung „erster Art":

$$S: \qquad s' = -s, \quad z' = z$$

in sich übergeht. Infolgedessen geht sie immer gleich durch zwei Abbildungen zweiter Art in sich über, die ich Σ_1 und Σ_2 nenne[6]):

$$\Sigma_1: \qquad s' = \quad \bar{s}, \quad z' = \bar{z},$$
$$\Sigma_2: \qquad s' = -\bar{s}, \quad z' = \bar{z},$$

ist also immer in zweifachem Sinne symmetrisch. *Bei Σ_1 bilden diejenigen Kurven der Fläche die Symmetrielinien, welche gleichzeitig reelles z und reelles s besitzen, bei Σ_2 diejenigen Kurven, deren Punkte reelles z und rein imaginäres s aufweisen.* Man betrachte nun zunächst die Fälle, wo wenigstens einige, sagen wir 2τ, der $2p+2$ Verzweigungspunkte $f_{2p+2}(z) = 0$ reell sind. Wir werden dann sowohl bei Σ_1 als bei Σ_2 τ Symmetrielinien der Fläche erhalten, die beide Mal in derselben Weise gegen einander liegen: *die Fläche gehört, mögen wir Σ_1 oder Σ_2 auswählen, beide Mal zu derselben Art symmetrischer Flächen.* Und zwar ist diese Art für $\tau = p + 1$ selbstverständlich orthosymmetrisch, für $\tau < p + 1$ aber diasymmetrisch. In der Tat: zerschneidet man die Fläche längs der τ Symmetrielinien, so wird sie für $\tau < p + 1$ immer noch ein zusammenhängendes Ganzes vorstellen. Seien nun aber sämtliche Verzweigungspunkte imaginär. Das Polynom $f_{2p+2}(z)$ ist dann definit, und ich will der Bestimmtheit halber (hier wie weiter unten) annehmen, daß es positiv-definit sei. Es werden dann bei Σ_1 alle Punkte der Fläche festbleiben, welche reelles z haben, bei Σ_2 aber überhaupt keine Punkte. Wir sehen: *sofern wir Σ_1 zugrunde legen, haben wir eine orthosymmetrische Fläche, bei Σ_2 aber eine diasymmetrische.* Und dabei ist die Zahl λ der auftretenden Symmetrielinien bei Σ_2 natürlich 0, bei Σ_1 aber (wie man sofort sieht, wenn man die Figur macht) 2 oder 1, je nachdem p ungerade oder gerade ist. Dies stimmt damit, daß die Differenz $(p + 1 - \lambda)$ in den orthosymmetrischen Fällen immer gerade ausfällt. Wir werden kurz sagen dürfen, daß wir im Falle lauter imaginärer Verzweigungspunkte eines reellen hyperelliptischen Gebildes *entweder den niedrigsten diasymmetrischen Fall oder den niedrigsten orthosymmetrischen*

---

[6]) In den Formeln bedeuten $\bar{s}$ und $\bar{z}$ bzw. die konjugierten Werte von s und z.

Fall des in Betracht kommenden Geschlechts vor uns haben. Nehmen wir dann ferner alle Fälle hinzu, wo einige oder alle der Verzweigungen reell sind, so erhalten wir *Beispiele für die sämtlichen übrigen diasymmetrischen Fälle und den höchsten orthosymmetrischen Fall.* Das macht bei $p = 0, 1, 2, 3$ noch alle Arten symmetrischer Flächen, die es gibt, und hierin liegt z. B., daß man bei $p = 3$ noch alle hier in Betracht kommenden Realitätsfragen von den hyperelliptischen Fällen aus diskutieren kann, wie ich in [der vorstehenden Abh. XLI] angab. Bei $p = 4$ zum ersten Male existiert eine Art symmetrischer Flächen, welche keinen hyperelliptischen Repräsentanten zuläßt: das sind die orthosymmetrischen Flächen mit drei Symmetrielinien. Solcher Arten gibt es allgemein $\left[\dfrac{p-2}{2}\right]$.

§ 2.

Von den Normalkurven φ, die zu den symmetrischen Flächen gehören.

Wir definieren jetzt die Normalkurve der φ in üblicher Weise durch die Formeln:

$$\varphi_1 : \varphi_2 : \ldots : \varphi_p = dw_1 : dw_2 : \ldots : dw_p,$$

unter $w_1, w_2, \ldots, w_p$ irgend p linear unabhängige überall endliche Integrale der Fläche verstanden[7]). Dabei können wir vermöge der in meiner Schrift a. a. O. gegebenen Überlegung die dw jedenfalls so aussuchen, daß ihre Verhältnisse in symmetrischen Punkten der Fläche konjugiert imaginäre Werte annehmen. Solcherweise haben wir dann der symmetrischen Fläche entsprechend eine *reelle Kurve der* φ. Zugleich ist ersichtlich, daß diese Kurve abgesehen von reellen Kollineationen, denen man sie unterwerfen mag, bei gegebener Riemannscher Fläche völlig bestimmt ist. Den λ Symmetrielinien der Fläche entsprechend hat sie λ *reelle Züge.* Man überzeugt sich leicht, daß dieselben alle *paaren* Charakter besitzen. Überhaupt sind sie alle *gleichberechtigt.* Wir nennen die Kurve *orthosymmetrisch* oder *diasymmetrisch*, je nachdem es die zugehörige Riemannsche Fläche ist.

Beispielsweise entstehen bei $p = 3$ sechs Arten von ebenen Kurven vierter Ordnung (wie das mit der von anderer Seite bekannten Theorie dieser Kurven stimmt): zwei orthosymmetrische Arten mit 4 bez. 2 und

---

[7]) Was diesen Übergang zur „Sprechweise der analytischen Geometrie" und die Einführung der „Kurve der φ" insbesondere angeht, so darf ich den Leser, der damit nicht vertraut ist, auf die Darstellung verweisen, welche hierüber in meinen von Herrn Fricke bearbeiteten Vorlesungen „über elliptische Modulfunktionen" in Bd. 1 (Leipzig 1890), S. 556—572 gegeben ist.

vier diasymmetrische Arten mit 3, 2, 1, 0 reellen Zügen. Es kann nur die Frage sein, welche der zwei bekannten zweiteiligen Kurven vierter Ordnung die orthosymmetrische ist, die „Gürtelkurve" oder die andere, deren zwei Ovale getrennt liegen. Hier entscheiden die Riemannschen Flächen, die ich in [der oben abgedruckten Abh. XXXIX] zu den einzelnen Kurvenarten hinzukonstruiert habe[8]). Nehmen wir etwa den Fall der Gürtelkurve. Zerschneiden wir die dort gegebene, zu ihr gehörige Riemannsche Fläche längs der beiden Züge der Kurve, so zerfällt die Fläche in zwei Stücke. *Die Gürtelkurve ist also orthosymmetrisch.* Das gleiche Resultat entsteht, wenn wir die hyperelliptischen Fälle heranziehen (wegen deren ich hier, wo es sich um $p = 3$ handelt, auf die Darstellung in [Abh. XLI] verweisen darf). Wir haben da als Normalkurve der φ einen doppeltzählenden einteiligen Kegelschnitt, auf dem wir so viele „Scheitel" anzubringen haben, als $f = 0$ reelle Verzweigungspunkte liefert. Ist diese Zahl wieder gleich 2τ, und nehmen wir τ vorab > 0, so zerfällt der Kegelschnitt durch besagte Scheitel in 2τ Segmente, die man dann, um zu einer allgemeinen Kurve vierter Ordnung überzugehen, abwechselnd wegnehmen, beziehungsweise in schmale Ovale verwandeln wird. Ist aber $\tau = 0$, so werden wir beim Übergang zur allgemeinen Kurve vierter Ordnung entweder den ganzen Kegelschnitt wegnehmen müssen (was die nullteilige Kurve vierter Ordnung ergibt) oder ihn nach seiner ganzen Erstreckung in zwei reelle Züge spalten müssen (wobei eben die Gürtelkurve entsteht). *Die Gürtelkurve entspricht also dem hyperelliptischen Falle mit $\tau = 0$ und ist eben darum orthosymmetrisch.*

Nehmen wir ferner $p = 4$. Die Normalkurve der φ liegt hier im dreidimensionalen Raume und stellt sich als voller Schnitt einer Fläche zweiten und einer Fläche dritten Grades dar. Aber die verschiedenen Möglichkeiten des genannten Schnittes hat man direkt noch nicht untersucht und wir sehen uns also, was die Diskussion der möglichen Kurvengestalten betrifft, auf unsere eigenen Hilfsmittel angewiesen. Wir beginnen vielleicht vom hyperelliptischen Falle aus. Da haben wir (als Berührungsschnitt eines Kegels zweiter Ordnung mit einer Fläche dritten Grades) eine doppeltzählende Raumkurve dritter Ordnung vor uns und auf dieser je nachdem 10, 8, 6, 4, 2, 0 reelle Scheitel. Indem wir dann genau so operieren, wie mit dem doppeltzählenden Kegelschnitte im Falle der Kurven vierter Ordnung, erhalten wir zunächst Kurven sechster Ordnung, die aus 5, 4, 3, 2, 1 nebeneinander liegenden Ovalen bestehen: nur die

---

[8]) Ich hebe gern hervor, daß ich [in der Abh. XL] beim näheren Studium meiner „neuen" Riemannschen Flächen (auf S. 154) zum ersten Male zur Unterscheidung der reellen Kurven in orthosymmetrische und diasymmetrische geführt worden bin.

erste dieser Kurven ist orthosymmetrisch, die anderen sind diasymmetrisch. Ferner aber erhalten wir von der doppeltzählenden Kurve dritter Ordnung aus, die keinen reellen Scheitel trägt, einerseits die nullteilige C_6 (welche diasymmetrisch ist), andererseits eine merkwürdige einteilige C_6, deren einer Kurvenzug sich längs der ganzen Erstreckung der Kurve dritter Ordnung doppelt hinzieht. *Dies ist die einteilige orthosymmetrische C_6.* Es fehlt uns nun noch die orthosymmetrische Kurve mit drei reellen Zügen, und diese kann uns, wie wir wissen, vom hyperelliptischen Falle aus überhaupt nicht geliefert werden. Glücklicherweise gibt es einen anderen Ansatz, welcher in einfachster Weise eine dreiteilige C_6 liefert, welche von der gerade konstruierten dreiteiligen diasymmetrischen Kurve durch die Anordnung ihrer Ovale verschieden ist und daher notwendig orthosymmetrisch ist. Man schneide nämlich ein Ellipsoid oder auch ein Hyperboloid durch drei Parallelebenen in drei Ellipsen und ersetze dann die drei Parallelebenen durch eine in ihrer unmittelbaren Nähe verlaufende eigentliche Fläche dritter Ordnung. Die entstehende Durchschnittskurve hat ersichtlich keine dreifachen Tangentialebenen, welche alle drei Ovale der Kurve gleichzeitig berühren, und eben hierin werden wir bald eine Bestätigung ihres orthosymmetrischen Charakters erblicken.

§ 3.

Einführung der Doppelpunktsmethode.

Die Überführung in ein hyperelliptisches Gebilde ist nur einer derjenigen Kontinuitätsprozesse, die wir beim Studium unserer reellen Kurven benutzen wollen. Wir stellen daneben die Überführung der Kurve in eine solche mit isoliertem Doppelpunkte. Wir denken uns dieselbe in der Weise bewerkstelligt, daß wir irgendeine der Symmetrielinien der zugehörigen Riemannschen Fläche auf einen Punkt zusammenziehen. Dies setzt natürlich voraus, daß die Fläche überhaupt eine Symmetrielinie hat: die nullteiligen Kurven bleiben also von unserem Verfahren ausgeschlossen. Aber auch diejenigen orthosymmetrischen Fälle müssen beiseite gelassen werden, welche nur eine Symmetrielinie besitzen (was natürlich gerades p voraussetzt). Ziehen wir nämlich bei ihnen die eine überhaupt vorhandene Symmetrielinie zu einem Punkte zusammen, so *zerfällt* dabei die Fläche in zwei Stücke. Dementsprechend degeneriert dann die zugehörige Kurve der φ in einer Weise, die kompliziert ist, und hier nicht weiter verfolgt werden soll. Glücklicherweise gehören die beiden hiernach auszuschließenden Fälle zu denjenigen, die man hyperelliptisch degenerieren lassen kann. Bei allen anderen Fällen hat die Durchführung des genannten Prozesses

und damit die Zusammenziehung eines beliebigen Ovals der Kurve zu
einem isolierten Doppelpunkte keine Schwierigkeit. Dabei entsteht dann
eine Kurve des Geschlechtes $(p-1)$, welche außer dem isolierten Punkte
noch $(\lambda-1)$ reelle Züge hat, und übrigens orthosymmetrisch oder diasymmetrisch ist, je nachdem es die ursprüngliche Kurve war. Dieselbe
ist nach wie vor von der Ordnung $(2p-2)$ und im Raume von $(p-1)$
Dimensionen gelegen. Projiziert man sie von ihrem Doppelpunkte aus auf
einen Raum von $(p-2)$ Dimensionen, so entsteht in diesem eine Normalkurve der φ des Geschlechtes $(p-1)$ von der Ordnung $(2p-4)$.

Sollen wir diese geometrischen Verhältnisse durch Beispiele belegen,
so nehmen wir vielleicht zunächst den Fall der Gürtelkurve $p=3$. Hier
hat es ersichtlich keine Schwierigkeit, das innere Oval auf einen Punkt
zusammenzuziehen. Von diesem aus projizieren wir jetzt die Kurve auf
eine gerade Linie. Die Gerade wird dann nach ihrer ganzen Erstreckung
von den Bildpunkten doppelt überdeckt, so zwar, daß dabei kein reeller
„Scheitel" auftritt. Das entspricht in der Tat dem orthosymmetrischen
Falle $\lambda=1$ des Geschlechtes $p=2$. Wie aber kann man das äußere
Oval einer Gürtelkurve zu einem isolierten Punkte zusammenziehen?
Einfach so, daß man dasselbe vorab durch das andere Oval hindurchtreten
läßt. Dabei wird als Zwischenfall ein doppeltzählender Kegelschnitt überschritten, der dem Geschlechte $p=3$ angehört, d. h. der bezügliche hyperelliptische Fall. — Man nehme ferner die dreiteilige orthosymmetrische
Kurve des Geschlechtes $p=4$, die wir vorhin als den Schnitt einer Fläche
zweiter Ordnung und einer Fläche dritter Ordnung erzeugten. Hier erreichen wir durch Abänderung der genannten Flächen mit Leichtigkeit,
daß sich ein beliebiges Oval der Kurve zum isolierten Punkte zusammenzieht. Projizieren wir dann die Kurve vom isolierten Punkte aus auf die
Ebene, so entsteht in letzterer richtig die orthosymmetrische Kurve $\lambda=2$
des Geschlechtes 3, nämlich eine Gürtelkurve vierter Ordnung. —

Der Übergang zum hyperelliptischen Gebilde und die hiermit besprochene Einführung eines isolierten Doppelpunktes sind die einzigen Degenerationsprozesse, die wir bei unseren Kurven in Betracht ziehen wollen.
Es hat ja keine Schwierigkeit, noch andere Prozesse heranzuziehen. Wir
könnten z. B. mehrere Züge unserer Kurve gleichzeitig in isolierte Doppelpunkte überführen. Wir könnten auch jeden einzelnen der erhaltenen
Doppelpunkte vollends verschwinden lassen, wodurch das Geschlecht wieder
auf p steigt, die Zügezahl und Art unserer Kurve aber eine andere wird.
Es ist besonders interessant, bei den sogleich zu gebenden Abzählungen
alle diese Möglichkeiten ins Einzelne zu verfolgen. Doch würde es sich
dabei nur um Bestätigungen der von uns zu machenden Angaben handeln,
und wir lassen also alle diese Entwicklungen hier der Kürze halber beiseite.

§ 4.

Allgemeine Sätze über die zu unseren Kurven gehörigen Φ und F_μ.

Unter einer φ verstehe ich fortan allgemein ein solches Gebilde des Raumes der $\varphi_1 : \varphi_2 : \ldots : \varphi_p$, welches durch eine lineare Gleichung zwischen den $\varphi_1, \varphi_2, \ldots$ dargestellt wird, unter einer f_μ aber ein Gebilde, welches durch eine Gleichung μ-ter Ordnung gegeben wird. Berühren die φ, f_μ unsere Kurve überall, wo sie dieselbe treffen, also in $(p-1)$, bez. in $\mu(p-1)$ Punkten, so nenne ich sie Φ, bez. F_μ. Die φ, Φ sind also nichts anderes als die f_1, F_1, und es geschieht nur wegen ihrer Wichtigkeit, daß sie mit einem besonderen Namen belegt sind. *Der besondere Zielpunkt der gegenwärtigen Arbeit soll sein, die Realitätsverhältnisse darzulegen, welche die Φ wie die F_μ bei den verschiedenen Arten reeller Normalkurven darbieten, die wir unterschieden haben, und damit die Realitätstheoreme, welche man über die Doppeltangenten und sonstigen Berührungskurven der ebenen Kurven vierter Ordnung hat, auf beliebige p zu übertragen.* Ich darf hier vorab die allgemeinen Sätze von der Theorie der Abelschen Funktionen zusammenstellen, welche die Grundlage für jedes Studium dieser Φ, F_μ bilden müssen:

Seien $w_1, w_2, \ldots, w_p$ irgend p zur Kurve gehörige linear unabhängige Integrale erster Gattung, $P_{a,1}, \ldots, P_{a,p}$ die p ersten, $P'_{a,1}, \ldots, P'_{a,p}$ die p zweiten Perioden von w_a. Seien ferner $x_1, \ldots, x_{2p-2}$ die Schnittpunkte unserer Kurve mit irgendeiner φ, z ein beliebiger fester Punkt der Kurve. Man hat dann die Gleichungen des Abelschen Theorems:

$$(1) \qquad w_a^{x_1, z} + \ldots + w_a^{x_{2p-2}, z} \equiv K_a \ (\mathrm{mod}\, P_{a\beta}, P'_{a\beta}),$$

die umgekehrt ausreichen, nachdem man die K_a an irgendeiner besonderen φ berechnet hat, um die $x_1, \ldots, x_{2p-2}$ als volles Schnittpunktssystem der Kurve mit einer φ zu charakterisieren. Man beachte, daß die hiermit eingeführten Konstanten K_a ihrer Natur nach nur bis auf beliebige ganzzahlige Multipla der Perioden $P_{a\beta}, P'_{a\beta}$ definiert sind. — Wir betrachten ferner die Schnittpunktssysteme unserer Kurve mit einer f_μ. Wir erhalten als notwendige und hinreichende Bedingung dafür, daß die Punkte $x_1, \ldots, x_{2\mu(p-1)}$ unserer Kurve ein solches Schnittpunktssystem bilden, die Gleichungen:

$$(2) \qquad w_a^{x_1, z} + \ldots + w_a^{x_{2\mu(p-1)}, z} = \mu K_a \ (\mathrm{mod}\, P_{a\beta}, P'_{a\beta}).$$

In (1) und (2) brauchen wir jetzt die Punkte x nur paarweise zusammenfallen zu lassen, um die Berührungspunkte einer Φ bez. F_μ zu erhalten. Indem wir beiderseits durch 2 dividieren, erhalten wir 2^{2p} verschiedene Gleichungssysteme, nämlich erstens für die Φ:

$$(3) \quad w_\alpha^{x_1,z} + \ldots + w_\alpha^{x_{p-1},z} \equiv \frac{K_\alpha}{2} + \sum_1^p \varrho_\beta \frac{P_{\alpha\beta}}{2} + \sum_1^p \varrho_\beta' \frac{P_{\alpha\beta}'}{2} \quad (\mathrm{mod}\, P, P'),$$

zweitens für die F_μ:

$$(4) \quad w_\alpha^{x_1,z} + \ldots + w_\alpha^{x_{\mu(p-1)},z} \equiv \frac{\mu K_\alpha}{2} + \sum_1^p \varrho_\beta \frac{P_{\alpha\beta}}{2} + \sum_1^p \varrho_\beta' \frac{P_{\alpha\beta}'}{2} \quad (\mathrm{mod}\, P, P');$$

hier bedeuten die ϱ_β, ϱ_β' $2p$ Zahlen, welche nach Belieben gleich 0 oder 1 zu nehmen sind. *Diese 2^{2p} Gleichungssysteme stellen uns ebenso viele Umkehrprobleme zur Bestimmung der Φ bez. der F_μ vor.* Aber wir werden uns bei Diskussion derselben zunächst auf die Gleichungen (4) mit $\mu > 1$ beschränken müssen. Denn die Gleichungen (3) enthalten nur $(p-1)$ Unbekannte, sind also überzählig, und es bedarf tiefer gehender Untersuchungen, die erst durch die Theorie der Thetafunktionen geliefert werden, um zu unterscheiden, welche der 2^{2p} in (3) eingeschlossenen Gleichungssysteme überhaupt Lösungen zulassen. Für $\mu > 1$ aber haben wir folgende Sätze:

1. Ein jedes der 2^{2p} Umkehrprobleme hat sicher Lösungen; *es gibt also 2^{2p} Scharen von F_μ.*

2. Was die Zahl der Lösungen angeht, so müssen wir den Fall $\mu = 2$, $\varrho_\beta = 0$, $\varrho_\beta' = 0$ vorweg nehmen, für den die Gleichungen (4) mit den Gleichungen (1) zusammenfallen und bei dem es sich also einfach um diejenigen ∞^{p-1} Punktsysteme $x_1, \ldots, x_{2p-2}$ handelt, in denen die φ schneiden (welche doppeltzählend als uneigentliche F_2 anzusehen sind).

3. In allen anderen Fällen hat man es durchaus mit „bestimmten" Umkehrproblemen zu tun, d. h. *von den $\mu(p-1)$ Punkten $x_1, \ldots, x_{\mu(p-1)}$ sind genau $\mu(p-1) - p$ willkürlich anzunehmen.* Ich werde dies kurz wohl so ausdrücken, daß ich sage: *die zugehörigen Scharen von F_μ sind $[\mu(p-1) - p]$-fach unendlich.* Da sind denn alle F_μ, welche in denselben Punkten x berühren, nur für eine F_μ gezählt, was ja natürlich ungenau ist, weil man bei höheren Werten von μ aus jeder F_μ, die in irgendwelchen Punkten x berührt, unendlich viele F_μ machen kann, die in den nämlichen Punkten x berühren, indem man einfach diejenigen f_μ, welche längs der Kurve identisch verschwinden, mit irgendwelchen Zahlenfaktoren multipliziert hinzuaddiert. Ich denke aber, daß diese Ungenauigkeit keine Mißverständnisse zur Folge haben wird.

4. Ist μ gerade und alle ϱ_β, ϱ_β' gleich Null, so kann die Schar der F_μ allemal durch die *Gesamtheit der doppeltgezählten $f_{\frac{\mu}{2}}$ ersetzt* werden.

5. Überhaupt aber wird es bei geradem μ offenbar niemals zweifelhaft sein, welches Zahlensystem der ϱ_β, ϱ_β' man einer bestimmten F_μ zuordnen soll.

Denn es handelt sich in den Gleichungen (4) bei geradem μ rechter Hand um ganzzahlige Multipla der K_α, und die K_α sind selbst, wie wir hervorhoben, bis auf ganzzahlige Multipla der Perioden $P_{\alpha\beta}$, $P'_{\alpha\beta}$ bestimmt. *Das Zahlensystem ϱ_β, ϱ'_β, welches einer F_μ gerader Ordnung zugehört, nennen wir ihre Elementarcharakteristik.*

6. Anders bei ungeradem μ, insofern die dann rechter Hand stehenden Größen $\dfrac{\mu K_\alpha}{2}$ von vornherein nur bis auf halbe Perioden bestimmt erscheinen. Die ϱ_β, ϱ'_β des einzelnen F_μ sind also keineswegs fixiert, nur die Differenzen $\varrho_\beta - \bar\varrho_\beta$, $\varrho'_\beta - \bar\varrho'_\beta$ sind es, welche zu zwei verschiedenen F_μ, $\bar F_\mu$ gehören. *Wir haben da also zunächst keine absoluten Charakteristiken ϱ, ϱ', sondern nur relative Charakteristiken (Elementarcharakteristiken).*

Zur Ergänzung dieser Sätze ziehen wir nunmehr die *Theorie der Thetafunktionen* heran. Indem wir auf der Riemannschen Fläche irgendwie ein „kanonisches" Querschnittsystem konstruieren, führen wir statt der w_1, w_2, …, w_p *Normalintegrale* j_1, j_2, …, j_p ein, deren kanonische Perioden $P_{\alpha\beta}$, $P'_{\alpha\beta}$ in üblicher Weise so lauten werden:

$$(5)\quad
\begin{array}{c|cccc|ccc}
 & P_{\alpha 1}\, P_{\alpha 2}\, \ldots\, P_{\alpha p} & & & & P'_{\alpha 1}\, \ldots\, P'_{\alpha p} & & \\
\hline
j_1 & 1 & 0 & \ldots & 0 & \tau_{11} & \ldots & \tau_{1p} \\
j_2 & 0 & 1 & \ldots & 0 & \tau_{21} & \ldots & \tau_{2p} \\
j_p & 0. & 0 & \ldots & 1 & \tau_{p1} & \ldots & \tau_{pp}
\end{array}$$

Die $P_{\alpha\beta}$ entsprechen hier der Überschreitung der A_β, die $P'_{\alpha\beta}$ der Überschreitung der B_β. Ich will annehmen, daß man dabei einfach setzen kann:

$$(6)\qquad \varphi_1 : \varphi_2 : \ldots : \varphi_p = dj_1 : dj_2 : \ldots : dj_p.$$

Unsere Kurve ist dann auf ein *Normalkoordinatensystem* bezogen; für jedes System kanonischer Querschnitte unserer Riemannschen Fläche wird es ein solches Koordinatensystem geben. Im übrigen definieren wir jetzt die 2^{2p} Thetafunktionen durch die Reihenentwicklungen:

$$(7)\qquad \vartheta\left|\begin{matrix} g_1\ldots g_p \\ h_1\ldots h_p \end{matrix}\right| (j_1, \ldots, j_p;\ \tau_{11}, \ldots, \tau_{pp}) = \sum_{n_1=-\infty}^{+\infty} \ldots \sum_{n_p=-\infty}^{+\infty} E,$$

wo

$$E = e^{\,i\pi\left(\sum\limits_{\alpha=1}^{p}\sum\limits_{\beta=1}^{p}\left(n_\alpha + \frac{g_\alpha}{2}\right)\left(n_\beta + \frac{g_\beta}{2}\right)\tau_{\alpha\beta} + 2\sum\limits_{\alpha=1}^{p}\left(n_\alpha + \frac{g_\alpha}{2}\right)\left(j_\alpha + \frac{h_\alpha}{2}\right)\right)}.$$

Hier haben die Zahlen $g_1 \ldots g_p$, $h_1 \ldots h_p$, welche die „Charakteristik" der Thetafunktion ausmachen, unabhängig voneinander die Werte 0 und 1 anzunehmen, und die Thetafunktion ist als Funktion der $j_1 \ldots j_p$ gerade oder ungerade, je nachdem $g_1 h_1 + \ldots + g_p h_p \equiv 0$ oder $\equiv 1 \,(\mathrm{mod}\,2)$. Des weiteren ergibt sich dann:

1. *Jeder Schar von F_μ ungerader Ordnung ist eine bestimmte Theta-funktion zugeordnet.* Die Definition der Größen $\dfrac{\mu K_a}{2}$ in den Formeln (4) läßt sich darauf so wählen, daß die ϱ_β, ϱ_β gleich den h_β, g_β der zugehörigen Thetafunktion werden. Die F_μ ungerader Ordnung erhalten so *absolute* Charakteristiken, welche wir ihre *Primcharakteristiken*[9]) nennen.

2. Nach der hiermit bezeichneten Fixierung der Größen $\dfrac{K_a}{2}$ entscheidet sich die Frage, ob es den Gleichungen (3) entsprechend für bestimmte ϱ, ϱ' überall berührende Φ gibt, bez. wie viele solcher Φ es gibt, aus der *Potenzentwicklung* des zugehörigen ϑ (nach ansteigenden Potenzen der $j_1, j_2, \ldots, j_p$). Im allgemeinen beginnt die Reihenentwicklung der geraden ϑ mit einem konstanten Gliede, diejenigen der ungeraden ϑ mit einem linearen Gliede:

$$\left(\frac{\partial \vartheta}{\partial j_1}\right)_{0\ldots 0} \cdot j_1 + \cdots + \left(\frac{\partial \vartheta}{\partial j_p}\right)_{0\ldots 0} \cdot j_p$$

(wo die den Differentialquotienten beigesetzten Indizes $0\ldots 0$ bedeuten sollen, daß für $j_1, \ldots, j_p$ die Werte $0, \ldots, 0$ einzutragen sind). *Dem geraden ϑ entspricht dann kein Φ, dem ungeraden ϑ eines, welches, auf das Normalkoordinatensystem bezogen, durch die Gleichung:*

$$(8) \qquad \left(\frac{\partial \vartheta}{\partial j_1}\right)_{0\ldots 0} \cdot \varphi_1 + \cdots + \left(\frac{\partial \vartheta}{\partial j_p}\right)_{0\ldots 0} \cdot \varphi_p = 0$$

gegeben ist. In besonderen Fällen aber kann die Potenzentwicklung eines geraden oder ungeraden ϑ auch mit Gliedern höherer Ordnung, sagen wir der ϱ-ten Ordnung, beginnen. *Es wird dann eine $(\varrho-1)$-fach unend- liche Schar zugehöriger Φ geben, deren Gleichungen aus dem Gliede ϱ-ter Ordnung der für das ϑ geltenden Reihenentwicklung algebraisch abgeleitet werden können.*

3. Die Theorie der Φ gestaltet sich hiernach im speziellen Falle viel-fach anders als im allgemeinen Falle. So ist es besonders bei den hyper-elliptischen Gebilden. *Als Vergleichspunkt für Realitätsfragen muß dann nicht sowohl die Theorie der Φ selbst, sondern die Theorie der ϑ (speziell der ungeraden ϑ) dienen.*

§ 5.

Besondere Angaben über die ϑ, Φ, F_μ der hyperelliptischen Gebilde[10]).

Möge das hyperelliptische Gebilde analytisch wieder durch die Gleichung:

$$(1) \qquad s = \sqrt{f_{2p+2}(z)}$$

gegeben sein. Es ist dann bekanntlich möglich, über die zugehörigen

---

[9]) [Vgl. die genannte Abhandlung in den Math. Annalen, Bd. 36.]
[10]) [Vgl. meine oben genannten Abhandlungen in den Math. Annalen, Bd. 27 u. 32.]

ϑ, Φ, F_μ spezielle Angaben zu machen, sofern man die einzelnen Faktoren von f als bekannt ansehen will, so daß also ein Eingehen auf die transzendente Theorie hier noch nicht erforderlich ist. Es gelten in dieser Hinsicht die folgenden Sätze:

1. Für die Theorie der ϑ sind die Spaltungen von f in zwei Faktoren $\psi_{p+1-2\sigma} \cdot \chi_{p+1+2\sigma}$ fundamental $\left(\text{wo } \sigma \text{ eine beliebige ganze Zahl bedeuten soll, die } \geq 0 \text{ und } \leq \dfrac{p+1}{2} \text{ ist}\right)$. Einer jeden solchen Spaltung entspricht ein ϑ, und umgekehrt. Das betreffende ϑ ist gerade oder ungerade, je nachdem es σ ist.

2. Wir können hiernach die Φ, welche es gibt, direkt den Spaltungen von f in zwei Faktoren der genannten Art zuordnen. Die Sache wird dann die, daß nur bei solchen Spaltungen, deren $\sigma = 0$ ist, keine Φ auftreten und daß übrigens die zu der einzelnen Spaltung gehörigen Φ durch die Formel gegeben sind:

$$(2) \qquad \sqrt{\Phi} = \Psi_{\sigma-1} \cdot \sqrt{\psi_{p+1-2\sigma}}.$$

Hier soll $\Psi_{\sigma-1}$ irgend ein Polynom von z vom Grade $(\sigma - 1)$ bedeuten.

3. Ein entsprechender Ansatz wird für die F_μ ungerader Ordnung gelten. Sei $\mu = 2\nu + 1$, so erhält man die sämtlichen existierenden F_μ, wenn man den verschiedenen unter 1 genannten Spaltungen entsprechend setzt:

$$(3) \qquad \sqrt{F_\mu} = \Psi_{\nu(p-1)+\sigma-1} \cdot \sqrt{\psi_{p+1-2\sigma}} + \mathsf{X}_{\nu(p-1)-\sigma-1} \cdot \sqrt{\chi_{p+1+2\sigma}}.$$

Hier bedeuten Ψ, X wieder irgend welche Polynome von dem durch den bezüglichen Index gegebenen Grade. Ferner hat σ *alle* seine Werte, die Null eingeschlossen, zu durchlaufen.

4. Für die F_μ gerader Ordnung kommen in analoger Weise die Zerlegungen von f in Faktoren $\psi_{2\sigma} \cdot \chi_{2p+2-2\sigma}$ in Betracht; das sind dieselben Zerlegungen, die wir schon betrachteten, wenn p ungerade, aber andere Zerlegungen, wenn p gerade ist.

5. Indem wir $\mu = 2\nu$ setzen, sind die F_μ gerader Ordnung den einzelnen Zerlegungen entsprechend durch die Formel gegeben:

$$(4) \qquad \sqrt{F_\mu} = \Psi_{\nu(p-1)-\sigma} \cdot \sqrt{\psi_{2\sigma}} + \mathsf{X}_{(\nu-1)(p-1)+\sigma-2} \cdot \sqrt{\chi_{2p+2-2\sigma}}.$$

Von diesen Sätzen aus kann man im Falle des einzelnen reellen hyperelliptischen Gebildes natürlich sehr leicht die Realität des einzelnen Φ oder F_μ (oder auch der ϑ) beurteilen. Es wird vor allem darauf ankommen, unter den Spaltungen von f in zwei Faktoren $\psi \cdot \chi$ die „reellen" herauszugreifen. Reell ist aber eine Spaltung erstlich und hauptsächlich, wenn die Faktoren ψ, χ einzeln reell sind, dann noch, wenn die ψ, χ konjugiert imaginär sind. Letzteres kann natürlich nur bei solchen f eintreten, deren sämtliche Wurzeln imaginär sind, und auch dann nur bei den Spaltungen in $\psi_{p+1} \cdot \chi_{p+1}$. Statt längerer Erläuterungen will ich Tabellen für $p = 2, 3$ geben, aus denen die hier in Betracht kommende Gesetzmäßigkeit am besten ersichtlich ist. In denselben ist die Zahl der reellen Wurzeln von f wieder mit 2τ bezeichnet.

$$p = 2. \quad \textbf{Spaltungen von } f_6.$$

a) Reelle Spaltungen der Form $\psi_{p+1-2\sigma} \cdot \chi_{p+1+2\sigma}$.

$2\tau =$	0	2	4	6
Reelle ψ_1, χ_5	0	2	4	6
Reelle ψ_3, χ_3	0	2	4	10
Konjugierte ψ_3, χ_3	4	0	0	0
Reelle Spaltungen überhaupt	4	4	8	16

b) Reelle Spaltungen der Form $\psi_{2\sigma} \cdot \chi_{2p+2-2\sigma}$.

$2\tau =$	0	2	4	6
Reelle ψ_0, χ_6	1	1	1	1
Reelle ψ_2, χ_4	3	3	7	15
Reelle Spaltungen überhaupt	4	4	8	16

Von hier aus ergibt sich beispielsweise als Regel: *Ist p gerade und 2τ die Zahl der reellen Faktoren von f, so hat man für $\tau > 0$ sowohl bei a) wie bei b) $2^{p+\tau-1}$ Spaltungen in reelle Faktoren, für $\tau = 0$ aber bei a) 2^p Spaltungen in konjugierte Faktoren, bei b) 2^p Spaltungen in reelle Faktoren.*

$$p = 3. \quad \textbf{Spaltungen von } f_8.$$

Reelle Spaltungen der Form $\psi_{p+1-2\sigma} \cdot \chi_{p+1+2\sigma} = \psi_{2\sigma'} \cdot \chi_{2p+2-2\sigma'}$.

2τ	0	2	4	6	8
Reelle ψ_0, χ_8	1	1	1	1	1
Reelle ψ_2, χ_6	4	4	8	16	28
Reelle ψ_4, χ_4	3	3	7	15	35
Konjugierte ψ_4, χ_4	8	0	0	0	0
Reelle Spaltungen überhaupt	16	8	16	32	64

Von hier aus dann etwa wieder: *Ist p ungerade und 2τ die Zahl der reellen Wurzeln von f, so hat man für $\tau > 0$ $2^{p+\tau-1}$ Spaltungen in reelle Faktoren, für $\tau = 0$ aber 2^p Spaltungen in konjugierte Faktoren und 2^p Spaltungen in reelle Faktoren.*

An diese Realitätsdiskussion der Spaltungen schließt sich dann zunächst, von Formel (2) aus, diejenige der Φ. Ich will hier einen zusammenfassenden Satz nur für diejenigen Φ aussprechen, welche ungeraden σ zugehören; denn sie allein kommen in Betracht, wenn wir hernach vom hyperelliptischen Gebilde zum allgemeinen Gebilde übergehen. Wir haben:

So lange $\tau > 0$ und $< (p + 1)$, ist die Zahl der verschiedenen hier in Betracht kommenden reellen Φ gleich $2^{p+\tau-2}$.

Für $\tau = p + 1$ wird die Zahl gleich $2^{p-1}(2^p - 1)$, für $\tau = 0$ bei geradem p gleich 0, bei ungeradem p gleich 2^{p-1}.

Ferner aber die Realitätsdiskussion der F_μ. Da sind die Gebilde mit $\tau > 0$ sofort erledigt, indem wir sagen:

Reelle Spaltungen von f ergeben auch reelle Scharen zugehöriger F_μ.

Dagegen ist der Fall $\tau = 0$ in nähere Betrachtung zu ziehen. Ich will f_{2p+2} hier wieder als *positives* Polynom voraussetzen. Das reelle hyperelliptische Gebilde kann dann noch in einer der beiden Formen vorgelegt sein:

$$\alpha)\ \ s = \sqrt{f_{2p+2}(z)}, \qquad \beta)\ \ s' = i\sqrt{f_{2p+2}(z)};$$

im ersteren Falle ist es orthosymmetrisch, im letzteren diasymmetrisch.

Wir nehmen nun erstlich p gerade und betrachten die Zerlegungen von f in $\psi_{p+1-2\sigma} \cdot \chi_{p+1+2\sigma}$. Reell sind unter denselben nur diejenigen mit $\sigma = 0$, bei denen ψ und χ konjugiert imaginär sind. Wir setzen nun nach Formel (3):

$$\sqrt{F_\mu} = \Psi_{\nu(p-1)-1} \cdot \sqrt{\psi_{p+1}} + \mathsf{X}_{\nu(p-1)-1} \cdot \sqrt{\chi_{p+1}}$$

und nehmen hier die Ψ, X ebenfalls konjugiert imaginär. Indem wir quadrieren, erhalten wir einen Wert von F_μ, in welchen wir entweder, vermöge $\alpha)$, das s, oder, vermöge $\beta)$, das s' einführen werden. Wir sehen:

I. *Im Falle $\alpha)$ liefert jede Spaltung von f in konjugiert imaginäre Faktoren eine Schar reeller F_μ (ungerader Ordnung), im Falle $\beta)$ aber eine Schar, die man nur insofern als reell bezeichnen kann, als in ihr neben der einzelnen imaginären F_μ immer auch deren konjugierte auftritt.*

Wir betrachten ferner, bei geradem p, die Zerlegungen von f in Faktoren $\psi_{2\sigma} \cdot \chi_{2p+2-2\sigma}$. Reelle Spaltungen entstehen hier nur so, daß man die ψ, χ einzeln reell nimmt. Ausgehend von Formel (4):

$$\sqrt{F_\mu} = \Psi_{\nu(p-1)-\sigma} \cdot \sqrt{\psi_{2\sigma}} + \mathsf{X}_{(\nu-1)(p-1)+\sigma-2} \cdot \sqrt{\chi_{2p+2-2\sigma}}$$

werden wir jetzt sowohl im Falle $\alpha)$ als im Falle $\beta)$ reelle F_μ erhalten können. Wir werden zu dem Zwecke im Falle α) die Koeffizienten von Ψ, X sämtlich reell nehmen, im Falle β) aber die Koeffizienten von Ψ reell, die von X rein imaginär. Also:

II. *Eine jede der hier in Betracht kommenden reellen Spaltungen von f liefert für α) wie für β) eine Schar reeller F_μ gerader Ordnung.*

Wir nehmen endlich das p ungerade. Da haben wir nebeneinander 2^p Spaltungen von f in konjugiert imaginäre Faktoren und ebensoviele in reelle Faktoren zu betrachten. Eine jede dieser Spaltungen ergibt F_μ von ungerader, wie von gerader Ordnung. Wir sehen sofort:

III. *Was die Realität der F_μ bei ungeradem p angeht, so haben wir für konjugiert imaginäre ψ, χ einen Satz ganz wie I, für reelle ψ, χ einen Satz wie II.*

§ 6.

Die Realitätstheoreme des allgemeinen Falles.

Aus der Realität der Φ, F_μ der hyperelliptischen Fälle werden wir jetzt ohne weiteres auf die Realität der bezüglichen Gebilde in allen denjenigen Fällen symmetrischer Flächen schließen dürfen, die einen hyperelliptischen Repräsentanten enthalten; bei den Φ werden wir dabei natürlich, wie wir schon bemerkten, nur diejenigen mitzählen dürfen, welche Zerlegungen von f in $\psi_{p+1-2\sigma} \cdot \chi_{p+1+2\sigma}$ mit ungeradem σ entsprechen; denn nur diese gehören zu ungeraden ϑ. —

In der Tat ist klar, daß sich die Realität der einzelnen Scharen der F_μ, wie der Φ, nicht ändern kann (selbst wenn einzelne Φ zwischendurch einmal unbestimmt werden), so lange sich die symmetrische Riemannsche Fläche nur innerhalb ihrer Art abändert. Denn es können niemals zwei F_μ oder auch zwei Φ, die verschiedenen Charakteristiken angehören, zusammenfallen, so lange man es überhaupt mit einer Riemannschen Fläche vom Geschlechte p zu tun hat. — Aber wir können weiter gehen. Die Zahl der Berührungspunkte, welche eine reelle F_μ oder Φ mit dem einzelnen reellen Zuge unserer Kurve gemein hat, kann offenbar, so lange sich die Kurve innerhalb ihrer Art, d. h. stetig, ändert, nur um *gerade* Zahlen abgeändert werden; *es wird also eine bleibende Unterscheidung abgeben, ob dieselbe gerade ist (die Null eingeschlossen) oder ungerade.* Wir teilen unsere F_μ, Φ dementsprechend bei jeder einzelnen unserer Kurvenarten in Klassen, je nach den Kurvenzügen, *welche sie ungeradzahlig berühren.* Ich werde die Klassen in der Bezeichnung so weit zur Geltung bringen, daß ich die Zahl der ungeradzahlig berührten Ovale durch einen dem F_μ oder Φ oben zugesetzten Akzent bezeichne. $\Phi^{(0)}$ z. B. wird eine Φ heißen, wenn sie kein Oval ungeradzahlig berührt, wenn sie also möglicherweise überhaupt kein Oval berührt (entsprechend den „Doppeltangenten erster Art" der ebenen Kurven vierter Ordnung bei Zeuthen). Bei geradem μ wird es natürlich nur $F_{\mu}^{(0)}$, $F_{\mu}^{(2)}$, $F_{\mu}^{(4)}$, ... geben können (da doch die Gesamtzahl der reellen Berührungspunkte bei diesen F_{μ} gerade sein muß). Analog gibt es bei ungeradem μ, sofern p gerade ist, $F_{\mu}^{(1)}$, $F_{\mu}^{(3)}$, ..., dagegen, wenn p *ungerade* ist, wieder $F_{\mu}^{(0)}$, $F_{\mu}^{(2)}$, ... Dasselbe gilt für die Φ. Die einzelnen $F_{\mu}^{(\omega)}$, $\Phi^{(\omega)}$ bezeichnen wir dabei als denjenigen ω Ovalen „zugehörig", die eben von ihnen ungeradzahlig berührt werden. Natürlich können nur solche $F_{\mu}^{(\omega)}$, $\Phi^{(\omega)}$ existieren, welche, wie ich mich ausdrücke, *kombinatorisch möglich* sind. Es soll dies heißen, daß erstens ω gerade oder ungerade genommen ist nach der soeben angedeuteten Regel, daß zweitens (wie selbstverständlich) $\omega \leqq \lambda$ ist, unter λ die Gesamtzahl der überhaupt vorhandenen Kurvenovale verstanden. Und nun werden wir verlangen dürfen, *bei jeder einzelnen unserer Kurvenarten die Gesamtzahl der verschiedenen Arten reeller $F_{\mu}^{(\omega)}$, $\Phi^{(\omega)}$ anzugeben, welche in irgend welche kombinatorisch-mögliche Klasse gehören.*

Die so erweiterte Frage wird sich für die sämtlichen diasymmetrischen Arten wie für die beiden äußersten orthosymmetrischen Arten wieder ohne weiteres aus dem Verhalten der entsprechenden hyperelliptischen Gebilde beantworten lassen; man hat bei der Diskussion der letzteren nur noch mehr ins einzelne zu gehen, als wir im vorigen Paragraphen getan haben. Ich ziehe aber vor, *die betreffenden Sätze*, bei denen sich die „mittleren" orthosymmetrischen Fälle von den übrigen Fällen schließlich gar nicht abtrennen, *zunächst einmal als solche ganz allgemein hinzustellen.* Die Beweisgründe sollen dann hinterher, soweit sie sich nicht aus der elementaren Betrachtung der hyperelliptischen Fälle ergeben, in den folgenden Paragraphen entwickelt werden. — Diese hier mitzuteilenden Sätze enthalten das eigentlich neue Resultat der vorliegenden Arbeit[11]). Ich sage folgendermaßen:

1. Was die Φ angeht, so nehme ich natürlich keine Notiz von den besonderen Φ, welche in einzelnen Fällen den geraden ϑ entsprechen mögen; auch drücke ich mich so aus, als wenn jedem ungeraden ϑ nur *ein* Φ zugehörte. Ich habe dann:

Man bilde sich bei den Φ die sämtlichen kombinatorisch möglichen Klassen, lasse dann aber in den orthosymmetrischen Fällen die eine Klasse $\omega = \lambda$ bei Seite. Jede einzelne dieser Klassen wird dann in jedem Falle genau 2^{p-1} reelle Φ enthalten.

---

[11]) Das auf die Φ bezügliche Resultat habe ich bereits in der oben genannten Mitteilung in den Göttinger Nachrichten vom Mai dieses Jahres [1892] bekanntgegeben.

Hiernach ist die Gesamtzahl der reellen Φ im Falle $\lambda = 0$ 2^{p-1} oder 0, je nachdem p ungerade oder gerade ist, in den diasymmetrischen Fällen $2^{p+\lambda-2}$, in den orthosymmetrischen Fällen $2^{p-1}(2^{\lambda-1}-1)$.

2. Bei den F_μ nehme man die Fälle $\lambda > 0$ vorweg. Man hat dann: *Es gibt in diesen Fällen bei jedem μ von jeder kombinatorisch mög-lichen Klasse genau 2^p reelle Arten.*

3. Was endlich die F_μ im Falle $\lambda = 0$ angeht, so hat man zwischen geradem und ungeradem p zu unterscheiden. Bei geradem p hat man wieder die geraden und die ungeraden μ auseinanderzuhalten. *Bei ge-radem μ gibt es 2^p Scharen reeller F_μ* (die natürlich als $F_\mu^{(0)}$ zu bezeichnen sind), *bei ungeradem μ 2^p Scharen von F_μ, welche nur insofern als reell zu bezeichnen sind, als sie zu jeder imaginären F_μ die konjugierte ent-halten* (diese F_μ fallen aus der verabredeten Bezeichnung heraus; man könnte sie als $[F_\mu]$ benennen). Dagegen verhalten sich bei ungeradem p die geraden und ungeraden μ übereinstimmend: *Es gibt bei jedem μ 2^p Scharen reeller $F_\mu^{(0)}$ und 2^p Scharen von $[F_\mu]$.*

Hierzu dann etwa noch folgende Bemerkungen:

ad 1. Hier finden sich natürlich die Zeuthenschen Sätze von den Doppeltangenten der ebenen Kurven vierter Ordnung wieder und zwar in der Form: allemal gibt es vier Doppeltangenten Φ^0 und außerdem, sofern wir nur den Fall der Gürtelkurve beiseite lassen, zu je zwei Ovalen, die wir unter den vorhandenen nach Belieben herausgreifen mögen, vier zu-gehörige Doppeltangenten $\Phi^{(2)}$.

Übrigens mag man darin, *daß bei ihnen die Kombination $\Phi^{(\lambda)}$ weg-fällt,* den geometrischen Unterschied der λ-teiligen orthosymmetrischen Kurven von den mit gleicher Zügezahl ausgestatteten diasymmetrischen Kurven erblicken. So hat die dreiteilige orthosymmetrische Kurve des Geschlechtes 4 keine Tritangentialebenen $\Phi^{(3)}$ (wie wir schon am Schlusse des § 2 bemerkten), die dreiteilige diasymmetrische Kurve dagegen wird acht derselben besitzen (wie man ebenfalls aus der Figur ohne weiteres ersieht).

ad 2, 3. Unter den F_μ gerader Ordnung sind hier die doppeltzählen-den $f_{\frac{\mu}{2}}$ mitgerechnet. Insofern alle reellen Züge unserer Kurve paaren Charakter haben, werden sie von jeder Fläche und also auch jeder $f_{\frac{\mu}{2}}$ in einer paaren Anzahl von Punkten geschnitten werden. Als F_μ betrachtet gehören die $f_{\frac{\mu}{2}}$ daher zu den $F_\mu^{(0)}$. Von dieser besonderen Art der $F_\mu^{(0)}$ muß man absehen, wenn man meine jetzige Angabe mit derjenigen vergleichen will, welche ich selbst in Bd. 10 der Math. Annalen (vgl. Abhandlung XXXIX) oder Crone in Bd. 12 daselbst für die Scharen der Berührungskegelschnitte der ebenen Kurven vierter Ordnung gegeben haben.

§ 7.

Die Weicholdschen Periodizitätsschemata.

Ich werde den Beweis der vorstehend formulierten Theoreme, soweit er durch elementare Betrachtung der hyperelliptischen Gebilde geführt werden kann, nicht weiter verfolgen. Insbesondere mag der Fall der nullteiligen Kurven fortan durch den Verweis auf die entsprechenden hyperelliptischen Verhältnisse als erledigt gelten. Statt dessen wende ich mich zu neuen Betrachtungen, welche gestatten werden, den Beweis nach gleichförmiger Methode *für die sämtlichen nicht nullteiligen Kurven* zu erbringen[12]). Damit ist dann die Lücke, welche der hyperelliptische Ansatz betreffs der „mittleren" orthosymmetrischen Fälle ließ, von selbst mit ausgefüllt.

Die neuen Betrachtungen schließen sich direkt an die in § 4 gegebenen Sätze aus der Theorie der Abelschen Funktionen an. Sie gehen darauf aus, durch Konstruktion möglichst „symmetrischer" kanonischer Schnittsysteme auf den symmetrischen Flächen mit $\lambda = 0$ Normalintegrale j_a festzulegen, bei denen man über die Realität der Perioden $\tau_{a\beta}$ etwas aussagen kann, um dann eine direkte Realitätsdiskussion derjenigen Umkehrprobleme, bez. Thetaformeln eintreten zu lassen, durch welche man die F_μ, bez. die Φ bestimmen kann. Die erste Hälfte dieses Gedankenganges ist bereits in der in der Einleitung genannten Weicholdschen Dissertation zur Durchführung gekommen; ich darf mich hier darauf beschränken, über die bezüglichen von Herrn Weichold gefundenen Resultate zu referieren (wobei ich ausschließlich diejenigen Momente hervorkehre, welche für meine jetzigen Zwecke von Wichtigkeit sind):

Wir setzen $\lambda > 0$ voraus. Dementsprechend gibt es sicher Symmetrielinien, und nun wollen wir irgendeine derselben bevorzugen und als *ausgezeichnete* Symmetrielinie zugrunde legen. Die übrigen $(\lambda - 1)$ Symmetrielinien benutzen wir dann in irgendeiner Reihenfolge als die Schnitte $A_1, \ldots, A_{\lambda-1}$ unseres kanonischen Schnittnetzes. Ferner wählen wir die zugehörigen Schnitte $B_1, \ldots, B_{\lambda-1}$ so, als sich selbst symmetrische Kurven, daß jede derselben das ihr entsprechende A wie auch die ausgezeichnete Symmetrielinie einmal schneidet. Es gilt jetzt noch, weitere Schnitte $A_\lambda, \ldots, A_p, B_\lambda, \ldots, B_p$ in geeigneter Weise einzuführen. Hier muß ich

---

¹²) Dies ist dieselbe Methode, welche ich [in Abh. XXXIX] insbesondere bei Untersuchung der ebenen Kurven vierter Ordnung gebrauchte.

wegen der Einzelheiten auf Weicholds eigene Darstellung verweisen. In der Tat werden wir diese Einzelheiten weiterhin doch nicht in Diskussion ziehen. Die Festsetzungen werden so gemacht, daß die sämtlichen Normalintegrale j_α *rein imaginär* ausfallen. Wir setzen daraufhin $ij_\alpha = j'_\alpha$. Die „reellen" Integrale j'_α zeigen dann bei Überschreitung der Querschnitte A, B Periodizitätsmoduln, die wir der Deutlichkeit halber hier ausführlich hersetzen:

	A_1	A_2		A_p	B_1	B_2		B_p
j'_1	i	0		0	$i\tau_{11}$	$i\tau_{12}$		$i\tau_{1p}$
j'_2	0	i		0	$i\tau_{21}$	$i\tau_{22}$		$i\tau_{2p}$
j'_p	0	0		i	$i\tau_{p1}$	$i\tau_{p2}$		$i\tau_{pp}$

Und nun ist die Sache die, daß man in allen unseren Fällen die imaginären Teile der hier auftretenden Größen $i\tau_{\alpha\beta}$ durch eine einfache Hilfsbetrachtung (die wir hier überspringen) angeben kann. *Besagte imaginäre Teile sind im allgemeinen Null, nur in $(p + 1 - \lambda)$ Feldern unserer Tabelle betragen sie jedesmal* $\frac{i}{2}$. Und zwar liegen diese $(p + 1 - \lambda)$ Felder in den orthosymmetrischen Fällen rechter Hand und linker Hand von den $(p + 1 - \lambda)$ letzten Feldern der Hauptdiagonale, wie folgendes Schema aufweist:

	B_1		$B_{\lambda-1}$	B_λ	$B_{\lambda+1}$		B_{p-1}	B_p
j'_1	0		0	0	0		0	0
$j'_{\lambda-1}$	0		0	0	0		0	0
j'_λ	0		0	0	$\frac{i}{2}$		0	0
$j'_{\lambda+1}$	0		0	$\frac{i}{2}$	0		0	0
j'_{p-1}	0		0	0	0		0	$\frac{i}{2}$
j'_p	0		0	0	0		$\frac{i}{2}$	0

in den diasymmetrischen Fällen aber rücken sie in die Hauptdiagonale selbst hinein:

	B_1	$B_{\lambda-1}$	B_λ	$B_{\lambda+1}$	B_{p-1}	B_p
j_1'	0	0	0	0	0	0
$j_{\lambda-1}'$	0	0	0	0	0	0
j_λ'	0	0	$\dfrac{i}{2}$	0	0	0
$j_{\lambda+1}'$	0	0	0	$\dfrac{i}{2}$	0	0
j_{p-1}'	0	0	0	0	$\dfrac{i}{2}$	0
j_p'	0	0	0	0	0	$\dfrac{i}{2}$

Dies ist alles, was wir aus der Weicholdschen Dissertation gebrauchen. Ich darf aber folgende Bemerkungen hinzufügen:

a) Weichold hat auch den Fall der diasymmetrischen Fläche ohne Symmetrielinie behandelt und bei ihm „reelle“ Normalintegrale j_a gefunden, deren Perioden τ_{aa} reell sind, während ihre übrigen $\tau_{a\beta}$ sämtlich den imaginären Bestandteil $\dfrac{i}{2}$ aufweisen. *Dieses Weicholdsche Schema ist indessen überflüssig.* Ich sage, daß man für die diasymmetrische Fläche ohne Symmetrielinie immer dasselbe Schema aufstellen kann, wie für die niederste orthosymmetrische Fläche; nur sind bei ihr die zu diesem Schema gehörigen j_a' als rein imaginär zu bezeichnen, die j_a selbst also als reell. Man führe nämlich die gegebene diasymmetrische Fläche durch Kontinuität in den zugehörigen hyperelliptischen Fall (mit lauter imaginären Verzweigungspunkten) über. Die so gewonnene hyperelliptische Fläche gehört dann von selbst, wie wir wissen, zugleich der niedersten orthosymmetrischen Art an. Man ziehe auf ihr jetzt diejenigen Querschnitte, wie sie Weichold für diese orthosymmetrische Art vorschreibt. Zugleich konstruiere man diesen Querschnitten zugehörig genau dieselben Integrale wie im orthosymmetrischen Falle. Diese Integrale, welche im orthosymmetrischen Falle reell waren, werden eben deshalb jetzt als rein imaginär zu bezeichnen sein. Denn diese Integrale haben alle die Gestalt:

$$\int \frac{\varphi_{p-1}\cdot dz}{\sqrt{f_{2p+2}}}$$

(unter φ_{p-1} ein Polynom $(p-1)$-ten Grades von z verstanden) und hier ist nun die $\sqrt{f_{2p+2}}$ im orthosymmetrischen Falle gleich s, in unserem diasymmetrischen Falle aber gleich is' zu setzen. Endlich gehe man von der hyperelliptischen Fläche durch Kontinuität zur ursprünglichen Fläche zurück, indem man Sorge trägt, daß die Querschnitte dabei fortgesetzt diejenige Symmetrieeigenschaft behalten, welche sie auf der hyperelliptischen Fläche bezüglich der zugehörigen symmetrischen Umformung Σ_2 besessen haben.

b) Lassen wir dem gerade Gesagten zufolge das besondere Schema der nullteiligen Kurve bei Seite, so bleiben $\left[\dfrac{3p+2}{2}\right]$ unabhängige Periodizitätsschemata für die $\left[\dfrac{p+2}{2}\right]$ orthosymmetrischen und die p von uns beibehaltenen diasymmetrischen Arten übrig. *Diese Schemata können bei beliebigem p durch Abänderung der Schnittsysteme unmöglich aufeinander reduziert werden.* Von dem Schema hängt nämlich, wie wir bald sehen werden, in einfacher Weise die jeweilige Gesamtzahl der reellen Φ ab, und diese Gesamtzahl ist bei jeder der genannten Arten eine andere (ausgenommen den niedersten diasymmetrischen und niedersten orthosymmetrischen Fall eines ungeraden p). — Da scheint nun, auf den ersten Blick, ein Widerspruch vorzuliegen gegen ein Resultat, welches Herr Hurwitz in Bd. 94 des Journals für Mathematik (1882) abgeleitet hat. Herr Hurwitz untersucht dort, von dem Allgemeinbegriff *reeller* $2p$-fach periodischer Funktionen ausgehend, deren Periodizitätseigenschaften und bringt dieselben auf nur $(p+1)$ Schemata zurück, die so konstruiert sind, daß die Perioden zweiter Art entweder nirgends oder nur in einer Anzahl von Gliedern der Hauptdiagonale den imaginären Bestandteil $\dfrac{i}{2}$ aufweisen, sofern man die Perioden erster Art in der Weise rein imaginär gewählt hat, wie wir dies bei den j'_α getan haben. Das wäre also unser oberstes orthosymmetrisches Schema zusammen mit unseren p diasymmetrischen Schematen. — Aber der Widerspruch ist nur scheinbar, wie mir Herr Burkhardt bemerkt. Hurwitz sagt in der Tat nirgends, daß er *kanonische* Perioden betrachten will. Und verzichtet man hierauf, so sind aus den orthosymmetrischen Schematen mit $\lambda < p+1$ natürlich sofort diasymmetrische zu machen. Man hat nur die Kolonnen B_λ und $B_{\lambda+1}, \ldots, B_{p-1}$ und B_p zu vertauschen.

§ 8.

Direkte Abzählung der reellen F_μ in den Fällen $\lambda > 0$.

Auf Grund der mitgeteilten Schemata erledigt sich nun die Abzählung der Scharen reeller F_μ in den hier zu betrachtenden Fällen $\lambda > 0$ mit großer Leichtigkeit. Wir werden zunächst einiges über die Werte behaupten, welche unsere Integrale j'_α annehmen, wenn man sie von einem Punkte z der ausgezeichneten Symmetrielinie nach einem andern Punkte x der symmetrischen Fläche hinleitet. Die Richtigkeit dieser Behauptungen ergibt sich aus den jeweiligen geometrischen Verhältnissen sofort; wir brauchen dabei nicht zu verweilen. Wir haben:

1. *Ist x selbst ein Punkt der ausgezeichneten Symmetrielinie, so sind sämtliche $j'^{x,z}_\alpha$ reell* (d. h. bis auf beliebig hinzuzufügende Multipla der Perioden reell).

2. *Liegt dagegen x auf einer der anderen Symmetrielinien, sagen wir auf A_β, so wird das $j'^{x,z}_\beta$, modulo der Perioden genommen, den Bestandteil $\frac{i}{2}$ aufweisen; die anderen $j'^{x,z}_\alpha$ sind wie ad 1 reell.*

3. *Ist x ein beliebiger Punkt der Riemannschen Fläche und $\bar{x}$ der zu ihm symmetrische Punkt, so wird $j'^{x,z}_\alpha + j'^{\bar{x},z}_\alpha$ bis auf Multipla der Perioden allemal einer reellen Größe gleich sein.*

Wir betrachten ferner irgendwelches Umkehrproblem:

$$j'^{x_1,z}_\alpha + j'^{x_2,z}_\alpha + \ldots \equiv K_\alpha \,(\mathrm{mod}\ P_{\alpha\beta},\ P'_{\alpha\beta})$$

und fragen, wie hier die K_α beschaffen sein müssen, damit die x, soweit sie nicht den verschiedenen Symmetrielinien angehören [also reell sind], paarweise imaginär symmetrisch ausfallen, damit also das Umkehrproblem eine *reelle Lösung* zulasse, wie wir sagen wollen. Offenbar kommt:

Zu dem genannten Zwecke ist notwendig und hinreichend, daß, von Multiplis der Perioden abgesehen,

diejenigen K_α, deren Index $> (\lambda - 1)$ ist, reell sind,
diejenigen K_α aber, deren Index $\leq (\lambda - 1)$ ist, entweder reell sind oder den imaginären Bestandteil $\frac{i}{2}$ aufweisen.

Und zwar werden wir, was die einzelne reelle Lösung des Umkehrproblems angeht, sagen dürfen:

Je nachdem das einzelne K_α der letzteren Kategorie ($\alpha \leq (\lambda - 1)$) reell ist oder den imaginären Bestandteil $\frac{i}{2}$ besitzt, wird die Symmetrielinie A_α eine gerade oder ungerade Zahl bezüglicher Punkte x enthalten.

Damit ist dann zugleich gesagt, ob die „ausgezeichnete" Symmetrielinie eine gerade oder ungerade Zahl der Punkte x trägt; dies wird ersichtlich davon abhängen, ob die Gesamtzahl der gesuchten x von der Zahl der auf die $A_1, \ldots, A_{\lambda-1}$ entfallenden x um eine gerade oder ungerade Differenz abweicht.

So vorbereitet greifen wir jetzt auf die Ansätze des § 4 zurück, indem wir nur die damals zugrunde gelegten beliebigen Integrale erster Gattung w_α durch die reellen Integrale j_α' ersetzen. Wir nehmen dementsprechend zunächst die $2p-2$ Schnittpunkte $x_1, x_2, \ldots, x_{2p-2}$ unserer Kurve mit irgendwelcher φ und schreiben:

$$j_\alpha'^{\,x_1, z} + j_\alpha'^{\,x_2, z} + \cdots + j_\alpha'^{\,x_{2p-2}, z} \equiv k_\alpha \ (\text{mod } P_{\alpha\beta}, P_{\alpha\beta}').$$

Möge die φ hier insbesondere reell sein. Dann liegen die x, soweit sie nicht paarweise konjugiert imaginär sind, in gerader Zahl auf die verschiedenen reellen Züge unserer Kurve verteilt. Daher kommt:

Die k_α sind bis auf Multipla der Perioden reellen Größen gleich.

Dementsprechend mögen wir uns fortan die k_α als reelle Größen denken. Wir bilden uns jetzt die 2^{2p} Umkehrprobleme, von deren Auflösung die Bestimmung der $F_\mu\,(\mu > 1)$ abhängt:

$$j_\alpha'^{\,x_1, z} + \cdots + j_\alpha'^{\,x_{\mu(p-1)}, z} \equiv \frac{\mu\, k_\alpha}{2} + \sum \varrho_\beta \frac{P_{\alpha\beta}}{2} + \sum \varrho_\beta' \frac{P_{\alpha\beta}'}{2}.$$

Welche dieser Umkehrprobleme werden reelle Lösungen zulassen? Indem wir die näheren Angaben über die $P_{\alpha\beta}$, $P_{\alpha\beta}'$ heranziehen, die wir im vorigen Paragraphen entwickelten, kommt:

Nur diejenigen Umkehrprobleme, bei denen die Zahlen ϱ_λ', $\varrho_{\lambda+1}', \ldots, \varrho_p$ verschwinden, ergeben reelle Lösungen (und also Scharen reeller F_μ).

Von den 2^{2p} Umkehrproblemen sind dies $2^{p+\lambda-1}$, in Übereinstimmung mit unserer früheren Angabe. Ferner aber:

Von den zugehörigen Punkten x liegen auf der Symmetrielinie A_β eine gerade oder ungerade Zahl, je nachdem ϱ_β gleich Null oder Eins ist.

Auf der ausgezeichneten Symmetrielinie findet sich eine gerade oder ungerade Zahl der Punkte x, je nachdem $\mu\,(p-1) - \sum\limits_{1}^{\lambda-1} \varrho_\beta$ gerade oder ungerade ist.

Alle F_μ gegebener Ordnung also, die in den $\varrho_1, \ldots, \varrho_{\lambda-1}$ übereinstimmen, zeigen betreffs der Verteilungsweise der Punkte x auf die verschiedenen Symmetrielinien einen übereinstimmenden Charakter, sie gehören im Sinne der früheren Benennung zu derselben *Klasse*. Wir sehen:

Die einzelne Klasse ist durch die Werte der $\varrho_1, \ldots, \varrho_{\lambda-1}$ bestimmt.

Hat man über die $\varrho_1, \ldots, \varrho_{\lambda-1}$ irgend verfügt, so können die $\varrho_\lambda, \ldots, \varrho_p$ und die $\varrho_1', \ldots, \varrho_{\lambda-1}'$ noch beliebig angenommen werden, was 2^p Möglichkeiten gibt. Daher:

Jede kombinatorisch mögliche Klasse existiert und enthält noch 2^p verschiedene Arten von F_μ.

Damit haben wir in der Tat die sämtlichen für die F_μ von uns aufgestellten Sätze für die hier in Betracht kommenden Fälle $(\lambda > 0)$ zur Ableitung gebracht. Wir haben aber noch mehr gewonnen. In der Tat

sehen wir, wie sich die *reellen* F_μ von den imaginären und hinwieder die
verschiedenen *Klassen* reeller F_μ voneinander durch ihre „Elementar
charakteristiken" ϱ_β, ϱ_β' unterscheiden. Von hier aus ist dann nur noch
ein Schritt, um bei einer Kurve, bei welcher man die sämtlichen *Arten*
reeller F_μ geometrisch beherrscht, für jede derselben die ganze Reihe der
zugehörigen ϱ_β, ϱ_β' anzuschreiben. Ich will annehmen, daß wir das gleiche
auch für die „Primcharakteristiken" geleistet hätten, welche den F_μ ungerader Ordnung, bez. den Φ zuzuordnen sind; ich werde darüber im
folgenden Paragraphen noch nähere Bemerkungen machen. Wir sind dann
in der Lage, alle die schönen Theoreme, die man über die Gruppierung
der Charakteristiken besitzt, was die reellen F_μ und die reellen Φ angeht,
in die volle geometrische Anschauung zu übersetzen. Die Schwierigkeit
liegt hier nur im Vordersatz. Was gibt es für Kurven der φ, bei denen
man die sämtlichen Arten reeller F_μ wie Φ auf Grund bestimmter geometrischer Definitionen auseinanderhalten kann? Natürlich sind es die hyperelliptischen Kurven in diesem Falle; bei ihnen sind ja die sämtlichen F_μ
wie die Φ durch ihr Verhalten zu den Verzweigungspunkten des Gebildes
algebraisch bestimmt, wie wir in § 5 des näheren ausführten. Da hat es
in der Tat keine Schwierigkeit, jeder reellen F_μ oder Φ diejenige Charakteristik ϱ_β, ϱ_β' oder auch diejenige Primcharakteristik zuzusetzen, die ihr
vermöge unserer Festsetzungen zukommt. Von da aus beherrscht man
dann durch Kontinuität die reellen F_μ und Φ bei allen denjenigen unserer
Kurven, die eben aus den hyperelliptischen Fällen durch Kontinuität hervorgehen, d. h. also in den beiden äußersten orthosymmetrischen und in
den sämtlichen diasymmetrischen Fällen (inklusive den Fall $\lambda = 0$). Die
verschiedenen Scharen der F_μ sind dabei nicht mehr algebraisch, sondern
nur noch durch *Ungleichheiten* getrennt, die in abstracto vielleicht schwierig
zu formulieren, aber bei jeder ausgeführten Figur unmittelbar zu verstehen
sind. Ich darf mich in diesem Betracht auf die Zeichnungen berufen, die
ich in der [vorstehenden Abh. XLI] für die vierteilige ebene Kurve vierter
Ordnung gegeben habe (wobei ich gleich die Bemerkung zufügen will, daß
die Festlegung der dort für das hyperelliptische Gebilde gebrauchten Primcharakteristiken vermöge der Regeln, welche Herr Burkhardt und ich über
diesen Gegenstand in Bd. 32 der Math. Annalen (1888) entwickelt haben [13]),
wesentlich vereinfacht werden kann). — Die Frage bleibt, wie man das
gleiche für die „mittleren" orthosymmetrischen Fälle soll leisten können,
welche dem hyperelliptischen Ansatze unzugänglich sind. Vielleicht wird
hier eine Ausbildung der Doppelpunktsmethode im Sinne der dem § 3
beigefügten Schlußbemerkungen nützlich.

---

[13]) [Vgl. speziell § 3 meiner Arbeit. — Bei Burkhardt siehe besonders S. 426. K.]

§ 9.

Von der Realität der Φ.

Sollen wir jetzt noch die Realität der Φ diskutieren, so wollen wir dabei, weil es keine Mühe macht, unsere sämtlichen Kurvenarten, auch die mit $\lambda = 0$, gleichförmig nebeneinander behandeln. Bemerken wir zunächst, daß in allen Fällen das „normale" Koordinatensystem, das wir durch die Formeln definierten: $\varphi_1 : \ldots : \varphi_p = dj_1 : \ldots : dj_p$, insofern doch die dj_α mit den dj_α' proportional sind, *reell* ist. In bezug auf dieses Koordinatensystem stellen sich nun die Φ des allgemeinen Falles (und nur von diesen soll hier die Rede sein) nach Formel (8) des § 4 durch die Gleichung dar:

$$\left(\frac{\partial \vartheta}{\partial j_1}\right)_{0 \ldots 0} \cdot \varphi_1 + \ldots + \left(\frac{\partial \vartheta}{\partial j_p}\right)_{0 \ldots 0} \cdot \varphi_p = 0;$$

ϑ soll dabei der Reihe nach alle ungeraden ϑ-Funktionen bedeuten. *Wir werden hiernach die sämtlichen reellen Φ erhalten, indem wir unter den ungeraden ϑ jeweils diejenigen heraussuchen, bei denen sich die Nullwerte der Differentialquotienten $\dfrac{\partial \vartheta}{\partial j_1}, \ldots \dfrac{\partial \vartheta}{\partial j_p}$ vermöge der in § 7 gegebenen Schemata der $\tau_{\alpha\beta}$ wie reelle Größen verhalten.* Dies ist eine ganz elementare Aufgabe. Wir finden sofort: daß bei Zugrundelegung der *orthosymmetrischen* Schemata reelle Φ von denjenigen ungeraden ϑ geliefert werden, welche *verschwindende g_λ, $g_{\lambda+1}, \ldots, g_p$ besitzen*, im Falle der *diasymmetrischen* Schemata aber von den anderen, *deren $g_\lambda, g_{\lambda+1}, \ldots, g_p$ gleich Eins sind.* Hieran schließt sich dann folgende Abzählung:

In den orthosymmetrischen Fällen wird man, um reelle Φ zu bekommen, die $h_\lambda, \ldots, h_p$ ganz beliebig annehmen können, dagegen die $g_1, \ldots, g_{\lambda-1}$ und $h_1, \ldots, h_{\lambda-1}$ der einen Bedingung unterwerfen müssen, daß $g_1 h_1 + \ldots + g_{\lambda-1} h_{\lambda-1}$ ungerade sein soll. *Dies gibt*

$$2^{p-\lambda+1} \cdot 2^{\lambda-2}(2^{\lambda-1} - 1) = 2^{p-1}(2^{\lambda-1} - 1)$$

reelle Φ. Der Minimalwert von λ ist hier für gerade p, wie wir wissen, gleich 1, für ungerade p gleich 2. Dies gibt für die niederste orthosymmetrische Kurve beziehungsweise 0 und 2^{p-1} reelle Φ. Eben diese Zahlen gelten dann auch für die zugehörige *nullteilige* Kurve, wie aus den Angaben, die wir über deren Periodizitätsschemata machten, ohne weiteres hervorgeht. Was die anderen diasymmetrischen Fälle angeht, so werden wir bei ihnen (um reelle Φ zu bekommen) die Größen $g_1, \ldots, g_{\lambda-1}$, $h_1, \ldots, h_{\lambda-1}$ beliebig annehmen dürfen und haben dann die $h_\lambda, \ldots, h_p$ der einen Bedingung zu unterwerfen, daß

$$g_1 h_1 + \ldots + g_{\lambda-1} h_{\lambda-1} + h_\lambda + \ldots + h_p$$

ungerade sein soll. *Dies gibt ersichtlich $2^{p+\lambda-2}$ reelle Φ.* — Wir haben damit die früheren Angaben über die Gesamtzahlen der reellen Φ sämtlich bestätigt.

Das Problem der Φ ist jetzt für alle diejenigen Kurven bereits erledigt, bei denen es hinsichtlich der Φ nur eine kombinatorische Möglichkeit gibt, insbesondere also bei der nullteiligen Kurve und bei geradem p für die niedrigste orthosymmetrische Kurve. Bei den übrigen Kurven wird jetzt zu beweisen sein, was in § 6 über die Zugehörigkeit der verschiedenen reellen Φ zu den einzelnen Ovalen der Kurven behauptet wurde. *Hier gehe ich nun den Weg der vollen Induktion, indem ich die Doppelpunktsmethode des § 3 heranziehe* (die ja bei allen hier noch in Betracht kommenden Kurven ohne weiteres angewandt werden kann), folgendermaßen:

Wir ziehen ein beliebiges Oval der uns vorgelegten Kurve C_{2p-2} des Raumes von $(p-1)$ Dimensionen zu einem isolierten Punkt zusammen. Dabei verwandeln sich diejenigen reellen Φ, welche das Oval *ungeradzahlig* berührten, indem sie *paarweise zusammenfallen*, in solche Φ, *welche durch den Doppelpunkt hindurchgehen;* die anderen reellen Φ erleiden keine besondere Änderung, sie haben mit dem Doppelpunkte nichts zu schaffen. Wir achten nun insbesondere auf die ersteren Φ und bemerken, daß sie bei der Projektion vom Doppelpunkte aus direkt die Φ' (wollen wir sagen) derjenigen C'_{2p-4} des Raumes von $(p-2)$ Dimensionen liefern, in welche sich unsere C_{2p-2} projiziert. Aber diese C'_{2p-4} ist nichts anderes als die Normalkurve des Geschlechtes $(p-1)$. Daher werde angenommen, daß für sie unser Satz über die Verteilungsweise der reellen Φ auf die verschiedenen Klassen bereits bewiesen sei, daß also bei den zugehörigen Φ innerhalb jeder kombinatorisch möglichen Klasse 2^{p-2} Individuen vorhanden ·seien, ausgenommen die Klasse $\omega' = \lambda - 1$ der orthosymmetrischen Fälle, der keinerlei Φ' angehören. Wir gehen jetzt zur ursprünglichen C_{2p-2} zurück. Da spaltet sich dann umgekehrt jede reelle Φ' in zwei reelle Φ, welche das aus dem Doppelpunkte entstehende Oval ungeradzahlig berühren, und es entstehen so aus den 2^{p-2} Φ' einer Klasse 2^{p-1} Φ, welche wieder einer Klasse angehören. Wir werden schließen, daß unsere Behauptung über die Anzahl der reellen Φ in den verschiedenen kombinatorisch möglichen Klassen für alle Φ der ursprünglichen Kurve, welche das ausgezeichnete Oval ungeradzahlig berühren, richtig ist. Aber das ausgezeichnete Oval ist doch nur ein beliebiges unter den übrigen. Wir schließen:

Ist unser Theorem für das Geschlecht $(p-1)$ richtig, so ist es auch beim Geschlechte p richtig hinsichtlich aller derjenigen Φ, welche wenigstens ein Kurvenoval ungeradzahlig berühren.

Daraufhin wird aber die Zahl 2^{p-1} der Φ^0, welche unserem Theoreme zufolge bei ungeradem p auftreten sollen, jedenfalls auch richtig sein. Wir brauchen, um dies zu sehen, nur die Gesamtzahl der reellen Φ, die wir vorhin bestimmten, heranzuziehen und von ihr die jetzt gewonnenen Zahlen der verschiedenartigen $\Phi^{(2)}$, $\Phi^{(4)}, \ldots$ zu subtrahieren. Wir sehen:

Unser Satz ist allgemein für das Geschlecht p richtig, sobald er für $(p - 1)$ bewiesen ist, —
und damit ist dann die Sache erledigt, da sie für $p = 2$ bekanntlich stimmt.

Es erübrigt, daß wir noch einiges wenige über die *Primcharakteristiken* sagen, welche den reellen Φ, wie den F_μ ungerader Ordnung, zukommen. Wir bemerkten bereits, daß die $g_\lambda, \ldots, g_p$ der reellen Φ alle gleich Null oder Eins sind, je nachdem es sich um eine orthosymmetrische oder diasymmetrische Kurve handelt. Dies gilt gleichförmig für die F_μ ungerader Ordnung, wie die Betrachtung der geraden ϑ zeigt. Aber auch die $h_1, \ldots, h_{\lambda-1}$ lassen sich für jede Φ oder F_μ sofort angeben. *Die einzelne dieser Zahlen ist nämlich Null oder Eins, je nachdem das mit gleichem Index versehene Kurvenoval ungeradzahlig oder geradzahlig berührt wird. Alle Φ also, resp. F_μ, welche derselben „Klasse" angehören, stimmen in den $h_1, \ldots, h_{\lambda-1}$ überein.* Dabei haben wir, wie wir bereits bemerkten, die h_β mit den früheren ϱ_β' (die g_β mit den ϱ_β) zu vergleichen. Wir sehen dann, daß unsere Behauptung gerade entgegengesetzt zu derjenigen ist, welche wir oben für die Elementarcharakteristiken fanden: $\varrho_\beta' = 0$ bedeutete damals den geradzahligen, $\varrho_\beta' = 1$ den ungeradzahligen Kontakt mit A_β. Ich kann leider diese Angabe hier nicht näher beweisen, weil ich zu dem Zwecke das Verhalten der ϑ bei der Kurve mit Doppelpunkt noch ausführlicher studieren müßte: man vergleiche hierzu die Entwicklungen [von § 20 meiner Arbeit aus] Bd. 36 der Math. Annalen (1889). Übrigens aber schließen sich hier die Bemerkungen vom Ende des vorigen Paragraphen an, auf die ich nicht weiter zurückkomme.

Wir haben hiermit die sämtlichen Entwicklungen durchlaufen, welche in der vorliegenden Arbeit gegeben werden sollten. Wir könnten ja mannigfache Verallgemeinerungen anschließen, unter Festhaltung der methodischen Grundgedanken. Einmal wird man statt der f_μ, welche unsere Kurve überall berühren, solche f_μ heranziehen können, welche überall oskulieren, hyperoskulieren usw. (wie ich dies zum Teil schon [in Abh. XXXIX] für die dort behandelten ebenen Kurven vierter Ordnung getan habe). Dann aber wird man die Betrachtung von der Normalkurve der φ als solcher ablösen. Die Unterscheidung der symmetrischen Flächen in orthosymmetrische und diasymmetrische gibt *ein durchgreifendes Einteilungsprinzip für sämtliche reelle Kurven*. Und so oft man bei einer solchen Kurve eine Anwendung der Abelschen Funktionen zu machen weiß, sind wir in der Lage, eine vollständige *Realitätsdiskussion* der bei dieser Anwendung in Betracht kommenden Gebilde hinzuzufügen.

Göttingen, den 2. September 1892.

XLIII. Geometrisches zur Abzählung der reellen Wurzeln algebraischer Gleichungen.

[Aus dem Katalog mathematischer Modelle, Apparate und Instrumente. Herausgegeben im Auftrage der Deutschen Mathematiker-Vereinigung von W. Dyck. (1892).]

Sylvester und Kronecker haben bereits in den 60er Jahren bei der Diskussion der Wurzelrealität algebraischer Gleichungen geometrische Konstruktionen in der Weise herangezogen, daß sie die Koeffizienten der Gleichung oder sonstige Größen, von denen man die Gleichung abhängig denken mag, als Koordinaten eines Raumpunktes interpretierten, — wobei natürlich ihrer unmittelbaren Anschaulichkeit wegen diejenigen Fälle besondere Berücksichtigung fanden, bei denen man mit Räumen von zwei oder drei Dimensionen ausreicht[1]). Es handelt sich da insbesondere um den Verlauf derjenigen Mannigfaltigkeit, welche durch Nullsetzen der Diskriminante der vorgelegten Gleichung vorgestellt wird — die Diskriminantenmannigfaltigkeit —, und um die durch diese Mannigfaltigkeit vermittelte Zerlegung des Gesamtraumes in verschiedene Gebiete. — Ich möchte im nachstehenden an den bezeichneten Ansatz in der Weise anknüpfen, daß ich die elementaren, für Gleichungen beliebigen Grades gültigen Kriterien in Betracht ziehe, durch welche man die Anzahl der reellen Wurzeln *abzuzählen* vermag, die gegebenen Falles verhanden sein mögen. Bei der geometrischen Interpretation dieser Kriterien entsteht, wie von selbst, eine Auffassung derselben, vermöge deren die etwas stereotypen Darstellungen der Lehre von der Wurzelrealität, wie sie sich in unseren Lehrbüchern finden, der Neubelebung und Weiterentwicklung zugänglich werden[2]). Der

---

[1]) Sylvester in den „Philosophical Transactions" Bd. 154, 1864 (On the real and imaginary roots of equations) [= Werke II, S. 376]; Kronecker in Vorlesungen.

[2]) Ich werde weiter unten noch hervorheben, daß die bez. Darstellungen der Lehrbücher vielfach auch unvollständig sind. Aber der wesentliche Mangel liegt wohl darin, daß die Lehrbücher durchgängig an der Auffassung festhalten, als handele es sich bei den hier in Betracht kommenden Fragen um *„numerische"* Gleichungen, also um Verfahrungsweisen, welche keinen allgemeinen Charakter haben, sondern sich jeweils nach dem besonderen vorgelegten Falle richten. Im Gegensatze dazu läßt die geometrische Interpretation die Koeffizienten der zu untersuchenden Gleichungen notwendig als frei veränderliche reelle Größen ansehen.

Zweck der vorliegenden kurzen Mitteilung wird erreicht sein, wenn es mir gelingen sollte, in dieser Richtung einen Anstoß zu geben. Um so lieber will ich mich im folgenden auf die allerelementarsten Fälle, nämlich auf Gleichungen zweiten und dritten Grades, beschränken: ich hoffe da allgemein verständlich zu sein und kann doch schon alles Wesentliche, was ich zu sagen habe, hervortreten lassen.

Zunächst der allgemeine Ansatz. Sei

$$(1) \qquad f(z) = z^n + nA z^{n-1} + \frac{n \cdot n - 1}{2} B z^{n-2} + \ldots N = 0$$

eine vorgelegte Gleichung n-ten Grades (wo die Binomialkoeffizienten hinzugesetzt sind, weil dadurch die später zu gebenden Formeln einfacher werden). So interpretiere man einfach $A, B, \ldots, N$ als Punktkoordinaten in einem n-dimensionalen Raume R_n. Gleichung (1) repräsentiert dann, sofern man das z als gegebene Größe und die $A, B, \ldots$ als Veränderliche ansehen will, einen in diesem R_n enthaltenen $(n-1)$-fach ausgedehnten Raum, R_{n-1}, und die ganze Reihenfolge von R_{n-1}, welche man so für wechselnde Werte von z erhält, umhüllt in ihrer Aufeinanderfolge eben jene *Diskriminantenmannigfaltigkeit*, von welcher bereits soeben die Rede war; kann man doch die Diskriminante als Resultante von $f(z) = 0$ und $\frac{df(z)}{dz} = 0$ berechnen. — In nächster Beziehung zu diesem R_{n-1} und damit zur Diskriminantenmannigfaltigkeit steht nun diejenige rationale „Kurve“, die den Gleichungen (1) mit n-facher Wurzel entspricht:

$$(z - \lambda)^n = 0,$$

d. h. diejenige Kurve, deren Punkte sich mit Hilfe eines Parameters λ so darstellen lassen:

$$(2) \qquad A = -\lambda, \quad B = \lambda^2, \ldots : \quad N = (-1)^n \lambda^n.$$

Möge dieselbe, entsprechend der Ausdrucksweise der neueren Geometer, hier schlechtweg als *Normkurve* benannt werden[3]); den einzelnen durch (2) gegebenen Punkt der Kurve werde ich als den Punkt λ derselben bezeichnen. Da ist denn unmittelbar ersichtlich, daß die sämtlichen n Schnittpunkte, welche der durch (1) gegebene R_{n-1} mit der Normkurve gemein hat, in den einen Punkt $\lambda = z$ koinzidieren: unsere R_{n-1} sind *Schmiegungsräume* der Normkurve und eben dadurch unter allen anderen $(n-1)$-fach ausgedehnten linearen Räumen unseres R_n charakterisiert. Die Wurzeln z_i aber, welche die Gleichung $f(z) = 0$ besitzt, werden auf der Normkurve durch die n Punkte $\lambda = z_i$ vorgestellt sein, nämlich durch diejenigen Punkte der Normkurve, in welchen die von dem Raumpunkte $(A, B, \ldots, N)$ an

---

[3]) Vgl. z. B. Franz Meyer, Apolarität und rationale Kurven. Tübingen 1883.

die Kurve laufenden Schmiegungsräume $(n-1)$-ter Dimension dieselbe berühren. *Insbesondere werden von diesen Wurzeln genau so viele reell sein, als von unserem Raumpunkte aus reelle Schmiegungsräume an die Kurve gehen*[4]).

Spezifizieren wir diesen Ansatz zunächst für $n = 2$, so haben wir in der Gleichung zweiten Grades

$$(3) \qquad z^2 + 2Az + B = 0$$

die A, B als Punktkoordinaten (etwa geradezu als rechtwinklige Punktkoordinaten) der Ebene zu interpretieren. Wir haben dann als Definition der Normkurve

$$(4) \qquad A = -\lambda. \quad B = \lambda^2$$

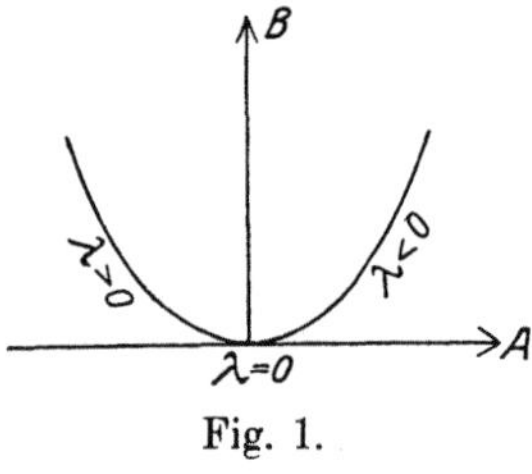

Fig. 1.

zugrunde zu legen, was eine Parabel mit der Gleichung $A^2 - B = 0$ ergibt, wie sie durch die nebenstehende Fig. 1 versinnlicht wird; man beachte, daß auf dieser Parabel die Punkte mit positivem λ linker Hand, die mit negativem λ rechter Hand liegen. Gleichung (3) wird zwei reelle oder zwei imaginäre Wurzeln haben, je nachdem von dem repräsentierenden Punkte (A, B) aus zwei reelle oder zwei imaginäre Tangenten an die Parabel gehen. Augenscheinlich zerfällt mit Rücksicht hierauf die Ebene in zwei durch die Parabel getrennte Teile; ich habe dieselben in der nebenstehenden Fig. 2 durch die Ziffern 2 und 0 unterschieden. Die durch die Parabel vorgestellte Normkurve ist hier eben selbst die Diskriminantenmannigfaltigkeit, und unsere Figur also ein Gegenbild dafür, daß die quadratische Gleichung (3) zwei oder null reelle Wurzeln hat, je nachdem die Diskriminante $A^2 - B$ positiv oder negativ ist.

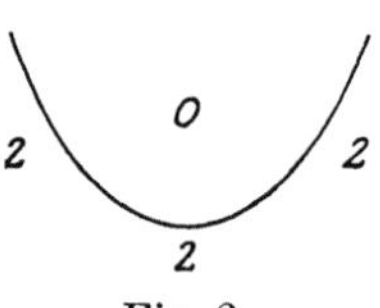

Fig. 2.

Wir gehen über zur kubischen Gleichung:

$$(5) \qquad z^3 + 3Az^2 + 3Bz + C = 0.$$

Die Raumkonstruktionen, welche hier auszuführen sind, lassen sich nicht

---

[4]) [Ich weise hier gern darauf hin, daß man sich auch die bei einer Gleichung *vierten* Grades vorliegenden Verhältnisse im *drei*dimensionalen Raume anschaulich klar machen kann, wenn man diese so transformiert, daß der Koeffizient $A = 0$ wird, also die Gleichung der Normkurve in der Form

$$(z + 3\lambda)(z - \lambda)^3 = 0$$

schreibt. Das von Herrn Hartenstein auf meine Veranlassung konstruierte Fadenmodell der Diskriminantenfläche ist im Verlage von Martin Schilling erschienen und in meiner von E. Hellinger ausgearbeiteten Vorlesung „Elementarmathematik vom höheren Standpunkte (1908)" (in Kommission bei B. G. Teubner) Bd. I, 1. Aufl., S. 220—231, 2. Aufl., S. 222—234 beschrieben. Die Fläche zerfällt übrigens in einen Bestandteil fünfter Ordnung und die unendlich ferne Ebene. K.]

mehr kurz durch ebene Figuren erläutern, und ich muß den Leser bitten, falls anders er die Angaben, die ich fernerhin über kubische Gleichungen zu machen habe, völlig in sich aufnehmen will, sich selbst geeignete räumliche Modelle zu verfertigen[5]). Wir haben da erstlich als Normkurve die Raumkurve dritter Ordnung

$$(6) \qquad A = -\lambda, \quad B = \lambda^2, \quad C = -\lambda^3,$$

dann als Diskriminantenmannigfaltigkeit die zu dieser Raumkurve gehörige developpable Fläche. Durch selbige wird der Raum in zwei Gebiete zerlegt, entsprechend der Möglichkeit, daß die Gleichung (5) drei oder eine reelle Wurzel für z ergeben kann. Wir werden diese Gebiete dementsprechend mit den Ziffern 3 und 1 bezeichnen. Von den Punkten des Gebietes 3 aus laufen immer drei reelle Oskulationsebenen an die Kurve, von den Punkten des Gebietes 1 aus nur eine.

Ich wende mich nun gleich zu den Kriterien für die Abzählung der reellen Wurzeln einer gegebenen Gleichung. Dabei werde ich gelegentlich etwas ausholen müssen, insofern diese Kriterien in der Mehrzahl der Lehrbücher, wie ich schon andeutete, nur unvollständig mitgeteilt werden. Ich unterscheide in erster Linie zwischen solchen Kriterien, welche die *Gesamtzahl* der reellen Wurzeln betreffen, und den anderen, die sich auf die reellen Wurzeln in einem gegebenen *Intervalle* beziehen. Andererseits trenne ich zwischen *genauen* Kriterien und solchen, welche nur eine Grenze der Wurzelanzahl geben (*approximierende* Kriterien).

Um hiernach mit den genauen Kriterien zu beginnen, durch welche man die Gesamtzahl der reellen Wurzeln bestimmt, so habe ich gleich hier von der üblichen Darstellung der Lehrbücher abzuweichen. Man findet in den letzteren übereinstimmend das Verfahren von Sturm und einen mehr oder minder ausführlichen Exkurs über diejenigen Methoden, welche sich an das *Trägheitsprinzip* der quadratischen Formen schließen. Dagegen fehlt zumeist jeder Hinweis auf die bestimmte Ausgestaltung, welche letztere Methoden durch Hermite und Sylvester vermöge Aufstellung jener quadratischen Form von $(n-1)$ Veränderlichen gefunden haben, welche Sylvester als *Bezoutiante* bezeichnet[6]). Und doch zweifle ich nicht, daß erst mit der Bezoutiante der Kernpunkt der ganzen Fragestellung getroffen ist.

Sei wieder $f(z) = 0$ die vorgelegte Gleichung. Wir machen der Be-

---

[5]) [Auf meine Veranlassung hat W. Ludwig nach Vorarbeiten von E. Lange ein besonders schönes Fadenmodell konstruiert, welches gleichfalls im Verlage Martin Schilling erschienen ist. K.]

[6]) Vgl. Sylvester in den „Philosophical Transactions" Bd. 143, 1853: On the syzygetic relations usw. [= Werke I, S. 429], Hermite in Bd. 52 von „Crelles Journal", 1856 [= Werke I, S. 397]. Vgl. übrigens auch Baltzers Determinanten.

quemlichkeit halber homogen, indem wir z durch $\dfrac{z_1}{z_2}$ ersetzen und mit z_2^n heraufmultiplizieren. Solcherweise entstehe $f(z_1, z_2) = 0$, wo wir nun die linke Seite kurzweg mit f bezeichnen werden. Entsprechend werde f' abkürzenderweise für $f(z_1', z_2')$ geschrieben, unter z_1', z_2' eine zweite Variabelnreihe verstanden. Man bilde sich jetzt die „Kombinante":

$$(7) \qquad \frac{\dfrac{\partial f}{\partial z_1} \cdot \dfrac{\partial f'}{\partial z_2'} - \dfrac{\partial f}{\partial z_2} \cdot \dfrac{\partial f'}{\partial z_1'}}{(z_1 z_2' - z_2 z_1')}.$$

Dieselbe ist linear und homogen einerseits in

$$z_1^{n-2}, z_1^{n-3} z_2, \ldots, z_2^{n-2},$$

andererseits in

$$z_1'^{\,n-2}, z_1'^{\,n-3} z_2', \ldots, z_2'^{\,n-2}.$$

Die Bezoutiante

$$(8) \qquad B(t_1, t_2, \ldots, t_{n-1})$$

entsteht nun einfach aus (7), *indem man die genannten aufeinanderfolgenden Verbindungen der* z_1, z_2 *wie der* z_1', z_2' *beide bez. durch die* $(n-1)$ *Unbestimmten* $t_1, t_2, \ldots, t_{n-1}$ *ersetzt.* Und nun handelt es sich nur noch darum, die „Trägheit" der so gewonnenen quadratischen Form von $(n-1)$ Veränderlichen zu konstatieren, d. h. zuzusehen, wie viele positive bez. negative Vorzeichen hervortreten, wenn man es unternimmt, die Form B durch reelle lineare Substitution der $t_1, t_2, \ldots, t_{n-1}$ in ein Aggregat bloßer Quadrate zu verwandeln. Die Regel wird kurzweg die, *daß* $f = 0$ *genau so viele Paare imaginärer Wurzeln besitzt, als bei der genannten Reduktion von* B *negative Quadrate auftreten.* Die prinzipielle Einfachheit dieser Aussage aber ruht darin, daß B nicht nur von den t, sondern auch von den Koeffizienten von f in quadratischer Weise abhängt (so daß also bei unserer geometrischen Interpretation $B = 0$ eine von den Parametern $t_1, \ldots, t_{n-1}$ abhängige Schar von Flächen zweiten Grades gibt).

Für die quadratische Gleichung (3) liefert die so formulierte Regel natürlich nichts Neues. Gehen wir also gleich zur kubischen Gleichung (5). Hier wird die Bezoutiante:

$$(9) \qquad (A^2 - B) t_1^2 + (AB - C) t_1 t_2 + (B^2 - AC) t_2^2,$$

ist also (wie man erwarten konnte), von einem negativen Zahlenfaktor abgesehen, mit der sog. Hesseschen Form von $f(z_1, z_2)$ identisch. Wir werden wünschen, uns im geometrischen Bild darüber klar zu werden, weshalb die „Trägheit" von (9) in der angegebenen Weise mit der Realität der Wurzeln von $f = 0$ zusammenhängt, oder wenigstens *weshalb* $f = 0$ *drei oder eine reelle Wurzel liefert, je nachdem die Gleichung*

$$(10) \qquad (A^2 - B) t_1^2 + (AB - C) t_1 t_2 + (B^2 - AC) t_2^2 = 0$$

für $t_1 : t_2$ *null oder zwei reelle Wurzeln ergibt.* Zu dem Zwecke fragen wir nach der geometrischen Bedeutung der Gleichung (10) bei stehenden t_1, t_2 und finden, daß dieselbe den Kegel zweiten Grades vorstellt, der sich von dem Punkte $\lambda = \dfrac{t_1}{t_2}$ der Normkurve nach den anderen Punkten der Normkurve hin erstreckt. Unsere kubische Gleichung soll also 3 oder 1 reelle Wurzel haben, je nachdem durch den Raumpunkt (ABC), 0 oder 2 reelle Projektionskegel dieser Art hindurchgehen. Nun haben zwei Kegel (10) außer der Normkurve dritter Ordnung selbst immer noch die Verbindungsgerade ihrer Spitzen gemein. Sind die Kegel reell, so ist diese Gerade ebenfalls reell und damit eine *eigentliche* Sekante der Normkurve, im Gegensatz zu den gleichfalls reellen aber uneigentlichen Sekanten, welche unsere Normkurve je in zwei konjugiert imaginären Punkten treffen (und die der Schnitt zweier konjugiert imaginärer Kegel (10) sind). Daher läßt sich der an Gleichung (10) anknüpfende Satz dahin aussprechen:

> *daß die Gleichung* $f = 0$ *eine oder drei reelle Wurzeln haben wird, je nachdem durch den Raumpunkt* (A, B, C) *eine eigentliche oder eine uneigentliche Sekante der Normkurve dritter Ordnung geht.*

Und in dieser Form ist der Satz den Geometern ohne weiteres einleuchtend. Denn die Normkurve dritter Ordnung projiziert sich vom Punkte (A, B, C) aus im ersteren Falle als ebene Kurve dritter Ordnung mit eigentlichem Doppelpunkte, im zweiten Falle als solche mit isoliertem Punkte, und es ist wohlbekannt, daß eine Kurve der ersteren Art nur einen, eine Kurve der zweiten Art drei reelle Wendepunkte besitzt.

Ich habe diese Betrachtung über die Kegel zweiten Grades, welche von den Punkten der Normkurve dritter Ordnung auslaufen, um so lieber gegeben, als ihre Besprechung ohnehin unerläßlich ist, wenn man die Zahl der reellen Wurzeln von $f = 0$ durch die sogenannte *Newtonsche Regel* abschätzen will. Ich denke dabei an jenes approximierende Kriterium, welches ursprünglich in Newtons Arithmetica universalis (1707) gegeben worden ist, aber erst 1865 von Sylvester bewiesen und zugleich nach verschiedenen Richtungen erweitert wurde[7]. In ihrer einfachsten Gestalt, die wir hier allein in Betracht ziehen, lautet diese Regel dahin:

> *daß unsere Gleichung* (1) *mindestens so viele imaginäre Wurzeln besitzt, als die Reihe der quadratischen Ausdrücke*

$$(11) \qquad 1, \ A^2 - B, \ B^2 - AC, \ \ldots, \ N^2$$

> *Zeichenwechsel darbietet.*

---

[7] Vgl. insbesondere Transactions of the R. Dublin Academy, t. 24 (1871), sowie Philosophical Magazine, 4 ser., t. 31 (1866). [Vgl. Sylvesters Werke Bd. II, S. 704 u. II, S. 542.] — Auch diese Regel fehlt in vielen Lehrbüchern; Ausführlicheres darüber gibt u. a. Petersen in seiner „Theorie der algebraischen Gleichungen" (Kopenhagen 1878).

Im Falle der Gleichungen dritten Grades (5) haben wir also sicher zwei imaginäre Wurzeln; wenn von den beiden Ausdrücken

$$A^2 - B, \quad B^2 - AC$$

auch nur einer negativ ist. Hier bemerke man nun, daß nach Gleichung (10)

$$(12) \qquad A^2 - B = 0, \quad B^2 - AC = 0$$

die Gleichungen der beiden Projektionskegel sind, die von den Punkten

$$\lambda = \infty, \text{ bez. } \lambda = 0$$

der Normkurve dritter Ordnung nach dieser Kurve hinlaufen. Der geometrische Sinn des Newtonschen Kriteriums ist dementsprechend der, *daß bei der Gleichung dritten Grades sicher zwei imaginäre Wurzeln vorhanden sind, sobald der Raumpunkt (A, B, C) im Innern auch nur eines der beiden genannten Kegel liegt.* Die geometrische Anschauung bestätigt nicht nur, sondern vervollständigt diese Regel und bringt sie dadurch mit dem aus der Bezoutiante abgeleiteten Kriterium in klaren Zusammenhang. Wir wissen bereits, daß keiner der Kegel (10) in das Raumstück eindringt, welches den kubischen Gleichungen mit drei reellen Wurzeln entspricht; wir fügen jetzt hinzu, was uns ein Blick auf die Gestalt der Kurve dritter Ordnung lehrt, daß dieses Raumstück *außerhalb* der sämtlichen Kegel (10) liegt. Wir wissen andererseits, daß das Raumstück, welches den kubischen Gleichungen mit nur einer reellen Wurzel entspricht, von den reellen Kegeln (10) durchweg zwiefach ausgefüllt wird, und hierin liegt, daß jeder Punkt (A, B, C) im Innern dieses Raumstückes jedenfalls auch im Innern einer unendlichen Zahl von Kegeln (10) liegt. Wir werden also folgenden genauen Satz aufstellen: *daß die kubische Gleichung dann und nur dann zwei imaginäre Wurzeln besitzt, wenn die Bezoutiante (10) für irgendwelche reelle Werte von t_1, t_2 negativ wird.* Und von diesem Satze ist dann die Newtonsche Regel ein bloßes Korollar.

So viel über die allgemeine Abzählung der reellen Wurzeln. Wir wenden uns jetzt zur *Abzählung der Wurzeln in einem Intervalle von x bis y ($x < y$).* Auch hier werde ich mich auf die elementarsten Erläuterungen beschränken. Insbesondere will ich der Kürze halber die exakten Abzählungsmethoden ganz beiseite lassen und unter den approximierenden Kriterien nur diejenigen betrachten, bei denen *lineare* Funktionen der Koeffizienten zugrunde liegen, also den Cartesischen Satz, das Theorem von Budan-Fourier usw. Auch mögen jetzt vor allen Dingen die *quadratischen Gleichungen* (3) herangezogen werden, insofern bereits bei ihnen alles Wesentliche hervortritt; über die kubischen Gleichungen gebe ich nur eine kurze Schlußbemerkung.

Wir hatten bei den Gleichungen zweiten Grades als Normkurve die

Parabel der Fig. 1. Markieren wir auf ihr die beiden Punkte $\lambda = x$ und $\lambda = y$ (wobei für $x < y$ der Punkt x rechts von y liegt) und unterscheiden dann drei Gebiete der Ebene, je nachdem sich vom einzelnen Punkte (A, B) aus an das zwischen x und y verlaufende Parabelstück 2 oder 1 oder 0 Tangenten legen lassen, so entsteht offenbar die nebenstehende Fig. 3, welche ich kurzweg als die „richtige" Figur (x, y) bezeichnen werde: — die Grenzen der dreierlei bei ihr zu unterscheidenden Gebiete werden teils von dem genannten Parabelstücke selbst, teils von den beiden, zu den Punkten x und y gehörigen Parabeltangenten gebildet. — Lassen wir hier y insbesondere ins Unendliche rücken, so entschwindet für die Anschauung die

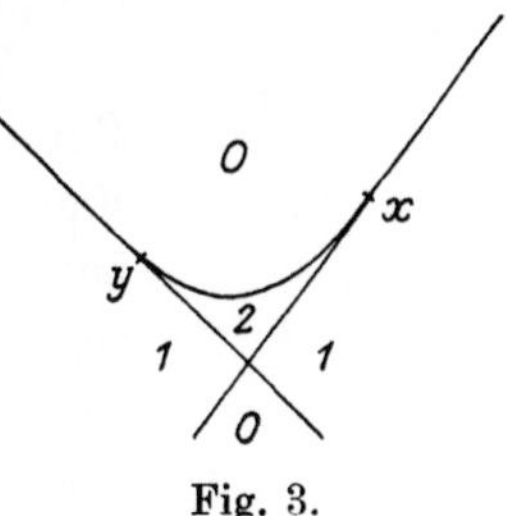

Fig. 3.

ganze zu y gehörige Tangente und wir haben als zugehörige Gebietseinteilung den in Fig. 4 vorgestellten Fall; wir benennen diese Figur als die „richtige" Figur (x, ∞).

Aufgabe der zu diskutierenden linearen Kriterien wird es nun sein, diese richtigen Figuren mit möglichster Annäherung durch solche zu ersetzen, bei welchen nur gerade Linien zur Felderabgrenzung gebraucht werden.

Von dieser Auffassung ausgehend, betrachten wir zunächst die *Cartesische Zeichenregel.* Wir wollen dieselbe gleich in die verallgemeinerte Form setzen, in der sie die reellen Wurzeln von $f(z) = 0$ abzuschätzen gestattet, die größer als ein beliebiges vorgegebenes x sind. Es handelt sich da um die Funktionsreihe:

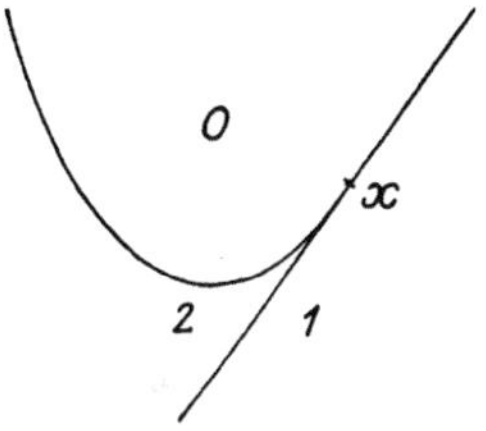

$$(13) \qquad f(x), \quad f'(x), \quad f''(x)$$

Fig. 4.

und die Regel behauptet, daß $f(z) = 0$ *höchstens so viele reelle Wurzeln* $> x$ *besitzt, als Zeichenwechsel in dieser Funktionsreihe vorhanden sind, und daß die richtige Zahl der Wurzeln von der durch die Zeichenwechsel gegebenen Zahl immer nur um ein Multiplum von 2 verschieden sein kann.* Zwecks Übersetzung der Regel in die geometrische Anschauung werden wir vor allen Dingen die drei geraden Linien konstruieren, welche in der Ebene (A, B) durch Nullsetzen der drei Ausdrücke $f(x), f'(x), f''(x)$ vorgestellt werden. Hier gibt $f''(x) = 0$ die unendlich ferne Gerade und kommt also für die Zeichnung in Wegfall. $f'(x) = 0$ gibt die vertikale Linie $A = -x$, d. h. den durch den Punkt x der Parabel laufenden Durchmesser derselben. Endlich $f(x) = 0$, wie wir von früher wissen, die zum Punkte x gehörige Parabeltangente. Ein jedes der von den genannten Geraden umgrenzten Gebiete der Ebene bietet bestimmte Vorzeichen von

$f(x)$, $f'(x)$, $f''(x)$ dar. Nun kommt es uns aber nicht auf diese Vorzeichen, sondern nur auf die Zahl der *Zeichenwechsel* an, welche die Reihe $f(x)$, $f'(x)$, $f''(x)$ darbietet. Wir markieren dieselbe für die verschiedenen Teile der Ebene und erhalten so schließlich die folgende Fig. 5, welche ich die „Cartesische Figur" (x, ∞) nennen darf.

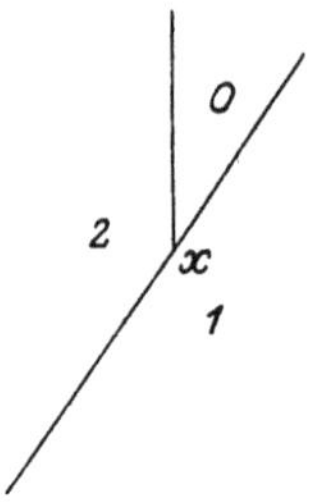

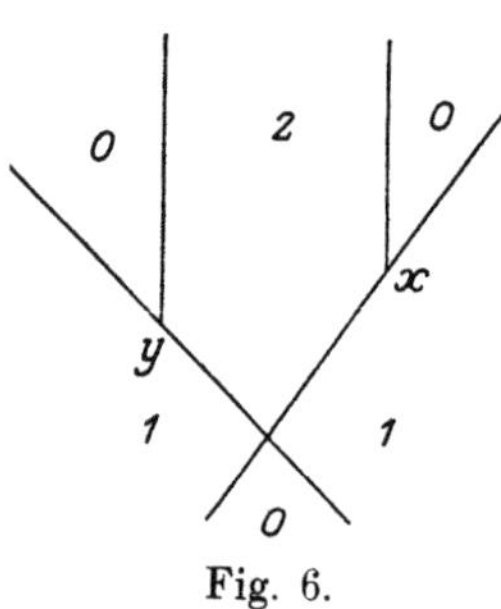

Fig. 5.

Wir verstehen die Cartesische Regel in geometrischer Form, indem wir diese neue Figur mit Fig. 4 [der „richtigen" Figur (x, ∞)] vergleichen. Und dabei bestätigen wir nicht nur die Cartesische Regel, sondern erkennen auch ihre Vorzüglichkeit. In der Tat sieht man, *daß man die „richtige" Figur vermöge einer geradlinigen Feldereinteilung, an der (unter Einrechnung der unendlich fernen Geraden) drei gerade Linien partizipieren, in der durch den Cartesischen Satz vorgesehenen Weise unmöglich besser approximieren kann, als dies durch die Cartesische Figur geschieht.*

Wir erläutern ferner, in gleichem Sinne, den *Budan-Fourierschen Satz*. Es handelt sich bei demselben allgemein um die Zahl der reellen Wurzeln von $f(z) = 0$, welche zwischen zwei beliebig vorgegebenen Grenzen, x und y $(x < y)$ liegen. Man bildet die beiden Funktionsreihen:

$$(14) \qquad \begin{cases} f(x), \ f'(x), \ f''(x) \quad \text{und} \\ f(y), \ f'(y), \ f''(y), \end{cases}$$

bestimmt zuerst die Zahl $V(x)$ der Zeichenwechsel, welche die erstere Reihe darbietet, ferner die Zahl $V(y)$ der Zeichenwechsel der zweiten Reihe, und *hat dann in $V(x) - V(y)$ eine Zahl, welche von der Zahl der zwischen x und y gelegenen reellen Wurzeln von $f(z) = 0$ höchstens um ein positives Vielfaches von 2 abweicht.* Wieder übersetzen wir diese Regel in eine geometrische Figur. Indem wir ganz ähnlich verfahren, wie vorhin, ergibt sich die folgende Feldereinteilung (Fig. 6).

Ein Vergleich mit Fig. 3 bestätigt darauf die Richtigkeit des Budan-Fourierschen Satzes: überall da, wo Fig. 3 und Fig. 6 den Punkten der Ebene

Fig. 6.

verschiedene Zahlen beilegen, ist die Zahl der Fig. 6 um ein positives Vielfaches von 2 größer. Aber wir fragen angesichts unserer Figuren nicht nur nach der Richtigkeit, sondern auch nach der Zweckmäßigkeit des Budan-Fourierschen Satzes. Und da kommen wir zu einem Resultate, welches bei einem so elementaren Gegenstande überraschen muß und eben darum geeignet sein dürfte, die geometrische Betrachtungsweise, für die wir hier eintreten, nicht nur als eine beiläufige

Erläuterung, sondern als eine notwendige Ergänzung der gewöhnlich gegebenen Entwicklungen erscheinen zu lassen: *Fig. 6 mit ihren, vier verschiedenen geraden Linien angehörigen Begrenzungsstücken ist als Annäherung an Fig. 3 keineswegs besonders zweckmäßig gewählt, man kann der Fig. 3 mit einer nur aus drei geraden Linien gebildeten Figur viel näher kommen.* Man hat einfach eine Figur zu zeichnen, welche man als projektive Verallgemeinerung der Cartesischen Figur betrachten kann (sofern man bei letzterer die unendlich ferne Gerade mitzählen will), d. h. die nachstehende Figur, welche neben den Tangenten der beiden Parabelpunkte x, y das geradlinige Verbindungsstück xy enthält. Will man das analytische Kriterium aufstellen, welches dieser Figur entspricht, so ist es bequem, wieder homogen zu machen, also statt $f(z)$ die binäre Form

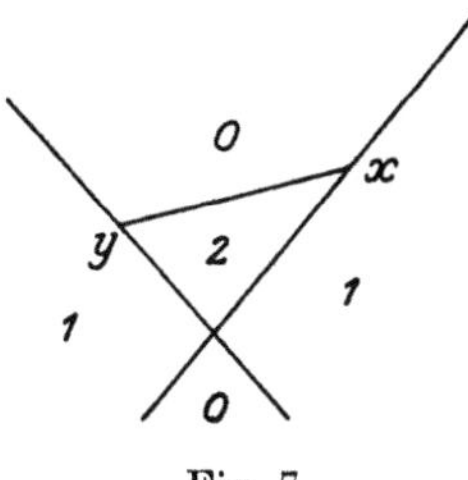

Fig. 7.

$f(z_1, z_2)$ und statt x und y die Variabelnpaare x_1, x_2 und y_1, y_2 einzuführen. Ich setze außerdem symbolisch $f(z_1, z_2) = a_z^2$. *Bei Fig. 7 handelt es sich dann einfach um die Zeichenwechsel der Funktionsreihe:*

$$(15) \qquad\qquad a_x^2,\ a_x a_y,\ a_y^2.$$

Es ist kaum nötig, daß ich beim Beweise dieser Behauptung oder der damit aufgestellten Regel für die Abzählung der Wurzeln im Intervall $x \ldots y$ verweile. Es handelt sich einfach darum, in die Gleichung $f(z_1, z_2) = 0$ $x_1 + \lambda y_1$ für z_1, $x_2 + \lambda y_2$ für z_2 zu substitutieren und nun für die so entstehende Gleichung in λ die Zahl der positiven Wurzeln durch das Cartesische Theorem festzulegen, bzw. zu umgrenzen. Das ist so einfach, daß es wundernehmen müßte, wenn dieser Ansatz nicht schon in früherer Zeit bemerkt sein sollte. Und in der Tat findet sich derselbe beispielsweise bei Jacobi in Crelles Journal, Bd. 13 (1835) (Observatiunculae ad theoriam aequationum pertinentes). Nur fügt Jacobi merkwürdigerweise hinzu: regula a clarissimo Fourier proposita multis nominibus praestat.

Es erübrigt nur noch, daß ich angebe, wie man bei der Normkurve dritten Grades diejenige räumliche Figur konstruiert, welche man als Verallgemeinerung der ebenen Fig. 7 zu betrachten hat. Bezeichnet man die gegebene kubische Gleichung symbolisch mit $a_z^3 = 0$, so handelt es sich zumal um die geometrische Definition der Ebenen

$$(16) \qquad a_x^3 = 0, \quad a_x^2 a_y = 0, \quad a_x a_y^2 = 0, \quad a_y^3 = 0.$$

Diese ist natürlich äußerst einfach. Die drei Schnittpunkte, welche die einzelne dieser Ebenen mit der Normkurve gemein hat, fallen alle nach x oder y; die folgende Tabelle gibt die Multiplizitäten, mit der x und y als Schnittpunkte zählen, genauer an:

	x	y
a_x^3	3	0
$a_x^2 a_y$	2	1
$a_x a_y^2$	1	2
a_y^3	0	3

In dieser Tabelle tritt das einfache Gesetz, welches für $n = 2$ in Fig. 7 befolgt ist, in einer für alle n erkennbaren Form hervor. — Wir sollten jetzt ferner eine genaue Beschreibung der verschiedenen Stücke geben, in welche der Raum entsprechend der Zahl der bei den Funktionen (16) auftretenden Zeichenwechsel durch unsere Ebenen zerlegt wird. Daran würde sich dann der Vergleich mit denjenigen Raumeinteilungen schließen, die als Analoga der ebenen Fig. 3, 4, 5 und 6 anzusehen sind. Hier ist offenbar ohne geeignete Modelle nicht durchzukommen. Es wird sehr dankenswert sein, wenn jemand die Herstellung solcher Modelle in die Hand nehmen wollte.

Göttingen, den 9. Juni 1892.

[Der vorstehende kleine Aufsatz, der inhaltlich aus dem Rahmen der hier zusammengestellten Arbeiten einigermaßen herausfällt, ist aus einer Vorlesung über Algebra, die ich im Winter 1891/92 hielt, entstanden. K.]

XLIV. Über eine geometrische Auffassung der gewöhnlichen Kettenbruchentwicklung.[1])

[Nachrichten der Kgl. Gesellschaft der Wissenschaften zu Göttingen. Mathematisch-physikalische Klasse (1895). Heft 3. Vorgelegt in der Sitzung vom 19. Okt. 1895.]

Sei ω eine reelle Größe, die ich der Einfachheit halber als irrational voraussetzen will; sei ferner in gewöhnlicher Kettenbruchentwicklung:

$$\omega = \mu_1 + \frac{1}{\mu_2} + \frac{1}{\mu_3} + \cdots$$

Die sukzessiven Näherungswerte nenne ich $\frac{p_1}{q_1}$, $\frac{p_2}{q_2}$, ..., wobei die p, q als teilerfremde Zahlen definiert sein sollen, die man einzeln noch beliebig mit dem $+$ oder $-$ Zeichen ausstatten kann. Ich lege nunmehr ein gewöhnliches $X\text{-}Y$-Koordinatensystem zugrunde, konstruiere das zugehörige Gitter der ganzzahligen Punkte, und suche unter ihnen diejenigen, für welche $x, y = p_\nu, q_\nu$ ist. Man weiß, daß diese „Näherungspunkte" abwechselnd auf der rechten und linken Seite der geraden Linie $\frac{x}{y} = \omega$ liegen. Es ist aber überhaupt leicht, wie ich gefunden habe, für dieselben eine kurze geometrische Definition aufzustellen. Ich will hier nur den einen der beiden Quadranten unseres Koordinatensystems ins Auge fassen, welche von der geraden Linie ω durchzogen werden. Derselbe wird durch die Gerade ω in zwei Sektoren zerlegt, deren einer an die X-Achse, deren anderer an die Y-Achse angrenzt; ich will kurzweg von einem X-Sektor und einem Y-Sektor sprechen. Jetzt betrachte man die ganzzahligen Punkte des einzelnen so gewonnenen Sektors. Ersichtlich kann man dieselben durch ein geradliniges Polygon umgrenzen, etwa indem man sich die ganzzahligen Punkte durch kleine Stifte markiert denkt und um das Ganze einen Faden schlingt. *Die Punkte p_1, q_1; p_3, q_3; ... sind nun nichts anderes als die Eckpunkte des zum Y-Sektor gehörigen Umrißpolygons;*

---

[1]) [Vgl. auch meinen Vortrag vor der Naturforscherversammlung in Lübeck, Sept. 1895. (Jahresberichte der Deutschen Mathematiker-Vereinigung. Bd. 4.) K.]

die Punkte p_2, q_2; $p_4, q_4 \ldots$ *gehören entsprechend zum X-Sektor.* Die einzelne Seite des Umrißpolygons, sagen wir etwa, um beim Y-Sektor zu bleiben, die Seite von $(p_{2\nu-1}, q_{2\nu-1})$ bis $(p_{2\nu+1}, q_{2\nu+1})$, kann dabei möglicherweise selbst noch Gitterpunkte tragen. Die Anzahl der Stücke, in welche sie durch dieselben zerlegt sind, ist gerade $\mu_{2\nu}$; *dieses ist die einfache Deutung der bei der Kettenbruchentwicklung auftretenden Teilnenner.*

Auf Grund der hiermit gegebenen Deutung kann man nun sämtliche Eigenschaften der gewöhnlichen Kettenbruchentwicklung und der sich an dieselben anschließenden analytischen Verfahrungsweisen geometrisch ohne weiteres einsehen.

Ich gebe hier in dieser Hinsicht einige Erläuterungen über binäre quadratische indefinite Formen. Es sei $f = a x^2 + b x y + c y^2$ eine solche Form, deren Diskriminante $b^2 - 4ac$ keine Quadratzahl ist. Dann gibt $f = 0$ zwei reelle irrationale Werte von $\frac{x}{y}$, die ich mit ω' und ω'' bezeichne. Ich ziehe in unserem Koordinatensysteme die betreffenden beiden geraden Linien und konstruiere, was ich die zugehörigen *natürlichen Umrißpolygone* nenne, nämlich die Umrißpolygone derjenigen ganzzahligen Punkte, welche in die einzelnen von ω' und ω'' umgrenzten Sektoren eingeschlossen sind. Das einzelne solche Polygon mag nach seinem Gesamtverlaufe mit einem vollen Hyperbelast verglichen werden (welcher sich nach *zwei* Seiten ins Unendliche erstreckt). Man kann nun geradezu sagen, *daß die von Lagrange und Gauß herrührende Theorie der Formen f eine Betrachtung dieser Polygone ist,* und wird finden, *daß die Theorie durch explizite Einführung der Polygone noch verschiedentlich vereinfacht werden kann.* Dabei ist nützlich, in Anlehnung an Cayleys projektive Maßbestimmung den Ausdruck $\sqrt{f}$ geradezu als „Abstand" des Punktes x, y vom Koordinatenanfangspunkt zu bezeichnen und von zugehörigen „Bewegungen" zu sprechen[2]. Ich verfolge das hier nicht weiter, sondern gedenke nur noch der Rolle, welche in dieser Theorie die Kettenbruchentwicklung der Wurzeln ω', ω'' spielt. Dieselbe kommt darauf zurück, daß die von den Koordinatenachsen abhängigen Umrißpolygone, welche aus der Kettenbruchentwicklung entspringen, nach einer endlichen Anzahl von Seiten notwendigerweise in die vorerwähnten „natürlichen" Umrißpolygone einmünden.

Soweit gibt unser Ansatz nur erst eine geometrische Interpretation oder auch eine Vereinfachung bekannter Betrachtungsweisen. Das Schöne aber ist, daß er sich auf höhere, noch nicht in dieser Weise behandelte

---

[2]) [Hierauf habe ich schon in den Göttinger Nachrichten von 1893 in der Note „Über die Komposition der binären quadratischen Formen", welche in Bd. 3 dieser Gesamtausgabe abgedruckt werden soll, hingewiesen. K.]

Fälle überträgt. Ich will hier beispielsweise zwei Arten ternärer Formen heranziehen. Sei $f(xyz)$ eine indefinite quadratische Form, $F(xyz)$ aber eine kubische Form, welche sich in drei reelle Linearfaktoren spalten läßt. Ich konstruiere mir im gewöhnlichen Koordinatensystem xyz den Kegel $f = 0$ und das Ebenentripel $F = 0$ und betrachte nun sämtliche ganzzahlige Punkte, welche entweder von der einen Hälfte des Kegels $f = 0$ umschlossen sind oder in einem der durch $F = 0$ gebildeten Oktanten liegen. Ersichtlich kann man zu diesen ganzzahligen Punkten jeweils ein *ebenflächiges Umrißpolyeder* konstruieren. Die Betrachtung dieses Umrißpolyeders gibt eine neue einfache Theorie der Formen f und F.

[Auf den Inhalt der vorstehenden Notiz wird in Bd. 3 dieser Ausgabe gelegentlich des Referates über meine zahlentheoretische Vorlesung von 1895/96 zurückzukommen sein. — Hinsichtlich der Formen f und F hatte ich zunächst an das Reduktions- und Äquivalenzproblem gedacht. Die sonach in Aussicht genommenen Untersuchungen scheinen noch von niemand aufgenommen zu sein. K.]

Vorbemerkungen zu den erkenntnistheoretischen Abhandlungen XLV—XLIX.

Die folgenden Aufsätze, die dem Grenzgebiet von Geometrie und Erkenntnistheorie angehören, sind hier (bis auf die wenigen, äußerlich durch eckige Klammern gekennzeichneten Zusätze) genau so abgedruckt, wie ich sie s. Z. veröffentlicht habe. Es würde ja mit Rücksicht auf die Entwicklung, welche die Wissenschaft seitdem genommen hat, vielerlei hinzugefügt werden können, vielleicht auch einiges zu ändern sein. Ich will hier aber nur noch einige Worte über die einschlägige, schon oben genannte Vorlesung vom Sommer 1901 *„Anwendung der Differential- und Integralrechnung auf Geometrie*, eine Revision der Prinzipien" sagen, welche Conrad Müller damals ausgearbeitet hat[1]). Insbesondere handelt es sich dort darum, das praktische Zeichnen und Messen mit dem Verfahren der abstrakten Geometrie in Vergleich zu bringen. Ich verlangte u. a. für das Zeichnen eine ähnliche Fehlertheorie, wie man sie seit Gauß bei allen exakten Messungen verwendet. Nach der anderen Seite gab ich Figuren, welche das Zustandekommen z. B. der Weierstraßschen nichtdifferentiierbaren Funktion oder der in Abh. XLVI (S. 227) genannten in der Theorie der automorphen Funktionen vorkommenden nichtanalytischen Kurven dem Verständnis näherbringen dürften. In beiderlei Hinsicht hat bereits früher Christian Wiener bemerkenswerte Ansätze gemacht, deren weiterer Ausbau mir wesentlich scheint. Überall wird der Gesichtspunkt hervorgekehrt, daß es nicht eigentlich die Lehre von den Gleichungen ist (die *Präzisionsmathematik*, wie ich sie nenne), welche als theoretische Grundlage der praktischen Anwendungen in Betracht kommt, sondern die Lehre von den Ungleichungen, die *Approximationsmathematik*. Hiermit wird die Brücke von der reinen zur angewandten Mathematik geschlagen. Mir hat gelegentlich ein hervorragender Physiker gesagt, daß ihm mit diesen Erläuterungen eine förmliche Last von der Seele genommen sei.

„Approximationsmathematik", wie ich sie bei diesen Auseinandersetzungen verstehe, ist, wohlverstanden, eine ganz strenge und sogar besonders schwierige Disziplin, nicht etwa *approximative Mathematik*. Immer wird es zur vollen Klarstellung der Sachlage nützlich sein, an dieser Stelle zu bemerken, daß sich der Praktiker in den meisten Fällen mit der letzteren begnügt. Ich erläutere dieses am liebsten an demjenigen Zweige der angewandten Mathematik, der die äußersten Anforderungen an numerische Genauigkeit stellt, der rechnenden Astronomie. Die Fachastronomen haben nicht die Zeit und vielfach auch nicht die theoretischen Mittel, die Zuverlässigkeit ihrer Resultate in mathematisch bestimmte Grenzen einzuschließen, sondern sie begnügen sich damit, ihre Rechnungen jeweils da abzubrechen, wo sie nach ihrer durch Erfahrung verschärften Empfindung die hinreichende Genauigkeit erreicht zu haben glauben. Unendliche Reihen z. B. werden, ohne Abschätzung des Restgliedes,

---

[1]) Diese Ausarbeitung ist 1902 in autographierter Form bei B. G. Teubner erschienen; zweiter Abdruck 1907.

da abgebrochen, wo die einzelnen Glieder hinreichend klein geworden sind (oder auch nur hinreichend klein geworden zu sein scheinen). Das theoretisch Unzureichende eines solchen Verfahrens hat u. a. um 1890 herum H. Poincaré in seiner Mécanique céleste vielfach gekennzeichnet. Andrerseits belehrt uns die Geschichte, daß Irrtümer in der Tat vorgekommen sind, daß aber im großen und ganzen die Vorausberechnungen der Astronomen die Probe der Erfahrung durchaus bestanden haben. Ich empfehle dieses Sachverhältnis dem immer wiederholten Nachdenken der Mathematiker. Es bleibt eine für alle Erkenntnistheorie höchst beachtenswerte Tatsache, daß man in praxi in der Mehrzahl der Fälle instinktiv ausreichende Genauigkeit erreicht, wo man von dem theoretischen Hintergrunde einer exakten Approximationsmathematik noch weit entfernt bleibt.

Ein anderer sehr merkwürdiger Umstand, von dem ich in meinen Arbeiten zur anschaulichen Geometrie, aber auch weiterhin in der Funktionentheorie usw. mannigfachen Gebrauch gemacht habe, ist der, daß die geometrisch physikalische Anschauung, ungenau, wie sie ist, dennoch vielfach zu richtigen Theoremen der Präzisionsmathematik hinleitet. Ich knüpfe hier nur an das Beispiel an, über welches ich mich auch in meiner autographierten Vorlesung verbreite, ich meine die Relation zwischen den reellen Singularitäten einer ebenen algebraischen Kurve, von der in Abh. XXXVII gehandelt ist. Es ist ganz klar, daß ein strenger Beweis nur geführt werden kann, wenn man neben den geometrischen Axiomen irgendeine zureichende Definition der Kurven, welche algebraisch genannt werden, heranzieht — am einfachsten also, wenn man sich kurz entschlossen auf den Boden der abstrakten analytischen Geometrie stellt. Ein solcher Beweis läßt sich auch durchführen; es genüge hier in diesem Betracht, auf die schon genannte Arbeit von Brill in den Math. Annalen, Bd. 16 zu verweisen. Trotzdem hat das empirische Zeichnen von Kurvenformen mit unbestimmter Anlehnung an die analytischen Beziehungen zur Auffindung der Relation und ihrer wesentlichen Beweisgründe geführt. Ich empfehle diese Tatsache, neben vielen ähnlichen, die in der Geschichte der Mathematik bekannt genug sind, der Aufmerksamkeit aller derjenigen, die sich für das Zustandekommen mathematischer Einsichten interessieren. K.

XLV. Über den allgemeinen Funktionsbegriff und dessen Darstellung durch eine willkürliche Kurve[1]).

[Sitzungsberichte der physikalisch-medizinischen Sozietät zu Erlangen vom 8. Dezember 1873, abgedruckt in den Math. Annalen, Bd. 22 (1883).]

Der allgemeine Funktionsbegriff ist historisch aus der analytischen Geometrie (resp. aus der Mechanik und überhaupt der mathematischen Physik) erwachsen; aber es besteht kein Zweifel, daß er, um völlig korrekt zu sein, von jedem anschauungsmäßigen Gebiete abgelöst und auf rein arithmetische Grundlage gestellt werden muß. Ich glaube, daß dies seither, auch nach Dirichlets strenger Definition einer Funktion, noch nicht in hinreichendem Maße geschehen ist[2]), so sehr das Bedürfnis dazu in allgemeinen mathematischen Kreisen empfunden wird. Und eben hierin scheint der Grund für die Schwierigkeiten zu liegen, die in so manchen Sätzen über willkürliche Funktionen gefunden werden, wie z. B. in dem, daß es stetige Funktionen ohne Differentialquotienten gibt.

Demgegenüber denke ich im folgenden den rein arithmetischen Charakter des Funktionsbegriffes deutlich zu bezeichnen (§ 1, 2). Ich gehe sodann dazu über, die [anschauliche] Vorstellung der willkürlichen Kurve zu analysieren (§ 3, 4) und finde, daß sie den aus ihr folgenden Eigenschaften nach nicht sowohl dem Funktionsbegriffe als einem verwandten analytischen Begriffe, dem des *Funktionsstreifens*, wie ich ihn nenne, entspricht (§ 5, 6). Den inneren Grund dafür erblicke ich, ganz allgemein gesagt, in der *Un-*

---

[1]) [Im Zusammenhange mit dem im Texte wiederabgedruckten Aufsatze verweise ich auf die beiden im vorigen Jahre erschienenen Lehrbücher von Herrn Pasch: „Vorlesungen über neuere Geometrie", und: „Einleitung in die Differential- und Integralrechnung", (Leipzig, B. G. Teubner). Es ist meine Ansicht, daß, ähnlich wie im Texte, in jedem Lehrbuche der Differential- und Integralrechnung der Unterschied zwischen der unmittelbaren (physikalischen) Anschauung, und der abstrakten, mathematischen Auffassung zur Sprache gebracht werden sollte. (Zusatz beim Wiederabdruck in Math. Annalen, Bd. 22, 1883.)]

[2]) Wenigstens gelangte eine solche Auffassung noch nicht zur Darstellung. Ich kann aber nicht zweifeln, daß sich mancher Mathematiker dieselben Überlegungen mehr oder minder deutlich gebildet hat, wie sie im Texte entwickelt werden sollen.

genauigkeit unserer räumlichen Anschauung (§ 3). Ich bin mir freilich bewußt, daß ich mit diesem Versuche einer Begründung aus dem rein mathematischen Gebiete hinaustrete und psychologische Probleme berühre, über die etwas Richtiges auszusagen außerordentlich schwierig ist. Aber einmal stehe ich mit der bez. Auffassung der Raumanschauung nicht allein (vgl. § 3); andererseits empfiehlt sie sich durch ihren Erfolg: die ganze Reihe von Mißlichkeiten, welche die gewöhnliche Auffassung mit sich führt (§ 4), erledigt sich ohne weiteres. In § 7 endlich gebe ich noch einige Sätze über den Gebrauch von Reihen zur Darstellung willkürlicher Kurven.

§ 1.

Rein arithmetische Definition und Erzeugung einer Funktion.

Bei der Definition dessen, was Funktion zu nennen ist, wird man immer von einer reellen Größe x als unabhängiger Variabeln ausgehen, die im folgenden insbesondere so gedacht sein soll, daß sie nicht nur alle rationalen, sondern auch alle irrationalen Werte annehmen kann[3]).

Eine andere Größe y heißt eine (eindeutige) Funktion von x innerhalb eines Intervalls[4]), *wenn zu jedem Werte von x innerhalb des Intervalls ein bestimmter Wert von y gehört.* Dies ist Dirichlets bekannte Definition; aber man wird die weitere Frage aufwerfen, wie man eine solche Funktion herzustellen hat? Indem die Betrachtung der anschauungsmäßigen Gebiete, welche nach der gewöhnlichen Auffassung hier von Belang sind, zunächst völlig beiseite gelassen werden soll, stellen wir folgenden Satz als Ausgangspunkt voran:

Es kann nie eine unendliche, sondern immer nur eine endliche Anzahl von Dingen als willkürlich gegeben vorausgesetzt werden[5]).

Dementsprechend kann eine Funktion nie für die unendlich vielen Werte des Argumentes, für die sie hergestellt werden soll, willkürlich gegeben sein, sondern *sie muß aus einer endlichen Zahl gegebener Elemente*

---

[3]) Der rein arithmetische Begriff der Irrationalzahl ist in neuerer Zeit von mehreren Seiten her scharf als solcher entwickelt worden, was hier angeführt sei, weil diese Schriften ihrer Tendenz nach mit dem, was in § 1, 2 des Textes auseinandergesetzt werden soll, übereinstimmen. Es sind: Dedekind, Stetigkeit und irrationale Zahlen, Braunschweig 1872; Heine, Die Elemente der Funktionenlehre, Crelles Journal, Bd. 74 (1871/72); Cantor, Über die Ausdehnung eines Satzes aus der Theorie der trigonometrischen Reihen, Math. Annalen, Bd. 5 (1872/73).

[4]) An und für sich steht nichts im Wege, von Funktionen zu sprechen, die innerhalb verschiedener Intervalle oder auch nur für einzelne Werte von x existieren. Aber die hierin liegende größere Allgemeinheit würde für die Betrachtungen des Textes ohne Bedeutung sein, so daß es nicht nötig scheint, sie explizite einzuführen.

[5]) Ich habe diesen Satz am schärfsten ausgesprochen und durchgeführt gefunden in Dührings „Natürlicher Dialektik" (Berlin 1865).

vermöge eines bestimmten Gesetzes für jeden Wert ihres Argumentes berechnet werden können.

Es soll das nicht mißverstanden werden. Wenn die Funktion nach gewöhnlicher Ausdrucksweise in verschiedenen Intervallen oder auch für einzelne Werte des Argumentes verschiedenen Gesetzen genügt, so bezeichnen wir deren Inbegriff eben als *ein* Gesetz.

In diesem Gesetze und der in ihm liegenden *Möglichkeit* der Berechnung ist dann das Wesen der Funktion zu erblicken. Die Funktion ist dementsprechend nicht als *fertig existierend* vorzustellen, wie dies in Anlehnung an die räumliche Anschauung wohl nur zu oft geschieht; sie existiert, im strengen Sinne des Wortes, nur für die einzelnen Werte des Argumentes, für die sie berechnet worden ist (was selbst wieder voraussetzt, daß es Werte gibt, für welche die Berechnung durch einen endlichen Prozeß geleistet werden kann).

Insofern zwei verschiedene Werte, für die man die Berechnung durchgeführt haben mag, notwendig *endlich* verschieden sind, hat man bei diesen Festsetzungen über das Verhalten der Funktion für unmittelbar aufeinanderfolgende Argumente und also über das Vorhandensein oder Nichtvorhandensein eines Differentialquotienten gar keine Intuition; die Schwierigkeit, welche man in der Annahme stetiger Funktionen ohne Differentialquotienten zu finden glaubt, existiert überhaupt nicht.

§ 2.

Von der Darstellung einer Funktion durch Reihen. Einführung des Funktionsstreifens.

Entsprechend dem voraufgeschickten Satze von der Unmöglichkeit, unendlich viele Dinge als willkürlich gegeben anzunehmen, hat eine unendliche Reihe von Operationen nur dann einen bestimmten Sinn, wenn wir in ihr bloß eine *endliche* Anzahl von Bestimmungen willkürlich denken, die übrigen durch ein *Gesetz* aus ihr ableiten. So ist es z. B. mit einer Potenzreihe; wir können von einer solchen Reihe als einer gegebenen nur sprechen, indem wir uns die Koeffizienten der ins Unendliche fortlaufenden Glieder durch eine Regel aus einer endlichen Anzahl voraufgegangener bestimmt denken[6]).

Wenn wir, ohne weitere Beschränkung, sagen, daß eine Reihe eine gewisse Funktion *darstellen* könne, so meinen wir einfach, daß das Gesetz,

---

[6]) Ich bin hierauf gelegentlich von Herrn Kronecker gesprächsweise aufmerksam gemacht worden; in seiner Bemerkung lag für mich wohl der erste Anlaß, mir die in § 1, 2 des Textes niedergelegte Anschauung zu bilden.

welches zur Berechnung der Funktion dient, in die Form des durch die Reihe angegebenen regelmäßigen Prozesses gebracht werden kann.

Etwas, was von dieser *exakten* Darstellung einer Funktion durch eine Reihe begrifflich durchaus verschieden ist, was aber unter verschiedenen Gesichtspunkten (und insbesondere in allen Fällen der Anwendung auf praktische Verhältnisse) dasselbe leistet, ist *die nur approximative Darstellung* einer Funktion. Wir sagen, daß eine (endliche oder unendliche) Reihe eine gegebene Funktion approximativ darstelle, wenn der Unterschied des Funktionswertes und des aus der Reihe berechneten immer kleiner ist, als eine gegebene Größe δ. Die Darstellung würde nur dann eine exakte sein, wenn diese Größe *beliebig klein* gelassen werden könnte.

Über die Möglichkeit der approximativen Darstellung von Funktionen durch Reihen lassen sich ohne weiteres allgemeine Sätze aufstellen, wie das in der Folge noch geschehen soll (§ 7), während es bekannt ist, daß über die Möglichkeit einer exakten Darstellung durch die gewöhnlich gebrauchten Reihen so lange nichts behauptet werden kann, als nicht die im allgemeinen Funktionsbegriffe liegende Willkürlichkeit beträchtlich eingeschränkt ist und namentlich sehr viel mehr eingeschränkt ist, als es durch die bloße Annahme der Stetigkeit geschieht.

Die nur approximative Darstellung einer Funktion charakterisiert einen wichtigen Teil mathematischer Spekulation, in welchem nicht von den exakten, sondern nur von den angenäherten Relationen der Größen gehandelt wird[7]). In ihm wird man alle Funktionen, deren Werte um weniger als eine gegebene Größe δ voneinander abweichen, zu einem Ganzen zusammenfassen, das dann durch eine Gleichung der Form

$$y = f(x) \pm \varepsilon \qquad \varepsilon < \delta$$

charakterisiert sein wird. Ein solches umfassendes Gebiet von zwei Dimensionen ist es, welches im folgenden als ein *Funktionsstreifen* oder schlechthin als ein *Streifen* bezeichnet werden soll. Diese Benennung ist mit Absicht so gewählt, daß sie an die geometrische Anschauung erinnert; denn diese kann, wie die weitere Überlegung zeigt, für die Theorie der Streifen, wie dieselbe im folgenden gebraucht werden soll, ohne weiteres verwendet werden (vgl. § 5).

Was ein Streifen ist, mag durch die vorstehenden Sätze nur erst veranschaulicht, noch nicht scharf definiert sein. In der Tat werden wir weiterhin (§ 5) noch eine wesentliche Zusatzbestimmung treffen und überdies die Willkürlichkeit der zugrundeliegenden Funktion $f(x)$ in einem gewissen Sinne einschränken.

---

[7]) In diesen Teil ist z. B. fast die ganze sogenannte „angewandte Mathematik" zu verweisen.

§ 3.

Über die Möglichkeit, eine Funktion durch eine Kurve darzustellen.

Indem ich mich nunmehr zu der Frage wende, in wie weit eine Funktion anschauungsmäßig gegeben sein kann, beschränke ich mich auf das abstrakteste unter den hier in Betracht kommenden Gebieten, auf den *Raum*, und, da nur von zwei Veränderlichen die Rede sein soll, auf die Ebene[8]). Die Punkte der Ebene seien in gewöhnlicher Weise durch die Werte von y und x repräsentiert; ist es möglich, durch eine in der Ebene verlaufende Kurve ein Funktionsverhältnis zwischen y und x genau zu bezeichnen?

Durch eine willkürlich *gezeichnete* Kurve sicher nicht; denn die Zeichnung sowohl als ihre spätere Beobachtung sind, wie alle derartigen Tätigkeiten, nur von approximativer Genauigkeit.

Durch eine *gesetzmäßig erzeugte Kurve* gewiß, sofern das Gesetz mitgeteilt wird, welches sie beherrscht. Aber in dem Falle ist es eben dieses Gesetz und die Voraussetzung voller Genauigkeit der geometrischen Axiome, durch welche die Funktion bestimmt wird; die Frage, mit der wir uns hier beschäftigen wollen, liegt in einer wesentlich anderen Richtung.

Es soll sich nämlich darum handeln, ob man sich eine Kurve überhaupt exakt vorstellen und dieselbe somit, wenn auch nur subjektiv, als genaues Bild einer Funktion betrachten könne? wobei es dann gleichgültig sein wird, ob wir uns die Kurve willkürlich oder vermöge eines bestimmten Gesetzes konstruiert denken. Ich behaupte: *Nein. Die Vorstellung einer Kurve hat nur approximative Genauigkeit; das analytische Gegenbild der Kurve ist nicht die Funktion, sondern der Streifen.* Es mag zunächst der Sinn dieser Behauptung näher formuliert und erst in den folgenden Paragraphen auf die Vorteile hingewiesen werden, welche aus ihr hervorgehen. Nach der psychologischen Seite soll sie sich insbesondere auf diejenigen Erörterungen stützen, die neuerdings von Herrn Stumpf in seinem Buche: „Über den psychologischen Ursprung der Raumvorstellung" (Leipzig, 1873) gegeben worden sind (vgl. daselbst bes. S. 280).

Das Element der räumlichen Anschauung ist im Sinne der hier vorzutragenden Ansicht nicht der einzelne Punkt, sondern der (dreifach) ausgedehnte Körper[9]). Wir können uns den Körper in hohem Maße verkleinert denken, bekommen aber niemals die fertige Anschauung eines einzelnen Punktes. Es ist in demselben Sinne unmöglich, eine Kurve exakt vorzu-

---

[8]) Auf mechanische Vorstellungen wird man im großen und ganzen die Betrachtungen des Textes übertragen können.

[9]) Hierin also liegt ein fundamentaler Unterschied zwischen unserer Vorstellung vom Punktraume und demjenigen arithmetischen Begriffe, den man als sein Analogon konstruiert hat, nämlich dem Begriffe der (n-fach ausgedehnten) *Mannigfaltigkeit*; das erste bei der Auffassung der Mannigfaltigkeit ist das einzelne Wertsystem.

stellen; wir erblicken immer einen Körper, von dem nur zwei Dimensionen beträchtlich gegen die dritte zurücktreten. Wenn wir Geometrie auf einer Fläche, also insbesondere Geometrie der Ebene treiben, so ist damit die Tiefenvorstellung nicht ausgeschlossen; es wird nur nicht auf sie geachtet.

Bezüglich der Breite, die wir einer Kurve in unserer Anschauung beilegen, gelten dann die folgenden Bestimmungen, die geeignet scheinen, den Gegenstand, um den es sich handelt, noch deutlicher zu bezeichnen: Man kann die Breite für einzelne Stellen der Kurve durch Konzentrieren der Aufmerksamkeit auf dieselben beträchtlich verringern, aber wohl nicht[10] unter jede gegebene Grenze und sicher nicht unter jede beliebige Grenze. Für jede Stelle aber, die selbständig aufgefaßt wird, ist dabei ein besonderer Akt der Aufmerksamkeit notwendig, wie man am besten wahrnimmt, wenn man sich die Kurve in sehr viel größerem Maßstabe [vorzustellen sucht] als man gewohnt ist.

§ 4.

Schwierigkeiten, die sich ergeben, wenn man Kurve und Funktion entsprechend setzt.

Entgegen der Behauptung, wie sie im vorigen Paragraphen entwickelt wurde, soll jetzt zunächst ein genaues Entsprechen von Kurve und Funktion angenommen und auf die Widersprüche hingewiesen werden, welche dann entstehen. Es versteht sich dabei von selbst, daß der zusammenhängenden Kurve nur eine Funktion ohne alle Unstetigkeiten entsprechend gesetzt werden kann.

Eine Kurve hat, nach der Anschauung, die wir tatsächlich besitzen[11], in jedem Punkte eine Tangente. *Dementsprechend müßte jede stetige Funktion einen ersten Differentialquotienten haben, was nicht richtig ist.*

Die Neigung dieser Tangente ändert sich, unserer Anschauung entsprechend, stetig, wenn wir auf der Kurve fortschreiten. Sie ist also selbst wieder durch eine stetige Funktion dargestellt, die man von neuem durch eine Kurve repräsentieren mag. Man findet so, daß jede stetige Funktion nicht nur einen ersten, sondern auch einen zweiten Differentialquotienten hat; und wenn man in derselben Weise fortfährt, ergibt sich, daß sie auch einen dritten, vierten, ..., überhaupt unbegrenzt viele Differentialquotienten besitzt. Aber eine solche Funktion ist, nach dem Taylorschen Satze, durch ihren Verlauf in dem kleinsten Intervalle ge-

---

[10] In der Tat scheint es unmöglich, einen Körper von gegebener Größe [anschaulich] zu denken, wenn diese Größe sehr klein angenommen wird.

[11] Nur von dieser (gewohnheitsmäßigen) Anschauung ist im Texte überhaupt die Rede; ob wir dieselbe ev. werden modifizieren können, ist eine Frage, die durchaus jenseits der Grenzen unserer Betrachtung liegt.

geben[12]). *Eine willkürliche Kurve müßte also durch ihr kleinstes Stück völlig bestimmt sein,* was eine Contradictio in adjecto ist.

Wäre sie es nicht, so gäbe es eine neue Schwierigkeit. Ist eine Kurve, ob auch willkürlich, in allen Punkten exakt aufzufassen, so würde es möglich sein, eine Funktion für jeden Wert ihres Argumentes innerhalb eines Intervalls willkürlich zu geben, *und dies verstößt gegen die in § 1 formulierte Unmöglichkeit, unendlich viele Dinge als willkürlich gegeben vorauszusetzen.*

Die entwickelten Schwierigkeiten fallen fort, wenn man die Kurve nicht der Funktion, sondern dem Funktionsstreifen adäquat setzt, wie nun gezeigt werden soll. Zugleich scheint dies die einzige Lösung zu sein, welche hier möglich ist. Wenigstens ist eine andere Lösung, soviel ich weiß, noch nicht vorgeschlagen worden[13]).

<h2 style="text-align:center">§ 5.</h2>

<h3 style="text-align:center">Nähere Betrachtung der Funktionsstreifen.</h3>

Den Funktionsstreifen führten wir in § 2 durch eine Gleichung

$$y = f(x) \pm \varepsilon \qquad \varepsilon < \delta$$

in die Betrachtung ein. Wählen wir die gegebene Größe δ so groß, daß sie bei räumlicher Repräsentation der y und x eine merkliche Strecke bezeichnet, so stellt die vorstehende Gleichung eben dasjenige dar, was man auch in der gewöhnlichen Ausdrucksweise als einen *Streifen* bezeichnet, und wofür ein *Weg,* ein *Strom* der gewöhnlichen Anschauung entnommene Bilder sein mögen.

Die Ränder eines solchen Streifens wird man, je nachdem man sich der in § 3 formulierten Ansicht anschließt, oder nicht, als unbestimmt und nur approximativ gegeben oder als völlig bestimmt vorstellen. Demgegenüber soll jetzt die analytische Definition so gestellt werden, daß

---

[12]) [Dies ist, neueren Untersuchungen zufolge, ein Irrtum; vgl. du Bois, Math. Annalen, Bd. 21 (1882), S. 109 ff. Der Einwurf des Textes sollte also vorsichtiger formuliert werden. (Zusatz beim Wiederabdruck, 1883.)]

[13]) In einer Rede vor der British Association zu Brigthon (On the aims and instruments of scientific thoughts, 1872) hat Herr Clifford darauf aufmerksam gemacht, daß eine Erledigung der entsprechenden Schwierigkeiten, die sich bei der Betrachtung der mechanischen Probleme aufdrängen, sachlich darin gesucht werden könne, daß man für unsere kontinuierliche Anschauung ein diskontinuierliches Substrat voraussetzt — eine Vorstellungsweise, die sich auch schon in Riemanns Habilitationsvortrag: Über die Hypothesen, welche der Geometrie zugrunde liegen (1854) [Ges. Werke, 1. Aufl., S. 254, 2. Aufl., S. 272], als eine mit den Tatsachen verträgliche angedeutet findet. Eine solche Vorstellung von dem, was unserer Anschauung in der Sphäre des Seins entspricht, macht die Erläuterungen des Textes nicht nur nicht überflüssig, sondern muß dieselben geradezu voraussetzen.

diese Ränder unbestimmt gedacht werden *müssen*. Es möge nämlich ϱ eine gegen δ sehr kleine Größe bezeichnen, die aber im übrigen völlig unbestimmt gelassen wird, *und der Streifen sei fortan definiert durch die Gleichung:*

$$y = f(x) \pm \varepsilon \qquad \varepsilon < \delta - \varrho\,.$$

Wir haben sodann noch eine Beschränkung hinsichtlich der Willkürlichkeit von $f(x)$ hinzuzufügen, damit der analytische Ausdruck völlig dem geometrischen Anschauungsbilde entspricht, wie es durch die Worte: Weg, Strom bezeichnet wird. Diese Bilder sagen nämlich aus, daß wir es mit einem Gebiete zu tun haben, das in einer Dimension sehr viel ausgedehnter als in der anderen ist. Analytisch wird man dies so formulieren können: Sei λ im Vergleiche zu δ eine beträchtliche, μ eine geringe Zahl; so bestimme man für alle in Betracht kommenden Werte x_0 der unabhängigen Variabeln eine lineare Funktion

$$y = \alpha x + \beta,$$

welche für die Argumente x_0 und $x_0 + \lambda$ mit den Werten $f(x_0)$ und $f(x_0 + \lambda)$ zusammenfällt (was natürlich voraussetzt, daß innerhalb des Intervalls, für welches die Funktion existiert, Differenzen von der Größe λ Platz finden). Die hinzutretende Voraussetzung sei dann die, *daß diese lineare Funktion innerhalb des Intervalls von x_0 bis $x_0 + \lambda$ von der gegebenen Funktion $f(x)$ nirgends um mehr als um μ abweicht.*

Man kann dann zeigen, daß die Abweichung der Funktion $f(x)$ innerhalb der beiden Intervalle x_0 bis $x_0 + \lambda$ und $x_0 + \lambda$ bis $x_0 + 2\lambda$ von einer quadratischen Funktion:

$$y = ax^2 + bx + c,$$

die mit ihr für die Werte x_0, $x_0 + \lambda$, $x_0 + 2\lambda$ des Argumentes übereinstimmt, ebenfalls in bestimmte Grenzen eingeschlossen ist usw.

<h2 style="text-align:center">§ 6.</h2>

<h3 style="text-align:center">Fortsetzung. Differentialquotienten eines Streifens.
Zahl der Bestimmungsstücke, von denen ein Streifen abhängt.</h3>

Was geometrisch unter der *Richtung* eines Streifens, unter seiner *Krümmung* zu verstehen ist, ist ersichtlich; beide sind keine exakt bestimmten Größen, sondern nur in dem Maße genauer anzugeben, als der Streifen schmaler ist. Dementsprechend wird man analytisch von *einem ersten und zweiten Differentialquotienten des Streifens* als approximativ gegebenen Größen reden können. Als ersten Differentialquotienten im Punkte x_0 wird man geradezu den ersten Differentialquotienten der im vorigen Paragraphen aufgestellten berührenden linearen Funktion, α, oder auch der dort gegebenen berührenden quadratischen Funktion, $2ax_0 + b$, bezeichnen können. Als zweiten Differentialquotienten mag man den zweiten Differentialquotienten der ersetzenden quadratischen Funktion, also $2a$, einführen. Die Grenzen, zwischen welche diese Angaben eingeschlossen sind, rücken in dem Maße enger aneinander, als man die Quotienten $\frac{\lambda}{\delta}$ und $\frac{\mu}{\delta}$ der im vorigen Paragraphen eingeführten Hilfsgrößen beträchtlicher resp. geringer annimmt. Überhaupt wird man von einem n-ten Differentialquotienten des Streifens reden können; ein solcher Quotient ist niemals exakt, [sondern nur mit einer größeren oder geringeren Genauigkeit] bestimmt.

Der Unterschied aber besteht zwischen den Differentialquotienten einer Funktion und eines Streifens (abgesehen davon, daß letzterer keine exakt gegebene Größe ist): daß bei der Funktion der betr. Quotient streng an dem einzelnen Werte des Argumentes haftet, daß er bei dem Streifen dagegen sich erst durch Beurteilung des Gesamtverlaufes [in dem in Betracht gezogenen Intervall] ergibt.

Achten wir noch auf das Maß der Willkürlichkeit, deren ein Streifen fähig ist, wobei ausdrücklich an die Unbestimmtheit seiner Ränder erinnert werden soll. Dementsprechend ist nämlich ein Streifen so vollkommen, als überhaupt möglich, bestimmt, wenn wir in jeder Strecke λ seines Intervalls eine endliche (hinreichend große) Zahl ihm angehöriger Punkte kennen. *Der Streifen selbst hängt also nur von einer endlichen Zahl willkürlicher Festsetzungen ab.*

Vergleichen wir das Resultat dieser Überlegungen mit den Widersprüchen, die sich in § 4 ergaben, wo wir die Kurve als exakt dem Begriffe der Funktion entsprechend auffassen wollten. So ist ersichtlich, daß die letzteren alle fortfallen, sobald wir die Kurve dem Streifen entsprechend setzen. *Die Schwierigkeiten betr. die Differentialquotienten existieren nicht mehr, weil letztere jetzt eine andere Definition erhalten haben; der Widerspruch, daß unendlich viele Dinge als gegeben vorausgesetzt werden müßten, ist weggehoben, da die willkürliche Kurve nur von einer endlichen Zahl von Festsetzungen abhängt.* Und dieses ist die hauptsächlichste Einsicht, welche durch die gegenwärtige Mitteilung entwickelt werden sollte.

§ 7.

Repräsentation der Streifen (Kurven) durch Reihen.

Noch einige Bemerkungen über die Repräsentation von Streifen durch Funktionen und insbesondere durch Reihen mögen hier zugesetzt werden. Wir werden dabei sagen, daß eine Funktion einen Streifen darstelle, wenn alle ihre Werte dem Gebiete des Streifens angehören. Es ist dabei weder nötig, daß die Funktion Differentialquotienten besitzt (nicht einmal, daß sie stetig ist), noch auch, wenn sie solche besitzt, daß dieselben mit den Differentialquotienten des Streifens [annähernd] übereinstimmen. Aber man wird diejenige Darstellung für die vollkommenste halten, bei der dies der Fall ist.

Als ein erstes Beispiel nenne ich eine nach dem vorhergehenden naheliegende Darstellung durch Fouriersche Reihen. Man verbinde nämlich (geometrisch geredet) Punkte, welche dem Streifen angehören und den Argumenten

$$- n\lambda, \ldots, - \lambda, 0, + \lambda, \ldots, + n\lambda$$

entsprechen, so wie sie aufeinander folgen, durch begrenzte gerade Linien; das entstehende Polygon repräsentiere man durch eine Fouriersche Reihe. *Dann hat man eine Repräsentation des Streifens durch eine Funktion, die mit alleiniger Ausnahme der Punkte*

$$x = 0, \pm \lambda, \ldots, \pm n\lambda$$

überall Differentialquotienten hat. Die ersten Differentialquotienten stimmen mit denen des Streifens (annähernd) überein; die übrigen nicht, sie haben den konstanten Wert Null.

Diese Art der Repräsentation hat den Vorzug, an jeder Stelle nur von dem Verlaufe des Streifens in nächster Nähe abhängig zu sein, und also die Willkürlichkeit, die wir in den Streifen hineinlegen, auch analytisch zum Ausdrucke zu bringen.

Als ein zweites Beispiel, das den entgegengesetzten Charakter besitzt, sei die Darstellung des Streifens durch eine [endliche] *Potenzreihe* genannt. Wir können, vermittelst der bekannten Lagrangeschen Interpolationsformel eine Potenzreihe herstellen, welche jede beliebige (endliche) Anzahl von Punkten des Streifens enthält. Man überzeugt sich — und dieser Satz liegt implizite der Definition der Differentialquotienten eines Streifens in § 6 zugrunde — daß bei richtiger Wahl der bestimmenden Punkte nicht nur die Potenzreihe selbst den Streifen annähernd darstellt, sondern namentlich auch, daß ihre Differentialquotienten an jedem Punkte mit den bez. Differentialquotienten des Streifens approximativ übereinstimmen. *In diesem Sinne kann also jeder Streifen durch eine Potenzreihe dargestellt werden.*

Schließt man sich der Anschauung an, daß eine Kurve nichts anderes ist, als ein Streifen, so sind diese Sätze Fundamentalsätze über die Darstellung willkürlicher Kurven.

§ 8.

Schlußbemerkung.

Die vorgetragenen Betrachtungen legen die Frage nahe, in wie weit es bei analytischen Untersuchungen gestattet ist, geometrische Anschauung zu verwenden. Diese Frage ist um so wichtiger, als man einen Gebrauch dieser Anschauung in den mannigfachsten Gebieten nicht nur in ausgiebigster Weise, sondern auch mit dem größten Erfolge macht. Ich denke dabei nicht sowohl an eigentliche Geometrie, die ja außer in dem lebendigen Erfassen des im Raume Angeschauten noch an den Axiomen eine Stütze findet, als vielmehr an solche Disziplinen wie Analysis situs oder geometrische Theorie der Differentialgleichungen. Es dürfte sehr schwer sein, die Grenzen für die Richtigkeit solcher Betrachtungen allgemein anzugeben. Aber die Fruchtbarkeit, welche diese Verknüpfung analytischer Probleme mit der Raumanschauung besitzt, scheint auf die erhöhte *Übersicht* hinauszukommen, welche die Anschauung mit sich führt, und für welche die nach der entwickelten Ansicht fehlende Genauigkeit im kleinen nicht nur kein Hindernis, sondern geradezu eine Förderung ist.

[Die vorstehenden Erörterungen sollten sich von vornherein auch auf die Zulässigkeit der Nicht-Euklidischen Doktrinen, d. h. ihre Verträglichkeit mit unserer Raumanschauung beziehen. Man wolle hierzu die Abhandlung „Zur Nicht-Euklidischen Geometrie“, Math. Annalen, Bd. 37 (1890) vergleichen, die bereits in Bd. 1 dieser Gesamtausgabe unter Nr. XXI abgedruckt ist; siehe insbesondere S. 381 bis 382 daselbst. Im übrigen komme ich auf diese Verhältnisse in Abh. XLIX zurück. K.]

XLVI. On the mathematical character of space-intuition and the relation of pure mathematics to the applied sciences.

[Aus dem „Evanston Colloquium", Lectures on Mathematics delivered at the North-western University Evanston, Ill.][1]

In the preceding lectures I have laid so much stress on geometrical methods that the inquiry naturally presents itself as to the real nature and limitations of geometrical intuition.

In my address[2] before the Congress of Mathematics at Chicago I referred to the distinction between what I called the *naïve* and the *refined* intuition. It is the latter that we find in Euclid; he carefully develops his system on the basis of well-formulated axioms, is fully conscious of the necessity of exact proofs, clearly distinguishes between the commensurable and incommensurable, and so forth.

The naïve intuition, on the other hand, was especially active during the period of the genesis of the differential and integral calculus. Thus we see that Newton assumes without hesitation the existence, in every case, of a velocity in a moving point, without troubling himself with the inquiry whether there might not be continuous functions having no derivative.

At the present time we are wont to build up the infinitesimal calculus on a purely analytical basis, and this shows that we are living in a *critical* period similar to that of Euclid. It is my private conviction, although I may perhaps not be able to fully substantiate it with complete proofs, that Euclid's period also must have been preceded by a "naïve" stage of development. Several facts that have become known only quite

---

[1] [Dieser Vortrag wurde als sechster von zwölf Vorlesungen am 2. September 1893 in Evanston gehalten und findet sich in dem schon auf S. 5 dieses Bandes genannten Buche abgedruckt. Ich habe damals englisch vorgetragen, und im Anschluß daran hat Herr Ziwet naturgemäß auch englisch berichtet; hieran habe ich bei dem nunmehrigen Wiederabdruck festhalten wollen, wo doch jede Übersetzung den Sinn des einzelnen Satzes einigermaßen abgeändert haben würde. K.]

[2] [Weiter unten in Abschnitt III dieses Bandes abgedruckt.]

recently point in this direction. Thus it is now known that the books that have come down to us from the time of Euclid constitute only a very small part of what was then in existence; moreover, much of the teaching was done by oral tradition. Not many of the books had that artistic finish that we admire in Euclid's "Elements"; the majority were in the form of improvised lectures, written out for the use of the students. The investigations of Zeuthen[3]) and Allman[4]) have done much to clear up these historical conditions.

If we now ask how we can account for this distinction between the naïve and refined intuition, I must say that, in my opinion, the root of the matter lies in the fact that *the naïve intuition is not exact, while the refined intuition is not properly intuition at all, but arises through the logical development from axioms considered as perfectly exact.*

To explain the meaning of the first half of this statement it is my opinion that, in our naïve intuition, when thinking of a point we do not picture to our mind an abstract mathematical point, but substitute something concrete for it. In imagining a line, we do not picture to ourselves "length without breadth", but a *strip* of a certain width. Now such a strip has of course *always* a tangent (Fig. 1); *i.e.* we can always imagine a straight strip having a small portion (element) in common with the curved strip; similarly with respect to the osculating circle. The definitions in this case are regarded as holding only approximately, or as far as may be necessary.

Fig. 1.

The "exact" mathematicians will of course say that such definitions are not definitions at all. But I maintain that in ordinary life we actually operate with such inexact definitions. Thus we speak without hesitancy of the direction and curvature of a river or a road, although the "line" in this case has certainly considerable width.

As regards the second half of my proposition, there actually are many cases where the conclusions derived by purely logical reasoning from exact definitions can no more be verified by intuition. To show this, I select examples from the theory of automorphic functions, because in more common geometrical illustrations our judgment is warped by the familiarity of the ideas.

Let any number of non-intersecting circles 1, 2, 3, 4, ..., be given (Fig. 2), and let every circle be reflected (*i. e.* transformed by inversion, or reciprocal radii vectores) upon every other circle; then repeat this

---

[3]) Die Lehre von den Kegelschnitten im Altertum. Übersetzt von R. v. Fischer-Benzon, Kopenhagen, Höst, 1886.

[4]) Greek geometry from Thales to Euclid. Dublin, Hodges, 1889.

operation again and again, *ad infinitum*. The question is, what will be the configuration formed by the totality of all the circles, and in particular what will be the position of the limiting points. There is no difficulty in answering these questions by purely logical reasoning; but the imagination seems to fail utterly when we try to form a mental image of the result.

Again, let a series of circles be given, each circle touching the following, while the last touches the first (Fig. 3). Every circle is now reflected upon every other just as in the preceding example, and the process is repeated indefinitely. The special case when the original points of contact happen to lie on a circle being excluded, it can be shown analytically that

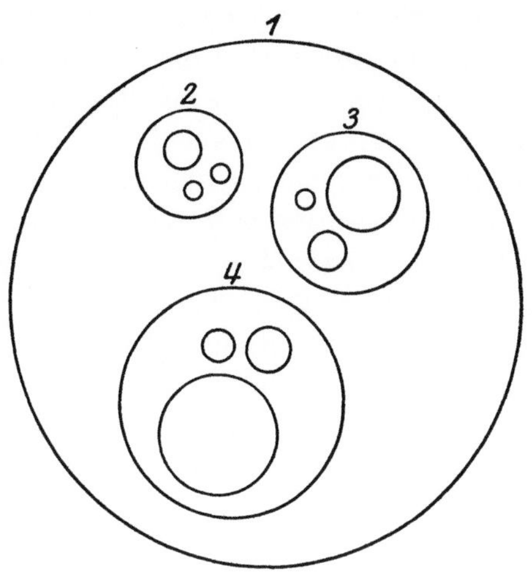

Fig. 2.

the continuous curve which is the locus of all the points of contact *is not an analytic curve*[5]). The points of contact form a manifoldness that is everywhere dense on the curve (in the sense of G. Cantor), although there are intermediate points between them. At each of the former points

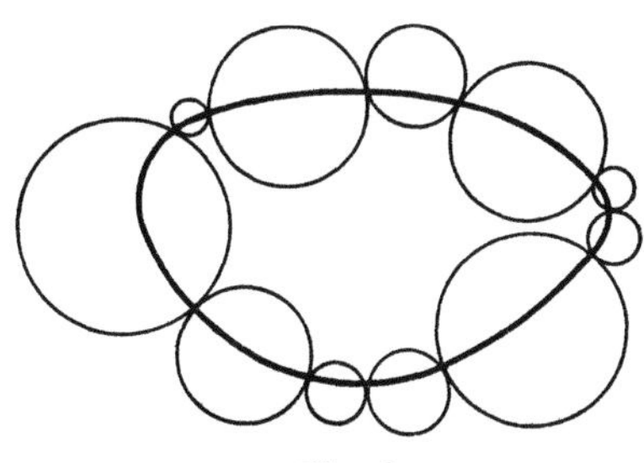

Fig. 3.

there is a determinate tangent, while there is none at the intermediate points. Second derivatives do not exist at all. It is easy enough to imagine a *strip* covering all these points; but when the width of the strip is reduced beyond a certain limit, we find undulations, and it seems impossible to clearly picture to the mind the final outcome. It is to be noticed that we have here an example

of a curve with indeterminate derivatives arising out of purely geometrical considerations, while it might be supposed from the usual treatment of such curves that they can only be defined by artificial analytical series.

Unfortunately, I am not in a position to give a full account of the

---

[5]) [Vgl. die Ausführungen in Frickes und meinen Vorlesungen über die Theorie der automorphen Funktionen, Bd. 1, 1897, S. 411—424, wie auch in meinen autographierten Vorlesungen „Anwendung der Differential- und Integralrechnung auf Geometrie", 1901, S. 298—318. K.]

opinions of philosophers on this subject. As regards the more recent mathematical literature, I have presented my views as developed above in a paper published in 1873, and since reprinted in the *Math. Annalen*[6]). Ideas agreeing in general with mine have been expressed by Pasch, of Gießen, in two works, one on the foundations of geometry[7]), the other on the principles of the infinitesimal calculus[8]). Another author, Köpcke, of Hamburg, has advanced the idea that our space-intuition is exact as far as it goes, but so limited as to make it impossible for us to picture to ourselves curves without tangents[9]).

On one point Pasch does not agree with me, and that is as to the exact value of the axioms. He believes — and this is the traditional view — that it is possible finally to discard intuition entirely, basing the whole science on the axioms alone. I am of the opinion that, certainly, for the purposes of research it is always necessary to combine the intuition with the axioms. I do not believe, for instance, that it would have been possible to derive the results discussed in my former lectures, the splendid researches of Lie, the continuity of the shape of algebraic curves and surfaces, or the most general forms of triangles, without the constant use of geometrical intuition.

Pasch's idea of building up the science purely on the basis of the axioms has since been carried still farther by Peano, in his logical calculus.

Finally, it must be said that the degree of exactness of the intuition of space may be different in different individuals, perhaps even in different races. It would seem as if a strong naïve space-intuition were an attribute pre-eminently of the Teutonic race, while the critical, purely logical sense is more fully developed in the Latin and Hebrew races. A full investigation of this subject, somewhat on the lines suggested by Francis Galton in his researches on heredity, might be interesting.

What has been said above with regard to geometry ranges this science among the applied sciences. A few general remarks on these sciences and their relation to pure mathematics will here not be out of place. From the point of view of pure mathematical science I should lay particular stress on the *heuristic value* of the applied sciences as an aid to discovering new truths in mathematics. Thus I have shown (in my little book

---

[6]) Über den allgemeinen Funktionsbegriff und dessen Darstellung durch eine willkürliche Kurve. Math. Annalen, Bd. 22 (1883), S. 249—259. [Siehe die vorstehend abgedruckte Abh. XLV dieses Bandes.]

[7]) Vorlesungen über neuere Geometrie. Leipzig, B. G. Teubner, 1882.

[8]) Einleitung in die Differential- und Integralrechnung. Leipzig, B. G. Teubner, 1882.

[9]) Über Differentiierbarkeit und Anschaulichkeit der stetigen Funktionen. Math. Annalen, Bd. 29 (1887), S. 123—140.

on Riemann's theories[10])) that the Abelian integrals can best be understood and illustrated by considering electric currents on closed surfaces. In an analogous way, theorems concerning differential equations can be derived from the consideration of sound-vibrations; and so on.

But just at present I desire to speak of more practical matters, corresponding as it were to what I have said before about the inexactness of geometrical intuition. I believe that the more or less close relation of any applied science to mathematics might be characterized by the degree of exactness attained, or attainable, in its numerical results. Indeed, a rough classification of these sciences could be based simply on the number of significant figures averaged in each. Astronomy (and some branches of physics) would here take the first rank; the number of significant figures attained may here be placed as high as seven, and functions higher than the elementary transcendental functions can be used to advantage. Chemistry would probably be found at the other end of the scale, since in this science rarely more than two or three significant figures can be relied upon. Geometrical drawing, with perhaps 3 to 4 figures, would rank between these extremes; and so we might go on.

The ordinary mathematical treatment of any applied science substitutes exact axioms for the approximate results of experience, and deduces from these axioms the rigid mathematical conclusions. In applying this method it must not be forgotten that mathematical developments transcending the limit of exactness of the science are of no practical value. It follows that a large portion of abstract mathematics remains without finding any practical application, the amount of mathematics that can be usefully employed in any science being in proportion to the degree of accuracy attained in the science. Thus, while the astronomer can put to good use a wide range of mathematical theory, the chemist is only just beginning to apply the first derivative, *i. e.* the rate of change at which certain processes are going on; for second derivatives he does not seem to have found any use as yet.

As examples of extensive mathematical theories that do not exist for applied science, I may mention the distinction between the commensurable and incommensurable, the investigations on the convergency of Fourier's series, the theory of non-analytical functions, etc. It seems to me, therefore, that Kirchhoff makes a mistake when he says in his *Spectral-Analyse* that absorption takes place only when there is *exact* coincidence between the wave-lengths. I side with Stokes, who says that absorption takes place *in the vicinity* of such coincidence. Similarly, when the astro-

---

[10]) [Über Riemanns Theorie der algebraischen Funktionen und ihrer Integrale. Leipzig, B. G. Teubner, 1882. Vgl. Bd. 3 dieser Gesamtausgabe.]

nomer says that the periods of two planets must be exactly commensurable to admit the possibility of a collision, this holds only abstractly, for their mathematical centres; and it must be remembered that such things as the period, the mass, etc., of a planet cannot be exactly defined, and are changing all the time. Indeed, we have no way of ascertaining whether two astronomical magnitudes are incommensurable or not; we can only inquire whether their ratio can be expressed approximately by two *small* integers. The statement sometimes made that there exist only analytic functions in nature is in my opinion absurd. All we can say is that we restrict ourselves to analytic, and even only to simple analytic, functions because they afford a sufficient degree of approximation. Indeed, we have the theorem (of Weierstraß) that any continuous function can be approximated to, with any required degree of accuracy, by an analytic function. Thus if $\Phi(x)$ be our continuous function, and δ a small quantity representing the given limit of exactness (the width of the strip that we substitute for the curve), it is always possible to determine an *analytic* function $f(x)$ such that

$$\Phi(x) = f(x) + \varepsilon, \text{ where } |\varepsilon| < |\delta|,$$

within the given limits.

All this suggests the question whether it would not be possible to create a, let us say, *abridged* system of mathematics adapted to the needs of the applied sciences, without passing through the whole realm of abstract mathematics. Such a system would have to include, for example, the researches of Gauß on the accuracy of astronomical calculations, or the more recent and highly interesting investigations of Tchebycheff on interpolation. The problem, while perhaps not impossible, seems difficult of solution, mainly on account of the somewhat vague and indefinite character of the questions arising.

I hope that what I have here said concerning the use of mathematics in the applied sciences will not be interpreted as in any way prejudicial to the cultivation of abstract mathematics as a pure science. Apart from the fact that pure mathematics cannot be supplanted by anything else as a means for developing the purely logical powers of the mind, there must be considered here as elsewhere the necessity of the presence of a few individuals in each country developed in a far higher degree than the rest, for the purpose of keeping up and gradually raising the *general* standard. Even a slight raising of the general level can be accomplished only when some few minds have progressed far ahead of the average.

Moreover, the "abridged" system of mathematics referred to above is not yet in existence, and we must for the present deal with the material at hand and try to make the best of it.

Now, just here a practical difficulty presents itself in the teaching of mathematics, let us say of the elements of the differential and integral calculus. The teacher is confronted with the problem of harmonizing two opposite and almost contradictory requirements. On the one hand, he has to consider the limited and as yet undeveloped intellectual grasp of his students and the fact that most of them study mathematics mainly with a view to the practical applications; on the other, his conscientiousness as a teacher and man of science would seem to compel him to detract in nowise from perfect mathematical rigour and therefore to introduce from the beginning all the refinements and niceties of modern abstract mathematics. In recent years the university instruction, at least in Europe, has been tending more and more in the latter direction; and the same tendencies will necessarily manifest themselves in this country in the course of time. The second edition of the *Cours d'analyse* of Camille Jordan may be regarded as an example of this extreme refinement in laying the foundations of the infinitesimal calculus. To place a work of this character in the hands of a beginner must necessarily have the effect that at the beginning a large part of the subject will remain unintelligible, and that, at a later stage, the student will not have gained the power of making use of the principles in the simple cases occurring in the applied sciences.

It is my opinion that in teaching it is not only admissible, but absolutely necessary, to be less abstract at the start, to have constant regard to the applications, and to refer to the refinements only gradually as the student becomes able to understand them. This is, of course, nothing but a universal pedagogical principle to be observed in all mathematical instruction.

Among recent German works I may recommend for the use of beginners, for instance, Kieperts new and revised edition of Stegemanns text-book[11]); this work seems to combine simplicity and clearness with sufficient mathematical rigour. On the other hand, it is a matter of course that for more advanced students, especially for professional mathematicians, the study of works like that of Jordan is quite indispensable.

I am led to these remarks by the consciousness of a growing danger in the higher educational system of Germany, — the danger of a separation between abstract mathematical science and its scientific and technical applications. Such separation could only be deplored; for it would necessarily be followed by shallowness on the side of the applied sciences, and by isolation on the part of pure mathematics.

---

[11]) Grundriß der Differential- und Integralrechnung. 6. Auflage. Herausgegeben von Kiepert. Hannover, Helwing, 1892.

XLVII. Über Arithmetisierung der Mathematik[1].

[Nachrichten der Kgl. Gesellschaft der Wissenschaften zu Göttingen.
Geschäftliche Mitteilungen. 1895. Heft 2.]

Hochgeehrte Anwesende! Wenn sich die Einzelheiten der mathematischen Wissenschaft naturgemäß dem Verständnis und damit dem Interesse der Fernerstehenden entziehen, so darf der Mathematiker doch vielleicht unternehmen, allgemeine Gesichtspunkte zu bezeichnen, unter denen er die Entwicklung seiner Wissenschaft sieht, und dieses um so mehr, wenn diese Gesichtspunkte für sein Verhalten zu den Nachbargebieten maßgebend sind. So möchte ich bei der heutigen Gelegenheit versuchen, meine Stellung zu derjenigen wichtigen mathematischen Richtung zu bezeichnen, als deren Hauptrepräsentant Weierstraß dasteht, dessen 80jährigen Geburtstag wir eben gefeiert haben, — zur *Arithmetisierung der Mathematik.* Ich muß wohl einige Erklärungen über die Entstehung und die Tendenz dieser Richtung vorausschicken.

Gemeinhin verbindet man mit dem Begriffe der Mathematik schlechtweg die Idee eines streng logisch gegliederten auf sich selbst ruhenden Systems, wie uns ein solches etwa in der Geometrie des *Euklid* entgegentritt. Indes ist der Geist, aus dem die moderne Mathematik geboren wurde, ein ganz anderer. Von der Naturbeobachtung ausgehend, auf Naturerklärung gerichtet, hat er ein philosophisches Prinzip, das *Prinzip der Stetigkeit*, an die Spitze gestellt. So ist es bei den großen Bahnbrechern bei Newton und Leibniz, so ist es das ganze 18. Jahrhundert hindurch, welches für die Entwicklung der Mathematik recht eigentlich ein Jahrhundert der Entdeckungen gewesen ist. Allmählich erst erwacht wieder eine strengere Kritik, welche nach der logischen Berechtigung der kühnen Entwicklungen fragt, — gleichsam eine Wiederaufrichtung der geordneten Verwaltung nach einem langen Eroberungszuge. Das ist die Periode von Gauss und Abel, von Cauchy und Dirichlet. Aber

---

[1] [Vortrag, gehalten in der öffentlichen Sitzung der Kgl. Gesellschaft der Wissenschaften zu Göttingen am 2. November 1895. — Dieser Vortrag ist vielfach übersetzt worden.]

hierbei ist es nicht geblieben. Bei Gauss wird die Raumanschauung, insbesondere die Anschauung von der Stetigkeit des Raumes noch unbedenklich als Beweisgrund benutzt. Da zeigte die nähere Untersuchung, daß hierbei nicht nur vieles Unbewiesene unterlief, sondern daß die Raumanschauung dazu geführt hatte, in übereilter Weise Sätze als allgemeingültig anzusehen, die es nicht sind. Daher die Forderung *ausschließlich arithmetischer Beweisführung*. Als Besitzstand der Wissenschaft soll nur angesehen werden, was durch Anwendung der gewöhnlichen Rechnungsoperationen als identisch richtig klar erwiesen werden kann. Ein Blick auf die neueren Lehrbücher der Differential- und Integralrechnung genügt, um den großen Umschwung der Methode wahrzunehmen. Wo sonst Figuren als Beweismittel dienten, da sind es jetzt immer wiederholte Betrachtungen über Größen, die kleiner werden oder angenommen werden können, als jede noch so kleine vorgegebene Größe. Da werden Erörterungen vorangestellt, was die Stetigkeit einer Variabelen bedeuten soll oder nicht bedeuten soll und ob von Differentiation oder Integration einer Funktion überhaupt die Rede sein kann. Das ist der Weierstraßsche Habitus der Mathematik, *die Weierstraßsche Strenge*, wie man kurz zu sagen pflegt.

Natürlich ist auch sie nichts Absolutes, sondern kann weitergebildet werden, indem man sich hinsichtlich der Verknüpfung der Größen noch weitergehende Beschränkungen auferlegt. Ich nenne in dieser Hinsicht Kroneckers Tendenz, die Irrationalzahlen zu verbannen und die mathematische Wissenschaft in Beziehungen allein zwischen *ganzen* Zahlen aufzulösen. Ich nenne ferner die Bestrebungen, für die verschiedenen Arten der logischen Verknüpfung kurze Zeichen einzuführen, um dadurch die Ideenassoziationen, sowie die Unbestimmtheiten auszuschließen, welche sich bei Anwendung der gewöhnlichen Sprachformen unbemerkt und darum unkontrolliert einschleichen. In dieser Hinsicht ist neuerdings insbesondere ein italienischer Gelehrter, dem wir schon nach anderer Seite verschiedene interessante Bemerkungen verdanken, Peano in Turin, hervorgetreten.

Alle diese Entwicklungen möchte ich im folgenden unter das eine Wort: *Arithmetisierung der Mathematik* mit begreifen. Und nun soll meine Aufgabe sein, von der Bedeutung zu reden, welche die so bezeichnete Gesamtrichtung über das Gebiet der Analysis hinaus für die übrigen Teile unserer Wissenschaft besitzen dürfte. Darin liegt, wie Sie verstehen, einerseits die völlige Anerkennung der außerordentlichen Wichtigkeit der hierher gehörigen Entwicklungen, andererseits aber eine Zurückweisung der Auffassung, als sei in der arithmetisierten Wissenschaft wie in einem Extrakt der eigentliche Inhalt der Mathematik bereits erschöpfend enthalten. Ich habe meine Auffassung dementsprechend nach zwei Seiten zu entwickeln, nach einer positiven, zustimmenden und einer negativen, abwehrenden. Indem ich als das Wesen der Sache nicht die arithmetische Form der Gedankenentwicklung ansehe, sondern die durch diese Form erreichte logische Verschärfung, ergibt sich die Forderung — und dieses ist die positive Seite meines Programms —, in Anlehnung an die arithmetische Begründung der Analysis die übrigen Disziplinen der Mathematik einer *Neubearbeitung* zu unterziehen. Andererseits aber habe ich auszuführen und stark zu betonen — das ist die negative Seite —, daß die Mathematik keineswegs durch die logische Deduktion erschöpft wird, daß vielmehr neben der letzteren die *Anschauung* auch heute ihre volle spezifische Bedeutung behält. — Die Vollständigkeit würde eigentlich verlangen, daß ich auch noch von der algorithmischen Seite der Mathematik, also von der Bedeutung der formalen Methoden spreche, doch möchte ich diesen Gegenstand, der mir persönlich ferner liegt, bei der heutigen Gelegenheit beiseite lassen.

Sie wollen übrigens meine Erörterungen nicht so verstehen, als hätte ich im einzelnen viel Neues zu sagen. Vielmehr handelt es sich im wesentlichen darum, Vorhandenes zusammenzutragen und zu gruppieren und, wo es nötig sein sollte, in seiner Berechtigung hervortreten zu lassen.

Bei der kurzen mir zugewiesenen Zeit werde ich mich auf Hervorhebung einiger Hauptpunkte beschränken müssen. Lassen Sie mich zunächst skizzieren, wie sich die positive Seite meiner Auffassung auf dem Gebiete der Geometrie gliedert. Die Arithmetisierung der Mathematik hat, wie ich andeutete, ihren ursprünglichen Ausgangspunkt darin genommen, daß sie die Raumanschauung zurückdrängte. Indem wir uns zur Geometrie wenden, wird das erste sein, daß wir die auf arithmetischem Wege gewonnenen Resultate mit der Raumanschauung wieder in Verbindung setzen. Ich verstehe das hier so, daß wir die gewöhnlichen Grundlagen der analytischen Geometrie akzeptieren und von derselben aus die geometrische Interpretation der neueren analytischen Entwicklungen suchen. Es ist dies nicht etwa schwierig, aber trotzdem besonders anregend, wie ich dies im verflossenen Jahre in einem diesem Gegenstande gewidmeten Seminare nach vielen Richtungen hin habe verfolgen können. Es resultiert eine Übung der Raumanschauung, welche auf eine Verfeinerung derselben hinauskommt; andererseits belohnt sich der Ansatz dadurch, daß die in Betracht kommenden analytischen Entwicklungen unmittelbar einleuchten und dadurch den Charakter des Paradoxen verlieren, der ihnen sonst vielfach anhaftet. Was ist der allgemeinste Begriff einer Kurve, einer Fläche? Was meint man damit, wenn man eine Kurve usw. als „analytisch" oder „nicht analytisch" bezeichnet? Diese und ähnliche Fragen müssen bis zur vollen Evidenz durchgebildet werden. — Das zweite ist, daß wir die

Grundlage der Geometrie in neue Untersuchung ziehen. Dies könnte an sich sehr wohl, wie in früherer Zeit, in rein geometrischer Weise geschehen, aber durch die obwaltenden Umstände ist auch hier die Bezugnahme auf das Begriffssystem der Analysis, also die Verwendung der analytisch-geometrischen Methode in erster Linie gegeben. Die äußere Untersuchung der Formeln, durch die wir die Raumgebilde darstellen sollen, also [etwa] die sogenannte Nicht-Euklidische Geometrie und was damit zusammenhängt, ist nur erst die eine Seite der Sache; die tiefer liegende Frage ist, warum wir den Inbegriff der Raumpunkte überhaupt als Zahlenmannigfaltigkeit ansehen dürfen, in der Art, daß wir zwischen den in drei Richtungen geordneten Rationalzahlen in bekannter Weise die Irrationalzahlen interpolieren. Wir kommen zu der Auffassung, daß die Raumanschauung zunächst etwas Ungenaues ist, welches wir zum Zwecke der mathematischen Behandlung in den sogenannten Axiomen (die uns wirkliche Forderungssätze vorstellen) idealisieren. Von philosophischer Seite hat die hier vorliegenden Probleme insbesondere der früh verstorbene Kerry bearbeitet; ich glaube seinen Entwicklungen in der Hauptsache zustimmen zu können, namentlich auch was seine Kritik von P. Du Bois angeht. — Umgekehrt wird uns jetzt die neue Festlegung der Raumauffassung zur Quelle neuer analytischer Begriffsbildungen. Wir glauben im Raume die unendliche Zahl der Punkte und der aus ihnen zusammengesetzten Gebilde unmittelbar vor uns zu sehen. Von hier aus sind die grundlegenden Untersuchungen über Mengen und transfinite Zahlen erwachsen, mit denen Georg Cantor der arithmetischen Wissenschaft ganz neue Ideenkreise erschlossen hat. — Endlich aber verlangen wir, daß der neue Standpunkt auch in der ferneren Darstellung der Geometrie, insbesondere der Infinitesimalgeometrie, zur Geltung komme. Am leichtesten wird das wieder geschehen, wenn wir auch hier an der Methode der analytischen Geometrie festhalten. Natürlich empfehle ich darum nicht ein blindes Rechnen mit x, y, z, sondern nur einen subsidiären Gebrauch dieser Größen überall da, wo es sich um die präzise Festlegung eines Grenzüberganges handelt.

Hiermit haben Sie in seinen Umrissen das neue geometrische Programm. Dasselbe ist, wie Sie erkennen, sehr verschieden von den Tendenzen, die in der ersten Hälfte dieses Jahrhunderts vorwalteten und damals zur Entwicklung der projektiven Geometrie führten (welche längst ein bleibender Bestandteil unserer Wissenschaft geworden ist). Die projektive Geometrie hat uns zahlreiche neue Gebiete der Wissenschaft mit großer Leichtigkeit erschlossen, man rühmte von ihr mit Recht, daß sie auf ihrem Gebiete einen „Königsweg" darstelle. Unser neuer Weg ist statt dessen mühsam und dornenvoll und es bedarf fortgesetzter Sorgfalt, um sich durch die Hindernisse desselben durchzuwinden. Wir nähern uns dabei wieder mehr der Art der antiken Geometrie und lernen geradezu das Wesen der letzteren vermöge unserer modernen Auffassungen in neuer Weise verstehen, wie noch letzthin Zeuthen in glänzender Weise dargelegt hat. — Dieselbe Denkweise werden wir weiterhin in die Gebiete der Mechanik und mathematischen Physik hineintragen. Ich will hier, um nicht zu ausführlich zu werden, dies nur an zwei Beispielen erläutern. Alle angewandte Mathematik muß das tun, was ich soeben bereits bei der Raumanschauung als notwendig bezeichnete, sie muß zum Zwecke der mathematischen Betrachtung ihre Gegenstände idealisieren. Nun finden wir durchweg, daß auf einem und demselben Gebiete, je nach dem Ziele, welches man im Auge hat, verschiedene Arten der Idealisierung nebeneinander gebraucht werden. Dahin gehört, um nur dies eine zu nennen, daß man die Materie bald als kontinuierlich den Raum erfüllend behandelt, bald wieder als diskontinuierlich aus einzelnen Molekülen bestehend, die man sich selbst entweder als ruhend denkt oder aber in lebhafter Bewegung begriffen. Wieso und in welchem Grade sind diese verschiedenen Vorstellungsweisen für die aus ihnen zu ziehenden Folgerungen mathematisch gleichwertig? Die älteren Darstellungen von Poisson u. a., wie auch die Entwicklungen der kinetischen Gastheorie sind für den modernen Mathematiker in dieser Hinsicht nicht eingehend genug; wir müssen eine von Anfang beginnende Neubearbeitung des Problems verlangen. Ich vermute, daß eine in Aussicht stehende Publikation von Boltzmann hierüber interessante Aufschlüsse bringen wird. — Eine andere Fragestellung ist diese. Das physikalische Experiment versieht uns vielfach mit Erfahrungstatsachen, die wir unwillkürlich mathematisch verallgemeinern und als Theoreme auf die idealisierten Gebilde übertragen. Dahin gehört die Existenz der sogenannten Greenschen Funktion bei beliebiger geschlossener Oberfläche und beliebig anzunehmendem Pol, — entsprechend der Tatsache aus dem Gebiet der Elektrizität, daß sich auf jedem leitenden Körper unter dem Einflusse irgendwelches elektrisierten Punktes eine Gleichgewichtsbelegung bildet. Dahin gehört die Anwendung, welche ich gelegentlich von den elektrischen Strömen gemacht habe, die in einer beliebigen leitenden Fläche bei Aufsetzung der Poldrähte einer galvanischen Säule entstehen, indem ich nämlich zeigte, daß deren Betrachtung unmittelbar zu den Fundamentalsätzen aus Riemanns Theorie der Abelschen Funktionen hinleitet. Es gehört dahin das Theorem, daß jeder begrenzte elastische Körper einer unendlichen Reihe harmonischer Eigenschwingungen fähig sei, und anderes mehr. Sind dies wirklich, abstrakt genommen, richtige mathematische Sätze, bez. wie muß man sie einschränken und präzisieren, damit sie richtig werden? Die Mathematiker haben mit Erfolg versucht, hier einzugreifen, zuerst C. Neumann und Schwarz in der Theorie des Potentials, dann neuerdings die französischen Gelehrten, an die deutschen Arbeiten anknüpfend, — mit dem Resultate, daß sich die der Physik entnommenen Theoreme in ausgedehntem Maße als stichhaltig erwiesen haben. — Sie sehen hier deutlich, wenn ich es noch ausdrücklich hervorheben soll, um was es sich bei den in Rede stehenden Untersuchungen handelt: nicht sowohl um neue physikalische Einsicht, sondern um abstrakte mathematische Beweisführung, die wir um ihrer selbst willen anstreben, um der Klarheit und Bestimmtheit willen, die dadurch in unsere Auffassung der Erscheinungen hineingetragen wird. Oder, wenn ich einen Ausdruck Jacobis in allerdings etwas modifiziertem Sinne gebrauchen darf, es handelt sich allein um die *Ehre des menschlichen Geistes*.

Hochgeehrte Anwesende! Indem ich mich solcherweise ausdrücke, ist es fast schwer, nunmehr im Gegensatze zu den bisherigen Betrachtungen der Anschauung den ihr gebührenden Anteil an unserer Wissenschaft zu sichern. Und doch ruht gerade in dieser Antithese der eigentliche Sinn meiner heutigen Darlegungen. Dabei denke ich nicht so sehr an die ausgebildete Form der Anschauung, von der soeben die Rede war, also an die Anschauung, die sich unter Einwirkung der logischen Deduktion entwickelt hat und die ich als eine Form des Gedächtnisses bezeichnen möchte, als vielmehr an die naive Anschauung, welche zum guten Teile ein angeborenes Talent ist und sich übrigens aus der eingehenden Beschäftigung mit diesem oder jenem Teile der Wissenschaft unbewußt herausbildet. Das Wort „Anschauung" ist vielleicht nicht zweckmäßig gewählt. Ich möchte hier die motorische Empfindung mit einschließen, mit welcher der Ingenieur die Kräfteverteilung in irgendwelcher von ihm durchgeführten Konstruktion beurteilt, und selbst das unbestimmte Gefühl betr. die Konvergenz ihm vorliegender unendlicher Prozesse, welches der geübte Zahlenrechner besitzt. Ich sage, *daß die so verstandene mathematische Anschauung auf ihrem Gebiete überall dem logischen Denken voraneilt und also in jedem Momente einen weiteren Bereich besitzt als dieses.*

Hier könnte ich nun erstlich einen historischen Exkurs darüber einschalten, wie bei der Entwicklung der meisten Zweige unserer Wissenschaft in der Tat die Anschauung den Anfang gemacht hat und die strenge logische Behandlung erst folgte. Und zwar gilt dies nicht nur im großen von der Entstehung der Infinitesimalrechnung, wie ich bereits in der Einleitung andeutete, es gilt ebensowohl von vielen Gebieten, die erst im Laufe des gegenwärtigen Jahrhunderts ihren Ursprung genommen haben. Ich erinnere in dieser Hinsicht, um nur eines zu nennen, an Riemanns Funktionentheorie komplexer Variabler, und füge gern zu, daß diejenige Disziplin, welche lange Zeit am meisten von der Anschauung abgewandt schien, die Zahlentheorie, eben nun durch Heranziehung anschaulicher

Methoden in den Händen von Minkowski und anderen einem neuen Aufschwunge entgegen zu gehen scheint. Weiterhin wäre von großem Interesse, die Entwicklung nicht der einzelnen mathematischen Disziplin, sondern der individuellen mathematischen Persönlichkeit unter dem vorliegenden Gesichtspunkte zu verfolgen. Ich begnüge mich in dieser Hinsicht hier mit der Angabe, daß die zwei wirksamsten mathematischen Forscher der Jetztzeit, Lie in Leipzig und Poincaré in Paris, beide ursprünglich in der Anschauung wurzeln. Aber alles dies würde, wenn ich weiter darauf eingehen wollte, zu sehr in spezifische Einzelheiten hineinführen und schließlich nur außerordentliche Fälle betreffen. Ich will lieber schildern, was die einigermaßen geübte Anschauung tagtäglich über die rechnerische oder konstruktive Behandlung hinaus für die quantitative Behandlung der physikalischen oder technischen Probleme leistet. Wenn ich beispielsweise auf die beiden Angaben der Elektrizitätslehre zurückkommen darf, auf die ich eben Bezug nahm, so wird jeder Physiker im vorgegebenen Falle ohne weiteres den Verlauf der Niveauflächen der Greenschen Funktion, bez. der Stromkurven bei dem zweiten der genannten Experimente ziemlich richtig zeichnen können. Oder nehmen Sie den Fall irgendwelcher Differentialgleichung, ich will sagen (um beim einfachsten Falle zu bleiben) einer Differentialgleichung erster Ordnung zwischen zwei Variabeln. Höchstwahrscheinlich versagt die analytische Behandlung. Demungeachtet kann man auf graphischem Wege den allgemeinen Verlauf der Integralkurven sofort angeben, wie dies noch neulich von Lord Kelvin — einem der großen Meister der mathematischen Anschauung — für eine berühmte Differentialgleichung des Dreikörperproblems gezeigt worden ist. Es handelt sich in allen solchen Fällen, wenn wir die Sache in der Sprache der Analysis bezeichnen sollen, um eine Art von Interpolation, bei der weniger auf Genauigkeit im Einzelnen als auf Berücksichtigung der allgemeinen Bedingungen Gewicht gelegt wird. Ich will noch ausdrücklich betonen, daß wir bei der Aufstellung aller unserer Naturgesetze, oder überhaupt, wenn wir versuchen, irgendwelchen äußeren Vorgang mathematisch zu formulieren, von einer ähnlichen Kunst des Interpolierens Gebrauch machen. Denn es gilt immer unter der Menge der zufälligen Störungen die einfachen Zusammenhänge der wesentlichen Größen hervorzuziehen. Das ist schließlich dasselbe, was ich oben als das Verfahren der Idealisierung bezeichnet habe. Die logische Überlegung tritt allemal erst in ihr Recht, wenn die Anschauung die Aufgabe der Idealisierung vollzogen hat.

Ich bitte, diese Angaben nicht als eine Erklärung, sondern als eine Schilderung tatsächlicher Verhältnisse aufzunehmen. Der Mathematiker kann nicht mehr, als durch Selbstbeobachtung die Eigenart des im einzelnen Falle statthabenden psychischen Vorganges konstatieren. Vielleicht

werden wir über die näheren Beziehungen der von der Anschauung ausgehenden Prozesse zum logischen Denkvermögen eines Tages von der Phy-
siologie und der experimentellen Psychologie genaueren Aufschluß erhalten.
Daß es sich dabei in der Tat um verschiedene, d. h. nicht notwendig verknüpfte Seelentätigkeiten handelt, wird durch die großen Differenzen bestätigt, welche die Beobachtung verschiedener Individuen ergibt. Die
modernen Psychologen unterscheiden eine visuelle, eine motorische und
eine auditive Veranlagung. Es scheint, daß die mathematische Anschauung,
wie ich sie hier verstehe, den beiden ersten Arten der Begabung, die
logische Auffassung mehr der letzteren eignet. Die Psychologie steht erst
in den Anfängen derartiger Untersuchungen, die ich mit vielen Fachgenossen
freudig begrüße. Denn wir hoffen, daß in unserer Wissenschaft und ihrem
Betriebe viele Meinungsverschiedenheiten, die jetzt notwendig unausgetragen
bleiben, verschwinden werden, wenn wir erst über die psychologischen
Vorbedingungen des mathematischen Denkens und deren individuelle Ver-
schiedenheit genauer unterrichtet sein werden.

Ich darf hier kurz auf die pädagogische Seite der Mathematik eingehen. Wir beobachten betreffs derselben in Deutschland zurzeit eine
sehr merkwürdige Sachlage. Es sind zwei entgegengesetzte Strömungen,
die nebeneinander herlaufen, ohne bisher nennenswert aufeinander ein-
zuwirken. Bei den Lehrern unserer Gymnasien wird die Notwendigkeit
eines an die Anschauung anschließenden mathematischen Unterrichts im
Augenblicke vielfach so stark betont, daß man gezwungen ist zu wider-
sprechen und umgekehrt die Notwendigkeit eingehender logischer Entwicklungen zu betonen; das ist der Sinn einer kleinen Schrift, die ich im vergangenen Sommer über elementargeometrische Probleme veröffentlicht habe[2]).
Bei den Hochschullehrern unseres Fachs aber liegt die Sache genau umgekehrt: die Anschauung wird häufig nicht nur unterschätzt, sondern nach
Möglichkeit überhaupt beiseite geschoben. Es ist dies ohne Zweifel eine
Folge der großen inneren Wichtigkeit, welche den arithmetisierenden Tendenzen der modernen Mathematik innewohnt. Aber die Wirkung geht weit
über das richtige Ziel hinaus. Es ist Zeit, einmal öffentlich auszusprechen,
daß es sich dabei nicht nur um eine verkehrte Pädagogik, sondern um
eine schiefe Gesamtauffassung der Wissenschaft handelt. Ich lasse der
Eigenart des einzelnen akademischen Dozenten gern den freiesten Spiel-
raum und habe es darum immer abgelehnt, allgemeine Regeln für den
höheren mathematischen Unterricht in Vorschlag zu bringen. Das soll
mich nicht hindern auszusprechen, daß jedenfalls zwei Kategorien mathematischer Vorlesungen notwendig von der Anschauung ihren Ausgangspunkt

---

[2]) [Vorträge über ausgewählte Fragen der Elementargeometrie (ausgearbeitet
von F. Tägert) im Verlag von B. G. Teubner, 1895.]

nehmen sollten. Das sind erstlich die Elementarvorlesungen, welche den Anfänger überhaupt in die höhére Mathematik einleiten, — wird doch der Lernende naturgemäß im kleinen immer denselben Entwicklungsgang durchlaufen, den die Wissenschaft im großen gegangen ist. Das sind ferner diejenigen Vorlesungen, deren Zuhörer von vornherein darauf angewiesen sind, sehr wesentlich mit der Anschauung zu arbeiten, also die Vorlesungen für Naturforscher und Ingenieure. Wir haben durch einseitige Überspannung der logischen Form in diesen Kreisen viel von der allgemeinen Geltung verloren, welche der Mathematik naturgemäß zukommt, und es ist Zeit und eine ernste Pflicht, daß wir diese Geltung durch ein zweckmäßigeres Verhalten zurückgewinnen.

Doch ich kehre zur theoretischen Betrachtung zurück. Die Gesamtauffassung, welche ich bezüglich der heutigen Aufgaben der mathematischen Wissenschaft vertrete, braucht kaum noch besonders formuliert zu werden. Indem ich überall die vollste logische Durcharbeitung des Stoffes verlange, betone ich zugleich, daß daneben die anschauungsmäßige Erfassung und Verarbeitung desselben auf alle Weise gefördert werden soll. Mathematische Entwicklungen, welche der Anschauung entstammen, dürfen nicht eher als fester Besitz der Wissenschaft gelten, als sie nicht in strenge logische Form gebracht sind. Umgekehrt kann uns die abstrakte Darlegung logischer Beziehungen nicht genügen, solange nicht deren Tragweite für jede Art der Anschauung lebendig ausgestaltet ist, und wir die mannigfachen Verbindungen erkennen, in welche das logische Schema, je nach dem Gebiete, welches wir wählen, zu anderen Teilen unserer Erkenntnis tritt. — Ich vergleiche die mathematische Wissenschaft mit einem Baume, der seine Wurzeln nach unten immer tiefer in das Erdreich treibt, während er nach oben seine schattengebenden Äste frei entfaltet. Sollen wir die Wurzel oder die Zweige als den wesentlicheren Teil ansehen? Die Botaniker belehren uns, daß die Frage falsch gestellt ist, daß vielmehr das Leben des Organismus *auf der Wechselwirkung seiner verschiedenen Teile* beruht.

XLVIII. Auszug aus dem Gutachten der Göttinger philosophischen Fakultät betreffend die Beneke-Preisaufgabe für 1901.[1]

[Math. Annalen, Bd. 55 (1902).]

Die philosophische Fakultät hatte im März 1898 folgende Aufgabe gestellt[2]:

„Als allgemein geltende Grundlage für die mathematische Behandlung der Naturerscheinungen ist lange Zeit hindurch das *Prinzip der Stetigkeit* oder noch spezieller die *Darstellung durch unbeschränkt differentiierbare Funktionen* angesehen worden. Diese Grundlage wurde von den Erfindern der Differential- und Integralrechnung als etwas Selbstverständliches eingeführt; die Fortschritte der mathematischen Forschung haben aber je länger je mehr gezeigt, daß dabei eine sehr große Zahl stillschweigender Voraussetzungen zugrunde lag, zu denen man bei der immer vorhandenen Ungenauigkeit unserer sinnlichen Wahrnehmungen keineswegs gezwungen ist. Auch tritt mit dem genannten Ansatze die Annahme der molekularen Konstitution der Materie von vornherein in Widerspruch. Die Fakultät wünscht eine von aktuellem wissenschaftlichen Interesse getragene Schrift, welche die hier in Betracht kommenden Fragen in allgemein verständlicher Weise darlegt und die Zulässigkeit, bez. Zweckmäßigkeit der üblichen Darstellung einer eingehenden Prüfung unterwirft. Die Schrift kann mehr nach mathematischer oder philosophischer und psychologischer Seite ausholen; historische Studien sind erwünscht, werden aber nicht verlangt“.

Auf diese Aufgabe hin sind bei dem Dekan der Fakultät *drei* Arbeiten rechtzeitig eingelaufen, [deren keiner aber ein Preis zuerkannt werden konnte]. Jedenfalls möge hier eine ausführlichere Erläuterung der Preisfrage

---

[1] [Das betr. Gutachten ist in extenso in den Göttinger Nachrichten vom April 1901 (Geschäftliche Mitteilungen, Heft 1) publiziert; ich bringe hier wie schon in Bd. 55 der Math. Annalen denjenigen Teil zum Wiederabdruck, der allgemeines mathematisches Interesse besitzen dürfte. K.]

[2] Vgl. Göttinger Nachrichten, 1898.

gegeben werden, einmal, weil die ursprüngliche Formulierung in ihrer Kürze verschiedentlich nicht richtig aufgefaßt worden ist, dann aber auch um einen Maßstab für die Beurteilung der eingelaufenen Arbeiten zu haben.

Die Fragestellung ist vielfach dahin gedeutet worden, oder es ist doch als ihr Kern angesehen worden: man solle entscheiden, ob man die Materie besser als molekular aufgebaut oder als kontinuierlich zu denken habe, ob insbesondere die modernen Fortschritte der Naturwissenschaft mehr in der Richtung der einen oder der anderen Auffassungsweise liegen.

Eine derartige Erörterung, von einem unabhängigen Standpunkte aus und mit wirklichem Überblick über die neuesten Fortschritte der in Betracht kommenden naturwissenschaftlichen Gebiete unternommen, wäre nicht ohne Verdienst. Dies jedenfalls sollte dabei hervorgekehrt werden, daß sich die zweierlei Auffassungsweisen gerade auch in der neuesten Zeit alterniernd immer wieder ablösen. Nachdem Maxwell in der Elektrizitätslehre die Theorie des Kontinuums zu Ehren gebracht hat, steuern wir bei derselben jetzt infolge des Studiums der Kathodenstrahlen und der elektrodynamischen Lichttheorie wieder auf atomistische Vorstellungsweisen hin. Die physikalische Chemie, welche in der Phasenlehre von Gibbs die Zustände in der Materie durch eine endliche Zahl von Parametern charakterisiert, also Kontinuitätsvorstellungen zugrunde zu legen scheint, entwickelt nach anderer Seite die wesentlich atomistische Jonentheorie. Zu derselben Zeit, wo man in der Physik versucht, durch eine bloß „phänomenologische" Schilderung der Erscheinungen das Beste zu leisten, wird in der Chemie die Lehre von der Lagerung der Atome im Raume ausgebaut, usw. — Andererseits wäre hervorzuheben, daß die atomistische Vorstellungsweise nicht notwendig zur Idee von Fernkräften führt; man kann sie mit der Idee einer im Raume kontinuierlichen Krafttransmission verbinden, indem man die elektrischen oder materiellen Atome (wie immer man sich dieselben denken mag) als *singuläre Stellen* in einem den Raum kontinuierlich erfüllenden Medium einführt.

Die so umschriebene Erörterung, so interessant sie sein könnte, träfe aber doch nicht das eigentliche von der Fakultät vorgeschlagene Thema, sondern gäbe für dasselbe nur beiläufiges Material. Man wird dem Thema wesentlich näher kommen, wenn man fragt: in wie weit sind bei den genannten Beispielen die beiden Vorstellungsweisen (der Kontinuumstheorie und der Molekulartheorie) für die Erklärung oder, besser gesagt, die Darstellung der beobachteten Tatsachen mathematisch gleichwertig? Man wird den Sinn des Themas vollständig haben, wenn man zunächst alles Hypothetische oder Spekulative, auf das intime Wesen der Materie Bezügliche, abstreift und ganz allgemein Folgendes beachtet: Jedermann führt, sobald er die Gesamtwirkung ausgedehnter Gebilde beurteilen will, die in kleinen

Dimensionen inhomogen sind, homogene Mittelwerte ein; für diese statuiert er Abhängigkeiten, die er durch möglichst einfach gewählte Funktionen ausdrückt. So ersetzt der numerische Rechner in zahlreichen Fällen Summationen durch Integrationen usw. Der ursprüngliche Anlaß zu dem solcherweise bezeichneten Ansatze liegt vermutlich in der Natur unserer sinnlichen Wahrnehmungen. Man denke z. B. daran, daß ein Schneehaufen, aus einiger Entfernung betrachtet, oder ein Wald, der den Horizont abschließt, eine kontinuierliche Kontur zu besitzen scheinen. Hiermit verbindet sich des weiteren das Streben nach möglichst einfacher Darstellung. Wie weit ist der in Rede stehende Ansatz mathematisch berechtigt? Insbesondere, welchen Sinn hat es, auf die Abhängigkeiten, die wir zwischen den homogenen Mittelwerten aufstellen, die Grundsätze der Differentialrechnung und der Reihenlehre anzuwenden? Und wenn wir durch eine solche Anwendung richtige Resultate finden, können wir dann auf die Homogenität oder Nicht-Homogenität des Substrats einen Rückschluß machen? — Erst wenn der Komplex der solcherweise bezeichneten Fragen erledigt oder doch verstanden ist, möge man zum Problem der Naturerklärung zurückgehen. Man wird sich. dann fragen, welche innere Bedeutung den Stetigkeitsvoraussetzungen, die man hierauf bezüglich von alters her zu machen pflegt, beigelegt werden muß, ob dieselben mehr sind als ein bloßes Hilfsmittel zur leichteren Durchführung der mathematischen Betrachtung, und in welchem Sinne die Resultate, welche man von den genannten Voraussetzungen aus ableitet, auf objektive Gültigkeit Anspruch machen.

Es ist unmöglich, das Gesagte hier noch eingehender zu erläutern. Nur auf ein besonders einfaches Beispiel (welches Boussinesq gelegentlich behandelt) mag noch hingewiesen werden. Jedermann lernt, daß das Potential der Schwere im Inneren eines Körpers der Differentialgleichung $\Delta V = -4\pi\varrho$ genügt. Welche Bedeutung hat diese Differentialgleichung oder auch welche Bedeutung will man den Größen V und ϱ, die in der Differentialgleichung vorkommen, für einen Körper beilegen, der in kleinen Dimensionen inhomogen ist (wie der soeben genannte Schneehaufen)? Und wie stellen sich diese Fragen, wenn man einen Aufbau des Körpers aus streng punktförmigen Atomen voraussetzen will? Man wird in dem einen oder andern Fall V und ϱ selbstverständlich als Mittelwerte einführen wollen; wie sind diese Mittelwerte zu berechnen?

Über Fragen und Schwierigkeiten der hiermit bezeichneten Art sind die hervorragendsten Theoretiker früherer Jahrzehnte unbedenklich hinweggegangen. Man lese nach, wie Cauchy oder Poisson von Molekularvorstellungen aus zu den Differentialgleichungen der mathematischen Physik kommen. Und das hiermit gegebene Beispiel findet von seiten der Mehrzahl der heutigen Physiker ebenso unbedenkliche Nachfolge. Offenbar spielen dabei in die Überlegungen eine Menge empirischer Elemente hinein. Die Erfahrung gibt uns die Gewißheit, daß im allgemeinen kleine Abänderung der Prämissen die Resultate nur wenig abändert. Freilich trifft dies nicht immer zu (wenn „Instabilität" vorliegt, bei Explosionen usw.); die Naturforscher verlassen sich aber bezüglich der Frage, ob gegebenenfalls ein solcher Ausnahmefall vorliegt, oder nicht, auf ihr Gefühl oder auf die experimentelle Kontrolle; wie der Erfolg zeigt, mit Recht.

Der heutige Mathematiker aber, der über die Prinzipien seiner Wissenschaft nachdenkt, kann unmöglich die gleiche Selbstbeschränkung üben. Er wird nicht die Zweckmäßigkeit des geschilderten Verfahrens bestreiten, — sogar von da aus mit Vorliebe Anregung entnehmen —, darüber hinaus aber eine genaue mathematische Begründung und Umgrenzung des Verfahrens verlangen. Für seinen Erkenntnistrieb maßgebend ist die *moderne Entwicklung der Mathematik nach der kritischen Seite hin.* Diese Entwicklung ist bisher in allgemeineren Kreisen, sowohl von physikalischer als auch von philosophischer Seite, gern als etwas Beiläufiges angesehen worden, was für die Zwecke der Naturerklärung nicht eigentlich in Betracht kommt. Die Aufgabe sollte aber doch nie sein, eine unbequeme Kritik zurückzuschieben, sondern immer nur, sie innerlich zu überwinden. Andererseits haben sich die Mathematiker in ihrer Mehrzahl damit begnügt, die neuen Prinzipien im Bereich ihrer Spezialwissenschaft zur Geltung zu bringen; sie haben nur erst selten Gelegenheit gehabt oder gesucht, die Beziehungen zu den Nachbargebieten dementsprechend auszugestalten. Deshalb mögen einige Erläuterungen zur Sachlage hier am Platze sein.

1. Es handelt sich um diejenige Entwicklung der Mathematik, welche als *Arithmetisierung* derselben bezeichnet wird. Als einzige Grundlage derselben gilt die Evidenz des Zahlbildes, bez. der Gesetze, nach denen man mit Zahlen operiert; auf diese Grundlage sind alle anderen Beziehungen zurückzuführen. Die Idee der kontinuierlichen Veränderlichen wird durch die allgemeineren Formulierungen der Mengenlehre ersetzt; die Idee der Funktion erfährt eine dementsprechende Durchbildung. Differential- und Integralrechnung werden ausschließlich auf den strengen Grenzbegriff basiert; es erscheint als Regel, nicht als Ausnahme, daß eine stetige Funktion nicht differentiierbar ist, usw.

2. Das Wesentliche ist nun, daß an der solcherweise arithmetisierten Mathematik gemessen alle sinnliche Auffassung als etwas *Ungenaues*, nur *auf eine Anzahl Dezimalen Bestimmtes* erscheint. Trotzdem wird man die arithmetisierte Mathematik als Ausgangspunkt für die quantitative Beherrschung der Außenwelt festhalten wollen[3]). *In welcher Form hat dies*

---

[3]) Man kommt sonst in neue Schwierigkeiten. Vgl. die Antrittsrede von Prof. Burkhardt: „Mathematisches und naturwissenschaftliches Denken". Zürich 1897.

zu geschehen? Und welche Erleichterungen darf man sich gestatten, wenn man von den Resultaten wieder nur eine begrenzte Genauigkeit verlangt? Dies ist die zentrale Frage, unter welches sich alles früher Gesagte unterbegreift.

3. In dem Gesagten ist bereits enthalten, was zur Lösung der vorliegenden Schwierigkeiten geschehen sollte. Es handelt sich darum, daß sich der Mathematiker und der Empiriker auf einem Zwischengebiete die Hand reichen. Für den Mathematiker erwächst die Aufgabe, auf Grund der arithmetisierten Wissenschaft eine umfassende Lehre von den *Näherungsmethoden* zu entwickeln, als eine besondere Disziplin dasjenige zu pflegen, was Hr. Heun neuerdings treffend als *Approximationsmathematik* bezeichnet hat[4]). Für den Empiriker aber wird es sich darum handeln, auf allen Gebieten und jedenfalls sehr viel mehr als bisher, den *Genauigkeitsgrad* festzulegen, innerhalb dessen die (äußeren oder inneren) Beobachtungen, von denen er ausgeht, richtig sind, oder innerhalb deren er zuverlässige Resultate zu haben wünscht.

Das hiermit bezeichnete Programm verlangt an sich nichts Neues, nur daß die strenge Durchführung bisher vielfach fehlt. Zahlenrechner haben sich von je an dasselbe angeschlossen und in Astronomie und Geodäsie ist dasselbe seit den Arbeiten von Gauß universell rezipiert. Von neueren rein mathematischen Arbeiten dürften ganz besonders diejenigen von Tschebyscheff zu nennen sein. Nicht minder wird man hier den Satz von Weierstraß anführen wollen, daß man jede in einem Intervall gegebene stetige Funktion durch eine rationale ganze Funktion mit [beliebig vorgegebener] Genauigkeit gleichmäßig approximieren kann. Als neue Forderung tritt nur auf, *die bezeichnete Fragestellung als den eigentlichen Mittelpunkt aller angewandten Mathematik mehr in den Vordergrund zu rücken,* und übrigens einzusehen, *daß die approximative Auffassung der Größenbeziehungen sehr viel mehr, als man früher wußte, unser ganzes Denken durchzieht.* Unsere Aussagen über die Natur der Dinge aber werden bescheidener werden. Man hat früher oft gesagt, daß andere als analytische Funktionen in der Natur nicht vorkommen. Man wird diese Aussage jetzt dahin wenden, daß man vielleicht nur infolge der *Ungenauigkeit unserer Naturauffassung* seither mit analytischen Funktionen ausgereicht hat, und zwar durchweg mit sehr einfachen analytischen Funktionen. Man wird darum aber noch nicht zu dem andern Extrem übergehen, welches Boltzmann neuerdings vertritt, wenn er die Hypothese von der Unstetigkeit der Naturerscheinungen sozusagen als Denknotwendigkeit hinstellt.

---

[4]) Jahresbericht der deutschen Mathematiker-Vereinigung IX, 2 (1900).

Die Bedeutung der von der Fakultät gestellten Preisfrage dürfte hiermit genügend hervorgekehrt sein. Es galt, den Komplex der in Betracht kommenden Fragestellungen und Auffassungen in übersichtlicher Form darzulegen und womöglich kritisch zu sichten. Ein Mathematiker konnte zugleich unternehmen, die Lehre von den Näherungsmethoden auf einem speziellen Gebiete durchzuführen, ein Philosoph oder Psycholog, die Ungenauigkeit unserer sinnlichen Wahrnehmung nach der einen oder anderen Richtung genauer zu studieren; man denke an den von Boltzmann mit Vorliebe herangezogenen Kinematographen. Was an mathematischen Kenntnissen unbedingt verlangt werden mußte, war nur, daß der Autor das Wesen der arithmetisierten Wissenschaft, wie es in den Schriften der heute maßgebenden Mathematiker zutage tritt, in sich aufgenommen hatte. Hierzu genügt nicht, die allgemeinen Auseinandersetzungen hervorragender Autoren gelesen zu haben, welche den Einzelheiten der modernen Präzisionsmathematik niemals näher getreten sind, mag es sich nun um Helmholtz oder Kirchhoff, Boltzmann oder Mach handeln. Mathematik läßt sich nur durch konzentriertes Studium erlernen; es gibt bei ihr keinen „Königsweg".

XLIX. Grenzfragen der Mathematik und Philosophie[1]).

[Aus der wissenschaftlichen Beilage zum 19. Jahresbericht
der Philosophischen Gesellschaft an der Universität zu Wien (1906).]

Sehr geehrte Anwesende! Ihr Ehrenpräsident Höfler hat an mich
die Aufforderung gerichtet, gelegentlich meines Besuches in Wien eine
Diskussion der philosophischen Gesellschaft „Über Grenzfragen der Mathe-
mathik und Philosophie" durch einige Worte einzuleiten. Wiewohl ich
diese Aufforderung erst vor drei Tagen empfing, komme ich ihr doch um
so lieber nach, als ich zu den Mathematikern gehöre, die nähere Beziehungen zu philosophischen Kreisen wünschen; denn ich bin von der
Überzeugung durchdrungen, daß eine Menge von Fragen die Philosophen
und uns Mathematiker gemeinsam beschäftigen sollte. Neues habe ich den
heute anwesenden Mathematikern freilich nicht zu sagen. Denn die Aufforderung lautete dahin, ich möge namentlich einiges von den Ideen, die
ich über die Ungenauigkeit unserer Raumvorstellungen schon anderweitig
auseinandergesetzt habe, hier neuerdings entwickeln. Zum erstenmal bin
ich für jene Ideen vor zweiunddreißig Jahren eingetreten und die Thesis,
zu der ich damals kam, schicke ich heute voraus.

Jedermann weiß, daß die unmittelbare räumliche Wahrnehmung
ungenau ist, daß es eine Schwelle der Genauigkeit z. B. für die Wahrnehmung durch das Auge gibt, und zwar auch für das noch so sehr be-
waffnete. Ich habe daran anknüpfend entgegen der damals herrschenden
Meinung die Behauptung aufgestellt, daß gleiches nicht minder wie für
die Wahrnehmung auch für die abstrakte Raumvorstellung gelte, daß jeder
mit sich herumtragen mag, und zwar so, daß wir in einem engeren Raumstück, das uns umgibt, noch die verhältnismäßig bessere Genauigkeit haben,
daß diese aber immer geringer wird, je weiter in Gedanken wir darüber
hinausschweifen. Die stetigen Funktionen ohne Differentialquotient (speziell

---

[1]) [Dieser Vortrag wurde am 14. Oktober 1905 bei den Verhandlungen der Philosophischen Gesellschaft an der Universität Wien über Grenzfragen der Mathematik
und Philosophie gehalten.]

die Weierstraßsche Funktion) waren damals etwas Neues; jedermann war davon überzeugt, daß es unmöglich sei, sich von den zugehörigen Kurven $y = f(x)$ ein anschauliches Bild zu machen, d. h. den Verlauf einer solchen Kurve in der Raumanschauung als etwas Fertiges aufzufassen. Demgegenüber behauptete ich, daß man überhaupt nicht die Fähigkeit habe, sich auch einfachere Beispiele der Funktionentheorie und Infinitesimalrechnung genau und zugleich anschaulich zu denken, daß die Raumanschauung sogar schon versagt, wenn es sich um die genauen Einzelheiten derjenigen Kurven handelt, welche durch ganze Funktionen dargestellt werden. (Zur Orientierung für diejenigen, die sich nicht mit der modernen Präzisionsmathematik beschäftigt haben, teile ich mit, daß die stetigen, nicht differentiierbaren Kurven nur ein Anfang gewesen sind, daß mit mehr Vorliebe noch von den jüngeren Mathematikern die Punktaggregate studiert werden, mit denen sich die sogenannte Mengenlehre beschäftigt. Diese liegen mit ihren merkwürdigen Eigenschaften erst recht über alle Anschauung hinaus.)

Es scheint da eine zweifache Stellungnahme möglich: entweder die radikale, zu der ich mich bekenne, daß unsere Raumvorstellung eine untere Schwelle der Genauigkeit habe, und daß das, was wir vor Augen haben, wenn wir von einer Kurve sprechen, ein *Streifen* von allenfalls sehr geringer, jedenfalls nicht verschwindender Querdimension sei. Oder aber es habe — so ist mir gesagt worden — der menschliche Geist die Fähigkeit, die sogenannten analytischen Kurven sich wirklich genau vorzustellen; nur die nichtanalytischen seien im eigentlichen Sinne transzendent. — Da wäre es eine sehr merkwürdige Tatsache, daß gerade den Kurven, die man früher von mathematischer Seite allein kannte, unsere Raumanschauung sollte koordiniert gewesen sein, und daß nur, was man seitdem konstruiert, über unsere Anschauungen hinausgehe. Wenn das der Fall wäre, so wäre damit für das Wesen unserer Raumanschauung eine äußerst merkwürdige Unterscheidung gewonnen. Ob aber nicht die ganze Sachlage vielmehr dahin zu verstehen ist: solange man sich nur mit analytischen Kurven beschäftigte, merkte man nicht, daß man gar nicht in der Lage sei, die Dinge so, wie die Infinitesimalrechnung sie darstellt, auch wirklich anschaulich vorzustellen; weil nämlich die mathematischen Eigenschaften der analytischen Kurven mit den anschaulichen Eigenschaften der Streifen einigermaßen parallel gehen?

Jedenfalls scheint mir ein Problem zentralster Stellung für die Anwendungen der Mathematik auf die Naturwissenschaften vorzuliegen, und ich glaube, daß die Versammlung, die einen so hervorragenden Vertreter der mathematischen Physik unter den Anwesenden begrüßt[2]), gerade hierüber wird Meinungen austauschen wollen.

---

[2]) [L. Boltzmann.]

Etwas näher will ich ausführen, daß die Ansicht von der Ungenauigkeit der Raumvorstellungen uns sowohl bei den *Axiomen* wie bei den ersten *Definitionen* der Geometrie zu neuen Auffassungsmöglichkeiten führt.

In erster Hinsicht ein paar Worte über die Nicht-Euklidische Geometrie. Denken wir uns eine gerade Linie gezeichnet und durch einen Punkt Strahlen gezogen, welche diese gerade Linie treffen. Indem wir uns die Parallele als Grenzlage einer Sekante denken, die dadurch entsteht, daß die Schnittpunkte eines Strahles nach rechts immer weiter hinaus wandern, andererseits nach links hin, so bekommen wir eine Parallele nach rechts und eine nach links. Unsere gewöhnliche Raumanschauung liefert uns dann den Satz, daß diese beiden Parallelen zusammenfallen und daß es also nur *eine* Parallele zu einer gegebenen Geraden durch einen gegebenen Punkt gibt. Unter der Auffassung aber, daß all unsere räumlichen Vorstellungen nur approximativ seien, wird es unserer lebendigen Anschauung auch noch genügen, wenn wir die beiden Parallelen verschieden voneinander annehmen, nämlich so wenig, daß wir es nicht merken. Ich habe dies gelegentlich in folgender Weise fühlbar zu machen gesucht: Denken Sie den Punkt, durch den wir die Parallelen ziehen sollen, von der gegebenen Geraden um Siriusferne abstehend — dürfen Sie da mit ehrlichem Gewissen behaupten, ihre Raumanschauung sei so überzeugend, daß Sie behaupten können, die beiden Parallelen würden auch nicht einen Winkel von einer Millionstel-Sekunde bilden? Bemerken Sie, daß, wenn von einer Millionstel-Sekunde die Rede ist, etwas sehr Unbedeutendes gemeint sei, was weit unter der Genauigkeitsschwelle jeder physischen Beobachtung auch bei astronomischen Instrumenten ersten Ranges liegt. Wir können es uns zwar denken, aber niemand kann es sich meines Erachtens vorstellen, daß zwei Linien in einem um Siriusferne von dieser Tafel abstehenden Schnittpunkt einen so kleinen Winkel bilden. — Beachten Sie, daß wir den Sirius selbst dabei unwillkürlich als Punkt denken. Ist irgend jemand, der auf die Frage, ob für ihn auch in so großer Entfernung die Parallele nach rechts und die Parallele nach links genau zusammenfallen, mit lautem Ja antworten kann? Wenn das aber nicht der Fall ist, so ist die Möglichkeit gegeben, daß die Nicht-Euklidische Geometrie, die bekanntlich von *logischen* Widersprüchen frei ist, auch mit unserer *Raumanschauung* nicht im Widerspruche sei. Wir müssen nur den Parallelenwinkel so gering annehmen, daß er auch bei stark wachsendem Abstande [zunächst noch] unter jeder vorstellbarer Größe liegt.

Das war die eine Folgerung, die ich zu [der heute zur Diskussion stehenden] Frage bringen wollte. — Man wird darum doch die Euklidische Formulierung vom Vorhandensein nur einer Parallelen der Nicht-Euklidischen praktisch immer vorziehen nach dem Prinzip, welches Mach das ökonomische genannt hat. Es ist die *einfachere* Annahme, daß es nur eine Parallele, nicht zwei seien. Aber man wird diese Annahme bewußt machen, nicht weil sie eine notwendige, sondern weil sie die einfachste ihrer Art ist. Soviel also über die Bedeutung, welche unsere Thesis für die Formulierung der *Axiome* in der Geometrie hat.

Nun aber die *Definitionen*, mit denen Euklid die Geometrie beginnt; hier heißt es z. B.: Fläche ist, was nur Länge und Breite hat. Man fügt dann meist hinzu: Fläche ist die Grenze eines Körpers. Zur Erläuterung macht man den Schüler aufmerksam, wie z. B. die Mauer durch die Wandfläche abgegrenzt ist. Wenn Sie aber andere Gegenstände, die uns täglich umgeben, aus kleinerem Abstand betrachten als die Wände, z. B. des Morgens nach dem Aufstehen den Badeschwamm, mit dem man sich wäscht, oder beim Frühstück die Semmel, die man durchbrochen hat — wo ist da die Oberfläche, die nur Länge und Breite hat? Und wie kann man bei einer solchen Oberfläche von Tangentialebene und Krümmung reden, was man doch bei den Anwendungen der Differential- und Integralrechnung auf Geometrie z. B. in der mathematischen Physik unbedenklich zu tun pflegt? Sowie man weiter nachdenkt und naturwissenschaftlich noch tiefer geht, bemerkt man, daß überhaupt Oberflächen, wie man sie in der Theorie voraussetzt, in der Natur nicht vorkommen (die Dinge, die wir in der Natur vorfinden, haben sozusagen alle eine zellige Struktur). Die theoretische Idee einer Oberfläche scheint durch eine Eigenschaft unseres Auges veranlaßt zu sein, an die wir von früher Jugend gewöhnt sind. Gegenstände, deren Diskontinuitäten hinreichend fein sind, erscheinen dem Auge als Kontinuum. Wenn wir die Blätter eines Waldes aus der Nähe betrachten, so werden wir kaum von einer Oberfläche des Waldes reden wollen. Gehen wir aber einige Kilometer weg und sehen uns um, so glauben wir scharfe Umrisse, scharfe Konturen zu sehen. Erst aus solchen ungenauen Wahrnehmungen entstehen die Ideen, die wir in verschärfter Form unseren mathematischen Spekulationen gewohnheitsmäßig zugrunde legen.

Sie sehen, wie tiefgreifend die Kritik ist, und ich zweifle nicht, daß mancher jüngere Mathematiker sich mit der Hoffnung trägt, daß es an der Zeit ist, die alten mathematischen Definitionen überhaupt zurückzuschieben, daß das Studium der diskontinuierlichen Funktionen und der Punktmengen „zu scheußlichen Klumpen geballt" es gestattet werden, tiefer in das Wesen der Dinge einzudringen als es beim Gebrauch der analytischen Funktionen möglich war.

Es ist ein gemeinsamer Charakter aller Wissenschaften in der neuesten Zeit, daß alles in Zweifel gezogen wird, was bis dahin als ganz feststehend gegolten. Alles ist in Gärung, so auch in der Mathematik. Ich möchte meinen Wunsch dahin aussprechen, daß diese Entwicklung, in die wir durch allgemeine Notwendigkeit eingetreten sind — kein einziger hat sie verschuldet oder kann sie sich zurechnen, sondern es ist im Sinne der Zeit, daß überall die Fragen nach den Grundlagen im Vordergrunde stehen — ich möchte meinen Wunsch aussprechen, daß diese Periode nicht enden möge mit einem allgemeinen Skeptizismus, sondern mit einem neuen Aufbau.

[In der Diskussion machte Boltzmann u. a. darauf aufmerksam, daß die Vorstellungen der Gastheorie, aber auch die Aufzeichnungen hinreichend empfindlicher Registrierapparate Kurvenbilder geben, die eine große Ähnlichkeit mit Weierstraß undifferentiierbaren Kurven besitzen. Er führte dabei folgendes aus:

„Daß vom Schreibstifte abgesehen, die Temperatur an einem Punkte wirklich durch eine Weierstraßsche Kurve dargestellt würde, ist sogar meine Überzeugung.

Damit stimmt auch überein, daß wir uns Körper von stetigen Flächen begrenzt nur *denken*; betrachten wir aber die Körper genau, so sehen wir, daß jede wirkliche Oberfläche algebraisch undarstellbar ist.

Daß die Punktmengen, nicht nur der mathematischen Mannigfaltigkeitslehre, sondern auch die, welche eine physikalische Bedeutung haben, über unsere räumliche Vorstellung hinausgehen, das ist meine vollständige Überzeugung.

Was die Anschauungen oder Vorstellungen selbst betrifft, so glaube ich, daß sie sich allmählich so weiterbilden werden, daß vielleicht künftige Generationen über bessere Anschauungen verfügen. Ungebildete können sich die Gegenfüßler nicht vorstellen. Ich habe Leute gesprochen, die sagten, daß sie sich eine Entfernung von zwanzig Millionen Meilen nicht vorstellen können.

Und im Grunde genommen, kann ich selbst mir das nicht vorstellen. Sobald man darüber hinausgeht, was durch den Blick erreicht wird, hört die Vorstellung auf. Eine Kugel in der Größe des Sirius kann man sich algebraisch darstellen, aber nicht sinnlich vorstellen. Und unsere Vorstellung ist beschränkt auf eine Reproduktion dessen, was wir wahrgenommen haben. Sobald uns unsere Wahrnehmung im Stiche läßt, läßt uns auch die Vorstellung oder Anschauung im Stiche. Nur allmählich und erst durch langes Nachdenken können wir die Vorstellung erweitern. Glauben Sie sich $10^{\left(10^{10}\right)}$ vorstellen zu können?"

Wirtinger bemerkte im Gespräch hernach, daß es ungeheuer schwer sei, sich die einfachste Figur als hinter dem eigenen Hinterkopf gelegen vorzustellen, und ich füge gern von mir aus hinzu, daß ich mir Figuren im Innern meines Kopfes überhaupt nicht vorstellen kann. Die räumliche Vorstellung wird eben sofort sehr unbestimmt, wo kein optisches Erinnerungsbild vorhanden ist und versagt ganz, wo die Ergänzung durch die Tastempfindung ebenfalls ausgeschlossen ist. K.]

Substitutionsgruppen und Gleichungstheorie.

Zur Entstehung der Arbeiten
über endliche Gruppen linearer Substitutionen und die Auflösung algebraischer Gleichungen.

Das einfache und sozusagen selbstverständliche Prinzip, welches den im folgenden abgedruckten Untersuchungen zugrunde liegt, ist bereits in der Einleitung zu der Arbeit über W-Kurven, die ich mit Lie zusammen 1871 in Bd. 4 der Math. Annalen (= Abh. XXVI in Bd. 1 der vorliegenden Ausgabe, speziell S. 425 u. 426) veröffentlichte, ausgesprochen: daß nämlich algebraische Gebilde, welche durch endliche Gruppen linearer Substitutionen in sich übergehen, infolgedessen leicht übersehbare, ausgezeichnete Eigenschaften haben. Im Verkehr mit Clebsch bemerkte ich bald hernach (siehe die sogleich folgende Abh. L, ebenfalls aus Bd. 4 der Math. Annalen, 1871), daß hiermit der eigentliche Ausgangspunkt gegeben ist, von dem aus die Lehre von der allgemeinen Auflösung der algebraischen Gleichungen mit der Invariantentheorie linearer Substitutionen in organische Verbindung tritt. Im Erlanger Programm (Herbst 1872, Abh. XXVII in Bd. 1 der vorliegenden Ausgabe) ist dann auf die einfachen Verhältnisse hingewiesen, welche das genannte Prinzip bei Riemanns Deutung von $(x+iy)$ auf der Kugel für die binären Formen dritten und vierten Grades ergibt; es wird andererseits (S. 489 des Bd. 1 des Wiederabdruckes) des Zusammenhangs mit der Gleichungstheorie gedacht und beiläufig auch das besondere Interesse erwähnt, welche eine Betrachtung der regulären Körper unter den gegebenen Gesichtspunkten haben würde. Indem ich mir um sie eine $(x+iy)$-Kugel herumgelegt dachte, erhielt ich für die Körperecken Gleichungen, deren genauere Untersuchung ich um so lieber begann, als ich den Wunsch hatte, von den mir geläufigen invariantentheoretischen Auffassungen aus zu einer selbständigen Behandlung gleichungstheoretischer Aufgaben vorzudringen. Die Resultate, die ich erhielt, waren sehr merkwürdig und zeigten, daß ich eine erzführende Ader angeschlagen hatte. Zunächst gelang der Beweis, daß durch meinen Ansatz ohne weiteres die Gesamtheit aller endlichen Gruppen linearer Substitutionen einer Veränderlichen gegeben sei. Sodann konnte ich für die Gleichung zwölften Grades, welche durch die Ecken eines der $(x+iy)$-Kugel eingeschriebenen regulären Ikosaeders gegeben ist, sowohl das volle Formensystem durch einige einfache Schlüsse herstellen, als auch das Vorhandensein von Resolventen sechsten und fünften Grades nachweisen. Alles dieses ist in einer vorläufigen Mitteilung in den Erlanger Sitzungsberichten vom 13. Juli 1874 auseinandergesetzt und übrigens in ausgereifter Form in den §§ 1 bis 6 der nachstehend abgedruckten Abh. LI (Math. Annalen, Bd. 9, 1875) reproduziert. Ich begann übrigens 1874 auch gleich (wie hier beiläufig bemerkt sei), mich mit den unendlichen diskontinuierlichen Gruppen linearer Substitutionen einer Veränderlichen zu beschäftigen. Da ich aber nur erst Funktionen mit endlich vielen singulären Punkten kannte, kam ich nur zu den gewöhnlichen periodischen Funktionen und denjenigen, die Rausenberger später [Math. Annalen, Bd. 18 (1881); siehe auch sein Lehrbuch, Leipzig 1884] multiplikatorisch periodisch genannt hat. Ich verdanke es nur einem Zufall, daß eine unzureichende Abhandlung, in der ich die bezüglichen Resultate dargestellt hatte, nicht gedruckt wurde. (Auf die weitere Entwicklung meiner Untersuchungen über diskontinuierliche Gruppen linearer Substitutionen einer Veränderlichen wird in Bd. 3 meiner Gesammelten Abhandlungen zurückzukommen sein.)

So ungefähr lagen die Dinge, als in meinem letzten Erlanger Semester (1874/75) Gordan nach Erlangen kam. Indem er mit größtem Interesse auf meine algebraischen Ansätze einging, ist er für die nächsten Jahre mein eifrigster Mitarbeiter geworden. Die Lage wurde um so interessanter, als sich zeigte, daß Schwarz schon 1871/72 die der Ikosaederfigur entsprechende Zerlegung der $(x + iy)$-Kugel in 120 abwechselnd kongruente und symmetrische Dreiecke bei seinen Untersuchungen über die algebraischen Integrale der hypergeometrischen Differentialgleichung angetroffen, auch die Existenz der transzendenten eindeutigen Dreiecksfunktionen mit unendlich vielen singulären Punkten, welche eine Kreislinie überall dicht überdecken, dargelegt hatte[1]. Von hier aus haben 1877 meine Arbeiten über elliptische Modulfunktionen ihren Ausgangspunkt genommen, die sich mit den algebraischen Arbeiten, welche allein hier in Bd. 2 zum Abdruck kommen sollen, mannigfach durchdringen. Immerhin · gaben die algebraischen Fragen zunächst genug zu tun, nachdem ich gefunden hatte, daß die Resolventen sechsten und fünften Grades der Ikosaedergleichung bei zweckmäßigem Ansatz genau mit den besonderen Gleichungsformen übereinstimmen, welche Kronecker und Brioschi bei ihren Untersuchungen über die Auflösung der Gleichungen fünften Grades aufgestellt hatten; man vergleiche die Schlußparagraphen der schon oben genannten Abh. LI, (die übrigens bereits von München aus datiert ist[2])).

Jedenfalls wurde der enge wissenschaftliche Verkehr mit Gordan, in dessen

---

[1] Vgl. eine bezügliche Mitteilung von mir in den Erlanger Berichten vom 14. Dezember 1874, sowie ausführlichere Angaben in den unten folgenden Abh. LI bis LIV. Im übrigen bedürfen alle diese Zitate einer wesentlichen Ergänzung, seit wir den Nachlaß von Gauß, wie den von Riemann genau kennen. Was Gauß angeht, so wolle man die Stücke vergleichen, die Fricke in Bd. VIII der Werke (erschienen 1900) auf S. 99—106 zusammengestellt hat. Gauß kennt die Modulfigur und hat sogar das Beispiel einer allgemeineren eindeutigen Dreieckszerlegung der $(x + iy)$-Ebene mit einer kreisförmigen Grenze. Riemann aber hat diese Dinge wie auch die einschlägigen Verhältnisse auf der $(x + iy)$-Kugel im Wintersemester 1858/59 in einer besonderen Vorlesung eingehend behandelt. Wir Fernerstehenden haben davon erst dadurch erfahren, daß der Physiker v. Bezold, der damals bei Riemann gehört hatte, seine stenographische Nachschrift besagter Vorlesung der Göttinger Universitätsbibliothek überwies (s. eine Notiz von mir in den Göttinger Nachrichten von 1897, math.-phys. Klasse, S. 190 ff.). Eine zweite Nachschrift derselben Vorlesung hat sich später bei Prof. Nägelsbach, Erlangen, vorgefunden, worüber M. Noether in den Göttinger Nachrichten von 1909, S. 23 der Geschäftlichen Mitteilungen, berichtet. Auch diese Nachschrift wurde der Göttinger Universitätsbibliothek überwiesen. Im übrigen ist der Inhalt der Riemannschen Vorlesung bereits 1902 in den überaus interessanten Nachträgen, welche M. Noether und W. Wirtinger zu Riemanns gesammelten Werken haben erscheinen lassen (Leipzig, B. G. Teubner), seiner wesentlichen Gliederung nach auf Grund des Bezoldschen Heftes, reproduziert und danach allgemein zugänglich geworden. Daß eine Drehung der $(x + iy)$-Kugel um ihren Mittelpunkt eine lineare Transformation der komplexen Variabeln nach sich zieht, findet sich übrigens schon in der posthumen Abhandlung Riemanns über Minimalflächen vermerkt, welche Hattendorff 1867 in Bd. 13 der Göttinger Abhandlungen veröffentlicht hat und die in Riemanns Gesammelten Werken unter XVII abgedruckt ist, vgl. Nr. 8 daselbst.

[2] So auch eine auf diese Resolventen bezügliche erste Mitteilung von mir in den Erlanger Sitzungsberichten vom 12. Juli 1875.

Mittelpunkt diese algebraischen Fragen standen, durch meine Übersiedelung an die Münchener Technische Hochschule, Ostern 1875, nicht unterbrochen. Einen besonderen Impuls bekam derselbe noch dadurch, daß Fuchs im Sommer 1875 Untersuchungen über algebraisch integrierbare lineare Differentialgleichungen zweiter Ordnung veröffentlichte, in denen er invariantentheoretische Überlegungen benutzte, die mit meinen Untersuchungen über reguläre Körper augenscheinlich nahe zusammenhingen und von da aus vereinfacht und vervollständigt werden konnten. Man wolle die unten folgenden Aufsätze LII und LIII, sowie die am Schluß vom LIII genannte Arbeit von Gordan in den Math. Annalen, Bd. 12 (1877) vergleichen. Aber bald kehrten wir zur Theorie der Gleichungen fünften Grades zurück. Wir erfaßten den Umkehrgedanken: *diese Theorie nicht bloß äußerlich mit der Lehre vom Ikosaeder in Verbindung zu bringen, sondern letztere geradezu zur Grundlage der Theorie zu machen.* Ich beschäftigte mich zunächst damit, die Auflösung der allgemeinen Jacobischen Gleichung sechsten Grades vermittels der Ikosaedertheorie zu bewerkstelligen. Aber am Schluß der Note, die ich hierüber am 13. November 1876 der Erlanger Sozietät vorlegte, konnte ich bereits aussprechen, daß man diejenigen Gleichungen fünften Grades, die ich später „Hauptgleichungen" nannte, d. h. die Gleichungen, bei denen die Summe der Wurzeln und die Summe der Wurzelquadrate gleichzeitig verschwinden, in einfachste Beziehung zum Ikosaeder setzen kann. Bald darauf fand ich einen ersten Beweis des von Kronecker nur erst ausgesprochenen Satzes, daß bei den allgemeinen Gleichungen fünften Grades eine Resolvente mit nur einem Parameter nicht ohne Heranziehung einer akzessorischen (d. h. durch die Wurzeln der Gleichung selbst *nicht* rational darstellbaren) Irrationalität möglich sei, sowie eine Methode, um die fünf Wurzeln einer Hauptgleichung fünften Grades explizite durch die zugehörige Ikosaederirrationalität darzustellen. Ich veröffentlichte hierüber zwei weitere Noten in den Erlanger Sitzungsberichten (vom 15. Januar und 9. Juli 1877). Im August 1877 habe ich dann die drei zusammengehörigen Noten zu einer längeren Abhandlung (Math. Annalen, Bd. 12) vereinigt, die weiter unten unter Nr. LIV abgedruckt ist. Inzwischen war Gordan nicht müßig geblieben. Es war ihm gelungen, die in Betracht kommenden Entwicklungen noch systematischer in eine Fragestellung der binären Invariantentheorie einzuordnen. Man vergleiche eine Mitteilung von ihm an die Erlanger Sozietät, ebenfalls vom 9. Juli 1877, und die zusammenfassende Darstellung in Bd. 13 der Math. Annalen (datiert vom Januar 1878). Ich habe die Gordanschen Entwicklungen immer als eine wesentliche Weiterbildung meiner vom Ikosaeder ausgehenden Ideen angesehen und ihren Grundgedanken dementsprechend in einem besonderen Kommentar, den ich weiter unten an meine Abh. LIV anschließe (S. 380—384), so gut es bei der gebotenen Kürze gelingen wollte, genauer entwickelt.

Im übrigen darf ich nicht unterlassen, an dieser Stelle der Anregung zu gedenken, welche mir in jenen entscheidenden Jahren die Korrespondenz mit Brioschi gewährt hat. Es war ein schöner Erfolg dieser persönlichen Beziehungen, daß Brioschi in Bd. 13 der Math. Annalen eine zusammenfassende Darstellung seiner eigenen früheren Untersuchungen über Gleichungen fünften Grades veröffentlichte (ausgegeben im Dezember 1877). An Brioschi ist dann auch meine erste Mitteilung über elliptische Modulfunktionen gerichtet [vgl. Istituto Lombardo (2), X; Brief vom April 1877]; ich habe dort bemerkt, daß die besondere Form der Jacobischen Gleichung sechsten Grades, von welcher Kronecker 1858 die Auflösung der Gleichungen fünften Grades abhängig gemacht hatte, im wesentlichen von der *rationalen absoluten Invariante* des elliptischen Integrals abhängt, die ich später mit J bezeichnete. Von hier bin ich dann bald auch in erneute Verbindung mit meinem alten Berliner Studiengenossen Kiepert gekommen, der schon vorher von der Weierstraßschen Theorie der elliptischen Funktionen aus an die Theorie der Gleichungen fünften Grades herangegangen war, und nun Resultate, die den meinigen sehr nahe standen, auf ganz anderem Wege erreichte; man vergleiche seine erste Mitteilung in den Göttinger Nachrichten vom 17. Juli 1878 und die ausgeführte Arbeit in Bd. 87 von Crelles Journal (1878/79).

Auf die Weiterentwicklung meiner eigenen Arbeiten über elliptische Modulfunktionen, die sich an meine Untersuchungen über das Ikosaeder unmittelbar anschließen und diese zum Teil weiterführen, kann nach dem Plane, der dem gegenwärtigen Wiederabdruck zugrunde liegt, leider erst in Bd. 3 eingegangen werden. Ich habe vielmehr als Nr. LV eine aus späterer Zeit stammende Notiz (vom Herbst 1905; Math. Annalen, Bd. 61) eingeschaltet, welche die Nichtauflösbarkeit der Ikosaedergleichung durch Wurzelzeichen in besonders anschaulicher Form nachweist. Im übrigen aber lasse ich als Nr. LVI bis LXI meine Arbeiten über höhere Gleichungen folgen, die in einem allgemeinen Programm gipfeln: *die Auflösung der Gleichungen auf die mit endlichen Gruppen linearer Substitutionen möglichst geringer Variabelnzahl verknüpften „Formenprobleme" zurückzuführen.* In erster Linie handelt es sich dabei um Gleichungen mit einer Galoisschen Gruppe von 168 Vertauschungen. Untersuchungen über die Transformation siebenter Ordnung der elliptischen Funktionen hatten mich dahin geführt, eine isomorphe Gruppe von 168 linearen Substitutionen im ternären Gebiet aufzufinden. Dies tritt in Nr. LVI (Erlanger Sitzungsberichte vom 4. März 1878) nur erst in unbestimmten Umrissen hervor. Der genaue Nachweis für die Existenz und die Eigenart dieser Substitutionsgruppe, wie sie sich durch eingehende Betrachtung des elliptischen Transformationsproblems ohne eigentliche Rechnung ergab (siehe Erlanger Sitzungsberichte vom 20. März 1878 und die Hauptarbeit in Bd. 14 der Math. Annalen, 1878/79), konnte im vorliegenden Band meiner Abhandlungen noch nicht aufgenommen werden. Vielmehr wird in Nr. LVII (vom Frühjahr 1879, Math. Annalen, Bd. 15) das Resultat einfach als bekannt hingenommen und daran die algebraische Problemstellung angeschlossen. Die Analogie führt auch gleich dazu, für beliebige Primzahlen n Gruppen linearer Substitutionen mit $\dfrac{n-1}{2}$ und $\dfrac{n+1}{2}$ Variabeln aufzustellen, welche die bei $n=5$ und $n=7$ vorher bekannten Resultate als besondere Fälle umfassen. In Bd. 17 der Math. Annalen (1880/81) sind diese Gruppen hinterher aus der Transformation n-ter Ordnung der elliptischen Thetafunktionen abgeleitet, wobei n nur als ungerade Zahl vorausgesetzt wird, was ich hier, dem Bd. 3 dieser Ausgabe vorgreifend, wieder vorweg erwähnen will. (Näheres unten im Texte.)

Mit der Abh. LVII ist meine systematische Arbeit auf dem Gebiet der endlichen Gruppen linearer Substitutionen und das Auflösungsproblem der Gleichungen abgeschlossen. Ich schildere aber gern, unter welchen besonderen Bedingungen sie in der Folge doch noch eine Fortsetzung von Fall zu Fall gefunden hat. Ich war Herbst 1880 als Professor der Geometrie an die Universität Leipzig übergesiedelt. Nun hatten sich schon in München Anzeichen einer Überarbeitung geltend gemacht, was nicht wundernehmen konnte, da ich neben meinen wissenschaftlichen Untersuchungen der Unterweisung der Ingenieure in weitgehender Weise gerecht zu werden hatte. In Leipzig haben sich dann die Anregungen und Verpflichtungen entsprechender Art noch vervielfacht, zumal meine wissenschaftliche Tätigkeit, die sich immer mehr der Riemannschen Funktionentheorie zuwandte, durch das Hervortreten der ersten Untersuchungen von H. Poincaré eine außerordentliche Belebung erfuhr. Letzteres wird in Bd. 3 dieser Abhandlungen noch erst genauer hervortreten. Die Folge war, daß im Herbst 1882, während ich an den „Neuen Beiträgen zur Riemannschen Funktionentheorie" (Math. Annalen, Bd. 21) arbeitete, meine Gesundheit vollends zusammenbrach. Ich mußte für lange Zeit Urlaub nehmen und sah mich veranlaßt, meine Tätigkeit fortan auf ein anderes Niveau einzustellen. Von der eigentlichen weiterdringenden Forscherarbeit mußte ich fürs erste absehen und lieber beginnen, das Erworbene in Vorlesungen und Seminaren zu ordnen. Solcherweise sind zunächst die „Vorlesungen über das Ikosaeder und die Auflösung der Gleichungen fünften Grades" zustande gekommen, die Ostern 1884 bei B. G. Teubner als selbständiges Werk erschienen sind[3]). Gleichzeitig erfaßte ich den Plan entsprechender Darstellungen

---

[3]) Dasselbe soll im folgenden kurz als „Ikosaederbuch" zitiert werden.

betreffend elliptische Modulfunktionen und allgemeine automorphe Funktionen, wie er späterhin durch das tatkräftige Eingreifen von R. Fricke zu glücklicher Durchführung gelangte (Modulfunktionen 1890 und 1892, automorphe Funktionen 1897 und 1912). Im übrigen begann ich 1885, mich mit einer Problemstellung eingehender zu beschäftigen, die ich schon lange vor mir gesehen hatte und die mich nun mehrere Jahre in Anspruch nehmen sollte, nämlich der Übertragung der neuen Formulierungen, die mir bei den elliptischen Funktionen geglückt waren, auf hyperelliptische und Abelsche.

An gegenwärtiger Stelle werden zunächst einige Bemerkungen über das Ikosaederbuch von 1884, bez. über dessen Verhältnis zu der unter Nr. LIV abgedruckten Ikosaederarbeit von 1877 am Platze sein. In dem Buche sind viele Einzelheiten genauer ausgeführt und es ist auch mancherlei vereinfacht, wobei mir die obengenannten Arbeiten von Gordan und Kiepert von besonderem Nutzen gewesen sind. Man vergleiche bezügliche Bemerkungen bei dem unten folgenden Abdruck von Nr. LIV. Andererseits ist doch manches, insbesondere Invariantentheoretisches, was in den Abh. LI und LIV zur Geltung kommt, weggeblieben. Mich veranlaßte dazu nicht nur der Wunsch nach Kürze der Darstellung, sondern insbesondere auch die Überlegung, daß ich von dem Leser nicht zu verschiedenartige Vorkenntnisse voraussetzen dürfe. Im übrigen ist die Darstellung des Buches, wenigstens was die Gleichungen fünften Grades angeht, historisch orientiert. Hierdurch scheint in weiteren Kreisen der Eindruck entstanden zu sein, als handele es sich bei den bezüglichen, vom Ikosaeder ausgehenden Überlegungen nur um eine *Veranschaulichung* der überkommenen Theorie. Diese Auffassung entspricht keineswegs derjenigen, die ich heute noch, zurückschauend, festhalte. Vielmehr glaube ich, daß erst durch die Voranstellung der Ikosaedertheorie (und der damit verbundenen, erst in Bd. 3 folgenden Arbeiten über elliptische Modulfunktionen) die eigentliche *Grundlage* der vorausgehenden Untersuchungen von Hermite, Kronecker und Brioschi gewonnen ist. Beweis dafür ist, daß es 1876 bis 1880 gelang, nicht nur sämtliche noch ungeklärte Punkte ihrer Theorie aufzuhellen, sondern auch in raschem Fortschritt höhere, bis dahin unzugängliche Fragestellungen anzugreifen. Ich habe jene Jahre, in welche die entscheidenden Fortschritte fallen, immer als die glücklichste Periode meiner mathematischen Produktion angesehen. Äußerlich waren sie dadurch charakterisiert, daß ich sehr oft mit Gordan zusammenkam. Als Ort hierfür haben wir zumeist, weil in der Mitte von Erlangen und München gelegen, Eichstädt gewählt, wo wir häufig den Sonntag zusammen zubrachten; Gordan sprach noch in späteren Jahren gern von der „Mathesis quercupolitana", wie er sich ausdrückte. — Leider hat dieses Zusammenarbeiten in meiner Leipziger Zeit nicht mit gleicher Ausführlichkeit aufrechterhalten werden können. So bin ich an der Weiterbearbeitung der Gleichungen siebenten Grades mit einer Galoisschen Gruppe von 168 Substitutionen, die Gordan von 1880 bis 1885 in den Bänden 17 bis 25 der Math. Annalen veröffentlichte, direkt nur wenig beteiligt gewesen. Die Grundgedanken jener Arbeiten sind dort durch die Fülle der rechnerischen Einzelheiten in hohem Grade verdeckt und haben darum bisher nur erst wenig Beachtung gefunden. Hieran hat auch der recht eingehende Bericht, den M. Noether in seinem Nachruf auf Gordan in Bd. 75 der Math. Annalen (1913/14) den einschlägigen Entwicklungen widmet, nicht viel geändert. Um so lieber habe ich jetzt an den Wiederabdruck meiner Arbeit aus Bd. 15 der Math. Annalen (Nr. LVII) einen Kommentar angeschlossen, in welchem ich diese Grundgedanken von meinem Standpunkte aus darstelle und teilweise vereinfache. Möge damit der Weiterentwicklung das Tor geöffnet sein!

Ostern 1886 bin ich endgültig nach Göttingen zurückgekehrt. Ich erfaßte wieder ein neues Arbeitsprogramm. Da Schwarz neben mir den Hauptteil des Unterrichts bestritt, konnte ich die alten Ideen meiner Bonner Studienzeit erneut aufnehmen und mich der Physik wieder annähern, indem ich allgemeine Vorlesungen über Mechanik, Potentialtheorie usw. hielt. Daneben suchte ich in Spezialvorlesungen alles das, was ich früher an rein mathematischen Untersuchungen begonnen hatte, zum Abschluß zu bringen. Die Einzelausführung aber überwies ich, soweit dies möglich schien, immer mehr geeigneten Zuhörern. In den unten folgenden Abh. LVIII und LIX sieht man, wieviel dabei für die Lehre von den endlichen Gruppen linearer Substitutionen, bez. die Auflösung höherer Gleichungen herausgekommen ist. Indem ich wegen der Einzelheiten auf die Abhandlungen selbst, bez. die ihnen beigefügten Notizen verweise, bemerke ich hier nur folgendes: Nr. LVIII knüpft ersichtlich an die alten liniengeometrischen Untersuchungen an, die bereits in Bd. 1 des gegenwärtigen Wiederabdrucks ihre Stelle gefunden haben; ich nehme damit die allgemeine Theorie der Gleichungen des sechsten und des siebenten Grades in Angriff. Nr. LIX dagegen, die sich auf die Gleichung 27. Grades bezieht, von der die geraden Linien einer Fläche dritter Ordnung abhängen, ist aus meinen schon genannten Vorträgen über hyperelliptische Funktionen erwachsen. Es handelt sich beide Male um neue quaternäre Gruppen linearer Substitutionen, die gewiß ein näheres Studium verdienten und auch bald von anderer Seite fanden. Im ganzen aber hatte ich den Eindruck, daß für mich die Frage der endlichen Substitutionsgruppen damit abgeschlossen sei. So habe ich es auch 1893 bei den Vorträgen dargestellt, die ich gelegentlich der Chicagoer Weltausstellung hielt (vgl. den Vortrag IX des schon verschiedentlich genannten Evanston Colloquiums). Ich habe damals insbesondere die Vermutung ausgesprochen, daß für Gleichungen achten und höheren Grades, sofern man die Galoissche Gruppe allgemein, die Gleichungen also ohne Affekt nehmen will, mein Ansatz von 1879 (Abh. LVII) nichts Neues liefern dürfe. Diese Vermutung ist bald hernach von Wiman in der Tat bestätigt worden[4]).

Es ist dann aber doch noch eine merkwürdige Weiterbildung (der unten in Nr. LX und LXI Rechnung getragen wird) eingetreten. Die Liste der quaternären Substitutionsgruppe ist nicht mehr wesentlich vermehrt worden, es ist aber eine sehr bemerkenswerte ternäre Gruppe von 360 Kollineationen hinzugekommen. Ihre Auffindung ist das Verdienst von Valentiner, der sie bereits 1889 durch systematischen Ansatz konstruiert hatte, dessen Arbeit aber, weil der Verfasser isoliert für sich gearbeitet und mit den Problemen der einschlägigen Literatur keine rechte Fühlung hatte, zunächst unbeachtet blieb. Für alle Beteiligten war es dann eine große Überraschung, als Wiman 1896 (in Bd. 47 der Math. Annalen) darlegte, daß besagte G_{360} mit der Gruppe der geraden Vertauschungen von sechs Dingen isomorph sei und übrigens eine algebraische Behandlung zulasse, welche in vielem Betracht mit den Ansätzen, die sich bei der ternären G_{168} als erfolgreich gezeigt hatten, analog war. Damit war naturgemäß die Aufgabe gegeben, die Auflösung der allgemeinen Gleichung sechsten Grades nicht mehr auf die quaternäre Gruppe von Nr. LVIII, sondern eben auf diese ternäre G_{360} zurückzuführen. Daß sich dies wirklich bewerkstelligen lasse, habe ich gelegentlich einer italienischen Reise (1899) in den Rendiconti dei Lincei (in einem Brief an Castelnuovo, der unter Nr. LX abgedruckt ist) in vorläufiger Fassung publiziert. Als dann Gordan 1905 seine Aufmerksamkeit auch dieser Frage zuzuwenden begann, habe ich im Dirichlet-Bande des Crelleschen Journals (Bd. 129) eine genauere Darlegung meiner Überlegungen gegeben, die auch in Bd. 61 der Math. Annalen abgedruckt wurde (s. unten Abh. LXI). Gordan hat dann in Bd. 68 der Math.

---

[4]) In den Göttinger Nachrichten 1897, math.-phys. Klasse, S. 55—62 (vorgelegt am 20. Februar; man vgl. auch Bd. 52 der Math. Annalen, 1899, wo u. a. eine Besonderheit hervortritt, welche die Gleichungen neunten Grades für die in Betracht kommenden Fragestellungen darbieten). — Die bezügliche Stelle im Evanston Colloquium (S. 74) lautet: „I want to call your particular attention to the case of the general equation of the eighth degree. I have not been able in this case to find a material simplification, so that it would seem as if the equation of the eighth degree were its own normal problem. It would no doubt be interesting to obtain certainty on this point.“

Annalen (1909) meinen Ansatz noch beträchtlich vereinfachen können, hat aber doch nicht die einfachste Formulierung getroffen, die erst Herr Coble in Bd. 70 der Math. Annalen (1911) gegeben hat. Hinsichtlich der Einzelheiten muß ich auf die Bemerkungen verweisen, die ich dem Text den Nrn. LX und LXI zugefügt habe.

Die allgemeine Entwicklung hat übrigens die Richtung genommen, überhaupt nach der Existenz höherer Gruppen linearer Substitutionen (oder auch birationaler Transformationen) zu fragen. Hierüber möge man als neueste Zusammenstellung Loewys Artikel in Bd. 1 der zweiten Auflage der deutschen Ausgabe von Pascals Repertorium der Mathematik (besorgt von Epstein, 1910) vergleichen. (Der entsprechende sehr zuverlässige Bericht von Wiman in Bd. I, 1 der Math. Enzyklopädie reicht nur bis zum Jahre 1899.)

Über den allgemeinen Charakter der im folgenden behandelten algebraischen Fragen aber möge noch folgende Bemerkung [gestattet sein. Die Bedeutung der Gruppentheorie für die Lehre von der Auflösung der algebraischen Gleichungen ist seit Galois' grundlegenden Arbeiten (1829, publiziert 1846) eine so unvergleichliche, daß man diese ganze Disziplin vielfach nur gruppentheoretisch bearbeitet, also die Entwicklungen, die durch den abstrakten Gruppenbegriff nicht ohne weiteres gegeben sind, entweder wegläßt oder doch nur als Beiwerk behandelt. Die Frage aber, welche in den nachstehend abgedruckten Arbeiten an einzelnen Beispielen zur Behandlung kommt, ist anders orientiert. *Es handelt sich darum, ob man Gleichungen gegebener Gruppe unter Festhaltung an dem zunächst zugrunde gelegten Rationalitätsbereiche auf bestimmte Normalformen reduzieren kann, oder ob man den Rationalitätsbereich zu dem Zwecke erweitern muß. Auf alle Fälle werden die algebraisch einfachsten Prozesse gesucht, die das Verlangte leisten.* Gordan pflegte dieses Gesamtgebiet (welches die Gruppentheorie selbstverständlich als bekannt voraussetzt) scherzhafterweise als „*Hypergalois*" zu bezeichnen. Vermutlich hat er Galois damit unrecht getan, denn dieser hat zweifellos genau gewußt, daß mit dem gruppentheoretischen Schema allein noch keineswegs die algebraischen Fragestellungen erschöpft sind.   K.

L. Über eine geometrische Repräsentation der Resolventen algebraischer Gleichungen.

[Math. Annalen, Bd. 4 (1871).]

Die allgemeine Theorie der algebraischen Gleichungen wird in schönster Weise durch eine Anzahl besonderer geometrischer Beispiele illustriert; ich erinnere nur [1]) an das Problem der Wendepunkte der Kurven dritter Ordnung, an die 28 Doppeltangenten der Kurven vierter Ordnung, an die 27 Linien auf den Flächen dritten Grades usw., dann aber namentlich auch an die Kreisteilung [2]).

Der hohe Nutzen dieser Beispiele liegt darin, daß sie die an und für sich so eigenartig abstrakten Vorstellungen der Substitutionstheorie in anschaulicher Weise dem Auge vorführen. Sie beziehen sich zumeist auf Gleichungen von sehr partikulärem Charakter, zwischen deren Wurzeln besondere Gruppierungen statthaben, und lassen also übersehen, wieso derartige besondere Gleichungen auftreten können. Ich will nun im folgenden auf eine Methode aufmerksam machen, vermöge deren man ein geometrisches Bild für die *allgemeinen* Gleichungen eines beliebigen Grades erhält, insbesondere für diejenigen Gruppierungen der Wurzeln einer solchen Gleichung, wie man sie zur Aufstellung der Resolventen gebraucht. Diese Methode benutzt als Bild für die n Wurzeln einer Gleichung n Elemente des Raumes von $(n-2)$ Dimensionen und ersetzt die Vertauschungen der Wurzeln unter sich durch diejenigen linearen Transformationen des genannten Raumes, durch welche die n gegebenen Elemente in sich übergeführt werden. Vermöge dieser Repräsentation wird die Theorie der Gleichungen n-ten Grades in einen merkwürdigen Zusammenhang gebracht mit der Theorie der Kovarianten von n Elementen eines Raumes von $n-2$ Dimensionen, so zwar, daß jede der beiden Theorien geradezu als ein Bild der anderen angesehen werden kann. — Das Wesentliche an dieser

---

[1]) Vgl. Camille Jordan. Traité des Substitutions. Paris 1870, S. 301 ff.

[2]) [Als Kreisteilungsgleichung wird hier, im Gegensatz zu der sonst üblichen Ausdrucksweise, irgendeine „reine" Gleichung $x^n = A$ bezeichnet, wobei A als Parameter und die Einheitswurzel $\varepsilon = e^{\frac{2\pi i}{n}}$ als adjungiert gilt. K.]

Vorstellungsweise ist, daß die Vertauschungen der n Wurzeln unter sich im geometrischen Bilde ersetzt werden durch lineare Transformationen eines kontinuierlichen Raumes. Auch Gleichungen von partikulärer Art kann man in ähnlicher Weise geometrisch versinnlichen, wobei dann nicht mehr alle, sondern nur die charakteristischen Vertauschungen ihrer Wurzeln im Bilde als lineare Raumtransformationen erscheinen. Ich beschränke mich im folgenden darauf, zu zeigen, daß eben dieser Charakter des geometrischen Bildes sich bei den Wendepunkten der Kurven dritter Ordnung und bei den Kreisteilungsgleichungen vorfindet. — Weiterhin will ich dann noch für die allgemeinen Gleichungen sechsten Grades eine auf denselben Prinzipien begründete Repräsentation geben, welche der Liniengeometrie entnommen ist, und durch welche man ein in sich geschlossenes System von 360 linearen und 360 reziproken Umformungen des Raumes von drei Dimensionen kennen lernt. Dabei tritt insbesondere auch die bekannte Resolvente sechsten Grades solcher Gleichungen in Evidenz, welche der besonderen[3]) Gruppe von 120 Substitutionen entspricht, die sich bei sechs Elementen aufstellen läßt und nicht mit den 120 Substitutionen von fünf Elementen identisch ist.

Die nächste Veranlassung zu den hiermit angedeuteten Dingen sind mir die geometrischen Betrachtungen gewesen, die Herr Clebsch in den Math. Annalen, Bd. 4 (1871), S. 284 ff. behufs Diskussion der Gleichungen fünften Grades angewandt hat, und welche mir derselbe in wiederholten persönlichen Unterhaltungen mitzuteilen die Güte hatte. Auf der anderen Seite stehen dieselben im engsten Zusammenhange mit den Betrachtungen über lineare Transformationen geometrischer Gebilde in sich selbst, wie dieselben von Herrn Lie und mir in dem Aufsatze: „Über diejenigen ebenen Kurven, welche durch ein geschlossenes System von einfach unendlich vielen vertauschbaren linearen Transformationen in sich übergehen“ in den Math. Annalen, Bd. 4 (1871) [vgl. Abh. XXVI in Bd. 1 dieser Ausgabe] auseinandergesetzt worden sind.

I.

Geometrische Repräsentation für die Gleichungen n-ten Grades.

Es seien n Elemente (oder n ebene Mannigfaltigkeiten von $(n-3)$ Dimensionen) des Raumes von $(n-2)$ Dimensionen gegeben. Dieselben gehen durch ein geschlossenes System[4]) von $n!$ linearen Transformationen des betreffenden Raumes in sich über.

---

[3]) Vgl. Serret. Traité d'Algèbre Supérieure. Deutsche Ausgabe, Leipzig 1868, Bd. II, S. 250.

[4]) Unter einem geschlossenen Systeme von Transformationen soll hier, wie dies bereits in der zitierten Arbeit von Herrn Lie und mir geschehen ist, ein System verstanden werden, dessen Transformationen miteinander kombiniert immer wieder Transformationen des Systems ergeben [also, nach moderner Terminologie, eine Gruppe].

Man kann nämlich allgemein durch eine lineare Transformation eines solchen Raumes n Elemente desselben in n beliebige überführen; es ist andererseits die Transformation vollkommen bestimmt, wenn n voneinander unabhängige entsprechende Elementenpaare gegeben sind. Insbesondere kann man nun n Elemente mit ihren n entsprechenden in beliebiger Reihenfolge zusammenfallen lassen. Es gibt hiernach so viele lineare Transformationen des Raumes, durch die beliebig gewählte n Elemente in sich übergeführt werden, als es Permutationen von n Dingen gibt, also $n!$. Diese Transformationen bilden ein geschlossenes System, da beliebig viele von ihnen miteinander kombiniert wieder eine lineare Transformation ergeben, durch welche die Gesamtheit der n Elemente ungeändert bleibt, die also selbst dem gegebenen Systeme angehört.

Ein Beispiel bilden: 3 Punkte einer Geraden, welche durch 6, 4 Punkte einer Ebene, welche durch 24, 5 Punkte des Raumes, welche durch 120 lineare Transformationen ihrer bezüglichen Träger in sich übergehen.

Auf ein beliebiges Element des Raumes von $(n-2)$ Dimensionen denke ich mir nun die $n!$ Transformationen angewandt, welche die n gegebenen Elemente untereinander vertauschen. Dasselbe nimmt dann im allgemeinen $n!$ verschiedene Lagen an. *Das System der somit erzeugten $n!$ Elemente ist das Bild der Galoisschen Resolvente der durch die n gegebenen Elemente vorgestellten Gleichungen n-ten Grades.*

Für besondere Annahmen des beliebigen Elementes können die $n!$ Elemente, welche aus ihm hervorgehen, zu mehreren jedesmal zusammenfallen. Die Galoissche Resolvente wird dann eine Potenz eines Ausdrucks, der als eine besondere Resolvente bezeichnet wird.

Als Bild jeder besonderen Resolvente erscheinen also diejenigen Elementengruppen, welche mehrfach zählend in den allgemeinen Gruppen von $n!$ Elementen enthalten sind.

Diese geometrischen Definitionen sind einer analytischen Einkleidung fähig, welche die vollkommene Identität derselben mit den gewöhnlichen Definitionen der Substitutionstheorie klar darlegt. Die n gegebenen Elemente mögen durch ihre Gleichungen vorgestellt sein:

$$p = 0, \quad q = 0, \quad r = 0, \ldots$$

Zwischen den linearen Ausdrücken $p, q, r \ldots$ besteht eine lineare identische Gleichung. Wir wollen nun die Ausdrücke $p, q, r, \ldots$ von vornherein mit solchen Konstanten multipliziert denken, daß die Identität die Form hat:

$$0 = p + q + r + \ldots$$

Unter dieser Annahme sind die $n!$ Transformationen des Raumes dargestellt, indem man die neuen $p, q, r, \ldots$ den früheren in beliebiger Reihenfolge gleichsetzt. Die fraglichen linearen Transformationen sind also in ganz gleicher Weise bezeichnet, wie die Vertauschungen von n Dingen $p, q, r, \ldots$

Sei ferner ein beliebiges Element gegeben [wobei es als unwesentlich angesehen werden muß, daß wir uns vorab auf Elemente beschränken, die durch eine lineare Gleichung zwischen den Koordinaten dargestellt werden; auf S. 269 ff. finden sich schon andere Ansätze]:

$$0 = ap + bq + cr + \ldots$$

Die $n!$ Elemente, die aus diesem durch die betr. Transformationen hervorgehen, sind dargestellt durch alle diejenigen Gleichungen, welche aus der vorstehenden durch die Vertauschungen der $p, q, r, \ldots$ oder, was auf dasselbe herauskommt, der $a, b, c \ldots$ abgeleitet werden können. Die Multiplikation aller dieser Gleichungen miteinander ergibt die Gleichung der ganzen Elementengruppe, die das Bild der Galoisschen Resolvente ist. Besonderen Werten von $a, b, c, \ldots$ entsprechend kann dann diese Resolvente die Potenz eines niederen Ausdruckes werden.

Wir wollen das Gesagte durch das Beispiel $n = 4$, also das Viereck, oder, was bequemer ist, das Vierseit in der Ebene[5]) illustrieren.

Die vier Seiten desselben seien vorgestellt durch:

$$p = 0, \quad q = 0, \quad r = 0, \quad s = 0,$$

wobei die Identität besteht:

$$p + q + r + s = 0.$$

Aus jeder beliebig angenommenen Geraden:

$$ap + bq + cr + ds = 0$$

entsteht im allgemeinen ein System von 24 zusammengehörigen. Dieselben kann man leicht in folgender Weise konstruieren. Die beliebig angenommene Gerade schneidet die vier Seiten des Vierseits in vier Punkten, welche mit den jedesmal auf einer solchen Seite liegenden drei Eckpunkten des Vierseits ein gewisses Doppelverhältnis bestimmen. Man konstruiere nun auf jeder Seite diejenigen 24 Punkte (von denen der jedesmalige Schnittpunkt einer ist), welche mit den drei auf der Seite liegenden Eckpunkten, die letzteren in beliebiger Reihenfolge genommen, eins der vier Doppelverhältnisse bilden. Diese viermal 24 Punkte liegen zu vier vierundzwanzigmal auf einer Geraden; diese 24 Geraden (von denen die gegebene eine ist), sind die gesuchten.

Geht die beliebig gewählte Gerade insbesondere durch einen Eckpunkt des Vierseits, so erhält man, wie leicht zu sehen, nur zwölf Gerade, die paarweise durch die Eckpunkte des Vierseits gehen. In der Tat, wenn

---

[5]) [Vgl. Clebsch a. a. O., § 4.]

die gegebene Gerade durch einen Eckpunkt geht, müssen zwei der Koeffizienten a, b, c, d einander gleich werden. Die Galoissche Resolvente wird dementsprechend das Quadrat einer Gleichung zwölften Grades.

Insbesondere kann die gegebene Gerade durch zwei gegenüberstehende Eckpunkte des gegebenen Vierseits gehen. Dann erhält man nur noch Systeme von drei Geraden, nämlich die drei Diagonalen des Vierseits. Dieselben sind das Bild einer Resolvente dritten Grades, und man wird auch auf eine solche geführt, wenn man die a, b, c, d paarweise gleichnimmt, also etwa, was wegen der zwischen den p, q, r, s bestehenden Identität gestattet ist, $a = b = 1$, $c = d = -1$ wählt.

II.

Die Kovarianten von n Elementen des Raumes von $n - 2$ Dimensionen.

Die Gruppen von $n!$ Elementen, welche nach dem Vorstehenden gegebenen n Elementen des Raumes von $(n - 2)$ Dimensionen zugeordnet werden, sind offenbar *Kovarianten* des Systems gegebener Elemente, in welchen die absoluten, durch lineare Transformationen unveränderlichen Zahlenwerte (Doppelverhältnisse), durch welche das hinzutretende Element mit Bezug auf die n gegebenen festgelegt wird, als Parameter fungieren.

Die Gleichungen dieser Kovarianten haben eine merkwürdige Eigenschaft. *Sie sind rational aus den symmetrischen Funktionen der p, q, r, ... zusammensetzbar.* Es geht das unmittelbar aus der Entstehung dieser Gleichungen hervor, die wir erhielten, indem wir in einer beliebigen linearen Gleichung die p, q, r, ... auf alle Weisen vertauschten und dann die resultierenden Gleichungen zusammen multiplizierten.

Es versteht sich dabei von selbst, daß die Gleichungen der besonderen Elementengruppen, welche, besonderen Resolventen entsprechend, mehrfach zählend in den allgemeinen Gruppen enthalten sind, in der die Multiplizität ausdrückenden Potenz genommen werden müssen, damit auch auf sie diese Darstellung Anwendung finde.

Andererseits ist ersichtlich, daß von den symmetrischen Funktionen der p, q, r, ... eine, nämlich ihre Summe, entsprechend der Identität:

$$0 = p + q + r + \ldots,$$

in Wegfall kommt.

Nun läßt sich leicht einsehen, *daß die bisher betrachteten Gruppen von $n!$ Elementen die einzig denkbaren Kovarianten der gegebenen n Elemente sind, welche von getrennten einzelnen Elementen gebildet werden, oder allgemeiner, daß jede Kovariante der gegebenen n Elemente*

$$p = 0, \quad q = 0, \quad r = 0, \ldots$$

rational und ganz aus den $(n-1)$ *nicht verschwindenden symmetrischen Funktionen der* $p, q, r, \ldots$ *zusammengesetzt ist.*

In der Tat, jede Kovariante muß durch dieselben linearen Transformationen in sich übergehen, wie das ursprüngliche Gebilde. Ihre Gleichung muß also durch die $n!$ Vertauschungen der $p, q, r, \ldots$ unter sich im vorliegenden Falle ungeändert bleiben, muß sich also nach bekannten Sätzen rational durch die symmetrischen Funktionen ausdrücken lassen.

Dieses Raisonnement bedarf noch einer Ergänzung in demselben Sinne, wie eine solche für die (mehrfach zählenden) Kovarianten von weniger als $n!$ Elementen notwendig war. Die Gleichung der Kovariante braucht nämlich nicht völlig bei den Vertauschungen der $p, q, r, \ldots$ ungeändert zu bleiben, sondern es kann dabei ein Faktor vortreten. Dieser Faktor kann aber nur eine Einheitswurzel sein, insofern die Wiederholung einer bestimmten Vertauschung endlich einmal die Identität erzeugt, und also eine bestimmte Potenz des Faktors gleich der Einheit wird. Die entsprechende Potenz der Kovariantengleichung bleibt dann bei den Vertauschungen der $p, q, r, \ldots$ völlig ungeändert; sie ist es, die wir als eigentliche Kovariante ansprechen müssen, und die sich rational aus den symmetrischen Funktionen der $p, q, r. \ldots$ zusammensetzen läßt.

Es ist durch die letzten Betrachtungen die Theorie der Kovarianten von n Elementen im Raume von $(n-2)$ *Dimensionen in engste. Verbindung gesetzt mit der Theorie der Gleichungen n-ten Grades.*

Als Beispiel der Anwendbarkeit solcher Überlegungen für die Theorie der Kovarianten folge hier die aus ihnen entspringende Behandlung des einfachsten Falles $n = 3$, also die Behandlung *der kubischen binären Formen.*

Es sei eine kubische binäre Form f gegeben. Dieselbe sei vorgestellt durch drei Punkte einer geraden Linie. So kann man die gerade Linie durch sechs lineare Transformationen umformen (unter denen die Identität ist), durch welche die gegebenen drei Punkte untereinander vertauscht werden. Durch dieselben gruppieren sich die Punkte der Geraden zu sechs zusammen. *Diese Gruppen von je sechs Punkten sind Kovarianten der gegebenen kubischen Form; andere Kovarianten gibt es nicht,* in dem Sinne, daß jede Kovariante sich in eine Anzahl solcher Gruppen von sechs Punkten auflösen muß.

Es ist nun leicht, sich von dem geometrischen Charakter dieser Punktgruppen Rechenschaft zu geben, und dadurch erledigt sich zugleich die Frage: ob etwa unter denselben Potenzen von niederen Gruppen enthalten sind. Eine Gruppe von sechs Punkten enthält nämlich, wie dies unmittelbar aus der Erzeugung folgt, wie dies andererseits auch zu ihrer Definition hinreicht, solche sechs Punkte, welche mit den gegebenen drei, wenn man deren Reihenfolge beliebig vertauscht, das nämliche Doppelverhältnis bilden, oder, was dasselbe ist, sie enthält solche sechs Punkte, die mit den gegebenen drei, die letzteren in fester Reihenfolge gedacht, sechs zusammengehörige Doppelverhältnisse bilden. Zusammengehörig heißen dabei jedesmal diejenigen sechs Doppelverhältnisse, welche bei veränderter Reihenfolge von vier gegebenen Punkten auftreten.

Es geht hieraus hervor, daß sich unter den einfach unendlich vielen Gruppen von je sechs Punkten, außer derjenigen, welche doppelt zählend durch $f = 0$ selbst vorgestellt wird, zwei ausgezeichnete finden werden, entsprechend einem harmonischen und einem äquianharmonischen Verhältnisse.

Die Gruppe der harmonisch liegenden Punkte besteht aus drei doppelt zählenden Punkten. Dieselben bilden die Kovariante dritten Grades, welche in der Theorie der binären kubischen Formen gewöhnlich mit Q bezeichnet wird.

Die Gruppe der äquianharmonisch liegenden Punkte umfaßt nur zwei dreifach zählende Punkte. Dieselben konstituieren die quadratische Kovariante Δ der gewöhnlichen Theorie.

Recht anschaulich hat man die gegenseitige Beziehung der Formen f, Q, Δ, wenn man sie nicht als Punkte einer Geraden, sondern als Strahlen eines Büschels interpretiert und dabei die beiden Strahlen $\Delta = 0$ nach den imaginären Kreispunkten der unendlich fernen Geraden hingehen läßt. $f = 0$ wird sodann von drei Strahlen gebildet, welche miteinander gleiche Winkel $= \frac{2}{3}R$ einschließen. $Q = 0$ umfaßt die Halbierungslinien der von diesen drei Strahlen gebildeten Winkel. Endlich jede sechselementige Gruppe besteht aus solchen sechs Strahlen, welche mit den Elementen von $f = 0$ Winkel $= \pm \varphi$ einschließen, wo φ irgendeine Neigung bezeichnet. Die linearen Transformationen, durch welche $f = 0$ und also auch $Q = 0$ und $\Delta = 0$, sowie jede sechselementige Gruppe in sich übergehen, bestehen einmal in Rotationen des Strahlbüschels in seiner Ebene um jedesmal $\frac{2}{3}R$, sodann in einer Rotation des Strahlbüschels um ein Element von $f = 0$ um $2R$, durch welche die Ebene des Büschels umgelegt wird.

Unter Zugrundelegung der Faktoren von Δ als Variabeln übersieht man nun leicht, daß sich jede sechselementige Gruppe aus zwei solchen linear und homogen zusammensetzt. Man hat daher zwischen je drei sechselementigen Gruppen eine homogene lineare Gleichung. Insbesondere wird eine solche Gleichung zwischen f^2, Q^2, Δ^3 existieren, etwa:

$$\Delta^3 = \varrho f^2 + \sigma Q^2.$$

Es ist bekannt, wie auf einer Identität dieser Form die Auflösung der kubischen Gleichungen beruht.

Wie vorstehend die Theorie der Kovarianten dreier Punkte der Geraden aus der Betrachtung der Vertauschung von drei Elementen unter sich abgeleitet wurde, so wird man in ganz ähnlicher Weise die Kovarianten des Vierseits in der Ebene, des Pentaeders im Raume u. s. w. f. behandeln können. Hierzu eine Bemerkung, die partikulär für das Pentaeder ausgesprochen werden soll, aber die ganz geradeso auf den allgemeinen Fall Anwendung findet. Als Resolvente der Gleichung fünften Grades, welche durch ein Pentaeder im Raume repräsentiert wird, kann nicht nur ein System von 120 zusammengehörigen Ebenen oder Punkten, sondern überhaupt von 120 zusammengehörigen (d. h. aus einem durch Anwendung der Transformationen hervorgehenden) geometrischen Gebilde, Kurven, Flächen usw. gelten. Wenn nun auf einer kovarianten Fläche des Pentaeders etwa eine endliche Anzahl besonderer Kurven aufliegt, so werden sich dieselben immer zu solchen Resolventen zusammengruppieren; was man auch so aussprechen kann: *alle Gleichungen, zu denen kovariante Flächen des Pentaeders Anlaß geben können, lassen sich in solche zerlegen, welche Resolventen der einen Gleichung fünften Grades sind.*

Ein Beispiel ist das folgende. Es seien die fünf Pentaederebenen:

$$p = 0, \quad q = 0, \quad r = 0, \quad s = 0, \quad t = 0,$$

und sei, wie immer:

$$p + q + r + s + t = 0.$$

So gibt es eine kovariante Fläche dritten Grades[6]):

$$p^3 + q^3 + r^3 + s^3 + t^3 = 0.$$

Die 27 Geraden dieser Fläche zerfallen, wie dies auch Herr Clebsch a.a.O. nachgewiesen hat, in zwei Gruppen, in eine von 15 (dieselben zählen als Glieder einer Galoisschen Resolvente achtmal), und in eine von 12 (welche zehnmal zählen).

III.

Die Gleichung für die Wendepunkte der Kurven dritter Ordnung. Die Kreisteilung.

Es ist bereits im Eingange hervorgehoben worden, daß das Wesentliche an der im vorstehenden vorgetragenen Repräsentation für die Gleichungen n-ten Grades das ist, *daß die Vertauschungen der Wurzeln unter sich im Bilde durch lineare Transformationen des Raumes ersetzt werden können.* Ich will jetzt zeigen, daß die Darstellung, welche gewisse Gleichungen neunten Grades durch die Wendepunkte der Kurven dritter Ord-

---

[6]) Auf die Eigenschaft dieser Flächen, durch lineare Transformationen in sich überzugehen, bin ich zuerst durch Herrn Lie aufmerksam gemacht worden.

nung finden, einen ähnlichen Charakter besitzt. Dasselbe gilt für die Kreisteilungsgleichungen. Es tritt nur in beiden Fällen der Umstand modifizierend hinzu, daß die geometrisch repräsentierten Gleichungen nicht mehr die allgemeinen ihres Grades sind, sondern daß unter ihren Wurzeln Gruppierungen stattfinden. Entsprechend finden in dem geometrischen Bilde nicht mehr alle Vertauschungen der Wurzeln ihre Darstellung durch lineare Transformationen, sondern nur gewisse, mit den Gruppierungen der Wurzeln eng verknüpfte.

Was zunächst die Gleichung der Wendepunkte betrifft, so ist leicht zu sehen, *daß eine allgemeine ebene Kurve dritter Ordnung und insbesondere ihre Wendepunkte durch 18 lineare Transformationen in sich übergehen.* Man überzeugt sich davon am einfachsten, wenn man von der kanonischen Gleichungsform der auf ein Wendepunktsdreieck bezogenen Kurve ausgeht. Dieselbe ist:

$$0 = a\,(x_1^3 + x_2^3 + x_3^3) + b\,x_1 x_2 x_3\,.$$

Die betreffenden linearen Transformationen setzen sich zusammen aus Vertauschungen der x unter sich und Multiplizieren derselben mit passenden dritten Wurzeln der Einheit.

Durch diese Transformationen geht nun nicht nur die gegebene Kurve f, sondern auch ihre Hessesche Determinante Δ, überhaupt jede Kurve des Büschels $f + \lambda \Delta$ in sich über.

Dadurch, daß diese Transformationen gleichzeitig einfach unendlich viele Kurven dritter Ordnung in sich überführen, ist der Widersinn gehoben, der bei einer ersten Abzählung darin liegt, daß eine allgemeine Kurve dritter Ordnung, welche doch von neun Konstanten abhängt, durch eine endliche Anzahl linearer Transformationen, die ja nur acht Parameter enthalten, in sich übergehen soll.

Als geometrisches Bild für die Gleichung neunten Grades betrachten wir nun nicht die Kurve dritter Ordnung, welche die Wendepunkte besitzt, sondern *die Wendepunkte selbst und den Transformationszyklus, durch welche diese untereinander vertauscht werden.*

Jede Gleichung, zu der eine Kurve dritter Ordnung, ohne daß dabei ein fremdes Element benutzt wird, Veranlassung geben kann, muß sich in Resolventen der Wendepunktsgleichung zerlegen lassen. Man suche z. B. nach solchen Dreiecken, deren Seiten die C_3 jedesmal in einer Ecke berühren. Die Darstellung der C_3 durch elliptische Funktionen zeigt sofort, daß es 24 solcher Dreiecke gibt. Die Auffindung derselben kommt nämlich auf Neunteilung der elliptischen Funktionen heraus; von den 81 durch dieselbe gelieferten Werten beziehen sich neun auf die Wendepunkte selbst und die 72 übrigen ergeben zu drei jedesmal dasselbe Dreieck. Nun aber schreibt sich die C_3 mit Bezug auf ein solches Dreieck als Fundamentaldreieck folgendermaßen:

$$0 = a\left(x_2 x_3^2 + x_3 x_1^2 + x_1 x_2^2\right) + b\,x_1 x_2 x_3.$$

Wenn man x_1, x_2, x_3 zyklisch vertauscht, bleibt diese Gleichung und das Dreieck ungeändert. Diesen Vertauschungen entsprechen lineare Transformationen, welche in den obengenannten 18 enthalten sind; denn nur diese besitzen die Eigenschaft, die C_3 in sich überzuführen. Das Dreieck bleibt also ungeändert durch drei der 18 Transformationen, durch welche die C_3 in sich übergeht. Jedesmal sechs Dreiecke bilden also eine unveränderliche Gruppe, eine Resolvente der Wendepunktsgleichung. Die Auflösung der Gleichung 24-ten Grades, welche die Dreiecke bestimmt, verlangt zunächst die Lösung einer Gleichung vom vierten Grade zur Bestimmung der Gruppen von je sechs zusammengehörigen Dreiecken, sodann nur noch die Lösung der Wendepunktsgleichung. — Man kommt natürlich auf dasselbe Resultat, wenn man die Neunteilung der elliptischen Funktionen behandelt. —

Hierzu noch die beiläufige Bemerkung, daß mit den 18 hier betrachteten linearen Transformationen eng verbunden sind 18 reziproke Transformationen. Dieselben erhält man aus den 18 linearen, unter x_i, u_i Punkt- und Linienkoordinaten mit Bezug auf ein Wendepunktsdreieck verstanden, wenn man die x_i mit den u_i vertauscht. An Stelle der Wendepunkte treten dann deren harmonische Polaren, an Stelle des Büschels $f + \lambda\,\Delta$ das Büschel der die Polaren berührenden Kurven dritter Klasse usw. Bei diesem Gesichtspunkte erscheint die Untersuchung der 18 linearen und 18 reziproken Transformationen als Hauptproblem; dabei erledigt sich denn nebenher die Theorie der Kurven dritter Ordnung oder dritter Klasse und deren wechselseitige Zusammengehörigkeit.

Was die *Kreisteilungsgleichungen* oder die projektivischen Verallgemeinerungen derselben, die *Gleichungen der zyklischen Projektivität*[7]), angeht, so übersieht man sofort, wieso bei ihnen die charakteristischen Vertauschungen der Wurzeln im geometrischen Bilde durch lineare Transformationen (Rotationen der Ebene um den Mittelpunkt des Kreises) ersetzt werden können.

IV.

Geometrische Repräsentation der allgemeinen Gleichung sechsten Grades.

Ich wende mich jetzt zur Erörterung der besonderen geometrischen Repräsentation, welche man für die Gleichungen sechsten Grades aufstellen kann. *Dieselbe stellt die Wurzeln der Gleichung durch sechs paarweise*

---

[7]) Clebsch im Crelleschen Journal, Bd. 63 (1863/64), S. 120.

in Involution liegende lineare Komplexe dar; den Vertauschungen derselben unter sich entsprechen lineare Umformungen des Punktraumes.

Die dabei in Betracht kommenden geometrischen Dinge sind größenteils dieselben, welche ich in dem Aufsatze: „Zur Theorie der Linienkomplexe des ersten und zweiten Grades" in den Math. Annalen, Bd. 2 (1870) [vgl. Abh. II in Band 1 dieser Ausgabe] auseinandergesetzt habe. Gemäß den dortigen Erörterungen besteht zwischen sechs linearen Komplexen:

$$x_1 = 0, \ x_2 = 0, \ \ldots, \ x_6 = 0,$$

welche paarweise miteinander in Involution liegen (vgl. den genannten Aufsatz), eine identische Gleichung von der Form:

$$0 = x_1^2 + x_2^2 + \ldots + x_6^2.$$

Nun benutze ich ferner einen Satz der Liniengeometrie, den ich unter einer etwas weniger allgemeinen Form in meiner Inauguraldissertation[8]) ausgesprochen habe. Derselbe lautet folgendermaßen:

Es mögen der Koordinatenbestimmung der geraden Linie sechs beliebige lineare Komplexe zugrunde gelegt sein; dieselben werden eine identische Gleichung zweiten Grades befriedigen:

$$R = 0.$$

Einer kollinearen oder reziproken Umformung des Raumes entspricht eine lineare Transformation der Linienkoordinaten, bei welcher R in ein Multiplum seiner selbst übergeht. Umgekehrt, setzt man statt der Linienkoordinaten solche lineare Ausdrücke, daß R dadurch in ein Multiplum seiner selbst übergeführt wird, so entspricht dem eine kollineare oder reziproke Umformung des Raumes.

In dem hier vorliegenden Falle wird nun durch eine Vertauschung der x untereinander die Identität, welche zwischen denselben besteht, in ihrer Form nicht geändert. Jeder Vertauschung der x entspricht also eine kollineare oder reziproke Umformung des Raumes, und zwar ist es eine kollineare oder eine reziproke, je nachdem die Vertauschung der x aus einer geraden oder ungeraden Anzahl von Transpositionen zusammengesetzt ist.

Die 720 Vertauschungen der sechs Komplexe x untereinander oder die mit denselben gleichbedeutenden 360 kollinearen und 360 reziproken Umformungen des Raumes gruppieren einerseits jedesmal 720 Linien, andererseits je 360 Punkte und 360 Ebenen zusammen; jede solche Gruppe ist ein Bild der Galoisschen Resolvente der durch die sechs Komplexe vorgestellten Gleichung sechsten Grades.

---

[8]) „Über die Transformation der allgemeinen Gleichung des zweiten Grades zwischen Linienkoordinaten auf eine kanonische Form." Bonn 1868. C. Georgi. [Vgl. Abh. I in Bd. 1 dieser Ausgabe.]

Es ist hier nicht meine Absicht, diese Gruppen näher zu untersuchen, was übrigens im Anschlusse an die Linien-Koordinatenbestimmung sehr leicht ist; ich will hier nur darauf hinweisen, wie die Systeme von geraden Linien, welche bezüglich 2, 3, 4 der Komplexe gemeinsam sind [vgl. die zitierte Abh. II], Beispiele für besondere Resolventen bilden.

Je zwei der sechs gegebenen Komplexe haben eine Kongruenz gemein und diese besitzt zwei Direktrizen. Es gibt $\frac{6 \cdot 5}{2} = 15$ derartiger Direktrizenpaare. Diese Direktrizenpaare sind zugleich diejenigen Linienpaare, welche den vier übrigen Komplexen jedesmal gemeinsam sind.

Die 15 Direktrizenpaare sind das Bild einer Resolvente fünfzehnten Grades.

Die 15 Direktrizenpaare bilden nun die Kanten von 15 Tetraedern (dementsprechend, daß man sechs Elemente auf 15 Weisen in drei Gruppen von zwei teilen kann).

Diese 15 Tetraeder stellen eine zweite Resolvente fünfzehnten Grades dar.

Aus den 15 Tetraedern nun kann man auf sechs Weisen solche fünf aussuchen, die zusammen alle 30 Direktrizen zu Kanten haben.

Diese Gruppen von fünf Tetraedern repräsentieren eine Resolvente des sechsten Grades.

Es ist dies die schon im Eingange erwähnte von der gegebenen Gleichung verschiedene Resolvente des sechsten Grades.

Je drei der gegebenen sechs Komplexe haben die Linien einer Erzeugung eines Hyperboloids gemein, während die Linien der anderen Erzeugung desselben Hyperboloids den übrigen drei Komplexen angehören. Es gibt zehn derartige Hyperboloide, entsprechend den zehn Möglichkeiten, sechs Dinge in zwei Gruppen von drei zu teilen.

Die Hyperboloide bilden eine Resolvente des zehnten Grades.

Ich will dabei ausdrücklich hervorheben, daß die Gleichung sechzehnten Grades, von der die Bestimmung der Singularitäten der Kummerschen Fläche vierten Grades mit 16 Knotenpunkten abhängt[9]) und die, wie ich a. a. O. gezeigt habe, in unmittelbarer Beziehung zu einem System von sechs linearen Komplexen der hier betrachteten Art steht, *keine* Resolvente der durch die Komplexe repräsentierten Gleichung sechsten Grades ist. Vielmehr ist ihre Beziehung zu der Gleichung sechsten Grades derartig, daß man ihre 16 Wurzeln durch das Symbol

$$(a_1 x_1 \pm a_2 x_2 \pm \ldots \pm a_6 x_6)^2$$

---

[9]) Daß die Auflösung dieser Gleichung nur die Lösung einer allgemeinen Gleichung sechsten Grades und mehrerer quadratischer verlangt, hat zuerst Herr Camille Jordan in der Abhandlung „Sur une équation du 16ème degré" (Crelles Journal, Bd. 70 (1869) nachgewiesen.

darstellen kann, wo die Vorzeichen der a nur so genommen werden sollen, daß die Zahl der gleichen Vorzeichen immer eine gerade ist[10]).

Zum Schlusse will ich noch darauf hinweisen, wie die hier vorgetragene geometrische Repräsentation der Gleichungen sechsten Grades den algebraischen Charakter einiger der Aufgaben übersehen läßt, die in dem allgemeinen Probleme enthalten sind: *diejenigen rationalen Umformungen anzugeben, durch welche eine allgemeine Gleichung sechsten Grades in eine andere übergeführt wird, welche eine bestimmte Invarianteneigenschaft besitzt.* Eine Methode zur Behandlung dieses Problems ist allerdings bereits von Herrn Clebsch in den Math. Annalen, Bd. 4, S. 289 bis 290 nicht nur für die Gleichungen des sechsten Grades, sondern für die eines beliebigen Grades angedeutet; es ist aber vielleicht immer interessant, zu sehen, wie sich diese Dinge bei der hier angewandten geometrischen Repräsentation stellen.

Den sechs Komplexen x entsprechen in einer beliebigen Ebene des Raumes sechs Punkte, welche auf einem Kegelschnitte liegen [vgl. die zitierte Abh. II]. Diese sechs Punkte sollen die gegebene Gleichung sechsten Grades vorstellen. Gibt man der Ebene nun irgendeine andere Lage, so geht die gegebene Gleichung sechsten Grades durch rationale Substitution in eine andere über. Insbesondere kann man der Ebene solche Lagen geben, daß die Gleichung ausgezeichnete Invarianteneigenschaften erhält.

Legt man z. B. die Ebene durch einen der vier Eckpunkte der eben erwähnten 15 Tetraeder hindurch, so verschwindet für die resultierende Gleichung die Invariante R; die sechs entsprechenden Punkte bilden eine Involution.

Fällt die Ebene in eine der 60 Seitenflächen der 15 Tetraeder, so rücken die sechs Punkte in ihr in drei doppelt zählende Punkte zusammen.

Berührt endlich etwa die Ebene eins der zehn eben genannten Hyperboloide, so zerfällt der Kegelschnitt, der die sechs Punkte enthält, in zwei Gerade, auf deren jeder drei Punkte liegen. Die Gleichung sechsten Grades ist also dann durch eine quadratische Gleichung und zwei kubische lösbar.

Göttingen, im Mai 1871.

---

[10]) Zu dieser Gleichung sechzehnten Grades steht eine zweite von demselben Grade in naher Beziehung: diejenige, welche die 16 Geraden einer f_4 mit Doppelkegelschnitt bestimmt (oder auch die 16 Geraden einer f_3, die einen festen Kegelschnitt derselben treffen). Die letztere Gleichung verlangt zu ihrer Lösung nur eine Gleichung fünften Grades und mehrere quadratische. Dieselbe ist aufzufassen als eine der im Texte betrachteten Gleichungen sechzehnten Grades, bei welcher man eine Wurzel der zu lösenden Gleichung sechsten Grades adjungiert hat.

LI. Über binäre Formen mit linearen Transformationen in sich selbst.

[Math. Annalen, Bd. 9 (1875/76).]

Die nachstehenden Untersuchungen sind aus dem Streben hervorgegangen, die geometrische Interpretation von $x + iy$ auf der Kugelfläche für die Theorie der binären Formen zu verwerten. In dieser Absicht machte ich bereits bei einer früheren Gelegenheit[1]) auf die enge Beziehung aufmerksam, welche zwischen der gemeinten Interpretation und der projektivischen Maßgeometrie besteht, welche man auf die Kugel (wie auf jede Fläche zweiten Grades) gründen kann. Einer linearen Transformation von $x + iy$ entspricht geradezu, im Sinne dieser Maßgeometrie, eine reelle Bewegung des Raumes, wie auch umgekehrt, so daß jede Konstruktion auf der Kugelfläche, welche für die Invariantentheorie von $x + iy$ Bedeutung hat, sofort maßgeometrische Verwertung findet, und umgekehrt jedes maßgeometrische Theorem einen Beitrag für die Invariantentheorie liefert. Ich habe bereits damals angegeben, welche anschauliche Interpretation man auf Grund solcher Betrachtungen für das Formensystem einer binären kubischen und biquadratischen Form entwickeln kann; später[2]) veröffentlichte ich eine auf diesen Prinzipien beruhende Übertragung des Pascalschen Satzes auf den Raum. Es hat dann Herr Wedekind diese Untersuchungen nach verschiedenen Richtungen in seiner Inauguraldissertation[3]) weitergeführt [vgl. den Auszug in Math. Annalen, Bd. 9 (1875/76)]. Es sei auf diese Arbeit namentlich auch mit Rücksicht auf den erforderlichen Literaturnachweis, der hier zu weit führen würde (Untersuchungen von Möbius Beltrami u. a.), verwiesen.

Die spezielle Aufgabe, welche ich weiterhin in Angriff nahm, knüpfte an den Umstand an, daß bei gewöhnlicher Maßbestimmung ein lange er-

---

[1]) Vergleichende Betrachtungen über neuere geometrische Forschungen. Erlangen 1872. Programmschrift [als Abh. XXVII in Bd. 1 dieser Gesamtausgabe abgedruckt. Siehe besonders § 6 und Note VII].

[2]) Sitzungsberichte der Erlanger phys.-med. Gesellschaft. Nov. 1873 [als Abh. XXIV in Bd. 1 dieser Gesamtausgabe abgedruckt].

[3]) Erlangen 1874.

ledigtes Problem ist: *alle endlichen Gruppen von Bewegungen zu kon-struieren.* Es schien möglich, für allgemeine projektivische Maßbestimmung dasselbe Problem zu lösen und damit also, was für algebraische Unter-suchungen von Wichtigkeit sein muß, *alle endlichen Gruppen linearer Transformationen eines komplexen Argumentes $x + iy$ zu gewinnen.* Es hängt diese Bestimmung auf das genaueste mit der Theorie der regulären Körper zusammen, wie noch weiter unten gezeigt werden soll. — Auf diese Weise gelang es, alle binären Formen zu konstruieren, welche lineare Transformationen in sich besitzen. Unter ihnen ist es eine vom zwölften Grade, vorgestellt durch die Ecken eines regulären *Ikosaeders,* die im folgenden besonders untersucht werden soll. Ich entwickle an ihr, als einem Beispiel, *wie man die ganze Theorie dieser Formen,* von der Kennt-nis der linearen Transformationen ausgehend, welche dieselben ungeändert lassen, *ohne alle komplizierte Rechnung, nur mit den Begriffen der Invariantentheorie operierend, ableiten kann.* Die dabei verwandte Schluß-weise hat große Ähnlichkeit mit derjenigen, welche Lie und ich in einer gemeinsamen Arbeit [„Über diejenigen ebenen Kurven, welche durch ein geschlossenes System von einfach unendlich vielen vertauschbaren linearen Transformationen in sich übergehen" in den Math. Annalen, Bd. 4 (1871) = Abh. XXVI in Bd. 1 dieser Gesamtausgabe] entwickelt haben; daß die-selbe hier an einem neuen Gegenstande zur Verwertung kommt, scheint mir an den folgenden Untersuchungen das Wichtigste zu sein.

Bei der nahen Beziehung, welche diese Dinge zu funktionentheoretischen Fragen haben, konnte man von vornherein erwarten, daß dieselben schon in letzterer Richtung in Angriff genommen seien. Inzwischen habe ich erst ziemlich spät erfahren[4]), daß in der Tat dieselben Formen, freilich unter anderen Gesichtspunkten, von Schwarz betrachtet worden sind [Crelles Journal, Bd. 75 (1872/73) = Ges. Abhandl. Bd. 2, S. 211 ff.: Über diejenigen Fälle, in welchen die Gaußsche hypergeometrische Reihe eine algebraische Funktion ihres vierten Elementes darstellt]. Ich habe gesucht, im folgenden die mannigfachen Beziehungspunkte zu der Schwarz-schen Arbeit möglichst hervortreten zu lassen. — Auch sei bereits hier einer merkwürdigen anderen Koinzidenz gedacht. Die Formeln, welche weiterhin für die Auflösung der Ikosaedergleichung aufgestellt werden, stimmen, sofern man von der Bedeutung der auftretenden Größen absieht, genau überein mit solchen, die von Kronecker, Hermite und be-sonders Brioschi bei Untersuchungen über die allgemeine Gleichung fünften Grades gegeben worden sind.

---

4) Vgl., was die Entstehung meiner Untersuchungen im einzelnen angeht, zwei vorläufige Mitteilungen, welche unter dem Titel „Über eine Klasse binärer Formen" in den Erlanger Sitzungsberichten vom 13. Juli und 14. Dezember 1874 erschienen sind.

§ 1.

Über die Interpretation von $x + iy$ auf der Kugel.

Wenn man auf eine Kugelfläche eine projektivische Maßbestimmung gründet, so hat man unter einer reellen „Bewegung" des Raumes eine Kollineation zu verstehen, bei der zwei reelle Gerade fest bleiben, die in bezug auf die Kugel konjugierte Polaren sind, und von denen daher die eine, welche fortan als *Achse* der Bewegung bezeichnet sein soll, die Kugel in reellen Punkten schneidet, während die zweite ganz außerhalb verläuft (vgl. z. B. die Arbeit von Lindemann in den Math. Annalen, Bd. 7 (1873/74), S. 56 ff.). Die Bewegung besteht, wenn wir, wie weiterhin fast immer geschehen soll, unsere Aufmerksamkeit auf das Innere der Kugelfläche beschränken, aus einer *schraubenartigen Drehung* um diese Achse; jeder Punkt beschreibt eine gewundene Linie (Loxodrome), die auf einer Fläche zweiten Grades verläuft, welche die fundamentale Kugel in den beiden Durchschnittspunkten mit der Achse berührt (diese Punkte sind für die F_2 Umbilici). Diese Loxodromen können insbesondere in Kreise, die schraubenartige Drehung in eine bloße *Rotation* übergehen, die Ebenen der Kreise werden dann die zur Achse konjugierte Gerade enthalten.

Der einzige Spezialfall, der hinsichtlich der Lage der Achse eintreten kann, ist der, daß sie, statt die Kugel in getrennten Punkten zu schneiden, dieselbe berührt. Die konjugierte Polare berührt dann die Kugel in demselben Punkte und ist gegen die Achse (in gewöhnlichem Sinne) senkrecht; die Punkte des Raumes rücken während der Bewegung auf Kreisen fort, deren Ebenen durch diese konjugierte Polare hindurchgehen.

Faßt man jetzt die Kugel als Trägerin des Wertgebietes $x + iy$ auf, so entspricht der allgemeinen Bewegung die allgemeine lineare Transformation von $x + iy$, bei der zwei verschiedene Werte von $x + iy$ ungeändert bleiben; der speziellen Bewegung entspricht der besondere Fall linearer Transformation, bei welchem die beiden festbleibenden Elemente koinzidieren. Legt man die beiden im ersten Falle festbleibenden Elemente einer binären Koordinatenbestimmung $z = \dfrac{z_1}{z_2}$ zugrunde, so wird die zugehörige Transformation durch $z' = cz$ dargestellt sein, während im zweiten Falle die analytische Formel für die Transformation $z' = z + C$ ist, sofern man $z = \infty$ mit dem doppeltzählenden festbleibenden Elemente zusammenfallen läßt [vgl. Abh. XVI in Bd. 1 dieser Ausgabe, S. 263].

Handelt es sich jetzt darum, *alle Gruppen anzugeben, welche aus einer endlichen Anzahl von linearen Transformationen bestehen*, so werden die dabei in Betracht kommenden Transformationen jedenfalls solche sein müssen, die sich nach einer endlichen Anzahl von Malen reproduzieren.

Sie müssen daher, geometrisch zu reden, *Rotationen* sein; algebraisch ausgedrückt: sie müssen sich in der Gestalt $z' = \varepsilon z$ darstellen lassen, wo ε eine Einheitswurzel ist. Überdies darf die Größe der Rotation nur einem rationalen Teile von 2π gleich, ε also nur eine *rationale* Einheitswurzel sein.

Von jeder rationalen Rotation wird durch Wiederholung eine *endliche* Gruppe erzeugt. Aber es gibt auch anderweitige, aus verschiedenartigen Rotationen zusammengesetzte Gruppen. Ein Beispiel geben diejenigen, welche man aus den Rotationen um einen Punkt des Kugelinneren bilden kann. Diese Gruppen darf man als bekannt ansehen. Denn die Rotationen um einen solchen Punkt haben bei projektivischer Maßbestimmung denselben Charakter wie in der elementaren Geometrie[5]), und die Gruppen, welche man, unter Zugrundelegung der letzteren, aus Rotationen um einen Punkt zusammensetzen kann, sind bekannt. Es umfassen dieselben einmal selbstverständlich diejenigen, welche durch Wiederholung derselben Rotation entstehen. Man kann sie noch erweitern, indem man Rotationen hinzunimmt, welche die bei der Rotation festbleibenden beiden Punkte vertauschen. [Beide Rotationen führen nach meiner späteren Terminologie ein „Dieder" — d. h. die von der Ober- und Unterseite eines regulären Polygons gebildete Figur vom Rauminhalt Null — in sich über.] Dann aber gehören hierher die Gruppen derjenigen Rotationen, welche die *regulären Körper:* Tetraeder, Oktaeder, Ikosaeder, oder, was auf dasselbe hinauskommt: Tetraeder, Würfel, Pentagondodekaeder, mit sich selbst zur Deckung bringen.

Ich werde nun zeigen, *daß mit diesen Beispielen alle Gruppen der geforderten Beschaffenheit bereits angegeben sind.*

§ 2.

Bestimmung aller Gruppen von endlich vielen linearen Transformationen.

Um den in Rede stehenden Beweis zu führen, überzeuge man sich zunächst, *daß zwei Rotationen nur dann wieder eine Rotation ergeben, wenn sich ihre Achsen schneiden.*

Eine Rotation kann man (gegenüber der allgemeinen Schraubenbewegung) dadurch charakterisieren, daß bei ihr Punkte im Kugelinnern festbleiben, die nicht selbst der Kugelfläche angehören, nämlich alle Punkte der Achse. Soll also die Kombination zweier Rotationen wieder eine Ro-

---

[5]) In der Tat sind diejenigen Rotationen, bei denen der Kugelmittelpunkt fest bleibt, auch Rotationen in gewöhnlichem Sinne. Von diesem Umstande ist im folgenden durchgängig Gebrauch gemacht, um möglichst große Anschaulichkeit des Resultats zu erzielen.

tation ergeben, so müssen Punkte existieren, welche aus der neuen Lage, in welche sie die erste Transformation versetzte, vermöge der zweiten Transformation in ihre ursprüngliche Lage zurückgeführt werden. Da sich aber bei einer Rotation jeder Punkt auf einem Kreise bewegt, auf dessen Ebene die Achse im Mittelpunkte senkrecht steht, so sind die Achsen der beiden gegebenen Rotationen zwei Perpendikel, die in den Mittelpunkten zweier sich in zwei Punkten schneidender Kreise senkrecht zu deren Ebenen errichtet sind. Das heißt: *die Achsen werden sich schneiden*, wie man hier, wo von projektivischer Maßbestimmung die Rede ist, in ganz ähnlicher Weise durch Symmetriegründe beweisen kann, wie man das bei gewöhnlicher Maßbestimmung tun würde. — Daß umgekehrt die Kombination zweier Rotationen mit sich schneidenden Achsen jedesmal eine Rotation ergibt, ist an sich deutlich.

Aber weiter überzeugt man sich: *Sollen zwei Rotationen zu einer endlichen Gruppe Anlaß geben, so müssen sich ihre Achsen innerhalb der Kugel schneiden.* Schnitten sie sich nämlich außerhalb oder auch auf der Kugel, so würde ein reeller, an die Kugel gehender Kegel bei jeder der beiden Rotationen und also auch bei jeder durch ihre Kombination entstehenden Rotation fest bleiben. Aber aus den reellen linearen Transformationen, die einen reellen Kegel der zweiten Ordnung, oder, was auf dasselbe hinauskommt, einen reellen Kegelschnitt in sich überführen, lassen sich keine anderen endlichen Gruppen bilden als diejenigen, die durch Wiederholung *derselben* Rotation um einen festen Punkt des Innern entstehen. Die Begründung ist genau dieselbe, die man für das entsprechende Theorem der gewöhnlichen ebenen Geometrie angeben kann, welches aussagt, daß man durch Zusammensetzung zweier Drehungen um zwei verschiedene Punkte der Ebene keine endliche Gruppe von Bewegungen erzeugen kann. Der Kern des Beweises für dieses Theorem der elementaren Geometrie und für die entsprechende Behauptung bei projektivischer Maßbestimmung und reellem Fundamentalkegelschnitt liegt übereinstimmend darin, daß in beiden Fällen die Ausdehnung der Ebene eine unendlich große ist. Einen ähnlichen Schluß haben wir schon oben angewandt, als wir unter allen Arten von Bewegungen allein die Rotationen als solche bezeichneten, die sich möglicherweise nach endlichmaliger Wiederholung reproduzieren: nur bei ihnen ist die Länge der vom einzelnen Punkte zu durchlaufenden Trajektorie eine endliche.

Sollen jetzt *mehrere* Rotationen durch Kombination zu einer endlichen Gruppe Anlaß geben, so werden ihre Achsen, da sie sich gegenseitig im Innern der Kugel schneiden müssen, entweder ein und denselben im Innern gelegenen Punkt gemein haben, oder alle in einer Ebene liegen, so zwar, daß der in der Ebene enthaltene Schnittkreis mit der Kugel alle ihre gegenseitigen Schnittpunkte einschließt. Allein man überzeugt sich, daß der letztere Fall ohne den ersteren nicht eintreten kann, jedoch der erstere für sich allein. Denn zuvörderst: Sollen die betr. Rotationen überhaupt eine endliche Gruppe erzeugen können, so müssen sie aus Drehungen um 180 Grad bestehen. Denn bei jedem anderen Drehungswinkel würden beim Eintritte der Rotation um eine der Achsen die übrigen $(n-1)$ in eine solche Lage übergeführt, in der jede $(n-2)$ der ursprünglichen Achsen nicht mehr träfe. Man hätte also weiterhin Rotationen zu kombinieren, deren Achsen sich nicht schneiden, was nichts Endliches geben kann. — Die Rotationen, welche hier möglicherweise in Betracht kommen, haben also auf die ihren Achsen gemeinsame Ebene jedenfalls den Einfluß, daß sie dieselbe immer wieder mit sich selbst zur Deckung bringen, und es ist nun die Frage, ob man aus solchen Umlegungen einer Ebene, in welcher ein reeller, fest bleibender Kegelschnitt vorhanden ist, ein endliches System erzeugen kann. Aber das ist wieder, wie die entsprechende Forderung, die man bei gewöhnlicher Maßbestimmung stellen mag, unmöglich wegen des unendlich großen Flächeninhalts einer solchen Ebene.

Soll also durch Zusammensetzung von Rotationen eine endliche Gruppe entstehen, so müssen sich ihre Achsen alle in einem Punkte des Kugelinnern schneiden, und also sind durch die oben angeführten Gruppen alle in Betracht kommenden Gruppen erschöpft[6]).

§ 3.

Zusätzliche Bemerkungen.

An diese Bestimmung aller endlichen Gruppen linearer Transformationen im binären Gebiete knüpfe ich hier beiläufig die Bemerkung: *daß zugleich alle endlichen Gruppen von Bewegungen im Nicht-Euklidischen Raume bestimmt sind*. Man hat nämlich für diese sechsfach unendlich

---

[6]) [Für den Satz des Textes, der zuerst in meiner Erlanger Note von 13. Juli 1874 mitgeteilt worden war, sind später einfache andere Beweise veröffentlicht worden. Ich erwähne hier nur den Beweis von E. Moore, den ich 1896 der Naturforscherversammlung in Frankfurt a. M. vorlegte (vgl. Jahresberichte der Deutschen Math. Vereinigung, Bd. 5, S. 57). Es sei

$$f = a z_1 \overline{z}_1 + \beta z_1 \overline{z}_2 + \overline{\beta} \overline{z}_1 z_2 + c z_2 \overline{z}_2$$

irgendeine definite Hermitesche quadratische Form (mit konjugiert-imaginären Veränderlichen und Koeffizienten). Aus ihr mögen durch eine vorgelegte endliche Gruppe homogener linearer Substitutionen $f_1, f_2, \ldots f_N$ hervorgehen. Dann ist $f_1 + f_2 + \cdots + f_N$ eine definite Hermitesche Form, die gewiß nicht identisch verschwindet und bei den Substitutionen der Gruppe invariant bleibt. Gleich Null gesetzt, stellt aber eine solche Form den imaginären Schnitt der $x + iy$-Kugel mit irgendeiner sie nicht treffenden reellen Ebene vor. Mit diesem Schnitt bleibt auch ein Punkt im Kugelinnern, nämlich der Pol der Ebene, fest. K.]

vielen Bewegungen das fundamentale Theorem, *daß sie sich aus zwei vertauschbaren Gruppen von nur dreifach unendlich vielen zusammensetzen, deren jede man als Gruppe aller linearen Transformationen eines binären Gebietes auffassen kann.* Diese Zerlegung, welche implizite in der bereits genannten Arbeit von Lindemann (Math. Annalen, Bd. 7) und in der Habilitationsschrift von Frahm (Tübingen 1873) enthalten ist[7]), entspricht dem Umstande, daß es spezielle lineare Transformationen einer Fläche zweiten Grades in sich gibt, bei denen das eine oder das andere System der Erzeugenden völlig ungeändert bleibt. Weil sich die Erzeugenden jedes Systems rational durch einen Parameter darstellen lassen, sind die Transformationen dieser Art, welche sich auf dasselbe System Erzeugender beziehen, geradezu durch die linearen Transformationen eines binären Gebietes vorgestellt; weil ferner bei jeder Transformation das andere Erzeugendensystem gar nicht affiziert wird, sind die beiderlei Transformationen miteinander vertauschbar. *Man wird alle endlichen Gruppen von Bewegungen des Raumes bekommen, indem man jede endliche Gruppe, die sich aus den Transformationen der einen Art zusammensetzt, kombiniert mit allen anderen aus den Transformationen der anderen Art zu sammenzusetzenden endlichen Gruppen*[8]).

Ist nun die fundamentale Fläche zweiten Grades insbesondere eine reelle, nicht geradlinige, so entspricht jeder reelle Punkt derselben einer Erzeugenden des einen und auch des anderen Systems. Jede lineare Transformation des einen Erzeugendensystems, welche von der konjugiert imaginären Transformation des anderen Erzeugendensystems begleitet ist, wird eine *reelle* lineare Transformation der Fläche in sich darstellen. Daher kann man die reellen Punkte der Fläche als ein Gebiet $x + iy$, die reellen Kollineationen der Fläche in sich als lineare Transformationen des $x + iy$ auffassen, *und man hat sonach eine rein projektivische Begründung der Repräsentation einer komplexen Veränderlichen auf der Kugel oder überhaupt auf einer nicht geradlinigen reellen Fläche zweiten Grades.* Die endlichen Gruppen *reeller* Bewegungen, welche im Falle einer solchen Fundamentalfläche vorhanden sind, decken sich geradezu mit den endlichen Gruppen linearer Transformationen, die man im binären Gebiete konstruieren kann.

---

[7]) Vgl. Clifford in den Proc. der Mathematical Society 1873. [= Werke, S. 181 ff., bes. S. 193 Fußnote.] — [Vgl. den Abschnitt I meiner Arbeit in den Math. Annalen, Bd. 37 (1890) = Abh. XXI in Bd. 1 dieser Gesamtausgabe. K.]

[8]) Nimmt man die Fundamentalfläche der Maßbestimmung imaginär, so werden die so zusammengesetzten Gruppen lauter reelle Bewegungen unter sich befassen können. Den auf einer Kugelfläche befindlichen n Ecken eines regulären Körpers entsprechend bekommt man hier „reguläre" Systeme von n^2 durch den Raum verteilten Punkten.

Es sei hier nun auch der Beziehung gedacht, welche zwischen dem in § 2 gelösten Probleme und einer Fragestellung besteht, zu welcher Schwarz in seiner oben genannten Abhandlung geführt wird, und die ihn eben zum Studium derjenigen Formen hinleitet, welche durch die Ecken der regulären Körper auf der Riemannschen Kugelfläche vorgestellt werden. Zu dem Zwecke sei es gestattet, vorübergehend einen neuen Ausdruck einzuführen. Wenn man die Kugel durch eine Ebene schneidet, so gibt es eine Kollineation des Raumes, welche die Kugel in sich überführt und den ganzen Schnittkreis mit der Ebene ungeändert läßt. Sie besteht in einer perspektivischen Umformung, welche als fest bleibende Ebene die gegebene und als Zentrum der Perspektivität ihren Pol in bezug auf die Kugel benutzt. Diese Transformation soll schlechthin als *Spiegelung* an der gegebenen Ebene bezeichnet werden. Eine Spiegelung ist keine Bewegung, sondern eine solche ergibt sich erst durch Zusammensetzung zweier Spiegelungen. Die entsprechende Änderung von $x + iy$ ist daher auch keine lineare Transformation, sondern ergibt sich, wenn man [mit einer geeigneten linearen Transformation] gleichzeitig eine Vertauschung von $+i$ mit $-i$ verbindet.

Man kann nun überhaupt das Problem aufstellen: *alle endlichen Gruppen von Umänderungen anzugeben, die durch Zusammensetzung verschiedener Spiegelungen entstehen können.* Jede solche Gruppe wird auch eine endliche Gruppe von Bewegungen umfassen, weil zwei Spiegelungen kombiniert eine Bewegung ergeben. Daß aber die endlichen Gruppen von Bewegungen, welche man so erhält, in der Tat alle solchen Gruppen erschöpfen, ist nicht von vornherein klar, sondern ergibt sich nur hinterher.

Man wird das angeregte Problem zunächst direkt in einer Weise zu erledigen haben, welche den in § 2 angestellten Überlegungen sehr ähnlich ist. Man zeigt, daß sich alle spiegelnden Ebenen, wenn etwas Endliches entstehen soll, in einem Punkte des Kugelinnern schneiden müssen, und dann weiter, nachdem man diesen Punkt in den Kugelmittelpunkt verlegt hat, *daß sie notwendig Symmetrieebenen eines regulären Polyeders [einschließlich des Dieders] sind* (sofern sie nicht alle auf einer festen Ebene senkrecht stehen)[9]. Die Gruppen von Bewegungen, welche in den so aufgestellten Gruppen von Spiegelungen enthalten sind, stimmen dann in der Tat mit den in § 2 aufgestellten überein.

Es ist nun ein spezieller Fall des hier eingeführten neuen Problems, welcher bei Schwarz vorliegt. Schwarz verlangt — ich bediene mich dabei der eben eingeführten Terminologie — die Bedingung anzugeben, unter der die Spiegelung an nur *drei* verschiedenen Ebenen etwas End-

---

[9] Vgl. z. B. Elling B. Holst in der Tidskrift for Matematik, 1875, S. 87.

liches liefern kann, und sein Nachweis darf sich dementsprechend darauf beschränken, daß der Schnittpunkt der drei Ebenen im Kugelinnern zu liegen hat, und die Ebenen, sofern man den Schnittpunkt in den Kugelmittelpunkt verlegt, Symmetrieebenen eines regulären Polyeders sind (wieder abgesehen von den Fällen, in denen die drei Ebenen auf einer vierten Ebene senkrecht stehen). Die so erzielte Antwort umfaßt also schließlich bereits dieselben Fälle, die bei der allgemeineren Fragestellung und bei der in § 1, 2 vorliegenden auftreten.

<h2 style="text-align:center">§ 4.</h2>

<h3 style="text-align:center">Binäre Formen mit linearen Transformationen in sich.</h3>

Binäre Formen, welche mehr als zwei verschiedene Wurzelpunkte besitzen, können nur durch eine endliche Zahl linearer Transformationen in sich übergehen. Denn es gibt nur eine endliche Zahl von Weisen, die Wurzelpunkte einander zuzuordnen, und durch eine solche Zuordnung ist, unter der gemachten Voraussetzung, eine lineare Transformation, falls überhaupt eine existiert, vollständig bestimmt. Denn zur Kenntnis einer linearen Transformation reicht es aus, zu wissen, was bei ihr aus drei irgendwie angenommenen Punkten wird. Sehen wir daher von solchen binären Formen ab, die nur einen oder nur zwei verschiedene Wurzelpunkte besitzen, so werden wir alle binären Formen mit linearen Transformationen in sich erhalten, indem wir eine Anzahl Wurzelpunkte beliebig annehmen und auf sie die Transformationen irgendeiner der vorstehend bestimmten endlichen Gruppen anwenden. Besonderes Interesse werden diejenigen Formen besitzen, welche durch Anwendung der bez. Transformationen aus einem einzelnen Punkte entspringen.

Unter ihnen treten als die einfachsten zunächst die allgemeinen *kubischen* und *biquadratischen* Formen auf. Wie die linearen Transformationen derselben in sich beschaffen sind, wie man infolgedessen die Lage der zu ihnen gehörigen Kovarianten ermitteln kann, ist teils von mir bei früheren Gelegenheiten angegeben [vgl. z. B. die vorstehend abgedruckte Abh. L, S. 267 f., sowie das oben genannte Programm = Abh. XXVII in Bd. 1 dieser Ausgabe], teils von Herrn Wedekind neuerdings entwickelt worden. Es werde daher von diesen Erörterungen nur so viel wiederholt, als zum Verständnis des Folgenden notwendig ist. Es sei also vor allen Dingen das bereits in der Einleitung berührte Prinzip hervorgehoben, welches über die Lage der verschiedenen, hier aus der algebraischen Theorie bekannten, Kovarianten entscheidet: *daß nämlich Kovarianten durch dieselben linearen Transformationen in sich übergehen müssen, wie die Grundform.*

Betrachten wir eine binäre kubische Form. Da man drei Punkte der Kugel in drei beliebige andere durch lineare Transformation überführen kann, so denke man sich die drei Wurzelpunkte der Form f als äquidistante Punkte eines größten Kreises, der der Äquator heißen soll. Dann bestehen die sechs linearen Transformationen, welche f in sich überführen, aus Drehungen durch 120 Grad um die die beiden Pole verbindende Achse und aus Drehungen durch 180 Grad um diejenigen drei Durchmesser, welche bez. je einen Wurzelpunkt von f enthalten. Erteilt man den Wurzelpunkten von f die „geographische" Länge

$$0^{\,0}, \quad 120^{\,0}, \quad 240^{\,0},$$

so sind die sechs Punkte, welche aus einem beliebig angenommenen entstehen, dessen Breite α, dessen Länge β ist, dargestellt durch:

$$\alpha, \ \beta, \qquad \alpha, \ \beta + 120^{\,0}, \qquad \alpha, \ \beta + 240^{\,0},$$
$$-\,\alpha, \ -\,\beta, \quad -\,\alpha, \ -\,\beta + 120^{\,0}, \quad -\,\alpha, \ -\,\beta + 240^{\,0}.$$

Zu diesen Gruppen von sechs Punkten gehört dreifach zählend das Paar der Pole, *dasselbe stellt also die einzige quadratische Kovariante, welche es gibt, die Kovariante Δ vor*[10]). Andererseits findet sich unter ihnen doppeltzählend das Tripel der Halbierungspunkte der von den Wurzelpunkten f auf dem Äquator bezeichneten Strecken; *sie repräsentieren aus analogen Gründen die Kovariante Q.*

Um sich von dem Formensysteme einer *biquadratischen* Form f Rechenschaft zu geben, erinnere man sich, daß die Kovariante sechsten Grades T aus drei paarweise zueinander harmonischen Punktepaaren besteht. Dieselbe kann daher repräsentiert werden durch diejenigen sechs Punkte, in denen die Kugel von drei zueinander rechtwinkligen Durchmessern geschnitten wird. Die Lage der vier Wurzelpunkte von f, wie überhaupt der vier Wurzelpunkte einer beliebigen Form aus der Schar $\varkappa f + \lambda H$, ist dann am einfachsten anzugeben, indem man auf dieses Achsenkreuz eine gewöhnliche Koordinatenbestimmung gründet. Bedeuten x, y, z die Koordinaten eines der Wurzelpunkte von $\varkappa f + \lambda H$, so sind

$$x, \ -\,y, \ -\,z,$$
$$-\,x, \ \ y, \ -\,z,$$
$$-\,x, \ -\,y, \ \ z$$

die übrigen; denn es sind je zwei solche Punkte zu einem Punktepaare von T harmonisch. Die drei linearen Transformationen, welche, abgesehen von der identischen Transformation, die biquadratische Form in sich über-

---

[10]) Wegen dieser und ähnlicher Bezeichnungen vgl. immer Clebsch, Theorie der binären Formen. Bei B. G. Teubner 1871.

führen, und die dadurch geometrisch definiert sind, daß sie die Wurzelpunkte je paarweise vertauschen, sind sonach dargestellt durch gleich-
zeitigen Vorzeichenwechsel zweier Koordinaten[11]).

Unter den Quadrupeln $\varkappa f + \lambda H$ finden sich, sofern man von denjenigen absieht, die doppeltzählend durch ein Punktepaar von T dargestellt
sind, noch zweierlei, die eine größere Zahl linearer Transformationen in
sich gestatten: diejenigen drei, welche ein harmonisches, und die zwei,
welche ein äquianharmonisches Doppelverhältnis besitzen. Im ersten Falle
verschwindet eine der drei Koordinaten x, y, z und die anderen beiden
werden ihrem absoluten Werte nach gleich; im zweiten Falle sind alle
Koordinaten bis aufs Vorzeichen gleich zu setzen: *die Wurzelpunkte der
äquianharmonischen Form bilden ein reguläres Tetraeder.* Das zweite
zu demselben Achsenkreuze gehörige reguläre Tetraeder repräsentiert das
zugehörige H.

Es sind mit diesen Erörterungen zugleich diejenigen Formen besprochen,
die durch das reguläre *Oktaeder* und den *Würfel* dargestellt werden. Das
Oktaeder repräsentiert eine Form sechsten Grades von der Art der Kovariante T einer biquadratischen Form. Die Zahl der Bewegungen, welche
ein Oktaeder mit sich zur Deckung bringen, beträgt 24; die Gruppen von
24 Punkten, welche durch diese Bewegungen aus einem einzelnen Punkte
erzeugt werden, umfassen jedesmal sechs der zum Oktaeder gehörigen biquadratischen Formen $\varkappa f + \lambda H$: solche sechs, welche zusammengehöriges
Doppelverhältnis haben. Unter ihnen findet sich doppeltzählend eine Gruppe
von zwölf Punkten [welches die Kantenhalbierungspunkte des Oktaeders
und auch des Würfels sind], bestehend aus den drei harmonischen Quadrupeln
$\varkappa f + \lambda H$, und dreifach zählend eine Gruppe von acht Punkten, die aus
den zwei äquianharmonischen Quadrupeln besteht und die Ecken des zugehörigen *Würfels* darstellt.

Von regulären Körpern bleiben noch die beiden zusammengehörigen:
das *Ikosaeder* und das *Pentagondodekaeder* zu nennen. Die Zahl der
linearen Transformationen dieser Formen in sich beträgt 60. Unter den
Gruppen von je 60 durch diese Transformationen zusammengeordneten
Punkten befinden sich die Eckpunkte des Ikosaeders fünfmal, die des
Dodekaeders dreimal zählend. Es findet sich ferner noch eine doppeltzählende Gruppe von 30 Punkten, mit der dann aber die mehrfach zählen-

---

[11]) Vgl. die Arbeit des Herrn Wedekind, sowie eine neuere Mitteilung desselben
(Erlanger Berichte, Juli 1875), in der er aus den Wurzelpunkten von f diejenigen
von H konstruiert. [$f = 0$ und $H = 0$ haben dieselbe kubische Resolvente. Hat man
diese gelöst, so verlangt die Lösung von $f = 0$, wie von $H = 0$, nach der allgemeinen
Theorie der Gleichungen vierten Grades (oder auch auf Grund unserer geometrischen
Betrachtungen) noch zwei nebeneinanderstehende Quadratwurzeln. Aber diese Quadratwurzeln sind bei $f = 0$ und bei $H = 0$ keineswegs dieselben. K.]

den Gruppen erschöpft sind. [Diese Punkte sind die Kantenhalbierungspunkte des Ikosaeders und auch des Pentagondodekaeders. Man kann sie
auch folgendermaßen erhalten.] Die 15 Ebenen, welche man durch den
Kugelmittelpunkt und bez. vier sich paarweise gegenüberliegende Ecken
des Ikosaeders hindurchlegen kann, lassen sich in fünf Tripel von zueinander
rechtwinkligen zerlegen. Die 15 Durchschnittslinien der Ebenen dieser
Tripel schneiden die gemeinten 30 Punkte aus.

Endlich sind noch solche Punktsysteme zu erwähnen, welche aus
einem einzelnen Punkte durch Wiederholung einer fest gegebenen Rotation
durch einen rationalen Teil von 2π hervorgehen. Sie entsprechen den
Kreisteilungsgleichungen. Kombiniert man mit diesen Rotationen noch
eine durch 180 Grad um eine gegen die ursprüngliche Rotationsachse senkrechte, sie schneidende Linie, so entstehen Gruppen von der doppelten
Punktzahl [die des Dieders]. Führt man, wie oben bei Betrachtung der
kubischen Form, eine Bestimmung der Punkte durch geographische Breite
und Länge aus, so werden die Charaktere der Punkte:

$$\alpha,\ \beta + \frac{2\,k\,\pi}{n},\quad -\alpha,\ -\beta + \frac{2\,k\,\pi}{n}.$$

Die Untersuchung der Kreisteilungsgleichungen, wie derjenigen, die sich
auf den [Fall des *Dieders*] beziehen, kann genau nach den weiter entwickelten Methoden erfolgen; wir führen dieselbe aber weiterhin der Kürze
wegen nicht aus.

§ 5.

Ein allgemeines Prinzip. Erste Anwendung auf Oktaeder und Ikosaeder.

Es seien $\Pi = 0$, $\Pi' = 0$ die Gleichungen zweier Punktaggregate,
welche aus zwei irgendwie angenommenen Punkten durch Anwendung der
linearen Transformationen irgendeiner der aufgezählten Gruppen hervorgehen: mit der Festsetzung, daß Π, bez. Π' die geeignete Potenz der betr.
Gleichung vorstellt, wenn der anfängliche Punkt zufällig so gewählt ist,
daß er eine mehrfach zählende Gruppe erzeugt. Dann behaupte ich, daß

$$\varkappa\,\Pi + \varkappa'\,\Pi' = 0,$$

unter $\dfrac{\varkappa}{\varkappa'}$ einen Parameter verstanden, *überhaupt alle Punktsysteme darstellt, welche durch die betr. linearen Transformationen aus einem ein-
zelnen Punkte hervorgehen.* — Es werden sich nämlich Π und Π' bei
Anwendung der linearen Transformationen allerdings um Faktoren ändern
können, aber diese Faktoren müssen bei beiden dieselben sein. Es stellt also

$$\varkappa\,\Pi + \varkappa'\,\Pi' = 0$$

jedenfalls ein Punktsystem vor, welches durch die Transformation nicht geändert wird. Aber es gibt nur einfach unendlich viele Punktsysteme der gemeinten Art, und über den Wert von $\frac{\varkappa}{\varkappa'}$ ist gar nichts festgesetzt; indem wir also diesem Parameter alle Werte erteilen, erhalten wir alle Punktsysteme, die es überhaupt gibt.

Eine Anzahl bekannter Eigenschaften der aufgestellten Formen sind ein Ausfluß dieser Bemerkung. Ich erinnere daran, daß bei den binären kubischen Formen zwischen f^2, Q^2 und Δ^3 eine lineare Relation besteht, daß bei den binären biquadratischen sich alle zu demselben T gehörigen Formen durch $\varkappa f + \lambda H$ darstellen lassen. Ist ferner etwa $f = 0$ die Gleichung eines Oktaeders, $H = 0$ der zugehörige Würfel, $T = 0$ die oben genannte Punktgruppe von zwölf Punkten, so hat man eine homogene lineare Relation zwischen f^4, H^3, T^2. Und in der Tat findet sich gelegentlich der Untersuchung einer solchen Form f eine derartige Relation bei Clebsch (Theorie der binären Formen, S. 450) angegeben. Andererseits leitet Schwarz dieselbe in seiner Arbeit ab unter der besonderen Voraussetzung, daß f in einer bestimmten kanonischen Form gegeben sei. Schwarz notiert endlich auch die homogene lineare Relation, welche zufolge des ausgesprochenen Prinzips zwischen f^5, H^3, T^2 bestehen muß, wenn $f = 0$ ein Ikosaeder vorstellt, $H = 0$ das zugehörige Pentagondodekaeder, $T = 0$ die oben eingeführte Gruppe von 30 Punkten[12]).

Ich werde nun zunächst, unter Beschränkung auf *Oktaeder* und *Ikosaeder*, zeigen, wie dieser Satz sofort gestattet, eine Übersicht über die bei ihnen vorhandenen rationalen Kovarianten zu erhalten. Die Beschränkung auf die genannten beiden Formen geschieht hier und im folgenden der Einfachheit wegen. Das Ikosaeder ist es eigentlich, welches das Hauptinteresse auf sich zieht; das Oktaeder wird aber immer vorab untersucht, weil die bei ihm stattfindenden Verhältnisse beim Ikosaeder als bekannt vorausgesetzt werden müssen.

---

[12]) Die Methode, welche Schwarz dabei benutzt, ist, abgesehen von der Form, von der im Texte genannten nicht so sehr verschieden. Man kann sie folgendermaßen aussprechen. Man setze

$$y = -\frac{\varkappa'}{\varkappa} = \frac{\Pi}{\Pi'}$$

und bilde vermöge dieser Substitution das Gebiet der gegebenen Kugel auf das Gebiet der komplexen Variabeln y ab. Einem Symmetriekreisbogen, der auf der Kugel verläuft, entspricht dabei, wie man zeigen kann, ein Kreisbogen der Ebene. Man hat dann ferner das allgemeine Gesetz anzuwenden, daß eine konforme Abbildung, die ein Stück einer Kreisperipherie in ein ebensolches überführt, immer die Eigenschaft besitzt, symmetrisch zur ersteren gelegene Punkte in solche zu verwandeln, die für die zweite symmetrisch sind. Eine zweimalige Anwendung dieses Satzes ergibt den im Texte aufgestellten Satz, insofern eine zweimalige Übertragung durch Symmetrie (Spiegelung) eine lineare Transformation vorstellt.

Zuvörderst ist ersichtlich, daß Oktaeder und Ikosaeder nur *eine Invariante* besitzen. Da man nämlich z. B. jedes Oktaeder mit jedem anderen durch lineare Transformation zur Deckung bringen kann, so haben alle absoluten Invarianten, die man aufstellen könnte, gegebene numerische Werte, und es drücken sich demnach alle denkbaren Invarianten mit Hilfe numerischer, von vornherein angebbarer, Größen durch Potenzen einer allein beizubehaltenden Invariante aus.

Betrachten wir jetzt eine beliebige rationale Kovariante. Dieselbe muß aus lauter Gruppen zusammengehöriger Punkte bestehen und also, ev. nach Erhebung in die richtige Potenz, als ein Aggregat von Faktoren $\varkappa\,\Pi + \varkappa'\,\Pi'$ darstellbar sein, d. h. als eine homogene ganze Funktion von Π und Π'. Die Koeffizienten dieser Funktion können, wenn Π und Π' dieselbe Dimension in den Koeffizienten der Grundform besitzen, wie vorausgesetzt sein soll, bei der ihnen begrifflich zukommenden invarianten Bedeutung, nur durch numerische Faktoren von einer Potenz der einen, allein vorhandenen Invariante verschieden sein. Zieht man diese Potenz als gemeinsamen Faktor vor, so besteht die Kovariante im übrigen aus einem homogenen numerischen Aggregate von Π und Π'. Auf diese Weise erschließt man:

Alle rationalen ganzen Kovarianten unserer Form drücken sich, abgesehen von einer etwa vortretenden Potenz der einen überhaupt vorhandenen Invariante, rational und ganz aus durch diejenigen Formen, welche die unter den zugehörigen Punktsystemen enthaltenen mehrfach zählenden darstellen. Die letzteren also bilden das volle System der Kovarianten.

Ich hebe ausdrücklich den Unterschied hervor, der zwischen dieser Überlegung und den allgemeinen Methoden besteht, durch welche Gordan gelehrt hat, für eine binäre Form beliebigen Grades ein volles Formensystem aufzustellen. Bei Gordan sind immer Formen mit allgemeinen Koeffizienten vorausgesetzt; hier handelt es sich wesentlich um spezielle Formen [und die ihnen angepaßten Begriffsbestimmungen]. (Vgl. Gordan: Über das Formensystem binärer Formen. Leipzig 1875. Schlußbemerkung.)

§ 6.

Das Formensystem des Oktaeders und des Ikosaeders.

Die allgemeine Methode, welche weiterhin immer angewandt werden soll, ist nun die: *Auf Grund des im vorstehenden Paragraphen angegebenen Prinzips werden wir gewisse Relationen der Art nach erschließen und dann die in ihnen vorkommenden Zahlenkoeffizienten durch Ausrechnung an einer kanonischen Form bestimmen.*

Die kanonischen Formen, welche wir dabei für Oktaeder und Ikosaeder zugrunde legen, sind dieselben, die sich bei Schwarz [inhomogen geschrieben] angegeben finden:

$$\text{Oktaeder:} \quad f = x_1 x_2 (x_1^4 - x_2^4),$$

$$\text{Ikosaeder:} \quad f = x_1 x_2 (x_1^{10} + 11\, x_1^5 x_2^5 - x_2^{10}),$$

man verifiziert sie leicht durch Betrachtung der Lagenverhältnisse der Wurzelpunkte.

Betrachten wir jetzt das Oktaeder f. Setzen wir

$$f = a_x^6,$$

so lehrt die allgemeine Invariantentheorie Bildungen zweiten Grades in den Koeffizienten aufstellen:

$$(ab)^6 = A, \quad (ab)^4 a_x^2 b_x^2, \quad (ab)^2 a_x^4 b_x^4 = H.$$

Wir werden hier zunächst erschließen, daß die zweitangeführte Bildung identisch verschwindet. Denn unter den zu einem Oktaeder gehörigen Gruppen zusammengeordneter Punkte findet sich keine mit nur vier verschiedenen Punkten. Andererseits kann man dieses identische Verschwinden als Charakterisierung der Oktaedergleichung auffassen. Jede Form sechsten Grades, welche isolierte Wurzelpunkte besitzt (Gleichungen mit verschwindender Diskriminante mögen einen Augenblick ausgeschlossen sein), kann auf die Form transformiert werden: $x_1 x_2 \varphi_4$, wo φ_4 eine Funktion vierten Grades in x_1, x_2 ist, in welcher x_1^4 und $- x_2^4$ der Koeffizient 1 beigelegt werden kann. Wenn man dann die vierte Überschiebung $(ab)^4 a_x^2 b_x^2$ wirklich berechnet und ihr identisches Verschwinden verlangt, so zeigt sich, daß man eben die für das Oktaeder angegebene kanonische Form erhält:

Eine Gleichung sechsten Grades $f = 0$ mit nicht verschwindender Diskriminante soll eine Oktaedergleichung heißen, wenn die vierte Überschiebung von f mit sich selbst verschwindet.

Fragen wir weiter, was H bedeutet. H kann nicht identisch verschwinden (sonst würden, nach einem bekannten Satze, alle Wurzelpunkte von f koinzidieren). Da aber unter den Gruppen zusammengehöriger Punkte, wie sie beim Oktaeder auftreten, nur eine aus bloß acht Punkten besteht: diejenige, welche durch die Ecken des zugehörigen Würfels dargestellt wird, *so ist $H = 0$ die Gleichung dieses Würfels.*

Dieselbe Schlußweise zeigt, *daß die Funktionaldeterminante T von f und H, eine Form vom zwölften Grade, gleich Null gesetzt, das Produkt der drei zu $f = 0$ gehörigen harmonischen Quadrupel [d. h. die Kantenhalbierungspunkte des Oktaeders] vorstellt.*

Es fragt sich jetzt, ob die Invariante A verschwindet. Diese Frage beantwortet sich verneinend durch Ausrechnung an der kanonischen Form[13]). *Es gibt also eine Invariante zweiten Grades in den Koeffizienten $A = (ab)^6$.* Eine solche wird aber gerade verlangt, um die lineare Relation, welche nach den obigen Erörterungen zwischen f^4, H^3, T^2 stattzufinden hat, auch in den Koeffizienten homogen herzustellen. Die bereits erwähnte, bei Clebsch angegebene Relation ist in der Tat diese:

$$\frac{A f^4}{36} + \tfrac{1}{2} H^3 + T^2 = 0.$$

Auf Grund der Bemerkungen des vorigen Paragraphen kann man jetzt behaupten, *daß f, H, T, A das volle Formensystem von f ausmachen.* Es ist nur noch zu zeigen [da es sich um ein ganz spezielles f handelt], daß nicht A, ev. bis auf einen numerischen Faktor, das volle Quadrat eines rationalen Ausdrucks ersten Grades in den Koeffizienten ist. Man überzeugt sich von der Unmöglichkeit, A so darzustellen, an einem Beispiele, indem man etwa f in der Form

$$x_1 x_2 (\lambda x_1^4 + \mu x_2^4)$$

voraussetzt.

Da die Diskriminante der Oktaedergleichung nicht identisch verschwindet, andererseits vom Grade 10 in den Koeffizienten sein muß, so ist sie bis auf einen Zahlenfaktor $= A^5$. Verschwindet also A, so rücken jedenfalls zwei Wurzelpunkte des Oktaeders zusammen, und es ist dann, bei den zwischen den Wurzeln herrschenden Doppelverhältnisrelationen, leicht zu schließen, daß überhaupt fünf Wurzelpunkte zusammenrücken, während der sechste irgendwo abgetrennt liegt. Eine noch speziellere Form erhalten wir, wenn wir auch noch das identische Verschwinden von H verlangen: indem dann alle Wurzelpunkte von f zusammenrücken, wird f die sechste Potenz eines linearen Ausdrucks.

Betrachten wir ferner das Ikosaeder:

$$f = a_x^{12}.$$

Man überzeugt sich durch ganz ähnliche Schlüsse, wie soeben beim Oktaeder, daß von den Überschiebungen von f über sich selbst, jedenfalls diese:

$$(ab)^4 a_x^8 b_x^8, \quad (ab)^8 a_x^4 b_x^4, \quad (ab)^{10} a_x^2 b_x^2$$

---

[13]) Für $f = x_1 x_2 (x_1^4 - x_2^4) = a_x^6$ ergibt sich:

$$A = (ab)^6 = \tfrac{1}{3},$$
$$H = (ab)^2 a_x^4 b_x^4 = -\tfrac{1}{18} (x_1^8 + 14 x_1^4 x_2^4 + x_2^8),$$
$$T = [f, H] \quad = -\tfrac{1}{108} (x_1^{12} - 33 x_1^8 x_2^4 - 33 x_1^4 x_2^8 + x_2^{12}).$$

Diese Ausdrücke befriedigen in der Tat die weiterhin im Texte angegebene Relation:

$$\frac{A f^4}{36} + \tfrac{1}{2} H^3 + T^2 = 0.$$

identisch verschwinden. Durch direkte Ausrechnung findet man in Anlehnung an die oben aufgeführte kanonische Form umgekehrt:

Eine Form zwölften Grades mit nicht verschwindender Diskriminante stellt, gleich Null gesetzt, ein Ikosaeder vor, wenn ihre vierte Überschiebung mit sich selbst verschwindet.

Dagegen darf die Hessesche Form

$$H = (ab)^2 \, a_x^{10} \, b_x^{10}$$

nicht identisch verschwinden, weil sonst f eine zwölfte Potenz wäre; *sie repräsentiert daher das bereits mit demselben Buchstaben bezeichnete Pentagondodekaeder.* Aus ähnlichen Gründen folgt: *daß die von uns mit T bezeichnete Kovariante vom dreißigsten Grade die Funktionaldeterminante von f und H repräsentiert.*

Aber untersuchen wir ferner die noch bleibenden Überschiebungen von f über sich selbst:

$$(ab)^{12}, \qquad (ab)^6 \, a_x^6 \, b_x^6.$$

Die erstere ist eine Invariante, die wiederum als A bezeichnet werden soll. Daß sie nicht verschwindet, ergibt sich durch Ausrechnung an der kanonischen Form. Aber auch die zweite Bildung — sie mag Π heißen — verschwindet, zufolge Ausrechnung, nicht identisch. Sie kann daher, als vom zwölften Grade, von f selbst nur um einen Faktor verschieden sein:

$$\Pi = B f \quad {}^{14}).$$

Dieses B ist sonach definiert *als eine rationale Invariante ersten Grades in den Koeffizienten von f;* sie muß, bis auf einen numerischen Faktor, gleich $\sqrt{A}$ sein. Aber es fragt sich, ob man B als eine ganze, rationale Funktion der Koeffizienten von f darstellen kann. Dies zeigt sich an einem Beispiele als unmöglich. Man denke nämlich f zunächst in der oben gegebenen kanonischen Form und substituiere dann

$$x_1 = \alpha_1 \, y_1 + \alpha_2 \, y_2 \,,$$
$$x_2 = \beta_1 \, y_1 + \beta_2 \, y_2 \,.$$

Für die neue Form wird B bis auf einen Zahlenfaktor gleich der sechsten Potenz der Substitutionsdeterminante, also gleich $(\alpha_1 \beta_2 - \alpha_2 \beta_1)^6$ sein müssen; aber es zeigt sich unmöglich, diesen Ausdruck aus den Koeffizienten des neuen f linear zusammenzusetzen.

Das Vorhandensein einer in den Koeffizienten rationalen Invariante

---

[14]) [Gemäß dem identischen Verschwinden der vierten Überschiebung bestehen zwischen den Koeffizienten von f eine große Anzahl von Relationen zweiten Grades. Die Proportionalität der sechsten Überschiebung mit f liefert entsprechend Relationen dritten Grades, welche aus denen zweiten Grades folgen müssen. K.]

vom ersten Grad wird auch durch die lineare Relation verlangt, welche nach dem Früheren zwischen f^5, H^3, T^2 stattfinden soll. Denn während H^3 und T^2 vom sechsten Grade in den Koeffizienten von f sind, hat f^5 nur den fünften Grad, und man muß ihm also die Invariante B als Faktor zusetzen.

Man hat eine Relation

$$\varkappa \cdot B f^5 + \lambda H^3 + \mu T^2 = 0,$$

wo $\varkappa$, λ, μ numerische Konstanten sind[15]).

[Andererseits ergibt sich das volle System der rationalen, ganzen Kovarianten von f durch folgende Überlegung:

Wir haben zunächst f, H, T, A, dann neben f die Kovariante Π, wobei

$$84\,\Pi^2 = A f^2.$$

Ich will die Koeffizienten von f einen Augenblick mit f_i, die von Π mit Π_i bezeichnen. Dann hat man wegen ihrer Dimension in den f_i:

$$\sum \frac{\partial H}{\partial f_i} f_i = 2\,H, \qquad \sum \frac{\partial T}{\partial f_i} f_i = 3\,T, \qquad \sum \frac{\partial A}{\partial f_i} f_i = 2\,A.$$

---

[15]) Für die oben angegebene kanonische Form

$$f = x_1^{11} x_2 + 11\,x_1^6 x_2^6 - x_1 x_2^{11}$$

findet sich:

$$A = \frac{25}{84}, \qquad B = -\frac{5}{84},$$

ferner:

$$12^2 \cdot H = -(x_1^{20} + x_2^{20}) + 228\,(x_1^{15} x_2^5 - x_1^5 x_2^{15}) - 494\,x_1^{10} x_2^{10},$$

$$12 \cdot T = (x_1^{30} + x_2^{30}) + 522\,(x_1^{25} x_2^5 - x_1^5 x_2^{25}) - 10005\,(x_1^{20} x_2^{10} + x_1^{10} x_2^{20}),$$

und also

$$7 \cdot 12^2 \cdot B \cdot f^5 + 5 \cdot 12^4 \cdot H^3 + 5 \cdot T^2 = 0.$$

Vermöge der so geschriebenen Relation ist man in der Lage, die von Schwarz a. a. O. angedeutete algebraische Reduzierbarkeit des Integrals

$$\int \frac{(x,\,dx)}{\sqrt[6]{f}}$$

auf ein elliptisches Integral folgendermaßen durchzuführen. Man setze:

$$z_1 = H, \qquad z_2 = \sqrt[3]{B f^5}.$$

So ist

$$(z,\,dz) = \frac{1}{12} \cdot B^{\frac{1}{3}} \cdot f^{\frac{2}{3}} \cdot T \cdot (x,\,dx)$$

und also unser Integral

$$= \int \frac{12\,(z,\,dz)}{B^{\frac{1}{3}} \cdot f^{\frac{5}{3}} \cdot T}$$

$$= \int \frac{\sqrt{5}}{\sqrt[6]{B}} \cdot \frac{(z,\,dz)}{\sqrt{-720\,z_1^3 z_2 + 7\,z_2^4}}.$$

Trägt man nun hier statt der f_i die Π_i ein, so erhält man drei neue rationale ganze Bildungen

$$\sum \frac{\partial H_i}{\partial f_i} \Pi_i = 2[H], \qquad \sum \frac{\partial T}{\partial f_i} \Pi_i = 3[T], \qquad \sum \frac{\partial A}{\partial f_i} \Pi_i = 2[A].$$

Diese $[H]$, $[T]$, $[A]$ *sind offenbar noch den vorher aufgezählten Formen* f, H, T, A, Π *hinzuzufügen, um im gewöhnlichen Sinne das volle System von* f *zu haben. Im übrigen ist, da* $\Pi_i = Bf_i$ *auch*

$$[H] = BH, \quad [T] = BT, \quad [A] = BA.]^{16})$$

Die Untersuchung spezieller Formen des Ikosaeders hat folgende Resultate. Die Diskriminante ist proportional zu A^{11}. Verschwindet A, so fallen also Wurzelpunkte von f zusammen, und zwar fallen gleich elf Wurzelpunkte zusammen, während der zwölfte noch beliebig bleibt. Auch er vereinigt sich mit den elf übrigen, sobald H identisch verschwindet.

Es mag zum Schlusse noch darauf aufmerksam gemacht werden, daß die drei Formen f, H, T, welche nach dem Vorstehenden für Oktaeder und Ikosaeder eine so wichtige Rolle spielen, auch bei der allgemeinen Verteilung der Kovarianten einer beliebigen binären Form, wie sie Gordan in seiner neuesten Schrift gegeben hat (Über das Formensystem binärer Formen, Leipzig 1875), eine zusammengehörige Gruppe bilden; sie konstituieren, nach der dort angewandten Bezeichnung, das System A_1 von f.

§ 7.

Irrationale Kovarianten des Oktaeders. Die Auflösung der Oktaedergleichung.

Dieselben Prinzipien, welche im vorstehenden Paragraphen zur Untersuchung der rationalen Kovarianten von Oktaeder und Ikosaeder verwandt wurden, ergeben eine Menge von Relationen für irrationale Kovarianten derselben. Von diesen Beziehungen sollen hier einige wenige entwickelt werden, welche für die Auflösung der Oktaeder- und Ikosaedergleichung von Bedeutung sind. Wenn die Auflösung der Oktaedergleichung, die sich algebraisch gestaltet, auch schon bekannt ist[17]), so mag sie hier des Zusammenhangs und der späteren Benutzung wegen doch dargestellt werden.

Beschränken wir uns zunächst auf die Betrachtung des Oktaeders, weil sich bei ihm eine Reihe der auch beim Ikosaeder vorhandenen Be-

---

[16]) [Vorstehende Ausführungen treten beim Wiederabdruck an Stelle nicht ganz korrekter Ausführungen des Originals. K.]

[17]) Vgl. Clebsch und Gordan, Annali di Matematica, Serie 2, Bd. 1 (1868), und Clebsch, Binäre Formen, Leipzig 1872, S. 451.

ziehungen einfacher darstellen läßt. Ich behaupte: *Jede Ecke des Oktaeders drückt sich rational durch die gegenüberstehende aus.*

Sei nämlich, um diese Darstellung nur auf eine Weise zu entwickeln[18]), $H_x^8 = 0$ der zum Oktaeder gehörige Würfel, x eine Oktaederecke, so ist

$$H_x^7 H_y = 0$$

die Gleichung der gegenüberstehenden Ecke. Der Beweis ist einfach dieser: Die hingeschriebene Polare ist simultane Kovariante des Oktaeders und des Punktes x. Das System der letzteren, und also auch jede Kovariante derselben, geht aber durch vier lineare Transformationen in sich über, entsprechend Drehungen durch 90 Grad um die Verbindungsgerade der Ecke x mit der gegenüberliegenden. Der durch Nullsetzen der hingeschriebenen Polare repräsentierte Punkt y kann daher nur entweder mit x selbst oder mit der gegenüberliegenden Ecke koinzidieren, und die erstere dieser beiden Möglichkeiten ist zu verwerfen, weil dann x der Gleichung $H = 0$ genügen würde.

Auf Grund dieser Darstellung wird man schließen, *daß die Spaltung des Oktaeders in die drei Paare gegenüberliegender Ecken von einer rationalen Gleichung dritten Grades abhängt.* Eine solche kann man in folgender Weise aufstellen:

Es sei φ eins der Punktepaare, $\dfrac{f}{\varphi}$ das Aggregat der übrigen vier Wurzelpunkte von f. Beide Formen gehen durch acht von den 24 linearen Transformationen, welche f mit sich zur Deckung bringen, in sich über. Dabei vertauschen sich[19]) die Ecken des Würfels H untereinander. *Man wird also*, da unter den Gruppen zusammengehöriger acht Punkte φ viermal, $\dfrac{f}{\varphi}$ zweimal zählt, *H in der Form darstellen können:*

$$H = \varkappa \varphi^4 + \varkappa' \cdot \left(\frac{f}{\varphi}\right)^2.$$

Betrachtet man hier φ^2 als Unbekannte, so ist dies eine Gleichung dritten Grades der gesuchten Art. Dieselbe enthält, wie alle weiterhin aufzu-

---

[18]) Genau gerade so beweist man, daß

$$H_x^6 H_y^2 = 0, \qquad H_x^5 H_y^3 = 0$$

dieselbe Ecke bez. zweimal und dreimal zählend vorstellen. Analoges leisten die Polaren

$$T_x^{11} T_y = 0, \qquad T_x^{10} T_y^2 = 0, \qquad T_x^9 T_y^3 = 0$$

der Kovariante $T = T_x^{12}$. Andererseits repräsentieren, für $f = a_x^6$, die Polaren:

$$a_x^4 a_y^2 = 0, \qquad a_x^3 a_y^3 = 0, \qquad a_x^2 a_y^4 = 0,$$

unter x eine Oktaederecke verstanden, das Produkt dieser Ecke in die einmal, zweimal, dreimal gezählte gegenüberliegende.

[19]) Man verifiziert solche Angaben immer sofort an einem Modell.

stellenden Resolventen, noch die Veränderlichen x_1, x_2 als willkürliche Parameter. Erteilt man ihnen feste Werte, so erfährt man durch Auflösung der Gleichung den numerischen Wert, welchen φ^2 dementsprechend erhält. Will man φ^2 als Funktion der x kennen, so hat man dieselbe Berechnung für zwei weitere Wertepaare durchzuführen, die man, um neue Irrationalitäten zu vermeiden, dem ursprünglichen benachbart wählen kann.

Zur wirklichen Herstellung der kubischen Gleichung gehen wir auf die kanonische Form zurück:

$$f = x_1\, x_2\, (x_1^4 - x_2^4).$$

Eins der Punktepaare φ ist dann:

$$\varphi = 2\, x_1\, x_2,$$

wo der absolute Wert so genommen ist, daß die Determinante von φ gleich -1. Dann folgt aus dem oben angegebenen Werte von H:

$$H = -\frac{1}{18} \cdot \varphi^4 - \frac{2}{9} \cdot \left(\frac{f}{\varphi}\right)^2,$$

und setzt man jetzt etwa

$$p = \frac{\varphi^2}{\sqrt[3]{f^2}},$$

so kommt die Gleichung:

$$p^3 + 18\, \frac{H}{\sqrt[3]{f^4}} \cdot p + 4 = 0.$$

Von ihr gehen wir sofort zu derjenigen über, die für ein beliebiges Koordinatensystem gilt, in dem wir durch Einführen der Invariante A des Oktaeders, die für die kanonische Form den Wert $\frac{1}{3}$ hat, und der Determinante Δ der quadratischen Form φ, für welche wir zunächst den Wert -1 annahmen, homogen machen. So erhält man:

Bedeutet φ die durch ein Paar gegenüberstehender Ecken des Oktaeders vorgestellte quadratische Form, Δ deren Determinante, und setzt man:

$$p = -\sqrt[3]{\frac{3\,A}{f^2}} \cdot \frac{\varphi^2}{\Delta},$$

so hat man:

$$p^3 + 18\, \frac{H}{\sqrt[3]{3\,A f^4}} \cdot p + 4 = 0.$$

Aus dieser Gleichung findet man, indem man noch zur Vereinfachung des Resultats von der zwischen f, H, T bestehenden Relation Gebrauch macht:

$$p = \sqrt[3]{2 \cdot \frac{f^2\sqrt{-A} + 6\,T}{f^2\sqrt{-A}}} + \sqrt[3]{2 \cdot \frac{f^2\sqrt{-A} - 6\,T}{f^2\sqrt{-A}}},$$

ein Resultat, welches mit dem bei Clebsch, S. 451 auf anderem Wege abgeleiteten übereinstimmt.

§ 8.

Analoge Untersuchungen beim Ikosaeder[20]).

Wie beim Oktaeder wird man auch beim Ikosaeder jede Ecke rational durch die gegenüberliegende darstellen können und also schließen, daß die Zerspaltung des Ikosaeders f in die sechs Paare gegenüberstehender Punkte von einer Gleichung sechsten Grades abhängt. Sei φ ein solches Paar. Unter den 60 Bewegungen, welche f mit sich zur Deckung bringen, finden sich 10, welche φ ungeändert lassen. Dieselben vertauschen die 10 Punkte $\frac{f}{\varphi}$ alle untereinander. Andererseits verteilen sich mit Bezug auf sie die 20 Punkte von H in zwei Gruppen von je 10. Man wird also H als Produkt zweier Faktoren darstellen können, die aus φ^5 und $\frac{f}{\varphi}$ linear zusammengesetzt sind, d. h. man wird setzen können:

$$H = \varkappa\,\varphi^{10} + \lambda\,\varphi^4 \cdot f + \mu\,\frac{f^2}{\varphi^2}.$$

Betrachtet man hier φ^2 als Unbekannte, so hat man eine Gleichung sechsten Grades der geforderten Beschaffenheit.

Zur fertigen Herstellung derselben gehen wir zu der kanonischen Form zurück:

$$f = x_1\,x_2\,(x_1^{10} + 11\,x_1^5\,x_2^5 - x_2^{10}).$$

Eins der Paare φ, mit der Determinante -1 genommen, ist dann etwa

$$\varphi = 2\,x_1\,x_2.$$

Sodann entnimmt man dem oben angegebenen Werte von H:

$$12^2 \cdot H = -\frac{5^5}{2^{10}} \cdot \varphi^{10} + \frac{5^3}{2^3} \cdot \varphi^4 \cdot f - \frac{4 f^2}{\varphi^2},$$

und setzt man jetzt:

$$\pi = -\frac{5\,\varphi^2}{4\sqrt[3]{f}},$$

so kommt:

$$\pi^6 + 10\,\pi^3 - \frac{12^2\,H}{\sqrt[3]{f^5}} \cdot \pi + 5 = 0.$$

Um zu einem beliebigen Koordinatensysteme überzugehen, hat man die Determinante Δ von φ, die gleich -1 genommen wurde, und die Invariante B von f, welche für die kanonische Form gleich $-\frac{5}{84}$ ist, einzuführen.

---

[20]) Vgl. die unter dem Titel „Über eine Gleichung zwölften Grades" in den Erlanger Sitzungsberichten vom 12. Juli 1875 erschienene vorläufige Mitteilung.

Man setze also:

$$\pi = \frac{5}{4} \sqrt[3]{ - \frac{84}{5} \cdot \frac{B}{f} \cdot \frac{\varphi^2}{\Delta} },$$

so kommt:

$$\pi^6 + 10\,\pi^3 - \frac{720\,H}{\sqrt[3]{-2100\,B f^5}} \cdot \pi + 5 = 0,$$

welches die gesuchte Gleichung ist.

Man kann aber ferner beim Ikosaeder *eine Resolvente fünften Grades* aufstellen, welche aus folgendem geometrischem Probleme erwächst: Die 30 Ecken der Kovariante T verteilen sich, wie wiederholt hervorgehoben, auf fünf reguläre Oktaeder; man soll diese Oktaeder trennen.

Sei t eins derselben. Dasselbe geht durch zwölf der 60 Bewegungen, welche das Ikosaeder f mit sich zur Deckung bringen, in sich über. Bei diesen zwölf Bewegungen vertauschen sich die Ecken von f untereinander. Andererseits spalten sich die 24 Punkte $\frac{T}{t}$ in zwei Gruppen von je zwölf zusammengehörigen. Man wird also setzen können:

$$\frac{T}{t} = \varkappa\,t^4 + \lambda\,t^2 f + \mu\,f^2,$$

und dies ist, wenn man t als Unbekannte betrachtet, eine Gleichung fünften Grades der verlangten Art.

Die Ausrechnung gestaltet sich mit Hilfe der kanonischen Form folgendermaßen. Man findet (vgl. den folgenden Paragraph), daß eins der t gleich gesetzt werden kann:

$$t = (x_1^2 + x_2^2)(x_1^4 + 2\,x_1^3 x_2 - 6\,x_1^2 x_2^2 - 2\,x_1 x_2^3 + x_2^4).$$

Die zugehörige Invariante A (die nun als a bezeichnet sein soll) hat den Wert $\frac{20}{3}$. Man findet weiter

$$\frac{12\,T}{t} = t^4 - 10\,t^2 f + 45\,f^2,$$

und setzt man jetzt

$$p = \frac{t}{\sqrt{f}},$$

so kommt:

$$p^5 - 10\,p^3 + 45\,p = \frac{12\,T}{\sqrt{f^5}}.$$

Indem man jetzt zu allgemeiner Koordinatenbestimmung übergeht, hat man folgendes Resultat:

Sei t eins der fünf Oktaeder, a die zugehörige Invariante, so setze man:

$$p = 4 \sqrt{ \frac{7}{-a} \frac{B}{f} \cdot t }.$$

Dann besteht die Gleichung:

$$p^5 - 10\,p^3 + 45\,p = \frac{30\,T}{\sqrt{-105\,B f^5}}.$$

§ 9.

Die irrationalen Kovarianten des Ikosaeders in kanonischer Form.

Des weiteren Vergleichs wegen sollen hier die vorstehend benutzten verschiedenen irrationalen Kovarianten des Ikosaeders, für die kanonische Form berechnet, zusammengestellt werden.

Die *zwölf Wurzeln der Gleichung* $f = 0$, für

$$f = x_1^{11} x_2 + 11\,x_1^6 x_2^6 - x_1 x_2^{11},$$

erhalten die folgenden Koordinaten:

$$\frac{x_1}{x_2} = 0, \quad \infty, \quad a\,\varepsilon^\nu, \quad -\frac{1}{a}\,\varepsilon^\nu,$$

wo

$$\varepsilon = e^{\frac{2\,i\pi}{5}}, \quad a = \varepsilon + \varepsilon^4 = \frac{-1+\sqrt{5}}{2}.$$

Hieraus beiläufig das Resultat: Die Doppelverhältnisse, welche man aus den Ecken des Ikosaeders bilden kann, sind rationale Funktionen von ε. Man kann auch sagen: nach Adjunktion von ε drücken sich die zwölf Wurzeln einer Ikosaedergleichung durch drei beliebige derselben rational aus.

Die *sechs Punktepaare* φ, welche entstehen, indem man die gegenüberliegenden Ecken des Ikosaeders zusammenfaßt, sollen als φ_∞, φ_0, $\varphi_1, \ldots, \varphi_4$ bezeichnet sein; φ_∞ umfasse die Wurzeln 0, ∞, φ_ν die beiden $a\,\varepsilon^\nu$, $-\dfrac{1}{a}\,\varepsilon^\nu$. Wir wählen die φ mit übrigens willkürlichem Vorzeichen so, daß die zugehörige Determinante gleich -1. Dann kommt:

$$\varphi_\infty = 2\,x_1 x_2,$$
$$\varphi_\nu = \frac{2}{\sqrt{5}}\left(\varepsilon^{-\nu} x_1^2 + x_1 x_2 - \varepsilon^\nu x_2^2\right).$$

Um ferner die *Oktaeder* t zu berechnen, seien ψ, χ irgend zwei der φ. Dann stellen, behaupte ich,

$$\psi + \chi = 0, \quad \psi - \chi = 0, \quad [\psi, \chi] = 0 \;(\text{Funktionaldeterminante})$$

drei Punktepaare von T dar, die zusammen ein t bilden. Für jedes t erhält man so drei Darstellungen.

Die beiden Punktepaare $\psi \pm \chi = 0$ werden nämlich (auf der Kugel) offenbar von den beiden Halbierungslinien der Winkel ausgeschnitten, welche die Achsen der ψ und χ miteinander bilden. Denn sie gehören erstens mit ψ und χ zu derselben Involution und gehen zweitens durch diejenigen linearen Transformationen in sich über, welche ψ und χ miteinander vertauschen. — Die Funktionaldeterminante $[\psi, \chi]$ dagegen stellt diejenige Form dar, welche gleichzeitig zu ψ und χ harmonisch ist und also ausgeschnitten wird von dem gemeinsamen Perpendikel der Achsen von ψ und χ.

Nennt man also die fünf Oktaeder in verständlicher Reihenfolge t_0, $t_1, \ldots, t_4$, so ist t_ν bis auf einen Faktor gleich

$$(\varphi_\infty + \varphi_\nu)(\varphi_\infty - \varphi_\nu)\,[\varphi_\infty, \varphi_\nu].$$

Den Faktor wählen wir, in Übereinstimmung mit dem vorangehenden Paragraphen, so, daß die zugehörige Invariante a_ν gleich $\dfrac{20}{3}$ wird. Man findet ihn (bei willkürlich gewähltem Vorzeichen) $= \dfrac{\sqrt{5}}{8}$, also

$$\begin{aligned}
t_\nu &= \frac{\sqrt{5}}{8}\,(\varphi_\infty + \varphi_\nu)(\varphi_\infty - \varphi_\nu)\,[\varphi_\infty, \varphi_\nu]\\
&= \varepsilon^{2\nu}(x_1^6 - 2\,x_1\,x_2^5) + \varepsilon^{-2\nu}(x_2^6 + 2\,x_1^5\,x_2)\\
&\quad - \varepsilon^{\nu}\cdot 5\,x_1^2\,x_2^4 - \varepsilon^{-\nu}\cdot 5\,x_1^4\,x_2^2,
\end{aligned}$$

womit zugleich der oben für t_0 benutzte Wert verifiziert ist[21]).

Man kann auch schreiben:

$$\begin{aligned}
t_\nu &= \frac{5\sqrt{5}}{8\,(\varepsilon^4 - \varepsilon)(\varepsilon^3 + \varepsilon^2)}\,(\varphi_\infty + \varphi_\nu)(\varphi_{\nu+1} - \varphi_{\nu-1})(\varphi_{\nu+2} + \varphi_{\nu-2})\\
&= \frac{-5\sqrt{5}}{8\,(\varepsilon^3 - \varepsilon^2)(\varepsilon^4 + \varepsilon)}\,(\varphi_\infty - \varphi_\nu)(\varphi_{\nu+1} + \varphi_{\nu-1})(\varphi_{\nu+2} - \varphi_{\nu-2})\\
&= \frac{5\,i\,\sqrt[4]{5}}{8}\,(\varphi_\infty^2 - \varphi_\nu^2)^{\frac{1}{2}}(\varphi_{\nu+1}^2 - \varphi_{\nu-1}^2)^{\frac{1}{2}}(\varphi_{\nu+2}^2 - \varphi_{\nu-2}^2)^{\frac{1}{2}}.
\end{aligned}$$

Infolgedessen hat man zwischen der entsprechenden Wurzel p_ν der Gleichung fünften Grades $\left(a = \dfrac{20}{3}\right)$:

$$p_\nu = 2\sqrt{\frac{-21\,B}{5\,f}}\cdot t_\nu$$

und den sechs Wurzeln $\pi_\infty, \pi_0, \ldots, \pi_\nu$ der Gleichung sechsten Grades $(\Delta = -1)$:

---

[21]) Der Vollständigkeit wegen sei noch erwähnt, daß die Punktepaare des zugehörigen Pentagondodekaeders dargestellt sind durch:

$$\varepsilon^{-\nu}\,x_1^2 - \frac{3 \pm \sqrt{5}}{2}\,x_1\,x_2 - \varepsilon^{+\nu}\,x_2^2,$$

und daß dieselben proportional sind zu den fünften Überschiebungen zweier Oktaeder t. (Das letztere schließt man wieder aus dem Umstande, daß es drei Bewegungen gibt, welche gleichzeitig zwei Oktaeder t und ein Punktepaar des Pentagondodekaeders in sich überführen.)

$$\pi = -\frac{5}{4}\sqrt[3]{-\frac{84}{5}\cdot\frac{B}{f}}\cdot\varphi^2$$

folgende Beziehung:

$$p_\nu = \frac{1}{\sqrt[4]{5}}\left(\pi_\infty - \pi_\nu\right)^{\frac{1}{2}}\left(\pi_{\nu+1} - \pi_{\nu-1}\right)^{\frac{1}{2}}\left(\pi_{\nu+2} - \pi_{\nu-2}\right)^{\frac{1}{2}}.$$

§ 10.

Beziehungen zu anderweitigen Untersuchungen.

Die Resolventen sechsten und fünften Grades, sowie insbesondere die Formeln des letzten Paragraphen stimmen, wie bereits in der Einleitung gesagt, genau überein mit Formeln, welche bei Untersuchungen über die Lösung der allgemeinen Gleichung fünften Grades von Brioschi, Hermite und Kronecker gegeben worden sind. Es sei wegen derselben insbesondere auf den Aufsatz von Joubert: Sur l'équation du sixième degré (Comptes Rendus 1867, 1, Bd. 64, S. 1237—1240) verwiesen, insofern dort einige Unexaktheiten, welche in Brioschis bez. Formeln vorkommen, verbessert sind. Neu ist nur die Bedeutung, unter der hier diese Formeln auftreten, und die damit zusammenhängende geometrische Herleitung derselben. Andererseits entnimmt man den genannten Untersuchungen, daß die Gleichung sechsten Grades, welche die Punktepaare des Ikosaeders trennt, und also die Ikosaedergleichung selbst, durch elliptische Funktionen gelöst werden kann, was hier indes nicht weiter verfolgt werden soll. —

Zum Schlusse werde auch noch die Galoissche Gruppe der Ikosaedergleichung bestimmt. Den linearen Transformationen entsprechend, welche die Gleichung in sich überführen, sind jedesmal 60 der Doppelverhältnisse, welche man aus ihren Wurzeln bilden kann, einander gleich, die Differenzen dieser Doppelverhältnisse also Null und somit rational bekannt. Diese Doppelverhältnisgleichheiten bleiben, wie eine nähere Überlegung zeigt, bei folgenden und nur bei folgenden Vertauschungen der Wurzeln ungeändert:

1. Bei denjenigen 60 Vertauschungen, welche einer linearen Transformation des Ikosaeders in sich entsprechen, und

2. [bei denjenigen Vertauschungen, die sich ergeben, wenn man die Einheitswurzel ε durch ε^2 oder ε^3 oder ε^4 ersetzt. — Dabei kann die Ersetzung von ε durch ε^4 in einfachster Weise dadurch geometrisch gedeutet werden, daß man jeden Ikosaedereckpunkt mit seinem gegenüberliegenden vertauscht. —

Die Galoissche Gruppe umfaßt also 240 Substitutionen. Sie kann auf 60 Substitutionen eingeschränkt werden, wenn man den numerischen Wert des Doppelverhältnisses von vier Wurzeln, die nicht in einer Ebene liegen, adjungiert]^{22}). Alle diese Doppelverhältnisse aber stellen sich nach einer im vorigen Paragraphen gemachten Bemerkung als rationale Funktionen einer fünften Einheitswurzel ε dar, und *also ist die Adjunktion von ε nötig und hinreichend, um die Gruppe auf 60 Substitutionen zu reduzieren.*

Um die Struktur der so reduzierten Gruppe zu charakterisieren, genügt es, darauf hinzuweisen, daß sich bei den 60 Bewegungen, welche das Ikosaeder mit sich zur Deckung bringen, die fünf Oktaeder t untereinander vertauschen. Es entsprechen die Substitutionen der Gruppe demnach den Vertauschungen von fünf Elementen, welche deren Differenzenprodukt ungeändert lassen.

München, im Juni 1875.

---

^{22}) [Zwecks Richtigstellung beim Wiederabdruck im einzelnen geändert.]

LII. Über [algebraisch integrierbare] lineare Differentialgleichungen.

(Erster Aufsatz.)

[Sitzungsberichte der physikalisch-medizinischen Sozietät zu Erlangen vom 26. Juni 1876; abgedruckt in den Math. Annalen, Bd. 11.]

Der Sozietät erlaube ich mir im folgenden eine Methode vorzulegen, *die zu entscheiden gestattet, ob eine gegebene lineare Differentialgleichung zweiter Ordnung mit rationalen Koeffizienten durchaus algebraische Integrale besitzt.* Meine Methode geht darauf aus, alle derartigen Differentialgleichungen wirklich aufzustellen, und man hat daher, wenn es sich um die Untersuchung einer gegebenen Differentialgleichung handelt, nur eine Koeffizientenvergleichung zu veranstalten, deren Ausführung freilich Gegenstand einer besonderen algebraischen Untersuchung sein muß, die ich noch nicht beendet habe.

Sei

$$\frac{d^2 y}{d x^2} + p_1 \cdot \frac{d y}{d x} + p_0 \cdot y = 0$$

eine lineare Differentialgleichung zweiter Ordnung. So genügt bekanntlich[1]) der Quotient zweier unabhängiger Partikularlösungen y_1, y_2:

$$\eta = \frac{y_1}{y_2}$$

der folgenden Differentialgleichung dritter Ordnung:

$$[\eta] = \frac{\eta'''}{\eta'} - \frac{3}{2} \left(\frac{\eta''}{\eta'} \right)^2 = 2 p_0 - \frac{1}{2} p_1{}^2 - \frac{d p_1}{d x} = P.$$

Diese Differentialgleichung hat die Eigenschaft, daß ihr allgemeines

---

[1]) Vgl. die auch weiterhin benutzte Arbeit von Schwarz: Über diejenigen Fälle, in welchen die Gaußsche hypergeometrische Reihe eine algebraische Funktion ihres vierten Elementes ist. Crelles Journal, Bd. 75 (1872/73), S. 292—335 [= Ges. Abhandl., Bd. 2, S. 211—259].

Integral eine gebrochene lineare Funktion eines beliebigen Partikular-
integrals ist:

$$\eta = \frac{a\,\eta_0 + \beta}{\gamma\,\eta_0 + \delta};$$

sie wird ferner (selbstverständlicherweise) durchaus algebraische Integrale
besitzen, wenn die Differentialgleichung zweiter Ordnung diese Eigenschaft
hatte, und auch den umgekehrten Schluß kann man machen, sofern

$$e^{\int p_1\,dx}$$

eine algebraische Funktion ist. Dementsprechend soll weiterhin nur von
dieser Differentialgleichung dritter Ordnung

$$[\eta] = P$$

die Rede sein, wo P, entsprechend der gleichen Voraussetzung, die wir
schon in der Einleitung hinsichtlich p_0 und p_1 machten, eine rationale
Funktion von x bezeichnet.

Es sei η_0 ein partikuläres Integral dieser Gleichung. Läßt man dann
x von einem beliebigen Werte beginnend einen geschlossenen Weg beschreiben, so wird η_0 entweder unverändert wieder erscheinen oder in eine
lineare Funktion

$$\eta_1 = \frac{a\,\eta_0 + \beta}{\gamma\,\eta_0 + \delta}.$$

verwandelt sein, wo die Verhältnisse $\alpha, \beta, \gamma, \delta$ nur durch den Weg, nicht
durch den Anfangswert von x oder durch das partikuläre Integral η_0 bedingt sind. Zugleich muß, wenn η_0 Zweig einer algebraischen Funktion
war, η_1 ein Zweig derselben algebraischen Funktion sein, da η_1 in η_0
kontinuierlich übergegangen ist. Ich will nun mit

$$\eta_0,\ \eta_1,\ \eta_2,\ \ldots,\ \eta_n$$

die Gesamtheit der Werte bezeichnen, die auf diese Weise aus η_0 entstehen. So bilde man die algebraische Gleichung:

$$0 = (\eta - \eta_0)\,(\eta - \eta_1)\ldots(\eta - \eta_n).$$

Sie besitzt zwei wesentliche Eigenschaften, die sogleich gestatten werden,
alle derartige Gleichungen der Art nach anzuschreiben. Erstens sind ihre
Koeffizienten, als symmetrische Funktionen aller Werte, die η_0 annehmen
kann, wenn sich x in der komplexen Ebene bewegt, rationale Funktionen
von x. Zweitens hat die Gleichung die Eigenschaft, durch gewisse lineare
Transformation von η ungeändert zu bleiben, und zwar sind diese Transformationen in einer solchen Zahl vorhanden, daß durch sie jede Wurzel
η_i in jede andere η_k verwandelt werden kann.

Nun aber habe ich mich früher, wie ich der Sozietät bei verschiedenen
Gelegenheiten mitteilte [in den Sitzungen vom 13. Juli und 14. Dez. 1874,

sowie vom 12. Juli 1875] und im vorigen Jahre in einer größeren Abhandlung (in den Math. Annalen, Bd. 9 (1875/76), [vorstehend abgedruckt als Abh. LI]) ausführte, mit der Bestimmung aller Gleichungen beschäftigt, welche die letztangeführte Eigenschaft besitzen. Sie sind, von linearen Transformationen abgesehen, denen man das Argument η unterwerfen mag, alle in der folgenden Tabelle zusammengestellt. Der Buchstabe R bedeutet einen willkürlichen Parameter; außerdem sind die zugesetzten Zahlenkoeffizienten so gewählt, daß bei dem später anzugebenden Schlußresultate möglichst einfache Glieder entstehen:

$$(1) \qquad \eta^n = R,$$

$$(2) \qquad \eta^n + \eta^{-n} = 4R - 2, \quad (n \text{ eine beliebige ganze Zahl}),$$

$$(3) \qquad Rjf^3 + 3H^3 = 0,$$

f eine äquianharmonische biquadratische Form, H die zugehörige Hessesche, j die Invariante dritten Grades;

$$(4) \qquad RAf^4 + 18H^3 = 0,$$

f die linke Seite einer Oktaedergleichung, A die Invariante zweiten Grades (vgl. meine eben genannte Annalenarbeit oder auch Clebsch, Binäre Formen, S. 447 ff.);

$$(5) \qquad 7RBf^5 + 720H^3 = 0;$$

f die linke Seite einer Ikosaedergleichung, B die Invariante ersten Grades.

Die Integrale unserer Differentialgleichung müssen daher, unter R eine geeignete rationale Funktion von x verstanden, durch eine der Gleichungen (1) bis (5) dargestellt sein.

Ich behaupte aber ferner, daß für R jede rationale Funktion von x eingesetzt werden darf; die sofort mitzuteilende Aufstellung der zugehörigen Differentialgleichung zeigt es.

Für (1) nämlich berechnet man ohne weiteres die Differentialgleichung:

$$(I) \qquad [\eta] = [R] + \frac{n^2 - 1}{2n^2}\left(\frac{R'}{R}\right)^2.$$

Anderseits könnte man auch (was ich wirklich ausführte) für (2) bis (5) die zugehörigen Differentialgleichungen berechnen; es sind dazu nur einige wenige Sätze über das Formensystem der bez. Grundformen f erforderlich. Aber man kann diese Rechnung sparen, wenn man die Resultate verwertet, die Schwarz in der bereits zitierten Abhandlung gewonnen hat. Schwarz betrachtet insonderheit die Differentialgleichung

$$[\eta] = \frac{1-\lambda^2}{2x^2} + \frac{1-\nu^2}{2(1-x)^2} - \frac{\lambda^2 - \mu^2 + \nu^2 - 1}{2x(1-x)}$$

und sucht diejenigen Fälle, in denen sie algebraische Integrale besitzt. Dies findet vor allem dann statt, wenn λ, μ, ν bezüglich gleich genommen werden:

$$\frac{1}{2}, \quad \frac{1}{n}, \quad \frac{1}{2}$$

$$\frac{1}{3}, \quad \frac{1}{3}, \quad \frac{1}{2}$$

$$\frac{1}{3}, \quad \frac{1}{4}, \quad \frac{1}{2}$$

$$\frac{1}{3}, \quad \frac{1}{5}, \quad \frac{1}{2}$$

und zwar sind die dann auftretenden Integralgleichungen geradezu durch unsere Gleichungen (2) bis (5) gegeben, sofern man in ihnen $R = x$ setzt. Daher findet man umgekehrt die von uns geforderten Differentialgleichungen, wenn man in die bei Schwarz betrachtete Differentialgleichung $R(x)$ statt x einführt. Sie geht dadurch über in:

$$(\mathrm{II})-(\mathrm{V}) \quad [\eta] = [R] + R'^2 \left\{ \frac{1-\lambda^2}{2R^2} + \frac{1-\nu^2}{2(1-R)^2} - \frac{\lambda^2-\mu^2+\nu^2-1}{2R(1-R)} \right\}.$$

Schreibt man hier für λ, μ, ν bez. die angegebenen Werte, so hat man die Differentialgleichungen (II) *bis* (V), *welche zu den Integralgleichungen* (2) *bis* (5) *gehören.*

Hiermit ist das Ziel erreicht, welches wir zu Eingang der Arbeit bezeichneten; es bleibt nur das ebenfalls schon berührte Transformationsproblem: Wann kann eine rationale Funktion $P(x)$ umgesetzt werden in eins der bei den Gleichungen (I) bis (V) auf der rechten Seite auftretenden Aggregate, in denen R eine rationale Funktion von x bedeutet? Und wenn das der Fall ist, wie bestimmt man R?

Ich muß zum Schluß dieser Mitteilung noch einige Bemerkungen zufügen über eine Arbeit von Fuchs[2]), die den hier vorliegenden Gegenstand ebenfalls behandelt, und deren Studium, zu dem ich neuerdings veranlaßt wurde[3]), mich eben zu der einfachen Methode hinleitete, welche ich auseinandersetzte. Fuchs gibt eine, wie mir scheint, viel weitläufigere Lösung. Ohne auf dieselbe hier näher eingehen zu wollen, bemerke ich nur, daß die von ihm so genannten *Primformen* identisch sind mit denjenigen binären Formen, welche lineare Transformationen in sich besitzen, und daß daher die Liste der Primformen niedersten Grades, welche er

---

[2]) Über diejenigen Differentialgleichungen zweiter Ordnung, welche algebraische Integrale besitzen, und eine neue Anwendung der Invariantentheorie. Crelles Journal, Bd. 81, (1876) S. 97—142; vgl. Gött. Nachrichten 1875, vom 7. August und 6. November, S. 568—581, 612—613.

[3]) [Die Redaktion der Fortschritte der Mathematik überwies mir nämlich die betreffenden Arbeiten zum Referat; mein dadurch entstehender Bericht ist abgedruckt in Bd. 7 der Fortschritte, S. 172—173 (1877). K.]

a. a. O., S. 126 aufstellt, noch überflüssige Formen enthält. Sie sollte nur umfassen:

> die allgemeine biquadratische Form,
> die äquianharmonische biquadratische Form,
> die linke Seite der Oktaedergleichung $(n = 6)$,
> die linke Seite der Ikosaedergleichung $(n = 12)$;

die erste der beiden aufgeführten Formen sechsten Grades, sowie die Form achten und die Form zehnten Grades existieren nicht[4]).

München, Juni 1876.

---

[4]) Auch ist es a. a. O. überflüssig, die allgemeine biquadratische Form mit aufzuzählen, da sie (irrationale) quadratische Kovarianten hat, welche durch die nämlichen linearen Transformationen in sich übergehen, wie die Grundform. Dagegen ist die Reduktion der Primformenzahl, wie sie Herr C. Jordan (Comptes Rendus, 13. März 1876, Bd. 82) und Herr Pepin angeben (ebenda 5. Juni), nicht statthaft, was hinsichtlich der Behauptungen von Pepin bereits Herr Fuchs gezeigt hat (ebenda 26. Juni, 3. Juli). Nach C. Jordan würde der Fall $n = 12$ nicht existieren. [Zusatz beim Abdruck des Textes in den Math. Annalen, Bd. 11. (Nov. 1876).] — [C. Jordan und Fuchs haben in Crelles Journal, Bd. 84 (1878) bzw. Bd. 85 (1878) die Richtigkeit meiner Angaben bestätigt. — Übrigens findet sich eine neue, sehr einfache, funktionentheoretische Bestimmung aller endlichen Gruppen linearer Substitutionen einer Variabeln im Ikosaederbuch (1884) auf S. 115—121. K.]

LIII. Über [algebraisch integrierbare] lineare Differentialgleichungen.

(Zweiter Aufsatz.)

[Math. Annalen, Bd. 12 (1877).]

Die folgenden Erörterungen sind bestimmt, die unter gleichem Titel in den Math. Annalen, Bd. 11 (1876/77) erschienene Note [vgl. die vorstehende Abh. LII] in einigen Punkten zu vervollständigen.

1. *Endliche Gruppen linearer Substitutionen einer Veränderlichen.* Die endlichen Gruppen, welche man aus linearen Substitutionen einer Veränderlichen η bilden kann, zerfallen bekanntlich in fünf Klassen, wegen deren Aufzählung und Charakterisierung ich am besten auf die inzwischen erschienene Gordansche Arbeit in den Math. Annalen, Bd. 12 (1877), S. 23—46, verweise. Ich nenne diese Gruppen (siehe meine Arbeit: „Über binäre Formen mit linearen Transformationen in sich selbst", in den Math. Annalen, Bd. 9 (1875) [vgl. die oben abgedruckte Abh. LI]) die *Kreisteilungsgruppe,* die *Diedergruppe,* die Gruppen des (regulären) *Tetraeders, Oktaeders, Ikosaeders.* Die beiden erstgenannten Gruppen enthalten noch unendlich viele Arten, entsprechend dem Werte, den man der in ihnen vorkommenden, positiven ganzen Zahl n erteilen will. Dem Werte $n = 1$ entspricht als Kreisteilungsgruppe diejenige, welche allein aus der identischen Substitution besteht. Bei den Diedergruppen hat man den Wert $n = 1$ auszulassen.

Mit jeder dieser Gruppen ist nun eine rationale Funktion $\Omega(\eta)$, welche ich die *zugehörige* nennen will, wesentlich verknüpft — wobei indes gleich hier hervorgehoben sei, daß Ω nicht völlig bestimmt ist, sondern statt Ω ein beliebiges $\frac{\alpha\Omega+\beta}{\gamma\Omega+\delta}$ genommen werden kann. — Dieses Ω hat, gleich anderen rationalen Funktionen von η, die Eigenschaft, ungeändert zu bleiben, wenn auf η die Substitutionen der Gruppe angewandt werden, vor allen Dingen aber diese: *daß jede rationale Funktion von η,*

20*

welche bei den Substitutionen ungeändert bleibt, eine rationale Funktion von Ω ist[1]).

Stellt man die fraglichen Gruppen in den kanonischen Formen auf, welche Gordan a. a. O. angibt und mit I bis V numeriert, so kann man für Ω bez. folgende Ausdrücke wählen:

$$(1) \qquad \eta^n,$$

$$(2) \qquad \eta^n + \eta^{-n},$$

$$(3) \qquad \left(\frac{1 - 2\sqrt{-3}\,\eta^2 - \eta^4}{1 + 2\sqrt{-3}\,\eta^2 - \eta^4} \right)^3,$$

$$(4) \qquad \frac{(1 + 14\,\eta^4 + \eta^8)^3}{108\,\eta^4\,(1 - \eta^4)^4},$$

$$(5) \qquad \frac{(-(\eta^{20} + 1) + 228\,(\eta^{15} - \eta^5) - 494\,\eta^{10})^3}{1728\,\eta^5\,(\eta^{10} + 11\,\eta^5 - 1)^5},$$

die speziell ich fortan als *Kreisteilungsfunktion ... Ikosaederfunktion* benennen will. Es stimmen die Ausdrücke (3) ... (5) mit denjenigen überein, die Schwarz in der Arbeit über die hypergeometrische Reihe (Crelles Journal, Bd. 75 (1872/73), S. 292 ff. [= Ges. math. Abh., Bd. II, S. 211 ff.]) dem Studium des Tetraeders, Oktaeders, Ikosaeders zugrunde legt. In meiner vorigen Note habe ich statt ihrer allgemeine Ausdrücke geschrieben, welche sich auf die Formensysteme des Tetraeders, Oktaeders, Ikosaeders beziehen; ich kehre hier zu den kanonischen Ausdrücken zurück, um die mitzuteilenden Formeln möglichst unmittelbar verständlich zu machen. Nur beim Ikosaeder werde ich gelegentlich $\eta\,(\eta^{10} + 11\,\eta^5 - 1)$ [homogen gemacht] durch f, die zugehörige Hessesche mit H, die Funktionaldeterminante (f, H) mit T bezeichnen. Man hat dann:

$$T^2 = 12\,f^5 - 12^4 H^3$$

und der Ausdruck (5) nimmt die Gestalt an:

$$1728\,\frac{H^3}{f^5}.$$

2. Beziehungen zwischen den fünferlei Gruppen. — Wenn zwei endliche Gruppen a, b in der Beziehung stehen, daß a in b als Untergruppe

---

[1]) Wegen der Beweise vgl. meine Arbeit in Bd. 9 der Math. Annalen [= Abh. LI]. — Es ist interessant, die *doppeltperiodischen* Funktionen einer Variabeln η zu vergleichen, die doch auch bei einer, allerdings *unendlichen* Gruppe linearer Substitutionen ungeändert bleiben und insofern den im Texte betrachteten Funktionen analog sind. Da es keine doppeltperiodische Funktion gibt, die einen vorgeschriebenen Wert im Periodenparallelogramm nur *einmal* annimmt, so gelingt es nicht, wie im Texte, alle in Betracht kommenden Funktionen durch eine (ausgezeichnete) rational auszudrücken, sondern erst durch zwei.

enthalten ist, so ist Ω_b *durch* Ω_a *rational ausdrückbar.* — Dieses folgt sofort, da Ω_b eine rationale Funktion von η ist, welche bei den Substitutionen von b und also auch bei den Substitutionen von a ungeändert bleibt. Auch kann man den Satz umkehren.

Die Ikosaedergruppe z. B. enthält bekanntlich sechs verschiedene Untergruppen, welche dem Kreisteilungstypus für $n = 5$ angehören, und von diesen erscheint eine selbst in kanonischer Form, wenn man die Ikosaedergruppe kanonisch dargestellt hat. Daher ist die Ikosaederfunktion, so wie sie eben angegeben wurde, rational in η^5. — Oder besser: Die Ikosaedergruppe enthält als Untergruppen fünf vom Tetraedertypus. Bei einer solchen Tetraedergruppe bleibt immer das Ikosaeder f und, doppeltzählend, ein gewisses Oktaeder t ungeändert. Man kann daher $\dfrac{t^2}{f}$ als zugehörige Funktion wählen, wenn es auch, auf die kanonische Form des Tetraeders transformiert, nicht mit der eben unter (3) angegebenen Tetraederfunktion übereinstimmt, sondern eine lineare Funktion derselben ist. Dann muß die Ikosaederfunktion rational in $\dfrac{t^2}{f}$ sein, und in der Tat hat man:

$$144\,\frac{T^2}{f^5} = 1728\left(1 - 1728\,\frac{H^3}{f^5}\right) = \frac{t^2}{f}\left(\frac{t^4}{f^2} - 10\,\frac{t^2}{f} + 45\right)^2,$$

wie ich in etwas anderer Gedankenverbindung in meiner Arbeit in den Math. Annalen, Bd. 9 [vgl. Abh. LI, S. 297] angab. Ich werde auf diese Formel noch später zurückkommen.

3. *Die fünferlei Integralgleichungen.* Die Integralgleichungen, wie ich sie in der vorigen Note [Abh. LII, S. 304] unter (1) ... (5) angab, erwachsen, wenn man die fünf jetzt mit (1) ... (5) bezeichneten Funktionen gleichsetzt rationalen Funktionen einer Veränderlichen x, die ich, im Anschlusse an die vorige Note, in den Fällen (1), (3), (4), (5) einfach mit $R(x)$ bezeichne, während ich sie im Falle (2) mit $4R(x) - 2$ benenne. Die Bemerkungen der vorangehenden Nummer zeigen, daß diese Integralgleichungen gewisse Zusammenhänge aufweisen. So oft z. B. η^5 oder die (modifizierte) Tetraederfunktion $\dfrac{t^2}{f}$ gleich gesetzt wird einer rationalen Funktion von x, ist auch die Ikosaederfunktion einer rationalen Funktion gleich. Dieselbe Gleichung zwischen η und x tritt also in verschiedenen Formen auf.

Es ist wünschenswert, einer hieraus hervorgehenden Unbestimmtheit des Ausdrucks dadurch entgegenzutreten, *daß für die Integralgleichungen ein für alle mal die Reihenfolge* (1), (2), (3), (4), (5) *festgesetzt wird, und nun jede in Betracht kommende Relation zwischen* η *und* x *der ersten Kategorie, bei welcher sie auftritt, zugerechnet wird.* Die analoge

Festsetzung wird man bei den Gleichungen (1), (2) noch einmal treffen mit Bezug auf den Wert der Zahl n. — Dies vorausgesetzt, sind die Gleichungen zwischen η und x *irreduzibel*.

4. *Einfluß der Integrationskonstanten.* Die allgemeinen Integralgleichungen erwachsen aus den eben angegebenen partikulären, indem statt η beliebig $\frac{\alpha\eta+\beta}{\gamma\eta+\delta}$ gesetzt wird. Nimmt man nun zunächst den Fall (1) und $n=1$, also:

$$\eta = R(x),$$

so kann man statt:

$$\frac{\alpha\eta+\beta}{\gamma\eta+\delta} = R(x),$$

unter a, b, c, d irgendwelche Größen verstanden, auch schreiben

$$\frac{\alpha'\eta+\beta'}{\gamma'\eta+\delta'} = \frac{aR+b}{cR+d}$$

Auf diese Weise ergibt sich: *Die rationale Funktion von x, welche in der Integralgleichung auftritt, ist durch die Differentialgleichung in den Fällen* (2), (3), (4), (5) *vollkommen bestimmt, nur im Falle* (1) *enthält sie, wenn $n=1$ ist, drei, und, für die übrigen Werte von n, eine willkürliche Konstante.* Dabei ist, wie im folgenden immer, vorausgesetzt, daß man an der Verabredung der vorigen Nummer festhält.

5. *Die zugrunde liegenden Differentialgleichungen.* Setzt man in die Integralgleichungen (1) ... (5) statt $R(x)$ einfach x, so entstehen die zugehörigen Differentialgleichungen alle aus der bei Schwarz (Crelles Journal, Bd. 75) diskutierten:

$$[\eta] = \frac{\frac{1-\lambda^2}{2}}{x^2} + \frac{\frac{1-\nu^2}{2}}{(1-x)^2} - \frac{\frac{\lambda^2-\mu^2+\nu^2-1}{2}}{x(1-x)},$$

indem man für λ, μ, ν bezüglich einträgt:

	λ	μ	ν
I	$\dfrac{1}{n}$	$\dfrac{1}{n}$	1
II	$\dfrac{1}{2}$	$\dfrac{1}{n}$	$\dfrac{1}{2}$
III	$\dfrac{1}{3}$	$\dfrac{1}{3}$	$\dfrac{1}{2}$
IV	$\dfrac{1}{3}$	$\dfrac{1}{4}$	$\dfrac{1}{2}$
V	$\dfrac{1}{3}$	$\dfrac{1}{5}$	$\dfrac{1}{2}$

Ich will eine solche Gleichung eine *Elementargleichung* nennen mit den singulären Punkten 0, ∞, 1 und den zugehörigen Exponenten λ, μ, ν. Es ist mir weiterhin gelegentlich bequem, statt 0, ∞, 1 drei beliebige Werte a, b, c (von denen keiner unendlich ist) als singuläre Werte zu besitzen. Führt man zu diesem Zwecke statt x durch lineare Substitution ein geeignetes neues x ein, so nimmt die Differentialgleichung die symmetrische Gestalt an:

$$[\eta] = \frac{1}{x-a \cdot x-b \cdot x-c}\left\{(a-b)(a-c)\frac{\frac{1-\lambda^2}{2}}{x-a} + (b-c)(b-a)\frac{\frac{1-\mu^2}{2}}{x-b}\right.$$
$$\left. + (c-a)(c-b)\frac{\frac{1-\nu^2}{2}}{x-c}\right\}.$$

Dieses Resultat läßt sich, wenn man von der allgemeinen Theorie solcher Differentialgleichungen ausgeht[2]), von vornherein einsehen. Der Ausdruck rechter Hand muß (-4)-ter Dimension sein, weil der Wert $x = \infty$ nicht singulär ist. Er muß ferner so beschaffen sein, daß bei Partialbruchzerlegung höchstens quadratische und lineare Glieder auftreten. Die betr. Nenner müssen $(x-a)^2$, $(x-b)^2$, $(x-c)^2$ bez. $(x-a)$, $(x-b)$, $(x-c)$, die Zähler der quadratischen Glieder müssen $\frac{1-\lambda^2}{2}$, $\frac{1-\mu^2}{2}$, $\frac{1-\nu^2}{2}$ sein. Dadurch aber ist der Ausdruck vollkommen bestimmt.

6. *Ableitung der Differentialgleichungen aus den Integralgleichungen.* Daß die Elementargleichungen so, wie sie angegeben werden, zu den Integralgleichungen gehören, hatte ich, bei der das vorige Mal eingehaltenen Darstellung, der zitierten Arbeit von Schwarz entnommen. Die betr. Rechnung, wie sie sich auf Grund der in Betracht kommenden algebraischen Formensysteme ergibt, ist seitdem von Herrn Brioschi in eleganter Weise entwickelt worden [Math. Annalen, Bd. 11 (1876/77), S. 111—114 = Ges. Werke V, S. 205—210]. Aber es hat wohl Interesse zu bemerken, daß man dieselbe ganz sparen kann, wenn man von der Definition der Ausdrücke $\Omega(\eta)$ ausgeht. Betrachten wir z. B. die Ikosaedergleichung in der Form:

$$1728\frac{H^3(\eta)}{f^5(\eta)} = \frac{Ax+B}{Cx+D},$$

wo ich die Konstanten A, B, C, D so wählen will, daß $\frac{Ax+B}{Cx+D}$ für $x = a$, b, c bez. 0, ∞, 1 wird. *Aus einer Wurzel η_0 dieser Gleichung ergeben sich alle anderen durch 59 von vornherein bekannte lineare Substitutionen, deren Koeffizienten numerisch sind.* Der Ausdruck $[\eta]$ ist

---

[2]) Vgl. hier und im folgenden die einschlägigen Arbeiten von Fuchs, Schwarz u. a. in Crelles Journal.

aber so gebildet, daß er für η und ein beliebiges $\dfrac{\alpha\eta+\beta}{\gamma\eta+\delta}$ identisch ausfällt. Daher nimmt im vorliegenden Falle $[\eta]$ für alle Wurzeln der Ikosaedergleichung denselben Wert an, ist also eine rationale Funktion von x. Mehrfache Wurzeln besitzt die Ikosaedergleichung nun für $x = a$, $x = b$, $x = c$, und zwar bez. lauter dreifache, fünffache, doppelte. Daher ist die betr. rationale Funktion vom (-4)-ten Grade, sie wird für $x = a, b, c$ im zweiten Grade unendlich und hat, auf diese Werte bezüglich, die Exponenten $\lambda = 3$, $\mu = 5$, $\nu = 2$, womit alles bestimmt ist.

7. *Einsetzung von $R(x)$ statt (x).* Setzt man in die Elementargleichungen der fünften Nummer statt x ein $R(x)$, so entstehen die allgemeinsten hier in Betracht kommenden Differentialgleichungen:

$$[\eta] = [R] + R'^2 \left\{ \frac{\dfrac{1-\lambda^2}{2}}{R^2} + \frac{\dfrac{1-\nu^2}{2}}{(1-R)^2} - \frac{\dfrac{\lambda^2-\mu^2+\nu^2-1}{2}}{R(1-R)} \right\}.$$

Wir wollen den Ausdruck rechter Hand in Partialbrüche zerlegen und insonderheit auf die dabei auftretenden quadratischen Glieder achten. Sei $R = \dfrac{\varphi}{\psi}$, wo φ, ψ vom Grade n ohne gemeinsamen Teiler. Keine der Wurzeln von $\varphi = 0$, $\psi = 0$, $\varphi - \psi = 0$ oder der Funktionaldeterminante $(\varphi, \psi) = 0$ soll unendlich angenommen werden. Ich nenne dann die Wurzeln von φ a_i, ihre Multiplizität α_i, analog bei ψ und $\varphi - \psi$ die Wurzeln b_i, c_i, ihre Multiplizität β_i, γ_i. Die Funktionaldeterminante (φ, ψ) hat die a_i, b_i, c_i zu $\alpha_i - 1$, $\beta_i - 1$, $\gamma_i - 1$-fachen Wurzeln; sie besitze außerdem noch Wurzeln d_i je $\delta_i - 1$-fach. *Dann lauten die quadratischen Glieder der Partialbruchzerlegung:*

$$\sum \frac{\dfrac{1-\alpha_i^2\lambda^2}{2}}{(x-a_i)^2} + \sum \frac{\dfrac{1-\beta_i^2\mu^2}{2}}{(x-b_i)^2} + \sum \frac{\dfrac{1-\gamma_i^2\nu^2}{2}}{(x-c_i)^2} + \sum \frac{\dfrac{1-\delta_i^2}{2}}{(x-d_i)^2},$$

wie man leicht durch funktionentheoretische Überlegung oder auch durch direkte Rechnung findet.

8. *Ausfallen gewisser Glieder der Partialbruchentwicklung.* In den fünferlei hier in Betracht kommenden Fällen sind λ, μ, ν Brüche mit dem Zähler 1. Es können also verschiedene Terme $\alpha_i = \dfrac{1}{\lambda}$, $\beta_i = \dfrac{1}{\mu}$, $\gamma_i = \dfrac{1}{\nu}$ werden. *Dann fällt das betreffende quadratische Glied der Partialbruchzerlegung weg.* Da wir es nun mit Differentialgleichungen zu tun haben, die durchaus algebraische Integrale besitzen, so folgt aus der allgemeinen Theorie, daß dann auch kein bez. lineares Glied in der Partialbruchentwicklung auftritt — wie die direkte Rechnung bestätigt. *Der Punkt $x = a_i$ oder b_i oder c_i hört dann also auf, für die Differentialgleichung singulär zu sein.*

Erstes Beispiel. Ich will statt der Ikosaedergleichung:

$$1728\,\frac{H^3(\eta)}{f^5(\eta)} = x$$

die folgende betrachten:

$$1728\,\frac{H^3(\eta)}{f^5(\eta)} = \frac{\varphi(x)}{\psi(x)} = 1728\,\frac{H^3(x)}{f^5(x)}.$$

Dann ist $\varphi - \psi = -\dfrac{T^2(x)}{12}$. Man hat also statt x eine Funktion $R(x)$ gesetzt, welche für $R = 0$, ∞, 1 *lauter* dreifache, fünffache, doppelte Wurzeln besitzt. Überdies sind die Faktoren der Funktionaldeterminante (φ, ψ) durch H^2, f^4, T völlig absorbiert. Daher geht die zum Ikosaeder gehörige Elementargleichung jetzt einfach über in:

$$[\eta] = 0,$$

d. h. η ist eine lineare Funktion von x, wie von vornherein deutlich, da *alle* Wurzeln der Integralgleichung in dieser Form enthalten sind. — Man kann an diese Umformung, wie an die später anzuführenden, eine algebraische Folgerung knüpfen, die bemerkenswert scheint. Wenn ich drei ganze Funktionen habe, l, m, n, welche die Identität

$$l^3 - m^5 + n^2 = 0$$

befriedigen, wenn ferner die Funktionaldeterminante (l^3, m^5) oder, was auf dasselbe hinauskommt, (l^3, n^2) resp. (m^5, n^2) durch $l^2 m^4 n$ ganz absorbiert ist[3]), so kann man hinsichtlich der Differentialgleichung denselben Schluß, wie soeben, machen, indem man statt x einsetzt $\dfrac{l^3}{m^5}$. Daher:

Es gibt keine anderen Funktionen l, m, n, die den genannten Bedingungen genügen, als $12\,H$, f, $\dfrac{T}{\sqrt{12}}$.

Zweites Beispiel. In der zweiten Nummer ist die Ikosaederfunktion rational ausgedrückt worden durch die (modifizierte) Tetraederfunktion $\dfrac{t^2}{f}$. Ich will nun letztere $= x$ setzen, oder, der größeren Deutlichkeit wegen, $= \dfrac{x_1}{x_2}$. So hat man, bis auf einen Proportionalitätsfaktor:

$$144\,T^2(\eta) = x_1(x_1^2 - 10\,x_1 x_2 + 45\,x_2^2)^2,$$
$$f^5(\eta) = x_2^5,$$
$$12^6 \cdot H^3(\eta) = -(x_1^2 - 11\,x_1 x_2 + 64\,x_2^2)(x_1 - 3\,x_2)^3.$$

Die Funktionaldeterminante der rechts stehenden Ausdrücke ist

$$(x_1^2 - 10\,x_1 x_2 + 45\,x_2^2) \cdot x_2^4 \cdot (x_1 - 3\,x_2)^2.$$

---

[3]) Dieses heißt hier nichts anderes, als daß l^3, m^5, n^2 vom sechzigsten Grade sind.

Daher: *Die Differentialgleichung des Ikosaeders weist nach der Substitution nur drei singuläre Stellen auf, nämlich $\frac{x_1}{x_2} = 0$ und die beiden Wurzeln der Gleichung $x_1^2 - 11\,x_1 x_2 + 64\,x_2^2 = 0$. Die zugehörigen Exponenten sind bez.* $\frac{1}{2}$, $\frac{1}{3}$, $\frac{1}{3}$. Mit anderen Worten: wir haben, wie es von vornherein zu erwarten war, die Elementargleichung des Tetraeders erhalten. Transformiert man x in der Weise durch lineare Substitution, daß 0, ∞, 1 die singulären Werte werden, so transformiert man gleichzeitig $\frac{t^2}{f}$ in die kanonische Form der Tetraederfunktion.

9. **Bestimmung des $R(x)$ aus den quadratischen Gliedern der Partialbruchentwicklung.** Fragen wir, wie weit $R(x)$ durch die quadratischen Glieder der Partialbruchzerlegung bestimmt ist. Ich will dabei, der Kürze wegen, allein den Fall des Ikosaeders in Betracht ziehen, wo also $\lambda = \frac{1}{3}$, $\mu = \frac{1}{5}$, $\nu = \frac{1}{2}$. Unter den Wurzeln von $\varphi = 0$ zunächst unterscheide man drei Kategorien, die als a_i, a_i', a_i'' bezeichnet sein sollen. Die ersteren haben eine Multiplizität α_i, welche keine durch 3 teilbare ganze Zahl ist. Die Multiplizität der a_i' sei gleich 3, die der a_i'' gleich $3\alpha_i''$, wo α_i'' eine von Eins verschiedene ganze Zahl. Eine analoge Unterscheidung treffe man bei den Wurzeln von ψ mit Rücksicht auf die Zahl 5, und bei den Wurzeln von $\varphi - \psi$ mit Rücksicht auf die Zahl 2. Dann erfährt man aus den quadratischen Gliedern der Partialbruchzerlegung, da 3, 5, 2 relative Primzahlen sind, unmittelbar den Faktor $\Pi(x - a_i)^{\alpha_i}$ von φ, den Faktor $\Pi(x - b_i)^{\beta_i}$ von ψ, den Faktor $\Pi(x - c_i)^{\gamma_i}$ von $(\varphi - \psi)$, endlich das Faktorenaggregat:

$$\Pi(x - a_i'')^{\alpha_i''}\, \Pi(x - b_i'')^{\beta_i''}\, \Pi(x - c_i'')^{\gamma_i''}\, \Pi(x - d_i)^{\delta_i}.$$

Unbekannt ist es zunächst, welche dieser Faktoren, und zunächst auch, wie viele an φ, ψ, $\varphi - \psi$ abzugeben sind, resp. welche allein der Funktionaldeterminante angehören. Aber da φ, ψ, $\varphi - \psi$ denselben Grad n haben sollen und die Funktionaldeterminante den Grad $2n - 2$, so erweist sich in jedem Falle nur eine endliche Anzahl von Verteilungsweisen als möglich und vor allen Dingen ist n nur unter einer endlichen Anzahl von Werten auszusuchen.

Eine weitere Reihe von Relationen zur Bestimmung der in φ, ψ noch unbekannten Koeffizienten erhält man dann aus der Identität:

$$(\varphi) - (\psi) = (\varphi - \psi),$$

wie in der folgenden Nummer an einem Beispiel ausgeführt ist.

10. *Beispiele für die Bestimmung von $R(x)$.* Wenn eine Differentialgleichung der hier in Betracht kommenden Art nur drei singuläre Punkte hat, d. h. eine Elementargleichung ist, so ist sie durch die quadratischen Glieder der Partialbruchzerlegung völlig bestimmt, und also muß sich auch $R(x)$ allein aus ihnen gewinnen lassen. In Abschnitt VI der zitierten Arbeit hat Herr Schwarz eine Tabelle der in dem dort definierten Sinne einfachsten fünfzehn Elementargleichungen gegeben, welche durchaus algebraische Integrale besitzen, und Herr Brioschi hat für die größere Zahl dieser Fälle den Wert der Funktion $R(x)$ abgeleitet [Math. Annalen, Bd. 11 (1877), S. 410 = Werke V, S. 222]. Ich will hier auf Grund der Auseinandersetzung der vorangehenden Nummer das Resultat angeben für die drei von Herrn Brioschi nicht behandelten [an sich komplizierteren] Fälle XII, XIV, XV der Schwarzschen Tabelle.

Betrachten wir vor allem, des Beispiels wegen, den Fall XIV. Es handelt sich um die Elementargleichung, die ich in allgemeiner Form schreibe:

$$[\eta] = \frac{1}{x-a \cdot x-b \cdot x-c}\left\{\frac{\frac{1-\lambda^2}{2}}{x-a}(a-b)(a-c) + \frac{\frac{1-\mu^2}{2}}{x-b}(b-c)(b-a)\right.$$
$$\left. + \frac{\frac{1-\nu^2}{2}}{x-c}(c-a)(c-b)\right\},$$

für die

$$\lambda = \frac{1}{3}, \quad \mu = \frac{2}{5}, \quad \nu = \frac{1}{2}.$$

Von vornherein ist klar, daß diese Differentialgleichung (da man weiß, daß sie durchaus algebraische Integrale hat) zum Ikosaedertypus gehört, weil die Nenner 3 und 5 gleichzeitig auftreten. Setzen wir also das Integral in der Form an:

$$1728\frac{H^3(\eta)}{f^5(\eta)} = \frac{\varphi}{\psi}.$$

Es muß dann φ neben dem einfachen Faktor $(x-a)$ nur noch dreifache Faktoren haben, ψ neben dem doppelten Faktor $(x-b)$ nur noch fünffache Faktoren, $\varphi - \psi$ neben dem einfachen Faktor $(x-c)$ nur noch doppelte. Die Funktionaldeterminante (φ, ψ) darf keine anderen Faktoren besitzen, als die bereits in φ, ψ, $\varphi - \psi$ enthaltenen. Hieraus folgt vor allem, daß φ, ψ vom *siebenten* Grade sind, und man hat folgenden Ansatz: *Unter ϱ, σ, τ Polynome vom Grade 2, 1, 3 mit nicht verschwindender Diskriminante verstanden, soll man haben:*

$$(x-a)\varrho^3 - (x-b)^2\sigma^5 \equiv (x-c)\tau^2.$$

Da $R(x)$ im vorliegenden Falle durchaus bestimmt ist (n. 4.), so folgt: *Das so formulierte algebraische Problem hat eine und nur eine Lösung.*

Ich habe zur Vereinfachung der Rechnung genommen $b = -1$, $c = 0$ und die lineare Funktion $\sigma = \text{Konstans}$. Sei dann zunächst ϱ, bis auf eine Konstante, $= x^2 + Ax + B$. Die Funktion τ ist einfacher Faktor der Funktionaldeterminante von $(x-a)\varrho^3$ und $(x-b)^2\sigma^5$; sie ist also gleich zu setzen:

$$\tau = (x - 2a - 1)(x^2 + Ax + B) - 3(x+1)(x-a)(2x+A)$$

und die zu erfüllende Identität lautet:

$$C(x-a)(x^2 + Ax + B)^3 + D(x+1)^2$$
$$= x\left\{(x - 2a - 1)(x^2 + Ax + B) - 3(x+1)(x-a)(2x+A)\right\}^2$$

Durch die Betrachtung der Werte $x = \infty$, 0 ergibt sich:

$$C = 25, \quad D = -25\,aB^3,$$

und die nun noch unbestimmten Koeffizienten gewinne ich, indem ich verlange, daß die von $(x^2 + Ax + B)$ freien Glieder, zusammengezogen, wieder durch $x^2 + Ax + B$ teilbar sein sollen. Dies gibt eine überzählige Anzahl von Gleichungen, welche das eine Lösungssystem:

$$a = -\frac{27 \cdot 7}{64}, \qquad A = \frac{19 \cdot 7}{64}, \qquad B = \frac{49}{64}$$

besitzen. Also findet man, wenn man noch, um Brüche zu vermeiden, alle Glieder der Identität mit 64^4 multipliziert:

$$\varphi = 25\,(64x + 7 \cdot 27)\,(64x^2 + 7 \cdot 19x + 49)^3,$$
$$\psi = 25 \cdot 7^7 \cdot 27 \cdot (x+1)^2,$$
$$\varphi - \psi = x\big\{2\,(32x + 157)\,(64x^2 + 7 \cdot 19x + 49)$$
$$- 3\,(x+1)\,(64x + 7 \cdot 27)\,(128x + 7 \cdot 19)\big\}^2.$$

Dabei sind als singuläre Werte genommen:

$$a = -\frac{7 \cdot 27}{64}, \quad b = -1, \quad c = 0.$$

Durch ähnlichen Ansatz ergibt sich bei XII:

$$\lambda = \frac{1}{3}, \quad \mu = \frac{2}{3}, \quad \nu = \frac{1}{5}.$$
$$\varphi = x^3(x+5)^2(x+8),$$
$$\psi = 64\,(3x - 1),$$
$$\varphi - \psi = (x^3 + 9x^2 + 12x - 8)^2;$$

wo genommen ist:

$$a = -8, \quad b = -5, \quad c = \frac{1}{3};$$

[und bei XV,

$$\lambda = \frac{1}{3}, \quad \mu = \frac{3}{5}, \quad \nu = \frac{2}{5},$$
$$\varphi = (5x - 27)(125x^3 - 25x^2 - 265x - 243)^3,$$
$$\psi = -2^{14} \cdot 3^3 \cdot 5^5 x^3(x+1)^2,$$

$$\varphi - \psi = \{(125\,x^3 - 25\,x^2 - 265\,x - 243)\,(20\,x^2 - 125\,x - 81)$$
$$- 15\,x\,(5\,x - 27)\,(x + 1)\,(75\,x^2 - 10\,x - 53)\}^2,$$

für
$$a = \frac{27}{5}, \quad b = 0, \quad c = -1]\,{}^4).$$

11. *Geometrische Deutung des Satzes der neunten Nummer.* Die
59 verschiedenartigen Drehungen, welche ein Ikosaeder mit sich zur Deckung
bringen, zerfallen in drei Klassen: in solche von der Periode 3, von der
Periode 5, von der Periode 2 (vgl. die zitierte Arbeit von Gordan). Die
ersteren geschehen um Achsen, welche zwei Ecken des Pentagondodekaeders
miteinander verbinden; analog verbinden die Drehachsen, welche bei der
zweiten und dritten Kategorie auftreten, bez. zwei Ecken des Ikosaeders
oder des Triakontagons. — Aus diesen 59 Drehungen, denen man als
sechzigste die Identität zufügen mag, kann man unendlich viele machen,
wenn man ganze Umdrehungen in beliebiger Multiplizität zuläßt und mit-
zählt. Diese ganzen Umdrehungen können dann nicht nur um eine beliebige unter den dreierlei eben genannten Achsen stattfinden, *sondern auch
um irgendeine, zu der Figur des Ikosaeders in keiner notwendigen Beziehung stehende Achse.* — Interpretieren wir jetzt das η, welches mit x
durch die Differentialgleichung verbunden ist, in geeigneter Weise auf der
Kugelfläche, lassen dann x einen singulären Punkt umkreisen, so wird die
lineare Substitution, welche η dabei erfährt, vorgestellt durch eine Drehung
der Kugelfläche, welche das Ikosaeder mit sich zur Deckung bringt. Sei

---

4) [Beim Wiederabdruck wurde ein Rechenfehler, auf den mich Cayley 1880 brieflich aufmerksam gemacht hatte (vgl. Math. Annalen, Bd. 17, S. 66, Fußnote), korrigiert. — Ich benutze diese Gelegenheit, um diejenigen Werte von φ, ψ und $\varphi - \psi$
mitzuteilen, welche O. Fischer auf S. 32 seiner Dissertation „Konforme Abbildung
sphärischer Dreiecke aufeinander mittels algebraischer Funktionen" (Leipzig 1885)
angibt, indem er gleich wie Brioschi (a. a. O.) in den anderen Fällen auch in den
Fällen XII, XIV, XV die Punkte 0, ∞, 1 als singuläre Stellen einführt. Man erhält
durch geeignete lineare Transformationen:
im Falle XII:
$$\varphi = 3^3\,x\,(x-1)^2\,(3\,x - 2^7)^3,$$
$$\psi = -2^2\,(3^2\,x + 2^4)^5,$$
$$\varphi - \psi = (3^3\,x^3 + 3^3 \cdot 97\,x^2 - 2^6 \cdot 3^2 \cdot 19\,x + 2^{11})^2;$$
im Falle XIV:
$$\varphi = x\,(2^2 \cdot 3^6\,x^2 - 3^3 \cdot 7 \cdot 13\,x - 2^9 \cdot 7)^3,$$
$$\psi = (3^3 \cdot 7\,x - 2^6)^5,$$
$$\varphi - \psi = (x-1)\,(2^3 \cdot 3^9\,x^3 - 3^7 \cdot 5 \cdot 11\,x^2 + 2^8 \cdot 3^4 \cdot 23\,x + 2^{15})^2;$$
im Falle XV:
$$\varphi = 2^2\,x\,(3^6\,x^3 - 3^3 \cdot 5^2\,x^2 + 5^3 \cdot 23\,x - 5^4)^3,$$
$$\psi = 5^5\,(x-1)^3\,(3^3\,x + 5)^5,$$
$$\varphi - \psi = (2 \cdot 3^9\,x^5 - 3^7 \cdot 5^2\,x^4 - 2^5 \cdot 3^4 \cdot 5^3\,x^3 + 2 \cdot 5^4 \cdot 11 \cdot 17\,x^2 - 2 \cdot 5^5 \cdot 19\,x + 5^5)^2.$$
K.]

der Exponent des singulären Punktes mit k bezeichnet, so beträgt die Winkelgröße der Drehung $2k\pi$. Daher, solange k einen der Nenner 3, 5, 2 besitzt, geschieht die Drehung notwendig um eine unter den dreierlei vorab unterschiedenen Achsen. Wenn aber k eine ganze Zahl ist (die man >1 annehmen kann, da $k=1$ ohne Bedeutung ist), so ist von vornherein über die Richtung der Drehachse gar nichts bekannt.

12. *Primformen bei linearen Differentialgleichungen zweiter Ordnung.* Die Lösungen η der Differentialgleichung:

$$[\eta] = P(x)$$

sind bekanntlich gleich den Quotienten $\dfrac{y_1}{y_2}$ zweier (beliebiger) Partikularlösungen jeder linearen Differentialgleichung zweiter Ordnung:

$$\frac{d^2 y}{dx^2} + p\cdot\frac{dy}{dx} + q\cdot y = 0,$$

für welche:

$$2q - \frac{1}{2}p^2 - \frac{dp}{dx} = P(x).$$

Zur Kenntnis der für solche y_1, y_2 im Sinne des Herrn Fuchs (Crelles Journal, Bd. 81 (1876), S. 97 ff.) geltenden Primformen gelangt man in einfachster Weise, wenn man von der für η bestehenden Integralgleichung ausgeht, sie differentiiert und statt

$$\eta' = \frac{y_1' y_2 - y_2' y_1}{y_2^2}$$

nach einem bekannten Satze einträgt:

$$\eta' = \frac{C\cdot e^{-\int p\,dx}}{y_2^2}.$$

Hat man z. B. die Ikosaedergleichung:

$$1728\,\frac{H^3(\eta)}{f^5(\eta)} = R(x),$$

so folgt:

$$1728\,\frac{H^2(\eta)}{f^6(\eta)}\{3H'f - 5f'H\}\cdot\eta' = R'(x),$$

und da $3H'f - 5f'H$ bis auf einen Zahlenfaktor mit T identisch ist:

$$C\cdot\frac{H^2(\eta)\cdot T(\eta)}{f^6(\eta)\cdot R'(x)}\cdot e^{-\int p\,dx} = y_2^2.$$

Hier nun multipliziere man beiderseits mit $\sqrt[6]{f(\eta)}$. So entsteht rechter Hand $\sqrt[6]{f(y_1, y_2)}$ (homogen in y_1, y_2 geschrieben), links:

$$C\cdot\left(\frac{H^3}{f^5}\right)^{\frac{2}{3}}\left(\frac{T^2}{f^5}\right)^{\frac{1}{2}}\cdot\frac{e^{-\int p\,dx}}{R'} = C\,\frac{R^{\frac{2}{3}}(1-R)^{\frac{1}{2}}}{R'}\cdot e^{-\int p\,dx}.$$

Mithin ist:

$$f(y_1, y_2) = C^6 \cdot \frac{R^4 (1-R)^3}{R'^6} \cdot e^{-6\int p\,dx};$$

nimmt man also z. B. $p = 0$, so ist, wie auch Herr Brioschi angibt (Math. Annalen, Bd. 11, S. 406) $f(y_1, y_2)$ *rational.*

In ähnlicher Weise erhält man für die verschiedenen Fälle [indem man unter C jeweils eine willkürliche Konstante versteht]:

(I)
$$y_1 = C e^{-\frac{1}{2}\int p\,dx} \cdot \frac{R^{\frac{n+1}{2n}}}{R'},$$

$$y_2 = C e^{-\frac{1}{2}\int p\,dx} \cdot \frac{R^{\frac{n-1}{2n}}}{R'}.$$

(II)
$$y_1 y_2 = C e^{-\int p\,dx} \cdot \frac{R^{\frac{1}{2}}(R-1)^{\frac{1}{2}}}{R'},$$

$$y_1^n + y_2^n = 2 C^{\frac{n}{2}} e^{-\frac{n}{2}\int p\,dx} \cdot \frac{R^{\frac{n+2}{4}} \cdot (R-1)^{\frac{n}{4}}}{R'^{\frac{n}{2}}},$$

$$y_1^n - y_2^n = 2 C^{\frac{n}{2}} e^{-\frac{n}{2}\int p\,dx} \cdot \frac{R^{\frac{n}{4}}(R-1)^{\frac{n+2}{4}}}{R'^{\frac{n}{2}}}.$$

(III)
$$y_1^4 - 2\sqrt{-3}\, y_1^2 y_2^2 - y_2^4 = C^2\, e^{-2\int p\,dx} \cdot \frac{R^{\frac{5}{3}} \cdot (R-1)}{R'^2},$$

$$y_1^4 + 2\sqrt{-3}\, y_1^2 y_2^2 - y_2^4 = C^2\, e^{-2\int p\,dx} \cdot \frac{R^{\frac{4}{3}} \cdot (R-1)}{R'^2},$$

$$2\sqrt[4]{-27} \cdot y_1 y_2 (y_1^4 - y_2^4) = C^3\, e^{-3\int p\,dx} \cdot \frac{R^2 (R-1)^2}{R'^2}.$$

(IV)
$$\sqrt[4]{108} \cdot y_1 y_2 (y_1^4 - y_2^4) = C^3\, e^{-3\int p\,dx} \cdot \frac{R^2 (R-1)^{\frac{3}{2}}}{R'^3},$$

$$y_1^8 + 14 y_1^4 y_2^4 + y_2^8 = C^4 \cdot e^{-4\int p\,dx} \cdot \frac{R^3 (R-1)^2}{R'^4},$$

$$y_1^{12} - 33 y_1^8 y_2^4 - 33 y_1^4 y_2^8 + y_2^{12} = C^6 \cdot e^{-6\int p\,dx} \cdot \frac{R^4 (R-1)^{\frac{7}{2}}}{R'^6}.$$

(V)
$$\sqrt[5]{12^3}\, y_1 y_2 (y_1^{10} + 11 y_1^5 y_2^5 - y_2^{10}) = C^6\, e^{-6\int p\,dx} \cdot \frac{R^4 (R-1)^3}{R'^6},$$

$$-(y_1^{20} + y_2^{20}) + 228 (y_1^{15} y_2^5 - y_1^5 y_2^{15}) - 494 y_1^{10} y_2^{10}$$
$$= C^{10} \cdot e^{-10\int p\,dx} \cdot \frac{R^7 (R-1)^5}{R'^{10}},$$

$$(y_1^{30} + y_2^{30}) - 522\,(y_1^{25} y_2^5 - y_1^5 y_2^{25}) - 10005\,(y_1^{20} y_2^{10} + y_1^{10} y_2^{20})$$
$$= C^{15}\, e^{-15 \int p\, dx} \cdot \frac{R^{10}\,(R-1)^8}{R'^{15}}.$$

Mit diesen Formeln scheinen die Fragen, welche man hinsichtlich der Existenz und Art der Primformen bei linearen Differentialgleichungen zweiter Ordnung stellen kann, vollkommen beantwortet[5]). Ich will hier noch diese Bemerkung zufügen. Wählt man statt $R(x)$ einfach x, so kann man bekanntlich y_1, y_2 ansehen als Partikularlösungen der hypergeometrischen Differentialgleichung:

$$\frac{d^2 y}{dx^2} + \frac{\gamma - (\alpha + \beta + 1)\, x}{x\,(1-x)} \cdot \frac{dy}{dx} - \frac{\alpha \beta}{x\,(1-x)} \cdot y = 0,$$

wo $(1-\gamma)^2$, $(\alpha - \beta)^2$, $(\gamma - \alpha - \beta)^2$ in irgendeiner Reihenfolge gleich sein müssen den Exponentenquadraten λ^2, μ^2, ν^2. Nimmt man nun insbesondere, in Übereinstimmung hiermit, in den fünferlei Fällen, α, β, γ bez. gleich:

(I) $\qquad \dfrac{1}{n}, \qquad 0, \qquad \dfrac{n+1}{n},$

(II) $\qquad \dfrac{1}{2n}, \qquad -\dfrac{1}{2n}, \qquad \dfrac{1}{2},$

(III) $\qquad \dfrac{1}{12}, \qquad -\dfrac{1}{4}, \qquad \dfrac{2}{3},$

(IV) $\qquad \dfrac{1}{24}, \qquad -\dfrac{5}{24}, \qquad \dfrac{2}{3},$

(V) $\qquad \dfrac{11}{60}, \qquad -\dfrac{1}{60}, \qquad \dfrac{2}{3},$

so werden die Primformen:

$$y_1, \quad y_1 y_2, \quad y_1^4 + 2\sqrt{-3}\, y_1^2 y_2^2 - y_2^4, \quad y_1 y_2\,(y_1^4 - y_2^4),$$
$$y_1 y_2\,(y_1^{10} + 11\, y_1^5 y_2^5 - y_2^{10})$$

einfach *konstant* (vgl. auch Herrn Brioschis Note. Math. Annalen, Bd. 11, S. 407).

München, im April 1877.

---

[5]) Eine andere Seite der Frage ist in dem Aufsatze von Gordan in den Math. Annalen, Bd. 12 (1877), S. 147 bis 166 erledigt [nämlich durch volle Bestimmung der jeweils niedersten Primform aus der von Fuchs angegebenen Definition, daß für sie sämtliche Kovarianten niederer Ordnung identisch verschwinden sollen. — Genaueres zur Durchführung der Betrachtungen der in n. 9 verlangten Ansätze findet man in meiner autographierten Vorlesung über lineare Differentialgleichungen von 1894; vgl. auch den Hinweis in dem unten als Nr. LXIX abgedruckten Selbstreferat. K.].

LIV. Weitere Untersuchungen über das Ikosaeder.

[Math. Annalen, Bd. 12 (1877).]

In dem Aufsatze: „*Über binäre Formen mit linearen Transformationen in sich selbst*", den ich in den Math. Annalen, Bd. 9 (1875) [vorstehend als Abh. LI abgedruckt] veröffentlicht habe, bin ich zu einem merkwürdigen Zusammenhange geführt worden, der zwischen dem Ikosaeder und der Theorie der Gleichungen fünften Grades besteht. Indem ich die letztere benutzte, gelang es mir, die Gleichung zwölften Grades, welche in dem dort erläuterten Sinne ein Ikosaeder vorstellt, in quadratische Faktoren zu spalten und also zu lösen. Bemerkenswert mußte schon damals die Leichtigkeit erscheinen, mit der es gelang, gewisse in der Theorie der Gleichungen fünften Grades auftretende Resolventen sechsten und fünften Grades abzuleiten und in ihrem Zusammenhange zu erkennen. Aber ich bin erst durch Gordan, mit dem ich diese Gegenstände ausführlich besprach, veranlaßt worden, die Frage umzukehren und zu versuchen, *geradezu die Theorie der Gleichungen fünften Grades aus der Betrachtung des Ikosaeders abzuleiten.* In der Tat gelang es mir — im steten Verkehre mit Gordan — nicht nur sämtliche algebraische Sätze und Resultate, welche Kronecker[1]) und Brioschi[2]) in dieser Hinsicht —

---

[1]) Die hier in Betracht kommenden Mitteilungen von Kronecker sind: Extrait d'une lettre à Mr. Hermite, Comptes Rendus 1858, 1, 16. Juni (Bd. 46) und: Über die Gleichungen fünften Grades, Monatsberichte der Berliner Akademie, 1861, abgedruckt in Crelles Journal, Bd. 59 (1861).

[2]) Brioschis hierher gehörige Arbeiten sind folgende: Sulle equazioni del moltiplicatore per la transformazione delle funzioni ellitiche (Annali di Tortolini, t. 1, 1858, S. 175); Sulla risoluzione dell' equazioni di quinto grado (Ebenda S. 256, 326); Sul metodo di Kronecker per la risoluzione delle equazioni di quinto grado (Atti del Istituto Lombardo, 1, 1858, S. 275); Sur diverses équations analogues aux équations modulaires dans la théorie des fonctions elliptiques (Comptes Rendus, 1858, 2 (Bd. 47), S. 337); Sulla risolvente di Malfatti per le equazioni del quinto grado (Annali di Tartolini, t. 5, 1863, S. 233); Sopra alcune nuove relazioni modulari (Atti della R. Accademia di Napoli, vol. 3, 1866); La soluzione più generale delle equazioni del quinto grado (Annali di Matematica, ser. II, t. 1, 1867, S. 222,); Sur l'équation du cinquième degré (Comptes Rendus, 1875, 1 (Bd. 80)); Sopra una classe di forme binarie (Annali di Matematica, ser. II, t. 8, 1876, S. 24). Brioschi wird binnen kurzem in den Math. Annalen eine zusammenfassende Darstellung seiner Untersuchungen geben. [Dies ist in den Math. Annalen, Bd. 13 (1878), S. 109—160 geschehen. Man vergleiche übrigens auch die gesammelten Werke Brioschis.]

zum Teil ohne Beweis — publiziert haben, aus einer Quelle naturgemäß abzuleiten, sondern ihnen auch neue, und, wie ich glaube, wesentliche Beiträge hinzuzufügen. Ich veröffentlichte hierüber nacheinander drei Noten in den Erlanger Berichten[3]) (Weitere Untersuchungen über das Ikosaeder I, II, III, 13. November 1876, 15. Januar und 9. Juli 1877), die ich in der gegenwärtigen Abhandlung in umgearbeiteter Form reproduziere. Ich habe dabei vorab alles das noch ausgeschlossen, was auf die Definition der in Betracht kommenden fundamentalen Irrationalitäten durch elliptische Funktionen Bezug hat[4]) und darum Hermites Lösung der Gleichungen fünften Grades[5]) im folgenden nur beiläufig erwähnt. Mich zwang dazu die Fülle des Stoffes und der Wunsch, dem Zusammenhange mit den elliptischen Funktionen noch eine eingehendere Untersuchung zu widmen[6]). So besteht das Folgende aus drei Abschnitten. In dem ersten desselben erläutere ich verschiedene Eigenschaften der Ikosaedergleichung, die mir von Interesse erscheinen. In dem zweiten und dritten Abschnitte schließe ich daran zwei Anwendungen. Die erste bezieht sich auf ein Problem, welches im wesentlichen identisch ist mit der Lösung derjenigen Gleichungen sechsten Grades, die ich, einem Vorschlage Brioschis folgend, als Jacobische Gleichungen bezeichne. Die zweite beschäftigt sich mit den Gleichungen fünften Grades; es gelingt mir, diejenigen Gleichungen fünften Grades, bei denen die Summe der Wurzeln und die Summe der Wurzelquadrate verschwinden, explizite mit Hilfe einer Ikosaedergleichung zu lösen, und dadurch einen neuen Weg zur Lösung der allgemeinen Gleichung fünften Grades zu finden.

Mit Rücksicht auf diesen letzten Abschnitt muß ich gleich hier ein Zitat zufügen auf eine Note, welche Gordan neuerdings in den Erlanger Berichten veröffentlichte (9. Juli 1877: Über die Auflösung der Gleichungen fünften Grades) und die ausgeführt demnächst in den Math. Annalen erscheinen soll[7]). Einmal hat Gordan einen Teil der Resultate, welche ich in dem genannten Abschnitte zur Darstellung bringe, seinerseits gefunden

---

[3]) Siehe auch eine Mitteilung von Brioschi an die Accademia dei Lincei, December 1876. [= Werke Bd. III, S. 357.]

[4]) Vgl. indes eine Notiz von mir in den Rendiconti del' Istituto Lombardo Ser. II, t. 10 vom 6. April 1877.

[5]) Sur la résolution de l'équation du cinquième degré; Comptes Rendus 1858, 1 (Bd. 46). Man vergleiche zumal noch die zweite hierher gehörige Arbeit Hermites: Sur l'équation du cinquième degré; Comptes Rendus 1865, 2 (Bd. 61) und 1866, 1 (Bd. 62) [= Werke Bd. II, S. 5 u. 347].

[6]) [Die betreffenden Untersuchungen habe ich unter dem Titel „Über die Transformation der elliptischen Funktionen und die Auflösung der Gleichungen fünften Grades" in den Math. Annalen, Bd. 14 (1878) veröffentlicht. Sie kommen in Bd. 3 dieser Gesamtausgabe zum Abdruck. K.]

[7]) [Das ist in den Math. Annalen, Bd. 13 (1878), S. 375—404 geschehen. Vgl. auch den am Ende gegenwärtiger Abhandlung auf S. 380 folgenden Zusatz.]

und in geschicktere Form gebracht, andererseits dieselben in eigenartiger Weise mit der Invariantentheorie gewisser doppeltbinärer Formen verknüpft. Ohne hier näher darauf einzugehen, will ich doch das allgemeine Prinzip bezeichnen, welches sich durch diese verschiedenartigen Arbeiten immer deutlicher herausstellt und das für die Theorie der algebraischen Gleichungen von weitreichender Bedeutung zu werden scheint, ein Prinzip, zu dem ich von anderer Seite kommend bereits 1871 in Bd. 4 der Math. Annalen geführt worden bin (Über eine geometrische Repräsentation der Resolventen algebraischer Gleichungen [vorstehend als Abh. L abgedruckt]). Beim Ikosaeder sind die 60 Vertauschungen der Wurzeln, welche die Galoissche Gruppe ausmachen, dargestellt durch 60 lineare Substitutionen, denen eine beliebige der Wurzeln unterworfen wird. Infolgedessen stehen beim Ikosaeder die Theorie der Resolventen und die Theorie der Invarianten in der allerinnigsten Beziehung, und man kann jede derselben fördern, indem man von der anderen Gebrauch macht. *Ähnliche Vorteile stellen sich, wie man zeigen kann, jedesmal ein, wenn die Vertauschungen der Galoisschen Gruppe ersetzt sind durch lineare Substitutionen einer gewissen Zahl Veränderlicher.*

Diese Art, die Invariantentheorie zu verwerten, ist verschieden von der sonst versuchten, statt der Koeffizienten einer Gleichung n-ten Grades von vornherein die Invarianten der entsprechenden binären Form n-ter Ordnung einzuführen. In der Tat scheint das letztere Verfahren im allgemeinen nicht zweckmäßig. Die Gleichungen fünften Grades z. B., wie sie im dritten Abschnitte der Untersuchung zugrunde gelegt werden, sind in diesem Sinne von den allgemeinen Gleichungen fünften Grades nicht verschieden. Und doch gestaltet sich ihre Auflösung wesentlich leichter als die der allgemeinen. [Der tiefere Grund für die Unzweckmäßigkeit der Heranziehung der gewöhnlichen binären Invariantentheorie an dieser Stelle ist, daß, bei gegebener Gleichung $f(y) = 0$, die Anwendung einer beliebig gewählten linearen Substitution auf y bei der Willkür der Substitutionskoeffizienten den Rationalitätsbereich in unkontrollierbarer Weise ändert, man also einer anderweitig entstandenen Gewöhnung zu liebe, Ungleichartiges zusammenfaßt. Anders bei der Untersuchung betr. Abzählung und Trennung der Wurzeln von $f(y) = 0$: bei ihr ist die lineare Substitution, insofern sie die Stetigkeitsverhältnisse aufrechterhält, durchaus am Platze. Unter dem doppelten hiermit festgelegten Gesichtspunkte sollten die sämtlichen Arbeiten, welche die Invariantentheoretiker, von Cayley beginnend, der Gleichungslehre gewidmet haben, einer genauen Revision unterzogen werden.] [8])

---

[8]) [Zusatz beim Wiederabdruck, den ich der Deutlichkeit wegen noch zugefügt habe. Vgl. auch Ikosaederbuch, S. 139, 140. K.]

Abschnitt I.

Die Ikosaedergleichung.

§ 1.

Das Fundamentalproblem.

Unter einem *Ikosaeder* schlechthin verstehe ich, wie früher, eine gewisse binäre Form zwölfter Ordnung $f(\eta_1, \eta_2)$. Das volle System ihrer Kovarianten besteht aus der Hesseschen H und der Funktionaldeterminante $(f, H) = T$, deren Quadrat sich linear aus f^5 und H^3 zusammensetzt. Als *Fundamentalproblem* mag dann das folgende hingestellt sein: *Es sind die numerischen Werte gegeben, welche f, H, T für gewisse Werte von η_1, η_2 annehmen; man soll η_1, η_2 berechnen.* Dies ist die allgemeinste Formulierung, an deren Stelle ich fast durchgängig, wenn nicht das Gegenteil bemerkt wird, eine viel speziellere setze. Bei derselben ist $f(\eta_1, \eta_2)$ in einer *kanonischen Form* gegeben, also z. B. in derjenigen, welche Schwarz in der öfter zu zitierenden Arbeit[9]) benutzt und die ich ebenfalls in meinem früheren Aufsatze verwandte:

$$f = \eta_1 \, \eta_2 \, (\eta_1^{10} + 11 \, \eta_1^5 \, \eta_2^5 - \eta_2^{10}).$$

Man hat dann für H, T:[10])

$$12^2 \, H = - (\eta_1^{20} + \eta_2^{20}) + 228 \, (\eta_1^{15} \, \eta_2^5 - \eta_1^5 \, \eta_2^{15}) - 494 \, \eta_1^{10} \, \eta_2^{10}$$

$$12 \ \ T = (\eta_1^{30} + \eta_2^{30}) + 522 \, (\eta_1^{25} \, \eta_2^5 - \eta_1^5 \, \eta_2^{25}) - 10005 \, (\eta_1^{20} \, \eta_2^{10} + \eta_1^{10} \, \eta_2^{20})$$

mit der Relation:

$$(1) \qquad\qquad T^2 = 12 f^5 - 12^4 H^3 \, .$$

Es handelt sich wieder darum, *wenn die Zahlenwerte von f, H, T gegeben sind (in Übereinstimmung selbstverständlich mit der Bedingung* (1)), *η_1 und η_2 zu bestimmen.* Ich werde weiterhin zeigen (§ 5), wie sich die allgemeinere Fragestellung auf diese speziellere zurückführen läßt.

Als *Ikosaedergleichung* (im weiteren oder spezielleren Sinne) bezeichne ich dann diejenige Gleichung sechzigsten Grades, von der das *Verhältnis* $\eta = \dfrac{\eta_1}{\eta_2}$ abhängt. Geht man von der kanonischen Darstellung aus, so lautet sie einfach

$$\frac{H^3(\eta_1, \eta_2)}{f^5(\eta_1, \eta_2)} = \text{Konst.} \, ,$$

---

[9]) Über diejenigen Fälle, in welchen die Gauß'sche hypergeometrische Reihe eine *algebraische* Funktion ihres vierten Elementes darstellt. Crelles Journal, Bd. 75 (1872) S. 292—335. [= Ges. math. Abhandl., Bd. II, S. 211—259].

[10]) [Die links bei H und T auftretenden Zahlenfaktoren 12^2 und 12 sind in meinem Ikosaederbuch weggelassen. Die Relation heißt dann:

$$T^2 = - H^3 + 1728 f^5 \, .$$

                                             K.]

oder, wie ich gewöhnlich schreibe:

$$(2) \qquad 1728\,\frac{H^3(\eta_1,\eta_2)}{f^5(\eta_1,\eta_2)} = X.$$

Dabei nenne ich X den *Parameter* der Ikosaedergleichung. — In dem allgemeineren Falle hat man linker Hand nur einen invarianten Faktor zuzusetzen, um Homogeneität in den Koeffizienten herzustellen. Versteht man unter B die in meiner früheren Arbeit [Abh. LI, S. 291] definierte Invariante, so hat man:

$$(2\,\text{a}) \qquad \frac{-5\cdot144\cdot H^3(\eta_1,\eta_2)}{7\cdot B\cdot f^5(\eta_1,\eta_2)} = X.$$

Man sieht: der Unterschied zwischen dem Fundamentalproblem und der Ikosaedergleichung ist dieser: bei dem ersteren handelt es sich um eine Frage aus der binären Formentheorie, bei der letzteren um eine Gleichung mit einer Unbekannten. Es ist vorteilhaft, zwischen diesen Fragestellungen zu wechseln. Die Ikosaedergleichung gewährt im allgemeinen zur ersten Orientierung die bessere Übersicht; aber gewisse tiefer liegende Fragen lassen sich nur mit Hilfe der binären Auffassung erledigen. Ganz ähnlich ist es bei den Untersuchungen über lineare Differentialgleichungen zweiter Ordnung mit algebraischen Integralen, die ich neuerdings in den Math. Annalen, Bd. 11 und 12 (1876/77) veröffentlichte [vorstehend als Abh. LII und LIII abgedruckt].

§ 2.

Die zur Ikosaedergleichung gehörigen linearen Substitutionen.

Die Haupteigenschaft der Ikosaedergleichung (2) *resp.* (2 a) *ist die, daß alle 60 Wurzeln* $\eta = \dfrac{\eta_1}{\eta_2}$ *sich aus einer beliebigen Wurzel durch lineare Substitutionen ableiten lassen, welche von* X *unabhängig sind.* Um dieses System linearer Substitutionen im Falle der kanonischen Form aufzustellen, beachte man, daß die Wurzeln von $f = 0$:

$$0,\ \infty,\ (\varepsilon+\varepsilon^4)\,\varepsilon^\nu,\ (\varepsilon^2+\varepsilon^3)\,\varepsilon^\nu \qquad \left(\varepsilon = \cos\frac{2\,\pi}{5} + i\sin\frac{2\,\pi}{5}\right)\ {}^{11)}$$

durch die Substitutionen in der Weise untereinander vertauscht werden müssen, daß die zusammengehörigen Wurzeln

$$0 \text{ und } \infty$$

$$(\varepsilon+\varepsilon^4)\,\varepsilon^\nu \text{ und } (\varepsilon^2+\varepsilon^3)\,\varepsilon^\nu$$

---

11) [Die fünfte Einheitswurzel ε soll immer als adjungiert gelten. K.]

zusammengehörig bleiben. Auf diese Weise findet man die 60 Substitutionen

$$(3)\quad\begin{cases}(\text{a}) & \eta' = \varepsilon^{\nu}\,\eta\,,\\[2mm](\text{b}) & \eta' = -\dfrac{\varepsilon^{\nu}}{\eta}\,,\\[2mm](\text{c}) & \eta' = \varepsilon^{\mu}\dfrac{(\varepsilon+\varepsilon^4)\,\eta+\varepsilon^{\nu}}{\eta-\varepsilon^{\nu}(\varepsilon+\varepsilon^4)}\,, & (\mu,\nu = 0,1,2,3,4)\\[3mm](\text{d}) & \eta' = -\,\varepsilon^{\mu}\dfrac{\eta-\varepsilon^{\nu}(\varepsilon+\varepsilon^4)}{(\varepsilon+\varepsilon^4)\,\eta+\varepsilon^{\nu}}\,,\end{cases}$$

die ich kurz als die 60 *Ikosaedersubstitutionen* bezeichne. Eine derselben ($\eta' = \eta$) hat die Periode 1; 15 haben die Periode 2, nämlich die (b), und diejenigen (c), und (d), bei denen $\mu = \nu$; 20 haben die Periode 3: diejenigen (c), für welche $\mu = \nu \pm 2$, und die (d), bei denen $\mu = \nu \pm 1$; die 24 übrigen endlich haben die Periode 5; es sind die (a), bei denen $\nu = 1,2,3,4$, die (c), bei denen $\mu = \nu \pm 1$ und die (d), bei denen $\mu = \nu \pm 2$. Man kontrolliert diese Angabe zweckmäßig durch Berechnung der bei den einzelnen Substitutionen ungeändert bleibenden Werte von η [12]).

Legt man f, H, T in nicht kanonischer Form zugrunde, so treten an Stelle der Substitutionen (3) in leicht verständlicher Weise solche, die sich darstellen lassen, wenn man in (3) statt η' und η bez. schreibt

$$\frac{\alpha\eta'+\beta}{\gamma\eta'+\delta}\,,\quad \frac{\alpha\eta+\beta}{\gamma\eta+\delta}\,,$$

wo $\alpha:\beta:\gamma:\delta$ geeignet zu wählen sind.

§ 3.

Die Gruppe der 120 binären Substitutionen.

Schreibt man in (3) $\dfrac{\eta_1}{\eta_2}$ statt η, $\dfrac{\eta_1'}{\eta_2'}$ statt η' und sondert Zähler und Nenner in der Art, daß die entstehenden binären Substitutionen die Determinante $+1$ haben, so entstehen folgende Formeln, *in denen das Vorzeichen notwendig willkürlich ist, so daß sie eine Gruppe von 120 binären linearen Substitutionen vorstellen.* Es werden η_1', η_2' bez. gleich:

---

[12]) Vgl. die Darstellung bei Gordan, Math. Annalen, Bd. 12 (1877), S. 45, 46. [Es mag interessieren, zuzufügen, daß eine Wurzel von $H = 0$ durch $1 - \alpha\varepsilon - \alpha^2\varepsilon^4$ gegeben ist, unter α die dritte Einheitswurzel $e^{\frac{2\pi i}{3}}$ verstanden, ebenso eine Wurzel von $T = 0$ durch $-i(\varepsilon-\varepsilon^4)+(\varepsilon^2+\varepsilon^3)$; die andern Wurzeln ergeben sich natürlich durch die 60 Ikosaedersubstitutionen. K.]

$$(4) \quad \left\{ \begin{array}{ll} \pm\, \varepsilon^{\frac{\nu}{2}}\, \eta_1, & \pm\, \varepsilon^{-\frac{\nu}{2}}\, \eta_2, \\[1.5ex] \mp\, \varepsilon^{\frac{\nu}{2}}\, \eta_2, & \pm\, \varepsilon^{-\frac{\nu}{2}}\, \eta_1, \\[2ex] \pm\, \dfrac{\varepsilon^{\frac{\mu}{2}}\left((\varepsilon+\varepsilon^4)\,\varepsilon^{-\frac{\nu}{2}}\,\eta_1 + \varepsilon^{\frac{\nu}{2}}\,\eta_2\right)}{\varepsilon^2-\varepsilon^3}, & \pm\, \dfrac{\varepsilon^{-\frac{\mu}{2}}\left(\varepsilon^{-\frac{\nu}{2}}\,\eta_1 - (\varepsilon+\varepsilon^4)\,\varepsilon^{\frac{\nu}{2}}\,\eta_2\right)}{\varepsilon^2-\varepsilon^3}, \\[3ex] \mp\, \dfrac{\varepsilon^{\frac{\mu}{2}}\left(\varepsilon^{-\frac{\nu}{2}}\,\eta_1 - (\varepsilon+\varepsilon^4)\,\varepsilon^{\frac{\nu}{2}}\,\eta_2\right)}{\varepsilon^2-\varepsilon^3}, & \pm\, \dfrac{\varepsilon^{-\frac{\mu}{2}}\left((\varepsilon+\varepsilon^4)\,\varepsilon^{-\frac{\nu}{2}}\,\eta_1 + \varepsilon^{\frac{\nu}{2}}\,\eta_2\right)}{\varepsilon^2-\varepsilon^3} \quad {}^{13}). \end{array} \right.$$

Aus der Gruppe von 60 Substitutionen der einen Veränderlichen η wird also eine doppelt so zahlreiche Gruppe binärer Substitutionen. Durch dieselben gehen übrigens, wie man von vornherein einsehen kann, f, H, T auch dem Vorzeichen nach in sich über.

Verzichtet man darauf, daß die Substitutionsdeterminante $=+1$ sein soll, sondern setzt sie nur (damit die Gruppe überhaupt aus einer endlichen Anzahl von Substitutionen bestehe) einer Einheitswurzel gleich: $\sqrt[n]{1}$, so wird die Gesamtzahl der Substitutionen $120\,n$, indem η_1' und η_2' mit einer beliebigen Potenz von $\sqrt[2n]{1}$ simultan behaftet werden können. Es ist dies eine sehr selbstverständliche Bemerkung, die ich hier nur anführe, um das Verhalten der weiterhin zu gebrauchenden hypergeometrischen Reihen zu erklären. Bei ihnen ist $n=6$, η_1' und η_2' können immer simultan um zwölfte Einheitswurzeln geändert werden. Dabei bleibt f ungeändert, aber nicht H und T, sondern erst H^3 und T^2.

Die Schlußbemerkung des vorigen Paragraphen findet natürlich auch hier Anwendung; man hat nur noch die Bedingung $\alpha\delta - \beta\gamma = 1$ zuzufügen.

§ 4.

<h3>Charakterisierung der Ikosaedergleichung.</h3>

Nach den Untersuchungen, welche ich [nach vorläufiger Ankündigung in den Erlanger Sitzungsberichten vom 13. Juli 1874] in den Math.

---

^{13}) [Nach der symmetrischen Schreibweise, die im Ikosaederbuch eingehalten ist, würden die letzten beiden Zeilen so lauten:

$$\mp\, \dfrac{\varepsilon^{\frac{\mu}{2}}\left((\varepsilon^2-\varepsilon^3)\,\varepsilon^{-\frac{\nu}{2}}\,\eta_1 + (\varepsilon-\varepsilon^4)\,\varepsilon^{\frac{\nu}{2}}\,\eta_2\right)}{\sqrt{5}}, \qquad \mp\, \dfrac{\varepsilon^{-\frac{\mu}{2}}\left((\varepsilon-\varepsilon^4)\,\varepsilon^{-\frac{\nu}{2}}\,\eta_1 - (\varepsilon^2-\varepsilon^3)\,\varepsilon^{\frac{\nu}{2}}\,\eta_2\right)}{\sqrt{5}},$$

$$\mp\, \dfrac{\varepsilon^{\frac{\mu}{2}}\left((\varepsilon-\varepsilon^4)\,\varepsilon^{-\frac{\nu}{2}}\,\eta_1 - (\varepsilon^2-\varepsilon^3)\,\varepsilon^{\frac{\nu}{2}}\,\eta_2\right)}{\sqrt{5}}, \qquad \mp\, \dfrac{\varepsilon^{-\frac{\mu}{2}}\left((\varepsilon^2-\varepsilon^3)\,\varepsilon^{-\frac{\nu}{2}}\,\eta_1 + (\varepsilon-\varepsilon^4)\,\varepsilon^{\frac{\nu}{2}}\,\eta_2\right)}{\sqrt{5}}.$$

In dieser Form sind sie dann ohne weiteres verallgemeinerungsfähig. Vgl. die unten abgedruckte Abh. LVI. K.]

Annalen, Bd. 9 [Abh. LI] ausführte und die Gordan neuerdings auf dem Wege der Rechnung bestätigte [Math. Annalen, Bd. 12 (1877), S. 23—46], gibt es nur *dreierlei* Gruppen linearer Substitutionen einer Veränderlichen, welche 60 Substitutionen umfassen [14]). Die eine derselben ist die *Ikosaedergruppe*, wie sie durch (3) in kanonischer Form dargestellt ist. Die zweite gehört dem *Kreisteilungstypus* an und kann in kanonischer Form geschrieben werden:

$$\eta, \; \alpha\eta, \; \alpha^2\eta, \; \ldots, \; \alpha^{59}\eta,$$

wo $\alpha = \cos\dfrac{\pi}{30} + i\sin\dfrac{\pi}{30}$, die dritte dem *Diedertypus;* sie kann $\beta = \cos\dfrac{\pi}{15}$ $+ i\sin\dfrac{\pi}{15}$ gesetzt, in kanonischer Form folgendermaßen dargestellt werden:

$$\eta, \qquad \beta\eta, \; \ldots, \qquad \beta^{29}\eta,$$
$$-\frac{1}{\eta}, \; -\frac{\beta}{\eta}, \; \ldots, \; -\frac{\beta^{29}}{\eta}.$$

Unter diesen dreierlei Gruppen ist die Ikosaedergruppe durch mannigfache Kennzeichen zu charakterisieren. Das einfachste und von mir später verwandte ist dieses: *Die Ikosaedergruppe enthält im Gegensatze zu den beiden anderen keine Substitution, deren Periode größer als 5 ist.*

Infolgedessen kann man den allgemeinen Satz aussprechen: *Wenn eine Größe η durch eine Gleichung sechzigsten Grades von gegebenen Größen a, b, c, ... in der Weise abhängt, daß sich jeder Wert von η aus einem beliebigen der 60 Werte durch lineare Substitution mit numerischen Koeffizienten ergibt, wenn ferner keine dieser Substitutionen eine Periode > 5 besitzt, so hängt η von einer Ikosaedergleichung ab:*

$$\frac{-5\cdot144\,H^3(\eta)}{7\,B\,f^5(\eta)} = \Phi(a, b, c, \ldots) \; {}^{15}),$$

wo die Koeffizienten von f, H numerisch sind.

Führt man dann statt η durch geeignete lineare Substitution ein neues η ein, so erhält man in kanonischer Form:

$$1728\,\frac{H^3(\eta)}{f^5(\eta)} = \Phi(a, b, c, \ldots).$$

Der hiermit ausgesprochene Satz wird weiterhin die allerwesentlichste Rolle spielen. In den Fällen, in denen er zur Anwendung kommt, ist die Wahl eines kanonischen η durch die Bedingungen der Aufgabe jedesmal von vornherein ermöglicht, so daß eine Reduktion der allgemeineren

---

[14]) Vgl. auch Camille Jordan in den Comptes Rendus. 1877. 1. (Bd. 84).

[15]) Wenn $\eta = \dfrac{\eta_1}{\eta_2}$, so schreibe ich künftig $\dfrac{H^3(\eta)}{f^5(\eta)}$ statt $\dfrac{H^3(\eta_1, \eta_2)}{f^5(\eta_1, \eta_2)}$.

Ikosaedergleichung auf die kanonische, wie sie nun gelehrt werden soll, nicht noch notwendig ist. Aber die folgende Auseinandersetzung muß hier ihre Stelle finden, damit der Zusammenhang deutlich sei, welcher zwischen der Darstellung in meiner vorigen Arbeit [Math. Annalen, Bd. 9 (Abh. LI)] und der nun eingehaltenen besteht.

§ 5.

Die allgemeine Ikosaedergleichung ist mit zwei kanonischen äquivalent.

Um die allgemeinere Ikosaedergleichung (die ich durch Indizes bez. Akzente auszeichnen will):

$$(5) \qquad \frac{-5 \cdot 144 \cdot H_1^3(\eta_1', \eta_2')}{7 \cdot B_1 \cdot f_1^5(\eta_1', \eta_2')} = X$$

auf die kanonische

$$(6) \qquad 1728 \frac{H^3(\eta_1, \eta_2)}{f^5(\eta_1, \eta_2)} = X$$

zurückzuführen, muß man, wie bereits bemerkt, statt $\frac{\eta_1'}{\eta_2'}$ eine geeignete lineare Kombination $\frac{\alpha\,\eta_1' + \beta\,\eta_2'}{\gamma\,\eta_1' + \delta\,\eta_2'}$ als neue Unbekannte einführen. Die Bestimmung von $\alpha, \beta, \gamma, \delta$ verlangt, wie ich jetzt zeigen werde, eben wieder die Auflösung einer kanonischen Ikosaedergleichung.

Um nämlich die Substitution zu finden, welche (5) in (6) überführt, hat man nur diejenigen drei Werte a, b, c von η zu suchen, welche drei beliebig angenommenen Werten a', b', c' von η' vermöge der Substitution entsprechen. Nun ist aber die linke Seite von (5) — wenn der Ausdruck gestattet ist — eine *absolute* Kovariante, die sich bei linearer Substitution nicht ändert. Daher hat man zur Bestimmung von a, b, c die Gleichungen:

$$1728 \frac{H^3(a)}{f^5(a)} = -\frac{5 \cdot 144\, H_1^3(a')}{7\, B_1 f_1^5(a')}; \quad 1728 \frac{H^3(b)}{f^5(b)} = -\frac{5 \cdot 144\, H_1^3(b')}{7\, B_1 f_1^5(b')};$$

$$1728 \frac{H^3(c)}{f^5(c)} = -\frac{5 \cdot 144\, H_1^3(c')}{7\, B_1 f_1^5(c')}.$$

Diese drei Gleichungen [in denen wir a', b', c' als rational bekannt ansehen], sind „kanonische" Ikosaedergleichungen. Es genügt, eine derselben zu lösen, da man die drei Werte a', b', c' konsekutiv nehmen kann und sich dann aus den Wurzeln der einen Gleichung die zugehörigen Wurzeln der beiden anderen Gleichungen rational ergeben.

Die allgemeinere Ikosaedergleichung wird also dadurch gelöst, daß man nacheinander zwei kanonische Ikosaedergleichungen erledigt [wobei die fünfte Einheitswurzel ε natürlich nur das einemal zu adjungieren ist].

Einen besonderen Fall der allgemeineren Gleichungen, der wieder mit den kanonischen Gleichungen auf derselben Stufe steht, hatte ich in den Math. Annalen, Bd. 9 [Abh. LI] betrachtet. Es ist der Fall $X = \infty$, wo also die Gleichung

$$f_1(\eta_1', \eta_2') = 0$$

zur Lösung vorgelegt ist. Da die spezielle Gleichung

$$f(\eta_1, \eta_2) = 0$$

gelöst ist, [weil eben ε als bekannt vorausgesetzt wurde] (siehe oben § 2), so verlangt das damals gestellte Problem im Sinne der hier gebrauchten Ausdrucksweise nur die Lösung *einer* kanonischen Ikosaedergleichung. Hierin ist die Übereinstimmung begründet, welche zwischen den weiterhin abzuleitenden Eigenschaften der (kanonischen) Ikosaedergleichung und den damals gewonnenen Resultaten besteht.

§ 6.
Gruppe der Ikosaedergleichung. Konforme Abbildung.

Man kann (nach Adjunktion des ε) jede Funktion der Wurzeln der Ikosaedergleichung vermöge der Formeln (3) als Funktion einer einzelnen Wurzel darstellen. Substituiert man nur für diese eine Wurzel eben wieder vermöge der Formeln (3) der Reihe nach jede andere und ändert sich dabei der Wert der Funktion nicht, so ist sie offenbar rational. Daher: *Die Galoissche Gruppe der Ikosaedergleichung besteht aus 60 Permutationen. Man erhält dieselbe, wenn man die 60 Wurzeln als Funktionen von einer unter ihnen auffaßt und auf diese eine die Substitutionen* (3) *anwendet.* Die Struktur dieser Gruppe läßt sich, wie ich auch in den Math. Annalen, Bd. 9 [Abh. LI, S. 301] angab, am besten folgendermaßen charakterisieren. Es gibt, wie weiterhin noch ausführlich zu erläutern ist, fünfwertige Funktionen von η, welche bei jeder der 60 Substitutionen (3) eine Permutation erfahren. Nun läßt sich aus den 120 Vertauschungen von fünf Dingen nur eine Gruppe von 60 zusammensetzen, das ist die Gesamtheit der geraden Vertauschungen. Ihr also entspricht die hier vorliegende Gruppe der Ikosaedergleichung.

Äußerst anschaulich werden die Beziehungen zwischen den Wurzeln durch die konforme Abbildung, welche Schwarz a. a. O. angibt. Durch die Symmetrieebenen des Ikosaeders wird die η-Kugel in 120 abwechselnd kongruente und symmetrische Dreiecke mit den Eckenwinkeln $\frac{\pi}{3}, \frac{\pi}{5}, \frac{\pi}{2}$ zerlegt. *Die 60 Dreiecke der einen Art sind dann das Bild der positiven, die 60 Dreiecke der anderen Art das Bild der negativen Halbebene X.*

Die Ecken $\frac{\pi}{3}, \frac{\pi}{5}, \frac{\pi}{2}$ *entsprechen* $X = 0, \infty, 1$ [16]). Die 60 Wurzeln einer Ikosaedergleichung sind immer durch 60 homologe Punkte zusammengehöriger Dreiecke vorgestellt. Die Permutationen der Wurzeln, welche die Galoissche Gruppe bilden, werden durch die 60 Drehungen erzeugt, welche das Ikosaeder mit sich zur Deckung bringen.

§ 7.

Lösung der Ikosaedergleichung resp. unseres Fundamentalproblems durch hypergeometrische Reihen[17]).

Der zitierten Abhandlung von Schwarz kann man ferner unmittelbar entnehmen, daß sich die Ikosaedergleichung resp. unser Fundamentalproblem durch hypergeometrische Reihen lösen läßt[18]). Dies läßt sich auf verschiedenartige Weise bewerkstelligen (vgl. § 9), am einfachsten in der Weise, daß man $\eta = \frac{\eta_1}{\eta_2}$ gleichsetzt dem Quotienten zweier geeigneter Partikularlösungen der hypergeometrischen Differentialgleichung:

$$0 = \frac{d^2 y}{dX^2} + \frac{\gamma - (\alpha+\beta+1)X}{X \cdot 1 - X} \cdot \frac{dy}{dX} - \frac{\alpha \cdot \beta}{X \cdot 1 - X} \cdot y,$$

wo X den Parameter der Ikosaedergleichung selbst bedeutet und die Ausdrücke $(1-\gamma)^2$, $(\alpha-\beta)^2$, $(\gamma-\alpha-\beta)^2$ in irgendeiner Reihenfolge gleichzusetzen sind $\frac{1}{9}, \frac{1}{25}, \frac{1}{4}$. Ich will diese Partikularlösungen selbst mit η_1, η_2 bezeichnen; sie sind zunächst, wie selbstverständlich, nur bis auf einen gemeinsamen konstanten Faktor bestimmt. Ferner wähle ich:

$$1 - \gamma = \frac{1}{3}, \quad \alpha - \beta = \frac{1}{5}, \quad \gamma - \alpha - \beta = \frac{1}{2}$$

und also:

$$(7) \qquad \alpha = \frac{11}{60}, \quad \beta = -\frac{1}{60} \quad \gamma = \frac{2}{3}.$$

Dann folgt durch Differentiation der Gleichung:

$$1728 \frac{H^3(\eta)}{f^5(\eta)} = X$$

---

[16]) Beiläufig sei bemerkt: Aus dieser Abbildung gehen Sätze wie folgende hervor: *Für jedes X kann man die 60 Wurzeln η von vornherein separieren, für reelles X sind immer 4 und nur 4 Wurzeln η reell.*

[17]) Die Entwicklungen der §§ 7, 8, 9 stehen mit den übrigen Betrachtungen des Textes nur in losem Zusammenhange. In § 10 nehme ich die algebraische Untersuchung wieder auf.

[18]) Die gleiche Bemerkung macht Brioschi, Annali di Matematica, Serie II, Bd. 8, (1876) a. a. O.

für $\eta = \dfrac{\eta_1}{\eta_2}$, und durch Anwendung des bekannten Satzes:

$$\eta_1' \eta_2 - \eta_2' \eta_1 = C \cdot X^{-\gamma} (1 - X)^{\gamma - \alpha - \beta - 1}$$

das einfache Resultat:

$$(8) \qquad \eta_1 = \varrho \cdot \frac{\eta}{\sqrt[12]{f(\eta)}}, \qquad \eta_2 = \varrho \cdot \frac{1}{\sqrt[12]{f(\eta)}}$$

und also
$$f(\eta_1, \eta_2) = \varrho^{12},$$

wo ϱ einen konstanten Faktor bedeutet[19]).

Handelt es sich jetzt um Auflösung des in § 1 aufgestellten Fundamentalproblems, so verfahre man folgendermaßen. Man berechne zunächst die Größe

$$X = 1728 \frac{H^3(\eta)}{f^5(\eta)},$$

und dann aus ihr die sogleich noch näher zu bezeichnenden hypergeometrischen η_1, η_2, wobei man ϱ so wählen muß, daß es gleich ist der zwölften Wurzel aus dem vorgegebenen Werte von f. Hierdurch sind η_1, η_2 bis auf eine zwölfte Einheitswurzel bestimmt; diese letzteren gewinnt man, soweit sie überhaupt bestimmbar sind (nämlich bis aufs Vorzeichen) durch Vergleich der vorgegebenen Werte von H und T.

In den Formeln, die ich nun aufstellen werde, ist ϱ der Einfachheit wegen gleich 1 gesetzt; man hat also die mitzuteilenden Werte von η_1, η_2 im einzelnen Falle mit $\sqrt[12]{f(\eta_1, \eta_2)}$ zu multiplizieren. Aus den Formeln (8) geht hervor, daß η_1, η_2, wenn sich X in der komplexen Ebene bewegt, ein System von 720 binären linearen Substitutionen erfahren, wie in § 3 zum Schluß angegeben wurde.

§ 8.

Bestimmung der Partikularlösungen η_1, η_2.

Da sich alle in Betracht kommenden Werte von η_1, η_2 aus einem Wertepaare durch die 120 binären Ikosaedersubstitutionen (4) ergeben, so genügt es, *ein* Paar η_1, η_2 zu berechnen, und ich benutze die soeben genannte konforme Abbildung zur Berechnung dieses Paares. Um den Unendlichkeitspunkt der η-Kugel scharen sich fünf der oben bezeichneten 60 Dreiecke, welche die Bilder der positiven Halbebene X sind; sie sind in der Fig. 1, welche die Umgebung des Punktes $\eta = \infty$ schematisch darstellen soll, schraffiert[20]).

---

[19]) Vgl. meine Note über lineare Differentialgleichungen in den Math. Annalen, Bd. 12 (1877) [Abh. LIII, S. 318—320].

[20]) [Das η-Argument von H' ist das oben angegebene

$$1 - \alpha \varepsilon - \alpha^2 \varepsilon^4 = 1 + 2 \cos \frac{\pi}{15} = 2{,}9563 \ldots,$$

das η-Argument von T' ist

$$\varepsilon^3 \left[(\varepsilon^2 + \varepsilon^3) - i(\varepsilon - \varepsilon^4) \right] = 2 \left(\cos \frac{4\pi}{5} - \sin \frac{2\pi}{5} \right) \varepsilon^3 = -3{,}5201\, \varepsilon^3. \qquad \text{K.]}$$

Die Richtung des geradlinigen Pfeiles soll die Richtung des durch
den Punkt $\eta = \infty$ in dem Sinne $-\infty, 0, +\infty$ hindurchgehenden Meridians
der reellen Zahlen bedeuten. So wähle ich als Bild der positiven Halbebene X dasjenige schraffierte Dreieck, wel-
ches mit dem Buchstaben η_0 bezeichnet ist
(und später als Bild der negativen Halbebene X das mit dem gleichen Buchstaben
bezeichnete, anliegende, nicht schraffierte Dreieck). Läßt man jetzt X in positivem Sinne
den Unendlichkeitspunkt (der X-Ebene) umkreisen, so bewegt sich η_0 im Sinne des in
der Figur beigesetzten (gekrümmten) Pfeiles
und verwandelt sich in η_1[21]). Dies aber

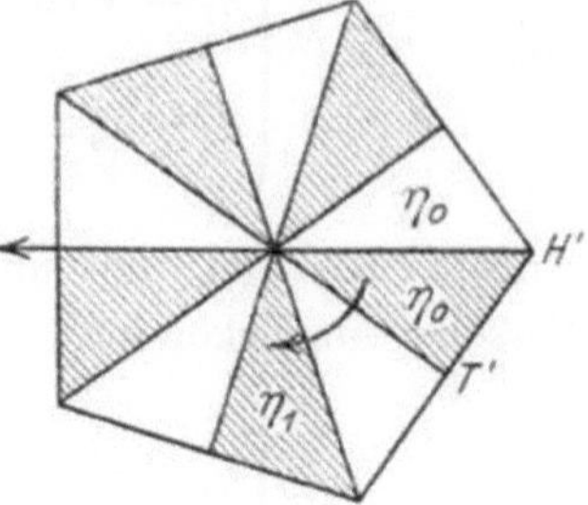

Fig. 1.

kommt einer positiven Drehung der η-Kugel durch $\dfrac{2\pi}{5}$ um den Durch-

messer 0∞ gleich, d. h.

*Der Funktionszweig η_0 hat die Eigenschaft, wenn X den Unendlich-
keitspunkt in positivem Sinne umkreist, den Faktor ε zu erhalten.*

Nun gibt es aber von konstanten Faktoren abgesehen nur zwei Integrale der hypergeometrischen Differentialgleichung, welche bei Umkreisung
des Punktes $X = \infty$ in Multipla ihrer selbst übergehen; es sind im vorliegenden Falle (unter $\varkappa, \lambda$ die konstanten Faktoren verstanden):

$$A = \varkappa(1-X)^{\frac{1}{60}} \cdot F\left(-\frac{1}{60}, \frac{29}{60}, \frac{4}{5}, \frac{1}{1-X}\right),$$

$$B = \lambda(1-X)^{-\frac{11}{60}} \cdot F\left(\frac{11}{60}, \frac{41}{60}, \frac{6}{5}, \frac{1}{1-X}\right),$$

oder, in anderer Darstellung:

$$A_1 = \varkappa_1 X^{\frac{1}{60}} \cdot F\left(-\frac{1}{60}, \frac{19}{60}, \frac{4}{5}, \frac{1}{X}\right),$$

$$B_1 = \lambda_1 X^{-\frac{11}{60}} \cdot F\left(\frac{11}{60}, \frac{31}{60}, \frac{6}{5}, \frac{1}{X}\right).$$

Setzen wir wieder $\eta_0 = \dfrac{\eta_1}{\eta_2}$, so muß bei richtiger Wahl der $\varkappa, \lambda$ bez. $\varkappa_1, \lambda_1$

das η_1 mit A und A_1, das η_2 mit B und B_1 übereinstimmen, weil $\dfrac{\eta_1}{\eta_2}$

für $X = \infty$ selbst ∞ wird. Die Konstanten $\varkappa, \lambda$ berechnen sich [aus dem

Umstande, daß für große Werte von η in erster Annäherung $1 - X = \dfrac{\eta^5}{1728}$

---

[21]) [Um Verwechslungen vorzubeugen, sei ausdrücklich bemerkt, daß η_1 hier
nicht homogene Koordinate ist.]

ist, und der Forderung, die ich gemäß § 7 einführe, *daß $f(\eta_1, \eta_2)$ gleich Eins sein soll*. So findet man[22]) bis auf zwölfte Einheitswurzeln:

$$(9) \quad \begin{cases} \eta_1 = \sqrt[20]{12} \cdot (1 - X)^{\frac{1}{60}} \cdot F\left(-\frac{1}{60}, \frac{29}{60}, \frac{4}{5}, \frac{1}{1-X}\right) \\ \eta_2 = \dfrac{1}{\sqrt[20]{12^{11}}} \cdot (1 - X)^{-\frac{11}{60}} \cdot F\left(\frac{11}{60}, \frac{41}{60}, \frac{6}{5}, \frac{1}{1-X}\right), \end{cases}$$

wobei $\sqrt[20]{12} = 1{,}132\,29$ und $1 : \sqrt[20]{12^{11}} = 0{,}254\,95$; oder man hat, was auf dasselbe hinauskommt:

$$(10) \quad \begin{cases} \eta_1 = e^{-\frac{i\pi}{60}} \cdot \sqrt[20]{12} \cdot X^{\frac{1}{60}} \cdot F\left(-\frac{1}{60}, \frac{19}{60}, \frac{4}{5}, \frac{1}{X}\right) \\ \eta_2 = \dfrac{e^{\frac{11 i\pi}{60}}}{\sqrt[20]{12^{11}}} \cdot X^{-\frac{11}{60}} \cdot F\left(\frac{11}{60}, \frac{31}{60}, \frac{6}{5}, \frac{1}{X}\right), \end{cases}$$

wobei

$$e^{-\frac{i\pi}{60}} \sqrt[20]{12} = 1{,}130\,74 - 0{,}059\,26\,i$$

und

$$e^{\frac{11 i\pi}{60}} : \sqrt[20]{12^{11}} = 0{,}213\,82 + 0{,}138\,85\,i \;^{23}).$$

Von diesen Darstellungen konvergiert die erste für alle Werte von X, für welche der absolute Betrag $|1 - X| \geqq 1$, die zweite für diejenigen, deren absoluter Betrag $|X| \geqq 1$. Die sechzigsten Wurzeln sind so zu nehmen, daß die Amplitude zwischen 0 und 3 Grad liegt.

Um für die hierdurch noch ausgeschlossenen X ebenfalls eine [zu Fig. 1 gehörige] Formel zu haben, benutze ich in bekannter Weise andere Integrale der hypergeometrischen Differentialgleichung. Ist:

$$F_1 = F\left(\frac{11}{60}, -\frac{1}{60}, \frac{2}{3}, X\right)$$

$$F_2 = F\left(\frac{11}{60}, -\frac{1}{60}, \frac{1}{2}, 1 - X\right),$$

so kommt

$$(11) \quad \begin{cases} \eta_1 = (0{,}090\,72 + 1{,}731\,16\,i)F_1 + (\quad 1{,}021\,30 - 1{,}768\,95\,i)F_2 \\ \eta_2 = (3{,}323\,55 - 5{,}117\,83\,i)F_1 + (-3{,}019\,28 + 5{,}229\,54\,i)F_2\,^{24}), \end{cases}$$

und diese Darstellung konvergiert für alle bislang ausgeschlossene X, diejenigen nämlich, bei denen gleichzeitig $|X| \leqq 1$ und $|1 - X| \leqq 1$.

---

[22]) Die konforme Abbildung zeigt immer unzweideutig, welche Werte nach Annahme der $\sqrt[20]{12}$ den vieldeutigen Wurzelzeichen beizulegen sind. Hierauf ist in den Darstellungen, welche ich kenne, nicht genügend Rücksicht genommen.

[23]) [Beim Wiederabdruck wurden die numerischen Konstanten genauer charakterisiert.]

[24]) Bei diesen Rechnungen, sowie bei vielen der im folgenden ausgeführten, hat mich Herr stud. Gierster in dankenswerter Weise unterstützt.

Die Formeln (9), (10), (11) *definieren die gewünschten* η_1, η_2 *für jedes X der positiven Halbebene.*

Um auch Formeln für die negative Halbebene zu haben, welche dem oben bezeichneten nicht schraffierten Dreiecke entsprechen, hat man (9) unverändert beizuhalten und in (10) und (11) das i der konstanten Faktoren in $-i$ zu verwandeln.

§ 9.
Anderweitige Lösungen der Ikosaedergleichung.

Neben die hier entwickelte Lösung der Ikosaedergleichung stellen sich unbegrenzt viele andere von ähnlichem Charakter. Schreibt man nämlich in

$$1728\,\frac{H^3(\eta)}{f^5(\eta)} = X$$

statt X eine rationale Funktion einer neuen Veränderlichen x:

$$1728\,\frac{H^3(\eta)}{f^5(\eta)} = R(x),$$

so kann η wieder (und noch auf unbegrenzt viele Weisen) dargestellt werden als Quotient zweier Partikularlösungen einer linearen Differentialgleichung, bei der x die unabhängige Variable ist und die Koeffizienten rational in x sind. Man kann dann $R(x)$ insbesondere so wählen, daß die Differentialgleichung selbst wieder eine hypergeometrische wird; derartige Werte von $R(x)$ sind von Brioschi (Math. Annalen, Bd. 11 (1877), S. 410 [= Werke Bd. V, S. 222]) und von mir (Math. Annalen, Bd. 12 (1877) [Abh. LIII, S. 315 ff.]) angegeben. Ich will hier nur den einen Wert von $R(x)$ herausgreifen, der dem Falle XIII der von Schwarz[25] gegebenen Tabelle entspricht, insofern ich bei einer späteren Gelegenheit von diesen Formeln Gebrauch machen möchte:

$$R(x) = \frac{1}{108} \cdot \frac{(x^2 + 14x + 1)^3}{x(1-x)^4}.$$

Für die entsprechende hypergeometrische Differentialgleichung hat man $(1-\gamma)^2$, $(\alpha-\beta)^2$, $(\gamma-\alpha-\beta)^2$ in irgendeiner Anordnung gleichzusetzen $\frac{1}{25}$, $\frac{1}{25}$, $\frac{16}{25}$, also etwa $\gamma = \frac{4}{5}$, $\alpha = \frac{1}{10}$, $\beta = -\frac{1}{10}$.

Setzt man wieder $\eta = \frac{\eta_1}{\eta_2}$ und nimmt η_1, η_2 als Partikularlösungen dieser Differentialgleichung, so kommt:

$$\eta_1 = \varrho \cdot \frac{x^{\frac{1}{60}}(1-x)^{\frac{1}{15}}\eta}{\sqrt[12]{f(\eta)}}, \quad \eta_2 = \varrho \cdot \frac{x^{\frac{1}{60}}(1-x)^{\frac{1}{15}}}{\sqrt[12]{f(\eta)}}$$

---

[25] S. 323 der zitierten Arbeit.

und man hat also, für $\varrho = 1$, die Lösungen der folgenden Aufgabe vor sich, die ein besonderer Fall des Fundamentalproblems des § 1 ist:

$$(12) \quad \begin{cases} f(\eta_1, \eta_2) = x(1-x)^4, \\ H(\eta_1, \eta_2) = x^2 + 14x + 1, \\ T(\eta_1, \eta_2) = x^3 - 33x^2 - 33x + 1. \end{cases}$$

Ich unterlasse es hier, die Partikularlösungen η_1, η_2 explizite anzugeben [26]).

§ 10.

Resolventen niederen Grades der Ikosaedergleichung.

Wenn man auf eine ganze homogene Funktion gerader Ordnung von η_1, η_2 (und solche will ich allein betrachten) die 120 binären Ikosaedersubstitutionen (4) anwendet, so nimmt sie im allgemeinen 60 Werte an; sie kann selbstverständlicherweise im besonderen Falle weniger Werte erhalten, deren Zahl ein Teiler von 60 ist.

Dann stellt sie, gleich Null gesetzt, eine solche Punktgruppe auf der η-Kugel dar, welche durch einige der 60 Drehungen, die das Ikosaeder mit sich zur Deckung bringen, ungeändert bleibt. Umgekehrt, indem man die einfachsten solchen Punktgruppen aufsucht, gewinnt man die niedrigsten Funktionen der gemeinten Art, welche als Wurzeln von Resolventen der Ikosaedergleichung verwandt werden können.

Aus den 60 Drehungen, welche das Ikosaeder mit sich zur Deckung bringen, lassen sich Untergruppen von 2, 3, 5, 4, 6, 10, 12 Substitutionen bilden, von denen die drei ersten dem Kreisteilungstypus, die folgenden drei dem Diedertypus, die letzte dem Tetraedertypus angehört. Entsprechend erhält man Resolventen vom Grade 30, 20, 12, 15, 10, 6, 5. Da es meine vorzügliche Absicht ist, vom Ikosaeder aus zu den Untersuchungen über die Gleichungen fünften Grades und über die Jacobischen Gleichungen sechsten Grades zu gelangen, so werde ich mich auf die Herleitung einer Resolvente vom sechsten Grade und verschiedener Resolventen fünften Grades beschränken.

---

[26]) [Ich habe diesen Fall ursprünglich herausgegriffen, weil ich den Legendreschen Modul eines elliptischen Integrals so einführen wollte, wie es Abel tut. Heute würde ich lieber, um an dieser Stelle den Anschluß an Jacobi zu haben, $R(x) = \dfrac{4}{27}\dfrac{(x^2 - x + 1)^3}{x^2(1-x)^2}$ wählen. Vgl. meine oben zitierte in Bd. 3 abzudruckende Abhandlung über elliptische Funktionen und Gleichungen fünften Grades, besonders Abschnitt III, § 7 und die Figuren daselbst. K.]

§ 11.

Eine Resolvente vom sechsten Grade.

Eine Resolvente vom sechsten Grade gewinnt man am einfachsten, wenn man beachtet, daß die Wurzelpunkte von $f = 0$ in sechs Paare gegenüberstehender zerfallen. Sei $\varphi(\eta_1, \eta_2) = 0$ ein solches Punktepaar. Durch eine lineare Substitution von der Determinante $+1$, welche $\varphi = 0$ ungeändert läßt, geht bekanntlich $+\varphi$ in $+\varphi$ oder $-\varphi$ über, je nachdem bei der Substitution die Wurzeln von $\varphi = 0$ einzeln ungeändert bleiben oder untereinander vertauscht werden. Nun gibt es unter den Drehungen, die das Ikosaeder mit sich zur Deckung bringen, allerdings solche, welche gegenüberstehende Eckpunkte des Ikosaeders vertauschen. *Daher ist $\varphi(\eta_1, \eta_2)$ (mit bestimmter Determinante genommen) eine zwölfwertige, und erst φ^2 eine sechswertige Funktion.*

Ich will $\varphi(\eta_1, \eta_2)$ mit der Determinante $+5$ annehmen. Dann hat man, bei willkürlich angenommenem Vorzeichen und auch sonst gebräuchlicher Indexbezeichnung (vgl. Math. Annalen, Bd. 9 [Abh. LI, S. 298]):

$$(13) \qquad \begin{cases} \varphi_\infty = \sqrt{5} \cdot \eta_1 \cdot \eta_2, \\ \varphi_\nu = \varepsilon^{-\nu}\eta_1^2 + \eta_1\eta_2 - \varepsilon^{+\nu}\eta_2^2, \quad (\nu = 0,\, 1,\, 2,\, 3,\, 4) \end{cases}$$

und

$$\varphi_\infty\, \varphi_0\, \varphi_1\, \varphi_2\, \varphi_3\, \varphi_4 = \sqrt{5} \cdot f.$$

Setzt man jetzt $z = \varphi^2$, also $z_\infty = \varphi_\infty^2$, $z_\nu = \varphi_\nu^2$, so erhält man die Gleichung, der z genügt, unmittelbar aus der Bemerkung: *daß die symmetrischen Funktionen der sechs φ^2 jedenfalls ganze Funktionen von f, H, T sind.* Daher kommt:

$$\sum z = 0, \quad \sum z^2 = 0, \quad \sum z^3 = \varkappa f, \quad \sum z^4 = 0, \quad \sum z^5 = \lambda H,$$

wo $\varkappa, \lambda$ Zahlenfaktoren bedeuten, die man durch ein einzelnes Glied bestimmt. *Auf diese Weise findet man:*

$$(14) \qquad z^6 - 10fz^3 + 144Hz + 5f^2 = 0.$$

Die Diskriminante dieser Gleichung:

$$\prod (\varphi_i^2 - \varphi_k^2)^2$$

hat eine sehr bemerkenswerte Eigenschaft. Es ist

$$\varphi_i^2 - \varphi_k^2 = (\varphi_i + \varphi_k)(\varphi_i - \varphi_k)$$

und es stellt, wie ich früher bemerkte (Math. Annalen, Bd. 9 [Abh. LI, S. 298]) sowohl $\varphi_i + \varphi_k = 0$ als $\varphi_i - \varphi_k = 0$ eins der 15 Punktepaare von T vor. *Daher ist die Diskriminante bis auf einen Zahlenfaktor gleich T^4.* Ist also die vorstehende Gleichung sechsten Grades, d. h. ist einfach f und H gegeben, so ist die Quadratwurzel aus der Diskriminante rational bekannt; ist aber, wie beim Fundamentalprobleme in § 1 vorausgesetzt wird, von vornherein auch T gegeben, so kennt man sogar die vierte Wurzel.

§ 12.

Die Jacobischen Gleichungen sechsten Grades.

Bekanntlich hat Jacobi[27]) als Eigenschaft der Multiplikatorgleichungen vom $(n+1)$-ten Grade, die bei Transformation n-ter Ordnung der elliptischen Funktionen auftreten (n Primzahl), angegeben, daß sich die aus den $(n+1)$ Wurzeln gezogenen Quadratwurzeln aus $\frac{n+1}{2}$ Größen $A_0, \ldots, A_{\frac{n-1}{2}}$ in folgender Weise zusammensetzen lassen:

$$\sqrt{z_\infty} = \sqrt{(-1)^{\frac{n-1}{2}}\, n \cdot A_0}$$

$$\sqrt{z_0} = A_0 + A_1 + A_2 + \ldots + A_{\frac{n-1}{2}}$$

$$\sqrt{z_1} = A_0 + \varepsilon A_1 + \varepsilon^4 A_2 + \ldots + \varepsilon^{\left(\frac{n-1}{2}\right)^2} \cdot A_{\frac{n-1}{2}}$$

$$\cdots \cdots \cdots \cdots \cdots \cdots \cdots \cdots \cdots$$

$$\sqrt{z_{n-1}} = A_0 + \varepsilon^{n-1} A_1 + \varepsilon^{4(n-1)} A_2 + \ldots + \varepsilon^{\left(\frac{n-1}{2}\right)^2 (n-1)} \cdot A_{\frac{n-1}{2}}$$

$$\left(\varepsilon = \cos\frac{2\pi}{n} + i\sin\frac{2\pi}{n}\right)$$

und es sind diese Gleichungen von Kronecker und Brioschi für $n=5$ *allgemein* untersucht worden[28]).

Die prinzipielle Bedeutung dieser Gleichungen — ganz unabhängig von ihrem Zusammenhange mit den elliptischen Funktionen — läßt sich unter den allgemeinen Gesichtspunkt der Einleitung subsummieren. *Die Vertauschungen der Größen $\sqrt{z}$, welche [nach Adjunktion des ε] die Galoissche Gruppe der Jacobischen Gleichung ausmachen, sind durch lineare Substitutionen der Größen $A_0 \ldots A_{\frac{n-1}{2}}$ vorgestellt.* Denn bestimmt man für eine vorgelegte Jacobische Gleichung alle Systeme von Größen $A_0, A_1, \ldots$, welche den zulässigen Anordnungen der Wurzeln entsprechen, so geht das einzelne System dieser Größen aus einem beliebigen zugrunde gelegten durch homogene lineare Substitution mit [rational bekannten] numerischen Koeffizienten hervor. Ich werde dies weiter unten (Abschn. II, § 8) für die Jacobischen Gleichungen vom sechsten Grade noch näher ausführen und dadurch zeigen, weshalb zwischen ihnen und den Ikosaeder-

---

[27]) Crelles Journal, Bd. 3 (1828), S. 308. [= Werke Bd. I, S. 255 f.]

[28]) Vgl. die Zitate der Einleitung, sowie die Auseinandersetzungen des zweiten hier folgenden Abschnittes.

problemen der engste Zusammenhang bestehen *muß*. Hier begnüge ich mich, diesen Zusammenhang in dem zunächst vorliegenden Falle einfach aufzuweisen.

Für die Jacobischen Gleichungen sechsten Grades hat man die Definitionsgleichungen:

$$(15) \qquad \sqrt{z_\infty} = \sqrt{5} \cdot A_0, \quad \sqrt{z_\nu} = A_0 + \varepsilon^\nu A_1 + \varepsilon^{-\nu} A_2$$

$$\left(\varepsilon = \cos\frac{2\pi}{5} + i\sin\frac{2\pi}{5}, \quad \nu = 0, 1, 2, 3, 4 \right)$$

und findet durch Ausrechnung:

$$(16) \quad (z-A)^6 - 4A(z-A)^5 + 10B(z-A)^3 - C(z-A) + 5B^2 - AC = 0,$$

wo A, B, C die folgenden Ausdrücke bedeuten:

$$(17) \quad \begin{cases} A = A_0^2 + A_1 A_2 \\ B = 8A_0^4 A_1 A_2 - 2A_0^2 A_1^2 A_2^2 + A_1^3 A_2^3 - A_0(A_1^5 + A_2^5) \\ C = 320 A_0^6 A_1^2 A_2^2 - 160 A_0^4 A_1^3 A_2^3 + 20 A_0^2 A_1^4 A_2^4 + 6 A_1^5 A_2^5 \\ \quad - 4A_0(A_1^5 + A_2^5)(32 A_0^4 - 20 A_0^2 A_1 A_2 + 5 A_1^2 A_2^2) + A_1^{10} + A_2^{10}. \end{cases}$$

Setzt man nun insbesondere $A = 0$, wodurch man *spezielle* Gleichungen erhält, die **Kronecker** seiner Lösung der Gleichungen fünften Grades zugrunde legte, so kommt einfach:

$$(18) \qquad z^6 + 10Bz^3 - Cz + 5B^2 = 0.$$

Diese Gleichung aber wird mit der Gleichung (14) *des vorigen Paragraphen identisch, sobald man setzt:*

$$B = -f, \quad C = -144H.$$

In der Tat stimmen auch die Definitionsgleichungen des vorigen Paragraphen für $\sqrt{z}$ mit den hier angewandten überein; man hat nur zu setzen:

$$A_0 = \eta_1 \eta_2, \quad A_1 = + \eta_2^2, \quad A_2 = - \eta_1^2$$

und befriedigt dadurch zugleich in allgemeinster Weise die Bedingung $A = 0$.

Wird die Gleichung (18) gegeben und zugleich die vierte Wurzel aus ihrer Diskriminante adjungiert, so hat man die Zahlenwerte von f, H, T. Alle Entwicklungen also, die hier an das Fundamentalproblem des § 1 angeknüpft werden, können auch so dargestellt werden, daß die spezielle Jacobische Gleichung sechsten Grades den Ausgangspunkt bildet. Doch scheint das weniger naturgemäß.

<h2 style="text-align:center">§ 13.</h2>

** Die Resolventen fünften Grades der Ikosaedergleichung. Einleitung. **

Daß die Jacobischen Gleichungen sechsten Grades[29] nach Adjunktion der vierten Wurzel ihrer Diskriminante sehr einfache Resolventen fünften Grades besitzen, *bei denen die Summe der Wurzeln und die Summe der*

---

[29] **Richtiger** wohl: die Gleichungen zwölften Grades, von der die $\sqrt{z}$ abhängen.

Wurzelkuben gleich Null ist, hat B r i o s c h i zuerst gefunden. Seine hauptsächlichen Formeln, die ich später benutze, sind diese[30]). Setzt man:

$$(19) \qquad y_\nu = \frac{1}{\sqrt[4]{5}} \left((z_\infty - z_\nu)(z_{\nu+1} - z_{\nu-1})(z_{\nu+2} - z_{\nu-2}) \right)^{\frac{1}{3}}$$

(eine Formel, die auf mannigfache Weise umgeschrieben werden kann), so drücken sich die y_ν folgendermaßen durch die A_0, A_1, A_2 aus:

$$(20) \qquad y_\nu = \varepsilon^\nu P_1 + \varepsilon^{2\nu} P_2 + \varepsilon^{3\nu} P_3 + \varepsilon^{4\nu} P_4,$$

wo

$$(21) \qquad \begin{cases} P_1 = -A_1(4A_0^2 - A_1 A_2), \\ P_2 = (+2A_0 A_1^2 - A_2^3), \\ P_3 = (-2A_0 A_2^2 + A_1^3), \\ P_4 = +A_2(4A_0^2 - A_1 A_2), \end{cases}$$

und genügen der Gleichung fünften Grades:

$$(22) \qquad y^5 + 10 B y^3 + 5(9B^2 - AC)y - \sqrt[4]{\Pi} = 0,$$

wo Π die Diskriminante der J a c o b i schen Gleichung und

$$(23) \qquad \sqrt{\Pi} = -1728 B^5 + 720 A C B^3 - 80 A^2 C^2 B + 64 A^3 (5B^2 - AC)^2 + C^3$$

ist.

Wenn $A = 0$, so wird die Gleichung (22):

$$(24) \qquad y^5 + 10 B y^3 + 45 B^2 y - \sqrt[4]{\Pi} = 0$$

und, für $B = -f, \, C = -144 H$:

$$\sqrt{\Pi} = 1728 f^5 - 144^3 H^3 = 144 T^2.$$

Um jetzt vom Ikosaeder aus zu dieser Resolvente fünften Grades und anderen desselben Grades zu gelangen, die später wichtig werden, stelle ich folgende Betrachtungen an.

§ 14.

Die Resolventen fünften Grades der Ikosaedergleichung.
Geometrische Orientierung.

Die Existenz der Resolventen fünften Grades beruht auf dem Umstande, daß sich aus den 60 Drehungen des Ikosaeders Untergruppen von 12 bilden lassen, und diese Untergruppen gehören, wie oben bemerkt, dem *Tetraedertypus* an. Es bleiben also bei solchen 12 Drehungen, geometrisch zu reden, ungeändert: zwei reguläre Tetraeder, τ_1 und τ_2, welche zusammen die Ecken eines Würfels W bilden, dann ein Oktaeder t, und übrigens Aggregate von je 12 zusammengehörigen Punkten. In unserem Falle ist der Würfel W unter den Ecken von H, das Oktaeder t unter den Ecken

---

[30]) Die Zahlenkoeffizienten sind im Texte so mitgeteilt, wie sie J o u b e r t später berechnet hat (Comptes Rendus 1867, 1, Bd. 64, S. 1237).

von T zu suchen. Die Ecken von f bilden eine Gruppe von zusammengehörigen 12 Punkten, ebenso die $\frac{H}{W}$, während die $\frac{T}{t}$ in zwei solche Gruppen zerfallen.

Betrachten wir jetzt die entsprechenden ganzen Funktionen von η_1, η_2 und ersetzen die 12 Drehungen durch die entsprechenden 24 binären Ikosaedersubstitutionen von der Determinante $+1$. Man findet dann, daß nicht $\tau_1(\eta_1, \eta_2)$ und $\tau_2(\eta_1, \eta_2)$ in sich übergeführt werden, sondern erst ihre dritten Potenzen. Unmittelbar ungeändert bleibt dagegen $t(\eta_1, \eta_2)$ (die Funktionaldeterminante von τ_1 und τ_2) sowie das Produkt $\tau_1 \cdot \tau_2 = W(\eta_1, \eta_2)$ (welches sich zugleich als Hessesche von t auffassen läßt). Ungeändert bleiben ferner alle Funktionen zwölften Grades, welche gleich Null gesetzt, zusammengehörige Punkte vorstellen, insbesondere also f [31]. Alle derartigen Funktionen kann man in der Form $\varkappa t^2 + \lambda f$ anschreiben.

Die einfachsten Funktionen also, welche man als Wurzeln der Resolventen fünften Grades wählen kann, sind $t(\eta_1, \eta_2)$ und $W(\eta_1, \eta_2)$, und mit ihnen mögen wir uns zunächst beschäftigen. Wünschen wir später Funktionen nullter Ordnung von η_1, η_2, d. h. Funktionen von η, so ist die nächstliegende $\frac{t^2}{f}$ und durch sie drücken sich alle anderen rational aus. (Vgl. meine Note in den Math. Annalen, Bd. 12 [Abh. LIII, S. 309 und 313].)

Ich will hier noch die 12 linearen Substitutionen zusammenstellen, welche im Sinne der sogleich einzuführenden Bezeichnung das Oktaeder t_0 resp. den Würfel W_0 ungeändert lassen. Es sind diese

$$(25)\quad \left\{ \begin{aligned}
&1.\ \text{Die Identität } \eta' = \eta\\[4pt]
&2.\ \text{Drei Substitutionen von der Periode 2:}\\[2pt]
&\eta' = -\frac{1}{\eta},\ \frac{(\varepsilon+\varepsilon^4)\eta+1}{\eta-(\varepsilon+\varepsilon^4)},\ \frac{-\eta+(\varepsilon+\varepsilon^4)}{(\varepsilon+\varepsilon^4)\eta+1},\\[4pt]
&3.\ \text{Acht Substitutionen von der Periode 3:}\\[2pt]
&\eta' = \quad \varepsilon^2\frac{(\varepsilon+\varepsilon^4)\eta+\varepsilon}{\varepsilon^4\eta-(\varepsilon+\varepsilon^4)}, \qquad = \varepsilon^2\frac{(\varepsilon+\varepsilon^4)\eta+\varepsilon^2}{\varepsilon^3\eta-(\varepsilon+\varepsilon^4)},\\[4pt]
&\quad = \quad \varepsilon^3\frac{(\varepsilon+\varepsilon^4)\eta+\varepsilon^3}{\varepsilon^2\eta-(\varepsilon+\varepsilon^4)}, \qquad = \varepsilon^3\frac{(\varepsilon+\varepsilon^4)\eta+\varepsilon^4}{\varepsilon\eta-(\varepsilon+\varepsilon^4)},\\[4pt]
&\quad = -\varepsilon^3\frac{\varepsilon^4\eta-(\varepsilon+\varepsilon^4)}{(\varepsilon+\varepsilon^4)\eta+\varepsilon}, \qquad = -\varepsilon^3\frac{\varepsilon^3\eta-(\varepsilon+\varepsilon^4)}{(\varepsilon+\varepsilon^4)\eta+\varepsilon^2},\\[4pt]
&\quad = -\varepsilon^2\frac{\varepsilon^2\eta-(\varepsilon+\varepsilon^4)}{(\varepsilon+\varepsilon^4)\eta+\varepsilon^3}, \qquad = -\varepsilon^2\frac{\varepsilon\eta-(\varepsilon+\varepsilon^4)}{(\varepsilon+\varepsilon^4)\eta+\varepsilon^4}.
\end{aligned} \right.$$

Diese Formel möge dazu dienen, um einige Angaben, die ich später ohne Beweis mache, zu kontrollieren.

---

[31] Diese Angaben stimmen überein mit den Formeln, die in den Math. Annalen, Bd. 12 [Abh. LIII, S. 319] unter (III) mitgeteilt sind.

§ 15.

Die Resolvente der t_ν.

Man berechnet für die fünf Oktaeder $t(\eta_1, \eta_2)$, die ich jetzt als t_0, t_1, t_2, t_3, t_4 bezeichnen will, die folgenden Werte (vgl. Math. Annalen, Bd. 9 [Abh. LI, S. 299]):

$$(26)\quad t_\nu = -\varepsilon^\nu \cdot 5\eta_1^2\eta_2^4 + \varepsilon^{2\nu}(\eta_1^6 - 2\eta_1\eta_2^5) + \varepsilon^{3\nu}(\eta_2^6 + 2\eta_1^5\eta_2) + \varepsilon^{4\nu} \cdot 5\eta_1^4\eta_2^2.$$

Die symmetrischen Funktionen der t_ν sind ganze Funktionen von f, H, T. Zuvörderst kommt

$$t_0 t_1 t_2 t_3 t_4 = 12T,$$

und dann hat man, unter $\varkappa, \lambda$ Zahlenfaktoren verstanden, den Ansatz:

$$\sum t = 0, \quad \sum t^2 = \varkappa f, \quad \sum t^3 = 0, \quad \sum t^4 = \lambda f^2$$

und findet so die Gleichung:

$$(27)\qquad t^5 - 10t^3 f + 45tf^2 - 12T = 0.$$

Dies ist eine Gleichung fünften Grades, welche durch die Relationen charakterisiert ist:

$$\sum t = 0, \quad \sum t^3 = 0, \quad 20 \sum t^4 = \left(\sum t^2\right)^2.$$

Sie ist der spezielle Fall, der sich aus der Brioschischen Resolvente (22) ergibt, wenn man $A = 0$ setzt. Zugleich gehen dann die Formeln (20), (21) in (26) über, nachdem für A_0, A_1, A_2 bez. gesetzt ist $\eta_1\eta_2, +\eta_2^2, -\eta_1^2$. Vielleicht hat die Bemerkung Interesse, daß die Diskriminante von (27) eine sechste Potenz ist. Denn man findet sie durch Ausrechnung bis auf einen Zahlenfaktor gleich:

$$\left(T^2 - 12f^5\right)^2 = 12^8 H^6.$$

Also stellt $t_i - t_k = 0$ ein Aggregat von drei zu H gehörigen Punktepaaren dar, was man durch unmittelbare Überlegung bestätigt.

§ 16.

Die Resolvente der W_ν.

Berechnet man W_ν als Hessesche Form von t_ν, so findet man bis auf einen Zahlenfaktor, den ich durchgängig unterdrücke:

$$(28)\quad W_\nu = (\varepsilon^\nu \eta_1 - \varepsilon^{2\nu}\eta_2)(-\eta_1^7 + 7\eta_1^2\eta_2^5) + (\varepsilon^{3\nu}\eta_1 + \varepsilon^{4\nu}\eta_2)(-7\eta_1^5\eta_2^2 - \eta_2^7).$$

Man hat:

$$\sum W = 0, \quad \sum W^2 = 0, \quad \sum W^3 = -120f^2, \quad \sum W^4 = 2880fH,$$
$$\sum W^5 = 5 W_0 W_1 W_2 W_3 W_4 = -5 \cdot 12^4 H^2.$$

Also kommt:

$$(29)\qquad W^5 + 40f^2 \cdot W^2 - 720fH \cdot W + 12^4 H^2 = 0,$$

eine Gleichung, die durch die Relationen

$$\Sigma W = 0, \quad \Sigma W^2 = 0, \quad \Sigma W^3 \cdot \Sigma W^5 = 6\left(\Sigma W^4\right)^2$$

charakterisiert ist.

Ich notiere noch die Beziehung

$$(30) \qquad \frac{12^2 H}{W_\nu} = t_\nu^2 - 3f.$$

§ 17.
Eine allgemeinere Resolvente fünften Grades.

Die Überlegungen, welche ich im dritten Abschnitte des Folgenden auseinandersetze, ließen es mir wünschenswert erscheinen, eine allgemeinere Resolvente fünften Grades zu besitzen, welche nur den Bedingungen $\Sigma y = 0$, $\Sigma y^2 = 0$ genügt (unter y die Wurzeln verstanden). Ich bin dazu auf folgendem Wege gelangt. Eine Kombination von f und t_ν, welche den genannten Bedingungen genügt, ist diese, wie man leicht kontrolliert:

$$(31) \qquad \sigma_\nu = 24 f^2 - 7 f t_\nu^2 + t_\nu^4.$$

Nun ergibt sich dieselbe durch Ausrechnung gleich:

$$\left(\varepsilon^\nu \eta_1 - \varepsilon^{2\nu}\eta_2\right)\left(-46\,\eta_1^{20}\eta_2^3 + 1173\,\eta_1^{15}\eta_2^8 + 391\,\eta_1^{10}\eta_2^{13} + 207\,\eta_1^5\eta_2^{18} - \eta_2^{23}\right)$$
$$+ \left(\varepsilon^{3\nu}\eta_1 + \varepsilon^{4\nu}\eta_2\right)\left(\eta_1^{23} + 207\,\eta_1^{18}\eta_2^5 - 391\,\eta_1^{13}\eta_2^{10} + 1173\,\eta_1^8\eta_2^{15} + 46\,\eta_1^3\eta_2^{20}\right).$$

Sie hat also dieselbe Form

$$\left(\varepsilon^\nu \eta_1 - \varepsilon^{2\nu}\eta_2\right) R + \left(\varepsilon^{3\nu}\eta_1 + \varepsilon^{4\nu}\eta_2\right) S,$$

welche auch W_ν besitzt. Da umgekehrt aus dieser Form folgt, daß die Summe der Wurzeln und die Summe der Wurzelquadrate verschwindet, *so erhält man eine allgemeinere Funktion der gesuchten Eigenschaft, indem man W_ν und σ_ν mit einem Parameter zusammenfügt.* Ich setze also homogen machend:

$$(32) \qquad y_\nu = \frac{\lambda f W_\nu}{H} + \frac{\mu \sigma_\nu}{f^2} \;{}^{32}),$$

---

[32]) Ich bemerkte im Gespräche mit Gordan, der seinerseits auf ganz anderem Wege zu eben diesen Ausdrücken geführt worden war (vgl. seine in der Einleitung zitierte, in den Erlanger Berichten (Juli 1877) erschienene Note [sowie die Erläuterungen in dem dieser Abhandlung folgenden Zusatz auf S. 380 f.], daß sich unter ihnen insbesondere noch folgende einfache befinden:

$$\frac{t_\nu W_\nu \cdot T}{f^2 H} \quad \text{und} \quad \frac{t_\nu (t_\nu^2 - 7f)\, T}{f^4}.$$

In der Tat ist

$$\frac{t_\nu W_\nu \cdot T}{f^2 H} = \frac{6 f W_\nu}{H} + \frac{12 \sigma_\nu}{f^2},$$

$$\frac{t_\nu (t_\nu^2 - 7f) \cdot T}{f^4} = - X \cdot \frac{f W_\nu}{H} \quad \frac{2 \sigma_\nu}{f^2},$$

wo

$$X = 1728\,\frac{H^3}{f^5}.$$

wo λ, μ beliebige Konstante sind. Dann ergibt sich eine Gleichung fünften Grades, die folgendermaßen lautet:

$$(33) \qquad y^5 + 5\mathsf{A}y^2 + 5\mathsf{B}y + \Gamma = 0,$$

wo A, B, Γ die Ausdrücke bezeichnen[33]):

$$(34) \quad \begin{cases} \mathsf{A} = 12^3\left(\dfrac{8\lambda^3}{X} - 12\lambda^2\mu + 6\lambda\mu^2 - (2-X)\mu^3\right) \\[2ex] \mathsf{B} = 9\cdot 12^3\left(\dfrac{-16\lambda^4 + 32\lambda^3\mu}{X} - 24\lambda^2\mu^2 + 8(2X-1)\lambda\mu^3 - (5X-4)\mu^4\right), \\[2ex] \Gamma = 12^3\left(\dfrac{12^4\lambda^5 - 30\cdot 12^3\lambda^4\mu}{X} + 10\cdot 12^3\left(1+\dfrac{2}{X}\right)\lambda^3\mu^2 - 10\cdot 12^2\cdot\lambda^2\mu^3 \right. \\[2ex] \left. \qquad\qquad + 45\cdot 12^2 X\lambda\mu^4 - 72(12 - 27X + 24X^2)\mu^5\right). \end{cases}$$

Ich habe in denselben statt $1728\,\dfrac{H^3}{f^5}$ wieder X geschrieben. *Macht man durch Wahl von* $\dfrac{\lambda}{\mu}$ $\mathsf{A} = 0$, *so hat man die Jerrardsche Form*[34]).

§ 18.

Rationale Transformationen einer Ikosaedergleichung in eine zweite.

Ein Problem, welches um so interessanter ist, weil es eine sehr einfache Lösung gestattet, ist die Frage nach der rationalen Umformung einer Ikosaedergleichung in eine zweite. Ich suche solche rationale Funktionen ζ von η, welche selbst wieder einer Ikosaedergleichung genügen. Wendet man auf η die 60 Substitutionen (3) an, so muß also auch ζ diese Substitutionen erfahren. Aber es ist nicht nötig, daß ζ im einzelnen dieselbe Substitution wie η erleidet; nur die Periode der Substitution muß beiderseits die gleiche sein. Die Reihe der hier vorliegenden Möglichkeiten reduziert sich inzwischen bedeutend. Lassen wir nämlich etwa η

---

[33]) Bestimmt man $\dfrac{\lambda}{\mu}$ aus den Gleichungen $\dfrac{\partial^2 \mathsf{A}}{\partial\lambda^2} = 0$ einerseits und $\dfrac{\partial^3 \mathsf{B}}{\partial\lambda^3} = 0$ oder $\dfrac{\partial^4 \Gamma}{\partial\lambda^4} = 0$ andererseits, und trägt die Werte in (32) ein, so erhält man bis auf Faktoren eben die beiden in der voranstehenden Fußnote genannten Funktionen $t_\nu(t_\nu^2 - 7f)$ bez. $t_\nu W_\nu$.

[34]) [Entsprechend der Angabe der Fußnote [32]) auf S. 343 wird die Resolvente des Textes im Ikosaederbuch (S. 105—106) in etwas einfacher Form mitgeteilt. Sie wird dann als *Hauptresolvente* bezeichnet, weil sie mit der allgemeinen Gleichung fünften Grades, speziell der sogenannten *Hauptgleichung* verglichen werden soll. — Ich habe ebenda S. 143 angeführt, daß die Transformation der allgemeinen Gleichung fünften Grades in die sogenannte Jerrardsche Form bereits 1786 von dem schwedischen Mathematiker Bring gefunden wurde. H. Weber spricht bei dieser Sachlage in seinem Lehrbuch der Algebra von der Bring-Jerrardschen Form, was in der Folge ebenfalls geschehen soll. K.]

in $\varepsilon\eta$ übergehen, so wird unter den 60 Ausdrücken, welche aus ζ durch die Ikosaedersubstitutionen (3) entstehen, jedenfalls einer sein, der auch in ein Multiplum seiner selbst übergeht, und zwar muß der zutretende Faktor, da die Periode der Substitution 5 ist, eine fünfte Einheitswurzel sein. Diesen einen Ausdruck nennen wir dann ζ und operieren mit ihm. Die zutretende fünfte Einheitswurzel kann noch ε oder ε^2, ε^3, ε^4 sein. Aber den dritten und vierten Fall führt man sofort auf den zweiten und ersten zurück, indem man ζ durch $-\dfrac{1}{\zeta}$ ersetzt (welches auch einer der 60 Ausdrücke ist). *Es bleiben also nur noch zwei Fälle:*

1. *ζ ändert sich durch dieselben Substitutionen wie η;*
2. *man erhält die Substitutionen, welche ζ erleidet, wenn man in derjenigen, die η erfährt, ε in ε^2 verwandelt.*

Im *ersten* Falle setze ich

$$\zeta = \frac{\zeta_1}{\zeta_2} = -\frac{\varphi_2(\eta_1,\eta_2)}{\varphi_1(\eta_1,\eta_2)},$$

wo die φ ganze homogene Funktionen vom Grade n sein mögen. Ich schreibe dann:

$$\zeta_1\varphi_1 + \zeta_2\varphi_2 = 0$$

und entwickele die linke Seite in bekannter Weise (Clebsch, Theorie der binären Formen (Leipzig 1872) S. 15, Gordan, Math. Annalen, Bd. 3 (1871) S. 360) nach Polaren:

$$\left(\zeta_1\frac{\partial P}{\partial\eta_1} + \zeta_2\frac{\partial P}{\partial\eta_2}\right) + (\zeta_1\eta_2 - \zeta_2\eta_1)Q = 0,$$

wo P, Q zwei Funktionen von η_1, η_2 vom Grade $n+1$, $n-1$ sind. Indem man jetzt $\zeta = \eta$ setzt, erschließt man, daß P, Q solche Funktionen von η_1, η_2 sind, welche sich bei den Ikosaedersubstitutionen reproduzieren, d. h. es sind ganze Funktionen von f, H, T. Umgekehrt, wenn man für P, Q ganze Funktionen von f, H, T setzt, welche um zwei Einheiten im Grade differieren, so hat $\dfrac{\zeta_1}{\zeta_2}$ die gewünschte Eigenschaft. *Dies also ist die allgemeine Lösung des Problems im ersten Falle*[35]).

---

[35]) Die einfachsten in Betracht kommenden Funktionen sind diese:

$$\zeta = -\frac{\dfrac{\partial f}{\partial\eta_2}}{\dfrac{\partial f}{\partial\eta_1}}, \quad = -\frac{\dfrac{\partial H}{\partial\eta_2}}{\dfrac{\partial H}{\partial\eta_1}}, \quad = -\frac{\dfrac{\partial T}{\partial\eta_2}}{\dfrac{\partial T}{\partial\eta_1}},$$

Man zeigt leicht: Wenn sich $\dfrac{\eta_1}{\eta_2}$ auf der η Kugel über eins der 120 Dreiecke (§ 6) mit den Winkeln $\dfrac{\pi}{3}$, $\dfrac{\pi}{5}$, $\dfrac{\pi}{2}$ bewegt, so bewegen sich die drei hingeschriebenen Werte von ζ über die drei anliegenden von denselben Kreisbögen begrenzten Dreiecke, welche die Winkel $\dfrac{2\pi}{3}$, $\dfrac{\pi}{5}$, $\dfrac{\pi}{2}$, bez. $\dfrac{\pi}{3}$, $\dfrac{4\pi}{5}$, $\dfrac{\pi}{2}$, bez. $\dfrac{2\pi}{3}$, $\dfrac{4\pi}{5}$, $\dfrac{\pi}{2}$ besitzen.

Man kann ihr noch eine viel einfachere Form geben, wenn man bemerkt, daß es genügt, nur einen Parameter in die Transformationsformel aufzunehmen, da doch die Ikosaedergleichung selbst nur einen Parameter besitzt. Man setze also etwa:

$$P = fH, \quad Q = \lambda T.$$

So wird

$$(35) \qquad \zeta = \frac{\left(-f\dfrac{\partial H}{\partial \eta_2} - H\dfrac{\partial f}{\partial \eta_2}\right) + \lambda\eta_1 T}{\left(f\dfrac{\partial H}{\partial \eta_1} + H\dfrac{\partial f}{\partial \eta_1}\right) + \lambda\eta_2 T}$$

und diese Formel begreift für geeignete Werte von λ in der Tat alle anderen unter sich.

Was den *zweiten* Fall unseres Problems betrifft, so wird er durch Betrachtung der fünfwertigen Funktionen der vorigen Paragraphen erledigt. Sei

$$(\varepsilon^\nu\eta_1 - \varepsilon^{2\nu}\eta_2)R + (\varepsilon^{3\nu}\eta_1 + \varepsilon^{4\nu}\eta_2)S$$

die allgemeinste dort definierte Funktion, so ist einfach

$$\zeta = \frac{R}{S}$$

die allgemeinste hier aufzustellende Transformationsformel. Der Beweis ergibt sich am einfachsten aus den Entwicklungen des dritten Abschnittes, auf die ich hier verweisen muß (§ 4 Schluß)[36].

Abschnitt II.

Das Ikosaeder und eine quadratische Form.

Dieser zweite Abschnitt bringt eine Theorie der allgemeinen Jacobischen Gleichungen vom sechsten Grade (vgl. § 12 des vorhergehenden). Aber ich gehe dabei zunächst wieder aus von einem Probleme, welches man beim Ikosaeder stellen kann und zeige erst hinterher die Beziehung zu den Jacobischen Gleichungen. Man kann das Fundamentalproblem des

---

[36] [Gemäß der Angaben auf S. 343 hat man vier bezügliche Hauptformeln, welche den hervorgehobenen fünfwertigen Formen:

$$W_\nu, \quad W_\nu t_\nu, \quad t_\nu(t_\nu^2 - 7f), \quad t_\nu^4 - 7ft_\nu^2 + 24f^2$$

entsprechen. (Vgl. auch die am Schluß dieser Abhandlung folgenden Bemerkungen über die Arbeit von Gordan in den Math. Annalen, Bd. 13). Läuft η über das Elementardreieck des Ikosaeders, so bewegt sich, wie O. Fischer in seiner Dissertation (Konforme Abbildung sphärischer Dreiecke aufeinander mittelst algebraischer Funktionen, Leipzig 1885) S. 67 bemerkt, das zugehörige ζ über ein von denselben Symmetriekreisen der Ikosaederteilung umgrenztes Dreieck bzw. mit den Winkeln:

$$\frac{\pi}{3}, \frac{2\pi}{5}, \frac{\pi}{2}; \quad \frac{\pi}{3}, \frac{3\pi}{5}, \frac{\pi}{2}; \quad \frac{2\pi}{3}, \frac{2\pi}{5}, \frac{\pi}{2}; \quad \frac{2\pi}{3}, \frac{3\pi}{5}, \frac{\pi}{2}.$$

Vgl. die Figuren bei Fischer. K.]

vorigen Abschnittes (§ 1) so hinstellen: Es ist ein Ikosaeder $f(x_1, x_2)$ in kanonischer Form gegeben und es sind die Zahlwerte gegeben, welche die *simultanen Invarianten* des Ikosaeders und einer unbekannten linearen Form

$$\eta_2 x_1 - \eta_1 x_2$$

besitzen, man soll die Koeffizienten η_1, η_2 der letzteren bestimmen.

Eine Verallgemeinerung dieser Aufgabe ergibt sich sofort, wenn man an Stelle der linearen Form eine von höherem Grade treten läßt. Ich beschränke mich hier auf die Betrachtung des Falles einer *quadratischen* Form, deren Untersuchung, wie man sofort sieht, dadurch besonders erleichtert wird, daß die Kovarianten f, H, T des Ikosaeders alle eine *gerade* Ordnung besitzen.

§ 1.

Das simultane System eines Ikosaeders und einer quadratischen Form.

Es sollen f, H, T in der immer festgehaltenen kanonischen Form vorausgesetzt sein, aber, um Verwechslungen zu vermeiden, mit den Variabeln x_1, x_2 geschrieben werden. Der quadratischen Form erteile ich, damit später in der Bezeichnung Übereinstimmung herrscht mit der bei den Jacobischen Gleichungen üblichen, die Gestalt:

$$q = A_1 x_1^2 + 2 A_0 x_1 x_2 - A_2 x_2^2.$$

Man hat dann als Invarianten zunächst die Determinante:

$$(1) \qquad A = A_0^2 + A_1 A_2,$$

dann weiter die Überschiebungen

$$(f, q^6)_{12}, \quad (H, q^{10})_{20}, \quad (T, q^{15})_{30},$$

die ich mit B', C', D bezeichnen will und die ausgerechnet folgende Werte darbieten:

$$(2) \quad \left\{ \begin{aligned}
21 B' &= 16 A_0^6 - 120 A_0^4 A_1 A_2 + 90 A_0^2 A_1^2 A_2^2 \\
&\qquad + 21 A_0 (A_1^5 + A_2^5) - 5 A_1^3 A_2^3, \\
11 \cdot 17 \cdot 144\, C' &= -512 A_0^{10} + 11520 A_0^8 A_1 A_2 - 40320 A_0^6 A_1^2 A_2^2 \\
&\qquad + 33600 A_0^4 A_1^3 A_2^3 - 6300 A_0^2 A_1^4 A_2^4 + 126 A_1^5 A_2^5 \\
&\qquad + A_0 (A_1^5 + A_2^5)(22176 A_0^4 - 18480 A_0^2 A_1 A_2 + 1980 A_1^2 A_2^2) \\
&\qquad - 187 (A_1^{10} + A_2^{10}), \\
12 D &= (A_1^5 - A_2^5)(-1024 A_0^{10} + 3840 A_0^8 A_1 A_2 \\
&\qquad - 3840 A_0^6 A_1^2 A_2^2 + 1200 A_0^4 A_1^3 A_2^3 \\
&\qquad - 100 A_0^2 A_1^4 A_2^4 + A_1^5 A_2^5) \\
&\qquad + A_0 (A_1^{10} - A_2^{10})(352 A_0^4 - 160 A_0^2 A_1 A_2 + 10 A_1^2 A_2^2) \\
&\qquad + (A_1^{15} - A_2^{15}).
\end{aligned} \right.$$

Mit diesen Formen ist das System der Invarianten bereits abgeschlossen, wie man nach Analogie ähnlicher Beweise folgendermaßen zeigt. Wenn $A = 0$, also die quadratische Form das Quadrat einer linearen ist:

$$q = (\eta_2 x_1 - \eta_1 x_2)^2,$$

so gehen B', C', D einfach über in $f(\eta_1, \eta_2)$, $H(\eta_1, \eta_2)$, $T(\eta_1, \eta_2)$ und andere simultane Invarianten gibt es dann nicht (Math. Annalen, Bd. 9, [Abh. LI, S. 290 ff.]). Im allgemeinen Falle bestehen daher die gesuchten Invarianten aus B', C', D resp. aus Gliedern, welche aus ihnen zusammengesetzt sind, plus Gliedern, welche den Faktor A enthalten. Diese Glieder müssen, nach Abtrennung des Faktors A, für sich Invariantencharakter besitzen, für sie gilt also dasselbe Gesetz usw.

Zwischen diesen vier Formen A, B', C', D besteht dann noch eine Relation entsprechend der früheren Bedingung:

$$T^2 = 12 f^5 - 12^4 H^3;$$

ich werde erst weiter unten diese Relation angeben (§ 4, Gl. (10)).

Das neue Problem aber, welches ich aufstelle, ist dieses: *Es sind, in Übereinstimmung mit dieser Relation, die Zahlenwerte gegeben, welche A, B', C', D für eine unbekannte quadratische Form $A_1 x_1^2 + 2 A_0 x_1 x_2 - A_2 x_2^2$ annehmen; man soll die Koeffizienten A_1, A_0, A_2 bestimmen.*

Dies Problem hat 60 Lösungen resp. Lösungssysteme. Denn zunächst ergeben zwar die Gleichungen: $A, B', C' = $ gegebenen Konstanten $2 \cdot 6 \cdot 10 = 120$ Lösungen, aber von diesen unterscheiden sich, da A, B', C' gerade Funktionen von A_0, A_1, A_2 sind, je zwei immer nur durch die Vorzeichen der A_0, A_1, A_2, und D, welches eine ungerade Funktion ist, entscheidet dann, welche Vorzeichenkombination zu nehmen ist.

§ 2.

Ableitung aller Lösungen aus einer derselben.

Wenn wir *eine* quadratische Form kennen:

$$q = A_1 x_1^2 + 2 A_0 x_1 x_2 - A_2 x_2^2,$$

welche dem gestellten Probleme genügt, so ergeben sich die 59 anderen, indem man auf x_1, x_2 die 120 binären Ikosaedersubstitutionen (4) des vorigen Abschnittes anwendet. Denn da es sich um simultane Invarianten von q und f handelt, $f(x_1, x_2)$ aber durch diese Substitutionen in sich übergeht und die Substitutionsdeterminante $+1$ ist, so werden die simultanen Invarianten der transformierten quadratischen Form und des ursprünglichen Ikosaeders die vorgeschriebenen Werte behalten haben. In der Tat entstehen durch die 120 Substitutionen aus der einen quadratischen Form auch nur 60, da sich immer zwei Substitutionen nur durch gleichzeitige Vorzeichenänderung beider Variablen x_1, x_2 unterscheiden. Ich will diese 60 Formen mit

$$A_1' \, x_1^2 + 2\, A_0' \, x_1 x_2 - A_2' \, x_2^2$$

bezeichnen. So findet man für die A_1', A_0', A_2' folgende Tabelle:

$$(3) \quad \left\{ \begin{array}{c} \overbrace{\qquad A_1' \qquad} \\[2mm] \varepsilon^{-\nu} A_1, \\ -\,\varepsilon^{-\nu} A_2, \\ \dfrac{-\,\varepsilon^{-\mu}}{\sqrt{5}}\,\big((\varepsilon+\varepsilon^4)\,\varepsilon^{+\nu} A_1 + 2\,A_0 + (\varepsilon^2+\varepsilon^3)\,\varepsilon^{-\nu} A_2\big), \\ \dfrac{+\,\varepsilon^{-\mu}}{\sqrt{5}}\,\big((\varepsilon^2+\varepsilon^3)\,\varepsilon^{-\nu} A_1 + 2\,A_0 + (\varepsilon+\varepsilon^4)\,\varepsilon^{+\nu} A_2\big). \\[4mm] \overbrace{\qquad A_0' \qquad} \\[2mm] A_0, \\ -\,A_0, \\ -\dfrac{1}{\sqrt{5}}\,(\varepsilon^{\nu} A_1 + A_0 + \varepsilon^{-\nu} A_2), \\ +\dfrac{1}{\sqrt{5}}\,(\varepsilon^{-\nu} A_1 + A_0 + \varepsilon^{+\nu} A_2). \\[4mm] \overbrace{\qquad A_2' \qquad} \\[2mm] \varepsilon^{+\nu} A_2, \\ -\,\varepsilon^{+\nu} A_1, \\ \dfrac{-\,\varepsilon^{\mu}}{\sqrt{5}}\,\big((\varepsilon^2+\varepsilon^3)\,\varepsilon^{+\nu} A_1 + 2\,A_0 + (\varepsilon+\varepsilon^4)\,\varepsilon^{-\nu} A_2\big), \\ \dfrac{+\,\varepsilon^{\mu}}{\sqrt{5}}\,\big((\varepsilon+\varepsilon^4)\,\varepsilon^{-\nu} A_1 + 2\,A_0 + (\varepsilon^2+\varepsilon^3)\,\varepsilon^{+\nu} A_2\big). \\[4mm] (\sqrt{5} = \varepsilon + \varepsilon^4 - \varepsilon^2 - \varepsilon^3). \end{array} \right.$$

Man hat also hier an Stelle der seither betrachteten Gruppe von 120 binären Substitutionen eine Gruppe von 60 ternären. Die Determinante der einzelnen Substitution ist wiederum $= +1$.

Es ist leicht zu sehen, daß diese Gruppe von Substitutionen zugleich die Galoissche Gruppe des neuen Problems ist. In der Tat, die rational bekannten Größen A, B', C', D werden durch diese 60 Substitutionen in sich verwandelt, und umgekehrt läßt sich zeigen, daß jede ganze Funktion von A_0, A_1, A_2, welche durch diese Substitutionen in sich verwandelt wird, eine ganze Funktion von A, B', C', D ist (sie hat also, wenn ungerade, notwendig D zum Faktor). — Der Beweis ist derselbe, der soeben beim Nachweise der Vollständigkeit des Systems der simultanen Invarianten gebraucht wurde. Wenn $A = 0$, so ist die Behauptung richtig, wie ich in den Math. Annalen, Bd. 9 [= Abh. LI, S. 290 ff.] nachwies. Also bestehen die gesuchten Ausdrücke aus ganzen Funktionen von B', C', D, plus Gliedern, welche A zum Faktor haben. Diese Glieder behandelt man nach Abtrennung des Faktors ebenso usw. *Also auch hier decken sich die rational bekannten Funktionen mit den Invarianten.*

§ 3.

Verschiedene Arten der geometrischen Veranschaulichung.

Eine geometrische Veranschaulichung des neuen Problems erhält man sofort, wenn man die Wurzelwerte der quadratischen Form als Punkte auf der $\left(\dfrac{x_1}{x_2}\right)$-Kugel deutet, und diese Interpretation leistet nach Seite der vollen Anschaulichkeit alles, was man wünschen kann. Inzwischen werde ich fortan des kürzeren Ausdrucks wegen zumeist Gebrauch machen von der geläufigeren Deutung, *welche die Verhältnisse $A_0 : A_1 : A_2$ als trimetrische Koordinaten eines Punktes in der Ebene betrachtet.* Dieser Punkt wird durch die 60 ternären Substitutionen der vorigen Paragraphen, welche jetzt die Bedeutung von 60 Kollineationen gewinnen, auf 60 Weisen versetzt, und unser Problem verlangt vor allen Dingen, die so entstehenden 60 Punkte zu bestimmen, hernach, die absoluten Werte ihrer Koordinaten anzugeben. Die Kurven $A = 0$, $B' = 0$, $C' = 0$, $D = 0$ gehen bei den Kollineationen in sich über, ebenso z. B. die Kurven $B' - \lambda A^3 = 0$, $C' - \mu A^5 = 0$, als deren vollständiger Schnitt jedes System von 60 zusammengehörigen Punkten dargestellt werden kann.

Neben diese Interpretation in der Ebene stellt sich noch eine andere im Raume, die ich wenigstens anführen will, wenn ich sie auch nicht weiter benutze[37]). Unter x, y, z rechtwinklige Raumkoordinaten verstanden, setze ich:

$$A_0 = z, \quad A_1 = x + iy, \quad A_2 = x - iy.$$

So wird $A = A_0^2 + A_1 A_2 = x^2 + y^2 + z^2$, und die 60 gesuchten quadratischen Formen werden vorgestellt durch 60 auf der Kugel vom Radius

---

[37]) [Wegen der hier folgenden Erörterungen vgl. den Zusatz II zu der Arbeit „Über Flächen dritter Ordnung" (Abh. XXXV dieses Bandes, S. 59).]

$\sqrt{A}$ befindliche Raumpunkte. Die ternären Substitutionen (3) erhalten jetzt, in x, y, z geschrieben, reelle Koeffizienten, und da sie $x^2 + y^2 + z^2$ in sich überführen, übrigens die Determinante 1 besitzen, so gewinnen sie die Bedeutung von 60 reellen Drehungen um den Anfangspunkt. *Es sind keine anderen als die 60 Drehungen, welche ein der Kugel eingeschriebenes Ikosaeder mit sich zur Deckung bringen. Dies ist also ein ganz elementarer Weg, um den Zusammenhang zwischen den Jacobischen Gleichungen und dem Ikosaeder zu erkennen.*

Verbindet man den Punkt A_0, A_1, A_2 mit dem Anfangspunkte durch eine gerade Linie und betrachtet sie als Vertreterin der Verhältnisgrößen $A_0 : A_1 : A_2$, so hat man eine letzte Interpretation, die sich von der Interpretation in der Ebene nur dadurch unterscheidet, daß als Träger des ternären Gebietes der Kugelmittelpunkt mit den durch ihn hindurchgehenden Strahlen gedacht ist[38]). Ich werde weiterhin zeigen, daß die von uns in der Ebene zu studierenden Figuren auf das genaueste zusammenhängen mit der ebenen Abbildung der von Clebsch so genannten *Diagonalfläche* dritter Ordnung (Math. Annalen, Bd. 4 (1871), S. 331). Clebsch spricht bei diesen Untersuchungen insbesondere von einem merkwürdigen durch die sechs Fundamentalpunkte der Abbildung gebildete Sechsecke, welches die Eigenschaft besitzt, zehnfach Brianchonsch zu sein. Betrachten wir statt der Ebene den vom Mittelpunkte des Ikosaeders ausgehenden Strahlenbündel, so erkennen wir, daß dieses Sechseck eine sehr bekannte Konfiguration ist. *Die sechs durch die Ecken des Ikosaeders hindurchlaufenden Durchmesser sind sein Gegenbild.* Denn in der Tat schneiden sich die fünfzehn durch zwei derselben hindurchgelegten Ebenen[39]) zehnmal zu drei in einer geraden Linie, nämlich längs der zehn Durchmesser, welche die Ecken des zugehörigen Pentagondodekaeders enthalten.

§ 4.

Orientierung in der Bildebene $A_0 : A_1 : A_2$.

Wenn die quadratische Form

$$q = A_1 x_1^2 + 2 A_0 x_1 x_2 - A_2 x_2^2,$$

wie zunächst angenommen sei, das Quadrat einer linearen wird:

$$q = (\eta_2 x_1 - \eta_1 x_2)^2,$$

so rückt der Punkt $A_0 : A_1 : A_2$ der Ebene auf den Kegelschnitt $A = 0$,

---

[38]) Leider sind bei dieser Interpretation die Kegel $A = 0$, $B = 0$, $C = 0$ durchaus imaginär.

[39]) Diese Ebenen zusammen bilden den Kegel $D = 0$. [Es sind die 15 Symmetrieebenen des Ikosaeders. K.]

und dessen Punkte also repräsentieren die Größensysteme $\eta_1 : \eta_2$. Insbesondere also befinden sich auf $A = 0$ Gruppen von bez. 12, 20, 30 ausgezeichneten Punkten, entsprechend $f(\eta_1, \eta_2) = 0$, $H(\eta_1, \eta_2) = 0$, $T(\eta_1, \eta_2) = 0$. Wichtig zumal ist die Beziehung eines Punktes $A_0 : A_1 : A_2$ der Ebene zu den beiden Berührungspunkten der von ihm an den Kegelschnitt A gelegten Tangenten. *Diese Berührungspunkte erhalten, wie man sofort zeigt, als Werte von* $\frac{\eta_1}{\eta_2}$ *die Wurzeln der quadratischen Gleichung*

$$q(\eta) = A_1 \eta_1^2 + 2 A_0 \eta_1 \eta_2 - A_2 \eta_2^2 = 0.$$

Fragen wir nach der Lage derjenigen Punkte der Ebene, welche der Zerlegung von f, H, T in quadratische Faktoren entsprechen. So haben wir zunächst sechs Punkte mit den Koordinaten

$$(4) \quad \left\{ \begin{array}{ccc} A_0 & A_1 & A_2 \\ \hline \dfrac{\sqrt{5}}{2} & 0 & 0 \\[2mm] \dfrac{1}{2} & \varepsilon^{-\nu} & \varepsilon^{+\nu}, \end{array} \right.$$

entsprechend der Zerlegung von f. Sie bilden das soeben erwähnte zehnfach Brianchonsche Sechseck und sollen als die *Fundamentalpunkte* der Ebene bezeichnet werden. — Wir haben ferner, entsprechend der Zerlegung von H, zehn zusammengehörige Punkte:

$$(5) \quad \begin{array}{ccc} A_0 & A_1 & A_2 \\ \hline -\dfrac{3 \pm \sqrt{5}}{4} & \varepsilon^{-\nu} & \varepsilon^{+\nu} \end{array}$$

und fünfzehn zusammengehörige Punkte, welche den Faktoren von T entsprechen:

$$(6) \quad \left\{ \begin{array}{ccc} A_0 & A_1 & A_2 \\ \hline \dfrac{1 \pm \sqrt{5}}{2} & \varepsilon^{-\nu} & \varepsilon^{+\nu} \\[2mm] 0 & \varepsilon^{-\nu} & \varepsilon^{+\nu}. \end{array} \right.$$

Die 15 Verbindungslinien der sechs Fundamentalpunkte (4) *schneiden sich zu je drei in den Punkten* (5), *zu je zwei in den Punkten* (6); *sie sind überdies die Polaren der Punkte* (6) *in bezug auf den Kegelschnitt* $A = 0$. *Ihre Schnittpunkte mit* A *bilden die 30 Punkte* $T(\eta_1, \eta_2) = 0$.

Man entnimmt diese Angaben in bekannter Weise der Figur des Ikosaeders; übrigens mag man sie durch die Gleichungen der 15 geraden Linien:

$$(7) \quad \left\{ \begin{array}{l} (1 \pm \sqrt{5}) A_0 + \varepsilon^{\nu} A_1 + \varepsilon^{-\nu} A_2 = 0, \\ \qquad\qquad \varepsilon^{\nu} A_1 - \varepsilon^{-\nu} A_2 = 0 \end{array} \right.$$

kontrollieren. Diese 15 Geraden zusammengenommen stellen eine Kurve fünfzehnter Ordnung vor, welche bei den 60 ternären linearen Substitutionen (3) ungeändert bleibt. Daher folgt aus § 2:

Das Aggregat der 15 Geraden ist dargestellt durch $D = 0$.

Für die Kurven $B' = 0$, $C' = 0$ ergeben sich nicht gleich einfache Interpretationen. Ich will dieselben mit Hilfe von $A = 0$ in der Weise modifizieren, daß sie in den sechs Fundamentalpunkten möglichst hohe vielfache Punkte erhalten. Zu dem Zwecke hat man nur dafür zu sorgen, daß einer dieser Punkte, z. B.

$$A_1 = 0, \quad A_2 = 0$$

vielfacher Punkt wird, dann werden es die anderen Fundamentalpunkte von selbst, wegen der Eigenschaft der in Betracht kommenden Ausdrücke, bei den 60 ternären Substitutionen ungeändert zu bleiben. Das heißt also: wir müssen vermöge $A = A_0^2 + A_1 A_2$ die Ausdrücke B', C' so modifizieren, daß möglichst die höchsten Potenzen von A_0 herausfallen. Auf diese Weise gewinnt man zwei Ausdrücke, die B und C heißen sollen:

$$(8) \quad \begin{cases} B = -B' + \dfrac{16}{21} A^3 \\[2mm] \quad = 8 A_0^4 A_1 A_2 - 2 A_0^2 A_1^2 A_2^2 + A_1^3 A_2^3 - A_0(A_1^5 + A_2^5), \\[2mm] C = -144\, C' - \dfrac{160}{17} A^2 B' + \dfrac{1024}{11 \cdot 21} A^5 \\[2mm] \quad = 320\, A_0^6 A_1^2 A_2^2 - 160\, A_0^4 A_1^3 A_2^3 + 20\, A_0^2 A_1^4 A_2^4 + 6\, A_1^5 A_2^5 \\[2mm] \quad - 4 A_0(A_1^5 + A_2^5)(32 A_0^4 - 20 A_0^2 A_1 A_2 + 5 A_1^2 A_2^2) + A_1^{10} + A_2^{10}. \end{cases}$$

Die Kurve $B = 0$ hat in den Fundamentalpunkten Doppelpunkte, ist übrigens vom Geschlechte 4. Die Kurve $C = 0$ zehnter Ordnung hat in den Fundamentalpunkten Spitzenpaare, d. h. vierfache Punkte; ihr Geschlecht ist Null. *Übrigens sind jetzt B und C eben die Ausdrücke sechster bzw. zehnter Ordnung geworden, welche wir oben (I, § 12) bei den allgemeinen Jacobischen Gleichungen so bezeichneten.* Dadurch also sind B, C in neuer Weise definiert: als gewisse simultane Invarianten des in kanonischer Form gegebenen Ikosaeders und einer zutretenden quadratischen Form[40]). Aber auch die Diskriminante der Jacobischen Gleichung findet ihre volle Deutung: *die vierte Wurzel aus der Diskriminante ist bis auf einen Zahlenfaktor gleich D:*

$$(9) \qquad\qquad \sqrt[4]{\Pi} = 12\, D.$$

---

[40]) Eine andere Art, diese Ausdrücke zu definieren, erhält man, wenn man sie als *ternäre* Formen auffaßt. Ich will hier nur ohne Beweis angeben: Betrachtet man C als Grundform, so lassen sich A, B, D als Kovarianten derselben darstellen, und zwar bilden sie das *volle* System der Kovarianten.

In der Tat findet man in Übereinstimmung mit Gleichung (23) (Abschn. I):

$$(10) \quad 144\,D^2 = -\,1728\,B^5 + 720\,ACB^3 - 80\,A^2C^2B$$
$$+\,64\,A^3(5\,B^2 - AC)^2 + C^3,$$

was zugleich die Relation zwischen den Invarianten A, B, C, D, resp. A, B', C', D ist, welche noch aufzustellen war (Abschn. II, § 1).

§ 5.

Die allgemeinen Jacobischen Gleichungen vom sechsten Grade.

Aus den letzten Bemerkungen geht hervor, daß sich unser neues Problem mit den allgemeinen Jacobischen Gleichungen sechsten Grades deckt, sobald man bei der letzteren die vierte Wurzel aus der Diskriminante adjungiert[41]). In der Tat berechnet sich die Jacobische Gleichung als Resolvente unseres Problems nunmehr folgendermaßen einfach. Die sechs Wurzeln der Jacobischen Gleichung:

$$z_\infty = 5\,A_0^2,$$
$$z_\nu = (A_0 + \varepsilon^\nu A_1 + \varepsilon^{-\nu} A_2)^2$$

stellen, gleich Null gesetzt, doppeltzählend die sechs Polaren dar, welche die sechs Fundamentalpunkte in bezug auf den Kegelschnitt A besitzen. Es ist einfacher, statt ihrer die Aggregate

$$z_\infty - A, \quad z_\nu - A$$

zu betrachten. Sie repräsentieren, gleich Null gesetzt, diejenigen sechs Kegelschnitte, welche durch fünf der sechs Fundamentalpunkte hindurchgehen. Infolgedessen hat man nämlich folgenden Ansatz. Die in Betracht kommenden symmetrischen Funktionen der $(z - A)$ sind (als gerade Funktionen der A_0, A_1, A_2) ganze Funktionen von A, B, C, die, gleich Null gesetzt, Kurven vorstellen, *welche in den Fundamentalpunkten vielfache Punkte von bekannter Multiplizität besitzen.* Es ist daher unter $\varkappa$, λ, ... numerische Faktoren verstanden:

$$\Sigma(z_i - A) = \varkappa A,$$
$$\Sigma(z_i - A)(z_k - A) = 0,$$
$$\Sigma(z_i - A)(z_k - A)(z_l - A) = \lambda B, \text{ usw.}$$

Denn z. B. $\Sigma(z_i - A)(z_k - A)$ repräsentiert, gleich Null gesetzt, eine Kurve vierter Ordnung, welche durch jeden Fundamentalpunkt einfach

---

[41]) Wenn man eine Jacobische Gleichung sechsten Grades nach Kronecker-Brioschi als Resolvente einer Gleichung fünften Grades aufstellt, so ist diese Adjunktion von vornherein geleistet. Ich finde dies in dem zitierten Kroneckerschen Aufsatze (Crelles Journal, Bd. 59 (1861)) nicht explizite angegeben und doch beruhen, wie mir scheint, verschiedene Aussagen nur auf diesem Umstande und gelten nicht für Jacobische Gleichungen sechsten Grades schlechthin.

hindurchgeht. Eine solche Kurve läßt sich aber aus A, B, C nicht zusammensetzen, also ist der Ausdruck identisch Null. — So kommt schließlich die Jacobische Gleichung in bekannter Form:

$$(12)\quad (z-A)^6 - 4A(z-A)^5 + 10B(z-A)^3 - C(z-A) + (5B^2 - AC) = 0,$$

wo nur die Zahlenkoeffizienten durch Vergleich einzelner Glieder haben bestimmt werden müssen.

§ 6.
Berechnung gewisser Ausdrücke.

Weiterhin bedarf ich gewisser Ausdrücke, die ich gleich hier, unter Benutzung des geometrischen Bildes, berechnen will.

Die erste Aufgabe sei: *das Aggregat der 12, 20, 30 geradlinigen Tangenten, welche $A = 0$ in den Punkten $f(\eta_1, \eta_2) = 0$, $H(\eta_1, \eta_2) = 0$, $T(\eta_1, \eta_2) = 0$ berühren, als ganze Funktionen von A, B, C darzustellen.*

1. *Die 12 Tangenten in den Punkten f.* Ein Paar zusammengehöriger Tangenten heißt $A_1 A_2 = 0$, oder, wenn wir die Wurzeln z der Jacobischen Gleichung benutzen, $z_\infty - 5A = 0$. Daher erhält man den gesuchten Ausdruck (bis auf einen unbestimmt bleibenden Zahlenfaktor), wenn man in die linke Seite der Jacobischen Gleichung $z = 5A$ einträgt. Auf diese Weise kommt:

$$(13)\qquad L = B^2 - AC + 128\,A^3 B.$$

2. *Die 20 Tangenten in den Punkten H.* Einen Punkt, der sich auf einer dieser Tangenten bewegt, kann man folgendermaßen darstellen [42]):

$$A_0 = (\varepsilon^2 - \varepsilon^3)(\lambda + (5 + 3\sqrt{5})),$$
$$A_1 = (\varepsilon^2 - \varepsilon^3)(\lambda a - 4\sqrt{5}),$$
$$A_2 = (\varepsilon^2 - \varepsilon^3)(\lambda b - 4\sqrt{5}),$$
$$\left((a+b) = \frac{3+\sqrt{5}}{2}, \quad ab = -1\right).$$

Setzt man $\lambda^3 = 2^5 \cdot 5 \cdot \mu$, so wird hiermit:

$$A = -300,$$
$$B = 2^{10}\, 5^6 (\mu^2 + 10\mu - 2),$$
$$C = 2^{19} \cdot 3 \cdot 5^{10} (5\mu^3 - 2 \cdot 3 \cdot 5\,\mu^2 - 2).$$

Nun eliminiere man μ zwischen $\dfrac{B}{A^3}$ und $\dfrac{C}{A^5}$. So gewinnt man, abgesehen von Zahlenfaktoren, den Ausdruck:

$$(14)\quad M = C^2 + 2^6 \cdot 75 A B^3 + 2^6 \cdot 35 A^2 BC$$
$$+ 2^{11} \cdot 125 A^4 B^2 - 2^{12} \cdot 13 A^5 C - 2^{17} \cdot 5 A^7 B + 2^{20} A^{10}.$$

---

[42]) [Hierbei sind die Werte von H' und T' benutzt, die in der Fußnote [12]) auf S. 326 angegeben sind. K.]

23*

3. *Die 30 Tangenten in den Punkten T.* Man setze

$$A_0 = i\sqrt{1+2i}\cdot\lambda,$$
$$A_1 = \sqrt{1+2i}\cdot\lambda + \sqrt{-5},$$
$$A_2 = \sqrt{1+2i}\cdot\lambda - \sqrt{-5}.$$

Dann wird:

$$\frac{B}{A^3} = -\lambda^6 - 5\lambda^4 + 5\lambda^2 + 1,$$
$$\frac{C}{4A^5} = -3\lambda^{10} + 45\lambda^8 + 10\lambda^6 + 50\lambda^4 + 25\lambda^2 + 1,$$

und hieraus durch Elimination von λ^2:

$$
\begin{aligned}
(15)\quad N = {} & C^3 - 2^6\cdot 3^3 B^5 - 2^5\cdot 3^2\cdot 5\cdot 7\, A B^3 C - 2^5\cdot 3\cdot 5\cdot 11\, A^2 B C^2 \\
& - 2^9\cdot 3^2\cdot 5\cdot 349\, A^3 B^4 + 2^{12}\cdot 3\cdot 5\cdot 11\, A^4 B^2 C - 2^9\cdot 3\cdot 11\cdot 17\, A^5 C^2 \\
& + 2^{15}\cdot 5\cdot 691\, A^6 B^3 - 2^{15}\cdot 3\cdot 5^2\cdot 17\, A^7 B C - 2^{20}\cdot 3\cdot 5\cdot 37\, A^9 B^2 \\
& + 2^{21}\cdot 3\cdot 23\, A^{10} C - 2^{26}\cdot 3\cdot 5\, A^{12} B + 2^{30}\cdot A^{15}\;[43]). \quad —
\end{aligned}
$$

Die zweite Aufgabe erwächst aus folgendem. Jedesmal 60 Punkte des Kegelschnittes A werden durch die ternären Substitutionen (3) zusammengeordnet. Man konstruiere in ihnen die Tangenten und bringe sie zum gegenseitigen Durchschnitte. Es handelt sich darum, *den geometrischen Ort dieser Durchschnittspunkte, bzw. die verschiedenen Teile, aus denen er besteht, durch A, B, C, D darzustellen.*

Wenn ein Kegelschnitt durch lineare Transformation in sich verwandelt wird und man bringt die Tangenten zum Durchschnitt, welche in Punkten berühren, die durch die Kollineation einander zugeordnet sind, so ist der geometrische Ort dieser Durchschnittspunkte bekanntlich ein Kegelschnitt, welcher den gegebenen in denjenigen beiden Punkten berührt, die bei der Kollineation fest bleiben. Derselbe Kegelschnitt wird erhalten, wenn man die betr. lineare Substitution durch ihre inverse ersetzt.

Nun sind uns 60 lineare Substitutionen gegeben, von denen eine, die Identität, als mit der Problemstellung nicht verknüpft, von vornherein auszuschließen ist. Unter den 59 anderen finden sich zunächst 15 von der Periode 2, welche je ein Punktepaar von T ungeändert lassen. Bei ihnen ist die anfängliche Substitution mit der inversen identisch. Infolgedessen artet der Ortskegelschnitt für jede derselben aus in die gerade Linie, welche das festbleibende Paar von Punkten verbindet. *Daher haben wir als ersten Bestandteil der gesuchten Ortskurve die aus 15 geraden Linien bestehende Kurve*

$$D = 0.$$

---

[43]) [Die Formeln (13), (14), (15) wurden mit entsprechenden Formeln von Herrn Coble in den Transactions of American Mathematical Society Bd. 9 (1908) verglichen, nachgeprüft und, wo es nötig war, verbessert.]

Betrachten wir ferner die 20 Substitutionen von der Periode 3. Sie lassen paarweise dasselbe Punktepaar von H ungeändert, und von zwei in dieser Weise zusammengehörigen Substitutionen ist die eine die inverse der anderen. *Daher erhalten wir zehn Ortskegelschnitte, welche $A = 0$ in den Punktepaaren von H berühren.* Ich finde für einen derselben:

$$\frac{5+\sqrt{5}}{2} \cdot A - \left(-\frac{3+\sqrt{5}}{2} \cdot A_0 + A_1 + A_2\right)^2 = 0.$$

Ein beliebiger Punkt desselben wird gewonnen, wenn man setzt:

$$A_0 = \frac{1}{\varepsilon - \varepsilon^4}\left[\frac{3+\sqrt{5}}{2}\,\lambda\mu + \sqrt{2}\,(\lambda^2 + \mu^2)\right],$$

$$A_1 + A_2 = \frac{1}{\varepsilon - \varepsilon^4}\left[-4\,\lambda\mu + \sqrt{2}\cdot\frac{3+\sqrt{5}}{2}\,(\lambda^2 + \mu^2)\right],$$

$$A_1 A_2 = \frac{1}{(\varepsilon - \varepsilon^4)^2}\Big[3(5+\sqrt{5})\lambda^2\mu^2 - (3+\sqrt{5})\sqrt{2}(\lambda^3\mu + \lambda\mu^3)$$
$$-\,2(\lambda^4 + \mu^4)\Big].$$

Trägt man diese Werte in A, B, C ein, so erhält man Formeln von folgender Gestalt:

$$\frac{B}{A^3} = \alpha + \beta\varrho + \gamma\varrho^2,$$

$$\frac{C}{A^5} = \alpha' + \beta'\varrho + \gamma'\varrho^2 + \delta'\varrho^3,$$

wo $\alpha, \beta, \ldots$ reelle ganze Zahlen sind (die ich noch nicht berechnete) und $\varrho = \dfrac{\lambda^6 + \mu^6}{\lambda^3\mu^3}$ gesetzt ist. Die Elimination von ϱ gibt den gesuchten Ausdruck:

$$(16) \qquad\qquad \mathsf{H} = C^2 + A R,$$

der, gleich Null gesetzt, das Aggregat der zehn Kegelschnitte darstellt. (R bedeutet dabei eine von mir noch nicht berechnete ganze Funktion von A, B, C.)

Die 24 Substitutionen von der Periode 5, welche noch übrig sind, liefern noch zwei Bestandteile. Die vier Substitutionen nämlich, welche ein Punktepaar von f ungeändert lassen, gehören paarweise wieder zusammen als direkte und inverse Operation, und durch sie werden also zwei Kegelschnitte bestimmt. Ich finde für eins dieser Paare:

$$A + (5 \pm 2\sqrt{5})\,A_0^2 = 0$$

oder, unter Benutzung der Jacobischen z:

$$z_\infty = (5 \mp 2\sqrt{5})\,A.$$

Substituiert man diese Werte in die Jacobische Gleichung, so kommen die beiden noch fehlenden Ausdrücke:

$$(17) \quad \begin{cases} F_1 = 2^{11}(445 + 199\sqrt{5})A^6 - 5\cdot 2^7(9 + 4\sqrt{5})A^3 B \\ \qquad\qquad\qquad\qquad + (5 + 2\sqrt{5})AC + 5B^2, \\ F_2 = 2^{11}(445 - 199\sqrt{5})A^6 - 5\cdot 2^7(9 - 4\sqrt{5})A^3 B \\ \qquad\qquad\qquad\qquad + (5 - 2\sqrt{5})AC + 5B^2, \end{cases}$$

und die Ortskurve, welche wir suchten, hat also schließlich diese Gleichung:

$$D\cdot\mathsf{H}\cdot F_1\cdot F_2 = 0.$$

§ 7.

Zurückführung des neuen Problems auf das Fundamentalproblem des ersten Abschnitts.

Mit Hilfe dieser Rechnungen kann man nun die Bestimmung der A_0, A_1, A_2 aus A, B, C, D folgendermaßen explizite auf das Fundamentalproblem des vorigen Abschnittes zurückführen[44]). Es seien $\frac{\eta_1}{\eta_2}$ und $\frac{\zeta_1}{\zeta_2}$ die beiden Wurzeln der quadratischen Gleichung:

$$q = A_1 x_1^2 + 2A_0 x_1 x_2 - A_2 x_2^2 = 0,$$

so werden $\frac{\eta_1}{\eta_2}$ und $\frac{\zeta_1}{\zeta_2}$, jedes für sich, durch die 60 Ikosaedersubstitutionen des vorigen Abschnittes transformiert, wenn A_0, A_1, A_2 durch die 60 ternären Substitutionen (3) umgewandelt werden. *Daher hängen* $\frac{\eta_1}{\eta_2}$ *und* $\frac{\zeta_1}{\zeta_2}$ *jedes von einer Ikosaedergleichung ab:*

$$(18) \qquad 1728\frac{H^3(\eta_1, \eta_2)}{f^5(\eta_1, \eta_2)} = X_1, \qquad 1728\frac{H^3(\zeta_1, \zeta_2)}{f^5(\zeta_1, \zeta_2)} = X_2,$$

wo die Parameter X_1, X_2 *rationale Funktionen von* $\sqrt{A}$, B, C, D *vorstellen.*

Diese X_1, X_2 berechne ich nach einer Methode, die ich auch im folgenden Abschnitte bei ähnlichen Aufgaben noch anwende (obgleich ich ihr keinerlei prinzipielle Bedeutung beilege). Ich setze vorab:

$$q = A_1 x_1^2 + 2A_0 x_1 x_2 - A_2 x_2^2 = (\eta_2 x_1 - \eta_1 x_2)(\zeta_2 x_1 - \zeta_1 x_2)$$

und betrachte nun die drei Resultanten:

---

[44]) Vgl. dazu **Brioschi**, Annali di Matematica, Ser. II, t. I (1867/68), S. 230.

$$(19) \quad \begin{cases} 12^{\frac{2}{5}} f(\eta_1, \eta_2) \cdot f(\zeta_1, \zeta_2) = l, \\ 12^{\frac{8}{3}} H(\eta_1, \eta_2) \cdot H(\zeta_1, \zeta_2) = m, \\ T(\eta_1, \eta_2) \cdot T(\zeta_1, \zeta_2) = n, \end{cases}$$

Diese drei Resultanten, gleich Null gesetzt, stellen im Sinne des vorigen Paragraphen die dort berechneten Aggregate der an A in den Punkten f, H, T konstruierbaren Tangenten vor. Denn wenn z. B. die Resultante von f und q verschwindet, so bedeutet das, für jene Interpretation, daß eine der beiden Tangenten, welche man von A_0, A_1, A_2 an A legen kann, in einem Punkte f berührt. — *Die Resultanten l, m, n, sind daher, bis auf Zahlenfaktoren, gleich den drei soeben berechneten Ausdrücken L, M, N.* Die Zahlenfaktoren aber ergeben sich einfach, wenn man $\dfrac{\eta_1}{\eta_2} = \dfrac{\zeta_1}{\zeta_2}$ setzt, wo denn $A = 0$, $B = -f$, $C = -144\,H$ wird. Auf diese Weise kommt:

$$(20) \quad \begin{cases} l = 12^{\frac{2}{5}} L, \\ m = 12^{-\frac{4}{3}} M, \\ n = \dfrac{N}{18}. \end{cases}$$

Aber es sind X_1, X_2 die Wurzeln der quadratischen Gleichung:

$$f^5(\eta) \cdot f^5(\zeta) \cdot X^2 - 1728 \left[f^5(\eta) \cdot H^3(\zeta) + f^5(\zeta) \cdot H^3(\eta) \right] \cdot X \\ + 1728^2\, H^3(\eta)\, H^3(\zeta) = 0.$$

Hier ist der erste Koeffizient $= \dfrac{l^5}{144}$, der dritte $= \dfrac{m^3}{144}$, und der mittlere berechnet sich wegen

$$T^2 = 12\, f^5 - 12^4\, H^3$$

gleich:

$$\frac{l^5 + m^3 - n^2}{144}.$$

Daher erhält man als Werte der Parameter:

$$(21) \quad \begin{Bmatrix} X_1 \\ X_2 \end{Bmatrix} = \frac{l^5 + m^3 - n^2 \pm \sqrt{(l^5 + m^3 - n^2)^2 - 4\, l^5\, m^3}}{2\, l^5},$$

wo die l, m, n durch Formel (20) definiert sind.

Untersuchen wir noch den Wert der Diskriminante. .Es werden X_1 und X_2 zunächst einander gleich, wenn $\dfrac{\eta_1}{\eta_2}$ mit $\dfrac{\zeta_1}{\zeta_2}$ identisch ist. *Dies gibt für die Diskriminante den Faktor A.* X_1 und X_2 werden aber auch einander gleich, wenn $\dfrac{\eta_1}{\eta_2}$ aus $\dfrac{\zeta_1}{\zeta_2}$, oder, was dasselbe ist, $\dfrac{\zeta_1}{\zeta_2}$ aus $\dfrac{\eta_1}{\eta_2}$ durch eine der 59 nicht identischen Ikosaedersubstitutionen hervorgeht. *Die Dis-*

kriminante enthält daher noch die im vorigen Paragraphen berechneten Ausdrücke D, H, F_1, F_2, jeden quadratisch. Hiermit ist sie, da sie vom hundertzwanzigsten Grade ist:

$$120 = 2 + 2(15 + 20 + 12 + 12),$$

erschöpft, man hat also, unter c einen Zahlenfaktor verstanden:

$$(22) \qquad \pm \sqrt{(l^5 + m^3 - n^2)^2 - 4\,l^5 m^3} = \pm c\,D\cdot\mathsf{H}\cdot F_1\cdot F_2\,\sqrt{A}.$$

durch Vergleichung eines Gliedes beiderseits findet man:

$$(23) \qquad\qquad c = \tfrac{2}{5}.$$

§ 8.

Bestimmung der A_0, A_1, A_2.

Um jetzt A_0, A_1, A_2 zu bestimmen, berechne man zunächst η_1 und η_2, sowie ζ_1 und ζ_2 [ihren Verhältnissen nach] gemäß Anleitung des vorigen Abschnittes aus den hier aufgestellten Ikosaedergleichungen und bemesse ihre absoluten Werte derart, daß die Resultanten $f(\eta_1, \eta_2)\cdot f(\zeta_1, \zeta_2)$ usw. mit L, M, N übereinstimmen. Die Frage, welche Werte η und ζ zusammengehören, beantwortet sich im allgemeinen aus der Formel:

$$(24) \qquad\qquad \eta_1 \zeta_2 - \eta_2 \zeta_1 = \sqrt{A}.$$

Die zusammengehörigen Vorzeichen, welche man η_1, η_2 und ζ_1, ζ_2 zu erteilen hat, folgen aus dem Werte von D. Schließlich ist:

$$(25) \qquad A_1 = \eta_2 \zeta_2, \qquad A_2 = -\eta_1 \zeta_1, \qquad A_0 = -\frac{\eta_1 \zeta_2 + \eta_2 \zeta_1}{2}.$$

Man kann verlangen, das ζ_1, ζ_2, welches zu einem η_1, η_2 gehört, rational durch dieses und bekannte Größen auszudrücken. Nach einer Mitteilung, die ich Gordan verdanke, erreicht man dies z. B. folgendermaßen. Man stelle

$$f(\eta_1, \eta_2)\cdot f(\zeta_1, \zeta_2) = L, \qquad H(\eta_1, \eta_2)\cdot H(\zeta_1, \zeta_2) = 12^{-4}\,M,$$

$$T(\eta_1, \eta_2)\cdot T(\zeta_1, \zeta_2) = \frac{N}{18},$$

wie soeben geschehen, als Funktionen von A, B, C dar und polarisiere $\frac{\eta_1}{\eta_2}$ nach $\frac{\zeta_1}{\zeta_2}$. So wird A_ζ $\left(\text{d. h. } \frac{\partial A}{\partial \eta_1}\cdot\zeta_1 + \frac{\partial A}{\partial \eta_2}\cdot\zeta_2\right)$ gleich Null und also:

$$f(\eta)_\zeta \cdot f(\zeta) = \frac{\partial L}{\partial B}\cdot B_\zeta + \frac{\partial L}{\partial C}\cdot C_\zeta,$$

$$12^4\cdot H(\eta)_\zeta \cdot H(\zeta) = \frac{\partial M}{\partial B}\cdot B_\zeta + \frac{\partial M}{\partial C}\cdot C_\zeta,$$

$$18\cdot T(\eta)_\zeta \cdot T(\zeta) = \frac{\partial N}{\partial B}\cdot B_\zeta + \frac{\partial N}{\partial C}\cdot C_\zeta.$$

Daher:

$$(26) \qquad 0 = \begin{vmatrix} L\,\dfrac{f(\eta)_\zeta}{f(\eta)} & 12^4\cdot M\,\dfrac{H(\eta)_\zeta}{H(\eta)} & 18\cdot N\,\dfrac{T(\eta)_\zeta}{T(\eta)} \\[2ex] \dfrac{\partial L}{\partial B} & \dfrac{\partial M}{\partial B} & \dfrac{\partial N}{\partial B} \\[2ex] \dfrac{\partial L}{\partial C} & \dfrac{\partial M}{\partial C} & \dfrac{\partial N}{\partial C} \end{vmatrix}.$$

Diese Formel ist in ζ_1, ζ_2 linear, liefert also $\dfrac{\zeta_1}{\zeta_2}$ als rationale Funktion von $\dfrac{\eta_1}{\eta_2}$ [45]).

§ 9.

Über die Notwendigkeit der bei der Auflösung benutzten Quadratwurzel [46]).

Die Quadratwurzel, welche die beiden Parameter X_1, X_2 scheidet, spielt eine bemerkenswerte Rolle. Sie dient nicht dazu, die Galoissche Gruppe des Problems zu reduzieren. Denn die Galoissche Gruppe umfaßt vorher wie nachher (bei der Ikosaedergleichung) 60 Substitutionen. Trotzdem ist sie (oder eine äquivalente Irrationalität) bei der Zurückführung des Problems auf eine Ikosaedergleichung im allgemeinen notwendig. [Sie ist das, was ich später eine akzessorische Irrationalität nannte.] Es sei nämlich

$$\frac{\varphi(A_0,\,A_1,\,A_2)}{\psi(A_0,\,A_1,\,A_2)},$$

wo φ, ψ ganze rationale Funktionen ohne gemeinsamen Teiler, von einer Ikosaedergleichung abhängig. Dann soll sich $\dfrac{\varphi}{\psi}$, sobald auf A_0, A_1, A_2 die 60 ternären Substitutionen (3) angewandt werden, durch die 60 Ikosaedersubstitutionen transformieren. Das ist bei durchaus willkürlichen A_0, A_1, A_2 nur möglich, wenn sich φ und ψ durch die *binären* Substitutionen (4) des vorigen Abschnittes umformen. Aber die Zahl dieser Substitutionen ist (mindestens) 120, und das ist mit der Zahl 60 der ternären Substitutionen unverträglich.

Dagegen gibt es selbstverständlich spezielle Wertsysteme von A_0, A_1, A_2, bei denen die Quadratwurzel vermieden werden kann. Ein Beispiel ist dieses. Es gibt *rationale* Kurven, welche durch die 60 ternären Substitutionen in sich übergeführt werden. So ist der Kegelschnitt $A = 0$ (bei dem unsere Behauptung selbstverständlich ist), so ist die Kurve zehnter Ordnung $C = 0$. Stellt man jetzt die Koordinaten A_0, A_1, A_2 eines

---

[45]) [Im Ikosaederbuch, S. 235—236 wird die im Text behandelte Aufgabe noch einfacher gelöst. K.]

[46]) Vgl. den letzten Paragraphen des dritten Abschnittes.

Punktes einer solchen Kurve in gewöhnlicher Weise rational durch einen Parameter λ dar, so wird λ, sobald man eine der 60 ternären Substitutionen macht, seinerseits eine (gebrochene) lineare Substitution erfahren, weil das ganze Gebiet der Kurve eindeutig in sich transformiert wird. Daher hängt nach § 4 des ersten Abschnittes eine geeignete lineare Funktion von λ, d. h. eine rationale Funktion von A_0, A_1, A_2 von einer Ikosaedergleichung ab. — Eine ähnliche Überlegung war es, wie ich beiläufig bemerke, welche mich zuerst zu der Methode des § 7 geführt hat [47]). Um das allgemeine Problem auf eine Ikosaedergleichung zurückzuführen, suchte ich dem Punkte A_0, A_1, A_2 in einer durch lineare Substitution unzerstörbaren Weise einen Punkt des Kegelschnittes A zuzuordnen, dessen Bestimmung dann von einer Ikosaedergleichung abhängen mußte. Die Zuordnung, wie sie in § 7 verwandt wird, besteht, geometrisch zu reden, einfach darin, daß man von A_0, A_1, A_2 eine Tangente an A legt und nun den Berührungspunkt als zugeordnet ansieht.

Ein anderes Beispiel von mehr partikulärem Charakter gibt der Fall $B = 0$. Die sogleich aufzustellende (Brioschische) Resolvente fünften Grades nimmt dann die Bring-Jerrardsche Form an, und diese subsumiert sich unter diejenigen Gleichungen fünften Grades, welche ich im dritten Abschnitte durch eine Ikosaedergleichung löse. Dem geht folgende Konstruktion in der Ebene A_0, A_1, A_2 parallel, wie ich hier ohne Beweis angebe. Man kann um $A = 0$ unendlich viele Dreiecke beschreiben, deren Ecken auf B liegen, Jeder Punkt auf B ist Ecke eines solchen Dreiecks, während jede Tangente von A dreimal als Dreiecksseite benutzt wird. Ordnet man nun dem Punkte auf B den Berührungspunkt der gegenüberstehenden Seite mit A zu, so ist B auf A eindeutig (allerdings nicht umkehrbar eindeutig) bezogen. Der Punkt auf A ist durch eine Ikosaedergleichung bestimmt, und von ihm geht man rational zu dem Punkte auf B zurück, indem man die Koeffizienten der vorgelegten Jacobischen Gleichung benutzt.

§ 10.

Brioschis Resolvente vom fünften Grade und die Diagonalfläche dritter Ordnung.

Ich betrachte zum Schlusse noch die Resolvente fünften Grades, welche Brioschi, wie in § 13 des ersten Abschnittes berichtet, bei den allgemeinen Jacobischen Gleichungen aufgestellt hat. Dieselbe erwächst geometrisch aus dem Umstande, daß man die 15 Verbindungsgeraden der sechs Fundamentalpunkte der Ebene A_0, A_1, A_2 derart auf fünf Dreiecke

---

[47]) [Vgl. die Erlanger Sitzungsberichte vom 13. Nov. 1876.]

verteilen kann, daß die Seiten jedes Dreiecks alle Fundamentalpunkte enthalten[48]). In der Tat stellt der Ausdruck (Gleichung (20) des Abschn. I):

$$(27) \qquad y_\nu = \varepsilon^\nu P_1 + \varepsilon^{2\nu} P_2 + \varepsilon^{3\nu} P_3 + \varepsilon^{4\nu} P_4,$$

gleich Null gesetzt, für die verschiedenen Werte von ν die fünf Dreiecke dar, wie leicht zu kontrollieren. P_1, P_2, P_3, P_4 repräsentieren, gleich Null gesetzt, Kurven dritter Ordnung, welche ebenfalls durch sämtliche Fundamentalpunkte hindurchgehen. Die Gleichung fünften Grades selbst (Gleichung (22) des Abschn. I):

$$y^5 + 10 B y^3 + 5(9 B^2 - A C) y - 12 D = 0$$

berechnet man wieder mit Leichtigkeit aus dem Verhalten der Kurven y_ν in den Fundamentalpunkten (vgl. § 5, Abschn. II). Zumal sieht man a priori ein, daß

$$(28) \qquad \Sigma y = 0, \quad \Sigma y^3 = 0$$

sein muß, weil es keine ganze Funktion von A, B, C, D gibt, welche den dritten oder neunten Grad besitzt.

Nun kann man diesen Formeln eine geometrische Deutung geben, durch welche der Zusammenhang dieser Betrachtungen hergestellt wird mit denjenigen, die Clebsch in den Math. Annalen, Bd. 4 (1871), S. 336 ff. entwickelt hat. Die in A_0, A_1, A_2 rationalen Ausdrücke y_ν befriedigen in allgemeinster Weise die Bedingungen $\Sigma y = 0$, $\Sigma y^3 = 0$. *Betrachtet man also (wie im folgenden Abschnitte durchgängig geschieht) die y als Pentaederkoordinaten im Raume, so vermitteln sie die eindeutige Abbildung der durch dieses Gleichungspaar dargestellten Diagonalfläche auf die Ebene A_0, A_1, A_2.* Es ist nützlich, sich zu orientieren, was die hauptsächlichen in der Ebene verlaufenden Kurven für die Fläche bedeuten. Die sechs Fundamentalpunkte der Ebene sind in der Tat die Fundamentalpunkte der Abbildung; sie stellen sechs auf der Fläche verlaufende gerade Linien dar. Die sechs weiteren geraden Linien, welche mit ihnen die ausgezeichnete Doppelsechs bilden (Clebsch, Math. Annalen, Bd. 4, S. 336), sind durch die Kegelschnitte $z - A = 0$ des § 5 gegeben. Die Kurve $D = 0$ repräsentiert die 15 übrigen geraden Linien der Diagonalfläche. $B = 0$ gibt den Schnitt der Diagonalfläche mit der Fläche zweiter Ordnung $\Sigma y^2 = 0$, und endlich $A = 0$ und $C = 0$ bilden gemeinsam den in zwei rationale Bestandteile zerfallenden Schnitt der Diagonalfläche mit der Fläche vierter Ordnung $20 \Sigma y^4 = (\Sigma y^2)^2$ (vgl. Abschn. I, § 15).

Wenn man jetzt die y beliebig untereinander vertauscht, so erfährt die Diagonalfläche (räumliche) Kollineationen, welche sie in sich überführen. Denselben entsprechen eindeutige Transformationen der Bildebene in sich.

---

[48]) Diese fünf Dreiecke sind zugleich Polardreiecke für den Kegelschnitt $A = 0$.

Den *geraden* Vertauschungen der y insbesondere entsprechen die 60 ternären Substitutionen des § 3 dieses Abschnittes. Die ungeraden Vertauschungen aber ergeben Umformungen, welche über den Kreis der bisher betrachteten Gegenstände hinausführen. *Es sind 60 Cremonatransformationen, welche die geraden Linien der Ebene in Kurven fünfter Ordnung überführen, die in den Fundamentalpunkten Doppelpunkte haben*[49]). *Sie bilden mit den 60 Kollineationen zusammen eine Gruppe von 120 Transformationen.* Bei ihnen bleiben die Kurven $B = 0$, $D = 0$ ungeändert, die Kurven $A = 0$ und $C = 0$ vertauschen sich, desgleichen die Fundamentalpunkte mit den Kegelschnitten, welche durch fünf Fundamentalpunkte hindurchgehen. Wendet man auf die ursprünglichen A_0, A_1, A_2 die ternären linearen Substitutionen an, so erfahren auch die transformierten A_0, A_1, A_2 derartige Substitutionen. *Aber ε ist dabei durch ε^2 ersetzt.* Wir finden also eine Umformung der allgemeinen Jacobischen Gleichung in eine zweite, analog der zweiten Klasse von Umformungen, die wir beim Ikosaeder in § 18 des vorigen Abschnittes studierten. Eben diese Umformungen (und die anderen hier nicht berührten, welche ε ungeändert lassen) hat Brioschi in den Annali di Matematica, ser. II, t. 1 untersucht; ich gehe deshalb nicht näher auf sie ein; aber ich wollte wenigstens aussprechen, wie naturgemäß man zu ihnen gelangt, wenn man von den Kollineationen ausgeht, welche die Diagonalfläche in sich überführen.

Abschnitt III.

Eine neue Lösung der Gleichungen fünften Grades.

In diesem dritten Abschnitte zeige ich, daß man die Gleichungen fünften Grades, bei denen die Summe der Wurzeln und die Summe der Wurzelquadrate verschwindet, explizite mit Hilfe einer Ikosaedergleichung lösen kann. Es ist das gewissermaßen die Umkehrung der Betrachtungen in § 16, 17 des ersten Abschnittes. Die Lösung der allgemeinen Gleichung fünften Grades ist dadurch darauf zurückgeführt, die Gleichung vorab durch

---

[49]) Z. B. unter ϱ einen Proportionalitätsfaktor verstanden:

$$\varrho A_0' = -8 A_0^3 A_1 A_2 + 6 A_0 A_1^2 A_2^2 - (A_1^5 + A_2^5),$$
$$\varrho A_1' = 2 (8 A_0^3 A_2^2 - 4 A_0^2 A_1^3 - 2 A_0 A_1 A_2^3 + A_1^4 A_2),$$
$$\varrho A_2' = 2 (8 A_0^3 A_1^2 - 4 A_0^2 A_2^3 - 2 A_0 A_1^3 A_2 + A_1 A_2^4).$$

[Vgl. zu dem ganzen § 10 wieder den Zusatz II zu der Arbeit „Über Flächen dritter Ordnung" (Abh. XXXV, S. 56 ff.). Ich empfehle besonders, die gestaltlichen Umänderungen zu verfolgen, welche die dem Ikosaeder umgeschriebene Kugelfläche bei den im Text besprochenen *Cremona*transformationen fünfter Ordnung erleidet. Hinsichtlich dieser *Cremona*transformationen vgl. Näheres bei Wiman in den Math. Annalen, Bd. 48 (1896/97). K.]

eine Tschirnhausen-Transformation auf die genannte einfache Form zu bringen. Ich würde gern eine ausgeführte Vergleichung dieser Lösungsmethode mit der Hermiteschen und der Kroneckerschen hinzugefügt haben, die alle untereinander enge verwandt sind. Aber es verlangt das durchaus ein Eingehen auf die Eigentümlichkeit der elliptischen Funktionen und deshalb verschiebe ich noch diese Auseinandersetzung[50]).

§ 1.

Geometrischer Ansatz.

Es mögen die fünf Wurzeln y_0, y_1, y_2, y_3, y_4 einer Gleichung fünften Grades an die Bedingung geknüpft sein: $\sum y = 0$ und übrigens nur die Verhältnisse der Wurzeln beachtet werden. Dann fasse ich die y auf als *Pentaederkoordinaten* eines Raumpunktes, der 120 im allgemeinen verschiedene Lagen annimmt, wenn man die y auf beliebige Weise permutiert. *Diesen Permutationen gebe ich dann, und das ist für meine Anschauung das Wesentliche, die Bedeutung von Kollineationen des Raumes.* (Vgl. meine Arbeit in den Math. Annalen, Bd. 4 [= Abh. L, S. 262 ff.].)

Ist nun insbesondere noch $\sum y^2 = 0$ [in welchem Falle ich die Gleichung fünften Grades später als Hauptgleichung bezeichnete], so liegen die 120 Punkte alle auf der durch diese Gleichung dargestellten Fläche zweiten Grades, die ich als Fläche Ψ [= Hauptfläche] bezeichne. Aber eine Fläche zweiten Grades trägt zwei Scharen geradlinig Erzeugender, und auch diese werden bei den 120 Kollineationen transformiert. Man zeigt leicht: *Bei den 60 Kollineationen, welche durch gerade Vertauschungen der y vorgestellt sind, wird jede Schar der Erzeugenden in sich transformiert; bei den übrigen Kollineationen werden die Scharen untereinander vertauscht.* Nun mache man denselben Schluß, der schon in § 9 des vorigen Abschnittes angewandt wurde. Die Erzeugenden einer Art der Fläche zweiten Grades bilden eine *rationale* Mannigfaltigkeit erster Dimension; sie lassen sich rational durch einen Parameter λ darstellen, so daß zu jeder Erzeugenden nur ein Wert von λ gehört. Eine räumliche Kollineation daher,

---

[50]) Vgl. indes die bereits genannte Note in den Rendiconti del' Istituto Lombardo vom April 1877. [Ausführlicher ist dies in der wiederholt genannten Arbeit „Über die Transformation der elliptischen Funktionen und die Auflösung des Gleichungen fünften Grades" (1878) geschehen. — Ich will auch gleich bemerken, daß die ganzen umständlichen Rechnungen mit symmetrischen Funktionen, die in § 3, 5, 9, 10 des Textes folgen, von Gordan invariantentheoretisch abgekürzt sind und schließlich durch den einfachen Gedanken überflüssig gemacht sind, den L. Kiepert in den Göttinger Nachrichten vom 17. Juli 1878 oder auch in Crelles Journal, Bd. 87 (1879) ausgesprochen hat: die ausgerechnete Hauptresolvente der Ikosaedergleichung direkt mit der zur Auflösung vorgelegten Hauptgleichung fünften Grades zu vergleichen. So ist es auch im Ikosaederbuch ausgeführt. K.]

welche die Erzeugendenschar in sich transformiert, ist mit einer *linearen* Transformation von λ äquivalent. *Also sind, nach § 4 des ersten Abschnittes, die 60 Werte von λ, welche 60 zusammengehörigen Erzeugenden entsprechen, von einer Ikosaedergleichung abhängig* (vgl. Math. Annalen, Bd. 9 [= Abh. LI, S. 300 f.]).

Um jetzt die Gleichung fünften Grades zu lösen, bei der $\sum y = 0$, $\sum y^2 = 0$, bestimme man vor allem die 60 Erzeugenden der einen (ersten) Art, welche durch die 60 Punkte hindurchlaufen, die aus dem Punkte $y_0 y_1 y_2 y_3 y_4$ durch die geraden Vertauschungen der y entstehen. Die Parameter dieser Erzeugenden sind gebrochene lineare homogene Funktionen der y; es wird in *erster* Linie darauf ankommen, die Parameter so zu wählen, daß die aufzustellende Ikosaedergleichung in kanonischer Form erscheint. Dann handelt es sich *zweitens* darum, die Ikosaedergleichung wirklich zu bilden. Und *drittens* sind die Wurzeln y als rationale Funktionen der Wurzeln dieser Ikosaedergleichung, oder, was auf dasselbe hinauskommt, als rationale Funktionen *einer* Wurzel der Ikosaedergleichung darzustellen. Mit diesen drei Problemen werde ich mich der Reihe nach beschäftigen.

§ 2.

Nähere Betrachtung der Fläche Ψ.

Durch die 60 geraden Vertauschungen der y — welche fortan allein in Betracht kommen sollen —, werden die Erzeugenden erster Art auf Ψ und ebenso die Erzeugenden zweiter Art in Gruppen von je 60 zusammengefaßt. Unter diesen Gruppen muß es jedesmal eine geben — sie soll f_1 bez. f_2 heißen —, die nur aus 12 verschiedenen Linien besteht, eine zweite — H_1 oder H_2 —, die nur 20, und eine dritte — T_1 oder T_2 —, die nur 30 verschiedene Linien umfaßt. Ich werde hier zuvörderst diese ausgezeichneten Gruppen analytisch bestimmen.

Zu diesem Zwecke bemerke man, daß man auf Ψ von vornherein gewisse Gruppen zusammengehöriger Punkte kennt, die weniger als 60 verschiedene Punkte umfassen. Es sind dies:

I. *Zwei Gruppen von je 12 Punkten.* Die Koordinaten dieser Punkte sind die fünften Einheitswurzeln. Man erhält die ersten zwölf, wenn man

$$1, \ \varepsilon^4, \ \varepsilon^3, \ \varepsilon^2, \ \varepsilon$$

auf gerade Weise vertauscht, und die zweiten zwölf entsprechend aus

$$1, \ \varepsilon^3, \ \varepsilon, \ \varepsilon^4, \ \varepsilon^2.$$

II. *Eine Gruppe von 20 Punkten.* Unter α eine dritte Einheitswurzel verstanden, sind die Koordinaten dieser Punkte in wechselnder Anordnung:

$$1, \ \alpha, \ \alpha^2, \ 0, \ 0.$$

III. *Eine Gruppe von 30 Punkten.* Die Koordinaten dieser Punkte sind, abgesehen von der Reihenfolge:

$$1,\ \beta,\ \beta^2,\ \beta^3,\ 0,$$

wo β eine primitive vierte Einheitswurzel [also $\pm i$] bedeutet.

In demselben Sinne, wie die Punkte, gruppieren sich die zugehörigen Tangentialebenen und die Erzeugenden erster Art oder zweiter Art, welche dieselben ausschneiden. Die Tangentialebene eines Punktes y' lautet:

$$\sum y_i'\, y_i = 0.$$

Es entsprechen also den Punkten I, II, III folgende Tangentialebenen (in den hingeschriebenen Gleichungen hat man die y immer vermöge der 60 geraden Vertauschungen umzusetzen):

$$(1)\quad \begin{cases}
\text{I.} & \begin{cases} y_0 + \varepsilon^4 y_1 + \varepsilon^3 y_2 + \varepsilon^2 y_3 + \varepsilon\, y_4 = 0, \\ y_0 + \varepsilon^3 y_1 + \varepsilon\, y_2 + \varepsilon^4 y_3 + \varepsilon^2 y_4 = 0, \end{cases} \\
\text{II.} & y_0 + \alpha\, y_1 + \alpha^2 y_2 = 0, \\
\text{III.} & y_0 + \beta\, y_1 + \beta^2 y_2 + \beta^3 y_3 = 0.
\end{cases}$$

Dabei bemerke man, *daß die Erzeugenden, welche die $2\cdot 12$ Ebenen I ausschneiden, paarweise identisch sind.* Denn man kann die $2\cdot 12$ Ebenen in der Weise auf sechs Tetraeder verteilen, daß immer vier Kanten des Tetraeders der Fläche Ψ angehören. Ein solches Tetraeder bilden z. B. die vier Ebenen:

$$(2)\quad \begin{cases}
p_1 = y_0 + \varepsilon^4 y_1 + \varepsilon^3 y_2 + \varepsilon^2 y_3 + \varepsilon\, y_4, \\
p_2 = y_0 + \varepsilon^3 y_1 + \varepsilon\, y_2 + \varepsilon^4 y_3 + \varepsilon^2 y_4, \\
p_3 = y_0 + \varepsilon^2 y_1 + \varepsilon^4 y_2 + \varepsilon\, y_3 + \varepsilon^3 y_4, \\
p_4 = y_0 + \varepsilon\, y_1 + \varepsilon^2 y_2 + \varepsilon^3 y_3 + \varepsilon^4 y_4,
\end{cases}$$

die in der Weise zusammengehören, daß alle aus einer hervorgehen, indem man statt ε schreibt ε^2, ε^3, ε^4 [51]). Man hat nämlich vermöge $\sum y = 0$:

$$\Psi = \sum y^2 = p_1 p_4 + p_2 p_3,$$

und die beiden Erzeugenden von $\Psi = 0$ also, die etwa durch $p_1 = 0$ ausgeschnitten werden, sind auch bez. enthalten in $p_2 = 0$, $p_3 = 0$.

Man erhält daher nur 24 Erzeugende I, dagegen 40 Erzeugende II, 60 Erzeugende III, die sich auf 12, 20, 30 Erzeugende der einen Art

---

[51]) Diese vier Ausdrücke, durch die sich die y_ν in der Form darstellen:

$$5\, y_\nu = \varepsilon^\nu p_1 + \varepsilon^{2\nu} p_2 + \varepsilon^{3\nu} p_3 + \varepsilon^{4\nu} p_4,$$

spielen von je her in der Theorie der Gleichungen fünften Grades eine wichtige Rolle. Ich möchte hier nur daran erinnern, daß es eben diese Ausdrücke sind, welche oben (Abschn. I, § 13, Abschn. II, § 10) bei der Brioschischen Resolvente fünften Grades mit P_1, P_2, P_3, P_4 bezeichnet sind.

und ebenso viele der anderen Art verteilen. Nun gibt es unter den Linien erster oder zweiter Art keine anderen Gruppen von 12, 20, 30 zusammengehörigen, als f_1, H_1, T_1 bez. f_2, H_2, T_2. *Daher werden also auf $\Psi = 0$ die 24 Geraden $f_1 f_2$, die 40 Geraden $H_1 H_2$, die 60 Geraden $T_1 T_2$ ausgeschnitten durch folgende Aggregate von Tangentenebenen:*

     1. *die Geraden $f_1 f_2$ durch die 12 Ebenen:*

$$(3) \qquad \prod_{12} (y_0 + \varepsilon^4 y_1 + \varepsilon^3 y_2 + \varepsilon^2 y_3 + \varepsilon y_4) = 0,$$

oder auch durch die 12 Ebenen:

$$(3\,\mathrm{a}) \qquad \prod_{12} (y_0 + \varepsilon^3 y_1 + \varepsilon y_2 + \varepsilon^4 y_3 + \varepsilon^2 y_4) = 0;$$

     2. *die Geraden $H_1 H_2$ durch die 20 Ebenen:*

$$(4) \qquad \prod_{20} (y_0 + \alpha y_1 + \alpha^2 y_2) = 0;$$

     3. *die Geraden $T_1 T_2$ durch die 30 Ebenen:*

$$(5) \qquad \prod_{20} (y_0 + \beta y_1 + \beta^2 y_2 + \beta^3 y_3) = 0.$$

<h2 style="text-align:center">§ 3.</h2>

<h3 style="text-align:center">Berechnung gewisser symmetrischer Funktionen.</h3>

Sei jetzt die Gleichung fünften Grades mit $\sum y = 0$, $\sum y^2 = 0$, wie ich immer schreiben will, in der Gestalt gegeben:

$$(6) \qquad y^5 + 5\alpha y^2 + 5\beta y + \gamma = 0.$$

Ich stelle zunächst die Aufgabe, die unter (3), (3a), (4), (5) linker Hand vorkommenden symmetrischen Funktionen der Wurzeln als Funktionen von α, β, γ zu berechnen.

     1. Ein Punkt, der auf einer Erzeugenden von f_1 oder f_2 gelegen ist, ist dargestellt durch:

$$y_i = \varrho\,(\varepsilon^i + \lambda\,\varepsilon^{2i}),$$

wo ϱ, λ zwei Parameter. Die Gleichung (6), von der diese y_i abhängen, erhält als Koeffizienten:

$$\alpha = -\varrho^3 \lambda^2, \qquad \beta = -\varrho^4 \lambda, \qquad \gamma = -\varrho^5 (1 + \lambda^5),$$

und also ist für sie:

$$\alpha^4 + \alpha\beta\gamma - \beta^3 = 0.$$

Daher ist die symmetrische Funktion (3), oder, was auf dasselbe hinauskommt, (3a), bis auf einen nicht weiter in Betracht kommenden Zahlenfaktor gleich dem Ausdrucke

$$(7) \qquad L = \alpha^4 + \alpha\beta\gamma - \beta^3.$$

2. Analogerweise findet man, daß die zweite symmetrische Funktion verschwindet, wenn man setzt:

$$
\begin{aligned}
y_0 &= \varrho(\ \ 2 + \lambda) \\
y_1 &= \varrho(\ \ 2 + \lambda\alpha) \\
y_2 &= \varrho(\ \ 2 + \lambda\alpha^2) \\
y_3 &= \varrho(-3 + \sqrt{-15}) \\
y_4 &= \varrho(-3 - \sqrt{-15}).
\end{aligned}
\qquad
\left(\alpha = \cos\frac{2\pi}{3} + i\sin\frac{2\pi}{3}\right)\ {}^{52}).
$$

Die betreffende Gleichung fünften Grades lautet:

$$
y^5 - \varrho^3(80 + \lambda^3)y^2 + 6\varrho^4(40 - \lambda^3)y - 24\varrho^5(8 + \lambda^3) = 0
$$

und *man erhält durch Elimination von* ϱ, λ *den gesuchten Ausdruck:*

$$
(8)\quad M = -192\alpha^5\gamma + 640\alpha^4\beta^2 + 40\alpha^2\beta\gamma^2 - 120\alpha\beta^3\gamma - 144\beta^5 + \gamma^4.
$$

3. Endlich, um die dritte symmetrische Funktion zu berechnen, multipliziert man am einfachsten zunächst die sechs Faktoren, welche y_0 in ausgezeichneter Weise enthalten. So kommt, mit Unterdrückung des Index:

$$
-5\alpha y^3 + 15\beta y^2 - 25\gamma y - 8\alpha^2.
$$

Sodann eliminiere man zwischen diesem Ausdrucke und der linken Seite der Gleichung fünften Grades:

$$
y^5 + 5\alpha y^2 + 5\beta y + \gamma
$$

das y. *So ergibt sich:*

$$
\begin{aligned}
(9)\quad N =\ &1728\alpha^{10} - 7200\alpha^7\beta\gamma + 2080\alpha^6\beta^3 - 576\alpha^5\gamma^3 + 2760\alpha^4\beta^2\gamma^2 \\
&- 9360\alpha^3\beta^4\gamma + 16200\alpha^2\beta^6 - 60\alpha^2\beta\gamma^4 + 180\alpha\beta^3\gamma^3 \\
&- 648\beta^5\gamma^2 - \gamma^6.
\end{aligned}
$$

§ 4.

Die kanonischen Parameter der Erzeugenden.

Ich will den Parameter, durch den die Erzeugenden erster Art dargestellt werden, mit $\eta = \dfrac{\eta_1}{\eta_2}$, den Parameter für die Erzeugenden zweiter Art mit $\zeta = \dfrac{\zeta_1}{\zeta_2}$ bezeichnen. Dieselben sind, damit die Ikosaedergleichung in kanonischer Form erscheint, in der Weise auszusuchen, daß den zwölf Linien der Gruppe f_1 und ebenso den zwölf Linien der Gruppe f_2 die-

---

52) [Um Verwechselungen vorzubeugen, sei ausdrücklich hervorgehoben, daß das α dieser fünf Formeln verschieden ist von dem α in den übrigen Formeln dieses Paragraphen. Jenes ist dritte Einheitswurzel, dieses Koeffizient der Gleichung (6).]

jenigen zwölf Parameterwerte zukommen, welche Wurzeln der kanonischen Gleichung $f = 0$ sind, d. h.:

$$0, \quad \infty, \quad (\varepsilon + \varepsilon^4)\,\varepsilon^\nu, \quad (\varepsilon^2 + \varepsilon^3)\,\varepsilon^\nu.$$

Man erreicht dies, indem man setzt:

$$(10) \qquad \begin{cases} \eta = -\dfrac{p_1}{p_2} = +\dfrac{p_3}{p_4}. \\[2ex] \zeta = +\dfrac{p_1}{p_3} = -\dfrac{p_2}{p_4}, \end{cases}$$

wo p_1, p_2, p_3, p_4 die schon wiederholt genannten Ausdrücke bezeichnen.

In der Tat:

$$p_1 = -\lambda\,p_2, \quad p_1 = \mu\,p_3$$

stellen die Gleichungen zweier Ebenenbüschel dar, deren Achsen der Fläche Ψ angehören, es ist also $-\dfrac{p_1}{p_2}$ ein Parameter für die Linien der einen Art, welche die erste heißen soll, $+\dfrac{p_1}{p_3}$ ein Parameter für die Linen der anderen Art. Trägt man sodann in $-\dfrac{p_1}{p_2}$ oder $+\dfrac{p_1}{p_3}$ die Koordinaten der Punkte I (§ 2) ein, so entstehen genau die eben angegebenen Wurzelwerte von f. Durch diese Punkte verlaufen aber die zwölf Linien f_1 und die zwölf Linien f_2, deren Parameter diese Werte annehmen sollten.

Es ist auch nicht schwer, durch Rechnung zu verifizieren, daß sich die Größen η, ζ durch die 60 Ikosaedersubstitutionen (Abschn. I, Gleichung (3)) transformieren, sobald man die y in gerader Weise vertauscht. Man braucht bei der Rechnung nur immer die Relationen $\Sigma y = 0$, $\Sigma y^2 = 0$ anzuwenden. Dabei zeigt sich das sehr bemerkenswerte, ob auch selbstverständliche Verhalten, daß die linearen Substitutionen, denen η und ζ unterworfen werden, zwar in ihrer Gesamtheit identisch sind, im einzelnen aber in der Weise unterschieden, daß immer, wo bei η die Wurzel ε steht, bei ζ zu setzen ist ε^2. Denn schreibt man in $\eta = -\dfrac{p_1}{p_2}$ überall ε^2 statt ε, so kommt $-\dfrac{p_2}{p_4} = +\dfrac{p_1}{p_3} = \zeta$.

Ich füge hier zweckmäßig *eine Ergänzung zu den Betrachtungen des ersten Abschnittes* ein. Bildet man für die Gleichungen fünften Grades, welche in § 17, 18 daselbst betrachtet wurden:

$$y_\nu = (\varepsilon^\nu \eta_1 - \varepsilon^{2\nu} \eta_2)\,R + (\varepsilon^{3\nu} \eta_1 + \varepsilon^{4\nu} \eta_2)\,S$$

die Größen p_i, so kommt:

$$\begin{aligned} p_1 &= 5\,\eta_1 R, \quad p_2 = -5\,\eta_2 R, \\ p_3 &= 5\,\eta_1 S, \quad p_4 = +5\,\eta_2 S. \end{aligned}$$

Daher wird für diese Gleichungen der eine Parameter $-\dfrac{p_1}{p_2} = \dfrac{p_3}{p_4}$ gleich dem ursprünglichen $\dfrac{\eta_1}{\eta_2}$, von dem die Betrachtungen des ersten Abschnittes ausgehen; der zweite Parameter $\dfrac{p_1}{p_3} = -\dfrac{p_2}{p_4}$ wird gleich $\dfrac{R}{S}$. Deshalb ist, wie in § 18 daselbst ohne Beweis angegeben wurde, $\dfrac{R}{S}$ eine Funktion von $\dfrac{\eta_1}{\eta_2}$, die sich selbst ikosaedrisch transformiert, wenn $\dfrac{\eta_1}{\eta_2}$ den Ikosaedersubstitutionen unterworfen wird, doch so, daß ε durch ε^2 ersetzt ist.

<h2 style="text-align:center">§ 5.</h2>

<h3 style="text-align:center">Aufstellung der Ikosaedergleichungen.</h3>

Um jetzt die Parameter X_1, X_2 der Gleichungen:

$$(11) \qquad 1728\,\frac{H^3(\eta)}{f^5(\eta)} = X_1, \qquad 1728\,\frac{H^3(\zeta)}{f^5(\zeta)} = X_2$$

zu berechnen, schlage ich denselben Weg ein, der in Abschnitt II, § 7 zum Ziele führte, indem ich vor allen Dingen die Produkte $f(\eta)f(\zeta)$, $H(\eta)H(\zeta)$, $T(\eta)T(\zeta)$ betrachte.

Die Gleichung

$$f(\eta)\cdot f(\zeta) = 0$$

stellt, wenn man sie unter Wegschaffung der Nenner so schreibt:

$$p_2^{12}\,p_3^{12}\,f\!\left(-\frac{p_1}{p_2}\right)\cdot f\!\left(+\frac{p_1}{p_3}\right) = f(-p_1,\,p_2)\cdot f(p_1,\,p_3) = 0,$$

ein Aggregat von 24 Ebenen dar, von denen zwölf durch die Achse $p_1 = 0$, $p_2 = 0$ hindurchgehen und übrigens durch die zwölf Erzeugenden (erster Art) der Gruppe f_1, während die zwölf anderen durch die Achse $p_1 = 0$, $p_3 = 0$ hindurchgelegt sind und die zwölf Erzeugenden zweiter Art der Gruppe f_2 ausschneiden. Aber dieselben Erzeugenden werden in gleicher Multiplizität auf $\Psi = 0$ ausgeschnitten durch die Fläche

$$p_1^{12}\,L = 0,$$

wo L den in § 3 berechneten Ausdruck (7) bedeutet. Daher kann man setzen, unter λ einen numerischen Faktor verstanden:

$$(12) \qquad f(\eta)f(\zeta) = \frac{\lambda\,p_1^{12}}{p_2^{12}\,p_3^{12}}\cdot L.$$

Dieselbe Überlegung liefert die ferneren Gleichungen:

$$(13) \qquad \begin{cases} H(\eta)\,H(\zeta) = \dfrac{\mu\,p_1^{20}}{p_2^{20}\,p_3^{20}}\,M, \\[2ex] T(\eta)\,T(\zeta) = \dfrac{\nu\,p_1^{30}}{p_2^{30}\,p_3^{30}}\,N, \end{cases}$$

wo M, N die Ausdrücke (8), (9) sind.

24*

Um die Zahlenfaktoren λ, μ, ν zu bestimmen, betrachte ich besondere Werte der $y_0 \ldots y_4$. Zunächst setze ich die y gleich 0, 1, i, $-i$, -1. Die Gleichung fünften Grades lautet dann:

$$(y^4 - 1)\, y = 0,$$

und für sie ist also

$$\alpha = 0, \quad \beta = -\frac{1}{5}, \quad \gamma = 0,$$

und mithin

$$L = \frac{1}{5^3}, \quad M = \frac{144}{5^5}, \quad N = 0.$$

Andererseits wird:

$$\eta = \zeta = -i, \quad p_2^2 = p_3^2 = (1 + 2i)\sqrt{5},$$

$$f(-i) = (1 - 2i)^3, \quad H(-i) = \frac{1}{12}(1 - 2i)^5, \quad T(-i) = 0.$$

Somit kommt:

$$(14) \qquad\qquad \lambda = 5^{12}, \quad \mu = \frac{5^{20}}{144^2}.$$

Um ν zu finden, schreibe ich die betr. Gleichung (13) in der Form:

$$T(-p_1,\, p_2)\, T(p_1,\, p_3) = \nu\, p_1^{30}\, N$$

und setze jetzt die Wurzeln y gleich 1, ε, ε^2, ε^3, ε^4. So ist die Gleichung fünften Grades $y^5 - 1 = 0$, also $\alpha = 0$, $\beta = 0$, $\gamma = -1$, $N = -1$. Andererseits $p_1 = 5$, $p_2 = 0$, $p_3 = 0$, $T(\pm 5, 0) = \frac{5^{30}}{12}$. Also ist:

$$(15) \qquad\qquad \nu = -\frac{5^{30}}{144}.$$

Setzt man jetzt zur Abkürzung, unter Weglassung sich weghebender Zahlenfaktoren:

$$l = 12^{\frac{2}{5}} \cdot L, \qquad \text{(Gleichung (7))}$$

$$m = 12^{-\frac{4}{5}} \cdot M, \qquad \text{(Gleichung (8))}$$

$$n = -\frac{1}{144} \cdot N, \qquad \text{(Gleichung (9))}$$

so kommt, durch eine Rechnung, die der in Abschn. II, § 7 angewandten ganz ähnlich ist:

$$(16) \qquad \left\{ \begin{matrix} X_1 \\ X_2 \end{matrix} \right\} = \frac{l^5 + m^3 - n^2 \pm \sqrt{(l^5 + m^3 - n^2)^2 - 4\,l^5 m^3}}{2\,l^5}.$$

§ 6.

Untersuchung der Diskriminante.

Die hier auftretende Quadratwurzel läßt sich wieder zerlegen, nämlich in das Produkt aus der Quadratwurzel aus der Diskriminante der Gleichung fünften Grades und zweier rationaler Faktoren. Indem man etwa $\zeta = +\frac{p_1}{p_3}$

der Reihe nach gleichsetzt den 60 Werten von $\eta = -\dfrac{p_1}{p_2}$, findet man folgende Zerlegung:

$$(17) \qquad \pm \sqrt{(l^5 + m^3 - n^2)^2 - 4\,l^5 m^3} = \pm k\,P\,Q\,\sqrt{\Delta},$$

wo k ein Zahlenfaktor, P und Q die symmetrischen Funktionen bedeuten

$$(18) \qquad P = \prod_{20}\left(y_0 \cos\frac{2\pi}{5} - y_1 \cos\frac{4\pi}{5}\right),$$

$$(19) \qquad Q = \prod_{30}\left(y_0 + (y_1 + y_2)\cos\frac{2\pi}{5} + (y_3 + y_4)\cos\frac{4\pi}{5}\right),$$

und Δ die Diskriminante der Gleichung fünften Grades bedeutet, die ich immer von dem vortretenden Zahlenfaktor 3125 befreit denke, so daß ich schreibe:

$$(20) \quad \Delta = 108\,\alpha^5\gamma - 135\,\alpha^4\beta^2 + 90\,\alpha^2\beta\gamma^2 - 320\,\alpha\beta^3\gamma + 266\,\beta^5 + \gamma^4.$$

Die Funktionen P, Q findet man (bis auf Zahlenfaktoren) gleich ·

$$(21) \quad P = 8\,\alpha^5\gamma + 40\,\alpha^4\beta^2 - 10\,\alpha^2\beta\gamma^2 - 45\,\alpha\beta^3\gamma + 81\,\beta^5 + \gamma^4,$$

$$(22) \quad Q = 64\,\alpha^{10} + 40\,\alpha^7\beta\gamma - 160\,\alpha^6\beta^3 + \alpha^5\gamma^3 - 5\,\alpha^4\beta^2\gamma^2 + 5\,\alpha^3\beta^4\gamma$$
$$- 25\,\alpha^2\beta^6 - \beta^5\gamma^2,$$

und den dann eintretenden Wert von k durch Vergleich eines einzelnen Gliedes:

$$(23) \qquad k = \frac{1}{12}.$$

§ 7.

Rechnung für die Bring-Jerrardsche Form.

Es hat Interesse, die hier entwickelten Formeln in der übersichtlichen Gestalt zu besitzen, welche sie für die Bring-Jerrardsche Form annehmen. Ich will letztere in der Gestalt schreiben:

$$(24) \qquad y^5 - y + \gamma = 0,$$

wo also $\alpha = 0$, $\beta = -\dfrac{1}{5}$. Dann kommt:

$$l = \frac{12^{\frac{2}{5}}}{5^3}, \quad m = \frac{12^{-\frac{4}{3}}}{5^5}(5^5\gamma^4 + 144), \quad n = \frac{-\gamma^2}{144} \cdot \frac{648 - 5^5\gamma^4}{5^5}.$$

Ich schreibe zur Abkürzung

$$(25) \qquad 5^5\gamma^4 = \Gamma.$$

So ergibt sich weiter:

$$l^5 + m^3 - n^2 = \frac{1}{5^{15}\cdot 144^2}\left\{144^3 + (\Gamma + 144)^3 - \Gamma(\Gamma - 648)^2\right\}$$
$$= \frac{1}{5^{15}\cdot 12}\left\{\Gamma^2 - 9\cdot 23\,\Gamma + 3456\right\}.$$

Also:

$$(l^5 + m^3 - n^2)^2 - 4\,l^5\,m^3 = \frac{\Gamma\,(\Gamma - 81)^2\,(\Gamma - 256)}{5^{30} \cdot 144}.$$

In Übereinstimmung hiermit findet man:

$$\Delta = \frac{\Gamma - 256}{5^5}, \quad P = \frac{\Gamma - 81}{5^5}, \quad Q = -\frac{\gamma^2}{5^5} = -\frac{\sqrt{\Gamma}}{5^5\sqrt{5^5}},$$

und schließlich kommt

$$(26) \qquad \left\{\begin{matrix} X_1 \\ X_2 \end{matrix}\right\} = \frac{\Gamma^2 - 9\cdot 23\,\Gamma + 3456 \pm \sqrt{\Gamma}\,(\Gamma - 81)\,\sqrt{\Gamma - 256}}{3456} \; {}^{[53]}).$$

§ 8.

Berechnung der Wurzeln y [54]).

Um nunmehr die Wurzeln y rational durch das η (oder das ζ) auszudrücken, gehe ich von der Formel aus:

$$5\,y_\nu = \varepsilon^\nu\,p_1 + \varepsilon^{2\nu}\,p_2 + \varepsilon^{3\nu}\,p_3 + \varepsilon^{4\nu}\,p_4\,.$$

Es war $\eta = \frac{\eta_1}{\eta_2} = -\frac{p_1}{p_2} = +\frac{p_3}{p_4}$. Man kann daher setzen, unter R, S geeignete Größen verstanden:

$$y_\nu = (\varepsilon^\nu\,\eta_1 - \varepsilon^{2\nu}\,\eta_2)\,R + (\varepsilon^{3\nu}\,\eta_1 + \varepsilon^{4\nu}\,\eta_2)\,S\,.$$

Aber in § 17 des ersten Abschnittes haben wir die allgemeinsten fünfwertigen Funktionen von η_1, η_2 konstruiert, welche diese Gestalt besitzen, und gesehen, daß sie in der Form

$$\lambda \cdot \frac{f\,W_\nu}{H} + \mu \cdot \frac{\sigma_\nu}{f^2}$$

enthalten sind [55]).

Daher kann man die Wurzeln y_ν unmittelbar in der Gestalt hinschreiben:

$$(27) \qquad y_\nu = \lambda \cdot \frac{f\,W_\nu}{H} + \mu \cdot \frac{\sigma_\nu}{f^2}\,.$$

Es sind nur noch die von η freien Konstanten λ, μ als rationale Funktionen von α, β, γ, $\sqrt{\Delta}$ auszurechnen.

Ich erreiche dies durch Koeffizientenvergleichung, indem ich umgekehrt $\frac{f\,W_\nu}{H}$ und $\frac{\sigma_\nu}{f^2}$ als rationale Funktionen von y_ν darstelle. Setzt

---

[53]) [Hier ist $\sqrt{\Gamma} = 25\,\gamma^2\,\sqrt{5}$ infolge der Adjunktion von ε als rational bekannt anzusehen. K.]

[54]) Vgl. hierzu die Darstellung bei Gordan in der wiederholt zitierten Note (Erlanger Berichte, Juli 1877). Es sind dort die Rechnungen, welche ich im Texte ausführe, durch systematischen Formenbildungsprozeß ersetzt. [Siehe auch die Bemerkungen am Schluß dieses Wiederabdrucks.]

[55]) Geometrisch: Alle Punkte, deren Koordinaten diese Form besitzen, gehören der Erzeugenden erster Art an, welche durch den gesuchten Punkt y hindurchläuft.

man (siehe § 16, 17 des ersten Abschnittes):

$$(28) \qquad \frac{t_\nu^2}{f} = \xi_\nu \, ,$$

so ist

$$(29) \qquad \frac{f\,W_\nu}{12^2\,H} = \frac{1}{\xi_\nu - 3} \, , \qquad \frac{\sigma_\nu}{f^2} = \xi_\nu^2 - 7\,\xi_\nu + 24 \, .$$

Ich werde daher zunächst ξ_ν rational durch y_ν ausdrücken.

§ 9.

Die Funktion $\xi_\nu = \dfrac{t_\nu^2}{f}$ [56]).

Zu dem Zwecke stelle ich noch einmal ähnliche Überlegungen an, wie in § 7 des vorigen und in § 5 des gegenwärtigen Abschnittes. Ich betrachte vor allen Dingen die Produkte:

$$f(\eta)f(\zeta), \quad t_\nu(\eta)\,t_\nu(\zeta), \quad \frac{H(\eta)\cdot H(\zeta)}{W_\nu(\eta)\cdot W_\nu(\zeta)} \, .$$

Für das erstere fanden wir bereits

$$f(\eta)f(\zeta) = \frac{5^{12}\,p_1^{12}}{p_2^{12}\,p_3^{12}}(\alpha^4 + \alpha\,\beta\,\gamma - \beta^3) \, .$$

Für die anderen beiden berechnet sich in ähnlicher Weise, indem wir unter den Faktoren der Produkte (5) und (4) die geeigneten zusammenfassen:

$$(30) \qquad t_\nu(\eta)\,t_\nu(\zeta) = \frac{5^6\,p_1^6}{p_2^6\,p_3^6}(-\alpha\,y_\nu^3 + 3\,\beta\,y_\nu^2 - \gamma\,y_\nu + 8\,\alpha^2) \, .$$

$$(31) \qquad \frac{12^4\,H(\eta)\,H(\zeta)}{W_\nu(\eta)\,W_\nu(\zeta)} = \frac{5^{12}\,p_1^{12}}{p_2^{12}\,p_3^{12}}\big(-(\alpha\,\gamma - 3\,\beta^2)\,y_\nu^4 + (8\,\alpha^3 - 3\,\beta\,\gamma)\,y_\nu^3$$
$$- (8\,\alpha^2\,\beta - \gamma^2)\,y_\nu^2 + (3\,\alpha^2\,\gamma - 9\,\alpha\,\beta^2)\,y_\nu$$
$$+ (40\,\alpha^4 - 12\,\alpha\,\beta\,\gamma - 9\,\beta^3)\big) \, .$$

Nun ist das gesuchte ξ_ν Wurzel der folgenden quadratischen Gleichung, in der ich die Indizes ν unterdrückt und die Buchstaben η, ζ durch 1, 2 ersetzt habe:

$$(32) \qquad f_1 f_2 \cdot \xi^2 - (t_1^2 f_2 + t_2^2 f_1)\,\xi + t_1^2\,t_2^2 = 0 \, .$$

Benutzt man hier, daß

$$12^4\,\frac{H_1\,H_2}{W_1\,W_2} = (t_1^2 - 3\,f_1)(t_2^2 - 3\,f_2) \, ,$$

---

[56]) [Diese Funktion $\dfrac{t_\nu^2}{f}$ wird im Ikosaederbuch mit r_ν bezeichnet und für sie durch direkte funktionentheoretische Betrachtung die einfache Resolvente aufgestellt (s. S. 102):

$$(r-3)^3(r^2 - 11\,r + 64) : r\,(r^2 - 10\,r + 45)^2 : -1728 = X : X - 1 : 1$$

(die man natürlich auch aus der oben S. 342 mitgeteilten Resolvente der t_ν durch bloße Umrechnung ableiten kann). K.]

so folgt:

$$(33)\quad \xi = \frac{\left(t_2^1 t_2^2 + 9 f_1 f_2 - 12\sqrt[4]{\dfrac{H_1 H_2}{W_1 W_2}}\right) \pm \sqrt{\left(t_1^2 t_2^2 + 9 f_1 f_2 - 12\sqrt[4]{\dfrac{H_1 H_2}{W_1 W_2}}\right)^2 - 36\, t_1^2 t_2^2 f_1 f_2}}{6 f_1 f_2}.$$

Die Quadratwurzel zerlegt sich wieder. Die beiden Werte $\dfrac{t_1^2}{f_1} = \dfrac{t_\nu^2(\eta)}{f(\eta)}$ und $\dfrac{t_2^2}{f_2} = \dfrac{t_\nu^2(\zeta)}{f(\zeta)}$ werden einander gleich, wenn η aus ζ hervorgeht durch eine derjenigen zwölf Ikosaedersubstitutionen, welche das Oktaeder t_ν ungeändert lassen. Ich habe diese Substitutionen in § 14 des ersten Abschnittes für das Oktaeder t_0 angegeben. Man findet, daß zunächst als Faktor auftritt das Produkt der Quadrate der Differenzen der vier von y_ν verschiedenen y. Dasselbe lautet, nachdem man es durch 125 dividiert hat:

$$(34)\quad \Delta_\nu = \{(-6\alpha\gamma + 48\beta^2)\, y_\nu^4 + (-27\alpha^3 - 8\beta\gamma)\, y_\nu^3 + (27\alpha^2\beta + \gamma^2)\, y_\nu^2$$
$$+ (-27\alpha^2\gamma + 216\alpha\beta^2)\, y_\nu + (-135\alpha^4 - 72\alpha\beta\gamma + 256\beta^3)\}.$$

Außerdem tritt quadratisch das Produkt der sechs Ebenen auf:

$$y_\nu + (y_i + y_k)\cos\frac{2\pi}{5} + (y_h + y_l)\cos\frac{4\pi}{5}$$

(wo für i, k, h, l die von ν verschiedenen Indizes zu setzen sind). Dieses Produkt ist bis auf einen Zahlenfaktor gleich:

$$(35)\qquad\qquad \alpha y_\nu^3 + \beta y_\nu^2 + \alpha^2.$$

So wird der Wert der Quadratwurzel einfach:

$$(\alpha y_\nu^3 + \beta y_\nu^2 + \alpha^2)\sqrt{\Delta_\nu}.$$

Es ist zweckmäßig, statt Δ_ν die (durch 3125 dividierte) Diskriminante der Gleichung fünften Grades, Δ (Gleichung (20)), einzuführen, die mit Δ_ν durch die Formel verknüpft ist:

$$\pm \sqrt{\Delta} = \pm (y_\nu^4 + 2\alpha y_\nu + \beta)\sqrt{\Delta_\nu}.$$

So ergibt sich, wenn wir in die Formel (33) jetzt die Werte von $t_1 t_2$, $f_1 f_2$, $\dfrac{H_1 H_2}{W_1 W_2}$ eintragen:

$$(36)\quad \xi_\nu = \frac{(\alpha\gamma + 2\beta^2)\, y_\nu^4 + (\alpha^3 - \beta\gamma)\, y_\nu^3 - 5\alpha^2\beta y_\nu^2 + (4\alpha^2\gamma + 13\alpha\beta^2)\, y_\nu + (11\alpha^4 + 9\alpha\beta\gamma) \pm D_\nu}{2(\alpha^4 + \alpha\beta\gamma - \beta^3)}$$

wo D_ν den Ausdruck bedeutet:

$$(37)\qquad\qquad D_\nu = \frac{(y_\nu^4 + 2\alpha y_\nu + \beta)(\alpha y_\nu^3 + \beta y_\nu^2 + \alpha^2)\,\Delta_\nu}{\sqrt{\Delta}}.$$

Setzt man hier $\gamma = 0$, $y_\nu = 0$, also

$$\xi_\nu = \frac{11\alpha^4 \pm \alpha^2\sqrt{-135\alpha^4 + 256\beta^3}}{2(\alpha^4 - \beta^3)},$$

so erhält man nach der Formel (vgl. Math. Annalen, Bd. 12 [= Abh. LIII, S. 309]):

$$1728\,(1 - X) = \xi\,(\xi^2 - 10\,\xi + 45)^2$$

für X einen Ausdruck, dessen irrationaler Bestandteil dieser ist:

$$\frac{\pm \sqrt{-135\,\alpha^4 + 256\,\beta^3}}{2 \cdot 1728\,(\alpha^4 - \beta^3)^5}\,(2560\,\alpha^{14}\beta^2 - 1216\,\alpha^{10}\beta^5 - 13960\,\alpha^6\beta^8 - 2025\,\alpha^2\beta^{11}).$$

Derselbe Ausdruck ergibt sich mit demselben Vorzeichen, wenn man in die allgemeine Formel (16) resp. (17) $\gamma = 0$ setzt. *Es folgt daraus, daß das obere und untere Vorzeichen der Quadratwurzel aus der Diskriminante, sowie dasselbe hier in* (36) *auftritt, dem oberen und unteren Vorzeichen derselben Quadratwurzel in* (17) *entspricht.*

§ 10.

Fertige Formeln für die y_ν.

Trägt man diesen Wert von ξ_ν in die Formeln (29) des § 8 ein, so erhält man nach ziemlich langer Rechnung, unter L, M die früher so bezeichneten Größen verstanden:

$$(38) \quad \frac{fW_\nu}{H} = \frac{\pm 72}{M\sqrt{\Delta}}\Big\{\big[y_\nu^4\,(144\,\alpha^7\gamma - 720\,\alpha^6\beta^2 + 125\,\alpha^4\beta\gamma^2 - 595\,\alpha^3\beta^3\gamma$$
$$+ 808\,\alpha^2\beta^5 + 3\,\alpha^2\gamma^4 - 15\,\alpha\beta^2\gamma^3 + 40\,\beta^4\gamma^2)$$
$$+ y_\nu^3\,(24\,\alpha^6\beta\gamma + 240\,\alpha^5\beta^3 + 10\,\alpha^4\gamma^3 + 25\,\alpha^3\beta^2\gamma^2 - 370\,\alpha^2\beta^4\gamma$$
$$+ 288\,\alpha\beta^6 + 3\,\alpha\beta\gamma^4 - 10\,\beta^3\gamma^3)$$
$$+ y_\nu^2\,(- 48\,\alpha^6\gamma^2 + 208\,\alpha^5\beta^2\gamma - 320\,\alpha^4\beta^4 - 55\,\alpha^3\beta\gamma^3$$
$$+ 165\,\alpha^2\beta^3\gamma^2 + 224\,\alpha\beta^5\gamma - \alpha\gamma^5 - 384\,\beta^7 + \beta^2\gamma^4)$$
$$+ y_\nu\,(1296\,\alpha^8\gamma - 4320\,\alpha^7\beta^2 + 1017\,\alpha^5\beta\gamma^2 - 5075\,\alpha^4\beta^3\gamma$$
$$+ 6102\,\alpha^3\beta^5 + 17\,\alpha^3\gamma^4 - 130\,\alpha^2\beta^2\gamma^3 + 350\,\alpha\beta^4\gamma^2$$
$$- 96\,\beta^6\gamma - \beta\gamma^5)$$
$$+ (648\,\alpha^7\beta\gamma - 2160\,\alpha^6\beta^3 + 30\,\alpha^5\gamma^3 + 575\,\alpha^4\beta^2\gamma^2$$
$$- 3490\,\alpha^3\beta^4\gamma + 21\,\alpha^2\beta\gamma^4 + 4096\,\alpha^2\beta^6 - 90\,\alpha\beta^3\gamma^3$$
$$+ 160\,\beta^5\gamma^2)\big].$$
$$\mp \sqrt{\Delta}\,\big[y_\nu^4\,(- 16\,\alpha^4\beta - 3\,\alpha^2\gamma^2 + 7\,\alpha\beta^2\gamma + 24\,\beta^4)$$
$$+ y_\nu^3\,(- 8\,\alpha^4\gamma + 48\,\alpha^3\beta^2 - \alpha\beta\gamma^2 - 6\,\beta^3\gamma)$$
$$+ y_\nu^2\,(16\,\alpha^3\beta\gamma - 64\,\alpha^2\beta^3 + \alpha\gamma^3 - \beta^2\gamma^2)$$
$$+ y_\nu\,(- 19\,\alpha^3\gamma^2 + 11\,\alpha^2\beta^2\gamma + 162\,\alpha\beta^4 - \beta\gamma^3)$$
$$+ (- 24\,\alpha^5\gamma + 80\,\alpha^4\beta^2 - 15\,\alpha^2\beta\gamma^2 + 10\,\alpha\beta^3\gamma + 96\,\beta^5)\big]\Big\},$$
$$= \sum \Big(\pm \frac{A_i}{\sqrt{\Delta}} + B_i\Big)\,y_\nu^i.$$

$$(39)\quad \frac{\sigma_\nu}{f^2} = \frac{\pm 1}{2 L^2 \sqrt{\Delta}} \Big\{ \big[\, y_\nu^4 \big(- 216\,\alpha^{10} - 87\,\alpha^7\beta\gamma + 265\,\alpha^6\beta^3 - 9\,\alpha^5\gamma^3$$
$$+ 35\,\alpha^4\beta^2\gamma^2 - 465\,\alpha^3\beta^4\gamma + 556\,\alpha^2\beta^6 - 4\,\alpha^2\beta\gamma^4$$
$$+ 5\,\alpha\beta^3\gamma^3 + 4\,\beta^5\gamma^2\big)$$
$$+ y_\nu^3 \big(108\,\alpha^9\beta + 66\,\alpha^7\gamma^2 + 122\,\alpha^6\beta^2\gamma - 327\,\alpha^5\beta^4 + 49\,\alpha^4\beta\gamma^3$$
$$- 75\,\alpha^3\beta^3\gamma^2 - 119\,\alpha^2\beta^5\gamma + \alpha^2\gamma^5 - 144\,\alpha\beta^7$$
$$- 2\,\alpha\beta^2\gamma^4 - \beta^4\gamma^3\big)$$
$$+ y_\nu^2 \big(72\,\alpha^9\gamma - 144\,\alpha^8\beta^2 - 59\,\alpha^6\beta\gamma^2 - 251\,\alpha^5\beta^3\gamma + 436\,\alpha^4\beta^5$$
$$+ 3\,\alpha^4\gamma^4 - 77\,\alpha^3\beta^2\gamma^3 + 255\,\alpha^2\beta^4\gamma^2 - 344\,\alpha\beta^6\gamma$$
$$+ 192\,\beta^8 + \beta^3\gamma^4\big)$$
$$+ y_\nu \big(- 1080\,\alpha^{11} - 1071\,\alpha^8\beta\gamma + 2147\,\alpha^7\beta^3 - 31\,\alpha^6\gamma^3$$
$$- 432\,\alpha^5\beta^2\gamma^2 - 55\,\alpha^4\beta^4\gamma + 869\,\alpha^3\beta^6 - 15\,\alpha^3\beta\gamma^4$$
$$- 104\,\alpha^2\beta^3\gamma^3 + 349\,\alpha\beta^5\gamma^2 - 240\,\beta^7\gamma - \beta^2\gamma^5\big)$$
$$+ \big(- 540\,\alpha^{10}\beta + 198\,\alpha^8\gamma^2 + 18\,\alpha^7\beta^2\gamma + 79\,\alpha^6\beta^4 + 111\,\alpha^5\beta\gamma^3$$
$$- 85\,\alpha^4\beta^3\gamma^2 - 1503\,\alpha^3\beta^5\gamma + 3\,\alpha^3\gamma^5 + 1792\,\alpha^2\beta^7$$
$$- 22\,\alpha^2\beta^2\gamma^4 + 17\,\alpha\beta^4\gamma^3 + 16\,\beta^6\gamma^2\big)\big]$$
$$\pm \sqrt{\Delta}\,\big[\, y_\nu^4 \big(9\,\alpha^5\gamma - 43\,\alpha^4\beta^2 + 4\,\alpha^2\beta\gamma^2 - 11\,\alpha\beta^3\gamma + 12\,\beta^5\big)$$
$$+ y_\nu^3 \big(- 12\,\alpha^7 - 4\,\alpha^4\beta\gamma - 21\,\alpha^3\beta^3 - \alpha^2\gamma^3 + 2\,\alpha\beta^2\gamma^2 - 3\,\beta^4\gamma\big)$$
$$+ y_\nu^2 \big(16\,\alpha^6\beta - 3\,\alpha^4\gamma^2 - 9\,\alpha^3\beta^2\gamma + 28\,\alpha^2\beta^4 + \beta^3\gamma^2\big)$$
$$+ y_\nu \big(29\,\alpha^6\gamma + 185\,\alpha^5\beta^2 + 11\,\alpha^3\beta\gamma^2 + \alpha^2\beta^3\gamma - 9\,\alpha\beta^5 - \beta^2\gamma^3\big)$$
$$+ \big(- 36\,\alpha^8 + 24\,\alpha^5\beta\gamma + 109\,\alpha^4\beta^3 - 3\,\alpha^3\gamma^3 + 22\,\alpha^2\beta^2\gamma^2$$
$$- 53\,\alpha\beta^4\gamma - 48\,\beta^5\big)\big]\Big\},$$
$$= \sum \Big(\pm \frac{A_i'}{\sqrt{\Delta}} + B_i'\Big) y_\nu^i.$$

[Die Koeffizienten, mit denen y_ν^4, y_ν^3, y_ν^2, y_ν^0 in (38) eingehen, sind nun in der Tat von den entsprechenden in (39) auftretenden Koeffizienten je um denselben Faktor unterschieden (worin eine große Zahl von Kontrollen für die Richtigkeit der Zwischenrechnung liegt).] Man erhält daher übereinstimmend für $i = 4,\ 3,\ 2,\ 0$:

$$(40)\quad y_\nu = \pm \sqrt{\Delta}\ \frac{(A_i' \pm B_i'\sqrt{\Delta}) \cdot \dfrac{f\,W_\nu}{H} - (A_i \pm B_i\sqrt{\Delta}) \cdot \dfrac{\sigma_\nu}{f^2}}{[(A_1 A_i' - A_1' A_i) + (B_1 B_i' - B_1' B_i)] \pm \sqrt{\Delta}\,[(A_1 B_i' - A_1' B_i) + (A_i' B_1 - A_1 B_i')]}.$$

§ 11.

Die allgemeinen Gleichungen fünften Grades.

Um eine beliebige Gleichung fünften Grades zu lösen, bietet sich jetzt naturgemäß der Weg, dieselbe durch Tschirnhausen-Transformation in eine solche, bei der $\sum y = 0$, $\sum y^2 = 0$ ist, zu verwandeln. Dies kann auf sehr mannigfache Weise geschehen, aber jedesmal benötigt man eine Quadratwurzel, welche keinen Einfluß hat auf die Zahl der Substitutionen der Galoisschen Gruppe der Gleichung [also eine *akzessorische* Irrationalität]. Das gleiche galt von der Quadratwurzel, die nötig war, um eine allgemeine Jacobische Gleichung sechsten Grades auf eine Ikosaedergleichung zu reduzieren (Abschn. II, § 9), und in der Tat zeigt man hier genau wie damals: *Es gibt bei der allgemeinen Gleichung keine rationale Funktion der Wurzeln, welche einer Ikosaedergleichung genügt.*

Aus dieser negativen Proposition ergibt sich nun auch der Beweis eines Satzes, den Kronecker 1861 ohne Beweis mitteilte und den man etwa so formulieren kann: *Es ist unmöglich, bei durchaus willkürlichen $y_0, \ldots, y_4$ eine rationale Funktion $\varphi(y)$ zu finden, die von einer Gleichung abhängt, in der (wie in der Ikosaedergleichung) nur ein Parameter auftritt.* Wenn nämlich eine solche Resolvente existierte, so könnte man sie auf rationalem Wege in eine Ikosaedergleichung verwandeln, wie folgende Betrachtung zeigt.

Die verschiedenen Werte, die φ bei Permutation der y annimmt, seien in bestimmter Anordnung:

$$\varphi_1, \varphi_2, \ldots, \varphi_n.$$

Vertauscht man die y durch die 60 (hier immer allein gemeinten) geraden Permutationen, so erscheinen die $\varphi_1, \ldots, \varphi_n$ in anderer Anordnung wieder, und man betrachte die 60 *Anordnungen* der φ, welche auf diese Weise entstehen. Da die φ nur von einem Parameter abhängen, so durchlaufen die Anordnungen $\varphi_1, \ldots, \varphi_n$, wenn sich die y beliebig ändern, ein irreduzibeles Wertgebiet von nur *einer* Dimension. Dieses Wertgebiet ist rational durch einen Parameter darstellbar. Denn man kann die y jedenfalls solchen rationalen Funktionen einer Größe λ gleichsetzen, daß die φ nicht konstant bleiben; dann durchlaufen die $\varphi_1, \ldots, \varphi_n$ als rationale Funktionen von λ das ganze ihnen gestattete Wertgebiet. Nun kann man statt λ allemal (wenn es nötig sein sollte) einen anderen Parameter μ in der Weise einführen, daß die φ nicht nur rationale Funktionen des μ sind, sondern auch μ eine rationale Funktion der φ und also der y (vgl. einen Aufsatz von Lüroth im 9. Bd. der Math. Annalen (1875), S. 163). *Eine geeignete lineare Funktion dieses μ, $\dfrac{\alpha\mu + \beta}{\gamma\mu + \delta}$ muß dann* *von einer Ikosaedergleichung abhängen.* Denn bei Permutation der y verwandelt sich das μ in μ', welches eindeutig dem μ zugeordnet ist, und umgekehrt entspricht dem μ' nur das eine μ, wie man sieht, wenn man die Permutation der y rückgängig macht. Es hängen also μ und μ' voneinander *linear* ab, und also sind, da keine der 60 Permutationen der y eine Periode > 5 besitzt, die Vorbedingungen des § 4 des ersten Abschnittes gegeben. Es ist das derselbe Schluß, der in mehr partikulären Fällen in § 9 des zweiten Abschnittes und in § 1 dieses Abschnittes bereits angewandt wurde.

Zugleich sieht man, daß ein Satz ähnlich dem nun für Gleichungen fünften Grades bewiesenen bei Gleichungen höheren Grades aus einem viel einfacheren Grunde gilt. Denn es gibt keine endlichen Gruppen linearer Substitutionen *einer* Veränderlichen, welche den geraden Vertauschungen von sechs oder mehr Dingen entsprächen, und darum kann bei den allgemeinen Gleichungen sechsten und höheren Grades von einer Resolvente, die nur von einem Parameter abhängt, von vornherein nicht die Rede sein.

München, den 20. August 1877.

[Ergänzende Bemerkungen über Gordans Arbeit über Gleichungen fünften Grades in Bd. 13 der Math. Annalen.

Die folgenden Bemerkungen verfolgen das Ziel, die Grundgedanken der Abhandlung herauszustellen, welche Gordan 1878 in Bd. 13 der Math. Annalen über das Auflösungsproblem der Gleichungen fünften Grades veröffentlicht hat. (Vgl. oben S. 257). Handelt es sich doch dort um eine weitere Systematisierung der von mir gegebenen, vorstehend abgedruckten Überlegungen. Ich behalte, der Deutlichkeit halber, meine Bezeichnungen bei. Zugleich verweise ich darauf, daß auch im Ikosaederbuch S. 194—204, entsprechende, allerdings nach Seiten der formalen Invariantentheorie weniger weitgehende Erörterungen ihre Stelle fanden.

Einem Wurzelsystem $y_0, \ldots, y_4$ der „Hauptgleichung" $y^5 + 5\,\alpha\,y^2 + 5\,\beta\,y + \gamma = 0$ werden auf S. 370 der vorstehenden Abhandlung als Parameterwerte der beiden durch den Punkt y_ν hindurchgehenden Erzeugenden der Hauptfläche $\Sigma\,y_\nu = 0$, $\Sigma\,y_\nu^2 = 0$ die Größen

$$\eta = -\frac{p_1}{p_2} = \frac{p_3}{p_4} \quad \text{und} \quad \zeta = \frac{p_1}{p_3} = -\frac{p_2}{p_4}$$

zugeordnet, unter p_ν die bekannten Lagrangeschen Ausdrücke verstanden. Unterwirft man die y den 60 geraden Permutationen, so erleidet η, wie ζ die 60 Ikosaedersubstitutionen, und zwar in der Weise, daß die Substitution des ζ aus derjenigen des η hervorgeht, indem man ε^2 für ε schreibt.

Gordan denkt sich nun η, ζ durch $\dfrac{\eta_1}{\eta_2}$, $\dfrac{\zeta_1}{\zeta_2}$ ersetzt, wo die η_1, η_2 und die ζ_1, ζ_2 die homogenen Ikosaedersubstitutionen der Determinante 1 erfahren sollen (wobei sich die Unbestimmtheiten der Vorzeichen dadurch kompensieren, daß man

$$(1') \qquad y_\nu = \varepsilon^{4\nu}\eta_1\,\zeta_1 + \varepsilon^{2\nu}\,\eta_1\,\zeta_2 - \varepsilon^{3\nu}\,\eta_2\,\zeta_1 + \varepsilon^{\nu}\,\eta_2\,\zeta_2$$

setzen kann). Die Koeffizienten α, β, γ der Hauptgleichung, sowie das Differenzenprodukt $\nabla = \sqrt{\Delta}$ der y_ν werden dann solche doppeltbinäre Formen der η, ζ, welche bei den simultanen homogenen Substitutionen der η, ζ überhaupt ungeändert bleiben. Ich teile beispielsweise mit

$$(2') \qquad \alpha = -\eta_1^3\,\zeta_1^2\,\zeta_2 - \eta_1^2\,\eta_2\,\zeta_2^3 - \eta_1\,\eta_2^2\,\zeta_1^3 + \eta_2^3\,\zeta_1\,\zeta_2^2.$$

Gordans Entdeckung ist nun die, daß man die gesamten für die Auflösung der Hauptgleichung erforderlichen, an das Ikosaeder anknüpfenden algebraischen Beziehungen erhält, wenn man *die doppeltbinäre Form α ohne Berücksichtigung ihrer individuellen, speziell gruppentheoretischen Eigenschaften in der Weise invariantentheoretisch behandelt, daß man die η_1, η_2 und ζ_1, ζ_2 als zwei Reihen Veränderlicher ansieht, die unabhängig voneinander linearen Transformationen unterworfen werden.*

Bemerken wir zunächst, daß eine solche Behandlungsweise der Form α genau den Grundsätzen des Erlanger Programms (vgl. Abh. XXVII in Bd. 1 dieser Gesamtausgabe) entspricht, sofern man, wie dies doch selbstverständlich erscheint, beim Studium der auf der Hauptfläche

$$\sum y_\nu = 0, \qquad \sum y_\nu^2 = 0$$

gelegenen geometrischen Gebilde die größte kontinuierliche Gruppe von Kollineationen zugrunde legen will, welche die Hauptfläche ·in sich selbst überführen. Denn diese Gruppe ist durch die Nebeneinanderstellung voneinander unabhängiger, linearer Transformationen des $\dfrac{\eta_1}{\eta_2}$ und des $\dfrac{\zeta_1}{\zeta_2}$ gegeben (siehe etwa Abh. XXI in Bd. 1 dieser Gesamtausgabe, S. 356 ff.). Für die algebraische Behandlung der zugehörigen Formen greift man natürlich zu den entsprechenden homogenen linearen Substitutionen der η_1, η_2 und der ζ_1, ζ_2. Dabei kommt noch folgende Bemerkung in Betracht. Besagte lineare Substitutionen haben an sich 8 Koeffizienten, aber für die y_ν, wie für die Form α, resultiert daraus nur eine Gruppe mit 7 Parametern, weil eine gleichzeitige Multiplikation der η_1, η_2 mit irgendeiner Konstanten für sie auf dasselbe hinauskommt, wie die gleichzeitige Multiplikation von ζ_1, ζ_2 mit derselben Konstanten.

Wir greifen nun aus den Gordanschen Entwicklungen diejenigen Punkte heraus, die für uns die wesentlichsten sind:

1. *Übergang von α zu den Ikosaederformen f, H, T.*

Wir betrachten α als eine kubische Form in den ζ_1, ζ_2 allein und bilden davon die Diskriminante. Zu dem Zwecke bilden wir zunächst die Hessesche Form von α (hinsichtlich ζ_1, ζ_2) und erhalten, von einem Zahlenfaktor abgesehen (was ich hier und im folgenden durch das Zeichen $\sim$ andeute):

$$(3') \qquad \tau \sim \zeta_1^2\,(-\eta_1^6 - 3\,\eta_1\,\eta_2^5) + 10\,\zeta_1\,\zeta_2\,\eta_1^3\,\eta_2^3 + \zeta_2^2\,(3\,\eta_1^5\,\eta_2 - \eta_2^6).$$

Indem wir sodann die Determinante dieser in $\zeta_1\,\zeta_2$ quadratischen Form bilden, erhalten wir in der Tat bis auf einen Zahlenfaktor

$$f = \eta_1^{11}\,\eta_2 + 11\,\eta_1^6\,\eta_2^6 - \eta_1\,\eta_2^{11},$$

also die Grundform f gleich in der uns geläufigen kanonischen Form, von der wir durch die bekannten invariantentheoretischen Prozesse, die sich auf η_1, η_2 beziehen, zu H und T fortschreiten. f ist die Diskriminante von α bezüglich ζ_1, ζ_2.

In entsprechender Weise wird man aus α natürlich $f(\zeta_1, \zeta_2) = f'$ usw. ableiten können. (Einen Akzent werden wir auch in der Folge gleich zusetzen, wenn η und ζ vertauscht werden.)

2. Definition gemischter Überschiebungen.

Als fernere invariantentheoretische Prozesse brauchen wir solche, bei denen Überschiebungen gleichzeitig nach den η und den ζ vorgenommen werden. Sei symbolisch:

$$F = a_\eta^k\, b_\zeta^l, \qquad \Phi = c_\eta^m\, d_\zeta^n.$$

Wir werden dann einfach definieren:

$$(F,\,\Phi)_{\varrho,\,\sigma} = (a\,c)^\varrho\, a_\eta^{k-\varrho}\, c_\eta^{m-\varrho}\, (b\,d)^\sigma\, b_\zeta^{l-\sigma}\, d_\zeta^{n-\sigma},$$

und haben damit eine Kovariante vom Grade $k+m-2\varrho$ in den η und vom Grade $l+n-2\sigma$ in den ζ.

Beispielsweise bekommt man die Koeffizienten β, γ der Hauptgleichung aus den Überschiebungen $(\alpha,\,\alpha)_{1,1}$ und $(\alpha,\,\beta)_{1,1}$.

3. Lineare Kovarianten.

Die Auflösung der Hauptgleichung fünften Grades durch die Ikosaedergleichung reduziert sich nun für den gewählten Gedankengang, wie sogleich noch näher darzulegen sein wird, darauf, daß man Kovarianten von α bildet, die in einer der Variabelnreihen, etwa $\zeta_1\,\zeta_2$, linear sind. Als niederste solcher Formen (wir setzen den Grad in η_1, η_2 als einen Index dazu) findet Gordan:

$$(4')\quad
\begin{aligned}
\Theta_7 &\sim (\alpha,\,\beta)_{0,3} \sim (7\,\eta_1^5\,\eta_2^2 + \eta_2^7)\,\zeta_1 + (-\eta_1^7 + 7\,\eta_1^2\,\eta_2^5)\,\zeta_2 \\
\mathsf{H}_{13} &\sim (\tau,\,\Theta)_{0,1} \sim (\eta_1^{13} - 39\,\eta_1^8\,\eta_2^5 - 26\,\eta_1^3\,\eta_2^{10})\,\zeta_1 + (-26\,\eta_1^{10}\,\eta_2^3 + 39\,\eta_1^5\,\eta_2^8 + \eta_2^{13})\,\zeta_2.
\end{aligned}$$

Außerdem noch folgende zwei Formen:

$$\begin{aligned}
\mathsf{Z}_{17} &\sim (f,\,\Theta)_{1,0} \sim (17\,\eta_1^{15}\,\eta_2^2 - 187\,\eta_1^{10}\,\eta_2^7 + 119\,\eta_1^5\,\eta_2^{12} - \eta_2^{17})\,\zeta_1 \\
&\qquad + (\eta_1^{17} + 119\,\eta_1^5\,\eta_2^{12} + 187\,\eta_1^7\,\eta_2^{10} + 17\,\eta_1^2\,\eta_2^{15})\,\zeta_2,
\end{aligned}$$

$$\begin{aligned}
\mathsf{E}_{23} &\sim (f,\,\mathsf{H})_{1,0} \sim (\eta_1^{23} + 207\,\eta_1^{18}\,\eta_2^5 - 391\,\eta_1^{13}\,\eta_2^{10} + 1173\,\eta_1^8\,\eta_2^{15} + 46\,\eta_1^3\,\eta_2^{20})\,\zeta_1 \\
&\qquad + (46\,\eta_1^{20}\,\eta_2^3 - 1173\,\eta_1^{15}\,\eta_2^8 - 391\,\eta_1^{10}\,\eta_2^{13} - 207\,\eta_1^5\,\eta_2^{18} + \eta_2^{23})\,\zeta_2.
\end{aligned}$$

4. Auflösung der Hauptgleichung.

Die Auflösung der Hauptgleichung ergibt sich nun, indem wir die y_ν (die doch auch in den ζ_1, ζ_2 linear sind) aus irgend zwei dieser linearen Kovarianten linear zusammensetzen. Die einfachste Darstellung folgt natürlich bei Benutzung von Θ und H. Wir mögen schreiben $a\,y_\nu = b_\nu\,\mathsf{H} + c_\nu\,\Theta$, wo sich a, b, c aus der Identität berechnen:

$$(5')\qquad
\begin{vmatrix}
y_\nu & \mathsf{H} & \Theta \\[4pt]
\dfrac{\partial y_\nu}{\partial \zeta_1} & \dfrac{\partial \mathsf{H}}{\partial \zeta_1} & \dfrac{\partial \Theta}{\partial \zeta_1} \\[10pt]
\dfrac{\partial y_\nu}{\partial \zeta_2} & \dfrac{\partial \mathsf{H}}{\partial \zeta_2} & \dfrac{\partial \Theta}{\partial \zeta_2}
\end{vmatrix} = 0.$$

Hier wird a eine Ikosaederform 20-ten Grades, also im wesentlichen $H(\eta_1,\eta_2)$, b_ν und c_ν aber, die noch vom Index ν abhängen, Tetraederformen 8-ten bzw. 14-ten Grades. Dies müssen gemäß der Tetraedertheorie Multipla von $W_\nu(\eta_1,\eta_2)$ und $t_\nu(\eta_1,\eta_2)\cdot W_\nu(\eta_1,\eta_2)$ sein, womit man den Ansatz hat, der zur Auflösung der Hauptgleichung im Ikosaederbuch, S. 190 u. S. 196 ff., weiter verfolgt und dort insbesondere auch geometrisch interpretiert wird.

Statt dessen liegt der hier wieder abgedruckten Abhandlung LIV, S. 374, der minder zweckmäßige Ansatz $a'\,y_\nu = b'_\nu\,\mathsf{E} + c'_\nu\,\Theta$ zugrunde, wo nun a' ein Multiplum von

$T(\eta_1, \eta_2)$, b'_ν von $W_\nu(\eta_1, \eta_2)$, c'_ν aber eine lineare Kombination von $t^4_\nu(\eta_1, \eta_2)$, $t^2_\nu(\eta_1, \eta_2)f$, $f^2(\eta_1, \eta_2)$ wird. (Vgl. S. 343, insbesondere die Fußnote [32]) daselbst.) —

Man sieht, wie bei dieser Darstellung — und das ist das Schöne daran — alles aus den Anwendungen der gewöhnlichen invariantentheoretischen Prozesse auf die überaus einfache Grundform α folgt. Gordan hat darüber hinaus a. a. O. geradezu das volle Formensystem von α aufgestellt; er meinte, als ich ihn danach fragte, dieses werde bei späteren Untersuchungen schon einmal wichtig werden. Dasselbe enthält im ganzen 35 Formen. Das Differenzenprodukt ∇ der fünf Wurzeln der Hauptgleichung ist in diesem System nicht mit enthalten. Man findet, daß es zu

$$(\alpha, \tau)_{0,1} \Theta' - (\alpha, \tau')_{1,0} \Theta$$

proportional ist.

Merkwürdig ist, daß Gordan das α nur in kanonischer Form aufstellt, also nicht unter der Gesamtheit der kubokubischen Binärformen $\Phi(\eta_1, \eta_2; \zeta_1, \zeta_2)$ invariantentheoretisch charakterisiert (wie dies hinsichtlich der Ikosaederform f in den Math. Annalen, Bd. 9 [Abh. LI] durch die Forderung $(f, f)_4 \equiv 0$ geschehen ist).

Die Gleichung $\alpha = 0$ begründet natürlich auch eine einfache konforme Abbildung der η-Kugel auf die ζ-Kugel, die näher zu untersuchen interessieren mag. Sowohl die η- als auch die ζ-Kugel sind mit drei Blättern überdeckt zu denken. Da einerseits aus $\eta_1 = 0$ sich $\zeta_1 \zeta_2^2 = 0$ und andererseits aus $\zeta_1 = 0$ sich $\eta_1^2 \eta_2 = 0$ ergibt, so wird ein Winkel der η-Kugel in $\eta_1 = 0$ bei Abbildung auf die ζ-Kugel in $\zeta_2 = 0$ halbiert, in $\zeta_1 = 0$ aber verdoppelt. Es sind also von den drei Blättern der η-Kugel in $\eta_1 = 0$ zwei miteinander verzweigt, während das dritte schlicht verläuft; die Umgebung von $\eta_1 = 0$ in den beiden verzweigten Blättern bildet sich auf die schlichte Umgebung von $\zeta_2 = 0$ ab, während die im schlichten Blatt sich auf die Umgebung eines einfachen Windungspunktes in $\zeta_1 = 0$ abbildet. — Was für $\eta_1 = 0$ gilt, ist auch für jeden anderen Ikosaedereckpunkt auf der η-Kugel richtig, und andere Windungspunkte als diese 12 Eckpunkte besitzt die dreifach überdeckte η-Kugel nicht, da die Diskriminante von α gleich f ist. Daher hat die Fläche das Geschlecht 4. Genau analog sind die Verhältnisse auf der ζ-Kugel.

Durchläuft nun η bzw. ζ ein halbes sphärisches Ikosaederdreieck $\Big($welches seinerseits aus drei Elementardreiecken mit den Winkeln $\dfrac{\pi}{5}$, $\dfrac{\pi}{3}$, $\dfrac{\pi}{2}$ besteht$\Big)$ mit der Winkelfolge $\dfrac{2\pi}{5}$, $\dfrac{\pi}{5}$, $\dfrac{\pi}{2}$, so ζ bzw. η ein Dreieck mit der Winkelfolge $\dfrac{\pi}{5}$, $\dfrac{2\pi}{5}$, $\dfrac{\pi}{2}$.

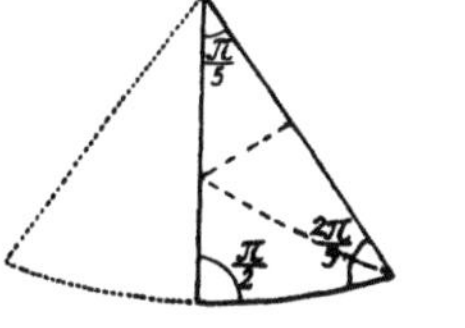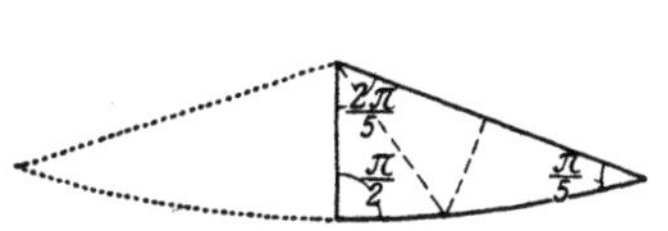

Fig. 2.

Spiegelt man an homologen Seiten, so erhält man eine Abbildung eines Dreieckes mit den Winkeln $\dfrac{2\pi}{5}$, $\dfrac{2\pi}{5}$, $\dfrac{2\pi}{5}$ auf ein Dreieck mit den Winkeln $\dfrac{\pi}{5}$, $\dfrac{\pi}{5}$, $\dfrac{4\pi}{5}$. (Vgl. Fig. 2.) Reiht man je fünf dieser gleichschenkligen Dreiecke mit ihren

Schenkeln aneinander, so liefert das erste ein schlichtes Fünfeck, das zweite aber ein
Sternfünfeck mit einem einfachen Windungspunkt im Mittelpunkt. (Vgl. Fig. 3.)
Setzt man endlich je zwölf dieser Fünfecke zusammen, so erhält man jedesmal eine

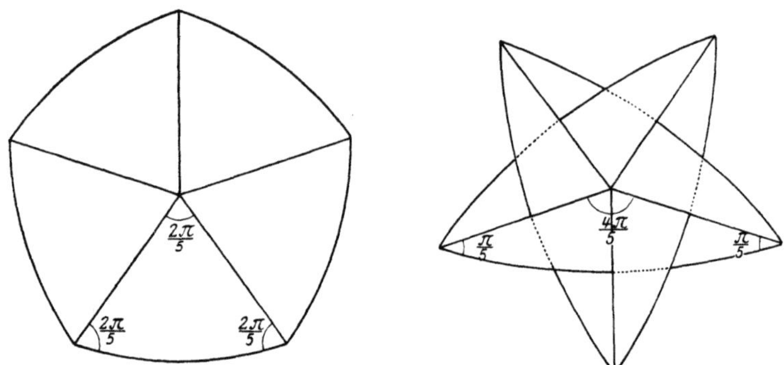

Fig. 3.

dreifache Überdeckung der Kugel, die man bzw. als zentrale Projektion zweier bekannter, höherer regulärer Polyeder nämlich (nach der Terminologie von Chr. Wiener)
des regulären 12-flächigen Stern-12-Ecks bzw. des regulären 12-eckigen Stern-12-Flachs
auffassen kann. In der Nebeneinanderstellung dieser beiden regulären Polyeder hat
man die geometrische Bedeutung der Gleichung $\alpha = 0$ sozusagen vor Augen. Und
wir können noch hinzufügen: nimmt man statt der Hauptgleichung fünften Grades
speziell die Bring-Jerradsche Form, so verlegt man die Behandlung von der einfach gedachten $(x + iy)$-Kugel auf die in Rede stehende Riemannsche Fläche vom
Geschlecht 4.   K.]

LV. Beweis für die Nichtauflösbarkeit der Ikosaedergleichung durch Wurzelzeichen[1]).

[Math. Annalen, Bd. 61 (1905/06).]

Vielleicht interessiert ein besonders anschaulicher Beweis für die Nichtauflösbarkeit der Ikosaedergleichung — und also der allgemeinen Gleichungen fünften Grades — durch Wurzelzeichen. Dieser Beweis benutzt den einfachen Umstand, daß die Wurzeln $z_1, z_2, \ldots, z_{60}$ der Ikosaedergleichung als Funktionen des Ikosaederparameters X in charakteristischer Weise verzweigt sind, nämlich so, daß von den Blättern der zugehörigen Riemannschen Fläche bei $X = 0$ je drei, bei $X = 1$ je zwei, bei $X = \infty$ je fünf miteinander im Zyklus zusammenhängen, andere Verzweigungen aber nicht auftreten.

Wir müssen uns zuerst den Abelschen Satz in Erinnerung rufen, daß im Falle eine Gleichung durch Wurzelzeichen lösbar ist, man allen bei der Auflösung auftretenden Wurzelgrößen eine solche Form geben kann, daß sie rationale Funktionen der Wurzeln $z_1, \ldots, z_n$ der vorgelegten Gleichung vorstellen.

Nehmen wir nun an, daß die Ikosaedergleichung durch Wurzelzeichen lösbar sei, und richten unsere Aufmerksamkeit insonderheit auf die *innerste* dabei auftretende Wurzelgröße! Dieselbe ist, eben weil sie die innerste Wurzelgröße ist, aus einer rationalen Funktion von X, welche $R(X)$ heißen mag, gezogen. Wir wollen den Grad der Wurzel, was der Allgemeinheit unseres Ansatzes keinen Eintrag tut und hinterher eine einfachere Ausdrucksweise gestattet, als Primzahl p nehmen. Bemerken wir noch, daß

---

[1]) [Dieser Aufsatz, der einer viel späteren Zeit angehört, wird hier angeschlossen, weil er eine wesentliche Ergänzung der vorangehenden Abhandlung LIV, wie auch des Ikosaederbuches, vorstellt. Ich bin gelegentlich gefragt worden, warum er erst so lange hernach (Sommer 1905, bei einer Vorlesung über Elementarmathematik vom höheren Standpunkte) entstanden ist. In der Hauptsache wohl deshalb, weil ich geglaubt hatte, Betrachtungen dieser Art (über Gleichungen, die sich nicht durch Wurzelzeichen auflösen lassen, übrigens aber einen Parameter enthalten) seien längst bekannt. Das einzige, was ich mir für die Durchführung des Beweises genau zu überlegen hatte, war die Heranziehung des Abelschen Satzes. K.]

$R(X)$ gewiß keine p-te Potenz ist; sonst würde man $\sqrt[p]{R(X)}$ nicht als innerste vorkommende Wurzel mitrechnen. Nun soll $\sqrt[p]{R(X)}$ nach dem Abelschen Satze gleich einer rationalen Funktion der Wurzeln $z_1, z_2, \ldots, z_{60}$ der Ikosaedergleichung sein:

$$\sqrt[p]{R(X)} = r(z_1, z_2, \ldots, z_{60}).$$

Ich sage, daß hierin bereits ein Widerspruch liegt, und zwar wegen der Verzweigung der $z_1, z_2, \ldots, z_{60}$ in bezug auf X.

Aus dieser Verzweigung folgt nämlich sofort, daß r als Funktion von X wieder nur bei $X = 0, 1, \infty$ verzweigt sein kann, und zwar nur so, daß Blätter, die bei $X = 0$ nicht isoliert verlaufen, zu je drei im Zyklus zusammenhängen, Blätter, die bei $X = 1$ verzweigt sind, zu je zwei, und Blätter, die es bei $X = \infty$ sind, zu je fünf. *Eine solche Verzweigung kann aber bei einer Funktion $\sqrt[p]{R(X)}$ nie auftreten.*

Um dies möglichst präzis zu fassen, schreiben wir für X homogen machend X_1/X_2, spalten dann $R(X_1, X_2)$ in Zähler und Nenner:

$$R = \frac{\varphi(X_1, X_2)}{\psi(X_1, X_2)},$$

wo φ, ψ teilerfremde Polynome desselben Grades sein werden, und zerlegen φ, ψ in ihre Linearfaktoren. Wir erhalten so etwa

$$\varphi = l_1^{\alpha_1} l_2^{\alpha_2} \ldots l_\mu^{\alpha_\mu}, \qquad \psi = m_1^{\beta_1} m_2^{\beta_2} \ldots m_\nu^{\beta_\nu},$$

wo

$$\alpha_1 + \alpha_2 + \ldots + \alpha_\mu = \beta_1 + \beta_2 + \ldots + \beta_\nu$$

sein wird, Die Blätter der zu $\sqrt[p]{R(X)}$ gehörigen Riemannschen Fläche werden überall da, wo ein Linearfaktor l oder m verschwindet, dessen Multiplizität α bez. β *nicht* durch p teilbar ist, alle p im Zyklus zusammenhängen, andere Verzweigungen aber nicht aufweisen.

Nun ist die Sache die, daß von Verzweigungsstellen der in Rede stehenden Art notwendig mindestens zwei auftreten. In der Tat: aus der für die α, β geltenden Gleichung schließen wir auf das Bestehen der Kongruenz

$$\alpha_1 + \alpha_2 + \ldots + \alpha_\mu \equiv \beta_1 + \beta_2 + \ldots + \beta_\nu \qquad (\text{mod. } p),$$

und eine solche Kongruenz kann — wenn nicht alle α, β einzeln durch p teilbar sind, was auszuschließen ist, weil dann $R(X)$ eine p-te Potenz sein würde — nur so statthaben, daß mindestens zwei der Zahlen α, β nicht durch p teilbar sind.

Die Funktion $\sqrt[p]{R(X)}$ hat also in der Tat eine Verzweigung, welche mit derjenigen einer Funktion $r(z_1, z_2, \ldots, z_{60})$ niemals übereinstimmen kann.

Offenbar gewinnen wir durch die so formulierte Überlegung gleich einen allgemeineren Satz. Es sei $f(z, X) = 0$ eine algebraische Gleichung für z, die den Parameter X rational enthält. Als Funktion von X seien die Wurzeln z bei $X = A, B, C, \ldots$ verzweigt. Bei $X = A$ möge eine Anzahl von Blättern zu je $\varkappa_1$ zusammenhängen, andere zu je $\varkappa_2$ usw. Ich bilde mir das kleinste gemeinsame Multiplum der Zahlen $\varkappa_1$, $\varkappa_2 \ldots$ und nenne es $\varkappa$. Eine entsprechende Bedeutung mögen für die Verzweigungsstelle $X = B$ die Zahlen $\lambda_1, \lambda_2, \ldots$ bez. λ, für die Verzweigungsstelle $X = C$ die Zahlen $\mu_1, \mu_2, \ldots$ bez. μ haben. *Die vorgelegte Gleichung ist gewiß nicht durch Wurzelzeichen lösbar, wenn die Zahlen $\varkappa, \lambda, \mu, \ldots$ alle relativ prim sind.*

Juist, den 26. August 1905.

[Man hat mir den Wunsch ausgesprochen, ich möge den vorstehenden Beweis, damit er jedermann elementar verständlich sei, vom Ikosaeder ablösen und an das Beispiel einer geeigneten Gleichung fünften Grades anknüpfen. Hierzu genügt, daß ich die einfache Resolvente fünften Grades hinschreibe, welcher nach S. 100—102 meines Ikosaederbuches die dort mit

$$r_\nu = \frac{t_\nu^2}{f}$$

bezeichnete Funktion genügt. Die Resolvente lautet (vgl. die Fußnote [56]) auf S. 375 dieses Wiederabdrucks):

$$(r-3)^3 (r^2 - 11r + 64) : r(r^2 - 10r + 45)^2 : -1728 = X : X - 1 : 1^2),$$

wo nun in der Tat ohne weiteres ersichtlich ist, daß von den fünf Blättern der Riemannschen Fläche $r(X)$ drei bei $X = 0$, zweimal zwei bei $X = 1$ und alle fünf bei $X = \infty$ im Zyklus verzweigt sind, während andere Verzweigungen nicht auftreten. Da haben wir also eine Gleichung fünften Grades mit einem Parameter X, welche bestimmt nicht durch Wurzelzeichen lösbar ist, womit die allgemeine Nichtauflösbarkeit bei Gleichungen fünften Grades, welche beliebig veränderliche Koeffizienten enthalten, bewiesen ist. K.]

---

[2]) [Vgl. auch meine Abhandlung „Über die Erniedrigung der Modulargleichung" aus den Math. Annalen, Bd. 14 (1878/79), die in Bd. 3 dieser Gesamtausgabe abgedruckt wird. Daselbst insbesondere § 2 und § 6.]

LVI. Über Gleichungen siebenten Grades[1].

[Sitzungsberichte der physikalisch-medizinischen Sozietät zu Erlangen 1877/1878.]

Bekanntlich hat die Modulargleichung, die der Transformation siebenter Ordnung der elliptischen Funktionen entspricht, eine Galoissche Gruppe von 168 Substitutionen, und es ist ein altes Problem, Gleichungen siebenten und achten Grades, welche eben diese Gruppe besitzen, durch algebraische Prozesse auf die betr. Modulargleichung zurückzuführen und also durch elliptische Funktionen zu lösen (vgl. Kronecker in den Berliner Monatsberichten von 1858). Es ist mir nun gelungen, der Modulargleichung eine solche Form zu erteilen, daß diese Zurückführung sich in der Tat ermöglicht; man bedarf dabei einer Hilfsgleichung vom *vierten* Grad, von der man zeigen kann, daß sie nicht zu vermeiden ist.

Es sei $J = \dfrac{g_2^3}{\Delta}$ die absolute Invariante des gegebenen elliptischen Integrals, ω das Verhältnis der zugehörigen Perioden, q, wie gewöhnlich, gleich $e^{i\pi\omega}$. Es sei entsprechend J' die absolute Invariante des transformierten Integrals. Dann wird die Transformation siebenter Ordnung durch folgende Formel geliefert. *Setzt man:*

$$J = \frac{(x^2 - 13\,x + 49)\,(x^2 - 5\,x + 1)^3}{1728\,x},$$

so ist

$$\begin{cases} x = 49\,q^2\,\dfrac{\Pi(1 - q^{14\nu})^4}{\Pi(1 - q^{2\nu})^4}, \\[2ex] J' = \dfrac{(x'^2 - 13\,x' + 49)\,(x'^2 - 5\,x' + 1)^3}{1728\,x'}, \quad \text{wo } x \cdot x' = 49\,[2]. \end{cases}$$

---

[1] Diese vorläufige Mitteilung wurde am 4. März 1878 vorgelegt, [und ist hier dem sonst eingehaltenen Brauch entgegen abgedruckt, weil sie das Problem noch erst viel abstrakter faßt als die unmittelbar folgende Abh. LVII.]

[2] [Vgl. meine in Bd. 3 dieser Ausgabe abzudruckende Abhandlung: „Über die Transformation der elliptischen Funktionen und die Auflösung der Gleichungen fünften Grades" in den Math. Annalen, Bd. 14 (1878/79), besonders Abschnitt II, § 15, Formel (20). K.]

Ich werde nun die Gleichung

$$J = \frac{(x^2 - 13\,x + 49)\,(x^2 - 5\,x + 1)^3}{1728\,x}$$

in der Weise geometrisch interpretieren, wie ich dies bei früheren Gelegenheiten schon öfters tat, indem ich die acht Wurzeln

$$x_1,\, x_2,\, \ldots,\, x_8$$

als Koordinaten eines Punktes im Raume von acht Dimensionen betrachte, der 168 im allgemeinen verschiedene Lagen annimmt, wenn man die x durch die Galoissche Gruppe vertauscht. Läßt man jetzt J sich beliebig ändern, so durchlaufen die 168 Punkte ein und dieselbe irreduzible Kurve (Mannigfaltigkeit erster Dimension), und nun kommt alles darauf an (was ich aber hier nicht ausführe), zu zeigen, *daß das Geschlecht dieser Kurve gleich 3 ist.* Infolgedessen kann man nämlich einem beliebigen Raumpunkte

$$x_1,\, x_2,\, \ldots,\, x_8$$

durch rationalen Prozeß ein Quadrupel $(4 = 2p - 2)$ von Punkten auf dieser Raumkurve zuordnen. In der Tat: auf einer Kurve vom Geschlechte 3 gibt es zweifach unendlich viele Punktquadrupel, welche im Sinne der bei den Abelschen Funktionen geltenden Terminologie durch die Funktionen φ bestimmt werden. Diese zweifach unendlich vielen Quadrupel werden auf unserer Raumkurve durch Flächen (Mannigfaltigkeiten der $(n-1)$-ten Dimension) irgendwelcher Ordnung, welche eine gewisse Anzahl Parameter linear enthalten, ausgeschnitten. Nun kennt man aber außer dem Punkte $x_1,\, x_2,\, \ldots,\, x_8$ eine beliebige Anzahl Raumpunkte rational, z. B. die Punkte $x_1^\nu,\, x_2^\nu,\, \ldots,\, x_8^\nu$, wo ν irgendeine ganze Zahl ist. Unter ihnen wähle man so viele aus, daß durch sie gerade eine der genannten Mannigfaltigkeiten hindurchgeht. Dann ist also in der Tat dem beliebigen Raumpunkte ein Quadrupel von Punkten auf der Raumkurve zugeordnet, und dies gibt, algebraisch formuliert, den in der Einleitung ausgesprochenen Satz.

LVII. Über die Auflösung gewisser Gleichungen vom siebenten und achten Grade.

[Math. Annalen, Bd. 15 (1879).]

Die Modulargleichung, welche der Transformation siebenter Ordnung der elliptischen Funktionen entspricht, hat eine Galoissche Gruppe von 168 Substitutionen. Wird es möglich sein, solche Gleichungen siebenten oder achten oder auch 168-ten Grades, welche dieselbe Gruppe besitzen, durch ausführbare Prozesse auf die Modulargleichung zurückzuführen? Und welches sind die einfachsten Mittel, deren man sich zu diesem Zwecke zu bedienen hat? Dies sind diejenigen Fragen, welche sich naturgemäß aufdrängen mußten, als es gelungen war, die allgemeinen Gleichungen *fünften* Grades mit der Modulargleichung für Transformation fünfter Ordnung in Verbindung zu setzen[1]). Ich glaube, daß diese Fragen unerledigt geblieben waren, als ich, vor nun einem Jahre, mich denselben zum ersten Male zuwandte. In einer ersten Note, welche am 4. März 1878 der Erlanger Sozietät vorgelegt wurde[2]), bemerkte ich, *daß sich die fragliche Zurückführung in der Tat ermöglicht, daß man dabei aber einer Hilfsgleichung vierten Grades bedarf, welche man nicht vermeiden kann.* In einer zweiten, gleichbenannten Note vom 20. Mai desselben Jahres entwickelte ich sodann in allgemeinen Umrissen, *wie man rechnerisch diese Zurückführung zu realisieren hat.* — Ein Hauptteil dieser Untersuchungen bezog sich auf die Formulierung des Transformationsproblems siebenter Ordnung der elliptischen Funktionen; ich habe denselben seitdem für sich in ausgeführter Form in den Math. Annalen veröffentlicht[3]). Indem ich im folgenden an diese Formulierung anknüpfe, gelingt es mir, die allgemeine Beantwortung des Hauptproblems auf einige wenige Sätze zurückzuführen;

---

[1]) [Gemeint ist meine Abhandlung: „Über die Transformation der elliptischen Funktionen und die Auflösung der Gleichungen fünften Grades" in den Math. Annalen, Bd. 14 (1878/79), welche erst in Bd. 3 dieser Gesamtausgabe abgedruckt werden wird.] Vgl. Kronecker: Über Gleichungen siebenten Grades, Monatsberichte der Berliner Akademie, 1858; vgl. ferner wegen der Gruppierungsverhältnisse den neuen Aufsatz von Nöther in Bd. 15 der Math. Annalen (1879), S. 89 ff.

[2]) Über Gleichungen siebenten Grades. [Vorstehend als Nr. LVI abgedruckt.]

[3]) Über die Transformation siebenter Ordnung der elliptischen Funktionen; Math. Annalen, Bd. 14 (1878/79). [Wird in Bd. 3 dieser Ausgabe abgedruckt.]

ein Eingehen in das rechnerische Detail, welches jedenfalls auch von großem Interesse sein würde, habe ich um so eher unterlassen können, als sich Herr Gordan bereits seit einiger Zeit mit demselben beschäftigt und seine Resultate demnächst in den Math. Annalen veröffentlichen wird[4]). Dagegen habe ich in meiner Darstellung den Prinzipien eine solche Form gegeben, daß sie nicht nur das zunächst in Betracht kommende Problem der Gleichungen mit 168 Substitutionen erledigen, sondern überhaupt erkennen lassen, *wie man ähnliche Probleme bei beliebigen höheren Gleichungen zu behandeln, und, was wichtiger ist, wie man sie aufzustellen hat.* Die so entstehende *allgemeine Methode zur Behandlung höherer Gleichungen* (welche natürlich noch mannigfacher Entwicklung fähig sein wird) schließt ebensowohl die Auflösung zyklischer Gleichungen durch Wurzelzeichen, als die Kroneckersche Behandlung der Gleichungen fünften Grades in sich. Man kann meine Methode geradezu als eine Verallgemeinerung der letzteren betrachten, wie mir auch andere zerstreute Bemerkungen Kroneckers von Nutzen gewesen sind[5]). Doch glaube ich, daß der Gesichtspunkt, unter dem ich Kroneckers und Brioschis hierher gehörige Untersuchungen auffasse, und vermöge dessen ich zu meiner Verallgemeinerung schreite, neu ist und erst aus meinen Untersuchungen über das Ikosaeder[6]), resp. aus meinen früheren Bemühungen, eine geometrische Deutung für die Resolventen algebraischer Gleichungen zu finden[7]), erwachsen ist. Bei Kronecker oder Brioschi wird nirgends ein allgemeiner Grund angegeben, *weshalb* die Jacobischen Gleichungen sechsten Grades als die einfachsten rationalen Resolventen der Gleichungen fünften Grades anzusehen sind; indem ich diese Jacobischen Gleichungen als Vertreterinnen eines *Systems von 60 ternären linearen Substitutionen auffasse, welches mit der Gruppe der 60 geraden Vertauschungen von fünf Dingen isomorph ist,* habe ich von Anfang an das Prinzip, nach welchem man in allen Fällen die Normalgleichungen, in die sich die gegebenen durch rationale Resolventenbildung transformieren lassen, a priori charakterisieren kann. Dies sind dann z. B. im Falle der Gleichungen siebenten Grades mit 168 Substitutionen *nicht* die Jacobischen Gleichungen achten Grades.

----

   [4]) [Vgl. die am Ende dieser Abhandlung (auf S. 426) folgenden genaueren Angaben über die hierher gehörigen, von Gordan später veröffentlichten Untersuchungen. K.]

   [5]) Vgl. zumal eine Notiz in den Berliner Monatsberichten vom Jahre 1861, S. 615, über die Zurückführung gewisser Gleichungen $(2n+2)$-ten Grades auf die Jacobischen Gleichungen vom $(n+1)$-ten Grade.

   [6]) Math. Annalen, Bd. 12 (1877) [vorstehend als Abh. LIV abgedruckt]. Vgl. besonders daselbst Abschnitt II, §§ 1—5 und 10.

   [7]) Math. Annalen, Bd. 4 (1871) [vorstehend als Abh. L abgedruckt].

Mit diesem Probleme *der rationalen Transformation gegebener Gleichungen auf gewisse Normalformen* beschäftigt sich der erste Abschnitt des Folgenden. Ich habe mich dabei, was die speziellen Probleme des fünften, siebenten oder achten Grades betrifft, mit Vorliebe wieder geometrischer Überlegungen bedient, obwohl das algebraische Schlußresultat ebenso durch den allgemeinen analytischen Ansatz erzielt werden kann. Denn die Geometrie veranschaulicht und erleichtert nicht nur, sie hat auch in diesen Untersuchungen das Vorrecht der *Erfindung*. Die geometrische Theorie der Jacobischen Gleichungen achten Grades, wie ich sie in § 8 des folgenden auseinandersetze, ist es gewesen, von der ich bei allen diesen Untersuchungen ausging, und zwar war es hier wieder der a. a. O. angegebene Paul Serretsche Satz, der mich von vornherein die Existenz eines ausgezeichneten Netzes von Flächen zweiter Ordnung erkennen ließ. — Übrigens schließt dieser erste Abschnitt mit der Angabe gewisser Gruppen linearer Substitutionen, welche für die allgemeine Theorie der Modulargleichungen von Wichtigkeit sein müssen.

Im zweiten Abschnitte handelt es sich, allgemein zu reden, um *algebraische* Transformation gegebener Gleichungen auf Normalformen mit nur einem Parameter. Inzwischen lasse ich, um der Klarheit der Darstellung nicht durch Unbestimmtheit derselben Eintrag zu tun, nunmehr den Ausblick auf beliebig gegebene Gleichungen beiseite und beschäftige mich nur mit den Problemen mit 168 Substitutionen. Ich möchte namentlich hervorheben, daß ich nicht nur die Zurückführung auf die Modulargleichung, wie sie gewünscht wird, explizite bewerkstellige, sondern daß ich auch zeige, weshalb man die Modulargleichung in der von mir gegebenen Form zweckmäßigerweise als Definition einer Fundamentalirrationalität erachtet[8]).

Abschnitt I.

Normalformen, welche sich durch rationale Transformation herstellen lassen.

§ 1.

Fundamentalsatz.

Was unter einem endlichen Systeme (einer endlichen Gruppe) von N homogenen linearen Substitutionen der Variabeln $x_1, x_2, \ldots, x_n$ zu ver

---

[8]) [Das Wort „Modulargleichung" ist im Texte überall in allgemeinerem Sinne gebraucht, als es sonst und vielfach auch in meinen in Bd. 3 abzudruckenden Untersuchungen über elliptische Funktionen geschieht. Es steht kurzweg für die geeignete algebraische Formulierung, die ich an Stelle der gewöhnlichen Modulargleichung gesetzt habe. K.]

stehen sei, ist durch die Benennung selbst wohl hinreichend erklärt. Man beachte im folgenden vor allem, daß ein analoges System homogener linearer Substitutionen allemal auch für die kontragredienten Variabeln $u_1, u_2, \ldots, u_n$ gegeben ist; sofern man verlangt, daß die bilineare Form

$$u_1 x_1 + u_2 x_2 + \ldots + u_n x_n$$

bei den simultanen Substitutionen der x und u ungeändert bleibt. Dieses kontragrediente System umfaßt eventuell in seiner Gesamtheit dieselben Substitutionen, wie das ursprüngliche; aber darum sind die Substitutionen der x und u, welche simultan auftreten, .noch nicht notwendig identisch.

Ich will nun annehmen, daß ein anderes System von $\dfrac{N}{\nu}$ homogenen linearen Substitutionen bei μ Variablen $y_1, y_2, \ldots, y_\mu$ gegeben sei, und zwar sei dieses System mit demjenigen, dem die x unterworfen werden, *isomorph*[9]). Der Isomorphismus kann entweder ein *holoedrischer* sein, also so beschaffen, daß jeder Substitution der x nur *eine* Substitution der y entspricht, sowie umgekehrt jeder Substitution der y nur *eine* Substitution der x (dann ist $\nu = 1$), oder er mag in der Weise meroedrisch sein, daß freilich einer Substitution der y mehrere (ν) Substitutionen der x entsprechen, doch einer Substitution der x immer nur *eine* Substitution der y. — Die zu den y gehörigen kontragredienten Variablen nenne ich weiterhin $v_1, v_2, \ldots, v_\mu$.

Dann sage ich, *daß es immer solche ganze homogene Funktionen der $x_1, x_2, \ldots, x_n$ gibt:*

$$Y_1, Y_2, \ldots, Y_\mu,$$

welche sich bei den linearen Substitutionen, denen die x unterworfen werden, ihrerseits wie die $y_1, y_2, \ldots, y_\mu$ homogen linear substituieren.

Der Beweis ergibt sich, indem man einen allgemeinen Prozeß betrachtet, der solche Funktionen $Y_1, Y_2, \ldots, Y_\mu$ liefert. Man wähle irgendeine ganze homogene Funktion der x:

$$\varphi(x_1, x_2, \ldots, x_n),$$

welche nur *der* Bedingung genügen muß, daß zwischen den Werten, welche sie bei den N Substitutionen der x annimmt und die ich der Reihe nach

$$\varphi^{(1)}, \varphi^{(2)}, \ldots, \varphi^{(N)}$$

nennen will, gewisse sogleich zu definierende lineare homogene Relationen mit numerischen Koeffizienten *nicht* bestehen. Durch die entsprechenden Substitutionen wird eine der kontragredienten Variablen v, etwa v_1, ebenso in N Ausdrücke übergeführt, welche aber alle lineare Funktionen mit

---

[9]) Siehe C. Jordan, Traité des substitutions usw. (1870), S. 56.

numerischen Koeffizienten von $v_1, v_2, \ldots, v_\mu$ sind. Man nenne diese Werte einen Augenblick $v^{(1)}, v^{(2)}, \ldots, v^{(N)}$ und ordne sie den entsprechenden φ zu, indem man die bilineare Funktion bildet:

$$\varphi^{(1)} v^{(1)} + \varphi^{(2)} v^{(2)} + \ldots + \varphi^{(N)} v^{(N)}.$$

Offenbar bleibt diese bilineare Form völlig ungeändert, wenn man die x und die y, und also die v, *simultan* den zusammengehörigen Substitutionen unterwirft. Ersetzt man also jetzt die $v^{(1)}, v^{(2)}, \ldots, v^{(N)}$ durch ihre Ausdrücke in $v_1, v_2, \ldots, v_\mu$, ordnet nach letzteren und schreibt

$$\varphi^{(1)} v^{(1)} + \varphi^{(2)} v^{(2)} + \ldots + \varphi^{(N)} v^{(N)} = Y_1 v_1 + Y_2 v_2 + \ldots + Y_\mu v_\mu,$$

so sind die $Y_1, Y_2, \ldots, Y_\mu$ ohne weiteres Funktionen der geforderten Beschaffenheit. Sie müssen sich bei den Substitutionen der x wie die y substituieren, damit die bilineare Form $Y_1 v_1 + \ldots + Y_\mu v_\mu$ bei den simultanen Substitutionen der x, v völlig ungeändert bleiben kann. — Wie man sieht, sind die Y lineare Aggregate der $\varphi^{(1)}, \varphi^{(2)}, \ldots, \varphi^{(N)}$, und die einzige Bedingung, der die Funktion φ genügen muß, ist daher die, *daß diese linearen Aggregate nicht identisch verschwinden*[10]).

Der so geschilderte allgemeine Prozeß kann auf mannigfache Weise modifiziert werden, wenn man eingehendere Kenntnis der Substitutionssysteme der x und der y besitzt. Ein Beispiel, dem sich in der Folge noch andere anreihen (§§ 5, 9, 10), sei dieses. Es mögen Funktionen der y und v bekannt sein:

$$F^{(1)}, F^{(2)}, \ldots,$$

welche sich bei den in Betracht kommenden Substitutionen gar nicht ändern. Es sollen andererseits gewisse Funktionen

$$f^{(1)}, f^{(2)}, \ldots$$

der y, v und

$$\varphi^{(1)}, \varphi^{(2)}, \ldots$$

der x bekannt sein, welche bei den simultanen Substitutionen gleichzeitig folgende s Werte annehmen:

$$f_1^{(i)}, f_2^{(i)}, \ldots, f_s^{(i)},$$

resp.

$$\varphi_1^{(i)}, \varphi_2^{(i)}, \ldots, \varphi_s^{(i)}.$$

Gelingt es dann, von den Formen:

$$F^{(1)}, F^{(2)}, \ldots, \sum_{k=1,2..s} f_k^{(i)} \varphi_k^{(i)},$$

---

[10]) [Daß man dieser Bedingung in der Tat immer genügen kann, hat Burkhardt 1892 in Bd. 41 der Math. Annalen (S. 309—312) ausdrücklich gezeigt. — Übrigens ist auch noch notwendig zu verlangen, wie ich in einer Vorlesung im Jahre 1886/87 ausführte, daß zwischen den Y keine linearen Identitäten bestehen. Diese Möglichkeit ist in den im Folgenden zu behandelnden Beispielen ausgeschlossen, weil es im Gebiet der Variabeln $y_1, y_2 \ldots$ keinen linearen Teilraum gibt, der bei allen Substitutionen der in Betracht kommenden Gruppen invariant wäre. K.]

in denen die y, v als Veränderliche betrachtet werden sollen, irgendeine lineare Kontravariante zu bilden:

$$Y_1 v_1 + Y_2 v_2 + \ldots + Y_\mu v_\mu,$$

wo die Y neben numerischen Koeffizienten nur noch die x enthalten werden, so sind die Y wieder Funktionen der geforderten Beschaffenheit.

In der Tat, da die Grundformen $F^{(1)}$, $F^{(2)}$, $\ldots$, $\sum f_k^{(i)} \varphi_k^{(i)}$ bei den zusammengehörigen Substitutionen der x, y, v völlig ungeändert bleiben, so wird es auch jede Kovariante tun, insbesondere unsere lineare Kontravariante. —

§ 2.

Anwendung auf die Theorie der Gleichungen.

Mit jedem endlichen Systeme von N Substitutionen der Variablen x_1, x_2, $\ldots$, x_n hängt ein algebraisches Problem zusammen, das mit einer Gleichung, deren Galoissche Gruppe N Permutationen enthält, äquivalent ist. Es seien

$$\Phi^{(1)}, \; \Phi^{(2)}, \; \ldots$$

die Gesamtheit derjenigen ganzen Funktionen der x, welche bei den linearen Substitutionen, denen die x unterworfen werden, ungeändert bleiben. Die Zahlenwerte, welche diese $\Phi^{(1)}$, $\Phi^{(2)}$, $\ldots$ bei unbekannten x_1, x_2, $\ldots$, x_n annehmen, seien [natürlich unter Aufrechterhaltung der etwa zwischen ihnen bestehenden algebraischen Identitäten, im übrigen aber als frei veränderliche Größen] gegeben. Dann besteht das gemeinte Problem in der Aufgabe: *aus den Φ die x zu bestimmen.* Ich werde dementsprechend von einem „Probleme der x" sprechen.

Ebenso gibt es ein „Problem der y"; und die Bedeutung des im vorigen Paragraphen aufgestellten Satzes ist offenbar die: *daß es ganze rationale Funktionen der x gibt, welche von einem „Probleme der y" abhängen,* oder auch: *daß es möglich ist, das „Problem der x" auf rationalem Wege auf das „Problem der y" zurückzuführen.*

Unter diesen allgemeinen Begriff des „Problems der x" ordnet sich nun, wenn man will, als besonderer Fall die Auflösung jeder Gleichung n-ten Grades $f(x) = 0$ ein. Die linearen Substitutionen, denen die x unterworfen werden, sind dann bloße *Vertauschungen* der x untereinander, nämlich diejenigen, welche in ihrer Gesamtheit die Galoissche Gruppe der Gleichung $f(x) = 0$ ausmachen. Besteht diese Gruppe aus der Gesamtheit aller Vertauschungen, so decken sich die ungeändert bleibenden Funktionen der x mit den symmetrischen Funktionen; die Funktionen $\Phi^{(1)}$, $\Phi^{(2)}$, $\ldots$, welche gegeben sein sollen, sind also nichts anderes als die *Koeffizienten* der Gleichung. Ist aber die Galoissche Gruppe kleiner, so sind die $\Phi^{(1)}$, $\Phi^{(2)}$, ... die Gesamtheit derjenigen *ganzen* Funktionen der x, welche man nach Galois als *adjungiert* bezeichnet[11]).

Mit diesem besonderen Systeme linearer Substitutionen der $x_1, x_2, \ldots, x_n$ mag jetzt, im Sinne des vorigen Paragraphen, ein System linearer Substitutionen der $y_1, y_2, \ldots, y_n$ holoedrisch oder auch meroedrisch isomorph sein. Dann ist es also nach dem Gesagten möglich, *die Auflösung der Gleichung* $f(x) = 0$ *auf rationalem Wege auf das „Problem der y" zurückzuführen.*

Die allgemeine Methode nun, welche ich behufs rationaler Umformung der algebraischen Gleichungen vorschlage, besteht einfach darin, *daß ich zunächst die kleinste Zahl μ suche, bei welcher ein Isomorphismus der gewollten Art zwischen den Vertauschungen der x und linearen Substitutionen der $y_1, \ldots, y_\mu$ möglich ist, und daß ich dann die Gleichung* $f(x) = 0$ *durch das „Problem der y" ersetze.*

Ich will annehmen, daß man aus $f(x) = 0$ durch rationale Substitutionen das Glied mit x^{n-1} fortgeschafft habe, daß also $\sum x = 0$ ist. So sind die Vertauschungen der x im Grunde ein System linearer Substitutionen bei nur $(n-1)$ Veränderlichen, und die Minimalzahl μ daher jedenfalls nicht größer als $(n-1)$ [12]). Ist sie aber kleiner als $(n-1)$, so ist durch meine Umformung ein Fortschritt erzielt, der sich einmal darin ausspricht, daß ein Problem, welches von Hause aus $(n-1)$ Parameter enthält, deren nur mehr μ umfaßt, der aber andererseits auch die Reihenentwicklungen vereinfacht, deren man sich bei Berechnung der Wurzeln x zu bedienen hat. Ist $\sum x = 0$, so lassen sich die x, wie selbstverständlich, immer als Integrale von linearen Differentialgleichungen $(n-1)$-ter Ordnung betrachten[13]); meine Reduktion zeigt, daß man bis zu linearen Differentialgleichungen der μ-ten Ordnung hinabsteigen kann.

An der so formulierten Methode möchte ich übrigens nur dann unbedingt festhalten, wenn die Galoissche Gruppe von $f(x) = 0$ *einfach* ist. Ist sie zusammengesetzt, so kann man sie durch eine Reihenfolge einfacher Gleichungen ersetzen und jede für sich nach der angegebenen

---

[11]) Dieser Auffassung entsprechend stelle ich für alle Gleichungen, welche einen Affekt besitzen, das Problem auf, das volle System dieser rationalen, ganzen Funktionen zu bilden (selbstverständlich mit den zwischen seinen Formen bestehenden identischen Relationen). Eine solche Gleichung sollte dann nicht in der Weise angeschrieben werden, daß man nur die Werte ihrer Koeffizienten mitteilt, sondern es sollten die Werte aller dieser ganzen Funktionen explizite angegeben werden.

[12]) [Vgl. die an das Evanston Colloquium anknüpfende Notiz der Vorbemerkungen, S. 260. K.]

[13]) Dies die sog. Methode der *Differentialresolventen*, mit der sich englische Algebristen: Boole, Cockle, Harley u. a. beschäftigt haben.

Methode behandeln. Aber es kann sein, daß sich die so entstehenden „Probleme der y" in zweckmäßiger Weise zu einem einzigen Probleme von etwas komplizierterem Charakter zusammenziehen lassen. In diesem Sinne fasse ich die Methode auf, mit der Gordan diejenigen Gleichungen fünften Grades behandelt hat, in welcher die vierte und dritte Potenz der Unbekannten fehlt (Math. Annalen, Bd. 13 [1878])[14]). Den 120 Vertauschungen der fünf Wurzeln x wird hier ein isomorphes System linearer Substitutionen entsprechend gesetzt, welches *zwei* Reihen von je zwei Variabeln in der Art betrifft, daß einer *geraden* Permutation der x eine binäre lineare Substitution jeder Variablenreihe entspricht, einer *ungeraden* Permutation überdies eine Vertauschung der beiden Reihen.

§ 3.

Einfachste Beispiele.

1. Es sei $f(x) = 0$ *zyklisch*. Die Aufeinanderfolge der x in dem einen in Betracht kommenden Zyklus werde durch die Reihenfolge der Indizes angegeben, und da diese Indizes modulo n betrachtet werden, so schreibe ich $x_0, x_1, \ldots, x_{n-1}$. Dann ist die Minimalzahl $\mu = 1$, die entsprechende Gruppe linearer Substitutionen ersetzt die *eine* Variable y_1 der Reihe nach durch:

$$y_1, \; \varrho^{-1} y_1, \; \varrho^{-2} y_1, \; \ldots, \; \varrho^1 y_1,$$

wo ϱ eine primitive n-te Einheitswurzel bedeutet. Das kontragrediente v_1 geht gleichzeitig über in:

$$v_1, \; \varrho v_1, \; \varrho^2 v_1, \; \ldots, \; \varrho^{n-1} v_1.$$

Als Funktionen φ der x wähle man x_0 selbst. So entsteht die bilineare Form:

$$x_0 \cdot v_1 + x_1 \cdot \varrho v_1 + x_2 \cdot \varrho^2 v_1 + \ldots + x_{n-1} \cdot \varrho^{n-1} v_1,$$

oder, wenn man den Koeffizienten von v_1 mit Y_1 bezeichnet:

$$Y_1 = x_0 + \varrho x_1 + \varrho^2 x_2 + \ldots + \varrho^{n-1} x_{n-1}.$$

Unser Ansatz liefert also den Ausdruck des Lagrange. Zugleich ist die einzige ungeändert bleibende ganze Funktion von y_1 die n-te Potenz: y_1^n; das „Problem der y" besteht also im vorliegenden Falle einfach darin, aus einer bekannten Größe die n-te Wurzel zu ziehen.

2. Es sei n eine Primzahl und die Gleichung $f(x) = 0$ *metazyklisch*. Die Vertauschungen der $x_0, x_1, \ldots, x_{n-1}$, welche die Galoissche Gruppe ausmachen, sind durch folgende Formel gegeben:

$$x_\nu' = x_{\alpha\nu+\beta},$$

---

[14]) [Siehe die zugehörigen Ausführungen, die ich vorstehend im Anschluß an die Abh. LIV auf S. 380 ff. gegeben habe. K.]

wo α die Werte 1, 2, ..., $(n-1)$, β alle Werte 0, 1, 2, ..., $(n-1)$ durchlaufen soll. Alle diese Vertauschungen erwachsen, wenn man folgende zwei Substitutionen beliebig wiederholt und kombiniert:

$$(1) \qquad \begin{cases} 1. & x_\nu' = x_{\nu+1}, \\ 2. & x_{g\nu}' = x_\nu, \end{cases}$$

g bedeutet dabei eine Primitivwurzel modulo n. Man bilde nunmehr folgende $(n-1)$ Ausdrücke:

$$
\begin{aligned}
y_1 &= x_0 + \varrho x_1 + \varrho^2 x_2 + \cdots + \varrho^{n-1} x_{n-1}, \\
y_2 &= x_0 + \varrho^2 x_1 + \varrho^4 x_2 + \cdots + \varrho^{2(n-1)} x_{n-1}, \\
& \;\cdot \quad \cdot \quad \cdot \quad \cdot \quad \cdot \quad \cdot \quad \cdot \quad \cdot \quad \cdot \quad \cdot \\
y_{n-1} &= x_0 + \varrho^{n-1} x_1 + \varrho^{2(n-1)} x_2 + \cdots + \varrho x_{n-1}.
\end{aligned}
$$

Offenbar erhält man, den Vertauschungen 1., 2. entsprechend, folgende Substitutionen der y:

$$
\begin{aligned}
\text{ad 1.} \quad & y_k' = \varrho^{-k} y_k, \\
\text{ad 2.} \quad & y_k' = y_{gk}.
\end{aligned}
$$

Ich werde nunmehr unter der Gesamtheit der metazyklischen Vertauschungen $x_\nu' = x_{\alpha\nu+\beta}$ die Hälfte herausgreifen, indem ich dem α auferlege, quadratischer Rest zu sein. An Stelle der beiden Substitutionen (1) muß ich dann als erzeugende Substitutionen die folgenden nehmen:

$$(2) \qquad \begin{cases} 1. & x_\nu' = x_{\nu+1}, \\ 2. & x_{g^2\nu}' = x_\nu. \end{cases}$$

Dann sondern sich die y in zwei Aggregate von nur $\frac{n-1}{2}$ Variablen, die sich unter sich substituieren: die einen haben nur quadratische Reste als Indizes, die anderen quadratische Nichtreste. Indem ich die ersteren herausgreife, *habe ich für die halbe metazyklische Gruppe ein isomorphes System linearer Substitutionen bei nur* $\frac{n-1}{2}$ *Variablen, das aus Kombination, resp. Wiederholung folgender Operationen erwächst:*

$$
\begin{aligned}
\text{ad 1.} \quad & y_{k^2}' = \varrho^{-k^2} \cdot y_{k^2}, \\
\text{ad 2.} \quad & y_{k^2}' = y_{g^2 k^2}.
\end{aligned}
$$

Hier schreibe man als Index statt k^2 wieder k, indem man unter k denjenigen Wert von $\sqrt{k^2}$ versteht, der mod. n zwischen 0 und $\frac{n}{2}$ liegt. Desgleichen verstehe man unter $\pm gk$ den kleinsten positiven Rest (mod. n) von $+gk$ oder von $-gk$, der unterhalb $\frac{n}{2}$ liegt. Dann hat man bei $\frac{n-1}{2}$ Variablen

$$
y_1, \; y_2, \; \ldots, \; y_{\frac{n-1}{2}}
$$

folgende zwei Substitutionen:

$$(3) \qquad \begin{cases} \text{ad } 1. \quad y_k' = \varrho^{-k^2}\, y_k, \\ \text{ad } 2. \quad y_k' = y_{+\,gk}. \end{cases}$$

Ich werde später auf diese Formeln zurückkommen. — Offenbar ist das so erzielte Substitutionssystem, was die *Zahl* der Variablen angeht, das beste, das man zur Darstellung der [halben] metazyklischen Gruppe aufstellen kann sobald $\frac{n-1}{2}$, wie bei $n = 5, 7, 11$, selbst eine Primzahl ist.

§ 4.

Die Formeln von Kronecker und Brioschi für den fünften Grad.

Ich zeige nunmehr, wie sich die von Kronecker und Brioschi für den fünften Grad gegebenen Formeln in den hier entwickelten Gedankengang einordnen.

Es sei eine Gleichung fünften Grades $f(x) = 0$ gegeben, bei der die Quadratwurzel aus der Diskriminante adjungiert ist, und deren Galoissche Gruppe demnach nur die 60 geraden Vertauschungen der fünf Wurzeln $x_0, x_1, \ldots, x_4$ umfaßt. Dann handelt es sich zunächst darum, ein isomorphes System linearer Substitutionen bei möglichst wenig Variablen zu finden. Die Zahl μ dieser Variablen kann nicht 2 sein: denn es gibt keine endliche Gruppe von 60 binären linearen Substitutionen der hier gewollten Beschaffenheit (die Zahl der binären Ikosaedersubstitutionen ist 120). Dagegen kann $\mu = 3$ genommen werden. Denn wir kennen für $\mu = 3$ ein isomorphes Substitutionssystem: *das ist das System, welches bei den Jacobischen Gleichungen sechsten Grades auftritt.* Nennt man die Variablen A_0, A_1, A_2, so entsteht das fragliche System durch Kombination folgender drei Operationen (siehe meine Arbeit „Weitere Untersuchungen über das Ikosaeder", Abschnitt II, § 2 [Abh. LIV, S. 349]):

$$(4) \quad \begin{cases} 1. \qquad A_0' = A_0, \quad A_1' = \varepsilon^4 A_1, \quad A_2' = \varepsilon A_2, \\[4pt] 2. \qquad A_0' = -A_0, \quad A_1' = -A_2, \quad A_2' = -A_1\ ^{15)}, \\[4pt] 3. \quad \begin{cases} \sqrt{5}\, A_0' = A_0 + \qquad\qquad A_1 + \qquad\qquad A_2, \\ \sqrt{5}\, A_1' = 2A_0 + (\varepsilon^2 + \varepsilon^3)A_1 + (\varepsilon + \varepsilon^4)A_2, \\ \sqrt{5}\, A_2' = 2A_0 + (\varepsilon + \varepsilon^4)A_1 + (\varepsilon^2 + \varepsilon^3)A_2. \end{cases} \end{cases}$$

(Unter ε ist hier eine fünfte Einheitswurzel verstanden.) — Ungeändert

---

[15)] [Ich gebe hier, wie weiterhin an den entsprechenden Stellen, *drei* erzeugende Operationen der Gruppe an, während man leicht nachweist, daß es genügt, nur die *zwei* Operationen 1. und 3. zu kombinieren. Vgl. auch Fußnote [28)] auf S. 417. Der Zweck ist, durch Nebeneinanderstellung von 1. und 2. gleich die einfachste in der Gesamtgruppe enthaltene metazyklische Untergruppe hervortreten zu lassen. K.]

bleiben bei diesen Substitutionen vier Funktionen von A_0, A_1, A_2, die ich früher als A, B, C, D bezeichnete; das „Problem der A" besteht also darin, aus den gegebenen Werten von A, B, C, D die A_0, A_1, A_2 zu berechnen.

Mit diesem Probleme ist nun *ungefähr* gleichbedeutend, daß man die Jacobische Gleichung sechsten Grades löst, deren Wurzeln sind:

$$z_\infty = 5 A_0^2, \quad z_\nu = (A_0 + \varepsilon^\nu A_1 + \varepsilon^{4\nu} A_2)^2;$$

denn die Koeffizienten dieser Gleichung setzen sich aus A, B, C, und umgekehrt diese aus jenen zusammen. Dagegen ist D *nicht* durch die Koeffizienten der Jacobischen Gleichung gegeben; D stellt sich vielmehr als vierte Wurzel aus der Diskriminante der Gleichung dar und diese Wurzel muß ausdrücklich adjungiert werden, wenn sich die Lösung der Jacobischen Gleichung mit dem „Probleme der A" decken soll [vgl. Abh. LIV, Abschnitt II, § 5, Fußnote [41])]. Es ist also richtiger, in dieser Theorie nicht von der Jacobischen Gleichung sechsten Grades, sondern von dem „Probleme der A" zu sprechen, und *implizite* ist das in den hierher gehörigen Untersuchungen von Kronecker und Brioschi auch der Fall. Jedenfalls müssen wir hier, getreu unserem allgemeinen Ansatze, die Aufgabe nunmehr so stellen: *aus fünf beliebigen Größen x_0, x_1, ..., x_4 soll man solche drei Funktionen bilden, welche sich bei den 60 geraden Vertauschungen der x wie die A_0, A_1, A_2 ternär linear substituieren.*

Zu dem Zwecke seien zunächst die Substitutionen angegeben, welche drei den A_0, A_1, A_2 kontragrediente Variable, die ich B_0, B_1, B_2 nennen will, bei den Operationen (4) erleiden. Man findet:

$$(5) \quad \begin{cases} \text{ad 1.} \quad B_0' = B_0, \quad B_1' = \varepsilon B_1, \quad B_2' = \varepsilon^4 B_2. \\ \text{ad 2.} \quad B_0' = -B_0, \quad B_1' = -B_2, \quad B_2' = -B_1, \\ \text{ad 3.} \begin{cases} \sqrt{5} \cdot B_0' = B_0 + \qquad\quad 2 B_1 + \qquad\quad 2 B_2, \\ \sqrt{5} \cdot B_1' = B_0 + (\varepsilon^2 + \varepsilon^3) B_1 + (\varepsilon + \varepsilon^4) B_2, \\ \sqrt{5} \cdot B_2' = B_0 + (\varepsilon + \varepsilon^4) B_1 + (\varepsilon^2 + \varepsilon^3) B_2. \end{cases} \end{cases}$$

Es handelt sich ferner darum, zu wissen, welche Vertauschungen der x man den Substitutionen (4) entsprechend zu setzen hat. Zu dem Zwecke identifiziere man die x_ν einen Augenblick mit folgenden fünfwertigen Funktionen der A [vgl. Abh. LIV, Abschnitt I, § 13]:

$$\varepsilon^\nu(-A_1(4 A_0^2 - A_1 A_2)) + \varepsilon^{4\nu}(+A_2(4 A_0^2 - A_1 A_2))$$
$$+ \varepsilon^{2\nu}(+2 A_0 A_1^2 - A_2^3) + \varepsilon^{3\nu}(-2 A_0 A_2^2 + A_1^3).$$

Dann findet man folgende Permutationen der x:

ad 1. $\quad x_0' = x_4, \quad x_1' = x_0, \quad x_2' = x_1, \quad x_3' = x_2, \quad x_4' = x_3;$

ad 2. $\quad x_0' = x_0, \quad x_1' = x_4, \quad x_2' = x_3, \quad x_3' = x_2, \quad x_4' = x_1;$

ad 3. $\quad x_0' = x_0, \quad x_1' = x_2, \quad x_2' = x_1, \quad x_3' = x_4, \quad x_4' = x_3.$

Nehmen wir jetzt, um dem Resultat nicht vorzugreifen, zuvörderst eine völlig unsymmetrische Funktion der x:

$$\varphi(x_0, x_1, \ldots, x_4),$$

multiplizieren sie mit B_0 und sehen, was entsteht, wenn wir alle Werte zusammenaddieren, welche dieses Produkt annimmt, wenn wir auf dasselbe gleichzeitig die 60 Permutationen der x und die entsprechenden Substitutionen der B anwenden! Machen wir zunächst die fünf Operationen, welche aus der unter 1. angegebenen durch Wiederholung entstehen. So bleibt B_0 ungeändert, während aus $\varphi(x_0, x_1, \ldots, x_4)$ der Reihe nach wird $\varphi(x_4, x_0, \ldots, x_3)$, $\varphi(x_3, x_4, \ldots, x_2)$ usw.: fünf Ausdrücke, deren Summe eine *zyklische* Funktion der x ist, welche ich kurz mit $v(x_0, x_1, \ldots, x_4)$ bezeichnen will. Wir haben also als ersten Bestandteil unserer bilinearen Funktion $B_0 \cdot v$. Nun machen wir die Operationen 2. So wechselt B_0 sein Zeichen, v verwandelt sich in $v(x_0, x_4, x_3, x_2, x_1) = v'$. Setzen wir $v - v' = u_\infty$, so haben wir jetzt als Bestandteil unserer bilinearen Form $B_0 \cdot u_\infty$. Wir kombinieren ferner die Operation 3. mit den fünf Operationen, welche aus 1. durch Wiederholung entstehen. So erhält B_0 die Werte

$$\frac{B_0 + 2\varepsilon^\nu B_1 + 2\varepsilon^{4\nu} B_2}{\sqrt{5}}$$

für $\nu = 0, 1, \ldots, 4$; u_∞ aber geht in folgende Funktionen über:

$$u_0 = u(x_0, x_2, x_1, x_4, x_3),$$
$$u_1 = u(x_0, x_3, x_2, x_4, x_1),$$
$$u_2 = u(x_0, x_4, x_2, x_1, x_3),$$
$$u_3 = u(x_0, x_2, x_4, x_3, x_1),$$
$$u_4 = u(x_0, x_4, x_1, x_3, x_2).$$

Unsere Summe wird also im ganzen:

$$B_0 \cdot u_\infty + \sum_\nu \frac{B_0 + 2\varepsilon^\nu B_1 + 2\varepsilon^{4\nu} B_2}{\sqrt{5}} \cdot u_\nu.$$

Ordnen wir hier nach B_0, B_1, B_2, multiplizieren alle Glieder mit $\sqrt{5}$ und nennen endlich die entstehenden Koeffizienten A_0, A_1, A_2, *so kommt als Resultat:*

$$(7) \qquad \begin{cases} \mathsf{A}_0 = \sqrt{5} \cdot u_\infty + \sum u_\nu, \\ \mathsf{A}_1 = 2 \sum \varepsilon^\nu u_\nu, \\ \mathsf{A}_2 = 2 \sum \varepsilon^{4\nu} u_\nu. \end{cases}$$

Wie man sieht, sind dies genau die allgemeinen Brioschischen Formeln[16]).

---

[16]) Atti del Istituto Lombardo, vol. 2 (1858), sowie die zusammenfassende Darstellung von Brioschi selbst in den Math. Annalen, Bd. 13 (1877/78), S. 109—160, besonders S. 156. (= Ges. Werke, Bd. IV, S. 260 [eine Übersetzung ins Italienische].) [Die Betrachtungen des § 4 und 5 sind an verschiedenen Stellen meines Ikosaederbuches (Leipzig 1884) des näheren ausgeführt. K.]

§ 5.

Andere Formeln für den fünften Grad.

Ich werde nun andere Formeln mitteilen, welche dasselbe leisten, welche aber eine andere, neue und, wie mir scheint, wesentliche Seite der Frage hervortreten lassen. Es sind dieselben Formeln, auf welche in meiner obengenannten Arbeit über elliptische Funktionen und Gleichungen fünften Grades, Abschnitt IV, § 9, Bezug genommen wird. Ich habe dieselben zunächst durch geometrische Überlegungen gefunden und werde sogleich auf eine solche zurückkommen. Fürs erste gebe ich eine rein algebraische Ableitung, welche geeignet ist, die Schlußbemerkungen des § 1 zu illustrieren.

Nach den Entwicklungen meiner Arbeit über das Ikosaeder [Abh. LIV, Abschnitt II, S. 346 ff.] kann man die Jacobischen A_0, A_1, A_2 als Koeffizienten einer quadratischen Form

$$A_1\,\eta_1^2 + 2\,A_0\,\eta_1\,\eta_2 - A_2\,\eta_2^2$$

auffassen, die den 120 *binären* Ikosaedersubstitutionen unterworfen wird. Bei diesen Ikosaedersubstitutionen sind u. a. folgende Ausdrücke fünfwertig:

$$t_\nu = -\,\varepsilon^\nu\cdot 5\,\eta_1^2\,\eta_2^4 + \varepsilon^{2\nu}\,(\eta_1^6 - 2\,\eta_1\,\eta_2^5) + \varepsilon^{3\nu}\,(\eta_2^6 + 2\,\eta_1^5\,\eta_2) - \varepsilon^{4\nu}\cdot 5\,\eta_1^4\,\eta_2^2,$$

$$W_\nu = (\varepsilon^\nu\,\eta_1 - \varepsilon^{2\nu}\,\eta_2)(-\,\eta_1^7 + 7\,\eta_1^2\,\eta_2^5) + (\varepsilon^{3\nu}\,\eta_1 + \varepsilon^{4\nu}\,\eta_2)(-\,7\,\eta_1^5\,\eta_2^2 - \eta_2^7).$$

Jetzt seien $x_0, \ldots, x_4$ wieder die Wurzeln einer gegebenen Gleichung fünften Grades, X_ν und X_ν' seien fünfwertige Funktionen dieser Wurzeln. Bildet man dann

$$\textstyle\sum X_\nu\,t_\nu, \qquad \sum X_\nu'\,W_\nu,$$

so hat man zwei Formen vom sechsten resp. achten Grade in den η_1, η_2, welche völlig ungeändert bleiben, wenn man η_1, η_2 den Ikosaedersubstitutionen unterwirft und gleichzeitig die x in zweckmäßiger Weise auf 60 Arten permutiert. Dasselbe gilt dann auch von jeder Kovariante dieser beiden Formen, insbesondere von der quadratischen Kovariante, welche durch sechsmaliges Überschieben entsteht:

$$\left(\textstyle\sum X_\nu\,t_\nu, \ \sum X_\nu'\,W_\nu\right)_6.$$

Rechnet man also diese Kovariante aus und setzt sie gleich:

$$\mathsf{A}_1\,\eta_1^2 + 2\,\mathsf{A}_0\,\eta_1\,\eta_2 - \mathsf{A}_2\,\eta_2^2,$$

so sind die A_0, A_1, A_2 *Funktionen der* x *von der geforderten Beschaffenheit.* Denn die A_1, A_0, $-\,\mathsf{A}_2$ erfahren bei den 60 Permutationen der x notwendig solche ternäre lineare Substitutionen, welche kontragredient sind zu denjenigen, die η_1^2, $2\,\eta_1\,\eta_2$, $-\,\eta_2^2$ bei den Ikosaedersubstitutionen erfahren, — und das ist die Definition des zu den Jacobischen Gleichungen sechsten Grades gehörigen Substitutionssystems.

Die Ausrechnung ergibt nun folgendes Resultat. Sei

$$P_i = X_0 + \varepsilon^i X_1 + \varepsilon^{2i} X_2 + \varepsilon^{3i} X_3 + \varepsilon^{4i} X_4,$$
$$P_i' = X_0' + \varepsilon^i X_1' + \varepsilon^{2i} X_2' + \varepsilon^{3i} X_3' + \varepsilon^{4i} X_4'.$$

So kommt nach Unterdrückung eines Zahlenfaktors

$$(7) \quad \begin{cases} \mathsf{A}_0 = (P_2 P_3' - P_2' P_3) + (P_1 P_4' - P_1' P_4), \\ \mathsf{A}_1 = 2(P_3 P_1' - P_3' P_1), \quad \mathsf{A}_2 = 2(P_4 P_2' - P_4' P_2). \end{cases}$$

Hätte man, was ebenso berechtigt ist, statt $\sum X_\nu t_\nu$, $\sum X_\nu' W_\nu$ die beiden Formen $\sum X_{2\nu} t_\nu$, $\sum X_{2\nu}' W_\nu$ benutzt, so hätte man erhalten:

$$(7) \quad \begin{cases} \mathsf{A}_0' = (P_2 P_3' - P_2' P_3) - (P_1 P_4' - P_1' P_4), \\ \mathsf{A}_1' = 2(P_1 P_2' - P_1' P_2), \quad \mathsf{A}_2' = 2(P_3 P_4' - P_3' P_4). \end{cases}$$

Dabei ist identisch:

$$\mathsf{A}_0^2 + \mathsf{A}_1 \mathsf{A}_2 = \mathsf{A}_0'^2 + \mathsf{A}_1' \mathsf{A}_2',$$

und übrigens stehen die A, A' in der bekannten Beziehung zueinander, daß sich die jedesmalige lineare Transformation der A' aus der Transformation der A ergibt, indem man ε in ε^2 verwandelt[17]).

Was mir an diesen Formeln interessant und wichtig scheint, ist, daß sie sich aus den *zweigliedrigen Unterdeterminanten* der P, P' aufbauen. Deutet man die P, P', wie ich früher tat, als Punktkoordinaten im Raume [Abh. LIV, Abschnitt III, § 2], so sind die A resp. A' die Werte, welche entstehen, wenn man die Koordinaten der Verbindungslinie der Punkte P, P', oder, was dasselbe ist, der Punkte X, X' in die linke Seite der Gleichungen *gewisser linearer Komplexe* einträgt. Diese Komplexe haben die einfachste geometrische Deutung und vermitteln dadurch den Zusammenhang der hier gegebenen Betrachtungen mit meiner geometrischen Theorie der Gleichungen fünften Grades ohne x^4 und x^3 [Abh. LIV, Abschnitt III, § 1, 2]. Die Fläche zweiten Grades $\sum x^2 = 0$, von deren Studium ich damals ausging, hat auf das Koordinatensystem der P_i bezogen die Punktkoordinatengleichung:

$$P_1 P_4 + P_2 P_3 = 0.$$

Von ihr ausgehend konstatiert man sofort, daß die Komplexe

$$\lambda \cdot \mathsf{A}_0 + \mu \cdot \mathsf{A}_1 + \nu \cdot \mathsf{A}_2 = 0$$

---

[17]) So wie Gordan im 13. Bande der Math. Annalen in diesem Sinne zusammengehörige *binäre* Ikosaedersubstitutionen betrachtet und dadurch die Theorie derjenigen Gleichungen fünften Grades, in denen x^4 und x^3 fehlt, wesentlich gefördert hat, so verlangt offenbar eine abschließende Behandlung der *allgemeinen* Gleichungen fünften Grades ein Studium des simultanen Systems der A, A'.

eben diejenigen sind, welche alle Linien *zweiter* Erzeugung der fraglichen Fläche enthalten, und ebenso die Komplexe

$$\lambda \cdot \mathsf{A}_0' + \mu \cdot \mathsf{A}_1' + \nu \cdot \mathsf{A}_2' = 0$$

diejenigen, welche alle Linien *erster* Erzeugung enthalten. Die Komplexe der ersten Art enthalten also von den Linien der ersten Erzeugung noch je ein Paar, ebenso die Komplexe der zweiten Art von den Linien zweiter Erzeugung. Und nun ist die Sache so, daß die Komplexe, welche durch Nullsetzen der Wurzeln der Jacobischen Gleichung erster Art entstehen:

$$\sqrt{5}\,\mathsf{A}_0 = 0, \quad \mathsf{A}_0 + \varepsilon^\nu \mathsf{A}_1 + \varepsilon^{4\nu} \mathsf{A}_2 = 0$$

eben diejenigen sechs Paare von Erzeugenden erster Art enthalten, welche die früher [Abh. LIV, Abschnitt III, § 2] sogenannten 12 Linien f_1 ausmachen. Die entsprechenden Komplexe:

$$\sqrt{5}\,\mathsf{A}_0' = 0, \quad \mathsf{A}_0' + \varepsilon^{4\nu} \mathsf{A}_1' + \varepsilon^\nu \mathsf{A}_2' = 0$$

haben natürlich dieselbe Beziehung zu den zwölf Linien f_2 der zweiten Erzeugung[18] [19].

---

[18] Ohne hier näher auf die Theorie der allgemeinen Gleichungen fünften Grades einzugehen, möchte ich bei dieser Gelegenheit anführen, wie ich die Kroneckersche Angabe (Berliner Monatsberichte 1861, Crelles Journal, Bd. 59, 1861) verstehe, daß es unter den aus einer Gleichung fünften Grades hervorgehenden A_0, A_1, A_2 insbesondere solche *gebrochene* Funktionen gibt, für welche die entstehende Jacobische Gleichung nur von *zwei* Parametern abhängt. Die Sache ist äußerst einfach. Man kennt, bei beliebig angenommenen A_0, A_1, A_2, die Werte der Ausdrücke A, B, C, D [siehe Abh. LIV, Abschnitt II, § 4, Formel (8) und (10). A, B, C, D sind bzw. von den Dimensionen 2, 6, 10, 15 in A_0, A_1, A_2]. Setzt man also jetzt etwa:

$$a_0 = \frac{A_0 D}{B C}, \quad a_1 = \frac{A_1 D}{B C}, \quad a_2 = \frac{A_2 D}{B C},$$

so hängen diese neuen Größen von einer Jacobischen Gleichung resp. einem „Probleme der a" ab, für deren Konstanten man findet:

$$a = \frac{A D^2}{B^2 C^2}, \quad b = \frac{B D^6}{B^6 C^6}, \quad c = \frac{C D^{10}}{B^{10} C^{10}}, \quad d = \frac{D^{16}}{B^{15} C^{15}}.$$

Ersetzt man hier D^2 durch seinen Ausdruck in A, B, C, schreibt dann etwa

$$\frac{B}{A^3} = m, \quad \frac{C}{A^5} = n,$$

so sind die a, b, c, d offenbar Funktionen nur von den *zwei* Parametern m, n.

[19] [Im übrigen möge noch folgende Bemerkung hier ihre Stelle finden. Die Lehre von der Auflösung der Gleichungen fünften Grades, wie ich sie verstehe und demnach behandelt habe, hat mit der Invariantentheorie der binären Formen fünften Grades keinerlei notwendige Beziehung, wie ich schon in Abh. LIV auf S. 323 hervorhob. Niemand aber wird darum behindert sein, eine solche Beziehung herzustellen. Dies ist in der Tat von Herrn Coble in der bereits genannten Abhandlung in Bd. 9 der American Transactions (1908) in Anlehnung an die von mir oben im Text gegebenen Entwicklungen in so einfacher Weise geschehen, daß ich seinen Grundgedanken hier angeben will. Wir deuten die Wurzeln $x_0, \ldots, x_4$ einer Gleichung fünften Gra-

§ 6.
Die Probleme mit 168 Substitutionen.

Als „Probleme mit 168 Substitutionen" will ich kurz alle die Gleichungen siebenten, achten, ..., 168-ten Grades bezeichnen, deren Galoissche Gruppe mit der Gruppe der Modulargleichung isomorph ist. Es handelt sich für uns zunächst darum, für diese Probleme die Minimalzahl μ und das zugehörige „Problem der y" aufzustellen. Dies aber ist implizite bereits in meiner Arbeit „Über Transformation 7. Ordn. d. elliptischen Funktionen", Math. Annalen, Bd. 14 (1878/79) [bzw. in Nr. LVI] geleistet, und ich habe nunmehr nur die dort gewonnenen Resultate in neuer Form auszusprechen.

Zuvörderst ist klar, daß μ mindestens gleich 3 ist. Denn bei zwei Variablen gibt es keine Gruppe von 168 linearen Substitutionen der hier geforderten Beschaffenheit. Für $\mu = 3$ habe ich aber in der genannten Arbeit in der Tat die Existenz eines brauchbaren Systems von 168 Substitutionen nachgewiesen. Dasselbe entsteht durch Wiederholung und Kombination folgender drei Operationen:

$$(8)\quad \begin{cases} 1. \quad y_1' = \gamma y_1, \quad y_2' = \gamma^4 y_2, \quad y_3' = \gamma^2 y_3, \qquad \left(\gamma = e^{\frac{2i\pi}{7}}\right) \\ 2. \quad y_1' = y_2, \quad y_2' = y_3, \quad y_3' = y_1, \\ 3. \begin{cases} \sqrt{-7}\cdot y_1' = (\gamma^5 - \gamma^2)y_1 + (\gamma^3 - \gamma^4)y_2 + (\gamma^6 - \gamma)y_3, \\ \sqrt{-7}\cdot y_2' = (\gamma^3 - \gamma^4)y_1 + (\gamma^6 - \gamma)y_2 + (\gamma^5 - \gamma^2)y_3, \\ \sqrt{-7}\cdot y_3' = (\gamma^6 - \gamma)y_1 + (\gamma^5 - \gamma^2)y_2 + (\gamma^3 - \gamma^4)y_3. \end{cases} \end{cases}$$

Ungeändert bleiben bei diesen Substitutionen folgende vier Funktionen:

$$(9)\quad \begin{cases} f = y_1^3 y_2 + y_2^3 y_3 + y_3^3 y_1, \\ \nabla = 5\,y_1^2 y_2^2 y_3^2 - (y_1^5 y_3 + y_2^5 y_1 + y_3^5 y_2), \\[2mm] C = \dfrac{1}{9} \begin{vmatrix} \dfrac{\partial^2 f}{\partial y_1^2} & \dfrac{\partial^2 f}{\partial y_1 \partial y_2} & \dfrac{\partial^2 f}{\partial y_1 \partial y_3} & \dfrac{\partial \nabla}{\partial y_1} \\[2mm] \dfrac{\partial^2 f}{\partial y_2 \partial y_1} & \dfrac{\partial^2 f}{\partial y_2^2} & \dfrac{\partial^2 f}{\partial y_2 \partial y_3} & \dfrac{\partial \nabla}{\partial y_2} \\[2mm] \dfrac{\partial^2 f}{\partial y_3 \partial y_1} & \dfrac{\partial^2 f}{\partial y_3 \partial y_2} & \dfrac{\partial^2 f}{\partial y_3^2} & \dfrac{\partial \nabla}{\partial y_3} \\[2mm] \dfrac{\partial \nabla}{\partial y_1} & \dfrac{\partial \nabla}{\partial y_2} & \dfrac{\partial \nabla}{\partial y_3} & 0 \end{vmatrix}, \\[4mm] K = \dfrac{1}{14} \begin{vmatrix} \dfrac{\partial f}{\partial y_1} & \dfrac{\partial \nabla}{\partial y_1} & \dfrac{\partial C}{\partial y_1} \\[2mm] \dfrac{\partial f}{\partial y_2} & \dfrac{\partial \nabla}{\partial y_2} & \dfrac{\partial C}{\partial y_2} \\[2mm] \dfrac{\partial f}{\partial y_3} & \dfrac{\partial \nabla}{\partial y_3} & \dfrac{\partial C}{\partial y_3} \end{vmatrix}, \end{cases}$$

des mit $\Sigma x_\nu = 0$ wie in Abh. L, S. 263 ff. oder Abh. LIV, S. 365 als homogene überzählige Koordinaten eines Raumpunktes. Setzen wir dann

$$y_\nu = \frac{\alpha\, x_\nu + \beta}{\gamma\, x_\nu + \delta},$$

wobei die einzige Relation besteht, daß sich K^2 als ganze Funktion von f, ∇, C darstellt. —

Das „Problem der y" besteht also jetzt im folgenden: *Es sind in Übereinstimmung mit dieser Relation für* f, ∇, C, K *Zahlenwerte gegeben; man soll die unbekannten* y_1, y_2, y_3 *berechnen.*

Man sieht, daß ein besonderer Fall dieses Problems dasjenige ist, auf welches ich in meiner ebengenannten Arbeit die Modulargleichung selbst zurückführte: *es ist der Fall, in welchem* f *insbesondere den Wert Null hat.* Hieran anknüpfend habe ich im zweiten Abschnitte des folgenden nur zu zeigen, wie man das allgemeine hier aufgestellte „Problem der y" auf das besondere mit $f = 0$ reduziert. —

Ich setze noch, ebenfalls aus meiner vorigen Arbeit, die einfachsten ganzen Funktionen der y her, welche bei den 168 Substitutionen 7 oder 8 Werte annehmen. Es sind unter den siebenwertigen Funktionen diese:

$$c_\nu = (\gamma^{2\nu} y_1^2 + \gamma^\nu y_2^2 + \gamma^{4\nu} y_3^2) + \frac{-1 \pm \sqrt{-7}}{2} (\gamma^{6\nu} y_2 y_3 + \gamma^{3\nu} y_3 y_1 + \gamma^{5\nu} y_1 y_2),$$

$$(10) \qquad\qquad (\nu = 0,\, 1,\, 2,\, \ldots,\, 6)$$

(wo das Vorzeichen von $\pm \sqrt{-7}$ beliebig, aber fest anzunehmen ist), und unter den achtwertigen Funktionen:

$$(11) \quad \left\{ \begin{aligned} &\delta_\infty = -7 y_1 y_2 y_3,\\ &\delta_\nu = y_1 y_2 y_3 + 2\gamma^\nu y_3^2 y_2 + 2\gamma^{4\nu} y_1^2 y_3 + 2\gamma^{2\nu} y_2^2 y_1\\ &\quad + \gamma^{6\nu}(y_1^2 y_2 - y_3^3) + \gamma^{3\nu}(y_2^2 y_3 - y_1^3) + \gamma^{5\nu}(y_3^2 y_1 - y_2^3)\\ &\qquad\qquad\qquad (\nu = 0,\, 1,\, 2,\, \ldots,\, 6). \end{aligned} \right.$$

Diese zweierlei Funktionen genügen, wie man leicht berechnet, resp. folgenden Gleichungen siebenten und achten Grades[20]:

$$(12) \quad c^7 + 7 \cdot \frac{1 \mp \sqrt{-7}}{2} f \cdot c^5 + 7 \cdot \frac{-1 \pm \sqrt{-7}}{2} \nabla \cdot c^4 - 7(4 \pm \sqrt{-7}) f^2 \cdot c^3$$

$$+ 14(2 \pm \sqrt{-7}) f \nabla \cdot c^2 + \left(-7 \cdot \frac{5 \pm \sqrt{-7}}{2} \cdot \nabla^2 - \frac{7}{2} \cdot (7 \mp 3\sqrt{-7}) \cdot f^3\right) c$$

$$+ \left(-C + \frac{131 \mp 7\sqrt{-7}}{2} f^2 \nabla\right) = 0,$$

wo die α, β, γ, δ nur an die Bedingung geknüpft sein sollen, daß wieder $\Sigma y_\nu = 0$ ist, so werden, wie Herr Coble bemerkt, die so definierten Punkte y gerade diejenige Raumkurve dritter Ordnung durchlaufen, die den Punkt x mit den fünf Grundpunkten des benutzten Pentaederkoordinatensystems

$$(-4,\, 1,\, 1,\, 1,\, 1) \quad \text{usw.}$$

verbindet. Herr Coble benutzt sodann, um allen diesen Punkten denselben linearen Komplex, und damit dieselben „Probleme der A und A′" zuzuordnen, denjenigen linearen Komplex, dem die Tangenten der besagten Raumkurve dritter Ordnung angehören. K.]

[20] In meiner ebengenannten Arbeit (Math. Annalen, Bd. 14) teilte ich diese nur für $f = 0$ mit.

$$(13) \quad \delta^8 - 14\,\nabla \cdot \delta^6 + (63\,\nabla^2 - 42\,f^3)\,\delta^4 - (70\,\nabla^3 - 7\,fC + 98\,f^3\,\nabla)\,\delta^2$$
$$- K\delta - 7\,(fC\,\nabla + \nabla^4 + 18\,f^3\,\nabla^2 + f^6) = 0.$$

Ich werde diese Gleichungen siebenten und achten Grades im folgenden nicht benutzen; doch schien es mir interessant, dieselben herzusetzen, weil man sie als einfachste *Normalformen* betrachten kann, auf die sich alle anderen Gleichungen siebenten und achten Grades mit 168 Substitutionen auf rationalem Wege reduzieren lassen. In der Tat: gelingt es, die letzteren, wie ich nun zeigen werde, auf das „Problem der y" zurückzuführen, so ist damit und durch die Formeln (10), (11) die Transformation in diese Normalformen eo ipso geleistet.

<h3 style="text-align:center">§ 7.</h3>

Die Gleichungen siebenten Grades mit 168 Substitutionen.

Es seien jetzt $x_0,\ x_1,\ \ldots,\ x_6$ die sieben Wurzeln einer Gleichung siebenten Grades mit 168 Substitutionen. Die Indizes der x sollen dabei so gewählt sein, daß die Vertauschungen der x_ν, die in der Galoisschen Gruppe vorkommen, eben dieselben sind, welche die Ausdrücke c_ν (10) bei den 168 Substitutionen der y erfahren. Es seien ferner

$$X_0,\ \ldots,\ X_6,\ X_0',\ \ldots,\ X_6',\ X_0'',\ \ldots,\ X_6''$$

die Werte, welche irgendwelche rationale Funktionen $X,\ X',\ X''$ von x für $x = x_0, x_1, \ldots, x_6$ annehmen. So bilde man etwa:

$$\sum X_\nu\, c_\nu, \quad \sum X_\nu'\, c_\nu, \quad \sum X_\nu''\, c_\nu.$$

Man beachte ferner, daß für Variable $v_1,\ v_2,\ v_3$, die den y kontragredient sind, eben dasselbe System ungeändert bleibender Funktionen existiert, wie für die y. Ich will diese Funktionen zum Unterschiede durch einen Akzent bezeichnen und also schreiben:

$$f' = v_1^3\, v_2 + v_2^3\, v_3 + v_3^3\, v_2 \quad \text{usw.}$$

Man betrachte nun in $\sum X_\nu\, c_\nu,\ \sum X_\nu'\, c_\nu,\ \sum X_\nu''\, c_\nu$, in $f,\ \nabla,\ C,\ K$ und in $f',\ \nabla',\ C',\ K'$ die x als fest, die $y,\ v$ als veränderlich. *Gelingt es dann, eine lineare Kontravariante zu bilden:*

$$Y_1\, v_1 + Y_2\, v_2 + Y_3\, v_3,$$

wo die Y die x nur noch mit numerischen Koeffizienten enthalten, so sind die Y offenbar solche Funktionen der x, welche sich bei Permutation der x ternär linear wie die y substituieren. Und also ist die Lösung der Gleichung siebenten Grades auf das „Problem der y" zurückgeführt.

Ich will diesen allgemeinen Gedanken hier nur in einer Weise ausführen, die mir deshalb besonders einfach scheint, weil sich die entstehenden

Y aus den *dreigliedrigen Determinanten* der X, X', X'' zusammensetzen. Mein Prozeß ist dieser. Ich bilde die Funktionaldeterminante in bezug auf die y:

$$\left|\, \sum X_\nu c_\nu, \quad \sum X_\nu' c_\nu, \quad \sum X_\nu'' c_\nu \,\right| = \sum a_{ikh} y_i y_k y_h$$

und schiebe sie dreimal über $f' = v_1^3 v_2 + v_2^3 v_3 + v_3^3 v_1$. So kommt, bis auf einen Zahlenfaktor:

$$Y_1 = 3 a_{112} + a_{333}, \quad Y_2 = 3 a_{223} + a_{111}, \quad Y_3 = 3 a_{331} + a_{222}.$$

Ausgerechnet gibt dies folgendes Resultat. Man bezeichne der Kürze wegen $\sum \gamma^\nu X_\nu$ mit p_1, $\sum \gamma^{4\nu} X_\nu$ mit p_4, $\sum \gamma^{2\nu} X_\nu$ mit p_2, ferner

$$\frac{-1 \pm \sqrt{-7}}{4} \cdot \sum \gamma^{6\nu} X_\nu \text{ mit } p_6, \quad \frac{-1 \pm \sqrt{-7}}{4} \cdot \sum \gamma^{3\nu} X_\nu \text{ mit } p_3,$$

$$\frac{-1 \pm \sqrt{-7}}{4} \cdot \sum \gamma^{5\nu} X_\nu \text{ mit } p_5.$$

Unter p', p'' mögen die analogen Ausdrücke in X', X'' verstanden sein. *Dann findet man nach leichten Reduktionen;*

$$(14) \qquad \begin{cases} 8 Y_1 = (2, 5, 6) + (4, 3, 6) + (2, 1, 3), \\ 8 Y_2 = (1, 6, 3) + (2, 5, 3) + (1, 4, 5), \\ 8 Y_3 = (4, 3, 5) + (1, 6, 5) + (4, 2, 6). \end{cases}$$

Unter (i, k, l) ist dabei die Determinante verstanden:

$$\begin{vmatrix} p_i & p_k & p_l \\ p_i' & p_k' & p_l' \\ p_i'' & p_k'' & p_l'' \end{vmatrix}.$$

§ 8.

Die Jacobischen Gleichungen achten Grades[21].

Die Jacobischen Gleichungen achten Grades sind bekanntlich dadurch definiert, daß sich die Quadratwurzeln aus ihren Wurzeln folgendermaßen aus vier Größen A_0, A_1, A_2, A_3 zusammensetzen lassen:

$$\begin{cases} \sqrt{z_\infty} = \sqrt{-7} \cdot A_0, \\ \sqrt{z_\nu} = A_0 + \gamma^\nu A_1 + \gamma^{4\nu} A_2 + \gamma^{2\nu} A_3. \quad (\nu = 0, 1, \ldots, 6). \end{cases}$$

Ich erlaube mir, mit Rücksicht auf die Einführung kontragredienter Variabler, zunächst die kleine Abweichung (die ebenso bereits bei den Jacobischen Gleichungen sechsten Grades am Platze gewesen wäre), daß ich A_0, A_1, A_2, A_3 durch x_0, $\sqrt{2} \cdot x_1$, $\sqrt{2} \cdot x_2$, $\sqrt{2} \cdot x_3$ ersetze. Ich ge-

---

[21] Vgl. den Aufsatz von Brioschi: *Über die Jacobischen Modulargleichungen vom achten Grade*, in den Math. Annalen, Bd. 15 (1879) [= Werke, Bd. V, S. 225].

stalte ferner die Fragestellung in der Weise um, daß ich nicht sowohl die Lösung der Jacobischen Gleichung als die Behandlung des mit ihr zusammenhängenden „Problemes der x" als Hauptaufgabe betrachte. Dementsprechend lasse ich die Bezeichnung z beiseite, und indem ich $\sqrt{z} = P$ setze, schreibe ich:

$$(15) \quad \begin{cases} P_\infty = \sqrt{-7} \cdot x_0, \\ P_\nu = \qquad\quad x_0 + \sqrt{2}\,(\gamma^\nu x_1 + \gamma^{4\nu} x_2 + \gamma^{2\nu} x_3). \quad (\nu = 0, 1, \ldots, 6). \end{cases}$$

Die Substitutionen, welche dem fraglichen „Probleme der x" zugrunde liegen, erwachsen durch Wiederholung und Kombination aus folgenden drei:

$$(16) \quad \begin{cases} 1. \quad x_0' = x_0, \quad x_1' = \gamma x_1, \quad x_2' = \gamma^4 x_2, \quad x_3' = \gamma^2 x_3, \\ 2. \quad x_0' = x_0, \quad x_1' = x_2, \quad x_2' = x_3, \quad\; x_3' = x_1, \\ 3. \begin{cases} \sqrt{-7} \cdot x_0' = \quad x_0 + \quad\; \sqrt{2} \cdot x_1 + \quad\; \sqrt{2} \cdot x_2 + \quad\; \sqrt{2} \cdot x_3, \\ \sqrt{-7} \cdot x_1' = \sqrt{2} \cdot x_0 + (\gamma^5 + \gamma^2) x_1 + (\gamma^3 + \gamma^4) x_2 + (\gamma^6 + \gamma)\; x_3, \\ \sqrt{-7} \cdot x_2' = \sqrt{2} \cdot x_0 + (\gamma^3 + \gamma^4) x_1 + (\gamma^6 + \gamma)\; x_2 + (\gamma^5 + \gamma^2) x_3, \\ \sqrt{-7} \cdot x_3' = \sqrt{2} \cdot x_0 + (\gamma^6 + \gamma)\; x_1 + (\gamma^5 + \gamma^2) x_2 + (\gamma^3 + \gamma^4) x_3. \end{cases} \end{cases}$$

Die kontragredienten Variablen werde ich u_0, u_1, u_2, u_3 nennen; man sieht sofort, daß sie jedesmal diejenige Substitution erfahren, welche sich aus der Substitution der x durch Verwandlung von γ in γ^6 und also von $+\sqrt{-7}$ in $-\sqrt{-7}$ ergibt.

Bei diesen Substitutionen (16) werden nun, wie man findet, die Ausdrücke $\pm P$ in folgender Weise untereinander vertauscht:

$$\begin{aligned} &\text{ad 1.} \quad P_\nu' = P_{\nu+1}, \\ &\text{ad 2.} \quad P_{4\nu}' = P_\nu, \\ &\text{ad 3.} \begin{cases} P_\infty' = P_0, \\ P_0' = -P_\infty, \\ P_\nu' = \left(\dfrac{\nu}{7}\right) P_{-\frac{1}{\nu}} \qquad (\text{für } \nu = 1, 2, \ldots, 6). \end{cases} \end{aligned}$$

Die Permutation der Indizes der P ist also dieselbe, wie man sie von den Modulargleichungen her kennt. Aber die Gruppe der Permutationen der P selbst ist doppelt so groß wie die Gruppe der Modulargleichung. Iteriert man nämlich die Substitution 3., so rückt jeder Index an seine alte Stelle, aber $+P_\nu$ geht in $-P_\nu$ über. *Daher bilden die Permutationen der $\pm P$ und also die Substitutionen der x, welche aus 1., 2., 3. durch Wiederholung und Kombination entstehen, eine Gruppe von $2 \cdot 168$ Operationen, die der Gruppe der Modulargleichung hemiedrisch isomorph ist.*

Dies impliziert einen wesentlichen Unterschied von der analogen Theorie der Jacobischen Gleichungen *sechsten* Grades, bei denen dieser Isomorphismus ein *holoedrischer* war. Wir können sofort sagen:

Es ist unmöglich, die Probleme mit 168 Substitutionen rational auf das hier vorliegende „Problem der x" zu reduzieren; wir können weiter folgern:

Es ist unmöglich, die betreffenden Probleme rational in Jacobische Gleichungen achten Grades überzuführen.

Die Jacobische Gleichung nämlich bestimmt an sich die x_0, x_1, x_2, x_3 zwar nur bis auf das Vorzeichen. Sollen aber die *Verhältnisse* $x_0 : x_1 : x_2 : x_3$, unter x Funktionen vollkommen willkürlicher Größen verstanden, bei Permutation dieser Größen diejenigen Substitutionen erfahren, welche den Formeln (16) entsprechen, so müssen die x_0, x_1, x_2, x_3 es selbst tun, und das ist unmöglich, so lange die Zahl der fraglichen Permutationen nur $1 \cdot 168$ beträgt. (Denselben Schluß machte ich in einem analogen Falle in Abh. LIV, Abschnitt II, § 9, und Abschnitt III, § 11. [Siehe auch die bzw. Erörterungen in Abh. LXI, S. 485.])

Dagegen zeigt der allgemeine Ansatz des § 1, daß sich das umgekehrte Problem sehr wohl erledigen läßt: *man soll das hier definierte „Problem der x" rational auf das „Problem der y" des § 6 zurückführen.* Wie dies am einfachsten geschehen kann, werde ich nun entwickeln. Ich bediene mich dabei aus den in der Einleitung angegebenen Gründen der geometrischen Redeweise.

§ 9.

Geometrische Theorie der Jacobischen Gleichungen achten Grades.

Die x_0, x_1, x_2, x_3 des vorigen Paragraphen mögen als homogene Koordinaten eines Raumpunktes gedeutet werden. Dann stellen die Ausdrücke P, gleich Null gesetzt, acht Ebenen dar, welche die *Hauptebenen* heißen sollen. Desgleichen spreche ich von acht *Hauptpunkten*. Man erhält ihre Gleichungen, indem man diejenigen Ausdrücke gleich Null setzt, welche den P dualistisch entsprechen:

$$(17) \qquad \begin{cases} \Pi_\infty = -\sqrt{-7} \cdot u_0, \\ \Pi_\nu = \phantom{-\sqrt{-7} \cdot} u_0 + \sqrt{2}\,(\gamma^{6\nu} u_1 + \gamma^{3\nu} u_2 + \gamma^{5\nu} u_3). \end{cases}$$

Offenbar sind die acht Hauptpunkte den acht Hauptebenen in einer durch die linearen Substitutionen (16) unzerstörbaren Weise einzeln zugeordnet.

Diese linearen Substitutionen (16) gewinnen jetzt die Bedeutung von *Kollineationen* des Raumes. Da aber ein Zeichenwechsel aller x geometrisch ohne Bedeutung ist, so haben wir den homogenen $2 \cdot 168$ Substitutionen entsprechend doch nur $1 \cdot 168$ Kollineationen, deren Gruppe somit mit der Gruppe der Modulargleichung holoedrisch isomorph ist.

Meine ganze Betrachtung geht nun davon aus, daß vermöge der Definition der P, Π die Quadratsummen $\sum P^2$, $\sum \Pi^2$ identisch Null sind. Dies gibt auf Grund einer Schlußweise, die wohl zuerst von Paul Serret methodisch ausgebildet wurde[22]), sofort folgende beide Sätze:

Die acht Hauptpunkte sind die Grundpunkte eines Netzes von Flächen zweiter Ordnung.

Die acht Hauptebenen sind die gemeinsamen Tangentenebenen eines Gewebes von Flächen zweiter Klasse.

Die Gleichungen dieses Netzes resp. Gewebes werden äußerst einfach. In der Tat sieht man sofort, daß die Flächen zweiter Ordnung, welche durch Nullsetzen folgender Ausdrücke definiert sind:

$$(18) \quad Y_1 = \sqrt{2} \cdot x_0 x_1 - x_2^2, \quad Y_2 = \sqrt{2} \cdot x_0 x_2 - x_3^2, \quad Y_3 = \sqrt{2} \cdot x_0 x_3 - x_1^2$$

durch die acht Hauptpunkte hindurchgehen, ebenso, daß die Flächen zweiter Klasse, welche durch Nullsetzen folgender Ausdrücke dargestellt werden:

$$(19) \quad V_1 = \sqrt{2} \cdot u_0 u_1 - u_2^2, \quad V_2 = \sqrt{2} \cdot u_0 u_2 - u_3^2, \quad V_3 = \sqrt{2} \cdot u_0 u_3 - u_1^2$$

die acht Hauptebenen berühren. *Daher hat man für das Netz die Gleichung:*

$$(20) \qquad v_1 Y_1 + v_2 Y_2 + v_3 Y_3 = 0,$$

und für das Gewebe:

$$(21) \qquad y_1 V_1 + y_2 V_2 + y_3 V_3 = 0.$$

Die v_1, v_2, v_3 resp. y_1, y_2, y_3 sollen dabei Parameter bezeichnen.

Ich habe die Benennungen bereits so gewählt, daß die Zusammengehörigkeit dieser Betrachtungen mit dem Probleme des § 6 hervortritt. In der Tat ist a priori deutlich, daß sich die Ausdrücke (18) bei den $2 \cdot 168$ linearen Substitutionen der x selbst auf $1 \cdot 168$ Weisen ternär linear substituieren müssen. Denn die acht Grundpunkte des Netzes (20) werden bei den betr. 168 Kollineationen unter sich permutiert; das Netz als solches bleibt also bei den Kollineationen ungeändert; überdies ändern sich die Ausdrücke (18) bei einem simultanen Zeichenwechsel aller x nicht. Das Analoge gilt von den V_1, V_2, V_3 (19). — Die Rechnung vervollständigt diese Überlegung folgendermaßen. Man unterwerfe die x den drei Substitutionen (16); *dann findet man für die Y_1, Y_2, Y_3 genau die drei Substitutionen (8) des § 6.* Eine analoge Beziehung besteht natürlich zwischen den u und den V_1, V_2, V_3. *Handelt es sich also darum,*

---

[22]) Géométrie de direction, Paris 1869.

wie wir am Schlusse des vorigen Paragraphen verlangten, das ,,Problem der x`` auf das ,,Problem der y``, oder auch, das ,,Problem der u`` auf das ,,Problem der v`` zurückzuführen, so wird dem in einfachster Weise durch die Ausdrücke Y_1, Y_2, Y_3 (18) oder auch die Ausdrücke V_1, V_2, V_3 (19) entsprochen.

Ich will dem hier nur noch zwei Bemerkungen zufügen.

Einmal möchte ich aussprechen, daß mir mit der Aufstellung des Flächennetzes der Y und des Gewebes der V der eigentliche Ausgangspunkt zu einer prinzipiellen Behandlung der Jacobischen Gleichungen achten Grades gegeben scheint. Die Funktionen der x resp. u, welche bei den $2 \cdot 168$ linearen Substitutionen ungeändert bleiben, werden sich vermutlich decken mit den *Kombinanten* der drei quadratischen Formen Y resp. V.

Es sei ferner angegeben, welche Bedeutung unter den allgemeinen Jacobischen Gleichungen achten Grades die spezielle hat, auf welche ich in meiner Arbeit über Transformation siebenter Ordnung, § 9, die Modulargleichung reduzierte. Ersetzt man die dort gebrauchten λ, μ, ν durch y_1, y_2, y_3 und wendet auf letztere die erste der Substitutionen (8) an, so verwandeln sich die dort (a. a. O. § 9, Formel (38)) definierten A_0, A_1, A_2, A_3 in A_0, $\gamma^6 A_1$, $\gamma^3 A_2$, $\gamma^5 A_3$. Die fragliche Jacobische Gleichung gehört also zu den *kontragredienten*, und ich habe, um Übereinstimmung mit der hier gebrauchten Bezeichnungsweise herbeizuführen,

$$A_0 = u_0, \quad A_1 = \sqrt{2} \cdot u_1, \quad A_2 = \sqrt{2} \cdot u_2, \quad A_3 = \sqrt{2} \cdot u_3$$

zu setzen. Zwischen diesen u hat man dann (nach der damaligen Angabe, a. a. O. § 9, Fußnote) alle die Relationen, welche durch Nullsetzen aller dreireihigen Determinanten folgender Matrix entstehen:

$$\begin{vmatrix} u_1 & u_0 & -\sqrt{2} \cdot u_2 & 0 \\ u_2 & 0 & u_0 & -\sqrt{2} \cdot u_3 \\ u_3 & -\sqrt{2} \cdot u_1 & 0 & u_0 \end{vmatrix}.$$

Diese Relationen gewinnen jetzt eine einfache Bedeutung. Unter den Flächen des Gewebes:

$$y_1 V_1 + y_2 V_2 + y_3 V_3 = 0$$

gibt es ∞^1, welche in ebene Kurven ausgeartet sind; *die Ebenen dieser Kurven sind es, welche durch die vorstehenden Relationen definiert sind.* Diese Ebenen umhüllen bekanntlich eine Developpable der sechsten Klasse (welche der schon von Hesse[23]) untersuchten Kegelspitzenkurve sechster

---

[23]) [Crelles Journal, Bd. 49 (1853) = Werke, S. 345—404.]

Ordnung dualistisch gegenübersteht). Und die Beziehung dieser Developpablen auf die ebene Kurve vierter Ordnung $f = 0$, wie sie sich aus meiner vorigen Arbeit ergibt, ist nichts anderes als die bekannte Hessesche Abbildung. In der Tat, setzt man die nach u_0, u_1, u_2, u_3 gebildete Diskriminante von $y_1 V_1 + y_2 V_2 + y_3 V_3$ gleich Null, so kommt:

$$y_1^3 y_2 + y_2^3 y_3 + y_3^3 y_1 = f = 0\ ^{24}).$$

§ 10.

Fortsetzung: Siebenwertige Funktionen der x.

Man kann fragen, welches die einfachsten Gebilde im Raume der x_0, x_1, x_2, x_3 sind, welche bei den 168 Kollineationen nur *sieben* Lagen annehmen. Durch geometrische Betrachtungen, deren Auseinandersetzung hier zu weit führen würde, habe ich gefunden, *daß es zweimal sieben lineare Komplexe der geforderten Eigenschaft gibt*. Ich will dies hier nur analytisch nachweisen. Es seien x, x' zwei Raumpunkte. So betrachte man als Koordinaten ihrer Verbindungslinie die folgenden:

$$(22) \quad \begin{cases} a_1 = x_0 x_1' - x_0' x_1, & \sqrt{2} \cdot a_6 = x_3 x_2' - x_3' x_2, \\ a_4 = x_0 x_2' - x_0' x_2, & \sqrt{2} \cdot a_3 = x_1 x_3' - x_1' x_3, \\ a_2 = x_0 x_3' - x_0' x_3, & \sqrt{2} \cdot a_5 = x_2 x_1' - x_2' x_1. \end{cases}$$

Nun wende man auf die x, x' die Substitutionen (16) an. Da ein simultaner Zeichenwechsel aller x, x' die Größen a nicht beeinflußt, so erhält man drei lineare Substitutionen der a, welche wiederholt und zusammengesetzt nur $1 \cdot 168$ Operationen erzeugen. Aber genau zu denselben Substitutionen wird man geführt, wenn man die y_1, y_2, y_3 des § 6 den Substitutionen (8) unterwirft und zusieht, wie sich dabei die sechs Ausdrücke zweiten Grades y_2^2, y_3^2, y_1^2, $y_2 y_3$, $y_3 y_1$, $y_1 y_2$ substituieren $^{25})$. Nun setzen sich aus letzteren die siebenwertigen c_ν linear zusammen (Formel (10)):

$$c_\nu = (\gamma^{2\nu} y_1^2 + \gamma^\nu y_2^2 + \gamma^{4\nu} y_3^2)$$

$$+ \frac{-1 \pm \sqrt{-7}}{2} (\gamma^{6\nu} y_2 y_3 + \gamma^{3\nu} y_3 y_1 + \gamma^{5\nu} y_1 y_2).$$

$^{24})$ [Mit den Ergebnissen von § 9 vergleiche man die Entwicklungen, welche Brioschi, bezugnehmend auf Mitteilungen meinerseits, in seiner Arbeit: „Über die Jacobische Modulargleichung vom achten Grad" in den Math. Annalen, Bd. 15 (1879), S. 241—250 abgeleitet hat. K.]

$^{25})$ [Der Form $y_1^3 y_2 + y_2^3 y_3 + y_3^3 y_1$ entspricht dabei genau der für die Liniengeometrie fundamentale Ausdruck $a_1 a_6 + a_4 a_3 + a_2 a_5$. K.]

Daher sind folgende zweimal sieben lineare Funktionen der a ebenfalls siebenwertig:

$$(23) \qquad C_\nu = (\gamma^\nu a_1 + \gamma^{4\nu} a_4 + \gamma^{2\nu} a_2)$$
$$+ \frac{-1 \pm \sqrt{-7}}{2}(\gamma^{6\nu} a_6 + \gamma^{3\nu} a_3 + \gamma^{5\nu} a_5).$$

Sie stellen, gleich Null gesetzt, die fraglichen linearen Komplexe dar.

Es scheint mir nun sehr nützlich, den Betrachtungen, die sich in der Ebene auf die c_ν beziehen, im Raume solche entgegenstellen, welche mit den C_ν operieren. Ich will dies hier nur bezüglich des § 7 ausführen. Es seien $x_0, x_1, \ldots, x_6$, wie dort, die sieben Wurzeln einer Gleichung siebenten Grades. Man bilde ferner, wie damals, drei Reihen von sieben Größen X_ν, X_ν', X_ν'', welche den x_ν einzeln entsprechen. Sodann schreibe man die Gleichungen folgender linearer Komplexe hin:

$$\sum X_\nu C_\nu = 0, \qquad \sum X_\nu' C_\nu = 0, \qquad \sum X_\nu'' C_\nu = 0$$

und suche in *Ebenenkoordinaten* u_0, u_1, u_2, u_3 die Gleichung des ihnen gemeinsamen Hyperboloids:

$$\sum \alpha_{ik} u_i u_k = 0 \,{}^{26}).$$

Die linke Seite dieser Gleichung schiebe man sodann zweimal über die linke Seite der Gleichung des Flächennetzes (20):

$$v_1 (\sqrt{2} \cdot x_0 x_1 - x_2^2) + v_2 (\sqrt{2} \cdot x_0 x_2 - x_3^2) + v_3 (\sqrt{2} \cdot x_0 x_3 - x_1^2).$$

So entsteht eine lineare Form

$$Y_1 v_1 + Y_2 v_3 + Y_3 v_3,$$

wo

$$Y_1 = \sqrt{2} \cdot \alpha_{01} - \alpha_{22}, \qquad Y_2 = \sqrt{2} \cdot \alpha_{02} - \alpha_{33}, \qquad Y_3 = \sqrt{2} \cdot \alpha_{03} - \alpha_{11},$$

und diese Y_1, Y_2, Y_3 müssen nun solche Funktionen der Wurzeln der ursprünglichen Gleichung siebenten Grades sein, welche sich bei den 168 Permutationen dieser Wurzeln wie die y_1, y_2, y_3 des § 6 substituieren. — Führt man die Rechnung durch, so kommt man in der Tat zu den Schlußformeln des § 7.

§ 11.

Die allgemeinen Gleichungen achten Grades mit 168 Substitutionen.

Die einfachsten achtwertigen Ausdrücke der x sind die Quadrate der Größen P (15), zugleich die Wurzeln der Jacobischen Gleichung achten

---

[26]) [Diese Gleichung hat Cayley in den Cambridge Transactions (1869) (= Werke, Bd. VII, S. 86—88) aufgestellt.]

Grades. Hiervon ausgehend will ich das Problem behandeln, eine *beliebige* Gleichung achten Grades mit einer Gruppe von 168 Substitutionen auf das „Problem der y" des § 6 rational zurückzuführen. Die Wurzeln der Gleichung mögen $z_\infty, z_0, z_1, \ldots, z_6$ genannt werden und den $P_\infty^2, P_0^2, P_1^2, \ldots, P_6^2$ entsprechend gesetzt sein. So bilde man zunächst die quadratische Form:

$$z_\infty\, P_\infty^2 + z_0\, P_0^2 + z_1\, P_1^2 + \ldots + z_6\, P_6^2,$$

ordne nach Eintragung der Werte der P nach x_0, x_1, x_2, x_3, und stelle endlich die zugeordnete quadratische Form der u_0, u_1, u_2, u_3 auf. Ich will der Einfachheit wegen annehmen, daß $\sum z = 0$ sei, ich will ferner abkürzend schreiben:

$$p_\nu = \sum_{0,\,1,\,\ldots,\,6} \gamma^{\nu i}\, z_i.$$

Dann lautet die zugeordnete Form:

$$(24)\quad
\begin{vmatrix}
-8z_\infty & \sqrt{2}\cdot p_1 & \sqrt{2}\cdot p_4 & \sqrt{2}\cdot p_2 & u_0 \\
\sqrt{2}\cdot p_1 & 2p_2 & 2p_5 & 2p_3 & u_1 \\
\sqrt{2}\cdot p_4 & 2p_5 & 2p_1 & 2p_6 & u_2 \\
\sqrt{2}\cdot p_2 & 2p_3 & 2p_6 & 2p_4 & u_3 \\
u_0 & u_1 & u_2 & u_3 & 0
\end{vmatrix}
= \sum \alpha_{ik}\, u_i\, u_k.$$

Diese Form schiebe man nun der Reihe nach zweimal über:

$$\sqrt{2}\cdot x_0 x_1 - x_2^2, \qquad \sqrt{2}\cdot x_0 x_2 - x_3^2, \qquad \sqrt{2}\cdot x_0 x_3 - x_1^2.$$

So kommt (wie im vorigen Paragraphen):

$$Y_1 = \sqrt{2}\cdot \alpha_{01} - \alpha_{22}, \qquad Y_2 = \sqrt{2}\cdot \alpha_{02} - \alpha_{33}, \qquad Y_3 = \sqrt{2}\cdot \alpha_{03} - \alpha_{11},$$

und diese Y_1, Y_2, Y_3 sind Funktionen der $z_\infty, z_0, \ldots, z_6$, wie wir sie suchen. Ausgerechnet ergibt sich (nach Wegwerfung eines Zahlenfaktors):

$$(25)\quad
\left\{
\begin{aligned}
Y_1 &= 2
\begin{vmatrix}
p_1 & p_5 & p_3 \\
p_4 & p_1 & p_6 \\
p_2 & p_6 & p_4
\end{vmatrix}
+
\begin{vmatrix}
-8z_\infty & p_1 & p_2 \\
p_1 & p_2 & p_3 \\
p_2 & p_3 & p_4
\end{vmatrix}, \\[2ex]
Y_2 &= 2
\begin{vmatrix}
p_4 & p_6 & p_5 \\
p_2 & p_4 & p_3 \\
p_1 & p_3 & p_2
\end{vmatrix}
+
\begin{vmatrix}
-8z_\infty & p_4 & p_1 \\
p_4 & p_1 & p_5 \\
p_1 & p_5 & p_2
\end{vmatrix}, \\[2ex]
Y_3 &= 2
\begin{vmatrix}
p_2 & p_3 & p_6 \\
p_1 & p_2 & p_5 \\
p_4 & p_5 & p_1
\end{vmatrix}
+
\begin{vmatrix}
-8z_\infty & p_2 & p_4 \\
p_2 & p_4 & p_6 \\
p_4 & p_6 & p_1
\end{vmatrix}.
\end{aligned}
\right.$$

§ 12.

Die Gleichungen 168-ten Grades mit 168 Substitutionen.

Hinsichtlich der hierher gehörigen Gleichungen 168-ten Grades will ich nur eine Bemerkung machen. Man mag bei ihnen, um Funktionen Y_1, Y_2, Y_3 zu finden, den allgemeinen Prozeß des § 1 anwenden. Als Funktion φ der Wurzeln kann man dann eine beliebige Wurzel selbst wählen: denn zwischen den 168 Wurzeln der allgemeinen hier in Betracht kommenden Gleichung bestehen keine a priori angebbaren linearen Relationen. Dann liefert uns der allgemeine Prozeß des § 1 solche Funktionen Y_1, Y_2, Y_3, *welche lineare Funktionen der Wurzeln der vorgelegten Gleichung sind.* Etwas Ähnliches tritt offenbar immer ein, wenn eine Gleichung gegeben ist, die ihre eigene Galoissche Resolvente ist, und man verlangt, diese auf ein niederes „Problem" [d. h. mit geringerer Variabelnzahl] zurückzuführen. Das einfachste Beispiel geben die zyklischen Gleichungen; man vgl. § 3.

§ 13.

Substitutionssysteme bei $\dfrac{n+1}{2}$ und bei $\dfrac{n-1}{2}$ Variablen.

Ich schließe diesen Abschnitt, indem ich zeige, daß ähnliche Substitutionssysteme, wie wir sie im Vorstehenden für $n = 5$ und $n = 7$ benutzten, bei beliebigem primzahligem n bestehen. Wir hatten einmal das Substitutionssystem der Jacobischen Gleichungen sechsten bzw. achten Grades; dasselbe zeigte bei $n = 5$ einen holoedrischen, bei $n = 7$ einen hemiedrischen Isomorphismus zur Gruppe der Modulargleichung. Wir hatten andererseits bei $n = 5$ die binären Ikosaedersubstitutionen, bei $n = 7$ die ternären Substitutionen des § 6, und diese Substitutionen erwiesen sich bei $n = 5$ hemiedrisch, bei $n = 7$ holoedrisch mit der Gruppe der Modulargleichung isomorph. Ich sage nun, *daß, unter n eine Primzahl verstanden, allemal Substitutionssysteme bei $\dfrac{n+1}{2}$ und bei $\dfrac{n-1}{2}$ Variablen bestehen, welche mit der Gruppe der Modulargleichung $(n+1)$-ten Grades isomorph sind. Und zwar ist der Isomorphismus des einen Systems immer hemiedrisch, wenn der des anderen holoedrisch ist. Ob das eine oder andere eintritt, hängt davon ab, ob $n \equiv 1$ (mod. 4) oder $\equiv 3$ (mod. 4) ist*[27].

---

[27] Daß diese Substitutionssysteme existieren, habe ich zuerst in einem an Herrn Brioschi gerichteten Briefe ausgesprochen, der in den Rendiconti del' Istituto Lombardo vom 2. Januar 1879 abgedruckt ist. [Später bin ich durch Benutzung der elliptischen Θ-Funktionen für beliebige ungerade n zu entsprechenden Substitutionen

1. Das System bei $\frac{n+1}{2}$ Variablen $x_0, x_1, \ldots, x_{\frac{n-1}{2}}$ erwächst durch Wiederholung und Kombination folgender drei Operationen:

$$6)\quad \left\{\begin{array}{l} \text{1.}\quad x_k' = \varrho^{k^2}\cdot x_k,\\[2mm] \text{2.}\quad x_k' = (-1)^{\frac{n+1}{2}}\, x_{\pm gk}\ ^{28}),\\[2mm] \text{3.}\quad\left\{\begin{array}{l} \sqrt{(-1)^{\frac{n-1}{2}}\, n}\cdot x_0' = x_0 + \sqrt{2}\cdot \sum_{l=1,\ldots,\frac{n-1}{2}} x_l,\\[4mm] \sqrt{(-1)^{\frac{n-1}{2}}\, n}\cdot x_k' = \sqrt{2}\cdot x_0 + \sum_{l=1,\ldots,\frac{n-1}{2}} (\varrho^{2lk} + \varrho^{-2lk})\, x_l \quad \left(k = 1, \ldots, \frac{n-1}{2}\right). \end{array}\right. \end{array}\right.$$

Hier bedeutet ϱ eine primitive n-te Einheitswurzel, g ist eine Primitivwurzel modulo n, und das doppelte Vorzeichen $\pm g\,k$ ist so zu verstehen, wie am Schlusse des § 3 auseinandergesetzt ist.

Zum Beweise der hinsichtlich dieses Systems aufgestellten Behauptungen genügt es, die Änderungen zu beachten, welche die Jacobischen Ausdrücke

$$(27)\quad \left\{\begin{array}{l} P_\infty = \sqrt{(-1)^{\frac{n-1}{2}}\, n}\cdot x_0\\[4mm] P_\nu = \qquad\qquad x_0 + \sqrt{2}\cdot \sum_{k=1,\ldots,\frac{n-1}{2}} \varrho^{\nu k^2}\cdot x_k \end{array}\right.$$

bei den Operationen 1., 2., 3. erfahren.

---

gekommen; vgl. meine Abhandlungen „Über gewisse Teilwerte der Θ-Funktionen" in den Math. Annalen, Bd. 17 (1880), § 3, und „Über die elliptischen Normalkurven der N-ten Ordnung und zugehörige Modulfunktionen der N-ten Stufe" in den Abhandlungen der math.-phys. Klasse der Kgl. Sächsischen Gesellschaft der Wissenschaften, Bd. 13, Nr. 4 (1885), § 18, sowie vorher in den sächsischen Berichten vom November 1884, Abschnitt H, § 4 u. 5. Diese Abhandlungen werden erst in Bd. 3 dieser Gesamtausgabe abgedruckt. Außerdem siehe meine von Fricke bearbeiteten Vorlesungen über die Theorie der elliptischen Modulfunktionen, Bd. II (Leipzig 1892), S. 291—296. — Für gerade n hat Hurwitz entsprechende Substitutionsgruppen in den Math. Annalen, Bd. 27 (1885/86), S. 183—233 aufgestellt; vgl. auch die genannten Vorlesungen, Bd. II, S. 297—300. K.].

$^{28})$ [Im Grunde braucht man nur zwei Operationen (vgl. Fußnote $^{15})$ auf S. 399). Bezeichnet man die Operation 1 mit $x' = S(x)$, die Operation 3 mit $x' = T(x)$ und die Operation 2 (eventuell nach einem gemeinsamen Zeichenwechsel der ursprünglichen Variabeln x) mit $x' = U(x)$, so gilt hier und in den folgenden Fällen:

$$U(x) = S^{g^{n-2}}\, T\, S^g\, T\, S^{g^{n-2}}\, T(x).]$$

Man findet nämlich:

$$\text{ad 1.} \quad P_\nu' = P_{\nu+1},$$

$$\text{ad 2.} \quad P_{\varrho^2\nu}' = (-1)^{\frac{n+1}{2}} P_\nu,$$

$$\text{ad 3.} \quad \begin{cases} P_\infty' = P_0 \\[2mm] P_0' = (-1)^{\frac{n-1}{2}} P_\infty \\[2mm] P_\nu' = \left(\dfrac{\nu}{n}\right) \cdot P_{-\frac{1}{\nu}} \end{cases} \qquad (\nu = 1, 2, \ldots, (n-1)).$$

2. Das System bei $\frac{n-1}{2}$ Variablen $y_1, y_2, \ldots, y_{\frac{n-1}{2}}$ ergibt sich folgendermaßen. Ist $n \equiv 3 \ (\mathrm{mod}\ 4)$, so kombiniere man folgende Operationen:

$$(28) \quad \begin{cases} 1. \qquad y_k' = \varrho^{k^2} y_k, \\[2mm] 2. \qquad y_k' = y_{\pm gk}, \\[2mm] 3. \ \sqrt{-n} \cdot y_k' = -\sum_{l=1,\ldots,\frac{n-1}{2}} \left(\dfrac{kl}{n}\right)(\varrho^{2kl} - \varrho^{-2kl}) y_l. \end{cases}$$

Hier bedeutet $\left(\dfrac{kl}{n}\right)$ das **Legendre**sche Zeichen. — Ist dagegen $n \equiv 1 \ (\mathrm{mod.}\ 4)$, so schreibe man einfach:

$$(29) \quad \begin{cases} 1. \qquad y_k' = \varrho^{k^2} y_k, \\[2mm] 2. \qquad y_k' = \pm\, y_{\pm gk}, \\[2mm] 3. \quad \sqrt{n} \cdot y_k' = \sum_{l=1,\ldots\frac{n-1}{2}}(\varrho^{2kl} - \varrho^{-2kl}) y_l. \end{cases}$$

[Dabei ist das Vorzeichen der rechten Seite von 2. so zu nehmen, daß es mit dem für den Index gemäß der Verabredung von § 3 zu wählenden Vorzeichen übereinstimmt.]

Beidemal ergibt sich der Beweis unserer Behauptungen wieder durch Beachtung der Umänderungen, welche gewisse $(n+1)$ Funktionen bei Eintritt der Substitutionen erfahren. Dies sind im Falle (28):

$$(30) \quad \begin{cases} \delta_x = (-n)^{\frac{n-1}{4}} \cdot y_1 y_2 \cdots y_{\frac{n-1}{2}}, \\[3mm] \delta_\nu = - \prod_{k=1,\ldots\frac{n-1}{2}} \left(\sum_{l=1,\ldots\frac{n-1}{2}} \left(\dfrac{kl}{n}\right)(\varrho^{2kl} - \varrho^{-2kl})\, \varrho^{l^2\nu} \cdot y_l \right), \end{cases}$$

und ähnlich im Falle (29):

$$(31) \quad \begin{cases} \delta_\infty = n^{\frac{n-1}{4}} \cdot y_1 y_2 \cdots y_{\frac{n-1}{2}} \\[2ex] \delta_\nu = \prod_{k=1,\ldots \frac{n-1}{2}} \left(\sum_{l=1,\ldots \frac{n-1}{2}} (\varrho^{2kl} - \varrho^{-2kl}) \varrho^{l^2 \nu} \cdot y_l \right). \end{cases}$$

Man findet nämlich bei (30), den Operationen 1., 2., 3. (Formel (28)) entsprechend, folgende Permutationen:

$$\text{ad 1.} \quad \delta_\nu' = \delta_{\nu+1},$$
$$\text{ad 2.} \quad \delta_{g^2 \nu}' = \delta_\nu,$$
$$\text{ad 3.} \quad \begin{cases} \delta_\infty' = \delta_0, \\ \delta_0' = \delta_\infty, \\ \delta_\nu' = \left(\dfrac{\nu}{n}\right) \delta_{-\frac{1}{\nu}}, \quad (\nu = 1, 2 \ldots (n-1)) \end{cases}$$

und bei (31) sind die Formeln ganz ähnlich, nur daß an einigen Stellen rechter Hand ein Minuszeichen zutritt [29]).

Fügen wir noch hinzu, daß die so bei $\dfrac{n-1}{2}$ Variablen definierte Substitutionsgruppe jedenfalls dann die *kleinste* Zahl Variabler benutzt, bei denen ein Isomorphismus mit der Gruppe der Modulargleichung möglich ist, *wenn* $\dfrac{n-1}{2}$ *eine Primzahl ist.* Denn aus Verbindung der beiden unter 1. und 2. angegebenen Operationen erwächst bereits die „halbe" metazyklische Gruppe, mit der wir uns in § 3 beschäftigten und von der wir sahen, daß sie sich im angegebenen Falle nicht durch weniger als $\dfrac{n-1}{2}$ Variable darstellen läßt.

---

[29]) [Der im Text gegebene Beweis ist insofern unzureichend, als aus ihm nur folgt, daß durch Zusammensetzung der Substitutionen 1. und 3. in den Formeln (28) bzw. (29) jeweils eine Substitutionsgruppe erzeugt wird, die zur Gruppe der Vertauschungen der δ_ν isomorph ist, ohne daß aber die Stufe des Isomorphismus berücksichtigt wird. Nun sind alle diejenigen linearen Substitutionen der y, welche alle δ_ν ungeändert lassen, die folgenden:

$$(*) \qquad y_i' = \varepsilon^\lambda y_i \qquad \left(\lambda = 0, 1, \ldots; \frac{n-3}{2}\right),$$

wo ε eine primitive $\dfrac{n-1}{2}$-te Einheitswurzel bedeutet. Da aber bekanntlich für primzahliges n sich die Potenzen der primitiven $\dfrac{n-1}{2}$-ten Einheitswurzel ε außer $\varepsilon^0 = 1$ und im Falle $n \equiv 1 \pmod 4$ $\varepsilon^{\frac{n-1}{4}} = -1$ nicht als rationale, rationalzählige Funktionen der n-ten Einheitswurzel ϱ darstellen lassen, können sich außer

$$(**) \qquad y_i' = y_i \quad \text{und im Falle } n \equiv 1 \pmod 4 \quad y_i' = -y_i$$

keine Substitutionen $(*)$ durch Zusammensetzung der Substitutionen 1. und 3. des Textes ergeben. Von den Substitutionen $(**)$ sind in der Tat in der aus dem System (28) entstehenden Gruppe die erste und in der aus dem System (29) entstehenden Gruppe beide enthalten.]

Abschnitt II.

Zurückführung der Gleichungen mit 168 Substitutionen auf die Modulargleichung.

§ 1.

Bedeutung der Modulargleichung für diese Probleme.

Man muß es als eine offene Frage betrachten, ob für jede Galoissche Gruppe Gleichungen mit einem *rational* vorkommenden Parameter existieren, bei denen die Permutationen der Wurzeln durch ihre Verzweigung in bezug auf diesen Parameter zustande kommen. Wenn das aber der Fall ist, so gilt es, unter allen möglichen Gleichungen dieser Art die einfachste herauszugreifen. In meiner Arbeit über elliptische Funktionen und Gleichungen fünften Grades, Abschnitt IV, § 9 stellte ich in dieser Hinsicht das Prinzip auf, daß immer diejenige Gleichung als die einfachste erachtet werden soll, *deren Galoissche Resolvente das kleinstmögliche Geschlecht hat*[30]). Von diesem Prinzip ausgehend gelangt man bei den Problemen mit 168 Substitutionen, wie ich nun zeigen werde, genau zu derjenigen Form der *Modulargleichung*, welche ich in meiner Arbeit über Transformation siebenter Ordnung entwickelt habe. Der Beweis ruht in der Betrachtung der *linearen Transformationen*, welche gewisse, auf einer Kurve vom Geschlechte p existierende *Funktionen* bei eindeutiger Transformation der Kurve in sich erfahren müssen. Hiermit ist zugleich der Zusammenhang mit den Betrachtungen des vorigen Abschnitts und der Gegensatz gegen dieselben bezeichnet. Denn allerdings haben wir es auch jetzt mit linearen Substitutionen zu tun, aber nicht mehr mit homogenen.

Ich sage zunächst, daß bei einer Gleichung mit 168 Substitutionen der hier betrachteten Art keine Galoissche Resolvente vom Geschlechte *Null* existieren kann. Denn auf den Kurven vom Geschlechte Null gibt es eine Funktion λ, welche jeden Wert nur in einem Punkte annimmt, und die sich also bei eindeutiger Transformation der Kurve in sich linear substituiert. Dagegen gibt es bekanntlich keine Gruppe von 168 (gebrochenen) linearen Substitutionen einer Variablen von der hier geforderten Beschaffenheit.

Ebensowenig kann das Geschlecht gleich *Zwei* sein. Denn bei $p = 2$ setzt sich aus den zwei überhaupt vorhandenen Riemannschen φ eine Funktion $\frac{\varphi_1}{\varphi_2}$ zusammen, welche in ihrer Art einzig ist, welche also bei jeder eindeutigen Transformation der Kurve in sich wieder linear transformiert werden muß.

---

[30]) In höheren Fällen wird man neben der Geschlechtszahl p die Existenz besonderer „Spezialpunktgruppen" berücksichtigen müssen.

Die Unmöglichkeit einer Resolvente vom Geschlecht *Eins* ergibt sich folgendermaßen. Auf einer Kurve $p = 1$ gibt es *ein* überall endliches Integral; dasselbe soll u genannt werden, seine beiden Perioden mögen ω_1, ω_2 heißen. Die einzigen im allgemeinen Falle möglichen eindeutigen Transformationen der Kurve in sich sind, wie bekannt, durch folgende Transformation des Integrals gegeben:

$$u' = \pm u + C;$$

nur wenn $\dfrac{\omega_1}{\omega_2}$ bei richtiger Wahl der Perioden gleich der dritten Einheitswurzel α, oder gleich der vierten Einheitswurzel i ist, können noch Transformationen folgender Form:

$$u' = \alpha u, \quad u' = i u$$

hinzutreten. — Will man nun aus den eindeutigen Transformationen der Kurve in sich eine endliche Gruppe zusammensetzen, so hat man einfach solche Transformationen des Integrals unter den vorgenannten herauszusuchen, welche *modulo* ω_1, ω_2 etwas Endliches erzeugen. Man kann hiernach ohne weiteres alle möglichen endlichen Gruppen aufstellen und diskutieren, man sieht sofort, daß unter ihnen keine enthalten ist, die mit der hier vorliegenden Gruppe von 168 Substitutionen isomorph wäre.

Es bleibt also, als kleinstmöglicher Wert, $p = 3$. Daß eine Resolvente vom Geschlechte *Drei* existiert, zeigt meine Arbeit über Transformationen siebenter Ordnung; sie zeigt zugleich, daß nur *eine* solche Resolvente existiert, das ist die Modulargleichung, wie ich sie damals formulierte. *Diese Modulargleichung erweist sich also als wahre Normalgleichung für die Probleme mit 168 Substitutionen.*

Handelt es sich jetzt darum, die allgemeinen Gleichungen mit 168 Substitutionen auf die Modulargleichung zurückzuführen, so ist dem durch die Entwicklungen der §§ 6 bis 12 des vorigen Abschnittes vorgearbeitet. Ich zeigte, daß man alle in Betracht kommenden Gleichungen auf das in § 6 definierte „Problem der y" rational reduzieren kann. Die Modulargleichung ist nur ein spezieller Fall dieses Problems, derjenige, in welchem $f = 0$ ist. Daher haben wir jetzt nur noch folgende Aufgabe vor uns: *Man soll das allgemeine Problem des § 6 auf das spezielle mit $f = 0$ zurückführen.* Hiermit werde ich mich jetzt beschäftigen.

§ 2.

Zurückführung des allgemeinen Problems der y auf das spezielle.

Ich beschränke mich darauf, die sehr einfachen Prinzipien anzugeben, nach denen die gewünschte Zurückführung zweckmäßigerweise zu erfolgen hat. Dabei finde zunächst folgende Bemerkung ihre Stelle. Für die Modulargleichung gab ich in meiner zuletzt genannten Arbeit (§ 6 am Schluß) im Grunde *zwei* Formulierungen an, indem ich das eine Mal:

$$f = 0, \quad \nabla = -\sqrt[7]{\Delta}, \quad C = 12\,g_2, \quad K = 216\,g_3$$

setzte, das andere Mal nur die Verhältnisse der y ins Auge faßte und schrieb:

$$(32) \qquad f = 0, \quad \frac{-C^3}{1728\,\nabla^7} = J.$$

Nur von dieser zweiten Formulierung ist im vorigen Paragraphen die Rede, und an sie werde ich mich auch im folgenden anschließen.

Dann hat man noch eine doppelte Möglichkeit. Entweder sind die y der Modulargleichung den y des ursprünglichen Problems *kogredient* — dann sollen sie y' heißen —, oder sie sind ihnen *kontragredient* — dann werde ich sie in der Folge v nennen. Dementsprechend haben wir geometrisch folgendes doppelte Problem vor uns:

Man soll einem beliebigen Punkte y_1, y_2, y_3 der Ebene in einer durch die 168 linearen Substitutionen unzerstörbaren Weise entweder einen Punkt y' der Kurve vierter Ordnung $f = 0$ oder eine Tangente v der Kurve vierter Klasse $f' = 0$ zuordnen.

Beides erledigt sich offenbar, und das ist der Kern der hier auseinanderzusetzenden Methode — folgendermaßen mit Hilfe einer [akzessorischen] Gleichung vierten Grades. Entweder man schneidet die Kurve vierter Ordnung mit der linearen Polare des Punktes y und berechnet also $y_1' : y_2' : y_3'$ aus folgenden beiden Gleichungen:

$$(33) \quad \begin{cases} (3\,y_1^2\,y_2 + y_3^3)\,y_1' + (3\,y_2^2\,y_3 + y_1^3)\,y_2' + (3\,y_3^2\,y_1 + y_2^3)\,y_3' = 0, \\ y_1'^3\,y_2' + y_2'^3\,y_3' + y_3'^3\,y_1' = 0, \end{cases}$$

oder man zwingt die Tangente v der Kurve vierter Klasse, durch den Punkt y *selbst* hindurchzulaufen, und hat dementsprechend die Bestimmungsgleichungen:

$$(34) \quad \begin{cases} y_1\,v_1 + y_2\,v_2 + y_3\,v_3 = 0, \\ v_1^3\,v_2 + v_2^3\,v_3 + v_3^2\,v_1 = 0. \end{cases}$$

Offenbar ist die kontragrediente Zuordnung einfacher, und es kann also keine Frage sein, daß wir die Gleichungen (34) benutzen werden.

Die Lösung des vorgelegten „Problems der y" wird jetzt folgendermaßen erfolgen können. Man eliminiere zuvörderst zwischen den Gleichungen (34) und der Gleichung:

$$\frac{-C'^3(v_1, v_2, v_3)}{1728\,\nabla'^7(v_1, v_2, v_3)} = J$$

die v_1, v_2, v_3. So erhält man eine Gleichung vierten Grades für das J, deren Koeffizienten solche ganze Funktionen der y sind, welche sich bei den 168 linearen Substitutionen nicht ändern, also ganze Funktionen der *gegebenen* f, ∇, C, K sind. Von dieser Gleichung bestimme man eine Wurzel; sie heiße J_1. Sodann betrachte man das Gleichungssystem

$$f'\,(v_1, v_2, v_3) = 0,$$
$$\frac{-\,C'^{\,3}\,(v_1, v_2, v_3)}{1728\,\nabla'^{\,7}\,(v_1, v_2, v_3)} = J_1$$

als Modulargleichung und bestimme die Verhältnisse der $v_1 : v_2 : v_3$ etwa durch die elliptischen Formeln (44) der zuletzt genannten Arbeit[31]). Dann hat man zur Berechnung der y_1, y_2, y_3 außer den gegebenen Werten von f, ∇, C, K die Gleichung

$$y_1\,v_1 + y_2\,v_2 + y_3\,v_3 = 0$$

und kann somit ebensowohl ihre Verhältnisse als ihre absoluten Werte rational berechnen[32]).

---

[31]) [Hierbei sind die Perioden ω_1, ω_2 durch eine lineare Differentialgleichung zweiter Ordnung als Funktionen von J definiert zu denken. K.]

[32]) [Für das spezielle Problem mit $f = 0$ haben Halphen in einem an mich gerichteten Brief vom 11. Juni 1884 (abgedruckt in den Math. Annalen, Bd. 24, S. 461 bis 464) und später Hurwitz in den Math. Annalen, Bd. 25 (1885/86), S. 117—126 die zugehörige lineare Differentialgleichung dritter Ordnung wirklich aufgestellt. Versteht man unter J dieselbe Größe wie im Text und setzt $\eta_i = y_i \dfrac{\nabla^{8}}{C^2\,K}\,(i = 1,\ 2,\ 3)$, so sind nach Hurwitz die η_i geeignete Partikularlösungen der Differentialgleichung

$$J^2\,(J-1)^2\,\frac{d^3\eta}{dJ^3} + (7\,J-4)\,J\,(J-1)\,\frac{d^2\eta}{dJ^2} + \left[\frac{72}{7}\,(J^2-J) - \frac{20}{9}\,(J-1) + \frac{3}{4}\,J\right]\frac{d\eta}{dJ}$$
$$+ \left[\frac{72\cdot 11}{7^{\,3}}\,(J-1) + \frac{5}{8} + \frac{2}{63}\right]\eta = 0.$$

Im Gegensatz dazu hat für das allgemeine Problem des § 6 des Abschnittes I Herr A. Boulanger in zwei Abhandlungen im Journal de l'École Polytechnique, sér. II, cah. 4 (1898) und cah. 6 (1901) *ein System von drei partiellen linearen Differentialgleichungen zweiter Ordnung* aufgestellt. Führt man als unabhängige Variable

$$x = \frac{\nabla^{2}}{f^{3}} \quad \text{und} \quad y = \frac{C}{f^2\,\nabla}$$

ein, und setzt weiter

$$z_i = \frac{y_i\,\sqrt[3]{K}}{f^{2}} \qquad\qquad (i = 1, 2, 3),$$

so genügen die z_i zunächst folgendem von Herrn R. Liouville angegebenem Systeme

$$r = \quad M\,p - \quad I\,q + \left[2\,(M^2 + I\,N) - \frac{\partial M}{\partial x} + \frac{\partial I}{\partial y}\right]z,$$
$$s = -\,N\,p - M\,q + \left[\quad I\,L - M\,N + \frac{\partial M}{\partial y} + \frac{\partial N}{\partial x}\right]z,$$
$$t = -\,L\,p + N\,q + \left[2\,(N^2 + L\,M) - \frac{\partial N}{\partial y} + \frac{\partial L}{\partial x}\right]z,$$

§ 3.

Über die Notwendigkeit der benutzten Gleichung vierten Grades.

Es fragt sich nun, ob der so geschilderte Gang [falls anders man auf eine Gleichung mit nur einem Parameter zurückkommen will] noch in einem wesentlichen Punkte verbessert werden kann. Ich möchte dabei betonen, daß ich die Auflösung durch elliptische Funktionen für nebensächlich und sogar für einen Umweg halte; an ihre Stelle wird man direktere Annäherungsprozesse setzen können[33]). Dies tut der Wichtigkeit derjenigen Gleichung, welche ich immer als Modulargleichung bezeichne, keinerlei Abbruch: sie gibt die Definition der hier in Betracht kommenden *algebraischen* Fundamentalirrationalität, und wie man nun letztere numerisch berechnen will, ist eine Frage für sich.

Dagegen scheint mir, daß sich der algebraische Prozeß, welchen ich schildere, nicht noch vereinfachen läßt, und ich bringe in dieser Hinsicht

---

wo die I, L, M, N gewisse von Goursat und Painlevé herrührende Differentialinvarianten für ternäre homogene lineare Substitutionen sind. Boulanger hat nun deren Ausdrücke in x und y für die ternäre G_{168} berechnet und findet für sie mit der Abkürzung

$$H(x,\,y) = \frac{K^2}{f^9\,\nabla} = xy^3 - 88\,xy^2 + 16\cdot 63\,x^2 y + 17\cdot 64\,xy - 256\,y + 27\cdot 64\cdot x^3$$
$$- 128\cdot 469\,x^2 + 43\cdot 512\,\dot{x} - 2048$$

folgende Werte

$$49\,H(x,\,y)\cdot L = 2\,x\,[\div 3\,xy + 81\,x^3 - 520\,x - 80]$$

$$3\cdot 49\,H(x,\,y)\cdot N = -2\,[15\,y^2 x + 2\,y\,(81\,x^2 - 421\,x + 60) - 4\,(999\,x^2 - 3788\,x + 544)]$$

$$3\cdot 49\,H(x,\,y)\cdot M = -\frac{2}{x}\,[24\,xy^3 + 6\,y^2\,(18\,x^2 - 543\,x - 10) + y\,(111\,x^2 - 12\,759\,x - 8261)$$
$$- (532\,943\,x^2 + 384\,882\,x + 51\,047)]$$

$$49\,H(x,\,y)\cdot I = \frac{2}{x^2}\,[3\,xy^4 + y^3\,(24\,x^2 - 357\,x + 10) + y^2\,(86\,691\,x^2 + 9299\,x - 544)$$
$$+ y\,(80\,235\,x^3 + 1\,810\,251\,x^2 + 298\,689\,x - 10\,841)$$
$$+ (741\,086\,x^3 + 5\,096\,436\,x^2 + 2\,212\,558\,x + 72\,664)].$$

Während aber für die Lösungen gewöhnlicher linearer Differentialgleichungen Reihenentwicklungen für die Partikularlösungen und deren Konvergenzbereiche längst so genau bekannt sind, daß man, wie beim Ikosaeder, ein bestimmtes der 168 Lösungssysteme für die η_i angeben kann, fehlen, wie es scheint, entsprechende Untersuchungen für partielle lineare Differentialgleichungen, die durchweg algebraische Integrale besitzen, bisher gänzlich. Es wäre zu wünschen, diese Lücke auszufüllen. Jedenfalls besteht keine prinzipielle Schwierigkeit, dies durchzuführen. Man kann also dementsprechend das allgemeine Problem des § 6 des Abschnittes I als durch unendliche Prozesse direkt lösbar ansehen, womit sich die Entwicklungen des Abschnittes II bis zu einem gewissen Grade erübrigen. K.]

[33]) Ganz ebenso war es bei der Ikosaedergleichung (vgl. meine Arbeit über elliptische Funktionen und Gleichungen fünften Grades, Abschnitt III, § 14). [Vgl. auch den ersten Teil der Fußnote [32]) auf S. 423.]

hier noch den Beweis, *daß man die Hilfsgleichung vierten Grades zur Bestimmung von J nicht vermeiden kann.*

Die Frage kann so gestellt werden: *Ist es möglich, einem beliebigen Punkte y der Ebene in einer durch die 168 Kollineationen unzerstörbaren Weise auf unserer Kurve $f = 0$ eine Gruppe von weniger als vier beweglichen Punkten y' auf rationalem Wege zuzuordnen?* Denn ob wir hier von den Punkten y' der Kurve $f = 0$, oder ob wir von den Tangenten v der Kurve $f' = 0$ sprechen, ist offenbar für den vorliegenden Zweck gleichgültig.

Die so gestellte Frage ist nun auf Grund folgender Überlegungen zu verneinen:

1. *Dem Punkte y kann auf $f = 0$ nicht ein beweglicher Punkt y' rational zugeordnet werden.* Man denke sich $y_1 : y_2 : y_3$ irgendwie von einer Größe λ rational abhängig. Dann würde der auf $f = 0$ bewegliche Punkt y' von λ ebenfalls rational abhängen, also $f = 0$ eine rationale Kurve sein, was absurd ist.

2. *Dem Punkte y kann auf $f = 0$ nicht ein bewegliches Paar von Punkten y' rational zugeordnet werden.* Wieder denke man sich $y_1 : y_2 : y_3$ von einer Größe rational abhängig. Dann bekommt man auf $f = 0$ eine rationale, einfach unendliche Schar von Punktepaaren. Es müßte also auf $f = 0$ eine rationale Funktion geben, welche jeden Wert nur in zwei Punkten annimmt, was unmöglich ist.

3. *Dem Punkte y kann auf $f = 0$ nicht ein bewegliches Tripel von Punkten zugeordnet sein.* Um dies einzusehen, lasse man $y_1 : y_2 : y_3$ über eine gerade Linie v laufen. Dann bekommen wir auf $f = 0$ eine einfach unendliche, rationale Schar von Punktetripeln. Dementsprechend muß es eine rationale Funktion auf $f = 0$ geben, welche jeden Wert nur in den drei Punkten *eines* Tripels der Schar annimmt. Daher werden, nach einem Riemannschen Satze, die fraglichen Tripel auf $f = 0$ von geraden Linien ausgeschnitten, und zwar von solchen geraden Linien, die durch einen *festen* Punkt auf $f = 0$ hindurchlaufen. Dieser Punkt müßte fest bleiben, auch wenn sich die gerade Linie v ändert. Denn die gerade Linie hat mit ihrer ursprünglichen Lage immer einen Punkt gemein, und diesem Punkte entspricht auf $f = 0$ ein Tripel, durch welches der fragliche feste Punkt bereits definiert ist. Es müßte also auf $f = 0$ einen Punkt geben, der bei den 168 Kollineationen fest bliebe, und das ist nicht der Fall.

Die Gleichung vierten Grades ist also [für den angestrebten Zweck] in der Tat nicht zu vermeiden.

Düsseldorf, Ende März 1879.

Über Gordans Arbeiten betreffend die Probleme mit einer Gruppe von 168 Substitutionen[34].

Gordan hat, an meine vorstehend abgedruckte Arbeit anknüpfend, den Problemen mit 168 Substitutionen eine Reihe unter sich zusammenhängender Arbeiten gewidmet[35], die meine Überlegungen wesentlich weiter führen, deren Ergebnisse aber infolge der Menge der zwischengestreuten Einzelrechnungen bis jetzt nicht die Beachtung gefunden zu haben scheinen, welche sie verdienen. Ich schalte hier deshalb einen Bericht über seine Resultate ein, soweit sie mit meinen eigenen Entwicklungen in unmittelbarer Beziehung stehen, wobei ich indes ganz frei verfahre, indem ich nicht nur an meinen Bezeichnungen festhalte, sondern dem Stoff eine Gruppierung und den Zwischenüberlegungen eine Präzisierung zu teil werden lasse, wie sie an gegenwärtiger Stelle zweckmäßig scheinen, schließlich, indem ich in einer Hinsicht die Gordanschen Ergebnisse vereinfache.

1. Invariantentheoretische Charakterisierung der kanonischen Form $y_1^3 y_2 + y_2^3 y_3 + y_3^3 y_1$.

Die binäre Ikosaederform f_{12}, welche in kanonischer Form die Gestalt

$$x_1^{11} x_2 + 11\, x_1^6 x_2^6 - x_1 x_2^{11}$$

annimmt, wurde in Bd. 9 der Math. Annalen [Abh. LI des vorliegenden Bandes] allgemein dahin charakterisiert, daß ihre vierte Überschiebung über sich selbst identisch verschwindet: $(f, f)_4 \equiv 0$. Entsprechendes hat Gordan für die vorstehend genannte ternäre biquadratische Form

$$f(y) = a_y^4 = y_1^3 y_2 + y_2^3 y_3 + y_3^3 y_1$$

in der Weise geleistet, daß er zunächst die zugehörige Form vierter Klasse

$$\varphi = 2\,(a b v)^4 = v_\varphi^4$$

und die Invariante

$$A = \frac{4}{3}\, f_\varphi^4 = \frac{8}{3}\,(a b c)^4$$

bildet (ich wähle den Buchstaben A, um die Analogie mit dem Ikosaeder festzuhalten) und nun zur invariantentheoretischen Charakterisierung seiner Form die *Bedingung* aufstellt:

$$(1) \qquad f_\varphi^2 - \frac{A}{8}\, v_y^2 \equiv 0,$$

---

[34] [Bei der Abfassung dieser Erläuterungen, insbesondere bei der Durchführung der nötigen Rechnungen, wie auch schon bei der Durcharbeitung der vorangehenden Abh. LVII für den Wiederabdruck hat mich Herr Bessel-Hagen wesentlich unterstützt. K.]

[35] Es sind dies:

I. Math. Annalen, Bd. 17 (1880), S. 217—233: (Über das volle Formensystem der ternären biquadratischen Form $f = x_1^3 x_2 + x_2^3 x_3 + x_3^3 x_1$).

II. Math. Annalen, Bd. 17 (1880), S. 359—378: (Über die typische Darstellung der ternären biquadratischen Form $f = x_1^3 x_2 + x_2^3 x_3 + x_3^3 x_1$).

III. Math. Annalen, Bd. 19 (1881/82), S. 529—552: (Über Büschel von Kegelschnitten).

IV. Math. Annalen, Bd. 20 (1882), S. 487—514: (Weitere Untersuchungen über die ternäre biquadratische Form $f = x_1^3 x_2 + x_2^3 x_3 + x_3^3 x_1$).

V. Math. Annalen, Bd. 20 (1882), S. 515—530: (Über Gleichungen siebenten Grades mit einer Gruppe von 168 Substitutionen).

VI. Math. Annalen, Bd. 25 (1885), S. 459—521: (Über Gleichungen siebenten Grades mit einer Gruppe von 168 Substitutionen. II.).

die für das kanonische f erfüllt ist. (Die Zahlenfaktoren bei der Definition von φ und A sind so bemessen, daß im Falle des kanonischen f

$$\varphi = v_1^3 v_2 + v_2^3 v_3 + v_3^3 v_1 \quad \text{und} \quad A = 1$$

wird.) Bemerkenswert ist das völlig symmetrische Auftreten von f und φ in der Definition von A und in der Formel (1), was zur Folge hat, daß das gesamte Formensystem von f zu sich selbst dualistisch ist. Äußerlich tritt im folgenden nur insofern eine Unsymmetrie auf, als wir den Grad der Koeffizienten unserer Formen nach den Koeffizienten in f zählen, also z. B. A vom Grade 3 in den Koeffizienten von f statt bilinear in denen von f und φ nennen.

Interessant ist dabei, wie Gordan den Beweis seiner Behauptung führt. Er beginnt damit, für irgendein f_4, welches der Relation (1) genügt, im Sinne der von ihm immer angewandten symbolischen Methoden das volle Formensystem aufzustellen (in Punkt- und Linienkoordinaten, Bd. 17, Nr. I). Er findet ein System von 54 Formen. Als Invariante tritt nur die bereits hingeschriebene [36])

$$(2) \qquad A_0^3 = \frac{4}{3} f_\varphi^4 = \frac{8}{3} (abc)^4$$

auf; die reinen Kovarianten aber reduzieren sich, wenn wir von $f_4^1 (y)$ selbst absehen, auf drei, die genau wie im Falle des kanonischen f definiert sind und daher, wie in meiner vorhergehenden Abhandlung, ∇, C, K genannt werden sollen:

$$(3) \quad \nabla_6^3 = 32 \begin{vmatrix} f_{11} & f_{12} & f_{13} \\ f_{21} & f_{22} & f_{23} \\ f_{31} & f_{32} & f_{33} \end{vmatrix}, \quad C_{14}^8 = 576 \begin{vmatrix} f_{11} & f_{12} & f_{13} & \nabla_1 \\ f_{21} & f_{22} & f_{23} & \nabla_2 \\ f_{31} & f_{32} & f_{33} & \nabla_3 \\ \nabla_1 & \nabla_2 & \nabla_3 & 0 \end{vmatrix}, \quad K_{21}^{12} = 24 \begin{vmatrix} f_1 & f_2 & f_3 \\ \nabla_1 & \nabla_2 & \nabla_3 \\ C_1 & C_2 & C_3 \end{vmatrix}.$$

Ich habe hier rechter Hand die partiellen Differentialquotienten irgendeiner Form F in der Weise bezeichnet, daß ich die auch sonst üblichen Abkürzungen anwandte: $F_i = \dfrac{1}{n} \dfrac{\partial F}{\partial y_i}$, $F_{ik} = \dfrac{1}{n(n-1)} \dfrac{\partial^2 F}{\partial y_i \partial y_k}$. Dabei ist zufolge der Bedingung (1) K^2 eine ganze Funktion von f, ∇, C und A. Die explizite Formel, die ich für das kanonische f nicht ausrechnete, findet sich in Bd. 17 der Math. Annalen, Nr. II, S. 371. Vgl. auch die Formel für $H(x, y)$ in Fußnote [32]), S. 424. Setzt man insbesondere, wie sofort geschehen soll, f und ∇ gleichzeitig gleich Null, so wird $K^2 = C^3$.

Neben diesen Formen nennen wir nun mit Gordan die niedersten in den v_1, v_2, v_3 linearen „Zwischenformen":

$$(4) \quad \begin{cases} v_y = \sum v_i y_i \\[2ex] p_8^4 = v_p = \sum v_i p_i = 24 \begin{vmatrix} \nabla_1 & \nabla_2 & \nabla_3 \\ f_1 & f_2 & f_3 \\ v_1 & v_2 & v_3 \end{vmatrix}, \\[3ex] q_9^5 = v_q = \sum v_i q_i = 96 \begin{vmatrix} f_{11} & f_{12} & f_{13} & \nabla_1 \\ f_{21} & f_{22} & f_{23} & \nabla_2 \\ f_{31} & f_{32} & f_{33} & \nabla_3 \\ v_1 & v_2 & v_3 & 0 \end{vmatrix}, \\[4ex] r_{11}^7 = v_r = \sum v_i r_i = -144 \begin{vmatrix} \nabla_{11} & \nabla_{12} & \nabla_{13} & f_1 \\ \nabla_{21} & \nabla_{22} & \nabla_{23} & f_2 \\ \nabla_{31} & \nabla_{32} & \nabla_{33} & f_3 \\ v_1 & v_2 & v_3 & 0 \end{vmatrix}. \end{cases}$$

---

[36]) Wo die Buchstaben f, A, Δ, C, K, p, q, r hier und weiterhin *gleichzeitig* unten und oben beziffert sind, bedeutet der untere Index den Grad in den Variabeln y der obere Index den in den Koeffizienten von $f(y)$.

(Für $y_1 = 0$, $y_2 = 0$ reduzieren sich im Falle des kanonischen f

$$p \text{ auf } v_3\, y_3^3, \quad q \text{ auf } - r_2\, y_3^9, \quad r \text{ auf } - v_1\, y_3^{11}\,).$$

Die Methode ist jetzt die, daß wir von einem *Wendepunkt* ξ_1, ξ_2, ξ_3 der Kurve $f = 0$ ausgehen, so daß $f(\xi) = 0$ und $\nabla (\xi) = 0$ ist, und ein neues Koordinatensystem so einführen, daß der Wendepunkt die Ecke $v_3 = 0$ des Koordinatendreieckes abgibt, die zugehörigen $q = 0$, $r = 0$ aber die beiden anderen Ecken [37]). *Die Einführung der neuen Koordinaten geschieht gemäß den Grundregeln des symbolischen Rechnens vermöge der Identität* (in welcher die y laufende Koordinaten bedeuten sollen):

$$(5) \qquad f(y)\cdot(q\,r\,\xi)^4 = a_y^4\,(q\,r\,\xi)^4 = \big\{a_\xi\,(q\,r\,y) + a_r\,(\xi\,q\,y) + a_q\,(r\,\xi\,y)\big\}^4.$$

Hier ist die Determinante $(q\,r\,\xi)$ als Kovariante, entsprechend ihrem Grade 21 in den ξ und 12 in den Koeffizienten von f und dem in ihr auftretenden Gliede $-\xi_3^{21}$ gleich K, $(q\,r\,\xi)^4$ also K^4, wofür wir gemäß der besonderen Annahme von ξ auch C^6 schreiben können. Als neue Koordinaten aber mögen wir vorläufig

$$(q\,r\,y) = z_1, \quad (\xi\,q\,y) = z_2, \quad (r\,\xi\,y) = z_3$$

einführen. Die Entwicklung der vierten Potenz auf der rechten Seite möge dann Glieder

$$\Omega_{\lambda\mu\nu}\,z_1^\lambda\,z_2^\mu\,z_3^\nu \qquad\qquad (\lambda + \mu + \nu = 4)$$

ergeben, wo die $\Omega_{\lambda\mu\nu}$ in den ξ geschriebene Kovarianten vom Grade $\lambda + 11\,\mu + 9\,\nu$ in den ξ und vom Grade $\frac{1}{4}(\lambda + 29\,\mu + 21\,\nu) = 1 + 7\,\mu + 5\,\nu$ in den Koeffizienten von f bedeuten. Jetzt ist das Entscheidende, daß wegen der Angabe über das volle System der Kovarianten und der besonderen Annahme $f(\xi) = 0$, $\nabla (\xi) = 0$ die $\Omega_{\lambda\mu\nu}$ ganze Verbindungen von C_{14}^8 und K_{21}^{12} sein müssen, *daß also nur solche Ω von Null verschieden sein können, deren Grad in den ξ ein Multiplum von 7 ist.* Die Folge ist, daß nur

$$\Omega_{310} = 4\,a_\xi^3\,a_r, \quad \Omega_{031} = 4\,a_r^3\,a_q, \quad \Omega_{103} = 4\,a_q^3\,a_\xi$$

von Null verschieden sind. Zugleich ergibt sich deren Grad in den ξ bzw. als 14, 42, 28, während ihr Grad in den Koeffizienten von f bzw. 8, 27, 16 beträgt. Sie sind also sämtlich von geradem Grade in den ξ und können von

$$C, \quad C^3, \quad C^2$$

nur je um einen konstanten Faktor verschieden sein, der sich bei C und C^2, wegen des Grades in den Koeffizienten von f, als rein numerisch erweist, während er bei C^3 ein Multiplum der Invariante A sein muß.

Wir haben damit $f(y)$ in folgende Form gesetzt:

$$(6) \qquad f(y) = \frac{c_1}{C^5}\,z_1^3\,z_2 + \frac{c_2\,A}{C^3}\,z_2^3\,z_3 + \frac{c_3}{C^4}\,z_3^3\,z_1\,,$$

womit der Übergang zu der angestrebten kanonischen Form für $f(y)$ auf der Hand liegt. Zunächst gibt die Heranziehung der kanonischen Form für $f(y)$ (für die doch alle bisherigen Entwicklungen stimmen müssen) die Zahlenfaktoren

$$c_1 = -1, \quad c_2 = +1, \quad c_3 = -1.$$

Wir wollen ferner das endgültige kanonische System der y_1^*, y_2^*, y_3^* so wählen, daß es mit den laufenden Koordinaten y_1, y_2, y_3 durch eine Substitution von der Deter-

---

[37]) $p = 0$ ist nicht zu brauchen, weil es auf $v_3 = 0$ zurückführen würde; wir haben die Zwischenform p unter (4) indes mit angegeben, weil sie weiter unten benutzt wird.

minante 1 zusammenhängt. Wir werden dann freilich $f(y)$, weil der Wert der Invariante A erhalten bleiben muß, nur in die Gestalt

$$(7) \qquad f(y) = f^*(y^*) \equiv \sqrt[3]{A}\,(y_1^{*3}\,y_2^* + y_2^{*3}\,y_3^* + y_3^{*3}\,y_1^*)$$

setzen können, wodurch eine dritte Wurzel eingeführt wird, die willkürlich gewählt werden kann. Der Vergleich ergibt, daß wir endgültig

$$(8) \qquad y_1^* = \left(\frac{A^{\frac{1}{3}}}{C}\right)^{\frac{10}{7}} \cdot \frac{z_1}{A^{\frac{2}{3}}}, \qquad y_2^* = -\left(\frac{A^{\frac{1}{3}}}{C}\right)^{\frac{5}{7}} \cdot z_2, \qquad y_3^* = -\left(\frac{A^{\frac{1}{3}}}{C}\right)^{\frac{6}{7}} \cdot \frac{z_3}{A^{\frac{1}{3}}}$$

zu setzen haben. Die dritte Wurzel in diesen Formeln ist ebenso zu wählen wie in (7). Durch die gleiche Transformation erhält $\varphi(v)$ offenbar die Gestalt

$$\varphi^*(v^*) \equiv \sqrt[3]{A}^{\,2}\,(v_1^{*3}\,v_2^* + v_2^{*3}\,v_3^* + v_3^{*3}\,v_1^*).$$

Damit sind wir am Ziele. Den Einwand, daß möglicherweise einige der benutzten Determinanten identisch verschwinden möchten, erledigt man dadurch, daß dies für das kanonische f, welches doch auch unter die Bedingung (1) fällt, nicht der Fall ist. Die Betrachtung besonderer Fälle aber, wo dies doch geschieht, wo also mit Ausartungen unseres f zu rechnen ist, bleibt bei Gordan unerledigt. Wichtiger für uns ist, zu bemerken, daß bei dem ganzen Beweisgange von der Gruppe der 168 Substitutionen, welche f in sich überführen, nicht die Rede war. Man wird das Vorhandensein dieser Gruppe vielmehr jetzt hinterher aus (7) ablesen. Zugleich wird es offenbar, daß unsere Aufgabe 168 Lösungen zuläßt, nachdem man sich für eine Bestimmung von $\sqrt[3]{A}$ entschieden hat. Denn zunächst stehen 24 Wendepunkte für ξ_1, ξ_2, ξ_3 zur Auswahl, und für jeden einzelnen liefern die Formeln (8) dann noch sieben verschiedene Lösungen.

Charakteristisch für die gesamte hiermit dargelegte Betrachtungsweise ist neben der formalen Aufstellung des vollen Formensystems der vorgelegten Grundform die Benutzung der in den kontragredienten Veränderlichen linearen Zwischenformen. Von dem vollen Formensystem wird schließlich nur benutzt, daß es nur *eine* Invariante A gibt, daß sich alle reinen Kovarianten bis zum 44. Grade einschließlich aus f, ∇, C, K zusammensetzen lassen, und daß es vier in den v lineare Zwischenformen gibt. — Es ist interessant, in entsprechender Form die Theorie des Ikosaeders als einer binären Form zwölfter Ordnung mit identisch verschwindender vierter Überschiebung zu entwickeln und somit die Resultate, welche in Abh. LI abgeleitet sind, in einem einheitlich geordneten, streng invariantentheoretischen, neuen Gedankengange wieder zu gewinnen. Doch würde eine genaue Ausführung dieser Aufgabenstellung an gegenwärtiger Stelle zu weit führen.

2. Die Reduktion einer der Bedingung (1) genügenden ternären Form f_4 auf die kanonische Form vermöge des Fundamentalproblems der ternären G_{168}.

Wir verfolgen den Gordanschen Gedankengang jetzt nach einer anderen Seite (wobei wieder die Entwicklungen der Ikosaedertheorie als Analogon herangezogen werden können, vgl. insbesondere Abschnitt I, § 5 der Abh. LIV).

Ein geeignetes f_4 wurde im vorangehenden Abschnitt dieser Bemerkungen wesentlich dadurch in die kanonische Form gesetzt, daß wir einen Wendepunkt der Kurve $f = 0$ adjungierten. Statt dessen werden wir jetzt zeigen, wie man dieselbe Aufgabe durch das *Fundamentalproblem* der ternären kanonischen Substitutionsgruppe G_{168} erledigen kann, wie es in § 6 des Abschnittes I von Abhandlung LVII formuliert wurde. Ich will dabei der Deutlichkeit halber die kanonischen Gestalten der Formen f, ∇, C, K usw. durch einen Stern f^*, ∇^*, C^*, K^* usw. unterscheiden, auch die kanonischen y_i als y_i^* bezeichnen, wie ich es schon soeben tat. Die Invariante A hat im kanonischen Falle den Wert 1, braucht also nicht besonders aufgeführt zu werden. Das Fundamentalproblem der G_{168} lautet dann so:

Gegeben sind die Werte von $f^*(y^*), \nabla^*(y^*), C^*(y^*), K^*(y^*)$ in Übereinstimmung mit der zwischen diesen Formen bestehenden Relation, man soll die zugehörigen 168 Wertsysteme y_1^*, y_2^*, y_3^* berechnen.

Dieselben werden alle bekannt sein, wenn man, was hier als selbstverständlich gilt, die siebente Einheitswurzel $\gamma = e^{\frac{2\pi i}{7}}$ als gegeben ansieht, und es übrigens gelungen ist, ein einzelnes solches Wertsystem zu berechnen. Dies aber wird, wie in Abh. LVII, bez. in der Fußnote [32]) auf S. 423 angegeben wurde, in verschiedener Weise mit transzendenten Mitteln erreicht. Gordan hat in seinen Arbeiten stets den Weg über $f = 0$ gewählt, der eine unvermeidliche akzessorische Irrationalität vom vierten Grade erfordert. Dies ist an gegenwärtiger Stelle eine unnötige Komplikation und nur historisch aus dem Bestreben zu erklären, die Auflösung mit Hilfe der elliptischen Funktionen zu bewerkstelligen. Vgl. Math. Annalen, Bd. 17, Nr. II, § 16, S. 374, 375. Wir stellen uns, um größere Einfachheit zu erzielen und das eigentliche Wesen der Sache deutlicher herauszubringen, auf den Standpunkt, daß wir das kanonische Fundamentalproblem in der allgemeinen Gestalt (mit $f^*(y^*) \neq 0$) zu lösen imstande sind, gleichgültig auf welchem Wege.

Unser neues Problem wird nun so anzufassen sein. Wir berechnen aus dem vorgegebenen f die zugehörigen ∇, C, K, wie das A, und substituieren hier für y_1, y_2, y_3 irgendwelche feste Werte η_1, η_2, η_3 des uns gegebenen Rationalitätsbereiches [38]). Wir suchen dann ein Lösungssystem η_1^*, η_2^*, η_3^* des Fundamentalproblems:

$$(9) \quad \begin{cases} f^*(\eta^*) = f(\eta) : \sqrt[3]{A} \\[2mm] \nabla^*(\eta^*) = \nabla(\eta) : A \\[2mm] C^*(\eta^*) = C(\eta) : \sqrt[3]{A}^{\,8} \\[2mm] K^*(\eta^*) = K(\eta) : A^4 \, . \end{cases}$$

In der Tat befinden sich die für f^*, ∇^*, C^*, K^* vorgeschriebenen Werte in Übereinstimmung mit der für sie geforderten Relation, weil vorausgesetzt wurde, daß f der Bedingung (1) genüge.

Ist das Fundamentalproblem gelöst, so *werden wir, wie nun zu zeigen ist, auf rationalem Wege eine lineare Substitution der y, oder der kontragredienten v bestimmen, welche das gegebene $f(y)$ in $f^*(y^*)$ bei beliebigen laufenden Werten der y überführt.*

Für eine solche Bestimmung haben wir zunächst nur die Angabe, daß dem fest angenommenen Wertsystem η der y das bestimmte Wertsystem der η^* entsprechen muß. Wollten wir uns an die Erörterungen in § 5 des Abschnittes I von Abh. LIV halten, so würden wir ferner für eine hinreichende Zahl benachbarter Wertsysteme der y die entsprechenden benachbarten Wertsysteme der y^* berechnen. *Statt dessen wählt Gordan den eleganteren und systematischeren Weg, die linearen Zwischenformen (4) heranzuziehen.* Und zwar natürlich, um die Rechnung auf einfachste Weise zu erledigen, die niedersten Zwischenformen, also $\sum v_i \eta_i$, $\sum v_i p_i$, $\sum v_i q_i$ (wo wir uns in die p_i, q_i unsere rational angenommenen η_i eingesetzt denken; es ist unnötig, auf $\sum v_i r_i$ zu greifen, wie wir in Teil 1 dieser Erläuterungen nur taten, weil damals die $\eta_i = \xi_i$ einen Wendepunkt von $f = 0$ bezeichnen sollten und für diesen die p_i den ξ_i proportional werden). Die ganze Sache ist die, daß wir unter Heranholung der zu den η_i gehörigen η_i^* die Gleichungen anzuschreiben haben:

---

[38]) Der Rationalitätsbereich umfaßt neben der numerischen Größe γ die an die Gleichungen dritten Grades (1) geknüpften Koeffizienten von f. (Man nehme etwa $\eta_1 = 1$, $\eta_2 = 0$, $\eta_3 = 0$.)

$$(10) \qquad \begin{cases} \sum v_i^* \eta_i^* = \sum v_i \eta_i \\[2mm] \sum v_i^* p_i^* = \sum v_i p_i : \sqrt[3]{A^4} \\[2mm] \sum v_i^* q_i^* = \sum v_i q_i : \sqrt[3]{A^5}. \end{cases}$$

Diese Gleichungen haben wir nun einfach nach v_1^*, v_2^*, v_3^* aufzulösen bzw. die Lösungen nach v_1, v_2, v_3 zu ordnen: *Wir haben dann die gesuchte Substitution (in Linienkoordinaten) ohne weiteres vor uns, und zwar so, daß ihre Determinante gleich Eins ist.*

Die Methode wird allemal zum Ziel führen, wenn wir nicht das ausgezeichnete Wertsystem der η_i zufälligerweise so angenommen haben, daß $(\eta\,p\,q)$ verschwindet, was immer vermieden werden kann. Denn $(\eta\,p\,q)$ ist als Kovariante von f nach seinem Grade in den Variabeln eine lineare Kombination von ∇^3, Cf und ∇f^3, die, wie man zeigt, nicht identisch verschwindet. (Der Vergleich der höchsten Glieder ergibt $(\eta\,p\,q) = 4Cf + 72\nabla^3$). Im übrigen hat Gordan, damit man die Gleichungen (9) und (10) klar vor sich sieht, in den Math. Annalen, Bd. 17, Nr. II, S. 371—372 die $f^*, \nabla^*, C^*, K^*, p^*, q^*$ in völlig ausgerechneter Form wirklich hingeschrieben. (Einige Druckfehler in den Indizes und Exponenten wird der Leser leicht selbst berichtigen.)

Daß die ganze Art des Vorgehens, die sich an das ternäre Fundamentalproblem der G_{168} anschließt, ein volles Äquivalent für den in Abschnitt 1 dieser Bemerkungen eingeschlagenen Weg ist, erkennen wir daraus, daß vermöge der linearen Substitution (10) sich die Wendepunkte von $f = 0$, insofern doch die Wendepunkte von $f^* = 0$ rational (nach Adjunktion von γ selbstverständlich!) bekannt sind, rational berechnen lassen. Die ganze Aufgabe aber: *ein geeignetes f in die kanonische Form zu setzen,* erscheint hiernach mit dem Fundamentalproblem der ternären G_{168} so einfach gekoppelt, daß wir sie als *implizite Form des Fundamentalproblems bezeichnen können.*

3. Die Gleichungen siebenten Grades mit einer Gruppe von 168 Substitutionen und ihr ternäres Äquivalent.

Einen ersten ausgezeichneten Fall solcher Gleichungen bilden die beiden auf S. 406 dieses Bandes mitgeteilten Resolventen

$$11) \quad c^7 + 7\,\frac{1\pm\sqrt{-7}}{2}\,f\cdot c^5 + 7\,\frac{-1\mp\sqrt{-7}}{2}\,\nabla\cdot c^4 - 7\,(4\mp\sqrt{-7})\,f^2\cdot c^3 + 14\,(2\pm\sqrt{-7})\,f\nabla\cdot c^2$$

$$-7\left(\frac{5\mp\sqrt{-7}}{2}\,\nabla^2 + \frac{7\pm\sqrt{-7}}{2}\,f^3\right)\cdot c + \left(-C + \frac{131\pm\sqrt{-7}}{2}\,f^2\nabla\right) = 0,$$

deren Wurzeln die zweimal sieben quadratischen Formen

$$c_\nu = (\gamma^{2\nu}\,y_1^2 + \gamma^{\nu}\,y_2^2 + \gamma^{4\nu}\,y_3^2) + \frac{-1-\sqrt{-7}}{2}\,(\gamma^{6\nu}\,y_2\,y_3 + \gamma^{3\nu}\,y_3\,y_1 + \gamma^{5\nu}\,y_1\,y_2)\,^{39)}$$

und

$$\bar{c}_\nu = (\gamma^{2\nu}\,y_1^2 + \gamma^{\nu}\,y_2^2 + \gamma^{4\nu}\,y_3^2) + \frac{-1+\sqrt{-7}}{2}\,(\gamma^{6\nu}\,y_2\,y_3 + \gamma^{3\nu}\,y_3\,y_1 + \gamma^{5\nu}\,y_1\,y_2)$$

sind. Um größere Symmetrie in den Rechnungen und Formeln zu erhalten, ändert Gordan die Definition dieser quadratischen Formen ein wenig ab, wobei er die Irrationalität $\sqrt{2}$ hinzuzieht und statt der Gaußschen Summen die Quadratwurzel aus ihnen einführt, was für das Wesentliche an seiner Lösungsmethode überflüssig, für die praktische Durchführung aber vorteilhaft ist.

---

[39]) Der Exponent der γ-Potenz, die in dem Gliede mit $y_i y_k$ vorkommt, ist das ν-fache des kleinsten positiven Restes von $(i^2 + k^2)$ nach dem Modul 7.

Indem er

$$\alpha = \frac{\sqrt{-1+\sqrt{-7}}}{\sqrt[4]{8}}, \qquad \beta = \frac{\sqrt{-1-\sqrt{-7}}}{\sqrt[4]{8}} \quad {}^{40})$$

setzt und zugleich die Reihenfolge in der zweiten Serie der quadratischen Formen ändert, schreibt er

$$(12) \qquad c_\nu = \alpha\,(\gamma^{2\nu} y_1^2 + \gamma^{\nu}\, y_2^2 + \gamma^{4\nu} y_3^2) + \beta\,\sqrt{2}\,(\gamma^{6\nu} y_2 y_3 + \gamma^{3\nu} y_2 y_1 + \gamma^{5\nu} y_1 y_2)$$

$$(\overline{12}) \qquad \bar{c}_\nu = \beta\,(\gamma^{5\nu} y_1^2 + \gamma^{6\nu} y_2^2 + \gamma^{3\nu} y_3^2) + \alpha\,\sqrt{2}\,(\gamma^{\nu}\, y_2 y_3 + \gamma^{4\nu} y_3 y_1 + \gamma^{2\nu} y_1 y_2)\; {}^{41}).$$

Die so definierten Formen genügen dann den Gleichungen

$$(13) \quad c^7 - 7\sqrt{2}\,f\cdot c^5 + 7\alpha\sqrt{2}\,\nabla\cdot c^4 + \frac{7}{4}\,(19+\sqrt{-7})\,f^2\cdot c^3 + \frac{7\alpha}{2}\,(-13+\sqrt{-7})\,f\nabla\cdot c^2$$

$$- \frac{7}{4\sqrt{2}}\,((9-5\sqrt{-7})\,\nabla^2 + 4\,(7+\sqrt{-7})\,f^3)\cdot c$$

$$+ \frac{\alpha}{4\sqrt{2}}\,(-(5+\sqrt{-7})\,C + 16\,(22-3\sqrt{-7})\,f^2\,\nabla) = 0$$

bzw.

$$(\overline{13}) \quad \bar{c}^7 - 7\sqrt{2}\,f\cdot\bar{c}^5 + 7\beta\sqrt{2}\,\nabla\cdot\bar{c}^4 + \frac{7}{4}\,(19-\sqrt{-7})\,f^2\cdot\bar{c}^3 + \frac{7\beta}{2}\,(-13-\sqrt{-7})\,f\nabla\cdot\bar{c}^2$$

$$- \frac{7}{4\sqrt{2}}\,((9+5\sqrt{-7})\,\nabla^2 + 4\,(7-\sqrt{-7})\,f^3)\cdot\bar{c}$$

$$+ \frac{\beta}{4\sqrt{2}}\,(-(5-\sqrt{-7})\,C + 16\,(22+3\sqrt{-7})\,f^2\,\nabla) = 0.$$

Gordan bemerkt, daß zwischen den c_ν und den $\bar{c}_\nu$ die völlig symmetrischen linearen Beziehungen gelten

$$(14) \qquad \begin{cases} \sqrt{2}\,\bar{c}_\nu = c_{-\nu-1} + c_{-\nu-4} + c_{-\nu-2} \\[4pt] \sqrt{2}\,c_\nu = \bar{c}_{-\nu-1} + \bar{c}_{-\nu-4} + \bar{c}_{-\nu-2} \end{cases}$$

(wobei 1, 4, 2 die quadratischen Reste (mod. 7) sind), und daß in diesen der besondere Affekt der Gleichungen (13), $(\overline{13})$ in klarster Weise zum Ausdruck kommt: Es sind *Tripelgleichungen* in dem zuerst von M. Noether (Über die Gleichungen achten Grades und ihr Auftreten in der Theorie der Kurven vierter Ordnung — Math. Annalen, Bd. 15 (1878/79), S. 89—110) ausgesprochenen Sinne, indem eben die symmetrischen Funktionen der c_ν wie der $\bar{c}_\nu$ nebeneinander bekannt sind [42]). Und in der Tat legt Gordan

---

[40]) Man merke sich die Formeln

$$\alpha\beta = 1, \qquad \frac{\alpha}{\beta} = \alpha^2 = \frac{-1+\sqrt{-7}}{2\sqrt{2}}, \qquad \frac{\beta}{\alpha} = \beta^2 = \frac{-1-\sqrt{-7}}{2\sqrt{2}}.$$

[41]) Daß ich die Buchstaben c_ν, $\bar{c}_\nu$ in der veränderten Bedeutung beibehalten habe, wird zu keinen Mißverständnissen führen, da sie von nun an nur in der durch (12), $(\overline{12})$ erklärten Bedeutung benutzt werden.

[42]) Die Galoissche Gruppe von 168 Vertauschungen läßt sich geradezu dadurch charakterisieren, daß sie von den 35 Tripeln, die man aus den sieben Größen c_ν bilden kann, sieben in geeigneter Weise ausgewählte untereinander permutiert. Als einfachste Funktion, die geeignet ist, den Affekt der c_ν festzulegen, ergibt sich nach Gordan

$$c_0 c_2 c_3 + c_1 c_3 c_4 + c_2 c_4 c_5 + \ldots + c_6 c_1 c_2.$$

Inzwischen ist es besser, die Gleichungen (14) als solche festzuhalten, weil aus ihnen die wechselseitige Zusammengehörigkeit der beiden Gleichungen siebenten Grades am deutlichsten hervortritt.

seiner Definition der Gleichungen siebenten Grades mit einer Gruppe von 168 Substitutionen immer gleich ein Paar entsprechend verknüpfter Gleichungen zugrunde, die er so schreibt

$$(15) \qquad \begin{cases} x^7 + (2)\,x^5 + (3)\,x^4 + \ldots + (7) = 0 \\ \bar{x}^7 + (\bar{2})\,\bar{x}^5 + (\bar{3})\,\bar{x}^4 + \ldots + (\bar{7}) = 0, \end{cases}$$

wo also die Koeffizienten durch bloße eingeklammerte Ziffern gegeben sind und übrigens die Wurzeln x_ν, $\bar{x}_\nu$ durch die (14) entsprechenden Gleichungen

$$(16) \qquad \begin{cases} \sqrt{2}\,\bar{x}_\nu = x_{-\nu-1} + x_{-\nu-4} + x_{-\nu-2} \\ \sqrt{2}\,x_\nu = \bar{x}_{-\nu-1} + \bar{x}_{-\nu-4} + \bar{x}_{-\nu-2} \end{cases}$$

verbunden sein sollen. Ferner ist von vornherein angenommen $\sum x_\nu = 0$, woraus gemäß (16) sofort folgt $\sum \bar{x}_\nu = 0$. Übrigens sollen entweder die x_ν oder die $\bar{x}_\nu$ frei veränderliche Größen sein. Die Indizes der x_ν denken wir uns so gewählt, daß ihre Vertauschungen die gleichen sind, wie die durch die jeweilige ternäre Substitution der y hervorgerufenen Vertauschungen der c_ν.

Es gelingt Gordan dann der wichtige Nachweis, *daß die Koeffizienten* (2), $(\bar{2})$, (3), $(\bar{3})$, $\ldots$, (7), $(\bar{7})$ *das volle System der Affektfunktionen vorstellen*, d. h. das volle System derjenigen ganzen Funktionen der x_ν, aus welchen alle andern bei den 168 Vertauschungen der x_ν ungeändert bleibenden rationalen ganzen Funktionen sich rational und ganz zusammensetzen[43]). *Im übrigen ist dabei*

$$(2) = (\bar{2})$$

und es drücken sich (6), $(\bar{6})$, (7), $(\bar{7})$ *durch die vorangehenden Koeffizienten rational aus, wobei zwischen diesen noch eine algebraische Identität besteht, die in* (5) *und* $(\bar{5})$ *nur bis zum sechsten Grade ansteigt*[44]). Dabei bemerke man, daß die Angabe über die Affektfunktionen bei unsern ausgezeichneten Gleichungen (13), $(\overline{13})$ ohne weiteres zutrifft. Denn da die c_ν, $\bar{c}_\nu$ gerade Funktionen der y sind, wird das volle System der rationalen ganzen Funktionen der c_ν, $\bar{c}_\nu$, die bei den 168 unserer Gruppe entsprechenden Vertauschungen ungeändert bleiben, durch $f_4(y)$, $\nabla_6(y)$, $C_{14}(y)$ gebildet, und diese treten in den Koeffizienten von (13), $(\overline{13})$ ja unmittelbar hervor. Dagegen versagt im ausgezeichneten Falle die rationale Darstellung der (7), $(\bar{7})$ durch die vorhergehenden Koeffizienten. Es liegt hier kein Widerspruch zu den allgemeinen Angaben von Gordan vor, insofern die betreffenden von ihm berechneten rationalen Ausdrücke im besonderen Falle in der Gestalt $\frac{0}{0}$ erscheinen.

In dem rechnerischen Nachweis der beiden hinsichtlich unserer Gleichungen (16) angegebenen Sätze liegt eine erste Leistung der Gordanschen Arbeiten. (Vgl. Math. Annalen, Bd. 20, Nr. V, § 6, S. 528—529 und Bd. 25, Nr. VI, S. 460.) Wir werden auf die Einzelheiten dieser außerordentlich umfangreichen Rechnungen nicht eingehen, bemerken aber, daß sie von Gordan in zweierlei Form geführt werden, nämlich *ternär*, und wenn dieser Ausdruck gestattet ist, *septenär*.

---

[43]) Hinsichtlich des Beweises, daß für jede endliche Substitutionsgruppe ein solches System aus endlich viel Funktionen existiert, vgl. A. Hurwitz in Webers Lehrbuch der Algebra, Bd. 2, 2. Aufl., § 57, S. 225 f. und E. Noether, Math. Annalen, Bd. 77 (1915/16), S. 89—92, „Der Endlichkeitssatz der Invarianten endlicher Gruppen".

[44]) Die Frage, ob es möglich ist oder nicht, noch weiter herunterzugehen, d. h. sieben rationale, bei den 168 Permutationen ungeändert bleibende Funktionen der Wurzeln zu bilden, zwischen denen eine algebraische Relation von niederem Grade besteht, oder gar sechs unabhängige rationale ungeändert bleibende Funktionen, durch welche sich alle ungeändert bleibenden Funktionen rational ausdrücken lassen, bleibt bei Gordan unerledigt.

Bei der ternären Behandlung wird davon ausgegangen, daß man jedem Wertsystem von sieben Größen x_ν, wie es auf S. 406 meiner vorausgehenden Arbeit geschieht, eine bei den 168 Vertauschungen der x_ν und c_ν ungeändert bleibende quadratische Form der y_1, y_2, y_3 (kürzer, aber weniger genau gesagt, einen „Kegelschnitt" der y-Ebene) zuordnen kann:

$$(17) \qquad k = \sum x_\nu c_\nu,$$

oder auch, was nach (14) und (16) dasselbe ist

$$k = \sum \bar{x}_\nu \bar{c}_\nu,$$

und es wird der Nachweis erbracht, daß sich das volle System der aus den x_ν zu bildenden Affektfunktionen deckt mit dem vollen System der simultanen Invarianten, die man erhält, wenn man neben den „Kegelschnitt" k die „Kurve vierter Ordnung" $f_4 = y_1^3 y_2 + y_2^3 y_3 + y_3^3 y_1$ stellt [45]). Dieser ternäre Ansatz, den Gordan in Math. Annalen, Bd. 20, Nr. IV und V verfolgt hat, bietet den Vorteil, daß man über die bekannten ternären Hilfsmittel, das Nebeneinander von Punkt- und Linienkoordinaten, die allgemeine Theorie der Kegelschnitte, überhaupt die ternäre Symbolik verfügt, also im Bereich der üblichen invariantentheoretischen Rechnungen bleibt. Bemerken wir insbesondere, daß die ternäre G_{168} durch Vertauschung der Punkt- und Linienkoordinaten

$$v_1' = y_1, \quad v_2' = y_2, \quad v_3' = y_3$$

zu einer $G_{2\cdot168}$ erweitert werden kann. Überträgt man nun die Gleichungen der Kegelschnitte $c_\nu = 0$, $\bar{c}_\nu = 0$ in Linienkoordinaten, so kommt man auf die Formen

$$(18) \quad \begin{cases} C_\nu = \beta\,(\gamma^{5\nu} v_1^2 + \gamma^{6\nu} v_2^2 + \gamma^{3\nu} v_3^2) + \alpha\,\sqrt{2}\,(\gamma^{\nu}\ v_2 v_3 + \gamma^{4\nu} v_3 v_1 + \gamma^{2\nu} v_1 v_2) \\ \overline{C}_\nu = \alpha\,(\gamma^{2\nu} v_1^2 + \gamma^{\nu}\ v^2 + \gamma^{4\nu} v_3^2) + \beta\,\sqrt{2}\,(\gamma^{6\nu} v_2 v_3 + \gamma^{3\nu} v_3 v_1 + \gamma^{5\nu} v_1 v_2), \end{cases}$$

wodurch ersichtlich wird, daß bei der genannten Korrelation $v' = y$ sich einfach die beiden Reihen von Kegelschnitten (12), $(\overline{12})$ vertauschen. Ebenso vertauschen sich die „Kurve vierter Ordnung" f_4 und die „Kurve vierter Klasse" φ_4 untereinander usw., so daß die ganze Entwicklung einen hohen Grad von Symmetrie erhält. — Hierdurch ist die ternäre Behandlung unserer Gleichungen siebenten Grades angebahnt.

4. *Die Auflösung unserer Gleichungen siebenten Grades mit Hilfe des Fundamentalproblems der G_{168}.*

Ich werde nunmehr skizzieren, wie man in Anlehnung an die Gordanschen Ideen die Zurückführung unserer Gleichungen siebenten Grades auf das ternäre Fundamentalproblem der G_{168} und umgekehrt die Darstellung der Gleichungswurzeln durch die Lösungen desselben in verhältnismäßig einfacher Form wirklich durchführen kann. In § 7 meiner vorangehenden Abhandlung ist eine Methode angegeben, *wie man einem Wertsystem der x_ν einen „Punkt" Y_1, Y_2, Y_3 in der Weise zuordnen kann, daß die Y die 168 ternären linearen Substitutionen erleiden, wenn man die x_ν ihren 168 Permutationen unterwirft.* An Stelle dieses Prozesses werden wir in Anlehnung an Gordan einen anderen setzen, der hier kurz „Gordanprozeß" genannt werden möge, nur daß wir Punkt- und Linienkoordinaten gegenüber Gordan vertauschen. A_y^2, b_y^2, c_y^2 sollen die Symbole dreier „Kegelschnitte" sein, deren Koeffizienten in der Weise von den Wurzeln der Gleichungen siebenten Grades abhängen, daß die Formen bei gleichzeitiger Ausübung der ternären linearen Substitutionen auf die y und der entsprechenden Permutationen auf die x ungeändert bleiben (kurz ausgedrückt: „kovariante Kegelschnitte"), während v_φ^4, wie oben, die „Kurve vierter

---

[45]) Vgl. wieder das Analogon, welches bei der Ikosaedertheorie im Problem der A liegt. Dort wird zu der binären quadratischen Form $A_1 z_1^2 + 2 A_0 z_1 z_2 - A_2 z_2^2$ die binäre Ikosaederform zwölften Grades hinzugenommen.

Klasse" $v_1^3 v_2 + v_2^3 v_3 + v_3^3 v_1$ bedeutet. Dann bilden wir, in Anlehnung an Gordan, die lineare Kontravariante

(19) $$v_1 Y_1 + v_2 Y_2 + v_3 Y_3 = v_Y = A_\varphi^2\, b_\varphi\, c_\varphi\, (b\,c\,v).$$

(Vgl. Math. Annalen, Bd. 19, Nr. III, S. 551, Formeln (1a) bis (1c) und Bd. 20, Nr. IV, S. 503, letzte Formel.) Schreibt man die Ausdrücke A_y^2, b_y^2, c_y^2, wie es sich hernach als zweckmäßig erweisen wird, in der Form an

(20)
$$\begin{cases}
A_y^2 = (q_2 y_1^2 + q_1 y_2^2 + q_4 y_3^2) + \sqrt{2}\,(q_6 y_2 y_3 + q_3 y_3 y_1 + q_5 y_1 y_2)\\[4pt]
b_y^2 = (q_2' y_1^2 + q_1' y_2^2 + q_4' y_3^2) + \sqrt{2}\,(q_6' y_2 y_3 + q_3' y_3 y_1 + q_5' y_1 y_2)\\[4pt]
c_y^2 = (q_2'' y_1^2 + q_1'' y_2^2 + q_4'' y_3^2) + \sqrt{2}\,(q_6'' y_2 y_3 + q_3'' y_3 y_1 + q_5'' y_1 y_2)
\end{cases}$$

und setzt der Kürze halber vorübergehend $(i,\,k) = q_i'\, q_k'' - q_k'\, q_i''$, so ergibt sich nach (19)

(21)
$$\begin{aligned}
4\,Y_1 = q_2 &\left[\frac{1}{2}\cdot(5,\,6) + \frac{1}{\sqrt{2}}\cdot(1,\,3)\right] + \frac{1}{\sqrt{2}}\, q_5 \cdot (5,\,3)\\[4pt]
&+ q_1 \cdot (1,\,4) \qquad\qquad\qquad\quad + \quad q_6 \cdot (1,\,6)\\[4pt]
&+ q_4 \left[\frac{1}{2}\cdot(6,\,3) + \frac{1}{\sqrt{2}}\cdot(5,\,4)\right] + \quad q_3 \cdot (6,\,4),
\end{aligned}$$

und Y_2 bzw. Y_3 gehen hieraus hervor, indem man rechterhand die Indizes von q, q', q'' vervierfacht bzw. verdoppelt. Aus (21) geht hervor, daß A_y^2 mit b_y^2 oder c_y^2 identisch genommen werden darf, ohne daß darum Y_1, Y_2, Y_3 identisch verschwinden, während das Gleichsetzen von b_y^2 und c_y^2 identisch Null liefert.

Um diesen Prozeß in möglichst zweckmäßiger Weise anzuwenden, werden wir nach den niedrigsten „kovarianten Kegelschnitten" suchen. Als erster solcher bietet sich uns unmittelbar dar
$$k = \sum x_\nu c_\nu = \sum \bar{x}_\nu \bar{c}_\nu .$$

Führen wir die mit geeigneten Faktoren versehenen Lagrangeschen Ausdrücke ein:

(22)
$$\begin{cases}
p_1 = \alpha \sum \gamma^\nu x_\nu & p_4 = \alpha \sum \gamma^{4\nu} x_\nu & p_2 = \alpha \sum \gamma^{2\nu} x_\nu\\[4pt]
p_6 = \beta \sum \gamma^{6\nu} x_\nu & p_3 = \beta \sum \gamma^{3\nu} x_\nu & p_5 = \beta \sum \gamma^{5\nu} x_\nu\ ^{46}),
\end{cases}$$

so erhält k die (den Formeln (20) entsprechende) Gestalt
$$k = (p_2 y_1^2 + p_1 y_2^2 + p_4 y_3^2) + \sqrt{2}\,(p_6 y_2 y_3 + p_3 y_3 y_1 + p_5 y_1 y_2).$$

In entsprechender Weise haben wir in $\sum x_\nu C_\nu = \sum \bar{x}_\nu \bar{C}_\nu$ einen „kovarianten Klassenkegelschnitt" vor uns, den wir in Punktkoordinaten umsetzen mögen, er heiße dann k'. Schließlich bilden wir die beiden Formen $\sum x_\nu^2 c_\nu$ und $\sum \bar{x}_\nu^2 \bar{c}_\nu$, von denen sich zeigt, daß sie lineare Kombinationen von k' und einem weiteren kovarianten Kegelschnitt k'' sind, nämlich bis auf einen Zahlenfaktor

$$\sum x_\nu^2 c_\nu = \beta\,k' + \alpha\,k''$$
$$\sum \bar{x}_\nu^2 \bar{c}_\nu = \alpha\,k' + \beta\,k''.$$

Wenn wir k' und k'' wieder in der Form

$$k' = (p_2' y_1^2 + p_1' y_2^2 + p_4' y_3^2) + \sqrt{2}\,(p_6' y_2 y_3 + p_3' y_3 y_1 + p_5' y_1 y_2)$$
$$k'' = (p_2'' y_1^2 + p_1'' y_2^2 + p_4'' y_3^2) + \sqrt{2}\,(p_6'' y_2 y_3 + p_3'' y_3 y_1 + p_5'' y_1 y_2)$$

---

^{46}) Die volle Symmetrie der Gleichungen (15) gibt sich auch darin kund, daß sich aus den *beiden* Wurzelsystemen x_ν, $\bar{x}_\nu$ nur *ein* System von modifizierten Lagrangeschen Ausdrücken ergibt. Setzt man nämlich analog
$$\bar{p}_1 = \alpha \sum \gamma^\nu \bar{x}_\nu,\ \ldots,\ \bar{p}_5 = \beta \sum \gamma^{5\nu} \bar{x}_\nu,$$
so zeigt sich, daß für jeden Index i (mod. 7) $p_i = \bar{p}_{-i}$ gilt.

schreiben, so haben die Koeffizienten p', p'' die Werte

$$p_1' = p_3\, p_5 - \frac{1}{2}\, p_4^2 \qquad\qquad p_1'' = \frac{1}{\sqrt{2}}\, p_3\, p_5 - p_6\, p_2$$

$$p_4' = p_5\, p_6 - \frac{1}{2}\, p_2^2 \qquad\qquad p_4'' = \frac{1}{\sqrt{2}}\, p_5\, p_6 - p_3\, p_1$$

$$p_2' = p_6\, p_3 - \frac{1}{2}\, p_1^2 \qquad\qquad p_2'' = \frac{1}{\sqrt{2}}\, p_6\, p_3 - p_5\, p_4$$

$$p_6' = \frac{1}{\sqrt{2}}\, p_4\, p_2 - p_1\, p_5 \qquad\qquad p_6'' = p_4\, p_2 - \frac{1}{2}\, p_3^2$$

$$p_3' = \frac{1}{\sqrt{2}}\, p_2\, p_1 - p_4\, p_6 \qquad\qquad p_3'' = p_2\, p_1 - \frac{1}{2}\, p_5^2$$

$$p_5' = \frac{1}{\sqrt{2}}\, p_1\, p_4 - p_2\, p_3 \qquad\qquad p_5'' = p_1\, p_4 - \frac{1}{2}\, p_6^2\;.$$

Es entsteht also p_i'' aus p_{-i}', indem rechterhand alle p_ν durch $p_{-\nu}$ ersetzt werden.

Nun sind in (19) für A_y^2, b_y^2, c_y^2 die Formen k, k', k'' in irgendeiner Reihenfolge und eventuell Vielfachheit einzutragen, d. h. in (21) die Größenreihen q_i, q_i', q_i'' durch die Größenreihen p_i, p_i', p_i'' in der betreffenden Reihenfolge und Vielfachheit zu ersetzen. Die wirkliche rechnerische Durchführung liefert folgendes Ergebnis: Die Formel (21) ergibt

1. mit $A_y^2 = b_y^2 = k$, $c_y^2 = k''$ (also $q_i = q_i' = p_i$, $q_i'' = p_i''$)

         einen „Punkt" Y_1', Y_2', Y_3', der in den p vom vierten Grade ist und sich aus 18 Gliedern zusammensetzt,

2. mit $A_y^2 = b_y^2 = k'$, $c_y^2 = k$ (also $q_i = q_i' = p_i'$, $q_i'' = p_i$)

         einen „Punkt" Y_1'', Y_2'', Y_3'', der in den p vom fünften Grade ist und sich aus 30 Gliedern zusammensetzt,

3. mit $A_y^2 = k'$, $b_y^2 = k$, $c_y^2 = k''$ (also $q_i = p_i'$, $q_i' = p_i$, $q_i'' = p_i''$)

         einen „Punkt" Y_1''', Y_2''', Y_3''', der in den p vom fünften Grade ist und sich gleichfalls aus 30 Gliedern zusammensetzt[47]),

(zugleich wird ersichtlich, daß die drei „Punkte" Y', Y'', Y''' linear unabhängig sind) während die beiden zu 1. und 2. parallelen Ansätze

4. $A_y^2 = b_y^2 = k$, $c_y^2 = k'$ (also $q_i = q_i' = p_i$, $q_i'' = p_i'$)

und

5. $A_y^2 = b_y^2 = k''$, $c_y^2 = k$ (also $q_i = q_i' = p_i''$, $q_i'' = p_i$)

identisch Null für alle drei Koordinaten Y liefern.

Die drei so gewonnenen kovarianten „Punkte", die also in den Wurzeln der Gleichungen (15) bzw. den Grad 4, 5, 5 haben, lege man als Eckpunkte eines neuen Koordinatensystems zugrunde, in der Weise, daß man der Determinante der Übergangssubstitution von vornherein den Wert 1 erteilt, was ohne weiteres möglich ist, da die Determinante (Y', Y'', Y''') als Affektfunktion rational bekannt ist. *In diesem neuen Koordinatensysteme drücke man nun einerseits das kanonische* $f_4^* = y_1^{*\,3}\, y_2^* + y_2^{*\,3}\, y_3^* + y_3^{*\,3}\, y_1^*,$

---

[47]) Diesen „Punkt" erhält man auch, wenn man den Prozeß aus § 7 meiner vorangehenden Abhandlung auf k, k', k'' anwendet.

andererseits die quadratische Form $k = \sum x_\nu c_\nu (y^*) = \sum \bar{x}_\nu \bar{c}_\nu (y^*)$ *aus. Das Resultat dieser Rechnung heiße* $\mathfrak{f}(z)$ *und* $\mathfrak{k}(z)$. *Die Koeffizienten von* $\mathfrak{f}(z)$ *und* $\mathfrak{k}(z)$ *in dieser neuen Darstellung* werden dann offenbar solche rationalen Funktionen der Gleichungswurzeln x_ν sein, die bei den 168 Permutationen ungeändert bleiben, und *lassen sich* folglich nach Gordans Hauptsatz *als rationale Funktionen unserer Gleichungskoeffizienten* (i), $(\bar{i})$ *berechnen, was im einzelnen durchzuführen bleibt.*

Gordan selbst hat der „typischen Darstellung" von f_4 und k ein weniger günstiges Dreieck zugrunde gelegt, dessen Ecken Koordinaten haben, die in den x_ν bis zum Grade 6, 7, 7 ansteigen. Das ist dadurch zu erklären, daß er nicht von vornherein die Gleichungen siebenten Grades zur Bildung kovarianter Kegelschnitte heranzog, sondern, wie es seiner Natur mehr lag, zuerst das System der gemeinsamen invarianten Bildungen der ternären Form f_4 mit einem Kegelschnitt für sich studierte und so nur solche quadratischen Formen zur Verfügung hatte, die sich in dem genannten System vorfanden. Im übrigen hat er für sein Koordinatensystem die gewaltige rechnerische Arbeit der typischen Darstellung von f_4 und k restlos durchgeführt. (Math. Annalen, Bd. 20, Nr. IV, S. 509.)

Ist die Darstellung der Koeffizienten von $\mathfrak{f}(z)$ und $\mathfrak{k}(z)$ durch die (i), $(\bar{i})$ geschehen, so haben wir unmittelbar Anschluß an die Entwicklungen des zweiten Teiles dieser Bemerkungen, d. h. an das *implizite Fundamentalproblem. Wir werden* nach der dort entwickelten Methode *eine lineare Substitution suchen, welche* $\mathfrak{f}(z)$ *in das kanonische* $f^*(y^*)$ *zurückverwandelt.* Die in Abschnitt 2 gegebenen Formeln vereinfachen sich sogar noch etwas, weil wir $\mathfrak{f}$ von vornherein so eingerichtet haben, daß seine Invariante A gleich 1 ist. *Gleichzeitig aber verwandelt sich* $\mathfrak{k}(z)$ *in einen Kegelschnitt der y-Ebene, von dem wir wissen, daß er mit*

$$k = \sum x_\nu c_\nu = \sum \bar{x}_\nu \bar{c}_\nu = (p_2 y_1^{*\,2} + p_1 y_2^{*\,2} + p_4 y_3^{*\,2}) + \sqrt{2}\,(p_6 y_2^* y_3^* + p_3 y_3^* y_1^* + p_5 y_1^* y_2^*)$$

übereinstimmen muß, so daß die Werte der p_i *unmittelbar abzulesen sind.* Die Wurzeln $x_\nu, \bar{x}_\nu$ unserer Gleichungen ergeben sich dann durch die Umkehrung der Gleichungen (22), nämlich

$$(22) \quad \begin{cases} 7\,x_\nu = \beta\,(\gamma^{6\nu} p_1 + \gamma^{3\nu} p_4 + \gamma^{5\nu} p_2) + \alpha\,(\gamma^{\nu}\ p_6 + \gamma^{4\nu} p_3 + \gamma^{2\nu} p_5) \\ 7\,\bar{x}_\nu = \alpha\,(\gamma^{\nu}\ p_1 + \gamma^{4\nu} p_4 + \gamma^{2\nu} p_2) + \beta\,(\gamma^{6\nu} p_6 + \gamma^{3\nu} p_3 + \gamma^{5\nu} p_5). \end{cases}$$

Unsere Gleichungen siebenten Grades sind demnach mit Hilfe des impliziten Fundamentalproblems aufgelöst, womit das Ziel, das wir uns steckten, erreicht ist. Nicht nur ist die Auflösung der Gleichungen siebenten Grades auf das ternäre Fundamentalproblem zurückgeführt, sondern es ist auch die Umkehr geleistet und die Wurzeln sind mit Hilfe der Lösungen des Fundamentalproblems wirklich angebbar. Es verdient besonders hervorgehoben zu werden, daß Gordan die Methode nicht nur im Prinzip herleitet, sondern alle Rechnungen bis zu expliziten Endformeln wirklich durchführt; und dies gilt auch hinsichtlich des von uns nicht befolgten Teiles seines Weges, der weiteren Reduktion auf das Fundamentalproblem mit $f = 0$ vermöge einer akzessorischen biquadratischen Irrationalität.

Es bleibt noch übrig, einige Bemerkungen über die in der letzten der unseren Gegenstand betreffenden Gordanschen Arbeiten (Math. Annalen, Bd. 25, Nr. VI) gegebene septenäre Darstellung anzuschließen. Hier stellt sich Gordan das Ziel, für solche Leser, denen die invariantentheoretischen symbolischen Methoden nicht geläufig sind, eine Darstellung seiner Theorie zu geben, „bei welcher nur die elementaren Prozesse der gewöhnlichen Gleichungstheorie zur Verwendung kommen sollen" und „bei welcher jede Spur von dem Wege, auf welchem ich die Resultate gefunden habe, verwischt ist". Den Beweis seines Satzes über die Affektfunktionen erreicht er in der Tat durch eine ganz elementare konstruktive Methode, die derjenigen nahesteht, welche zum Beweise des bekannten Satzes über die elementarsymmetrischen Funktionen angewandt wird. Freilich werden die Formeln viel komplizierter, und so gibt

Gordan die Resultate zahlreicher Zwischenrechnungen nur in Formeltabellen an, die sich über mehrere Seiten erstrecken. An Stelle der Reduktion auf das ternäre Fundamentalproblem tritt die Reduktion auf „ausgezeichnete" bzw. „kanonische" Gleichungen siebenten Grades, das sind Gleichungen, deren Wurzeln sich in die Form (12) oder $(\overline{12})$ setzen lassen, wozu bei den „kanonischen" Gleichungen noch die Bedingung $y_1^3 y_2 + y_2^3 y_3 + y_3^3 y_1 = 0$ hinzutritt; diese speziellen Gleichungen werden hier nicht ternär, sondern durch Relationen zwischen den Wurzeln und Koeffizienten charakterisiert. Zuletzt wird die Reduktion in die übliche Form der Tschirnhausen-Transformation gesetzt. Dieser Teil der Arbeit ist zwar Schritt für Schritt leicht verständlich, aber vergeblich fragt der Leser, warum dieser Weg eingeschlagen wird, wenn er nicht auf die ternären Gedankenbildungen zurückgreift, von denen am Ende doch nicht jede Spur verwischt ist. Und vor allem, was die Krönung der fünf vorangehenden Abhandlungen bildete, die Umkehrung der Reduktion und endgültige Berechnung der Gleichungswurzeln, fehlt hier vollständig, ohne daß darüber ein Wort verloren wird. So können wir leider, sowohl hinsichtlich der Verständlichkeit, wie auch hinsichtlich der erreichten Resultate, diese letzte Arbeit nicht als wesentlichen Fortschritt gegenüber den früheren auffassen. Sie ist charakteristisch für Gordans Arbeitsmethode in jener Epoche, und wir mögen eine in diesem Sinne lautende Äußerung M. Noethers aus seinem Nachruf auf Gordan (Math. Annalen, Bd. 75 (1913/14), S. 27) hierhersetzen: „Gordan pflegte einen Gedankenhöhenweg in kleine Abschnitte zu teilen, jeden einzeln rechnerisch nach allen Seiten weit zu verfolgen und möglichst ebene Durchstiche zu schlagen, um so vielleicht zuletzt zu einem geradesten Weg zu gelangen. Die Darstellung, die als synthetische noch den Weg rückwärts zu durchlaufen hatte, konnte dann überraschend einfach erscheinen." K.]

LVIII. Zur Theorie der allgemeinen Gleichungen sechsten und siebenten Grades.

[Math. Annalen, Bd. 28 (1886/87).]

Die Theorie der Gleichungen fünften Grades, die ich in meinen „*Vorlesungen über das Ikosaeder usw.*" (Teubner 1884) zu zusammenhängender Darstellung gebracht habe, gestattet nicht nur, wie ich ebenda an verschiedenen Stellen andeutete, eine Übertragung auf Gleichungen vierten Grades[1]), sondern ebensowohl eine Ausdehnung auf [allgemeine] Gleichungen sechsten und siebenten Grades. Es ist der Zweck der nachstehenden Zeilen, diese Ausdehnung in ihren Grundzügen festzulegen. Dieselbe subsumiert sich ihrem Zielpunkte nach unter die allgemeinen Ideen, welche ich in den Math. Annalen, Bd. 15 (1879) [vgl. die vorstehend abgedruckte Abh. LVII] für die Auflösung beliebiger algebraischer Gleichungen aufgestellt habe[2]). Sie unterscheidet sich aber von ihnen durch die konkrete

---

[1]) Vgl. die Noten zu S. 188, 256—257, sowie S. 260. — Die Theorie der Gleichungen dritten Grades, welche ich in meinem „Ikosaederbuch" ebenfalls mehrfach berühre, kommt bei den nun im Texte zu entwickelnden Verhältnissen als zu einfach nicht in Vergleich.

[2]) Siehe insbesondere [S. 392—397] daselbst, sowie die Bemerkung über Gleichungen sechsten Grades auf S. 126 meines „Ikosaederbuches". — Ich habe in meinen Seminaren auch verschiedentlich versucht, die Auflösung der Gleichungen sechsten Grades mit der Zweiteilung der hyperelliptischen Funktionen vom Geschlechte Zwei und insbesondere der Theorie der aus ihr erwachsenden sog. Borchardtschen Moduln in Verbindung zu bringen. Man vgl. wegen der letzteren Entwicklungen, die jetzt im Texte unberührt bleiben, Reichardt in den sächsischen Berichten von 1885 (*Ein Beitrag zur Theorie der Gleichungen sechsten Grades*) sowie in den Math. Annalen, Bd. 28 (1886/87) (*Über die Normierung der Borchardtschen Moduln der hyperelliptischen Funktionen vom Geschlechte* $p = 2$), ferner Cole im 8. Bande des American Journal (1886) (*A Contribution to the Theory of the General Equation of the Sixth Degree*). [Ich definiere die „Borchardtschen Moduln" von der Liniengeometrie aus, nämlich als die auf ein Fundamentaltetraeder bezogenen Punktkoordinaten eines Knotenpunktes der Kummerschen Fläche, welche gemeinsame Singularitätenfläche der durch die Gleichungen:

$$\sum_{1}^{6} x_i^2 = 0, \qquad \sum_{1}^{6} \frac{x_i^2}{k_i - \lambda} = 0$$

Form des zu benutzenden geometrisch-algebraischen Prozesses, der individuelle, nur bei $n = 6$ und $n = 7$ vorliegende Momente benutzt.

Die in Aussicht genommene Entwicklung spaltet sich dem Wesen der Sache entsprechend in drei Teile: die Problemstellung, die Konstruktion gewisser endlicher Gruppen quaternärer linearer Substitutionen, die Reduktion der Gleichungen sechsten und siebenten Grades auf die diesen Gruppen zugehörigen Gleichungssysteme. Ich nehme dabei überall auf die für die Gleichungen vierten und fünften Grades geltenden Überlegungen Bezug; auch halte ich, wie in meinem „Ikosaederbuch", [vgl. auch meine Ikosaederarbeit in den Math. Annalen; Bd. 12 (1877) = Abh. LIV] daran fest, die in Betracht kommenden algebraischen Prozesse durch geometrische Konstruktionen einzuleiten. In der Tat ist zunächst meine Absicht, meinen eigenen Gedankengang genau so darzulegen, wie er mich zu den in Betracht kommenden Resultaten geführt hat; es mag späteren Darstellungen vorbehalten bleiben, diese Resultate, die ihrer Natur nach rein algebraisch sind, auf rein algebraischem Wege zu entwickeln.

Hierzu noch eine kleine Bemerkung. Das Attribut „allgemein", welches ich in der Überschrift den zu untersuchenden Gleichungen sechsten und siebenten Grades beilege, soll sich darauf beziehen, daß die genannten Gleichungen keinen besonderen Affekt zu besitzen brauchen, ihre Gruppe also so umfassend vorausgesetzt wird, wie möglich. Es wird, wie ich hoffe, kein Mißverständnis erzeugen, wenn ich des weiteren im Texte das Wort „allgemein" gelegentlich in anderer Bedeutung gebrauche, indem ich nämlich Gleichungen allgemein nenne, deren Wurzeln freiveränderliche Größen sind.

---

gegebenen „konfokalen" Schar von Linienkomplexen zweiten Grades ist. Vgl. dazu die Abh. II in Bd. 1 dieser Gesamtausgabe; vgl. ferner die zusammenfassende Darstellung der ganzen Theorie, welche Reichardt in Anknüpfung an meine Seminarvorträge von 1885/86 in seiner Leipziger Dissertation gegeben hat (*Über die Darstellung der Kummerschen Fläche durch hyperelliptische Funktionen*, Nova Acta Leopoldina, I, Halle 1887). Vertauscht man die Linienkoordinaten x_i auf alle Weisen und kombiniert damit beliebige Vorzeichenwechsel der x_i (wie dies beiläufig schon in Abh. L geschehen ist), so erhält man eine Gruppe von 11520 Kollineationen und ebenso vielen dualistischen Transformationen des dreidimensionalen Raumes. Die so entstehende quaternäre Kollineationsgruppe nenne ich die Gruppe der Borchardtschen Moduln; ihr volles Formensystem hat in der Folge Maschke aufgestellt (Bd. 30 der Math. Annalen, 1887/88). Cole hat sich a. a. O. damit beschäftigt, eine lineare Differentialgleichung vierter Ordnung aufzustellen, der die Borchardtschen Moduln in bezug auf einen Koeffizienten der Gleichung sechsten Grades genügen, deren Wurzeln die k_i sind. Wegen weiterer hierher gehöriger Literatur siehe die Nr. 22 des bereits oben (S. 261) genannten Enzyklopädieartikels von Wiman. Meine endgültige Auffassung, daß man das hier vorliegende transzendente Problem ohne den Umweg über die Borchardtschen Moduln direkt mit den hyperelliptischen Funktionen lösen kann, hat Burkhardt in den Math. Annalen, Bd. 35 (1889/90), S. 277/278, dargestellt. K.]

I. Die Problemstellung.

§ 1.

Rückblick auf die Gleichungen vierten und fünften Grades.

Der Ausgangspunkt für die in meinem „Ikosaederbuch" gegebene Untersuchung der Gleichungen vierten und fünften Grades ruht in einer geometrischen Diskussion desjenigen Gebildes, welches durch die beiden Gleichungen:

$$(1) \qquad \sum_{0}^{n-1} x_{\varkappa} = 0, \qquad \sum_{0}^{n-1} x_{\varkappa}^{2} = 0$$

dargestellt wird, wo n, je nachdem, gleich 4 oder gleich 5 zu nehmen sein wird. Um eine möglichst bequeme Ausdrucksweise zu haben, deuten wir, der ersten dieser beiden Gleichungen entsprechend, die Größen x als Vierseits-Koordinaten in der Ebene, bez. als Fünfflach-Koordinaten im Raume. Wir haben dann, vermöge der zweiten Gleichung, das eine Mal einen ausgezeichneten Kegelschnitt, das andere Mal eine Fläche zweiten Grades (die „Hauptfläche") vor uns, die es jetzt näher zu betrachten gilt.

Ich werde dies hier zunächst für die Gleichungen fünften Grades ausführen. Bei ihnen richtet sich die Aufmerksamkeit darauf, daß die Fläche (1) zwei Scharen geradliniger Erzeugender trägt. Wir bemerken, daß die einzelne dieser Scharen eine rationale Mannigfaltigkeit ist, und daß wir also die ihr angehörigen Erzeugenden durch die Werte eines Parameters z eindeutig bezeichnen können; dieses z ersetzen wir mit Rücksicht auf die späteren Verallgemeinerungen durch den Quotienten zweier Verhältnisgrößen:

$$(2) \qquad z = z_{1} : z_{2}.$$

Wir betrachten jetzt diejenigen Raumkollineationen, die den Vertauschungen der $x_{0}, \ldots, x_{n-1}$ entsprechen, und erkennen, daß die Hauptfläche selbst bei allen diesen 120 Kollineationen in sich übergeht, die einzelne Erzeugendenschar aber nur bei den 60 Kollineationen, die geraden Vertauschungen der x korrespondieren. Die Größe $z_{1} : z_{2}$ erfährt also bei den 60 geraden Vertauschungen der x 60, notwendig eindeutige Transformationen. Jetzt sind eindeutige Transformationen einer einzelnen Größe aus funktionentheoretischen Gründen linear. Wir finden also — und bei diesem Resultate mögen wir einen Augenblick innehalten —, *daß die als Parameter der Erzeugenden einer Schar eingeführte Größe $z_{1} : z_{2}$ bei den 60 geraden Vertauschungen der $x_{\varkappa}$ eine Gruppe von 60 linearen Transformationen erleidet.* Dies ist der eigentliche Kernpunkt der Theorie. Daß die in Rede stehende Gruppe mit der von anderer Seite bekannten Gruppe der *Ikosaedersubstitutionen* identisch ist, erscheint als zufällig und unwesentlich. In der Tat: wäre die Gruppe linearer Transformationen, welche z erfährt, nicht schon anderweit bekannt, so würde man alle ihre Eigenschaften der aus (1), (2) fließenden Definition der Gruppe entnehmen können.

Wir führen vorab für die Gleichungen vierten Grades die Überlegung bis zu demselben Punkte. Bei ihnen gestalten sich die Verhältnisse noch wesentlich einfacher. Statt der zwei Scharen geradliniger Erzeugender, die bei den Gleichungen fünften Grades in Betracht kamen, haben wir bei ihnen die eine Schar der dem Kegelschnitte (1) angehörigen Punkte ins Auge zu fassen. Auch sie ist rational, so daß wieder das einzelne der Schar angehörige Individuum durch einen Parameter

$$(2^*) \qquad\qquad z = z_1 : z_2$$

eindeutig bezeichnet werden kann. Wieder betrachten wir die Kollineationen, die den Vertauschungen der $x_0, \ldots, x_{n-1}$ entsprechen. Unsere Punkteschar geht, wie ersichtlich, bei jeder dieser 24 Kollineationen in sich über, so daß eine Unterscheidung gerader und ungerader Kollineationen (bez. Vertauschungen) unnötig wird. Wir schließen, *daß die durch* (2^*) *bezeichnete Größe* $z_1 : z_2$ *bei den 24 Vertauschungen der* $x_\varkappa$ *eine Gruppe von 24 linearen Transformationen erleidet.* Diese Gruppe erweist sich dann hinterher als identisch mit der von anderer Seite bekannten Gruppe der *Oktaedersubstitutionen.*

An die hiermit bezeichneten Resultate knüpft sich jetzt, für $n=5$ und $n=4$ übereinstimmend, die eigentliche Problemstellung. Wir denken uns $x_0, \ldots, x_{n-1}$ als unabhängige Veränderliche gegeben und *verlangen, zwei Größen* z_1, z_2 *so als Funktionen der* x *zu bestimmen, daß der Quotient* $z_1 : z_2$ *bei den in Betracht kommenden Vertauschungen der* x (nämlich den geraden Vertauschungen für $n=5$ bez. den sämtlichen Vertauschungen für $n=4$) *die Ikosaedersubstitutionen bez. die Oktaedersubstitutionen erleidet.* Haben wir dies Problem erledigt, so kann die Gleichung n-ten Grades, von der die x abhängen, durch die Ikosaedergleichung oder Oktaedergleichung, der $z_1 : z_2$ genügt, ersetzt werden, womit das Ziel, um welches es sich bei diesen Untersuchungen zunächst handelt, erreicht ist. Die Oktaedergleichung enthält dabei neben rationalen Funktionen der Koeffizienten der vorgelegten Gleichung vierten Grades nur diejenigen Irrationalitäten, die wir bei der Konstruktion des betreffenden $z_1 : z_2$ als „akzessorische" Irrationalitäten benutzt haben mögen, die Ikosaedergleichung außerdem die Quadratwurzel aus der Diskriminante der vorgelegten Gleichung fünften Grades.

Dies mit wenigen Worten der Gedankengang, den wir nun auf Gleichungen sechsten und siebenten Grades zu übertragen suchen müssen.

§ 2.

Allgemeiner Ansatz für die Gleichungen sechsten und siebenten Grades.

Dem Gesagten genau entsprechend beginnen wir auch bei $n = 6$ und $n = 7$ mit einer geometrischen Untersuchung des Gleichungssystems:

$$(3) \qquad \sum_{0}^{n-1} x_\varkappa = 0, \qquad \sum_{0}^{n-1} x_\varkappa^2 = 0.$$

Zweckmäßigerweise werden wir wieder die erste dieser Gleichungen als eine zwischen den n Variabelen x bestehende Identität auffassen und dementsprechend die $x_0, \ldots, x_{n-1}$ nicht nur als homogene, sondern auch als überzählige Punktkoordinaten (eines Raumes von $(n-2)$ Dimensionen) deuten. Der Inbegriff der Gleichungen (3) stellt dann eine in diesem Raume gelegene quadratische Mannigfaltigkeit von $n-3$ Dimensionen

$$M_{n-3}^{(2)}$$

dar, deren geometrische Eigenschaften zu untersuchen sind.

Es handelt sich insbesondere um die in der $M_{n-3}^{(2)}$ enthaltenen *linearen Räume von möglichst großer Dimensionenzahl.* Ich will einen solchen Raum, sofern er ν Dimensionen hat, mit R_ν bezeichnen. Für $n = 4, 5$ hatten wir auf der $M_{n-3}^{(2)}$: $\infty^1 R_0$ (d. h. Punkte), bzw. zwei Scharen von $\infty^1 R_1$ (d. h. gerade Linien). Für $n = 6, 7$ ergibt die allgemeine Theorie der quadratischen Mannigfaltigkeiten, auf welche ich hier nicht näher eingehe, auf die ich übrigens zum Schlusse der gegenwärtigen Arbeit noch einmal zurückkomme [3]), den folgenden Satz, der die Grundlage unserer weiteren Entwicklungen zu bilden hat:

Die $M_3^{(2)}$ enthält $\infty^3 R_1$, die $M_4^{(2)}$ zwei Scharen von $\infty^3 R_2$.

Bei $n = 4$ und $n = 5$ konnten wir uns nun des weiteren, was die Einführung des Parameters $z_1 : z_2$ und sein Verhalten bei den Vertauschungen der x angeht, auf funktionentheoretische Gründe stützen. In Anbetracht der vielen Möglichkeiten, welche die Funktionen mehrerer Variabler darbieten, in Anbetracht ferner der Unkenntnis, in welcher wir uns betreffs dieser Möglichkeiten befinden, erscheint eine gleiche Schlußweise bei $n > 5$ unstatthaft. Trotzdem gelten für $n = 6$ und $n = 7$ Beziehungen, welche genau den für $n = 4$ und $n = 5$ aufgestellten Sätzen entsprechen. Wir

---

[3]) Vgl. Cayley im 12. Bande des Quarterly Journal (1873): *On the superlines of a quadric surface in five-dimensional space* [= Werke Bd. IX, S. 79], Veronese im 19. Bande der Math. Annalen (1881); *Behandlung der projektiven Verhältnisse der Räume von verschiedenen Dimensionen usw.*, Segre im 36. Bande der Memorie der Turiner Akademie, ser. II (1884): *Studio sulle quadriche in uno spazio lineare ad un numero qualunque di dimensioni.* [Siehe auch Bd. 1 dieser Ausgabe, S. 415.]

entnehmen dies den Entwicklungen einer scheinbar fremdartigen, von anderer Seite bekannten Disziplin, nämlich der *Liniengeometrie*. Ich will die Einzelheiten, die hier in Betracht kommen, erst im folgenden Paragraphen besprechen und mich hier mit der Angabe des Resultates begnügen. Die Sache ist die, daß man bei $n = 6$ die dreifach unendlich vielen R_1 und bei $n = 7$ die dreifach unendlich vielen R_2 der einen (beliebig auszuwählenden Schar) genau so durch vier Verhältnisgrößen

$$(4) \qquad\qquad z_1 : z_2 : z_3 : z_4$$

festlegen kann, wie dies bei $n = 4, 5$ hinsichtlich der bei ihnen in Betracht kommenden einfach unendlich vielen Räume durch die zwei Verhältnisgrößen $z_1 : z_2$ geschah. *Einmal ist die Beziehung zwischen den linearen Räumen und den Wertsystemen der $z_1 : z_2 : z_3 : z_4$ durchaus eindeutig, andererseits erfahren die z bei den Vertauschungen der x, oder doch, für $n = 7$, bei den geraden Vertauschungen der x, lineare Transformationen.* Offenbar sind die Gruppen linearer Transformationen der z, welche auf diese Weise entstehen und die 6! bez. 7!:2 Operationen enthalten, das genaue Analogon zu den bei $n = 4$ und $n = 5$ auftretenden Oktaeder- und Ikosaedergruppen.

An diese Sätze knüpft nun sofort die weitere Problemstellung. Es wird sich darum handeln, *aus n beliebig vorgegebenen Größen $x_0, \ldots, x_{n-1}$* (mag $n = 6$ oder $n = 7$ sein) *vier Funktionen z_1, z_2, z_3, z_4 so zusammenzusetzen, daß die Verhältnisse $z_1 : z_2 : z_3 : z_4$ bei den in Betracht kommenden, soeben näher bezeichneten Vertauschungen der x die zugehörigen linearen Transformationen erfahren.* Wir erreichen dann, daß wir die Gleichungen sechsten und siebenten Grades durch ein „*Gleichungssystem der z*" ersetzen können, was im Sinne der anderweitig entwickelten Gesichtspunkte als der erste, bei den genannten Gleichungen anzustrebende Fortschritt erscheint[4]). Diese Gleichungssysteme (deren nähere Eigenschaften zu untersuchen bleiben) sind das, was jetzt an Stelle der Oktaeder- und Ikosaedergleichung tritt.

Der Analogie folgend werden wir nicht anders erwarten, als daß in den Ausdrücken der z durch die x akzessorische Irrationalitäten auftreten müssen. In den Koeffizienten des zugehörigen Gleichungssystems kommen neben rationalen Funktionen der Koeffizienten der jeweils vorgelegten

---

[4]) Vgl., auch wegen der Ausdrucksweise, die bereits genannte Abh. LVII, sowie mein Ikosaederbuch, S. 125, 126. [Die weitere algebraische Behandlung, wie sie für die Gleichungen fünften Grades bzw. die Gleichungen siebenten Grades, welche eine Gruppe von 168 Substitutionen besitzen, in den vorstehend abgedruckten Abhandlungen LIV und LVII gegeben wurde, ist in dem vorliegenden Falle, sowie in den folgenden Abh. LIX—LXI bislang nur erst teilweise durchgeführt. K.]

Gleichung diese akzessorischen Irrationalitäten dann selbstverständlich ebenfalls vor. Außerdem wird im Falle $n = 7$ auch noch die Quadratwurzel aus der Diskriminante der vorgelegten Gleichung auftreten, insofern ja für $n = 7$ bei der Definition des Gleichungssystems der z nur die geraden Vertauschungen der x in Betracht gezogen werden.

II. Definition der Parameter z und der zugehörigen quaternären Substitutionsgruppen.

§ 3.

Allgemeines über den Zusammenhang der x und der z.

Um den Zusammenhang zwischen den x und den z, den ich bezeichnete, am einfachsten zu erfassen, müssen wir, wie bereits gesagt, an die Elemente der Liniengeometrie anknüpfen. Wir beginnen dabei mit den z, die wir als homogene Punktkoordinaten des gewöhnlichen Raumes deuten, und suchen von ihnen aus durch Vermittlung der sechs homogenen Koordinaten der Raumgeraden zu Größen x zu gelangen, die den Relationen (3) genügen. Erscheint dieser Weg manchem Algebristen fremdartig, so sei daran erinnert, daß alles, was wir über die linearen Räume auf dreifach und vierfach ausgedehnten quadratischen Mannigfaltigkeiten wissen, ursprünglich auf eben diesem Wege erschlossen wurde[5].

Wir werden die Raumgerade hier als Verbindungslinie zweier Punkte z, z' definieren. Als Koordinaten der Raumgeraden erscheinen dann zunächst die sechs Unterdeterminanten:

$$(5) \quad \begin{cases} p_{12} = z_1 z_2' - z_1' z_2\,, & p_{13} = z_1 z_3' - z_1' z_3\,, & p_{14} = z_1 z_4' - z_1' z_4\,, \\ p_{34} = z_3 z_4' - z_3' z_4\,, & p_{42} = z_4 z_2' - z_4' z_2\,, & p_{23} = z_2 z_3' - z_2' z_3\,, \end{cases}$$

zwischen denen die quadratische Relation besteht:

$$(6) \quad p_{12}\, p_{34} + p_{13}\, p_{42} + p_{14}\, p_{23} = 0,$$

weiter aber irgend sechs linearunabhängige lineare Funktionen der p_{ik}:

$$(7) \quad \xi_1, \xi_2, \ldots, \xi_6,$$

zwischen denen, der Formel (6) entsprechend, eine quadratische Gleichung statthaben wird, die wir folgendermaßen bezeichnen:

$$(8) \quad \Omega(\xi_1, \xi_2, \ldots, \xi_6) = 0.$$

Vermöge geeigneter Wahl der ξ kann dieses Ω jede beliebige quadratische

---

[5]) Vgl. Cayley, a. a. O. [Weitere Entwicklungen brachte die bereits in Bd. 1 dieser Gesamtausgabe abgedruckte Abh. XIII: *Zur geometrischen Deutung des Abelschen Theorems der hyperelliptischen Integrale*, die in Bd. 28 (1886/87) der Math. Annalen an die hier abgedruckte Abh. LVIII unmittelbar anschließt. K.]

Form der beigesetzten Argumente werden, die, gleich der linken Seite von (6), eine nicht verschwindende Determinante besitzt: aus den Koeffizienten von Ω schließen wir auf die geometrischen Beziehungen der durch Nullsetzen der einzelnen ξ dargestellten linearen Komplexe[6]).

Hiermit sind nun die Wertsysteme sechs homogener Variabler ξ, die einer quadratischen Gleichung (8) von angegebener Beschaffenheit genügen, zu den Wertsystemen, welche vier homogene Variable z durchlaufen, in eine bestimmte Beziehung gesetzt, und eben diese Beziehung ist es, die in geeigneter Weise spezifiziert den Zusammenhang zwischen den Größen x und z des vorigen Paragraphen aufdeckt. In der Tat entsprechen die Punkte des Raumes, wie hier nicht näher auszuführen ist, wenn wir dieselben als Strahlenbündel auffassen, genau den dreifach unendlich vielen R_2 der einen Art, welche die durch (8) vorgestellte $M_3^{(2)}$ enthält (während die Ebenen des Raumes, insofern wir sie als Geradenfelder auffassen, den dreifach unendlich vielen R_2 der anderen Art korrespondieren). Oder auch, wenn wir zu (8) irgendeine lineare Gleichung hinzunehmen:

$$(9) \qquad \sum' a_\varkappa \, \xi_\varkappa = 0$$

und uns so auf die geraden Linien eines bestimmten linearen Komplexes beschränken, so entsprechen die Punkte des Raumes den dreifach unendlich vielen R_1, welche die durch (8) und (9) vorgestellte $M_3^{(2)}$ enthält; läuft doch von jedem Raumpunkte aus ein bestimmtes dem Komplexe (9) angehöriges Strahlenbüschel!

Um dies jetzt in bezug auf die x näher auszuführen, nehmen wir erstlich $n = 6$. Wir werden dann die $x_0, \ldots, x_5$ mit den $\xi_1, \ldots, \xi_6$ und die zwischen den x bestehende quadratische Gleichung des vorigen Paragraphen, die ich hier mit neuer Nummer noch einmal hersetze:

$$(10) \qquad \sum_{0}^{5} x_\varkappa^2 = 0$$

mit der Gleichung (8) identifizieren können. Die $x_\varkappa$ bedeuten dann, gleich Null gesetzt, in bekannter Weise solche sechs lineare Komplexe, welche wechselseitig in Involution liegen. Jetzt sollte zwischen den $x_\varkappa$ auch noch die lineare Gleichung statthaben:

$$(11) \qquad \sum_{0}^{5} x_\varkappa = 0 \, ,$$

die wir mit Gleichung (9) parallelisieren. Ich werde den durch diese

---

[6]) Vgl. meinen Aufsatz in Bd. 2 der Math. Annalen (1869/70) [in Bd. 1 dieser Gesamtausgabe als Abh. III abgedruckt]: *Die allgemeine lineare Transformation der Linienkoordinaten.* Wir benutzen diesen später noch wiederholt.

Gleichung dargestellten Komplex den *Einheitskomplex* nennen. *Hiernach sind die Wertsysteme $x_\varkappa$, welche im Falle $n = 6$ den Gleichungen (3) des vorigen Paragraphen, oder, was dasselbe ist, den Gleichungen (10) und (11) genügen, durch die Geraden des Einheitskomplexes vorgestellt; die z aber, die wir einzuführen haben, werden nichts anderes sein, als irgendwelche Tetraederkoordinaten der Raumpunkte.* Wir begnügen uns hier vorab mit dieser allgemeinen Aussage; ein bestimmtes Koordinatensystem zur Festlegung der zwischen den x und den z bestehenden analytischen Beziehungen werden wir erst im zweitfolgenden Paragraphen definieren.

Sei ferner $n = 7$. Statt der sechs Koordinaten $\xi_1, \ldots, \xi_6$ und der einen für sie geltenden Gleichung (8) haben wir dann sieben Größen $x_0, \ldots, x_6$ und zwei zwischen ihnen bestehende Relationen:

$$(12) \qquad \sum_0^6 x_\varkappa = 0, \qquad \sum_0^6 x_\varkappa^2 = 0.$$

Offenbar brauchen wir hier nur das eine x, etwa x_0, vermöge der ersten dieser beiden Relationen aus der zweiten zu eliminieren, um die übrigen x, also $x_1, \ldots, x_6$, als Spezialfall der $\xi_1, \ldots, \xi_6$ betrachten zu können; mit anderen Worten: wir haben $x_0, \ldots, x_6$ als *überzählige Linienkoordinaten* aufzufassen. *Hiernach repräsentiert jedes den Gleichungen (12) genügende Wertsystem der x eine Raumgerade; die Größen z aber, die wir in Aussicht nehmen, werden wieder nichts anderes sein, als irgendwelche Tetraederkoordinaten der Raumpunkte.* Bestimmte Formeln für den Zusammenhang der x und der z sollen wieder erst im zweitfolgenden Paragraphen aufgestellt werden[7]).

§ 4.

Über das Verhalten der z bei den in Betracht kommenden Vertauschungen der x.

Die zwischen den Größen x und z bestehende Abhängigkeit ist durch die Sätze des vorigen Paragraphen hinreichend definiert, so daß wir jetzt schon den Beweis erbringen können, auf den es vor allen Dingen ankommt, *daß sich die z bei den in Betracht kommenden Vertauschungen der x linear transformieren.* Wir haben zu dem Zwecke den liniengeometrischen Satz zugrunde zu legen, den ich zuerst [in der früher abgedruckten Abh. L,

---

[7]) [Welche besonderen Konfigurationen in den beiden Fällen bei den Vertauschungen der x_i entstehen, hat für $n = 6$ u. a. Veronese untersucht (*Sui gruppi P_{360}, Π_{360} della figura di sei complessi lineari di rette due a due in involuzione*, Annali di Matematica, ser. II, t 11, 1883) und für $n = 7$ Maschke (*Über eine merkwürdige Konfguration gerader Linien im Raume*, Math. Annalen, Bd. 36, 1889/90).]

(1871), S. 272] mitteilte, daß nämlich jede lineare Substitution der Linienkoordinaten $\xi_1, \ldots, \xi_6$, bei welcher die in (8) benutzte quadratische Form Ω in sich übergeht, eine Kollineation oder eine dualistische Umformung des Raumes bedeutet, und zwar das erstere oder das zweite, je nachdem die zugehörige Substitutionsdeterminante, deren Quadrat notwendig $= 1$ ist, gleich $+1$ oder gleich -1 gefunden wird. Des näheren müssen wir wieder zwischen den Fällen $n = 6$ und $n = 7$ unterscheiden.

Im Falle $n = 7$, der sich hier unmittelbar erledigt, ersetzen wir im Ausspruche unseres Satzes ξ_1 etwa durch x_1, ξ_2 durch x_2, $\ldots$, ξ_6 durch x_6, und bemerken, daß jede gerade Vertauschung der sieben Größen $x_0, x_1, \ldots, x_6$ vermöge der Relation $\sum\limits_0^6 x_\varkappa = 0$ auf eine lineare Substitution der $x_1, \ldots, x_6$ von der Determinante $+1$ zurückkommt. *Daher entsprechen*, wie es behauptet wurde, *den* $\dfrac{7!}{2}$ *geraden Vertauschungen der x ebenso viele Kollineationen des Raumes, d. h. lineare Transformationen der $z_1 : z_2 : z_3 : z_4$.* Genau so entsprechen den $\dfrac{7!}{2}$ ungeraden Vertauschungen der x eine gleiche Zahl dualistischer Umformungen des Raumes, — eine Bemerkung, die zwar im Augenblicke nicht in Betracht kommt, auf die wir aber später zurückgreifen werden.

Im Falle $n = 6$ beginnen wir mit einer ganz ähnlichen Überlegung, indem wir die sechs in diesem Falle vorhandenen x der Reihe nach den $\xi_1, \ldots, \xi_6$ unseres liniengeometrischen Satzes entsprechend setzen. Wir finden dann, genau wie im Falle $n = 7$, *daß die geraden Vertauschungen der x Kollineationen bedeuten, die ungeraden aber dualistische Umformungen des Raumes.* Nun haben wir uns aber nicht mit sämtlichen Raumgeraden zu beschäftigen, sondern nur mit denjenigen des Einheitskomplexes. Ich sage, *daß wir mit Rücksicht hierauf die 360 dualistischen Umformungen, die wir gerade fanden, durch ebenso viele neue Kollineationen ersetzen können.*

Ehe ich dies ausführe, muß ich zwei Vorbemerkungen machen hinsichtlich derjenigen dualistischen Umformung, die durch den Einheitskomplex als solchen gegeben ist, die nämlich jeden Punkt durch die Ebene ersetzt, die ihm im Einheitskomplexe entspricht.

Es handelt sich zunächst um die Darstellung dieser Umformung in Linienkoordinaten x. Um sie zu finden, haben wir offenbar die Koordinaten x' derjenigen Linie zu berechnen, welche irgendeiner Linie x in bezug auf den Einheitskomplex als konjugierte Polare zugeordnet ist. Dies gibt uns auf Grund bekannter Regeln die Formel:

$$(13) \qquad\qquad x'_\varkappa = x_\varkappa - \frac{1}{3} \sum x,$$

wo ich die absoluten Werte der x' so bemessen habe, daß irgendwelche x, die der Gleichung des Einheitskomplexes genügen ($\sum x = 0$), überhaupt keine Umänderung erleiden. Wir konstatieren leicht, daß die Operation (13) die Periode Zwei besitzt.

Zweitens will ich die Formel (13) mit irgendwelcher Vertauschung der x:

$$x_i' = x_\varkappa$$

kombinieren. Wir finden

$$(14) \qquad x_i' = x_\varkappa - \frac{1}{3} \sum x$$

und zwar unabhängig von der Reihenfolge, in welcher die Zusammensetzung der Operationen geschieht, so daß also die Operation (13) mit irgendwelchen Vertauschungen der x permutabel ist.

Die nähere Durchführung der Umsetzung unserer 360 dualistischen Transformationen knüpft jetzt unmittelbar an (14) an. Ist $x_i' = x_\varkappa$ ungerade, also eine dualistische Transformation, so bedeutet (14) eine Kollineation. *Unsere Verabredung sei jetzt einfach, daß wir diese durch (14) gegebene Kollineation in der Folge der Vertauschung $x_i' = x_\varkappa$ entsprechend setzen wollen.*

Um diese Verbindung als berechtigt erscheinen zu lassen, bemerken wir erstlich, daß die Transformationen (14) auf die Geraden des Einheitskomplexes (dessen Gleichung $\sum x = 0$ ist) ebenso wirken, wie die Vertauschungen der x selbst. Wir zeigen ferner, daß die neuen Operationen mit den geraden Vertauschungen der x zusammen eine Gruppe von 720 Operationen bilden, und daß diese Gruppe mit der Gruppe der 720 Vertauschungen der x holoedrisch isomorph ist. Ich will zu dem Zwecke irgendwelche Kollineationen, welche geraden Vertauschungen der x entsprechen, mit $C, C', \ldots$ bezeichnen, dualistische Umformungen, die den ungeraden Vertauschungen der x korrespondieren, mit $D, D', \ldots$, endlich die Operation (13) mit E. Dann ist nach dem, was wir sagten:

$$E^2 = 1, \quad CE = EC, \quad DE = ED.$$

Infolgedessen kann jede Aufeinanderfolge von Kollineationen $C, C', \ldots$, $DE, D'E', \ldots$ so umgestaltet werden, daß wir den Buchstaben E zwischendurch einfach weglassen und dafür eventuell am Ende zufügen, wenn nämlich die Anzahl der an der Zusammenstellung beteiligten $D, D', \ldots$ eine ungerade ist. Nun ist jede Verbindung der $C, C', \ldots$, $D, D', \ldots$ selbst eine C oder D, letzteres, wenn die Anzahl der benutzten $D, D', \ldots$ ungerade war. Daher ist jede Verbindung der $C, C', \ldots$, $DE, D'E, \ldots$, selbst eine C oder DE, und unsere 720 Operationen $C, C', \ldots$, DE, $D'E, \ldots$ bilden in der Tat eine Gruppe. Die Übereinstimmung dieser Gruppe mit der Vertauschungsgruppe der x ist in diesem Beweisgange von selbst mit enthalten. Denn nicht nur erscheint vermöge desselben jede Verbindung der $C, C', \ldots, DE, D'E, \ldots$ eindeutig auf eine Verbindung der $C, C', \ldots, D, D', \ldots$ bezogen, sondern die Beziehung ist auch eine solche, daß einer Zusammenstellung zweier Verbindungen der einen Art die Zusammenstellung der entsprechenden Verbindungen der anderen Art entspricht. Hiermit nun sind unsere Behauptungen vollständig erwiesen. Es wird kein Mißverständnis erzeugen, wenn ich in der Folge schlechthin von den 720 Kollineationen rede, die „den Vertauschungen der x entsprechen".

§ 5.

Formeln für den Zusammenhang der x und der z.

Wir knüpfen jetzt den Zusammenhang zwischen den x und den z an bestimmte Formeln, indem wir geeignete einfache Koordinatensysteme zugrunde legen. Wir wollen dabei für $n = 6$ und $n = 7$ übereinstimmend die Ausdrücke des Lagrange als Durchgangspunkt benutzen:

$$(16) \qquad \pi_\nu = x_0 + \gamma^\nu x_1 + \gamma^{2\nu} x_2 + \ldots + \gamma^{(n-1)\nu} x_{n-1},$$

wo γ eine zu n gehörige primitive Einheitswurzel bezeichnen soll und ν die Werte $0, 1, \ldots, (n-1)$ zu durchlaufen hat; wir erreichen dadurch, soweit dies möglich ist, einen gewissen formalen Anschluß an die für $n = 4$ und $n = 5$ in meinem „Ikosaederbuch" gegebenen Entwicklungen.

Im Falle $n = 6$, den wir jetzt näher betrachten, will ich der größeren Übersichtlichkeit halber γ gleich $-\alpha$ setzen, unter α eine imaginäre dritte Wurzel aus Eins verstanden. Wir haben dann sechs Ausdrücke π_ν, die ich hier einzeln herschreibe:

$$(17) \quad \left\{ \begin{aligned}
\pi_0 &= x_0 + x_1 + x_2 + x_3 + x_4 + x_5, \\
\pi_1 &= x_0 - \alpha\, x_1 + \alpha^2 x_2 - x_3 + \alpha\, x_4 - \alpha^2 x_5, \\
\pi_2 &= x_0 + \alpha^2 x_1 + \alpha\, x_2 + x_3 + \alpha^2 x_4 + \alpha\, x_5, \\
\pi_3 &= x_0 - x_1 + x_2 - x_3 + x_4 - x_5, \\
\pi_4 &= x_0 + \alpha\, x_1 + \alpha^2 x_2 + x_3 + \alpha\, x_4 + \alpha^2 x_5, \\
\pi_5 &= x_0 - \alpha^2 x_1 + \alpha\, x_2 - x_3 + \alpha^2 x_4 - \alpha\, x_5.
\end{aligned} \right.$$

Aus ihnen folgt durch Auflösung:

$$(18) \quad \left\{ \begin{aligned}
6 x_0 &= \pi_0 + \pi_1 + \pi_2 + \pi_3 + \pi_4 + \pi_5, \\
6 x_1 &= \pi_0 - \alpha^2 \pi_1 + \alpha\, \pi_2 - \pi_3 + \alpha^2 \pi_4 - \alpha\, \pi_5, \\
6 x_2 &= \pi_0 + \alpha\, \pi_1 + \alpha^2 \pi_2 + \pi_3 + \alpha\, \pi_4 + \alpha^2 \pi_5, \\
6 x_3 &= \pi_0 - \pi_1 + \pi_2 - \pi_3 + \pi_4 - \pi_5, \\
6 x_4 &= \pi_0 + \alpha^2 \pi_1 + \alpha\, \pi_2 + \pi_3 + \alpha^2 \pi_4 + \alpha\, \pi_5, \\
6 x_5 &= \pi_0 - \alpha\, \pi_1 + \alpha^2 \pi_2 - \pi_3 + \alpha\, \pi_4 - \alpha^2 \pi_5,
\end{aligned} \right.$$

und hieraus:

$$(19) \qquad 3 \sum_{0}^{5} x_{\varkappa}^2 = \frac{\pi_0^2 + \pi_3^2}{2} + \pi_1 \pi_5 + \pi_2 \pi_4 .$$

Wir schließen aus (19), *daß wir setzen können:*

$$(20) \qquad \begin{cases} \pi_0 = \dfrac{p_{12} + p_{34}}{\sqrt{2}} , & \pi_1 = p_{13} , & \pi_2 = p_{14} , \\[3mm] \pi_3 = \dfrac{p_{12} - p_{34}}{i\sqrt{2}} , & \pi_4 = p_{23} , & \pi_5 = p_{42} , \end{cases}$$

unter $p_{12}, p_{12}, \ldots$ *gewöhnliche Linienkoordinaten, also Unterdeterminanten von* z, z' (*Formel* (5)) *verstanden.* In der Tat verwandelt sich ja vermöge dieser Substitution die für die Linienkoordinaten x geltende Bedingungsgleichung $\sum_{0}^{5} x_{\varkappa}^2 = 0$ in die für die p_{ik} charakteristische Form[8]):

$$p_{12} p_{34} + p_{13} p_{42} + p_{14} p_{23} = 0 .$$

Wir tragen jetzt die in (20) gegebenen Werte der π in (18) ein und haben damit *folgende Darstellung der* x *durch zwei Reihen von Punktkoordinaten* z, z', *die weiterhin zugrunde zu legen sein wird*[9]):

$$(21) \quad \begin{cases} 6\,x_0 = \dfrac{1-i}{\sqrt{2}} \cdot p_{12} + \; p_{13} + \; p_{14} + \dfrac{1+i}{\sqrt{2}} \cdot p_{34} + \; p_{42} + \; p_{23} , \\[3mm] 6\,x_1 = \dfrac{1+i}{\sqrt{2}} \cdot p_{12} - \alpha^2 p_{13} + \alpha\; p_{14} + \dfrac{1-i}{\sqrt{2}} \cdot p_{34} - \alpha\; p_{42} + \alpha^2 p_{23} , \\[3mm] 6\,x_2 = \dfrac{1-i}{\sqrt{2}} \cdot p_{12} + \alpha\; p_{13} + \alpha^2 p_{14} + \dfrac{1+i}{\sqrt{2}} \cdot p_{34} + \alpha^2 p_{42} + \alpha\; p_{23} , \\[3mm] 6\,x_3 = \dfrac{1+i}{\sqrt{2}} \cdot p_{12} - \; p_{13} + \; p_{14} + \dfrac{1-i}{\sqrt{2}} \cdot p_{34} - \; p_{42} + \; p_{23} , \\[3mm] 6\,x_4 = \dfrac{1-i}{\sqrt{2}} \cdot p_{12} + \alpha^2 p_{13} + \alpha\; p_{14} + \dfrac{1+i}{\sqrt{2}} \cdot p_{34} + \alpha\; p_{42} + \alpha^2 p_{23} , \\[3mm] 6\,x_5 = \dfrac{1+i}{\sqrt{2}} \cdot p_{12} - \alpha\; p_{13} + \alpha^2 p_{14} + \dfrac{1-i}{\sqrt{2}} \cdot p_{34} - \alpha^2 p_{42} + \alpha\; p_{23} , \end{cases}$$

---

[8]) Vgl. wiederum meinen Aufsatz in Bd. 2 der Math. Annalen [in Bd. 1 dieser Gesamtausgabe als Abh. III abgedruckt]: *Die allgemeine lineare Transformation der Linienkoordinaten* (1871).

[9]) Eine andere Darstellung der $x_{\varkappa}$, die sonst vielfach gebraucht wird (vgl. z. B. Rohn in Bd. 18 der Math. Annalen (1881), S. 143 ff.), ist folgende:

$$\begin{aligned} x_1 &= \quad (p_{12} + p_{34}), & x_2 &= \quad (p_{13} + p_{42}), & x_4 &= \quad (p_{14} + p_{23}), \\ x_1 &= -\,i\,(p_{12} - p_{34}), & x_3 &= -\,i\,(p_{13} - p_{42}), & x_5 &= -\,i\,(p_{14} - p_{23}). \end{aligned}$$

Ich bin von derselben im Texte abgegangen, weil bei ihr die Formeln für die Operation S (siehe unten) unnötig kompliziert werden und der Vergleich mit den für $n = 7$ zu gebrauchenden Formeln erschwert wird.

wo in alter Weise:

(21*) $$p_{ik} = z_i z_k' - z_i' z_k.$$

Wir berechnen hieraus

$$\sqrt{2} \cdot \sum_0^5 x_\varkappa = p_{12} + p_{34},$$

so daß also die *Gleichung des Einheitskomplexes* folgende wird:

(22) $$p_{12} + p_{34} = 0.$$

Wir nehmen jetzt $n = 7$. Indem wir die für die x geltende lineare Gleichung

$$\sum_0^6 x_\varkappa = 0$$

als identisch erfüllt betrachten, werden von den sieben Ausdrücken π_ν (16), die in diesem Falle existieren, nur sechs übrigbleiben, nämlich diejenigen, welche $\nu = 1, 2, \ldots, 6$ entsprechen. Vermöge derselben drücken sich die $x_\varkappa$ folgendermaßen aus:

(23) $$7\,x_\varkappa = \gamma^{-\varkappa}\pi_1 + \gamma^{-2\varkappa}\pi_2 + \gamma^{-3\varkappa}\pi_3 + \gamma^{-4\varkappa}\pi_4 + \gamma^{-5\varkappa}\pi_5 + \gamma^{-6\varkappa}\pi_6$$

$$\left(\varkappa = 0, 1, \ldots, 6;\ \gamma = e^{\frac{2i\pi}{7}}\right).$$

Hiernach wird:

(24) $$\frac{7}{2}\sum_0^6 x_\varkappa^2 = \pi_1\pi_6 + \pi_2\pi_5 + \pi_3\pi_4.$$

Wir können also den Übergang zu den p_{ik} etwa folgendermaßen bewerkstelligen[10]).

(25) $$\begin{cases} \pi_6 = p_{12}, & \pi_3 = p_{13}, & \pi_5 = p_{14}, \\ \pi_1 = p_{34}, & \pi_4 = p_{42}, & \pi_2 = p_{23}. \end{cases}$$

Die Ausdrücke für die $x_\varkappa$, die wir weiterhin zugrunde zu legen haben, werden hiernach einfach[11]):

(26) $$7\,x_\varkappa = \gamma^{\varkappa}p_{12} + \gamma^{4\varkappa}p_{13} + \gamma^{2\varkappa}p_{14} + \gamma^{6\varkappa}p_{34} + \gamma^{3\varkappa}p_{42} + \gamma^{5\varkappa}p_{23}.$$

---

[10]) Ich wähle diese Reihenfolge, um die Formeln für die $x_\varkappa$, die ich sofort gebe, mit den sogleich [aus der vorstehend abgedruckten Abh. LVII] zu zitierenden Formeln möglichst in Übereinstimmung zu bringen.

[11]) Ich möchte hier daran erinnern, daß ich schon [in Abh. LVII, S. 413—414] sieben Komplexe dieser Art betrachtet habe, und zwar zwei Reihen solcher Komplexe nebeneinander, die ich damals durch die Gleichungen darstellte:

$$\left(\gamma^{\varkappa}p_{12} + \gamma^{4\varkappa}p_{13} + \gamma^{2\varkappa}p_{14}\right) + \frac{-1 \pm \sqrt{-7}}{2}\left(\gamma^{6\varkappa}p_{34} + \gamma^{3\varkappa}p_{42} + \gamma^{5\varkappa}p_{23}\right) = 0.$$

Diese zwei Reihen von Komplexen gehen, wie ich damals zeigte, durch 168 Kollineationen des Raumes simultan je in sich über. Offenbar ist diese Gruppe von 168 Kollineationen eine Untergruppe in jeder der beiden Gruppen von $\dfrac{7!}{2}$ Kollineationen, die im Sinne der jetzt im Texte gegebenen Entwicklungen zur einzelnen Komplexreihe gehören.

Wir wollen diesen Formeln zum Schlusse noch eine kleine ergänzende Verabredung hinzufügen. Der Weg, den wir weiterhin einschlagen, zwingt uns, neben Punktkoordinaten z_1, z_2, z_3, z_4 auch Ebenenkoordinaten w_1, w_2, w_3, w_4 in Betracht zu ziehen. Setzen wir dementsprechend Linienkoordinaten q_{ik} aus zwei Reihen von Größen w zusammen:

$$(27) \qquad q_{ik} = w_i w_k' - w_i' w_k,$$

so sind diese den Koordinaten $p_{i\varkappa}$, welche dieselbe Gerade nach Formel (5) erhält, in bekannter Weise unter Abänderung der Reihenfolge proportional. Wir wollen nun festsetzen, daß die q_{ik} den entsprechenden p_{ik} einfach *gleich* sein sollen. Dann werden wir also folgende Beziehungen haben:

$$(28) \quad p_{12} = q_{34}, \quad p_{13} = q_{42}, \quad p_{14} = q_{23}, \quad p_{34} = q_{12}, \quad p_{42} = q_{13}, \quad p_{23} = q_{14}.$$

§ 6.

Formeln für die durch die Vertauschungen der x definierten linearen Transformationen der z.

Es handelt sich jetzt darum, die linearen und evtl. auch die dualistischen Transformationen hinzuschreiben, welche die Punktkoordinaten z auf Grund der im vorigen Paragraphen entwickelten Formeln (21), (26) den in Betracht kommenden Vertauschungen der x entsprechend erleiden. Wir behandeln diese Aufgabe in der Weise, daß wir sie über das zunächst Erforderliche hinaus noch präzisieren: wir werden nämlich zusehen, wie man die in die p_{ik} eingehenden *homogenen* Größen z_1, z_2, z_3, z_4 und z_1', z_2', z_3', z_4' (die hier immer als kogrediente Größen betrachtet werden) linear substituieren oder dualistisch transformieren muß, damit sich die durch (21), (26) definierten x *ohne irgendwelchen zutretenden Faktor* in geeigneter Weise umsetzen. Wir erhalten solcher homogener Substitutionen der z einer jeden Umänderung der x entsprechend selbstverständlich zwei, deren jede durch einen simultanen Vorzeichenwechsel sämtlicher z aus der anderen hervorgeht. Denn die p_{ik} und also die x sind bilineare Funktionen der z, z' und bleiben also bei einem Vorzeichenwechsel der genannten Art völlig ungeändert.

Um jetzt die Durchführung der so präzisierten Aufgabe zu beginnen, verabreden wir, daß wir wegen der übergroßen Zahl der in Betracht kommenden Operationen *explizite nur einige wenige Vertauschungen der x untersuchen wollen, aus denen sich alle anderen durch Wiederholung und Kombination zusammensetzen.* Als solche fundamentale Vertauschungen wählen wir auf Grund bekannter Entwicklungen die folgenden beiden:

1. *die Operation S*, welche in einer zyklischen Vertauschung sämtlicher x entsprechend der natürlichen Reihenfolge der Indizes besteht:

$$(29) \qquad S = (x_0, x_1, \ldots, x_{n-1}),$$

2. *die Operation T*, welche x_0 mit x_1 vertauscht und die anderen x festläßt:

$$30) \qquad T = (x_0, x_1)(x_2) \ldots (x_{n-1}).$$

Im Falle $n = 6$ sind S und T beide ungerade Vertauschungen und liefern als solche zunächst dualistische Umformungen, die wir hinterher mit Hilfe des Einheitskomplexes in Kollineationen umsetzen werden. Im Falle $n = 7$ ist S eine gerade, T aber wieder eine ungerade Vertauschung. Wir erhalten also für S eine Kollineation, für T eine dualistische Umformung, die wir als solche in Punktkoordinaten z und Ebenenkoordinaten w hinschreiben. Um dann die Kollineationen zu haben, welche den geraden Vertauschungen der x entsprechen, verabreden wir einfach, daß wir nur solche Kombinationen von S und T in Betracht ziehen wollen, *an denen T eine gerade Zahl von Malen beteiligt ist.*

Die so umgrenzte Aufgabe erledigt sich nun dank unserer Koordinatenwahl und auf Grund einfacher geometrischer Betrachtungen ohne besonders komplizierte Rechnung. Ich behandle hier die Fälle $n = 6$ und $n = 7$ nacheinander.

I. $n = 6$.

1. *Die Operation S.*

Wir wollen hier von der Umsetzung der x direkt zu derjenigen der p_{ik} übergehen. Wir haben zunächst die zyklische Vertauschung:

$$x_0' = x_1, \quad x_1' = x_2, \quad x_2' = x_3, \quad x_3' = x_4, \quad x_4' = x_5, \quad x_5' = x_0,$$

und finden ihr entsprechend aus (21):

$$p_{12}' = p_{34}, \quad p_{13}' = -\alpha p_{13}, \quad p_{14}' = \alpha^2 p_{14}, \quad p_{34}' = p_{12}, \quad p_{42}' = -\alpha^2 p_{42},$$
$$p_{23}' = \alpha p_{23}.$$

Wir haben ferner für die durch den Einheitskomplex bewirkte Umsetzung nach Formel (13)

$$x_{\varkappa}' = x_{\varkappa} - \frac{1}{3} \sum x,$$

was vermöge (21) für die p_{ik} besagt, daß man p_{12} durch $-p_{34}$, p_{34} durch $-p_{12}$ ersetzen, die übrigen p_{ik} aber ungeändert lassen soll. Durch Kombination entsteht hiernach als die der Operation S entsprechende Kollineation:

$$p_{12}' = -p_{12}, \quad p_{13}' = -\alpha p_{13}, \quad p_{14}' = \alpha^2 p_{14}, \quad p_{34}' = -p_{34},$$
$$p_{42}' = -\alpha^2 p_{42}, \quad p_{23}' = \alpha p_{23}.$$

Dies aber liefert sofort die folgende lineare Umsetzung der z, die wir selbst mit S bezeichnen:

$$(31) \qquad S: \quad \pm z_1' = z_1, \quad \pm z_2' = -z_2, \quad \pm z_3' = -\alpha z_3, \quad \pm z_4' = \alpha^2 z_4.$$

Die $\pm$-Zeichen linker Hand entsprechen der bereits bemerkten notwendigen Unbestimmtheit; dieselben sind, hier wie in der Folge, so zu verstehen, daß bei sämtlichen z' übereinstimmend entweder das $+$- oder das $-$-Zeichen in Anwendung zu bringen ist.

2. *Die Operation T.*

Wir haben als ursprüngliche Vertauschung der x:

$$x_0' = x_1, \quad x_1' = x_0, \quad x_2' = x_2, \quad x_3' = x_3, \quad x_4' = x_4. \quad x_5' = x_5.$$

Wir wollen die Rechnung nun so einrichten, daß wir zunächst die dualistische Beziehung zwischen den w und den z aufsuchen, die dieser Vertauschung der x entspricht. Es wird dies durch den Umstand erleichtert, daß die geometrische Bedeutung der Vertauschung auf der Hand liegt. In der Tat bleiben bei derselben alle Raumgeraden ungeändert, für welche $x_0 - x_1 = 0$ ist. Wir schließen daraus, daß wir es mit der dualistischen Umformung zu tun haben, die durch den Komplex

$$(32) \qquad x_0 - x_1 = 0$$

indiziert ist, d. h. die jeden Punkt durch diejenige Ebene ersetzt, welche ihm in diesem Komplexe entspricht. Jetzt schreibt sich (32) vermöge (21) folgendermaßen:

$$(32^*) \quad -\sqrt{2} \cdot i p_{12} - \alpha p_{13} + (1-\alpha) p_{14} + \sqrt{2} \cdot i p_{34} - \alpha^2 p_{42} + (1-\alpha^2) p_{23} = 0.$$

Wir setzen für die p_{ik} ihre Werte in den z, z' und ordnen nach den z'. So entsteht:

$$
\begin{aligned}
z_1'(& & + \; i\sqrt{2} \cdot z_2 & + & \alpha z_3 & + (\alpha-1) z_4) \\
+ z_2'(- & i\sqrt{2} \cdot z_1 + & \cdot & + (\alpha^2-1) z_3 & - & \alpha^2 z_4 \;) \\
+ z_3'(- & \alpha z_1 & - (\alpha^2-1) z_2 + & \cdot & - & i\sqrt{2} \cdot z_4 \;) \\
+ z_4'(- (\alpha-1) z_1 + & \alpha^2 z_2 & + & i\sqrt{2} \cdot z_3 + & \cdot &) = 0.
\end{aligned}
$$

Hier sind die Koeffizienten von z_1', z_2', z_3', z_4' bis auf einen Proportionalitätsfaktor ϱ, der zunächst dem Wesen der Sache nach unbestimmt ist, die Koordinaten w der dem Punkte z entsprechenden Ebene. *Wir haben also als Darstellung der dem Komplexe (32) zugehörigen dualistischen Umformung:*

$$(33) \quad
\begin{cases}
\varrho w_1 = & \cdot & + i\sqrt{2} \cdot z_2 & + & \alpha z_3 & + (\alpha-1) z_4, \\
\varrho w_2 = - & i\sqrt{2} \cdot z_1 + & \cdot & + (\alpha^2-1) z_3 & - & \alpha^2 z_4 \;, \\
\varrho w_3 = - & \alpha z_1 & - (\alpha^2-1) z_2 + & \cdot & - & i\sqrt{2} \cdot z_4 \;, \\
\varrho w_4 = - (\alpha-1) z_1 + & \alpha^2 z_2 & + & i\sqrt{2} \cdot z_3 + & \cdot & .
\end{cases}
$$

Wir bestimmen andererseits die dualistische Umformung, die zum Einheitskomplexe gehört, indem wir dieselbe Methode unter Benutzung der Koordinaten q_{ik} in Anwendung bringen. Nach (22), (28) ist die Gleichung des Einheitskomplexes in den q_{ik}:

$$(34) \qquad\qquad q_{12} + q_{34} = 0$$

oder, wenn wir für die q_{ik} ihre Werte setzen und nach den w' ordnen:

$$w_1'(-w_2) + w_2'(w_1) + w_3'(-w_4) + w_4'(w_3) = 0.$$

Ich werde jetzt den Punkt, welcher der Ebene w im Einheitskomplexe entspricht, z' nennen, ferner unter σ einen unbestimmten Proportionalitätsfaktor verstehen. *Die zum Einheitskomplexe gehörige dualistische Umformung findet sich dann folgendermaßen dargestellt:*

$$(34^*) \qquad \sigma z_1' = -w_2, \quad \sigma z_2' = w_1, \quad \sigma z_3' = -w_4, \quad \sigma z_4' = w_3.$$

Jetzt eliminieren wir die w zwischen (33) und (34*). *Wir erhalten dann zur Darstellung der zur Vertauschung T gehörigen linearen Substitution der z:*

$$(35) \quad \begin{cases} \varrho\,\sigma\cdot z_1' = \quad i\sqrt{2}\cdot z_1 \;+\; \quad\cdot \quad -(\alpha^2-1)z_3 + \quad \alpha^2 z_4 \quad, \\ \varrho\,\sigma\cdot z_2' = \quad\quad\cdot \quad\;+\; i\sqrt{2}\cdot z_2 \;+\; \quad \alpha z_3 \quad +(\alpha-1)z_4, \\ \varrho\,\sigma\cdot z_3' = (\alpha-1)z_1 - \quad \alpha^2 z_2 \quad -\; i\sqrt{2}\cdot z_3 \;+\; \quad\cdot\quad, \\ \varrho\,\sigma\cdot z_4' = -\quad \alpha z_1 \quad -(\alpha^2-1)z_2 + \quad\quad\cdot \quad -\; i\sqrt{2}\cdot z_4 \;. \end{cases}$$

Hier ist jetzt noch der Faktor $\varrho\,\sigma$ zu bestimmen. Es hat dies so zu geschehen, daß infolge von (35) die durch (21) definierten x genau diejenige Umsetzung erfahren, die wir vermöge (14) der Vertauschung T zugeordnet haben, daß also:

$$(36) \qquad x_0' = x_1 - \frac{1}{3}\sum x, \quad x_1' = x_0 - \frac{1}{3}\sum x, \quad x_2' = x_2 - \frac{1}{3}\sum x \quad \text{usw.}$$

wird. Wir betrachten zu dem Zwecke zwei spezielle Wertreihen der z:

$$z_1 = \varrho\,\sigma, \quad z_2 = 0, \quad z_3 = 0, \quad z_4 = 0$$

und

$$z_1 = 0, \quad z_2 = \varrho\,\sigma, \quad z_3 = 0, \quad z_4 = 0,$$

denen vermöge (35) nachstehende Werte der z' entsprechen:

$$z_1' = i\sqrt{2}, \quad z_2' = 0, \quad z_3' = \alpha - 1, \quad z_4' = -\alpha,$$

bzw.

$$z_1' = 0, \quad z_2' = i\sqrt{2}, \quad z_3' = -\alpha^2, \quad z_4' = -\alpha^2 + 1.$$

Die Unterdeterminanten p_{ik} aus den zweierlei z und die Unterdeterminanten p_{ik}' aus den zweierlei z' erhalten hier die Werte:

$$p_{12} = (\varrho\sigma)^2, \quad p_{13} = 0, \quad p_{14} = 0, \quad p_{34} = 0, \quad p_{42} = 0, \quad p_{23} = 0,$$
$$p_{12}' = -2, \quad p_{13}' = -\alpha^2 i\sqrt{2}, \quad p_{14}' = (1-\alpha^2) i\sqrt{2}, \quad p_{34}' = -4,$$
$$p_{42}' = -\alpha i\sqrt{2}, \quad p_{23}' = (1-\alpha) i\sqrt{2}.$$

Sonach wird vermöge (21):

$$x_0 = x_2 = x_4 = \frac{1-i}{6\sqrt{2}}(\varrho\sigma)^2, \qquad x_1 = x_3 = x_5 = \frac{1+i}{6\sqrt{2}}(\varrho\sigma)^2,$$

$$x_0' = -\frac{1-i}{\sqrt{2}}, \qquad x_1' = -\frac{1+i}{\sqrt{2}}, \qquad x_2' = -\frac{1+i}{\sqrt{2}}, \dots,$$

woraus durch Vergleich mit einer beliebigen der Formeln (36) die gewünschte Wertbestimmung folgt[12]):

$$\varrho\sigma = \pm\sqrt{6}.$$

Die lineare Substitution der z, welche der Vertauschung T der x entspricht und die wir selbst mit T bezeichnen, lautet hiernach definitiv:

$$(37) \quad \begin{cases} \pm\sqrt{6}\cdot z_1' = & i\sqrt{2}\cdot z_1 - & \cdot & -(\alpha^2-1)z_3 + & \alpha^2 z_4 \;, \\ \pm\sqrt{6}\cdot z_2' = & \cdot & + i\sqrt{2}\cdot z_2 + & \alpha z_3 & +(\alpha-1)z_4, \\ \pm\sqrt{6}\cdot z_3' = (\alpha-1)z_1 - & \alpha^2 z_2 & - & i\sqrt{2}\cdot z_3 + & \cdot \;, \\ \pm\sqrt{6}\cdot z_4' = - & \alpha z_1 & -(\alpha^2-1)z_2 + & \cdot & - i\sqrt{2}\cdot z_4 \;. \end{cases}$$

II. $n = 7$.

1. *Die Operation S.*

Mit Rücksicht auf (26) entspricht der Vertauschung S der $x_\varkappa$:

$$x_\varkappa' = x_{\varkappa+1}$$

die folgende Umsetzung der p_{ik}:

$$p_{12}' = \gamma\, p_{12}, \qquad p_{34}' = \gamma^6 p_{34},$$
$$p_{13}' = \gamma^4 p_{13}, \qquad p_{42}' = \gamma^3 p_{42},$$
$$p_{14}' = \gamma^2 p_{14}, \qquad p_{23}' = \gamma^5 p_{23},$$

woraus unmittelbar als *zugehörige Substitution der z* folgt:

$$(38) \quad S: \; \pm z_1' = z_1, \quad \pm z_2' = \gamma z_2, \quad \pm z_3' = \gamma^4 z_3, \quad \pm z_4' = \gamma^2 z_4.$$

2. *Die Operation T.*

Ich will mir betreffs der Operation T in dem hier vorliegenden Falle $n = 7$ im Interesse größerer Symmetrie der aufzustellenden Formeln eine

---

[12]) Die hier benutzte, sozusagen empirische Bestimmung des Faktors $\varrho\sigma$ wurde deshalb von mir gewählt, weil sie auf durchaus elementarem Wege, ohne Erläuterungen über Invarianten von linearen Komplexen usw., zustande kommt. Will man die angedeuteten höheren Hilfsmittel heranziehen, so kann man den Wert von $\varrho\sigma$ daraus deduzieren, daß die Invarianten der linken Seiten von (32*) und (34) gleich 6, bez. gleich 1 sind.

kleine Abweichung gestatten. Statt nämlich T direkt in Betracht zu ziehen, welches folgende Umstellung der Indizes $0, \ldots, 6$ bewirkt:

$$T\left\{\begin{matrix} 0 & 1 & 2 & 3 & 4 & 5 & 6 \\ 1 & 0 & 2 & 3 & 4 & 5 & 6 \end{matrix}\right.$$

will ich die Vertauschung T' behandeln, die durch das Schema definiert ist:

$$(39) \qquad T'\left\{\begin{matrix} 0 & 1 & 2 & 3 & 4 & 5 & 6 \\ 0 & 1 & 2 & 4 & 3 & 5 & 6 \end{matrix}\right.$$

Offenbar ist

$$T' = S^{-3}\,T\,S^{3}, \qquad T = S^{3}\,T'\,S^{-3},$$

so daß T' ebenso geeignet ist, durch Kombination mit S die sämtlichen Vertauschungen der sieben Größen x zu liefern, wie T selbst.

Um jetzt die Formeln für w und z zu finden, welche T' entsprechen, schlage ich denselben Weg ein, wie soeben bei $n = 6$. Geometrisch bedeutet T' diejenige dualistische Transformation, die zum linearen Komplexe

$$x_3 - x_4 = 0$$

gehört. Nun wird diese Gleichung in den p_{ik} vermöge (26):

$$(\gamma^3 - \gamma^4)(p_{12} - p_{34}) + (\gamma^5 - \gamma^2)(p_{13} - p_{42}) + (\gamma^6 - \gamma)(p_{14} - p_{23}) = 0,$$

also, wenn wir die p_{ik} durch ihre Werte in den z, z' ersetzen und nach den z' ordnen:

$$\begin{aligned}
0 = z_1'(\quad & \cdot \quad - (\gamma^3 - \gamma^4)z_2 - (\gamma^5 - \gamma^2)z_3 - (\gamma^6 - \gamma\ )z_4), \\
+ z_2'((\gamma^3 - \gamma^4)z_1 + \quad & \cdot \quad + (\gamma^6 - \gamma\ )z_3 - (\gamma^5 - \gamma^2)z_4), \\
+ z_3'((\gamma^5 - \gamma^2)z_1 - (\gamma^6 - \gamma\ )z_2 + \quad & \cdot \quad + (\gamma^3 - \gamma^4)z_4), \\
+ z_4'((\gamma^6 - \gamma\ )z_1 + (\gamma^5 - \gamma^2)z_2 - (\gamma^3 - \gamma^4)z_3 + \quad & \cdot \quad).
\end{aligned}$$

Daher lautet die zugehörige dualistische Transformation in den w und z, indem wir zunächst wieder einen unbestimmten Proportionalitätsfaktor ϱ einführen:

$$\begin{aligned}
\varrho\,w_1 = \quad & \cdot \quad - (\gamma^3 - \gamma^4)z_2 - (\gamma^5 - \gamma^2)z_3 - (\gamma^6 - \gamma\ )z_4, \\
\varrho\,w_2 = (\gamma^3 - \gamma^4)z_1 + \quad & \cdot \quad + (\gamma^6 - \gamma\ )z_3 - (\gamma^5 - \gamma^2)z_4, \\
\varrho\,w_3 = (\gamma^5 - \gamma^2)z_1 - (\gamma^6 - \gamma\ )z_2 + \quad & \cdot \quad + (\gamma^3 - \gamma^4)z_4, \\
\varrho\,w_4 = (\gamma^6 - \gamma\ )z_1 + (\gamma^5 - \gamma^2)z_2 - (\gamma^3 - \gamma^4)z_3 + \quad & \cdot \quad .
\end{aligned}$$

Wir bestimmen jetzt das ϱ, indem wir aus diesen Formeln unter Beschränkung auf partikuläre Wertereihen der z die Vertauschung T' der x vermöge der Formeln (26) abzuleiten suchen. Als besondere Wertsysteme der z will ich folgende wählen:

$$z_1 = \varrho, \quad z_2 = 0, \quad z_3 = 0, \quad z_4 = 0$$

und
$$z_1 = 0, \quad z_2 = \varrho, \quad z_3 = 0, \quad z_4 = 0,$$
denen als Ebenenkoordinaten w nach unseren Formeln entsprechen:
$$w_1 = 0, \quad w_2 = (\gamma^3 - \gamma^4), \quad w_3 = (\gamma^5 - \gamma^2), \quad w_4 = (\gamma^6 - \gamma),$$
bzw.
$$w_1 = -(\gamma^3 - \gamma^4), \quad w_2 = 0, \quad w_3 = -(\gamma^6 - \gamma), \quad w_4 = (\gamma^5 - \gamma^2).$$
Hieraus folgt für die Verbindungslinie der beiden Punkte:
$$p_{12} = \varrho^2, \quad p_{13} = 0, \quad p_{14} = 0, \quad p_{34} = 0, \quad p_{42} = 0, \quad p_{23} = 0$$
und für die Durchschnittslinie der beiden Ebenen mit Rücksicht auf (28):
$$p_{12} = q_{34} = -5 - (\gamma + \gamma^6), \qquad p_{34} = q_{12} = -2 + (\gamma + \gamma^6),$$
$$p_{13} = q_{42} = -(\gamma + \gamma^6) + (\gamma^2 + \gamma^5), \quad p_{42} = q_{13} = (\gamma + \gamma^6) - (\gamma^2 + \gamma^5),$$
$$p_{14} = q_{23} = -(\gamma^2 + \gamma^5) + (\gamma^4 + \gamma^3), \quad p_{23} = q_{14} = (\gamma^2 + \gamma^5) - (\gamma^4 + \gamma^3).$$
Dies jetzt in (26) eingesetzt gibt:
$$7 x_0 = \varrho^2, \quad 7 x_1 = \gamma \varrho^2, \quad 7 x_2 = \gamma^2 \varrho^2 \qquad \text{usw.}$$
$$7 x_0' = -7, \quad 7 x_1' = -7\gamma, \quad 7 x_2' = -7\gamma^2 \qquad \text{usw.}$$
also $\varrho^2 = -7$. *Die dualistische Transformation, welche der Vertauschung T' entspricht und die wir selbst T' nennen, lautet also definitiv:*

$$(39^*) \quad T': \begin{cases} \pm \sqrt{-7} \cdot w_1 = \quad \cdot \quad -(\gamma^3 - \gamma^4)z_2 - (\gamma^5 - \gamma^2)z_3 - (\gamma^6 - \gamma)z_4, \\ \pm \sqrt{-7} \cdot w_2 = (\gamma^3 - \gamma^4)z_1 + \quad \cdot \quad + (\gamma^6 - \gamma)z_3 - (\gamma^5 - \gamma^2)z_4, \\ \pm \sqrt{-7} \cdot w_3 = (\gamma^5 - \gamma^2)z_1 - (\gamma^6 - \gamma)z_2 + \quad \cdot \quad + (\gamma^3 - \gamma^4)z_4, \\ \pm \sqrt{-7} \cdot w_4 = (\gamma^6 - \gamma)z_1 + (\gamma^5 - \gamma^2)z_2 - (\gamma^3 - \gamma^4)z_3 + \end{cases}$$

Fassen wir zusammen, so haben wir folgendes Resultat gewonnen:

1. bei $n = 6$: Den beiden Vertauschungen der x, die wir S und T nannten, entsprechen bez. die folgenden linearen Substitutionen der z:

$$(40) \quad S: \pm z_1' = z_1, \quad \pm z_2' = -z_2, \quad \pm z_3' = -\alpha z_3, \quad \pm z_4' = +\alpha^2 z_4;$$

$$(41) \quad T: \begin{cases} \pm \sqrt{6} \cdot z_1' = i\sqrt{2} \cdot z_1 + \quad \cdot \quad -(\alpha^2 - 1)z_3 + \alpha^2 z_4 \quad, \\ \pm \sqrt{6} \cdot z_2' = \quad \cdot \quad + i\sqrt{2} \cdot z_2 + \alpha z_3 + (\alpha - 1)z_4, \\ \pm \sqrt{6} \cdot z_3' = (\alpha - 1)z_1 - \alpha^2 z_2 - i\sqrt{2} \cdot z_3 + \quad \cdot \quad, \\ \pm \sqrt{6} \cdot z_4' = -\alpha z_1 - (\alpha^2 - 1)z_2 + \quad \cdot \quad - i\sqrt{2} \cdot z_4 \end{cases}$$

2. bei $n = 7$: den Vertauschungen S und T' der x entsprechen die lineare Substitution der z:

$$(42) \quad S: \pm z_1' = z_1, \quad \pm z_2' = \gamma z_2, \quad \pm z_3' = \gamma^4 z_3, \quad \pm z_4' = \gamma^2 z_4$$

bez. die dualistische Transformation:

$$(43)\quad T':\begin{cases} \pm\sqrt{-7}\cdot w_1 = \qquad\qquad -(\gamma^3-\gamma^4)z_2 - (\gamma^5-\gamma^2)z_3 - (\gamma^6-\gamma\ )z_4, \\ \pm\sqrt{-7}\cdot w_2 = (\gamma^3-\gamma^4)z_1 + \qquad\qquad +(\gamma^6-\gamma\ )z_3 - (\gamma^5-\gamma^2)z_4, \\ \pm\sqrt{-7}\cdot w_3 = (\gamma^5-\gamma^2)z_1 - (\gamma^6-\gamma\ )z_2 + \qquad\qquad +(\gamma^3-\gamma^4)z_4, \\ \pm\sqrt{-7}\cdot w_4 = (\gamma^6-\gamma\ )z_1 + (\gamma^5-\gamma^2)z_2 - (\gamma^3-\gamma^4)z_3 + \end{cases}$$

§ 7.

Über die Notwendigkeit der doppelten Vorzeichen, die in den Substitutionsformeln der z auftreten.

Die Formeln (40), (41), bez. (42), (43), die wir nunmehr für $n = 6$ und $n = 7$ gewonnen haben, definieren auf Grund der vorausgeschickten Erläuterungen die zugehörigen Substitutionsgruppen genau so durch zwei erzeugende Operationen, wie dies in meinem „Ikosaederbuch“ betreffs der Oktaeder- und Ikosaedergruppe geschehen ist, deren Analoga sie sind. Dabei erstreckt sich die Übereinstimmung auch auf einen Punkt, der zunächst unwesentlich erscheinen könnte, nämlich auf die $\pm$-Zeichen, welche bei jeder einzelnen Operation vorkommen. Ich habe in meinem „Ikosaederbuch“ (S. 44 bis 47) untersucht, ob man die linearen Substitutionen der dort in Betracht kommenden homogenen Variabelen z_1, z_2 nicht so durch Einfügen irgendwelcher (bei z_1, z_2 gleichzeitig zuzusetzender) Multiplikatoren modifizieren kann, daß zwischen ihrer Gruppe und der Gruppe gebrochener linearer Transformationen, welche $z_1 : z_2$ erfährt, holoedrischer Isomorphismus statthat, wobei sich zeigte, daß dies unmöglich ist. Diese Unmöglichkeit hatte dann zur Folge, wie ich ebenda S. 255, 256 darlegte, daß es keine *rationalen* Funktionen z_1, z_2 beliebig veränderlicher $x_0, \ldots, x_3$ oder $x_0, \ldots, x_4$ gab, deren Quotient sich bei den in Betracht kommenden Vertauschungen der x oktaedrisch oder ikosaedrisch transformierte. Vielmehr werden Größen z_1, z_2 der genannten Art immer Irrationalitäten enthalten müssen, die dann als „akzessorische“ Irrationalitäten in die schließliche Oktaeder- oder Ikosaedergleichung eingehen. Ich werde jetzt zeigen, daß es mit den quaternären Gruppen der z, die wir im vorigen Paragraphen definierten, ganz dieselbe Bewandtnis hat[13]), woraus folgt, *daß eine Reduktion der allgemeinen Gleichungen sechsten und siebenten Grades auf*

---

[13]) Dieser Beweis ist für die Untergruppe jener 360 Kollineationen, die den geraden Vertauschungen der x für $n = 6$ entsprechen, auf einem etwas anderen Wege bereits von Reichardt geführt worden; vgl. dessen soeben in der Einleitung zitierte zwei Mitteilungen. [Vgl. auch die ebenda genannte Arbeit von Cole.]

die zugehörigen Gleichungssysteme der z ohne Zuhilfenahme akzessorischer Irrationalitäten gleichfalls unmöglich ist[14]).

Am einfachsten scheint es, den hier erforderlichen Beweis ohne alle Rechnung auf den früheren zurückzuführen. Dies gelingt für $n = 6$ und $n = 7$ gleichförmig folgendermaßen. Wir wählen irgend vier der gegebenen x:

$$x_a, \quad x_b, \quad x_c, \quad x_d$$

und betrachten nun diejenigen geraden Vertauschungen, welche die nicht hingeschriebenen x unverändert lassen, die hingeschriebenen aber beziehungsweise in folgender Weise umsetzen:

$$x_a, \quad x_b, \quad x_c, \quad x_d,$$
$$x_b, \quad x_a, \quad x_d, \quad x_c,$$
$$x_c, \quad x_d, \quad x_a, \quad x_b,$$
$$x_d, \quad x_c, \quad x_b, \quad x_a,$$

deren Inbegriff also in der Terminologie meines „Ikosaederbuches" eine „Vierergruppe" bildet. Bei den entsprechenden Kollineationen des Raumes geht, wie leicht zu sehen, jede der beiden geraden Linien, welche die vier Komplexe

$$x_a = 0, \quad x_b = 0, \quad x_c = 0, \quad x_d = 0$$

miteinander gemein haben, in sich selbst über. Ich will jetzt ein Koordinatentetraeder zugrunde gelegt denken, bei welchem $z_1 = 0$, $z_2 = 0$ die eine, $z_3 = 0$, $z_4 = 0$ die andere dieser geraden Linien ist[15]). Unsere vier Kollineationen müssen sich dann so als lineare Substitutionen der z darstellen, daß z_1 und z_2, und ebenso z_3 und z_4, für sich, also binär, substituiert werden. Wäre es nun möglich, den vier in Betracht kommenden Kollineationen entsprechend eine Gruppe von nur *vier* quaternären linearen Substitutionen der z_1, z_2, z_3, z_4 (also eine holoedrisch isomorphe Gruppe) zu bilden, so hätten wir damit zugleich, und zwar sowohl für z_1 und z_2, wie für z_3 und z_4, eine mit der Vierergruppe holoedrisch isomorphe Gruppe binärer linearer Substitutionen, was nach S. 44 bis 47 des „Ikosaederbuches" unmöglich ist. *Die Gesamtheit der Substitutionen unserer z kann also mit der Gruppe der Vertauschungen der x nur meroedrisch isomorph sein,* was zu beweisen war. Jetzt sind die Substitutionen der z, wie wir

---

[14]) „Allgemein" heißen hier selbstverständlich solche Gleichungen, deren Wurzeln als beliebig veränderliche Größen gedacht sind (womit über die Gruppe der Gleichungen noch gar nichts ausgesagt ist).

[15]) Dies setzt natürlich voraus, daß die beiden geraden Linien verschieden sind und einander nicht schneiden, was beides durch Berechnung ihrer Koordinaten x bestätigt wird.

sie im vorigen Paragraphen definierten, doppelt so zahlreich, wie die Vertauschungen der x, den $\pm$-Zeichen entsprechend, die in ihnen vorkommen. Ihre Gesamtheit ist also mit der Vertauschungsgruppe der x *hemiedrisch* isomorph und wir haben daher mit den Formeln des vorigen Paragraphen von selbst den geringsten Grad von Meroedrie erreicht, der zwischen den Substitutionen der z und den Vertauschungen der x überhaupt statthaft ist.

III. Zurückführung der allgemeinen Gleichungen sechsten und siebenten Grades auf die zugehörigen Gleichungssysteme der z.

§ 8.

Allgemeine Prinzipien der beabsichtigten Zurückführung.

Wir stehen nunmehr vor der Aufgabe, für $n = 6$ und $n = 7$ aus irgend vorgelegten Größen $x_0, \ldots, x_{n-1}$ Funktionen z_1, z_2, z_3, z_4 zusammenzusetzen, deren Verhältnisse bei den in Betracht kommenden Vertauschungen der x die in § 6 näher angegebenen linearen Transformationen erfahren. Zu dem Zwecke bediene ich mich, wie in Kapitel 2 und 5 des zweiten Abschnitts meines Ikosaederbuches, eines geometrischen Ansatzes. Derselbe benötigt gewisse liniengeometrische Auffassungen, von denen im gegenwärtigen Aufsatze noch nicht die Rede war, so daß ich betreffs ihrer einige Bemerkungen vorausschicken muß.

Wir hatten seitlang nur solche Größensysteme $X_0, \ldots, X_{n-1}$ (ich gebrauche hier große Buchstaben, um nicht unnötigerweise an die vorgelegten Wurzeln $x_0, \ldots, x_{n-1}$ zu erinnern) der geometrischen Deutung unterworfen, welche den beiden Gleichungen genügten:

$$(45) \qquad \sum_{0}^{n-1} X_\varkappa = 0, \quad \sum_{0}^{n-1} X_\varkappa^2 = 0;$$

dieselben bezeichneten im Falle $n = 7$ allgemein eine beliebige Raumgerade, im Falle $n = 6$ speziell eine Gerade des Einheitskomplexes. Es ist jetzt die Frage, wie wir Größensysteme $X_0, \ldots, X_{n-1}$ deuten wollen, welche nur der ersten der beiden Gleichungen, also der Relation

$$(46) \qquad \sum_{0}^{n-1} X_\varkappa = 0$$

Genüge leisten. Die liniengeometrische Antwort ist, daß wir solche X als *Koordinaten eines linearen Komplexes* betrachten sollen, der im Falle $n = 7$ jeder beliebige sein kann, während er im Falle $n = 6$ zum Einheitskomplexe „involutorisch" liegt, — *desjenigen Komplexes nämlich, dessen*

Gleichung in laufenden Linienkoordinaten $X_0', \ldots, X_{n-1}'$ *die folgende ist:*

$$(47) \qquad \sum_0^{n-1} X_\varkappa X_\varkappa' = 0.$$

Diese Einführung von Komplexkoordinaten ist berechtigt, weil sie im speziellen Falle mit der anfänglichen Definition der Linienkoordinaten übereinstimmt. In der Tat, wenn die $X_\varkappa$ nicht nur der Gleichung (46), sondern den Gleichungen (45) genügen, so definiert (47) alle geraden Linien X', welche der Geraden X „angehören", d. h. dieselbe schneiden. Dabei wird die Gerade X im Falle $n = 6$ zum Einheitskomplexe involutorisch liegen, denn dies ist nur eine andere Ausdrucksweise dafür, daß sie selbst eine Linie des Einheitskomplexes ist.

Dies vorausgeschickt wenden wir uns zur Betrachtung einer vorgelegten Gleichung mit den Wurzeln $x_0, \ldots, x_{n-1}$, wobei wir der Einfachheit halber von vornherein voraussetzen wollen (was ja in jedem Falle durch eine leichte Hilfstransformation zu erreichen ist), daß der Gleichung (46) entsprechend die Summe der x verschwindet. Wir betrachten jetzt $x_0, \ldots, x_{n-1}$ für $n = 6$ und $n = 7$ übereinstimmend als *Koordinaten eines linearen Komplexes* (dessen besondere Lage für $n = 6$ nicht noch einmal bezeichnet zu werden braucht), die Größen $z_1, \ldots, z_4$ aber, die wir konstruieren sollen, *als Koordinaten eines Raumpunktes.* Den in Betracht kommenden Vertauschungen der x entsprechend unterliegt unser Komplex gewissen kollinearen Umformungen des Raumes. Unsere Aufgabe kann dann so bezeichnet werden: *es gilt, einen Punkt z von dem Komplexe x in der Art abhängig zu machen, daß er mit dem Komplexe zusammen immer gleichzeitig dieselben (durch die Vertauschungen der x definierten) Kollineationen des Raumes erleidet.* Ich habe in meinem „Ikosaederbuch" (II, 2, § 5: Geometrische Auffassung der Tschirnhausen-Transformation) eine solche auf eine Gruppe von Operationen bezügliche Zusammengehörigkeit zweier Gebilde schlechtweg als *Kovarianz* bezeichnet. Indem wir diese Ausdrucksweise hier aufnehmen, können wir unsere Aufgabe kurz dahin zusammenfassen, *daß wir verlangen, einen zum Komplexe x kovarianten Punkt zu konstruieren.*

Wir haben damit im Grunde dieselbe Formulierung, welche in II, 5, § 1 meines „Ikosaederbuches" für die Auflösung der Gleichungen fünften Grades vorliegt[16]). Ein Unterschied besteht natürlich in der Art der in Betracht gezogenen geometrischen Gebilde: wir deuteten damals die $x_\varkappa$ als Koordinaten eines Raumpunktes, die z als Koordinaten (Parameter) einer Erzeugenden der einen auf der Hauptfläche zweiten Grades befindlichen

---

[16]) Auch bei den Gleichungen vierten Grades sind selbstverständlich ganz analoge Vorstellungsweisen am Platze, die nur nicht in dem „Ikosaederbuch" besonders entwickelt worden sind.

Regelschar. Das Problem aber war, genau wie hier, *das Gebilde z von dem Gebilde x in kovarianter Weise abhängig zu machen*. In der Tat schlagen wir jetzt bei $n = 6$ und $n = 7$ einen Weg ein, der dem bei $n = 5$ angewandten Verfahren genau entspricht.

Ich rekapituliere hier kurz das letztere Verfahren. Wir begannen damit, den allgemeinsten zum Punkte x kovarianten Punkt zu suchen, und fanden, daß dessen Koordinaten durch folgende Formel gegeben sind:

$$(48) \qquad X_\varkappa = \lambda_1 x_\varkappa + \lambda_2 \left(x_\varkappa^2 - \frac{s_2}{5}\right) + \lambda_3 \left(x_\varkappa^3 - \frac{s_3}{5}\right) + \lambda_4 \left(x_\varkappa^4 - \frac{s_4}{5}\right),$$

wo die s_2, s_3, s_4 die zweiten, dritten, vierten Potenzsummen der Wurzeln sind[17]) und die λ [bei den Vertauschungen der x] invariante Koeffizienten bezeichnen. Wir suchten dann die λ irgendwie so zu bestimmen, daß die Gleichung statthat:

$$(48^*) \qquad \sum_0^4 X_\varkappa^2 = 0,$$

daß also der Punkt X der Hauptfläche angehört. Ist dies geschehen, so haben wir damit eo ipso eine zum Punkte x kovariante Erzeugende z gefunden: wir brauchen nämlich nur diejenige Erzeugende z der in Betracht kommenden Art zu wählen, welche durch den Punkt X *hindurchläuft*.

Wir werden jetzt für $n = 6$ und $n = 7$ genau so beginnen, nämlich zuvörderst die Koordinaten $X_\varkappa$ des allgemeinsten zum Komplexe x kovarianten Komplexes (der überdies, im Falle $n = 6$, gleich dem Komplexe x, zum Einheitskomplexe involutorisch liegen soll) hinschreiben. Wir finden in dieser Hinsicht:

$$(49) \qquad X_\varkappa = \lambda_1 x_\varkappa + \lambda_2 \left(x_\varkappa^2 - \frac{s_2}{n}\right) + \ldots + \lambda_{n-1}\left(x_\varkappa^{n-1} - \frac{s_{n-1}}{n}\right),$$

wo die s und λ ganz die frühere Bedeutung haben. Hierauf haben wir das Analogon zur Gleichung (48^*) zu konstruieren. Dieses wollen wir nun nicht etwa darin erblicken, daß wir ein einzelnes System von $X_\varkappa$ suchen, für welches die Summe der Quadrate verschwindet, *daß wir vielmehr zwei unterschiedene Systeme von $X_\varkappa$ suchen — sie mögen $X_\varkappa'$ und $X_\varkappa''$ heißen —, welche die simultanen Gleichungen befriedigen:*

$$(50) \qquad \sum_0^{n-1} X_\varkappa'^2 = 0, \qquad \sum_0^{n-1} X_\varkappa' X_\varkappa'' = 0, \qquad \sum_0^{n-1} X_\varkappa''^2 = 0.$$

Sind solche X', X'' gefunden, so können wir, wie ich behaupte, sehr leicht zu einem kovarianten Punkte z gelangen.

---

[17]) Wir hatten vorausgesetzt, daß die Summe der ersten Potenzen der x verschwinde; andernfalls würde in (48) statt $x_\varkappa$ zu setzen sein $x_\varkappa - \frac{s_1}{5}$. Analoges gilt von der Formel (49).

Um letzteres einzusehen, überlegen wir uns einfach, was die Gleichungen (50) geometrisch bedeuten. Die erste und dritte derselben sagen aus, daß wir es mit zwei speziellen Komplexen X', X'', d. h. mit zwei Raumgeraden X', X'', zu tun haben, die zweite Gleichung, daß diese Raumgeraden sich schneiden. *Hiernach erhalten wir einen kovarianten Punkt z, indem wir einfach den Schnittpunkt von X' und X'' in Betracht ziehen.*

Ich werde in den folgenden beiden Paragraphen zeigen, erstlich, wie wir die Gleichungen (50) in passender Weise befriedigen, zweitens, wie wir aus den einmal gefundenen X', X'' die Koordinaten z des Schnittpunktes berechnen. Bemerken wir hier nur noch, daß die in Aussicht genommene Methode in der Lage ist, den allgemeinsten zum Komplexe x kovarianten Punkt z zu liefern. Nehmen wir nämlich an, es sei auf irgendeine Weise gelungen, dem Komplexe x einen Punkt z kovariant zuzuordnen, so kann man sofort beliebig viele kovariante Raumgerade X', X'', ... finden, die vom Punkte z auslaufen: man hat einfach die Ebenen, die dem Punkte z in irgendwelchen kovarianten Komplexen (49) entsprechen, paarweise zum Durchschnitt zu bringen. Dies aber heißt, daß wir den Punkt z auch als Schnitt zweier geeigneter zum Komplexe x kovarianter gerader Linien auffassen können, was genau der von uns geplanten Konstruktion entspricht. — Auch diese Betrachtung ist die Übertragung einer analogen Überlegung, die in der Theorie der Gleichungen fünften Grades Platz griff (Ikosaederbuch, II, 5, § 8). [Vgl. auch Abh. LVII, Abschnitt I, § 5.]

§ 9.

Formeln zur Auffindung der Geraden X', X''.

Um jetzt die Gleichungen (50) durch bestimmte Werte der X', X'' zu befriedigen, will ich im Anschluß an (49) ausführlich schreiben:

$$(51) \quad \begin{cases} X'_\varkappa = \lambda'_1 x_\varkappa + \lambda'_2 \left(x_\varkappa^2 - \dfrac{s_2}{n}\right) + \ldots + \lambda'_{n-1}\left(x_\varkappa^{n-1} - \dfrac{s_{n-1}}{n}\right), \\[2ex] X''_\varkappa = \lambda''_1 x_\varkappa + \lambda''_2 \left(x_\varkappa^2 - \dfrac{s_2}{n}\right) + \ldots + \lambda''_{n-1}\left(x_\varkappa^{n-1} - \dfrac{s_{n-1}}{n}\right). \end{cases}$$

Wir erhalten dann aus (50) eine homogene quadratische Gleichung für die λ', eine ebensolche für die λ'', endlich eine homogene bilineare Gleichung für die λ' und λ'' zusammen; die Koeffizienten dieser Gleichungen sind symmetrische Funktionen der x, also rational bekannte Größen. Um die hieraus folgende Bestimmung der λ', λ'' und insbesondere die akzessorischen Irrationalitäten, die bei ihr auftreten, einigermaßen zu übersehen, will ich einen speziellen Fall ausführlicher betrachten.

Wir gehen zunächst darauf aus, ein möglichst einfaches System von Größen $X'_\varkappa$ zu gewinnen. Zu dem Zwecke nehmen wir (indem es sich zunächst nur um die eine Gleichung $\sum X'^2 = 0$ handelt)

$$\lambda'_2 = 1, \quad \lambda'_3 = \ldots = \lambda'_{n-1} = 0,$$

setzen also, indem wir bei λ'_1 noch Akzent und Index unterdrücken:

$$(52) \qquad X'_\varkappa = \left(x_\varkappa^2 - \frac{s_2}{n}\right) + \lambda x_\varkappa.$$

Wir erhalten dann aus (50):

$$s_2 \lambda^2 + 2 s_3 \lambda + \left(s_4 - \frac{s_2^2}{n}\right) = 0,$$

also

$$\lambda = \frac{-s_3 + W'}{s_2}$$

wo W' die Quadratwurzel bezeichnet:

$$(53) \qquad W' = \pm \sqrt{- s_2 s_4 + s_3^2 + \frac{s_2^3}{n}}.$$

Die Eintragung in (52) ergibt:

$$(54) \qquad X'_\varkappa = \left(x_\varkappa^2 - \frac{s_3}{s_2} x_\varkappa - \frac{s_2}{n}\right) + \frac{x_\varkappa \cdot W'}{s_2}.$$

Dieser Ausdruck enthält, wie ersichtlich, *eine erste akzessorische Irrationalität, die Quadratwurzel W'*.

Wir wenden uns jetzt zur Bestimmung geeigneter $X''_\varkappa$, den beiden noch übrigen Gleichungen (50) entsprechend: $\sum X'_\varkappa X''_\varkappa = 0$, $\sum X''^2_\varkappa = 0$. Zu dem Zwecke bemerken wir vor allem, daß mit jedem Systeme zulässiger $X''_\varkappa$ unendlich viele Größensysteme von der Form $X''_\varkappa - \sigma X'_\varkappa$ gefunden sind (wo σ einen willkürlichen Multiplikator bedeuten soll), welche ebenso, wie die $X''_\varkappa$ selbst, die Gleichungen (50) befriedigen. Um der hieraus entspringenden Unbestimmtheit zu entgehen, wollen wir festsetzen, daß in den aufzusuchenden $X''_\varkappa$ (siehe Formel (51)) der bei den $X'_\varkappa$ benutzte Term $\left(x_\varkappa^2 - \frac{s_2}{n}\right)$ fehlen soll. Übrigens aber setzen wir

$$(55) \qquad X''_\varkappa = Z''_\varkappa + \varrho Y''_\varkappa,$$

und nehmen

$$Y''_\varkappa = \left(x_\varkappa^3 - \frac{s_3}{n}\right) + \mu x_\varkappa, \quad Z''_\varkappa = \left(x_\varkappa^4 - \frac{s_4}{n}\right) + \nu x_\varkappa,$$

wo wir nun μ, ν so bestimmen werden, daß gleichzeitig:

$$(56) \qquad \sum X'_\varkappa Y''_\varkappa = 0, \qquad \sum X'_\varkappa Z''_\varkappa = 0$$

wird, was, wegen (55),

$$\sum X_\varkappa' X_\varkappa'' = 0$$

nach sich zieht. Hierbei bleibt das in (55) enthaltene ϱ noch willkürlich. Wir bestimmen dasselbe jetzt aus der Forderung, daß auch noch

$$\sum X_\varkappa''^2 = 0$$

sein soll, was die folgende quadratische Gleichung ergibt:

$$(57) \qquad \varrho^2 \cdot \sum Y_\varkappa''^2 + 2\varrho \cdot \sum Y_\varkappa'' Z_\varkappa'' + \sum Z_\varkappa''^2 = 0.$$

Ist dieselbe gelöst, so haben wir in (55) die gewünschten X''.

Die Durchführung der hiermit angedeuteten Rechnung ergibt zunächst:

$$\mu = -\frac{s_4}{s_2} + \frac{\dfrac{s_2 s_3}{n} - s_5 + \dfrac{s_3 s_4}{s_2}}{W'},$$

$$\nu = -\frac{s_5}{s_2} + \frac{\dfrac{s_2 s_4}{n} - s_6 + \dfrac{s_3 s_5}{s_2}}{W'},$$

unter W' die Quadratwurzel (53) verstanden, sodann

$$Y_\varkappa'' = \left(x_\varkappa^3 - \frac{s_4}{s_2} x_\varkappa - \frac{s_3}{n}\right) + \left(\frac{s_2 s_3}{n} - s_5 + \frac{s_3 s_4}{s_2}\right) \cdot \frac{x_\varkappa}{W'},$$

$$Z_\varkappa'' = \left(x_\varkappa^4 - \frac{s_5}{s_2} x_\varkappa - \frac{s_4}{n}\right) + \left(\frac{s_2 s_4}{n} - s_6 + \frac{s_3 s_5}{s_2}\right) \cdot \frac{x_\varkappa}{W'},$$

endlich aus (57) als quadratische Gleichung für das ϱ:

$$\varrho^2 \left(\left(s_6 - \frac{s_4^2}{s_2} - \frac{s_3^2}{n}\right)\left(-s_2 s_4 + s_3^2 + \frac{s_2^3}{n}\right) + s_2 \left(\frac{s_2 s_3}{n} - s_5 + \frac{s_3 s_4}{s_2}\right)^2\right)$$

$$+ 2\varrho \left(\left(s_7 - \frac{s_4 s_5}{s_2} - \frac{s_3 s_4}{n}\right)\left(-s_2 s_4 + s_3^2 + \frac{s_2^3}{n}\right) + s_2 \left(\frac{s_2 s_3}{n} - s_5 + \frac{s_3 s_4}{s_2}\right)\right.$$

$$\left. \times \left(\frac{s_2 s_4}{n} - s_6 + \frac{s_3 s_5}{s_2}\right)\right)$$

$$+ \left(\left(s_8 - \frac{s_5^2}{s_2} - \frac{s_4^2}{n}\right)\left(-s_2 s_4 + s_3^2 + \frac{s_2^3}{n}\right) + s_2 \left(\frac{s_2 s_4}{n} - s_6 + \frac{s_3 s_5}{s_2}\right)^2\right) = 0.$$

Es dürfte keinen Zweck haben, diese Gleichung, *aus der merkwürdigerweise das W' völlig verschwunden ist*, noch weiter zu reduzieren oder ihre Auflösung explizite herzusetzen. Was uns vorwiegend interessiert, ist die bei ihrer Auflösung auftretende Quadratwurzel, die wir W'' nennen wollen. Dieselbe ist, wie W', aus einer rationalen Funktion der Potenzsummen s zu ziehen, die sich von derjenigen, welche bei W' auftritt, als wesentlich verschieden erweist. *W'' ist also neben W' eine mit W' ko-*

ordinierte neue akzessorische Quadratwurzel. In dem Ausdrucke der $X_{\varkappa}''$ kommen W' und W'' nebeneinander vor.

So weit der spezielle Fall unserer Rechnung. Es ist klar, daß wir auch bei anderweitiger Bestimmung der λ', λ'', sofern wir an der Benutzung gewöhnlicher Methoden festhalten, das Auftreten zweier akzessorischer Quadratwurzeln nicht vermeiden können. Ob es überhaupt unmöglich ist, die Gleichungen (50) ohne geringeren Aufwand an akzessorischen Irrationalitäten zu befriedigen, bleibe dahingestellt. Daß die akzessorischen Irrationalitäten jedenfalls nicht ganz zu vermeiden sind, wurde bereits in § 7 hervorgehoben.

Ich komme noch einmal auf $n = 5$ zurück, um eine Bemerkung über die neuesten diesen Fall betreffenden Arbeiten von Gordan[18]) hinzuzufügen. Wir hatten bei $n = 5$ nur eine Größenreihe $X_{\varkappa}$ benutzt, die wir der einen Gleichung (48*) unterwarfen. Nun hat Herr Gordan bemerkt, daß es auch bei den Gleichungen fünften Grades aus Gründen der Rechnung bequem sein kann, zwei Größenreihen $X_{\varkappa}'$, $X_{\varkappa}''$ zu gebrauchen, welche genau unseren Gleichungen (50) unterworfen werden. Die Bestimmung solcher $X_{\varkappa}'$, $X_{\varkappa}''$ erfolgt dann eben so, wie in unserem Falle, nur daß die Quadratwurzel W'' ihren akzessorischen Charakter verliert und in die Quadratwurzel aus der Diskriminante der vorgelegten Gleichung fünften Grades übergeht. In letzterem Umstande allein wird man schon ein Zeichen dafür erblicken, daß es sich bei aller Ähnlichkeit der Formeln doch um wesentlich verschiedene Ansätze handelt. Wir können den Gordanschen Ansatz sofort auf Gleichungen siebenten Grades übertragen, indem wir bei ihnen *drei* Größenreihen $X_{\varkappa}'$, $X_{\varkappa}''$, $X_{\varkappa}'''$ in Betracht ziehen, die dann den Gleichungen genügen müssen:

$$(58) \quad \begin{cases} \sum X_{\varkappa}'^{2} = 0, & \sum X_{\varkappa}' X_{\varkappa}'' = 0, & \sum X_{\varkappa}' X_{\varkappa}''' = 0, \\ & \sum X_{\varkappa}''^{2} = 0, & \sum X_{\varkappa}'' X_{\varkappa}''' = 0, \\ & & \sum X_{\varkappa}'''^{2} = 0, \end{cases}$$

(während bei den Gleichungen sechsten Grades eine solche Übertragung wegen der zu geringen Zahl der bei ihnen zur Verfügung stehenden Parameter λ', λ'', λ''' überhaupt ausgeschlossen ist). Geometrisch besagen die Gleichungen (58), daß wir drei Gerade suchen sollen, die sich wechselseitig schneiden. Das letztere kann in einem Punkte oder in einer Ebene geschehen, und hieraus schließen wir, daß die dritte Quadratwurzel, welche

---

[18]) Liouvilles Journal, sér. 4, Bd. 1 (1885) sowie in den Math. Annalen, Bd. 28 (1886/87), S. 152 ff.

bei Auflösung der Gleichungen (58) benötigt wird, keine akzessorische mehr sein kann, sondern mit der Quadratwurzel aus der Diskriminante der Gleichung siebenten Grades zusammenfallen wird. Ich kann dies an gegenwärtiger Stelle nicht weiter verfolgen.

§ 10.

Berechnung des Schnittpunktes von X' und X''.

Um jetzt den Schnittpunkt der beiden Geraden X', X'' zu berechnen, schreiben wir vor allem die Bedingung hin, daß irgendeine Gerade x (die übrigens mit den Wurzeln x der vorgelegten Gleichung gar nichts zu tun haben soll) die Gerade X' oder X'' schneidet:

$$\sum_0^{n-1} X_\varkappa' x_\varkappa = 0, \quad \text{bez.} \quad \sum_0^{n-1} X_\varkappa'' x_\varkappa = 0.$$

Hier substituieren wir nun für die x nach (21), (26) ihre Werte in den p_{ik}. Ich will für $n = 6$ der Formel (17) entsprechend schreiben:

$$(59) \qquad \Pi_\nu = \sum_0^5 (-\alpha)^{\nu\varkappa} \cdot X_\varkappa, \qquad \left(\alpha = e^{\frac{2i\pi}{3}}\right),$$

und für $n = 7$ in Übereinstimmung mit (16):

$$(60) \qquad \Pi_\nu = \sum_0^6 \gamma^{\nu\varkappa} \cdot X_\varkappa, \qquad \left(\gamma = e^{\frac{2i\pi}{7}}\right),$$

wo nun Π in Π' oder Π'' übergehen soll, wenn für die $X_\varkappa$ die $X_\varkappa'$ oder die $X_\varkappa''$ gesetzt werden. Dann werden die Gleichungen in den p_{ik} für $n = 6$:

$$(61) \quad \begin{cases} 0 = \Pi_0' \dfrac{p_{12} + p_{34}}{\sqrt{2}} + \Pi_1' p_{42} + \Pi_2' p_{23} + \Pi_3' \dfrac{-p_{12} + p_{34}}{\sqrt{2}} \\ \qquad\qquad\qquad + \Pi_4' p_{14} + \Pi_5' p_{13}, \\[2mm] 0 = \Pi_0'' \dfrac{p_{12} + p_{34}}{\sqrt{2}} + \Pi_1'' p_{42} + \Pi_2'' p_{23} + \Pi_3'' \dfrac{-p_{12} + p_{34}}{\sqrt{2}} \\ \qquad\qquad\qquad + \Pi_4'' p_{14} + \Pi_5'' p_{13}, \end{cases}$$

und für $n = 7$:

$$(62) \quad \begin{cases} 0 = \Pi_1' p_{12} + \Pi_4' p_{13} + \Pi_2' p_{14} + \Pi_6' p_{34} + \Pi_3' p_{42} + \Pi_5' p_{23}, \\ 0 = \Pi_1'' p_{12} + \Pi_4'' p_{13} + \Pi_2'' p_{14} + \Pi_6'' p_{34} + \Pi_3'' p_{42} + \Pi_5'' p_{23}. \end{cases}$$

Wir ersetzen jetzt die p_{ik} durch ihre Werte in den z, z' und ordnen nach den z_1, z_2, z_3, z_4. Ich will statt der beiden Gleichungen, welche so aus (61 bez. (62) entstehen, nur je eine hinschreiben, indem ich das Symbol Π^* einführe, welches sowohl Π' als Π'' bedeuten kann. Wir haben dann folgende Gleichungen:

1. bei $n = 6$:

$$(63)\quad \begin{cases} 0 = z_1\left(\qquad + \dfrac{\Pi_0^* - \Pi_3^*}{\sqrt{2}}\cdot z_2' + \quad \Pi_5^* z_3' \quad + \quad \Pi_4^* z_4' \quad \right) \\[2ex] \quad + z_2\left(\dfrac{-\Pi_0^* + \Pi_3^*}{\sqrt{2}}\cdot z_1' + \qquad + \quad \Pi_2^* z_3' \quad - \quad \Pi_1^* z_4' \quad \right) \\[2ex] \quad + z_3\left(\quad -\Pi_5^* z_1' \quad - \quad \Pi_2^* z_2' \quad + \qquad \cdot \qquad + \dfrac{\Pi_0^* + \Pi_3^*}{\sqrt{2}}\cdot z_4'\right) \\[2ex] \quad + z_4\left(\quad -\Pi_4^* z_1' \quad + \quad \Pi_1^* z_2' \quad - \dfrac{\Pi_0^* + \Pi_3^*}{\sqrt{2}}\cdot z_3' + \qquad \cdot \qquad \right), \end{cases}$$

und

2. bei $n = 7$:

$$(64)\quad \begin{cases} 0 = z_1\left(\qquad \cdot \qquad + \Pi_1^* z_2' + \Pi_4^* z_3' + \Pi_4^* z_4'\right) \\[1.5ex] \quad + z_2\left(-\Pi_1^* z_1' + \qquad \cdot \qquad + \Pi_5^* z_3' - \Pi_3^* z_4'\right) \\[1.5ex] \quad + z_3\left(-\Pi_4^* z_1' - \Pi_5^* z_2' + \qquad \cdot \qquad + \Pi_6^* z_4'\right) \\[1.5ex] \quad + z_4\left(-\Pi_2^* z_1' + \Pi_3^* z_2' - \Pi_6^* z_3' + \qquad \cdot \qquad \right). \end{cases}$$

Mit diesen Gleichungen (63), (64) *ist jetzt unsere Aufgabe im Prinzip gelöst.* Die Gleichungen (63) oder (64) besagen nämlich, wie zwei Punkte z, z' gegeneinander liegen müssen, damit ihre Verbindungslinie die Gerade X^* treffe. Beide Gleichungen (63) oder (64) werden also für beliebige Werte der $z_1', \ldots, z_4'$ erfüllt sein, wenn man für $z_1, \ldots, z_4$ die Koordinaten des Schnittpunktes der beiden Geraden X', X'' einträgt. Mit anderen Worten: *Die Koordinaten z_1, z_2, z_3, z_4 des gesuchten Schnittpunktes sind das gemeinsame Lösungssystem, welches den zweierlei Gleichungen* (63) *oder* (64) *zukommt, welche Werte man auch den unbestimmten Größen $z_1', \ldots, z_4'$ beilegen mag.* Ich unterlasse es, die Verhältnisse der z noch explizite zu berechnen, was nur mit Aufgeben der Symmetrie möglich scheint. Wir wollen zusammenfassend sagen, *daß diese Verhältnisse zu dreigliedrigen Determinanten der Lagrange schen Ausdrücke Π', Π'' proportional sind.* Man vergleiche hierzu das entsprechende Resultat für die Gleichungen vierten und fünften Grades [Ikosaederbuch, S. 188 (oder auch für die Gleichungen siebenten Grades mit einer Gruppe von 168 Substitutionen, Abh. LVII, S. 408 u. 415)]. Bei den Gleichungen vierten und fünften Grades werden die z_1, z_2 den Lagrange schen Ausdrücken, die sich aus den $X_\varkappa$ (48*) bilden lassen, direkt proportional.

§ 11.
Einige Bemerkungen über Gleichungen beliebigen Grades.

Indem ich die Betrachtung der Gleichungen sechsten und siebenten Grades an dem hiermit erreichten Punkte abbreche, kann ich nicht umhin, einige Bemerkungen über Gleichungen höheren Grades hinzuzufügen.

Von vornherein ist ersichtlich, wie wir die Entwicklung des § 9 auf Gleichungen höheren (n-ten) Grades zu übertragen haben. Wir schreiben zu dem Zwecke

$$(65) \qquad X_\varkappa = \lambda_1 \left(x_\varkappa - \frac{s_1}{n}\right) + \lambda_2 \left(x_\varkappa^2 - \frac{s_2}{n}\right) + \ldots + \lambda_{n-1} \left(x_\varkappa^{n-1} - \frac{s_{n-1}}{n}\right),$$

unter $x_\varkappa$ die Wurzeln der vorgelegten Gleichung verstanden, bezeichnen mit ν die größte in $\frac{n}{2}$ enthaltene ganze Zahl und suchen nun $(\nu - 1)$ Reihen von Größen $X_\varkappa$:

$$X_\varkappa', X_\varkappa'', \ldots, X_\varkappa^{(\nu-1)},$$

welche die folgenden Bedingungen befriedigen:

$$(66) \qquad \left\{ \begin{aligned} &\sum_0^{n-1} X_\varkappa'^2 = 0, \quad \sum_0^{n-1} X_\varkappa' X_\varkappa'' = 0, \ldots, \quad \sum_0^{n-1} X_\varkappa' X_\varkappa^{(\nu-1)} = 0, \\ &\qquad\quad \sum_0^{n-1} X_\varkappa''^2 = 0, \ldots, \quad \sum_0^{n-1} X_\varkappa'' X_\varkappa^{(\nu-1)} = 0, \\ &\qquad\qquad \cdots \cdots \cdots \cdots \cdots \cdots \\ &\qquad\qquad \cdots \cdots \cdots \cdots \cdots \cdots \\ &\qquad\qquad\qquad\qquad \sum_0^{n-1} X_\varkappa^{(\nu-1)^2} = 0, \end{aligned} \right.$$

was uns mit Hilfe von $(\nu - 1)$ nebeneinanderstehenden akzessorischen Quadratwurzeln gelingen wird. Wir beachten jetzt, daß durch diese $X', X'', \ldots$ ein bestimmter $(\nu - 2)$-fach ausgedehnter linearer Raum (ein $R_{\nu-2}$) festgelegt wird, welcher ganz in derjenigen quadratischen Mannigfaltigkeit von $(n - 3)$ Dimensionen (in der M_{n-3}^2) enthalten ist, die durch

$$(67) \qquad \sum_0^{n-1} X_\varkappa = 0, \quad \sum_0^{n-1} X_\varkappa^2 = 0$$

vorgestellt wird, — derjenige $R_{\nu-2}$ nämlich, dessen Elemente X sich aus den Elementen $X', X'', \ldots$ mit Hilfe von Parametern, die ich $\mu', \mu'', \ldots$ nennen will, nach der Formel zusammensetzen:

$$(68) \qquad X_\varkappa = \mu' X_\varkappa' + \mu'' X_\varkappa'' + \ldots + \mu^{(\nu-1)} X_\varkappa^{(\nu-1)}.$$

Dieser $R_{\nu-2}$ wird auf Grund der Formeln (66) *dem Wertsysteme der anfänglichen $x_\varkappa$ kovariant zugeordnet sein.* Nun sind im Falle $n = 2\nu$ die $R_{\nu-2}$ die meist ausgedehnten auf der quadratischen Mannigfaltigkeit (67) enthaltenen linearen Räume. *Daher haben wir für $n = 2\nu$ das* *von uns zunächst anzustrebende Ziel bereits erreicht.* Für $n = 2\nu + 1$ gibt es auf der Mannigfaltigkeit (67) über die $R_{\nu-2}$ hinaus noch zwei Arten von $R_{\nu-1}$, wobei die Beziehung die ist, daß durch jeden der Mannigfaltigkeit angehörigen $R_{\nu-2}$ ein $R_{\nu-1}$ der einen Art und ein $R_{\nu-1}$ der anderen Art hindurchgeht. Wir wollen jetzt unter den beiden $R_{\nu-1}$, welche durch den $R_{\nu-2}$ (68) hindurchlaufen, durch Verabredung den einen festlegen. *Dieser $R_{\nu-1}$ ist dann seinerseits dem Wertsysteme der anfänglichen $x_\varkappa$ kovariant zugeordnet,* nur daß wir nicht mehr sämtliche Vertauschungen der $x_\varkappa$, sondern nur die geraden Vertauschungen derselben in Betracht ziehen dürfen. *Hiermit haben wir auch für $n = 2\nu + 1$ den zunächst in Aussicht zu nehmenden Zielpunkt erreicht.* Wir bemerken hierzu noch, daß die Anzahl der auf der Mannigfaltigkeit (67) enthaltenen meistausgedehnten linearen Räume für $n = 2\nu$ und $n = 2\nu + 1$ übereinstimmend $\infty^{\frac{\nu(\nu-1)}{2}}$ beträgt.

Alle diese Sätze sind, wie man sieht, die genaue Verallgemeinerung der Theoreme, die wir für $\nu = 2$, also $n = 4, 5$, und für $\nu = 3$, also $n = 6, 7$, von früher her kennen. Aber nun tritt der ferneren Entwicklung eine Schwierigkeit entgegen, die wir bei $\nu = 2, 3$ unter Benutzung sozusagen zufälliger Umstände überwunden haben und die wir in prinzipieller Form noch gar nicht anrührten. Im Falle $\nu = 2$ hatten wir nämlich aus *funktionentheoretischen* Gründen schließen können, daß es möglich sei, die bei ihm in Betracht kommenden ∞^1 linearen Räume so durch zwei Verhältnisgrößen $z_1 : z_2$ zu bezeichnen, daß $z_1 : z_2$ bei den Vertauschungen der x lineare Transformationen erleide. Für $\nu = 3$ begründeten wir den analogen Schluß durch Heranziehung *liniengeometrischer Entwicklungen:* es zeigte sich, daß wir die dreifach unendlich vielen alsdann vorhandenen linearen Räume in ganz entsprechender Weise durch vier Verhältnisgrößen $z_1 : z_2 : z_3 : z_4$ bezeichnen können. Für $\nu > 3$ aber versagen solche besondere Hilfsmittel und wir werden die Frage nach der zweckmäßigsten Festlegung der dann vorhandenen linearen Räume durch Parameter, sowie nach dem Verhalten dieser Parameter bei den in Betracht kommenden Vertauschungen der x, auf direktem, algebraischem Wege beantworten müssen. Ich möchte mir vorbehalten, hierauf bei Gelegenheit zurückzukommen, und beschränke mich einstweilen darauf, auf Herrn Lipschitz' Untersuchungen über orthogonale Substitutionen zu verweisen, die ich dabei zu benutzen haben werde[19]).

Göttingen, im Oktober 1886.

---

[19]) Vgl. Comptes Rendus der Pariser Akademie vom 11. und 18. Oktober 1880, Bd. 91: *Principes d'un calcul algébrique qui contient comme espèces particulières le calcul des quantités imaginaires et des quaternions,* sowie die besonders erschienene Schrift: *Untersuchungen über die Summe von Quadraten* (Bonn, Cohn, 1886). [Ich bin später auf die im Text berührte Fragestellung nie zurückgekommen. K.]

LIX. Sur la résolution, par les fonctions hyperelliptiques, de l'équation du vingt-septième degré, de laquelle dépend la détermination des vingt-sept droites d'une surface cubique[1].

[Journal de Mathématiques pures et appliquées, 4ᵉ série, tome 4 (1888).]

.... Lors de mon dernier séjour à Paris, je vous ai raconté que je venais de résoudre affirmativement une question que vous m'aviez posée autrefois à plusieurs reprises. L'équation des 27 droites d'une surface cubique et la trisection des fonctions hyperelliptiques du premier ordre ayant le même groupe[2]), il s'agissait de réduire, s'il était possible, le premier problème au second. J'ai donné là-dessus déjà quelques développements dans une séance de la Société mathématique de France[3]). Permettez-moi d'y revenir aujourd'hui, et d'exposer mes raisonnements d'une manière plus complète. Sans doute, les explications que je vais donner paraîtront encore un peu vagues, comme je n'écris pas des formules détaillées, mais j'espère pourtant qu'elles pourront avoir quelque intérêt.

Qu'il me soit permis d'abord de rappeler, en peu de mots, la forme que j'ai donnée autrefois à la résolution des équations du cinquième degré par les fonctions elliptiques. Dans ce but, je dois vous parler de deux choses: d'abord de la forme normale que j'ai donnée à l'équation modulaire pour la transformation du cinquième ordre des fonctions elliptiques, ensuite de la réduction de l'équation générale du cinquième degré à cette forme normale.

Quant au premier point, considérons les expressions suivantes, dans lesquelles ϱ signifie un facteur indéterminé

$$(1) \qquad \varrho z_1 = e^{\frac{i\pi\tau}{5}} \vartheta_1(\tau, 5\tau), \qquad \varrho z_2 = e^{\frac{4i\pi\tau}{5}} \vartheta_1(2\tau, 5\tau),$$

τ étant le quotient des périodes, suivant la notation de M. Weierstrass.

---

[1]) Extrait d'une Lettre adressée à M. C. Jordan.

[2]) [Wegen dieser Gruppe vgl. C. Jordans Traité des substitutions, Paris 1870, S. 369.]

[3]) 13 avril 1887.

Il est facile de démontrer que, pour une transformation linéaire quelconque de τ, le quotient $z_1 : z_2$ subit des substitutions linéaires (fractionnaires) à coefficients constants[4]). Ces substitutions étant les mêmes pour deux transformations linéaires qui sont congruentes suivant le module 5, leur nombre devient égal à 60, et la détermination de $z_1 : z_2$ comme fonction des invariants rationnels g_2, g_3 de l'intégrale elliptique équivaut à la résolution complète de l'équation modulaire correspondant à la transformation du cinquième ordre. Maintenant, les substitutions de $z_1 : z_2$ ne sont autre chose que les substitutions bien connues aujourd'hui de l'*icosaèdre*. Soit, comme dans mon Livre[5]),

$$(2) \quad \begin{cases} f(z_1, z_2) = z_1^{11} z_2 + 11 z_1^6 z_2^6 - z_1 z_2^{11}, \\ H(z_1, z_2) = - (z_1^{20} + z_2^{20}) + 228 (z_1^{10} - z_2^{10}) z_1^5 z_2^5 - 494 z_1^{10} z_2^{10}. \end{cases}$$

$z_1 : z_2$ dépend de l'équation icosaédrique

$$(3) \quad \frac{H(z_1, z_2)^3}{1728\, f(z_1, z_2)^5} = \frac{g_2^3}{g_2^3 - 27\, g_3^2},$$

et c'est cette équation icosaédrique que je considère ici comme *la forme normale* de l'équation modulaire pour la transformation du cinquième ordre. Faisons encore la remarque suivante. Au lieu des substitutions du quotient $z_1 : z_2$, on peut considérer les substitutions correspondantes unimodulaires des deux variables homogènes z_1, z_2. Comme le déterminant d'une substitution binaire est du deuxième degré dans les coefficients, le nombre de ces substitutions homogènes devient égal à 120. Mais on peut se demander s'il n'est pas possible de trouver parmi elles 60, qui forment elles seules un groupe isomorphe holoédriquement aux substitutions fractionnaires de $z_1 : z_2$. Or, j'ai démontré que c'est impossible. Je reviendrai immédiatement à ce théorème.

Passons maintenant à la résolution des équations du cinquième degré, ou plutôt à leur réduction à la forme icosaédrique que je viens de donner. Sans doute la possibilité de cette réduction dépend en première ligne de ce fait, que le groupe alterné d'une équation du cinquième degré est holoédriquement isomorphe au groupe de l'icosaèdre, mais la réduction elle-même ne repose pas, suivant mes points de vue, sur la considération des groupes: elle appartient plutôt à la Géométrie analytique, ou, si l'on veut, à la théorie des fonctions algébriques. Je ne veux pas répéter ici les détails de cette réduction, que j'ai donnés dans mon Livre, avec tous

---

[4]) Voir, par exemple, mon Mémoire *Sur les courbes elliptiques normales du n^{ième}* ordre, etc. (*Mémoires mathématiques de la Société scientifique de Leipzig*, t. 12). [Diese Abh. kommt in Bd. 3 der gegenwärtigen Gesamtausgabe zum Abdruck.]

[5]) *Leçons sur l'icosaèdre et la résolution des équations du cinquième degré.* Leipzig, 1884 (B. G. Teubner). [Vgl. auch meine Arbeit in den Math. Annalen, Bd. 12 (1877) = Abh. LIV.]

les développements nécessaires. C'est un seul point fondamental sur lequel je dois insister ici. Je viens de dire que le nombre des substitutions de l'icosaèdre est nécessairement doublé quand on passe du quotient $z_1 : z_2$ aux quantités homogènes z_1, z_2. C'est pour cela, comme je l'ai démontré, qu'il devient impossible d'opérer la réduction à la forme icosaédrique d'une manière purement rationnelle. La réduction doit donc contenir quelque irrationnalité. Cette irrationnalité n'abaissant pas le groupe de l'équation, je l'appelle une *irrationnalité accessoire*. Du reste, cette irrationnalité peut être choisie de différentes manières, par exemple comme la racine carrée d'une fonction rationnelle bien simple des coefficients de l'équation du cinquième degré.

Ceci étant bien conçu, pour venir au but que je me suis proposé ici, j'aurais à faire des considérations tout à fait analogues sur les fonctions hyperelliptiques (du premier ordre) et les équations du vingt-septième degré.

En première ligne donc j'aurai à construire une forme normale pour l'équation modulaire de la transformation du troisième ordre des fonctions hyperelliptiques. Qu'il me soit permis de m'appuyer ici sur les recherches de deux de mes élèves, M. Witting et M. Maschke. M. Witting[6]) s'est occupé de généraliser, pour les fonctions hyperelliptiques, ce que j'avais fait pour les fonctions elliptiques dans ma *Théorie des courbes normales supérieures*. Voici le détail que je dois emprunter à ses recherches. Soit

$$(5) \qquad\qquad \vartheta\,(v_1,\, v_2;\, \tau_{11},\, \tau_{12},\, \tau_{22})$$

une fonction thêta hyperelliptique impaire quelconque; ϱ un facteur indéterminé. Considérons les quatre fonctions

$$6)\quad \varrho\, z_{\alpha\beta} = e^{\frac{i\pi}{3}(\tau_{11}\alpha^2 + 2\tau_{12}\alpha\beta + \tau_{22}\beta^2)}\,\vartheta\,(\alpha\tau_{11} + \beta\tau_{12},\, \alpha\tau_{21} + \beta\tau_{22};\, 3\tau_{11},\, 3\tau_{12},\, 3\tau_{22}),$$
$$\alpha,\, \beta = 0{,}1;\quad 1{,}0;\quad 1{,}1;\quad 1{,}2;$$
$$[\text{ou} \quad = 0{,}2;\quad 2{,}0;\quad 2{,}2;\quad 2{,}1].$$

Ces quatre fonctions doivent être considérées comme étant strictement analogues aux fonctions z_1, z_2 de l'équation (2). Nous constatons d'abord que les quotients de ces quatre fonctions auront la propriété *de subir des substitutions linéaires à coefficients constants* pour chaque transformation linéaire des τ_{ik}, qui laisse inaltérée la caractéristique de la fonction ϑ. Nous voyons ensuite que les substitutions correspondant de cette façon à deux transformations linéaires congruentes suivant le module 3 seront les mêmes. C'est pourquoi le nombre total des substitutions des quotients des z devient égal à un nombre que vous avez déterminé dans votre *Traité des substitutions*[7]), c'est-à-dire à $(3^4 - 1)\,3^3\,(3^2 - 1)\,3 = 25920$.

---

[6]) Math. Annalen, t. 29 (1886/87).

[7]) [Paris, 1870, S. 174.]

Nous considérons ensuite les substitutions homogènes unimodulaires de quatre variables z correspondant aux substitutions fractionnaires des quotients. Le déterminant d'une substitution quaternaire étant du quatrième ordre dans les coefficients, le nombre total de ces substitutions homogènes se trouve égal à $4 \cdot 25920$; mais on démontre qu'il suffit de considérer la moitié seulement, c'est-à-dire $2 \cdot 25920$ substitutions formant à elles seules un groupe isomorphe au groupe des substitutions fractionnaires. L'analogie avec les z_1, z_2 se trouve ici encore une fois conservée, car on a le théorème prouvé par M. Maschke, qu'il est impossible de trouver parmi ces $2 \cdot 25920$ substitutions quelque sous-groupe qui soit également isomorphe au groupe donné.

Il s'agira maintenant de chercher les équations par lesquelles les rapports des z sont liés aux modules algébriques des intégrales hyperelliptiques, équations que nous considérerons dans la suite comme cette *forme normale* de l'équation modulaire de la transformation du troisième ordre qu'il fallait construire. Mais, auparavant, il faut faire une remarque essentielle qui n'était pas nécessaire dans le cas des fonctions elliptiques. Pour obtenir les substitutions linéaires des quotients des z, nous avons dû considérer seulement ces transformations linéaires des τ_{ik}, qui laissaient inaltérée la caractéristique de la fonction (5). C'est pourquoi nous ne devons pas considérer ici comme modules algébriques des intégrales hyperelliptiques les invariants *rationnels* de cette forme binaire du sixième degré qui se trouve sous le signe radical, mais certains invariants *irrationels* correspondant à la caractéristique de la fonction ϑ. Notre fonction ϑ étant impaire, elle est associée à une décomposition déterminée de la forme sextique en un facteur linéaire et un facteur du cinquième degré. Or, suivant les idées de M. Weierstrass, une forme ainsi décomposée peut être changée rationnellement dans celle-ci:

$$(7) \qquad f = x_2 \left(4 x_1^5 - g_2\, x_1^3 x_2^2 - g_3\, x_1^2 x_2^3 - g_4\, x_1 x_2^4 - g_5\, x_2^5 \right).$$

Ce sont ces coefficients g_2, g_3, g_4, g_5 qui sont les invariants irrationnels que nous devons employer dans notre étude des quantités z. Quant aux équations explicites, par lesquelles ils sont liés aux z, c'est la recherche dans laquelle M. Maschke se trouve engagé. Les calculs n'étant pas encore achevés, il suffira d'indiquer ici que les résultats seront publiés prochainement dans les *Mathematische Annalen*[8]).

Considérons maintenant l'équation du vingt-septième degré des droites d'une surface cubique. Comme vous l'avez prouvé dans votre Traité, le

---

[8]) [Das ist in den Math. Annalen, Bd. 33 (1888/89) geschehen. Jedoch hat Maschke dort nur erst das volle Formensystem der z aufgestellt. Den Zusammenhang desselben mit dem g hat dann Burkhardt in den Math. Annalen, Bd. 41 (1891), S. 331 gegeben. K.]

groupe de cette équation, après l'adjonction d'une racine carrée[9]), se trouve isomorphe sans mériédrie au groupe des $25\,920$ substitutions fractionnaires des quotients des z. Or je ne considérerai pas quelques autres qualités spéciales de cette équation, mais je m'occuperai, dans ce qui suit, de toutes les équations du vingt-septième degré ayant le même groupe. Est-il possible de réduire ces équations *rationnellement* au problème des z, que nous avons défini? D'après les indications données pour les équations du cinquième degré, cela dépend des substitutions homogènes unimodulaires, correspondant aux substitutions fractionnaires des quotients des z. Si le groupe de ces substitutions homogènes se trouvait holoédriquement isomorphe au groupe des substitutions fractionnaires, la réduction rationnelle s'opérerait facilement par un procédé que j'ai donné dans le tome 15 des *Mathematische Annalen*[10]) et sur lequel je reviendrai tout à l'heure. Mais, comme le groupe des substitutions homogènes des z est nécessairement deux fois plus grand que le groupe des substitutions fractionnaires, la réduction rationnelle devient impossible; il faut donc introduire quelque irrationnalité accessoire.

Voici maintenant une méthode facile de réduction. Je la donne sous la même forme géométrique sous laquelle elle s'est présentée à mon esprit, en relation intime, comme vous le verrez, avec mes anciennes recherches sur l'espace réglé.

Le groupe des substitutions homogènes des z n'étant pas holoédriquement isomorphe au groupe de l'équation proposée, la première chose à faire consiste à en déduire un autre groupe de substitutions homogènes qui le soit. Dans ce but il suffit évidemment de considérer les substitutions des déterminants $p_{ik} = z_i z'_k - z'_i z_k$, formées de deux séries de variables cogrédientes z, z', ou bien les coefficients a_{ik} d'une forme linéaire des p_{ik}

$$\sum a_{ik} p_{ik},$$

c'est-à-dire *les coordonnées d'un complexe linéaire.*

Maintenant, par le procédé donné au tome 15 des *Mathematische Annalen*, nous sommes en état de construire six fonctions rationnelles des vingt-sept racines x de l'équation proposée, qui soient des a_{ik}, c'est-à-dire qui se substituent comme les a_{ik}, quand on effectue d'une part sur les x les substitutions du groupe de l'équation et d'autre part sur les z les substitutions linéaires correspondantes. Nous disons, suivant l'expression

---

[9]) Quant à cette racine carrée, j'ai démontré qu'elle se rapporte au discriminant de la surface cubique, c'est-à-dire à cette expression, qui, égalée à zéro, donne la condition pour l'existence d'un point double.

[10]) *Mémoire sur la résolution de certaines équations du septième et du huitième degré* (1879). [Vgl. die oben abgedruckte Abh. LVII.]

employée dans mon Livre, que nous avons coordonné d'une manière *covariante* aux racines x un certain complexe linéaire de l'espace des z.

Tout ce qui reste à faire maintenant est de coordonner à ce complexe linéaire d'une manière covariante un point z. Or c'est le même problème duquel je me suis occupé récemment dans mes recherches sur la résolution des équations générales du sixième et du septième degré[11]). On commence à coordonner au complexe a_{ik} d'une manière covariante et rationnelle trois autres complexes $a'_{ik}, a''_{ik}, a'''_{ik}$ et l'on cherche ensuite, suivant les règles connues, deux combinaisons linéaires de ces complexes, qui représentent des lignes droites, se coupant en un point. C'est cette dernière opération qui introduit une irrationnalité accessoire, composée de deux racines carrées. Mais nous voilà parvenus au but que nous nous sommes posé; car le point d'intersection des deux droites, c'est bien le point z qu'il fallait construire.

En effet, les coordonnées z du point, que nous venons de déterminer, dépendront des racines x de l'équation proposée, de telle sorte qu'elles peuvent être définies par un *problème normal*, dans lequel g_2, g_3, g_4, g_5 ont été remplacés par des fonctions des coefficients de l'équation du vingt-septième degré rationnellement connues. En calculant ensuite les z par les formules hyperelliptiques (6), nous avons résolu l'équation du vingt-septième degré.

Göttingue, le 22 septembre 1887.

[Ich habe schon in den Bemerkungen zu Abh. LVII, S. 416 angegeben, daß es mir 1880 gelang, die dort genannten endlichen Gruppen linearer Substitutionen von $\frac{n-1}{2}$ und $\frac{n+1}{2}$ Variabeln (wo n eine ungerade Primzahl bedeutet) aus der Theorie der elliptischen Thetafunktionen abzuleiten. Als ich mich dann in meiner Leipziger Zeit (insbesondere im Sommer 1885) zum ersten Male mit den hyperelliptischen Theta des Geschlechtes Zwei eingehender beschäftigte, war es natürlich, daß ich nach endlichen Gruppen linearer Substitutionen, die von dort aus entstehen, Ausschau hielt. Ich stieß zunächst auf die Bemerkung, daß die Gruppen von 11520 Kollineationen des dreidimensionalen Raumes, die man erhält, wenn man die kanonischen Linienkoordinaten $x_1, \ldots, x_6$ von Abh. II (Bd. 1 dieser Ausgabe) auf alle Weisen vertauscht und damit beliebige Vorzeichenwechsel der x verbindet, die mit der jeweiligen Vertauschung zusammen eine Substitutionsdeterminante $+1$ liefern, bei der Zweiteilung der hyperelliptischen Perioden auftritt; ich bezeichnete sie dementsprechend als die Gruppe der Borchardtschen Moduln. Man vergleiche die Fußnote [2]) auf S. 439 (Abh. LVIII), insbesondere die dort genannten Arbeiten von Herrn Reichardt. Ich sah ferner die Möglichkeit, für ungerade Primzahlen n zu Substitutionsgruppen von $\frac{n^2-1}{2}$ und $\frac{n^2+1}{2}$ Variabeln zu gelangen, was u. a. für $n = 3$ eine endliche Gruppe

---

[11]) Math. Annalen, t. 28 (1889). [Vgl. die vorstehend abgedruckte Abh. LVIII.]

von 25 920 Kollineationen des dreidimensionalen Raumes ergeben mußte. Den hiermit umschriebenen Aufgabenkreis übergab ich Herrn Witting, der Ostern 1886 mit mir nach Göttingen ging. Von hier aus ist dessen schon oben genannte Abhandlung in Bd. 29 der Math. Annalen entstanden (Über Jacobische Funktionen k-ter Ordnung von zwei Variabeln, 1887), sowie insbesondere auch seine Göttinger Dissertation (Über eine der Hesseschen Konfiguration der ebenen Kurve dritter Ordnung analoge Konfiguration im Raume, Dresden 1887). Es folgten Vorlesungen, die ich im Sommer 1887 und im Winter 1887/88 über hyperelliptische Funktionen in Göttingen gehalten habe. Maschke hat im Anschluß daran sehr bald das volle Formensystem der Gruppe der Borchardtschen Moduln bestimmt (Math. Annalen, Bd. 30, 1887) und einige Zeit darauf das volle System der quaternären Gruppe von 51840 Substitutionen, welche im dreidimensionalen Raume die Gruppe der 25 920 Kollineationen ergibt (Math. Annalen, Bd. 36, 1889/90). In der Folge hat dann insbesondere Burkhardt meine hier in Betracht kommenden Problemstellungen weiter behandelt. Es kommen hierfür namentlich drei Abhandlungen in Betracht, die er unter dem gemeinsamen Titel „Untersuchungen aus dem Gebiet der hyperelliptischen Modulfunktionen“ in den Bänden 36, 38 und 41 der Math. Annalen veröffentlicht hat (1889, 1890, 1891). Hier werden nicht nur die Resultate von Witting und Maschke weiter ausgeführt, sondern es werden namentlich auch (in Bd. 41) die Aufgaben, welche ich in dem hier abgedruckten Briefe an C. Jordan stelle, in einfachster Weise beantwortet. Ich nannte bereits (Fußnote [8]) auf S. 476) den von ihm gegebenen Zusammenhang der Weierstraßschen Invarianten g_2, g_3, g_4, g_5 mit den Formen des Maschkeschen Formensystems. Insbesondere aber fand Burkhardt, daß man bei einer Gleichung 27. Grades der in Betracht kommenden Gruppe übersichtliche *lineare* Verbindungen der Wurzeln angeben kann, welche sich ohne weiteres wie die Koordinaten a_{ik} eines linearen Komplexes substituieren. — Indem ich übrigens auf Burkhardts Originaldarstellung verweise, bemerke ich noch, daß neuerdings Herr Coble in Bd. 18 der American Transactions (1916) auf die einschlägigen Fragen zurückgekommen ist. K.]

LX. Sulla risoluzione delle equazioni di sesto grado[1].

[Rendiconti della Reale Accademia dei Lincei, ser. 5a, vol VIII, 1 (1899).]

…Per quanto riguarda le equazioni di sesto grado, possiamo valerci ora del gruppo elegante di 360 collineazioni piane, che fu scoperto dal sig. Valentiner (1889), e fu poi studiato a fondo, per la prima volta, dal sig. Wiman nel vol. 47 dei Math. Annalen (1895).

Siano $x_1, x_2, \ldots, x_6$ le radici della equazione di sesto grado. Si devono cercare tre funzioni z_1, z_2, z_3 di queste radici, i cui rapporti subiscano le sostituzioni del gruppo nominato, in corrispondenza alle permutazioni pari delle x. Quelle funzioni non possono però esser *razionali*, giacchè il gruppo delle 360 collineazioni piane non è oloedricamente isomorfo ad un gruppo di sostituzioni lineari, omogenee, ternarie, come fu già osservato dal sig. Wiman. Sta invece il fatto che il minimo gruppo isomorfo di sostituzioni lineari, omogenee, ternarie, che si può costruire, contiene il numero triplo di operazioni del gruppo di collineazioni; e precisamente alla collineazione identica corrispondono le tre sostituzioni:

$$(1) \qquad z_1' = j^\nu z_1, \quad z_2' = j^\nu z_2, \quad z_3' = j^\nu z_3. \qquad (j = e^{\frac{2i\pi}{3}}; \ \nu = 0, 1, 2).$$

Ora si domanda quale sia il modo più semplice per costruire tre funzioni *irrazionali* delle $x_1, \ldots, x_6$, i cui rapporti si permutino in corrispondenza col nostro gruppo di collineazioni. A tal fine io propongo di ricorrere alla teoria delle curve piane del terzo ordine, e in particolare dei loro flessi. Infatti una forma cubica ternaria delle z_1, z_2, z_3, o delle variabili contragredienti w_1, w_2, w_3, non subisce alcuna alterazione in conseguenza delle sostituzioni (1), e quindi essa subisce solo 360 trasformazioni in corrispondenza alle 3.360 sostituzioni delle w_1, w_2, w_3. Segue che si possono subito formare delle funzioni razionali delle $x_1, \ldots, x_6$, le quali, in corrispondenza colle sostituzioni pari delle x, subiscano le stesse sostituzioni lineari che le diverse espressioni di terzo grado nelle w_1, w_2, w_3. In altre parole: si può associare in modo covariante alle $x_1, \ldots, x_6$ *una curva del terzo ordine del piano* z_1, z_2, z_3. Ciò fatto, si può scegliere uno dei nove flessi della cubica come punto covariante rispetto alle $x_1, \ldots, x_6$. La determinazione di un tal flesso non esige, come è noto, altre irrazionalità che quelle esprimibili mediante radici cubiche e quadratiche. E così, col sussidio di irrazionalità accessorie, che si suole riguardare come elementare, si perviene alla meta.

---

[1] Auszug aus einem Brief an Herrn Castelnuovo, vorgelegt in der Akademie-Sitzung vom 9. April 1899. [Wegen der ternären G_{360}, auf die hier Bezug genommen wird, siehe die Bemerkungen in der Einleitung auf S. 260 des vorliegenden Bandes oder die folgende Arbeit LXI. K.]

LXI. Über die Auflösung der allgemeinen Gleichungen fünften und sechsten Grades[1].

[Zuerst erschienen in dem Dirichletbande (Bd. 129) des Journals für reine und angewandte Mathematik (1905), wieder abgedruckt in den Math. Annalen, Bd. 61 (1905).]

Indem ich Ihrer werten Aufforderung entspreche, einen Beitrag zu dem Festbande des Journals zu schreiben, der dem Andenken Dirichlets gewidmet ist, greife ich auf eine Note zurück, die ich vor sechs Jahren in den Rendiconti dell' Accademia dei Lincei veröffentlichte und in der ich die Grundlinien einer *allgemeinen Auflösung der Gleichungen sechsten Grades* skizzierte[2]. Ich stelle mir das Ziel, die dort nur angedeuteten Überlegungen ausführlicher und in mehr konkreter Form darzulegen. In der Tat hat selbst ein so genauer Kenner der einschlägigen Literatur, wie Herr Lachtin, den in Betracht kommenden Ansatz nicht in seiner prinzipiellen Einfachheit aufgefaßt (wie ich weiter unten noch näher ausführe)[3]. Im übrigen handle ich unter den Impulsen meines alten Freundes Gordan, der sein großes algebraisches Können neuerdings der in Frage stehenden Problemstellung zugewandt hat. Herr Gordan wird eine erste einschlägige Abhandlung demnächst in den Math. Annalen veröffentlichen[4]. Es ist dies aber nur ein Anfang; ich hoffe, daß es seinen fortgesetzten Bemühungen gelingen wird, den Gegenstand nach allen Seiten ebenso vollständig zu klären, wie uns dies früher gemeinsam mit der Theorie der Gleichungen fünften Grades geglückt ist.

Auf diese *Theorie der Gleichungen fünften Grades*, wie ich sie in meinen „*Vorlesungen über das Ikosaeder*" (Leipzig 1884) zusammengefaßt

---

[1] Auszug aus einem Schreiben an Herrn K. Hensel.

[2] Sitzung vom 9. April 1899, Rendiconti VIII (1^0 semestre): *Sulla risoluzione delle equazioni di sesto grado* (estratto da una lettera al sig. Castelnuovo). [Vorstehend als Nr. LX abgedruckt.]

[3] Moskauer Mathematische Sammlung, Bd. XXII, 1901, S. 181—218 (russisch).

[4] *Über die partiellen Differentialgleichungen des Valentinerproblems* (ein Beitrag zur Auflösung der allgemeinen Gleichungen sechsten Grades) [erschienen in den Math. Annalen, Bd. 61 (1905/06).] — Vgl. auch eine Mitteilung an den Heidelberger Internationalen Mathematiker-Kongreß (August 1904). .[Weitere Angaben siehe am Schluß der gegenwärtigen Abhandlung.]

habe[5]), möchte ich hier vorab in der Weise eingehen, daß ich diejenigen Momente hervorkehre, welche in den nachfolgenden, auf die Gleichungen sechsten Grades bezüglichen Überlegungen ihre genaue Weiterbildung finden sollen. Ich habe in Kapitel V des „Ikosaederbuches" zweierlei Auflösungsmethoden der Gleichungen fünften Grades auseinandergesetzt (die sich übrigens nur durch die Reihenfolge der auszuführenden Schritte unterscheiden). Es wird sich hier um die *zweite* dieser Methoden handeln, die sich als eine organische Fortsetzung von Kroneckers (und Brioschis) Arbeiten über die Auflösung der Gleichungen fünften Grades darstellt. In dem „Ikosaederbuch" wird diese Methode — gleich der ersten — in geometrischer Form entwickelt, wobei spezielle, nur bei den Gleichungen fünften Grades hervortretende Beziehungen den Ausgangspunkt abgeben. Statt dessen greife ich hier auf die *algebraische* Begründung der Methode zurück, die ich (1879) in Bd. 15 der Math. Annalen entwickelte und mit Überlegungen über die Auflösung beliebiger höherer Gleichungen begleitete[6]).

Die Ikosaedertheorie der Gleichungen fünften Grades und die mit ihr zusammenhängenden allgemeinen Überlegungen sind seitdem mehrfach von anderer Seite zur Darstellung gebracht worden, so insbesondere im zweiten Bande des ausgezeichneten *Lehrbuches der Algebra* von H. Weber (Braunschweig, zweite Auflage 1898, 1899), sowie in dem ausführlichen Bericht, den Herr Wiman in Bd. 1 der Enzyklopädie der mathematischen Wissenschaften über *Endliche Gruppen linearer Substitutionen* erstattet hat (S. 522 bis 554, 1900). Trotzdem scheint es, daß die prinzipielle Bedeutung des ganzen Ansatzes im mathematischen Publikum immer noch vielfach nicht verstanden wird. Es handelt sich nicht um Überlegungen, welche sich *neben* die früheren Untersuchungen über die Auflösung der Gleichungen fünften Grades stellen, sondern um solche, die den Anspruch erheben, den eigentlichen Kern dieser früheren Untersuchungen auszumachen. Ich will versuchen, in dem folgenden Berichte dementsprechend die Hauptpunkte der Theorie (die sich dann später mutatis mutandis bei dem Ansatze für die Gleichungen sechsten Grades wiederfinden) so genau zu bezeichnen, als bei der gebotenen Kürze möglich scheint.

Das erste ist, daß wir die *Ikosaedergleichung*, d. h. die Gleichung sechzigsten Grades, welche in dem „Ikosaederbuch" folgendermaßen ge-

---

[5]) [Der Leser vergleiche neben dem Ikosaederbuch immer auch meine Arbeit in den Math. Annalen, Bd. 12 (1877), die oben als Abh. LIV abgedruckt ist. K.]

[6]) *Über die Auflösung gewisser Gleichungen vom siebenten und achten Grade* (1879) [vorstehend als Abh. LVII abgedruckt]; vgl. insbesondere den § 4 daselbst („die Formeln von Kronecker und Brioschi für den fünften Grad"). [Im Gegensatz hierzu führte die oben abgedruckte Abh. LVIII die im Texte gemeinten geometrischen Betrachtungen, welche von den geradlinigen Erzeugenden der Flächen zweiten Grades ausgehen, weiter. K.]

schrieben wird:

$$(1) \qquad \frac{H^3(x)}{1728\, f^5(x)} = X$$

als eine *Normalgleichung sui generis* ansehen, welche sich vermöge ihrer ausgezeichneten Eigenschaften als die nächste Verallgemeinerung der „reinen" Gleichungen:

$$(2) \qquad x^n = X$$

darstellt. In der Tat lassen sich die 60 Wurzeln von (1) aus einer beliebigen derselben genau so durch 60 a priori bekannte lineare Substitutionen (die Ikosaedersubstitutionen) berechnen, wie die n Wurzeln von (2) aus einer derselben durch die n Substitutionen $x' = e^{\frac{2 i \pi k}{n}} \cdot x$. Nun erweist sich die Gruppe der Ikosaedersubstitutionen mit der Gruppe der 60 geraden Vertauschungen von fünf Dingen als isomorph. Hierdurch gewinnt der Abelsche Beweis, daß es unmöglich ist, die Auflösung der allgemeinen Gleichungen fünften Grades auf eine Reihenfolge reiner Gleichungen (2) zurückzuführen, seine positive Wendung. Die Aufgabe muß sein, die *Auflösung der Gleichungen fünften Grades mit Hilfe einer Ikosaedergleichung zu bewerkstelligen*. Und hier mögen wir einen algebraischen und einen transzendenten Teil der Untersuchung unterscheiden. Der erstere Teil wird sich damit beschäftigen, aus den Wurzeln $z_1, \ldots, z_5$ einer vorgelegten Gleichung fünften Grades die Wurzel x einer Ikosaedergleichung (1) algebraisch zusammenzusetzen, den Parameter X der letzteren durch die Koeffizienten der Gleichung fünften Grades, bzw. die Quadratwurzel aus ihrer Diskriminante, zu berechnen, endlich wieder die $z_1, \ldots, z_5$ durch das x darzustellen. Der transzendente Teil aber wird die Aufgabe haben, die Wurzel x der Ikosaedergleichung aus dem Parameter X durch unendliche Prozesse zu berechnen. Dies gelingt genau so durch *hypergeometrische Reihen*, wie die transzendente Auflösung der Gleichung (2) durch die binomische Reihe. — In den „Vorlesungen über das Ikosaeder" ist insbesondere nachgewiesen, daß *alle* algebraischen Untersuchungen, die man zum Zwecke der Auflösung der allgemeinen Gleichungen fünften Grades angestellt hat, Umschreibungen des vorgenannten algebraischen Problems sind. Der transzendente Teil der Aufgabe wird nurmehr gestreift. Es wird aber klar ausgesprochen, welche Bewandtnis es mit der sogenannten Auflösung der Gleichungen fünften Grades durch *elliptische Funktionen* hat. Ich beziehe mich hier auf meine ausführlichen anderweitigen Darlegungen, die u. a. in die von Fricke und mir herausgegebenen *Vorlesungen über die Theorie der elliptischen Modulfunktionen* (Leipzig 1890, 1892) eingearbeitet sind. Zwischen der Transformation fünfter Ordnung der elliptischen Funktionen und der Ikosaedertheorie besteht ein notwendiger

Zusammenhang. Setzt man in (1) für X die absolute Invariante J der elliptischen Modulfunktionen, so bekommt die Ikosaedergröße x die einfache Bedeutung des „Hauptmoduls der Hauptkongruenzgruppe fünfter Stufe". Alle Arten, die Auflösung der Gleichungen fünften Grades mit den elliptischen Funktionen in Zusammenhang zu bringen, beruhen auf diesem Fundamentalsatz. Insbesondere läßt sich x selbst durch elliptische ϑ-Reihen darstellen; es ist eine Formel von prinzipieller Einfachheit; man hat (wenn ich der Kürze halber die Jacobischen Bezeichnungen gebrauchen darf):

$$(3) \qquad x = - q^{\frac{3}{5}} \, \frac{\vartheta_1\left(\dfrac{2\,i\,K'\,\pi}{K}, \ q^5\right)}{\vartheta_1\left(\dfrac{i\,K'\,\pi}{K}, \ q^5\right)}.$$

Die Benutzung dieser Formel zur Auflösung der Ikosaedergleichung (oder ähnlicher Formeln zur Auflösung irgendwelcher Resolventen der Ikosaedergleichung) ist aber genau so ein Umweg, wie die Lösung der reinen Gleichung (2) *durch Logarithmen:*

$$(4) \qquad x = e^{\frac{1}{n}\log X}.$$

Muß man doch zuerst $\dfrac{K'}{K}$ bzw. $\log X$ aus X berechnen, ehe man die Formeln (3), (4) anwenden kann. Die Bedeutung der Formeln für die Auflösung ist höchstens eine praktische, falls man nämlich eine Logarithmentafel bzw. eine Tafel der elliptischen Perioden K, K' besitzt. *Man möge also endlich aufhören, sich so auszudrücken, als wenn die Benutzung der elliptischen Funktionen das Wesentliche an der Theorie der Gleichungen fünften Grades wäre.* Diese Ausdrucksweise ist nur ein Residuum der zufälligen historischen Entwicklung: die Transformationstheorie der elliptischen Funktionen hat den ersten Ansatz gegeben, gewisse einfache algebraische Gleichungen aufzustellen (die Modulargleichungen und Multiplikatorgleichungen für den fünften Transformationsgrad), die der Ikosaedergleichung nahe verwandt sind[7]).

So viel über die Einführung des Ikosaeders in die Theorie der Gleichungen fünften Grades im allgemeinen. Ich muß mich nunmehr ganz auf die algebraische Seite der Aufgabe beschränken. Und hier habe ich vor allen Dingen einen fundamentalen Satz über die Ikosaedersubstitutionen zu erwähnen, der in der Folge besonders wichtig wird. Man kann von der Ikosaedersubstitution der in (1) auftretenden Unbekannten x zu *homogenen* Substitutionsformeln übergehen (indem man x in den Sub-

---

[7]) [Eine direkte Methode für die Lösung des transzendenten Teiles der Aufgabe liefert die Anwendung der hypergeometrischen Reihen. Vgl. Abh. LIV, Abschnitt I, § 8, S. 331 f. **K.**]

stitutionsformeln überall durch $x_1 : x_2$ ersetzt und Zähler und Nenner in zweckmäßiger Weise trennt). Wählt man dabei die Determinante der entstehenden binären Substitutionen gleich 1, so hat man 120 binäre Substitutionen; speziell entsprechen der identischen Substitution $x' = x$ die beiden

$$(5) \qquad x_1' = x_1,\ x_2' = x_2 \quad \text{und} \quad x_1' = -x_1,\ x_2' = -x_2.$$

Und nun ist es auf keine Weise möglich (auch nicht, wenn man den Wert der Determinante abändert), *aus solchen homogenen Substitutionen eine mit der nicht homogenen Substitutionsgruppe isomorphe Gruppe zusammenzusetzen, die weniger als 120 Substitutionen enthielte.* Der Isomorphismus zwischen der Substitutionsgruppe des x und derjenigen der x_1, x_2 ist also notwendig ein meroedrischer! Dieser fundamentale Satz, der etwas abstrakt klingt, gibt der algebraischen Theorie der Gleichungen fünften Grades ihre eigentümliche Form, wie sofort näher darzulegen ist. Bemerken wir vorab, daß derselbe nicht etwa schwer zu beweisen ist. Auf S. 46, 47 des „Ikosaederbuches‘‘ ist er darauf zurückgeführt, daß die Gruppe der nicht homogenen Ikosaedersubstitutionen u. a. sogenannte Vierergruppen enthält und daß für diese Vierergruppen bereits der entsprechende Satz gilt. Nehmen wir, um dies einzusehen, die einfachste Darstellung der nicht homogenen Vierergruppe, wie sie durch folgende vier Substitutionen gegeben ist:

$$(6) \qquad \begin{aligned} &\text{I:}\ \xi' = \xi, \\ &\text{II:}\ \xi' = -\xi, \quad \text{III:}\ \xi' = \frac{1}{\xi}, \quad \text{IV:}\ \xi' = -\frac{1}{\xi}. \end{aligned}$$

Hier sind II, III, IV Substitutionen von der Periode 2 und es ist zugleich

$$(7) \qquad \text{II III IV} = \text{I}.$$

Will man jetzt zu einer holoedrisch isomorphen Gruppe homogener Substitutionen übergehen, so hat man I jedenfalls durch

$$\text{I}':\ \xi_1' = \xi_1,\ \xi_2' = \xi_2,$$

zu ersetzen, II, III, IV aber

$$\text{II}':\ \xi_1' = \mp \xi_1,\ \xi_2' = \pm \xi_2,$$
$$\text{III}':\ \xi_1' = \pm \xi_2,\ \xi_2' = \pm \xi_1,$$
$$\text{IV}':\ \xi_1' = \mp \xi_2,\ \xi_2' = \pm \xi_1$$

(wo in der einzelnen Horizontale je nach Belieben die oberen oder unteren Vorzeichen zu nehmen sind). Aber wie man hier auch die Vorzeichen wählen möge, *die hier eingeführten Substitutionen* II′, III′, IV′ *haben je die Determinante* (-1) und es kann also unmöglich

$$\text{II}'\ \text{III}'\ \text{IV}' = \text{I}'$$

sein, wie es doch nach (7) bei holoedrischem Isomorphismus der Fall sein müßte! — Wir werden, nach dem so Bewiesenen, fortan unter den *homogenen Ikosaedersubstitutionen* kurzweg die 120 binären Substitutionen von der Determinante $+1$ verstehen, welche den 60 nicht homogenen Substitutionen des x entsprechen.

Ich werde nunmehr das zentrale Problem, dessen Erledigung uns obliegt, folgendermaßen formulieren: *man soll aus frei veränderlichen fünf Größen z_1, z_2, z_3, z_4, z_5 (den Wurzeln der Gleichung fünften Grades) eine Funktion $x(z_1, \ldots, z_5)$ zusammensetzen, die bei den 60 geraden Vertauschungen der z die 60 Ikosaedersubstitutionen erleidet.* Aus unserem fundamentalen Satz folgt sofort, daß es eine derartige *rationale* Funktion von fünf frei veränderlichen Größen z nicht gibt (Ikosaederbuch S. 255). Man schreibe nämlich, indem man x in teilerfremde Polynome als Zähler und Nenner spaltet: $\dfrac{\varphi(z_1, \ldots, z_5)}{\psi(z_1, \ldots, z_5)}$. Die so eingeführten φ, ψ würden sich bei den 60 Vertauschungen der z notwendig *homogen* linear substituieren. Dabei würden diese homogenen Substitutionen den Ikosaedersubstitutionen des x einzeln entsprechen; man hätte also eine mit den unhomogenen Ikosaedersubstitutionen holoedrisch isomorphe Gruppe binärer Substitutionen, und eine solche Gruppe existiert nicht, wie wir sahen.

Die gesuchte Funktion $x(z_1, \ldots, z_5)$ muß also von ihren Argumenten algebraisch abhängen. Und damit sind wir in das Gebiet derjenigen Irrationalitäten der Gleichungstheorie geführt, die ich in meinem Ikosaederbuch (S. 158, 159) *akzessorische* nenne, weil sie zu den unmittelbar vorhandenen Irrationalitäten (den rationalen Funktionen der z) — mit denen es die Galoissche Gleichungstheorie nach ihrer gewöhnlichen Formulierung allein zu tun hat — als etwas Neues hinzutreten. Über die Leistungsfähigkeit dieser akzessorischen Irrationalitäten wissen wir vorläufig nichts Allgemeines. Wir sind vielmehr im einzelnen Falle auf tastende Versuche angewiesen. Sicher wird man bei der Auflösung irgendwelcher höheren Gleichung nur solche akzessorische Irrationalitäten zulassen wollen, die sich aus den symmetrischen Funktionen der Gleichungswurzeln, evtl. den vorgegebenen Affektfunktionen durch *niedere* Gleichungen berechnen. Bei den Gleichungen fünften Grades, die wir hier behandeln, gilt neben den symmetrischen Funktionen der z auch deren Differenzenprodukt (die Quadratwurzel aus der Diskriminante) als bekannt. *Der Erfolg zeigt, daß wir in mannigfacher Weise ein von den z ikosaedrisch abhängendes x konstruieren können, sobald wir nur die Quadratwurzel aus einer geeigneten rationalen Funktion dieser Größen adjungieren wollen*[8]). Die

---

[8]) Hierzu kommt dann noch die fünfte Einheitswurzel $\varepsilon = e^{\frac{2i\pi}{5}}$, die in den Ikosaedersubstitutionen immerzu auftritt und die bei der Bildung eines geeigneten x

zweierlei Methoden zur Auflösung der Gleichungen fünften Grades, welche ich in meinem „Ikosaederbuch" gebe, unterscheiden sich nur durch den *Platz*, den sie der Adjunktion dieser akzessorischen Quadratwurzel anweisen. Bei der ersten Methode wird die akzessorische Quadratwurzel (indem man die Gleichung fünften Grades durch eine Tschirnhausen-Transformation in eine sogenannte Hauptgleichung fünften Grades verwandelt, d. h. eine Gleichung, bei der die Summe der Wurzeln und die Summe der Wurzelquadrate verschwindet) vorweggenommen. Bei der zweiten Methode wird zunächst ein Schritt auf das Ikosaederproblem zu getan und dann erst die akzessorische Quadratwurzel adjungiert. Wie bereits in der Einleitung gesagt, bevorzuge ich hier diese zweite Methode, indem ich ihre einzelnen Schritte in einer solchen Weise formelmäßig exponiere, daß sich der ganze Ansatz hernach in sinngemäßer Weise auf die Gleichungen sechsten Grades übertragen läßt.

Hier in numerierter Reihenfolge die wesentlichen Überlegungen (der zweiten Methode):

1. Wenn x_1, x_2 die homogenen binären 120 Ikosaedersubstitutionen erleiden, so erfahren die Quadrate und Produkte

$$x_1^2, \quad x_1 x_2, \quad x_2^2$$

ihrerseits nur 60 homogene ternäre Substitutionen von der Determinante 1 (deren Gruppe den 60 nicht homogenen Ikosaedersubstitutionen von $\dfrac{x_1}{x_2}$ und damit den 60 geraden Vertauschungen der fünf Größen $z_1, \ldots, z_5$ holoedrisch isomorph ist).

2. Dasselbe gilt, nach den allgemeinen Grundsätzen der Invariantentheorie, von den Koeffizienten einer in den x_1, x_2 quadratischen binären Form. Ich werde eine solche Form hier, um unmittelbaren Anschluß an die (auch in meinem „Ikosaederbuch" benutzte) Schreibweise von Kronecker und Brioschi zu haben, folgendermaßen bezeichnen:

$$(8) \qquad A_1 x_1^2 + 2 A_0 x_1 x_2 - A_2 x_2^2.$$

Die $A_1, 2A_0, -A_2$ substituieren sich nach der Ausdrucksweise der Invariantentheorie zu den $x_1^2, x_1 x_2, x_2^2$ *kontragredient*.

3. Wir schließen, daß es ohne weiteres möglich sein wird, aus irgend vorgegebenen fünf Größen $z_1, \ldots, z_5$ solche rationale Funktionen zu bilden, welche bei den geraden Vertauschungen der z sich genau so substituieren, wie die A_0, A_1, A_2. In der Tat habe ich in der bereits in der Einleitung genannten Arbeit aus Bd. 15 der Math. Annalen [Abh. LVII] einen all-

<hr />

dementsprechend jedenfalls zu benutzen ist. Zählen wir sie, wie man strenge genommen tun müßte, mit zu den akzessorischen Irrationalitäten, so hat man akzessorische Irrationalitäten in der Gleichungstheorie von Anfang an, nämlich schon bei der Reduktion der zyklischen Gleichungen auf reine Gleichungen.

gemeinen Ansatz gegeben, demzufolge man immer, wenn zwei Größenreihen (hier die z und die A) holoedrisch isomorphe homogene lineare Substitutionen erleiden, aus den Größen der einen Art in mannigfachster Weise rationale Funktionen zusammensetzen kann, die sich wie Größen der zweiten Art substituieren.

4. Wir reproduzieren hier nicht diesen allgemeinen Ansatz (was unnötig weitläufig wäre), sondern geben hier gleich die abgekürzte Form, in die er sich bei unserem speziellen Problem zusammenziehen läßt und in der er mit den auf Gleichungen fünften Grades bezüglichen Entwicklungen von Kronecker und Brioschi in unmittelbaren Kontakt tritt. Es handelt sich um folgende Punkte:

4a. Man kann aus den x_1, x_2 sechs quadratische Ausdrücke bilden:

$$(9) \qquad \sqrt{5} \cdot x_1 x_2, \quad \varepsilon^{\nu} x_1^2 + x_1 x_2 - \varepsilon^{4\nu} x_2^2 \quad (\varepsilon = e^{\frac{2i\pi}{5}}; \ \nu = 0, 1, 2, 3, 4),$$

die sich bei den Ikosaedersubstitutionen mit gewissen (hier nicht näher anzugebenden) Zeichenwechseln vertauschen.

4b. Sei ferner $v(z_1, \ldots, z_5)$ eine rationale Funktion der z, die bei der zyklischen Vertauschung der in natürlicher Reihenfolge genommenen z ungeändert bleibt. Wir bilden die Differenz

$$v(z_1 z_2 z_3 z_4 z_5) - v(z_5 z_4 z_3 z_2 z_1)$$

und erheben sie ins Quadrat. Wir haben dann eine „metazyklische" Funktion, die u_∞^2 heißen soll, während die fünf weiteren Werte, die aus ihr durch die geraden Vertauschungen der. z entstehen, in geeigneter Reihenfolge mit u_ν^2 bezeichnet werden mögen ($\nu = 0, 1, 2, 3, 4$). Man kann dann die Vorzeichen der verschiedenen u so wählen, *daß sich die*

$$(10) \qquad u_\infty, u_\nu \quad (\nu = 0, 1, 2, 3, 4)$$

bei den geraden Vertauschungen der z genau so, nämlich auch mit denselben Zeichenwechseln, linear substituieren, wie die Ausdrücke (9) *bei den korrespondierenden Ikosaedersubstitutionen der* x_1, x_2.

4c. Wir schließen, daß die folgende Form der z und der x

$$(11) \qquad \Omega(z|x) = \sqrt{5} \cdot u_\infty \cdot x_1 x_2 + \sum u_\nu \left(\varepsilon^\nu x_1^2 + x_1 x_2 - \varepsilon^{4\nu} x_2^2 \right)$$

ungeändert bleibt, wenn man auf die z die geraden Vertauschungen und gleichzeitig auf die x_1, x_2 die korrespondierenden Ikosaedersubstitutionen ausübt.

4d. Wir setzen jetzt, in Übereinstimmung mit (8):

$$\Omega(z|x) = A_1 x_1^2 + 2 A_0 x_1 x_2 - A_{-1} x_2^2$$

und finden durch Vergleich:

$$(12) \quad \begin{cases} 2A_0 = \sqrt{5} \cdot u_\infty + \sum_\nu u_\nu, \\ A_1 = \sum \varepsilon^\nu \cdot u_\nu, \\ A_2 = \sum \varepsilon^{4\nu} \cdot u_\nu. \end{cases}$$

Hiermit haben wir in der Tat aus den $z_1, \ldots, z_5$ Größen A_0, A_1, A_2 zusammengesetzt, die sich bei den geraden Vertauschungen der z in der gewollten Weise ternär substituieren.

5. Wir werden das hiermit erreichte Resultat in der Folge gelegentlich dahin kurz aussprechen, daß wir sagen: wir haben den $z_1, \ldots, z_5$ eine quadratische binäre Form (8) „kovariant" zugeordnet. Die Diskriminante von (8):

$$(13) \qquad A = A_0^2 + A_1 A_2$$

ist als binäre Invariante dabei eine solche Funktion der $z_1, \ldots, z_5$, die sich bei den geraden Vertauschungen der z nicht ändert; sie ist also eine rationale Funktion der Koeffizienten der vorgelegten Gleichung fünften Grades und der Quadratwurzel aus ihrer Diskriminante.

Nun ist aber doch das Ziel, den $z_1, \ldots, z_5$ nicht eine quadratische Form oder ein „Punktepaar" des binären Gebietes:

$$(14) \qquad A_1 x_1^2 + 2A_0 x_1 x_2 - A_2 x_2^2 = 0,$$

sondern einen Quotienten $\dfrac{x_1}{x_2}$, einen „Punkt", kovariant zuzuordnen. Wir erreichen dies in einfachster Weise, indem wir die quadratische Gleichung (14) auflösen und dementsprechend schreiben:

$$(15) \qquad \frac{x_1}{x_2} = x = \frac{-A_0 + \sqrt{A_0^2 + A_1 A_2}}{A_1}.$$

6. *Hiermit haben wir unsere zentrale Aufgabe gelöst: aus den $z_1, \ldots, z_5$ ein solches x zusammenzusetzen, welches bei den geraden Vertauschungen der z die Ikosaedersubstitutionen erleidet.* Man beachte, daß die A_0, A_1, A_2 nach Nr. 4d rationale Funktionen der z sind, bei deren Konstruktion keine andere Irrationalität als die fünfte Einheitswurzel ε benutzt ist. Und unter der Quadratwurzel steht (nach Nr. 5) eine solche Verbindung der A_0, A_1, A_2, die sich bei den geraden Vertauschungen der z nicht ändert. *Wir sind also mit Hilfe solcher akzessorischer Irrationalitäten zum Ziele gekommen, die man in der Theorie der Gleichungen fünften Grades füglich als niedere Irrationalitäten bezeichnen wird.*

7. Wie man nun weiter den Parameter X der Ikosaedergleichung, der unser x (15) genügt, als Funktion der Koeffizienten der Gleichung fünften Grades, deren Wurzeln die $z_1, \ldots, z_5$ sind, bzw. der Quadratwurzel aus

ihrer Diskriminante berechnet, und wie man schließlich die z mit Hilfe der Koeffizienten und der adjungierten Quadratwurzeln durch das x rational darstellt, also die Gleichung fünften Grades mit Hilfe der Ikosaedergleichung wirklich auflöst, möge hier, unter Verweis auf das „Ikosaederbuch" unerörtert bleiben[9]).

8. Wohl aber möge noch zusammenfassend klar hervorgehoben werden, wieso man mit Fug und Recht von einer so gewonnenen *Auflösung* der Gleichungen fünften Grades reden kann. Es ist nicht nur eine Reihenfolge von Schritten angegeben, die man im gegebenen Falle numerisch würde durchlaufen können, so daß man die Zahlenwerte der $z_1, \ldots, z_5$ tatsächlich erhält, es ist vielmehr auch eine volle funktionentheoretische Einsicht in die innere Natur des Auflösungsproblems erreicht. Schließlich sind doch die $z_1, \ldots, z_5$ die verschiedenen Zweige einer von den Koeffizienten der Gleichung fünften Grades abhängigen fünfwertigen algebraischen Funktion von zunächst sehr unübersichtlicher Bauart. *Diese fünf Zweige werden in demjenigen Rationalitätsbereiche, der durch die Koeffizienten der Gleichung fünften Grades, die Quadratwurzel aus ihrer Diskriminante und die zu adjungierenden akzessorischen Irrationalitäten gegeben wird, durch eine einzige, nur von einem, dem Rationalitätsbereiche angehörigen Parameter abhängige höhere Irrationalität durchsichtigster Bauart, die Ikosaederirrationalität, dargestellt.*

Ich möchte an dieser Stelle noch eine mehr persönliche Bemerkung über die Beziehung meiner Arbeiten über die Gleichungen fünften Grades zu denjenigen von Kronecker einschalten, um so lieber, als Sie ja, hochgeehrter Herr Kollege, über die Kroneckerschen Manuskripte verfügen und dadurch in der Lage sind, meine Angaben in authentischer Weise zu vervollständigen. Kronecker und Brioschi haben bekanntlich in ihren ersten Arbeiten über Gleichungen fünften Grades (aus dem Jahre 1858) gerade dieselben Größen A_0, A_1, A_2 benutzt, die ich vorhin (in Nr. 4b) angab; sie haben dann die Gleichung sechsten Grades konstruiert, der $\zeta = 5A_0^2$ genügt und die Brioschi wegen ihres engen Zusammenhanges mit gewissen von Jacobi für die Transformation der elliptischen Funktionen aufgestellten Gleichungen eine Jacobische Gleichung nennt; sie haben endlich angegeben, daß man durch Adjunktion einer Quadratwurzel zu einer Gleichung mit nur einem Parameter gelangen kann. Diese Quadratwurzel bezeichnet eine akzessorische Irrationalität, die der in Formel (15) benutzten gleichwertig ist. Weiterhin stellte dann Kronecker (1861) den fundamentalen Satz auf, den ich in meinem „Ikosaederbuch" als Kroneckerschen Satz bezeichne und mit dessen Darlegung und Beweis

---

[9]) [In den oben abgedruckten Abh. LIV u. LVII ist das „Problem der A" in dem hier in Betracht kommenden Sinne nach einigen Richtungen weitergehend durchgeführt.]

ich mein Ikosaederbuch kröne; den Satz, *daß es unmöglich sei, ohne Heranziehung akzessorischer Irrationalitäten von der allgemeinen Gleichung fünften Grades eine Resolvente mit nur einem Parameter zu bilden.* Ich beweise diesen Satz a. a. O., wie vorher (1877) in Bd. 12 der Math. Annalen [vgl. die oben abgedruckte Abh. LIV], indem ich mich auf die oben besprochene Eigenschaft der Ikosaedergruppe berufe, beim Übergang zur homogenen Schreibweise ihre Substitutionen mindestens zu verdoppeln; mein erster Beweis, den ich 1877 in den Sitzungsberichten der Erlanger physikalisch-medizinischen Sozietät gab (Sitzung vom 13. Januar), war noch wesentlich umständlicher. Ich habe nun vor 24 Jahren (Ostern 1881) Gelegenheit gehabt, mit Kronecker über diese Dinge ausführlich zu sprechen. Es ergab sich, daß Kronecker bei seinen Untersuchungen die Ikosaedersubstitutionen, denen er doch so nahe gekommen war, nicht gekannt und dementsprechend für seinen Hauptsatz keinen ausreichenden Beweis gefunden hatte! Es ist dies, wie ich meine, eine auch unter allgemeinen Gesichtspunkten sehr bemerkenswerte Tatsache. Denn sie bestätigt an einem besonders interessanten Falle, was Gauß so oft hervorhebt: daß die Auffindung wichtigster mathematischer Theoreme vielmehr Sache der Intuition als der Deduktion ist und daß die Herstellung der Beweise ein von der Auffindung der Theoreme sehr verschiedenes Geschäft ist. Ich bin später mit Kronecker auf den Gegenstand nie zurückgekommen, hörte aber vor einigen Jahren, daß Kronecker nach dem Erscheinen meines „Ikosaederbuches" in einem Kolleg über die Auflösung der Gleichungen fünften Grades zur Ikosaedertheorie Stellung genommen habe. Es würde mich (und jedenfalls auch andere Mathematiker) sehr interessieren, zu erfahren, was in den hinterlassenen Papieren von Kronecker über diese Dinge enthalten sein mag, und ich möchte also den Wunsch an Sie richten, das einschlägige Material zu sichten und bald zu publizieren[10]).

Ein neuer Beweis des Kroneckerschen Satzes ist bekanntlich von Herrn Gordan in Bd. 29 der Math. Annalen gegeben worden (1887: *Über biquadratische Gleichungen*[11])). Derselbe ist insofern einfacher zu lesen als

---

[10]) [Herr Hensel hat mir neuerdings in liebenswürdiger Weise sein einschlägiges Material zur Verfügung gestellt. Dasselbe umfaßt neben ca. 23 losen Manuskriptblättern von Kronecker selbst, die aber nichts Abgeschlossenes enthalten, eine von Stäckel ausgearbeitete, s. Z. von Kronecker autorisierte Nachschrift seiner Vorlesung vom Winter 1885/86 „Über die Affekte der Gleichungen, welche in der Theorie der elliptischen Funktionen auftreten." Ich werde weiter unten auf S. 503 f. darlegen, wie sich nunmehr die Sachlage darstellt. K.]

[11]) Man vergleiche auch die Darstellung des Gordanschen Beweises in den Lehrbüchern der Algebra von Weber und von Netto. [In seinem Nachruf auf Gordan in Bd. 75 der Math. Annalen (1913/14), S. 14—25 hat M. Noether einen genauen Vergleich des Gordanschen Beweises mit dem meinigen angestellt. K.]

der meinige, als er auf eine explizite Kenntnis der Ikosaedersubstitutionen nirgends Bezug nimmt. Trotzdem hängt derselbe, wie ich hier bemerken möchte, mit dem Grundgedanken meines Beweises auf das genaueste zusammen. Wir beide benutzen im Anschluß an eine Entwicklung von Herrn Lüroth einen Hilfssatz, der sich folgendermaßen formulieren läßt: Wenn eine Gleichung n-ten Grades mit frei veränderlichen Wurzeln z_1, $z_2, \ldots, z_n$ eine rationale Resolvente mit nur einem Parameter besitzen soll, dann muß es eine rationale Funktion x der Wurzeln $z_1, \ldots, z_n$ geben, die sich bei den zur Galoisschen Gruppe der Gleichung gehörigen Vertauschungen der z *linear mit konstanten Koeffizienten* transformiert. Wir benutzen ferner gemeinsam die Überlegung, daß sich diese Gruppe linearer Substitutionen beim Übergang zur binären Schreibweise in eine holoedrisch isomorphe Gruppe binärer linearer Substitutionen umsetzen lassen muß. Natürlich muß diese Gruppe andererseits mit der Galoisschen Gruppe der vorgelegten Gleichung modulo einer ausgezeichneten Untergruppe der letzteren isomorph sein. Jetzt· habe ich auf S. 44 bis 47 meines „Ikosaederbuches" den Satz gegeben, daß nur folgende Gruppen linearer Substitutionen einer Veränderlichen sich holoedrisch isomorph in die binäre Form umsetzen lassen: 1. Die zyklischen Gruppen, 2. Die Diedergruppen von ungeradem n. Es folgt, *daß eine Gleichung n-ten Grades mit frei veränderlichen Wurzeln $z_1, \ldots, z_n$ nur dann eine rationale Resolvente mit nur einem Parameter zuläßt* (die dann sofort in eine reine Gleichung, bzw. eine Diedergleichung von ungeradem n umgesetzt werden kann), *wenn ihre Galoissche Gruppe modulo einer ausgezeichneten Untergruppe zu einer zyklischen Gruppe oder einer Diedergruppe von ungeradem n isomorph ist.* Eine zugehörige Resolvente mit nur einem Parameter läßt sich dann nach den Prinzipien meiner Arbeit in den Math. Annalen, Bd. 15 [vorstehend als Abh. LVII abgedruckt] auch sogleich herstellen. Der so ausgesprochene allgemeine Satz umfaßt nun sowohl den Gordanschen als meinen Beweis des Kroneckerschen Satzes. Mein Beweis erledigt sich in der Tat durch den Hinweis, daß die Gruppe einer Gleichung fünften Grades mit adjungierter Quadratwurzel aus der Diskriminante [im Sinne von Galois] „einfach" ist und die ihr holoedrisch isomorphe Ikosaedergruppe linearer Substitutionen einer Veränderlichen nicht unter die Voraussetzungen unseres Satzes fällt. Der Gordansche Beweis dagegen benutzt, wenn ich ihn recht verstehe, die selbstverständliche Tatsache, daß die betreffende Gruppe wie jede Gruppe sich selbst als ausgezeichnete Untergruppe enthält. Modulo dieser Untergruppe ist sie zur Identität kongruent. Und die identische Substitution fällt unter die Voraussetzung unseres Satzes. Es gibt also in der Tat Resolventen mit einem Parameter, die aber für die Auflösung der Gleichungen fünften Grades gänzlich unbrauchbar sind, nämlich *lineare,* deren Wurzel eine solche Funktion der $z_1, \ldots, z_5$ ist, welche bei den geraden Vertauschungen der z ihren Wert überhaupt nicht ändert! Aber andere (rationale) Resolventen mit nur einem Parameter gibt es nicht, oder besser: jede rationale Resolvente unserer Gleichung fünften Grades mit nur einem Parameter ist linear und also unbrauchbar.

So viel über die Ikosaedersubstitutionen und die durch sie vermittelte Auflösung der Gleichungen fünften Grades. An Stelle der „unären" Substitutionen $x' = e^{\frac{2i\pi k}{n}} x$, welche die Wurzeln einer *reinen* Gleichung untereinander verknüpfen, sind „binäre" lineare Substitutionen zweier homogenen Variabeln x_1, x_2 getreten. Und hiermit ist zugleich der Weg zu neuen Verallgemeinerungen geöffnet. Man hat einfach Gruppen linearer Substitutionen *mehrerer* homogener Variablen heranzuziehen! Ich kann hier unmöglich die Überlegungen wiederholen, die ich in dieser Hinsicht zuerst im 15. Bande der Math. Annalen (1879) [vgl. Abh. LVII] gab, oder die Ausführungen nennen, die sich später darangeschlossen haben. Es genüge, diesbezüglich auf Webers Lehrbuch und auf den ebenfalls bereits zitierten Enzyklopädieartikel von Wiman zu verweisen[12]). Wir denken uns in der Folge eine *Gleichung sechsten Grades nebst der Quadratwurzel aus ihrer Diskriminante* gegeben, deren Galoissche Gruppe also aus den 360 geraden Vertauschungen der Wurzeln $z_1, z_2, \ldots, z_6$ besteht. Es wird darauf ankommen, die kleinste Zahl homogener $x_1, x_2, \ldots, x_\mu$ zu benutzen, bei denen eine mit diesen 360 Vertauschungen isomorphe Gruppe linearer Substitutionen möglich ist. Erwiese sich dieser Isomorphismus als holoedrisch, so würden wir nach der Vorschrift meiner Arbeit in den Math. Annalen, Bd. 15 [vorstehend als Abh. LVII abgedruckt] sofort rationale Funktionen der $z_1, z_2, \ldots, z_6$ hinschreiben können, die sich bei den 360 geraden Vertauschungen der z wie die $x_1, \ldots, x_\mu$ linear substituierten. Aber es zeigt sich, daß auch hier (wie bei den Gleichungen fünften Grades) der Isomorphismus ein meroedrischer [von der Art ist, daß jeder Vertauschung der z mehrere (drei) lineare Substitutionen der x entsprechen], so daß wir vor die Frage gestellt werden, ob wir, bzw. wie wir mit Hilfe niederer akzessorischer Irrationalitäten überhaupt durchkommen?

Einen ersten Ansatz zur Erledigung der so formulierten Fragestellung habe ich in Bd. 28 der Math. Annalen gemacht (1886, *Zur Theorie der allgemeinen Gleichungen sechsten und siebenten Grades*) [vgl. die vorstehend abgedruckte Abh. LVIII]. Daß es eine *ternäre* Gruppe linearer Substitutionen geben sollte, die mit den 360 geraden Vertauschungen von

---

[12]) Eine erste übersichtliche Orientierung gibt auch der Vortrag IX meines gelegentlich der Weltausstellung in Chicago gehaltenen *Evanston Colloquium* (Macmillan, New-York, 1894). [Vgl. die Vorbemerkungen im gegenwärtigen Bande, S. 260.]

sechs Dingen isomorph wäre, schien damals, auf Grund der vorläufigen
Untersuchung dieser Frage durch Herrn C. Jordan, ausgeschlossen; eine
solche Gruppe wurde erst 1889 von Herrn Valentiner entdeckt (Bd. 6
der Serie V der Abhandlungen der Dänischen Akademie: *De endelige
Transformations-Gruppers Theori*) und nach Struktur und zugehörigen
fundamentalen Invarianten zum erstenmal von Herrn Wiman 1895 untersucht (Math. Annalen, Bd. 47: *Über eine einfache Gruppe von 360 ebenen
Kollineationen*). Ich habe mir also damals für die allgemeine Gleichung
sechsten Grades — und zugleich auch für die allgemeine Gleichung siebenten
Grades — eine isomorphe Gruppe *quaternärer* Kollineationen konstruiert,
und habe gezeigt, daß man bei der Zurückführung der allgemeinen Gleichungen sechsten und siebenten Grades auf die entsprechenden quaternären
Gleichungsprobleme je mit zwei akzessorischen Quadratwurzeln ausreicht[13]).

Der hiermit gegebene Ansatz ist nun, was die Gleichungen *sechsten*
Grades angeht, auf die wir uns hier beschränken[14]), *seit der Entdeckung
der Valentiner-Wimangruppe bis auf weiteres überflüssig geworden.*
Ich bemerke dies ausdrücklich, weil hier die Stelle ist, wo Herr Lachtin,
wie zu Eingang dieses Briefes erwähnt, einen unnötigen Umweg macht. Um
nämlich die Gleichungen sechsten Grades mit der Valentinergruppe in Verbindung zu bringen, geht Herr Lachtin durch die in Bd. 28 der Math. Annalen
[Abh. LVIII] gegebene Entwicklung hindurch. Dies ist nicht uninteressant[15]),
aber für den nächsten hier zu erreichenden Zweck keineswegs notwendig.

---

[13]) Die Gruppe, welche ich a. a. O. für die Gleichungen sechsten Grades in Vorschlag bringe, enthält sogar 720 Kollineationen, so daß es bei ihrer Benutzung nicht
nötig ist, die Quadratwurzel aus der Diskriminante der Gleichung sechsten Grades
vorab zu adjungieren. Dagegen umfaßt die Gruppe, welche den Gleichungen siebenten
Grades entspricht, nur $\dfrac{7!}{2} = 2520$ Kollineationen.

[14]) Für die Gleichungen *siebenten* Grades bleibt der quaternäre Ansatz bestehen;
es ist aber unmöglich, die hierauf bezüglichen interessanten Fragen im Texte weiter
zu verfolgen.

[15]) Herr Lachtin bemerkt, daß sich bei der quaternären Gruppe die Flächen
zweiten Grades im Raume ganz ähnlich linear vertauschen, wie bei der Valentiner-
Wimangruppe die Kurven dritter Ordnung der Ebene. Von hier aus kann man (wie
beiläufig bemerkt sei) ohne besondere Mühe zu derselben Form Σ gelangen, die ich
unten unter (19) mitteile. Man hat nur zu beachten, daß die Wurzeln $z_1, z_2, \ldots, z_6$
der Gleichung sechsten Grades, und ebenso deren Quadrate $z_1^2, z_2^2, \ldots, z_6^2$ nach
meinen Entwicklungen in Bd. 28 der Math. Annalen [vgl. Abh. LVIII] im Raume
einen linearen Komplex festlegen, und daß diese beiden Komplexe zusammen mit
dem ebendort eingeführten „Einheitskomplex" durch ihre gemeinsamen Linien eine
Fläche *zweiten Grades* bestimmen. Irgendeine akzessorische Irrationalität tritt hierbei
noch nicht auf. Es ist dann in keiner Weise nötig, sich beim Übergang vom Raume
zur Ebene so, wie Herr Lachtin tut, auf die verhältnismäßig komplizierten Formeln
zu beziehen, durch welche ich in Bd. 28 der Math. Annalen den Wurzeln $z_1, \ldots, z_6$
einen Raum*punkt* zugeordnet habe. Also auch in dieser Hinsicht kann der Ansatz
von Herrn Lachtin noch abgekürzt werden.

Der Übergang von den Gleichungen sechsten Grades zur Valentiner-Wimangruppe, wie ich ihn in meiner römischen Note von 1899 [vorstehend als Nr. LX abgedruckt] andeutete und den ich jetzt ausführlicher exponieren will, bedarf der Anlehnung an die quaternäre Substitutionsgruppe in keiner Weise. Der Deutlichkeit halber will ich die in Betracht kommenden Überlegungen wieder in eine Reihe von Nummern spalten, deren Aufeinanderfolge die Analogie mit dem oben bei den Gleichungen fünften Grades befolgten Gedankengange deutlich hervortreten läßt. Folgendermaßen:

1. Die Aufgabe ist, aus frei veränderlichen sechs Größen $z_1, z_2, \ldots, z_6$ solche drei Funktionen x_1, x_2, x_3 zusammenzusetzen, deren Verhältnisse bei den 360 geraden Vertauschungen der z die 360 Kollineationen der Valentiner-Wimangruppe erleiden.

1a. Nun hat bereits Herr Wiman a. a. O. bemerkt, daß sich die Anzahl der Valentineroperationen, wenn man von den Kollineationen der Ebene zu den entsprechenden ternären linearen Substitutionen übergeht, mindestens *verdreifacht*. Es ist also von vornherein ausgeschlossen, daß die gesuchten x_1, x_2, x_3 rationale Funktionen der $z_1, z_2, \ldots, z_6$ sein könnten. Wir wollen die homogenen Valentinersubstitutionen fortan so fixieren, daß ihre Determinante durchweg gleich *Eins* ist. Ihre Zahl beträgt dann genau $3 \cdot 360 = 1080$ und es entsprechen der identischen Kollineation die drei Substitutionen:

$$(16) \qquad x_1' = j^\nu x_1, \; x_2' = j^\nu x_2, \; x_3' = j^\nu x_3 \quad (j = e^{\frac{2 i \pi}{3}}; \; \nu = 0, 1, 2).$$

1b. Wir bemerken jetzt, daß bei diesen 1080 homogenen Substitutionen die zehn Glieder dritter Ordnung, die man aus den x aufbauen kann:

$$x_1^3, \; x_1^2 x_2, \ldots$$

ihrerseits nur 360 lineare Substitutionen erleiden (deren Gruppe mit der Gruppe der geraden Vertauschungen der $z_1, z_2, \ldots, z_6$ holoedrisch isomorph sein wird).

2. Wir bilden nun ferner eine beliebige kubische ternäre Form

$$a_{111} x_1^3 + 3 a_{112} x_1^2 x_2 + \cdots$$

(die, gleich Null gesetzt, eine „*Kurve dritter Ordnung*" in der Ebene der x darstellt). Die Koeffizienten $a_{111}, 3 a_{112}, \ldots$ verhalten sich bei beliebigen linearen Substitutionen der x_1, x_2, x_3 zu den $x_1^3, x_1^2 x_2, \ldots$ *kontragredient*. Sie erleiden also bei den Substitutionen der Valentinergruppe ebenfalls genau 360 lineare Substitutionen, die mit den 360 geraden Vertauschungen der $z_1, z_2, \ldots, z_6$ eindeutig zusammengeordnet werden können.

3. Wir schließen hieraus, daß es ohne weiteres möglich ist, zehn rationale Polynome der frei veränderlichen Größen $z_1, z_2, \ldots, z_6$ zu bilden:

$$\varphi_{111}, \ \varphi_{112}, \ldots$$

welche sich bei den geraden Vertauschungen der z genau so substituieren, wie die

$$a_{111}, \ a_{112}, \ldots,$$

bei den korrespondierenden Substitutionen der Valentinergruppe, — also den Wurzeln z, wie wir es kurz ausdrücken, in rationaler Weise eine Kurve dritter Ordnung *kovariant* zuzuordnen.

3a. Um es anders auszudrücken: Man kann auf mannigfache Weise, ohne Benutzung akzessorischer Irrationalitäten[16]), *eine von den z und x abhängige, in den x kubische Form bilden*:

$$(17) \qquad \Omega\,(z_1, \ldots, z_6 \,|\, x_1, x_2, x_3) = \varphi_{111} \cdot x_1^3 + 3\,\varphi_{112} \cdot x_1^2\, x_2, \ldots,$$

welche unverändert bleibt, wenn man auf x_1, x_2, x_3 die Valentinersubstitutionen und gleichzeitig auf die $z_1, \ldots, z_6$ die korrespondierenden geraden Vertauschungen ausübt.

4. Was die wirkliche Herstellung einer solchen Form Ω angeht, so unterlasse ich wieder, den allgemeinen aber weitläufigen Prozeß heranzuziehen, den ich für alle derartigen Aufgaben in Bd. 15 der Math. Annalen [Abh. LVII] gab, sondern entwickle, genau wie bei den Gleichungen fünften Grades an der entsprechenden Stelle, eine abgekürzte Methode, die sich (im Laufe des vergangenen Winters) aus meiner Korrespondenz mit Herrn Gordan ergeben hat. Man hat folgende Beziehungen zu kombinieren:

4a. Bei den 360 Kollineationen der Valentiner-Wimangruppe spielen, wie zuerst Herr Wiman nachwies, zwei Systeme von je sechs Kegelschnitten eine wichtige Rolle. *Die sechs Kegelschnitte jedes der beiden Systeme vertauschen sich bei den 360 Kollineationen auf 360 Weisen unter sich.* Die Gleichungen dieser $2 \cdot 6$ Kegelschnitte sind (bei Zugrundelegung eines geeigneten kanonischen Koordinatensystems) zuerst von Herrn Gerbaldi aufgestellt worden (Rendiconti del Circolo Matematico di Palermo, t. XII, 1898: *Sul gruppo semplice di 360 collineazioni piane, I;* vgl. auch die bereits 1882 in den Atti di Torino, Bd. XVII, S. 358ff. veröffentlichte Note: *Sui gruppi di sei coniche in involuzione*). Ich will hier die korrespondierenden ternären quadratischen Formen, indem ich mich auf das eine System von sechs Kegelschnitten beschränke, nach dem Vorgange von Herrn Gordan gleich mit der Determinante 1 ausstatten. Wir können dann schreiben:

---

[16]) Abgesehen natürlich von den numerischen Irrationalitäten, welche in den Substitutionen der Valentiner-Wimangruppe auftreten. Es sind dies (in Übereinstimmung mit den im Texte folgenden Formeln (18) usw.) die Quadratwurzeln $\sqrt{-3}$ und $\sqrt{5}$.

$$(18) \begin{cases} k_1 = x_1^2 + j\, x_2^2 + j^2 x_3^2, \\[4pt] k_2 = x_1^2 + j^2 x_2^2 + j\, x_3^2, \\[4pt] k_3 = \dfrac{-1-\sqrt{-15}}{8}(x_1^2 + x_2^2 + x_3^2) + \left(\dfrac{-3+\sqrt{-15}}{4}\right)(x_2 x_3 + x_3 x_1 + x_1 x_2), \\[8pt] k_4 = \dfrac{+1-\sqrt{-15}}{8}(x_1^2 + x_2^2 + x_3^2) + \left(\dfrac{-3+\sqrt{-15}}{4}\right)(x_2 x_3 - x_3 x_1 - x_1 x_2), \\[8pt] k_5 = \dfrac{+1-\sqrt{-15}}{8}(x_1^2 + x_2^2 + x_3^2) + \left(\dfrac{-3+\sqrt{-15}}{4}\right)(-x_2 x_3 + x_3 x_1 - x_1 x_2), \\[8pt] k_6 = \dfrac{+1-\sqrt{-15}}{8}(x_1^2 + x_2^2 + x_3^2) + \left(\dfrac{-3+\sqrt{-15}}{4}\right)(-x_2 x_3 - x_3 x_1 + x_1 x_2). \end{cases}$$

Die $k_1, \ldots, k_6$ sind durch die Forderung, daß ihre Determinante gleich 1 sein soll, nur je bis auf eine dritte Einheitswurzel bestimmt. In der Tat vertauschen sich auch die vorstehenden k bei den 1080 Valentinersubstitutionen unter Multiplikation mit gewissen dritten Einheitswurzeln.

4b. Wir wollen nunmehr aus irgend drei der k:

$$k', k'', k'''$$

eine in deren Koeffizienten trilineare Kovariante und eine ebensolche Invariante bilden. — Als erstere wählen wir die *Funktionaldeterminante* $|\,k'\,k''\,k'''\,|$, die bei Vertauschung zweier k ihr Vorzeichen wechselt. Als Invariante nehmen wir eine symmetrische Verbindung der Koeffizienten der drei k, nämlich denjenigen Ausdruck, der bei der Entwicklung der Koeffizientendeterminante der Form $\lambda' k' + \lambda'' k'' + \lambda''' k'''$ mit $\lambda' \lambda'' \lambda'''$ multipliziert erscheint. Ich will denselben hier vorübergehend mit $(k'\,k''\,k''')$ bezeichnen; es ist dies im vorliegenden Falle eine einfache numerische Größe. Wir bilden jetzt, für alle möglichen Tripel k', k'', k''', den Quotienten

$$\frac{|\,k'\,k''\,k'''\,|}{(k'\,k''\,k''')}.$$

Man zeigt, *daß die 20 so erhaltenen Terme sich bei den 1080 Substitutionen der Valentiner-Wimangruppe genau so unter evtl. Vorzeichenänderung vertauschen, wie die 20 Differenzenprodukte*

$$(z'' - z''')(z''' - z')(z' - z'')$$

bei den korrespondierenden geraden Vertauschungen der z.

4c. Daher haben wir in der über alle Tripel erstreckten Summe

$$(19) \qquad \Sigma\, (z'' - z''')(z''' - z')(z' - z'') \cdot \frac{|\,k'\,k''\,k'''\,|}{(k'\,k''\,k''')}$$

ein einfaches Beispiel einer solchen Form

$$\Omega(z_1, \ldots, z_6 \mid x_1\, x_2\, x_3),$$

wie wir sie in Nr. 3a suchten.

Allgemeinere Beispiele (die wir im folgenden indes nicht brauchen) erhält man, wenn man in (19) statt des Differenzenprodukts der z', z'', z''' irgendeine Determinante

$$\begin{vmatrix} z'^{\,\alpha} & z''^{\,\alpha} & z'''^{\,\alpha} \\ z'^{\,\beta} & z''^{\,\beta} & z'''^{\,\beta} \\ z'^{\,\gamma} & z''^{\,\gamma} & z'''^{\,\gamma} \end{vmatrix}$$

einsetzt.

4d. Ordnen wir jetzt die Summe (19) nach den sukzessiven Gliedern x_1^3, $x_1^2 x_2$, ..., indem wir wie in Formel (17) schreiben:

$$(20) \qquad \Sigma = \varphi_{111} \cdot x_1^3 + 3\,\varphi_{112} \cdot x_1^2 x_2 + \dots,$$

so haben wir in den φ_{111}, φ_{112}, ... genau solche rationale Funktionen der $z_1, \dots, z_6$, wie wir sie in Nr. 3a suchten.

5. Es wird nun darauf ankommen, der *Kurve dritter Ordnung*

$$(21) \qquad\qquad \Sigma = 0$$

(deren Koeffizienten rational von den z abhängen, [die also den z kovariant zugeordnet ist]) einen Punkt $x_1 : x_2 : x_3$ unter Heranziehung möglichst niedriger akzessorischer Irrationalitäten *in kovarianter Weise* zuzuordnen.

Die Theorie der ebenen Kurven dritter Ordnung bietet hierzu verschiedene Möglichkeiten. Ich will hier der Kürze halber, wie ich es in meiner römischen Note [Nr. XL] tat, einen *Wendepunkt* der Kurve dritter Ordnung wählen. In der Tat verlangt die Bestimmung eines solchen Wendepunktes nach der bekannten Theorie von Hesse nur solche Irrationalitäten, welche man bei der Auflösung der Gleichungen sechsten Grades als niedere Irrationalitäten ansehen kann: Quadratwurzeln und Kubikwurzeln. (Die Einzelheiten sollen hier unerörtert bleiben.) Andererseits ist der Wendepunkt mit der Kurve dritter Ordnung gewiß in kovarianter Weise verknüpft: wenn man auf die Kurve und den auf ihr gewählten Wendepunkt irgendeine Kollineation ausübt, so wird man auf der entstehenden neuen Kurve unter den neun überhaupt auf ihr vorhandenen Wendepunkten jedesmal einen bestimmten erhalten. Es gilt dies insbesondere von den 360 Kollineationen der Valentiner-Wimangruppe.

6. Wir denken uns jetzt in die Koordinaten $x_1 : x_2 : x_3$ des von uns gewählten Wendepunktes statt der Koeffizienten φ_{111}, φ_{112}, ... der Kurve dritter Ordnung ihre aus (20) resultierenden Werte in den $z_1, \dots, z_6$ eingetragen.

6a. Wenn wir in diesen Ausdrücken der $x_1 : x_2 : x_3$ die $z_1, \dots, z_6$ beliebig in gerader Weise vertauschen, erleiden sie die eindeutig bestimmten Kollineationen der Valentiner-Wimangruppe. Wir schließen daraus, daß die rationalen Funktionen der $z_1, \ldots, z_6$, welche nach Anbringung aller Reduktionen in den Ausdrücken der $x_1 : x_2 : x_3$ unterhalb der auftretenden Quadratwurzeln und Kubikwurzeln verbleiben, bei den geraden Vertauschungen der z ungeändert bleiben. Sie können also als rationale Funktionen der Koeffizienten der vorgelegten Gleichung sechsten Grades und der Quadratwurzel aus ihrer Diskriminante dargestellt werden. Daher werden wir die bei der Ausrechnung des Wendepunktes erforderlichen Irrationalitäten mit Fug und Recht als akzessorische Irrationalitäten *niederen Charakters* bezeichnen dürfen.

6b. Wir haben also mit der Berechnung der Koordinaten $x_1 : x_2 : x_3$ eines Wendepunktes unserer C_3 in der Tat der Aufgabe entsprochen, auf die es hier ankam: *aus den frei veränderlichen z unter Adjunktion akzessorischer Irrationalitäten elementaren Charakters Größen $x_1 : x_2 : x_3$ zu bilden, welche bei den geraden Vertauschungen der z die 360 Kollineationen der Valentiner-Wimangruppe erleiden.*

Dies ist die Ausführung des speziellen Inhaltes meiner römischen Note [Nr. LX], welche ich hier zu geben dachte.

6c. Man wird vielleicht noch eine genauere Auseinandersetzung der in Nr. 6a benutzten Schlußweise wünschen. Am einfachsten wäre es, an der Kurve (21) die bekannten Gleichungen, die zur Bestimmung eines Wendepunktes einer Kurve dritter Ordnung führen, alle durchzurechnen und die Richtigkeit der Behauptung damit tatsächlich zu bestätigen. Im übrigen kann man, wie mir Herr Gordan bemerkt, die ganze Schwierigkeit der Schlußfolgerung folgendermaßen umgehen. Man stelle einfach die Gleichung neunten Grades auf, der die neun Werte genügen, welche eine absolute Invariante der Valentiner-Wimangruppe (z. B. das sogleich zu nennende v) in den neun Wendepunkten annimmt! Diese Gleichung muß für alle 360 Kurven dritter Ordnung (welche durch die Substitutionen der Valentiner-Wimangruppe und also durch gerade Vertauschung der z auseinander hervorgehen) dieselbe sein. Ihre Koeffizienten sind also nach Wegwerfung gleichgültiger Faktoren selbst solche rationale Funktionen der z, welche sich bei den geraden Vertauschungen der z nicht ändern. Dabei kann der Affekt dieser Gleichung neunten Grades kein anderer sein, als der der ursprünglichen Wendepunktsgleichung. Sie wird also ebenfalls durch Quadratwurzeln und Kubikwurzeln gelöst, unter denen dann aber selbstverständlicherweise nur solche rationale Funktionen der z stehen, die sich bei den geraden Vertauschungen der z nicht ändern. Adjungieren wir jetzt einen der so resultierenden neun Werte unserer absoluten Invariante (also etwa des v), so wird sich aus ihm und der Gleichung (21) der Kurve dritter Ordnung, bzw. der Gleichung ihrer Hesseschen Kurve, der zugehörige einzelne Wendepunkt $x_1 : x_2 : x_3$ rational berechnen. Und damit ist die Behauptung der Nr. 6a, betreffend die bei der Berechnung des Wendepunktes erforderlichen Irrationalitäten, von selbst mit bewiesen.

7a. Die weitere Behandlung der Gleichungen sechsten Grades wird nun ohnehin in der Weise erfolgen müssen, daß wir für den herausgegriffenen Wendepunkt unserer Kurve dritter Ordnung die absoluten Invarianten der Valentiner-Wimangruppe berechnen. Nach den Angaben von Herrn Wiman hat die Valentiner-Wimangruppe drei niedrigste Invarianten:

$$(22) \qquad\qquad F, \; H, \; \Phi$$

beziehungsweise von den Graden 6, 12 und 30 in den x_1, x_2, x_3. Aus ihnen setzen sich die beiden fundamentalen absoluten Invarianten zusammen, die ich im Anschlusse an die sogleich zu nennende Arbeit von Herrn Lachtin hier mit v und w bezeichne:

$$(23) \qquad\qquad v = \frac{\Phi}{F^5}, \qquad w = \frac{H}{F^2}.$$

Tragen wir hier für $x_1 : x_2 : x_3$ die Koordinaten unseres Wendepunktes ein, so werden die v, w rationale Funktionen der Koeffizienten der Gleichung sechsten Grades und der Quadratwurzel aus ihrer Diskriminante bzw. der zwischendurch eingeführten akzessorischen Irrationalitäten. *Die Berechnung der $x_1 : x_2 : x_3$ aus den somit bekannten v, w ist das Normalproblem, auf welches wir die Auflösung der Gleichungen sechsten Grades reduzieren.* Es ist, so wie es nun vor uns steht, ein Problem mit *zwei* willkürlichen Parametern, dadurch ausgezeichnet, daß sich alle seine 360 Lösungssysteme $x_1 : x_2 : x_3$ aus einem beliebigen derselben durch die 360 von vornherein bekannten Kollineationen der Valentiner-Wimangruppe ergeben. Irgendeine Methode, die Parameterzahl mit Hilfe fernerer niederer Irrationalitäten auf eins herabzudrücken, ist nicht zur Hand. Versucht man beispielsweise dem Wendepunkte $x_1 : x_2 : x_3$, den wir auswählten, einen Punkt $x_1' : x_2' : x_3'$ der Kurve sechster Ordnung $F = 0$ in kovarianter Weise zuzuordnen und damit statt des Normalproblems (23) das folgende zu setzen:

$$(24) \qquad\qquad F' = 0, \quad t' = \frac{\Phi'^2}{H'^5},$$

so stößt man bei dem gewöhnlichen Ansatze (Schnitt der Kurve $F = 0$ mit einer vom Punkte $x_1 : x_2 : x_3$ kovariant abhängenden geraden Linie) auf eine Hilfsgleichung, die selbst wieder vom sechsten Grade ist!

Der Vollständigkeit wegen verlangen wir endlich noch Umkehrformeln aufzustellen, d. h. die Wurzeln $z_1, \ldots, z_6$ der vorgelegten Gleichung sechsten Grades durch das einzelne Lösungssystem $x_1 : x_2 : x_3$ von (23) und die als bekannt vorausgesetzten Größen rational zu berechnen. *Hiermit ist der algebraische Teil der von uns hier zu skizzierenden Auflösung der Gleichungen sechsten Grades vollständig umschrieben*[17]).

7b. Der transzendente Teil aber wird verlangen, *aus den Gleichungen* (23) *die* $x_1 : x_2 : x_3$ *irgendwie durch unendliche Prozesse wirklich zu berechnen.* Einen ersten Ansatz hierzu macht Herr Lachtin in einer umfangreichen Arbeit, welche zuerst russisch (1901) im 22. Bande der Moskauer Mathematischen Sammlung und dann 1902 in deutscher Bearbeitung in Bd. 56 der Math. Annalen erschienen ist[18]).

Schreiben wir:

$$(25) \qquad y_1 = \frac{x_1}{\sqrt[6]{F}}, \qquad y_2 = \frac{x_2}{\sqrt[6]{F}}, \qquad y_3 = \frac{x_3}{\sqrt[6]{F}},$$

so erweisen sich die y als Lösungssystem von drei simultanen partiellen Differentialgleichungen, welche die drei zweiten Differentialquotienten

$$\frac{\partial^2 y}{\partial v^2}, \qquad \frac{\partial^2 y}{\partial v\,\partial w}, \qquad \frac{\partial^2 y}{\partial w^2}$$

durch die beiden ersten $\left(\dfrac{\partial y}{\partial v} \text{ und } \dfrac{\partial y}{\partial w}\right)$ und das y selbst linear ausdrücken. Herr Lachtin hat a. a. O. gezeigt, daß die Koeffizienten dieser Differentialgleichungen rationale ganze Funktionen der absoluten Invarianten v, w sind, die gewisse angebbare Grade nicht übersteigen. Dagegen hat er die numerischen Koeffizienten dieser Polynome nicht ausgerechnet. Die hier verbleibende Lücke wird nun gerade durch die Arbeit des Herrn Gordan, auf die ich im Eingang dieses Briefes verweise, ausgefüllt. *In der Tat ist es Herrn Gordan dort gelungen, die in Rede stehenden partiellen Differentialgleichungen explizite aufzustellen.* Es ist damit ermöglicht, die y_1, y_2, y_3 nach Potenzen von v und w oder auch von beliebigen linearen Funktionen von v resp. w in Reihen zu entwickeln, und es kann dann nicht mehr schwer sein, die Bereiche zu bestimmen, in denen die verschiedenartigen so entstehenden Reihen konvergieren, — *also das transzendente Problem in direkter Weise zu lösen*[19]).

8. Der Vollständigkeit wegen muß hinzugefügt werden, daß das spezielle, durch die Gleichungen (24) vorgestellte Normalproblem bereits eingehender funktionentheoretisch diskutiert ist. Herr Fricke hat 1896 auf der Frank-

---

[17]) [Man denkt unwillkürlich daran, die Betrachtungen des Textes nach dem Muster der Erörterungen, die ich auf Grund der Gordanschen Arbeiten auf S. 426 ff. zu den Gleichungen siebenten Grades mit einer Gruppe von 168 Substitutionen gegeben habe, zu vervollständigen. K.]

[18]) *Die Differentialresolvente einer algebraischen Gleichung sechsten Grades allgemeiner Art.* (Math. Annalen, Bd. 56, S. 445—481.)

[19]) [Die Aufstellung dieses Differentialgleichungssystems entspricht ganz dem, was Herr Boulanger für die G_{216} und G_{168} geleistet hat. Vgl. hierzu die Fußnote [32]) auf S. 423. K.]

furter Naturforscherversammlung die der **Valentiner-Wiman**gruppe entsprechende Zerlegung der zur Kurve $F = 0$ gehörenden **Riemann**schen Fläche (vom Geschlecht 10) in Fundamentalbereiche behandelt und eine nahe Beziehung derselben zur Zerlegung der Halbebene in Kreisbogendreiecke von den Winkeln

$$\frac{\pi}{2}, \quad \frac{\pi}{4}, \quad \frac{\pi}{5}$$

bemerkt[20]). Herr **Lachtin** hat dann 1898 im 51. Bande der Math. Annalen[21]) diese Angaben bestätigt und die lineare Differentialgleichung dritter Ordnung aufgestellt, welcher — im Falle der Gleichungen (24) — die mit einem geeigneten Faktor multiplizierten Größen x_ν in bezug auf den Parameter t genügen.

Ich bin am Ende meiner Darlegungen. Die Analogie der vorgeschlagenen Auflösung der Gleichungen sechsten Grades mit der Auflösung der Gleichungen fünften Grades durch die Ikosaedergleichung tritt, hoffe ich, überzeugend hervor. Eine feinere Durchführung der Einzelheiten, wie sie für die Gleichungen fünften Grades seinerzeit von Herrn **Gordan** und mir gegeben wurde und in geometrischer Form in meinen „Vorlesungen über das Ikosaeder" zur Darstellung gelangte, muß vorbehalten werden.

Göttingen, den 22. März 1905.

[**Gordan** hat den vorstehend berührten Fragen nur noch eine einleitende Abhandlung widmen können. (Math. Annalen, Bd. 68, 1909/10: *Über eine Klein sche Bilinearform.*) Er erreicht dort eine wesentliche Vereinfachung der zur Bildung geeigneter x_1, x_2, x_3 erforderlichen akzessorischen Irrationalität. Statt der Kurve dritter Ordnung der x-Ebene, welche ich dem Wertsystem $z_1, \ldots, z_6$ rational zuordnete, benutzt er nämlich einen Konnex (1,1), also eine in den x und den kontragredienten u bilineare Form (deren Koeffizienten wieder so als rationale ganze Funktionen der z angesetzt werden müssen, daß die Form bei den 360 Vertauschungen der z und den entsprechenden linearen Substitutionen der x und u unverändert bleibt). Um dann einen zu den Vertauschungen der z „kovarianten" Punkt x zu finden, hat man nur mehr eine Wurzel einer leicht aufzustellenden kubischen Gleichung zu bestimmen, nämlich einen Fixpunkt des Konnexes aufzusuchen.

---

[20]) Vgl. Jahresbericht der Deutschen Mathematiker-Vereinigung, Bd. 5: *Über eine einfache Gruppe von 360 Operationen.* [Herr **Fricke** hat in der Folge seine einschlägigen Untersuchungen noch wesentlich fortgesetzt und insbesondere die hauptsächlichen Resolventen, welche das Problem der G_{360} für $F = 0$ besitzt, vom funktionentheoretischen Standpunkte aus einheitlich abgeleitet. Vgl. die zusammenfassende Darstellung von 1912 im Anhang zu Bd. II der von **Fricke** und mir herausgegebenen Vorlesungen über die Theorie der automorphen Funktionen (S. 554—662: ein Beitrag zur Transformationstheorie der automorphen Funktionen). K.]

[21]) *Die Differentialresolvente einer algebraischen Gleichung sechsten Grades mit einer Gruppe 360. Ordnung.* (Math. Annalen, Bd. 51, 1898/99, S. 463—472.)

Insbesondere gelingt es Gordan, eine Bilinearform der gewollten Art aufzustellen, deren Grad in den z sechs beträgt. Indessen hat Herr Coble bald darauf durch systematischen Formenbildungsprozeß gezeigt (Math. Annalen, Bd. 70, 1910/11), daß man nur bis zum vierten Grade zu gehen braucht. Er stellt auch die zugehörige kubische Gleichung wirklich auf und skizziert den weiteren Gang der dann noch zur Bestimmung der z erforderlichen algebraischen Rechnung. K.]

[Ich gebe zum Schluß hier noch die auf S. 491 Fußnote [10]) in Aussicht gestellten, auf den Kroneckerschen Satz bezüglichen Ausführungen.

Vorab der Vollständigkeit halber einige kurze Andeutungen über meinen ursprünglichen Beweis vom Januar 1877. Ich hatte damals mit dem Umstande operiert, daß alle Ikosaederformen, und auch die Tetraederform, *geraden* Grad besitzen. Dieser Umstand ist natürlich seinerseits eine Folge der von mir in Abh. LIV in den Vordergrund gerückten Verdoppelung der Anzahl der *homogenen* Substitutionen, welche sonach auch damals bereits der eigentliche Beweisgrund war.

Im Übrigen habe ich noch genauer auf die Bezugnahme zwischen Kronecker und mir von Ostern 1881 einzugehen. Kronecker hat mir damals ein aus dem Jahre 1861 stammendes Manuskript vorgelegt, von dem ich den für mich in Betracht kommenden Teil abschreiben konnte (die Abschrift trägt das Datum des 23. März). Kronecker setzt dort zum Beweis seines Theorems genau so ein, wie ich es später getan habe, indem er den Lürothschen Satz betr. rationale Kurven (den dieser in den Math. Annalen, Bd. 9 [1875] veröffentlicht hat) antizipiert und von da zu der Aufgabe

kommt, aus fünf frei veränderlichen] Größen $x_0, \ldots, x_4$ eine rationale Funktion $\dfrac{\varphi}{\psi}$

zu bilden, welche sich bei den 60 geraden Vertauschungen der x linear transformiert. Dann aber begegnet ihm ein merkwürdiger Lapsus. Da sich Kronecker mit dem allgemeinen Begriff einer Gruppe linearer Substitution (einer Veränderlichen) damals noch nicht vertraut gemacht hatte, schließt er irrtümlicherweise, die in Betracht kommenden 60 linearen Transformationen müßten aus der Wiederholung derselben

linearen Substitution entstehen, $\dfrac{\varphi}{\psi}$ also von einer zyklischen Gleichung 60. Grades ab-

hängen, was (nach Galoisschen Grundsätzen) selbstverständlich unmöglich ist. Bei dieser Überlegung hatte sich Kronecker damals beruhigt.

In der Vorlesung von 1885—86 ist dieser Fehler natürlich richtiggestellt. Ganz wie bei mir wird geschlossen, daß sich bei den geraden Vertauschungen der an sich durchaus willkürlichen $x_0, \ldots, x_4$ die Polynome φ und ψ binär linear substituieren müßten, ferner, daß ein solches binäres Verhalten bereits unmöglich ist, wenn man eines der x festhält und nur die andern x in gerader Weise vertauscht. Bei dem Beweise dieser Unmöglichkeit finde ich noch eine unnötige Komplikation. Ich zeigte oben, S. 485, daß schon bei der Vierergruppe (welche die vier x paarweise vertauscht) die in Betracht kommende Unmöglichkeit hervortritt. Statt dessen kombiniert Kronecker, um zu einem Widerspruch zu gelangen, eine Operation der Vierergruppe mit der zyklischen Vertauschung dreier x. Das ist weniger durchsichtig.

Abgesehen von diesem Nebenpunkte ist sachlich volle Übereinstimmung vorhanden. Es bleibt nur eine subjektive Differenz, die ich schon auf S. 158, 159 des Ikosaederbuches ausführlich zur Sprache brachte, die ich aber wegen ihrer Wichtigkeit auch hier nicht unberührt lassen will. Kronecker hat das Verdienst, eben bei seinen Untersuchungen über die Auflösung der Gleichungen fünften Grades, zwischen den natürlichen Irrationalitäten (welche rationale Funktionen der $x_0, \ldots, x_4$ sind) und den anderen, die ich akzessorische nenne, zum ersten Male klar unterschieden zu haben. In seiner ersten Mitteilung von 1858[22]) macht er übrigens selbst noch un-

---

[22]) Comptes Rendus 1858, 1 (Bd. 46) (Brief an Hermite).

bedenklich von einer akzessorischen Quadratwurzel Gebrauch. Erst in der späteren Arbeit von 1861[23]) glaubt er, den Gebrauch akzessorischer Irrationalitäten in der Gleichungstheorie überhaupt untersagen zu sollen. In seiner Vorlesung 1885—86 hält er an diesem Verdikt fest: die Verwendung der akzessorischen Irrationalitäten sei „algebraisch wertlos", weil sie die „Gattungen auseinanderreiße". Um dieser Forderung Nachdruck zu geben, nennt er sie das „Abelsche Postulat". — Dem gegenüber bin ich in meinen hier vorstehend abgedruckten Arbeiten, wie im Ikosaederbuch, gleich anderen Autoren der Natur und der Leistungsfähigkeit der gegebenenfalls auftretenden akzessorischen Irrationalitäten nach Möglichkeit nachgegangen.

Es liegt hier ein prinzipieller Unterschied in der Denkweise vor. Ich will nicht noch erst besonders urgieren, daß Abel bei seinen Untersuchungen über die Auflösung der Gleichungen durch Wurzelzeichen fortgesetzt die Einheitswurzeln ε verwendet, die im Zusammenhang seiner Betrachtungen doch auch akzessorische Irrationalitäten sind (vgl. oben S. 486 Fußnote [8])), was übrigens Kronecker weiterhin selbst ebenfalls tut, weil er sonst überhaupt nicht vom Zusammenhang der Gleichung fünften Grades mit den Jacobischen Gleichungen sechsten Grades würde handeln können. Ich will auch nicht ausführen, daß es allgemein in der Zahlentheorie wie in der Funktionentheorie in vielen Fällen vorteilhaft ist, Verhältnisse in algebraischen Körpern durch einfache Beziehungen in übergeordneten algebraischen, ja tranzendenten Körpern zu erläutern. Sondern ich will nur das Grundsätzliche betonen. Soll man, wo sich neue Erscheinungen (also hier die Leistungsfähigkeit der akzessorischen Irrationalitäten) darbieten, zugunsten einer einmal gefaßten systematischen Ideenbildung die Weiterentwicklung abschneiden, oder vielmehr das systematische Denken als zu eng zurückschieben und den neuen Problemen unbefangen nachgehen? Soll man Dogmatiker sein oder wie ein Naturforscher bemüht sein, aus den Dingen selbst immer neu zu lernen?

Aus den Originalnotizen Kroneckers, die mir Herr Hensel übersandte, ist nichts besonderes zu entnehmen. Es handelt sich in der Hauptsache um 23 einseitig beschriebene Folioblätter, von denen sich 1—10 auf die Arbeit von 1858 und 11—23 auf die von 1861 beziehen. Bemerkenswert ist, daß die Stellen, die ich mir 1881 abschrieb, darin fehlen. Dafür finden sich auf den Rückseiten der Blätter 17, 18 Rechnungen mit fünften Einheitswurzeln, vermöge deren sich Kronecker offenbar überzeugt hat, daß die G_{60} der gebrochenen Ikosandersubstitutionen wirklich existiert.

Die Kritik, die ich hiernach an dem übersandten Material übe, soll der hohen Stellung, welche ich den Kroneckerschen Untersuchungen über die Gleichungen fünften Grades in den vorstehend wiederabgedruckten Abhandlungen wie insbesondere in der historischen Darstellung des Ikosaederbuches (vgl. S. 141—161 daselbst) zuweise, in keiner Weise etwas abbrechen. Kronecker hat zuerst den Pfad gefunden, der in die prinzipiellen Fragen der Theorie hineinführt, nur ist er ihn anfangs nicht zu Ende gegangen und hat später, wenigstens formal, abgelehnt, andere auf dem weiteren Wege zu begleiten. K.]

---

[23]) Berliner Monatsberichte 1861, abgedruckt in Crelles Journal, Bd. 59.

Zur mathematischen Physik.

A. Lineare Differentialgleichungen.
(Abhandlung LXII bis LXIX.)

B. Allgemeine Mechanik.
(Abhandlung LXX bis LXXX.)

Zur Entstehung meiner Beiträge zur mathematischen Physik.

An verschiedenen Stellen dieser Ausgabe (z. B. in Bd. 1, S. 50, in Bd. 2, S. 259) habe ich mein ursprüngliches Interesse für Physik erwähnt. Ich wollte die verschiedenen Gebiete der Mathematik nur assimilieren, um mich dann, so ausgerüstet, der physikalischen Forschung zuzuwenden. Die Umstände haben es aber mit sich gebracht, daß ich mich diesem Ziele nur sehr wenig habe nähern können. Die kleinen Aufsätze, welche hier als dritter Abschnitt des 2. Bandes folgen, mögen das Wichtigste wiedergeben, was ich auf physikalischem Gebiete veröffentlicht habe (abgesehen von den bereits in Bd. 1 dieser Ausgabe abgedruckten Abhandlungen XXIX bis XXXIII zur Relativitätstheorie). Es handelt sich im vorliegenden Bande einerseits um Arbeiten über lineare Differentialgleichungen der Physik, speziell Lamésche Funktionen, hypergeometrische Funktionen und Oszillationsfragen (Abh. LXII bis LXIX), andererseits um kleinere Beiträge zur Mechanik (Abh. LXX bis LXXX). Bei der ersten Gruppe dieser Arbeiten leitet die Entwicklung fast unwillkürlich auf funktionentheoretische Fragen über, die im Zusammenhang erst in Bd. 3 behandelt werden sollen, wodurch die Abgrenzung der beiden Bände einigermaßen unscharf wird. Immerhin kommen bei den hier abgedruckten Arbeiten wesentlich Realitätsfragen zur Sprache. Bei der zweiten Gruppe war es nirgends mein Bestreben, neue physikalische Theorien aufzustellen, sondern nur, überkommene mathematische Ansätze (die durchaus der Phänomenologie angehören) zu klären, bzw. ihr Ergebnis der Anschauung zugänglich zu machen.

Die erste förderliche Anregung für meine diesbezüglichen Arbeiten empfing ich bei meiner Übersiedelung nach Leipzig 1880 durch den Verkehr mit Carl Neumann. Von hier aus sind die beiden Aufsätze über Lamésche Funktionen entstanden, die ich 1881 in den Math. Annalen Bd. 18 veröffentlichte (Abh. LXII und LXIII). Auch meine Schrift über „Riemanns Theorie der algebraischen Funktionen und ihrer Integrale“, die ich 1882 folgen ließ, die jedoch erst in Bd. 3 dieser Ausgabe als Abh. XCIX zum Abdruck kommen wird, läßt die physikalische Beeinflussung nicht verkennen; sie nimmt ihren Ausgangspunkt geradezu vom physikalischen Denken. Aber erst in meinen ersten Göttinger Jahren (von Ostern 1886 an) bin ich dazu gekommen, zusammenhängende Vorlesungen über Mechanik und mathematische Physik aufzunehmen. (Vgl. die Bemerkungen auf S. 259 des vorliegenden Bandes.) Wiederholte Besuche in Frankreich und insbesondere in England haben mich in meinen Bestrebungen wesentlich gefördert und meinen Blick erweitert. Auf dem Gebiete der Differentialgleichungen mögen neben meinen weiteren Aufsätzen über Lamésche Funktionen, hypergeometrische Funktionen und Oszillationsfragen (Abh. LXIV bis LXIX) hier gleich folgende zwei Bücher genannt werden: Pockels, Über die Differentialgleichung $\Delta u + k^2 u = 0$ und deren Auftreten in der mathematischen Physik“ (Leipzig 1891) und Bôcher, Über die Reihenentwicklungen der Potentialtheorie“ (Leipzig 1894), welche beide aus von mir gehaltenen Vorlesungen entstanden sind, wie die Verfasser im einzelnen belegen, und von denen ich das erste außerdem mit eigenen

Bemerkungen versehen habe. Meinem Bekanntwerden mit der englischen Mechanik, besonders mit den Ideen Hamiltons und Maxwells verdanken die Nr. LXX bis LXXII und LXXVII bis LXXVIII ihre Entstehung. Im Zusammenhang hiermit sei erwähnt, daß die deutschen Ausgaben folgender englischer Lehrbücher von mir veranlaßt wurden: Routh, Die Dynamik der Systeme starrer Körper (Leipzig 1893), Lamb, Lehrbuch der Hydrodynamik (Leipzig 1907), Love, Lehrbuch der Elastizität (Leipzig 1907).

Im übrigen machte ich schon an einer anderen Stelle dieser Ausgabe die Bemerkung, daß sich mein ganzes Arbeitsprogramm von 1892 an fortschreitend geändert hat, da ich infolge Schwarz' Wegberufung nach Berlin die Verpflichtung empfand, den mathematischen Unterrichtsbetrieb an der Universität Göttingen *allseitig* auszugestalten. Indem H. Weber und bald darauf an seiner Stelle Hilbert mir zur Seite traten, welche an ihrem Teile eine weitgehende *rein* mathematische Lehrtätigkeit entwickelten, wandte ich mich wesentlich der organisatorischen Seite der Universitätsaufgabe zu. Den Wendepunkt bildet sozusagen die unter Nr. LXXIII abgedruckte Begrüßungsrede, die ich bei der Eröffnung der mit der Chicagoer Weltausstellung von 1893 verknüpften wissenschaftlichen Kongresse hielt. [Über meine an diesen Kongreß anschließenden Vorlesungen in Evanston (Illinois) machte ich schon auf S. 5 dieses Bandes einige Bemerkungen[1]).] Die amerikanische Reise gab mir dann weitere Impulse, für deren Durchführung ich die weitgehende und entscheidende Unterstützung von Althoff erhielt, der damals im Ministerium noch Referent für die Universitäten war, aber bereits einen weit über diese Stellung hinausgehenden Einfluß auf den gesamten Unterrichtsbetrieb entwickelte. Ich muß geradezu sagen, daß die außerordentlich anregende Kraft, welche Althoff allen Disziplinen des Wissenschaftsbetriebes und später des Unterrichtes überhaupt hat zuteil werden lassen, auch mich in ihren Bann geschlagen und für lange Jahre meine Tätigkeit bestimmt hat. Die eine der beiden Hauptaufgaben, denen ich mich zuwandte, bezog sich darauf, an der Universität und zunächst in Göttingen durch Gründung und Belebung neuer Institute, die wichtigsten Zweige der Angewandten Mathematik und Physik, die seit dem Tode von Gauß mehr und mehr verkümmert waren, wieder zur Geltung zu bringen. Die andere Aufgabe bestand darin, dem Unterricht an den Schulen eine dem längst erreichten Fortschritt der Wissenschaften entsprechende Prägung zu geben. Diese beiden Aufgaben haben mich in den folgenden zwei Jahrzehnten um so mehr beschäftigt, als es nicht nur darauf ankam, äußere Einrichtungen zu schaffen, sondern auch deren Betrieb gegen allerlei Widerstände wirklich zu beleben.

Dabei konnte nicht davon die Rede sein, daß ich auf Vernachlässigung der Reinen Mathematik hinarbeitete. Blieb ich doch z. B. all die Jahre hindurch in der Redaktion der Mathematischen Annalen, in die ich seit Clebschs Tode (1872) eingetreten war. Ihren klarsten Ausdruck findet meine Tendenz in dem Unternehmen der mathematischen Enzyklopädie, an dem ich von seinen Anfängen an (Herbst 1894) wesentlich mitgearbeitet habe. Es sollte über den Stand der ganzen Mathematik, einschließlich ihrer Anwendungen, Bericht erstattet werden. Da gerade die „Anwendungen" besondere Schwierigkeiten machten (weil zwischen ihren Vertretern und denen der Reinen Mathematik Entfremdung eingetreten war), spannte ich mich für diese besonders ein. Ich unternahm behufs Anknüpfung persönlicher Beziehungen (um für die einzelnen Artikel geeignete Bearbeiter zu finden) vielfache Reisen und habe insbesondere von 1899 ab die Redaktion des Bandes Mechanik selbst geleitet, wobei mir bald Conrad Müller, der zunächst Assistent bei mir war, als wichtigster Mitarbeiter zur Seite trat. Das Werk ist ja noch nicht abgeschlossen; aber soviel darf wohl schon jetzt ausgesprochen werden, daß es gelungen ist, eine große Zahl geeigneter Mitarbeiter der verschiedensten Richtungen für ein gemeinsames Ziel dauernd in Anspruch zu nehmen.

---

[1]) Eine dieser Vorlesungen ist als Nr. XLVI im vorliegenden Bande abgedruckt.

Ich habe aber auch sonst immer mehr den Weg eingeschlagen, nicht selbst die Arbeiten auszuführen, sondern durch Gewinnung anderer Persönlichkeiten die wertvoll erscheinenden Ziele beratend und beschlußfassend zu fördern. Durch die Unterstützung von Althoff gelang mir insbesondere 1898 das Zustandebringen einer „Göttinger Vereinigung zur Förderung der Angewandten Mathematik und Physik" aus maßgebenden Vertretern der deutschen Großindustrie, welche die naturgemäß knappen Beiträge des Staates zum Bau und zur Einrichtung neuer Universitätsinstitute durch freie Spenden wesentlich unterstützten. Es ist in der Folge durch diese Vereinigung für die Göttinger Universitätseinrichtungen viel Wertvolles geschaffen worden. Um diese Neugründungen zu beleben, habe ich namentlich auch vielfach an den Seminaren teilgenommen, welche meine neuberufenen Kollegen über Angewandte Mathematik, einschließlich Geodäsie, Astronomie und Versicherungswesen, sowie über technische Mechanik und technische Elektrizitätslehre veranstalteten. Von dem ganzen auf diese Dinge bezüglichen Betrieb kann in der gegenwärtigen Ausgabe, in der es sich nur um den Wiederabdruck selbständig wissenschaftlicher Arbeiten im engeren Sinne handelt, nur wenig die Rede sein. Es mußte aber überhaupt davon gesprochen werden, weil sonst die Entstehung der kleineren Beiträge Nr. LXXIV bis LXXX unverständlich ist. Die Einzelheiten der Entwicklung schildern zwei Festschriften, welche die Göttinger Vereinigung 1908 und 1918 gelegentlich ihres 10 jährigen und 20 jährigen Bestehens ausgab, sowie eine weitere Festschrift „Die physikalischen Institute der Universität Göttingen" (1906). Diese sind zwar überhaupt nicht im Buchhandel erschienen; jedoch sind Exemplare derselben zusammen mit den umfangreichen Protokollen, welche über die jeweiligen Versammlungen der Vereinigung berichten, auf der Göttinger Universitätsbibliothek zur Einsichtnahme hinterlegt. Für die Fernerstehenden geben das beste Bild über die ganzen hiernach in Betracht kommenden Bestrebungen zur Förderung der Angewandten Mathematik und Physik die beiden Bände, die ich mit meinem verstorbenen Freunde E. Riecke zusammen veröffentlichte: „Über Angewandte Mathematik und Physik und ihre Bedeutung für den Unterricht an höheren Schulen" (Leipzig 1900) und „Neue Beiträge zur Frage des mathematischen und physikalischen Unterrichts" (Leipzig 1902).

Beide Schriften sind bei Gelegenheit von Ferienkursen für die Fortbildung der Oberlehrer entstanden. Diese Ferienkurse waren damals Neueinrichtungen, und speziell habe ich es durchgesetzt, daß auch die Mathematik an ihnen beteiligt wurde. Hiermit komme ich zu meinen Bestrebungen, dem Schulunterricht eine neuzeitliche Prägung zu geben. Für den Verein zur Förderung des mathematischen und naturwissenschaftlichen Unterrichts, der Ostern 1895 in Göttingen zum ersten Male tagte, ließ ich das Buch „Vorträge über ausgewählte Fragen der Elementargeometrie" (Leipzig 1895) erscheinen, das Herr Tägert nach einer Vorlesung von mir ausgearbeitet hat. Als Festgabe für den gleichen Verein sollte 1896 ein Schriftchen über den Kreisel folgen. Aus meinen diesbezüglichen Vorlesungen ist aber unter den Händen meines damaligen Assistenten Sommerfeld ein umfangreiches Buch geworden: „Über die Theorie des Kreisels" (erschienen in vier Heften, Leipzig 1897 bis 1910). In den Ideenkreis der Kreiseltheorie gehören die unten abgedruckten Nr. LXXIV bis LXXVI, von denen die beiden letzten gelegentlich einer zweiten Reise nach Amerika 1896 zum Jubiläum der Universität in Princeton entstanden sind. Ich möchte ferner meine von Schimmack herausgegebenen Vorlesungen: „Vorträge über den mathematischen Unterricht" (Leipzig 1906), sowie die von Hellinger ausgearbeitete Vorlesung: „Elementarmathematik vom höheren Standpunkte aus" (Autographie in zwei Teilen, Leipzig 1908/09) erwähnen, von denen die erste die Art des Mathematikunterrichts an den verschiedenen Schulgattungen vergleicht und insbesondere auch über die Entwicklung der Göttinger Universitätseinrichtungen Bericht erstattet, während die zweite solche wissenschaftliche Probleme behandelt, die der Lehrer an den höheren Schulen unbedingt kennen sollte, um seinem Unterricht die richtige Orientierung zu geben. Diese Vorlesungen sind ganz im Sinne der von der Versammlung deutscher Naturforscher und Ärzte auf Grund langer Kommissionsverhandlungen 1905 ausgegebenen Meraner Lehrpläne, bei deren Aufstellung ich wesentlich mitwirkte, gehalten. Schon vorher hatte ich an den verschiedensten Schulkonferenzen teilgenommen, und von 1908 an habe ich 10 Jahre lang die in Betracht kommenden Interessen im preußischen Herrenhaus als Vertreter der Universität verfochten. Ich habe mich damals insbesondere auch für die zweckmäßige Ausgestaltung der Fachschulen und schließlich der Volksschulen interessiert. Gleichzeitig (1908) trat ich an die Spitze der vom Internationalen Mathematiker-Kongreß in Rom eingesetzten Internationalen Mathematischen Unterrichts-Kommission (IMUK), welche über die Didaktik und Organisation des mathematischen Unterrichts sämtlicher zivilisierter Länder berichtete. Hierbei ist Deutschland mit 5 Bänden (= 9 Teilbänden): „Abhandlungen über den mathematischen Unterricht in Deutschland, veranlaßt durch die IMUK" (Leipzig 1909 bis 1916) und mit einem Band: „Berichte und Mitteilungen, veranlaßt durch die IMUK) (Leipzig 1909 bis 1917) vertreten. Der Weltkrieg hat diesem Zusammenarbeiten selbstverständlich ein Ende gemacht. Immerhin ist umfangreiches Material verarbeitet worden; über das Geleistete gibt ein Schlußbericht des Generalsekretärs Fehr (veröffentlicht im L'Enseignement Mathématique, Bd. 21, 1920/21) zusammenfassende Auskunft. Hoffentlich ist die große Arbeit trotz der Verschiebung aller Verhältnisse nicht verloren, sondern wird in einer glücklicheren Periode wieder zur Geltung kommen.

Ich habe·oben erzählt, wie ich bestrebt war, den universellen Geist von Gauß in Anpassung an die neuzeitlichen Verhältnisse wieder im Mathematikunterricht der Universität Geltung zu verschaffen. Im Zusammenhang damit möchte ich noch erwähnen, daß ich 1897 nach dem Tode Scherings die Leitung der Herausgabe von Gauß' Werken übernahm. Meine wichtigsten Mitarbeiter, in deren Händen die eigentliche Redaktion dieses Unternehmens lag, waren Brendel und später neben ihm Schlesinger. Für die einzelnen Hauptkapitel wurden geeignete Bearbeiter herangezogen. Über diese Tätigkeit habe ich bisher 14 Berichte in den Göttinger Nachrichten (wieder abgedruckt in den Mathematischen Annalen) veröffentlicht. Es sind einige neue Bände mit wertvollem Material erschienen, die unsere Kenntnis von Gauß' Arbeiten wesentlich vervollständigen, und der Abschluß der Ausgabe ist in Sicht·

Es ist manchem Mathematiker so gegangen, daß auf seine wissenschaftlich produktive Periode eine mehr praktisch aktive folgte. Das Ideal, nach beiden Seiten gleichzeitig tätig zu sein, läßt sich in unserer unruhigen Zeit wohl kaum mehr verwirklichen. Rückblickend bin ich nun zu meinen rein mathematischen Arbeiten zurückgekehrt. Um so lieber gebe ich hier an, wie ich mich insbesondere über den Betrieb der Anwendungen bei Gelegenheit geäußert habe.

Auf dem dritten Internationalen Mathematiker-Kongreß zu Heidelberg (1904) machte ich bei der Eröffnung der Abteilung für Angewandte Mathematik folgende Ausführungen[2]): „... Vergleicht man die Gesamtwissenschaft der Mathematik mit einer Festung, so repräsentieren die verschiedenen Teile der Angewandten Mathematik die Außenforts, welche die Innenwerke nach allen Richtungen umgeben, und über welche die Verbindung mit dem Vorgelände hinüberführt. Gemeinsam allen Teilen der Angewandten Mathematik ist dementsprechend nur dies, daß der mathematische Gedanke bei ihnen in notwendige und untrennbare Verbindung zu einem Gebiete anderweiter wissenschaftlicher Fragestellungen tritt. Die Angewandte Mathematik steht dadurch in ausgesprochenem Gegensatz zu demjenigen Zweige unserer Wissenschaft, den man als Zitadelle der Festung ansehen mag, zur *formalen Mathematik* (im Leibnizschen Sinne), d. h. zu derjenigen Behandlung mathematischer Fragen, welche nach Möglichkeit von jeder konkreten Bedeutung der vorkommenden Größen oder Symbole absieht und nur nach den äußerlichen Gesetzen fragt, nach denen dieselben kombiniert werden sollen.

---

[2]) Vgl. die Verhandlungen des Dritten Internationalen Mathematiker-Kongresses in Heidelberg, herausgegeben von Krazer, Leipzig 1905, S. 396 bis 397.

„Zum Gedeihen der Wissenschaft ist ohne Zweifel die freie Entwicklung *aller ihrer Teile* erforderlich. Die Angewandte Mathematik übernimmt dabei die doppelte Aufgabe, den zentralen Teilen immer wieder von außen neue Anregungen zuzuführen und umgekehrt die Erträgnisse der zentralen Forschung nach außen zur Wirkung zu bringen. Die Geltung der Mathematik innerhalb des weiten Bereiches sonstiger wesentlicher Interessen erscheint daher in erster Linie an die erfolgreiche Betätigung der Vertreter der Angewandten Mathematik gebunden. Daher sollen wir insbesondere an derjenigen Stelle einsetzen, wo die ausgiebigste Gelegenheit zu einer Einwirkung der Mathematik auf weitere Kreise gegeben ist: beim *Jugendunterricht* . . .“

In der Vorrede zum vierten Bande der mathematischen Enzyklopädie (Mechanik, erschienen 1908) sagte ich: „. . . Mechanik, überhaupt Angewandte Mathematik, kann nur durch *intensive Beschäftigung mit den Dingen selbst* gelernt werden; die Literatur gibt nur eine Beihilfe. Anleitung zum Beobachten mechanischer Vorgänge von früher Jugend an, und auf höherer Stufe Verbindung des mathematischen Nachdenkens mit der Arbeit im Laboratorium, das ist, was behufs gesunder Weiterbildung der Mechanik daneben und vor allen Dingen in die Wege geleitet werden muß. Die moderne Entwicklung hat ja auch in dieser Hinsicht in vielversprechender Weise eingesetzt. Möge die Wissenschaft der Mechanik, die eine Grunddisziplin aller Naturwissenschaft ist, solcherweise einer neuen Blüte entgegengeführt werden. Möge insbesondere auch das Wort Leonardo da Vincis sich wieder bewahrheiten, daß die Mechanik das Paradies der Mathematiker ist! . . .“

Die Gründung der neuen „Zeitschrift für Angewandte Mathematik und Mechanik“ begrüßte ich mit folgenden Worten[3]): „. . . Wenn man die Darstellungen auch hervorragendster Autoren vergleicht, findet man als Aufgabe der mathematischen Naturwissenschaft meistens nur angegeben, bei gegebenen Prämissen den weiteren Verlauf der Erscheinungen den Naturgesetzen entsprechend zu bestimmen, sagen wir die Bahn eines Geschosses, welches mit bestimmter Geschwindigkeit in bestimmter Richtung geschleudert wird, oder auch den Verlauf eines Lichtstrahles, der ein gegebenes optisches Instrument durchsetzt. Aber es gibt eine darüber hinausgehende Problemstellung, die gleicherweise der mathematischen Überlegung unterliegt: das Geschoß soll so geschleudert werden, daß es ein bestimmtes Ziel erreicht, das Instrument so konstruiert werden, daß die mit seiner Hilfe zustande kommende Abbildung eine möglichst vollkommene ist. Also neben die kausale Erklärung bei gegebenen Daten tritt die Forderung geeigneter Festlegung der Anfangsbedingungen nach dem Gesichtspunkte größter Zweckmäßigkeit. Es scheint mir, daß hiermit eine besondere Aufgabe aller Angewandten Mathematik bezeichnet ist, eine Aufgabe zudem, die der Denkweise und der Berufstätigkeit des schaffenden Ingenieurs besonders naheliegt. Um in der Sprache unserer Pädagogen zu reden: es ist recht eigentlich *funktionales Denken*, welches hier verlangt wird: der volle Überblick über den Zusammenhang der Ergebnisse mit den jeweiligen Daten der Aufgabe . . . *Das Ziel der theoretischen Naturwissenschaft, soll nicht nur passives Verstehen, sondern eine aktive Beherrschung der Natur sein* . . .“ K.

---

[3]) Vgl. Zeitschrift des Vereins Deutscher Ingenieure, Bd. 65 (1921), S. 332. — Näheres über meine Beziehungen zu den Ingenieuren, die für mich alle die Zeit besonders wichtig gewesen ist, siehe unten in den Bemerkungen am Schluß der Abh. LXXVI u. LXXX.

LXII. Über Lamésche Funktionen.

[Math. Annalen, Bd. 18 (1881).]

Im folgenden beabsichtige ich, eine Eigenschaft der Laméschen Funktionen zu beweisen, die bei geometrischer Betrachtungsweise außerordentlich nahe liegt, aber doch nicht bemerkt zu sein scheint. Mein Theorem bezieht sich unterschiedslos auf die Laméschen Funktionen aller Ordnungen[1]), mag aber zunächst hier nur für die Laméschen Funktionen zweiter Ordnung (die gewöhnlichen Laméschen Funktionen) ausgesprochen werden. Diese Funktionen sind, von den eventuell vorkommenden, dann aber nur einfach zutretenden Faktoren $\sqrt{\lambda^2}$, $\sqrt{\lambda^2 - b^2}$, $\sqrt{\lambda^2 - c^2}$ abgesehen, ganze Funktionen von λ^2, von denen jedesmal $(\tau + 1)$ Funktionen des Grades τ zusammengehören (vgl. § 2 des Nachfolgenden). Man weiß, daß diese Funktionen alle verschieden und dabei reell sind, man weiß ferner, daß sie, gleich Null gesetzt, je τ getrennte reelle Wurzeln ergeben, die alle in dem Intervalle von 0 bis c^2 enthalten sind, — und zwar in der Weise, daß keine Wurzel mit 0 oder mit c^2 oder auch mit dem zwischen 0 und c^2 eingeschalteten Werte b^2 zusammenfällt. Mein Theorem bezieht sich auf die Art und Weise, wie die so entstehenden $(\tau + 1)$ Serien von je τ Größen auf die Teilintervalle von 0 bis b^2 und von b^2 bis c^2 verteilt sind. Rein kombinatorisch genommen, hat man für die Verteilung von τ Größen auf zwei Intervalle $(\tau + 1)$ Möglichkeiten: man wird in das eine Intervall τ_1 Größen legen, in das andere $\tau - \tau_1$, und nun τ_1 von 0 bis τ laufen lassen. Mein Satz ist: *daß jede dieser Möglichkeiten bei einer, und natürlich nur bei einer, unserer $(\tau + 1)$ Laméschen Funktionen eintrifft, daß also die Funktionen und die verschiedenen Verteilungsweisen der Wurzeln einander eindeutig entsprechen.* — Der Beweis ist, wie ich schon andeutete, so einfach wie möglich. Es

---

[1]) Siehe hier und im folgenden: Heine, Handbuch der Kugelfunktionen, Berlin bei Reimer, zweite Auflage, 1878 (später als H. K. zitiert). Bezeichnungen oder Sätze, die ich ohne nähere Erläuterung anwende, sind diesem Werke entnommen.

kommt nur darauf an, sich auf der Kugel die geometrische Bedeutung der Laméschen Produkte $E(\mu^2) \cdot E(\nu^2)$ klarzumachen und dann die auf der Kugel gewöhnlich benutzten Polarkoordinaten als einen Grenzfall der bei dieser Interpretation verwandten elliptischen Koordinaten zu betrachten.

§ 1.

Elliptische Koordinaten auf der Kugel.

Im genauen Anschlusse an die Bezeichnungsweise des Heineschen Buches seien die elliptischen Koordinaten μ^2, ν^2 eines Punktes der Kugel:

$$x^2 + y^2 + z^2 = 1$$

als die beiden Wurzeln der Gleichung:

$$(1) \qquad \frac{x^2}{\lambda^2} + \frac{y^2}{\lambda^2 - b^2} + \frac{z^2}{\lambda^2 - c^2} = 0$$

erklärt. Es soll b^2, wie schon erwähnt, kleiner als c^2 sein. Dann liegt die eine Wurzel, die ich μ^2 nennen will, zwischen b^2 und c^2, die zweite, die mit ν^2 bezeichnet sein soll, zwischen 0 und b^2. Wenn im folgenden gesagt wird, daß $\lambda^2 = \mu^2$ oder $= \nu^2$ sei, so wird damit angedeutet, daß die an sich unbeschränkt veränderliche Größe λ^2 in eins der genannten Intervalle eingeschlossen sei.

Die Gleichung (1) stellt geometrisch eine Schar von Kegeln zweiter Ordnung mit gemeinsamen Fokallinien dar, wobei man zur Bestimmung der letzteren die beiden Gleichungen

$$(2) \qquad y = 0, \quad \frac{x^2}{b^2} + \frac{z^2}{b^2 - c^2} = 0$$

erhält. Diese Fokallinien werden natürlich von sämtlichen Kegeln — sofern die letzteren reell sind — eingeschlossen. Aber übrigens haben die Kegel $\lambda^2 = \mu^2$ und $\lambda^2 = \nu^2$ verschiedene Lage. Die ersteren, die ich *Kegel der ersten Art* nennen will, umschließen die Z-Achse; die *Kegel der zweiten Art* sind um die X-Achse herumgelegt. Dabei beachte man, daß beide Kegelsysteme als Grenzfälle zwei (doppeltzählende) Koordinatenebenen enthalten: die Kegel erster Art für $\lambda^2 = c^2$ die XY-, für $\lambda^2 = b^2$ die XZ-Ebene, die Kegel zweiter Art für $\lambda^2 = b^2$ ebenfalls die XZ-, für $\lambda^2 = 0$ die YZ-Ebene. Ich werde diese Ebenen die *Hauptebenen*, die Kreise, in denen sie die Kugel durchdringen, die *Hauptkreise* nennen. Von den Hauptkreisen abgesehen, besteht jede Kurve $\lambda^2 = \mu^2$ oder $\lambda^2 = \nu^2$ auf der Kugel aus *zwei* Ovalen, deren Lage in dem einen oder anderen Falle leicht vorzustellen ist.

Es gilt nun vor allem, den Grenzübergang deutlich aufzufassen, der eintritt, wenn $b^2 = c^2$ wird. Zuvörderst sieht man, daß dann die beiden

Fokallinien (2) in die X-Achse zusammenfallen. In ihr schneiden sich übrigens nach wie vor die beiden Hauptkreise $y = 0$, $z = 0$, die ich nun als *Hauptmeridiane* bezeichnen will. Auch der dritte Hauptkreis, $x = 0$, der jetzt der *Äquator* heißen soll, ist völlig unverändert geblieben. Dagegen haben sich die übrigen Kurven der ersten oder zweiten Art wesentlich umgestaltet: *Die einzelne Kurve erster Art ist in zwei gegen XZ (oder XY) unter gleichem Winkel geneigte Meridiane zerfallen; die Kurve zweiter Art in zwei Parallelkreise, welche vom Äquator beiderseitig gleich weit abstehen.* Zum Beweise appelliere ich an die geometrische Anschauung. Will man es auf analytischem Wege einsehen, so setze man in (1) zunächst einmal b^2 schlechthin gleich c^2; die dann entstehende Gleichung:

$$(3) \qquad \frac{x^2}{\lambda^2} + \frac{y^2 + z^2}{\lambda^2 - b^2} = 0$$

definiert für $\lambda^2 = \nu^2$ auf der Kugel die gewollten Parallelkreise. Ein andermal setze man zuvörderst:

$$c^2 = b^2 + \varepsilon^2, \quad \lambda^2 = \mu^2 = b^2 + \varepsilon'^2,$$

— wo ε größer als ε' sein soll —, und lasse nun ε, ε' unabhängig voneinander unendlich klein werden. So reduziert sich (1) nach Wegwerfung verschwindender Größen auf folgende Gleichung:

$$(4) \qquad y^2 = \frac{\varepsilon'^2}{\varepsilon^2 - \varepsilon'^2} \cdot z^2,$$

und diese repräsentiert in der Tat zwei gegen XZ gleich stark geneigte Meridiane.

§ 2.

Definition der Laméschen Funktionen.

Die Kugelfunktion mit zwei Variablen werde für das Folgende in bekannter Weise definiert *als homogene Funktion f von x, y, z, die der Gleichung*

$$\Delta_2 f = \frac{\partial^2 f}{\partial x^2} + \frac{\partial^2 f}{\partial y^2} + \frac{\partial^2 f}{\partial z^2} = 0$$

genügt[2]). Der *Grad* der Kugelfunktion ist dann der Grad von f in x, y, z.

Es wird nun Kugelfunktionen n-ten Grades geben können, die, abgesehen von etwa vortretenden Faktoren x, oder y, oder z (die aber nur

---

[2]) Ich möchte hier insbesondere auf die Darstellung verweisen, welche **Maxwell** in seinem Treatise on electricity and magnetism (Cambridge 1873) gegeben hat. — Vielleicht hat die Bemerkung Interesse, die sich auf Grund der dort entwickelten Definition unmittelbar ergibt: *daß die 15 Symmetrieebenen des Ikosaeders die Nullstellen einer Kugelfunktion repräsentieren.*

in einfacher Multiplizität vorhanden sein sollen) in lauter Faktoren von der in (1) vorkommenden Gestalt zerfallen:

$$\frac{x^2}{\lambda^2} + \frac{y^2}{\lambda^2 - b^2} + \frac{z^2}{\lambda^2 - c^2} \cdot$$

Gleich Null gesetzt, repräsentiert ein solches f ein Aggregat von Kegeln (1), dem eventuell noch einige Koordinatenebenen zutreten. Auf der Kugel werden wir also als Nullstellen von f eine Anzahl Kurven der ersten oder zweiten Art haben, vielleicht verbunden mit einigen der Hauptkreise. Eine solche Funktion f soll im folgenden eine *Lamésche Funktion vom n-ten Grade* genannt werden, und zwar, der Deutlichkeit halber, eine *Lamésche Funktion von zwei Parametern.*

Der Zusammenhang dieser Definition mit der gewöhnlichen ergibt sich sofort, wenn man statt der x, y, z der Kugelpunkte die elliptischen Koordinaten μ^2, ν^2 einführt. Zu dem Zwecke hat man, der bekannten Theorie zufolge, zuvörderst die Gesamtheit der auf der Kugel befindlichen Nullstellen durch eine Gleichung in λ^2 darzustellen:

$$E(\lambda^2) = 0;$$

dann ist, von einem konstanten Faktor abgesehen, der uns hier gleichgültig sein wird, f.gleich dem Produkte

$$E(\mu^2) \cdot E(\nu^2).$$

Der einzelne Faktor dieses sogenannten Laméschen Produktes ist das, was man gewöhnlich als Lamésche Funktion schlechthin bezeichnet; im Gegensatze zur Funktion f könnte man ihn eine Lamésche Funktion *mit nur einem Parameter* nennen.

Die Funktion $E(\lambda^2)$ enthält, den etwa vorhandenen Hauptkreisen entsprechend, eine Anzahl Faktoren der Art $\sqrt{\lambda^2}$, $\sqrt{\lambda^2 - b^2}$, $\sqrt{\lambda^2 - c^2}$; nach Abtrennung derselben reduziert sie sich auf eine ganze Funktion von λ^2:

$$\varphi_\tau(\lambda^2).$$

Der Index τ soll dabei den Grad von φ in λ^2 bedeuten. Lamésche Funktionen desselben Grades, die hinsichtlich der auf die Hauptkreise bezüglichen Quadratwurzeln übereinstimmen, mögen demselben *Typus* zugerechnet werden. Es gibt dann, wie in der Einleitung bemerkt, jedesmal $(\tau + 1)$ Funktionen desselben Typus.

Des Näheren stellt sich bei gegebenem n die Sache folgendermaßen:

1. *Sei n gerade.* Dann muß mit dem Aggregat der Kegel (1) notwendig eine paare Anzahl von Hauptebenen verbunden sein. Man hat also folgende vier Typen, deren Bezeichnung nach dem Voraufgeschickten ohne weitere Erläuterung verständlich sein wird:

33*

$$(5)\quad\begin{cases} \text{I.} & E = \varphi_{\frac{n}{2}}(\lambda^2). \\[2ex] \text{II.} & E = \sqrt{\lambda^2 - b^2} \cdot \sqrt{\lambda^2 - c^2} \cdot \varphi_{\frac{n-2}{2}}(\lambda^2), \\[2ex] \text{III.} & E = \sqrt{\lambda^2 - c^2} \cdot \sqrt{\lambda^2} \cdot \varphi_{\frac{n-2}{2}}(\lambda^2), \\[2ex] \text{IV.} & E = \sqrt{\lambda^2} \cdot \sqrt{\lambda^2 - b^2} \cdot \varphi_{\frac{n-2}{2}}(\lambda^2). \end{cases}$$

Von Funktionen der ersten Art gibt es, dem wiederholt angeführten Satze entsprechend, $\frac{n+2}{2}$, von Funktionen der übrigen Arten je $\frac{n}{2}$, im ganzen also $(2n+1)$ Lamésche Funktionen des n-ten Grades, wie es sein muß.

2. *Sei n ungerade.* Dann hat man die vier Typen:

$$(6)\quad\begin{cases} \text{I.} & E = \sqrt{\lambda^2} \cdot \sqrt{\lambda^2 - b^2} \cdot \sqrt{\lambda^2 - c^2} \cdot \varphi_{\frac{n-3}{2}}(\lambda^2), \\[2ex] \text{II.} & E = \sqrt{\lambda^2} \cdot \varphi_{\frac{n-1}{2}}(\lambda^2), \\[2ex] \text{III.} & E = \sqrt{\lambda^2 - b^2} \cdot \varphi_{\frac{n-1}{2}}(\lambda^2), \\[2ex] \text{IV.} & E = \sqrt{\lambda^2 - c^2} \cdot \varphi_{\frac{n-1}{2}}(\lambda^2). \end{cases}$$

Auch diese Tabelle ergibt, dem erwähnten Satze zufolge, $(2n+1)$ Lamésche Funktionen des n-ten Grades.

§ 3.

Bedeutung und Beweis meines Theorems.

Wie schon in der Einleitung berichtet, hat man vor allem den Satz, daß die verschiedenen ganzen Funktionen $\varphi_\tau(\lambda^2)$ gleich Null gesetzt lauter getrennte, reelle Wurzeln ergeben, die sämtlich in dem Intervalle von 0 bis c^2 liegen und weder mit 0 noch mit b^2 oder mit c^2 zusammenfallen. Für unsere geometrische Auffassungsweise heißt dies, daß $f = E(\mu^2) \cdot E(\nu^2)$, von den Hauptkreisen abgesehen, auf der Kugel für τ getrennte reelle Kurven verschwindet, welche sich, nach einem zunächst unbekannten Gesetze, auf die Kurven der ersten und die Kurven der zweiten Art verteilen. *Eben dieses Gesetz will mein Theorem aufdecken.* Es besagt, *daß die $\tau + 1$ demselben Typus angehörigen Laméschen Funktionen genau den verschiedenen hier denkbaren Verteilungsmöglichkeiten entsprechen.*

Zum Beweise halte man an der geometrischen Auffassungsweise fest, und lasse nun den Grenzübergang des § 1 eintreten, welcher der Annahme $b^2 = c^2$ entspricht!

Da niemals zwei Kurven der ersten oder der zweiten Art miteinander oder mit einem Hauptkreise zusammenfallen können, so degeneriert jede Kurve der ersten Art in zwei (gleich stark gegen XZ geneigte) Meridiane, jede Kurve der zweiten Art in zwei (gleichweit vom Äquator abstehende Parallelkreise. Mittlerweise hat die Funktion

$$f(x, y, z) = E(\mu^2) \cdot E(\nu^2)$$

nicht aufgehört, der Differentialgleichung

$$\Delta_2 f = 0$$

zu genügen. Die elliptischen Koordinaten μ^2, ν^2 aber sind in die gewöhnlichen Polarkoordinaten φ, ϑ übergegangen, die, im Anschlusse an (3), (4) durch folgende Gleichungen definiert sind:

$$(7) \qquad \begin{cases} x = \cos\vartheta, \quad y = \sin\vartheta \cdot \cos\varphi, \quad z = \sin\vartheta \cdot \sin\varphi, \\ \cos\varphi = \dfrac{\varepsilon'}{\varepsilon}, \quad \cos\vartheta = \dfrac{\nu}{b} \end{cases}$$

Man hat also vor allen Dingen (wegen der Lage der Nullstellen):

Die Funktion $f(x, y, z)$ ist in eine der $(2n+1)$ in bezug auf die X-Achse symmetrischen Kugelfunktionen verwandelt, die in üblicher Bezeichnung lauten:

$$(8) \qquad \begin{cases} P_{(h)}^{(n)}(\cos\vartheta) \cdot \cos h\,\varphi, \\ P_{(h)}^{(n)}(\cos\vartheta) \cdot \sin h\,\varphi. \end{cases}$$

Hier hat h in der ersten Zeile die Werte $0, 1, \ldots, n$, in der zweiten Zeile die Werte $1, 2, \ldots, n$ zu durchlaufen.

Aber zugleich ist ersichtlich, in *welche* der $(2n+1)$ Funktionen (8) f übergegangen ist.

Zunächst, was die Unterscheidung der beiden in (8) enthaltenen Formen angeht, so hat man offenbar die Regel:

Es entsteht $P_{(h)}^{(n)}(\cos\vartheta) \cdot \sin h\varphi$ oder $P_{(h)}^{(n)}(\cos\vartheta) \cdot \cos h\varphi$, je nachdem $f(x, y, z)$ für $y = 0$ verschwindet, oder nicht, je nachdem also das zugehörige $E(\lambda^2)$ den Faktor $\sqrt{\lambda^2 - b^2}$ enthält oder nicht.

Dann aber können wir auch innerhalb der beiden Arten sondern. In der Tat erkennt man sofort die Richtigkeit des folgenden Satzes:

War τ_1 die Anzahl der Kurven erster Art, für welche $f(x, y, z)$ verschwand, und befanden sich unter den Verschwindungskurven des weiteren noch σ Hauptmeridiane (wo σ nur $0, 1, 2$ sein kann), so ist für die zugehörige Funktion (8) $h = 2\tau_1 + \sigma$.

Hiermit aber ist die fragliche Funktion (8) vollkommen bestimmt.

Nun sage ich, *daß auch umgekehrt beim Grenzübergange die einzelne Funktion (8) nur aus einer einzigen Laméschen Funktion entstehen kann.*

Denn man weiß, daß die $(2n+1)$ zum Vergleich kommenden Funktionen (8) gleich den $(2n+1)$ überhaupt vorhandenen Laméschen Funktionen linear unabhängig sind.

Aus allen diesen Sätzen aber folgt unser Theorem unmittelbar. Man kennt bei der einzelnen Funktion (8) von vornherein die Meridiane, für welche sie verschwindet. *Daher kann man auf die Anzahl der Kurven erster (oder zweiter) Art, für welche die verschiedenen Laméschen Funktionen verschwinden, den Rückschluß machen.* Es wird genügen, dies nur an einem der 8 Fälle, die man, dem vorigen Paragraphen zufolge, bei geradem resp. ungeradem n zu unterscheiden hat, ins einzelne darzulegen.

Ich nehme zu dem Zwecke bei ungeradem n (Tab. (6)) den ersten Fall:

$$E = \sqrt{\lambda^2} \cdot \sqrt{\lambda^2 - b^2} \cdot \sqrt{\lambda^2 - c^2} \cdot \varphi_{\frac{n-3}{2}}(\lambda^2).$$

Ein solches E verschwindet für die Hauptmeridiane $y = 0$ und $z = 0$, zudem für den Äquator, $x = 0$. Daher entspricht ihm eine Funktion

$$P^{(n)}_{(h)}(\cos\vartheta) \cdot \sin h\,\varphi$$

mit *geradem* h. Nun gibt es solcher Funktionen (für $h = 2, 4, \ldots, (n-1)$) im ganzen $\frac{n-1}{2}$, also ebenso viele, als Funktionen E des herausgegriffenen Typus. Die $\left(\frac{n-1}{2}\right)$ Funktionen der zweierlei Arten entsprechen einander also eindeutig. Aber

$$P^{(n)}_{(h)}(\cos\vartheta) \cdot \sin h\,\varphi$$

verschwindet (für gerades h) in $(h-2)$ Meridianen, die von den Hauptmeridianen verschieden sind. *Daher verschwinden die $\left(\frac{n-1}{2}\right)$ Funktionen $E(\lambda^2)$ des von mir herausgegriffenen Typus beziehungsweise in $\left(\frac{h-2}{2}\right)$ Kurven der ersten Art, wo h die Werte $2, 4, \ldots, (n-1)$ zu durchlaufen hat.* Sie sind also durch die Anzahl der Wurzeln λ^2 verschieden, welche

$$\varphi_{\frac{n-3}{2}}(\lambda^2) = 0$$

zwischen b^2 und c^2 ergibt,   und eben dieses behauptet mein Theorem.

Daß sich das Theorem in den übrigen Fällen ganz ebenso ergibt, bedarf wohl keiner Erläuterung mehr.

Man erkennt das Charakteristische dieses Beweises. Hätte man, wie es gewöhnlich geschieht, λ^2 einfach als Abszisse gedeutet und dementsprechend $E(\lambda^2)$ interpretiert, so hätte sich das Intervall $b^2 \ldots c^2$ beim Grenzübergange in einen einzelnen Punkt zusammengezogen und es würde einer tiefer gehenden Untersuchung vorbehalten geblieben sein, die verschiedenen Wurzeln von $E(\lambda^2) = 0$, die in diesem Punkt koinzidieren, nach ihrem Ursprunge zu klassifizieren. Indem wir statt dessen $E(\mu^2) \cdot E(\nu^2)$ auf der Kugel deuten, verliert der Grenzübergang für die geometrische Auffassung jegliche Unstetigkeit, und das Theorem, um welches es sich handelt, bietet sich unmittelbar.

§ 4.

Das Theorem für die Laméschen Funktionen der p-ten Ordnung[3]).

Bei den Laméschen Funktionen p-ter Ordnung treten an Stelle der drei Werte $\lambda^2 = 0$, b^2, c^2 im ganzen $p+1$, die, reell und positiv vorausgesetzt, in steigender Größenordnung mit a_0^2, a_1^2, $\ldots$, a_p^2, bezeichnet sein mögen. Eine Lamésche Funktion des n-ten Grades $E^{(n)}(p, \lambda^2)$ enthält als einfach vertretende Faktoren eine gewisse Anzahl, m, von Quadratwurzeln:

$$\sqrt{\lambda^2 - a_0^2}, \quad \sqrt{\lambda^2 - a_1^2}, \quad \ldots, \quad \sqrt{\lambda^2 - a_p^2}$$

— wo m mit n zusammen gerade oder ungerade sein muß, aber übrigens beliebig ist — und außerdem eine ganze Funktion $\left(\dfrac{n-m}{2}\right)$-ten Grades von λ^2 $\varphi_{\frac{n-m}{2}}(\lambda^2)$. Es mögen wieder alle diejenigen Funktionen, welche hinsichtlich der vortretenden Quadratwurzeln übereinstimmen, demselben Typus zugerechnet werden. Die Zahl der linear unabhängigen Funktionen des einzelnen Typus ist dann jeweils:

$$\frac{(\tau+1)(\tau+2)\ldots(\tau+p-1)}{1 \cdot 2 \ldots p-1},$$

wo τ der Abkürzung halber statt $\dfrac{n-m}{2}$ geschrieben ist. Man bemerkt, daß dies gerade diejenige Zahl ist, welche angibt, auf wie viele verschiedene Weisen τ Punkte über p Intervalle verteilt werden können.

Mein Theorem ist nun dies: *daß diese Übereinstimmung keine zufällige ist.* Vielmehr sage ich:

1. *daß jedes Polynom $\varphi_\tau(\lambda^2)$, gleich Null gesetzt, τ getrennte, reelle Wurzeln ergibt, welche alle zwischen a_0^2 und a_p^2 inne liegen, ohne mit diesen Grenzen oder den Größen $a_1^2 \ldots a_{p-1}^2$ zusammenzufallen;*

2. *daß die verschiedenen zu demselben Typus gehörigen Polynome $\varphi_\tau(\lambda^2)$ sich durch den Modus der Verteilung ihrer Wurzeln auf die p Intervalle von a_0^2 bis a_1^2, von a_1^2 bis $a_2^2 \ldots$, von a_{p-1}^2 bis a_p^2 unterscheiden, so zwar, daß jeder Verteilungsart eine und nur eine Funktion $\varphi_\tau(\lambda^2)$ entspricht.*

Der erste Teil dieses Satzes kann geradeso bewiesen werden, wie dies hinsichtlich der Laméschen Funktionen zweiter Ordnung seit lange geschehen ist; man vergleiche das Heinesche Buch. Um den zweiten Teil

---

[3]) Vgl. H. K. S. 445.

des Satzes einzusehen, hat man vor allem die Art und Weise zu überlegen, wie die Kugel des Raumes $(x_0 \ldots x_p)$ von $(p+1)$ Dimensionen:

$$x_0^2 + x_1^2 + \ldots + x_p^2 = 1$$

durch die allgemeinen elliptischen Polarkoordinaten

$$\lambda_1^2,\ \lambda_2^2,\ \ldots,\ \lambda_p^2,$$

die mittels folgender Gleichung eingeführt werden:

$$(9) \qquad \frac{x_0^2}{\lambda^2 - a_0^2} + \frac{x_1^2}{\lambda^2 - a_1^2} + \ldots + \frac{x_p^2}{\lambda^2 - a_p^2} = 0,$$

in p Serien von $(p-1)$-fach ausgedehnten Gebieten zerlegt wird. Sodann lasse man $a_1^2,\ a_2^2,\ \ldots,\ a_p^2$ allmählich einander gleich werden, wobei sich die elliptischen Koordinaten in die gewöhnlichen Polarkoordinaten $\vartheta_1,\ \vartheta_2,\ \ldots,\ \vartheta_p$ verwandeln, die durch folgende Gleichungen definiert sind:

$$(10) \qquad \begin{cases} x_0 = \cos\vartheta_1, \\ x_1 = \sin\vartheta_1 \cos\vartheta_2, \\ \cdot \quad \cdot \quad \cdot \quad \cdot \quad \cdot \quad \cdot \quad \cdot \\ \cdot \quad \cdot \quad \cdot \quad \cdot \quad \cdot \quad \cdot \quad \cdot \\ x_{p-2} = \sin\vartheta_1 \sin\vartheta_2 \ldots \sin\vartheta_{p-2} \cos\vartheta_{p-1}, \\ x_{p-1} = \sin\vartheta_1 \sin\vartheta_2 \ldots\ldots\ldots \sin\vartheta_{p-1} \cos\vartheta_p, \\ x_p = \sin\vartheta_1 \sin\vartheta_2 \ldots\ldots\ldots \sin\vartheta_{p-1} \sin\vartheta_p. \end{cases}$$

Dann verwandelt sich das Lamésche Produkt

$$E^{(n)}(p, \lambda_1^2) \cdot E^{(n)}(p, \lambda_2^2) \ldots E^{(n)}(p, \lambda_p^2)$$

notwendig in eine Kugelfunktion des folgenden Typus[4]):

$$(11) \quad P^{(n)}_{(n_1)}(p, \cos\vartheta_1) \cdot P^{(n_1)}_{(n_2)}(p, \cos\vartheta_2) \ldots P^{(n_{p-2})}_{(n_{p-1})}(p, \cos\vartheta_{p-1}) \cdot [\vartheta_p].$$

Hier soll $[\vartheta_p]$, je nachdem,

$$\cos(n_{p-1} \cdot \vartheta_p) \quad \text{oder} \quad \sin(n_{p-1} \cdot \vartheta_p)$$

bedeuten, und

$$n,\ n_1,\ \ldots,\ n_{p-1}$$

soll irgendein Zahlensystem sein, für welches keine der Differenzen

$$n - n_1,\ n_1 - n_2,\ \ldots,\ n_{p-2} - n_{p-1}$$

negativ ist. Man überblickt die verschiedenen reellen Gebiete, für welche eine solche Funktion (11) auf der Kugel verschwindet. In ähnlicher Weise müssen daher die Nullstellen des Produktes

$$E^{(n)}(p, \lambda^2) \cdot E^{(n)}(p, \lambda_2^2) \ldots E^{(n)}(p, \lambda_p^2)$$

angeordnet sein. Und eben dies behauptet, nur in analytischer Formulierung, der vorstehend ausgesprochene Satz.

Leipzig, Mitte Januar 1881.

---

[4]) H. K. S. 461.

LXIII. Über [die Randwertaufgabe des Potentials für[Körper, welche von konfokalen Flächen zweiten Grades begrenzt sind.

[Math. Annalen, Bd. 18 (1881).]

In dem Werke über *theoretische Physik* der Herren Thomson und Tait[1]) findet sich ein bemerkenswerter Abschnitt über Kugelfunktionen, in welchem eine Reihe neuer Ideen in nur zu knapper Form entwickelt sind. Es seien r, ϑ, φ die gewöhnlichen Polarkoordinaten im Raume. Dann kommen die betreffenden Angaben im wesentlichen darauf hinaus, daß man für jeden Körper, der von irgendwelchen Flächen $r = \mathrm{Const.}$, $\vartheta = \mathrm{Const.}$, $\varphi = \mathrm{Const.}$ begrenzt ist, die fundamentale Potentialaufgabe[2]) *durch richtige Verallgemeinerung der gewöhnlichen Kugelfunktionen erledigen könne.* Dabei fehlt allerdings jeder Ansatz zur Erbringung der notwendigen Konvergenzbeweise; auch ist die Darstellung in einer Weise skizzenhaft, daß es fast unmöglich scheint, den Sinn mancher einzelnen Behauptung zu verstehen. Trotzdem wird jeder Mathematiker in den genannten Entwicklungen einen wesentlichen Fortschritt auf dem hier in Rede stehenden Gebiete erkennen.

---

[1]) Theoretische Physik, deutsch von Helmholtz und Wertheim, 1. Teil, Braunschweig 1871 (vgl. S. 156—178 daselbst). — Das Original erschien bekanntlich unter dem Titel „Natural Philosophy“, 1867, doch scheint der Abschnitt über Kugelfunktionen zu denjenigen Teilen des Werkes zu gehören, die, einer Bemerkung der Vorrede zufolge, bereits früher gedruckt worden sind. Wenigstens zitiert Herr Thomson den betreffenden „Appendix B“ schon im Jahre 1862; vgl. eine Arbeit in den Philosophical Transactions vom Jahre 1863: „*Dynamical Problems regarding elastic spheroidal shells and spheroids of incompressible liquid.*“ — In einer neuen Auflage der „Natural Philosophy“ (Cambridge 1879) findet sich derselbe Abschnitt wesentlich umgearbeitet und erweitert; doch scheint auch diese Darstellung zum unmittelbaren Verständnisse noch nicht ausführlich genug.

[2]) Als solche sei das Problem bezeichnet: aus den Werten des Potentials in den Punkten einer Oberfläche den Verlauf desselben im Inneren des von der Oberfläche begrenzten Körpers zu bestimmen.

Wiederholte Versuche, mir denselben verständlich zu machen, ließen die Frage in mir entstehen, ob nicht das Analoge durch Verallgemeinerung der Laméschen Funktionen für einen Körper zu leisten sei, der von irgendwelchen konfokalen Flächen zweiten Grades begrenzt ist. Man würde dann ein allgemeineres Problem erledigt haben, welches das speziellere der Kugelfunktionen als Grenzfall in sich schließt, und, da es die verschiedenen sonst zu unterscheidenden Möglichkeiten gleichförmig umfaßt, einen leichteren und vollständigeren Überblick über letztere ermöglicht.

Unter vorläufiger Beiseitelassung aller Konvergenzbetrachtungen ist es mir nun in der Tat gelungen, dies allgemeinere Problem zu erledigen. Der Unterschied ist nur der, daß man fortwährend sozusagen mit *impliziten* Formeln arbeitet. Wo man im Falle der Kugelfunktionen a priori bekannte Reihenentwicklungen unmittelbar hinschreibt, hat man es hier mit Lösungen der Laméschen Differentialgleichung zu tun, für welche die in der Differentialgleichung auftretenden Konstanten selbst erst, allgemein zu reden, aus transzendenten Gleichungen berechnet werden müssen[3]. Aber dies hindert nicht, daß diese Konstanten und die zugehörigen Funktionen *durchaus eindeutig* bestimmt sind, und hierauf allein kommt es bei der allgemeinen Entwicklung an.

Ich werde im folgenden den etwas weitschichtigen Stoff so ordnen, daß ich vor allen Dingen solche Körper betrachte, die sechs verschiedene Begrenzungsflächen besitzen. Unter ihnen mögen diejenigen voranstehen, welche sich durch keine Hauptebene (Koordinatenebene) des konfokalen Flächensystems hindurchziehen (§ 1—5); die Betrachtung komplizierterer Fälle macht hernach keine besonderen Schwierigkeiten mehr (§ 6). Nun erst gehe ich zur Behandlung von Körpern über, die weniger als sechs Begrenzungsflächen haben. Doch beschränke ich mich dabei, um ermüdende Aufzählungen zu vermeiden, im wesentlichen auf das Vollellipsoid, und zeige (§ 7), daß Lamés ursprüngliche Behandlung dieses Falles genau diejenige ist, welche aus meinem allgemeinen Ansatze hervorgeht. Dabei wird das Theorem von prinzipieller Wichtigkeit, welches ich neuerdings in den Math. Annalen in einer Note über Lamésche Funktionen[4] publiziert habe.

---

[3] Etwas ähnliches kennt man von den Reihenentwicklungen, die nach Besselschen Funktionen von beliebigem Index fortschreiten. — Man vergleiche auch verschiedene Aufsätze von Liouville und Sturm in den ersten Bänden des Liouvilleschen Journals; dieselben haben mit den im Texte zu entwickelnden Anschauungen viele Berührungspunkte. [Ich bin auf diese Abhandlungen s. Z. erst nachträglich aufmerksam gemacht worden, so daß die nahen Beziehungen beider Betrachtungsweisen leider nicht herausgearbeitet sind. Man sehe hierzu den Artikel von Bôcher „Randwertaufgaben bei gewöhnlichen Differentialgleichungen" (abgeschlossen 1900) in Bd. II_1 der mathematischen Enzyklopädie. K.]

[4] Math. Annalen, Bd. 18 (1881) [siehe die vorstehende Abh. LXII].

§ 1.
Die elliptischen Koordinaten im Raume und die Lamésche Differentialgleichung.

Zur Definition der elliptischen Koordinaten werde ich setzen[5]):

$$(1) \qquad \frac{x^2}{\lambda} + \frac{y^2}{\lambda - k^2} + \frac{z^2}{\lambda - 1} = 1,$$

wo der „Modul" k^2 als reelle positive Größe < 1 genommen werden soll. Dann sind, wie man weiß, die drei Wurzeln λ bei reellen x, y, z reell; ich will sie μ, ν, ϱ nennen, wo μ den *zweischaligen Hyperboloiden*, ν den *Regelflächen* (den einschaligen Hyperboloiden), ϱ den *Ellipsoiden* des konfokalen Systems entsprechen mag. Man hat in bekannter Weise:

$$(2) \qquad \begin{cases} 0 \leq \mu \leq k^2, \\ k^2 \leq \nu \leq 1, \\ 1 \leq \varrho \leq +\infty. \end{cases}$$

Es sei nun t das elliptische Integral:

$$(3) \qquad t = \int\limits_0^\lambda \frac{d\lambda}{\sqrt{\lambda \cdot \lambda - k^2 \cdot \lambda - 1}};$$

für $\lambda = \mu, \nu, \varrho$ verwandele sich t in u, v, w. Dann schreibt sich, wie man weiß, die Differentialgleichung des Potentials in folgender Gestalt:

$$(4) \qquad \frac{\frac{\partial^2 \Phi}{\partial u^2}}{\mu - \nu \cdot \mu - \varrho} + \frac{\frac{\partial^2 \Phi}{\partial v^2}}{\nu - \varrho \cdot \nu - \mu} + \frac{\frac{\partial^2 \Phi}{\partial w^2}}{\varrho - \mu \cdot \varrho - \nu} = 0,$$

und man genügt ihr, nach Lamé, indem man Φ gleich dem Produkte dreier Funktionen setzt, deren einzelne nur von einem Argumente abhängt:

$$(5) \qquad \Phi = \overline{E}_1(u) \cdot \overline{E}_2(v) \cdot E_3(w) = E_1(\mu) \cdot E_2(\nu) \cdot E_3(\varrho),$$

und die verschiedenen $\overline{E}$ derselben Differentialgleichung zweiter Ordnung unterwirft:

$$(6) \qquad \frac{d^2 \overline{E}(t)}{dt^2} = (A\lambda + B) \cdot \overline{E}(t).$$

Daß in dieser „*Laméschen Differentialgleichung*" A und B zunächst beliebige reelle Konstante bedeuten können, daß ferner $\overline{E}_1, \overline{E}_2, \overline{E}_3$ irgend drei partikuläre Lösungen der Differentialgleichung bedeuten dürfen, ist a priori deutlich, und es brauchte hier gar nicht hervorgehoben zu werden,

---

[5]) Diese Definition ist in der Bezeichnung von derjenigen verschieden, die ich im Anschlusse an Heines Kugelfunktionen in meiner vorigen Note über Lamésche Funktionen [= Abh. LXII] gebraucht habe.

wenn nicht durch Lamés eigene Intentionen und die Untersuchungen Späterer eine mehr partikuläre Auffassung sich Bahn gebrochen hätte. Indem Lamé $E(\lambda)$ als ganze rationale Funktion von $\sqrt{\lambda}$, $\sqrt{\lambda - k^2}$, $\sqrt{\lambda - 1}$ bestimmen wollte, verwandelte sich für ihn A in $\dfrac{s(s+1)}{4}$ und B unterlag einer bestimmten, numerischen, algebraischen Gleichung; die Partikularlösungen E_1, E_2, E_3 wurden identisch. Es hat dann später Hermite in seinen vielgenannten Untersuchungen über die Integration der Laméschen Differentialgleichung an der Annahme $A = \dfrac{s(s+1)}{4}$ festgehalten und nur B beliebig genommen; das Gleiche gilt von den zahlreichen Arbeiten anderer, die sich an die seinigen anschließen.

§ 2.

Allgemeiner Ansatz für einen Körper, der von sechs konfokalen Flächen begrenzt ist und die Koordinatenebenen nicht durchdringt.

Es sei nun ein Körper gegeben, der von sechs konfokalen Flächen zweiten Grades begrenzt ist: den beiden zweischaligen Hyperboloiden $\mu = a_1$ und $\mu = a_2 \, (a_1 < a_2)$, den beiden Regelflächen $\nu = b_1$ und $\nu = b_2 \, (b_1 < b_2)$, und den beiden Ellipsoiden $\varrho = c_1$ und $\varrho = c_2 \, (c_1 < c_2)$. Indem wir hinzufügen, daß sich der Körper durch keine der drei Hauptebenen des konfokalen Systems hindurch erstrecken soll, ist er im wesentlichen völlig bestimmt; denn wir wollen immer an der Voraussetzung festhalten, daß er durchaus im Endlichen gelegen sei. — Auf seinen sechs Begrenzungsflächen seien jetzt, nach einem willkürlichen Gesetze, Potentialwerte gegeben; es handelt sich darum, die zugehörigen Potentialwerte für das Innere des Körpers zu finden.

Bekanntlich dekomponiert man eine solche Aufgabe zweckmäßigerweise in sechs Einzelprobleme. Man läßt die Potentialwerte jeweils nur auf einer der begrenzenden Flächen *beliebig* gegeben, auf den anderen gleichförmig Null sein und sucht die solcher Annahme entsprechenden Potentialwerte des Innern; hernach addiert man die sechs so gefundenen Partikularpotentiale.

Die Vermutung muß nun offenbar die sein, daß man jedes solche Partikularpotential durch eine unendliche Reihe passend ausgewählter Laméscher Produkte darstellen könne:

$$(7) \qquad \psi(\mu, \nu, \varrho) = \Sigma C \cdot E_1(\mu) \cdot E_2(\nu) \cdot E_3(\varrho).$$

Ich verzichte fürs erste, wie schon in der Einleitung bemerkt, darauf, die Zulässigkeit einer solchen Reihenentwicklung im Sinne der modernen Anforderungen *strenge* zu beweisen[6]). Vielmehr wünsche ich nur zu zeigen, daß man in der Tat eine und nur eine solche Reihenentwicklung aufstellen kann, die den übrigens bekannten Reihenentwicklungen willkürlicher Funktionen *analog* ist. Ich gründe diese Analogie auf das Vorhandensein gewisser Haupteigenschaften, die bei der gewöhnlichen Fourierschen Reihe bereits genügend hervortreten.

Es sei in dem Intervalle von 0 bis π

$$f(x) = a_1 \sin x + a_2 \sin 2x + \ldots$$

Dann fasse ich das wesentliche Verhalten der rechter Hand auftretenden Funktionen in den folgenden Sätzen zusammen:

1. sie sind im Intervalle von $x = 0$ bis $x = \pi$ durchaus endlich und werden an den Grenzen sämtlich gleich Null;

2. zwischen diesen Grenzen verschwindet die erste Funktion keinmal, die zweite einmal, usf., so daß jeder Zahl von Verschwindungsstellen eine und nur eine Funktion entspricht;

3. für irgend zwei verschiedene Funktionen hat man die sogenannte Integraleigenschaft:

$$\int_0^\pi \sin px \cdot \sin qx \cdot dx = 0; -$$

und verlange nun, daß unsere Reihenentwicklung dieselben Eigenschaften mutatis mutandis aufweise.

Ich will dabei, um die Ideen zu fixieren, hier und im folgenden annehmen, die sechste Begrenzungsfläche unseres Körpers sei diejenige, welche dem Ellipsoid $\varrho = c_2$ angehört. Dann soll also $\psi(\mu, \nu, \varrho)$ für $\mu = a_1$ und $\mu = a_2$, sodann für $\nu = b_1$ und $\nu = b_2$, sowie für $\varrho = c_1$ verschwinden; es soll endlich $\psi(\mu, \nu, c_2)$, während μ von a_1 bis a_2 und ν von b_1 bis b_2 läuft, eine in diesem Bereiche willkürlich gegebene Funktion repräsentieren. Zu dem Zwecke müssen wir der Reihenentwicklung (7), der entwickelten Analogie zufolge, die folgenden Bedingungen auferlegen:

1. *Man hat die Konstanten A, B der definierenden Laméschen Differentialgleichungen, man hat ferner die zugehörigen Partikularlösungen E_1, E_2, E_3 in der Weise auszuwählen, daß folgende Gleichungen statthaben:*

$$E_1(a_1) = 0, \quad E_1(a_2) = 0; \quad E_2(b_1) = 0, \quad E_2(b_2) = 0; \quad E_3(c_1) = 0,$$

während gleichzeitig die E innerhalb ihrer Intervalle endlich bleiben.

---

[6]) [Den noch fehlenden Beweis, daß jedenfalls jede zweimal stetig differenzierbare Funktion eine solche Reihenentwicklung gestattet, hat Herr Hilb mit Hilfe der Theorie der Integralgleichungen in den Math. Annalen, Bd. 63 (1906) erbracht.]

2. *Unter m, n irgend zwei ganze Zahlen verstanden (die auch Null sein können) muß immer ein und nur ein Produkt*

$$E_1(\mu) \cdot E_2(\nu) \cdot E_3(\varrho)$$

existieren, welches m-mal zwischen a_1 und a_2 und n-mal zwischen b_1 und b_2 verschwindet. — Ich werde ein solches Produkt in Zukunft als

$$(E_1 \cdot E_2 \cdot E_3)_{m,\,n}$$

bezeichnen.

3. *Für die so definierten unendlich vielen Produkte soll z. B. für das in Betracht kommende Oberflächenstück des Ellipsoids $\varrho = c_2$ die Integraleigenschaft bestehen:*

$$(8) \qquad \int (E_1 \cdot E_2 \cdot E_3)_{m,\,n} \cdot (E_1 \cdot E_2 \cdot E_3)_{m',\,n'}\,(\nu - \mu)\,du\,dv = 0,$$

wo die Integration über den Bereich $\alpha_1 \leqq u \leqq \alpha_2$ und $\beta_1 \leqq v \leqq \beta_2$ zu erstrecken ist. Dabei bedeuten $t = \alpha_1,\,\alpha_2;\ \beta_1,\,\beta_2$ die Werte, welche $\lambda = a_1,\,a_2;\ b_1,\,b_2$ entsprechen[7]).

Mein Nachweis wird sich darauf beschränken dürfen, die Verträglichkeit und die Vollständigkeit dieses Systems von Bedingungen hervortreten zu lassen. Dies soll in den folgenden Paragraphen geleistet werden.

<h2 style="text-align:center">§ 3.</h2>

<h3 style="text-align:center">Reduktion der Bedingungen.</h3>

Ein Teil der somit aufgestellten Bedingungen ist eine Folge der übrigen oder läßt sich auf unmittelbare Weise erledigen.

In dieser Richtung behaupte ich zunächst, *daß zufolge der Definition der Laméschen Funktionen die Integraleigenschaft 3. eine Folge von 1. ist.*

Zum Beweise sei der Kürze halber

$$[E_1(\mu) \cdot E_2(\nu) \cdot E_3(\varrho)]_{m,\,n} = \varphi_{m,\,n}$$

gesetzt. Dann folgt für zwei verschiedene φ, da beide der Differentialgleichung des Potentials genügen, aus dem Greenschen Satze sofort, daß das über die Oberfläche unseres Körpers ausgedehnte Doppelintegral:

$$\int \left\{ \varphi_{m,\,n} \cdot \frac{\partial \varphi_{m',\,n'}}{\partial n} - \varphi_{m',\,n'} \cdot \frac{\partial \varphi_{m,\,n}}{\partial n} \right\} d\omega$$

gleich Null ist; $d\omega$ ist dabei das Flächenelement der verschiedenen Begrenzungsflächen, $\frac{\partial}{\partial n}$ bedeutet eine Differentiation nach der jeweiligen, in

---

[7]) [Beim Wiederabdruck wurde ein Fehler in Formel (8) und den entsprechenden Formeln des § 3 verbessert.]

bestimmtem Sinne genommenen, Normale. Fünf unserer Begrenzungsflächen liefern aber überhaupt keinen Beitrag zu diesem Integral, da für sie $\varphi_{m,\,n}$ und $\varphi_{m',\,n'}$ beide verschwinden. Bei der sechsten Fläche, dem Ellipsoid $\varrho = c_2$, fällt die Normale der Richtung nach mit dem Durchschnitte der Flächen $\mu = \text{Const.}$, $\nu = \text{Const.}$ zusammen, $\dfrac{\partial}{\partial n}$ wird mit $\dfrac{\partial}{\partial \varrho}$ proportional[8]). Daher ist:

$$\frac{\partial \varphi_{m,\,n}}{\partial n} = [E_1(\mu) \cdot E_2(\nu)]_{m,\,n} \cdot 2\sqrt{\frac{\varrho \cdot \varrho - k^2 \cdot \varrho - 1}{\varrho - \mu \cdot \varrho - \nu}}\, \frac{\partial E_3(\varrho)_{m,\,n}}{\partial \varrho}$$

und es folgt, wenn man von einem nicht in Betracht kommenden Faktor absieht:

$$\left\{(E_3)_{m,\,n}\left(\frac{\partial E_3}{\partial \varrho}\right)_{m',\,n'} - (E_3)_{m',\,n'}\left(\frac{\partial E_3}{\partial \varrho}\right)_{m,\,n}\right\} \cdot \int (E_1 \cdot E_2)_{m,\,n}\,(E_1 \cdot E_2)_{m',\,n'}\,\frac{d\omega}{\sqrt{\varrho - \mu \cdot \varrho - \nu}} = 0.$$

Hier kann der erste Faktor:

$$(E_3)_{m,\,n}\left(\frac{\partial E_3}{\partial \varrho}\right)_{m',\,n'} - (E_3)_{m',\,n'}\left(\frac{\partial E_3}{\partial \varrho}\right)_{m,\,n}$$

nicht identisch Null sein. Denn sonst würde durch Integration folgen:

$$(E_3)_{m,\,n} = \text{Const.}\,(E_3)_{m',\,n'}$$

während doch die beiden E_3 *verschiedenen* Laméschen Differentialgleichungen genügen sollen. Somit folgt das Verschwinden des anderen Faktors und also[9]) das Verschwinden von (8), was zu beweisen war.

Ich sage ferner, *daß man den Gleichungen*

$$E_1(a_1) = 0, \quad E_2(b_1) = 0, \quad E_3(c_1) = 0,$$

die unter (1) *mit aufgeführt sind, durch bloße Wahl der Partikularlösungen* E_1, E_2, E_3 *der Laméschen Differentialgleichung genügen kann.*

Im Interesse des Folgenden will ich dies, so einfach es ist, geomemetrisch erläutern. Ich will λ (also evtl. μ, ν oder ϱ) als Abszisse deuten und somit von einer *Kurve* (E, λ) sprechen. E genügt in bezug auf λ einer Differentialgleichung zweiter Ordnung; man darf also zur Individualisierung der Kurve (E, λ) einen Punkt derselben und die Tangente in diesem Punkte beliebig annehmen. Unsere Forderung ist hiernach gewiß erfüllbar; denn sie verlangt nur, drei Kurven (E_1, λ), (E_2, λ), (E_3, λ)

---

[8]) Es ist

$$\frac{1}{2}\frac{\partial}{\partial n} = \sqrt{\frac{\varrho \cdot \varrho - k^2 \cdot \varrho - 1}{\varrho - \mu \cdot \varrho - \nu}}\,\frac{\partial}{\partial \varrho}.$$

[9]) $\left[\text{Es ist } d\omega = \dfrac{d\mu \cdot d\nu}{4}\sqrt{\dfrac{-(\nu - \mu)^2(\varrho - \mu)(\varrho - \nu)}{\mu \cdot \mu - k^2 \cdot \mu - 1 \cdot \nu \cdot \nu - k^2 \cdot \nu - 1}}\right.$

$$\left. = \frac{\nu - \mu}{2}\sqrt{-(\varrho - \mu)(\varrho - \nu)}\,du\,dv.\right]$$

so zu bestimmen, daß sie beziehungsweise durch die drei Punkte der Abszissenachse $\lambda = a_1$, $\lambda = b_1$, $\lambda = c_1$ hindurchlaufen. Sie ist sogar auf unendlich viele Weisen zu erfüllen, indem man die Richtungen der Kurven in diesen Punkten beliebig annehmen kann. Indess ist die sonach existierende Unbestimmtheit für unsere Zwecke gleichgültig. Denn eine Änderung der Anfangsrichtung bedeutet ja nur, daß das betr. E mit einem konstanten Faktor multipliziert wird, und ist also für unseren Ansatz, in welchem $E_1 \cdot E_2 \cdot E_3$ ohnehin mit einem beliebigen Faktor verbunden ist, durchaus irrelevant. — Diesen Überlegungen entsprechend will ich fernerhin unter E_1, E_2, E_3 drei solche Partikularlösungen verstehen, welche die Bedingungen

$$E_1(a_1) = 0, \quad E_2(b_1) = 0, \quad E_3(c_1) = 0$$

jedenfalls erfüllen.

Daß diese E_1, E_2, E_3 in den für sie in Betracht kommenden Intervallen dann jedenfalls endlich sind, wie wir unter (1) ebenfalls verlangten, folgt aus der Form der Laméschen Differentialgleichung auf Grund bekannter Konvergenzbetrachtungen.

Es bleibt also nur noch den Gleichungen

$$E_1(a_2) = 0, \quad E_2(b_2) = 0,$$

es bleibt ferner der Forderung (2) zu genügen. Für beides hat man noch die Konstanten A, B der Laméschen Differentialgleichung zur vollen Verfügung. Sie aber reichen auch gerade aus, um beides zu erzielen. Dies zu beweisen ist die Aufgabe der folgenden beiden Paragraphen. Ich betrachte zu dem Zwecke neben λ abwechselnd auch das Integral t als unabhängige Variable und stelle also neben die Kurven (E, λ) die entsprechenden Kurven $(\bar{E}, t)$.

§ 4.

Der Verlauf der Kurven $(\bar{E}, t)$.

Die geometrische Beziehung zwischen λ und dem Integrale t:

$$t = \int\limits_{0}^{\lambda} \frac{d\lambda}{\sqrt{\lambda \cdot \lambda - k^2 \cdot \lambda - 1}}$$

ist aus der Theorie der elliptischen Integrale genügend bekannt. Wir haben hier nur die reellen Werte von λ von 0 bis $+\infty$ ins Auge zu fassen, die sich auf die drei Intervalle von 0 bis k^2, von k^2 bis 1 und von 1 bis $+\infty$ verteilen. Läuft λ von 0 bis k^2, so bewegt sich t als ebenfalls *reelle* Größe von 0 bis ω_1, wo $2\omega_1$ die reelle Periode des elliptischen Integrals bedeutet und der größeren Bestimmtheit wegen positiv gedacht werden mag. Wächst λ über k^2 hinaus, so erhält t zunächst *rein imaginäre* Zuwächse, bis es, für $\lambda = 1$, in $\omega_1 + i\,\omega_2$ übergegangen ist, wo $2\,i\,\omega_2$ die imaginäre Periode des Integrals bedeuten soll und ω_2 ebenfalls eine positive Größe vorstellen mag. Für $\lambda > 1$ entsprechen den reellen Inkrementen von λ wieder reelle Änderungen von t, und erteilt man, was gestattet ist, dem $\frac{dt}{d\lambda}$ in diesem Intervalle das negative Vorzeichen, so geht t für $\lambda = +\infty$ in $i\,\omega_2$ über. Der ganze Weg, den t in seiner komplexen Ebene zurücklegt, wenn λ von 0 bis $+\infty$ läuft, ist sonach durch folgende Figur gegeben:

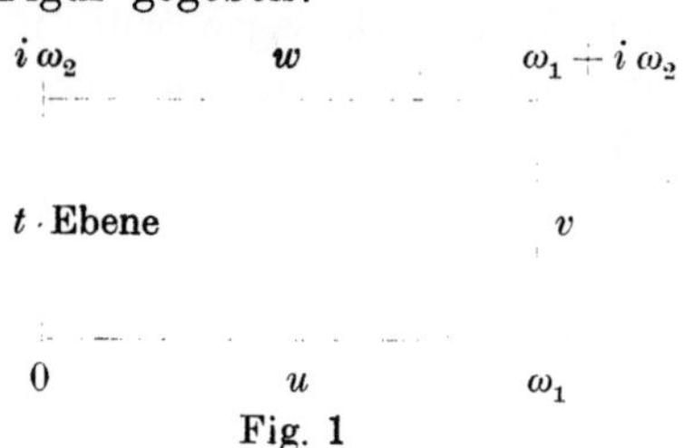

Fig. 1

Ich habe die Buchstaben u, v, w hinzugeschrieben, entsprechend den partikulären Benennungen, welche t in den betr. Intervallen trägt (vgl. § 1). Über diesem Linienzuge als Basis denke man sich nun die Kurven $(\bar{E}, t)$ konstruiert, indem man $\bar{E}$ etwa als vertikale Ordinate senkrecht gegen die komplexe Ebene t aufträgt. Im allgemeinen wird $(\bar{E}, t)$ von (E, λ) der Gestalt nach verschieden sein; auf das merkwürdige Verhalten an den Stellen $\lambda = 0,\ k^2,\ 1,\ \infty$ habe ich hernach noch besonders aufmerksam zu machen. Aber $(\bar{E}, t)$ wird dann und nur dann die Ebene t treffen, wenn (E, λ) die Abszissenachse λ trifft, — und das ist fürs erste die Hauptsache.

Es mögen wieder $t = \alpha_1, \alpha_2;\ \beta_1, \beta_2$ die Werte sein, welche $\lambda = a_1, a_2;\ b_1, b_2$ entsprechen; vergleiche die beigesetzte Figur:

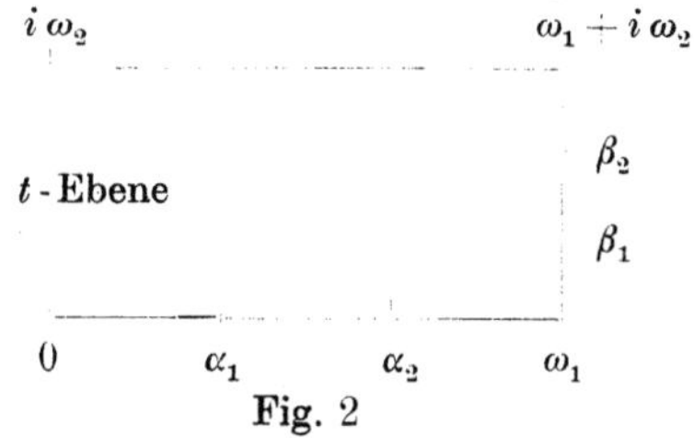

Fig. 2

Dann betrachten wir eine Kurve $(\bar{E}_1, u)$, die von $u = \alpha_1$, eine andere $(\bar{E}_1, v)$, die von $v = \beta_1$ ausläuft, und unser Nachweis hat sich dem vorigen Paragraphen zufolge darauf zu beschränken, zu zeigen: *daß es immer ein einziges Wertepaar A, B der Konstanten in der Laméschen Differentialgleichung gibt, für welches $(\bar{E}_1, u)$ zwischen α_1 und α_2 und $\bar{E}_2, v)$ zwischen β_1 und β_2 genau $(m + 1)$, beziehungsweise $(n + 1)$ Halboszillationen ausführt.*

Nun kann man aber über den Verlauf der Kurven $(\overline{E}, t)$ aus der Differentialgleichung (6), die man folgendermaßen schreiben mag:

$$(9) \qquad \frac{\dfrac{d^2\overline{E}}{dt^2}}{\overline{E}} = A\lambda + B,$$

gewisse allgemeine Schlüsse ziehen. Wenn nämlich dt ein *reelles* Inkrement bedeutet, so sagt ein positiver Wert der linken Seite in (9), daß die Kurve $(\overline{E}, t)$ der Ebene t die *konvexe* Seite zukehrt, daß die Kurve $(\overline{E}, t)$, wie ich einen Augenblick sagen will, in bezug auf die Ebene t *divergiert;* ein negativer Wert bedeutet *Konvergenz* der Kurve. Ist aber dt rein imaginär (wie im Intervalle v), so wird die Bedeutung, wie man sofort sieht, genau umgekehrt: dem positiven Werte entspricht die Konvergenz, dem negativen die Divergenz.

Hierzu nun nehme man den Satz: *daß eine stark konvergierende Kurve notwendig bereits im kleinen Intervalle oszilliert,* sowie den ferneren, *daß $A\lambda + B$ höchstens einmal* (wenn nämlich $-\dfrac{A}{B}$ positiv ist) *zwischen $\lambda = 0$ und $\lambda = +\infty$ das Zeichen wechselt.* So scheint es von vornherein möglich, für $(\overline{E}_1, u)$ und $(\overline{E}_2, v)$ das oben Verlangte zu erzielen. Man wird $A\lambda + B$ für $\lambda = a_1$ jedenfalls negativ, für $\lambda = b_2$ jedenfalls positiv nehmen müssen, da $(\overline{E}_1, u)$ im Intervalle (α_1, α_2) und $(\overline{E}_2, v)$ im Intervalle (β_1, β_2) oszillieren soll. Ich sage aber geradezu, *daß die Zahl dieser Oszillationen ausreicht, um A und B eindeutig zu bestimmen*[10]). Man ersieht dies am besten, wenn man wieder λ als Abszissenachse einführt und $\eta = A\lambda + B$ als Gleichung einer geraden Linie deutet, wie dies nun geschehen mag.

§ 5.

Bestimmung der Konstanten A, B.

Der Ausdruck $\eta = A\lambda + B$ soll jetzt, wie bereits gesagt, über der Abszissenachse λ als gerade Linie gedeutet werden, und wir fragen zunächst, wie diese gerade Linie verlaufen muß, damit wenigstens die Kurve (E_1, λ) in ihrem Intervalle die richtige Zahl von Halboszillationen ausführt, beziehungsweise, welche *Enveloppe* von den unendlich vielen Geraden, die dieser *einen* Bedingung genügen, umhüllt wird.

Sicher hat diese Enveloppe eine horizontale Tangente. Man setze in (9) $A = 0$. So kommt

$$\frac{\dfrac{d^2\overline{E}}{dt^2}}{\overline{E}} = B$$

---

[10]) [Von hier stammt der Name Oszillationstheorem, den ich später viel gebrauchte. Vgl. z. B. Abh. LXIV. K.]

und also, wegen $\overline{E}_1(\alpha_1) = 0$:

$$\overline{E}_1 = \sin \sqrt{-B}\,(u - \alpha_1).$$

Die somit gegebene Kurve $(\overline{E}_1, u)$ vollführt nun von $u = \alpha_1$ bis $u = \alpha_2$ $(m+1)$ Halboszillationen, wenn

$$\sqrt{-B}\,(\alpha_2 - \alpha_1) = (m+1)\,\pi$$

genommen wird. *Wir haben also als horizontale Tangente unserer Enveloppe:*

$$\eta = -\frac{(m+1)^2\,\pi^2}{(\alpha_1 - \alpha_2)^2}.$$

Man überzeugt sich ferner, *daß unsere Enveloppe kein Paar paralleler Tangenten, also auch keine Wendetangente besitzen kann.* Denn ist $\eta = A\lambda + B$, $\eta' = A\lambda + B'$, so ist (mit Rücksicht auf das Vorzeichen) η im ganzen Intervalle (a_1, a_2) entweder größer oder kleiner als η', und die Kurve E_1, welche η entspricht, oszilliert daher durchweg langsamer oder schneller als die Kurve für η'.

Nunmehr nehme man A sehr groß positiv, B so, daß trotzdem $A a_1 + B$ einen negativen und zwar einen sehr stark negativen Wert repräsentiert. Dann oszilliert die Kurve (E_1, λ) in der Nähe von $\lambda = a_1$ sehr lebhaft, und schon in einem kleinen Intervalle hinter a_1 werden $(m+1)$ Halboszillationen eingetreten sein. Wir müssen also B so wählen, daß $A\lambda + B$ dicht hinter $\lambda = a_1$ bereits verschwindet, und von da ab positiv wird, daß also die betr. Kurve $(\overline{E}_1, u)$ sehr bald hinter α_1 von der Konvergenz zur Divergenz übergeht. — Analoge Betrachtungen gelten für solche Ausdrücke $A\lambda + B$, die für $\lambda = a_2$ einen bedeutenden negativen Wert aufweisen, während gleichzeitig (E_1, λ) nur $\left(\frac{m+1}{2}\right)$ mal im Intervall (a_1, a_2) oszillieren soll. Das heißt aber geometrisch: *daß unsere Enveloppe sich von der bereits bestimmten horizontalen Tangente nach abwärts zieht, und daß sie die beiden Linien $\lambda = a_1$ und $\lambda = a_2$ zu Asymptoten hat.*

Alles in allem genommen hat also unsere Enveloppe schematisch folgende Gestalt:

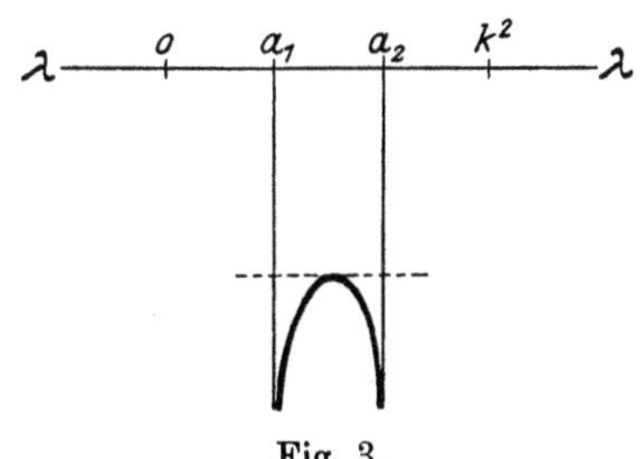

Fig. 3.

34*

Ganz analoge Betrachtungen stelle man nunmehr für das Intervall (b_1, b_2) an, in welchem $(n+1)$ Halboszillationen von (E_2, λ) eintreten sollen. Dann wird nur, mit Rücksicht auf das rein imaginäre dv, der Unterschied Platz greifen, daß die betr. Horizontaltangente eine positive Ordinate besitzt und die Enveloppe nach oben gekehrt ist. Die beiden Enveloppen haben also gegeneinander die folgende Lage:

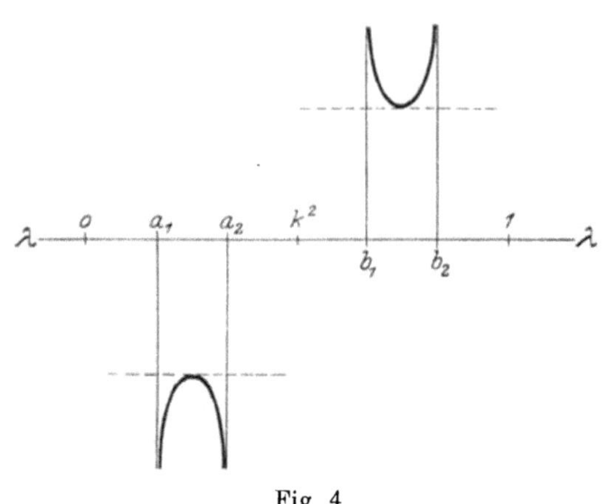

Fig. 4.

Nun waren unsere Behauptungen gegen Ende des vorigen Paragraphen auf den einen Satz zurückgeführt worden, daß die Zahlen m, n, welche das Verhalten der Kurven E_1, E_2 in ihren bez. Intervallen charakterisieren, allein hinreichen, um A, B zu bestimmen. Dies heißt offenbar, *daß unsere zwei Enveloppen eine und nur eine gemeinsame Tangente besitzen sollen*. Und daß dies in der Tat zutrifft, daß also unser Beweis erledigt ist, zeigt ein Blick auf unsere Figur. Zwei Kurven, die so gegeneinander liegen, wie unsere beiden Enveloppen, haben notwendig eine und nur eine gemeinsame Tangente. Man kann also in der Tat die Bedingungen des § 2 befriedigen und das dort formulierte Problem in dem auseinandergesetzten Sinne erledigen[11]).

Man beachte noch dieses. Im Falle der letzten Figur ist A notwendig *positiv*. Setzen wir also $A = \dfrac{s(s+1)}{4}$ und nennen s den *Grad* der Laméschen Funktion, so ist der Grad ein reeller. Hätten wir dagegen das Intervall (b_1, b_2) (zwischen k^2 und 1) mit dem Intervalle (c_1, c_2) (zwischen 1 und $+\infty$) zu kombinieren gehabt, uns also damit beschäftigt, eine willkürliche Funktion zu repräsentieren, die auf einem Stücke eines zweischaligen

---

[11]) [Es wurde mir später gesagt, daß die Hüllkurve auch so gestaltet sein kann, wie es beistehende Figur zeigt; sie bietet dann also Vorkommnisse dar, wie sie früher (in Abh. XXXIX dieses Bandes) bei Kurven vierter Klasse ausführlich besprochen wurden. Für die im Text angestellten Betrachtungen, welche die Kurven als Umhüllungsgebilde von Geraden ansehen, macht dies keinen Unterschied. Man übersetze die Sachlage in das Dualistische. Dann handelt es sich etwa darum, daß zwei einander überkreuzende Kurven, deren Ordinaten mit wachsender Abszisse bez. zunehmen und abnehmen, sich gerade einmal treffen, unabhängig davon, ob die Kurven ein wenig geschlängelt sind oder nicht. K]

Fig. 5.

Hyperboloids gegeben ist, so wäre A notwendig negativ, s also *imaginär* von der Form $-\frac{1}{2} + i s'$ geworden. Dasselbe wäre eingetreten, wenn wir Oszillationen einerseits zwischen a_1, a_2, andererseits zwischen c_1, c_2 verlangt hätten und $\dfrac{(m+1)^2}{(\alpha_1 - \alpha_2)^2}$ kleiner als $\dfrac{(r+1)^2}{(\gamma_1 - \gamma_2)^2}$ gewesen wäre (γ_1, γ_2 sollen die Integralwerte bedeuten, die c_1, c_2 entsprechen, und $r+1$ die Zahl der Halboszillationen zwischen c_1, c_2 sein). Diese Bemerkungen schließen als partikuläre Fälle gewisse Sätze in sich, die man aus der Theorie der Kugelfunktionen kennt[12]).

§ 6.

Körper, begrenzt von beliebigen sechs konfokalen Flächen.

Es hat jetzt keinerlei Schwierigkeit, diese Untersuchungen auf den Fall eines beliebigen, endlichen, von sechs konfokalen Flächen begrenzten Körpers auszudehnen, mag sich der Körper von einem Oktanten des Koordinatensystems in einen zweiten hinüberziehen oder mag er sogar so gedacht werden, daß er gewisse Teile des Raumes mehrfach ausfüllt[13]). Man wird einen solchen Körper in der Weise beschreiben, daß man nicht nur die Parameter a_1, a_2; b_1, b_2 und c_1, c_2 der begrenzenden Flächen angibt, sondern hinzufügt, wie *durch das Innere des Körpers hindurch* a_1 in a_2, b_1 in b_2, c_1 in c_2 übergeht. Die folgenden drei Figuren, welche sich nur auf das Intervall a_1, a_2 beziehen, werden genügen, um die unbegrenzt vielen hier denkbaren Möglichkeiten verständlich zu machen, und zugleich erläutern, wie man jeden Körper der gemeinten Art durch eine schematische Figur definieren kann:

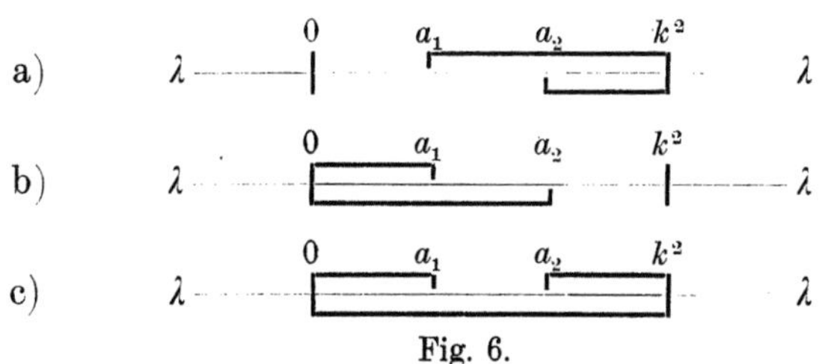

Fig. 6.

[12]) Kugelfunktionen von imaginärem Grade werden bei Thomson und Tait in dem genannten Appendix erwähnt. Andererseits wurde bekanntlich Herr Mehler zur Betrachtung derselben geführt; er nennt dieselben Kegelfunktionen. Man vgl. die Aufsätze von Mehler und Neumann im 18. Bd. der Math. Annalen (1881), S. 161 und S. 195ff. — Ich will dabei hinzufügen, daß der erste auf Kegelfunktionen bezügliche Aufsatz des Herrn Mehler im 68. Bande des Crelleschen Journals erschien (1868) und von 1867 datiert ist.

[13]) Es hat keinen Zweck, diese Möglichkeit hier auszuschließen, weil die Methode der Behandlung für sie dieselbe ist, wie im anderen Falle.

Die Modifikation, der unsere bisherigen Betrachtungen zu unterwerfen sind, ist durch diese Figuren von selbst gegeben. Es handelt sich im wesentlichen darum, zu untersuchen, *wie die Konstanten A, B der Laméschen Differentialgleichung beschaffen sein müssen, damit die Kurve (E_1, λ) eine beliebig vorgegebene Zahl $(m + 1)$ von Halboszillationen ausführt, wenn a_1 auf dem vorgeschriebenen Wege in a_2 übergeht.* Wir werden also zunächst untersuchen, wie sich allgemein die Kurve (E_1, λ) verhält, wenn das zwischen a_1 und a_2 bewegliche λ an einer Grenze $\lambda = k^2$ oder $\lambda = 0$ anlangt und dann seinen Bewegungssinn umkehrt. Sodann werden wir fragen, wie nunmehr die Enveloppe aller derjenigen Linien $\eta = A\lambda + B$ beschaffen sein wird, für welche (E_1, λ) im gegebenen Intervall die gewünschte Zahl von Nullstellen aufweist.

Was den ersten Punkt betrifft, so beachte man vor allem, daß das Integral

$$t = \int\limits_0^\lambda \frac{d\lambda}{\sqrt{\lambda \cdot \lambda - k^2 \cdot \lambda - 1}}$$

bei der genannten Umkehr von λ ungehindert weiterläuft. Ich will des bestimmteren Ausdrucks wegen den Fall der Figur 6a zugrunde legen, bei welchem die Umkehr in $\lambda = k^2$ erfolgt. Wenn dann t von 0 auslaufend bei $\lambda = a_1, a_2, k^2$, wie wir oben annahmen, die Werte $\alpha_1, \alpha_2, \omega_1$ aufweist, so erreicht es, während λ von k^2 zu a_2 zurückkehrt, den Wert $2\omega_1 - \alpha_2$, wie nachstehende Figur erläutert:

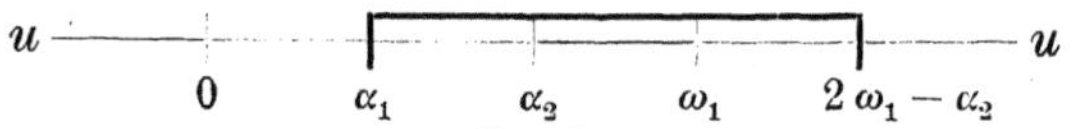

$$u \;\rule{2cm}{0.4pt}\; u$$

$0 \qquad \alpha_1 \qquad \alpha_2 \qquad \omega_1 \qquad 2\omega_1 - \alpha_2$

Fig. 7.

Hinsichtlich der Kurve $(\overline{E}_1, u)$ ist also nur dieses geändert, daß das Intervall, in welchem die $(m + 1)$ Halboszillationen stattzufinden haben, über ω_1 hinausgreift: Eine Änderung, die für unsere Betrachtungen durchaus irrelevant ist. Hieraus folgt zumal, daß $\overline{E}_1$ auch im neuen Intervalle durchaus endlich bleibt.

Wir übertragen jetzt $(\overline{E}_1, u)$ in (E_1, λ), indem wir bei jedem λ als Ordinate diejenigen E auftragen, welche den entsprechenden Werten von u zugeordnet sind. Hierbei will insbesondere berücksichtigt sein, wie sich (E_1, λ) an der Stelle $\lambda = k^2$ verhält. Man hat allgemein:

$$\frac{d\overline{E}}{du} = \frac{dE}{d\lambda} \cdot \sqrt{\lambda \cdot \lambda - k^2 \cdot \lambda - 1}.$$

Wenn also $\dfrac{d\overline{E}}{du}$ an der betreffenden Stelle nicht verschwindet, so ist $\dfrac{dE}{d\lambda}$ notwendig unendlich groß: *die Linie $\lambda = k^2$ wird von der Kurve (E_1, λ) in einem bestimmten Punkte berührt; vom Berührungspunkte ab läuft*

die Kurve, indem sie sich umbiegt, mit einem neuen Zweige rückwärts.
Wenn aber $\dfrac{d\bar{E}}{du}$ gleich Null ist, so kommt durch fortgesetztes Differentiieren:

$$\left(\frac{dE}{d\lambda}\right)_{\lambda=k^2} = \frac{2\cdot\dfrac{d^2\bar{E}}{du^2}}{k^2(k^2-1)}$$
$$= \frac{2\bar{E}(Ak^2+B)}{k^2(k^2-1)}.$$

Überdies beachte man, daß die Kurve $(\bar{E}_1, u)$ jetzt notwendig in bezug
auf $u = \omega_1$ symmetrisch ist. Die Kurve (E_1, λ) existiert jetzt also nur
in *einem* Zuge, der von $\lambda = a_1$ bis $\lambda = k^2$ und dann rückwärts von $\lambda = k^2$
bis $\lambda = a_2$ durchlaufen wird. *Derselbe trifft die Linie* $\lambda = k^2$ *unter einem*
Winkel, der von den Werten der $A, B, \bar{E}$ *abhängt.* Es ist hier also die
Möglichkeit gegeben, daß (E_1, λ) in das zweite Intervall $k^2 \leqq \lambda \leqq 1$ hinein
reell fortgesetzt wird.

Diese Überlegungen hindern in keiner Weise die Betrachtung der
Enveloppen des § 5; die Resultate gestalten sich nur etwas anders. Zuvörderst ist ersichtlich, daß die horizontale Tangente der Enveloppe die
folgende geworden ist:

$$\eta = \frac{(m+1)^2\pi^2}{(2\omega_1 - \alpha_1 - \alpha_2)^2}.$$

Dann aber sage ich (indem ich immer am Falle der Figur 1 festhalte),
daß $\lambda = a_1$ *allerdings Asymptote geblieben ist, daß die andere Asymptote*
aber in $\lambda = k^2$ *übergegangen ist,* daß also die Enveloppe eine Gestalt hat,
wie sie folgende Figur versinnlicht:

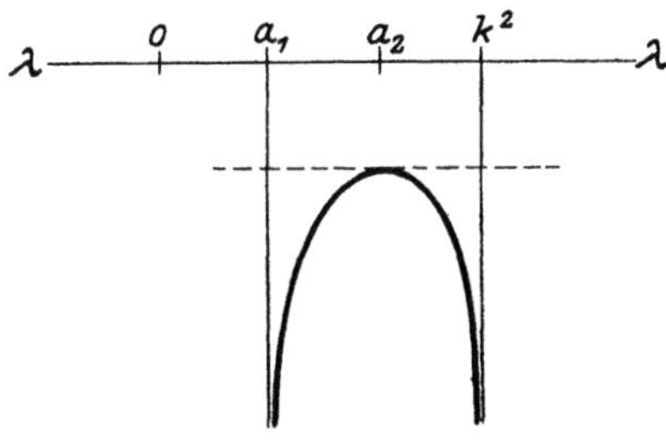

Fig. 8.

In der Tat, wenn $\eta = A\xi + B$ eine sehr *steile* Linie vorstellt, so darf
derjenige Teil des uns vorgeschriebenen Intervalls, in welchem η negativ
ist und in welchem daher die Oszillationen unserer Kurve stattfinden, nur
sehr wenig ausgedehnt sein. Dieser Überlegung läßt sich aber nur Rechnung
tragen, indem wir die Asymptoten in der angegebenen Weise wählen. —

Es braucht kaum hervorgehoben zu werden, daß sich die Lage der Asymptoten und somit die Gesamtgestalt der Enveloppe in allen übrigen Fällen ähnlich bestimmt; im Falle der Figur 6c z. B. würden $\lambda = 0$ und $\lambda = k^2$ die beiden Asymptoten sein.

Man sieht aber sofort, daß die so gewonnenen Enveloppen noch immer dieselbe Schlußweise gestatten, wie sie in § 5 für den dort betrachteten speziellen Fall begründet wurde. *Zwei Enveloppen über verschiedenen Intervallen haben immer eine und nur eine gemeinsame Tangente, mag der Weg, der innerhalb des einzelnen Intervalls vom einem Endpunkte zum anderen Endpunkte führt, beschaffen sein wie er will.*

Diese Schlußweise bildet aber den Kern unserer Überlegungen, und es bleiben die letzteren also auch für den allgemeinen uns jetzt vorliegenden Fall in Geltung, was zu beweisen war.

Vielleicht ist es zur vollen Deutlichkeit nützlich, noch eine Bemerkung über den Wert $E_3(c_2)$ hinzuzufügen. Es können c_1 und c_2 so verbunden sein, wie die Figur aufweist:

Fig. 9.

Man wird dann unter $E_3(c_2)$ denjenigen Wert verstehen, den E_3 annimmt, wenn λ von c_1 aus zunächst bis 1 abnimmt und dann erst bis c_2 wächst.

§ 7.

Das Vollellipsoid.

Wenn die vorhergehenden Untersuchungen für einen Körper verwertet werden sollen, der weniger als sechs verschiedene Begrenzungsflächen hat, so bedürfen sie zunächst einer gewissen Verallgemeinerung. Unsere Funktionen E_1, E_2, E_3 waren dadurch bestimmt, daß sie für gewisse feste Werte von λ und außerdem eine gewisse Anzahl von Malen zwischen diesen Werten verschwinden sollten. Aber man sieht leicht, daß dieselbe Methode, vermöge deren wir die eindeutige Bestimmtheit der betr. E_1, E_2, E_3 erschlossen, auch noch in anderen Fällen anwendbar ist. Wir können sie z. B. Wort für Wort wiederholen, wenn $\overline{E}_1$ zwischen a_1 und a_2 nach wie vor m-mal verschwinden soll, aber bei a_1 und a_2 irgendwelchen anderen Bedingungen genügt, z. B. einen verschwindenden Differentialquotienten $\dfrac{d\overline{E}}{du}$ besitzt.

Diese Bemerkung findet bei Körpern der nun zu betrachtenden Art im folgenden Sinne Verwertung. Solche Körper besitzen notwendig eine oder mehrere *Symmetrieebenen*. Nun ist es ein allgemeines Verfahren, dessen man sich bei der Potentialaufgabe für symmetrische Körper seit je bedient: daß man einen solchen Körper längs der Symmetrieebenen zerschneidet und dann für den einzelnen so entstehenden Teil gewisse Fundamentalaufgaben löst. Dieselben verlangen sämtlich, ein Potential so zu bestimmen, daß es auf der ursprünglichen Oberfläche des bei der Zerschneidung entstandenen Teiles willkürlich vorgegebene Werte annimmt; sie unterscheiden sich dadurch, daß auf der einzelnen begrenzenden Ebene entweder das Potential selbst oder aber sein nach der Normale genommener Differentialquotient verschwinden soll. Die Lösung der anfänglichen Potentialaufgabe erwächst, indem wir die verschiedenen bei diesen Einzelproblemen gefundenen Potentiale durch die Symmetrieebenen hindurch fortsetzen und übrigens zusammenaddieren.

Betrachten wir nun gleich den Fall des Vollellipsoids. Wir zerschneiden dasselbe vorab längs seiner drei Symmetrieebenen. Der so entstehende *Oktant* kann als ein Körper aufgefaßt werden, der von sechs konfokalen Flächen zweiten Grades begrenzt ist. Nur die eine Begrenzungsebene nämlich vertritt eine einzelne Fläche zweiten Grades: das ist die Koordinatenebene YZ und die Fläche $\mu = 0$. Die beiden anderen repräsentieren Stücke von verschiedenen Flächen; die Ebene XY z. B. gehört zum Teil (soweit sie von der Fokalellipse des Systems umschlossen wird) dem Ellipsoid $\varrho = 1$, zum Teil der Regelfläche $\nu = 1$ an. — Für diesen Oktanten haben wir nun, indem wir bei jeder der drei Koordinatenebenen die beiden in Betracht kommenden Annahmen auseinanderhalten, im ganzen acht Einzelprobleme zu unterscheiden.

Es wird genügen, nur die beiden extremen Fälle genauer zu besprechen: bei dem einen handelt es sich um Herstellung eines Potentials, das auf sämtlichen drei Koordinatenebenen verschwindet, bei dem anderen soll der nach der Normale genommene Differentialquotient bei sämtlichen. drei Koordinatenebenen gleich Null sein.

Im ersten Falle haben wir nur einen besonderen Fall der in §§ 2—5 behandelten Aufgabe: a_1 rückt in $\lambda = 0$, a_2 und b_1 fallen in $\lambda = k^2$, b_2 und c_1 in $\lambda = 1$ zusammen. Dies hat zur Folge, *daß E_1, E_2, E_3 von etwa zutretenden irrelevanten Faktoren abgesehen, dieselbe Partikularlösung der Laméschen Differentialgleichung vorstellen.* Denn E_1 und E_2 verschwinden nun beide für $\lambda = k^2$, E_2 und E_3 beide für $\lambda = 1$. Allerdings läßt sich E_1, da (E_1, λ) dem früheren zufolge die Linie $\lambda = k^2$ berührt, nicht *reell* über diese Linie hinaus fortsetzen. Aber eine leichte Überlegung läßt erkennen, daß E_1 in dem Intervalle $(\lambda > k^2)$ rein imaginär ist, also nach Abtrennung des irrelevanten Faktors i das gewollte E_2 liefert. — Alles übrige bleibt so wie im allgemeinen Falle. Die verschiedenen $E_1 \cdot E_2 \cdot E_3$, welche in der Reihenentwicklung des gesuchten Potentials auftreten, entsprechen nach wie vor den verschiedenen möglichen Zahlenkombinationen m, n, die die Anzahl der Verschwindungsstellen in den Intervallen $0 - k^2$ und $k^2 - 1$ ergeben.

Im zweiten Falle haben wir die neue Form der Grenzbedingungen. Für $\mu = 0$, k^2 soll $\dfrac{d\bar{E}_1}{du}$, für $\nu = k^2$, 1 soll $\dfrac{d\bar{E}_2}{dv}$ und für $\varrho = 1$ soll $\dfrac{d\bar{E}_3}{dw}$ verschwinden[14]). Hieraus ergibt sich ohne weiteres (wie schon im vorigen Paragraphen angedeutet wurde), *daß E_1, E_2, E_3 nur verschiedene Benennungen derselben Partikularlösung E sind;* denn die Kurve (E_1, λ) z. B. zieht sich jetzt vom Intervalle μ in das Intervall ν ungehindert hinüber. Übrigens aber werden wir zur Lösung unserer Potentialaufgabe genau an den Bedingungen des § 2 festhalten. *Wir werden das gesuchte Potential aus einer unendlichen Zahl von Produkten $E_1 \cdot E_2 \cdot E_3$ zusammensetzen, von denen das einzelne wieder durch die Anzahl m seiner Verschwindungsstellen im Intervalle μ und die Anzahl n seiner Verschwindungsstellen im Intervalle ν charakterisiert sein wird.* Daß für eine solche Reihenentwicklung auch wieder die Integraleigenschaft gilt, folgt ähnlich wie in § 3 aus dem Greenschen Satze.

In entsprechender Weise behandele man die übrigen sechs Fälle. *Dann ist man offenbar genau zu demjenigen Verfahren gekommen, welches Lamé für das dreiachsige Ellipsoid aufgestellt hat.* Denn ich zeigte in meiner bereits in der Einleitung zitierten Note [Abh. LXII], daß die gewöhnlichen Laméschen Funktionen genau in der Weise ihre Nullstellen über die beiden Intervalle μ, ν verteilt haben, wie wir es hier von den sukzessiven Gliedern unserer Reihenentwicklung verlangen. In einer Hinsicht führt Lamés ursprünglicher Ansatz weiter als der meinige. Man verstehe unter $\sigma, \sigma', \sigma''$ Eins oder Null, je nachdem $E_1 \cdot E_2 \cdot E_2$ für $\lambda = 0$, k^2, 1 verschwindet, oder nicht. Dann folgt bei Lamé sofort, daß A, die erste in der Differentialgleichung auftretende Konstante, den folgenden Wert hat:

$$A = \frac{(2(m+n)+\sigma+\sigma'+\sigma'')(2(m+n)+\sigma+\sigma'+\sigma''+1)}{4} \text{ 15}).$$

Bei der von mir gegebenen Entwicklung bedürfte es dazu zuvörderst des Nachweises, daß $E_1 = E_2 = E_3$ im vorliegenden Falle eine algebraische

---

14) Vgl. die Formel für $\dfrac{d\bar{E}}{du}$ auf S. 534 und die für $\dfrac{\partial}{\partial n}$ in der Fußnote 8) auf S. 527.

15) [Die zur linearen Differentialgleichung (6) gehörigen Exponenten bei ∞ sind

$$-\frac{2(m+n)+\sigma+\sigma'+\sigma''}{2} \quad \text{und} \quad +\frac{2(m+n)+\sigma+\sigma'+\sigma''+1}{2}. \qquad \text{K.]}$$

Funktion von λ ist[16]). — Dagegen liegt bei Lamé das Theorem über die Verteilung der Nullstellen auf die verschiedenen Intervalle ziemlich fern[17]), während es bei meiner nunmehrigen Darstellung als selbstverständlicher Ausgangspunkt gilt.

Leipzig, den 14. März 1881.

---

[16]) [Den Nachweis hierfür findet man in dem Buch von Bôcher: „Über die Reihenentwicklungen der Potentialtheorie", Leipzig 1894, S. 213f.]

[17]) Offenbar bedeutet dies Theorem für die Berechnung der gewöhnlichen Laméschen Funktionen, daß man die Gleichungen höheren Grades, von denen die Bestimmung der zugehörigen Konstanten B abhängt, a priori separieren kann. Ich möchte mir vorbehalten, auf diesen Gegenstand bei einer späteren Gelegenheit einzugehen. [Siehe unten Abh. LXVI.]

LXIV. Zur Theorie der allgemeinen Laméschen Funktionen.

[Nachrichten der Kgl. Gesellschaft der Wissenschaften zu Göttingen v. J. 1890, Nr. 4 (Sitzung vom 1. März 1890).]

Eine Vorlesung über Lamésche Funktionen, welche ich während des nun zu Ende gehenden Wintersemesters (1889/90) hielt, gab mir Gelegenheit, zu Auffassungen und Fragestellungen zurückzukehren, mit denen ich mich im Winter 1880—81 beschäftigt hatte[1]). Ich zweifelte von vornherein nicht, daß es gelingen müsse, auf dem damals eingeschlagenen Wege noch ein Stück weiter zu kommen. Ich hatte mir auch die Ansicht gebildet, daß eine richtige, von geometrischen bzw. physikalischen Gesichtspunkten ausgehende Theorie der Laméschen Funktionen für die allgemeine Lehre von den linearen Differentialgleichungen zweiter Ordnung vorbildlich sein müsse. Der Kgl. Gesellschaft der Wissenschaften möchte ich nachstehend einige Resultate vorlegen, welche ich in der hiermit bezeichneten Richtung gefunden habe.

Wir fragen zunächst nach der zweckmäßigsten Definition der zu einem n-fach ausgedehnten Raume (R_n) gehörigen Laméschen Differentialgleichung. In dieser Hinsicht beginnt man herkömmlicherweise mit dem System der konfokalen Flächen zweiten Grades

$$(1) \qquad \frac{x_1^2}{\lambda - e_1} + \cdots + \frac{x_n^2}{\lambda - e_n} = 1$$

und findet durch bekannte Umformungen der Potentialgleichung die Lamésche Gleichung in der Gestalt:

$$(2) \qquad \frac{d^2 E}{dt^2} = (A\lambda^{n-2} + B\lambda^{n-3} + \ldots N)E,$$

wo

$$(3) \qquad t = \int \frac{d\lambda}{\sqrt{f(\lambda)}}, \quad f(\lambda) = (\lambda - e_1) \ldots (\lambda - e_n);$$

---

[1]) Vgl. die zwei Aufsätze im 18. Bande der Math. Annalen: „Über Lamésche Funktionen" [=Abh. LXII], „Über die [Randwertaufgabe des Potentials für] Körper, welche von konfokalen Flächen zweiten Grades begrenzt sind" [=Abh. LXIII].

ich habe schon bei früherer Gelegenheit hervorgehoben (in dem zweiten der soeben zitierten Aufsätze), daß es zweckmäßig ist, die hier auftretenden Konstanten $A, B, \ldots, N$ zunächst als unbeschränkt veränderlich zu betrachten und dadurch der gewöhnlichen Begriffsbestimmung der Laméschen Funktionen gegenüber eine Erweiterung eintreten zu lassen[2]. Nun kann man aber den durch (1) gegebenen Ausgangspunkt beanstanden. In der Potentialtheorie, wo fortgesetzt Transformationen durch reziproke Radien in Betracht zu ziehen sind, ist das System der konfokalen Flächen zweiten Grades kein wirklich allgemeines Orthogonalsystem; als solches erscheint vielmehr erst das von Darboux und Moutard im Jahre 1864 aufgestellte System der *konfokalen Zykliden*, ein System von Flächen vierter Ordnung, das sich bei Verwendung überzähliger, homogener Koordinaten $(x_1 \ldots x_{n+2})$ (sogenannter polysphärischer Koordinaten) durch die zwei Gleichungen darstellen läßt:

$$(4) \qquad \sum_{1}^{n+2} x_\varkappa^2 = 0, \qquad \sum_{1}^{n+2} \frac{x_\varkappa^2}{\lambda - e_\varkappa} = 0.$$

Herr Wangerin ist der erste gewesen, der nachwies, daß man unter Zugrundelegung eines solchen Zyklidensystems in der Tat eine Theorie ganz ähnlich der Laméschen aufbauen kann[3]. Seine Rechnungen beziehen sich allerdings nur auf $n = 3$; es ist aber nicht schwer, sein Resultat auf beliebiges n zu übertragen; es tritt dann an Stelle von (2) die folgende Differentialgleichung:

$$(5) \qquad \frac{d^2 E}{dt^2} = \left(\frac{4-n^2}{16} \cdot \lambda^n + \frac{n^2-2n}{16} \cdot \sum_{1}^{n+2} e_\varkappa \cdot \lambda^{n-1} + A \lambda^{n-2} + \ldots + N \right) E,$$

wo t wiederum das Integral bezeichnet:

$$(6) \qquad t = \int \frac{d\lambda}{\sqrt{f(\lambda)}},$$

$f(\lambda)$ aber die Funktion $(n+2)$-ten Grades bedeutet:

$$(7) \qquad f(\lambda) = (\lambda - e_1) \ldots (\lambda - e_{n+2}).$$

Offenbar kann man statt (5) auch schreiben:

$$(8) \qquad \frac{d^2 E}{dt^2} = \left(\frac{2-n}{16(n+1)} f''(\lambda) + \alpha \lambda^{n-2} + \ldots + \nu \right) E,$$

---

[2] Lamé und Heine bestimmen $A, B, \ldots$ bekanntlich so, daß eine Partikularlösung von (2) algebraisch wird; Hermite führt bei seinen allgemeineren, auf $n = 3$ bezüglichen Untersuchungen, für A immer noch den besonderen im algebraischen Falle eintretenden Wert $\dfrac{s(s+1)}{4}$ ein (wo s eine positive ganze Zahl) und läßt dann freilich B beliebig. [Vgl. die unten folgende Abh. LXVII.]

[3] Crelles Journal, Bd. 82, 1876. Vgl. auch Darboux in den Comptes Rendus der Pariser Akademie, 1876, II, Bd. 83.

wo nun die $\alpha, \ldots, \nu$ beliebig sind. Es scheint fast, als habe man diesen Gleichungen (5), (8) bisher nur wenig Bedeutung beigelegt. Sicher kann man die Gleichung (2) als Spezialfall derselben auffassen (der entsteht, wenn man e_{n+1} und e_{n+2} unendlich werden läßt); aber es lag näher, (5) oder (8) als besonderen Fall derjenigen Gleichungen (2) zu deuten, die dem Raume von $(n+2)$ Dimensionen entsprechen. Und dieser Fall schien anfangs kein besonderes Interesse darzubieten, weil man die $(n-1)$ bei ihm noch zur Verfügung stehenden Konstanten keineswegs so bestimmen kann, daß eins der zugehörigen E algebraisch wird. Auch hat die Form der neuen Differentialgleichung (5), (8) zunächst wenig Ansprechendes. Singuläre Punkte hat dieselbe, wie dies natürlich scheint, bei $\lambda = e_1, \ldots, e_{n+2}$; aber auch $\lambda = \infty$, d. h. ein Wert, der für das Zyklidensystem (4) vom geometrischen Standpunkt aus ohne jede spezifische Bedeutung ist, erscheint als singulärer Punkt. Die zu $e_1, \ldots, e_{n+2}$ gehörigen Exponenten berechnen sich dabei als $^1/_2$ und 0, die zu ∞ gehörigen als

$$\frac{n-2}{4} + 1 \quad \text{und} \quad \frac{n-2}{4} \, .$$

Inzwischen gelingt es durch eine ganz unbedeutende formale Abänderung unsere Gleichung in ganz anderem Lichte erscheinen zu lassen. Die bei $\lambda = \infty$ auftretenden Exponenten leiten auf den richtigen Weg. Man setze nämlich, homogen machend,

$$\lambda = \lambda_1 : \lambda_2$$

und schreibe

$$(9) \qquad E(\lambda) = \lambda_2^{\frac{n-2}{4}} \cdot F(\lambda_1, \lambda_2),$$

wo F jetzt eine homogene Funktion (eine *Form*) von λ_1, λ_2 vom Grade

$$\frac{2-n}{4}$$

sein wird, die ich gleich als *Lamésche Form* bezeichnen will. Sei ferner jetzt unter f die Form $(n+2)$-ten Grades verstanden:

$$(10) \qquad f = (\lambda_1 - e_1 \lambda_2) \ldots (\lambda_1 - e_{n+2} \lambda_2).$$

Man erhält dann (nach kurzer Umrechnung mittels des Eulerschen Theorems) ein Resultat, welches nur noch von der Form f als solcher abhängig ist; man findet nämlich:

$$(11) \qquad (f, F)_2 = \varphi \cdot F,$$

wo $(f, F)_2$ die *zweite Überschiebung* der Formen f und F vorstellt, φ *aber eine durchaus beliebige rationale ganze Form $(n-2)$-ten Grades ist.*

Dieses Resultat erscheint so einfach, daß man nicht umhin kann, dasselbe überhaupt an die Spitze der Theorie der Laméschen Funktionen zu stellen und dementsprechend *Lamésche Funktionen, oder vielmehr*

Lamésche Formen, des R_n geradezu als solche Formen $\left(\frac{2-n}{4}\right)$-ten Grades von λ_1, λ_2 zu definieren, welche, zweimal über eine gegebene f_{n+2} geschoben, sich selbst bis auf einen Faktor φ_{n-2} reproduzieren[4]). Die einzigen singulären Stellen der so definierten F sind, wie bereits angedeutet, die Wurzeln von $f = 0$. Sind diese Wurzeln alle getrennt (wie wir bisher stillschweigend voraussetzten), so gehören zu jeder einzelnen derselben die soeben genannten Exponenten $\frac{1}{2}$ und 0, — rücken aber irgendwo zwei oder mehrere derselben zusammen, so erhält man höhere Exponenten bzw. irreguläres Verhalten. Der gewöhnliche Fall der durch (2) definierten Funktion entsteht, wenn f eine Doppelwurzel erhält (die man dann nach $\lambda = \infty$ wirft). Übrigens kann man, wenn man f mit beliebig vielfachen Wurzeln ausstatten will und sich vorbehält, von der Form F der homogenen Variablen λ_1, λ_2 durch Zufügung *irgendwelcher* Faktoren zu Funktionen von λ zurückzugehen, *sämtliche lineare Differentialgleichungen zweiter*

---

[4]) [Hilbert scheint der erste gewesen zu sein, der so, wie es im Text geschieht, eine lineare Differentialgleichung zweiter Ordnung durch ein Aggregat von Überschiebungen ersetzt hat; siehe seine Königsberger Dissertation von 1885 (im Auszug abgedruckt in den Math. Annalen Bd. 30, S. 15 ff.), wo die Differentialgleichung der Kugelfunktionen bzw. die allgemeine hypergeometrische Differentialgleichung homogenisiert werden. Es ist dabei aber immer noch vorwiegend an den Fall der rationalen ganzen Lösungen gedacht. Erst in der Mitteilung von Pick an die Wiener Akademie vom 14. Juli 1887 (Berichte Bd. 96, S. 872) wird nachdrücklich betont, daß auch im Falle transzendenter Lösungen das gleiche Verfahren anwendbar und in mancherlei Hinsicht vorteilhaft ist. Die Entwicklungen, welche Pick dort für den Hermiteschen Fall gibt (vgl. die hier folgende Arbeit LXVII), gehen indes nach einer anderen Richtung als die im Text gegebenen. Er hat zunächst eine Differentialgleichung mit vier singulären Punkten, welche bzw. die Exponenten

$$\begin{matrix} \frac{1}{2} & \frac{1}{2} & \frac{1}{2} & -\frac{s}{2} \\[2mm] 0 & 0 & 0 & +\frac{s+1}{2} \end{matrix}$$

besitzen. Durch eine in der Theorie der elliptischen Funktionen übliche algebraische Transformation kann sie in eine andere, ebenfalls mit vier singulären Punkten verwandelt werden, die nun aber sämtlich die Exponenten $-\frac{s}{2}$, $+\frac{s+1}{2}$ besitzen. Seien diese vier singulären Punkte durch $f(x_1, x_2) = 0$ gegeben, so führt Pick statt der Lösung v der Differentialgleichung die Form $\varphi = v \cdot f^{\frac{s}{2}}$ oder auch die andere $\psi = v \cdot f^{-\frac{s+1}{2}}$ ein, worauf die zweite Überschiebung von f und φ gleich $C \cdot \varphi$ bzw. die zweite Überschiebung von f und ψ gleich $C' \cdot \psi$ wird. Merkwürdigerweise findet sich genau dieselbe Umformung der Hermite-Laméschen Differentialgleichung in der Darstellung, welche Halphen von der Gesamttheorie dieser Gleichung in Bd. 2 seiner Théorie des fonctions elliptiques gibt (1888, vgl. S. 472—473), nur daß hier wieder alle Aufmerksamkeit darauf gerichtet ist, die polynomialen Lösungen herauszuheben. K.] — Es ist wohl kein Zweifel, daß die geeignete Verwendung homogener Variabler in der Theorie der linearen Differentialgleichungen noch vielfache Vereinfachungen nach sich ziehen wird.

Ordnung mit rationalen Koeffizienten unter (11) rubricieren. Die Lamé-sche Differentialgleichung hat also in der Tat eine wesentlich allgemeinere Bedeutung. Die Differentialgleichung der hypergeometrischen Reihe z. B. entsteht aus (11), wenn man f als eine Form sechsten Grades einführt, die ein volles Quadrat ist.

Noch ein weiterer funktionentheoretischer Gesichtspunkt spielt hier herein. Wählt man f wieder als Form sechsten Grades, aber nun mit getrennten Wurzeln, so definiert (11) solche Formen F vom Grade $-\,^1/_2$, *welche auf dem hyperelliptischen Gebilde $\sqrt{f}$ durchaus unverzweigt sind.* Man überzeugt sich leicht, daß diese F unter allen Formen, die einer linearen Differentialgleichung zweiter Ordnung mit rationalen Koeffizienten genügen, die einzigen sind, welche die genannte Eigenschaft besitzen. Nicht so bei höherem Grade von f. Sei $n = 2p$ gesetzt, p aber > 2 genommen, so werden die allgemeinsten zum hyperelliptischen Gebilde $\sqrt{f_{2p+2}}$ gehörigen unverzweigten F durch die Gleichung geliefert:

$$(12) \qquad (f, F)_2 = (\varphi_{2p-2} + \psi_{p-3}\sqrt{f})\cdot F,$$

die sich von (11) durch das Glied mit $\sqrt{f}$ unterscheidet. Die Anzahl der hier in φ und ψ zusammen enthaltenen willkürlichen Konstanten ist $3p - 3$, der Grad von F gleich $-\dfrac{p-1}{2}$. Die Theorie von (11) wird als Vorbereitung der allgemeinen Theorie der Gleichungen (12) erachtet werden können[5][6].

---

[5] Sind F_1, F_2 irgend zwei Partikularlösungen von (12), so ist der Quotient $\eta = F_1 : F_2$ eine auf dem hyperelliptischen Gebilde unverzweigte „Funktion", welche bei jedem geschlossenen Umlaufe über die zu $\sqrt{f}$ gehörige Riemannsche Fläche hin sich in der Gestalt $\dfrac{\alpha\eta + \beta}{\gamma\eta + \delta}$ reproduziert. Daß es auf jedem algebraischen Gebilde, dessen $p > 1$, ∞^{3p-3} wesentlich verschiedene (durch ihre Differentialgleichung unterschiedene) derartige η-Funktionen gibt, ist bekannt (vgl. z. B. meine „Neuen Beiträge zur Riemannschen Funktionentheorie" im 21. Bande der Mathem. Annalen, 1882 [wird in Bd. 3 dieser Ausgabe unter Nr. CIII abgedruckt]). Man hatte aber bisher, soviel ich weiß, diese η noch nicht in zwei Formen F_1, F_2 als Zähler und Nenner derart gespalten, daß F_1 und F_2 für sich genommen auf dem algebraischen Gebilde gleichfalls unverzweigt sind. Dies gelingt aber sofort allgemein, wenn man diejenigen Erläuterungen heranzieht, die ich über die auf beliebigen algebraischen Gebilden existierenden Formen neuerdings gegeben habe (Zur Theorie der Abelschen Funktionen, Math. Annalen, Bd. 36. [Auch diese Arbeit kommt erst in Bd. 3 gegenwärtiger Ausgabe als Nr. XCVII zum Abdruck.]) Der Grad der betr. F_1, F_2 in den zum Gebilde gehörigen Riemannschen Formen φ ist allemal gleich $-\,^1/_2$, in Übereinstimmung mit dem, was im Texte speziell für hyperelliptische Gebilde bemerkt ist. [Hinsichtlich der allgemeinen algebraischen Gebilde vgl. die unten in Nr. LXIX auf S. 585, 586 gemachten Bemerkungen.]

[6] [Bis hierher ist die vorstehende Arbeit fast wörtlich in den Math. Annalen Bd. 38 (1890) als erster Teil der Abhandlung „Über Normierung der linearen Differentialgleichungen zweiter Ordnung" abgedruckt. Der zweite Teil dieser letztgenannten Arbeit folgt hier als Abh. LXVI unter dem neuen Titel: „Zur Darstellung der hypergeometrischen Funktion durch bestimmte Integrale."]

Ich muß nun etwas genauer auf die zweite der beiden zu Anfang genannten Arbeiten aus Band 18 der Math. Annalen eingehen (Über [die Randwertaufgabe des Potentials für] Körper, welche von konfokalen Flächen zweiten Grades begrenzt sind [= Abh. LXIII]). Indem ich mir, für den besonderen Fall $n = 3$, unter Zugrundelegung der konfokalen Flächen zweiten Grades (1) die geometrische Bedeutung der in der Potentialtheorie auftretenden Produkte Laméscher Funktionen klar machte, wurde ich dort für die zugehörige Lamésche Differentialgleichung:

$$(13) \qquad \frac{d^2 E}{dt^2} = (A\lambda + B)E$$

zu einem Theorem geführt, welches ich kurz als *Oszillationstheorem* bezeichnen möchte, weil in demselben von den Oszillationen die Rede ist, welche geeignete Partikularlösungen $E(\lambda)$ von (13) in gegebenen Intervallen der λ-Achse ausführen. Ich bemerkte nämlich, daß man die in (13) auftretenden Konstanten A, B *gerade auf eine Weise* so bestimmen kann, daß für zwei beliebig gegebene Segmente S, T der λ-Achse (welche nur über keinen singulären Punkt hinausgreifen sollen) je eine Partikularlösung $E(\lambda)$ existiert, welche für ihr Segment die Bedingungen befriedigt: an den beiden Enden des Segmentes gegebene Werte von $\dfrac{E'}{E}$ darzubieten $\left(\text{wo } E' = \dfrac{dE}{dt}\right)$, innerhalb des Segmentes aber eine vorgeschriebene Anzahl von Malen zu verschwinden. Die gewöhnlich allein betrachteten, zur Gleichungsform (13) gehörigen algebraischen $E(\lambda)$ erhielt ich dabei, indem ich die Segmente S, T mit den von e_1 bis e_2 bzw. von e_2 bis e_3 reichenden Stücken der λ-Achse zusammenfallen ließ und bei jedem einzelnen e_i $E = 0$ oder auch $E' = 0$ als Grenzbedingung vorschrieb. Hieran schloß sich der Nachweis, daß man bei allgemeiner Wahl der S, T Funktionen E erhält, mittels deren man für einen beliebigen von sechs konfokalen Flächen zweiten Grades begrenzten Körper Reihenentwicklungen aufstellen kann, die für diesen das fundamentale Potentialproblem in derselben Weise lösen, wie dies Lamés eigene Reihen für das dreiachsige Ellipsoid tun. Es ist leicht, alle diese Betrachtungen mutatis mutandis an die allgemeine (einem beliebigen Werte von n zugehörige) Differentialgleichung (11) anzuknüpfen: die $(n-1)$ dortselbst in φ enthaltenen unbestimmten Konstanten werden festgelegt werden können, indem man betreffs $(n-1)$ auf der λ-Achse gegebener Segmente geeignete Forderungen stellt; die fundamentale Potentialaufgabe wird sich dann für solche Raumteile des R_n behandeln lassen, die von $2n$ konfokalen Zykliden begrenzt sind. Die solchergestalt entstehenden Lösungen begreifen die große Mehrzahl aller Reihenentwicklungen (und Integraldarstellungen) in sich, welche die Potentialtheorie kennt; es wird so in einem Gebiete, in welchem bislang viele Einzelheiten unvermittelt nebeneinander standen, Übersicht und Ordnung eingeführt. Es ist nicht meine Absicht, dies hier genauer durchzuführen; es muß dies einer ausführlichen Einzeldarstellung vorbehalten bleiben[7]. Die folgenden Bemerkungen sollen sich vielmehr darauf beziehen, aus dem genannten Oszillationstheorem Folgerungen nach einer anderen Seite zu ziehen. Ich werde nämlich λ fortan als eine komplexe Variable betrachten und von der *konformen Abbildung* handeln, welche der Quotient η irgend zweier Partikularlösungen F_1, F_2 einer durch das Oszillationstheorem festgelegten Laméschen Differentialgleichung von der Halbebene λ entwirft.

Sei $f = 0$ der Einfachheit halber mit durchaus reellen, getrennten Wurzeln vorausgesetzt. Der allgemeine Charakter des in der η-Ebene gelegenen Abbildes ist dann mit Rücksicht auf die über die singulären Punkte $e_1, \ldots, e_{n+2}$ früher gemachten Angaben durch ein bekanntes, zuerst von Schwarz[8] aufgestelltes Theorem festgelegt. Es wird sich in der η-Ebene um ein *Kreisbogenpolygon* handeln, dessen Inneres keinen Windungspunkt einschließt, dessen sämtliche Winkel rechte sind, und dessen $(n + 2)$ Seiten selbstverständlich den aufeinanderfolgenden Stücken der λ-Achse von e_1 bis e_2, von e_2 bis e_3, $\ldots$, von e_{n+2} bis e_1 entsprechen. Ich will nun weiter der Einfachheit halber annehmen, daß die Segmente $S, T, \ldots$, von denen das Oszillationstheorem handelt, je von einem singulären Punkte e_i bis zum nächstfolgenden e_{i+1} hinreichen; daß ferner die Partikularlösungen F, welche den einzelnen Segmenten zugehören (und die also innerhalb dieser Segmente je eine vorgeschriebene Anzahl von Nullstellen haben) an den Enden des Segmentes $F = 0$ oder $F' = 0$ $\left[\text{wo } F' = \dfrac{dF}{dt}\right]$ befriedigen sollen. Die Behauptung ist, daß unter so bewandten Umständen *die Ausdehnung desjenigen Kreisbogenstückes der η-Ebene, welches dem einzelnen Segmente $e_i - e_{i+1}$ zugehört, genau angegeben werden kann.* Es genügt zu dem Zwecke, neben dem zu unserem Segmente gehörigen, in diesem Segmente reellen F irgendeine andere im Segmente reelle Partikularlösung (F) zu betrachten und zunächst $\eta = \dfrac{F}{(F)}$ zu setzen. Indem sich die Nullstellen von F und (F) innerhalb des Segmentes notwendig wechselseitig separieren, ergibt sich sofort:

Satz 1. Wenn in e_i und e_{i+1} für die zum Segmente gehörige Partikularlösung übereinstimmend $F = 0$ vorgeschrieben ist, so *überschlägt*

---

[7] [Diese hat in der Folge Bôcher in dem Buche „Über die Reihenentwicklungen der Potentialtheorie" (1894, bei Teubner) gegeben; siehe auch die Bemerkung auf S. 592 Fußnote [14]. Die von Bôcher nicht behandelten Konvergenzfragen hat Hilb auch für Zyklidensechsflache erledigt; vgl. S. 525 Fußnote [6]).]

[8] [Daß dies Theorem schon Riemann bekannt war, soll im folgenden nicht immer erwähnt werden. Vgl. die Fußnote [1]) auf S. 256 dieses Bandes.]

sich der dem Segmente in der η-Ebene zugehörige Kreisbogen genau $(m + 1)\,mal$ (unter m die Anzahl der Nullstellen von F im Segmente verstanden). Die Bilder ζ_i und ζ_{i+1} von e_i und e_{i+1} fallen also auf dem betreffenden Kreisbogen zusammen. Von ihnen aus biegen dann die weiteren Kreisbogen, die den jenseits e_i und e_{i+1} folgenden Stücken der λ-Achse entsprechen, rechtwinklig ab, berühren sich also in ihrer gemeinsamen Einmündungsstelle.

Etwas mehr Mühe verursacht die Erledigung der anderen Fälle; ich führe dies nicht im einzelnen aus, sondern gebe gleich die Resultate. Man erhält:

Satz 2. Ist in e_i $F = 0$, dagegen in e_{i+1} $F' = 0$ vorgeschrieben, so wird es sich in der η-Ebene sozusagen nur noch *um* $(m + {}^1/_2)$-*malige Umspannung eines Kreises* handeln. Die Bilder ζ_i und ζ_{i+1} von e_i und e_{i+1} werden nämlich auf dem sie verbindenden Kreisbogen derartig getrennt liegen, daß der in ζ_{i+1} rechtwinklig abbiegende Kreisbogen (welcher dem jenseits e_{i+1} folgenden Stücke der λ-Achse entspricht) verlängert durch ζ_i hindurchgeht (und dort dann den anderen, von ζ_i rechtwinklig abbiegenden Kreisbogen berührt).

Satz 3. Ist endlich sowohl in e_i wie in e_{i+1} $F' = 0$ gegeben, so wird unsere Polygonseite ihren Kreis nur noch *wenig mehr als m-fach umspannen*; die beiden weiteren Polygonseiten, welche in ζ_i und ζ_{i+1} rechtwinklig abbiegen, werden sich auch jetzt berühren, *aber in einem von* ζ_i *und* ζ_{i+1} *verschiedenen Punkte* (der übrigens selbstverständlich seinerseits auch dem Kreise angehört, längs dessen sich die erste Polygonseite erstreckt[9]).

Die Bedeutung des Oszillationstheorems aber wird die, *daß bei gegebenem f, d. h. bei gegebenen* $e_1 \ldots e_{n+2}$, *das zugehörige Kreisbogenpolygon der* η-*Ebene völlig bestimmt ist*[10]), *sobald ich von* $(n - 1)$ *seiner Seiten ein Verhalten im Sinne von Satz 1, 2 oder 3 vorschreibe.* Ich

---

[9]) [Zu den drei eben besprochenen Fällen seien hier noch Figuren für $m = 0$ gegeben, welche ich meiner unter Nr. LXIX besprochenen autographierten Vorlesung

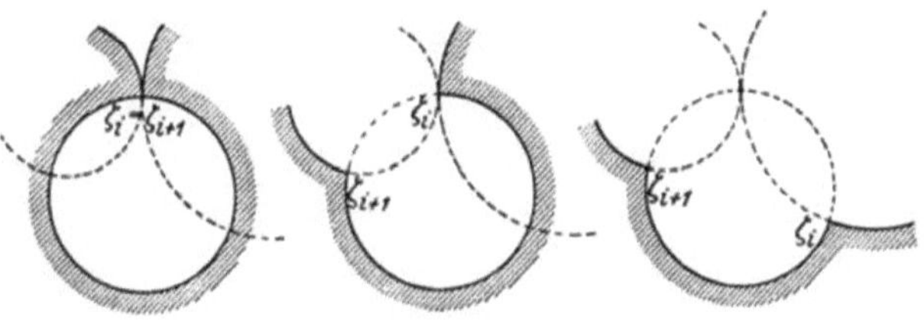

Fig. 1.

v. J. 1894 über lineare Differentialgleichungen zweiter Ordnung entnehme. Vgl. S. 308 daselbst. K.]

[10]) D. h. von linearen Transformationen des η abgesehen völlig bestimmt ist.

zweifle nicht, daß dieser Satz eine allgemeine Bedeutung für die Theorie der linearen Differentialgleichungen zweiter Ordnung besitzt. Denn er führt dazu, wenn die singulären Stellen einer Differentialgleichung mit den zugehörigen Exponenten gegeben sind, als weitere Bestimmungsstücke der Differentialgleichung allgemein die *Längen* der in der η-Ebene auftretenden Polygonseiten einzuführen.

Möge hier aus unserem Satze nur eine ganz partikuläre funktionentheoretische Folgerung gezogen werden. Sei f insbesondere vom sechsten Grade; wir nehmen die Verschwindungspunkte von f wieder getrennt und reell, und benennen sie nach ihrer Aufeinanderfolge auf der λ-Achse mit $e_1, e_2, \ldots, e_6$. Ich werde nun die drei Intervalle von e_1 bis e_2, von e_3 bis e_4, von e_5 bis e_6 ins Auge fassen und für jedes derselben ein Verhalten im Sinne von Satz 2. vorschreiben, indem ich gleichzeitig die zugehörigen m sämtlich gleich Null setze. Mögen wir jetzt η insbesondere so wählen, daß das Bild des von e_6 bis e_1 reichenden Stückes der λ-Achse in der η-Ebene geradlinig wird. Eine leichte geometrische Überlegung zeigt dann, daß infolge von 2. und der allgemeinen dadurch entstehenden Lageverhältnisse die Bilder der Intervalle von e_2 bis e_3 und von e_4 bis e_5 gleichfalls geradlinig werden und *in dieselbe gerade Linie hineinfallen*. Den Intervallen $e_1 - e_2$, $e_3 - e_4$, $e_5 - e_6$ aber entsprechen einfach *von dieser geraden Linie begrenzte Halbkreise*. (Das Polygon der η-Ebene läßt sich am kürzesten beschreiben als eine von einer Geraden begrenzte Halbebene, aus welcher man vom Rande aus drei halbe Kreisscheiben herausgeschnitten hat.) Wollen wir jetzt die ganze λ-Ebene in Betracht ziehen, nachdem wir dieselbe längs der drei Segmente $e_1 - e_2$, $e_3 - e_4$, $e_5 - e_6$ der reellen Achse mit Einschnitten versehen haben! Offenbar entspricht derselben jetzt *ein schlichtes, von drei Vollkreisen umgrenztes Stück der η-Ebene*. Wir erhalten hieraus ein Bild der zur hyperelliptischen Irrationalität $\sqrt{f}$ gehörigen Riemannschen Fläche, indem wir dem genannten Stücke der η-Ebene noch eines derjenigen hinzufügen, welche sich aus ihm durch Inversion an einem seiner drei Begrenzungskreise ergeben. *Hiermit aber ist für den Fall des hyperelliptischen Gebildes $\sqrt{f}$ diejenige konforme Abbildung geleistet, deren Möglichkeit und Bestimmtheit ich in Band 19 der Math. Annalen* (Weihnachten 1881) *für beliebige algebraische Gebilde behauptet habe*[11]). Es war bis jetzt nicht gelungen, dieses letztere Theorem auf andere Art als durch Kontinuitätsbetrachtungen zu erweisen, die von der in der η-Ebene gelegenen Figur ihren Ausgang nehmen: hier haben wir, allerdings nur für den einfachen Fall eines hyperelliptischen

---

[11]) Über eindeutige Funktionen mit linearen Transformationen in sich. (Erste Mitteilung.) [Diese Abh. wird in Bd. 3 gegenwärtiger Ausgabe als Nr. CI abgedruckt.]

Gebildes mit sechs reellen Verzweigungspunkten, eine Konstruktion des betr. η vom gegebenen algebraischen Gebilde aus.

Es knüpft sich hieran noch eine weitere neue Bemerkung, welche auf die oben gegebene Einführung homogener Variabler zurückgeht. Bekanntlich sind λ und $\sqrt{f(\lambda)}$ in dem soeben gefundenen η eindeutig; sie stellen solche eindeutige Funktionen von η vor, welche sich bei unendlich vielen linearen Substitutionen von η reproduzieren (ich möchte vorschlagen, solche Funktionen überhaupt *automorphe* Funktionen von η zu nennen). Auch die Integrale

$$u_1 = \int \lambda_1 \, d\omega, \qquad u_2 = \int \lambda_2 \, d\omega,$$

wo

$$d\omega = \frac{(\lambda \, d\lambda)}{\sqrt{f(\lambda)}},$$

werden eindeutig in η. Nun hatten wir doch von vornherein $\eta = F_1 : F_2$ gesetzt, wo F_1, F_2 Formen $(-\,{}^1/_2)$-ter Dimension in λ_1, λ_2 waren. Man findet hieraus unter Benutzung der Differentialgleichung (11):

$$(14) \qquad\qquad F_2 \, dF_1 - F_1 \, dF_2 = \varkappa \, d\omega,$$

wo $\varkappa$ eine unbestimmt bleibende numerische Konstante. Jetzt ist

$$d\eta = \frac{F_2 \, dF_1 - F_1 \, dF_2}{F_2^2}.$$

Wir erhalten also:

$$(15) \qquad\qquad \lambda_1 = \frac{\varkappa}{F_2^2} \cdot \frac{du_1}{d\eta}, \qquad \lambda_2 = \frac{\varkappa}{F_2^2} \cdot \frac{du_2}{d\eta},$$

so daß sich λ_1, λ_2 als eindeutige Formen $(-\,2)$-ten Grades von F_1, F_2 darstellen. Übrigens weist man leicht nach (oder schließt es aus (14)), daß F_1, F_2 den unendlich vielen linearen Substitutionen von η entsprechend selber binäre lineare Substitutionen von der Determinante 1 erleiden. Bei diesen bleiben dann λ_1, λ_2 ungeändert; ich schlage dementsprechend vor, *dieselben als automorphe Formen von F_1, F_2 zu bezeichnen.*

Auch dieses Resultat verallgemeinert sich auf beliebige algebraische Gebilde. Sei nämlich η auf einem solchen Gebilde unverzweigt. *Setzt man dann η gleich dem Quotienten zweier Formen F_1, F_2, welche auf dem algebraischen Gebilde selber unverzweigt sind* (vgl. die Fußnote [5]) zu S. 544), *so hat man immer Formel* (14). Dabei bedeutet $d\omega$ denjenigen zum algebraischen Gebilde gehörigen Differentialausdruck, welchen ich im vorigen Jahre in meiner ersten der Sozietät vorgelegten Note: „Zur Theorie der Abelschen Funktionen" eingeführt habe[12]).

---

[12]) Vgl. auch den schon oben genannten Aufsatz in Bd. 36 der Math. Annalen [= Abh. XCVII in Bd. 3 dieser Ausgabe].

LXV. Über die Nullstellen der hypergeometrischen Reihe.

[Math. Annalen, Bd. 37 (1890).]

Nachstehend entwickle ich einige. Betrachtungen über die Differentialgleichung der hypergeometrischen Reihe

$$F(l,\,m,\,n,\,x) = 1 + \frac{l\cdot m}{1\cdot n}\,x + \frac{l\cdot l+1\cdot m\cdot m+1}{1\cdot 2\cdot n\cdot n+1}\,x^2 + \cdots,$$

welche darin gipfeln, daß ich die Anzahl der Nullstellen bestimme, die F
zwischen $x = 0$ und $x = 1$ besitzt. Ich hoffe, daß nicht nur das so erhaltene Resultat einiges Interesse erregt[1]), sondern auch die zur Herleitung desselben angewandte Methode. Irre ich nicht, so wird diese Methode bei der ferneren Untersuchung der linearen Differentialgleichungen
zweiter Ordnung noch mannigfache Dienste leisten können.

§ 1.

Von der charakteristischen Zahl X, welche einer linearen Differential-gleichung zweiter Ordnung bezüglich eines Intervalls zukommt.

Sei irgendwelche lineare Differentialgleichung zweiter Ordnung vorgelegt:

$$(1) \qquad \frac{d^2 y}{d x^2} + p\cdot \frac{d y}{d x} + q\cdot y = 0,$$

deren Koeffizienten p, q zunächst nur der einen Bedingung unterworfen
sein sollen, *reell* zu sein (wie wir denn überhaupt zunächst nur reelle
Werte auch der Variabeln x, y in Betracht ziehen). Wir grenzen auf der
X-Achse irgendein Intervall $A\,B$ ab, welches weder einen singulären

---

[1]) In der Tat dürfte dieses Resultat neu sein; es scheint nicht, daß die im
Texte bezeichnete Frage, trotz ihrer Einfachheit, bisher von anderer Seite behandelt
wurde; von speziellen Fällen, wie Kugelfunktionen usw., natürlich abgesehen. —
Stieltjes in Bd. 100 der Comptes Rendus (1885) und Hilbert in Bd. 103 des Journals für Mathematik (1887) behandeln den Fall der mit einer endlichen Gliederzahl
abbrechenden hypergeometrischen Reihe. [Sie beschränken sich aber darauf, die Gesamtzahl der reellen Wurzeln von $F = 0$ abzuzählen, zum Teil auch abzugrenzen, nicht
aber für die einzelnen Intervalle $\infty\,0$, $0\,1$, $1\,\infty$ die Anzahlen zu bestimmen. K.]

Punkt von (1) enthalten, noch an einen solchen heranreichen soll, und betrachten den Verlauf, welchen irgendwelche reelle Lösung y von (1) in diesem Intervalle nimmt. Wird y im genannten Intervalle, indem es immer wieder durch Null hindurchgeht, auf und ab oszillieren, oder wird es, wenn überhaupt, nur einmal zu Null werden? Und wie groß wird im ersteren Falle die Zahl der in unser Intervall fallenden Nullstellen sein?

Die so bezeichneten Fragen liegen jedenfalls außerordentlich nahe. Aber es scheint, daß dieselben seit den schönen Untersuchungen von Sturm in den Bänden 1 und 2 von Liouvilles Journal (1836—37) kaum mehr ernstlich bearbeitet worden sind. Sturm gibt dort u. a. das wichtige Theorem, *daß die Nullstellen irgend zweier linear-unabhängiger Lösungen* y_1, y_2 *von* (1) *im Intervalle* AB *notwendig abwechseln* (so daß also in unserem Intervalle die Wurzeln der Gleichung $y_1 = 0$ von denjenigen der Gleichung $y_2 = 0$ separiert werden, und umgekehrt). Anschließend hieran will ich dem Intervalle AB bezüglich der Differentialgleichung (1) eine bestimmte *charakteristische Zahl* zuordnen, welche fernerhin mit X bezeichnet werden soll. Sei nämlich y_2 eine solche Lösung von (1), welche in dem einen Endpunkte des Intervalls, etwa in A, verschwindet. Mit X bezeichne ich sodann die Anzahl der Nullstellen, welche dieses y_2 im *Innern* des Intervalls besitzt (so daß also nicht nur die Nullstelle in A nicht mitgezählt wird, sondern auch nicht eine etwa nach B fallende Nullstelle). Aus dem Sturmschen Satze folgt dann sofort, *daß jede andere Partikularlösung* y_1 *von* (1) *innerhalb* AB *mindestens* X-*mal und höchstens* $(\mathsf{X}+1)$-*mal verschwindet*. Auf dieses X nun richten wir unsere Fragestellung. Wir werden verlangen dürfen, *bei irgendwelcher gegebenen Differentialgleichung* (1) *für jedes Intervall* AB *die Zahl* X *wirklich zu berechnen*. Die so bezeichnete Problemstellung wird sofort noch ein wenig erweitert werden, übrigens in der vorliegenden Arbeit nur im ganz speziellen Falle zur Erledigung gelangen.

§ 2.

Einführung des Quotienten $y_1 : y_2 = \eta$.

Unter y_1, y_2 mögen wieder zwei solche Partikularlösungen von (1) verstanden werden, wie wir sie gerade betrachteten, so also, daß y_1 von y_2 linear unabhängig ist, und y_2 im Punkte A verschwindet. Der bestimmteren Ausdrucksweise halber will ich noch annehmen, daß y_1 im Punkte A negativ sei, während y_2 von A beginnend positive Werte annehmen mag. Wir bilden uns den Quotienten $y_1 : y_2 = \eta$ und fragen, wieso in den Werten, die er längs des Intervalls AB annimmt, die charakteristische Zahl X zur Geltung gelangt. Offenbar beginnt η bei $x = A$

mit dem Werte $-\infty$ und geht, während x von A bis B läuft, im ganzen X-mal durch ∞ hindurch. Aber zwischen je zwei aufeinanderfolgenden Unendlichkeitsstellen unseres η liegt dem Sturmschen Satze zufolge eine und nur eine Nullstelle desselben. Wir verallgemeinern dies leicht, indem wir neben y_2 und y_1 irgendeine lineare Kombination $y_1 - C y_2$ ins Auge fassen und auf sie und y_2 den Sturmschen Satz anwenden. Wir erkennen dann, daß η zwischen je zwei aufeinanderfolgenden Unendlichkeitsstellen überhaupt jeden reellen Wert C einmal und nur einmal annimmt. *Während x von A bis B läuft, läuft hiernach η, ohne zwischendurch umzukehren oder auch nur stehen zu bleiben, immer wiederholt von $-\infty$ bis $+\infty$. Und zwar vollendet es diesen Weg im ganzen X-mal,* — eine Aussage, bei welcher der Endpunkt B als nicht mehr unserem Intervalle angehörig angesehen wird, weil sonst in dem besonderen Falle, daß B Nullstelle für y_2 ist, $(\mathsf{X}+1)$ Durchlaufungen der genannten Wertreihe zu zählen sein würden.

An die so gewonnene neue Bedeutung des X knüpft nun sofort die Verallgemeinerung, welche wir gerade in Aussicht stellten. Ich will annehmen, daß unsere Differentialgleichung (1) eine Reihe reeller singulärer Punkte besitzen möge, die mit $x = a,\, x = b, \ldots$ bezeichnet sein sollen. Ich setze ferner der Einfachheit halber voraus, daß sich die Lösungen unserer Differentialgleichung in einem solchen Punkte nicht nur *regulär* verhalten, sondern zu *reellen* Exponenten gehören. Wir können dann von dem Werte, den der Quotient η irgend zweier Partikularlösungen y_1, y_2 von (1) im singulären Punkte annimmt, als von einer wohldefinierten Größe sprechen. Nur können wir y_1, y_2 im allgemeinen nicht so wählen, daß das eine in $x = a$ von Null verschieden ist, das andere verschwindet: wir können sie aber so aussuchen, daß ihr Quotient $y_1 : y_2 = \eta$ bei $x = a$ *unendlich* wird, oder, um es bestimmter zu sagen, *negativ unendlich* wird, wenn wir aus unserem Intervalle auf den Punkt $x = a$ zuschreiten. Infolgedessen können wir jetzt die Definition unseres X *auf solche Intervalle ausdehnen, die einerseits oder auch beiderseits an einen singulären Punkt heranreichen.* Wir wählen einfach ein solches η, welches in dem einen Endpunkte des Intervalls (der mit dem singulären Punkte a zusammenfallen mag) negativ unendlich wird, und *zählen ab, wie oft dasselbe, während x von a ausgehend das Intervall überstreicht, seinerseits den Weg von $-\infty$ bis $+\infty$ vollendet.* Den anderen Endpunkt des Intervalls betrachten wir dabei natürlich, um mit unseren bisherigen Festsetzungen in Übereinstimmung zu bleiben, als selbst dem Intervall nicht mehr zugehörig.

Hiermit bietet sich zugleich eine erste Einschränkung der Fragestellung des vorigen Paragraphen. Es seien $a, b, c, \ldots, n$ die aufeinanderfolgenden singulären Punkte, welche die X-Achse trägt. Dann interessieren uns von allen Intervallen, die man auf der X-Achse abgrenzen kann, jedenfalls die am meisten, *die von einem singulären Punkte zum nächstfolgenden hinreichen*, d. h. die Intervalle $ab, bc, \ldots, na$ selbst. Wir wollen unsere anfängliche Forderung also dahin einschränken, daß wir bei gegebener Differentialgleichung (1) nur für diese Intervalle die Bestimmung des zugehörigen X verlangen.

§ 3.

Inbetrachtnahme komplexer Werte der Variabeln.

Wir ziehen jetzt neben den reellen Werten von x und η beliebige komplexe Werte derselben in Betracht und denken uns diese in einer X-Ebene, bez. H-Ebene gedeutet. Zugleich wollen wir betreffs der Differentialgleichung (1) einige vereinfachende Annahmen machen. Wir wollen nämlich fortan voraussetzen, die Koeffizienten p, q in (1) seien *rationale* Funktionen von x, wohlverstanden rationale Funktionen mit reellen Koeffizienten (damit die anfängliche Forderung *reeller* p, q aufrecht erhalten bleibt), und ihre sämtlichen Unendlichkeitspunkte seien durch Angabe der reellen Unendlichkeitspunkte $a, b, c, \ldots, n$ bereits erschöpft. Wir zerschneiden jetzt die X-Ebene längs ihrer reellen Achse und erhalten so zwei Halbebenen, von denen wir die eine, etwa die positive, der weiteren Betrachtung zugrunde legen. Wir bezeichnen ferner mit η den Quotienten, irgend zweier, nicht notwendig reeller Partikularlösungen von (1). So können wir *das konforme Abbild*, welches ein solches η von der Halbebene X entwirft, nach den Untersuchungen von Herrn Schwarz[2]) sehr einfach bezeichnen. *Dasselbe stellt nämlich ein Kreisbogen-n-Eck vor, dessen Ecken den singulären Punkten $a, b, \ldots, n$ der X-Achse entsprechen; die Eckenwinkel sind beziehungsweise $\lambda\pi, \mu\pi, \nu\pi, \ldots,$ unter $\lambda, \mu, \nu, \ldots$ die Exponentendifferenzen verstanden, welche zu den einzelnen singulären Punkten zugehören.* — Ersetzen wir das anfänglich gewählte η durch irgendein anderes, so bedeutet dies einfach den Übergang zu einem [direkt] kreisverwandten Polygon. Wir wollen nur festsetzen, daß fernerhin kreisverwandte Figuren als nicht wesentlich verschieden gelten sollen. Dann wird also zwischen den Polygonen verschiedener Partikularlösungen η nicht weiter zu unterscheiden sein; wir können vielmehr schlechtweg von *dem Kreisbogenpolygon der η-Ebene* sprechen.

---

[2]) Vgl. insbesondere dessen Abhandlung (die auch den folgenden Entwicklungen des Textes durchweg zugrunde liegt): *Über diejenigen Fälle, in denen die Gaußsche hypergeometrische Reihe eine algebraische Funktion ihres vierten Elementes ist* (Crelles Journal, Bd. 75, 1871—72, oder auch Gesammelte mathematische Abhandlungen (Berlin bei Springer, 1890), Bd. 2, S. 211—259).

Und wie werden nun in der Gestalt dieses Polygons die charakteristischen Zahlen X hervortreten, die wir am Schlusse des vorigen Paragraphen des näheren bezeichneten? Das zum Intervalle ab gehörige X (um nur von diesem zu sprechen) bedeutete dort die Anzahl von Malen, daß ein in bestimmter Weise gewähltes η, von $-\infty$ beginnend, längs der reellen Achse der η-Ebene nach $+\infty$ hinlief, während sich x von a bis b bewegte. Das allgemeine η (welches eine kreisverwandte Figur beschreibt) wird augenscheinlich unterdessen, von irgendwelchem Werte beginnend, eine bestimmte Kreisperipherie X-mal überstreichen. *Das X unseres Intervalles ab erscheint also als die Anzahl von Malen, daß die zugehörige Seite des Polygons der η-Ebene eine volle Kreisperipherie umspannt, oder, was dasselbe ist, als die Anzahl von Malen, daß die betreffende Polygonseite sich selbst überschlägt.* Dabei müssen wir natürlich eine Festsetzung treffen, welche der früheren Verabredung, daß der Endpunkt b nicht mit zum Intervalle gezählt werden sollte, entspricht. Sollte nämlich der Endpunkt unserer Kreisbogenseite mit dem Anfangspunkte derselben zusammenfallen, so werden wir das doch nicht als volle Umspannung einer Kreisperipherie gelten lassen und bei der Berechnung des X also nicht mitzählen.

So hat denn die Fragestellung des § 2 eine sehr anschauliche Form angenommen: *Wir sollen das Polygon der η-Ebene (mit den Winkeln $\lambda\pi, \mu\pi, \ldots,$) betrachten und zusehen, wie groß die Anzahl voller Kreisperipherieen ist, die im Sinne der gerade getroffenen Verabredung von jeder Seite dieses Polygons umspannt wird.*

§ 4.

Spezieller Ansatz für die Differentialgleichung der hypergeometrischen Reihe.

Wir spezialisieren jetzt unsere Betrachtungen auf den einfachsten Fall, der allein hier zur Erledigung kommen soll, indem wir nämlich an Stelle von (1) insbesondere die Differentialgleichung der hypergeometrischen Reihe $F(l, m, n, x)$ setzen. Bekanntlich hat diese Differentialgleichung nur drei singuläre Punkte:

$$(2) \qquad a = 0, \quad b = \infty, \quad c = 1$$

und in ihnen als Exponenten:

$$(3) \qquad \begin{cases} \lambda' = 0, & \mu' = l, & \nu' = 0, \\ \lambda'' = 1 - n, & \mu'' = m, & \nu'' = n - l - m; \end{cases}$$

die hypergeometrische Reihe $F(l, m, n, x)$ bezeichnet diejenige Partikularlösung, welche in der Umgebung des Punktes a (d. h. des Punktes $x = 0$) dem Exponenten $\lambda' = 0$ zugehört. Ich will hier die zugehörigen Exponentendifferenzen gleich als wesentlich positive Größen einführen und schreibe in diesem Sinne:

$$(4) \qquad \lambda = |1 - n|, \quad \mu = |l - m|, \quad \nu = |n - l - m|.$$

Das Polygon der η-Ebene wird ein Kreisbogendreieck mit den Winkeln $\lambda\pi$, $\mu\pi$, $\nu\pi$. Und nun ist die einfache Aufgabe, zuzusehen, *wie oft sich bei einem solchen Dreiecke die einzelnen Kreisbogenseiten überschlagen mögen*, oder, wenn wir die Sache anschauungsmäßig ins einzelne ausgestalten wollen: *klar zu entwickeln, wie ein Kreisbogendreieck mit irgendwelchen Winkeln $\lambda\pi$, $\mu\pi$, $\nu\pi$ gestaltet ist.* Um den Sinn der letzteren Frage richtig zu verstehen, müssen wir uns vor Augen halten, daß unsere λ, μ, ν beliebig große positive Zahlen sein können, so daß wir ganz wesentlich auch solche Kreisbogendreiecke zu betrachten haben, *bei denen in den Ecken Windungspunkte liegen.* Übrigens besitzt unsere Frage durchaus elementargeometrischen Charakter: indem wir uns unser Dreieck in bekannter Weise durch stereographische Projektion auf die Kugel übertragen denken, können wir die sogleich zu gebende Erledigung unserer Aufgabe geradezu als *einen Beitrag zur sphärischen Trigonometrie* bezeichnen[3]).

Jedenfalls gibt uns die analytische Fragestellung, von der wir ausgehen, zur Behandlung dieser geometrischen Aufgabe einen ersten wesentlichen Ansatz. In (4) können die λ, μ, ν ganz beliebig angenommen werden. *Deshalb muß es für jedes Wertetripel λ, μ, ν zugehörige Kreisbogendreiecke wirklich geben.* Ich will doch die Differentialgleichung dritter Ordnung hersetzen, der das betreffende η genügt. Dieselbe lautet bekanntlich:

$$(5) \qquad \frac{\eta'''}{\eta'} - \frac{3}{2}\left(\frac{\eta''}{\eta'}\right)^2 = \frac{\dfrac{1-\lambda^2}{2}}{x^2} + \frac{\dfrac{1-\nu^2}{2}}{(1-x)^2} + \frac{\dfrac{1-\lambda^2+\mu^2-\nu^2}{2}}{x(1-x)}$$

---

[3]) Ich verstehe hier unter „sphärischer Trigonometrie" überhaupt die Lehre von denjenigen Kugelfiguren, die von drei Ebenen umgrenzt werden. Die gewöhnliche Voraussetzung der niederen sphärischen Trigonometrie, daß sich nämlich diese drei Ebenen im Mittelpunkte der Kugel schneiden, läßt sich bekanntlich immer durch Anwendung einer geeigneten Kreisverwandtschaft realisieren, sofern sich nur die Ebenen in einem Punkte des Kugelinneren treffen. Zieht man dagegen Ebenen in Betracht, die sich auf der Kugel oder gar außerhalb derselben treffen, so wird man das eine Mal die Formeln der ebenen Trigonometrie, das andere Mal diejenigen der pseudosphärischen Trigonometrie zu verwenden haben. Die Fragestellung des Textes steht oberhalb dieser Unterscheidungen, sie bezeichnet einen Punkt, in welchem die genannten dreierlei Trigonometrien gleichförmig unvollständig sind. Sämtliche Trigonometrien gehen nämlich stillschweigend von der Annahme aus, daß kein Dreieckswinkel $> 2\pi$ sei und daß keine Dreiecksseite mehr als eine volle Kreislinie umspanne. Infolgedessen beschränken sie sich darauf, die gegenseitige Abhängigkeit der „trigonometrischen Funktionen" der Winkel und Seitenlängen nachzuweisen. Die Ergänzung, welche durch die im Texte zu gebenden Entwicklungen hinzukommt, bezieht sich darauf, daß auch die absoluten Beträge der Winkel und Seitenlängen (die sich nicht durch Sinus und Kosinus festlegen lassen) in Abhängigkeit gesetzt werden.

Jetzt kommt man auf diese Differentialgleichung mit Notwendigkeit, wenn man es unternimmt, ein Kreisbogendreieck mit den Winkeln $\lambda\pi$, $\mu\pi$, $\nu\pi$ derart auf unsere Halbebene X abzubilden, daß den Ecken beziehungsweise die Stellen $x = 0, \infty, 1$ entsprechen. Andererseits drückt sich die allgemeine Lösung von (5) in einer beliebigen Partikularlösung η derselben in der Gestalt $\frac{\alpha\eta + \beta}{\gamma\eta + \delta}$ aus. Wir schließen: *Haben wir ein erstes Kreisbogendreieck mit den Winkeln $\lambda\pi$, $\mu\pi$, $\nu\pi$ konstruiert, so ergibt sich aus ihm jedes andere [mit demselben Umlaufssinn durch direkte] Kreisverwandtschaft.* Besonders diesen zweiten Satz brauchen wir im folgenden immerzu, indem wir uns, wenn es sich um allgemeine Aussagen über Kreisbogendreiecke gegebener Winkel handelt, schlechtweg auf eine einzelne Figur als hinreichenden Beweisgrund beziehen[4]).

§ 5.

Allgemeines über Kreisbogendreiecke.

Die fernere Behandlung unserer geometrischen Frage gestaltet sich einfacher als man erwarten sollte. Ich finde, daß man nur zwei Arten von Dreiecken auseinanderzuhalten hat. Indem ich hier zunächst von den speziellen Formeln (4) absehe, durch die wir die Buchstaben λ, μ, ν ursprünglich eingeführt haben, will ich die λ, μ, ν, durch die wir die Dreieckswinkel festlegen, bis auf weiteres der Größe nach geordnet denken:

$$(6) \qquad\qquad \lambda \geqq \mu \geqq \nu\,.$$

Dreiecke erster Art sind mir dann solche, bei denen

$$(7) \qquad\qquad \lambda \leqq \mu + \nu\,,$$

Dreiecke zweiter Art die anderen, für die

$$(8) \qquad\qquad \lambda > \mu + \nu\,.$$

Für beide Arten von Dreiecken entwickle ich hier vor allem einen arithmetischen Ansatz, den ich als *Reduktion* bezeichne.

Um ein Dreieck erster Art zu reduzieren, setze ich:

$$\lambda = \beta + \gamma\,,$$
$$\mu = \gamma + \alpha\,,$$
$$\nu = \alpha + \beta\,,$$

und erhalte so in:

$$(9) \quad \begin{cases} \alpha = \dfrac{\mu + \nu - \lambda}{2}, \\[2mm] \beta = \dfrac{\nu + \lambda - \mu}{2}, \\[2mm] \gamma = \dfrac{\lambda + \mu - \nu}{2} \end{cases}$$

drei Zahlen, die wegen (6), (7) ≥ 0 sind. Die größten, in α, β, γ beziehungsweise enthaltenen, ganzen Zahlen nenne ich jetzt a, b, c [5]) und schreibe dementsprechend:

$$(10) \qquad \alpha = a + \alpha_0, \qquad \beta = b + \beta_0, \qquad \gamma = c + \gamma_0.$$

Wir setzen ferner:

$$(11) \qquad \lambda_0 = \beta_0 + \gamma_0, \qquad \mu_0 = \gamma_0 + \alpha_0, \qquad \nu_0 = \alpha_0 + \beta_0.$$

Wir haben dann offenbar

$$(12) \qquad \lambda = \lambda_0 + b + c, \qquad \mu = \mu_0 + c + a, \qquad \nu = \nu_0 + a + b.$$

Hier sind die a, b, c irgendwelche positive ganze Zahlen, die λ_0, μ_0, ν_0 aber bedeuten drei Größen, von denen keine ≥ 2 oder größer als die Summe der beiden anderen wäre. Das Kreisbogendreieck mit den Winkeln $\lambda_0 \pi$, $\mu_0 \pi$, $\nu_0 \pi$ ist hiernach selbst ein Kreisbogendreieck der ersten Art. Ich bezeichne dasselbe als das zum gegebenen Dreiecke gehörige *reduzierte Dreieck.*

Für Dreiecke zweiter Art (8) gestaltet sich die Reduktion wesentlich einfacher. Ich verstehe unter m, n die größten ganzen in μ, ν enthaltenen Zahlen und schreibe:

$$(13) \qquad \lambda = m + n + \lambda_0, \qquad \mu = m + \mu_0, \qquad \nu = n + \nu_0,$$

wobei $\lambda_0 > \mu_0 + \nu_0$. Wieder bezeichne ich das Dreieck mit den Winkeln $\lambda_0 \pi$, $\mu_0 \pi$, $\nu_0 \pi$ als reduziertes Dreieck. *Ein reduziertes Dreieck zweiter Art ist einfach ein solches Dreieck zweiter Art, dessen kleinere Winkel $< \pi$ sind.* Die Zahlen m, n in (13) bedeuten dabei beliebige positive ganze Zahlen. —

Unsere fernere Aufgabe ist uns jetzt klar vorgezeichnet: wir haben uns deutlich zu machen, was reduzierte Dreiecke der einen oder anderen Art geometrisch sind, und insbesondere zuzusehen, was die Formeln (12), (13) geometrisch besagen, durch die wir bez. vom reduzierten Dreiecke zum allgemeinen Dreiecke aufsteigen. —

Dabei denken wir uns die Dreiecke, wie schon oben angedeutet wurde, am besten von vornherein auf die Kugel übertragen, und so mögen also auch die folgenden Zeichnungen als stereographische Abbilder sphärischer Figuren aufgefaßt werden.

---

[5]) [Um Verwechslungen vorzubeugen, sei ausdrücklich hervorgehoben, daß in den §§ 5—7 die Buchstaben a, b, c und m, n vorübergehend eine andere Bedeutung haben als in den übrigen Paragraphen dieser Arbeit.]

§ 6.

Von den Kreisbogendreiecken der ersten Art.

Hier zunächst eine kleine Musterkarte reduzierter Kreisbogendreiecke der ersten Art (auf der jeweils durch Schraffierung angedeutet ist, welchen Teil der Ebene, bez. der Kugel ich als die Dreiecksfläche ansehen will):

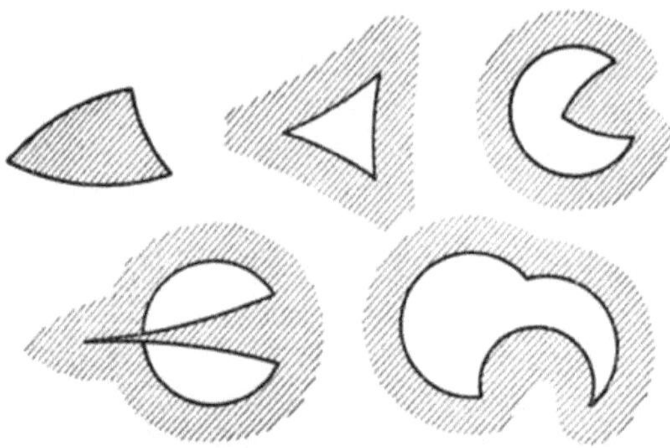

Fig. 1.

Man abstrahiert aus solchen Beispielen die Regel:

Bei einem reduzierten Kreisbogendreiecke erster Art kommt es niemals vor, daß sich eine der Dreiecksseiten selbst überschlägt.

Um diese Regel zu beweisen, beachte man Formel (11). Man erhält sämtliche reduzierten Kreisbogendreiecke erster Art, wenn man in ihr die α_0, β_0, γ_0 unabhängig voneinander alle Werte von 0 bis 1 (mit Ausnahme der 1) durchlaufen läßt. *Die Mannigfaltigkeit der reduzierten Kreisbogendreiecke erster Art bildet also ein Kontinuum.* Nun aber gibt es, wie wir gerade sahen, sicher solche reduzierte Dreiecke der ersten Art, bei denen sich keine der drei Seiten überschlägt. Sollte es demgegenüber auch Dreiecke erster Art geben, deren Seiten sich (zum Teil, oder alle) überschlagen, so müßte auch die Übergangsform vorkommen, bei der eine Seite gerade einen vollen Kreis ausmacht, während die beiden anderen noch kleiner als ein Vollkreis sind. Man wird aber vergebens versuchen, eine solche Übergangsform zu zeichnen: so wie man es zwingen will (vgl. die nebenstehende Figur), so hat man ersichtlich ein Dreieck der zweiten Art:

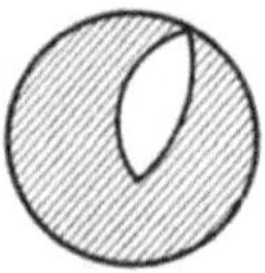

Fig. 2.

Wir wenden uns jetzt gleich zu den Formeln (12). Offenbar können wir die allgemeinsten Formeln dieser Art in der Weise entstehen lassen, daß wir a, b, c zuerst alle gleich Null nehmen und sie dann unabhängig voneinander beliebig wiederholt um eine Einheit wachsen lassen. Um den durch (12) bezeichneten Prozeß der Reduktion geometrisch zu verstehen, werden wir fragen dürfen, was der einzelne hiermit bezeichnete Schritt (d. h. das Anwachsen von a, oder b, oder c je um eine weitere Einheit) geometrisch besagt. Beginnen wir also damit, eine der Größen, vielleicht a, gleich 1 zu nehmen, während die anderen beiden gleich 0 bleiben. In der nebenstehenden Figur, welche ein reduziertes Dreieck vorstellt, wolle man diejenige Seite ins Auge fassen, die dem Winkel $\lambda_0\pi$ gegenüberliegt:

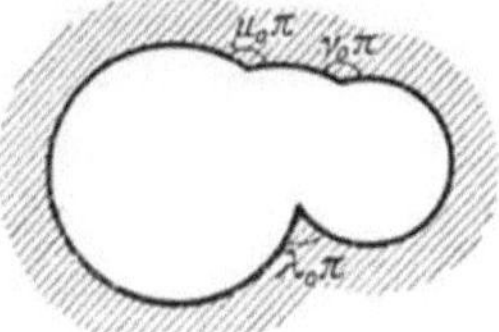

Fig. 3.

Indem wir jetzt a gleich 1 nehmen, sollen wir $\mu_0\pi$ und $\nu_0\pi$ in $(\mu_0 + 1)\pi$, bez. $(\nu_0 + 1)\pi$ verwandeln. Das heißt aber offenbar, daß unserem Dreieck eine ganze Kreisscheibe (oder besser gesagt, da wir ja auf der Kugel operieren wollen: eine Kugelkalotte) angehängt wird, wie dies die nachstehende Figur schildert:

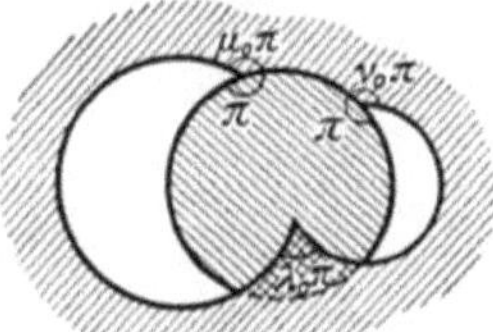

Fig. 4.

Die Dreiecksseite, welche dem Winkel $\lambda\pi$ gegenüberliegt, ist dabei, wie wir kurz sagen dürfen, durch ihr *Komplement* ersetzt worden, d. h. durch ein Kreisbogenstück, welches ebensowenig sich überschlägt, wie die ursprüngliche Dreiecksseite selbst. Aber mit dieser Eigenschaft der komplementären Seite ist die Möglichkeit gegeben, den gerade ausgeführten Schritt noch einmal zu wiederholen, indem wir a zu 2 werden lassen und also die beiden Winkel gleich $(\mu_0 + 2)\pi$ und $(\nu_0 + 2)\pi$ nehmen. Wir haben jetzt einfach an unsere komplementäre Seite eine Kugelkalotte (eine Kreisscheibe) anzuhängen, diejenige, welche in unserer Figur, so wie wir dieselbe gezeichnet haben, das *Äußere* des Kreises (μ_0, ν_0) ausmacht. *Die Dreiecksseite ist dadurch wieder die alte geworden, in den sie abschließenden Ecken liegen jetzt aber Windungspunkte.*

Das neue Dreieck besteht, können wir sagen, aus der Summe des anfänglichen (reduzierten) Dreiecks und der einfach gerechneten Gesamtkugelfläche. — Nichts hindert jetzt, die so geschilderten beiden Operationen alternierend beliebig oft zu wiederholen, und so a zu einer beliebig großen ganzen Zahl anwachsen zu lassen. *Bei jedem neuen Schritte wächst die bis dahin erhaltene Dreiecksfläche erneut um die eine oder die andere Kugelkalotte, und wenn wir das eine Mal die ursprüngliche Dreiecksseite als Begrenzung erhalten hatten, so folgt das nächste Mal das Komplement, und umgekehrt.* — Ganz ähnlich machen wir es jetzt hinterher mit b und mit c. Die geometrische Operation ist dabei ganz dieselbe, wie bei a, nur daß jetzt die zweite, resp. die dritte Seite des ursprünglichen reduzierten Dreiecks in Anspruch genommen und alternierend in ihr Komplement verwandelt wird oder in ursprünglicher Form wieder erscheint. —

Der hiermit geschilderte Prozeß ist alles in allem so einfach, daß er in der Tat, wie wir es in Aussicht nahmen, ein völlig anschauliches Bild von der Gestalt des allgemeinen Kreisbogendreiecks erster Art vermitteln dürfte. Uns interessiert dabei natürlich vor allen Dingen, was über die Längen der jedesmaligen Dreiecksseiten ausgesagt werden kann. In dieser Hinsicht haben wir offenbar:

Bei einem Kreisbogendreiecke erster Art bleibt ausgeschlossen, daß sich auch nur eine seiner drei Seiten überschlägt.

§ 7.

Von den Kreisbogendreiecken der zweiten Art.

Die Dreiecke zweiter Art erledigen sich jetzt sehr rasch.

Betrachten wir zuerst, was der einfachste Fall ist, ein Dreieck zweiter Art mit zwei rechten Winkeln (bei dem also $\mu_0 = \nu_0 = \frac{1}{2}$ ist, vgl. die Figur):

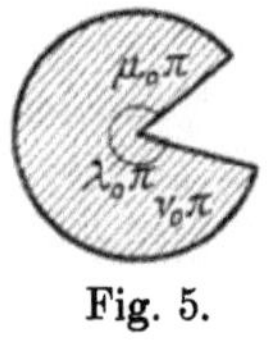

Fig. 5.

Da hat es keine Schwierigkeit, sich den Winkel $\lambda_0\pi$ beliebig groß (auch $> 2\pi$) zu denken, und es ist offenbar, daß sich dabei die ihm gegenüberliegende Seite

$$(14) \qquad E\left(\frac{\lambda_0}{2}\right)\text{-mal}$$

überschlägt, unter E die größte ganze Zahl verstanden, welche in $\frac{\lambda_0}{2}$ enthalten ist, oder genauer, da wir es noch nicht als volle Überschlagung rechnen wollten, wenn Anfangspunkt und Endpunkt einer Seite gerade zusammenfallen: *unter E die größte ganze Zahl verstanden, welche von $\frac{\lambda_0}{2}$ überschritten wird.* Die beiden anderen Dreiecksseiten überschlagen sich natürlich nicht.

Von Figur 5 gehen wir nun leicht zu einem reduzierten Dreiecke zweiter Art über, bei welchem μ_0 und ν_0 nicht gerade gleich $\frac{1}{2}$ sind. Wir haben einfach entlang einer jeden der beiden kurzen Seiten der Figur 5 (dieser Ausdruck ist ja wohl ohne weitere Erläuterung verständlich) ein Kreissegment entweder wegzunehmen oder auch hinzuzufügen. Ich erläutere hier beides durch eine Figur, indem ich $\nu_0 = \frac{1}{2}$ lasse, aber μ_0 das eine Mal kleiner, das andere Mal größer als $\frac{1}{2}$ nehme:

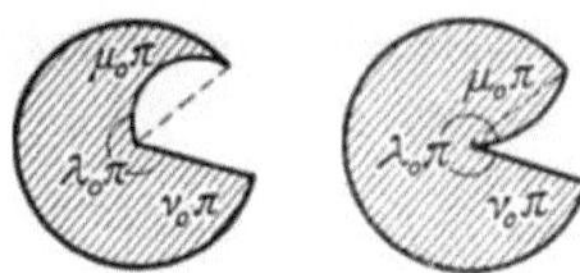

Fig. 6.

Bei dieser Änderung behalten die beiden kurzen Seiten augenscheinlich ihre Eigenschaft, sich nicht zu überschlagen. Ob es die dritte Seite (die lange Seite, wie wir sagen wollen) tut oder nicht, konstatieren wir am leichtesten, indem wir ein Hilfsdreieck mit zwei rechten Winkeln konstruieren, welches mit dem gegebenen Dreiecke die Ecken und die lange Seite gemein hat; ich habe die kurzen Seiten dieses Hilfsdreiecks, soweit sie nicht mit Seiten der ursprünglichen Dreiecke zusammenfallen, in der Figur punktiert. Der Winkel, welcher in diesem Hilfsdreiecke der langen Seite gegenüberliegt, ist augenscheinlich

$$(\lambda_0 - \mu_0 - \nu_0 + 1)\pi.$$

Daher ist die Anzahl der vollen Überschlagungen, welche unsere lange Seite im Sinne von (14) darbietet:

$$(15) \qquad E\left(\frac{\lambda_0 - \mu_0 - \nu_0 + 1}{2}\right).$$

Nichts ist jetzt leichter, als vom reduzierten Dreiecke der zweiten Art zum allgemeinen überzugehen. Die Formeln (13) belehren uns, daß wir dies erreichen, indem wir die Zahlen m, n von Null beginnend, unabhängig voneinander beliebig oft um eine Einheit wachsen lassen und dadurch das eine Mal die Winkel $\lambda\pi$, $\mu\pi$, das andere Mal $\lambda\pi$ und $\nu\pi$ immer wieder um π vermehren. Aber die Dreiecksseiten, welche die Winkel $\lambda\pi$, $\mu\pi$, resp. $\lambda\pi$, $\nu\pi$ verbinden, überschlagen sich nicht, wie wir wissen. Daher handelt es sich hier geometrisch um wiederholte Anwendung ganz derselben Operation, die wir soeben bei den Dreiecken erster Art schilderten, und die in der Anhängung einer Kugelkalotte an eine sich nicht überschlagende Dreiecksseite bestand. Die einzelne kurze Seite unseres reduzierten Dreiecks wird dabei bald in ihr Komplement verwandelt, bald kommt sie wieder in ihrer ursprünglichen Form zum Vorschein, wie wir hier kaum erneut zu schildern haben. — Damit aber haben wir in der Tat eine ganz klare Vorstellung von dem Zustandekommen eines allgemeinen Kreisbogendreiecks der zweiten Art gewonnen. Man beachte noch, daß vermöge (13):

$$\lambda - \mu - \nu = \lambda_0 - \mu_0 - \nu_0.$$

Indem wir auf (15) zurückgreifen, haben wir offenbar:

Auch bei einem Dreiecke zweiter Art überschlagen sich diejenigen Seiten nicht, welche den beiden kleineren Winkeln gegenüberliegen. Die dritte Seite aber bietet evtl. eine größere Zahl von Selbstüberschlagungen dar; diese Zahl ist durch

$$(16) \qquad E\left(\frac{\lambda - \mu - \nu + 1}{2}\right)$$

gegeben.

§ 8.

Das allgemeine geometrische Resultat. Die Charakteristik X der hypergeometrischen Differentialgleichung für das Intervall $\overline{01}$.

Ehe ich jetzt zur anfänglichen analytischen Fragestellung des § 4 zurückkehre, fasse ich vorab die inzwischen gewonnenen geometrischen Resultate in einen allgemeinen Satz zusammen. Wir erreichen dies, indem wir die Bedeutung des E noch dahin modifizieren, daß es die größte ganze, *positive* Zahl sein soll, welche von dem dem E beigesetzten Argumente überschritten wird, — so daß also E allemal Null ist, wenn das Argument negativ oder ≤ 1 ist. Wir können dann nämlich jede Größenordnung der Winkel $\lambda \pi$, $\mu \pi$, $\nu \pi$, wie auch die Unterscheidung der Dreiecke erster und zweiter Art aufgeben und so sagen:

In einem Kreisbogendreiecke mit den Winkeln $\lambda \pi$, $\mu \pi$, $\nu \pi$ überschlägt sich die dem beliebigen Winkel $\lambda \pi$ gegenüberliegende Seite so oft, als das Symbol

$$(17) \qquad E\left(\frac{\lambda - \mu - \nu + 1}{2}\right)$$

angibt.

In der Tat: dieses E ist bei Dreiecken erster Art immer Null, bei Dreiecken zweiter Art aber nur dann eventuell von Null verschieden, wenn λ gerade den größten der drei Winkel bezeichnet: in diesem Falle aber stimmt (17) mit (16).

Und nun gehen wir zur hypergeometrischen Differentialgleichung zurück. Wir wollen uns da gleich auf das Intervall $\overline{01}$ der X-Achse beschränken, das uns von Anfang an besonders interessierte. Offenbar haben wir mit Rücksicht auf die Formeln (4):

Die charakteristische Zahl X, *welche dem Intervalle* $\overline{01}$ *hinsichtlich der hypergeometrischen Differentialgleichung zukommt, ist durch folgende Formel gegeben:*

$$(18) \qquad \mathsf{X} = E\left(\frac{|\,l-m\,| - |\,1-n\,| - |\,n-l-m\,| + 1}{2} \right).$$

Wir wollen diese Formel noch etwas spezifizieren. Erstlich wollen wir annehmen, daß $l \geq m$ sei, worin keine Partikularisation liegt; wir können dann statt $|\,l-m\,|$ einfach $(l-m)$ schreiben. Übrigens aber unterscheiden wir, ob $(1-n)$ und $(n-l-m) \lessgtr 0$ oder $\gtrless 0$ sind (das Nullsein wird, weil es keinen Unterschied macht, jeder der beiden Möglichkeiten zugerechnet). Wir erhalten so folgende Tabelle:

(19)

	$n-l-m \leqq 0$	$n-l-m \geqq 0$
$1-n \leqq 0$	$\mathsf{X} = E(1-m)$	$\mathsf{X} = E(l-n+1)$
$1-n \geqq 0$	$\mathsf{X} = E(n-m)$	$\mathsf{X} = E(l)$

§ 9.

Von den Nullstellen der hypergeometrischen Reihe F im Intervalle $\overline{01}$.

Die Formeln (18) und (19) bezeichnen das eigentliche in dieser Arbeit abzuleitende Resultat. Inzwischen wollen wir dasselbe jetzt noch so umsetzen, daß jene elementare Frage erledigt wird, welche in der Einleitung bezeichnet wurde: *Wie oft verschwindet die hypergeometrische Reihe*

$$F(l, m, n, x)$$

im Intervall von $x = 0$ *bis* $x = 1$?

Wir müssen hier einige Vorbemerkungen machen.

Erstlich bemerken wir, daß, wegen des Bildungsgesetzes der Reihe F, das sogenannte dritte Element n niemals Null oder eine negative ganze Zahl sein kann: es würden sonst alle Glieder der Reihe von einer bestimmten Grenze ab unendlich groß sein. Daher ist die im folgenden verschiedentlich auftretende Konstante $\Gamma(n)$ notwendig eine endliche Größe.

Zweitens erinnern wir daran, daß die Reihe F für $x = 1$ nur unter der Voraussetzung $(n-l-m) > 0$ konvergiert. Es kann uns das aber nicht hindern, auch im Falle $(n-l-m) \leqq 0$ von dem Werte zu sprechen, den die *Funktion* F von x, wenn man von $x = 0$ kommend auf $x = 1$

zuschreitet, bei $x = 1$ annimmt. Dieser Wert ist dann freilich immer unendlich; aber es wird unterschieden werden können, ob er positiv oder negativ unendlich ist. —

Wir handeln ferner von den verschiedenen Lösungen, welche unsere Differentialgleichung in der Umgebung des Punktes $x = 0$ besitzt:

Ist n keine ganze Zahl, so existiert daselbst neben F eine zweite Partikularlösung G, die wir in die Form setzen können

$$(20) \qquad G = x^{1-n} \cdot \mathfrak{P}(x),$$

unter $\mathfrak{P}(x)$ eine nach ganzen positiven Potenzen von x fortschreitende Reihe verstanden, in welcher das konstante Glied (das Glied nullter Dimension) von Null verschieden ist. Dieses G wird also für $x = 0$ unendlich, sobald $1 - n < 0$, dagegen Null, sobald $1 - n > 0$. — Ist aber n ganzzahlig (was nach der gerade gemachten Bemerkung $n > 0$, also $1 - n \leq 0$ bedingt), so tritt neben F eine Partikularlösung G, deren analytischer Ausdruck einen Logarithmus enthält, und die daher für $x = 0$ jedenfalls unendlich wird. — Hiermit halten wir zusammen, daß F selbst für $x = 0$ gleich 1 ist. So folgt:

Ist $(1 - n) \leq 0$, *so wird bei* $x = 0$ $\frac{G}{F}$ *unendlich, ist* $(1 - n) > 0$, *so* $\frac{F}{G}$.

Wir erinnern uns jetzt der Formeln (18), (19) für X und der Bedeutung, welche wir der Zahl X in § 1 und § 2 erteilten. So haben wir offenbar den Satz:

Für $(1 - n) \leq 0$ *verschwindet* F, *für* $(1 - n) > 0$ *verschwindet* G *im Inneren des Intervalls* $\overline{01}$ *genau* X-*mal.*

Hiermit ist die Frage nach der Zahl der Nullstellen von F nur erst im Falle $(1 - n) \leq 0$ entschieden, im anderen Falle können wir nach § 1 vorab nur erst sagen:

Ist $(1 - n) > 0$, *so ist die Anzahl der Nullstellen von* F *im Intervalle* $\overline{01}$ *entweder* X *oder* $\mathsf{X} + 1$.

Zwischen den beiden hier vorliegenden Möglichkeiten unterscheide ich nun durch eine Hilfsbetrachtung, indem ich nämlich das Verhalten der Lösung F unserer Differentialgleichung und einer anderen linear unabhängigen Lösung, die wieder G heißen soll, bei $x = 1$ in Betracht ziehe.

In dieser Hinsicht können wir nach § 1, 2 jedenfalls sagen:

Satz 1: *Wird* $\frac{G}{F}$ *bei* $x = 1$ *unendlich, so hat* F *im Intervalle* $\overline{01}$ *genau* X *Nullstellen.*

Die Bedeutung der Charakteristik X eines Intervalls bleibt nämlich dieselbe, mögen wir das Intervall mit seinem einen oder seinem anderen

Endpunkte beginnen. — Übrigens kann $\frac{G}{F} = \infty$ bei $x = 1$ entweder so eintreten, daß G endlich bleibt, während F verschwindet, oder auch so, daß G unendlich wird, während F endlich bleibt. —

Liegt nun aber der hiermit besprochene Fall nicht vor, so suche ich das *Vorzeichen* zu bestimmen, welches die durch F gegebene Funktion bei $x = 1$ besitzt (sofern wir uns dem Werte $x = 1$ von $x = 0$ kommend nähern). Indem F für $x = 0$ gleich 1, d. h. positiv ist, werden wir offenbar haben:

Satz 2: *Je nachdem F bei $x = 1$ positiv oder negativ ist, werden wir im Intervalle $\overline{01}$ eine gerade oder eine ungerade Zahl von Nullstellen des F haben;*

und dies ist dann der Satz, durch den wir gegebenenfalls zwischen den beiden Zahlen X und X $+ 1$ entscheiden können. —

Es gilt jetzt, den so gefundenen allgemeinen Ansatz ins einzelne durchzuführen. Ich unterscheide dabei, ob $(n - l - m) > 0$, < 0, $= 0$.

a) *Erste Annahme:* $(n - l - m) > 0$, $(1 - n) > 0$.

Für $(n - l - m) > 0$ konvergiert F bei $x = 1$ bekanntlich zu dem Werte:

$$(21) \qquad \frac{\Gamma(n) \cdot \Gamma(n - l - m)}{\Gamma(n - l) \cdot \Gamma(n - m)},$$

der jedenfalls endlich ist (vgl. die oben über $\Gamma(n)$ voraufgeschickte Bemerkung) und verschwindet, wenn $(n - l)$ oder $(n - m)$ Null oder eine negative ganze Zahl ist. Im letzteren Falle findet Satz 1 Anwendung und wir sagen also:

Ist $(1 - n)$ und $(n - l - m) > 0$ und $(n - l)$ oder $(n - m)$ Null oder eine negative ganze Zahl, so hat F im Intervalle $\overline{01}$ X Nullstellen.

Andernfalls untersuchen wir das Vorzeichen von (21). Da $(n - l - m) > 0$, so ist $\Gamma(n - l - m)$ positiv, und das Vorzeichen von (21) stimmt mit demjenigen des Produktes $\Gamma(n) \cdot \Gamma(n - l) \cdot \Gamma(n - m)$ überein. Wir sagen also nach Satz 2:

Ist $(1 - n)$ und $(n - l - m) > 0$, aber weder $(n - l)$ noch $(n - m)$ Null oder eine negative ganze Zahl, so wird von den beiden Zahlen X und X $+ 1$ die gerade oder die ungerade richtig sein, je nachdem das Produkt $\Gamma(n) \cdot \Gamma(n - l) \cdot \Gamma(n - m)$ positiv oder negativ ausfällt.

b) *Zweite Annahme:* $(n - l - m) < 0$, $(1 - n) > 0$.

Ist $(n - l - m)$ nicht ganzzahlig, so haben wir in der Umgebung des Punktes $x = 1$ eine Lösung G unserer Differentialgleichung, für welche die Darstellung besteht

$$(1 - x)^{n - l - m} \cdot \mathfrak{P}(1 - x);$$

ist aber $(n - l - m)$ ganzzahlig, so gibt es Lösungen G, in deren analytische Darstellung der Logarithmus von $(1 - x)$ eingeht. Daher existiert also, wenn wir jetzt die Annahme $(n - l - m) < 0$ machen, auf alle Fälle eine Lösung G, welche bei $x = 1$ unendlich wird. Wir werden hiernach die Voraussetzung des Satzes 1 haben, sobald im vorliegenden Falle F für $x = 1$ endlich bleibt. Dies tritt nun (man denke an das Bildungsgesetz der aufeinanderfolgenden Glieder der Reihe F) jedenfalls dann ein, wenn l oder m Null oder eine negative ganze Zahl ist. Daher haben wir vorab:

Ist $(1 - n) > 0$ *und* $(n - l - m) < 0$ *und* l *oder* m *Null oder eine negative ganze Zahl, so hat* F *im Intervalle* $\overline{01}$ X *Nullstellen.*

Andernfalls lassen wir (um Satz 2 anwenden zu können) eine Transformation unserer hypergeometrischen Reihe eintreten. Wir haben:

$$(23) \qquad F(l, m, n, x) = (1 - x)^{n-l-m} \cdot F(n - l, n - m, n, x).$$

Hier wird der erste der beiden rechts stehenden Faktoren, indem wir von $x = 0$ auf $x = 1$ zuschreiten, positiv unendlich, und kann also bei der Beurteilung des uns interessierenden Vorzeichens beiseite gelassen werden. Der andere Faktor aber (die neue hypergeometrische Reihe) konvergiert bei $x = 1$ zu dem Werte:

$$(24) \qquad \frac{\Gamma(n) \cdot \Gamma(l+m-n)}{\Gamma(l) \cdot \Gamma(m)},$$

den wir nun gerade so diskutieren, wie vorhin den Wert (21). Wir erkennen zunächst, daß (24) jedenfalls endlich ist und nur in denjenigen beiden Fällen verschwindet, die wir schon vorweggenommen haben (daß nämlich l oder m Null oder eine negative ganze Zahl ist). In allen anderen Fällen stimmt das Vorzeichen von (24) mit dem des Produktes $\Gamma(l) \cdot \Gamma(m) \cdot \Gamma(n)$ überein. Wir folgern also:

Ist $(1 - n) > 0$ *und* $(n - l - m) < 0$ *und weder* l *noch* m *Null oder eine negative ganze Zahl, so gilt von den beiden Zahlen* X *und* X $+ 1$ *die gerade oder die ungerade, je nachdem das Produkt* $\Gamma(l) \cdot \Gamma(m) \cdot \Gamma(n)$ *positiv oder negativ ist.*

c) *Dritte Annahme:* $(n - l - m) = 0$, $(1 - n) > 0$.

Diese Annahme werden wir hier als Grenzfall zwischen den Annahmen a) und b) gelten lassen. In der Tat werden die beiden unter a) aufgeführten Sätze mit den unter b) gegebenen identisch, sobald wir in ihnen $n - l - m = 0$ nehmen und also $n - l = m$, $n - m = l$ setzen. Ich unterlasse es, noch länger hierbei zu verweilen. —

Hiermit ist die Zahl der Nullstellen von F im Intervalle $\overline{01}$ in jedem Falle sichergestellt[6]).

Natürlich würden wir auch für $(1 - n) \leqq 0$ (wo sich oben die Zahl der Nullstellen ohne weiteres gleich X fand) das Verhalten von F bei $x = 1$ in Betracht ziehen können. Wenn dabei im Resultat schließlich alle Fallunterscheidungen wegfallen, so liegt dies daran, daß für $(1 - n) \leqq 0$ $\Gamma(n)$ ein festes Vorzeichen hat, was für $(1 - n) > 0$ selbstverständlich nicht der Fall ist.

Göttingen, den 5. September 1890.

---

[6]) Ich habe die sämtlichen im Texte entwickelten Sätze während des verflossenen Juli in meiner Vorlesung über Differentialgleichungen vorgetragen, auch der Göttinger Sozietät der Wissenschaften am 1. August darüber Mitteilung gemacht (vgl. Göttinger Nachrichten vom Jahre 1890, Nr. 10). [Vgl. ferner einen Vortrag vor der mathematischen Sektion der Bremer Naturforscherversammlung, vom 16. September 1890. Siehe auch die Note von Hurwitz in den Göttinger Nachrichten v. J. 1890 (Sitzung vom 6. Dezember), in welcher Sturmsche Ketten aus verwandten hypergeometrischen Funktionen aufgestellt werden. Die dort benutzten Methoden sind von den meinen nur äußerlich verschieden, weil ja alle die Dreiecke, die ich aus einem reduzierten Dreiecke durch Anhängung herstelle, verwandt sind. — Wegen weiterer Anwendungen der geometrischen Methode zur Bestimmung der Nullstellen der hypergeometrischen Funktion siehe Nr. 18d in dem Artikel von Hilb über lineare Differentialgleichungen in Bd. II$_2$ der mathematischen Enzyklopädie (abgeschlossen 1913). Außerdem vgl. die Note von Hilb und Falckenberg „Die Anzahl der Nullstellen des Hankelschen Funktion" in den Göttinger Nachrichten v. J. 1916. K.]

LXVI. Zur Darstellung der hypergeometrischen Funktion durch bestimmte Integrale.

[Math. Annalen, Bd. 38 (1891)[1]).]

Bekanntlich hat die Theorie der bestimmten Integrale in den letzten Jahren dadurch einen bemerkenswerten neuen Aufschwung genommen, daß man sich entschloß, die Integrale ganz allgemein durch geschlossene Wege im komplexen Gebiete (auf denen die zu integrierende Funktion ihren Anfangswert wieder annimmt) zu definieren, — wobei denn alle die Ausnahmen, welche die ältere Theorie wegen des Unendlichwerdens der zu integrierenden Funktion statuieren mußte, oder auch die Kunstgriffe, zu denen sie in solchen Fällen ihre Zuflucht nahm, von selbst in Wegfall kommen[2]). Ich möchte nun darauf hinweisen, daß die Darstellung dieser Verhältnisse noch um vieles eleganter wird, wenn man sich entschließt,

---

[1]) [Vorliegende Abhandlung ist der zweite Teil der in den Math. Annalen, Bd. 38 unter dem Titel „Über Normierung der linearen Differentialgleichungen zweiter Ordnung“ erschienenen Arbeit. Der erste Teil derselben stimmt, wie schon bemerkt, mit dem ersten Teil der oben abgedruckten Abhandlung LXIV „Zur Theorie der allgemeinen Laméschen Funktionen“ aus den Göttinger Nachrichten v. J. 1890 überein. Siehe auch die Fußnote [6]) auf Seite 544.]

[2]) Vgl. Camille Jordan in Bd. III seines Cours d'analyse, S. 241 ff. (1887), — Nekrassoff in der „Mathematischen Sammlung“ der Moskauer mathematischen Gesellschaft von 1887 an (die genaueren Zitate vgl. bei Pochhammer in Bd. 37 der Math. Annalen, S. 543), — Pochhammer in den Bänden 35, 36, 37 (1890) der Math. Annalen. — Die Idee selbst geht wohl unzweifelhaft auf Riemann zurück, der ja die Perioden der Abelschen Integrale in entsprechender Weise definierte (durch geschlossene Wege auf den zugehörigen Riemannschen Flächen). Indessen finden sich, was den allgemeinen Ansatz und seine Bedeutung für die Theorie der gewöhnlich betrachteten bestimmten Integrale angeht, in Riemanns publizierten Arbeiten nur Andeutungen (vgl. Werke, 1. Aufl., S. 77, 137, 404, 2. Aufl., S. 82, 146, 426), an welche dann zunächst Hankel (Schlömilchs Zeitschrift, Bd. 9, 1864) und Thomae (ebenda, Bd. 14, 1869) anknüpften, die aber immer noch an den *schleifenförmigen* Integrationswegen festhielten, d. h. an Integrationswegen, die, von einem *bestimmten* Punkte auslaufend zu eben diesem bestimmten Punkte zurückführen, womit die ganze Allgemeinheit, die hier anzustreben ist, sozusagen erst zur Hälfte erreicht ist. [Genaueres über Riemanns Ideen ist jetzt aus den von Wirtinger und Noether herausgegebenen Nachträgen zu Riemanns Werken zu entnehmen. Siehe daselbst S. 69—75.]

auch hier *homogene Veränderliche* anzuwenden.   Unter $(za)\ldots$ die Determinanten $(z_1 a_2 - z_2 a_1)$ usw. verstanden, wird man zunächst Integrale der folgenden Art betrachten:

$$(1) \qquad \int (za)^\alpha (zb)^\beta \ldots (zx)^\nu (zdz),$$

wo $\alpha + \beta + \ldots + \nu$ natürlich gleich (-2) zu nehmen ist und die Integration über solche geschlossene Kurven der z-Ebene zu nehmen ist, wie sie Herr Pochhammer als Doppelumläufe bezeichnet.   Ist die Zahl n der hier auftretenden singulären Punkte gleich 2, so verschwindet das Integral identisch; ist sie gleich 3, so hat man im wesentlichen ein Eulersches Integral erster Gattung (bei welchem dann die Gleichberechtigung der drei Exponenten α, β, γ, die sonst auf indirektem Wege erschlossen wird, unmittelbar hervortritt).   Für $n = 4$ kommen diejenigen Integrale, durch welche man die Differentialgleichung der hypergeometrischen Reihen integriert, beziehungsweise die Riemannsche P-Funktion darstellen kann. Auch bei letzterer ist selbstverständlich der Gebrauch homogener Variabler indiziert.   Riemann unterwirft die Exponenten seiner Funktion

$$(2) \qquad P \begin{vmatrix} a & b & c & \\ \lambda' & \mu' & \nu' & x \\ \lambda'' & \mu'' & \nu'' & \end{vmatrix}$$

bekanntlich der Bedingung, als Summe die Eins zu geben:

$$(3) \qquad \lambda' + \lambda'' + \mu' + \mu'' + \nu' + \nu'' = 1,$$

und an dieser Bedingung ändert sich nichts, wenn wir P mit einem geeigneten Faktor multiplizieren, der nur bei $x = a, b, c$ unendlich wird, beziehungsweise verschwindet:

$$(4) \qquad (x-a)^l \cdot (x-b)^m \cdot (x-c)^n \cdot P \begin{vmatrix} a & b & c & \\ \lambda' & \mu' & \nu' & x \\ \lambda'' & \mu'' & \nu'' & \end{vmatrix}$$

$$= P \begin{vmatrix} a & b & c & \\ \lambda' + l & \mu' + m & \nu' + n & x \\ \lambda'' + l & \mu'' + m & \nu'' + n & \end{vmatrix}.$$

In der Tat muß ja hier $l + m + n = 0$ genommen werden, weil anderenfalls der Punkt $x = \infty$ singulär werden würde.   *Indem wir homogene Variable einführen, können wir die Bedingung* (3) *beiseite schieben.* Schreiben wir nämlich statt der in (4) auftretenden Differenzen $(x - a)$ usw. entsprechende Determinanten $(x_1 a_2 - x_2 a_1), \ldots$, so hindert nichts, eine Funktion Π der homogenen Veränderlichen x_1, x_2 (eine *Form*
durch die Gleichung zu definieren:

$$(5) \qquad \Pi = (xa)^l \cdot (xb)^m \cdot (xc)^n \cdot P \begin{vmatrix} a & b & c & \\ \lambda' & \mu' & \nu' & x \\ \lambda'' & \mu'' & \nu'' & \end{vmatrix},$$

wo nun die l, m, n beliebig anzunehmen sind. Wir bezeichnen dieses Π, indem wir für $\lambda' + l, \ldots$ wieder kurz $\lambda', \ldots$ schreiben, mit

$$(6) \qquad \Pi \begin{vmatrix} a & b & c & \\ \lambda' & \mu' & \nu' & x_1, x_2 \\ \lambda'' & \mu'' & \nu'' & \end{vmatrix};$$

die Summe $\dfrac{\lambda' + \lambda'' + \mu' + \mu'' + \nu' + \nu'' - 1}{2}$ *stellt dann den Grad dar, welchen das Π in x_1, x_2 besitzt.*

Indem wir die l, m, n in (5) zweckmäßig wählen, können wir dieses Π natürlich in verschiedener Weise normieren. Sei der Kürze halber:

$$(7) \qquad \lambda' - \lambda'' = \lambda, \quad \mu' - \mu'' = \mu, \quad \nu' - \nu'' = \nu.$$

Dann können wir als Normal-Π beispielsweise das folgende betrachten:

$$(8) \qquad \Pi \begin{vmatrix} a & b & c & \\ +\dfrac{\lambda}{2} & +\dfrac{\mu}{2} & +\dfrac{\nu}{2} & x_1, x_2 \\ -\dfrac{\lambda}{2} & -\dfrac{\mu}{2} & -\dfrac{\nu}{2} & \end{vmatrix},$$

oder auch das folgende:

$$(9) \qquad \Pi \begin{vmatrix} a & b & c & \\ \lambda & \mu & \nu & x_1, x_2 \\ 0 & 0 & 0 & \end{vmatrix},$$

(welches auf acht Weisen herzustellen ist, weil die λ, μ, ν in (7), indem man die λ', λ'' usw. in ihrer Reihenfolge vertauscht, beliebig im Vorzeichen geändert werden können). Hier ist das durch Formel (8) gegebene Π, vom Grade $-\frac{1}{2}$ in den x_1, x_2, dasjenige, welches durch die normierte Differentialgleichung bestimmt wird, von der [in Abh. LXIV, Gleichung (11), S. 542] die Rede war:

$$(10) \qquad\qquad (\Pi, f)_2 = \varphi \cdot \Pi,$$

wo nun $f = (xa)^2 (xb)^2 (xc)^2$ zu nehmen ist und die quadratische Form φ in einfacher Weise von den λ, μ, ν abhängt[3]). Andererseits ist das durch (9) gegebene Π gerade dasjenige, welches unmittelbar durch ein bestimmtes Integral von der Form (1) gegeben wird:

---

[3]) Man findet des näheren:
$$\varphi = \tfrac{5}{8} \{ (8\lambda^2 + 1)(ab)(ac)(xb)(xc) + (8\mu^2 + 1)(bc)(ba)(xc)(xa)$$
$$+ (8\nu^2 + 1)(ca)(cb)(xa)(xb) \}.$$

$$(11) \qquad \Pi \begin{vmatrix} a & b & c \\ \lambda & \mu & \nu & x_1, x_2 \\ 0 & 0 & 0 \end{vmatrix}$$

$$= \int (za)^{\frac{-1+\lambda-\mu-\nu}{2}} \cdot (zb)^{\frac{-1+\mu-\nu-\lambda}{2}} \cdot (zc)^{\frac{-1+\nu-\lambda-\mu}{2}} \cdot (zx)^{\frac{-1+\lambda+\mu+\nu}{2}} \cdot (z\,dz),$$

(das Integral wieder über Doppelumläufe des z erstreckt). Es ist nicht unwichtig, diese Formel so aufzufassen, daß man das Integral geradezu als Definition des linker Hand stehenden Π gelten läßt. Man erreicht dann, daß Π nicht nur von x_1, x_2, sondern auch von a_1, a_2; b_1, b_2; c_1, c_2 wie von den Exponenten λ, μ, ν in ganz bestimmter Weise abhängt[4]): *Π erscheint als eine Kovariante der vier Reihen kogredienter binärer Veränderlicher a_1, a_2; b_1, b_2; c_1, c_2; x_1, x_2; es erscheint überdies als ganze Funktion der Exponenten λ, μ, ν.* In letzterem Umstande liegt es begründet, daß man nun hier keinerlei, z. B. ganzzahlige Wertsysteme der λ, μ, ν bei der Definition auszuschließen hat; vielmehr sind alle besonderen Verhältnisse, die sich bei einzelnen Wertsystemen der λ, μ, ν einstellen mögen, aus der allgemeinen Theorie durch Grenzübergang abzuleiten. — Ich hoffe sehr, daß im Sinne dieser Andeutungen eine zusammenhängende Darstellung sämtlicher Eigenschaften der hypergeometrischen Funktion von anderer Seite in nicht zu ferner Zeit veröffentlicht wird[5]); ich selbst habe die Grundzüge einer solchen Ableitung im Sommersemester 1890 vorgetragen.

Schließen wir aus, daß die λ, μ, ν rein imaginär sind, so gibt es unter den acht jedesmal zusammengehörigen Fällen (9) einen, dessen λ, μ, ν in ihrem reellen Teile *positiv* sind. Die Zweige Π_1, Π_2 des betreffenden Π sind als Formen von x_1, x_2 überall endlich, ohne irgendwo eine gemeinsame Nullstelle zu besitzen. Man wird daher die so partikularisierten Π_1, Π_2 zugrunde legen, wenn es sich darum handelt, x_1, x_2 rückwärts als Formen der Π_1, Π_2 darzustellen. Dies ist bekanntlich insbesondere dann anzustreben, wenn die λ, μ, ν den reziproken Werten dreier reeller ganzer Zahlen l, m, n gleich sind. Indem wir l, m, n gleich als positiv voraussetzen, hat das in Rede stehende Π in den x_1, x_2 dann den Grad:

$$\left(\frac{1}{l} + \frac{1}{m} + \frac{1}{n} - 1 \right) : 2;$$

---

[4]) Hiermit dürfte geleistet sein, was **Riemann** beabsichtigte, als er sich (Werke, 1. Aufl., S. 76—77; 2. Aufl., S. 81—82) dahin äußerte, daß der Ausdruck der P-Funktion durch ein bestimmtes Integral zur Bestimmung der in den Fundamentalzweigen $P^{\lambda'}, P^{\lambda''}, \ldots$ noch willkürlich gebliebenen Faktoren benutzt werden solle. Allerdings verwendet **Riemann** ja keine homogenen Variablen; ich nehme an, daß er eben hierdurch gehindert war, die Sache zu einem guten Abschluß zu bringen.

[5]) [Dies ist in der 1892 erschienenen Göttinger Dissertation von **Schellenberg** geschehen.]

die x_1, x_2 sind also in dem Π_1, Π_2 vom Grade:

$$(12) \qquad\qquad 2 : \left(\frac{1}{l} + \frac{1}{m} + \frac{1}{n} - 1 \right).$$

Es ist dies die zuerst von Halphen gefundene Zahl (Comptes Rendus, (1881, I) Bd. 94)[6]. Die neue Ableitung, welche hier für diese Zahl gegeben ist, oder vielmehr die neue Bedeutung, unter der dieselbe hier auftritt, dürfte unter prinzipiellen Gesichtspunkten bemerkenswert sein.

Göttingen, den 23. Dezember 1890.

---

[6]) Vgl. die bez. Erläuterungen auf S. 129 des Bandes I meiner von Herrn Fricke bearbeiteten *Vorlesungen über elliptische Modulfunktionen* (Leipzig 1890).

LXVII. Über den Hermiteschen Fall der Laméschen Differentialgleichung.

[Math. Annalen, Bd. 40 (1892).]

Schreiben .wir

$$(1) \qquad t = \int \frac{dp}{\sqrt{4\,(p-e_1)\,(p-e_2)\,(p-e_3)}} \quad {}^{1})$$

und betrachten die Differentialgleichung:

$$(2) \qquad \frac{d^2 E}{dt^2} = (A\,p + B)\,E,$$

so läuft Lamés ursprüngliche Theorie darauf hinaus, alle Fälle aufzuzählen, in denen (2) ein partikuläres Integral der folgenden Form besitzt:

$$(3) \qquad E = (p - e_1)^{\frac{\varepsilon_1}{2}} \cdot (p - e_2)^{\frac{\varepsilon_2}{2}} \cdot (p - e_3)^{\frac{\varepsilon_3}{2}} \varphi_k(p);$$

hier bedeuten die ε_1, ε_2, ε_3 nach Belieben 0 oder 1, und $\varphi_k(p)$ ist ein Polynom von irgendwelchem k-ten Grade. Sei noch

$$(4) \qquad \frac{n}{2} = k + \frac{\varepsilon_1 + \varepsilon_2 + \varepsilon_3}{2}\,.$$

Dann läßt sich Lamés Resultat dahin aussprechen, daß jedenfalls

$$(5) \qquad A = n\,(n+1)$$

genommen werden muß, und darauf B aus einer algebraischen Gleichung $(k+1)$-ten Grades zu bestimmen ist. Nun ist bekanntlich Hermites Verdienst, den allgemeinen Fall der Differentialgleichung (2) näher betrachtet zu haben, bei dem zwar A den in (5) gegebenen Wert hat, B aber beliebig bleibt. Ich beabsichtige hier keineswegs ausführlich auf die Hermiteschen Resultate einzugehen, ich brauche von denselben nur, *daß in allen Fällen der Hermiteschen Differentialgleichung zwei Partikular-*

---

¹) [Es sei hervorgehoben, daß der hier verwendete Parameter t die Hälfte des in den Abh. LXIII und LXIV benutzten Parameters t ist.]

lösungen E_1 und E_2 der Gleichung gefunden werden können derart, daß das Produkt

$$(6) \qquad E_1 \cdot E_2 = F(p)$$

ein Polynom n-ten Grades von p ist. Liegt der von Lamé selbst betrachtete Spezialfall vor, so sind diese E_1 und E_2 untereinander identisch, $F(p)$ ist dann das Quadrat des in (3) gegebenen Ausdrucks. Es ist dies zugleich der einzige Fall, in welchem $F(p) = 0$ eine Doppelwurzel besitzen kann oder eine Wurzel, die gleich e_1 oder e_2 oder e_3 wäre[2]).

Jetzt kennt man die schönen Realitätstheoreme, welche für die Laméschen Polynome φ_k gelten: daß die $(k+1)$ überhaupt vorhandenen φ_k alle reell sind und gleich Null gesetzt lauter reelle, voneinander verschiedene Wurzeln liefern, welche zwischen e_1 und e_2, bez. e_2 und e_3 zu suchen sind, wobei sich die einzelnen φ_k voneinander durch die Art und Weise unterscheiden, wie ihre Wurzeln auf die genannten beiden Intervalle verteilt sind[3]). Ich habe mich nun gefragt, in welchen allgemeineren Eigenschaften des Hermiteschen Falles diese Realitätstheoreme enthalten sein mögen. Man denke sich in $F = 0$ die beiden Größen p und B als rechtwinkelige Koordinaten; dann wird es darauf ankommen, die *Gestalt der Kurve* $F(p, B) = 0$ wenigstens schematisch festzulegen. Diese Gestalt ist natürlich vom Werte der Zahl n abhängig; man wird dieselbe aber nach einer leicht erkennbaren Regel für jedes n zeichnen können, sobald man sie für ein hinreichend großes ungerades n und für ein ebensolches gerades n kennt. Statt aller weiteren Erklärung will ich hier also einfach die beiden Figuren[4]) hersetzen, die sich auf $n = 5$ und $n = 6$ beziehen (siehe nebenstehende Fig. 1 und 2).

In diesen Figuren fallen zunächst die $2n+1$ (also die 11, bez. 13) horizontalen geraden Linien auf, welche (in ihren Schnittpunkten mit der Kurve) die Quadrate Laméscher Ausdrücke (3) vom Grade $\frac{5}{2}$ bez. $\frac{6}{2}$ liefern;

---

[2]) Man vgl. etwa die Darstellung im zweiten Bande von Halphens Traité des fonctions elliptiques (1888). [Hermites erste Mitteilungen 1872 finden sich in den Feuilles lithographiés de l'Ecole Polytechnique, dann in der Artikelserie „Sur quelques applications des fonctions elliptiques" in den Comptes Rendus, Bd. 85—94. (1877—1882.) $=$ Oeuvres, t. 3. pag. 266 ff. K.]

[3]) Letzterer Umstand wurde von mir zuerst in Bd. 18 der Math. Annalen dargelegt (1881). [Siehe Abh. LXII.] Daran schließen sich die Entwickelungen von Liapunoff (Petersburger Magisterschrift, 1884), Stieltjes (Acta VI, S. 321 ff., 1884 [$=$ Oeuvres, t. 1. Nr. XXXIX]), Markoff (Annalen 27, S. 143 ff., 1885), Poincaré (Acta VI, S. 299 ff., 1885). [Liapunoff hat zuerst die von mir weiterhin angegebene Aufeinanderfolge der ausgezeichneten B, aber nicht die hier gegebenen Kurvengestalten. K.]

[4]) [Die Figuren sollen nur schematische Bedeutung haben. Quantitativ exakt untersucht die Verhältnisse für die niedrigsten Werte von n ($n = 1, 2$) Frl. Winston in ihrer Göttinger Dissertation 1897. Vgl. auch einen Brief von Markoff an mich in den Math. Annalen Bd. 47 (1886). K.]

ich will die konstanten Ordinaten dieser Geraden (wie in den Figuren angedeutet ist) mit $B_1, \ldots, B_{11}$, bez. $B_1, \ldots, B_{13}$ bezeichnen.

Eine jede dieser horizontalen Geraden $B = B_i$ hat, wie es sein soll, die Eigenschaft, unsere Kurve $F = 0$ in allen Schnittpunkten zu berühren, für die p nicht gerade e_1 oder e_2 oder e_3 ist; in letzteren Punkten findet ein einfacher Schnitt statt. Dabei hat jede einzelne der Geraden ihre eigene Verteilungsweise der Schnittpunkte auf die Werte $p = e_1, e_2, e_3$,

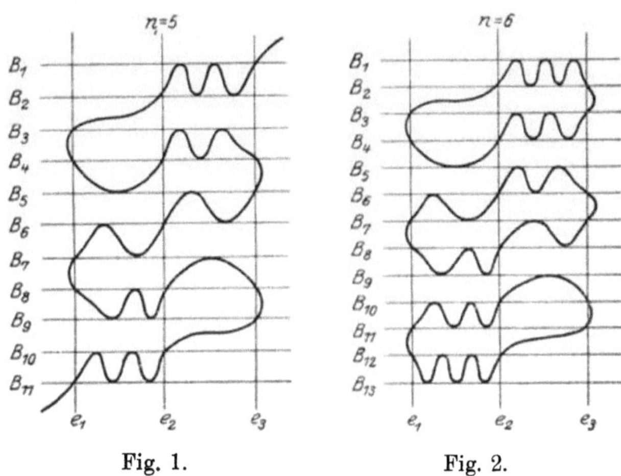

Fig. 1.   Fig. 2.

beziehungsweise die beiden zwischen diesen Werten eingeschlossenen Intervalle der p-Achse. Zugleich erkennt man (was bisher in dieser einfachen Weise wohl nicht bekannt war), *wie die $2n + 1$ Werte der B_i je nach dieser Verteilungsweise der Schnittpunkte der Größe nach aufeinander folgen.*

Ist nun irgendein Wert von B gegeben, der nicht zu den B_i gehört, und fragen wir, wie viele reelle Wurzeln die Gleichung $F = 0$ für denselben aufweisen mag, so belehrt uns darüber ein Blick auf die Figur. *Insbesondere werden wir, wenn $B > B_1$ oder $< B_{2n+1}$ ist, bei ungeradem n nur einen reellen Schnittpunkt haben (der rechts von e_3, bez. links von e_1 zu suchen ist), bei geradem n aber keinen reellen Schnittpunkt.* Nur in den Zwischenlagen haben wir eine größere Zahl von Schnittpunkten, worüber ich wohl keine spezifizierten Sätze aufzustellen brauche. *Die Schnittpunkte verteilen sich übrigens, wie man findet, jeweils abwechselnd auf die Hermiteschen E_1, E_2.*

Gelegentlich meiner Untersuchung über die Nullstellen der hypergeometrischen Reihe in Bd. 37 der Math. Annalen (1890) [vgl. die vorstehende Abh. LXV] habe ich den Begriff der *Charakterisik* X festgelegt, der einer linearen Differentialgleichung bezüglich eines Intervalls der

p-Achse zukommt. Man wird verlangen, diese Charakteristiken X im Falle der Hermiteschen Differentialgleichung für die vier Intervalle

$$- \infty, e_1; \quad e_1, e_2; \quad e_2, e_3; \quad e_3, + \infty$$

anzugeben. In dieser Hinsicht gebe ich zunächst die folgenden beiden Figuren, welche die Frage unter den Voraussetzungen $n = 5$ und $n = 6$ für die Laméschen Ausnahmefälle beantworten:

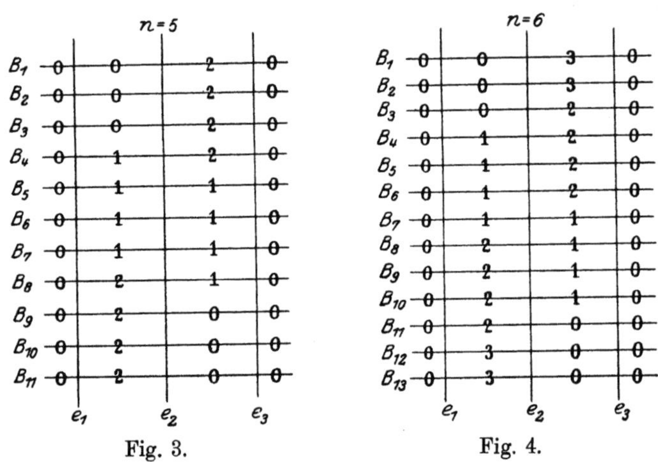

Fig. 3.   Fig. 4.

Entsprechende Figuren entwirft man sofort für beliebige ungerade oder gerade Werte von n. Und nun hat man für die Hermitesche Differentialgleichung die Regel:

Liegt B zwischen B_i und B_{i+1}, so wird die Charakteristik X des einzelnen Intervalls je mit der kleineren der beiden Charakteristiken übereinstimmen, die dem Intervalle für $B = B_i$ und $B = B_{i+1}$ entsprechen.

Es bleibt der Fall zu betrachten, daß $B > B_1$ oder $< B_{2n+1}$ ist. Elementare Betrachtungen ergeben hierfür die folgenden beiden Schemata

Fig. 5,

wobei X′, X″ zwei Zahlen sind, von denen die erstere $\geqq \left[\frac{n}{2}\right]$, die zweite $\geqq 0$ ist, und von denen jede einzelne, sofern man nur B groß genug $(> B_1)$ oder klein genug $(< B_{2n+1})$ nimmt, beliebig anwachsen kann.

Aber hiermit ist noch nicht gegeben, wie X′ und X″ in jedem Falle zusammenhängen. Um hierüber Klarheit zu bekommen, habe ich die *Kreisbogenvierecke* betrachtet, welche im Falle unserer Differentialgleichung eben die Bedeutung haben, wie die von mir in Bd. 37 der Math. Annalen [siehe Abh. LXV] betrachteten *Kreisbogendreiecke* für die damals zu untersuchende hypergeometrische Differentialgleichung. *Das Resultat ist, daß in allen Fällen die einfache Beziehung*

$$(7) \qquad\qquad \mathsf{X}' = \mathsf{X}'' + \left[\frac{n}{2}\right]$$

besteht.

Ich hoffe, daß die hiermit genannten einfachen Sätze für die Anwendungen nützlich sein können. Ihnen gehen andere parallel, die sich auf den *Grenzfall der Funktionen des zweiachsigen* Zylinders beziehen (wo e_1 oder e_2 ins Unendliche gerückt ist), und die ich gleich den hier mitgeteilten bereits im vergangenen Winter in meiner Vorlesung über lineare Differentialgleichungen ausgesprochen und abgeleitet habe [5]).

Göttingen, im September 1891.

---

[5]) [Vollständige Angaben folgen weiter unten in dem Referate LXIX über die im Sommer 1894 von mir gehaltene Vorlesung über lineare Differentialgleichungen zweiter Ordnung. In der bez. Autographie sind insbesondere auch die Gestalten der abbildenden Polygone durch zahlreiche Figuren erläutert. K.]

LXVIII. Autographierte Vorlesungshefte [1].

[Math. Annalen, Bd. 45 (1894).]

Die hypergeometrische Funktion.

(Vorlesung im W.-S. 1893/94.) [2]

Die hypergeometrische Funktion ist im Vergleich zu den elliptischen Funktionen, denen sie an Wichtigkeit gleich steht, in den Lehrbüchern bislang auffallend vernachlässigt worden. Zudem sind die Darstellungen, die ich kenne, fast nur auf den äußeren Aufbau der Formeln gerichtet. Die großen Gedanken, welche Riemann in die Theorie eingeführt hat, scheinen im Bewußtsein der heutigen Generation, trotzdem sie die Grundlage aller weiteren Entwicklung bilden, vielfach beiseite geschoben und verkümmert.

Wir haben zunächst Riemanns Abhandlung von 1857 (Nr. IV der gesammelten Werke). Der Zielpunkt ist hier, das Wesen der hypergeometrischen Funktion aus ihrem Verhalten bei Umkreisung der singulären Punkte zu verstehen. Die aus derselben Zeit stammenden Fragmente, welche in den gesammelten Werken unter Nr. XXI abgedruckt sind, belehren uns, wie Riemann im gleichen Sinne eine allgemeine Theorie der linearen Differentialgleichungen n-ter Ordnung zu schaffen beabsichtigte. Auch hier sollte die Gruppe der linearen Substitutionen, welche irgend n linear unabhängige Lösungen bei Durchlaufung geschlossener Wege erfahren, voranstehen. — Mit diesem Ansatze verbindet sich dann, was speziell die linearen Differentialgleichungen *zweiter* Ordnung angeht, eine geometrische Methode. Dieselbe betrachtet die konforme Abbildung, welche der Quotient

---

[1] [Dieses und das folgende Selbstreferat sollen das Studium der bezüglichen autographierten Vorlesungshefte selbst keineswegs überflüssig machen. Beide Vorlesungsreferate berühren sich infolge ihres funktionentheoretischen Inhalts mit den in Bd. 3 dieser Ausgabe abzudruckenden Abhandlungen; sie sind aber wegen der in ihnen behandelten Realitätstheoreme bereits hierher gestellt. K.]

[2] [Die Ausarbeitung wurde von E. Ritter hergestellt. Der erste Abdruck erschien 1894, ein zweiter Abdruck 1906. (In Kommission bei B. G. Teubner.)]

zweier Partikularlösungen der Gleichung (insbesondere also der Quotient zweier Zweige der hypergeometrischen Funktion) von der Ebene der unabhängigen Variabeln entwirft. Leider besitzen wir hierüber von Riemann selbst nur zerstreute Notizen (man vgl. die Abhandlung über die Minimalflächen sowie verschiedene andere Teile des Nachlasses)[3]. Es ist das große Verdienst von Schwarz, in seiner Abhandlung in Bd. 75 des Crelleschen Journals (1872) [abgedruckt in Bd. II seiner gesammelten Abhandlungen] den Gegenstand zum ersten Male wenigstens nach bestimmten Richtungen zur Geltung gebracht zu haben. Daran schließt sich die lange Reihe der neueren Arbeiten über die Polyederfunktionen, die elliptischen Modulfunktionen und die allgemeinen eindeutigen automorphen Funktionen. Aber hiermit ist die Tragweite der Methode noch nicht erschöpft. Ich darf wegen weitergehender Entwicklungen auf meine Arbeiten in Band 37 und 40 der Math. Annalen [= Abh. LXV und LXVII der vorliegenden Ausgabe], sowie auf die eben nun in Band 44 daselbst publizierten Untersuchungen des Herrn Schilling verweisen[4].

Diesen ganzen Komplex von Auffassungen und Methoden in einer dem heutigen Stande der Theorie entsprechenden Form zunächst an dem Beispiel der hypergeometrischen Funktion darzulegen, ist das Ziel meiner Vorlesung gewesen. Ich hoffe, im kommenden Semester eine allgemeine Theorie der linearen Differentialgleichungen zweiter Ordnung zur Darstellung zu bringen, bei der die gleichen Momente zur Geltung kommen sollen[5].

Meine Vorlesung spaltet sich dem Gesagten zufolge in zwei Teile.

Teil I gibt eine Übersicht über die ältere analytische Theorie, bis zu Riemanns Arbeit 1857 inklusive. Ich bespreche dabei insbesondere auch die Definition durch bestimmte Integrale, wobei die Idee des *Doppelumlaufs* in den Vordergrund gestellt wird. Auch führe ich hier die homogenen Formulierungen ein, von denen in Band 38 der Math. Annalen die Rede ist, und die ich weiterhin immer wieder gebrauche. [Vgl. die vorstehende Abh. LXVI.]

Teil II ist dann ausschließlich der geometrischen Theorie gewidmet, wobei ich mich fortgesetzt auf die soeben genannte Schillingsche Arbeit beziehen darf.

Es handelt sich zunächst um einen Exkurs über *sphärische Trigonometrie.*

---

[3] [Man sehe indes auch die auf S. 256 Fußnote [1] des vorliegenden Bandes wiedergegebenen Nachrichten über ein später erst bekannt gewordenes Riemannsches Vorlesungsheft. Abgedruckt in den Nachträgen zu Riemanns Werken, S. 69—93. K.]

[4] [Wegen weiterer Literatur vgl. die Artikel von Hilb über „lineare Differentialgleichungen" in Bd. II$_2$ und von Sommer über „elementare Geometrie vom Standpunkt der neueren Analysis" in Bd. III$_1$ der mathematischen Enzyklopädie.]

[5] [Vgl. hierzu das folgende Selbstreferat LXIX.]

Die allgemeinen Grundlagen der sphärischen Trigonometrie sind dem eindringenden analytischen Verständnisse neuerdings von Herrn Study in besonders durchsichtiger Weise zugänglich gemacht worden[6]). Herr Study hält dabei, was die geometrischen Figuren angeht, an der Annahme reeller Winkel und Seiten fest. Dagegen hat Schilling eine einfache Figur konstruiert, die der Annahme beliebig komplexer Elemente entspricht[7]). Ich zeige, wie man von den analytischen Formeln aus mit Notwendigkeit zu der Schillingschen Figur gelangt. Ich wende mich sodann zu meinen Entwicklungen von Bd. 37. [Abh. LXV.] Der Dreiecksbegriff, den ich dort benutze, unterscheidet sich von dem Studyschen dadurch, daß ich dem Dreieck nicht nur Ecken und Seiten, sondern auch eine Fläche beilege (die wie eine „Membran" in die Seiten eingespannt ist). Indem ich diese Fläche in jedem Falle wirklich konstruiere, erhalte ich jene Relationen zwischen den absoluten Beträgen der Winkel $\lambda\pi$, $\mu\pi$, $\nu\pi$ und Seiten $l\pi$, $m\pi$, $n\pi$, welche ich als die *Ergänzungsrelationen* der sphärischen Trigonometrie bezeichne:

$$E\left(\frac{l}{2}\right) = E\left(\frac{\lambda - \mu - \nu + 1}{2}\right), \text{ usw.}$$

Die Winkelzahlen λ, μ, ν sind hier wieder zunächst als reell gedacht; hoffentlich führt Herr Schilling den Gegenstand auch für den Fall komplexer λ, μ, ν bald zum glücklichen Abschluß[8]). — Noch darf ich hervorheben, daß ich bei meinen Entwicklungen die „verwandten" sphärischen Dreiecke, d. h. diejenigen, welche zu demselben Dreikant gehören, immer gleichzeitig betrachte. Verwandte Dreiecke sind Gegenbilder verwandter, d. h. gleichgruppiger hypergeometrischer Funktionen. Die Figuren zeigen, daß die Theorie dieser verwandten Funktionen [nämlich für die Grenzfälle] bisher noch nicht hinreichend ins einzelne durchgebildet wurde.

An diese geometrischen Entwicklungen schließt sich eine längere Reihe von Folgerungen betr. die hypergeometrische Funktion. Da ist zunächst die Bestimmung der Zahl der reellen Nullstellen der hypergeometrischen Reihe zwischen $x = 0$ und $x = 1$, wie ich dies schon in Bd. 37 ausführte. [Vgl. Abh. LXV.] Ich schließe daran u. a. Theoreme über die Nullstellen derjenigen Determinanten, die sich aus entsprechenden Zweigen zweier verwandter hypergeometrischer Funktionen zusammensetzen lassen. Ich untersuche ferner (im Anschlusse an die Abhandlung von Schwarz, doch über dieselbe mannigfach hinausgehend), wann sich die hypergeometrische

---

   [6]) Nr. 2 des 20. Bandes der math.-phys. Abhandlungen der sächsischen Gesellschaft der Wissenschaften, Leipzig, 1893.

   [7]) [Wegen der Schillingschen Figur vgl. die Bemerkungen auf S. 408 des Bandes 1 dieses Wiederabdruckes.]

   [8]) [Vgl. Schilling in den Math. Annalen, Bd. 46 (1895).]

Funktion auf niedere Funktionen reduzieren läßt. Es ergibt sich eine volle Liste der rationalen Fälle, der algebraischen Fälle, sowie derjenigen, die sich durch unbestimmte Integrale multiplikativer Funktionen ausdrücken lassen. Hiermit ist, für die hypergeometrische Funktion, die von Picard und Vessiot vorgeschlagene Klassifikation im Prinzip durchgeführt und alle die früher von Markoff u. a. aufgezählten speziellen Fälle finden ihre systematische Stellung. — Ich wende mich endlich zu der Frage der eindeutigen Darstellung, wobei der Satz, den ich in Bd. 14 der Math. Annalen, S. 128 (1878)[9]) gab, daß sich alle hypergeometrischen Funktionen durch ein- deutige Funktionen des elliptischen Periodenverhältnisses darstellen lassen, den naturgemäßen Abschluß bildet[10]). — Was die Herstellung von Formeln

---

[9]) [Vgl. Abh. LXXXII, Abschnitt II, § 2 in Bd. 3 dieser Gesamtausgabe.]

[10]) [Dieser wichtige Satz ist, wie ich gleich, als ich Riemanns Vorlesung kennen lernte, in den Göttinger Nachrichten v, J. 1897, S. 190 bekannt machte, in der Tat schon von Riemann in seiner Vorlesung von 1858/59 gegeben worden. Vgl. wieder die 1901 von M. Noether und W. Wirtinger herausgegebenen Nach- träge zu Riemanns Werken, S. 93. Papperitz hat in den Math. Annalen, Bd. 34 (1888) die Uniformisierung der hypergeometrischen Funktion durch direkte Berech- nung der Poincaréschen Z-Reihen behandelt. Wesentlich übersichtlicher ist die von Wirtinger gegebene Formel in den Wiener Akademieberichten, IIa, Bd. 111 (1902). Man gehe von der Integraldarstellung der hypergeometrischen Funktion aus:

$$P\begin{pmatrix} 0 & \infty & 1 & \\ \lambda & \dfrac{\mu-\lambda-\nu+1}{2} & \nu' & ; \ x \\ 0 & \dfrac{1-\lambda-\mu-\nu}{2} & 0 & \end{pmatrix}$$

$$= \int z^{\frac{\mu-\lambda-\nu-1}{2}} (1-z)^{\frac{\nu-\lambda-\mu-1}{2}} (1-xz)^{\frac{\lambda+\mu+\nu-1}{2}} \, dz \, ,$$

wo das Integral über einen Doppelumlauf um die Punkte $z=0$ und $z=1$ zu erstrecken ist. Führt man hier das elliptische Integral erster Gattung

$$v = \frac{1}{2} \int_0^z \frac{dz}{\sqrt{z(1-z)(1-xz)}}$$

als neue Variable ein, bezeichnet seine beiden Perioden mit $2K$ und $2iK'$ und setzt endlich noch $u = \dfrac{v}{2K}$, so geht die Integraldarstellung unser P-Funktion über in:

$$4\,x^{\frac{\nu-1}{2}} (1-x)^{\frac{\lambda-\mu}{2}} K \int \vartheta_{00}^{\lambda+\mu+\nu} (u)\cdot \vartheta_{01}^{\lambda-\mu-\nu} (u)\cdot \vartheta_{10}^{\nu-\lambda-\mu} (u)\cdot \vartheta_{11}^{\mu-\lambda-\nu} (u)\cdot du,$$

wo der dem Doppelumlauf in der z-Ebene entsprechende Integrationsweg in der u-Ebene die Punkte $u=0$ und $u=2$ oder zwei diesen äquivalente Punkte des Perioden- gitters $\left(\dfrac{1}{2},\ \dfrac{iK'}{2K}\right)$ verbindet. (Integrale dieser Art kommen, wie Wirtinger hervor- hebt, bereits in Riemanns hinterlassenen Manuskripten — aber ohne jede Erläuterung —

betrifft, so beschränke ich mich bei allen diesen Entwicklungen auf ein bloßes Referat, verweise aber insbesondere auf die Dissertation von O. Fischer (Leipzig 1885)[11]), weil ich der Meinung bin, daß die Methoden, mit denen dort die zum Ikosaeder gehörigen hypergeometrischen Funktionen behandelt werden, in richtiger Weise aufgefaßt allgemeine Bedeutung haben möchten.

Göttingen, im März 1894.

-----

vor.) Führt man diese Integration aus, so erhält man Potenzreihen, die nach $q = e^{-\pi\frac{K'}{K}}$ fortschreiten; da nun auch das Doppelverhältnis x eine eindeutige Funktion des Periodenquotienten $\frac{i K'}{K}$ ist, so hat man die gewünschte Darstellung der P-Funktion als eindeutige Funktion von $\frac{K'}{K}$, mit dem Faktor K multipliziert.   K.]

11) [Einige Angaben über dieselbe findet man oben S. 317, Fußnote 4), sowie S. 346, Fußnote 36).   K.]

LXIX. Autographierte Vorlesungshefte.

[Math. Annalen, Bd. 46 (1895).]

Über lineare Differentialgleichungen der zweiten Ordnung.
(Vorlesung im Sommersemester 1894.)[1]

In Fortsetzung des unter dem Titel „Die hypergeometrische Funktion" in Band 45 der Annalen gegebenen ersten Referates [vgl. die vorstehende Nr. LXVIII] berichte ich nachfolgend über die damals bereits angekündigte Vorlesung über lineare homogene totale Differentialgleichungen der zweiten Ordnung. Dieselbe war von vornherein als Fortsetzung der früher besprochenen Vorlesung über die hypergeometrische Funktion gedacht, so daß ich den Leser in erster Linie bitten muß, sich den Inhalt der letzteren wieder vergegenwärtigen zu wollen. Übrigens aber kann ich die Gesichtspunkte, welche ich bei der Vorlesung verfolgte, nicht besser bezeichnen als durch Voranstellung einiger Bemerkungen über die Theorie der Abelschen Integrale:

1. In der Theorie der Abelschen Integrale ist es zweifellos eine wichtige Aufgabe, die Integrale durch möglichst einfache und symmetrische algebraische Formeln darzustellen. Dieser Aufgabe habe ich in Band 36 der Math. Annalen [als Abh. XCVII in Bd. 3 dieser Ausgabe abgedruckt] dadurch entsprochen, daß ich mir das algebraische Gebilde in Gestalt einer „*kanonischen Fläche*" gegeben dachte und übrigens statt der unabhängigen Veränderlichen x homogene Veränderliche x_1, x_2 einführte. Die kanonischen Flächen sind Riemannsche Flächen, deren Blätterzahl m ein Teiler von $2p - 2$ ist, so daß $2p - 2 = m\delta$ gesetzt werden kann, und die insbesondere so beschaffen sind, daß die $2m + 2p - 2$ Verzweigungspunkte die Nullstellen einer ganzen algebraischen Form der x_1, x_2 vom Grade $(\delta + 2)$, der sogenannten *Verzweigungsform* sind, die ich mit σ bezeichne. Die geeignete algebraische Darstellung eines Integrales u ergibt sich von hier aus, indem man den Quotienten $\dfrac{\sigma \cdot du}{|\,x\,dx\,|}$ als eine algebraische Funktion der x_1, x_2 vom Grade δ anschreibt.

---

[1] [Die Ausarbeitung wurde wieder von E. Ritter hergestellt. Der erste Abdruck erschien 1894, ein zweiter Abdruck 1906. (In Kommission bei B. G. Teubner.)]

2. Des weiteren aber wird man die transzendente Natur des Integrals studieren, die in seiner *Periodizität* ihren prägnanten Ausdruck findet. In dieser Hinsicht kann man fragen:

a) ob man, bez. wann man ein Abelsches Integral auf niedere Transzendenten, wie Logarithmen oder elliptische Integrale usw., zu reduzieren vermag,

weiter aber:

b) wie man ein Integral auf dem als gegeben vorausgesetzten Gebilde durch seine Unendlichkeitsstellen und irgendwelche Eigenschaften seiner Periodizität festlegen kann. — Ich erinnere in dieser Hinsicht insbesondere an den Riemannschen Satz, demzufolge das Integral bis auf eine additive Konstante bestimmt ist, wenn man neben der Art seines Unendlichwerdens an verschiedenen Stellen die reellen Teile seiner Periodizitätsmoduln kennt.

Eben diese Fragen kann man nun in der Theorie der linearen Differentialgleichungen wiederholen, und ich erlaube mir, dementsprechend die einzelnen Teile des folgenden Referates zu ordnen, womit ich ziemlich genau dem in der Vorlesung selbst eingehaltenen Gedankengange folge. Ich bemerke vorweg, daß es keine prinzipielle Schwierigkeiten hat, die Betrachtungen ad 1) sowie die ad 2a) auf lineare Differentialgleichungen der n-ten Ordnung auszudehnen, oder jedenfalls die dahingehenden Ansätze zu machen; die Beschränkung auf lineare Differentialgleichungen der zweiten Ordnung, an die ich mich in der Vorlesung von vornherein gebunden habe, ist wesentlich durch die zu 2b) gehörigen Überlegungen bedingt gewesen.

I. Algebraische Normierung der Differentialgleichungen [2]).

Die allgemeine invariantentheoretische Gestalt, die man einer linearen Differentialgleichung mit rationalen Koeffizienten erteilen kann, indem man die unabhängige Variable x durch den Quotienten $x_1 : x_2$ ersetzt, ist aus verschiedenen neueren Arbeiten bekannt; ich will hier [wegen der Allgemeinheit seiner Angaben] namentlich auf einen Aufsatz von Herrn Wälsch verweisen (Schriften der deutschen Prager mathematischen Gesellschaft, 1892), in welchem man eine Reihe einschlägiger Zitate beisammen findet [3]). Das Resultat ist, daß man einfach die Summe der zweiten, ersten und nullten Überschiebung einer unbekannten Form Π von x_1, x_2 von irgendwelchem beliebig anzunehmenden Grade über drei gegebene rationale, ganze Formen φ, ψ, χ der Grade n, $(n-2)$ und $(n-4)$ gleich Null zu setzen

---

[2]) Ich habe über die hier zu gebenden Entwicklungen in der mathematischen Sektion der Wiener Naturforscherversammlung gesprochen, doch ist im Texte ein Punkt korrigiert, auf den mich Herr Pick aufmerksam gemacht hat (Nov. 1894).

[3]) [Wegen der Literatur vergleiche auch die Fußnote [4]) auf S. 543 dieses Bandes.]

hat. In Formel (indem ich die nullte Überschiebung der Deutlichkeit halber als Produkt schreibe):

$$(1) \qquad (\Pi, \varphi)_2 + (\Pi, \psi)_1 + \Pi \cdot \chi = 0.$$

Nimmt man hier die Wurzeln von $\varphi = 0$ (welche die singulären Punkte der Differentialgleichung abgeben) sämtlich als einfach an, so hat man den „regulären" Fall, in welchem jedem singulären Punkte in bekannter Weise zwei bestimmte Exponenten zugehören. Und zwar ist die Differentialgleichung in der Art normiert, daß für jeden singulären Punkt der eine dieser Exponenten gleich Null ist. Der andere Exponent hängt in einfacher Weise von den Formen φ und ψ ab. Nimmt man ψ identisch Null und setzt den Grad von Π gleich k, so erhält man für den zweiten Exponenten gleichförmig den Wert $1 + \dfrac{2\,(k-1)}{n}$. Diese zweiten Exponenten werden also sämtlich gleich $\frac{1}{2}$, wenn man $k = \dfrac{4-n}{4}$ setzt, in Übereinstimmung mit meiner Angabe in den Göttinger Nachrichten v. J. 1890 [vgl. die oben abgedruckte Abhandlung LXIV, S. 542 f.]. (Man sehe auch die in den Math. Annalen, Bd. 38 (1891) abgedruckte Note von Herrn Pick.)

Es ist nun leicht, wie ich ebenfalls bereits ebenda angab, von hier aus zu einer Darstellung der auf einem *hyperelliptischen* Gebilde existierenden linearen Differentialgleichungen weiter zu schreiten. Ich betrachte der Kürze halber hier nur diejenigen ∞^{3p-3} Differentialgleichungen dieser Art, welche (auf dem hyperelliptischen Gebilde) keinerlei singulären Punkt besitzen. Es sei $\varphi_{2p+2} = 0$ die Gleichung für die Verzweigungspunkte der zweiblättrigen hyperelliptischen Fläche. Es sei ferner Ω_{2p-2} die allgemeinste auf der Fläche existierende ganze algebraische Form vom $(2p-2)$-ten Grade, also gleich $\chi_{2p-2} + \psi_{p-3}\sqrt{\varphi_{2p+2}}$, unter χ, ψ rationale ganze Formen in x_1, x_2 von dem als Index beigesetzten Grade verstanden. Endlich nehme man Π vom Grade $\dfrac{1-p}{2}$. Man hat dann einfach:

$$(2) \qquad (\Pi, \varphi)_2 + \Omega \cdot \Pi = 0.$$

In der Tat: das so definierte Π hat als Funktion von $x = \dfrac{x_1}{x_2}$ keine anderen singulären Punkte als die Verzweigungspunkte des hyperelliptischen Gebildes und in diesen die Exponenten 0 und $\frac{1}{2}$, usw. [Die Differentialgleichung enthält auch, wie es sein muß, $3p-3$ willkürliche Konstante.]

Um dieses Resultat auf höhere algebraische Gebilde auszudehnen, beachte man, daß die zweiblättrige hyperelliptische Fläche eine kanonische Fläche ist und daß $\sqrt{\varphi}$ die zugehörige Verzweigungsform vorstellt. Sei jetzt irgendeine m-blättrige kanonische Fläche gegeben; mit σ bezeichnen wir wieder die zugehörige Verzweigungsform vom Grade $(\delta + 2)$. Man nehme Π vom Grade $\dfrac{-\delta}{2}$, normiere dasselbe in geeigneter Weise und betrachte den Quotienten $(\Pi, \sigma^2)_2 : \Pi$. Die Entwicklung zeigt, daß derselbe in den Verzweigungspunkten der Fläche, allgemein zu reden, zwar nicht endlich bleibt, aber in bestimmter Weise unendlich wird, und zwar in nicht höherem Grade als $\frac{1}{\sigma}$. Bezeichnet man also mit Σ eine geeignete algebraische ganze Form der Fläche vom Grade $3\delta + 2$ und mit Ω die allgemeinste Form vom Grade 2δ, so kommt als Differentialgleichung:

$$(3) \qquad (\Pi, \sigma^2)_2 + \left(\frac{\Sigma}{\sigma} + \Omega\right) \cdot \Pi = 0.$$

Um ein Beispiel anzuführen: sei $f(x_1\, x_2\, x_3) = 0$ eine ebene Kurve der vierten Ordnung. Wir projizieren diese Kurve auf das Gebiet $x_1 : x_2$, d. h. wir sehen x_3 als eine Funktion von x_1 und x_2 an und haben also Differentiationen nach x_1, x_2 in der Folge so auszuführen, daß wir setzen:

$$\frac{d}{d x_1} = \frac{\partial}{\partial x_1} + \frac{\partial}{\partial x_3} \cdot \frac{d x_3}{d x_1}, \quad \text{usw.}$$

Bei der Projektion wird das Gebiet $x_1 : x_2$ vierfach überdeckt, d. h. wir erhalten eine vierblättrige Riemannsche Fläche. Dieselbe ist eine kanonische Fläche; die zugehörige Verzweigungsform ist die Polare $\frac{\partial f}{\partial x_3}$, die wir der Kürze halber mit f_3 bezeichnen. Der Grad von Ω wird gleich 2. Wir werden daher unter Ω in bekannter Weise die allgemeinste rationale ganze Funktion zweiten Grades von x_1, x_2, x_3 (den allgemeinsten Kegelschnitt) verstehen müssen; dieselbe hat in der Tat $3p - 3 = 6$ Konstanten. Andererseits berechnet man für Σ den Wert $\frac{-1}{6} H_3$, unter H die Hessesche Form von f verstanden. Die Differentialgleichung wird also:

$$(4) \qquad (\Pi, f_3^2)_2 + \left(\frac{-H_3}{6 f_3} + \Omega\right) \cdot \Pi = 0,$$

wo Ω vom Grade $-\frac{1}{2}$ anzunehmen ist[4]).

Der Beweis für (3) und (4) ergibt sich sofort, wenn man in den Verzweigungspunkten der kanonischen Fläche die Reihenentwicklungen in Ansatz bringt.

---

[4]) Bei der so geschriebenen Gleichung erscheint das x_3 gegenüber den x_1, x_2 benachteiligt; kann man eine symmetrische Form finden, in der die drei Koordinaten gleichmäßig berücksichtigt werden? [In symmetrischer Gestalt ist diese Differentialgleichung für Kurven vierter Ordnung von Gordan in den Math. Annalen, Bd. 46 (1895) und für singularitätenfreie Kurven n-ter Ordnung von Herglotz in den Math. Annalen, Bd. 62 (1906) in an mich gerichteten Briefen berechnet. Sei $f = 0$ die homogene Gleichung der Kurven n-ter Ordnung und Ω die allgemeinste Form $(2n - 6)$-ten Grades. Dann hat man die Gleichung

$$(\Pi\, f f)_2 + \Omega\, \Pi = 0,$$

wo Π vom Grade $-\dfrac{n-3}{2}$ anzunehmen ist. Dies Resultat ist besonders einfach und legt die Frage geeigneter Verallgemeinerung nahe. K.]

IIa. Lösung der Differentialgleichung durch niedere Funktionen.

Die besonderen Fälle, welche hier zu berücksichtigen sind, werden in systematischer Vollständigkeit durch den Picard-Vessiotschen Ansatz geliefert, von welchem bereits in dem vorigen Referate [= Abh. LXVIII, S. 581] die Rede war. Die Sachlage ist in dem einfachen Falle der linearen Differentialgleichungen zweiter Ordnung natürlich die, daß man auf keine anderen besonderen Gleichungen kommt, als auf solche, welche man nach ihrem individuellen Interesse auch früher bereits in Betracht gezogen hatte. Es handelt sich, wenn wir die sämtlichen Spezialfälle unter zwei Kategorien zusammenfassen dürfen:

1. um diejenigen linearen Differentialgleichungen der zweiten Ordnung, welche durchaus algebraische Integrale besitzen,

2. um solche Differentialgleichungen, bei denen eine einzelne Lösung algebraisch wird (sofern man von einem vielleicht vortretenden Faktor $(x-a)^{\lambda}$ mit irrationalem λ gegebenenfalls absieht).

Ich habe diese beiden Fälle in meiner Vorlesung ausführlich behandelt, indem ich mich dabei (was nicht notwendig wäre) auf Differentialgleichungen mit rationalen Koeffizienten beschränkte. Die ad 2) auftretenden algebraischen Funktionen stellen dann rationale ganze Funktionen vor, welche ich ganz allgemein als *Lamésche Polynome* bezeichne.

Ad 1. habe ich vor allen Dingen die Annahme, daß ikosaedrische Integrierbarkeit vorliegen soll, ins einzelne verfolgt. Ich greife dabei auf meine alte Darstellung in Bd. 12 der Math. Annalen (1877) [vgl. Abh. LIII des vorliegenden Bandes] zurück, vereinfache jetzt aber die Betrachtung wesentlich durch Einführung der homogenen Normierung der Differentialgleichung und meine, damit bis zum einfachsten Ausdruck der Bedingungen vorgedrungen zu sein. Selbstverständlich handelt es sich in letzter Linie um die Verträglichkeit eines überzähligen Systems linearer Gleichungen.

Ad 2. darf ich an die traditionelle Aufgabestellung erinnern, welche ursprünglich aus der mathematischen Physik stammt und dann in allgemeiner Gestalt von Heine formuliert worden ist. Dieselbe verlangt nicht sowohl eine *vorgelegte* Differentialgleichung auf ihre Integrierbarkeit zu untersuchen, als vielmehr die noch freien Parameter in einer nur erst durch ihre singulären Punkte und Exponenten gegebenen Differentialgleichung so *festzulegen*, daß eine bestimmte Art der Integrierbarkeit eintritt. Nimmt man die Differentialgleichung (1) als Ausgangspunkt (wie dies u. a. bei Wälsch geschieht), so erhält man dafür die besonders einfache Formulierung: es sind φ, ψ gegeben, man soll χ so bestimmen, daß Π gleich einem Polynom von irgendwelchem vorgegebenen Grade (welches dann eben das „Lamésche Polynom" ist) gesetzt werden kann. Der so getroffene

Ansatz dehnt sich ohne weiteres auf lineare Differentialgleichungen der
n-ten Ordnung aus, worüber man wieder den Aufsatz von Herrn Wälsch
vergleichen mag, Aber daneben konzentriert sich, was lineare Differentialgleichungen der zweiten Ordnung angeht, das Interesse auf die merkwürdigen Realitätstheoreme, welche hier stattfinden. Ich will dieselben hier
in aller Kürze bezeichnen:

Man denke sich die Differentialgleichung in der Gestalt (1) gegeben
und übrigens der Bequemlichkeit halber einen singulären Punkt ins Unendliche geworfen. Die $(n-1)$ im Endlichen gelegenen singulären Punkte
mögen sämtlich als reell vorausgesetzt werden. Sie begrenzen dann $(n-2)$
Intervalle der X-Achse, und auf diese kann man irgend k reelle Punkte
rein kombinatorisch auf $\dfrac{(k+1)\ldots(k+n-3)}{1\cdot 2\ldots(n-3)}$ Weisen verteilen. *Dies ist
nun genau die Zahl der zugehörigen Laméschen Polynome k-ten Grades*[5]).
An dieser Tatsache setzen die Realitätstheoreme in ihrer modernen Form ein.
Ich habe in Bd. 18 der Math. Annalen [vgl. die oben abgedruckte Abh. LXII]
(1881) mit Rücksicht hierauf nur erst den gewöhnlichen Fall der mathematischen Physik in Betracht gezogen, wo die zweiten Exponenten der im
Endlichen gelegenen singulären Punkte, die Gleichungsform (1) vorausgesetzt, gleich $\pm\frac{1}{2}$ sind. Die Übereinstimmung der beiden Zahlen ruht
hier darauf, daß die sämtlichen existierenden Laméschen Polynome k-ten
Grades reell sind, ferner, gleich Null gesetzt, lauter reelle Wurzeln ergeben,
die in den $(n-2)$ Intervallen liegen, und endlich durch die Verteilungsweise auf die $(n-2)$ Intervalle individuell unterschieden sind. Es hat
dann Herr Stieltjes 1884 in Bd. 6 der Acta Mathematica gezeigt, daß
der so formulierte Satz allgemein richtig ist, *solange nur die zweiten
Exponenten der im Endlichen gelegenen singulären Punkte kleiner als*
$+1$ *bleiben.*

Ich habe es in meiner Vorlesung als meine besondere Aufgabe betrachtet, dem hier gewonnenen Resultate auf alle Weisen nachzugehen.
Insbesondere betrachte ich dabei die konforme Abbildung der Halbebene x,
welche der Quotient η zweier Partikularlösungen y_1 und y_2 der Differentialgleichung (1) ergibt. Wählt man als den Nenner y_2 von η im Laméschen
Falle das zugehörige Polynom, so geht η in bekannter Weise in das Integral einer multiplikativen Funktion über; die konforme Abbildung auf die
η-Ebene ergibt daher geradlinige Polygone, deren Gestalt ich untersuche[6]).

---

[5]) [Die hier zugrunde liegende Abzählung sieht von allen Realitätsfragen ab.   K.]

[6]) Man vergleiche hierzu die allgemeinen gestaltlichen Untersuchungen über
geradlinige Polygone, welche Herr Schönflies in Bd. 42 der Math. Annalen, S. 377 ff.
(1892) gibt. [Übrigens ist Schönflies in den Göttinger Nachrichten v. J. 1892
bereits auf die funktionentheoretische Seite dieser Frage eingegangen. K.]

Es zeigt sich, daß die Grenze von Stieltjes eine genaue Grenze ist, indem einige der Laméschen Polynome imaginär werden können oder doch imaginäre Wurzeln erhalten oder auch in der Verteilungsweise ihrer reellen Wurzeln auf die $(n-2)$ Intervalle übereinstimmen können, sobald auch nur einer der zweiten Exponenten der im Endlichen gelegenen singulären Punkte über den Wert $+1$ hinauswächst. Ich habe diese Untersuchungen für die niedersten Fälle in meiner Vorlesung mit einer gewissen Ausführlichkeit durchgeführt, um dadurch für die sogleich zu besprechenden allgemeinen Probleme zuverlässige Beispiele zu erhalten[7]). Übrigens muß ich anführen, daß sich Herr Van Vleck bereits vor drei Jahren in meinem Seminare mit der Diskussion der Realitätstheoreme für Fälle jenseits der Stieltjesschen Grenze erfolgreich beschäftigt hat[8]).

IIb. Allgemeine Inbetrachtnahme der Periodizitätssubstitutionen der linearen Differentialgleichungen.

Hier werde ich zunächst einiges über die Riemannschen Fragmente vom Jahre 1857 sagen dürfen[9]). Riemann geht dort geradezu von den Periodizitätssubstitutionen aus, welche die Lösungen einer linearen Differentialgleichung bei den Umläufen auf der Riemannschen Fläche erleiden, und faßt alle Differentialgleichungen, welche dieselben Substitutionen liefern, zu einer *Klasse* von Differentialgleichungen zusammen. Man wolle dabei beachten, daß Riemann seiner allgemeinen Denkweise entsprechend die eigentliche Definition der betreffenden Funktionen in den Periodizitätssubstitutionen selbst sucht, daß für ihn also die lineare Differentialgleichung etwas Beiläufiges ist, eine von den linearen Relationen, welche zwischen verwandten Funktionen, d. h. eben Funktionen derselben Klasse, bestehen. Hierin ist eine doppelte Fragestellung eingeschlossen. Einmal wird man verlangen, wenn eine lineare Differentialgleichung oder irgend eine Relation zwischen verwandten Funktionen vorgelegt ist, die Gesamtheit der verwandten Funktionen in einfachster Weise darzustellen. Dies ist eine algebraische Aufgabe, deren Durchführung, wie es scheint, keinerlei prinzipielle Schwierigkeiten bietet, wenn selbige auch bislang noch nicht in systematischer Form vorliegen dürfte. Zweitens aber muß das Problem

----

[7]) [Vgl. auch den Zusatz am Schluß dieser Arbeit S. 597—600.]

[8]) [Ich erwähne hier noch gern, daß Herr van Vleck im American Journal of Mathematics vol. 21 (1898/99) den Fall untersucht hat, wo das Produkt $y_1 \cdot y_2$ zweier geeigneter Fundamentallösungen ein Polynom wird. Er hat auch die zugehörigen Kreisbogenpolygone genau studiert. K.]

[9]) [Vgl. Riemanns Werke, 1. Aufl. Nr. XXI, 2. Aufl. Nr. XXI, sowie Nachträge Nr. III und IV.]

sein, ob man die Periodizitätssubstitutionen ganz willkürlich geben kann, d. h. ob allemal auf gegebener Riemannscher Fläche bei gegebenen Verzweigungspunkten zu gegebenen Substitutionen eine zugehörige Klasse verwandter Funktionen existiert. Die von Riemann selbst begonnene Konstantenzählung zeigt, daß man zu dem Zwecke auf der Riemannschen Fläche eine gewisse Zahl beweglicher Nebenpunkte einführen muß, d. h. solcher singulärer Punkte, deren Umkreisung die identische Substitution ergibt, die also bei Aufstellung der Periodizitätssubstitutionen nicht mitzählen. Damit aber ist der Existenzbeweis nur erst vorbereitet. Ich habe meinen Zuhörern seit langem vorgeschlagen, den Beweis bei den linearen Differentialgleichungen der *zweiten* Ordnung in der Weise zu führen, daß man zunächst, den gegebenen Periodizitätssubstitutionen entsprechend, einen η-Bereich konstruiert (der den Nebenpunkten entsprechend bewegliche innere Verzweigungspunkte enthalten muß), und dann zeigt, daß dieser Bereich (eben vermöge der beweglichen Verzweigungspunkte) allgemein genug ist, um jede mit einer bestimmten Zahl beliebig anzunehmender Verzweigungspunkte versehene Riemannsche Fläche darzustellen. Doch scheint es fast, daß dieser Weg in übergroße Komplikationen hineinführt. Wenigstens haben die jetzt glücklich zu Ende geführten Untersuchungen von Herrn Schilling[10]) ergeben, daß die wirkliche Gestalt des η-Bereichs schon im Falle $p = 0$, $n = 3$, sobald man ganz allgemeine Exponentendifferenzen zuläßt, verwickelt genug ist[11]).

Man vergleiche auch hier die Theorie der Abelschen Integrale. Der soeben an erster Stelle formulierten Aufgabe würde entsprechen, daß man verlangt, innerhalb noch näher vorzuschreibender Grenzen neben ein erstes gegebenes Integral alle anderen zu stellen, die sich von ihm nur um eine algebraische Funktion unterscheiden. Hier rubrizieren also beispielsweise die Untersuchungen über die Kettenbruchentwicklungen hyperelliptischer Integrale, welche Herr Van Vleck neuerdings eben unter den hier vorliegenden Gesichtspunkten zusammenfassend behandelt hat[12]). Bei der zweiten Aufgabe würde man von einem Integrale auf gegebener Riemannscher Fläche bei gegebenen Verzweigungspunkten (d. h. logarithmischen Unstetigkeitspunkten) eine nach Willkür vorgegebene Periodizität verlangen müssen. Die Abzählung zeigt, daß man zu dem Zwecke dem Integral

---

[10]) Geometrische Studien zur Theorie der Schwarzschen s-Funktion; Teil I, Math. Annalen, Bd. 44 (1894), Teil II, Bd. 46 (1895).

[11]) [Daß diese Riemannsche Fragestellung in bejahendem Sinne zu beantworten sei, hat zuerst Hilbert mit Hilfe der Integralgleichungen in den Göttinger Nachrichten v. J. 1905, S. 307 ff. bewiesen. Wegen weiterer Literatur vgl. den Artikel von Hilb über lineare Differentialgleichungen in Bd. II, 2 der mathematischen Enzyklopädie (abgeschlossen 1913). K.]

[12]) Göttinger Dissertation, abgedruckt im American Journal, t. 16 (1893).

von vornherein p algebraische Unstetigkeitspunkte beilegen muß. Von da aus erfolgt dann die Konstantenbestimmung in einfachster Weise auf analytischem Wege, und es ist nicht nötig, auf die Hilfsmittel der geometrischen Funktionentheorie zu rekurrieren.

Wie dem auch sei, jedenfalls sieht der auf Abelsche Integrale bezügliche Riemannsche Satz, von welchem in der Einleitung gesprochen wurde, den Gegenstand unter einem anderen Gesichtspunkte. Bei ihm gelten neben der Riemannschen Fläche die sämtlichen Unstetigkeitspunkte des Integrals als gegeben, und es wird dann, um das Integral festzulegen, nur ein *Teil* der Periodizitätseigenschaften vorgeschrieben. Diesem letzteren Ansatze entspricht nun, was ich selbst bei den linearen Differentialgleichungen versucht und bis zu einem gewissen Grade in der vorliegenden Vorlesung durchgeführt habe: Gegeben ist die Riemannsche Fläche mit sämtlichen auf ihr befindlichen singulären Punkten; in der Differentialgleichung sind also nur noch die sogenannten akzessorischen Parameter willkürlich; *man soll diese akzessorischen Parameter dadurch eindeutig festlegen, daß man die Periodizitätssubstitutionen bestimmten Bedingungen unterwirft.* Es sind zweierlei Bedingungssysteme, mit denen ich in der hiermit gegebenen allgemeinen Richtung bisher Erfolg gehabt habe. Leider ergeben beide nur ganz partikuläre Arten von Differentialgleichungen. Es handelt sich erstens um das *Fundamentaltheorem der automorphen Funktionen*, zweitens um das sogenannte *Oszillationstheorem*.

1. Von dem Fundamentaltheoreme der automorphen Funktionen.

Wir werden statt der Partikularlösungen y_1, y_2 der linearen Differentialgleichung wieder deren Quotienten η in Betracht ziehen. Dann besagt das Fundamentaltheorem, kurz ausgedrückt: daß man die akzessorischen Parameter der Differentialgleichung jedesmal auf eine und nur eine Weise so festlegen kann, daß bei der Umkehr des Funktionsverhältnisses *eindeutige* automorphe Funktionen eines vorzugebenden „Typus" entstehen (vgl. Math. Annalen, Bd. 21 [= Abh. CIII in Bd. 3 dieser Gesamtausgabe]). Ich bin auf dieses Theorem in der gegenwärtigen Vorlesung nur beiläufig eingegangen, da eine zusammenhängende Darstellung der automorphen Funktionen einer anderen Gelegenheit vorbehalten werden muß. Der Deutlichkeit halber will ich zufügen, daß der einzige Fall dieses Theorems, welcher von Poincaré und anderen behandelt worden ist, den „Haupttypus" betrifft, in welchem ein einzelner Grenzkreis und keinerlei sonstige Grenzgebilde auftreten[13]).

---

[13]) [Näheres siehe in Bd. 3 dieser Ausgabe.]

2. Das Oszillationstheorem.

Das Oszillationstheorem betrachtet Differentialgleichungen mit *reellen* Koeffizienten und studiert den allgemeinen Verlauf ihrer *reellen* Lösungen y bei *reell* veränderlichem x. Man fragt, ob sich die y in einem Segmente der x-Achse oszillatorisch verhalten, bez. wie viele Oszillationen sie in demselben ausführen. In dieser Hinsicht hat zuerst Sturm bemerkt (in den Bänden 1 und 2 von Liouvilles Journal, 1836—37), daß man unter geeigneten Verhältnissen einen in der Differentialgleichung vorkommenden Parameter eindeutig durch die Forderung festlegen kann, es solle in einem gegebenen Segmente der X-Achse eine gewisse Stärke der Oszillation stattfinden. Dieses ist der einfachste Fall des Oszillationstheorems; derselbe ist in neuerer Zeit bekanntlich von Picard einer genaueren analytischen Untersuchung unterworfen worden. Ich selbst bin in Band 18 der Math. Annalen (1881) [vgl. Abh. LXIII des vorliegenden Bandes] zu einem weiteren Falle fortgeschritten, indem ich die gewöhnliche Lamésche Gleichung studierte:

$$(5) \qquad \frac{d^2 y}{d t^2} = (A x + B) y, \quad \text{wo} \quad t = \int \frac{d x}{2\sqrt{x - a \cdot x - b \cdot x - c}},$$

und bemerkte, daß man hier die *beiden* Parameter A, B gleichzeitig eindeutig dadurch festlegen kann, daß man in zwei verschiedenen Segmenten der X-Achse bestimmte Oszillationsstärken verlangt. Ich bin beim Beweise von einfachen geometrisch-mechanischen Betrachtungen ausgegangen. Andererseits hatte ich bei Aufstellung des Theorems, ebenso wie Sturm, ursprünglich mathematisch-physikalische Fragen im Auge, nämlich das Gesetz gewisser in der Potentialtheorie auftretender Reihenentwicklungen. Alle diese Betrachtungen sind seitdem von Herrn Bôcher in seinem Werke weitgehend verfolgt[14]. *Aber man kann das Theorem ebensowohl als ein funktionentheoretisches gelten lassen.* Es hat dann besonderes Interesse, die

---

[14] Über die Reihenentwicklungen der Potentialtheorie, Teubner 1894. [Dies Buch lehnt sich an eine von mir im Winter 1889/90 gehaltene Vorlesung über Lamésche Funktionen an. Natürlich kann ich die Verantwortung nur für diejenigen Teile dieses Buches übernehmen, in denen Bôcher die Entwicklungen meiner Vorlesung näher ausführt, nicht aber für diejenigen, welche er selbständig zugefügt hat, wie er jeweils genau angibt. Die Erläuterungen auf S. 168—180, welche die Fälle jenseits der Stieltjesschen Grenze betreffen, sind unklar; Bôcher selbst ist auf sie in seinem bezüglichen, 1910 abgeschlossenen Referate in Bd. II, 1 der mathematischen Enzyklopädie, auf das ich übrigens verweise, nicht zurückgekommen. Es ist seitdem vielfach über das Sturmsche Oszillationstheorem weitergearbeitet worden. Man vgl. den Bericht von Bôcher in den Proceedings of the fifth International Congress of Mathematics, vol. I, S. 163—195 (Cambridge 1912), sowie das Buch von Bôcher, Leçons sur les méthodes de Sturm, Paris 1917. Doch haben diese Arbeiten eine mehr abstrakte, für den Text nicht in Betracht kommende Richtung. K.]

Oszillationsbetrachtungen mit der geometrischen Gestalt desjenigen Kreisbogenpolygons in Verbindung zu bringen, auf welches der Quotient η zweier Partikularlösungen y_1, y_2 der Differentialgleichung die Halbebene x abbildet[15]).

Von den ausführlichen Betrachtungen, die ich in meiner Vorlesung betreffend das Oszillationstheorem gegeben habe, sollen hier nur solche hervorgehoben werden, welche sich in der Bôcherschen Darstellung nicht finden.

a) Ich betrachte allgemeine Differentialgleichungen mit rationalen Koeffizienten, die ich mir wieder der Formel (1) entsprechend normiert denken will. Die singulären Punkte der Differentialgleichung seien, wenigstens zum Teil, selber reell. Ich habe dann untersucht, unter welchen Bedingungen man die Segmente, für welche man die Oszillationsbedingungen vorschreiben will, bis an die singulären Stellen heranerstrecken kann[16]). Hier zeigt sich die prinzipielle Bedeutung der Stieltjesschen Grenze. Überschreitet man die Grenze, d. h. nimmt man den zweiten Exponenten eines zu (1) gehörigen singulären Punktes $> +1$, so versagen für ein bis an den singulären Punkt heranerstrecktes Segment die geometrisch-mechanischen Betrachtungen, auf denen der Beweis des Oszillationstheorems ruht.

b) die Kreisbogenpolygone habe ich ganz besonders für diejenigen Fälle untersucht, in denen die zweiten Exponenten der in Betracht kommenden singulären Punkte gleich $\pm \frac{1}{2}$ sind, d. h. das Polygon in den betreffenden Ecken rechte Winkel aufweist[17]). Nehmen wir beispielsweise die Differentialgleichung (5). Hier werden wir als Polygon der η-Ebene ein Kreisbogenviereck haben, welches bei $x = a, b, c$ drei rechtwinkelige Ecken besitzt. Dagegen hängt der Winkel bei $x = \infty$ von dem Parameter A ab; setzt man $A = n(n+1)$, so wird der betreffende Winkel $= \dfrac{2n+1}{2}\pi$. Man übertrage dieses Kreisbogenviereck durch stereographische Projektion auf eine Kugel und definiere nun die *Länge* oder *Amplitude* der einzelnen von zwei rechten Winkeln begrenzten Kreisbogenseite ganz ähnlich, wie man es beim sphärischen Dreiecke macht. Zu dem Zwecke wird man vor allen Dingen die η-Kugel selbst als Fundamentalfläche der zu benutzenden projektiven Maßbestimmung einführen. Handelt es sich dann um die Länge der Kreisbogenseite ab, so bestimme man vorab den Winkel, den die beiden Ebenen, welche die an ab angrenzenden Kreisbogenstücke da und bc enthalten, im Sinne der Maßbestimmung miteinander bilden. Dieser

---

[15]) [Vgl. z. B. die oben abgedruckte Abh. LXV.]
[16]) [Vgl. auch die Abh. LXIV.]
[17]) [Vgl. wieder Abh. LXIV.]

Winkel hat ∞ viele Werte, welche sich aus einem, φ_0, in der Gestalt $m\pi \pm \varphi_0$ ergeben, unter m eine beliebige ganze Zahl verstanden. *Als Amplitude von ab werde ich denjenigen dieser unendlich vielen Winkel bezeichnen, welcher der Art und Weise entspricht, wie sich die Seite ab zwischen den begrenzenden Ebenen hinerstreckt.* Zeichnet man eine Figur, so ist sofort klar, was hiermit gemeint ist. Wir müssen dabei ersichtlich drei Fälle unterscheiden, je nachdem die Schnittlinie der beiden begrenzenden Ebenen die η-Kugel trifft, berührt, oder nicht trifft. Im ersten Falle wird φ_0 eine nicht verschwindende reelle Größe vorstellen, im zweiten Falle gleich Null und im dritten rein imaginär anzunehmen sein. Ich bezeichne dementsprechend die Amplitude der Kreisbogenseite ab beziehungsweise als elliptisch, parabolisch, hyperbolisch. — Die weitere Untersuchung zeigt schließlich, daß die Oszillationsbedingung, welche dem Intervall $\overline{ab}$ der X-Achse im Sinne des Oszillationstheorems auferlegt werden soll, dahin umgesetzt werden kann, *daß man für die Kreisbogenseite $\overline{ab}$ eine bestimmte elliptische Amplitude vorschreibt.*

c) Ich will jetzt annehmen, daß die Differentialgleichung (5) dadurch festgelegt sei, daß man für die Intervalle $\overline{ab}$ und $\overline{bc}$ zwei bestimmte elliptische Amplituden vorgibt. Die Betrachtung des zugehörigen Kreisbogenpolygons lehrt dann noch ein weiteres; sie läßt nämlich erkennen, wie die anderen Kreisbogenseiten des Polygons verlaufen und gestattet von da aus einen Schluß auf das Verhalten der Differentialgleichung in den anderen Intervallen der X-Achse. Die solcherweise entstehenden Beziehungen entsprechen genau den Ergänzungsrelationen der sphärischen Trigonometrie, deren Bedeutung für die hypergeometrische Funktion im vorigen Referate [Abh. LXVIII] hervorgehoben wurde[18]). —

Als ein besonderes Beispiel, bei welchem alle diese Ansätze a), b), c) zur Geltung gelangen, habe ich schließlich *den Hermiteschen Fall der Laméschen Gleichung* gewählt, d. h. eben die Gleichung (5), mit der besonderen Maßnahme, daß wir für A den Wert $n(n+1)$ eintragen, unter n eine irgendwie vorzugebende ganze Zahl verstanden. Wir haben dann nur den Parameter B zur freien Verfügung.

Die Resultate, welche betreffs dieser Gleichung in meiner Vorlesung ausführlich abgeleitet werden, finden sich zum Teil bereits in einem kleinen Aufsatze, den ich in Bd. 40 der Math. Annalen (1891) [vgl. die vorstehende Abh. LXVII] publizierte, nur daß ich dort nicht direkt die „Amplituden" der einzelnen Kreisbogenseiten betrachte, sondern nur die „Charakteristiken" derselben, d. h. die ganzzahligen Multipla von 2π, welche in den

---

[18]) [Vgl. auch die vorstehende Abh. LXV, sowie für n-Ecke die Arbeit von **Falckenberg** in den Math. Annalen, Bd. 77 (1915/16).]

Amplituden enthalten sind. Führt man die Amplituden selbst ein, so vervollständigen sich die damaligen Figuren. Man nehme folgende Figur für $n = 3$:

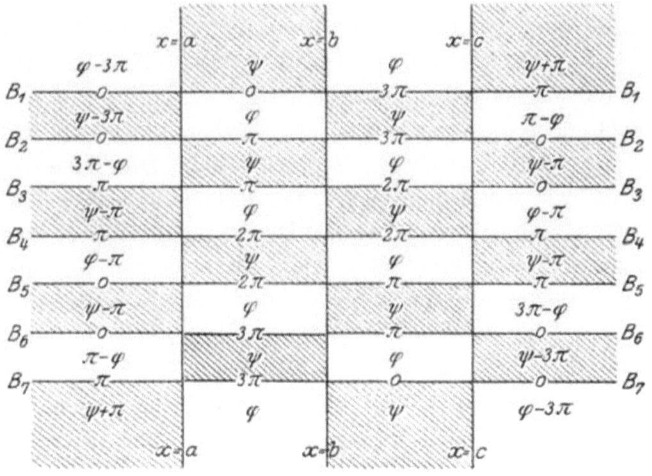

Fig. 1.

Die Ebene (x, B) ist hier — den damaligen Erläuterungen entsprechend — durch die sieben horizontalen Geraden $B = B_1, \ldots B_7$ und die drei vertikalen Linien $x = a, b, c$ in 32 Felder zerlegt, von denen die schraffierten hyperbolischen, die anderen elliptischen Charakter haben, d. h. solche Stücke der X-Achse enthalten, welche für die zugehörigen Werte von B hyperbolische, bez. elliptische Amplituden aufweisen. Die einzelnen Stücke der horizontalen Grenzlinien $B_1, \ldots B_7$ (welch letztere den hier auftretenden Fällen Laméscher Polygone entsprechen) haben natürlich parabolischen Charakter. Derselbe ist dadurch näher bezeichnet, daß in der Figur jedem einzelnen Stücke dieser Grenzlinien seine parabolische Amplitude, also ein bestimmtes Multiplum von π, beigesetzt ist. In die verschiedenen Felder der beiden vertikalen Mittelstreifen sind jetzt zur Bezeichnung der zugehörigen elliptischen und hyperbolischen Amplituden die Buchstaben φ und ψ eingetragen. Unter φ hat man sich dabei eine reelle Größe zu denken, welche ihrem Betrage nach zwischen den parabolischen Amplituden liegt, die das jeweilige Feld horizontal eingrenzen. In dem obersten Felde des rechtsseitigen und dem untersten Felde des linksseitigen Mittelstreifens (die sich beide ins Unendliche ziehen), ist dies so zu verstehen, daß φ in ihnen von dem parabolischen Grenzwerte 3π beginnend unbegrenzt ins Unendliche zunimmt. — Das ψ hinwieder ist eine complexe Größe, deren reeller Bestandteil in dem einzelnen hyperbolischen Felde einen konstanten Betrag hat, — denselben, den die parabolischen Amplituden der begrenzenden horizontalen Linien besitzen. — Aus diesem φ, ψ

der einzelnen Felder der beiden Mittelstreifen berechnen sich dann die elliptischen und hyperbolischen Amplituden der entsprechenden Felder der beiden Seitenstreifen so, wie es in der Figur eingetragen ist. *Man sieht, daß für jeden Wert von B zwei der Amplituden durch die beiden anderen bestimmt sind.* Dies ist, im vorliegenden Falle, das Analogon der Ergänzungsformeln der sphärischen Trigonometrie [19]).

Ich habe noch hervorzuheben, in welcher Beziehung das hier mitgeteilte Schema zum *Oszillationstheorem* steht. Die Hermitesche Gleichung enthält, wie wir schon sagten, bei festgehaltenem n nur den einen Parameter B; es handelt sich bei ihr also um ein Beispiel, das sich neben die von Sturm untersuchten Fälle stellt. Wir werden für dieses Beispiel das Oszillationstheorem insbesondere dahin aussprechen können: *daß das B eindeutig gegeben ist, sobald man für eines der beiden mittleren Intervalle der X-Achse, $\overline{ab}$ oder $\overline{bc}$, eine bestimmte elliptische Amplitude vorschreibt.* Diese Aussage ist mit unserer Figur verträglich; sie vervollständigt dieselbe aber noch durch die Angabe, daß innerhalb der elliptischen Felder des Streifens $\overline{ab}$ das φ bei wachsendem B stetig *abnimmt*, innerhalb der elliptischen Felder des Streifens $\overline{bc}$ aber stetig *zunimmt*. B wird eine eindeutige Funktion des auf den einzelnen Mittelstreifen treffenden φ sein, die allemal, wenn ein hyperbolisches Feld übersprungen wird, eine Unterbrechung der Stetigkeit erleidet. Man beachte, daß die gleiche Behauptung für die elliptischen Amplituden der beiden äußeren Streifen unserer Figur keineswegs aufgestellt werden kann. Vielmehr hat z. B. im Streifen linker Hand das φ Werte zwischen 0 und π, sowohl wenn B zwischen B_4 und B_5 als wenn es zwischen B_6 und B_7 liegt. *Das Oszillationstheorem gilt also nicht mehr für die elliptischen Amplituden der äußeren Intervalle.* Es stimmt dies damit, daß bei dem singulären Punkte $x = \infty$ die Stieltjessche Grenze überschritten ist. —

Zum Schlusse darf ich noch bemerken, daß die im vorliegenden Referate berührten Entwicklungen, welche im Vorlesungshefte mit aller erforderlichen Ausführlichkeit gegeben werden, zum Teil bereits in einer Vorlesung über Lamésche Funktionen enthalten waren, die ich im Winter 1889—90 gehalten habe [20]), dann aber zum ersten Male im Zusammenhange in den Vorlesungen über lineare Differentialgleichungen entwickelt wurden, die ich von Herbst 1890—91 gegeben habe. Diese letzteren Vorlesungen

---

[19]) Vgl. hierzu die allgemeinen Untersuchungen von Herrn Schönflies über Kreisbogenvierecke in Bd. 44 der Math. Annalen (1894) [sowie die Göttinger Dissertation von Ihlenburg „Über die geometrischen Eigenschaften der Kreisbogenvierecke" (1909), außerdem die obigen Zitate auf Falckenberg].

[20]) Vgl. die Mitteilung in den Göttinger Nachrichten vom März 1890 [= Abh. LXIV]. [Eine teilweise Wiedergabe dieser Vorlesung bildet das wiederholt genannte Buch von Bôcher, Reihenentwicklungen der Potentialtheorie.]

sind in einer kleineren Zahl von Exemplaren ebenfalls autographiert verbreitet. Der Vergleich wird zeigen, daß ich damals mit meinen Behauptungen sogar wesentlich weiter gegangen bin als dieses Mal. Ich habe dann freilich gleich gegen Schluß der Vorlesung bemerkt, daß die sämtlichen Angaben der erneuten Kontrolle bedürfen. Ich hatte den Gegenstand zu Anfang für einfacher gehalten, als er in Wirklichkeit ist. Insbesondere habe ich jetzt einige Aussagen berichtigen müssen, die mit der Grenze von Stieltjes zusammenhängen, deren fundamentale Bedeutung ich damals noch nicht erkannt hatte.

Göttingen, den 26. September 1894.

[Zum Oszillationstheorem jenseits der Stieltjesschen Grenze.|

[Bei der Frage nach der Gültigkeit des Oszillationstheorems jenseits der Stieltjesschen Grenze scheint es instruktiv, zunächst den Fall nur dreier regulärer singulärer Punkte — also das einfache Beispiel der hypergeometrischen Funktion, für das man nach Abh. LXV alles explizite durchführen kann — heranzuziehen.

Wir belassen die singulären Punkte in üblicher Weise bei $0, \infty, 1$ und benennen ihre Exponentendifferenzen, die wir reell und übrigens positiv wählen wie in Nr. LXV mit λ, μ, ν; ganzzahlige (insbesondere auch verschwindende) Werte dieser Größen seien der Einfachheit halber ausgeschlossen. λ und ν sollen als gegeben gelten; die Frage sei zunächst, wie man μ zu wählen hat, damit eine Lösung von einer der vier Formen existiert:

$$\text{(I)} \qquad 1.\ x^\lambda (1-x)^\nu \varphi_k(x); \quad 2.\ x^\lambda \varphi_k(x); \quad 3.\ (1-x)^\nu \varphi_k(x); \quad 4.\ \varphi_k(x)$$

unter $\varphi_k(x)$ ein Polynom irgend vorgegebenen Grades k verstanden ($k = 0, 1, 2, \ldots$), insbesondere aber die Frage, welche Bewandtnis es mit den zwischen 0 und 1 gelegenen reellen Wurzeln von $\varphi_k(x)$ hat.

Die Theorie der hypergeometrischen Reihe ergibt für die vier Fälle ohne weiteres die folgenden arithmetischen Relationen

$$\text{(II)} \qquad 1.\ \pm\mu - \lambda - \nu = 2k+1; \quad 2.\ \pm\mu - \lambda + \nu = 2k+1; \quad 3.\ \pm\mu + \lambda - \nu = 2k+1;$$
$$4.\ \pm\mu + \lambda + \nu = 2k+1.$$

Hier ist im Falle 1. der Wert $(-\mu)$ ohne weiteres auszuschließen (weil doch die Summe dreier negativer Zahlen niemals $2k+1$ sein kann). Aber auch in den Fällen 2., 3., 4. tritt immer nur eine beschränkte Anzahl von Werten $(-\mu)$ auf, weil es sich bei diesen nur um diejenigen Werte von k handeln kann, bei denen bzw.

$$\text{(III)} \qquad 2.'\ 2k+1 < -\lambda + \nu; \quad 3.'\ 2k+1 < \lambda - \nu; \quad 4.'\ 2k+1 < \lambda + \nu$$

ist. (Ich nenne die mit $(-\mu)$ möglichen Fälle 2.', 3.', 4.', während die Fälle mit $(+\mu)$ fernerhin mit 1.'', 2.'', 3.'', 4.'' bezeichnet sein mögen). Im übrigen gibt die Theorie der hypergeometrischen Reihe, nachdem λ und ν vorgegeben sind, für jeden der vier Fälle ohne weiteres einen wohlbekannten expliziten Wert von $\varphi_k(x)$; man hat bzw.

$$\text{(IV)} \qquad \begin{cases} 1.\ \varphi_k = F(k+1+\lambda+\nu,\ -k,\ 1+\lambda;\ x), \\ 2.\ \varphi_k = F(k+1+\lambda-\nu,\ -k,\ 1+\lambda;\ x), \\ 3.\ \varphi_k = F(k+1-\lambda+\nu,\ -k,\ 1-\lambda;\ x), \\ 4.\ \varphi_k = F(k+1-\lambda-\nu,\ -k,\ 1-\lambda;\ x), \end{cases}$$

(wobei man natürlich noch in jedem einzelnen Falle einen beliebigen konstanten Faktor zufügen und nach Potenzen $(x-1)$ ordnen kann). Es handelt sich also um abbrechende hypergeometrische Reihen, wie sie Jacobi in einer wohlbekannten, von Heine bearbeiteten, posthumen Arbeit in Crelles Journal Bd. 56, (1859) [= Ges. Werke Bd. 9, S. 184—202) behandelt hat.

Unsere Frage aber wird sein, *wie weit das einzelne so hingeschriebene F in den vier Fällen durch die Zahl Z seiner zwischen 0 und 1 gelegenen Nullstellen festgelegt ist.*

Die Zahl dieser Nullstellen für ein gegebenes F ist aber bereits in Abh. LXV vollständig bestimmt worden. Man wird für die einzelnen Fälle zunächst die Charakteristik X des Intervalles $\overline{01}$ berechnen und von da aus nach der auf S. 565 mitgeteilten Regel entweder $Z = X$ oder $Z = X + 1$ setzen.

Hier folgt zunächst eine Tabelle für die *Werte der Charakteristik* X (unter E das in Abh. Nr. LXV eingeführte Symbol d. h. die größte, nicht negative ganze Zahl verstanden, welche von dem beigesetzten Argument überschritten wird):

$$(V) \quad \begin{cases} \qquad \cdot \quad \cdot \quad \cdot \quad \cdot \quad \cdot \quad \cdot \quad \cdot \quad \cdot \quad \cdot \quad \cdot \quad & \text{ad } 1.''\ \ \mathsf{X} = E(k+1) = k, \\ \text{ad } 2.'\ \ \mathsf{X} = E(-\lambda-k) = 0, & \text{ad } 2.''\ \ \mathsf{X} = E(k+1-\nu), \\ \text{ad } 3.'\ \ \mathsf{X} = E(-\nu-k) = 0, & \text{ad } 3.''\ \ \mathsf{X} = E(k+1-\lambda), \\ \text{ad } 4.'\ \ \mathsf{X} = E(-k = 0, & \text{ad } 4.''\ \ \mathsf{X} = E(k+1-\lambda-\nu). \end{cases}$$

Was weiter Z angeht, so ist es in den Fällen 1.", 2.", 3." gemäß den in § 9 von Abh. LXV gegebenen Regeln *mit* X *identisch,* im Falle 4." ist die Beziehung zwischen Z und X komplizierter. Ich werde zunächst das in Abh. LXV, S. 565 angegebene Kriterium in eine der Voraussetzungen von 4." entsprechende möglichst elementare Form umsetzen. Es handelt sich um das Vorzeichen von

$$\Gamma(n) \cdot \Gamma(n-l) \cdot \Gamma(n-m),$$

wo

$$n = 1 - \lambda, \quad l = \frac{1+\mu-\lambda-\nu}{2}, \quad m = \frac{1-\mu-\lambda-\nu}{2}$$

ist, also im Falle 4." um das Vorzeichen von

$$\Gamma(1-\lambda) \cdot \Gamma(k+1-\lambda) \cdot \Gamma(-k+\nu).$$

Aber $\Gamma(k+1-\lambda)$ ist $(k-\lambda) \ldots (2-\lambda)(1-\lambda) \cdot \Gamma(1-\lambda)$ und das Vorzeichen von $\Gamma(-k+\nu)$ stimmt mit dem des Produktes $(\nu-1)(\nu-2) \ldots (\nu-k)$ überein. Bei den so geschriebenen Formeln ist der Fall $k = 0$ nicht mit inbegriffen. Fügen wir, um diese Ausnahme zu beseitigen, noch die beiden positiven Faktoren λ und ν unserem Produkte hinzu, so haben wir als Vorzeichen:

$$(VI) \qquad (-1)^k \cdot \operatorname{sign} \lambda(\lambda-1) \ldots (\lambda-k) \cdot \operatorname{sign} \nu(\nu-1) \ldots (\nu-k).$$

Man hat Z im Falle 4." gleich dem geraden oder ungeraden Werte zu setzen, den X *oder* X + 1 *annehmen mag, je nachdem das Vorzeichen* (VI) *positiv oder negativ ist.*

Es kommt jetzt nur noch darauf an, diese Angaben umzukehren. Wir finden dabei der Reihe nach:

a) Im Falle 1." ist durch $Z = $ X das k unmittelbar gegeben. Alle Wurzeln von $\varphi_k = 0$ sind reell und liegen zwischen 0 und 1; das φ_k ist durch die Angabe der Zahl dieser reellen Wurzeln ohne weiteres bekannt (vgl. Formel (IV)).

b) In den Fällen 2." und 3." muß k, damit $Z = $ X überhaupt von Null verschieden wird, erst so weit anwachsen, daß k den Wert ν bzw. λ übertrifft. Verlangen wir also $Z = 0$, so bekommen wir, je nach der Größe von ν oder λ eventuell eine größere Zahl unterschiedener zugehöriger $\varphi_0, \varphi_1, \varphi_2, \ldots$. Diese Unbestimmtheit tritt nur dann nicht ein, wenn ν, bzw. λ unterhalb 1 liegt, d. h. wenn wir uns unterhalb der Stieltjesschen Grenze befinden. — Sobald wir aber $Z = 1$ oder noch größer wählen, ist wieder k durch das Z eindeutig bestimmt. Das bedeutet, daß nun, nach anfänglichem Versagen, das Oszillationstheorem wieder gilt. Nur daß jetzt $\varphi_k = 0$ außer den Z zwischen 0 und 1 gelegenen reellen Wurzeln noch eine bestimmte Zahl anderweitiger Wurzeln hat. Man könnte von einer *Verzögerung* sprechen, welche die Geltung des Oszillationstheorems erleidet.

$c)$ Diese Erscheinung tritt im Falle 4." in erhöhtem Grade auf. k muß die Summe $\lambda + \nu$ übertreffen, damit die Charakteristik X von 0 verschieden wird. Sei k_0 der größte Wert, für den dieses noch nicht der Fall ist. Das zugehörige Z wird dann Null oder Eins, sagen wir allgemein $= \varepsilon_0$, sein, wo der eine oder andere Fall eintreten wird, je nachdem

$$(-1^{k_0} \operatorname{sign} \lambda (\lambda - 1) \ldots (\lambda - k_0) \cdot \operatorname{sign} \nu (\nu - 1) \ldots (\nu - k_0)$$

positiv oder negativ ist. Von da ab wird Z ersichtlich, überhaupt gleich $X + \varepsilon_0$ sein. — Die regelrechte Geltung des Oszillationstheorems tritt also erst ein, wenn $X \geq 1$ genommen wird. Zu diesem Behufe muß, wie schon gesagt, $k > \lambda + \nu$ sein; wir haben dann im Intervalle 01 nur $X + \varepsilon_0$ reelle Wurzeln.

Es ist interessant, diese arithmetischen Überlegungen durch geometrische Konstruktion der zugehörigen Kreisbogendreiecke zu bestätigen. Dies geschieht um so leichter, als die Gleichung

$$\pm \mu \pm \lambda \pm \nu = 2k + 1$$

besagt, daß wir das Dreieck als *geradliniges* Dreieck konstruieren dürfen. Je nachdem bei dem einzelnen Terme der Gleichung das $+$- oder $-$-Zeichen auftritt, liegt dann die zugehörige Ecke des Dreiecks im Endlichen oder Unendlichen. Unsere Antworten $a) b) c)$ erledigen gewissermaßen ein elementargeometrisches Problem. Für ein geradlinig begrenztes Membrandreieck sind zwei Winkel $\lambda \pi$ und $\nu \pi$ (deren jeder. beliebig $> \pi$ sein kann) gegeben, man gibt ferner an, welche der drei Ecken eventuell im Unendlichen liegen sollen, man gibt endlich die Anzahl von Malen, daß sich die Seite $\overline{\lambda \nu}$ durch das Unendliche zieht. Man soll sagen, wie weit durch diese Angaben die Gestalt des Dreiecks bestimmt ist. —

Bekanntlich hat bereits Jacobi (entsprechend unserem Ansatz für Lamésche Funktionen in Abh. LXIII) die Darstellung willkürlicher Funktionen durch Reihen $C_0 \varphi_0 + C_1 \varphi_1 + C_2 \varphi_2 + \ldots$ betrachtet. Die formale Herstellung dieser Reihen gelingt ganz ähnlich wie bei den gewöhnlichen trigonometrischen Reihen, wenn man bemerkt, daß je zwei der $\varphi_0, \varphi_1, \varphi_2, \ldots$ des einzelnen Falles 1. bis 4. in sofort näher anzugebender Weise „orthogonal" sind.

Nehmen wir etwa den Fall 4. Wir berechnen dann zunächst (für irgend zwei unterschiedene φ_k und $\varphi_{k'}$):

$$\int \varphi_k \cdot \varphi_{k'} \cdot x^{-\lambda} (1-x)^{-\nu} dx = C \left(\varphi_k \frac{d\varphi_{k'}}{dx} - \varphi_{k'} \frac{d\varphi_k}{dx} \right) x^{1-\lambda} (1-x)^{1-\nu},$$

unter C eine nicht verschwindende Konstante verstanden[21]). Es ergibt sich zunächst, daß wir das Integral an die Grenzen 0 und 1 selbst heranziehen können und dabei, wegen des Wertes der rechten Seite, Null erhalten, *sobald wir uns unterhalb der Stieltjesschen Grenze befinden.* Wir erhalten dann also formaliter Reihenentwicklungen *reeller Funktionen* $f(x)$ für das Intervall $0 < x < 1$, deren Konvergenz bereits Darboux in seinem Mémoire sur les fonctions de très grands nombres (Liouvilles Journal, sér. 3, t. 4, 1876) klargestellt hat. Aber Darboux bemerkt dort, daß besagte Reihen wegen der zwischen ihren Gliedern bestehenden Identitäten *für analytische Funktionen* von x auch *in allen anderen Fällen* gültig bleiben und jeweils innerhalb der größten Ellipse konvergieren, welche, um $x = 0$ und $x = 1$ als Brenn-

---

[21]) In den Fällen 1., 2., 3. wird man hier nur λ, ν bzw. durch $-\lambda$, $-\nu$; $-\lambda$, $+\nu$; $+\lambda$, $-\nu$ zu ersetzen haben.

punkte herumgelegt, noch keinen singulären Punkt von $f(x)$ einschließt. Dies Resultat ist wohl am einfachsten zu begründen, wenn man gemäß Abh. LXVI das Integral

$$\int \varphi_k \, \varphi_{k'} \, x^{-\lambda}(1-x)^{-\nu} \, dx$$

über einen beliebigen, die Punkte 0 und 1 der x-Ebene umgebenden Doppelumlauf hin erstreckt, der jeweils Null liefern wird und hinsichtlich dessen die φ_k und $\varphi_{k'}$ also alleweil „orthogonal" sein werden.

Es käme nun darauf an, alle diese Entwicklungen auf lineare Differentialgleichung zweiter Ordnung mit beliebig vielen, zunächst reellen, regulären singulären Punkten zu übertragen. Hierfür liegen in der Literatur gewiß mancherlei Ansätze vor, am meisten wohl in den Untersuchungen von Schönflies und Hilb-Falckenberg über die Gestalt der einfach zusammenhängenden Kreisbogen-n-Ecke[22]; im allgemeinen haben aber die zahlreichen neueren Untersuchungen über das Oszillationstheorem in Anknüpfung an Sturms ursprünglichen Ansatz eine abstraktere Wendung genommen und dürften für den Vergleich nicht unmittelbar in Betracht kommen.

K.]

---

[22]) Schönflies in den Göttinger Nachrichten v. J. 1892 und in den Bänden 42 und 44 der Math. Annalen (1893, 1894); Falckenberg in den Math. Annalen Bd. 77 und 78 (1916, 1918).

LXX. Über neuere englische Arbeiten zur Mechanik[1].

[Jahresbericht der Deutschen Mathematiker-Vereinigung, Bd. 1 (1891/92).]

Der unterscheidende Charakterzug der englischen Arbeiten über Mechanik den kontinentalen Arbeiten gegenüber ist nach meiner Meinung ihre auf unmittelbare Erfassung der Wirklichkeit gerichtete Tendenz und die durchgängige Anschaulichkeit ihrer Entwicklungen. Infolgedessen müssen diese Arbeiten dem an abstraktere Gedankenfolgen gewöhnten Mathematiker besonders anregend sein, und es verschlägt in dieser Hinsicht nichts, oder es ist vielmehr geradezu nützlich, daß besagte Untersuchungen zumeist nicht so methodisch oder so streng durchgeführt sind, wie wir dies zu verlangen gewohnt sind. Unter den Einzelheiten, welche ich näher ausführte, dürfte eine Bemerkung über die Entstehungsgeschichte von Hamiltons Integrationstheorie der Mechanik allgemeineres Interesse beanspruchen. Die Sache scheint völlig unbekannt zu sein, trotzdem sich Hamilton darüber an verschiedenen Stellen seiner Arbeiten, insbesondere in seiner ersten Abhandlung über Strahlensysteme (1828)[2], mit hinreichender Deutlichkeit äußert. Hamilton fand die Auffassung der Emissionstheorie vor, nach welcher die Bestimmung des Lichtstrahles, der irgendwelches inhomogene (aber isotrope) Medium durchsetzt, ein Spezialfall eines gewöhnlichen, auf die Bewegung eines Massenpunktes bezüglichen mechanischen Problems ist; wir können gleich zusetzen, daß die dabei

---

[1]) Bericht über einen am 22. Sept. 1891 vor der Naturforscher-Versammlung zu Halle gehaltenen Vortrag. (Vgl. Amtlicher Bericht, Teil II, S. 4.) [In einer Vorlesung über Mechanik vom Sommersemester 1891, deren Ausarbeitung seitdem von verschiedenen Mathematikern benutzt wurde, habe ich die in Rede stehenden Entwicklungen der Jacobischen Theorie alle aus quasi-optischen Betrachtungen in höheren Räumen abgeleitet. K.]

[2]) [Die wichtigsten von Hamiltons hierher gehörenden Arbeiten sind folgende: Essay on the theory of systems of rays, Transactions of the R. Irish Academy, Bd. 15 (1828), S. 69—174. Dazu 3 supplements, ebenda, Bd. 16 (1830), S. 3—62, Bd. 16, S. 93—126, sowie Bd. 17 (1832/37), S. 1—144.

On a general method in dynamics, Philosophical Transactions of the R. Society, London 1834, S. 247—308. Second essay on a general method in dynamics, ebenda 1835, S. 95—144.]

vorliegende Spezialisierung keine wesentliche ist, daß man vielmehr, indem man zu höheren Räumen schreitet, jedes mechanische Problem auf die Bestimmung des in einem geeigneten Medium verlaufenden Lichtstrahles zurückführen kann. Und nun ruht Hamiltons *Entdeckung, nach welcher die Integration der dynamischen Differentialgleichungen mit der Integration einer gewissen partiellen Differentialgleichung erster Ordnung in Verbindung steht,* einfach darauf, daß Hamilton, im Anschluß an die große physikalische Bewegung seiner Zeit, unternahm, die in emissiver Form bekannten Resultate der geometrischen Optik vom Standpunkte der Undulationstheorie abzuleiten. Hamiltons Integrationstheorie der dynamischen Differentialgleichungen ist zunächst nichts anderes als eine analytisch allgemeine Formulierung der in physikalischer Form wohlbekannten Beziehung zwischen *Lichtstrahl* und *Lichtwelle.* — Vermöge des hiermit gegebenen Ausgangspunktes wird auch die unnötig partikuläre Form verständlich, in der Hamilton seine Theorie veröffentlichte und über die dann Jacobi hinausging. Hamilton hatte bei seinen Untersuchungen über Strahlensysteme zunächst durchaus praktische Fragen der Instrumentenkunde im Auge. Daher operiert er ausschließlich mit solchen Lichtwellen, welche von einzelnen . *Punkten* ausgehen. Jacobis Verallgemeinerung läuft darauf hinaus, *daß man zur Definition des Strahles ebensowohl beliebige andere Lichtwellen gebrauchen darf.* Von den speziellen Wellen aus konstruiert man in der Optik die allgemeinen bekanntlich vermöge des sogenannten Huygensschen Prinzips; diese Konstruktion ist ein genaues Äquivalent für den analytischen Prozeß, vermöge dessen man in der Theorie der partiellen Differentialgleichungen erster Ordnung von irgendwelcher „vollständigen" Lösung zur „allgemeinen" Lösung aufsteigt.

[Die Optik, wie sie vorstehend verstanden wird, ist die *geometrische Optik,* die mit dem Begriff des Lichtstrahles operiert (also Beugungserscheinungen prinzipiell ausschließt und beim Gebrauch gewöhnlicher rechtwinkliger Koordinaten von der partiellen Differentialgleichung erster Ordnung zweiten Grades:

$$(1) \qquad \left(\frac{\partial f}{\partial x}\right)^2 + \left(\frac{\partial f}{\partial y}\right)^2 + \left(\frac{\partial f}{\partial z}\right)^2 - \frac{1}{c^2}\left(\frac{\partial f}{\partial t}\right)^2 = 0$$

beherrscht wird. Sie ist von der *physikalischen Optik,* in deren Mittelpunkt die partielle Differentialgleichung zweiter Ordnung ersten Grades:

$$2) \qquad \frac{\partial^2 \Phi}{\partial x^2} + \frac{\partial^2 \Phi}{\partial y^2} + \frac{\partial^2 \Phi}{\partial z^2} - \frac{1}{c^2}\frac{\partial^2 \Phi}{\partial t^2} = 0$$

steht, zunächst durchaus verschieden; sie kann aber als Grenzfall der letzteren für den Fall unendlich kleiner Wellenlängen angesehen werden. In der Tat: man setze in (2) für Φ den Ausdruck $e^{2\pi i k f(x,y,z,t)}$ und lasse nun k unendlich werden, so wird man in der Grenze die Differentialgleichung (1) erhalten. Vgl. Debye in einem Aufsatze von A. Sommerfeld und I. Runge, Annalen der Physik, 4. Folge, Bd. 35 (1911), S. 290. K.]

LXXI. Über das Brunssche Eikonal.

[Zeitschrift f. Mathematik u. Physik, Bd. 46 (1901).]

Im 21. Bande der math. phys. Abhandlungen der Kgl. sächsischen Gesellschaft der Wissenschaften (1895) hat Herr Bruns einen bemerkenswerten Beitrag zur Strahlenoptik veröffentlicht, in welchem er für ein beliebiges optisches Instrument den Verlauf eines das Instrument durchdringenden Lichtstrahles mit Hilfe einer Funktion von vier Veränderlichen darstellt, die er als *Eikonal* bezeichnet. Ich reproduziere hier seine Grundformeln in freier Weise. Man bezeichne den Punkt, in welchem der den Objektraum durchsetzende Teil des Lichtstrahles (wenn nötig geradlinig verlängert gedacht) die XY-Ebene des Objektraumes schneidet, mit ξ, η, die Richtungskosinus, die er (im Objektraum) mit den Koordinatenachsen bildet, mit p, q, r; die entsprechende Bedeutung sollen ξ', η' bzw. p', q', r' für den Bildraum haben. Dann ist das Eikonal in seiner (hier allein in Betracht kommenden) ursprünglichen Form eine Funktion von ξ, η, ξ', η':

$$E(\xi, \eta \mid \xi', \eta'),$$

vermöge deren sich der Verlauf des Lichtstrahls im Objektraum und Bildraum mittels folgender Formeln darstellt:

$$(1) \quad \begin{cases} p = -\, c \cdot \dfrac{\partial E}{\partial \xi}, \\[2ex] q = -\, c \cdot \dfrac{\partial E}{\partial \eta}. \end{cases} \qquad \begin{aligned} p' &= +\, c' \cdot \dfrac{\partial E}{\partial \xi'}, \\[2ex] q' &= +\, c' \cdot \dfrac{\partial E}{\partial \eta'}, \end{aligned}$$

unter c bzw. c' die Lichtgeschwindigkeit im Objektraum und Bildraum verstanden. Ich werde diese Formeln kurz so zusammenfassen:

$$(2) \qquad dE = -\frac{1}{c}(p\,d\xi + q\,d\eta) + \frac{1}{c'}(p'\,d\xi' + q'\,d\eta').$$

Hiermit wolle man nun die Entwicklungen vergleichen, die Hamilton 1828 ff. seinen Untersuchungen über Strahlensysteme zugrunde gelegt hat[1].

---

[1] [Wegen der genaueren Nachweise vgl. etwa die Fußnote [2] auf S. 601 des vorliegenden Bandes.]

Hamilton beginnt dort damit, den Weg des ein Instrument durchdringenden Lichtstrahles in der von Johann Bernoulli bzw. Fermat herrührenden, heutzutage allgemein bekannten Art durch die Forderung eines Mini-
maximums festzulegen. Es sei x, y, z der Ausgangspunkt des Lichtstrahles
(im Objektraum), x', y', z' sein Endpunkt (im Bildraum), c, c_1, c_2, $\ldots$, c'
seien die Lichtgeschwindigkeiten in den sukzessiven Medien, welche der Licht-
strahl durchdringt, $\varDelta l$, $\varDelta l_1$, $\varDelta l_2$, $\ldots$, $\varDelta l'$ die Weglängen, die er in diesen
Medien beziehungsweise zurücklegt. Die Festlegung des Lichtstrahles er-
folgt dann dadurch, daß man verlangt, es solle die Summe:

$$\sum_{xyz}^{x'y'z'} \frac{\varDelta l_i}{c_i}$$

bei festgehaltenem Anfangspunkt und Endpunkt eine verschwindende erste
Variation haben. Soweit Johann Bernoulli. *Das Neue bei Hamilton
ist, daß er die Betrachtung weiter fortsetzt, indem er vorstehende Summe
nach Festlegung des Lichtstrahls als eine Funktion ihrer beiden Endpunkte betrachtet:*

$$(3) \qquad \sum_{xyz}^{x'y'z'} \frac{\varDelta l_i}{c_i} = \Omega\,(x,\,y,\,z \mid x',\,y',\,z').$$

Dieses Ω ist die von Hamilton so genannte *charakteristische Funktion*
des optischen Instrumentes; es bedeutet einfach die *Zeit*, welche der Lichtstrahl [nach den Vorstellungen der Undulationstheorie] gebraucht, um bei
einem Durchgange durch das Instrument von x, y, z nach x', y', z' zu
kommen. Dabei ergibt sich, daß man den Gang des Lichtstrahls durch
dieses Ω in einfachster Weise darstellen kann; man hat in dieser Beziehung
die Formeln:

$$(4) \qquad \begin{cases} p = -\,c\cdot\dfrac{\partial\Omega}{\partial x}\,, & p' = +\,c'\cdot\dfrac{\partial\Omega}{\partial x'}\,, \\[2ex] q = -\,c\cdot\dfrac{\partial\Omega}{\partial y}\,, & q' = +\,c'\cdot\dfrac{\partial\Omega}{\partial y'}\,, \\[2ex] r = -\,c\cdot\dfrac{\partial\Omega}{\partial z}\,, & r' = +\,c'\cdot\dfrac{\partial\Omega}{\partial z'}\,, \end{cases}$$

die ich wieder in eine zusammenfassen will:

$$(5) \qquad d\Omega = -\,\frac{1}{c}\,(p\,dx + q\,dy + r\,dz) + \frac{1}{c'}\,(p'\,dx' + q'\,dy' + r'\,dz').$$

Beiläufig folgt aus (4), daß Ω den beiden partiellen Differentialgleichun-
genügt:

$$(6) \qquad \left(\frac{\partial\Omega}{\partial x}\right)^2 + \left(\frac{\partial\Omega}{\partial y}\right)^2 + \left(\frac{\partial\Omega}{\partial z}\right)^2 \qquad \left(\frac{\partial\Omega}{\partial x'}\right)^2 + \left(\frac{\partial\Omega}{\partial y'}\right)^2 + \left(\frac{\partial\Omega}{\partial z'}\right)^2 = \frac{1}{c'^2}.$$

Die Ähnlichkeit der solcherweise mitgeteilten Formeln mit denjenigen von Bruns liegt auf der Hand, und es scheint um so wichtiger, den Übergang von dem einen Formelsystem zum andern anzugeben, als die Eikonalformeln bei Bruns selbst zunächst auf sehr umständlichem Wege — durch Heranziehung der Theorie der Berührungstransformationen mit Zugrundelegung des Malusschen Satzes — aufgestellt werden, während Hamiltons Entwicklungen aus der Definition von Ω sofort folgen und an Einfachheit nichts zu wünschen übrig lassen. Eben dieser Übergang ist denn auch der Zweck der vorliegenden kleinen Mitteilung.

Man nenne einfach den Abstand, den der Punkt x, y, z des Objektraums vom Punkte $\xi, \eta, 0$ daselbst besitzt, ϱ, ebenso den Abstand von x', y', z' und $\xi', \eta', 0$ ϱ'. Es ist dann

$$(7) \qquad \begin{cases} x = \xi + \varrho p, & x' = \xi' + \varrho' p', \\ y = \eta + \varrho q, & y' = \eta' + \varrho' q', \\ z = \varrho r, & z' = \varrho' r'. \end{cases}$$

Setzt man die hier sich ergebenden Werte der Differentiale

$$dx = d\xi + p \cdot d\varrho + \varrho \cdot dp, \text{ usw.}$$

in (5) ein, so kommt nach kürzester Zwischenrechnung

$$(8) \qquad d\Omega = -\frac{1}{c}(d\varrho + p\,d\xi + q\,d\eta) + \frac{1}{c'}(d\varrho' + p'\,d\xi' + q'\,d\eta').$$

Der Vergleich mit (2) gibt daraufhin (wenn ich die etwaige Integrationskonstante in das Eikonal einrechne):

$$(9) \qquad \Omega = -\frac{\varrho}{c} + \frac{\varrho'}{c'} + E.$$

Daher: *Das Eikonal ist gleich der charakteristischen Funktion für* $\varrho = 0$, $\varrho' = 0$; *dasselbe bedeutet einfach die Zeit, welche die Lichtbewegung gebraucht, um sich entlang dem das Instrument durchdringenden Strahl vom Objektpunkte* $\xi, \eta, 0$ *zum Bildpunkte* $\xi', \eta', 0$ *fortzupflanzen.* — Zugleich ergibt sich, daß sich, bzw. inwieweit sich das Eikonal vor der allgemeinen charakteristischen Funktion durch prinzipielle Einfachheit auszeichnet. Die beiden partiellen Differentialgleichungen (6) verwandeln sich nämlich vermöge der Substitution (7) in folgende:

$$\frac{\partial \Omega}{\partial \varrho} = -\frac{1}{c}, \qquad \frac{\partial \Omega}{\partial \varrho'} = \frac{1}{c'};$$

das Eikonal E ist also seinerseits nicht weiter an irgendwelche partielle Differentialgleichung gebunden.

Ich kann diese kleine Note nicht schließen, ohne nachdrücklich auf das ganz besondere Interesse von Hamiltons Untersuchungen zur Strahlenoptik hinzuweisen. Die Methode der charakteristischen Funktion führt ihn einerseits zur weitgehenden Behandlung instrumenteller Fragen (wobei er zahlreiche Resultate späterer Autoren antizipiert), andererseits zur Entdeckung der konischen Refraktion in zweiachsigen Kristallen. Aber mehr als das, sie ist, wie ich bereits vor zehn Jahren in einem vor der Naturforscher-Versammlung in Halle (1891) gehaltenen Vortrage ausführte[2]), der leider nicht die allgemeine Beachtung gefunden hat, die ich für ihn in Aussicht nahm, die eigentliche Wurzel von Hamiltons Entdeckungen auf dem Gebiete der allgemeinen Dynamik! Ich kann nur den Wunsch aussprechen, daß die schwer zugänglichen und sehr zerstreuten optischen Abhandlungen Hamiltons ebenfalls gesammelt dem großen Publikum zugänglich gemacht werden möchten; eine solche Publikation würde nicht nur historisches Interesse haben, sondern auch ohne Zweifel auf unsere heutigen Ideenbildungen nach vielen Richtungen klärend und fördernd einwirken[3]).

[Ich füge gern noch hinzu, daß Herr Prange in einem demnächst in den Nova acta Leopoldina, Bd. 107 erscheinendem Essay: „W. R. Hamiltons Arbeiten zur Strahlenoptik und Mechanik" darlegen wird, wie bei Hamilton eine Menge von Auffassungsweisen der modernen Variationsrechnung, insbesondere auch die Lehre von den Berührungstransformationen antizipiert ist. Auch hat Hamilton eine große Anzahl optischer Resultate abgeleitet, die später von anderen Autoren in mehr oder minder vollkommener Form wiedergefunden wurden. Siehe auch eine vorläufige Mitteilung von Herrn Prange in den Jahresberichten der Deutschen Mathematikervereinigung, Bd. 30, 1921.   K.]

[2]) Siehe Jahresbericht der Deutschen Mathematiker-Vereinigung, Bd. 1 (1891/92) [Vgl. die vorstehende Nr. LXX.] Ich habe den Gegenstand seit Sommer 1891 in meinen Vorlesungen über Mechanik wiederholt eingehend entwickelt.

[3]) Herr Bruns schreibt mir zu der Entwicklung des Textes noch folgende Bemerkungen: „Der Zusammenhang zwischen der charakteristischen Funktion und dem Eikonal bleibt bestehen, wenn man annimmt, daß das Lichtteilchen bei jeder Brechung eine gewisse von dem Orte des Brechungspunktes abhängende Verzögerung erfährt, wobei es gleichgültig ist, ob die Brechungspunkte wie gewöhnlich eine Fläche oder aber einen körperlichen Raum erfüllen. — Im übrigen liefert der von mir betretene Weg als Entgelt für die umständlichere Herleitung den Nachweis, daß die meisten Sätze der geometrischen Optik gar nicht optischer Natur sind, sondern der reinen Liniengeometrie angehören."

LXXII. Räumliche Kollineationen bei optischen Instrumenten.

[Zeitschrift f. Mathematik u. Physik, Bd. 46 (1901).]

Das im folgenden abzuleitende Resultat ist an sich nicht neu, sondern findet sich z. B. bereits in der (in der vorstehenden Notiz [Nr. LXXI]) besprochenen) Abhandlung von Bruns über das Eikonal. Während es aber dort nur beiläufig inmitten umfangreicher analytischer Entwickelungen auftritt, soll dasselbe hier direkt durch bloße geometrische Betrachtung abgeleitet werden. Das Problem ist, zu entscheiden, welche Beziehung zwischen Objekt und Bild bei einem *absoluten* optischen Instrument bestehen mag, d. h. bei einem Instrument, das alle Strahlen, die von einem beliebigen Punkte des Objektraums ausgehen, genau wieder in einen Punkt des Bildraums vereinigt.

Die nächstliegende Bemerkung, die man vom geometrischen Standpunkte aus machen wird, ist die, daß die Beziehung zwischen Objektraum und Bildraum jedenfalls *kollinear* sein muß (vgl. Czapski, Theorie der optischen Instrumente nach Abbe, Breslau 1893). In der Tat sind ja die beiden Räume von vornherein derart aufeinander bezogen, daß jeder geraden Linie des einen Raumes (jedem Lichtstrahl) immer eine gerade Linie des anderen Raumes (der zugehörige Lichtstrahl) entspricht, — da aber nach Voraussetzung die Beziehung zugleich eine *punktweise* sein soll, so kommt man auf Grund der Moebiusschen Netzkonstruktion in bekannter Weise zu einer Kollineation. Hierbei hat man, was den funktionentheoretischen Charakter der Abbildung des einen Raumes auf den zweiten angeht, nicht anderes vorauszusetzen, als die *Stetigkeit* der Beziehung; daß die Abbildung eine *analytische* ist, ergibt sich aus dem Beweisgange, demzufolge sie eine Kollineation ist, als ein beiläufiges Resultat.

Es kommt nun darauf an, einzusehen, daß die statthabende Kollineation von sehr spezieller Art ist. Zu dem Zwecke ziehe ich ein Hilfsmittel heran, welches den Geometern an sich sehr geläufig ist, aber in der Optik wohl kaum noch Verwendung fand, nämlich die Betrachtung *imaginärer* gerader Linien oder Lichtstrahlen. („Lichtstrahl" und „gerade Linie" sollen dabei als Synonyma gelten, d. h. von der Richtung, in welcher die gerade Linie vom Lichte durchlaufen wird, soll nicht weiter die Rede sein). Und zwar betrachte ich den Verlauf der Brechung unter der Annahme, daß der einfallende Strahl eine *Minimallinie* ist, d. h. eine imaginäre gerade Linie, welche den Kugelkreis schneidet. Dabei werde ich für imaginäre Linien dieselben Formeln in Anwendung bringen wie für reelle. Um allen Zweifeln aber, die in dieser Hinsicht aufgeworfen werden möchten, von vornherein zu entgehen, will ich ausdrücklich voraussetzen (was in *praktischer* Hinsicht keinerlei Beschränkung bedeutet), daß alle brechenden Flächen des Instruments *[singularitätenfreie Stücke] algebraischer Flächen* seien.

Überlegen wir auf Grund der so getroffenen Verabredung zunächst das elementare Brechungsgesetz: Für eine Minimallinie ist der Sinus des mit der Flächennormalen gebildeten Winkels bekanntlich unendlich groß und umgekehrt ist durch die Forderung eines unendlich großen Sinus eine Minimallinie charakterisiert. Es folgt also, daß, *wenn der einfallende Strahl längs einer Minimallinie verläuft, das gleiche für den gebrochenen Strahl der Fall sein muß.* — Mit diesem Schluß haben wir im Grunde bereits die ausreichende Grundlage für die folgende Überlegung. Nur der Genauigkeit wegen muß noch ein kleiner Exkurs eingeschaltet werden:

Es gibt *zwei* Minimallinien, welche durch den Treffpunkt des einfallenden Strahles innerhalb der Einfallsebene verlaufen: die eine fällt mit dem einfallenden Strahle selbst zusammen, die andere mit seinem Spiegelbilde. *Welche von diesen beiden Linien den gebrochenen Strahl darstellt, bleibt unbestimmt.* Das Brechungsgesetz enthält nämlich, wenn man es in Cartesischen Koordinaten ausdrückt, eine Quadratwurzel, über deren Vorzeichen wir hier, wo wir im Imaginären operieren, nichts Bestimmtes aussagen können. Es hat keinen Zweck, daß ich dies hier im einzelnen erläutere, vielmehr werde ich mich kurzweg dahin ausdrücken, *daß ein Minimalstrahl bei jeder Brechung in zwei Minimalstrahlen verwandelt wird* (von denen der eine mit dem einfallenden Strahl selbst, der andere mit seinem Spiegelbilde zusammenfällt). Haben wir n brechende Flächen, so haben wir als schließliches Resultat der Brechung 2^n Minimalstrahlen; — der eine derselben fällt immer noch mit dem ursprünglichen Minimalstrahl zusammen, er hat das Instrument durchdrungen „als wenn es ein Röntgenstrahl wäre", die anderen erhält man, indem man an einer beliebigen Zahl der aufeinander folgenden n brechenden Flächen Spiegelung hinzutreten läßt.

Die hiermit besprochene Komplikation hindert nun nicht, hinsichtlich der kollinearen Abbildung, welche das vorausgesetzte absolute Instrument vermittelt, einen einfachen Schluß zu ziehen. In der Tat: eine kollineare Abbildung ist für alle Linien des Raumes eindeutig; an ihr wird also von den 2^n Minimalstrahlen, die aus einem einfallenden Minimalstrahl bei der Brechung im Instrument entstehen, nur *einer* partizipieren können; die ganze Komplikation kommt, soweit wir uns auf die Betrachtung der in Rede stehenden kollinearen Abbildung beschränken, in Wegfall. Wir sagen kurzweg:

Die Kollineation zwischen Objektraum und Bildraum ist so beschaffen, daß jeder Minimalstrahl des ersteren einen Minimalstrahl des letzteren liefert.

Oder noch kürzer:

Der Kugelkreis des Objektraums geht in den Kugelkreis des Bildraums über.

Das aber will besagen, daß unsere Kollineation in der Tat eine sehr spezielle ist, daß sie eine *Ähnlichkeitstransformation* ist[1]). Diese Ähnlichkeitstransformation kann dabei noch eine direkte oder eine inverse sein (d. h. eine solche, bei der sich rechts und links vertauscht).

Hiermit haben wir bereits das Hauptstück des abzuleitenden Resultates; wir werden dasselbe vervollständigen, wenn wir nun noch den *Modul der Ähnlichkeitstransformation* festlegen. Ich will der Allgemeinheit wegen annehmen, daß die Lichtgeschwindigkeit c im Ojektraum von der Lichtgeschwindigkeit c' im Bildraum verschieden sei. Der Satz ist dann einfach der, *daß sich die Dimensionen des Objektraumes zu den Dimensionen des Bildraums verhalten wie c zu c'*[2]). Ist also insbesondere $c = c'$, so haben Objektraum und Bildraum gleiche Abmessungen, *sie sind direkt oder spiegelbildlich kongruent* (was das eigentliche hier abzuleitende Resultat ist). —

Zum Beweise ziehen wir nur mehr reelle Raumelemente in Betracht und nehmen übrigens an die Vorstellungsweisen Anschluß, von denen in der vorstehenden Notiz („Über das Brunssche Eikonal" [Nr. LXXI]) die Rede war. Dabei werden wir uns so ausdrücken, als sei die Ähnlichkeitstransformation, die unser Instrument vermittelt, eine direkte; sollte es eine inverse sein, so könnte man das Instrument durch Hinzufügen eines ebenen Spiegels vervollständigen und dadurch die zunächst inverse Ähnlichkeit in eine direkte verwandeln.

Wir wollen jetzt einfach die *Zeit* betrachten, welche das Licht gebraucht, um von einem beliebigen Objektpunkt (den ich x, y, z nennen will) zum entsprechenden Bildpunkte (der x', y', z' heißen soll) zu gelangen. Diese Zeit muß für alle von x, y, z auslaufenden Strahlen dieselbe sein. Anderenfalls würden sich nicht alle diese Strahlen, wie doch die Voraussetzung ist, in x', y', z' wieder vereinigen können, vielmehr würden, nach dem Prinzip von Johann Bernoulli, nur diejenigen Strahlen Objektpunkt

---

[1]) Vgl. Bruns, *Eikonal*, S. 370.

[2]) Dieser Satz steht bei Bruns zwischen den Zeilen. Herr Bruns schreibt mir in dieser Hinsicht: „Der Modul μ wird in Zeile 5 von Seite 370 (der Abhandlung über das Eikonal) gleich E gefunden. Die Größe E ist aber, wie die Sätze des Textes zwischen Formel (91) und (92) lehren, identisch mit dem in (51b) angesetzten Quotienten $n : N$ der Raumindizes."

und Bildpunkt verbinden, für welche diese Zeit ein Minimaximum ist. Ich werde die betreffende Zeit also als Funktion von x, y, z allein bezeichnen dürfen:

$$T = \mathsf{X}\,(x,\, y,\, z).$$

Es seien jetzt x_1, y_1, z_1 und x_2, y_2, z_2 zwei neue Objektpunkte, welche vom Punkte x, y, z um das gleiche Stück r abstehen (aber übrigens beliebig angenommen werden sollen). Das uns noch unbekannte Ähnlichkeitsverhältnis von Bildraum und Objektraum bezeichnen wir vorübergehend mit λ. Dann werden also die Bildpunkte x_1', y_1', z_1' und x_2', y_2', z_2' unserer neuen Objektpunkte von dem Bildpunkte x', y', z' des ursprünglichen Objektpunktes beide um λr abstehen. Ich werde mich jetzt so ausdrücken, daß ich annehme, der Lichtstrahl, welcher von x, y, z nach x_1, y_1, z_1 hinläuft, durchdringe weiterhin unser Instrument und erreiche nach einem endlichen Wege die zugehörigen Bildpunkte[3]); er wird dann, wegen der *direkten* Ähnlichkeit, zuerst auf x', y', z', und erst hinterher auf x_1', y_1', z_1' treffen. Die Zeit, welche das Licht gebraucht, um von x, y, z nach x_1, y_1, z_1 zu gelangen, ist $\frac{r}{c}$, die entsprechende Zeit, welche auf das Stück von x', y', z' bis x_1', y_1', z_1' entfällt, $\frac{\lambda r}{c'}$. Wir schließen, daß die Funktion X für den Punkt x_1, y_1, z_1 den Wert hat:

$$(1) \qquad \mathsf{X}\,(x_1,\, y_1,\, z_1) = \mathsf{X}\,(x,\, y,\, z) - \frac{r}{c} + \frac{\lambda r}{c'}.$$

Genau so kommt natürlich (bei den entsprechenden Annahmen):

$$(2) \qquad \mathsf{X}\,(x_2,\, y_2,\, z_2) = \mathsf{X}\,(x,\, y,\, z) - \frac{r}{c} + \frac{\lambda r}{c'}\cdot$$

Also:

$$(3) \qquad \mathsf{X}\,(x_1,\, y_1,\, z_1) = \mathsf{X}\,(x_2,\, y_2,\, z_2).$$

Nun sind aber die hier benutzten Punkte x_1, y_1, z_1 und x_2, y_2, z_2 im wesentlichen zwei ganz beliebige Objektpunkte. Denn die Bedingung, durch die sie ursprünglich eingeführt wurden: von einem anderen Objektpunkte x, y, z die gleiche Entferung r zu haben, legt ihnen in Wirklichkeit gar keine Beschränkung auf, und die anderen Annahmen, die wir machten, hatten nur den Zweck leichterer Ausdrucksweise. *Es folgt, daß die Zeit* $\mathsf{X}\,(x, y, z)$ *für alle Objektpunkte dieselbe ist;* sie ist eine für unser „absolutes" Instrument charakteristische Konstante. Dann aber ist auch in (1), bzw. (2) $\mathsf{X}\,(x_1, y_1, z_1)$, resp. $\mathsf{X}\,(x_2, y_2, z_2)$ gleich $\mathsf{X}\,(x, y, z)$, woraus $\lambda = \frac{c'}{c}$ folgt, was zu beweisen war.

Hiermit dürfte die anfängliche Fragestellung vollkommen erledigt sein. Das Resultat hat etwas Enttäuschendes. Um bei der Annahme $c = c'$ zu

---

[3]) In dieser Annahme liegt nichts Wesentliches, sondern nur eine Fixierung der weiterhin auftretenden Vorzeichen.

bleiben: das Instrument wirkt wie ein ebener Spiegel oder eine Zusammenstellung mehrerer ebener Spiegel; es ist als Teleskop wie als Mikroskop gleich unbrauchbar. Hieran ist nun nichts zu ändern; was ich noch hinzuzufügen habe, bezieht sich nur mehr auf die Beseitigung eines mathematischen Bedenkens, welches man gegen die Richtigkeit des Resultates haben könnte.

Das Resultat steht nämlich scheinbar in Widerspruch mit der wohlbekannten Tatsache, daß sich die Objektpunkte und Bildpunkte, die auf der Achse eines optischen Instrumentes liegen, auf dieser in *allgemeinster Weise* linear entsprechen und daß man in Übereinstimmung hiermit bei kleiner Winkelöffnung des Gesichtsfeldes mit Annäherung von einer kollinearen Abbildung der Objektpunkte in der Nähe der Achse auf ihnen entsprechende Bildpunkte reden kann, die gewiß keine Ähnlichkeitstransformation oder gar kongruente Transformation ist. Ich werde noch kurz zeigen, daß dieser Widerspruch wegfällt, wenn man sich das Zustandekommen der angeführten Tatsache in geeigneter Weise klar macht[4]).

Zu dem Zwecke begnügen wir uns, wie es gewöhnlich geschieht, damit, unsere Aufmerksamkeit auf diejenigen Strahlen des Objektraums zu richten, die in einer beliebigen, durch die Achse des Instruments gelegten Meridianebene liegen. Die entsprechenden Strahlen des Bildraums werden dieselbe Meridianebene erfüllen. *Man hat eine Beziehung der Strahlen zweier ebener Strahlenfelder.* Und nun genügt es, wie ich behaupte, diese Beziehung als *analytisch* vorauszusetzen und anzunehmen, daß man bei Betrachtungen in der Nähe des einzelnen Strahles in erster Annäherung nur *die linearen Glieder der Taylorschen Entwickelung* beizubehalten braucht, um alle die für die Achse des Instruments, beziehungsweise ihre Umgebung, aufgestellten Beziehungen, soweit sie sich auf die Strahlen der einzelnen Meridianebene beziehen, in allgemeinster Form zu erhalten. (Die Achse hat dabei innerhalb der einzelnen Meridianebene gar nichts Ausgezeichnetes; sie bekommt ihre gesonderte Stellung nur dadurch, daß sie allen Meridianebenen zugleich angehört.)

In der Tat, man substituiere einen Augenblick, um geläufigere Verhältnisse vor Augen zu haben, an Stelle der beiden ebenen Geradenfelder zwei ebene Punktfelder; ihre gegenseitige Beziehung sei durch die *analytischen* Gleichungen gegeben:

$$x' = \varphi\,(x, y), \quad y' = \psi\,(x, y).$$

Handelt es sich dann nur um solche Punkte (x, y), die in der Nähe einer festen Stelle (x_0, y_0) liegen, so wird man in erster Annäherung schreiben dürfen:

------

[4]) Ich kann auch hier auf Bruns verweisen; *Eikonal,* S. 410, Formel (176).

$$x' = x'_0 + \left(\frac{\partial \varphi}{\partial x}\right)_0 (x - x_0) + \left(\frac{\partial \varphi}{\partial y}\right)_0 (y - y_0),$$

$$y' = y'_0 + \left(\frac{\partial \psi}{\partial x}\right)_0 (x - x_0) + \left(\frac{\partial \psi}{\partial y}\right)_0 (y - y_0).$$

Man drückt dies gewöhnlich (z. B. in der Kartographie) so aus, daß man sagt: *die Umgebung des Punktes x_0, y_0 wird auf die Umgebung des Punktes x'_0, y'_0 in erster Annäherung affin abgebildet.* Speziell wird das Büschel der von x_0, y_0 auslaufenden Fortschreitungsrichtungen $\frac{y - y_0}{x - x_0}$ auf das Büschel der von x_0', y'_0 auslaufenden Fortschreitungsrichtungen $\frac{y' - y_0'}{x' - x_0'}$, *in allgemeinster Weise projektiv abgebildet* (was eine nicht bloß approximative, sondern genaue Aussage ist).

In den so gegebenen Entwickelungen und Aussagen braucht man nun nur die Punkte x, y, bzw. x', y', nach dem Prinzip der Dualität durch gerade Linien zu ersetzen, um die Theoreme zu erhalten, die für die ebenen Strahlfelder, bzw. die innerhalb der einzelnen Meridianebene in der Nähe der Instrumentenachse stattfindenden optischen Beziehungen gelten. (Für Lichtstrahlen, welche windschief zur Instrumentenachse verlaufen, muß hernach noch eine ergänzende Untersuchung hinzukommen.) —

Und nun erledigt sich der genannte scheinbare Widerspruch dadurch, daß die Betrachtungen, welche wir jetzt anstellten, mit den früheren, die auf der Moebiusschen Netzkonstruktion ruhten, gar nichts zu tun haben. Unsere neuen Betrachtungen gehen von der Möglichkeit der Taylorschen Entwickelung, bzw. von der Annahme aus, daß man diese mit den linearen Gliedern abbrechen dürfe, — sie sind nur insoweit genau richtig, als es sich um das generelle Entsprechen der Punkte auf der Achse handelt, und gehören übrigens in das Gebiet der Approximationsmathemathik —, die Moebiussche Netzkonstruktion dagegen trägt den Charakter der modernen Präzisionsmathematik; sie operiert prinzipiell nur mit endlich verschiedenen Linien und setzt von Hause aus nichts anderes als die Stetigkeit der in Betracht kommenden Abbildung voraus. Dies Beides ist so verschieden wie möglich. Der Eindruck, daß es sich um zusammengehörige Überlegungen handeln möchte, ist nur durch den äußeren Umstand hervorgerufen, daß beidemal zum Schluß eine lineare Beziehung herauskommt.

[Die Form der im vorstehenden eingehaltenen Beweisführung ist dadurch bedingt gewesen, daß ich die fraglichen Überlegungen s. Z. (im W. S. 1900/01) in einer Vorlesung über projektive Geometrie vorgetragen habe, bei der die Vorstellungsweisen der Liniengeometrie im Vordergrunde standen. Ich hätte mich sonst bei dem Nachweise, daß die mit einem vollkommenen Instrumente verbundene Kollineation eine Ähnlichkeitstransformation ist, kurz auf die Hamiltonschen Grundformeln oerufen können. Siehe wieder die auf S. 606 genannten Ausführungen von Herrn Prange, wo auch viele einschlägige Literatur zu finden ist.   K.]

LXXIII. The present state of Mathematics.

[Remarks made at the opening of the Congress on Mathematics and Astronomy on
the 21st of August 1893 [1]).]

The German Government has commissioned me to communicate to
this Congress the assurances of its good will, and to participate in your
transactions. In this official capacity, allow me to repeat here the invitation given already in the general session, to visit at some convenient
time the German University exhibit in the Liberal Arts Building.

I have also the honour to lay before you a considerable number of
mathematical papers, which give collectively a fairly complete account of
contemporaneous mathematical activity in Germany. Reserving for the
mathematical section a detailed summary of these papers, I mention here
only certain points of more general interest.

When we contemplate the development of mathematics in this nineteenth century, we find something similar to what has taken place in
other sciences. The famous investigators of the preceding period, Lagrange,
Laplace, Gauss, were each great enough to embrace all branches of mathematics and its applications. In particular, astronomy and mathematics
were in their time regarded as inseparable.

With the succeeding generation, however, the tendency to specialisation
manifests itself. Not unworthy are the names of its early representatives:
Abel, Jacobi, Galois and the great geometers from Poncelet on, and
not inconsiderable are their individual achievements. But the developing

---

[1]) [Dieser erste allgemeine Kongreß der Mathematiker und Astronomen war mit
der Weltausstellung in Chicago (1893) verbunden. Die vorliegende Rede wurde
zuerst veröffentlicht in „The Monist", t. 44, 1893 und dann abgedruckt in den Mathematical papers, read at the international mathematical congress, Chicago, 1893.
New York, Macmillan and Co., 1896, Bd. 1. Von den etwa vierzig Arbeiten, die dem
Kongreß vorgelegt wurden, stammt beinahe die Hälfte von deutschen Autoren, deren
Manuskripte ich zum großen Teil in meinem Koffer mitgebracht hatte. (Vgl. Näheres
in dem Vorwort zu den genannten Papers.) An den Kongreß, der vom 21.—26. August
dauerte, schloß sich dann vierzehntägig das von mir abgehaltene im vorstehenden
bereits wiederholt genannte Evanston Colloquium. Siehe etwa S. 225 ff. K.]

science departs at the same time more and more from its original scope and purpose and threatens to sacrifice its earlier unity and to split into diverse branches. In the same proportion the attention bestowed upon it by the general scientific public diminishes. It became almost the custom to regard modern mathematical speculation as something having no general interest or importance, and the proposal has often been made that, at least for purpose of instruction, all results be formulated from the same standpoints as in the earlier period. Such conditions were unquestionably to be regretted.

This is a picture of the past. I wish on the present occasion to state and to emphasize that in the last two decades a marked improvement from within has asserted itself in our science, with constantly increasing success.

The matter has been found simpler than was at first believed. It appears indeed that the different branches of mathematics have actually developed not in opposite, but in parallel directions, that it is possible to combine their results into certain general conceptions. Such a general conception is that of the *Function*, in particular that of the analytical function of the complex variable. Another conception of perhaps the same range is that of the *Group*, which just now stands in the foreground of mathematical progress. Proceeding from this idea of groups, we learn more and more to coordinate different mathematical sciences. So, for example, geometry and the theory of numbers, which long seemed to represent antagonistic tendencies, no longer form an antithesis, but have come in many ways to appear as different aspects of one and the same theory.

This unifying tendency, originally purely theoretical, comes inevitably to extend to the applications of mathematics in other sciences, and on the other hand is sustained and reinforced in the development and extension of these latter. I assume that detailed examples of this interchange of influence may be not without various interest for the members of this general session, and on this account have selected for brief preliminary mention two of the papers which I have later to present to the mathematical section.

The first of these papers (from Dr. Schönflies) presents a review of the progress of mathematical crystallography. Sohncke, about 1877, treated crystals as aggregates of congruent molecules of any shape whatever, regularly arranged in space. In 1884 Fedorow made further progress by admitting the hypothesis that the molecules might be in part inversely instead of directly congruent. In the light of our modern mathematical developments this problem is one of the theory of groups, and we have thus a convenient starting-point for the solution of the entire question. It is simply necessary to enumerate all discontinuous groups which are contained in the so-called chief group of space-transformations. Dr. Schönflies has thus treated the subject in a text-book (1891) while in the present paper he discusses the details of the historical development.

In the second place, I will mention a paper which has more immediate interest for astronomers, namely, a *resume* by Dr. Burkhardt of "The Relations between Astronomical Problems and the Theory of Linear Differential Equations". This deals with those new methods of computing perturbations, which were brought out first in your country by Newcomb and Hill; in Europe, by Gylden and others. Here the mathematician can be of use, since he is already familiar with linear differential equations and is trained in the deduction of strict proofs; but even the professional mathematician finds here much to be learned. Hill's researches involve indeed, — a fact not yet sufficiently recognised, — a distinct advance upon the current theory of linear differential equations. To be more precise, the interest centres in the representation of the integrals of a differential equation in the vicinity of an *essentially* singular point. Hill furnishes a practical solution of this problem by the aid of an instrument new to mathematical analysis, — the admissibility of which is, however, confirmed by subsequent writers, — the infinitely extended, but still convergent, determinant.

Speaking, as I do, under the influence of our Göttingen traditions, and dominated somewhat, perhaps, by the great name of *Gauss*, I may be pardoned if I characterise the tendency that has been outlined in these remarks as a *return to the general Gaussian programme*. A distinction between the present and the earlier period lies evidently in this: that what was formerly begun by a single master-mind, we now must seek to accomplish by united efforts and cooperation. A movement in this direction was started in France some time since by the powerful influence of Poincaré. For similar purposes we three years ago founded in Germany a mathematical society, and I greet the young society in New York and its Bulletin as being in harmony with our aspirations. But our mathematicians must go further still. They must form international unions, and I trust that this present World's Congress at Chicago will be a step in that direction.

LXXIV. Über die Bewegung des Kreisels[1].

[Nachrichten der Kgl. Gesellschaft der Wissenschaften zu Göttingen v. J. 1896.]

Die Funktionentheorie komplexer Variabler hat uns für die Darstellung der Drehung eines starren Körpers um einen festen Punkt seit lange mit einem besonders einfachen Formelsystem versehen, welches für die Zwecke der Mechanik, soviel ich weiß, noch nicht ausgenutzt worden ist, so wahrscheinlich es von vornherein erscheinen muß, daß dies mit besonderem Vorteil geschehen kann. Man lege um den festen Punkt O eine Kugel, auf der man in Riemannscher Weise eine komplexe Variable ζ interpretiert. Die Drehungen um O sind dann einfach durch diejenigen unimodularen linearen Substitutionen gegeben:

$$(1) \qquad \zeta = \frac{\alpha Z + \beta}{\gamma Z + \delta},$$

bei denen einerseits α und δ, andererseits β und $-\gamma$ konjugiert imaginär sind (vgl. z. B. meine Vorlesungen über das Ikosaeder, 1884, S. 32). Bei der Behandlung irgendwelcher Rotationsaufgabe wird es also darauf ankommen, die hier auftretenden Koeffizienten α, β, γ, δ als geeignete Funktionen der Zeit t darzustellen.

Ich habe dies insbesondere für den gewöhnlichen Kreisel ausgeführt, d. h. einen der Schwerkraft unterworfenen Rotationskörper, der in einem Punkte seiner Achse festgehalten ist. $\zeta = \infty$ bezeichne den obersten Punkt der im festbleibenden Raume um O herumgelegten Kugel, $Z = \infty$ die Kreiselspitze (überhaupt Z die komplexe Variable auf der mit dem Kreisel verbundenen kongruenten Kugel). Das Resultat ist, daß α, β, γ, δ [nach Hermites Ausdrucksweise] solche elliptische Funktionen zweiter Art werden, *welche im Zähler und Nenner nur eine einzelne Thetafunktion enthalten.* Da der Nenner bei allen vier Ausdrücken derselbe ist, so findet die Kurve, welche wir aus (1) für die Bewegung der Kreiselspitze ableiten:

$$(2) \qquad \zeta = \frac{\alpha}{\gamma}$$

---

[1] Vorgelegt in der Sitzung am 11. Januar 1896.

gleichfalls eine Darstellung mit nur einem Thetafaktor im Zähler und Nenner. Andererseits erhält man beispielsweise für den Polhodiekegel, außer $r = \text{Konst.}$,

$$(3) \qquad p + iq = 2i\left(\beta\,\frac{d\delta}{dt} - \delta\,\frac{d\beta}{dt}\right),$$

also einen Ausdruck mit zwei Thetafaktoren im Zähler und Nenner, usw. usw.

Es ist interessant, zu verfolgen, wie diese einfachen Formeln in den in der Literatur vorliegenden Entwicklungen überall indirekt zur Geltung kommen, ohne daß man sie klar als solche erkannt und an die Spitze der Betrachtung gestellt hätte. Beispielsweise hat man statt der auf der Kugel gelegenen Kurve (2) durchweg deren Horizontalprojektion betrachtet; für diese aber finden wir:

$$(4) \qquad x + iy = 2\alpha\beta,$$

wo nun Zähler und Nenner je zwei Thetafaktoren aufweisen, was nach (2) eine unnötige Komplikation ist[2]).

---

[2]) [Wegen der Beziehungen zu einer Vorlesung von Weierstraß vom Jahre 1879 siehe Kreiselbuch, Heft II, S. 511, 512. Vgl. ferner das Zitat auf Heß in Fußnote [7]) auf S. 634 des vorliegenden Bandes.]

LXXV. The mathematical Theory of the Top.

Lectures delivered on the occasion of the sesquicentennial celebration of Princeton University (1896)[1].

———

Lecture I.

In the following lectures it is proposed to consider certain interesting and important questions of dynamics from the standpoint of the theory of functions of the complex variable. I am to develop a new method, which, as I think, renders the discussion of these questions simpler and more attractive. My object in presenting it, however, is more general than that of throwing light on a particular class of problems in dynamics. I wish by an illustration which may fairly be regarded as representative to make evident the advantage which is to be gained by dynamics and astronomical and physical science in general from a more intimate association with the modern pure mathematics, the theory of functions especially.

I venture to hope, therefore, that my lectures may interest engineers, physicists, and astronomers as well as mathematicians. If one may accuse mathematicians as a class of ignoring the mathematical problems of the modern physics and astronomy, one may, with no less justice perhaps, accuse physicists and astronomers of ignoring departments of the pure mathematics which have reached a high degree of development and are fitted to render valuable service to physics and astronomy. It is the great need of the present in mathematical science that the pure science and those departments of physical science in which it finds its most important applications should again be brought into the intimate association which proved so fruitful in the work of Lagrange and Gauss.

---

[1] These lectures on the analytical formulæ relating to the motion of the top were delivered on Monday, Tuesday, Wednesday, and Thursday, October 12—15, 1896. They were reported and prepared in manuscript form by Professor H. B. Fine of Princeton University, and the manuscript was revised by Professor Klein. [Die Vorträge sind 1897 vom Verlage Charles Scribners Sons in New York herausgegeben und werden hier mit dessen freundlicher Erlaubnis abgedruckt.]

I shall confine my discussion mainly to the problem presented in the motion of a top — meaning for the present by "top" a rigid body rotating about an axis [of dynamical symmetry], when a single point in this axis, not the centre of gravity, is fixed in position.

In the present lecture I shall present some preliminary considerations of a purely geometrical character[2]). But it is necessary first of all to obtain an analytical representation of the rotation of a rigid [symmetrical] body about a fixed point, and I shall begin with a statement of the methods ordinarily used.

We introduce two systems of rectangular axes both having their origin at the fixed point: the one system, x, y, z, fixed in space; the other, X, Y, Z, fixed in the rotating body. Then the ordinary equations of transformation from the one system to the other, which may be exhibited in the scheme:

$$
(1) \qquad
\begin{array}{c|ccc}
 & X & Y & Z \\
\hline
x & a & b & c \\
y & a' & b' & c' \\
z & a'' & b'' & c''
\end{array}
$$

give at once, when the nine direction cosines, a, b, c, a', $\ldots$ are known functions of the time t, the representation of the motion of the movable system X, Y, Z, with respect to the fixed system x, y, z.

As is well known, these cosines are not independent; they are rather functions of but three independent quantities or parameters. It is customary to employ one or other of the following sets of parameters, both of which were introduced by Euler.

The first set of parameters, which is non-symmetrical, consists of the angle ϑ which the Z-axis makes with the z-axis, and the angles φ and ψ, which the line of intersection of the xy- and XY-planes makes with the X-axis and the x-axis respectively. Because of the frequent use made of these parameters in astronomy, I shall call them the "astronomical parameters". When the cosines a, b, c, $\ldots$ have been expressed in terms of them, the orthogonal substitution (1) becomes:

$$
(2) \quad
\begin{array}{c|ccc}
 & X & Y & Z \\
\hline
x & \cos\varphi\cos\psi - \cos\vartheta\sin\varphi\sin\psi, & -\sin\varphi\cos\psi - \cos\vartheta\cos\varphi\sin\psi, & \sin\vartheta\sin\psi, \\
y & \cos\varphi\sin\psi + \cos\vartheta\sin\varphi\cos\psi, & -\sin\varphi\sin\psi + \cos\vartheta\cos\varphi\cos\psi, & -\sin\vartheta\cos\psi, \\
z & \sin\vartheta\sin\varphi, & \sin\vartheta\cos\varphi, & \cos\vartheta.
\end{array}
$$

---

[2]) [Zur Lecture I vgl. die ausführliche Darstellung in meinem und Sommerfelds Kreiselbuch, Heft I, Kap. I, §§ 2, 3, 4. K.]

The second set of parameters may be defined as follows. Every displacement of our body is equivalent to a simple rotation about a fixed axis. Let ω be the angle of rotation, and a, b, c the angles which the axis makes with OX, OY, OZ; and set

$$A = \cos a \sin \frac{\omega}{2}, \quad B = \cos b \sin \frac{\omega}{2}, \quad C = \cos c \sin \frac{\omega}{2}, \quad D = \cos \frac{\omega}{2}.$$

The quantities A, B, C, D (of which but three are independent, since, as will be seen at once, $A^2 + B^2 + C^2 + D^2 = 1$) are the parameters under consideration. In terms of them our orthogonal substitution (1) is

	X	Y	Z
x	$D^2 + A^2 - B^2 - C^2,$	$2(AB - CD),$	$2(AC + BD),$
y	$2(AB + CD),$	$D^2 + B^2 - C^2 - A^2,$	$2(BC - AD),$
z	$2(AC - BD),$	$2(BC + AD),$	$D^2 + C^2 - A^2 - B^2,$

(3)

or, if use be not made of the relation

$$A^2 + B^2 + C^2 + D^2 = 1,$$

a substitution with these coefficients each divided by $A^2 + B^2 + C^2 + D^2$. I shall call these the "quaternion parameters", inasmuch as the quaternionists make frequent use of them. The quaternion corresponding to our rotation is

$$q = D + iA + jB + kC.$$

These parameters are very symmetrical, and for that reason very attractive. Nevertheless, they do not prove to be the most advantageous system for our present purpose. Our problem is not a symmetrical problem. In it one of the axes, Oz, in the direction of gravity, plays an exceptional rôle; the motion of the top is not isotropic.

Instead of either of these commonly used systems of parameters, I propose to introduce another, which so far as I know has not yet been employed in dynamics.

Let x, y, z be the coordinates of a point on a sphere fixed in space which has the radius r and the centre O, and X, Y, Z the coordinates of a point on a sphere congruent with the first but fixed in the rotating body. As the body rotates, the second sphere slides about on the first, but remains always in congruence with it.

It is characteristic of every point on the first sphere that the relation

$$\frac{x + iy}{r - z} = \frac{r + z}{x - iy}$$

holds good between its coordinates.

İf we represent the values of the equal ratios by ζ, obviously ζ is a parameter for the points of the sphere, which completely determines one of these points for every value that it may take. Thus the upper extremity of the z-axis is characterized by the value ∞ of ζ, the lower extremity by the value 0; to real values of ζ correspond the points on the great circle of the sphere in the plane $y = 0$, and to pure imaginary values the points of the great circle in the plane $x = 0$.

For the points of the second sphere, in like manner, there is a parameter Z connected with the coordinates X, Y, Z by the equations,

$$\frac{X + iY}{r - Z} = \frac{r + Z}{X - iY} = Z,$$

which defines these points as ζ defined the points of the fixed sphere.

If now ζ and Z be parameters of corresponding points on the two spheres, what is the relation between these parameters when the second sphere is subjected to a rotation? *It is a simple linear relation of the form*

$$\zeta = \frac{\alpha Z + \beta}{\gamma Z + \delta},$$

in which α, β, γ, δ are themselves in general complex quantities, but so related that α is the conjugate imaginary to δ, and β to $-\gamma$; or, adopting the ordinary notation, $\alpha = \bar{\delta}$ and $\beta = -\bar{\gamma}$.

It is obvious, *a priori*, that the relation must be linear, and a very simple reckoning such as I have given in my treatise on the Icosahedron (p. 32) establishes the special relations among the coefficients. There are but four real quantities involved in α, β, γ, δ, only the ratios of which need be considered independent, since these ratios alone appear in the expression for ζ; unless, as is generally more convenient, we introduce the further relation $\alpha\delta - \beta\gamma = 1$.

It is these quantities α, β, γ, δ connected by the relation $\alpha\delta - \beta\gamma = 1$, which together with ζ we propose to use as our parameters in the discussion of the problem now under consideration. They were introduced into mathematics by Riemann forty years ago, and have proved to be peculiarly useful in different geometrical problems intimately connected with the theory of functions, especially in the theory of minimal surfaces and the theory of the regular solids. *We hope to show that they may be employed to quite as great advantage in the study of all problems connected with the motion of a rigid body about a fixed point.*

Corresponding to the orthogonal substitution (1), we have in terms of our new parameters the substitution

$$(4) \qquad \begin{array}{c|ccc} & X+iY & -Z & -X+iY \\ \hline x+iy & \alpha^2 & 2\alpha\beta & \beta^2 \\ -z & \alpha\gamma & \alpha\delta+\beta\gamma & \beta\delta \\ -x+iy & \gamma^2 & 2\gamma\delta & \delta^2 \end{array}$$

as may be demonstrated without serious reckoning as follows. And I may remark incidentally that it seems to me better wherever possible to effect a mathematical demonstration by general considerations which bring to light its inner meaning rather than by a detailed reckoning, every step in which the mind may be forced to accept as incontrovertible, and yet have no understanding of its real significance.

Consider the sphere of radius 0,

$$x^2 + y^2 + z^2 = 0 .$$

It is an imaginary cone whose generating lines join the origin to the so-called "imaginary circle at infinity", the circle in which all spheres intersect at infinity. For this sphere,

$$\zeta = \frac{x+iy}{-z} = \frac{z}{x-iy} ,$$

or
$$x + iy : -z : x - iy = \zeta^2 : \zeta : -1 .$$

Here to each value of the parameter ζ there corresponds a single (imaginary) generating line of the cone, and *vice versa*. In other words, there is a relation of one-to-one correspondence between the (imaginary) generating lines of the cone and the values of ζ, or the cone is unicursal.

There is, of course, the same relation between the generating lines of the congruent cone

$$X^2 + Y^2 + Z^2 = 0 ,$$

which is fixed in the moving body, and the parameter

$$Z = \frac{X+iY}{-Z} = \frac{Z}{X-iY} .$$

When the body rotates, this cone is simply carried over into itself, so that the generating lines in their new position are in one-to-one correspondence with the same generating lines in their original position. Between the parameters Z and ζ, which correspond to the generating lines in these two positions, there is, therefore, also a relation of one-to-one correspondence, or the two are connected linearly, *i.e.* by a relation of the form:

$$\zeta = \frac{\alpha Z + \beta}{\gamma Z + \delta} ,$$

where, as above, we suppose

$$\alpha\delta - \beta\gamma = 1 .$$

If now we avail ourselves of the advantages to be had from the use of homogeneous equations and substitutions by replacing

$$\zeta \ \text{by} \ \frac{\zeta_1}{\zeta_2}, \quad \text{and} \ \mathsf{Z} \ \text{by} \ \frac{\mathsf{Z}_1}{\mathsf{Z}_2},$$

this single equation may be replaced by the two homogeneous equations:

$$\zeta_1 = \alpha \mathsf{Z}_1 + \beta \mathsf{Z}_2,$$
$$\zeta_2 = \gamma \mathsf{Z}_1 + \delta \mathsf{Z}_2,$$

and the equations connecting x, y, z, and ζ, and X, Y, Z, and Z become:

$$x + iy : -z : -x + iy = \zeta_1^2 : \zeta_1 \zeta_2 : \zeta_2^2,$$
$$X + iY : -Z : -X + iY = \mathsf{Z}_1^2 : \mathsf{Z}_1 \mathsf{Z}_2 : \mathsf{Z}_2^2.$$

From these equations it follows that

$$\begin{aligned}
x + iy &= \alpha^2 (X + iY) + & 2\alpha\beta (-Z) + \beta^2 (-X + iY)\\
-z &= \alpha\gamma (X + iY) + (\alpha\delta + \beta\gamma)(-Z) + \beta\delta(-X + iY)\\
-x + iy &= \gamma^2 (X + iY) + & 2\gamma\delta (-Z) + \delta^2 (-X + iY).
\end{aligned}$$

For it is immediately obvious that $x + iy$ is proportional to ζ_1^2, therefore to

$$\alpha^2 \mathsf{Z}_1^2 + 2\alpha\beta \mathsf{Z}_1 \mathsf{Z}_2 + \beta^2 \mathsf{Z}_2^2,$$

and therefore finally to

$$\alpha^2 (X + iY) + 2\alpha\beta(-Z) + \beta^2 (-X + iY);$$

and in like manner, that $-z$ and $-x + iy$ are proportional to

$$\alpha\gamma (X + iY) + (\alpha\delta + \beta\gamma)(-Z) + \beta\delta(-X + iY),$$

and

$$\gamma^2 (X + iY) + 2\gamma\delta(-Z) + \delta^2 (-X + iY)$$

respectively. And that $x + iy$, $-z$, $-x + iy$ are severally *equal* to these expressions and not merely proportional to them, follows from the fact that the determinant of the orthogonal substitution connecting x, y, z with X, Y, Z must equal 1.

The demonstration, to be sure, applies directly to the points of the imaginary cone only. But it is known in advance that the transformation which we are considering is a linear one for *all* points of space. Its coefficients are the same for all points, and we have merely availed ourselves of the fact that the imaginary cone remains unchanged by the transformation to determine them. The same result might have been reached, though less simply, by using the general formula $\zeta = \frac{x + iy}{r - z}$. The equations (4), therefore, are those which connect the coordinates of the initial and final positions of any point rigidly attached to the rotating body.

The relations between our new parameters, α, β, γ, δ, and the astronomical parameters, ϑ, φ, ψ, on the one hand, and the quaternion parameters A, B, C, D, on the other, are of immediate interest and of importance in the subsequent discussion. They are to be had very simply by a comparison of the coefficients in the three schemes (2), (3), (4), and, after reduction, prove to be:

$$(5) \qquad \begin{cases} \alpha = \cos\dfrac{\vartheta}{2}\cdot e^{\frac{i(\varphi+\psi)}{2}}, & \beta = i\sin\dfrac{\vartheta}{2}\cdot e^{\frac{i(-\varphi+\psi)}{2}}, \\[2em] \gamma = i\sin\dfrac{\vartheta}{2}\cdot e^{\frac{i(\varphi-\psi)}{2}}, & \delta = \cos\dfrac{\vartheta}{2}\cdot e^{\frac{-i(\varphi+\psi)}{2}}, \end{cases}$$

and

$$\begin{cases} \alpha = D + iC, & \beta = -B + iA, \\ \gamma = B + iA, & \delta = D - iC. \end{cases}$$

Our new parameters are thus imaginary combinations of the real parameters in ordinary use. Mathematical physics affords many examples of the advantage to be gained by employing such imaginary combinations of real quantities. It is only necessary to cite the use made of them in optics by Cauchy.

I may remark that Darboux in his *Leçons sur la théorie générale des surfaces*, Livre I, treats the subject of rotation in a manner which is very similar to that which we have followed. But with him the ζ itself is considered directly as a function of the time and not the separate coefficients, α, β, γ, δ. His method thus lacks the simplicity which is possible when these are made the primary functions.

We now turn to a brief consideration of the meaning of the substitution

$$\zeta = \frac{\alpha Z + \beta}{\gamma Z + \delta},$$

when α, β, γ, δ are still regarded as functions of the time, but are general complex quantities, not connected by the special relations $\alpha = \bar{\delta}$, $\beta = -\bar{\gamma}$.

We shall consider t also as capable of complex values, not for the sake of studying the behavior of a fictitious, imaginary time, but because it is only by taking this step that it becomes possible to bring about the intimate association of kinetics and the theory of functions of a complex variable at which we are aiming.

What is the meaning of the above formula? It is still a real transformation of the sphere on which we have defined ζ into itself, a linear transformation in which the coefficients are all real.

If the radius of the sphere be 1, as we shall assume throughout the discussion of this general transformation, or its equation when written homogeneously, be: $\qquad x^2 + y^2 + z^2 - t^2 = 0,$

the equations connecting x, y, z, t and X, Y, Z, T are those indicated in the following scheme:

(6)

	$X + iY$	$X - iY$	$T + Z$	$T - Z$
$x + iy$	$\alpha\bar{\delta}$	$\beta\bar{\gamma}$	$\alpha\bar{\gamma}$	$\beta\bar{\delta}$
$x - iy$	$\gamma\bar{\beta}$	$\delta\bar{\alpha}$	$\gamma\bar{\alpha}$	$\delta\bar{\beta}$
$t + z$	$\alpha\bar{\beta}$	$\beta\bar{\alpha}$	$\alpha\bar{\alpha}$	$\beta\bar{\beta}$
$t - z$	$\gamma\bar{\delta}$	$\delta\bar{\gamma}$	$\gamma\bar{\gamma}$	$\delta\bar{\delta}$

and when these equations are solved for x, y, z, t, in terms of X, Y, Z, T, it will be found that the coefficients are real, as has been already stated.

This scheme may be derived in a manner analogous to that followed in deriving the scheme (4).

The equation of the sphere

$$x^2 + y^2 + z^2 - t^2 = 0,$$

or

$$(x + iy)(x - iy) + (z + t)(z - t) = 0,$$

may, as is readily verified, be written in the form,

$$x + iy : x - iy : t + z : t - z = \zeta_1\zeta_2' : \zeta_2\zeta_1' : \zeta_1\zeta_1' : \zeta_2\zeta_2',$$

where $\dfrac{\zeta_1}{\zeta_2} = \zeta$, and ζ_1', ζ_2' are, fore real values of x, y, z, t, the conjugate imaginaries to ζ_1, ζ_2 respectively.

As above,

$$\zeta = \frac{x + iy}{t - z} = \frac{t + z}{x - iy}.$$

If then Z_1, Z_2, Z_1', Z_2' be quantities similarly defined with respect to the movable sphere

$$X^2 + Y^2 + Z^2 - T^2 = 0,$$

we have corresponding to the transformation

$$\zeta = \frac{\alpha Z + \beta}{\gamma Z + \delta},$$

the two pairs of equations:

$$\zeta_1 = \alpha Z_1 + \beta Z_2, \qquad \zeta_1' = \bar{\alpha} Z_1' + \bar{\beta} Z_2',$$
$$\zeta_2 = \gamma Z_1 + \delta Z_2, \qquad \zeta_2' = \bar{\gamma} Z_2' + \bar{\delta} Z_2',$$

if the transformation is to be real.

And from this series of equations it follows by the reasoning used on page 623 that $x + iy$ is equal to

$$\alpha\bar{\delta}(X + iY) + \beta\bar{\gamma}(X + iY) + \alpha\bar{\gamma}(T + Z) + \beta\bar{\delta}(T - Z),$$

and $x - iy$, $t + z$, $t - z$ to the corresponding expressions indicated in scheme (6).

The scheme (6) at once reduces to the scheme (4) when the special supposition is made that $\alpha = \bar{\delta}$ and $\beta = - \bar{\gamma}$. And since this is the sufficient and necessary condition that (6) reduce to (4), we have here an independent demonstration that these relations hold good among the parameters α, β, γ, δ when the motion is a rotation about a fixed point.

The general transformation (6) represents the totality of those [real] projective transformations or collineations of space for which each system of generating lines of the sphere, $x^2 + y^2 + z^2 - t^2 = 0$, is transformed into itself, and among which all rotations of the sphere are obviously included as special cases. This is the geometrical meaning of the equation

$$\zeta = \frac{\alpha Z + \beta}{\gamma Z + \delta}$$

for unrestricted values of α, β, γ, δ.

But the transformation admits also of a very interesting kinematical interpretation which I shall consider at length in my third lecture. With respect to it our sphere of radius 1 plays the rôle of the fundamental surface or "absolute" in the Cayleyan or hyperbolic non-Euclidian geometry. For any free motion in such a space the absolute remains fixed in position as in ordinary space the imaginary circle at infinity

$$x^2 + y^2 + z^2 = 0, \quad t = 0,$$

does, which is its absolute.

The transformation therefore represents a real free motion in non-Euclidean space, and the six independent real parameters involved in the ratios $\alpha : \beta : \gamma : \delta$ correspond to the ∞^6 such possible motions. Interpreted in Euclidean space, the transformation represents a motion of the body combined with a strain.

I close the present lecture with two remarks.

First, *there is nothing essentially new in the considerations with which we have been occupied thus far*. I have merely attempted to throw a method already well known into the most convenient form for application to mechanics.

Second, *the non-Euclidean geometry has no metaphysical significance here or in the subsequent discussion*. It is used solely because it is a convenient method of grouping in geometric form relations which must otherwise remain hidden in formulas.

Lecture II.

I now proceed at once to the discussion of the Lagrange equations of motion for our top, only pausing to remark once more that this problem

of the top is for us typical of all dynamical questions which are related
to a sphere. To this category belong also the problem of the spherical
pendulum (which in fact is a special case of the problem of the top),
the problem of the catenary on the sphere, and all problems of the motion
of a rigid body about a fixed point. The simplest problem of the type
is that of the motion of a rigid body about its centre of gravity, the
Poinsot motion, as we shall name it after Poinsot who treated it very
elegantly.

We shall first state the equations in terms of the astronomical parameters[3]); and to give the expressions as simple a form as possible, I shall
suppose the principal moments of inertia of the top about the fixed point
of support each equal to 1. One may call such a top a spherical top,
as its momental ellipsoid is a sphere. I wish it understood, however,
that this restriction is not essential to the application of our method,
but is rather made solely for the sake of rendering its presentation
more easy.

On this assumption, we have for the kinetic energy, T, of the motion
the expression

$$T = \tfrac{1}{2}\left(\varphi'^2 + \psi'^2 + 2\,\varphi'\,\psi'\cos\vartheta + \vartheta'^2\right),$$

where ϑ', φ', ψ' are the derivatives of ϑ, φ, ψ with respect to t; and
for the potential energy, V, the expression

$$V = P\cos\vartheta,$$

where P represents the static moment of the top with respect to O.

The Lagrange equations are:

$$\frac{d\,\dfrac{\partial T}{\partial\varphi'}}{dt} = 0,\qquad \frac{d\,\dfrac{\partial T}{\partial\psi'}}{dt} = 0,\qquad \frac{d\,\dfrac{\partial T}{\partial\vartheta'}}{dt} = \frac{\partial(T-V)}{\partial\vartheta}.$$

The first two equations are especially simple in having their right
members equal to zero, and we are therefore able to derive immediately
the two algebraic first integrals

$$\varphi' + \psi'\cos\vartheta = n,$$
$$\psi' + \varphi'\cos\vartheta = l.$$

The quantities n and l are constants of integration, to be determined
from the initial conditions of the motion. In the following discussion we
shall suppose them positive.

In addition to these integrals, we have the equation of energy

$$T + V = h,$$

---

[3]) [Für die Aufstellung der Bewegungsgleichungen vgl. Kreiselbuch, Heft II,
Kap. IV, § 3.]

where h also is a constant determined, like l and n, by the special conditions of the problem.

Solving the first two equations for φ' and ψ', and substituting the results in the third, and setting $\cos\vartheta = u$, and

$$U = 2Pu^3 - 2hu^2 + 2(ln - P)u + 2h - l^2 - n^2,$$

we obtain finally for t, φ, and ψ, expressed as functions of u, the formulas

$$t = \int \frac{du}{\sqrt{U}}, \qquad \varphi = \int \frac{n - lu}{1 - u^2} \frac{du}{\sqrt{U}}, \qquad \psi = \int \frac{l - nu}{1 - u^2} \frac{du}{\sqrt{U}}$$

The problem of the motion of the top is thus reduced to three simple integrations or quadratures, as indeed was demonstrated by Lagrange himself. These integrals are elliptic integrals, U being a polynomial of the third degree in u, the first an elliptic integral of the "first kind" (which is characterized by being finite for all values of the independent variable), the remaining two elliptic integrals of a more complex character[4]).

It is often said that dynamics reached its ultimate form in the hands of Lagrange, and the cry "return to Lagrange" is frequently raised by those who set little store by the value for physical science of recent developments in the pure mathematics. But this is by no means just. Lagrange reduced our problem to quadratures, but Jacobi made a great stride beyond him, as we mathematicians think, by introducing the elliptic functions, which enabled him to assign to t the rôle of independent variable and to discuss the remaining variables u, φ, ψ directly as functions of the time. *An advantage was thus gained not only for the understanding of the essential relations of the variables to one another, but for simplicity of computation also.* The coefficients a, b, c, a', ..., are *uniform* (or one valued) functions of t, and one of the most useful properties a function can possess, if its values must be computed, is that it be uniform. This work of Jacobi is not as well known as it should be, having first appeared posthumously, in the second volume of his collected works, published by the Berlin Academy in 1882. I may add that his pupils, Lottner and Somoff, developed the same method in papers published in 1855 independently. It is shown in these papers that the nine cosines a, b, c, ..., may be expressed in terms of theta functions[5]).

---

4) [Zur Anwendung der elliptischen Integrale und Funktionen vgl. Kreiselbuch, Heft II, Kap. IV, § 4 bzw. Kap. VI, §§ 1—4.]

5) As is well known, Jacobi gave analogous formulas for the nine cosines of the Poinsot motion in 1849. Closely related to this representation of the cosines is the interesting theorem to which we shall return later on, that the motion of our top may be reproduced by compounding two Poinsot motions. [Vgl. S. 638 unten.]

But while the a, b, c, ..., considered as functions of t, are much simpler than the integrals of Lagrange, they are at the same time much more complicated than our parameters α, β, γ, δ. These parameters prove to be the simplest possible elliptic functions of t; so that by introducing them we carry to its completion the work begun by Jacobi, of reducing our problem to its simplest elements.

For the proper understandig of this treatment of the motion of the top, some knowledge of the nature of elliptic functions is obviously necessary; and I know of no readier means of gaining this than *Riemann's method of conformal representation,* — of which, moreover, we shall have other important applications to make later on.

In accordance with this method, we construct the "Riemann surface" of the function $\sqrt{U}$ on the plane of the complex variable u, in the following manner: The polynomial U vanishes for three values of u, all of which may readily be shown to be real, and becomes infinite when $u = \infty$. Two of these roots, e_1, e_2, lie between -1 and $+1$; and the third, e_3, between $+1$ and ∞. Therefore, $\sqrt{U}$ is a two-valued function of u everywhere in the u-plane, except at the four points of the real axis, e_1, e_2, e_3, e_∞. To obtain a surface, therefore, between whose points and the values of $\sqrt{U}$ there shall be a one-to-one correspondence, we lay over the u-plane two sheets, which are everywhere distinct except at the points e_1, e_2, e_3, e_∞, in which they coalesce, and associate with the points in the two sheets which lie immediately over any point u in the u-plane, the two corresponding values of $\sqrt{U}$, one with each.

It will be found that if the point u describe any simple circuit in the u-plane, which encloses one and but one of the points e_1, e_2, e_3, e_∞, returning finally to its initial position, $\sqrt{U}$ will pass from the one to the other of the two values which correspond to the initial value of u; the point corresponding to u in the Riemann surface of $\sqrt{U}$, must, therefore, move from a position in the one sheet to a position immediately under (or over) this in the other. But this is possible only if we suppose the two sheets to cross along some line running out from each of the points, e_1, e_2, e_3, e_∞, — not to intersect, but to cross, as non-intersecting lines in space may be said to cross. Inasmuch as this is the simplest hypothesis possible, we shall take as these lines of crossing, in the present case, the segments, $e_1 e_2$, $e_3 e_\infty$, of the real axis; and have, as a rough representation of the Riemann surface of $\sqrt{U}$, the following

fig. 1, where we have shaded the positive half-sheets of the surface and have marked the segments, $e_1 e_2$, $e_3 e_\infty$ by heavy lines.

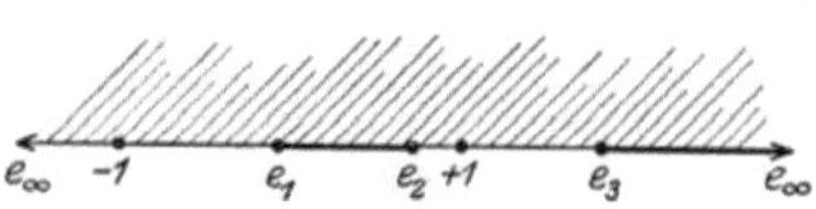

Fig. 1.

The points, e_1, e_2, e_3, e_∞, are called the "branch points" and the segments, $e_1 e_2$, $e_3 e_\infty$, the "branch lines" of the surface.

To construct in the t-plane the figure which is the conformal representation of this Riemann surface, we conceive of this surface as cut into four half-sheets, by an incision made all along the real axis, and seek first the conformal representation of the upper half-sheet. To obtain this, we cause the point u to move, in the positive sense, along the real axis, from e_1 through $e_2\, e_3\, e_\infty$ back (from the left) to e_1 and study the corresponding changes of value of t by means of the integral, $t = \int \dfrac{du}{\sqrt{U}}$, by which it is defined.

We thus find that as the point u traces out the real axis in its plane, the corresponding t traces out a rectangle in its plane, which we may represent by the fig. 2, to the angular points of which we have

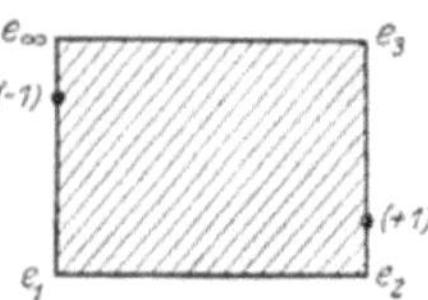

Fig. 2.

attached the values of u to which they correspond, and which we have shaded, since the sense in which its perimeter was traced shows that it is its interior which corresponds to the shaded half-plane of the preceding figure [6]).

As long as the integral which defines t is left an indefinite integral, this rectangle remains free to occupy any position in the t-plane, — only the directions of its sides, parallel respectively to the real and imaginary axes, and their lengths, — call them ω_1 and ω_2, — are completely determined. But when the integral is made definite, by making e_∞ the lower limit of integration, the angular point, e_∞, coincides with the origin in the t-plane, and the rectangle takes a definite position in the plane.

From the image which we have thus obtained of the one half-sheet, the images of the three remaining half-sheets are to be had at once by

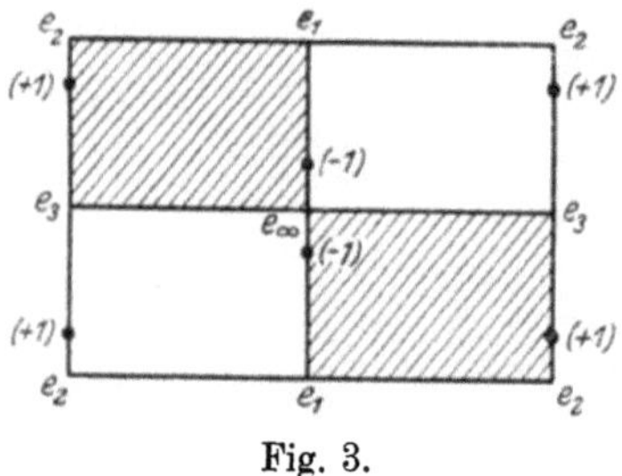

Fig. 3.

the process of "symmetrical reproduction"; which yields for the Riemann surface, when cut in the manner indicated, the complete image:

The symmetry of the figure with respect to the sides, $e_\infty e_1$, and $e_\infty e_3$, of the original rectangle, will be at once noticed. Each of the four smaller rectangles is the

---

[6]) The figure is a rectangle, since $\sqrt{U}$ is real from $u = e_1$ to $u = e_2$, and from $u = e_3$ to $u = e_\infty$, and a pure imaginary from $u = e_\infty$ to $u = e_1$, and from $u = e_2$ to $u = e_3$. At e_i, $t -$ const. vanishes as $(u - e_i)^{\frac{1}{2}}$.

image of one half-sheet; the shaded, of the positive half-sheets; the non-shaded, of the negative.

But we have not yet obtained the complete geometrical representation of u, regarded as a function of t. The Riemann surface of two sheets, which we have thus far been considering, possesses a distinct point for every value of $\sqrt{U}$ regarded as a function of u, but not for t when so regarded. The integral t is affected by an additive constant if u be made to trace in the Riemann surface a closed path which surrounds $e_1 e_2$, or one which surrounds $e_2 e_3$, so that the Riemann surface of t is one possessing the same branch points as the Riemann surface of $\sqrt{U}$, but having an infinite number of sheets, into any one of which it is possible to move the tracing point, u, if no such cut be made in the surface as that made above along the real axis.

It is a great advantage of the Riemann method that the complete image in the t-plane of this uncut Riemann surface of an infinite number of sheets may be had from the image already obtained for the cut surface, by simply affixing a rectangle, congruent with this image, to each of its sides, repeating the process for the new rectangles, and so on indefinitely, until the entire t-plane is covered by congruent rectangles, any one of which may be brought into coincidence with any other by two translations, one in the direction of the real, the other in the direction of the imaginary, axis.

From the result of this construction, there at once follows a conclusion of the very first importance. The image of the complete Riemann surface of t entirely covers the t-plane, *but without the overlapping of any of its parts*. It follows immediately, therefore, that to each point in the t-plane there corresponds but a single point in the Riemann surface, or that u, and $\sqrt{U}$ as well, is a *uniform* function of t.

The equation connecting t and u is:

$$t = \int_{\infty}^{u} \frac{du}{\sqrt{U}}\,.$$

And the conclusion which we have reached is, that the functional relation of u with respect to t, defined by this equation, is vastly more simple than that of t with respect to u; to each value of u [and $\sqrt{U}$] there corresponded an infinite number of values of t, while to each value of t there corresponds but one value of u. As thus defined, u is called an *elliptic function* of t.

Let ω_1 be the length of the side $e_\infty e_3$ of the small rectangle, which was the image of a half-sheet of the Riemann surface, and ω_2 the length of the side $e_x e_1$; then, obviously, if we set $u = \varphi(t)$, and t_0 be any point of the complete rectangle (Fig. 3), since $t_0 + m_1\, 2\,\omega_1 + m_2\, 2\,i\,\omega_2$ is for any integral values of m_1, m_2, the corresponding point of another of the rectangles, $\varphi(t_0 + 2\,m_1\,\omega_1 + 2\,m_2\,i\,\omega_2) = \varphi(t_0)$; or the elliptic function, u, is *doubly periodic*, with the periods $2\,\omega_1$, $2\,i\,\omega_2$.

Let us next consider the nature of φ and ψ when regarded as functions of t. The integrals by which they are expressed in terms of u are elliptic integrals of greater complexity than is the integral for t. There are on the Riemann surface of $\sqrt{U}$ four points, at which each of these integrals becomes logarithmically infinite; namely, the points -1, $+1$, in the upper sheet, and the same points in the lower sheet. Elliptic integrals possessing such points of logarithmic discontinuity are called "elliptic integrals of the third kind", and it is possible to express any such integral in terms of integrals of the first kind and "normal" integrals of the third kind, such, namely, as possess but two points of logarithmic discontinuity with the residues $+1$ and -1 respectively.

But if instead of making this reduction of the integrals directly, we introduce those combinations of φ and ψ which constitute our parameters α, β, γ, δ, *a remarkable simplification at once ensues such as renders any further reduction unnecessary.* Surely a preestablished harmony exists between the problem before us, and our parameters α, β, γ, δ.

Since

$$\alpha = \cos\frac{\vartheta}{2}\cdot e^{\frac{i(\varphi+\psi)}{2}},$$

and

$$\cos\frac{\vartheta}{2} = \sqrt{\frac{u+1}{2}},$$

we have immediately

$$\log\alpha = \tfrac{1}{2}\log\frac{1+u}{2} + \frac{i(\varphi+\psi)}{2} = \int\frac{\sqrt{U}+i(l+n)}{2(u+1)}\cdot\frac{du}{\sqrt{U}} - \tfrac{1}{2}\log 2,$$

when for φ and ψ their values are substituted.

And in like manner,

$$\log\beta = \int\frac{\sqrt{U}-i(l-n)}{2(u-1)}\cdot\frac{du}{\sqrt{U}} - \tfrac{1}{2}\log 2,$$

$$\log\gamma = \int\frac{\sqrt{U}+i(l-n)}{2(u-1)}\cdot\frac{du}{\sqrt{U}} - \tfrac{1}{2}\log 2,$$

$$\log\delta = \int\frac{\sqrt{U}-i(l+n)}{2(u+1)}\cdot\frac{du}{\sqrt{U}} - \tfrac{1}{2}\log 2,$$

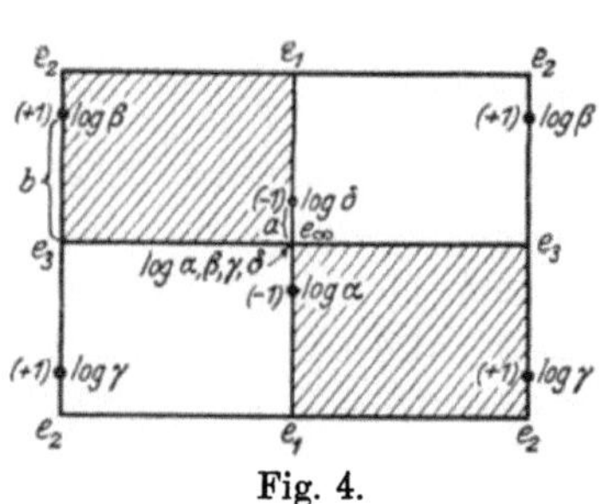

Fig. 4.

and *these are all normal integrals of the third kind, each with but two points of logarithmic discontinuity* which are distributed in the rectangle of the periods as indicated in the accompanying fig. 4, if we suppose as we shall find it convenient to do later on that l is less than n.

For $U = -(l+n)^2$ when $u = -1$, and $U = -(l-n)^2$ when $u = +1$. If, therefore, of the two values of $\sqrt{U}$, which correspond to $u = -1$, we take $i(l+n)$, the factor $\sqrt{U} + i(l+n)$ in the numerator of the expression for $\log\alpha$ will be canceled by the factor $2\sqrt{U}$ in the denominator, while if we take $-i(l+n)$, the numerator vanishes; so that the point -1 in *one* of the sheets of the Riemann surface of $\sqrt{U}$ is the only finite point of discontinuity of the integral $\log\alpha$. It is, moreover, a logarithmic discontinuity with the residue 1, since $\log\alpha$ there becomes ∞ as $\log(u+1)$. On the other hand, for $u = \infty$, i.e. at e_∞, $\log\alpha$ becomes infinite as $\frac{1}{2}\log u$. This again is a logarithmic discontinuity, with the residue -1, since e_∞ is at infinity and a branch point. And like considerations apply to the remaining integrals.

By the introduction of the parameters α, β, γ, δ, therefore, the four logarithmic discontinuities of the integrals φ, ψ, are assigned one to each of the four normal integrals $\log\alpha$, $\log\beta$, $\log\gamma$, $\log\delta$ — normal integrals whose remaining points of discontinuity, corresponding to e_∞, coincide at the origin.

While $\log\alpha$, $\log\beta$, $\log\gamma$, $\log\delta$, as now defined are much simpler functions of u, and therefore of t, than are φ and ψ, their exponentials α, β, γ, δ are simpler still. These are uniform functions of t having each one null-point and one ∞-point in every parallelogram of periods. Such functions may always be expressed, apart from an exponential factor, by the quotient of two ϑ- or two σ-functions of the simplest kind — functions which possess one null-point in each parallelogram of periods, but no ∞-point.

Of the ϑ-functions we shall only pause to remark that Jacobi introduced them into analysis as being the simplest elements out of which the elliptic functions could be constructed. He obtained for them expressions in the form of infinite products and infinite series. They are affected by an exponential factor when the argument is increased by a period, but remain otherwise unchanged. The ϑ-functions of the simplest class, with which alone we are concerned, vanish when the argument takes the value zero or a congruent value.

The σ-function of Weierstrass is a more elegant function of the same character.

Inasmuch, therefore, as α, β, γ, δ, are functions of t, which vanish for $t = -ia$, $\omega_1 + ib$, $\omega_1 - ib$, $+ia$ respectively (the values of t corresponding to the points $u = \pm 1$ in the above figure) and which all become infinite for $t = 0$, we have for them the following expressions:

$$\alpha = k_1 e^{\lambda_1 t}\frac{\sigma(t+ia)}{\sigma(t)}, \qquad \beta = k_2 e^{\lambda_2 t}\frac{\sigma(t-\omega_1-ib)}{\sigma(t)},$$

$$\gamma = k_3 e^{\lambda_3 t}\frac{\sigma(t-\omega_1+ib)}{\sigma(t)}, \qquad \delta = k_4 e^{\lambda_4 t}\frac{\sigma(t-ia)}{\sigma(t)},$$

where k_i, λ_i are constants to be determined from the initial conditions of the motion. Their values depend on those of the "transcendental" constants ω_1, ω_2, a, b, as the values of these in turn depend on those of the "algebraic" constants, P, h, l, n.

We shall call functions such as α, β, γ, δ, which miss being doubly periodic by an exponential factor only, "multiplicative elliptic functions". All elliptic functions are expressible as quotients of ϑ- or σ-functions, and evidently of such quotients the simplest possible are those which have a single ϑ or σ of the simplest kind in both numerator and denominator. We may therefore state the result of our discussion in these terms: *We have shown that our parameters α, β, γ, δ are multiplicative elliptic functions of the simplest kind, so that by introducing them we have resolved the problem of the top into its simplest elements.*

From these expressions for α, β, γ, δ one may obtain expressions for the nine direction cosines a, b, c, ... in the form of quotients of σ- or ϑ-functions — such as Jacobi got for them — with the least possible reckoning[7]).

Lecture III.

In the lecture of yesterday we reached the conclusion that our parameters α, β, γ, δ may be expressed as quotients of simple σ-functions of the time t, and we now turn to the geometrical interpretation of these formulas.

As I have already asked you to notice, α, β, γ, δ are not ordinary elliptic functions of t, but functions which are affected by an exponential factor when t is increased by a period; in consequence of which I called them "multiplicative elliptic functions". When t is increased by the period $2\omega_1$, they are affected by an imaginary factor of the form $e^{i\psi}$, and when t is increased by the period $2i\omega_2$, by a real factor of the form $\varkappa$.

Let us first of all consider *the curve described by the apex of the top on the fixed sphere*[8]). This is the point $Z = \infty$ of the movable sphere, so that, reverting to the formula:

$$\zeta = \frac{\alpha Z + \beta}{\gamma Z + \delta},$$

---

[7]) Hess has remarked, in his paper on the gyroscope (Math. Annalen Bd. 29, 1887) that the *quaternion* expressions for the nine direction cosines are very simple, and our parameters are but linear combinations of the quaternion parameters. Hess, however, makes no direct use of our parameters and probably was not aware of the formula, $\zeta = \dfrac{\alpha Z + \beta}{\gamma Z + \delta}$, which lies at the basis of our discussion.

[8]) [Vgl. Kreiselbuch, Heft II, Kap. VI, § 5.]

it is obvious that the equation of the curve is

$$\zeta = \frac{\alpha}{\gamma} = k\,e^{\lambda t}\,\frac{\sigma\,(t+i\,a)}{\sigma\,(t-\omega_1+i\,b)}\,.$$

Like α, β, γ, δ, this ζ is defined in terms of t by a multiplicative elliptic function of the first degree, involving besides the exponential factor only the quotient of two simple σ-funktions.

This is an essential simplification of the representations of this motion given hitherto. Thus, were one to apply the methods used by Hermite in his *Applications des fonctions elliptiques*, published twenty years ago, and start not from the equation of ζ in terms of Z, but from those of $x+iy$, $-z$, $-x+iy$ in terms of $X+iY$, $-Z$, $-X+iY$ (see page 623), one would obtain for the motion of the apex of the top (whose coordinates are 0, 0, 1), the equation

$$x+iy = -2\,\alpha\beta\,,$$

which represents the motion by means of a multiplicative elliptic function of the second order. The curve thus defined is not the curve traced by the apex on the fixed sphere, but the orthogonal projection of this curve on the $x\,y$-plane.

I shall, for convenience, call curves like those which we have just been considering "multiplicative elliptic curves", distinguishing when necessary between those on the sphere and those on the plane, and assigning to them a degree corresponding to the number of simple σ-quotients in the expressions which define them. Thus the curve traced by the apex of the top on the fixed sphere is a multiplicative elliptic curve of the first degree, its orthogonal projection one of the second degree. The earliest example of such a curve of the first degree is the herpolhode of a Poinsot motion, the motion of a body about its centre of gravity. That this herpolhode is such a curve was first shown by Jacobi[9]).

It is easy to get a notion of the geometrical character of the curve raced by the apex of the top. For the particular case when $l-n\,e_2=0$, the stereographic projection of the curve has the shape indicated in the following fig. 5.

As we wish to restrict t to real values, we here make e_1 the lower limit of integration of the integral $t=\int\dfrac{d\,u}{\sqrt{U}}$, or what comes to the

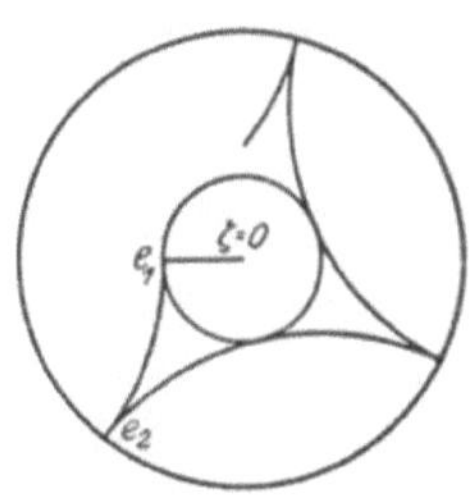

Fig. 5.

[9]) Concerning the multiplicative elliptic curves, see Miss Winston's dissertation: *Über den Hermiteschen Fall der Laméschen Differentialgleichung*, Göttingen, 1897. [Vgl. auch das Zitat auf S. 574, Fußnote [4]) des vorliegenden Bandes, sowie Kreiselbuch, Heft II, Kap. VI, § 9.]

same thing, suppose the t of the preceding formulas replaced by $t' = t + i\omega_2$.

The radius of the circle marked $u = e_1$ is the modulus of those points ζ for which t is 0, $2\omega_1$, $\ldots$; for all these points $u = e_1$. On the other hand, the radius of the circle marked $u = e_2$ is the modulus of those points ζ for which $t = \omega_1$, $3\omega_1$, $\ldots$

The curve of the figure is that traced by the stereographic projection of ζ as t varies through real values, and consists of an infinite number of congruent arcs which touch the inner circle and form cusps at the outer one. If the top be given an initial thrust sideways (when $l - n e_2$ is no longer 0), these cusps will be replaced by loops or wavecrests.

Evidently any one of these arcs may be brought into coincidence with the consecutive one by one and the same rotation about the origin. The transformation which effects this rotation is $\zeta' = e^{i\psi_0}\zeta$, so that the meaning of the imaginary factor $e^{i\psi_0}$, by which ζ is affected when t is increased by the real period $2\omega_1$ is perfectly obvious. We shall find that since ζ is affected by the real factor $\varkappa$ when t is increased by the imaginary period $2 i\omega_2$, the effect on the curve of this increase in t is to transform it into a curve similar to itself, and symmetrically placed with respect to the origin.

But before attempting a more minute examination of the curve traced by the apex of the top, let us consider *the polhode and herpolhode of the motion*[10]).

On each instantaneous axis of rotation let a segment be measured from the fixed point, equal in sense and magnitude to the amount of rotation about this axis. The aggregate of these segments constitute a portion of one cone if they be caused to remain fixed in the moving body, of another if they be caused to remain fixed in space. The first cone, or the curve in which its elements terminate, is called the "polhode", the second the "herpolhode", and it is evident that the motion of the body may be had by rolling the first cone or curve on the second cone or curve.

To obtain the equation of the polhode, consider the infinitesimal rotation in time dt about the axis for which the components of rotation with respect to X, Y, Z, are p, q, r, respectively. The axis is for the instant fixed in space, and we have for the effect of the rotation on any point of the moving sphere the equations:

$$X = + \quad\ X' - r\,dt\,Y' + q\,dt\,Z',$$
$$Y = + r\,dt\,X' + \quad\ Y' - p\,dt\,Z',$$
$$Z = - q\,dt\,X' + p\,dt\,Y' + \quad\ Z',$$

[10]) [Vgl. Kreiselbuch, Heft I, Kap. I, § 5.]

For this motion therefore the quaternion parameters (see page 620) are:

$$A' = \frac{p}{2}\,dt, \qquad B' = \frac{q}{2}\,dt, \qquad C' = \frac{r}{2}\,dt, \qquad D' = 1,$$

and therefore the corresponding parameters α, β, γ, δ are:

$$\alpha' = 1 + \frac{ir}{2}\,dt, \qquad \beta' = -\frac{-q+ip}{2}\,dt,$$

$$\gamma' = \frac{q+ip}{2}\,dt, \qquad \delta' = 1 - \frac{ir}{2}\,dt.$$

If therefore α, β, γ, δ (unprimed) be the parameters of the transformation from the axes X, Y, Z fixed in the body to the axes x, y, z fixed in space, we may obtain the parameters $\alpha + d\alpha$, $\beta + d\beta$, $\gamma + d\gamma$, $\delta + d\delta$ of the transformation which defines the position of the body after the infinitesimal rotation, by combining the two substitutions:

$$\zeta_1 = \alpha\zeta_1' + \beta\zeta_2', \qquad \zeta_1' = \alpha' Z_1 + \beta' Z_2,$$
$$\zeta_2 = \gamma\zeta_1' + \delta\zeta_2', \qquad \zeta_2' = \gamma' Z_1 + \delta' Z_2,$$

the result of which is:

$$\zeta_1 = (\alpha\alpha' + \beta\gamma') Z_1 + (\alpha\beta' + \beta\delta') Z_2,$$
$$\zeta_2 = (\gamma\alpha' + \delta\gamma') Z_1 + (\gamma\beta' + \delta\delta') Z_2.$$

It follows, therefore, that

$$\alpha + d\alpha = \alpha\alpha' + \beta\gamma', \qquad \beta + d\beta = \alpha\beta' + \beta\delta';$$
$$\gamma + d\gamma = \gamma\alpha' + \delta\gamma', \qquad \delta + d\delta = \gamma\beta' + \delta\delta',$$

whence

$$d\alpha = \left(\frac{ir}{2}\,\alpha + \frac{q+ip}{2}\,\beta\right) dt,$$

$$d\beta = \left(\frac{-q+ip}{2}\,\alpha - \frac{ir}{2}\,\beta\right) dt,$$

$$d\gamma = \left(\frac{ir}{2}\,\gamma + \frac{q+ip}{2}\,\delta\right) dt,$$

$$d\delta = \left(\frac{-q+ip}{2}\,\gamma - \frac{ir}{2}\,\delta\right) dt.$$

Whence finally:

$$p + iq = 2i\left(\beta\,\frac{d\delta}{dt} - \delta\,\frac{d\beta}{dt}\right),$$

$$-p + iq = 2i\left(\alpha\,\frac{d\delta}{dt} - \delta\,\frac{d\alpha}{dt}\right),$$

$$r = 2i\left(\alpha\,\frac{d\delta}{dt} - \gamma\,\frac{d\beta}{dt}\right).$$

We will not stop to derive the corresponding equations for the components π, $\varkappa$, ϱ of the herpolhode. They differ from those just obtained for p, q, r only in having α and δ interchanged and the signs of β and γ changed.

But I wish to make two remarks which are suggested by the above reckoning, with regard to the usefulness of our parameters α, β, γ, δ.

The one is that two linear substitutions in terms of them combine binarily instead of quaternarily as do the corresponding quaternion substitutions; the other, that the four linear differential equations which define them in terms of t, p, q, r break up into two pairs, in one of which only α and β are involved, in the other only γ and δ. To appreciate how important this advantage is, one need only compare with our discussion the discussion of the same question in Darboux's *Leçons sur la théorie générale des surfaces* (l. c.).

Returning to our spherical top, and substituting in the general equations which we have just obtained the values of α, β, γ, δ which characterize its motion, we have for its polhode and herpolhode not equations of the second degree, as was to have been expected from the expressions for $p + iq$, etc. in terms of α, β, γ, δ, but much simpler expressions. I cannot give the reckoning which leads to them since I have not given the values of the constants k_1, λ_1, $\ldots$ which appear in the formulas on page 633. But the expressions themselves are of the form

$$p + iq = k' e^{\lambda' t}\frac{\sigma(t + \omega_1 - ia - ib)}{\sigma(t)}, \quad r = n;$$

$$\pi + i\varkappa = k'' e^{\lambda'' t}\frac{\sigma(t + \omega_1 - ia + ib)}{\sigma(t)}, \quad \varrho = l.$$

Both the polhode and the herpolhode of the spherical top are elliptic plane curves of the first degree[11]). Darboux has given this result in his edition of Despeyrous' Mechanics, obtaining it by the use of elliptic integrals instead of elliptic functions. He does not call the curves elliptic curves of the first degree, but curves of the same character as the herpolhode of a Poinsot motion. It should be added that the curves are of the first degree in the case of the *spherical* top only.

Our theorem is closely connected with the celebrated theorem of Jacobi already mentioned: that the motion of the top may be represented by the relative motion of two Poinsot motions (or rotations about the centre of gravity); for both the polhode and herpolhode of the top's motion are themselves herpolhodes of Poinsot motions, being elliptic curves ot the first degree. One may demonstrate Jacobi's theorem most simply by expressing the α, β, γ, δ of each ot the Poinsot motions in terms of t, and then combining the two motions[12]).

I may finish this part of my discussion with the remark that the attention of students of the geometry of Salmon and Clebsch is apt to be confined too exclusively to algebraic curves. We have before us an illustration of the value of transcendental curves. It is only in the very

<hr>

11) [Vgl. Kreiselbuch, Heft II, Kap. VI, § 5.]
12) [Zur Theorie der Poinsot-Bewegung vgl. Kreiselbuch, Heft II, Kap. VI, § 8.]

exceptional case when the multiplicative factor $\varkappa = 1$, and ψ_0 is commensurable with π, that the curves we have been studying become algebraic.

To sum up the conclusions which we have thus far etablished; we have proved that *the motion of the spherical top on a fixed point of support may be completely defined geometrically in terms of elliptic curves of the first degree.* We have also shown that the variation of the parameters α, β, γ, δ with the time t may be pictured by curves of the same character.

Let us now resume the study of the *curve traced by the apex of the top.*

The parameters α, β, γ, δ, and ζ are all elliptic functions of the argument t, and the full meaning of elliptic functions comes to light only when the argument is supposed capable of taking complex values. Thus only, in particular, will the double periodicity of the functions come into evidence. There exists, then, an analytical necessity, so to speak, that we complete our geometrical study of the top's motion by extending it to complex values of t. When that has been accomplished, I shall show that to the entire aggregate of possible motions of the top in complex time there corresponds the free motion of a certain rigid body in non-Euclidean space, and thus bring to a definite outcome the considerations which I presented at the close of my first lecture.

Our problem being to determine the path traced by the point ζ when the point t is made to describe *any* path in the t-plane, it is clearly of prime importance that we determine first of all the image on the ζ-sphere of a parallelogram of periods in the t-plane. To that, indeed, we shall confine our attention. Instead, however, of finding this image directly we shall find it easier to obtain the images of the four half-sheets of the Riemann surface of $\sqrt{U}$, of which, it will be remembered, the four smaller rectangles into which the entire parallelogram of periods subdivided were severally the images.

Let us first reproduce (in Fig. 6) the figure of the parallelogram of periods (see page 630) and that of the Riemann surface of $\sqrt{U}$.

I have given different markings to all four rectangles in order to be able to distinguish readily between their several images in the figure which we are to construct. It will be remembered (see page 632) that

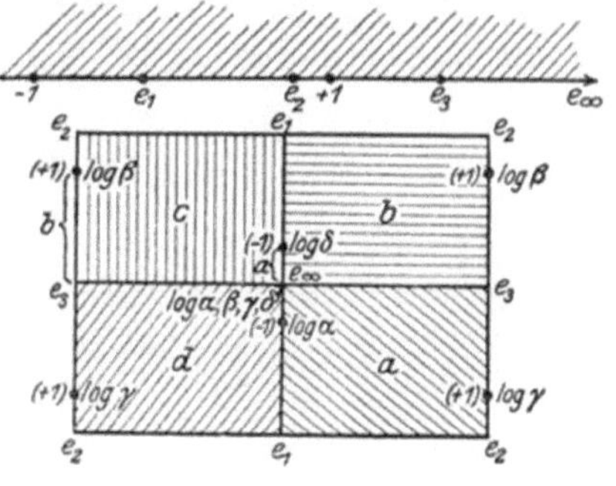

Fig. 6.

$\log \alpha$ and $\log \gamma$ became infinite at the points $u = -1$ and $u = +1$, respectively, of one sheet of the $\sqrt{U}$-surface, and that $\log \beta$ and $\log \delta$ became infinite at the corresponding points of the other sheet — the other functions in each case remaining finite. In the figure, a and d are the images of the positive and negative halves of the first of these sheets, and c and b the images of the positive and negative halves of the second.

Our ζ is expressed in terms of u by the elliptic integral of the third kind:

$$\log \zeta = \log \left(\frac{\alpha}{\gamma} \right) = \int \frac{-\sqrt{U} + i\,(nu - l)}{u^2 - 1} \cdot \frac{du}{\sqrt{U}} .$$

We may now draw the following conclusions immediately: $\dfrac{d}{du} \log \left(\dfrac{\alpha}{\gamma} \right)$ is complex along the segments $e_1 e_2$, $e_3 e_\infty$ of the real axis of the u-plane, but real along the segments $e_2 e_3$, $e_\infty e_1$. Therefore $\dfrac{\alpha}{\gamma}$ or ζ moves along a meridian of the ζ-sphere when u moves along the real axis from e_2 to e_3, from e_∞ to e_1; but, on the other hand, describes one of the arcs which appeared in the figure of the real motion of the top's apex, when u moves on the real axis from e_1 to e_2, and an arc different from this, when u moves from e_3 to e_∞.

Again, $\dfrac{d}{du} \log \left(\dfrac{\alpha}{\gamma} \right)$ vanishes when $u = e_\infty$, in the first approximation as $\dfrac{1}{u^2}$, and takes the finite value $\dfrac{1}{1 - e_2^2}$ when $u = e_2$ (this because of the hypothesis which we retain here, that $l - n e_2 = 0$); when $u = e_1$ or e_3, on the other hand, it becomes infinite, as $(u - e_1)^{-\frac{1}{2}}$ or $(u - e_3)^{-\frac{1}{2}}$. Therefore the curve traced by the point ζ as the point u moves along the real axis from e_∞ through e_1, e_2, e_3, to e_∞ will present angles whose measure is π at the points corresponding to e_∞ and e_2, and angles whose measure is $\dfrac{\pi}{2}$ at the points corresponding to e_1 and e_3.

I will not give the image of the $\sqrt{U}$-surface on the sphere, but the stereographic projection of this image on the xy-plane from the point $\zeta = \infty$. If to the explanations already given it be added that ζ, whose value in terms of t is $k e^{\lambda t} \dfrac{\sigma\,(t + ia)}{\sigma\,(t - \omega_1 + ib)}$, becomes 0 and ∞ respectively at the points -1 and $+1$ of the contour of the half-sheet or rectangle a, and remains finite and different from 0 for all points on the contour of b, it will readily be seen that the images of the half-sheets or rectangles a, b, are roughly of the form indicated in the following fig. 7: the two contours which we have marked $e_\infty e_1 e_2 e_3 e_\infty$ being the stereographic projections of images of the real u-axis first when this axis is regarded as the contour of the positive half-sheet a, second when it is regarded as the contour of the negative half-sheet b.

The two arcs $e_1 e_2$ are similar and symmetrically placed with respect to the point $\zeta = 0$. The one which lies to the left appeared in the figure of the real motion of the top's apex (Fig. 5).

If now we complete this figure by a second half symmetrical with this first half with respect to the horizontal axis $e_1 e_\infty$, we obtain the image of the entire $\sqrt{\overline{U}}$-surface or of the entire parallelogram of periods in the t-plane (Fig. 8). We suppose an incision made in the $\sqrt{\overline{U}}$-surface along the segment $e_1 e_2 e_3$ of the real axis.

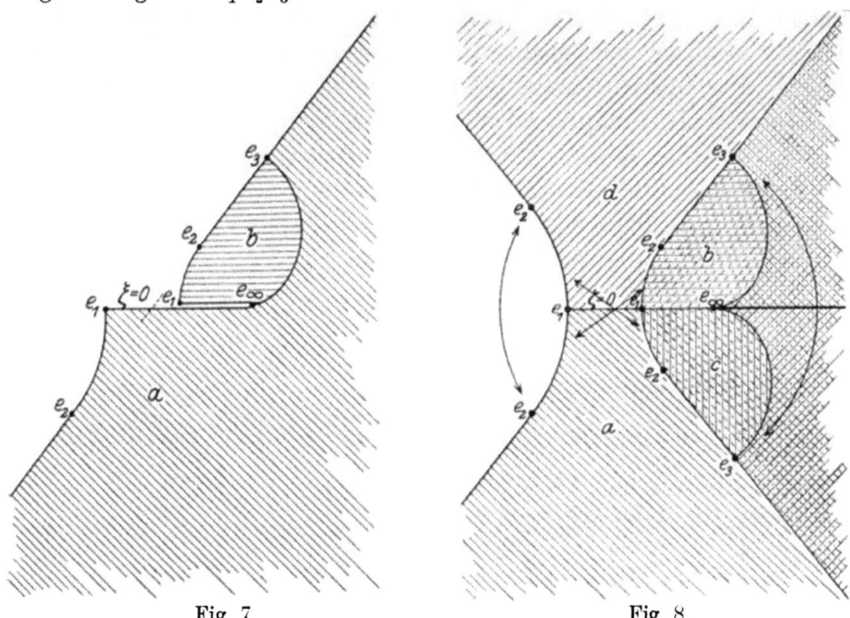

Fig. 7.Fig. 8.

It will be noticed that the image covers doubly the portion of the plane which lies within the two arcs e_1, e_2, e_3, $\zeta = \infty$, which lie to the right, the two sheets being joined along a branch line which runs from e_∞ to $\zeta = \infty$. From the figure we infer that e_∞ is a branch point of t, but not so the point $\zeta = \infty$; for a circuit cannot be made of the point $\zeta = \infty$ without passing into the portion of the plane bounded by the half-arcs e_1, e_2, $\zeta = \infty$, lying to the left, which does not belong to the image. And these conclusions may readily be verified by reckoning.

We may describe our figure as a quadrilateral, one of whose pairs of opposite sides are the rectilineal segments runnig from the points e_2, through $\zeta = \infty$, and which, were they produced, would intersect at $\zeta = 0$, and the other pair, the two curvilinear arcs $e_2 e_1 e_2$.

The sides of each pair go over into each other by the substitution of ζ which corresponds to a change of t by one of the periods $2\omega_1$, $2i\omega_2$: the straight sides by the rotation about $\zeta = 0$ defined by the "elliptic substitution" $\zeta' = e^{i\psi_0}\zeta$, which we have already considered and which we have indicated in the figure by the double-headed curved arrows; the curved sides by the transformation defined by the "hyperbolic substitution" $\zeta' = \varkappa\zeta$, in consequence of which they are similar and symmetrically placed with respect to the centre of similitude $\zeta = 0$. In the figure we have indicated the latter transformation by the double-headed straight arrows which intersect at $\zeta = 0$. The significance of both the periods $2\omega_1$, $2i\omega_2$ for the curve traced by the apex of the top is thus made evident by our figure. And indeed we have now clearly before us for the first time the reason that the curve described in real time should be represented by elliptic functions. It is but a portion of the complete curve, or rather domain, which comes to light when we avail ourselves of the entire field of complex numbers in which the representation of both periods is alone possible.

The Riemann surface determined by $\zeta = \dfrac{\beta(t)}{\delta(t)}$, the curve traced by the opposite extremity of the top's axis, $Z = 0$, may be constructed similarly.

For real values of t we have $\dfrac{\beta(t)}{\delta(t)} = -\dfrac{\overline{\gamma}(t)}{\overline{\alpha}(t)}$, which means simply that $\dfrac{\alpha(t)}{\gamma(t)}$ and $\dfrac{\beta(t)}{\delta(t)}$ are opposite extremities of one and the same diameter of the sphere. For complex values of t this formula is to be replaced by the more general one

$$\frac{\beta(t)}{\gamma(t)} = -\frac{\overline{\gamma}(\overline{t})}{\overline{\alpha}(\overline{t})}.$$

If now we suppose these two Riemann surfaces to be projected back again to the surface of the fixed sphere, and the points of the two which correspond to the same value of t to be joined, *the resulting system of rays will represent the ∞^2 positions which the axis of the top may take in the general (non-Euclidean) motion which corresponds to any motion of t in the parallelogram of periods.*

Of these ∞^2 "axes", only those pass trough the centre of the sphere which correspond to real values of t. These are the axes which meet the curved arc $e_2\,e_1\,e_2$ of the preceding figure which lies to the left. Those axes which meet the other curved arc $e_2\,e_1\,e_2$ intersect in another point of the central line (*i.e.* of the vertical through the centre of the sphere); namely, the point into which the centre of the sphere is transformed by the hyperbolic substitution already explained. A visible representation of the possible motions of the top's axis in complex time is to be had by constructing the figures for $\dfrac{\alpha}{\gamma}$ and $\dfrac{\beta}{\delta}$ on an actual sphere and joining a number of corresponding points by straight lines.

The doubly infinite systems of the rays which are elements of the polhodes and herpolhodes of all motions possible in complex time, may be constructed in like manner, and a complete geometrical representation be thus obtained of the top's motion. The constructions are more complicated, but there is no essential difficulty in carrying them out.

In fact, the only serious difficulty in this entire method of discussion is, that all our ordinary conceptions of mechanics involve the notion that time is capable of but one sort of variation. We are so accustomed to regard the mechanical conditions which correspond to small values of t, as, so to speak, the *cause* of those which correspond to greater values, and to picture the changes of configuration as following one another in definite order with the varying time, that we find ourselves at a loss for a mechanical representation when t, by being supposed complex, becomes capable of two degrees of variation.

To avoid this difficulty as far as possible, let us suppose t no longer capable of varying in every direction in the parallelogram of periods, but only along a line parallel to the real axis. In other words, in $t = t_1 + i t_2$, let us regard t_2 as constant in each particular case, and t_1 as alone varying. In this manner, by subsequently giving t_2 all possible values, we may take into account all possible complex values of t, but we conceive them as ranged along the ∞^1 parallels to the real axis. Regarded thus, the Riemann surfaces $\dfrac{\alpha}{\gamma}$, $\dfrac{\beta}{\delta}$ become carriers of certain curve systems, and the system of ∞^2 axes is distributed among ∞^1 ruled surfaces.

In this manner we separate the totality of the positions of the top in complex time into an infinite number of simply infinite sets of positions. These sets of positions are characterized not only by the initial values of t, but by the values of the constants of integration, which must have been introduced had the reckoning which we have merely sketched been actually carried out. It should perhaps have been stated earlier that in the interest of complete generality these constants must now be supposed complex, for we are now operating in the domain of complex numbers. Moreover, only by supposing them complex shall we have constants enough at our disposal to meet all the conditions of our generalized problem of motion.

So far our figures have been constructed with a view to obtaining a clear geometrical representation of the entire content of our analytical formulas. But their chief interest lies in this: that one can give them a *real* dynamical meaning, that one can find a real mechanical system by whose motions they may be generated. I assert that *one can determine a certain free mechanical system, namely, a rigid body freely moving in non-Euclidean space under the action of certain definite forces, which in real time carries out exactly that infinity of forms of motion which we have just been describing, the one or other of them according to the choice made of the initial conditions of motion.* The mechanical system is a generalized one, but it belongs to the domain of real dynamics.

Let us consider the general problem of the motion of a rigid body under the action of any forces, in the non-Euclidean space whose absolute is the surface:

$$x^2 + y^2 + z^2 - t^2 = 0 .$$

The earliest investigation of the motion of a rigid body in non-Euclidean space was made by Clifford in 1874 — though the investigation was not published until after his death, in his collected works. The same problem has been considered also by Heath in the *Philosophical Transactions*, 1884. Both these mathematicians, however, have treated the case of the elliptic non-Euclidean geometry, not the hyperbolic, and have contented themselves with establishing the differential equations of the problem.

I shall proceed analytically, as this method is more readily understood by one who is not well versed in non-Euclidean geometry, and immediately obtain differential equations for the motion of a certain rigid body in non-Euclidean space perfectly analogous to the equations for the motion of the top in real time, but involving two sets of variables.

To have the general case before us at once, I suppose the parameters φ, ψ, ϑ, and the time t, all complex and set

$$\varphi = \varphi_1 + i\varphi_2, \quad \psi = \psi_1 + i\psi_2, \quad \vartheta = \vartheta_1 + i\vartheta_2, \quad t = t_1 + it_2 .$$

These parameters are connected with T and V, the kinetic and potential energy, by the well-known Lagrange equations:

$$\frac{d\left(\dfrac{\partial T}{\partial \vartheta'}\right)}{dt} = \frac{\partial (T - V)}{\partial \vartheta}, \qquad \frac{d\left(\dfrac{\partial T}{\partial \varphi'}\right)}{dt} = \frac{\partial (T - V)}{\partial \varphi}, \qquad \frac{d\left(\dfrac{\partial T}{\partial \psi'}\right)}{dt} = \frac{\partial (T - V)}{\partial \psi} .$$

In these equations set

$$T = T_1 + iT_2, \qquad V = V_1 + iV_2 .$$

Since, then,

$$\frac{\partial T}{\partial \vartheta'} = \frac{\partial T_1}{\partial \vartheta_1'} + i\frac{\partial T_2}{\partial \vartheta_1'},$$
$$= \frac{\partial T_1}{\partial \vartheta_1'} - i\frac{\partial T_1}{\partial \vartheta_2'};$$

and similarly,

$$\frac{\partial T}{\partial \varphi'} = \frac{\partial T_1}{\partial \varphi_1'} - i\frac{\partial T_1}{\partial \varphi_2'} \quad \text{and} \quad \frac{\partial T}{\partial \psi'} = \frac{\partial T_1}{\partial \psi_1'} - i\frac{\partial T_1}{\partial \psi_2'};$$

and since, furthermore, by our hypothesis, $dt = dt_1$, the first of our equations breaks up into the two equations involving real variables only,

$$\frac{d\left(\dfrac{\partial T_1}{\partial \vartheta_1{}'}\right)}{dt_1} = \frac{\partial\,(T_1 - V_1)}{\partial \vartheta_1}, \qquad \frac{d\left(\dfrac{\partial T_1}{\partial \vartheta_2{}'}\right)}{dt_1} = \frac{\partial\,(T_1 - V_1)}{\partial \vartheta_2};$$

and the remaining two equations behave similarly.

Thus, every real mechanical problem again reduces to a real problem when the variables are made complex, provided the real part only of the complex t be supposed to vary, but the problem of a motion involving twice the number of variables.

Applying this general conclusion to the particular question before us, it is evident without any further discussion that the problem of the motion in complex time of a top whose point of support is fixed is changed into a problem of real dynamics; the problem of the non-Euclidean motion of a rigid body. This motion has six degrees of freedom instead of three, corresponding to the six parameters, ϑ_1, ϑ_2, φ_1, φ_2, ψ_1, ψ_2, and its kinetic and potential energy are T_1 and V_1, the real parts of the complex T and V.

But what is the rigid body, and what the force producing the motion? We shall content ourselves with simply answering these questions without entering upon the considerations appertaining to non-Euclidean geometry by which our conclusions are reached.

The equation of the absolute being

$$x^2 + y^2 + z^2 - t^2 = 0,$$

the integral

$$\int \frac{(ux + vy + wz - \omega t)^2}{(u^2 + v^2 + w^2 - \omega^2)(x^2 + y^2 + z^2 - t^2)}\, dm,$$

evaluated throughout any body in the corresponding non-Euclidean space, is called the "second moment" of the body with respect to the plane whose coordinates are u, v, w, ω. *In the particular case before us this integral, when evaluated, will be equal to* 1, *independently of the values of* u, v, w, ω.

Remembering that u, v, w, ω are constants with respect to the integration, the result may be written

$$\frac{A u^2 + 2 B uv + \dots}{u^2 + v^2 + w^2 - \omega^2}, \quad \text{which therefore} = 1.$$

Now the surface whose equation in tangential coordinates is

$$A u^2 + 2 B uv + \dots = 0$$

is called the "null-surface". In the case before us, therefore, *the null-surface coincides with the absolute*. This is the rigid body of our non-Euclidean motion.

The force producing the motion may be defined as follows: In the figure (Fig. 9) let g represent the fixed axis of gravitation (through the point of support of the top), r the axis of the top, and p the non-Euclidean perpendicular common to g and r. The angle between g and r is then defined as $\vartheta = \vartheta_1 + i\,\vartheta_2$, where ϑ_1 represents the angle between the planes gp and rp, and $i\vartheta_2$ in non-Euclidean angular measure is the distance p.

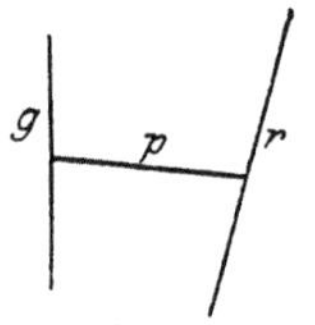

The force is then the wrench represented in intensity by $P \cdot \sin \vartheta$, of which the real part represents the rotating force acting about p and the imaginary part represents the thrust along p.

Fig. 9

In conclusion, allow me to remark once again that this non-Euclidean geometry involves no metaphysical consideration, however interesting such considerations may be. *It is simply a geometrical theory which groups together certain geometrical relations in real space in a manner peculiarly adapted to their study.*

Lecture IV.

In the latter part of yesterday's lecture we ventured a little way into what Professor Newcomb has called the "fairyland of mathematics". Ignoring the limitation of the top's motion to real time, we gave full play to our purely mathematical curiosity. And there can be no doubt that it is proper and indeed necessary within due limits to proceed after this manner in all such investigations as that now before us. It is possible only thus to develop a strong and consistent mathematical theory. But we should not yield ourselves wholly to the charm of such speculations, but rather control them by being ever ready to return to the actual problems which nature herself proposes.

We turn again to-day, therefore, to the real top, and proceed to investigate its motion when the point of support is no longer fixed, but movable in the horizontal plane. This is the case of the *ordinary toy top*[13]).

It has been well known since the time ot Poisson that the differential equations of this motion can be integrated in terms of the hyperelliptic integrals. And it is the main purpose of my present lecture to show *that these integrals may be treated in a manner quite analogous to that in which the elliptic integrals were treated, by aid of the general "automorphic functions", of which the elliptic functions are a special class.*

The "toy top" has five degrees of freedom of motion, two of them relating to the horizontal displacement of the centre of gravity, and the

---

[13]) [Wegen Aufstellung der Bewegungsgleichungen vgl. Kreiselbuch, Heft III, Anhang zu Kapitel VI.]

other three to the motion around this centre. The horizontal motion of the centre of gravity is very simple, being, as is well known, a rectilinear motion of constant velocity. Consequently, no essential restriction of the problem is involved in assuming the horizontal projection of the centre of gravity to be a fixed point. By this assumption the problem is again reduced to one of three degrees of freedom only, and we have besides t no other variables to consider than the parameters φ, ψ, ϑ or α, β, γ, δ of the previous discussion — the parameters here defining the position of the top with respect to axes through its centre of gravity.

To obtain first the ordinary formulas which define the motion in terms of the astronomical parameters: let G represent the weight of the top, s the distance of its centre of gravity from the point of support, and again represent the product Gs, i.e. the static moment, by P. Also, for the sake of simplicity, let us again suppose that the three principal moments of inertia of the top, in this case with respect to the axes through its centre of gravity, are all equal to 1.

Then the kinetic energy, T, and the potential energy, V, are given by the following equations: viz.

$$T = \tfrac{1}{2}(\varphi'^2 + \psi'^2 + 2\varphi'\psi'\cdot\cos\vartheta + \vartheta'^2 + Ps\cdot\sin^2\vartheta\cdot\vartheta'^2), \quad V = P\cos\vartheta,$$

which differ from the corresponding expressions in the special case where the point of support is fixed only in the appearance of the additional term $Ps\,\sin^2\vartheta\cdot\vartheta'^2$ in T. As this term will disappear if $s = 0$, though we take Gs, i.e. P, different from zero, the elementary case may be described from the present point of view as that of a top of infinite weight whose centre of gravity coincides with its point of support.

On substituting these values for T and V in the first two Lagrange equations,

$$\frac{d\dfrac{\partial T'}{\partial \varphi'}}{dt} = 0, \qquad \frac{d\dfrac{\partial T}{\partial \psi'}}{dt} = 0,$$

we obtain immediately, as before, the two algebraic first integrals

$$\varphi' + \psi'\cos\vartheta = n,$$
$$\psi' + \varphi'\cos\vartheta = l.$$

If from these last equations we reckon out φ' and ψ', and substitute the resulting values in the integral of energy

$$T + V = h,$$

we obtain t, φ and ψ in the form of integrals in terms of the variable ϑ.

As before, we set $u = \cos\vartheta$, and

$$U = 2Pu^3 - 2hu^2 + 2(ln - P)u + (2h - l^2 - n^2),$$

when these integrals become

$$t = \int \frac{du \sqrt{(1+Ps)-Psu^2}}{\sqrt{U}},$$

$$\varphi = \int \frac{n-lu}{1-u^2} \cdot \frac{du \sqrt{(1+Ps)-Psu^2}}{\sqrt{U}},$$

$$\psi = \int \frac{l-nu}{1-u^2} \cdot \frac{du \sqrt{(1+Ps)-Psu^2}}{\sqrt{U}}$$

These formulas differ from the corresponding formulas for the elementary case in that the new irrational factor $\sqrt{(1+Ps)-Psu^2}$ here appears in the numerator of each integrand. In consequence, we have now to do with hyperelliptic integrals, $p=2$. In addition to the former branch-points of the Riemann surface in the u-plane, viz. e_1, e_2, e_3, e_∞, two new real branch-points appear, viz.:

$$u = \pm \sqrt{\frac{1+Ps}{Ps}}.$$

I shall call them e_4, e_6, and assume them to be numerically greater than e_3. The Riemann surface is therefore a surface of two sheets with six branch-points e_1, e_2, e_3, e_4, e_∞, e_6, ranged along the real axis of the u-plane, as indicated in the following figure:

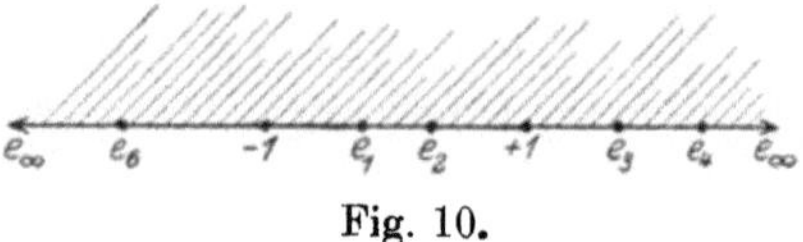

Fig. 10.

In addition to the branch-points, I have indicated the positions of the points $+1$, -1, since these particular values of u, corresponding to $\vartheta = 0$, $\vartheta = \pi$, play, as in the elementary case, a special rôle in our discussion.

The time t is no longer an integral of the first kind; that is to say, an integral which remains finite for all values of u, but an integral of the second kind, which becomes infinite for $u = \infty$, as $\sqrt{-2su}$. An integral of the second kind, it may be added, is one having a point of algebraic discontinuity only. The integrals φ und ψ, on the other hand, have each of them, as before, four logarithmic points of discontinuity; namely, the four points $u = \pm 1$ of the Riemann surface.

The first step to be taken is to replace the integrals φ and ψ by *normal* hyperelliptic integrals of the third kind; that is, by integrals possessing each but *two* logarithmic points of discontinuity with the residues $+1$ and -1. This is accomplished precisely as in the elementary case, by introducing $\log \alpha$, $\log \beta$, $\log \gamma$, $\log \delta$. As before, these prove to be normal integrals of the third kind, each having a logarithmic discontinuity (with the residue $+1$) at one of the points $u = \pm 1$, and all having a second logarithmic discontinuity in common (with the residue -1) at the point $u = \infty$. This follows at once from the result of the reckoning if it be noticed that the expression $(1 + Ps) - Psu^2$ reduces to 1 for $u = \pm 1$.

It is evident, therefore, that *the parameters α, β, γ, δ play the same fundamental rôle here as in the case of the top whose point of support is fixed*. And in the following discussion we shall no longer use φ and ψ, but α, β, γ, δ. These variables possess on the Riemann surface a 0-point each at one of the four points $u = \pm 1$, and a common ∞-point at $u = \infty$. I have not thought it necessary to enter into the details of this reduction, as it is so completely analogous to the reduction in the more elementary case.

But when we attempt to repeat the next step of the previous discussion, and endeavor, by inverting the hyperelliptic integral t, so assign to t the rôle of independent variable, we find at once that there is a profound difference between our present problem and the previous more special problem. This difference is masked when we confine our attention to the top's motion in real time. For as t varies, remaining always real, the value of u vibrates as before between the values e_1 and e_2, while φ and ψ are each increased by real periods. The difference comes to light, however, as soon as, allowing t to take complex values, we proceed to construct in the t-plane the image of the Riemann surface. As the image of a half-sheet of this surface, we have now, instead of the simple rectangle of the elementary case, an open hexagon with one of its angular points at infinity, as in the following figure, and when by the methods of symmetrical and congruent reproduction, we go on to construct from this figure the image of the entire Riemann surface, we at once encounter the difficulty that this image will cover the t-plane not simply, as in the elementary case, but rather with an infinite number of overlapping hexagonal pieces. To a single point in the t-plane, therefore, will correspond not one,

Fig. 11.

but an infinite number of values of u, that is to say, u is no longer a *uniform* function of t.

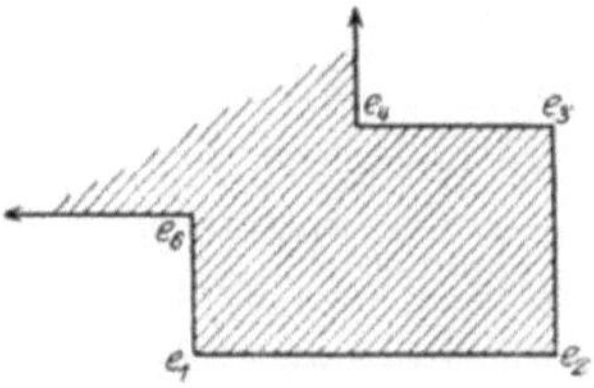

I may remark that it is often said that the inversion of the hyperelliptic integrals is impossible. This is not true; it is not impossible to invert them, but to get uniform functions by the process.

There is a well known method of generalizing the result of inverting the elliptic integrals and obtaining functions, "hyperelliptic functions", as they are called, which are in a proper sense the generalization of the elliptic functions. The method is due to Jacobi, and goes by his name.

There are two hyperelliptic integrals of the first kind in the case before us:

$$v_1 = \int \frac{du}{\sqrt{U} \cdot \sqrt{1 + Ps - Psu^2}},$$

$$v_2 = \int \frac{u \cdot du}{\sqrt{U} \cdot \sqrt{1 + Ps - Psu^2}}.$$

Jacobi forms double ϑ-functions of v_1, v_2, viz. $\Theta(v_1, v_2)$, in terms of which he seeks to express the other variables as uniform functions. This is, perhaps, the greatest achievement of Jacobi, and for general investigations of the highest importance, but it promises us little aid in the problem which we are considering. To avail ourselves of it, we should need first to develop a method for determining what values of v_1, v_2 correspond to the same value of t. We are therefore reduced to the direct computation of hyperelliptic integrals if we wish to avoid the complicated equation for v_1 and v_2 which results if we eliminate t.

Is it possible, then, by any means whatsoever, to obtain for the general motion of the top formulas analogous to those which we succeeded in establishing for the top whose point of support was fixed? Yes, by availing ourselves of the *theory of the uniform automorphic functions*[14]).

A uniform automorphic function of a single variable η is a function $f(\eta)$, which satisfies the functional equation

$$f\left(\frac{a_\nu \eta + b_\nu}{c_\nu \eta + d_\nu}\right) = f(\eta),$$

where a_ν, b_ν, c_ν, d_ν have given constant values for each of the values of ν: 1, 2, 3, ..., ∞ — for all of which the functional equation is satisfied.

The automorphic functions, therefore, are functions which are transformed into themselves by an infinite but discontinuous group of linear substitutions. They are the generalization of the elliptic functions which consists in generalizing the periodicity of these functions, but leaving the number of the variables unchanged, while Jacobi's hyperelliptic functions are a generalization which consists in increasing the number of variables, but leaving the periodicity unchanged.

---

[14]) [Über die Theorie der allgemeinen automorphen Funktionen vgl. meine Abhandlung in Bd. 21 der Math. Annalen (1883) Neue Beiträge zur Riemannschen Funktionentheorie" = Abh. CIII in Bd. 3 dieser Ausgabe. K

I shall present what I have to say regarding them geometrically. And, indeed, the general notion of these automorphic functions, as well as the knowledge of their most important properties, originated from geometrical considerations, and geometrical considerations only. Even now the analytical details of the theory have been only partially developed.

Our problem, as we are now to conceive of it, is this: *to define a variable η, of which t, α, β, γ, δ shall be uniform automorphic functions*, as were α, β, γ, δ of t itself in the elementary case.

To revert to the elementary case — the fact that t was itself a "uniformizing" variable, *i.e.* a variable of which u was a uniform function, was brought to light by finding that when the image in the t-plane of a single half-sheet of the Riemann surface on the u-plane was reproduced by symmetry and congruence, this image covered the t-plane *simply*. May we not, then, construct in the plane of a variable η a rectangular hexagon which shall be the image in the η-plane of a half-plane u, and which on being reproduced shall cover the η-plane or a portion of it simply, and then subsequently, from a study of the conditions which determine this hexagon, derive in definite analytical form the functional relation between η and u?

It is in fact possible, as the theory of automorphic functions shows, to construct such a rectangular hexagon, and that in essentially but one way. Its sides are not line segments, but arcs of circles which themselves cut the real axis of the η-plane at right angles. It has the following form:

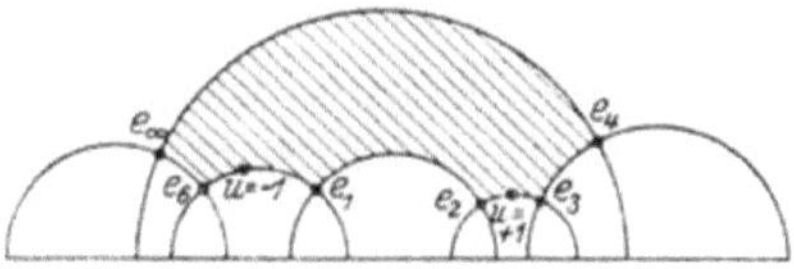

Fig. 12.

The mere geometrical requirement that the figure be made up of arcs of circles which cut the real axis orthogonally, and cut each other orthogonally also at the six points e_1, e_2, e_3, e_4, e_x, e_6, is of course not enough to determine it completely. There are a certain number of parameters which remain undetermined, and which are to be so determined that the hexagon is an actual conformal representation of the half u-plane with the given branch-points e_1, e_3, $\ldots$, e_6. The fundamental theorem of the theory of automorphic functions declares that this can be accomplished in one, and essentially but one, way.

Having determined the image of the one half-sheet of the Riemann surface on the u-plane, the infinitely many remaining images are to be had by constructing the figure into which the original image is transformed by inversion with respect to each circle of which one of its sides is an arc, by repeating the same construction for the resulting hexagons, and so on indefinitely.

By this process the entire upper half of the η-plane is simply covered without overlapping by rectangular hexagons, whose sides are circular arcs. Each of these hexagons is an image of a half-sheet of the Riemann surface. And if they be alternately shaded and left blank, the shaded ones are images of positive half-sheets, the blank ones of negative half-sheets of the surface.

Evidently, then, to a single point in the η-plane there corresponds but a single point in the Riemann surface, or *u and $\sqrt{U}$ are uniform functions* of η. On the other hand, the points in two of the hexagons which correspond to the same value of u, $\sqrt{U}$, and may be called "equivalent points", are connected by a formula of the form $\eta' = \dfrac{a_\nu \eta + b_\nu}{c_\nu \eta + d_\nu}$, as in the special elliptic case the corresponding points of two of the parallelograms of periods were connected by the formula

$$t' = t + 2\,m_1\,\omega_1 + 2\,m_2\,i\,\omega_2 .$$

Thus u and $\sqrt{U}$ are uniform automorphic functions, of η, satisfying the equation:

$$f(\eta) = f\left(\frac{a_\nu \eta + b_\nu}{c_\nu \eta + d_\nu}\right) .$$

I may remark that Lord Kelvin made use of this sort of symmetrical reproduction more than fifty years ago in his researches on electrostatic potential. But his figures were solids bounded by portions of spherical surfaces, and his principal aim was so to determine these that only a finite number of other distinct solids should result from them by the process of reproduction.

Not only u and $\sqrt{U}$, but also $\sqrt{1 + Ps - Psu^2}$, and again t, α, β, γ, δ, are uniform functions of our new variable η, functions, it may be added, which exist only in the upper half of the η-plane. *Hence η is the uniformizing variable which we have been seeking, the variable which plays the rôle taken by t in our discussion of the special problem.*

We turn therefore to the consideration of t, α, β, γ, δ, regarded as functions of η.

The variable t is affected *additively* by the linear substitutions of η which correspond to the successive reproductions of the figure; *i.e.* with every substitution it is increased by a constant. Moreover, it becomes infinite, and that simply infinite algebraically, at all those points of the η-plane which correspond to the point e_∞ of the u-plane, the points, namely, which are equivalent to the single angular point marked e_∞ in the hexagon of our figure.

On the other hand, α, β, γ, δ, are affected multiplicatively by the linear substitutions of η. Each becomes zero in one series of equivalent points, and that simply, and each becomes infinite, and that also simply, in another series of equivalent points.

The ∞-points are the same as those for which t becomes infinite; the 0-points are the points on the perimeters of our hexagons which correspond to the four points $u = \pm 1$ of our original Riemann surface of two sheets on the u-plane. The two points corresponding to $u = +1$ we may name a', a'', and the two points corresponding to $u = -1$, b', b'', in such a manner that the series of equivalent 0-points of α, β, γ, δ, correspond respectively to a', b', b'', a''.

On this characterization of our functions t, α, β, γ, δ, we have now to base their analytical representation in terms of η. This is to be accomplished by means of the functions which in this more general case of the automorphic theory play the same fundamental rôle as the elliptic σ-functions in the more elementary case — the so-called *prime-forms*[15]). The *prime-form is not a function of η, but a homogeneous function of the first degree of η_1, η_2 $\left(\text{where } \dfrac{\eta_1}{\eta_2} = \eta\right)$; like the elliptic σ-function, it vanishes at all of a certain series of equivalent points, and is nowhere infinite.*

I use the name prime-form because all the algebraic integral forms belonging to the Riemann surface admit of being similarly expressed as products of suitably chosen prime-forms, just as in ordinary arithmetic integers as products of prime numbers. It may be added that these prime-forms are not completely determined quantities. The may be altered by certain factors, the exact expression of which here would cause too serious a digression.

If now we represent the prime-form whose zero-points are the series of equivalent points corresponding to the point m of the Riemann surface by the symbol $\Sigma(\eta_1, \eta_2; m)^{16})$, we have the following analytical representation of our functions t, α, β, γ, δ, viz.:

$$t = \frac{\Sigma'(\eta_1, \eta_2; e_\infty)}{\Sigma(\eta_1, \eta_2; e_\infty)},$$

$$\alpha = \frac{\Sigma(\eta_1, \eta_2; a')}{\Sigma(\eta_1, \eta_2; e_\infty)}, \qquad \beta = \frac{\Sigma(\eta_1, \eta_2; b')}{\Sigma(\eta_1, \eta_2; e_\infty)},$$

$$\gamma = \frac{\Sigma(\eta_1, \eta_2; b'')}{\Sigma(\eta_1, \eta_2; e_\infty)}, \qquad \delta = \frac{\Sigma(\eta_1, \eta_2; a'')}{\Sigma(\eta_1, \eta_2; e_\infty)}.$$

---

[15]) [Über Primformen vgl. meine Arbeit in Bd. 36 der Math. Annalen (1890): „Zur Theorie der Abelschen Funktionen" = Abh. XCVII in Bd. 3 dieser Ausgabe. K.]

[16]) [Vgl. auch meinen ersten Aufsatz über hyperelliptische Sigmafunktionen in Bd. 27 der Math. Annalen (1886) = Abh. XCV in Bd. 3 dieser Ausgabe. K.]

And so we find here, as before, that *the functions α, β, γ, δ prove to be the simplest elements for the representation of the top's motion.* They are the simplest quotients of the elementary functions of the "hyperelliptic body" which has replaced the "elliptic body" of our earlier discussion.

It may be remarked that these formulas at once reduce to $t = \eta$ and the previously obtained elliptic formulas on making the hypotheses $P \gtrless 0$, $s = 0$, which are equivalent to supposing the point of support fixed.

Moreover, it must be said that these expressions for t, α, β, γ, δ are only to be understood as having a formal significance. There is altogether lacking the actual determination of the constants left at our disposal by the definitions of the $\sum$'s, and which, it may be added, differs for the different $\sum$'s which appear in the formulas for t, α, β, γ, δ.

And with this we come upon the point at which this theory is still incomplete. The exact determination of the formulas, and in general the means of reckoning them out by practicable methods, are for the most part wanting. The theory of the automorphic functions which for a time was a matter of principal interest in the theory of functions has in recent years not attracted the attention nor found the support which it seems to deserve. *I have therefore the more gladly laid stress here on the fact that these are not only functions possessing a theoretical interest, but functions which necessarily present themselves if one will completely solve even the simplest problems of mechanics.*

Had we the time, we should find it interesting to consider the geometry of this more general case of the top's motion also.

I will, however, give the equation of the curve traced on the horizontal plane by the point of support. It is $x + iy = 2\alpha\beta s$, as results from the formulas on page 623, by giving X, Y, Z the values of 0, 0, $-s$, respectively. For the values of x and y depend on α, β, γ, δ alone, these quantities, in the present case, conditioning the motion of the centre of gravity up and down its vertical, and no terms appearing in the expressions for x and y due to this motion.

And I may also make the general remark that in this geometrical study the non-Euclidean interpretation plays an important rôle. For while the curves traced by the apex, etc., have in real time a form quite similar to that in the case of the fixed point of support, the Riemann surface as described by the apex on the fixed sphere brings fully into evidence the difference between the elliptic and hyperelliptic characters of the two motions. Instead of the quadrilateral which was represented in Fig. 8 we should here have a hexagon.

LXXVI. On the Stability of a sleeping Top.

Abstract of a Lecture before the American Mathematical Society at the Princeton Meeting, October 17, 1896.

[Bulletin of the American Mathematical Society. Vol. 3 (1897).]

In the four lectures[1]) of the earlier part of the week I have attempted to simplify the formulæ for the motion of a top by turning to account the methods of the modern theory of functions. In treating this problem I have been largely influenced by the consideration that it is desirable on both sides to reinforce the ralationships between pure mathematics and mechanics.

To-day I consider from the same standpoint a much more elementary question, which, however, for this very reason serves as at type for many related problems, viz., the stability of a top rotating about an axis directed vertically upward. The point of support we will assume to be fixed. If it were movable in a horizontal plane, the formulæ would be somewhat more complicated, but the final result would be quite similar to that in the special case[2]).

When the rotation is very rapid the behavior of the top is as if its axis were held fixed by a special force. This idea was employed, for instance, by Foucault (1851); to regard it, however, as an independent mechanical principle, as is done in many presentations of the subject, is, of course, absurd.

The usual mode of attacking the problem is by means of the *method of small oscillations*. If x, y are the horizontal coordinates of the point of support of the top, n its rotational velocity, and P the moment of its weight, then, rejecting higher powers of x and y, we obtain the linear homogeneous differential equations with constant coefficients

$$x'' + ny' - Px = 0,$$
$$y'' - nx' - Py = 0.$$

---

[1]) Four lectures "On the theory of the top". [Vorstehend als Nr. LXXV abgedruckt.]

[2]) [Zu dieser Abhandlung vgl. mein und Sommerfeldts Kreiselbuch, Heft II, Kap. V, §§ 4, 5, 8, sowie die allgemeinen Erörterungen in §§ 6, 7 ebendaselbst. K.]

The terms in x' and y' in these equations are known as the gyroscopic terms. The solutions of the equations involve the characteristic exponent

$$\lambda = \frac{\pm\, i\, n \pm \sqrt{4\,P - n^2}}{2}.$$

With respect to the form of this exponent two cases are customarily distinguished: the *stable* case, $n^2 > 4\,P$, and the *unstable* case $n^2 \leq 4\,P$, the conclusion then being drawn that in the former case actual oscillations take place about the position of equilibrium, while in the latter case the axis moves away indefinitely from the position of equilibrium.

For the stable case we obtain

$$x = a \cos\frac{n\,t}{2} \cdot \sin\sqrt{\frac{n^2 - 4\,P}{4}}\, t,$$

$$y = a \sin\frac{n\,t}{2} \cdot \sin\sqrt{\frac{n^2 - 4\,P}{4}}\, t,$$

where a is a constant of integration.

I will retain the designations „stable" and „unstable" for the cases $n^2 > 4\,P$ and $n^2 \leq 4\,P$, and will then examine whether the motion actually corresponds to the common use of these terms.

From the start this method of small oscillations lies open to severe criticism. In the so-called unstable case it is directly self-contradictory, since the quantities, which in the construction of the differential equation are assumed to be *small*, become after its integration *large*. There is no reason whatever, therefore, for regarding the results as an approximation to the actual conditions. Even in the stable case the method lacks an accurate basis.

Poincaré, in the corresponding questions of astronomy, carries out the development in series to higher terms. But, supposing that these series converge at all, will their region of convergence extend far enough so that the actual character of the motion can be deduced from them? In the case of the top we are relieved of the laborious investigation of this question, inasmuch as the complete integration can be carried out in explicit form.

I propose the following mode of treating the problem. For the sake of simplicity, the moments of inertia of the top about its principal axes are all assumed equal to 1. The axis, being originally vertical, let the polar angles at any time to be ϑ, ψ and let $\cos\vartheta = u$. The formulæ of integration are then

where

$$t = \int \frac{d\,u}{\sqrt{U}}, \qquad \psi = n \int \frac{d\,u}{(u+1)\sqrt{U}},$$

$$U = 2\,(u - 1)\,(n^2 + (P\,u - h)\,(u + 1)).$$

The upper end of the axis (apex) of the top describes in all cases on the surface of the circumscribed sphere a rosette consisting of a number of congruent loops. This is still the case when $n = 0$, a loop being then identical with a great circle of the sphere. Our interest centres in the question, how *long* these loops are, *i. e.*, to what value $u = e$ does u diminish, beginning whit $u = 1$. Here $u = e$ is that root of $U = 0$ which lies between $u = + 1$ and $u = - 1$. In order to obtain the width of the loops it would be necessary to discuss the integral ψ.

Introducing v to denote the value when $u = 1$ of the angular velocity $d\vartheta/dt$ of the axis of the top, this being equal to the measure of the lateral impulse by which the axis is carried out of the vertical position, we have from $U = 0$, on writing e for u,

$$v^2 = \frac{(1 - e)\left(n^2 - 2P(e + 1)\right)}{e + 1}.$$

When e and v are rectangular coordinates, this equation properly interpreted, represents a plane cubic, symmetric to the axis of e, with a vertical tangent at $e = 1$, $v = 0$, and having $e + 1 = 0$ as an asymptote. This curve has a certain difference of position according as

$$n^2 - 4P > 0 \quad \text{or} \quad n^2 - 4P < 0,$$

(the case $n^2 - 4P = 0$ may be disregarded for the sake of brevity). In the former (stable) case, the odd branch of the curve passes through $e = + 1$, $v = 0$, while in the latter (unstable) case, it is the even branch which passes through this point.

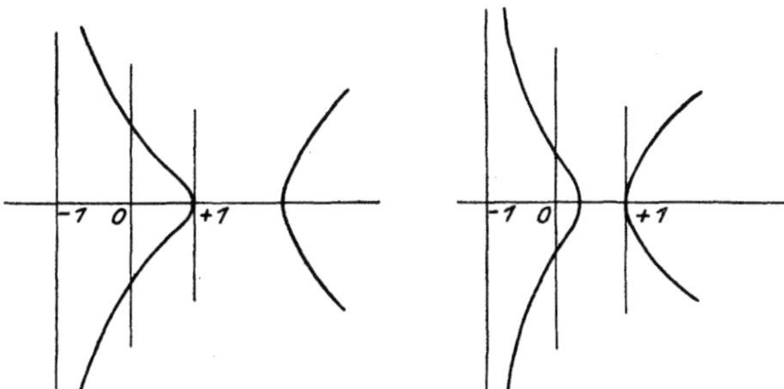

Fig. 1.

In both cases it is the odd branch which is of account for the real motion of the top since $u = \cos\vartheta$ lies, for real ϑ, between, $- 1$ and $+ 1$. In both cases, too, the difference $1 - e$, *i. e.*, the length of the loops of the rosette, diminishes with v.

The characteristic distinction between the two cases is this: that for $n^2 - 4P > 0$, the difference $1 - e$ diminishes with v to 0, while if

$n^2 - 4P < 0$ this difference never passes a certain lower limit different from 0. Accordingly, in the unstable case, the loops of the rosette take at once a certain finite length even for the smallest lateral impulse given the top.

Theoretically, this furnishes a sharp distinction between the two cases; practically, however, this may become unnoticeable, if $n^2 - 4P$ while < 0, becomes very small in absolute value. The rosette in the unstable case can become as small as we please; and given a stable rosette, a proper choice of the constants n and v will give for the unstable case a rosette *smaller* than the stable one.

Our result is therefore discordant with the common acceptation of the terms „stable" and „unstable". Besides that it does not substantiate the pretensions of the method of small oscillations. If the apex of the top in an unstable case describes a „small" rosette, why does not this fact appear from the method of small oscillations?

The answer to this last question will be apparent, if we introduce the quantity e in the integral t:

$$t = \int \frac{du}{\sqrt{\dfrac{2\,(u-e)\,(1-u)}{1+e}\,\big(n^2 - 4P - P\,(u-1)\,(e-1) + 2\,(u-1) + 2\,(e-1)\big)}}\,.$$

The method of small oscillations neglects in the parenthesis

$$n^2 - 4P - P\,(u-1)\,(e-1) + 2\,(u-1) + 2\,(e-1)$$

the terms containing $u-1$ and $e-1$ in comparison with $n^2 - 4P$. This is admissible when and only when $u-1$ and $e-1$ being small, $n^2 - 4P$ *is not small*, — and therefore those cases, stable or unstable, where $n^2 - 4P$ is itself a small quantity are incapable of approximate treatment by the method of small oscillations.

Princeton, October 18, 1896.

[In den drei Arbeiten Nr. LXXIV—LXXVI zur Kreiseltheorie, die hier vorangehen, werden nur einige rein mathematische Resultate, welche ich bezüglich derselben fand, mitgeteilt. Es ist bereits auf S. 509 gesagt, daß der eigentliche Anlaß zur Beschäftigung mit der Kreiseltheorie für mich ein anderweitiger war, wie denn auch die Entwicklungen in dem von Sommerfeld und mir bearbeiteten Kreiselbuch eine ganz andere Tendenz verfolgen, als die hier wieder abgedruckten Aufsätze. In dem Bemühen, mit den Technikern und ihrem Unterricht nähere Fühlung zu nehmen, war ich im Herbst 1895 bei der Jahresversammlung des Vereins Deutscher Ingenieure in Aachen gewesen und hatte danach den Direktor Holzmüller in Hagen, der damals in der Ausgestaltung des Fachschulwesens eine hervorragende Rolle spielte, besucht. Hier kam mir der Gedanke, durch eine eingehende Vorlesung über ein spezielles mechanisches Problem, eben die Kreiseltheorie, die mir geläufigen theoretischen Betrachtungen mit den Bedürfnissen physikalischen und technischen Verständnisses in Verbindung zu setzen. Von da aus habe ich im Winter 1895/96 eine übrigens nur zweistündige Vorlesung über den Kreisel gehalten, an die sich im Sommer 1896 eine vierstündige Vorlesung über allgemeine Fragen der technischen Mechanik anschloß. Aus dieser Entstehungsweise ist die eigentümliche Disposition des (später namentlich von Sommerfeld ausgeführten) Kreiselbuches zu erklären. Ich fange mit der Behandlung der kinematischen Fragen mit Hilfe der α, β, γ, δ an, um mich allmählich davon abzulösen und immer mehr konkreten Fragen zuzuwenden. Das letzte (vierte) Heft, das erst 1910 erschien und seine endgültige Gestalt durch Fritz Noether empfing, ist ausschließlich den technischen Anwendungen gewidmet, die sich wesentlich in der Zwischenzeit entwickelt hatten, und macht von dem zu Anfang herangebrachten theoretischen Rüstzeug kaum noch Gebrauch. So enthält das Buch, dessen Erscheinen sich auf einen Zeitraum von 13 Jahren verteilt, sehr verschiedenartige Kapitel. Ich verweise gern auf die geophysikalischen und astronomischen Ausführungen, die wesentlich Sommerfeld in Heft III eingearbeitet hat, insbesondere aber auf die Besprechung und Kritik der in der physikalischen Literatur vorkommenden äußerst ungenügenden Darstellungen (der sogenannten populären Erklärungen) der Kreiselerscheinungen in Heft II. In meiner Vorlesung wurden alle diese Betrachtungen mit Experimenten begleitet; auch die Einführung der elliptischen Funktionen bis hin zur wirklichen Berechnung der Kreiselbewegung, die dann Sommerfeld weiter ausführte (Heft II), schien bei den Zuhörern Beifall zu finden. Übrigens findet man eine reiche Auswahl weiterer elementarer Angaben zur Kreiseltheorie in dem Artikel von Stäckel in Bd. IV 1 der math. Enzyklopädie (Elementare Dynamik der Punktsysteme und starren Körper, 1907/08). K.]

LXXVII. Über Spannungsflächen und reziproke Diagramme. mit besonderer Berücksichtigung der Maxwellschen Arbeiten.

[Archiv der Mathematik und Physik. III. Reihe, Bd. 8 (1904).]

Von F. Klein und K. Wieghardt[1]).

Disposition.

---

[1]) Nach einem von F. Klein in der Göttinger Mathematischen Gesellschaft am 7. Juli 1903 gehaltenen Vortrage weiter ausgearbeitet von K. Wieghardt.

Das Folgende ist ein freies Referat über J. C. Maxwells Abhandlungen über Fachwerke, reziproke Figuren und Diagramme[2]) und zwar wesentlich über die unten an letzter Stelle genannte. Von der Darstellung bei Maxwell selbst wird sehr abgewichen, auch werden Resultate mitgeteilt, welche sich bei ihm noch nicht vorfinden und welche, soweit nichts Besonderes vermerkt ist, von F. Klein herrühren.

Die Veranlassung zu der vorliegenden Abhandlung bildet das Enzyklopädiereferat von Herrn Henneberg: *Über die graphische Statik der starren Körper*[3]). In diesem konnten die Maxwellschen Arbeiten naturgemäß nur kurze Erwähnung finden, während es doch wünschenswert schien, aus ihnen — die schwer lesbar sind — den wesentlichen Inhalt in etwas ausführlicherer Fassung herauszuziehen und zugleich einige Ideen zu erörtern, die sich an die Maxwellschen organisch anschließen.

<h3 style="text-align:center">§ 1.</h3>

<h2 style="text-align:center">Über Airysche Spannungsflächen ebener Kontinuen.</h2>

1. Wenn ein ebenes Kontinuum *Spannungen* mit den Komponenten P, Q, U (Fig. 1) überträgt, so verlangt bekanntlich das statische Gleichgewicht an der einzelnen Stelle das Bestehen der beiden Differentialgleichungen:

$$(1) \quad \begin{cases} \dfrac{\partial P}{\partial x} + \dfrac{\partial U}{\partial y} = 0, \\[2mm] \dfrac{\partial U}{\partial x} + \dfrac{\partial Q}{\partial y} = 0, \end{cases}$$

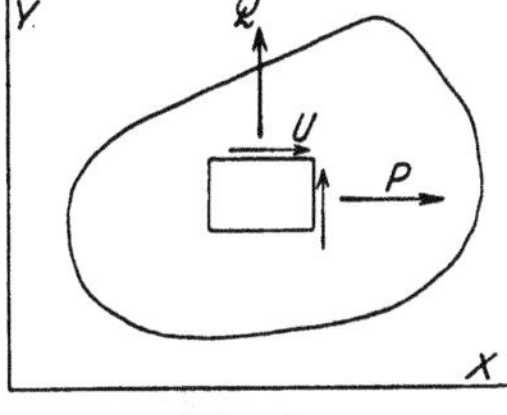

Fig. 1.

sofern äußere Kräfte nur am Rande des Kontinuums, nicht aber im Innern angreifen. Schon Airy[4]) hat bemerkt, daß diese Gleichungen nichts weiter aussagen, als daß P, Q, U sich in der durch die Gleichungen

[2]) *The scientific papers of J. C. Maxwell:*
a) Bd. I, S. 514—525: On reciprocal figures and diagrams of forces. London, Edinburgh and Dublin Phil. Mag. Bd. 27 (4); S. 250 (1864).
b) Bd. I, S. 598—604: On the calculation of the equilibrium and stiffness of frames. Phil. Mag. Bd. 27 (4); S. 294 (1864).
c) Bd. II, S. 102—104: On reciprocal diagrams in space and their relation to Airy's funktion of stress. Proc. London Math, Soc. Bd. 2.
d) Bd. II, S. 492—497: On Bow's method of drawing diagrams in graphical statics etc. Cambr. Phil. Soc. Proc. Bd. 2, S. 407 (1876).
e) Bd. II, S. 647—659: Diagrams. Encyclopaedia Britannica.
f) Bd. II, S. 161—207: *On reciprocal figures, frames and diagrams of forces.* Trans. Royal Soc. Edinburgh Bd. 26, S. 1 (1872).
[3]) Encyklopädie d. mathematischen Wissenschaften IV. 1 (abgeschlossen 1903).
[4]) Airy: On the strains in the interior of beams. Phil. Trans. 1863 (erschienen 1864), Bd. 153.

$$(2) \qquad P = \frac{\partial^2 F}{\partial y^2}, \qquad Q = \frac{\partial^2 F}{\partial x^2}, \qquad U = -\frac{\partial^2 F}{\partial x \, \partial y}$$

gegebenen Weise durch die zweiten partiellen Differentialquotienten einer Funktion $F(x, y)$ ausdrücken lassen; wir werden daher eine Funktion $F(xy)$ mit dieser Bedeutung eine „*Airysche Funktion*" oder „*Spannungsfunktion*" nennen. Es läßt sich von vornherein vermuten und wird sich auch zeigen, daß die Spannungsfunktion bei ebenen Spannungsproblemen eine zentrale Rolle spielt.

Um hierüber gleich ein wenig zu orientieren, wollen wir sofort mit Maxwell auch die längs eines Bogenstückes (ab) unseres Kontinuums *resultierenden Spannungen* mit der Spannungsfunktion in Verbindung bringen. Auf das Bogenelement ds (Fig. 2) kommt die Spannung mit den Komponenten:

$$(3) \qquad \begin{cases} X \, ds = \quad P \, dy - U \, dx = d\left[\frac{\partial F}{\partial y}\right], \\[2mm] Y \, ds = -Q \, dx + U \, dy = -d\left[\frac{\partial F}{\partial x}\right], \\[2mm] (yX - xY) \, ds = \quad d\left[x \frac{\partial F}{\partial x} + y \frac{\partial F}{\partial y} - F\right], \end{cases}$$

also auf das Bogenstück (ab) die resultiérende Spannung:

$$(4) \qquad \begin{cases} X_r = \left(\frac{\partial F}{\partial y}\right)_b - \left(\frac{\partial F}{\partial y}\right)_a, \qquad Y_r = -\left(\frac{\partial F}{\partial x}\right)_b + \left(\frac{\partial F}{\partial x}\right)_a, \\[2mm] M_r = \left(x \frac{\partial F}{\partial x} + y \frac{\partial F}{\partial y} - F\right)_b - \left(x \frac{\partial F}{\partial x} + y \frac{\partial F}{\partial y} - F\right)_a. \end{cases}$$

Dabei sind die *Vorzeichen* so gewählt, daß in dem von uns gewählten Koordinatensystem der Fig. 2 X_r, Y_r, M_r die resultierende Spannung in ihrer Wirkung auf denjenigen Teil des Kontinuums darstellt, welcher an der *linken* Seite eines von a nach b auf dem Bogenstücke (ab) Fortschreitenden liegt.

Ein weiteres Merkmal für die Wichtigkeit der Spannungsfunktion ist es, daß ihre **Existenz** unabhängig von den speziellen physikalischen Eigenschaften des Kontinuums ist, daß diese sich nun aber doch in der Art von F wiederspiegeln, und

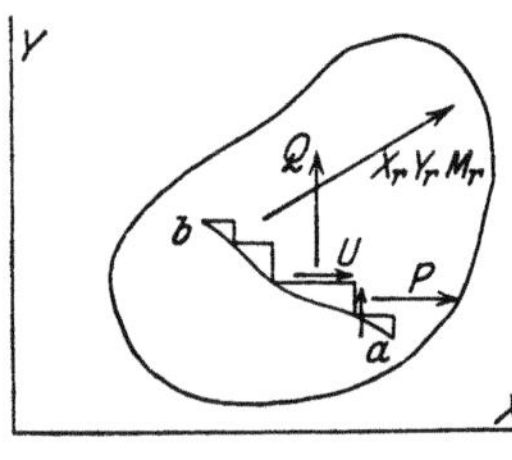

Fig. 2.

zwar so, daß die physikalischen Eigenschaften des Kontinuums Eigenschaften der Spannungsfunktion bedingen und umgekehrt.

Es ist daher fast selbstverständlich, daß wir uns eine so wichtige Funktion durch Betrachtung der Fläche:

$$(5) \qquad z = F(x, y)$$

geometrisch veranschaulichen; die Z-Achse stehe senkrecht auf der Ebene des Kontinuums. Wir nennen diese Fläche naturgemäß „*Airysche Fläche*" oder „*Spannungsfläche*"; daß sie vom Koordinatensystem unabhängig ist, ist leicht einzusehen, mag aber ausdrücklich erwähnt werden.

2. Betrachten wir nun einmal einige physikalisch verschiedenartige Kontinuen, bez. Spannungsflächen, welche verschiedenartige Eigenschaften haben!

Es handle sich erstens um eine *homogene, elastisch-isotrope Platte*, dann bestehen zwischen den Spannungskomponenten und den elastischen Deformationen („stress" und „strain") die bekannten Beziehungen:

$$(6) \quad \begin{cases} P = (\lambda + 2\mu)\dfrac{\partial u}{\partial x} + \lambda\dfrac{\partial v}{\partial y}, \\[2ex] Q = \lambda\dfrac{\partial u}{\partial x} + (\lambda + 2\mu)\dfrac{\partial v}{\partial y}, \\[2ex] U = \mu\left(\dfrac{\partial u}{\partial y} + \dfrac{\partial v}{\partial x}\right), \end{cases}$$

wo λ, u zwei dem Material des Kontinuums individuelle Konstante sind. Wenn man aus diesen Gleichungen durch Differentiation die Deformationsgrößen eliminiert und die Gleichungen (2) berücksichtigt, so bleibt für die Spannungsfunktion folgende Bedingung übrig:

$$(7) \qquad \Delta\Delta F = 0,$$

wo in üblicher Weise

$$\Delta = \frac{\partial^2}{\partial x^2} + \frac{\partial^2}{\partial y^2}$$

ist. *Soll also eine Fläche: $z = F(x, y)$ Airysche Fläche einer homogenen elastisch-isotropen Platte sein, so muß sie jedenfalls die Differentialgleichung: $\Delta\Delta z = 0$ befriedigen* [5]).

Zweitens betrachten wir einen speziellen *elektrostatischen Spannungszustand* im Äther, indem wir in den Formeln auf Seite 147 in Maxwells „Electricity" [6]) die dort stehende Funktion Ψ dahin spezialisieren, daß sie nur von x und y, nicht von z abhängt. Wir haben dann in einer Ätherebene den Spannungszustand:

$$(8) \quad \begin{cases} P = \dfrac{1}{2}\left[\left(\dfrac{\partial \Psi}{\partial x}\right)^2 - \left(\dfrac{\partial \Psi}{\partial y}\right)^2\right], \\[2ex] Q = \dfrac{1}{2}\left[\left(\dfrac{\partial \Psi}{\partial y}\right)^2 - \left(\dfrac{\partial \Psi}{\partial x}\right)^2\right], \\[2ex] U = \dfrac{\partial \Psi}{\partial x} \cdot \dfrac{\partial \Psi}{\partial y}, \end{cases}$$

[5]) Dieses Resultat scheint zuerst Herr Michell gefunden zu haben, J. H. Michell, *On the direct determination of stress in an elastic solid*, etc. Proc. London Math. Soc. Bd. 31 (1900).

[6]) J. C. Maxwell, A treatise of electricity and magnetism. 1. Bd. 2. Aufl. Oxford 1881.

wo Ψ eine der Bedingung $\Delta\Psi = 0$ genügende Funktion ist. Da $P + Q = 0$, so folgt mit Berücksichtigung der Gleichungen (2) sofort: *Soll eine Fläche* $z = F(x, y)$ *als Spannungsfläche zu dem elektrostatischen Spannungszustand der Gleichungen* (8) *gehören, so muß sie jedenfalls die Differentialgleichung:* $\Delta z = 0$ *befriedigen;* (im übrigen hängen F und Ψ durch die Formel: $F = -\iint \dfrac{\partial\Psi}{\partial x}\dfrac{\partial\Psi}{\partial y}\,dx\,dy$ zusammen).

Endlich wollen wir untersuchen, welcher Art die Spannungsverteilung eines ebenen Kontinuums ist, wenn die zugehörige Spannungsfläche ein Stück einer *abwickelbaren Fläche* ist, von dem wir der Einfachheit halber voraussetzen, daß es einwertig und singularitätenfrei ist. Ist $z = F(x, y)$ seine Gleichung und legen wir die XZ-Ebene durch eine seiner Erzeugenden, so sind natürlich längs dieser Erzeugenden $\dfrac{\partial z}{\partial x}$ und $\dfrac{\partial z}{\partial y}$ konstant, also: längs der X-Achse als der Projektion der Erzeugenden auf die XY-Ebene ist:

$$P = \frac{\partial^2 z}{\partial y^2} = \text{Funktion von } x, \quad Q = \frac{\partial^2 z}{\partial x^2} = 0, \quad U = -\frac{\partial^2 z}{\partial x\,\partial y} = 0.$$

Sind also $\left(\dfrac{\partial z}{\partial x}\right)'$, $\left(\dfrac{\partial z}{\partial y}\right)'$ die Werte der ersten Differentialquotienten für eine unendlich benachbarte Erzeugende, so kommt nach den Gleichungen (4) auf den durch beide Erzeugende definierten unendlich schmalen *erzeugenden Streifen* die konstante resultierende Längsspannung:

$$(9) \qquad P\,dy = \frac{\partial^2 z}{\partial y^2}\,dy = \left(\frac{\partial z}{\partial y}\right)' - \left(\frac{\partial z}{\partial y}\right).$$

Einer abwickelbaren Fläche als Spannungsfläche entspricht also eine Spannungsverteilung in einer Art „Streifenfolge“, nämlich in dem aus allen projizierten Streifen der Fläche bestehenden Kontinuum der XY-Ebene. Längs jeden Streifens herrscht eine bestimmte, im allgemeinen von Streifen zu Streifen veränderliche Längsspannung, während keinerlei Spannung von einem zum andern Streifen übertragen wird. Wir können uns das Spannungssystem dieser Streifenfolge mechanisch am besten durch nebeneinanderliegende Fäden — eine „*Fadenfolge*“ — realisiert denken,

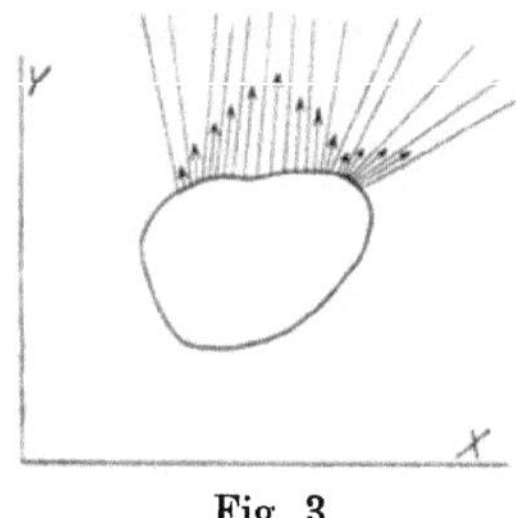

Fig. 3.

indem wir jeden Streifen durch einen mittleren Faden ersetzen, den wir so anspannen, daß seine Spannung gleich der Spannung des Streifens wird, den er ersetzt. (Fig. 3.)

3. Von besonderem Interesse ist nun die Betrachtung eines Kontinuums, welches aus einer Streifenfolge oder also einer entsprechenden

Fadenfolge und einer homogenen elastisch-isotropen Platte in gewisser Weise zusammengesetzt ist, weil damit aufs engste die in den Anwendungen der Elastizitätslehre hervortretende Aufgabe zusammenhängt, die Spannungen zu finden, welche in einer solchen Platte unter dem Einflusse eines Gleichgewichtssystems von äußeren Kräften entstehen, die am Rande der Platte angreifen.

Den Rand der Platte, die wir, um Komplikationen zu vermeiden, vorab als *einfach-zusammenhängend* annehmen, denken wir uns dadurch gegeben, daß die Koordinaten seiner Punkte durch zwei Funktionen eines von 0 bis T laufenden Parameters t gegeben sind, und ganz analog geben wir die auf ein Element dt kommende äußere Kraft:

$$X\,dt, \quad Y\,dt, \quad M\,dt = (yX - xY)\,dt$$

durch drei Gleichungen:

$$X = \varphi(t), \quad Y = \psi(t), \quad M = \chi(t),$$

wo die Funktionen φ, ψ, χ der Einfachheit halber so beschaffen sein mögen, daß die Streifenfolge (11) den Teil der Ebene außerhalb der Platte nur einfach überdeckt. Da das Kräftesystem ein Gleichgewichtssystem sein soll, so gelten die Gleichungen:

$$(10) \qquad \int_0^T \varphi\,dt = 0, \quad \int_0^T \psi\,dt = 0, \quad \int_0^T \chi\,dt = 0.$$

Wenn wir nun unsere elastische Platte zu einem über die ganze Ebene erstreckten Kontinuum erweitern, indem wir nach außen hin die Streifenfolge (bez. Fadenfolge):

$$(11) \qquad -\psi(t) \cdot x + \varphi(t) \cdot y - \chi(t) = 0$$

daranheften, so wird die Lösung der oben näher bezeichneten Elastizitätsaufgabe wesentlich darauf hinauslaufen, solche Spannungsflächen dieses zusammengesetzten Kontinuums zu finden, bei denen die längs irgendeines Stückes t_0, t_1 des Plattenrandes sich ergebende Resultante von Streifenspannungen die Komponenten:

$$\int_{t_0}^{t_1} \varphi\,dt, \quad \int_{t_0}^{t_1} \psi\,dt, \quad \int_{t_0}^{t_1} \chi\,dt$$

hat.

Zunächst konstruieren wir denjenigen Teil der gesuchten Spannungsfläche, welcher über der Streifenfolge steht. Er gehört einer abwickelbaren Fläche an, gestattet also die Parameterdarstellung:

$$(12) \ z = \Phi(x,y,t) = A(t)x + B(t)y + C(t), \quad \Phi' = A'(t)x + B'(t)y + C'(t) = 0,$$

wo durch den oberen Strich Differentiation nach dem Parameter angedeutet ist und A, B, C drei noch unbekannte Funktionen desselben sind. Diese lassen sich sofort bestimmen. Es ist bei beliebigem Fortschreiten auf der Fläche:

$$dz = A\,dx + B\,dy + \Phi'\,dt = A\,dx + B\,dy,$$

also ist:

$$\frac{\partial z}{\partial x} = A, \quad \frac{\partial z}{\partial y} = B.$$

Wegen der Randbedingungen muß, wenn wir uns der Gleichungen (4) erinnern:

$$\left[\frac{\partial z}{\partial x}\right]_{t_0}^{t_1} = -\int_{t_0}^{t_1}\psi\,dt \quad \text{und} \quad \left[\frac{\partial z}{\partial y}\right]_{t_0}^{t_1} = \int_{t_0}^{t_1}\varphi\,dt$$

sein. Also folgt:

$$A = -\int_0^t\psi\,dt + a, \quad B = \int_0^t\varphi\,dt + b,$$

wo a und b Integrationskonstante sind; da noch nach Gleichung (11)

$$A' : B' : C' = -\psi : \varphi : -\chi$$

sein muß, so ist analog:

$$C = -\int_0^t\chi\,dt + c,$$

wo c eine neue Integrationskonstante. *Die gesuchte abwickelbare Fläche ist also durch die Gleichungen:*

$$(13) \quad \begin{cases} z = -\displaystyle\int_0^t\psi\,dt\cdot x + \int_0^t\varphi\,dt\cdot y - \int_0^t\chi\,dt + ax + by + c, \\[2ex] \quad -\psi\cdot x + \varphi\cdot y - \chi = 0 \end{cases}$$

gegeben. Der abwickelbare Teil der gesuchten Spannungsfläche ist also bis auf eine willkürlich hinzuzufügende Ebene — welche die Spannungen der Streifenfolge natürlich nicht beeinflußt — eindeutig festgelegt. Außerdem ist er in sich geschlossen. (Nach (10) verschwinden die drei von 0 bis T erstreckten Integrale in (13).)

Mit dem abwickelbaren Teil erfahren wir nun aber gleichzeitig schon etwas über den andern, noch fehlenden Teil der gesuchten Spannungsfläche, nämlich dessen Koordinaten und Tangentialebenen längs derjenigen Raumkurve, welche die abwickelbare Fläche mit dem über dem Plattenrande stehenden Vertikalzylinder gemein hat. Denn diese müssen gleich den entsprechenden Größen bei der abwickelbaren Fläche sein, falls wir hier die Singularität ausschließen wollen, daß im Rande der Platte selbst, also einem Elemente ohne Breitenausdehnung, *endliche* Spannungen auftreten. Besäße die gesamte Spannungsfläche an der erwähnten Raumkurve irgendwo einen Knick, so würde man für ein noch so kleines Bogenstückchen (ab), welches an der entsprechenden Stelle den Plattenrand durchsetzt, nach den Gleichungen (4) eine endliche resultierende Spannung finden. Dies ist an sich nichts Absurdes, nur müßte dann die Platte von einem besonderen gespannten Faden umschlossen sein, was wir hier nicht annehmen wollen. Es bleibt uns also jetzt noch die Aufgabe zu lösen: *Eine Funktion $F(x, y)$ zu finden, welche im Innern unserer Platte der Differentialgleichung: $\triangle\triangle F = 0$ genügt und auf ihrem Rande vorgeschriebene Werte F und*

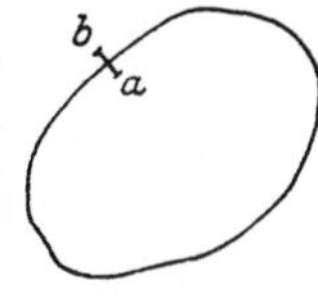

Fig. 4.

Differentialquotienten nach der Normalen $\dfrac{\partial F}{\partial n}$ *annimmt.* Die Lösung dieser Aufgabe kann nun nicht mehrdeutig sein, wie von Mathieu[7]) bewiesen worden ist. Damit sind wir nun zu dem Endresultate gelangt (F. Klein):

Um die Spannungsverteilung zu finden, welche in einer einfach-zusammenhängenden, homogenen, elastisch-isotropen Platte durch ein am Rande angreifendes Gleichgewichtssystem von Kräften erzeugt wird, kon-struiere man zunächst diejenige — bis auf eine beliebig hinzuzufügende Ebene völlig bestimmte — abwickelbare Fläche, welche Spannungsfläche der durch das Kraftsystem definierten Streifenfolge ist; und sodann die-jenige Fläche, welche sich über dem Plattenrande überall ohne Knick an diese abwickelbare Fläche anschließt und über dem Innern der Platte überall die Differentialgleichung: $\triangle\triangle z = 0$ befriedigt. Ist $z = F(xy)$ diese Fläche, so sind die gesuchten Spannungen selbst durch die Glei-chungen:

$$P = \frac{\partial^2 F}{\partial y^2}, \quad Q = \frac{\partial^2 F}{\partial x^2}, \quad U = -\frac{\partial^2 F}{\partial x\,\partial y}$$

gegeben.

Ist die Platte *mehrfach-zusammenhängend* und sind an jedem ihrer Ränder die äußeren Kräfte im Gleichgewichte, so läßt sich die bezeichnete Elastizitätsaufgabe ganz analog durch eine Fläche: $\triangle\triangle z = 0$ lösen, welche an so viele in sich geschlossene abwickelbare Flächen ohne Knick anzu-schließen ist, als die Platte Ränder besitzt. Da nun aber *jede* dieser ab-wickelbaren Flächen durch die äußeren Kräfte nur bis auf eine willkür-liche Ebene bestimmt ist, so erhält man hier bei verschiedener Wahl dieser willkürlichen Ebenen im allgemeinen *wesentlich verschiedene* Flächen: $\triangle\triangle z = 0$. Herr Michell, der übrigens, wie es scheint, als erster den Zusammenhang der Differentialgleichung $\triangle\triangle F = 0$ mit der bezeichneten

---

[7]) E. Mathieu: *Mémoire sur l'équation aux différences partielles du quatrième ordre* $\triangle\triangle u = 0$ *etc.* in Liouvilles Journal 2 Ser., 14. Bd., S. 378 (1869).

Elastizitätsaufgabe klar erkannt hat[8]), findet in der auf Seite 663 zitierten Abhandlung die noch nötigen zusätzlichen Bedingungen für die Spannungsfläche, indem er den Umstand berücksichtigt, daß die durch die Spannungen verursachten Verrückungen der Punkte der Platte eindeutig sein müssen.

Sind die äußeren Kräfte nicht an jedem einzelnen Rande, sondern nur für alle Ränder zusammengenommen im Gleichgewichte, so zeigt die Spannungsfläche noch eine andere, hinsichtlich der Spannungen selbst unwesentliche Mehrdeutigkeit (affine Periodizität), auf deren Analogon bei diskontinuierlichen Spannungssystemen wir im § 2 ausführlicher eingehen.

4. Schöne und einfache Beispiele von Spannungsfunktionen $\Delta\Delta F = 0$ bieten die gewöhnlichen statischen *Balkenprobleme.*

Wir betrachten zuerst (Fig. 5) einen einseitig eingemauerten, horizontalen, senkrecht zu unsrer Ebene unendlich schmalen Balken von endlicher Höhe h und der Länge l, welcher am freien Ende so belastet ist, daß die Resultante aller Kräfte eine vertikal nach unten gerichtete Kraft π ist. Bei geeigneter Annahme über die Verteilung der Einzelkräfte über den Querschnitt hin ist:

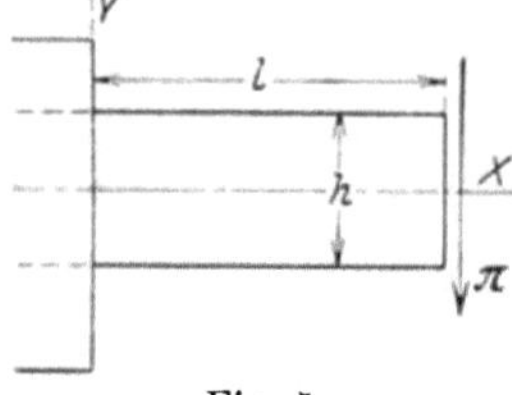

Fig. 5.

$$F(x,y) = \frac{\pi}{2\,h^3}(l - x)\,(4\,y^3 - 3\,h^2 y)$$

die zugehörige Spannungsfunktion. Sie führt auf die in allen Lehrbüchern für dieses Problem angegebenen Spannungen. *Unter der Annahme also, daß der Balken als eine homogene, isotrope elastische Platte angesehen werden kann, ist die Angabe der Lehrbücher über die in seinem Innern eintretende Spannungsverteilung genau richtig.* (Nicht dasselbe gilt von der Berechnung der Deformation, welche der Balken unter dem Einflusse dieses Spannungssystemes erleidet; hier läßt die übliche Theorie Vernachlässigungen eintreten, die man übrigens im Anschluß an die Gleichungen (6) mit leichter Mühe auch vermeiden kann. Wir können darauf hier natürlich nicht eingehen, wollen aber doch dafür plädieren, daß man allgemein die Bestimmung der Spannungen und diejenige der Deformationen nach Möglichkeit trennen soll.) Von besonderem Interesse ist es, sich die zu unserm Beispiel gehörige Spannungsfläche zu konstruieren! Deren abwickelbarer Teil ist aber zu kompliziert, um ohne Modell gut geschildert werden zu können; um noch ein Beispiel zu haben, bei dem dies leicht möglich ist, betrachte man bei dem eingemauerten Balken der Fig. 5 den Fall der sog. „reinen Biegung", welchem, zunächst über dem Innern des Balkens, die der Differentialgleichung $\Delta\Delta z = 0$ genügende Spannungsfläche:

$$z = \frac{2\,M}{h^3} \cdot y^3$$

____

[8]) Michell, a. a. O.

entspricht, wo M das am freien Ende angreifende Biegungsmoment ist. Diese Fläche — ersichtlich ein Zylinder, dessen Erzeugende zur X-Achse parallel sind — bildet nun gleichzeitig auch den abwickelbaren Teil der Spannungsfläche des Balkens.

Ein weiteres Beispiel gibt Maxwell in der auf Seite 661 zuletzt zitierten Abhandlung. Der Balken erstrecke sich, mit der Höhe h, von $x = -l$ bis $x = +l$, er sei entlang seiner oberen Begrenzung mit der Last K pro Längeneinheit belastet, ferner habe er pro Längeneinheit selbst ein Gewicht k. Auf die Endflächen bei $x = \pm l$ wirkt im Mittel ein Druck Null; eine dementsprechende, möglichst einfache Verteilung positiver und negativer Drucke auf die einzelnen Elemente der Endflächen bleibt vorbehalten. Maxwell findet:

$$F(x, y) = \frac{k + K}{2 h^3}\left[(l^2 - x^2)(3 h y^2 - 2 y^3) + h y^4 - \frac{2 y^5}{5} - h^3 y^2\right]{}^{9)}$$

als Spannungsfunktion. Er gibt auch eine interessante Anordnung, um die hierdurch gegebene Spannungsverteilung in geschickter Weise experimentell zu realisieren.

Eben dieses Beispiel und eine ganze Anzahl weiterer Beispiele hat schon vorher Airy selbst in derjenigen Abhandlung behandelt und durch interessante Zeichnungen, nämlich der Spannungstrajektorien, erläutert, in welcher er, eben für diesen Zweck, die hier nach ihm benannte Spannungsfunktion einführt[10]). Er setzt F immer als ein Polynom in x, y an und nimmt dabei so viele möglichst niedrige Glieder, daß er die Randbedingungen befriedigen kann. Hierbei hat er also merkwürdigerweise von dem Umstande ganz abgesehen, daß F im Balkeninnern eine von den elastischen Eigenschaften des Balkens abhängige partielle Differentialgleichung erfüllen muß (eben die Gleichung $\Delta\Delta F = 0$, wenn der Balken elastisch-isotrop ist). Dies moniert schon Maxwell in seiner Abhandlung, zeigt aber zugleich in dem eben besprochenen, von ihm näher untersuchten Falle, daß der solcherweise bei Airy vorliegende Fehler für die numerischen Werte der Spannungskomponenten nicht wesentlich in Betracht kommt.

§ 2.

Über Spannungsflächen ebener Diskontinuen (Fachwerke).

1. Die Gleichungen (1), aus denen Airy die Existenz der Spannungsfunktion für ein Spannungen übertragendes ebenes Kontinuum erschloß,

---

[9]) Die Spannungskomponenten selbst sind hier, da die Schwere auf die Elemente des Balkeninnern als wirkend vorausgesetzt sind, von der Form anzunehmen:

$$P = \frac{\partial^2 F}{\partial y^2}, \quad Q = \frac{\partial^2 F}{\partial x^2} - g y, \quad U = -\frac{\partial^2 F}{\partial x \partial y}.$$

[10]) Zitat auf Seite 661.

haben unmittelbar gar keinen Sinn mehr, wenn es sich um die Spannungsverteilung in einem ebenen Diskontinuum, etwa einem ebenen Fachwerke
handelt. Aber die Spannungsfunktion oder die Spannungsfläche ist etwas
viel Allgemeineres als die Gleichungen, aus denen sie zuerst gewonnen
wurde, sie existiert ebensogut für ebene Diskontinua wie für Kontinua;
man hat dann nur (mit Maxwell) die durch Integration gewonnenen
Formeln (4) zugrunde zu legen, wie im folgenden noch zu erörtern sein
wird. Es wird im folgenden unsere Aufgabe sein, die besonderen Umstände zu erörtern, welche hieraus für die Fachwerkstatik enspringen.

    Um unnötige Komplikationen in der Darstellung zu vermeiden, werden
wir ausführlicher nur von solchen ebenen Fachwerken handeln, welche
das Bild eines Polygonnetzes darbieten, dessen Elemente sich nirgends kreuzen und überdecken, sondern alle glatt nebeneinanderliegen. (Fig. 6.) Zudem
werden wir bis auf weiteres annehmen, daß äußere
Kräfte nur an den Knotenpunkten des Umrißpolygons wirksam sind. Am Schluß des Paragraphen
werden wir dann auch kurz einige Fachwerke behandeln, welche in dieses Schema nicht hineinpassen.
Natürlich denken wir uns aber in den Knotenpunkten

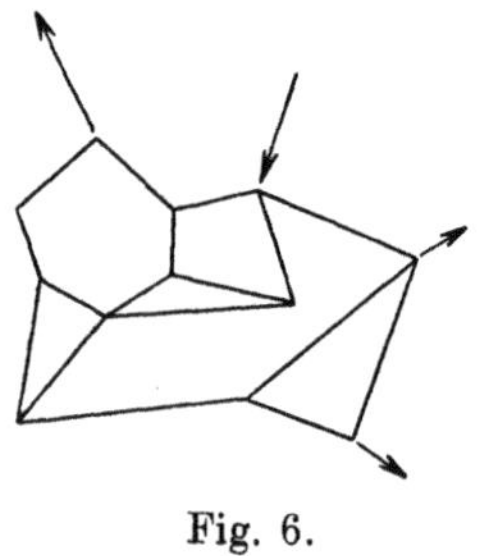

Fig. 6.

reibungslose Gelenke, so daß nur Spannungen in der Längsrichtung der
Stäbe, sog. „Grundspannungen" oder „Hauptspannungen" auftreten können.

    K. Wieghardt setzt sich im folgenden das Ziel, aus den Maxwell-
schen Ansätzen die völlige Analogie zu dem Zusammenhange herauszu-
arbeiten, welcher beim Kontinuum zwischen den Gleichgewichtsbedingungen
des gespannten Kontinuums und der Airyschen Spannungsfläche besteht:
es soll gezeigt werden, daß das Bestehen der Gleichgewichtsbedingungen
für ein Fachwerk völlig äquivalent mit der Existenz einer noch näher
zu definierenden Spannungsfläche ist.

    Dieses Ziel erreicht man in zwei Schritten. Erstens zeigt man, daß
man stets eine Spannungsfläche angeben kann, durch welche ein Spannungssystem definiert wird, welches bei einem gleichzeitig dadurch mitdefinierten
Kraftangriff an unserm Fachwerke im Gleichgewichte ist, und zweitens
das Umgekehrte, daß zu jeder Spannungsverteilung, die bei gegebenem
Kraftangriff am Fachwerke im Gleichgewichte ist, eine solche Spannungsfläche konstruiert werden kann:

    Wir konstruieren über unserm Fachwerke eine Fläche, welche aus
lauter nebeneinanderliegenden, ebenflächigen Polygonen so zusammengesetzt
ist, daß ihre Kanten, auf die Ebene des Fachwerks projiziert, gerade die
Stäbe des Fachwerks ergeben. Die Konstruktion einer solchen Fläche,
die wir „*Facettenfläche*" nennen wollen, ist stets möglich; im schlimmsten

Falle ist sie durch ein einziges ebenflächiges Polygon dargestellt. An diese Facettenfläche heften wir nun eine „*Polyederzone*", wie folgt: Durch jede Kante des Umrißpolygons der Facettenfläche legen wir eine Ebene, aber nicht ganz willkürlich, sondern einmal so, daß sie mit der Ebene des Fachwerks einen von 90^0 verschiedenen Winkel einschließt und ferner so, daß die Kanten, in denen zwei aufeinanderfolgende dieser Ebenen sich schneiden, folgende Eigenschaften besitzen. a) Von den beiden Halbstrahlen, in welche jede solche Kante durch den auf ihr liegenden Eckpunkt des Facettenflächenumrisses zerlegt wird, soll immer der eine — auf die Fachwerkebene projiziert — das Fachwerkgebiet durchsetzen, der andere nicht. b) Alle Halbstrahlen, welche — auf die Fachwerkebene projiziert — das Fachwerkgebiet nicht durchsetzen, sollen sich gegenseitig nirgends schneiden. Je zwei aufeinanderfolgende dieser zuletzt erwähnten Halbstrahlen schneiden dann mit der dazwischenliegenden Seite des Facettenflächenumrisses aus der ihnen allen dreien gemeinsamen Ebene einen Streifen aus und die aus diesen Streifen zusammengesetzte Fläche ist die gewünschte Polyederzone; sie ist das Analogon zu der abwickelbaren Fläche von § 1. Je dichter die Kanten der Polyederzone aneinandergrenzen, um so mehr werden sie den Erzeugenden einer abwickelbaren Fläche vergleichbar, während gleichzeitig unsere Streifen sich immer mehr den erzeugenden Streifen einer abwickelbaren Fläche nähern.

Die gesamte so konstruierte, aus Facettenfläche und Polyederzone zusammengesetzte, stetige und die Ebene einfach überwölbende Fläche ist es nun, die wir näher zu betrachten haben; wir wollen sehen, zu welcher Spannungsverteilung in der Fachwerkebene sie Anlaß gibt, wenn wir sie als Spannungsfläche auffassen. Jedenfalls ist das Eine von vornherein klar, daß sie uns keinen Aufschluß über *spezifische* Spannungen, d. h. Spannungen pro Strecken- oder Flächeneinheit, zu liefern vermag, denn diese sind nach den Gleichungen (2) durch die *zweiten* Differentialquotienten der Spannungsfläche gegeben, die zweiten Differentialquotienten sind aber bei unserer Fläche entweder Null, nämlich im Innern der einzelnen Facetten und Streifen, oder unendlich groß, nämlich in den Kanten. Die *ersten* Differentialquotienten dagegen sind, wenn auch in den Kanten unstetig, doch überall endlich. Demgemäß definiert uns unsere Fläche vermöge der Maxwellschen Gleichungen (4) *resultierende* Spannungen über irgendein Bogenstück ab in der Ebene des Fachwerks. Wenn wir nun das eine Mal die Formeln (4) für ein ·Bogenstück ab ansetzen, welches ganz im Innern einer Facette oder eines Streifens verläuft, das andere Mal für ein beliebig kleines Bogenstück ab, welches eine (projizierte) Kante der Spannungsfläche durchsetzt, so finden wir, daß unsere Fläche, als Spannungsfläche aufgefaßt, ein im Gleichgewicht befindliches

Spannungssystem vermittelt, welches in den projizierten Kanten wirksam ist. Ersetzen wir noch die Spannungen in den projizierten Kanten der Polyederzone durch Kräfte, die an den Eckpunkten des Fachwerkumrisses angreifen, so haben wir ein erstes Resultat gewonnen: *Irgendeine in der beschriebenen Weise hergestellte, aus Facettenfläche und Polyederzone zusammengesetzte Fläche definiert uns ein an dem entsprechenden Fachwerke angreifendes Gleichgewichtssystem von äußeren Kräften und eine an ihm unter dem Einflusse dieser Kräfte im Gleichgewicht befindliche Spannungsverteilung.*

Hiermit ist der erste Schritt zur Erreichung unseres Zieles gemacht, wir vollziehen nun den zweiten. Dabei unterwerfen wir die äußeren Kräfte folgenden zwei Einschränkungen. Jede Aktionslinie des Kraftsystems wird durch den auf ihr liegenden Eckpunkt des Fachwerkumrisses in zwei Halbstrahlen zerlegt; von diesen Halbstrahlen verlangen wir, daß sie genau die Bedingungen a) und b) erfüllen wie vorhin die entsprechenden Halbstrahlen im Raume. Wir greifen nun irgendeinen Knotenpunkt des Fachwerks heraus und machen ihn der Einfachheit halber zum Anfangspunkt eines XYZ-Koordinatensystems, wie Fig. 7 (auf S. 673) zeigt. An diesem Knotenpunkte mögen die Kanten 1, 2, ..., n und die Winkelräume I, II, ..., N zusammenstoßen. Über einem der Winkelräume, etwa I, nehmen wir nun irgendeine Facette (bez. irgendeinen Streifen) an:

$$z = \alpha x + \beta y + \gamma.$$

Daran reihen wir nun, indem wir zyklisch um unsern Knotenpunkt herumgehen, nacheinander die Facetten (bzw. Streifen) II, III, ..., N, wobei wir dafür Sorge tragen, daß bei Anwendung der Gleichungen (4) auf zwei aufeinanderfolgende der Ebenen I, II, ..., N immer die gegebene Spannung in der gemeinsamen Kante herauskommt. Sind X_i, Y_i die Komponenten der Spannung in der Kante $J-1$, J gemäß Fig. 7, so lauten die Gleichungen dieser Ebenen:

$$(14) \quad \begin{cases} (1) & z = \alpha x + \beta y + \gamma, \\[4pt] (2) & z = -Y_2 \cdot x + X_2 \cdot y + \alpha x + \beta y + \gamma, \\[4pt] (3) & z = -(Y_2 + Y_3)x + (X_2 + X_3)y + \alpha x + \beta y + \gamma, \\[4pt] & \quad\vdots \\[4pt] (i) & z = -\left(\sum_2^i Y_i\right) \cdot x + \left(\sum_2^i X_i\right) \cdot y + \alpha x + \beta y + \gamma, \\[4pt] & \quad\vdots \\[4pt] (n) & z = -\left(\sum_2^n Y_i\right) \cdot x + \left(\sum_2^n X_i\right) \cdot y + \alpha x + \beta y + \gamma\,^{11}). \end{cases}$$

---

[11]) Die Formeln (14) und (15), mit denen hier und auf Seite 675 operiert wird, wurden von F. Klein in einer Vorlesung vom Sommer 1896 aufgestellt; man vgl. das

Da nun die n Spannungen am Knotenpunkte im Gleichgewichte sind, so ist die letzte Gleichung mit:

$$z = Y_1 x - X_1 y + \alpha x + \beta y + \gamma$$

identisch, und wenn wir hier den Punkt x, y auf der projizierten Kante 1 annehmen, wird $z = \alpha x + \beta y + \gamma$, d. h. die ganze zyklische Folge der n Facetten (bzw. Facetten und Streifen) ist in sich geschlossen. *Die Tatsache also, daß an einem Knotenpunkte unseres Fachwerks Gleichgewicht zwischen den Spannungen herrscht, bedeutet für den Knotenpunkt die Existenz eines Stückes Spannungsfläche um ihn herum, welches bis auf eine willkürliche Ebene völlig bestimmt ist.*

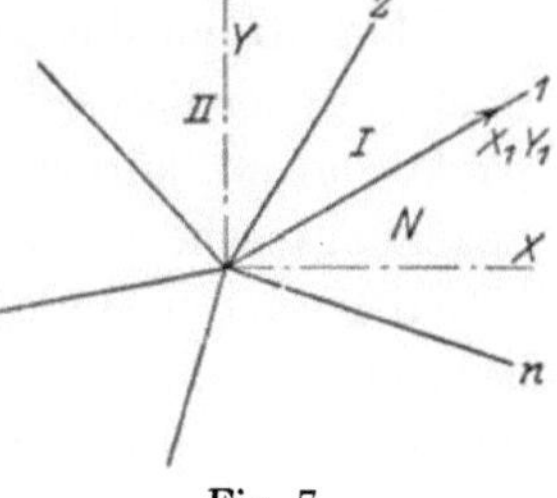

Fig. 7.

Wir werden versuchen, alle diese zu den verschiedenen Knotenpunkten des Fachwerks gehörigen Stücke durch geeignete Wahl der jeweils willkürlichen Ebene zu einer stetigen, nirgends verzweigten Fläche zusammenzuschließen. Mit irgendeinem Knotenpunkte beginnend, schraffieren wir das um ihn herum (mit irgendeiner willkürlichen Ebene) konstruierte Stück Spannungsfläche (Fig. 8, links). Die Eckpunkte des schraffierten Polygons (welches sich eventuell ins Unendliche erstreckt), numerieren wir zyklisch mit $1, 2, \ldots, m$. Wir können nun die Ebene, welche an dem Stück Spannungsfläche um 1 herum willkürlich ist, mit einer der schraffierten Flächen, die an 1 zusammenstoßen, identifizieren (etwa mit I);

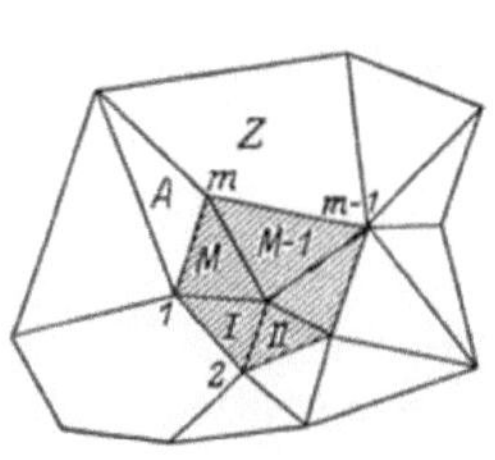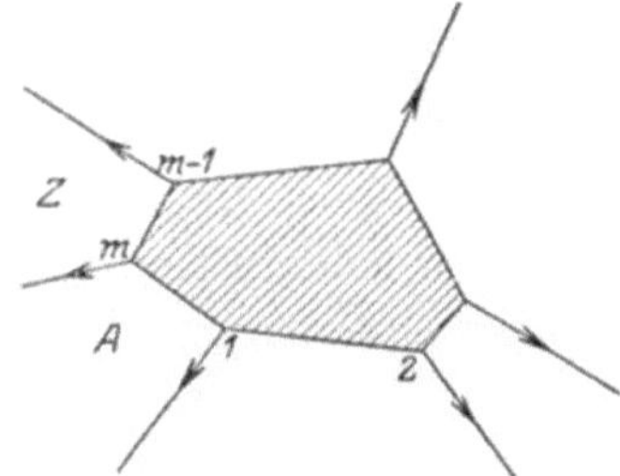

Fig. 8.

dann gehört auch M diesem Stück Spannungsfläche an, da in einem solchen Flächenstücke die gegenseitige Lage zweier aufeinanderfolgender Ebenen völlig durch die Spannung in der ihnen gemeinsamen (projizierten) Kante bestimmt ist. Also das Stück Spannungsfläche um 1 herum schließt

---

Hennebergsche Enzyklopädiereferat. Sie entsprechen den Formeln, die unter (13), § 1 für die dort betrachtete abwickelbare Fläche (die ein Grenzfall der nun betrachteten Polyederzone ist), aufgestellt wurden.

sich glatt an das schraffierte Polygon an. So können wir, nach und nach die schraffierten Flächen II, III, …, $M-1$ mit der jeweils willkürlichen Ebene identifizierend, die Stücke Spannungsfläche um $2, 3, …, m-1$ herum glatt an unser schraffiertes Polygon anschließen. Es fragt sich nur noch, ob das zuletzt konstruierte Flächenstück (Facette oder Streifen) Z sich glatt an das zuerst konstruierte Flächenstück A anschließt. Das muß aber der Fall sein, denn wählen wir (Fig. 8, rechts) als die am Knotenpunkte m willkürliche Ebene die Ebene A und konstruieren das Stück Spannungsfläche um m herum, so können wir auf keine anderen Facetten (Streifen) kommen als $M, M-1, …, Z$, da die gegenseitige Lage zweier benachbarter Ebenen dieser Folge völlig durch die Spannung in der gemeinsamen (projizierten) Kante bestimmt ist. Die Folge A bis Z ist also — als das Stück Spannungsfläche um m herum — ebenfalls in sich geschlossen. Schraffiert man nun alle bisher konstruierten Stücke Spannungsfläche und wiederholt an den Ecken des nun schraffierten größeren Polygons die soeben beschriebene Konstruktion usf., so gelangt man schließlich tatsächlich zu einer stetigen, in sich geschlossenen, die ganze Ebene einfach überwölbenden *„einwertigen"* Spannungsfläche. Damit ist unser Ziel erreicht; zusammenfassend können wir sagen:

Für ein ebenes Fachwerk, welches aus lauter glatt nebeneinanderliegenden Polygonen zusammengesetzt ist, dessen Knotenpunkte reibungslos gelenkig sind und an welchem äußere Kräfte der beschriebenen Art und nur in Knotenpunkten des Umrißpolygons wirken, ist das Bestehen der Gleichgewichtsbedingungen völlig äquivalent mit der Existenz einer stetigen und überall einwertigen Spannungsfläche der beschriebenen Art. Diese Spannungsfläche besteht aus einer Polyederzone, deren Kanten, projiziert, die Aktionslinien des Kräftesystems ergeben, und aus einer Facettenfläche, deren Kanten, projiziert, die Stäbe des Fachwerks liefern.

Wenn die äußeren Kräfte nicht den beiden von uns gemachten Einschränkungen unterliegen, so treten Komplikationen ein, welche zwar kaum das Verständnis, wohl aber die zweidimensionale Darstellung erschweren, insofern die Polyederzone sehr kompliziert werden kann (ähnlich wie die abwickelbare Fläche bei dem ersten Balkenbeispiel von § 1, S. 668); wir gehen daher nicht näher darauf ein.

2. Eine hübsche Anwendung des abgeleiteten Satzes ist folgende. Das Fachwerk sei aus lauter Dreiecken zusammengesetzt (Fig. 9); es stehe unter dem Einflusse irgendeines Gleichgewichtssystems von Kräften, die an den Knotenpunkten des Umrißpolygons wirken. Die Frage ist: Wieviel Spannungsflächen gibt es zu diesem gegebenen Kraftsystem, mit andern

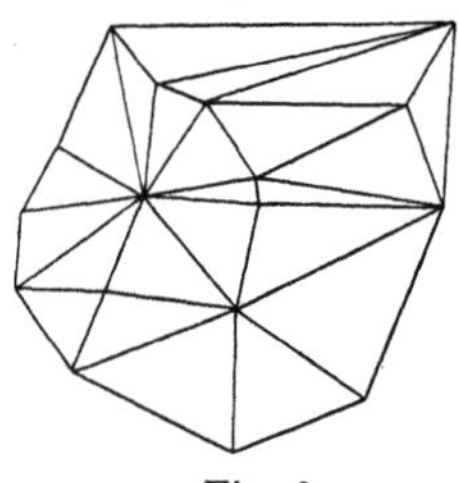

Fig. 9.

Worten: Wievielfach statisch unbestimmt ist das Fachwerk? Wir konstruieren, in direkter Nachbildung der Gleichung der abwickelbaren Fläche beim Kontinuum (Gleichung (13)), die Polyederzone, die durch unser Kraftsystem X_i, Y_i, M_i definiert wird, indem wir folgende Streifen aneinanderreihen:

$$(15)\begin{cases} z = \quad \alpha x + \beta y + \gamma, \\[4pt] z = -Y_2 x + X_2 y - M_2 + \alpha x + \beta y + \gamma, \\[4pt] z = -(Y_2 + Y_3)x + (X_2 + X_3)y - (M_2 + M_3) + \alpha x + \beta y + \gamma, \\[4pt] \quad\vdots \\[4pt] z = -\left(\sum_2^i Y_i\right)\cdot x + \left(\sum_2^i X_i\right)\cdot y - \left(\sum_2^i M_i\right) + \alpha x + \beta y + \gamma, \\[4pt] \quad\vdots \\[4pt] z = -\left(\sum_2^m Y_i\right)\cdot x + \left(\sum_2^m X_i\right)\cdot y - \left(\sum_2^m M_i\right) + \alpha x + \beta y + \gamma, \\[4pt] z = -\left(\sum_1^m Y_i\right)\cdot x + \left(\sum_1^m X_i\right)\cdot y - \left(\sum_1^m M_i\right) + \alpha x + \beta y + \gamma = \alpha x + \beta y + \gamma\ ^{12}). \end{cases}$$

Durch diese, bis auf die willkürliche Ebene $z = \alpha x + \beta y + \gamma$ völlig bestimmte und in sich geschlossene Polyederzone ist zugleich der Umriß der über unserm Fachwerk stehenden Facettenfläche festgelegt. Aber die Koordinaten der Facettenfläche können über jedem Knotenpunkte im Innern des Umrißpolygons ganz willkürlich angenommen werden, da sich ja eine Ebene durch drei ganz willkürliche Punkte legen läßt. *Also ist der Grad der statischen Unbestimmtheit unseres Dreieckfachwerkes einfach gleich der Anzahl seiner „inneren" Knotenpunkte.*

Soll also das Problem, die Spannungsfläche eines ebenen Dreieckfachwerkes zu bestimmen, allgemein eine eindeutige Lösung besitzen, so wird man über die physikalische Natur der Fachwerkstäbe — analog den Verhältnissen beim Kontinuum — spezielle Voraussetzungen machen müssen. Wir gehen darauf hier nicht ein; den Fall, daß die Stäbe im Sinne des Hookeschen Gesetzes elastisch sind, wird K. Wieghardt in einer besonderen Abhandlung untersuchen[13]). —

3. Die Spannungsflächen, die wir bisher erhielten, waren durchaus einwertige Flächen; einem Punkte x, y entsprach immer nur ein einziger Wert z. Man kann mit leichter Mühe Beispiele von mehrwertigen Spannungsflächen bilden, welche ebenfalls auf Spannungssysteme

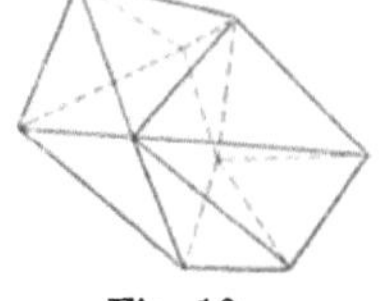

Fig. 10.

---

[12]) Vgl. die Fußnote auf S. 672.

[13]) [Erschienen in den Verhandlungen des Vereins zur Förderung des Gewerbefleißes in Preußen, 85 (1906).]

ebener Fachwerke führen. So gibt ein räumliches, aus ebenen Polygonen zusammengesetztes, in sich geschlossenes Polyeder, als Spannungsfläche aufgefaßt, ein *Selbstspannungssystem* in demjenigen Fachwerke, welches als seine orthogonale Projektion erscheint. Dies einzusehen, macht gar keine Schwierigkeit; die Formeln (4) gelten auch hier, nur muß man acht darauf haben, daß die Fachwerkfläche jetzt die Fläche seines Umrißpolygons *zweimal* überdeckt und daß daher in einem Punkte x, y die Differentialquotienten $\dfrac{\partial z}{\partial x}$, $\dfrac{\partial z}{\partial y}$ verschiedene Werte haben, je nachdem man sich im oberen oder unteren „Blatte" befindet. — und ferner ist zu beachten, daß im unteren Blatte in den Formeln (4) die Vorzeichen umzukehren sind. Die näheren Verhältnisse dieser Figuren sind sehr ausführlich von Maxwell selbst[14]) behandelt worden.

Übrigens kann ein solches, sich selbst überdeckendes Fachwerk auch Anlaß zur Entstehung einer *einwertigen* Spannungsfläche geben — wenn man nämlich das Spannungssystem kennt, so kann man rückwärts eine einwertige Spannungsfläche dazu konstruieren: man fasse einfach alle nur geometrischen Schnittpunkte der Stäbe als wirkliche Knotenpunkte auf und konstruiere nun die Spannungsfläche, die in dem so entstandenen, das Umrißpolygon einfach bedeckenden Fachwerke dem gegebenen Spannungssystem entspricht. Da aber nicht umgekehrt jede Spannungsfläche dieses Fachwerkes für unser sich selbst überdeckendes Fachwerk Bedeutung hat, ist dies nur von sekundärem Interesse. Eine interessante Frage ist: Wie steht es allgemein mit den ein- oder mehrwertigen Spannungsflächen solcher sich selbst überdeckender Fachwerke, welche, räumlich aufgefaßt, auf sog. „einseitige" Fläche führen? (Fig. 11.)[15])

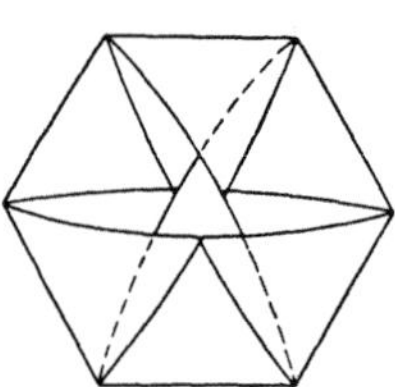

Fig. 11.

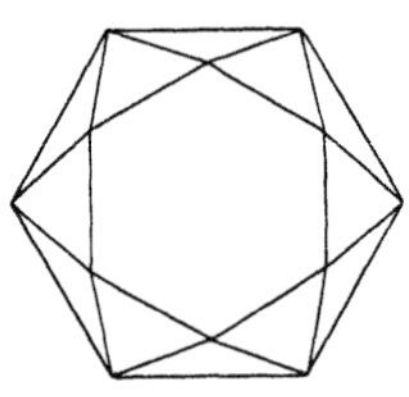

Fig. 12.

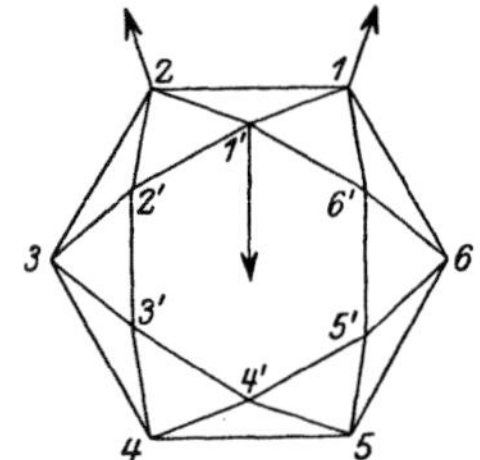

Fig. 13.

Umgekehrt gibt es nun aber auch bei unsern Fachwerken, die sich *nicht* überdecken, *mehrwertige* Spannungsflächen. Greifen z. B. keine äußeren Kräfte an, so liegen alle Streifen der Polyederzone in einer Ebene, und wir können als Polyederzone gerade denjenigen Teil dieser

---

[14]) Siehe das Zitat a) von S. 661.

[15]) [Diese jedenfalls theoretisch wichtige Frage habe ich 1909 beantwortet. Siehe die hier folgende Abhandlung LXXVIII. K.]

Ebene ansehen, der die Facettenfläche zu einem geschlossenen Raumpolyeder ergänzt. Betrachten wir beispielsweise das Fachwerk von Fig. 12. Wir fragen: Wieviel Selbstspannungen sind in ihm möglich? Das zugehörige Raumpolyeder ist ersichtlich aus zwei Sechsecken und zwölf Dreiecken zusammengesetzt. Haben wir die beiden Sechseckebenen willkürlich festgelegt, so ist es völlig bestimmt. Da nun die gegenseitige Lage zweier Ebenen drei wesentlich willkürliche Parameter enthält, so folgt aus unserer Konstruktion beiläufig, daß es in unserem Fachwerke ∞^3 Selbstspannungen (von der Form: $S = aS_1 + bS_2 + cS_3$) gibt.

Ein weiteres, interessantes Beispiel mehrwertiger Spannungsflächen liefern die *„mehrfach-zusammenhängenden"* Fachwerke. Wir nennen ein Fachwerk, welches sich selbst nicht überdecken möge, mehrfach-zusammenhängend, wenn nicht alle inneren Knotenpunkte kräftefrei sind. So ist das Fachwerk von vorhin bei der Belastung von Fig. 13 mehrfach-zusammenhängend. Wir versuchen, hierfür eine Spannungsfläche zu konstruieren! Wir fassen das ganze Fachwerk als ein solches mit zwei Umrißpolygonen auf, einem äußeren und einem inneren Sechsecke, und beginnen nun, an den beiden Vertikalzylindern über diesen beiden Umrißpolygonen je eine Polyederzone für die entsprechenden äußeren Kräfte festzuheften. Die Kräfte am äußeren Sechseck seien X_i, Y_i, M_i, am inneren X_i', Y_i', M_i'. Damit alle im Gleichgewicht sind, ist nur nötig, daß

$$(16) \qquad \sum_1^6 (X_i + X_i') = 0, \qquad \sum_1^6 (Y_i + Y_i') = 0, \qquad \sum_1^6 (M_i + M_i') = 0$$

ist, während die einzelnen Summen $\sum_1^6 X_i$, $\sum_1^6 X_i'$ usw. sehr wohl von Null verschieden sein können. Wenn wir nun zunächst die äußere Polyederzone konstruieren, indem wir, ganz nach der Vorschrift der Gleichungen (15), die Streifen:

$$(17) \qquad z = -\left(\sum_0^\nu Y_i\right)\cdot x + \left(\sum_0^\nu X_i\right)\cdot y - \left(\sum_0^\nu M_i\right), \qquad (\nu = 0, 1, 2, \ldots)$$

aneinanderreihen — wo durch die drei Größen X_0, Y_0, M_0 die eine willkürliche Ebene berücksichtigt ist — so schließt sich diese Reihe nach einem ganzen Umlaufe nicht, vielmehr wächst das z der Polyederzone bei jedem Umlauf um die Periode:

$$(18) \qquad z_0 = -\left(\sum_1^6 Y_i\right)\cdot x + \left(\sum_1^6 X_i\right)\cdot y - \left(\sum_1^6 M_i\right),$$

wir haben nicht eine *geschlossene,* sondern *eine im Sinne dieser Formel* *„affin-periodische"* *Polyederzone.* Entsprechende Formeln bekommen wir für die innere Polyederzone, nur müssen wir bei Anwendung der Formeln (15) jetzt alle Vorzeichen umkehren, damit bei Anwendung der Gleichungen (4) auf zwei benachbarte Streifen die richtige Spannung in der gemeinsamen Kante herauskommt. Wir haben also die Reihenfolge der Ebenen:

$$(19) \qquad z' = \Big(\sum_0^{\nu} Y_i' \Big) \cdot x - \Big(\sum_0^{\nu} X_i' \Big) \cdot y + \Big(\sum_0^{\nu} M_i' \Big), \qquad (\nu = 0, 1', 2', \ldots)$$

wo wieder die drei Größen X_0', Y_0', M_0' die Willkürlichkeit einer Ebene repräsentieren. (Durch die drei Größen: $X_0 - X_0'$, $Y_0 - Y_0'$, $M_0 - M_0'$ kommen die ∞^3 Selbstspannungen des Fachwerkes zum Ausdruck!) Wir erhalten so die Periode:

$$(20) \qquad z_0' = \Big(\sum_1^{6} Y_i' \Big) \cdot x - \Big(\sum_1^{6} X_i' \Big) \cdot y + \Big(\sum_1^{6} M_i' \Big)$$

und diese ist, wegen der Formeln (16), der obigen Periode z_0 gleich. Da nun mit den beiden Polyederzonen, wie unmittelbar ersichtlich, auch die Facettenfläche gegeben ist, so haben wir das Resultat: *Die ganze Spannungsfläche hat entsprechend einer zyklischen Durchlaufung unseres Fachwerkes die durch die Formel (18) oder (19) bestimmte Periode; sie setzt sich aus zwei ungeschlossenen Polyederzonen und einer ungeschlossenen Facettenfläche zusammen, die sich bei Durchlaufung des Fachwerkringes wendeltreppenartig in die Höhe windet.*

In der Projektion der Spannungsfläche auf die Ebene des Fachwerks ist von den unendlich vielen Windungen dieser Wendeltreppe natürlich nichts zu spüren; sie überdecken sich einfach in der Projektion und werden dadurch unkenntlich.

Die so besprochenen Verhältnisse haben für denjenigen, der, vielleicht von der Funktionentheorie her, mit der Integration exakter Differentiale erster Ordnung vertraut ist, nichts Überraschendes. Ist:

$$df = p\,dx + q\,dy$$

ein solches Differential, und integriert man f in einem ringförmig-zusammenhängenden Bereich, so erhält f bei Durchlaufung des Ringes eine additive Periode. Genau so ist es bei der Spannungsfunktion, die durch ihr zweites Differential definiert ist:

$$d^2 F = Q \cdot dx^2 - 2U \cdot dx\,dy + P \cdot dy^2,$$

nur daß die additive Periode keine Konstante ist wie im obigen Falle, sondern eine lineare ganze rationale Funktion von x und y. — Es wird interessant sein, die hier nur in abstrakter analytischer Fassung besprochenen Verhältnisse bei zahlreichen Beispielen in concreto durchzukonstruieren. —

§ 3.
Über reziproke Figuren und Diagramme.

1. a) Irgendeine geradlinige *Strecke* (einer Ebene) mit den Endpunkten $a\,(x_a, y_a)$ und $b\,(x_b, y_b)$ besitzt von Haus aus eine gewisse *Länge* und eine gewisse *Richtung*, aber keinen bestimmten *Sinn*. Eine Strecke definiert uns also in einfachster Weise sowohl zwei Vektoren, welche zu ihr parallel sind, nämlich die beiden Vektoren mit den Komponenten:

$$\Xi = \quad x_b - x_a\,, \qquad \mathsf{H} = \quad y_b - y_a \quad \text{einerseits}$$
$$\text{und } \Xi = -(x_b - x_a), \qquad \mathsf{H} = -(y_b - y_a) \quad \text{andererseits,}$$

als auch zwei Vektoren, welche auf ihr senkrecht stehen:

$$\Xi = -(y_b - y_a), \qquad \mathsf{H} = \quad x_b - x_a \quad \text{einerseits}$$
$$\text{und } \Xi = \quad y_b - y_a\,, \qquad \mathsf{H} = -(x_b - x_a) \quad \text{andererseits.}$$

Die ersten beiden wollen wir die zu unserer Strecke gehörigen *polaren Vektoren* und die letzten beiden die zu ihr gehörigen *transversalen Vektoren* nennen. Indem wir jetzt unserer Strecke einen bestimmten *Durchlaufungssinn* zuordnen, nennen wir sie „die Strecke (ab)" oder „die Strecke (ba)", je nachdem wir sie uns von a nach b oder von b nach a durchlaufen denken. Zeichnerisch wird man den Durchlaufungssinn dadurch andeuten, daß man die Strecke mit einer entsprechenden Pfeilspitze versieht. Jeder der beiden „Strecken mit Pfeilspitze" können wir nun einen der beiden polaren Vektoren und ebenso einen der beiden transversalen Vektoren zuordnen, so daß, wenn über die dabei herrschende Willkürlichkeit ein für allemal fest verfügt ist, jeder der beiden Strecken mit Pfeilspitze sowohl ein ganz bestimmter polarer als auch ein ganz bestimmter transversaler Vektor zugeordnet ist. Wir verfügen nun über die Willkürlichkeit folgendermaßen:

Unter „dem zur Strecke (ab) gehörenden polaren Vektor" oder kurz unter dem „*polaren Vektor* (ab)" verstehen wir den Vektor mit den Komponenten:

$$\Xi = x_b - x_a, \qquad \mathsf{H} = y_b - y_a;$$

und unter „dem zur Strecke (ab) gehörenden transversalen Vektor" oder kurz unter dem „*transversalen Vektor* (ab)" verstehen wir den Vektor mit den Komponenten:

$$\Xi = y_b - y_a, \qquad \mathsf{H} = -(x_b - x_a).$$

Nach dieser Verabredung bekommt man in dem von uns immer benutzten Koordinatensystem den transversalen Vektor (ab), wenn man den polaren Vektor (ab) im Sinne des Uhrzeigers um 90° dreht.

b) Irgendein einfach-zusammenhängendes *Ebenenstück* mit einer sich selbst nicht durchsetzenden geschlossenen Randkurve besitzt von Haus aus einen gewissen *Flächeninhalt* und eine gewisse *Normalenrichtung*. Ein Ebenenstück dieser Art definiert uns also in einfachster Weise zwei Vektoren, deren Länge gleich dem Flächeninhalt und deren Richtung gleich der Normalenrichtung ist. Indem wir nun unserem Ebenenstück den einen oder anderen *Umlaufungssinn* zuordnen und jedem dieser Umlaufungssinne wieder einen der beiden durch das Ebenenstück nach dem Vorigen definierten Vektoren, ist, nachdem wir über die dabei herrschende Willkürlichkeit ein für allemal fest verfügt haben, jedem „Ebenenstück mit Umlaufungssinn" oder kürzer jeder „*Plangröße*" ein ganz bestimmter Vektor zugeordnet.

Auch ein *gekrümmtes Flächenstück* mit Umlaufungssinn definiert einen ganz bestimmten Vektor; es läßt sich, wie wir sagen können, „als Plangröße auffassen", nämlich so: Man zerlege es in unendlich viele, unendlich kleine Ebenenstückchen; jedem Ebenenstückchen ordne man einen Umlaufungssinn so zu, daß der Rand des Flächenstückes seinen ursprünglichen Umlaufungssinn beibehält und jeder Kante zwischen irgend zwei benachbarten Ebenenstückchen beide möglichen Durchlaufungssinne zugeordnet sind. Ordnet man dann jedem Ebenenstückchen den ihm als einer Plangröße nach dem Obigen zukommenden Vektor zu und summiert alle diese unendlich vielen, unendlich kleinen Vektoren, so bekommt man einen ganz bestimmten resultierenden Vektor, eben den, der durch das Flächenstück mit Umlaufungssinn definiert ist.

c) Alle diese von Graßmanns „Ausdehnungslehre" her mehr oder weniger bekannten Ideen bekommen große praktische Bedeutung, wenn es sich um die zeichnerische Darstellung der Spannungen in einem kontinuierlichen oder diskontinuierlichen Medium (Fachwerk) handelt. Beispielsweise in einer Platte herrsche ein Gleichgewichtssystem von Spannungen. Schneiden wir die Platte längs irgendeines Bogenstückes auf, so zerstören wir damit das Gleichgewicht, insofern wir die längs des Bogenstückes herrschenden Spannungen vernichten. Wollen wir wieder Gleichgewicht herstellen, so müssen wir längs jedes Ufers unseres Querschnittes entsprechende Kräfte angreifen lassen. Je zwei dieser Kräfte, welche an verschiedenen Ufern, aber an derselben Trennungsstelle angreifen, sind dann entgegengesetzt gleich und messen vollständig die auf das Bogenelement der Trennungsstelle kommende Spannung. (Wir können auch längs jedes Ufers alle Einzelkräfte summieren und bekommen so zwei Resultanten, welche entgegengesetzt gleich sind und die auf das ganze Bogenstück kommende Spannung messen.)

Nach dem Vorigen ist nun klar, *daß eine Strecke $\alpha\beta$ — und zwar* *eine einfache Strecke ohne bestimmten Durchlaufungssinn — vorzüglich geeignet ist, die zu einem bestimmten Querschnitt ab gehörige Spannung graphisch darzustellen.* Denn durch ihre Länge und Richtung liefert sie zunächst ohne weiteres Länge und Richtung der Spannung (die Spannungsrichtung ist entweder der Streckenrichtung parallel oder steht auf ihr senkrecht). *Aber sie liefert bei geeigneter Verabredung auch den Sinn — das Vorzeichen — der Spannung.* Denn zu ihr gehören *zwei* Durchlaufungssinne; zu jedem dieser beiden Durchlaufungssinne gehört ein bestimmter (polarer oder transversaler) Vektor, andererseits können wir in einer ein für allemal fest zu verabredenden Weise jedem der beiden Durchlaufungssinne eines der beiden Ufer der Querschnittsstelle zuordnen, an welcher die Spannung wirkt. Also ist durch das Mittelglied unserer Strecke jedes Ufer der betreffenden Querschnittsstelle auf einen bestimmten Vektor bezogen und diese Zuordnung läßt sich natürlich so einrichten, daß dieser Vektor direkt die Kraft darstellt, welche an diesem Ufer angreift, womit dann der Sinn der Spannung festgelegt ist. Man kann z. B. so verfahren: Nachdem die Benennungen $\alpha\beta$ der Strecke und ab des Querschnitts eingeführt sind, denke man α dem a, β dem b entsprechend, also den Vektor $(\alpha\beta)$ dem Vektor (ab) entsprechend. Andererseits ordne man dem Vektor (ab) etwa dasjenige Querschnittsufer zu, welches links von einem in der Richtung von a nach b auf dem Querschnitte Fortschreitenden liegt. Dann repräsentiert gegebenenfalls der Vektor $(\alpha\beta)$ die an diesem linken, der Vektor $(\beta\alpha)$ die am rechten Ufer angreifende Kraft.

Ganz analog ist natürlich auch ein *Ebenenstück (bez. Flächenstück) ohne bestimmten Umlaufungssinn* ein sehr geeignetes Mittel zur geometrischen Repräsentation der auf ein zugehöriges Flächenelement wirkenden Spannung.

Beispiele zu diesen allgemeinen Entwicklungen werden wir gleich und im § 4 kennen lernen.

2. Könnte man im Raum mit derselben Leichtigkeit Ebenen „zeichnen" wie gerade Linien in der Ebene, so würde man bei der Ermittlung der Spannungen eines ebenen Fachwerks, wahrscheinlich das Hauptaugenmerk auf die Spannungsfläche richten, da sie ja die ganzen Spannungsverhältnisse einfach und übersichtlich darstellt. Diese Fähigkeit besitzen wir ja nun nicht; man hat sich daher frühzeitig bemüht, *ebene* Figuren zu finden, welche möglichst dasselbe leisten wie die Spannungsfläche. Diese Figuren nennt man „*Kräftepläne*"; wir werden sehen, daß sie zur Spannungsfläche in engem Zusammenhange stehen.

Die Kräftepläne der Fachwerke wollen wir, wie Maxwell selbst tut, als einen speziellen Fall von Maxwells „*reziproken ebenen Diagrammen*" auffassen, wir werden sie also am einfachsten von diesen aus erreichen.

Maxwells Definition ist folgende: In einer xy-Ebene befinde sich irgendein Kontinuum oder Diskontinuum mit der Spannungsfläche: $z = F(x, y)$. Wir lassen ihm in einer $\xi\eta$-Ebene das durch die Gleichungen:

$$(21) \qquad \xi = \frac{\partial F}{\partial x}, \quad \eta = \frac{\partial F}{\partial y}$$

definierte Kontinuum oder Diskontinuum mit der Spannungsfläche:

$$(22) \qquad \zeta = \Phi(\xi, \eta)$$

entsprechen, wobei Φ durch die Gleichung:

$$(23) \qquad F + \Phi = x\xi + y\eta$$

definiert ist. Die so in einem xyz-Raum und einem $\xi\eta\zeta$-Raum definierten Spannungsflächen stehen in einem reziproken Verhältnisse zueinander, welches man im Sinne der projektiven Geometrie dadurch ausdrücken kann, daß man sagt: Jede der beiden Spannungsflächen ist immer das *polare Abbild* der anderen in bezug auf das Paraboloid:

$$(24) \qquad 2z = x^2 + y^2.$$

Insofern man von der Bedeutung der Flächen F und Φ als Spannungsflächen dabei auch absehen kann, da ihre Reziprozität ja offenbar nicht daran hängt, wollen wir von ihnen allgemeiner als von „*reziproken (räumlichen) Figuren*" reden. Auch die beiden ebenen Figuren, welche man durch Projektion der reziproken Figuren auf die xy- und die $\xi\eta$-Ebene erhält und die wir der Kürze halber „Diagramme" nennen wollen, sind reziprok, denn neben den Gleichungen (21) gelten auch die reziproken:

$$(25) \qquad x = \frac{\partial \Phi}{\partial \xi}, \quad y = \frac{\partial \Phi}{\partial \eta}$$

wie man durch Differentiation der Gleichung (23) sofort bestätigt. Wir reden daher von den Diagrammen als von „*reziproken (ebenen) Diagrammen*".

Was leistet nun das $\xi\eta$-Diagramm, wenn wir uns über die in dem xy-Diagramm durch die Spannungsfunktion F hervorgerufenen Spannungen unterrichten wollen? In der xy-Ebene bezeichnen wir ein Bogenelement mit ds, in der $\xi\eta$-Ebene mit $d\sigma$ (mit den Komponenten $d\xi, d\eta$). Dann ist nach den Gleichungen (3):

$$(26) \qquad X\,ds = d\eta, \quad Y\,ds = -\,d\xi.$$

also für ein endliches Bogenstück ab, dem das Bogenstück $\alpha\beta$ entsprechen möge:

$$(27) \qquad X_r = \eta_\beta - \eta_\alpha, \quad Y_r = -(\xi_\beta - \xi_\alpha).$$

Die Verbindungsstrecke der beiden Endpunkte α und β eines endlichen oder unendlich kleinen Bogenstückes der $\xi\eta$-Ebene liefert, als trans-

versaler Vektor aufgefaßt, die auf das entsprechende Bogenstück a b der xy-Ebene kommende resultierende Spannung nach Größe, Richtung und Sinn; und zwar liefert der transversale Vektor $(\alpha\beta)$ die Wirkung der Spannung auf dasjenige Querschnittufer, welches an der linken Seite eines von a nach b Hinschreitenden liegt, der transversale Vektor $(\beta\alpha)$ die Wirkung auf das rechte

Ufer. Diese Regel gilt indessen nur so lange, als die xyz-Figur einwertig ist, im anderen Falle, wo also das xy-Diagramm die Ebene doppelt bedeckt, hat man in obiger Regel für das untere Blatt links und rechts zu vertauschen.

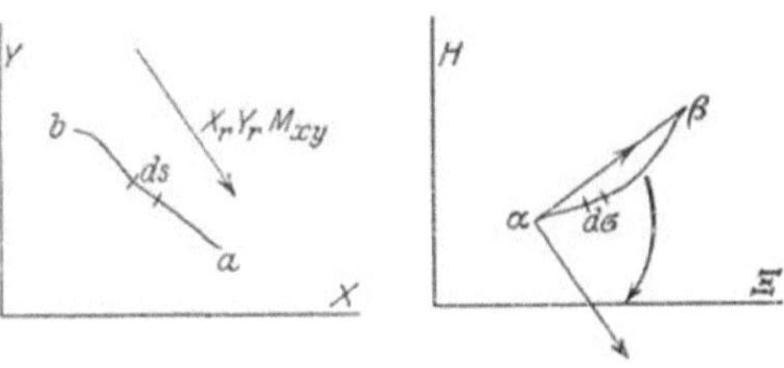

Fig. 14.

Den Fall *kontinuierlicher* Diagramme findet man bei Maxwell an Beispielen erörtert und illustriert[16]); es handelt sich dabei um eines der weiter oben erwähnten Beispiele zur Balkentheorie (S. 669). Wir wollen hier, um auf die Verhältnisse bei den *Fachwerken* zu kommen, den Fall betrachten, wo die xyz-Figur ein aus ebenflächigen Polygonen zusammengesetztes, geschlossenes Raumpolyeder ist. Es ist dann wegen der Polarverwandtschaft zum Paraboloid auch die $\xi\eta\zeta$-Figur ein solches, und zwar entspricht wechselseitig jedem Polygon des einen Polyeders eine Ecke des andern, jeder Ecke ein Polygon, jeder Kante eine Kante. Entsprechendes gilt dann für die beiden reziproken Diagramme, außerdem gilt für sie, daß entsprechende Kanten aufeinander senkrecht stehen und daß die Kanten des einen Diagramms — in der schon geschilderten Weise als

transversale Vektoren gedeutet — in den entsprechenden Kanten des andern Diagramms Spannungen ergeben, welche an diesem andern Diagramme im Gleichgewicht sind. Da die Raumpolyeder geschlossene Flächen sind, überdeckt jedes Diagramm die Fläche seines Umrißpolygons mindestens doppelt. (Fig. 15.)

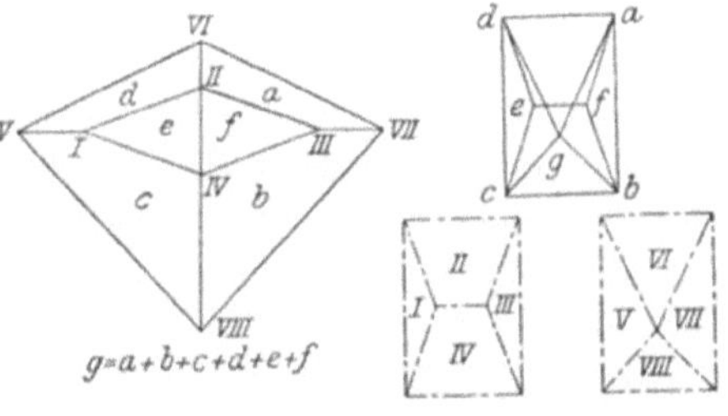

$g = a+b+c+d+e+f$

Fig. 15.

3. Dieser Ansatz hat für die Fachwerkstatik verschiedenartige Bedeutung. Wir können z. B. (vgl. § 2) irgendeines der beiden Diagramme unmittelbar als Fachwerk auffassen, dann liefert uns das andere Diagramm

---

[16]) In der Abhandlung von Zitat f, S. 661. (Tafel XIV.)

ein in diesem Fachwerke mögliches Selbstspannungssystem; wir können
aber auch wie folgt verfahren. Wir zeichnen an dem einen der beiden
Raumpolyeder irgend ein Polygon aus und sagen: Das Polyeder ist eine
zu einem Fachwerke mit äußerem Kraftangriff gehörige Spannungsfläche,
deren Polyederzone mit einer Ebene geschnitten ist — eben der Ebene
des ausgezeichneten Polygons. In der Projektion — im Diagramm —
haben wir dann die von den Ecken des ausgezeichneten Polygons auslaufenden Kanten als die Aktionslinien eines Gleichgewichtssystemes von
Kräften aufzufassen, die Projektion des ausgezeichneten Polygons als ein
sog. Seilpolygon dieses Kraftsystems und die übrigen Kanten als die Stäbe
eines Fachwerkes, welches unter dem Einflusse dieses Kraftsystems steht.
Wir bekommen dann einen *Kräfteplan* des so definierten Fachwerkes bei

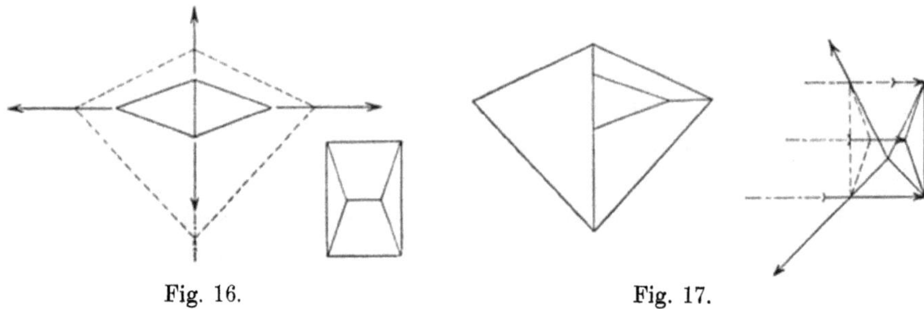

Fig. 16.   Fig. 17.

diesem Kraftangriff, wenn wir in dem reziproken Diagramme die über-
flüssigen Linien — das sind die dem Seilpolygon entsprechenden Kanten
— fortlassen. So bekommen wir z. B., wenn wir in Fig. 15 links das
Polygon *g* auszeichnen, die Anordnung Fig. 16, und die Anordnung Fig. 17,
wenn wir in Fig. 15 rechts das Polygon I auszeichnen.

Der Kräfteplan eines Fachwerkes enthält natürlich genau ebensoviele
wesentliche Unbestimmtheiten wie die Spannungsfläche des Fachwerkes.
Diese Tatsache, daß es ebensoviel Kräftepläne zu einem Fachwerke gibt
wie Lösungen der Spannungsaufgabe, wird in den Lehrbüchern der graphischen Statik meist nicht klar hervorgehoben, was daran liegen mag,
daß man sich dort wesentlich mit statisch bestimmten Fachwerken beschäftigt, wo natürlich der Kräfteplan keine wesentlichen Willkürlichkeiten
zuläßt.

Von besonderem Interesse sind die zu unserm mehrfach-zusammenhängenden Fachwerke von § 2 gehörigen Kräftepläne. Entsprechend dem
Umstande, daß die Spannungsfläche dieses Fachwerkes affin-periodisch ist,
ist auch der Kräfteplan keine geschlossene Figur mehr, sondern besteht
aus den parallel gestellten, kongruenten Wiederholungen einer und derselben Grundfigur (Fig. 18 auf S. 685). —

Eine merkwürdige Tatsache wäre hier noch zu erwähnen, nämlich die, daß man bekanntlich in der Praxis meist nicht mit dem *Maxwellschen Kräfteplan* operiert, sondern mit dem sog. „*Cremonaschen Kräfteplan*". Dieser ist nichts anderes als der um einen rechten Winkel gedrehte **Maxwell**sche Kräfteplan, und auch da, wo **Cremona** die selbständige Begründung seiner Theorie gibt, bezieht er sich ausdrücklich auf **Maxwell**[17]). Er benutzt, wie bekannt, an Stelle der **Max**wellschen Formeln (21) und (23) die folgenden zur Definition reziproker Figuren:

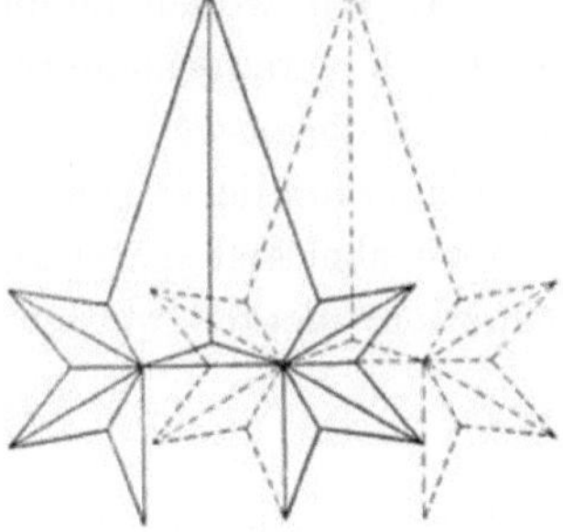

$$\xi = - \frac{\partial F}{\partial y}, \quad \eta = \frac{\partial F}{\partial x}, \quad z - \zeta = \eta x - \xi y.$$

Fig. 18.

Das heißt soviel wie: An die Stelle der Polarverwandtschaft zu dem Paraboloide der Gl. (24) tritt die durch die **Cremona**schen Gleichungen vermittelte Polarverwandtschaft eines *Möbiusschen Nullsystems*. Wenn **Maxwell** der Ebene:

$$z = \alpha x + \beta y + \gamma$$

den Punkt:

$$\xi = \alpha, \quad \eta = \beta, \quad (\zeta = - \gamma)$$

zuordnet, so **Cremona** den Punkt:

$$\xi = - \beta, \quad \eta = \alpha, \quad (\zeta = \gamma);$$

bei **Cremona** laufen also die Kanten des Kräfteplans den entsprechenden Stäben des Fachwerkes parallel, statt daß sie, wie bei **Maxwell**, auf ihnen senkrecht stehen; die Spannungen werden also nicht mehr durch *transversale*, sondern durch *polare* Vektoren dargestellt. Wenn man nun geneigt ist, die **Cremona**sche Anordnung für praktischer zu halten, so liegt das zum Teil gewiß daran, daß einem die Auffassung einer Strecke als *polarer* Vektor von der allgemeinen Mechanik her geläufig ist, während die Auffassung der Strecke als *transversaler* Vektor etwas Fremdes hat — zum Teil auch wohl daran, daß man es bequemer finden mag, zu gegebenen Geraden Parallele zu ziehen als Senkrechte auf ihnen zu errichten. *Theoretisch verdient jedenfalls die Maxwellsche Anordnung den Vorzug, weil sie allein eine Verallgemeinerung auf den Raum zuläßt* (die wir sogleich vornehmen werden).

Übrigens dürfte das ganze Kapitel „Reziproke Diagramme" bei **Max**well interessanter als bei **Cremona** zu lesen sein. Abgesehen davon, daß

---

[17]) Siehe besonders: L. **Cremona**: Les figures réciproques en statique graphique (Übers. v. **Bossut**), Paris 1885, S. 7 und 8. Zuerst: L. **Cremona**, Le figure reciproche nella statica grafica, Mailand 1872; 3. Aufl. mit Einführung von G. **Jung**, Mailand 1879.

Cremona die Betrachtung auf Diskontinua (Fachwerke) beschränkt, erscheint bei ihm die Theorie dadurch verflacht, daß die Idee der Spannungsfläche nicht betont ist, welche doch die Quintessenz der ganzen Theorie ist.

4. Wir wollen nunmehr noch mit Maxwell die Formeln (21) bis (25) räumlich verallgemeinern und, zunächst rein geometrisch, *reziproke räumliche Diagramme* einführen. In einem xyz-Raum sei irgendeine Figur — ein „räumliches Diagramm" — gegeben, ferner eine Funktion $F(x, y, z)$, die wir aber erst später als eine zu diesem Diagramme gehörige „Spannungsfunktion" deuten werden. Mit Hilfe der Gleichungen:

$$(28) \qquad \xi = \frac{\partial F}{\partial x}, \quad \eta = \frac{\partial F}{\partial y}, \quad \zeta = \frac{\partial F}{\partial z}$$

ordnen wir diesem Diagramm ein zweites Diagramm in einem $\xi\eta\zeta$-Raum zu. Die Beziehung beider Diagramme ist dann eine reziproke; wenn wir eine Funktion $\Phi(\xi, \eta, \zeta)$ durch die Gleichung:

$$(29) \qquad F + \Phi = x\xi + y\eta + z\zeta$$

definieren, so ist:

$$(30) \qquad x = \frac{\partial \Phi}{\partial \xi}, \quad y = \frac{\partial \Phi}{\partial \eta}, \quad z = \frac{\partial \Phi}{\partial \zeta},$$

was man durch Differentiation der Gl. (29) leicht bestätigt.

Insbesondere stellen wir uns nun, ebenfalls nach dem Vorgange Maxwells, „*reziproke Zellensysteme*" her und zwar als ein räumliches Analogon zu den Fachwerkdiagrammen der Figuren 10, 12, 15, welche die Fläche eines gewissen Umrißpolygons doppelt bedecken. Wir denken uns im

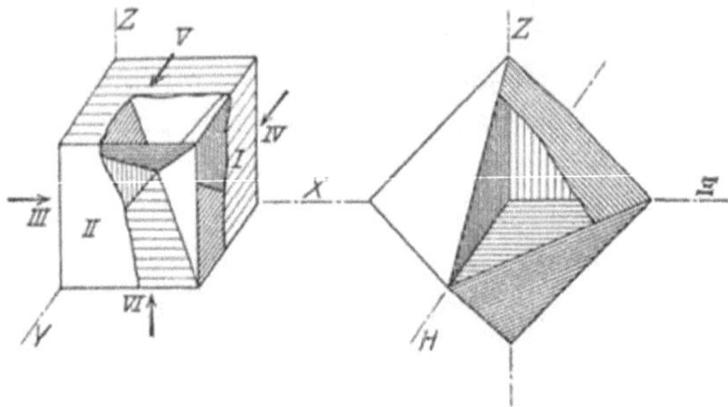

Fig. 19.

xyz-Raum eine Anordnung aneinander gereihter Polyeder (Zellen), welche den Inhalt eines gewissen geschlossenen Umrißpolyeders zweimal ausfüllen. So erhalten wir ein erstes räumliches Zellensystem, von dessen Zellen, Wänden, Kanten und Ecken wir reden. (Fig. 19 links.) Wir bilden uns dann eine stetige Funktion $F(x, y, z)$ von der Art, daß sie innerhalb der einzelnen Zelle J immer mit einer linearen Funktion $a_i x + b_i y + c_i z + d_i$

übereinstimmt und daß, wenn J und K in der Wand JK zusammenstoßen, die Gleichung dieser Wand durch:

$$(a_i - a_k)x + (b_i - b_k)y + (c_i - c_k)z + d_i - d_k = 0$$

repräsentiert wird. Diesem Zellensystem entspricht dann vermöge der
Formeln (28) im $\xi\eta\zeta$-Raum ein zweites Zellensystem. Beide Zellensysteme
stehen in folgender reziproker Beziehung: *Jeder Zelle des einen Diagramms
entspricht eine Ecke des andern, jeder Ecke eine Zelle, jeder Wand eine
Kante, jeder Kante eine Wand. Jede Kante des einen Systems steht
auf der ihr entsprechenden Wand des andern Systems senkrecht.*

Bei dem zur Belebung der Vorstellung von K. Wieghardt gebildeten
Beispiel der Fig. 19 liegen die Verhältnisse so. Wir haben:

<table>
<tr><td colspan="2">links:</td><td colspan="2">rechts:</td></tr>
<tr><td>7 Zellen</td><td>(den Würfel selbst und die 6 Pyramiden, in die er zerfällt, wenn man ihn längs der zwölf vom Würfelmittelpunkt nach den Kanten laufenden Dreiecke zerschneidet).</td><td>7 Ecken</td><td>(die 6 Oktaederecken und seinen Mittelpunkt).</td></tr>
<tr><td>18 Wände</td><td>(die 6 Würfelflächen und die 12 gleichschenkligen Dreiecke mit den 12 Würfelkanten als Grundlinien und dem Mittelpunkt als Scheitel).</td><td>18 Kanten</td><td>(die 12 Oktaederkanten und die 6 von seinem Mittelpunkte aus nach den Oktaederecken gezogenen Strecken).</td></tr>
<tr><td>20 Kanten</td><td>(die 12 Würfelkanten und die 8 von seinem Mittelpunkte aus nach den Würfelecken gezogenen Strecken).</td><td>20 Wände</td><td>(die 8 Oktaederflächen und die 12 gleichschenklig-rechtwinkligen Dreiecke mit den 12 Oktaederkanten als Hypotenusen und dem Mittelpunkt als Scheitel).</td></tr>
<tr><td>9 Ecken</td><td>(die 8 Würfelecken und den Würfelmittelpunkt).</td><td>9 Zellen</td><td>(das Oktaeder selbst und die 8 Tetraeder, in die es zerfällt, wenn man es längs der drei Ebenen zerschneidet, welche durch je vier Oktaederecken gehen).</td></tr>
</table>

Die Funktion $F(x, y, z)$ hat in den einzelnen Zellen folgende Werte:

in der Würfelzelle: Null

in der Pyramidenzelle I: $x - 1$

„ „ „ II: $y - 1$

„ „ „ III: $- x$

„ „ „ IV: $- y$

„ „ „ V: $z - 1$

„ „ „ VI: $- z$.

Eine Benutzung dieser reziproken Zellensysteme für Zwecke der Mechanik geben wir im nächsten Paragraphen.

§ 4.
Einiges über räumliche Spannungssysteme und zugehörige Spannungsfunktionen.

1. Der Gedanke liegt gewiß nahe, die Gleichgewichtsbedingungen für die Spannungen eines *räumlichen* Kontinuums (Fig. 20):

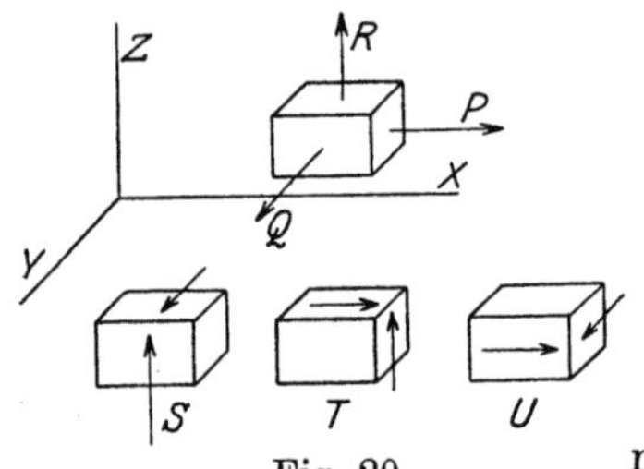

Fig. 20.

$$(31) \quad \begin{cases} \dfrac{\partial P}{\partial x} + \dfrac{\partial U}{\partial y} + \dfrac{\partial T}{\partial z} = 0, \\[2mm] \dfrac{\partial U}{\partial x} + \dfrac{\partial Q}{\partial y} + \dfrac{\partial S}{\partial z} = 0, \\[2mm] \dfrac{\partial T}{\partial x} + \dfrac{\partial S}{\partial y} + \dfrac{\partial R}{\partial z} = 0, \end{cases}$$

(falls nur Oberflächenkräfte wirken)

mit einer Funktion $F(x, y, z)$ in einen Zusammenhang zu bringen, welcher dem Airyschen Ansatze bei zwei Dimensionen analog wäre. Indessen findet Maxwell, daß man, wie man es auch machen möge, auf diese Weise nicht zu *allen möglichen* Spannungssystemen des Kontinuums gelangt, daß hierzu vielmehr die obigen Gleichungen zu drei verschiedenen Funktionen in Beziehung gesetzt werden müssen. Er führt dies auch näher aus.

Es sind also spezielle, aber interessante räumliche Spannungsverteilungen, welche wir erhalten, wenn wir nun mit Maxwell zwei verschiedenartige räumliche Erweiterungen der Airyschen Formeln (2) vornehmen:

Der *erste Ansatz* ist:

$$(32) \quad \begin{cases} P = \Delta F - \dfrac{\partial^2 F}{\partial x^2}, & Q = \Delta F - \dfrac{\partial^2 F}{\partial y^2}, & R = \Delta F - \dfrac{\partial^2 F}{\partial z^2}, \\[2mm] S = - \dfrac{\partial^2 F}{\partial y \partial z}, & T = - \dfrac{\partial^2 F}{\partial z \partial x}, & U = - \dfrac{\partial^2 F}{\partial x \partial y}, \end{cases}$$

[wo jetzt $\Delta = \dfrac{\partial^2}{\partial x^2} + \dfrac{\partial^2}{\partial y^2} + \dfrac{\partial^2}{\partial z^2}$ bedeutet].

Der *zweite Ansatz* geht davon aus, daß die P, Q, U des Airyschen Ansatzes durch folgende Formel definiert werden können — unter α, β beliebige Größen verstanden:

$$P \cdot \alpha^2 + 2U \cdot \alpha\beta + Q \cdot \beta^2 = - \begin{vmatrix} \dfrac{\partial^2 F}{\partial x^2} & \dfrac{\partial^2 F}{\partial x \partial y} & \alpha \\[2ex] \dfrac{\partial^2 F}{\partial y \partial x} & \dfrac{\partial^2 F}{\partial y^2} & \beta \\[2ex] \alpha & \beta & 0 \end{vmatrix},$$

woraus sich dann folgende räumliche Verallgemeinerung ergibt:

$$(33) \quad \begin{cases} P \cdot \alpha^2 + Q \cdot \beta^2 + R \cdot \gamma^2 \\ + 2S \cdot \beta\gamma + 2T \cdot \alpha\gamma + 2U \cdot \alpha\beta = - \end{cases} \begin{vmatrix} \dfrac{\partial^2 F}{\partial x^2} & \dfrac{\partial^2 F}{\partial x \partial y} & \dfrac{\partial^2 F}{\partial x \partial z} & \alpha \\[2ex] \dfrac{\partial^2 F}{\partial y \partial x} & \dfrac{\partial^2 F}{\partial y^2} & \dfrac{\partial^2 F}{\partial y \partial z} & \beta \\[2ex] \dfrac{\partial^2 F}{\partial z \partial x} & \dfrac{\partial^2 F}{\partial z \partial y} & \dfrac{\partial^2 F}{\partial z^2} & \gamma \\[2ex] \alpha & \beta & \gamma & 0 \end{vmatrix},$$

wo α, β, γ beliebige Größen bedeuten.

Daß die Spannungskomponenten von (32) und (33) bei beliebigem F die Gleichungen (31) befriedigen, bestätigt man leicht.

2. Der Inhalt der Formeln (32) und (33) läßt sich besser schildern, wenn wir gleich an die Idee der reziproken Diagramme anknüpfen. Die Fragestellung ist dann so: Durch eine gegebene Funktion $F(x, y, z)$ ist einerseits eine reziproke Beziehung zwischen einem xyz-Diagramm und einem $\xi\eta\zeta$-Diagramm gemäß den Formeln (28) gegeben, andererseits eine Spannungsverteilung im xyz-Diagramm gemäß den Formeln (32) oder (33). Was nützt uns die Kenntnis des $\xi\eta\zeta$-Diagrammes, wenn wir uns über diese Spannungsverteilung unterrichten wollen?

Es sei *do* ein Flächenelement im xyz-Raum mit der Normalen n, *dõ* das entsprechende Flächenelement im $\xi\eta\zeta$-Raume. *Wir finden dann, bei Verwendung des ersten Maxwellschen Ansatzes (Gleichungen (32)), auf do einmal eine Normalspannung vom Betrage ΔF pro Flächeneinheit, zweitens eine Spannung [im Flächenelemente selbst] mit den Komponenten $\dfrac{\partial \xi}{\partial n}, \dfrac{\partial \eta}{\partial n}, \dfrac{\partial \zeta}{\partial n}$ pro Flächeneinheit. Bei Verwendung des zweiten Ansatzes (33) hingegen liefert uns einfach das Flächenelement dõ, als Plangröße aufgefaßt, die auf do kommende Spannung nach Größe, Richtung und Sinn.* Was ferner die über ein *endliches* Flächenstück o resultierende Spannung angeht, so finden wir bei Verwendung des ersten Ansatzes deren Komponenten durch die Gleichungen:

$$(34) \quad \begin{cases} X_r = \displaystyle\iint \left(\Delta F \cdot \cos nx - \dfrac{\partial \xi}{\partial n}\right) do, \quad Y_r = .., \quad Z_r = ..; \\[2ex] M_{yz} = .., \; M_{zx} = .., \; M_{xy} = \displaystyle\iint \left\{ x\left(\Delta F \cdot \cos ny - \dfrac{\partial \eta}{\partial n}\right) - y\left(\Delta F \cdot \cos nx - \dfrac{\partial \xi}{\partial n}\right) \right\} do, \end{cases}$$

bestimmt, oder, indem wir die Flächenintegrale in Integrale über die
Randkurve der Fläche verwandeln, durch die Gleichungen:

$$(35)\begin{cases} X_r = \int \eta\,dz - \zeta\,dy, \quad Y_r = ..,\quad Z_r = ..; \\[2mm] M_{vz} = ..,\ M_{zx} = ..,\ M_{xy} = \int \zeta\,(x\,dx + y\,dy + z\,dz) - (x\xi + y\eta + z\zeta - F)\,dz. \end{cases}$$

Bei Verwendung des zweiten Ansatzes hingegen liefert uns das dem
Flächenstücke o entsprechende Flächenstück $\tilde{\omega}$, als Plangröße aufgefaßt,
die über o resultierende Spannung nach Größe, Richtung und Sinn (um
die drei Drehmomente kümmern wir uns nicht).

Die so gefundenen gegenseitigen Beziehungen zwischen einer Spannungsfunktion $F(x, y, z)$, die dem zugehörigen Spannungssysteme und seinem
reziproken Diagramme sind den entsprechenden Beziehungen bei zwei
Dimensionen ganz analog. Besonders deutlich ist dies bei Verwendung
des zweiten Maxwellschen Ansatzes; das als Plangröße aufzufassende
Flächenelement $d\tilde{\omega}$ ist die direkte räumliche Verallgemeinerung des als
transversaler Vektor aufgefaßten Bogenelementes do der Ebene. Aber
auch beim ersten Ansatze ist die Analogie leicht zu finden. Wir haben
z. B. bei zwei Dimensionen für X_r zunächst die Formel (vgl. Gl. (3)):

$$(36)\qquad X_r = \int P\,dy - U\,dx = \int (P\cos nx + U\cos ny)\,ds,$$

und das ist nichts anderes als

$$\int \left(\Delta F \cdot \cos nx - \frac{\partial \xi}{\partial n} \right) ds,$$

[wo $\Delta = \dfrac{\partial^2}{\partial x^2} + \dfrac{\partial^2}{\partial y^2}$ ist], was der ersten räumlichen Gleichung (34) analog
ist; ebenso hat die erste Gleichung (35) ihr ebenes Analogon, nämlich die
den Gleichungen (27) von S. 682 entnommene Gleichung:

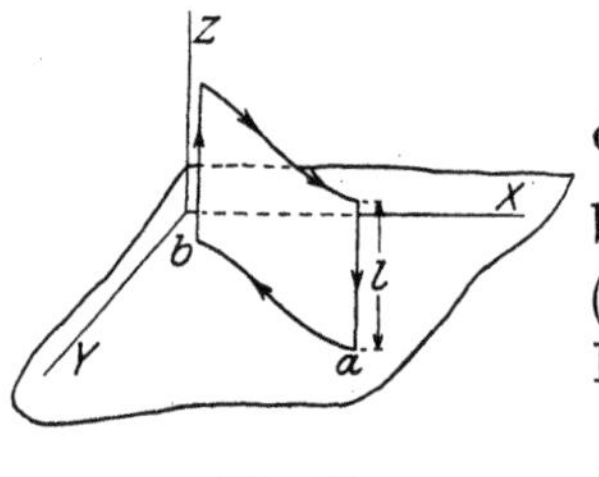

$$X_r = \eta_\beta - \eta_\alpha,$$

denn bei zwei Dimensionen ist $\zeta = \dfrac{\partial F}{\partial z}$ Null, also
bekommen wir für den auf dem Bogenstücke ab
(Fig. 21) errichteten Vertikalzylinder von der
Höhe Eins die Spannungskomponente:

$$(37)\qquad \int \eta\,dz - \zeta\,dy = \eta_\beta - \eta_\alpha.$$

Fig. 21.

Noch konsequenter könnte man die Analogie durchführen, wenn man
als Hilfsmittel einen „*vierdimensionalen Raum*" einführte und in ihm,
der Formel:

$$t = F(x, y, z)$$

entsprechend, eine „*Airysche Mannigfaltigkeit*" konstruierte. Mit den Formeln:

$$\xi = \frac{\partial F}{\partial x}, \qquad \eta = \frac{\partial F}{\partial y}, \qquad \zeta = \frac{\partial F}{\partial z}, \qquad t + \vartheta = x\,\xi + y\,\eta + z\,\zeta$$

würde man diese Airysche Mannigfaltigkeit in bezug auf das „Paraboloid":

$$2t = x^2 + y^2 + z^2$$

„polarisieren", und die „senkrechte" Projektion dieses Polargebildes auf den $\xi\eta\zeta$-Raum ergäbe in diesem das zu unserm Spannungssysteme reziproke Diagramm. Solche Überlegungen würden uns in vierdimensionale Beziehungen führen, die an sich sehr schön und überzeugend sind, der Mehrzahl der Leser aber doch unnötige Schwierigkeiten bereiten würden.

3. Nach den gegebenen Entwicklungen bedarf es jetzt nur noch geringer Mühe, um zu der im folgenden beschriebenen mechanischen Deutung unserer früher betrachteten reziproken Zellensysteme zu gelangen.

Mit beiden Maxwellschen Ansätzen erhalten wir *zwei Spannungssysteme, die an dem einen oder andern der beiden reziproken Zellensysteme im Gleichgewicht sind.*

Und zwar erhalten wir das eine Mal *Spannungen in den Wänden des Diagramms*, die der Größe nach durch die Länge der entsprechenden Kanten des andern Diagramms gegeben sind (homogene Spannungen, wie sie etwa in den Zellwänden eines Seifenschaums herrschen). Das andere Mal erhalten wir *Spannungen in den Kanten des Diagramms*, die der Größe nach durch die Flächeninhalte der entsprechenden Wände des andern Diagramms gegeben sind.

Also nur der zweite räumliche Ansatz führt dazu, Spannungssysteme in räumlichen *Fachwerken* kennen zu lernen. Deshalb ist in dem Hennebergschen Referat auch nur von diesem zweiten Ansatz die Rede (Nr. 41) und auch das nur mehr beiläufig, da die allgemeine Lehre von der Airyschen Spannungsfunktion dort nicht vorausgesetzt werden konnte.

Die Statik der Spannungszustände irgendwelcher Träger gewinnt offenbar, indem man den Gesamtgedankengang Maxwells herannimmt, bedeutend an Interesse; überhaupt aber treten ihre verschiedenen Teile so in einen wunderbaren Zusammenhang, der bisher nur wenig bekannt gewesen sein möchte. Deshalb wurde in der vorstehenden Darstellung die Herausarbeitung dieses Zusammenhanges als eigentliches Ziel betrachtet, womit zugleich für neue Entwicklungen der Theorie die Grundlage gewonnen ist.

Göttingen, den 10. Februar 1904.

LXXVIII. Über Selbstspannungen ebener Diagramme[1].

Math. Annalen, Bd. 67 (1909).]

In einer Arbeit über „Spannungsflächen und reziproke Diagramme", die ich vor einigen Jahren zusammen mit K. Wieghardt im Archiv der Mathematik und Physik veröffentlichte[2], habe ich gezeigt, daß die Wiederheranziehung der Originalideen Maxwells dem bezeichneten Gegenstande eine Reihe neuer und interessanter Seiten abgewinnen läßt. Dabei blieb ein bestimmter feinerer Punkt unerledigt, der im folgenden klargestellt werden soll. Ich gebe dabei meiner Darlegung eine elementare, analytisch-geometrische Form, die auch ohne Rückgang auf die frühere Publikation verständlich sein dürfte. Auf rein geometrische Begründung, insbesondere die Einzelheiten der graphischen Darstellung gehe ich dabei nicht ein; diese werden, soweit sie erwünscht scheinen, in einer Arbeit meines Assistenten, Herrn Fr. Pfeiffer, enthalten sein, welche demnächst in der Zeitschrift für Mathematik und Physik erscheinen wird[3].

1. Es sei ein gewöhnliches *Eulersches Polyeder* gegeben, d. h. eine aus ebenen Facetten zusammengesetzte Oberfläche, welche zwei getrennte Seiten besitzt und übrigens dem Riemannschen Geschlecht $p = 0$ angehört (den „Zusammenhang" 1 besitzt)[4]. Weil zwei getrennte Flächenseiten vorhanden sind, können wir für jeden Eckpunkt des Polyeders einen bestimmten Umlaufungssinn festlegen, indem wir verabreden, daß dieser Sinn von der einen Flächenseite aus gesehen mit dem Uhrzeigersinn übereinstimmen soll. Nun seien die Polyederebenen, die in irgendeinem Eckpunkte (i) des Polyeders zusammenstoßen, *gemäß der durch diesen Sinn festgelegten Reihenfolge* durch nachstehende Gleichungen gegeben:

$$(1) \quad \begin{cases} z = a_k^i\, x + b_k^i\, y + c_k^i, \\ z = a_l^i\, x + b_l^i\, y + c_l^i, \\ z = a_m^i\, x + b_m^i\, y + c_m^i, \\ \cdots\cdots\cdots\cdots \end{cases}$$

---

[1] [Dieser Aufsatz ist aus einer Vorlesung vom Sommer 1909 entstanden.]

[2] III. Reihe, Bd. 8 (1904). [Vgl. die unmittelbar vorangehende Abh. LXXVII.]

[3] [Gemeint ist die Abhandlung „Zur Statik ebener Fachwerke" in der Zeitschrift für Mathematik und Physik, Bd. 58 (1909/10).]

[4] Die Polyederoberfläche kann sich übrigens beliebig durchsetzen.

Man hat dann für die von (i) auslaufenden Polyederkanten, genauer für ihre Projektionen auf die XY-Ebene, die Gleichungen:

$$(2) \quad \begin{cases} 0 = (a_k^i - a_l^i)x + (b_k^i - b_l^i)y + (c_k^i - c_l^i), \\ 0 = (a_l^i - a_m^i)x + (b_l^i - b_m^i)y + (c_l^i - c_m^i), \\ \cdots \cdots \cdots \cdots \cdots \cdots \cdots \end{cases}$$

Die so gewonnenen Projektionen bilden ein *ebenes Diagramm*, für welches wir aus den vorstehenden Gleichungen unmittelbar einen *Selbstspannungszustand* aufstellen können. Man lasse nämlich am i-ten Knotenpunkte des Diagramms (der dem i-ten Eckpunkte des Polyeders als Projektion entspricht) Kräfte mit folgenden X-, Y-Komponenten angreifen:

$$(3) \quad \begin{cases} X_{kl}^i = b_k^i - b_l^i, \quad Y_{kl}^i = a_l^i - a_k^i; \\ X_{lm}^i = b_l^i - b_m^i, \quad Y_{lm}^i = a_m^i - a_l^i; \\ \cdots \cdots \cdots \cdots \cdots \cdots \cdots \end{cases}$$

Diese Kräfte wirken, wie man sofort erkennt, der Reihe nach längs der einzelnen durch (2) gegebenen Kanten („Stäbe") des Diagramms und stehen übrigens am i-ten Knotenpunkte im Gleichgewicht, weil die Summe ihrer X-Komponenten, wie ihrer Y-Komponenten verschwindet. Andererseits gehört zu dem zweiten Knotenpunkte, den etwa die Kante kl trägt, — er möge j heißen —, gemäß der für die Eckpunkte des Ausgangspolyeders verabredeten Umlaufungsregel (anders ausgedrückt: gemäß dem für unser Polyeder geltenden Moebiusschen Kantengesetz) eine Kraft:

$$(4) \quad X_{lk}^j = b_l^i - b_k^i, \quad Y_{lk}^j = a_k^i - a_l^i,$$

welche der Kraft X_{kl}^i, Y_{kl}^i entgegengesetzt gleich ist. *Die an den sämtlichen Knotenpunkten des Diagramms angreifenden Kräfte ergeben also ein längs der Stäbe des Diagramms wirkendes, mit sich selbst im Gleichgewicht stehendes Selbstspannungssystem;* sie ergeben, wie wir kurz sagen wollen, eine *Selbstspannung* des Diagramms.

Ich erinnere noch daran, wie man (nach Maxwell-Cremona) von dem so gewählten Ausgangspunkte aus das zugehörige, unserem Diagramm *reziproke* Diagramm und damit den Kräfteplan unserer Selbstspannung konstruiert: man hat einfach jeder Polyederebene

$$z = ax + by + c$$

den Punkt

$$(5) \quad x = b, \quad y = -a$$

entsprechend zu setzen. In der Tat sind dann die Kräfte (3), die entlang den Stäben unseres Diagramms wirken [unter Einhaltung einer zu verabredenden Zeichenregel], der Größe und Richtung nach durch die die Punkte des reziproken Diagramms verbindenden Vektoren gegeben.

2. Es ist nun nicht schwer zu sehen, daß man den geschilderten, von Maxwell herrührenden Ansatz ohne weiteres umkehren kann. Um die hierfür nötige Überlegung kurz und präzis zu fassen, ist es zweckmäßig, zwischen die Kanten unseres Diagramms entsprechend den Seitenflächen des Ausgangspolyeders *Blätter* eingespannt zu denken (deren einzelnes also eine von einer Anzahl Stäbe des Diagramms begrenzte Polygonfläche vorstellen wird). Diese Blätter bilden, zusammengenommen, eine dem Ausgangspolyeder Punkt für Punkt entsprechende Fläche, die also, gleich dem Polyeder, dem Geschlecht $p = 0$ angehört, und auf die sich unsere auf das Ausgangspolyeder bezügliche Verabredung betreffs des Umlaufungssinnes der einzelnen Eckpunkte (Knotenpunkte) überträgt. Wer irgend an die Vorstellung einer über die Ebene mehrblättrig ausgebreiteten Riemannschen Fläche gewöhnt ist, wird in der Erfassung dieser einen Teil der XY-Ebene ebenfalls mehrfach überdeckenden *Hilfsfläche* keinerlei Schwierigkeiten finden.

Man stelle nun irgendeine zu unserem Diagramm gehörige Selbstspannung auf. Wir erfahren dann aus den Gleichungen (3) für jede Kante des Diagramms zugehörige Werte der $a_k^i - a_l^i$, $b_k^i - b_l^i$, aus den Gleichungen (2) einen zugehörigen Wert von $c_k^i - c_l^i$. Die Frage ist, ob wir von der Kenntnis dieser *Differenzen* aus, gestützt auf die Aufeinanderfolge der Blätter unserer in das Diagramm eingespannten Hilfsfläche, zu zugehörigen Werten der a_k^i, b_k^i, c_k^i selbst und damit zu einem Maxwell-Polyeder widerspruchsfrei übergehen können.

Dies ist nun in der Tat der Fall und zwar in der Weise, *daß wir für eines der Blätter unserer Hilfsfläche die zugehörigen a, b, c, —* sagen wir als a_0, b_0, c_0 *— beliebig annehmen können, dann aber alles bestimmt ist:* Zum Beweise wollen wir uns folgende Vorstellungsweise bilden. Wir wollen die gesuchten a, b, c als Funktionswerte auffassen, die zu den einzelnen Punkten der Hilfsfläche gehören, die also, solange sich der Punkt innerhalb eines Blattes der Hilfsfläche bewegt, konstant bleiben, jedesmal aber, wenn der Punkt über eine Kante hinweg in ein neues Blatt tritt, gemäß den Gleichungen

$$(6) \qquad \Delta a = a_k^i - a_l^i, \quad \Delta b = b_k^i - b_l^i, \quad 0 = \Delta a \cdot x + \Delta b \cdot y + \Delta c$$

springen. Die Frage ist einfach, ob man diese Differenzengleichungen, von den irgendeinem Punkte der Hilfsfläche beigelegten Anfangswerten a_0, b_0, c_0 beginnend, über unsere Hilfsfläche hin *eindeutig integrieren* kann, und diese Frage ist, gemäß bekannten Theorien, zu bejahen, weil unsere Hilfsfläche dem Geschlechte $p = 0$ angehört und die Umkreisung eines beliebigen Knotenpunktes (singulären Punktes der Differenzengleichungen) allemal $\sum \Delta a = 0$, $\sum \Delta b = 0$, $\sum \Delta c = 0$ ergibt.

Also: *Zu jedem Selbstspannungssystem unseres Diagramms gehört, nachdem man die Konstanten a_0, b_0, c_0 willkürlich angenommen hat, ein bestimmtes Maxwellsches Polyeder.* Eine Abänderung der a_0, b_0, c_0 bedeutet, daß man die rechten Seiten der Formeln (1) — der Gleichungen der Seitenebenen des Polyeders — alle um dieselbe lineare Funktion $ax + by + c$ vermehrt. Ist die Zahl der möglichen Selbstspannungen ∞^n, so ist dementsprechend die Zahl der zum Diagramm gehörigen Maxwellschen Polyeder ∞^{n+3}. Die Zahl der reziproken Diagramme aber ist, weil in den Formeln (5) die c fortfallen, nur ∞^{n+2}, und von diesen unterscheiden sich jedesmal ∞^2 nur durch eine Parallelverschiebung über die Ebene des Zeichenbrettes hin.

Es ist von vornherein klar, was es heißt, zwei an demselben Diagramm angreifende Selbstspannungen zu addieren. Genau so wird man zwei zu demselben Diagramm gehörige Maxwellsche Polyeder *addieren* können. Man vereinigt zu dem Zwecke einfach die beiden demselben Blatte der Hilfsfläche entsprechenden Ebenen der beiden Polyeder:

$$z = a'x + b'y + c' \quad \text{und} \quad z = a''x + b''y + c''$$

zu der neuen Ebene

$$(7) \qquad z = (a'x + b'y + c') + (a''x + b''y + c'').$$

Die Selbstspannungen und die Polyeder bilden in diesem Sinne je eine *lineare* Schar. Gibt es n „linear-unabhängige" Selbstspannungen $S_1, S_2, \ldots, S_n$, so stellt sich die allgemeinste Selbstspannung des Diagramms in der Gestalt

$$(8) \qquad \lambda_1 S_1 + \lambda_2 S_2 + \ldots + \lambda_n S_n$$

dar, wo die λ beliebig zu wählende Konstante sind. Es gibt dann $(n+3)$ linear-unabhängige Maxwellsche Polyeder; der Überschuß der drei Einheiten kommt auf die drei vorhin eingeführten Integrationskonstanten. Ebenso gibt es $(n+2)$ linear-unabhängige reziproke Diagramme.

3. In dem oben zitierten Aufsatze von Wieghardt und mir [Abh. LXXVII] ist bereits angedeutet, wie sich die soweit entwickelten Sätze modifizieren, wenn die Hilfsfläche, die in die Stäbe des Diagramms eingespannt ist, höheres Geschlecht ($p > 0$) besitzt; ich gehe hierauf gegenwärtig nicht näher ein. Dagegen wurde damals nur erst gefragt, *welche Bewandtnis es mit solchen Diagrammen haben mag, die, durch Einfügung geeigneter Blätter vervollständigt, als Projektion einseitiger Polyeder erscheinen* („Moebiusscher" Polyeder, bei denen man keine zwei Flächenseiten unterscheiden kann, weil die eine Flächenseite des einzelnen Begrenzungspolygons beim Hinschreiten über das Polyeder kontinuierlich in die andere Flächenseite des Begrenzungspolygons übergeht).

Diese weitere Frage zu beantworten ist der eigentliche Zweck meiner diesmaligen Mitteilung. Ich werde mich dabei, um der Auffassung keine zu großen Schwierigkeiten zu bieten, auf die Besprechung eines einzelnen möglichst einfach gewählten Falles beschränken (bei der dann die allgemeine Sachlage von selbst hervorleuchtet).

Dabei sei folgende Bemerkung vorausgeschickt. Ich habe die genannte Frage wiederholt in Fachkreisen gestellt und habe, weil die Betrachtung des einseitigen Polyeders zunächst zu gewissen Unstimmigkeiten führt, dann wohl die Antwort erhalten: besagtes Polyeder möge für die Bestimmung der zum Diagramm gehörigen Selbstspannungen bedeutungslos sein. Wer an den organischen Zusammenhang der geometrischen Wahrheiten glaubt, wird eine solche Ansicht von vornherein nicht teilen können. Die folgenden Betrachtungen zeigen, daß die Sache in der Tat ganz anders liegt.

4. Das ebene Diagramm, welches wir als Beispiel wählen, besteht einfach aus den 15 Stäben, welche sechs Knotenpunkte (die $I, II, \ldots, VI$

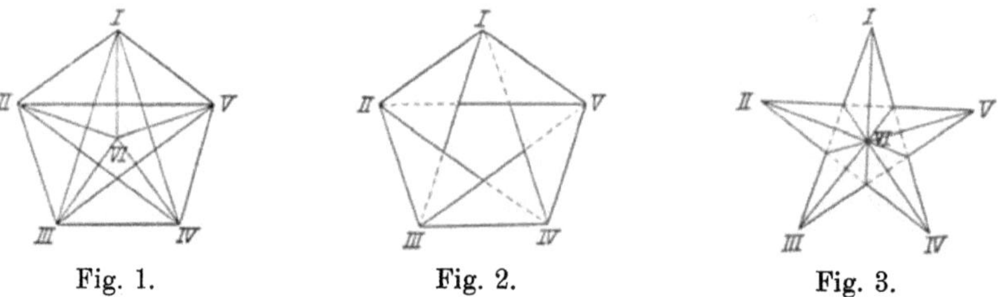

Fig. 1.   Fig. 2.   Fig. 3.

genannt werden sollen) verbinden. Der Übersichtlichkeit wegen mögen wir uns die Punkte so gewählt denken, daß $I, \ldots, V$ die Ecken eines regulären Fünfecks bilden, in dessen Mittelpunkt VI liegt. Wir haben dann Fig. 1.

Dieses Diagramm läßt sich nun folgendermaßen zu einer geschlossenen, aus zehn Dreiecksflächen bestehenden und dabei „einseitigen" *Hilfsfläche* ausgestalten.

Wir verbinden zunächst die Ecken $I \ldots V$ durch die fünf Dreiecke:

$$I\,II\,III, \quad II\,III\,IV, \quad III\,IV\,V, \quad IV\,V\,I, \quad V\,I\,II,$$

wie es in der obenstehenden Fig. 2 angedeutet ist; diese fünf Dreiecke bilden in ihrer Aufeinanderfolge ein übrigens wohlbekanntes Beispiel eines in sich zurücklaufendes Moebiusschen Blattes (bei dem man durch Umlaufung von der oberen Seite eines der fünf Dreiecke auf die untere Seite desselben Dreiecks kontinuierlich hinüberkommt).

Sodann verbinden wir den Punkt VI mit den „freien" Kanten dieses Blattes, d. h. mit den Kanten

$$I\,III, \quad III\,V, \quad V\,II, \quad II\,IV, \quad IV\,I$$

durch die fünf Dreiecke:

$$I\,III\,VI, \quad III\,V\,VI, \quad V\,II\,VI, \quad II\,IV\,VI, \quad IV\,I\,VI,$$

womit die Konstruktion unserer Hilfsfläche vollendet ist.

Da unsere Hilfsfläche aus lauter Dreiecken besteht, so hat es keine Schwierigkeit, das allgemeinste Raumpolyeder zu konstruieren, dessen Orthogonalprojektion sie ist. Wir errichten einfach in den Punkten $I, II, \ldots, VI$ gegen die Zeichenebene beliebige Perpendikel, deren Endpunkte $1, 2, \ldots, 6$ heißen sollen, und verbinden die Raumpunkte $1, 2, \ldots, 6$ genau so durch Dreiecke, wie es eben zwecks Konstruktion der Hilfsfläche mit den Punkten $I, II, \ldots, VI$ geschehen war (Fig. 3 auf S. 696). *Das so entstehende Polyeder hängt, der Willkür der sechs Perpendikel entsprechend, von sechs Konstanten ab.* Daß es einseitig ist, folgt aus der Einseitigkeit der Dreieckszone Fig. 2. Übrigens stellt es gerade dasjenige einfachste Beispiel einer einseitigen Fläche vor, welches Moebius seinerzeit selbst gegeben hat[5]).

Betrachten wir nun die *statischen Eigenschaften* unseres Diagramms.

a) Aus der allgemeinen Abzählung folgt, daß es $(15 - 2\cdot 6 + 3) = 6$ linear-unabhängige Selbstspannungen zulassen muß, und in der Tat ist es sehr leicht, solche sechs Selbstspannungen zu konstruieren. Ich gebe als Beispiel die folgenden:

Nr. 1...5: nur drei der von VI auslaufenden Stäbe, zwei Diagonalen und eine Fünfecksseite sind gespannt; vgl. die nebenstehende Fig. 4.

Nr. 6: längs der 5 von VI auslaufenden Stäbe herrschen gleiche Spannungen, ebenso längs der fünf Diagonalen des Fünfecks. Vgl. die Fig. 5.

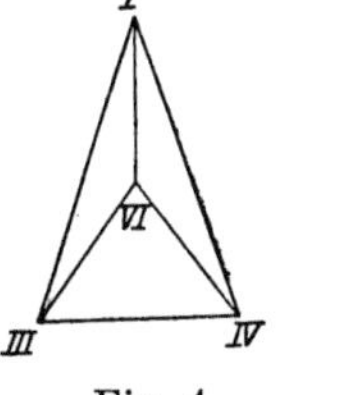

Fig. 4.

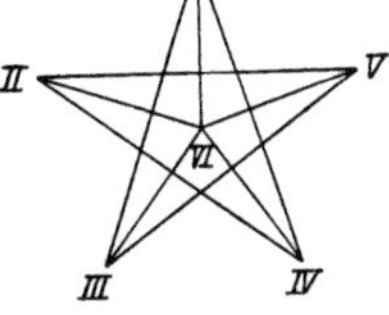

Fig. 5.

Diese Beispiele von Selbstspannungen können auch ohne weiteres aus Maxwellschen Polyedern abgeleitet werden: jede der Figuren 4 ist als Projektion eines Tetraeders anzusehen, Fig. 5 als Projektion einer auf einem überschlagenen Fünfeck errichteten Pyramide.

b) Andererseits überzeugt man sich, daß die allgemeinste zu unserem Diagramm gehörige Selbstspannung keineswegs aus unserem einseitigen Polyeder in Maxwellscher Weise abgeleitet werden kann. Schon die

---

[5]) [Vgl. Ges. Werke, Bd. II, S. 520.]

Anzahlen stimmen nicht. Denn die ∞^6 Polyeder würden nur ∞^3 Selbstspannungen liefern. Aber man bemerkt bald, *daß unser Polyeder überhaupt nicht in Maxwellscher Weise benutzt werden kann.* Es war doch der Ausgangspunkt unserer Betrachtung in Nr. 1, daß jeder Eckpunkt unseres Polyeders *in bestimmtem Sinne* umlaufen werden sollte. Zu dem Zwecke mußten wir die beiden „Seiten" der Polyederfläche unterscheiden und für die eine Seite den Uhrzeigersinn der Umlaufung verabreden. Dies ist hier, weil wir ein einseitiges Polyeder haben, nicht möglich. Setzen wir willkürlich fest, daß die Ecke (i) des Polyeders in bestimmtem Sinne umlaufen werden soll, und verschieben diesen Umlaufungssinn über die Fläche des Polyeders hin, so erhalten wir bei geschickter Wahl des Weges für die Ecke (i) den entgegengesetzten Umlaufungssinn. *Die Vorzeichen der Kraftkomponenten in den Formeln* (3) *lassen sich also nicht fixieren,* oder, wenn man lieber will: nachdem man sie unter Festsetzung eines bestimmten Umlaufungssinnes für den Punkt (i) angenommen hat, ergibt sich hinterher, *daß ebensowohl die entgegengesetzten Vorzeichen zu gelten haben.*

c) Es muß interessant sein, diese Verhältnisse am reziproken Diagramm zu verfolgen. In der Tat: da wir ein Polyeder haben, so haben wir auch (gemäß den Formeln (5)) ein reziprokes Diagramm. Dieses muß dann so beschaffen sein, daß, wenn wir eine Seite desselben als einen längs der entsprechenden Seite des ursprünglichen Diagramms herrschenden *Zug* deuten, nach Durchlaufung des ganzen Diagramms herauskommt, daß sie ebensowohl als Maß eines längs der korrespondierenden Seite des ursprünglichen Diagramms wirkenden *Drucks* zu gelten hat!

5. In die solcherweise zunächst entstehende Verwirrung bringen wir Ordnung, indem wir unser einseitiges Polyeder (wie ich es bei einseitigen Flächen in früheren Arbeiten wiederholt getan habe[6]), und wie es übrigens heute allgemein geläufig ist) *doppelt überdeckt denken* und somit durch eine *zweiseitige* Fläche der doppelten Ecken-, Kanten- und Flächenzahl ersetzen, deren Ecken, Kanten und Flächen paarweise mit den Ecken, Kanten und Flächen des einseitigen Polyeders zusammenfallen. Unser ebenes Diagramm, bez. die mit ihm verbundene „Hilfsfläche", ist eine *Doppelprojektion* dieses zweiseitigen Polyeders, und wir erhalten, wenn wir von diesem Polyeder im Sinne von Nr. 1 Gebrauch machen, für jeden Stab unseres Diagramms einen Zug und einen Druck, die sich gegenseitig aufheben; wir erhalten für unser Diagramm eine *Nullspannung.* Wir haben keinen Widerspruch mehr, sondern etwas in sich Klares, das aber zunächst enttäuscht: *die ∞^6 einseitigen Polyeder, als deren Projektion*

---

[6]) [Siehe z. B. meine Abhandlung „Bemerkungen über den Zusammenhang der Flächen" Nr. XXXVI des vorliegenden Bandes, speziell S. 64, 65. K.]

unser Diagramm angesehen werden kann, ergeben für dieses, gemäß der neuen Auffassung, lauter Nullspannungen.

Und doch ist der Ansatz gewonnen, durch dessen Verfolg wir nun zur positiven Erledigung des Selbstspannungsproblems für unser Diagramm kommen. Mögen wir vorab verabreden, die Seitenflächen unseres einseitigen Polyeders, die vom Eckpunkte (i) auslaufen, folgendermaßen durch Gleichungen zu bezeichnen:

$$(9) \qquad z = \alpha_k^i x + \beta_k^i y + \gamma_k^i.$$

Übrigens aber wollen wir jetzt das *allgemeinste* zweiseitige Polyeder (mit der doppelten Ecken-, Kanten- und Flächenzahl) konstruieren, dessen Doppelprojektion unser Diagramm, bez. die zu ihm gehörige Hilfsfläche ist, dessen Ecken, Kanten und Seitenflächen nun aber nicht mehr paarweise zusammenzufallen brauchen!

Besagte Konstruktion machen wir in einfachster Weise, indem wir den sechs Knotenpunkten $I, II, \ldots, VI$ unseres Diagramms je zwei, beliebig über ihnen gelegene Raumpunkte zuordnen und die so hervorkommenden zwölf Punkte in zweckmäßiger Weise durch Dreiecksflächen verbinden.

Folgendermaßen etwa. Mögen unsere Raumpunkte in nicht mißzuverstehender Weise mit

$$1' \quad 2' \quad 3' \quad 4' \quad 5' \quad 6'$$
$$1'' \quad 2'' \quad 3'' \quad 4'' \quad 5'' \quad 6''$$

bezeichnet werden. Wir konstruieren dann vor allen Dingen eine Aufeinanderfolge von zehn Dreiecken

$$(1'\,2''\,3'), \quad (2''\,3'\,4''), \quad (3'\,4''\,5'), \quad (4''\,5'\,1''), \quad (5'\,1''\,2'),$$
$$(1''\,2'\,3''), \quad (2'\,3''\,4'), \quad (3''\,4'\,5''), \quad (4'\,5''\,1'), \quad (5''\,1'\,2''),$$

die eine Ringfläche mit zwei Rändern vorstellt, welche beziehungsweise aus folgenden fünf Kanten bestehen:

erster Rand: $(1'\,3')$, $(3'\,5')$, $(5'\,2')$, $(2'\,4')$, $(4'\,1')$,
zweiter Rand: $(1''\,3'')$, $(3''\,5'')$, $(5''\,2'')$, $(2''\,4'')$, $(4''\,1'')$.

Und nun gehen wir zu einem geschlossenen Polyeder über, indem wir von $6'$ aus auf den ersten Rand und von $6''$ aus auf den zweiten Rand eine geschlossene Pyramide aufsetzen.

Jedes so hervorkommende (zweiseitige) Polyeder wollen wir weiterhin ein *Doppelpolyeder* nennen. Es gibt immer zwei Ebenen des Doppelpolyeders, welche der Ebene (9) des einseitigen Polyeders entsprechen; diese mögen durch folgende Gleichungen bezeichnet sein:

$$(10) \qquad \begin{cases} z = a_k'^i\, x + b_k'^i\, y + c_k'^i, \\ z = a_k''^i\, x + b_k''^i\, y + c_k''^i, \end{cases}$$

Wir statten nunmehr, gemäß der Verabredung von Nr. 1, die sämtlichen Ecken des Doppelpolyeders mit einem bestimmten Umlaufungssinne aus. Möge dabei, was den Eckpunkt (i') angeht, auf die Seitenfläche

$$z = a_k'^i x + b_k'^i y + c_k'^i,$$

die andere

$$z = a_l'^i x + b_l'^i y + c_l'^i$$

folgen, so wird umgekehrt, was den Eckpunkt (i'') betrifft, die Ebene

$$z = a_l''^i x + b_l''^i y + c_l''^i$$

der Ebene

$$z = a_k''^i x + b_k''^i y + c_k''^i$$

vorangehen.

Nach diesen Vorbereitungen werden wir nun, ganz im Sinne von Nr. 1, aus unserem Doppelpolyeder für das vorgegebene Diagramm eine Selbstspannung ableiten. Es genügt wieder, die Komponenten der Kraft anzugeben, welche im Punkte (i) des Diagramms entlang der Kante (kl) wirken. *Insofern (i) Projektion von (i') ist*, erhalten wir nach den Formeln (3) die Kraftkomponenten:

$$(11') \qquad b_k'^i - b_l'^i, \quad a_l'^i - a_k'^i,$$

insofern aber (i) Projektion von (i'') ist, müssen wir nach der gerade gemachten Bemerkung die Vorzeichen umkehren und haben als Kraftkomponenten:

$$(11'') \qquad b_l''^i - b_k''^i, \quad a_k''^i - a_l''^i.$$

Wir haben also insgesamt längs unserer Kanten (kl) im Punkte (i) angreifend die Kraft:

$$(12) \quad X_{kl}^{(i)} = b_k'^i - b_l'^i + b_l''^i - b_k''^i, \quad Y_{kl}^{(i)} = a_l'^i - a_k'^i + a_k''^i - a_l''^i.$$

Damit haben wir für unser Diagramm wirklich eine Selbstspannung konstruiert, — jedem unserer Doppelpolyeder entsprechend eine. Und die Nullspannung, die wir aus dem einseitigen Polyeder ableiteten, ordnet sich hier ein. Denn es ist klar, daß die gerade hingeschriebenen Werte der $X_{kl}^{(i)}$, $Y_{kl}^{(i)}$ sämtlich Null werden, wenn die Ebenen a', b', c' mit den Ebenen a'', b'', c'' durchweg in die Ebenen (9) zusammenfallen, d. h. wenn unser Doppelpolyeder in die Doppelüberdeckung eines einseitigen Polyeders übergeht.

6. Die Behauptung wird nun sein, *daß mit den Formeln (12) das Spannungsproblem unseres Diagramms tatsächlich erledigt ist.* Zu dem Zwecke wird zweierlei zu zeigen sein:

1) *das jede Selbstspannung des Diagramms durch Formeln (11) gewonnen werden kann,*

2) *wie die Differenz zwischen der Zahl der Doppelpolyeder* (∞^{12}) *und der Zahl der Selbstspannungen* (∞^{6}) *zu erklären ist.*

Beides erledigt sich auf Grund der voraufgeschickten Betrachtungen in ganz knapper Form.

Ad 1). Es wird hier zweckmäßig sein, neben das vorgegebene Diagramm und seine Hilfsfläche, welche *Doppelprojektionen* des Doppelpolyeders sind, nunmehr ein *Doppeldiagramm*, bez. eine *Doppelhilfsfläche* zu stellen, die als einfache Projektionen unseres Polyeders definiert sein sollen. Jeder Kante des ursprünglichen Diagramms entsprechen zwei übereinanderliegende Kanten des Doppeldiagramms, und wenn man für die Kante (kl) des ursprünglichen Diagramms die Formel (12) hat, so hat man für die beiden entsprechenden Kanten des Doppeldiagramms bez. die Formeln (11′) und (11″). Auf unser Doppeldiagramm, bez. die mit ihm verbundene Hilfsfläche, finden nun unmittelbar die Entwicklungen unserer Nr. 2 Anwendung. Ist doch diese Hilfsfläche eine zweiseitige Fläche vom Geschlecht $p = 0$. *Jede zu dem Doppeldiagramm gehörige Selbstspannung wird also in Maxwellscher Weise durch eines unserer Doppelpolyeder* (und damit durch ∞^3 unserer Doppelpolyeder) *geliefert.* Es bleibt zu überlegen, daß man jede auf das ursprüngliche Diagramm bezügliche Selbstspannung in eine Selbstspannung des Doppeldiagramms verwandeln kann. Dies geht aber gewiß in der Weise, daß man die zur einzelnen Kante des ursprünglichen Diagramms gehörige Spannung zu gleichen Hälften auf die beiden über ihr liegenden Kanten des Doppeldiagramms verteilt. Dies hat zur Folge, daß die Kräfte (11′) und (11″) einander gleich sind, und von hier aus kann man durch geschickte Wahl der drei zur Verfügung stehenden Konstanten erreichen, daß allgemein

$$(13) \qquad a_k^{\prime i} = -a_k^{\prime\prime i}, \quad b_k^{\prime i} = -b_k^{\prime\prime i}, \quad c_k^{\prime i} = -c_k^{\prime\prime i}.$$

Man kann also zu jeder Selbstspannung des ursprünglichen Diagramms nicht nur überhaupt ein Doppelpolyeder konstruieren, sondern insbesondere ein solches, das hinsichtlich der XY-Ebene sein eigenes Spiegelbild ist.

Ad 2) ergibt sich volle Aufklärung, indem wir auf den Begriff der Addition zweier zu demselben Diagramm (i. e. derselben Hilfsfläche) gehörigen Polyeder zurückgehen (Nr. 2). Es ist ganz klar, *daß die Formeln* (12) *ungeändert bleiben, wenn man zu dem gewählten Doppelpolyeder ein beliebiges einseitiges Polyeder unserer Polyederschar addiert,* also die Ebenen (10) durch folgende ersetzt:

$$(14) \qquad \begin{cases} z = a_k^{\prime i}\, x + b_k^{\prime i}\, y + c_k^{\prime i} + \alpha_k^i x + \beta_k^i y + \gamma_k^i, \\ z = a_k^{\prime\prime i}\, x + b_k^{\prime\prime i}\, y + c_k^{\prime\prime i} + \alpha_k^i x + \beta_k^i y + \gamma_k^i. \end{cases}$$

Hier enthalten die α_k^i, β_k^i, γ_k^i im ganzen sechs willkürliche Parameter und

so bestimmen also jedesmal ∞^6 Doppelpolyeder in unserem Diagramm dieselbe Selbstspannung. *Dies also ist die Bedeutung der einseitigen Flächen
für die Selbstspannungen unseres Diagramms, daß sie gestatten, alle
Doppelpolyeder, welche dieselbe Selbstspannung liefern, auseinander abzuleiten.*

Unter den Doppelpolyedern, welche dieselbe Selbstspannung liefern,
findet sich dann in der Tat immer eines, welches hinsichtlich der XY-
Ebene sich selbst symmetrisch ist. Man braucht nur in den Formeln (14)

$$(15)\quad \alpha_k^i = -\,{}^1\!/_2(a_k^{\prime\,i} + a_k^{\prime\prime\,i}),\quad \beta_k^i = -\,{}^1\!/_2(b_k^{\prime\,i} + b_k^{\prime\prime\,i}),\quad \gamma_k^i = -\,{}^1\!/_2(c_k^{\prime\,i} + c_k^{\prime\prime\,i})$$

zu setzen.

7. Von der Menge der Einzelbemerkungen, die sich hier aufdrängen,
sei nur folgende hervorgehoben. Ich will die Z-Ordinaten, die zu den
Polyedereckpunkten (i') und (i'') des Doppelpolyeders gehören, einen
Augenblick z_i' und z_i'' nennen, während die Z-Koordinate des entsprechenden Eckpunktes der einseitigen Fläche ζ_i heißen mag. Die sechs
Größen ζ_i $(i = 1, 2, \ldots, 6)$ können beliebig angenommen werden. Andererseits verwandelt sich z_i' gemäß (14) in $z_i' + \zeta_i$, z_i'' in $z_i'' + \zeta_i$. Die
Differenz $z_i' - z_i''$ ist also das bei der Umwandlung Unveränderliche. Wir
werden sagen, *daß alle und nur diejenigen Doppelpolyeder für unser
Diagramm je dieselbe Selbstspannung ergeben, deren beide Schalen an
den Stellen 1, 2, …, 6 gleich stark auseinander klaffen.*

Übrigens verweise ich wieder darauf, daß alle diese Angaben über
die Doppelpolyeder in den zugehörigen reziproken Diagrammen eine
charakteristische Deutung finden müssen.

Ich stelle mir schließlich die Aufgabe, die besonderen Fälle der
Selbstspannung, auf welche sich Fig. 4 und 5 beziehen, in unsere allgemeine
Betrachtung einzuordnen.

Wir hatten als Maxwellsches Polyeder im Falle 4 ein Tetraeder, im
Falle 5 eine sich überschlagende fünfseitige Pyramide. Wir wollen, was
frei steht, dieses Tetraeder mit seiner Kante 3 4, bez. die Pyramide mit
ihrer Grundebene 1 2 3 4 5 auf die XY-Ebene aufsetzen. Wir spiegeln
jetzt beide Polyeder an der XY-Ebene und ersetzen so das Tetraeder
durch ein Doppeltetraeder, die Pyramide durch eine Doppelpyramide. Die
so entstehenden Doppelpolyeder ergeben dann für unser Diagramm im
Sinne der Formeln (12) gleichfalls Spannungen vom Typus der Figuren
4 und 5.

Es ist die Frage, wie wir diese Spannungen, bez. Doppelpolyeder
aus der allgemeinen Konstruktionsvorschrift der Nr. 5 herausbringen. Bei
der Doppelpyramide ist die Antwort unmittelbar. Wir werden die z_i', z_i''

für $i = 1, 2, 3, 4, 5$ gleich Null nehmen und übrigens $z_6' = -z_6''$ setzen. In dem anderen Falle verfahre ich so. Ich lege durch die Kante III, IV des Diagramms irgend zwei Ebenen, welche zur XY-Ebene spiegelbildlich liegen. Nun nehme ich $1'', 2', 3', 4', 5', 6'$ in der einen dieser Ebenen, $1', 2'', 3'', 4'', 5'', 6''$ in der anderen (vertikal über bez. unter $I, II, \ldots, VI$) an (wobei natürlich $3'$ und $3''$, $4'$ und $4''$ zusammenfallen). Führt man für diesen Fall die Konstruktion des Doppelpolyeders gemäß den Angaben von Nr. 5 durch, so erhält man in der Tat zwei Tetraeder, die so liegen, wie vorhin (nur daß die Spitze $6'$ des ersten Tetraeders noch in der Grundfläche $1'', 3'', 4''$ des zweiten liegt, und umgekehrt, was eine für die Bestimmung der Selbstspannung unseres Diagramms unwesentliche Spezialisierung ist).

Göttingen, den 31. März 1909.

LXXIX. Zu Painlevés Kritik der Coulombschen Reibungsgesetze[1].

[Zeitschrift für Mathematik und Physik, Bd. 58 (1910).]

„Wir hatten uns die Gesetze der gewöhnlichen trockenen Reibung durch untenstehende Fig. 1 veranschaulicht, in welcher die relative Geschwindigkeit der reibenden Körper gegeneinander als Abszisse, der Betrag der Reibung als Ordinate aufgetragen ist. Dabei bedeutet P den Normaldruck, der die Körper aneinanderpreßt, μ ist der Reibungskoeffizient der Bewegung, μ_0 der Reibungskoeffizient der Ruhe. Man erkennt, daß die

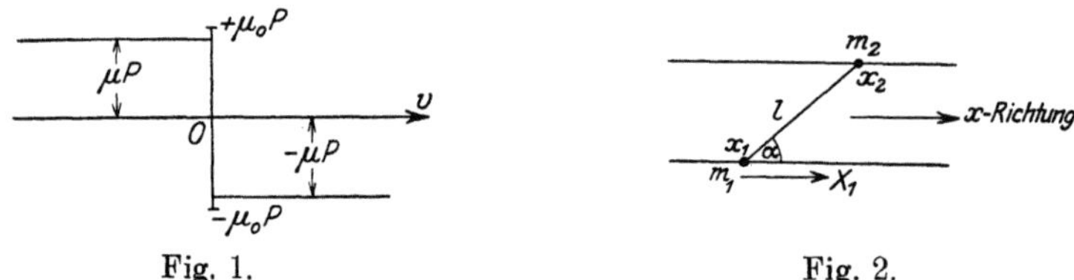

Fig. 1.   Fig. 2.

Reibungskraft für alle positiven Werte von v denselben negativen Wert $(-\mu P)$, für alle negativen Werte von v denselben positiven Wert $(+\mu P)$ hat, für $v = 0$ aber aller Werte fähig ist, die zwischen $(-\mu_0 P)$ und $(+\mu_0 P)$ liegen.

„Diese Gesetze, die man gewöhnlich nach Coulomb benennt (der um 1780 besondere sorgfältige Versuche zu ihrer Prüfung anstellte), sind neuerdings von Painlevé einer eingehenden Kritik unterzogen worden, die in der Behauptung gipfelt, daß selbige bereits in ganz einfachen Fällen zu logischen Widersprüchen mit den Prinzipien der Mechanik führen[2]. Ich bin hierüber mit Prof. Prandtl in Verbindung getreten, und dieser entwickelt an der Hand des einfachsten der von Painlevé aufgestellten Beispiele eine ganz andere Auffassung, die er experimentell bestätigt, und über die hier berichtet werden soll.

---

[1] [Aus einer im Wintersemester 1908/09 gehaltenen Vorlesung.]

[2] Betreffend die Literatur des Gegenstandes wolle der Leser die Angaben von Stäckel in Nr. 6 des Artikels über elementare Dynamik (abgeschlossen 1908) in Bd. IV$_1$ der mathematischen Enzyklopädie vergleichen.

„Es handelt sich um folgende mechanische Aufgabe. Zwei Massenpunkte von den Massen m_1 und m_2, die durch eine gewichtslose Stange von der unveränderlichen Länge l verbunden sind, sollen sich auf zwei parallelen Geraden bewegen (Fig. 2 auf S. 704); die Führung von m_1 soll den Reibungskoeffizienten μ, bez. μ_0 haben, die von m_2 aber soll vollkommen glatt sein. Die Abszissen von m_1 und m_2 mögen x_1 und x_2 heißen, der Winkel, den die Stange l mit der positiven Abszissenrichtung bildet, α. Auf m_2 wirke nur die Reaktion der Führung und der Verbindungsstange l, auf m_1 außerdem eine in Richtung der positiven x wirkende konstante Kraft X_1 und die von der Führung längs der Geraden herrührende Reibungskraft.

„Wir haben dann zunächst die geometrische Bedingung

$$(1) \qquad x_2 - x_1 = l \cos \alpha$$

und übrigens, wenn der längs der Stange wirkende Druck mit λ bezeichnet wird, die Bewegungsgleichungen:

$$(2) \qquad \begin{cases} m_2 x_2'' = \lambda \cos \alpha, \\ m_1 x_1'' = X_1 - \lambda \cos \alpha - (\mu)\, \lambda \sin \alpha. \end{cases}$$

Hier ist (μ) der im einzelnen Momente in Betracht kommende Reibungskoeffizient, also, sobald Ruhe vorliegt:

$$(3) \qquad -\mu_0 \lesseqgtr (\mu) \lesseqgtr +\mu_0,$$

sobald aber Bewegung eintritt, $(\mu) = \pm \mu$ und

$$(4) \qquad (\mu) \cdot \lambda \cdot x_1' > 0.$$

Die Paradoxien, welche Painlevé bei der weiteren Behandlung des Problems findet, stecken in dieser Ungleichung (4).

„Um diese Paradoxien hervorzukehren, genügt es, wie nun geschehen mag, den Fall $m_1 = m_2 = 1$ zu betrachten. Da infolge von (1) $x_1'' = x_2''$ ist, folgt aus den Gleichungen (2) ohne weiteres

$$(5) \qquad \lambda = \frac{X_1}{2 \cos \alpha + (\mu) \sin \alpha}$$

Es gilt diese Formel zu diskutieren.

„Wir knüpfen dabei mit Painlevé an den Fall der *Bewegung* an (wo $(\mu) = \pm \mu$ ist) und werden übrigens zweckmäßigerweise von vornherein *zwei Hauptfälle* unterscheiden, je nachdem

$$| \mu \sin \alpha | \lesseqgtr | 2 \cos \alpha |;$$

sollte $| \mu \sin \alpha | = | 2 \cos \alpha |$ sein, so sprechen wir vom *Übergangsfall*. Da $\sin \alpha$ in der Figur 2 notwendig positiv ist, wirft sich diese Unterscheidung auf den absoluten Wert von $\operatorname{tang} \alpha$. Im *ersten Hauptfalle*, wo

$$| \operatorname{tang} \alpha | < \frac{2}{\mu},$$

sprechen wir von einer *flach* gestellten Stange (Fig. 3), im *zweiten Hauptfalle*, wo

$$\left|\operatorname{tang}\alpha\right|>\frac{2}{\mu},$$

von einer *steil* gestellten (Fig 4). Im ersten Hauptfalle stimmt das Vorzeichen von λ (da wir X_1 von vornherein als positiv nahmen) mit dem-

Fig. 3.   Fig. 4.

jenigen von $\cos\alpha$ überein, im zweiten Hauptfalle mit dem Vorzeichen von $(\mu)=\pm\mu$.

„Es sei nun für $t=0$ eine von Null verschiedene Anfangsgeschwindigkeit $x_1'(=x_2')$ gegeben. Was wird eintreten? Wir unterscheiden innerhalb eines jeden unserer beiden Hauptfälle je nach dem Vorzeichen von x_1' und dem Vorzeichen von $\cos\alpha$ vier Unterfälle und vereinigen die Ergebnisse der Überlegung je in einer Tabelle. Wir erhalten dann aus der Ungleichung (4) für den

Hauptfall I (flach gestellte Stange)

$\cos\alpha>0:\lambda>0$ (Druck)	$\cos\alpha<0:\lambda<0$ (Zug)
$x_1'>0\ \ (\mu)=+\mu$	$x_1'>0\ \ (\mu)=-\mu$
$x_1'<0\ \ (\mu)=-\mu$	$x_1'<0\ \ (\mu)=+\mu$

Dagegen für den

Hauptfall II (steil gestellte Stange)

$\cos\alpha>0:\lambda\gtrless0$, je nachdem $(\mu)=\pm\mu$	$\cos\alpha<0:\lambda\gtrless0$, je nachdem $(\mu)=\pm\mu$
$x_1'>0\ \ (\mu)$ nach Belieben $=\pm\mu$	$x_1'>0\ \ (\mu)$ nach Belieben $=\pm\mu$
$x_1'<0$ Widerspruch mit (4)	$x_1'<0$ Widerspruch mit (4)

Die Fälle eines positiven und eines negativen $\cos\alpha$ sind hier also nicht unterschieden und es wird das Resultat auch für $\cos\alpha=0$ Geltung haben. — Endlich erhalten wir für den

Übergangsfall

$\cos\alpha>0:\lambda>0$ oder ∞, je nachdem $(\mu)=\pm\mu$	$\cos\alpha<0:\lambda<0$ oder ∞, je nachdem $(\mu)=\mp\mu$

und von hier aus, wenn wir nur die endlichen Werte von λ berücksichtigen wollen:

$x_1'>0:(\mu)=+\mu$	$x_1'>0:(\mu)=-\mu$
$x_1'<0$ Widerspruch mit (4)	$x_1'<0$ Widerspruch mit (4).

„Die Tabelle für den Hauptfall I stimmt mit dem, was wir erwarten werden. Sie gibt in jedem Unterfalle einen bestimmten Wert von (μ) und damit von λ; die Beschleunigung $\lambda \cos \alpha$ des Punktes x_1 ist in jedem Falle positiv. — Dagegen erscheint das Resultat im Hauptfalle II durchaus paradox, indem sich entweder *zwei* Werte von (μ) und damit von $\lambda \cos \alpha$, oder *keiner* als zulässig erweisen. Und auch im Übergangsfalle kommen wir aus den Paradoxien nicht heraus, indem wir beim Ausschluß unendlicher λ immer noch im Falle $x_1' < 0$ auf einen Widerspruch stoßen.

„Diese Paradoxien sind es, welche Painlevé herausgebracht hat und in denen er einen *Widerspruch mit dem Grundsatz der Mechanik* findet, daß ein mechanisches System, dessen Anfangslage und Anfangsgeschwindigkeit gegeben sind, sich auf eine und nur auf eine Weise weiterbewegt.

„Dieser Argumentation stellt nun aber Prof. Prandtl folgendes entgegen:

1. Es ist gar nicht wunderbar, daß gegebenenfalls, je nachdem $\lambda \gtrless 0$ genommen wird, zweierlei Bewegungen resultieren. Denn die Führung eines Punktes längs einer Geraden läßt sich konstruktiv nur so ausführen, daß je nach dem Vorzeichen von λ tatsächlich verschiedene kinematische Verhältnisse vorliegen. Schließt man z. B. den Punkt zwischen zwei dicht

Fig. 5.Fig. 6.

nebeneinander herlaufende Schienen ein (Fig. 5), so wird er je nach dem Vorzeichen von λ *bald an die eine, bald an die andere Schiene angepreßt.* Ebenso gibt es zwei Möglichkeiten, wenn man den Punkt durch eine durchbohrte Kugel ersetzt, die auf einem Draht läuft (Fig. 6).

2. Experimentell wird man allerdings immer nur die eine Bewegung realisieren können, weil die andere *labil* ist, und, eben eingeleitet, durch die kleinste Störung gleich in die erste überspringt. Es tritt im Hauptfalle II bei positivem x_1' tatsächlich jedesmal nur die nach *rechts* beschleunigte Bewegung ($\lambda \cos \alpha > 0$) ein.

3. Was den Übergangsfall angeht, so hat man bei positivem x_1' in dem oben bezeichneten Sinne $\lambda \cos \alpha$ endlich und damit positiv zu nehmen Für negatives x_1' aber wird das tatsächliche Verhalten des Apparates völlig richtig durch $\lambda = \infty$ geschildert. Es tritt nämlich *instantane Selbstsperrung* der Bewegung ein (was natürlich cum grano salis zu verstehen ist; man würde instantane Selbstsperrung haben, wenn man es, beim Experiment, wirklich mit *starren* Führungen zu tun hätte; nun aber die Führungen tatsächlich ein wenig nachgiebig sein werden, wird man statt dessen *sehr rasche* Bremsung der Bewegung beobachten).

45*

4. Bleiben die Unterfälle des Hauptfalles II mit negativem x_1', welche dem voraufgestellten Schema zufolge notwendig zu Widersprüchen führen. Die nähere Überlegung und das Experiment zeigen, daß man es hier jedesmal auch mit instantaner Selbstsperrung zu tun hat.

„Soweit die Mitteilungen von Prof. Prandtl. Ich füge meinerseits hinzu, daß das Auftreten von *Selbstsperrungen* in den letztangeführten Fällen in der Tat nicht mit den Coulombschen Gesetzen in Widerspruch steht. Wir haben in unseren Schematen die Beschleunigung

$$\lambda \cos \alpha = \frac{X_1 \cos \alpha}{2 \cos \alpha + (\mu) \sin \alpha}$$

nach dem Vorgange von Painlevé so berechnet, als wenn Bewegung stattfände. Indem wir dementsprechend $(\mu) = \pm \mu$ setzten, entstanden die Widersprüche. Aber es bleibt die Möglichkeit, daß instantan Ruhe eintritt. Dann verlangt Coulomb nur, daß (μ) zwischen $+ \mu_0$ und $- \mu_0$ liegt, und wir können dem μ gern einen in diesem Intervalle liegenden Wert geben, der λ zu ∞ macht und damit das Eintreten einer Selbstsperrung anzeigt. Damit sind die formalen Widersprüche beseitigt.

„Fassen wir zusammen und verallgemeinern gleich, was wir am einfachsten Beispiel lernten, so werden wir sagen: *Die Coulombschen Gesetze sind weder mit den Prinzipien der Mechanik noch mit den tatsächlich eintretenden Erscheinungen im Widerspruch; sie müssen nur richtig interpretiert werden.* Painlevé behält das außerordentliche Verdienst, nachdrücklich darauf aufmerksam gemacht zu haben, daß gegebenenfalls singuläre Verhältnisse eintreten. Aber er hat zu früh an logische Widersprüche geglaubt, statt alle Möglichkeiten, welche die Gesetze bieten, durchzudenken.

„Unsere Rettung der Coulombschen Gesetze soll natürlich nur eine Rettung ihres Prinzips, nicht der in ihnen enthaltenen quantitativen Einzelangaben sein. Daß die Coulombschen Gesetze nach unseren heutigen Kenntnissen physikalisch nur als eine *Annäherung* an die in Wirklichkeit hervortretenden Verhältnisse anzusehen sind, ist unter anderem von Sommerfeld und mir in unserer „Theorie des Kreisels" auf S. 537 ff. ausführlich dargelegt.

„Schließlich wolle man noch beachten, daß das einfache von uns behandelte Beispiel großes technisches Interesse bietet. Denn es gibt in idealisierter Form Beziehungen wieder, die in praxi, z. B. bei Hebezeugen, vielfach auftreten dürften. Der Gedanke liegt nahe, daß die Painlevéschen Entwicklungen, in unserem Sinne interpretiert, der Ausgangspunkt für die Entwicklung eines neuen Zweiges der technischen Mechanik werden könnten."

Das Vorstehende ist eine Wiedergabe der Darstellung, welche ich im vergangenen Winter in einer Vorlesung über Mechanik von der Sachlage gegeben habe. Diese Darstellung erhebt keinen Anspruch darauf, ihren Gegenstand allseitig zu behandeln oder gar zu erledigen; ich hätte sonst viel ausführlicher auf Painlevés eigene Publikationen und namentlich die Einwände, welche die Herren Lecornu und de Sparre gleich anfangs gegen Painlevés Entwicklungen erhoben haben, überhaupt die ganze anschließende, meist ausländische Literatur eingehen müssen. Mein bescheidener Zweck ist, zu erneuter Diskussion dieser Dinge, auch in Deutschland, den Anstoß zu geben. Mögen dabei die Theoretiker mit den Experimentatoren und konstruierenden Ingenieuren Hand in Hand gehen! Denn das erscheint am förderlichsten.

Göttingen, den 17. April 1909.

LXXX. Über die Bildung von Wirbeln in reibungslosen Flüssigkeiten.

[Zeitschrift für Mathematik und Physik, Bd. 58 (1910).]

Am Schlusse seiner berühmten Abhandlung über die Wirbelbewegungen[1]) beschreibt Helmholtz eine einfache Methode zur Erzeugung von Wirbeln, die jedermann bei seiner Tasse Kaffee alltäglich bequem ausproben kann. Man führe die (in die Flüssigkeit eingetauchte) Spitze eines Löffels eine kurze Strecke längs der Oberfläche der Flüssigkeit hin und ziehe sie dann plötzlich heraus. Es bleibt ein Wirbelfaden in der Flüssigkeit zurück, dessen Gestalt dem Umriß der eingetauchten Löffelspitze entspricht und der in Richtung der dem Löffel ursprünglich erteilten Geschwindigkeit in der Flüssigkeit fortschreitet. In die Beobachtung fallen natürlich nur die beiden Punkte, in denen dieser Wirbelfaden die freie Oberfläche der Flüssigkeit schneidet. Sie erscheinen als flache, oder — bei schnellerer Vorwärtsbewegung des Löffels — als trichterförmige Vertiefungen der freien Oberfläche, um welche die Flüssigkeit zirkuliert.

Fig. 1.

Es braucht kaum gesagt zu werden, daß diese Vertiefungen als solche aus dem Zusammenwirken der Schwerkraft und der auf die einzelnen Flüssigkeitsteilchen bei der Zirkulation wirkenden Zentrifugalkraft zu erklären sind.

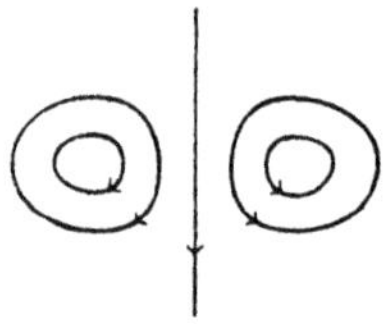

Im größeren Maßstabe realisiert, beobachtet man dieselbe Erscheinung beim Rudern: nach jedem Ruderschlag wandeln zwei den äußeren Kanten des jeweils eingetauchten Ruderteils entsprechende Vertiefungen über die Wasseroberfläche hin; die Mittelpunkte dieser Vertiefungen sind als Schnittpunkte der Wasseroberfläche mit einem Wirbelfaden aufzufassen, den man sich entlang dem Gesamtumriß des eingetauchten Ruderteils verlaufend denken muß.

Wie ist diese Erscheinung zu erklären? Man wird zunächst jedenfalls an eine Reibungswirkung denken. Eine solche tritt aber, soviel ich sehen

---

[1]) [Über Integrale der hydrodynamischen Gleichungen, welche den Wirbelbewegungen entsprechen. Crelles Journal, Bd. 55 (1858) = Ges. Wissenschaftliche Abhandlungen, Bd. 1.]

kann, höchstens sekundär hinzu; man darf annehmen, daß die Erscheinung in völlig reibungsfreien Flüssigkeiten im wesentlichen ebenso, wie geschildert, verlaufen würde. Der eigentliche Grund der den üblichen Aussagen der reibungsfreien Hydrodynamik offenbar widersprechenden Erscheinung scheint vielmehr ein ganz anderer zu sein.

Ich will mir der bequemen Auseinandersetzung wegen den ganzen Vorgang zweidimensional denken. In eine reibungsfreie, unendliche, durch eine horizontale Ebene begrenzte (nur der Schwere unterworfene) Wassermasse werde ein unendlich breites, ebenes, von einer horizontalen Geraden begrenztes Ruderblatt eingetaucht, senkrecht zu seiner Ebene vorwärts bewegt und inmitten dieser Bewegung instantan herausgezogen. Fig. 2 gebe ein schematisches Bild der Versuchsanordnung.

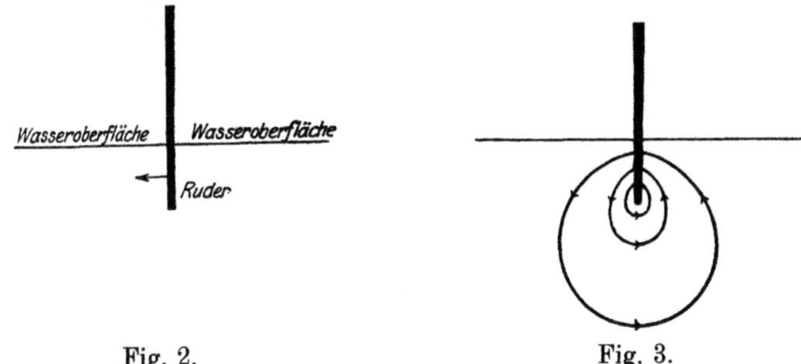

Fig. 2.   Fig. 3.

Die aufeinander folgenden Bewegungsvorgänge dürften dann folgendermaßen zu schildern sein:

1. Solange das Ruder in voller Tiefe eingetaucht ist und vorwärts geschoben wird, herrscht die bekannte Potentialbewegung, deren Geschwindigkeitskurven in Fig. 3 abgebildet sind. — Diese Geschwindigkeitskurven sitzen nicht genau senkrecht auf dem Ruderblatt auf, sondern bilden mit ihm einen nach unten hin spitzen Winkel, der um so kleiner ist, je mehr man an die untere Begrenzungslinie des Ruderblattes herangeht.

2. Jetzt ziehe man das Ruder plötzlich vertikal aus dem Wasser heraus. Irgendwelchen Einfluß auf die Bewegung der Wasserteilchen hat dies,

Fig. 4.   Fig. 5.

da ausdrücklich von Reibung abgesehen werden soll, unmittelbar nicht. Die einzige instantane Änderung ist die, daß sich jetzt da, wo vorher das Ruder stand, in der Wassermasse ein vertikaler Schlitz befindet. (Fig. 4.)

3. Nun aber kommt die Schwere, bez. der aus ihr resultierende Flüssigkeitsdruck zur Geltung, unter dessen Einfluß *die Wasserpartien links und rechts von diesem Schlitz* (den man sich als sehr schmal vorstellen möge) *sofort zusammenfließen werden.* Man hat jetzt in der nur noch von der Horizontalebene begrenzten Wassermasse da, wo vorher das Ruder stand, eine *Diskontinuitätsfläche* für die den einzelnen Wasserteilen beizulegenden Geschwindigkeiten, d. h. eine *Wirbelschicht.* Die Intensität des Wirbels nimmt dabei vom oberen Ende der Schicht gegen das untere hin zu.

4. Und nun scheint die Entwicklung dieser Wirbelschicht die zu sein, daß sie sich sehr rasch um das untere Ende spiralig aufrollt, so daß nach einiger Zeit die Bewegung merklich so stattfindet, als befände sich in der Nähe des unteren Endes der ursprünglichen Schicht ein nahezu punktförmiges Wirbelgebiet O. (Die von O entfernter liegenden Stücke der Wirbelschicht verteilen sich in stetiger Deformation auf den immer länger werdenden bis an die Wasseroberfläche reichenden Ast der Spirale und verlieren

Fig. 6.   Fig. 7.

damit für die Flüssigkeitsbewegung immer mehr an Bedeutung). — Das Wirbelgebiet O unserer Fig. 7 ist natürlich der Schnitt unserer Zeichnungsebene mit einem senkrecht gegen dieselbe (also parallel mit der unteren Begrenzungskante des Ruders) verlaufenden *Wirbelfaden;* und mit dem Gesagten ist also das Zustandekommen eines solchen Wirbelfadens erklärt. —

Es erübrigt, daß wir diese ganze Überlegung vom Zweidimensionalen ins Dreidimensionale übertragen (indem wir statt des unendlich ausgedehnten Ruderblattes ein solches von endlicher Breitenausdehnung setzen). Dann tritt an Stelle des gefundenen geradlinigen Wirbelfadens augenscheinlich ein solcher, der (mehr oder minder genau) der Kontur des eingetauchten Ruderteils folgt, so wie es der Versuch, von dem wir ausgingen, vor Augen stellt. —

Man wird natürlich verlangen können, daß die hier nur qualitativ gefaßten Bewegungsvorgänge quantitativ formuliert, bzw. aus den Differentialgleichungen der Hydrodynamik abgeleitet werden. Indem ich dies anderen Mathematikern überlasse, beantworte ich nur noch die zunächst hervortretende Frage, wie denn die vorgetragene Theorie mit dem allverbreiteten, von Helmholtz selbst in seiner oben genannten Abhandlung gegebenen Satz verträglich ist, daß durch Bewegung starrer Körper in einer reibungslosen nur der Schwere unterworfenen Flüssigkeit niemals

Wirbel entstehen können. Offenbar liegt dies darin, daß wir das Zusammenfließen zweier ursprünglich voneinander getrennter Flüssigkeitspartien ins
Auge zu fassen hatten, während bei der Begründung des genannten Satzes
angenommen wird, daß Flüssigkeitsteilchen, welche einmal an der Oberfläche der Flüssigkeit liegen, immer auch an der Oberfläche bleiben.

Langeoog, 20. August 1909.

[Die vier Arbeiten LXXVII bis LXXX beziehen sich im engeren Sinne auf dasjenige Gebiet, welches man an den deutschen Technischen Hochschulen als „technische
Mechanik" zu bezeichnen pflegt. Nr. LXXVII und LXXVIII bedürfen wohl keiner
näheren Erläuterung. Sie suchen für die einfachsten Aufgaben der graphischen Statik
die ursprünglichen Grundgedanken Maxwells noch mehr hervorzukehren und zu entwickeln, als in dem bez. Referate von Henneberg in Bd. IV$_1$ der mathematischen
Enzyklopädie (1903) geschehen ist. Ich nenne als weitere Fortsetzungen dieser Untersuchungen gern die Göttinger Dissertation von Timpe (1904), „Probleme der Spannungsverteilung in ebenen Systemen, einfach gelöst mit Hilfe der Airyschen Funktion", und namentlich das Schriftchen von Funk „Die linearen Differenzengleichungen
und ihre Anwendung in der Theorie der Baukonstruktionen", Berlin, 1920.

Nr. LXXIX und LXXX sind nur aus der nahen Verbindung zu verstehen, in
welche meine Lehrtätigkeit damals (1910) zu derjenigen von Prandtl getreten war.
Was zunächst Nr. LXXIX angeht, so hatte ich Prandtl von den interessanten neuen
Arbeiten der Franzosen zur Reibungstheorie starrer Körper erzählt, und er hatte
daraufhin einen schönen Apparat konstruiert, welcher die bei geeigneter Anordnung
eintretende Erscheinung der Selbstsperrung in ausgezeichneter Weise zeigte. (Dieser
Apparat ist abgebildet in der ausführlichen Abhandlung von F. Pfeiffer in der Zeitschrift für Math. u. Physik, Bd. 58, auf S. 309, 310, wo eine vollständige und befriedi-
gende Analyse der bei ihm eintretenden Vorgänge geliefert wird.) Um die Diskussion in
Gang zu bringen, publizierte ich ein Stück meiner damaligen Vorlesung (= Nr. LXXIX),
woran sich im Original unmittelbar bemerkenswerte Erörterungen der Herren von Mises,
Hamel und Prandtl anschlossen, auf die ich hier verweisen darf (vgl. Zeitschrift
f. Math. u. Physik, Bd. 58). — Bei Nr. LXXX handelt es sich, wenigstens indirekt,
um die Theorie der Flüssigkeitsreibung. Prandtl hat bekanntlich auf dem Heidelberger Internationalen Mathematiker-Kongreß (1904) die moderne Theorie des Flüssig-
keitswiderstandes dadurch inauguriert, daß er zeigte, wie sich bei Flüssigkeitsbewegung entlang eines eingetauchten Körpers trotz noch so geringer innerer Flüssigkeitsreibung dicht an der Wand des Körpers eine Grenzschicht verzögerter Flüssigkeit aus-
bildet, welche weiterhin Wirbel endlicher Dimension aussendet. Demgegenüber ist in
Nr. LXXX darauf aufmerksam gemacht, daß bei der dort besprochenen Versuchsanordnung Wirbel auch ohne jede Reibung entstehen müssen. Ich will damit aber in keiner
Weise den allgemeinen Prandtlschen Überlegungen entgegentreten, deren Bedeutung in der gerade damals sich mächtig entwickelnden Aerodynamik sehr bald zu
allseitiger Anerkennung gelangten. Ich brauche dies um so weniger zu versichern,
als ich eben in jenen Jahren und weiterhin mein Bestes getan habe, um das Zustandekommen der Prandtlschen Versuchseinrichtungen, bis hin zu dem großen Göttinger
Kaiser-Wilhelm-Institut für Aerodynamik (1916), zu fördern. Mein kleiner Beitrag
Nr. LXXX will nur ein Mißverständnis beseitigen, das sich in die klassische (reibungslose) Hydrodynamik seit unvordenklicher Zeit eingeschlichen hat. — Nr. LXXX will
ebenso wie Nr. LXXIX nur besagen, daß man bei der Diskussion irgendwelcher mechanischer oder physikalischer Vorkommnisse, wenn man einmal eine bestimmte Auffassung an die Spitze gestellt hat, aus dieser alle Konsequenzen ziehen soll, die lo-
gischerweise aus ihr folgen oder mit ihr verträglich sind, selbst wenn die Auffassung
als physikalisch nicht ganz zutreffend anzusehen ist. K.]